JENOPTIK
JENA
Automatisierungs technik.
NON
METAL
LASER
TECHNOLOGY
CUTTING
TRENNEN
WELDING
VERBINDEN
PERFORATING
PERFORIEREN
ABLATING
ABTRAGEN
JENOPTIK Group.
JENOPTIK Automatisierungstechnik GmbH
07739 Jena Tel. 03641 652570
www.automation-jenoptik.de

ELKOM®
Heizplatten - und
Kühlplattenservice für die
Kunststoffverarbeitung
Elektroheizplatten
Thermoöl-Dampf-Wasserheizplatten
Kühlplatten - Heizkühlplatten
Heiztische - Kühltische - Gießtische
Sonderanfertigungen
ELKOM GmbH - Oberbecksener Str. 80
32547 Bad Oeynhausen
Telefon : 05731-7782-0 Telefax : 05731-7782-12
E-Mail : Elkom@t-online.de Internet http://www.elkom.de
ISO 9001

SPX
SUPERIOR
PRESSURE
TRANSMITTER
Neue Generation der Druckmesstechnik
• Einfachster ungeschirmter 2-Leiter-Anschluss in härtester EMV-Umgebung
• Einsatz EEx ia IIC T4 nach ATEX
• Erfüllt NAMUR NE21 und NE43
• Smart Transmitter mit HART Kommunikation
• 0,25% Genauigkeit
• Druckmessbereich 17 bar bis 2000 bar
• Messbereichsspreizung
• Prozesstemperatur bis 400°C
Dynisco

Oberbach
Baur
Brinkmann
Schmachtenberg

Saechtling Kunststoff Taschenbuch

29. Ausgabe

HANSER

Kunststoff-Taschenbuch
Begründet von Dr. Franz Pabst
8. bis 17. Ausgabe bearbeitet von Dr. Hansjürgen Saechtling und Dipl.-Ing. Willi Zebrowski
18. bis 24. Ausgabe bearbeitet von Dr. Hansjürgen Saechtling
25. Ausgabe bearbeitet von Prof. Dr.-Ing. Wilbrand Woebcken
26. bis 28. Ausgabe bearbeitet von Dr.-Ing. Karl Oberbach
29. Ausgabe bearbeitet von Dr.-Ing. Karl Oberbach, Dr.-Ing. Erwin Baur, Dr. rer. nat. Sigrid Brinkmann und Prof. Dr.-Ing. Ernst Schmachtenberg

Bibliografische Informationen Der Deutschen Bibliothek
Die Deutsche Bibliothek verzeichnet diese Publikation in der Deutschen Nationalbibliografie; detaillierte bibliografische Daten sind im Internet über <http://dnb.ddb.de> abrufbar.

ISBN 3-446-22670-2
www.hanser.de

ISSN 1430-7197

Herstellung: Oswald Immel
Satz, Druck und Bindung: Kösel, Krugzell
Umschlagkonzept: Marc Müller-Bremer, Rebranding, München
Umschlaggestaltung: MCP · Agentur für Marketing, Communications Production, Susanne Kraus GbR, Holzkirchen
Printed in Germany

Vorwort zur 29. Auflage

Nach wie vor sind Kunststoffe die Werkstoffgruppe mit den größten Wachstumsraten weltweit. Dies reflektiert ihre herausragenden Eigenschaften: die exzellente Verarbeitbarkeit zu komplexen Produkten in sehr wirtschaftlichen Verfahren und die Möglichkeit, die Eigenschaften des Werkstoffs auf Anwendung und Verarbeitungstechnik Maß zu schneidern. So sind Kunststoffe in vielen Anwendungsfeldern zum wichtigsten Werkstoff geworden: Bei Handy, Speichermedien wie CD, DVD, in der Verpackungstechnologie und in der Medizintechnik sowie nicht zu vergessen der umfangreiche Einsatz in der Fahrzeugtechnik. So finden sich zahlreiche Beispiele, wie sich unsere Welt in den letzten 30 Jahren durch den Werkstoff Kunststoff nachhaltig verändert hat.

Die Kunststoffindustrie wird sich weiter positiv entwickeln. Die Werkstoffeigenschaften der Kunststoffe lassen sich weiterhin gezielt verbessern, und es werden neue Anwendungsbereiche erobert, so wie es heute im Bildschirmbereich, in der Brennstoffzelle oder in den medizinischen Anwendungen bereits der Fall ist. Weiterhin wird die Automobilaußenhaut verstärkt aus Kunststoffen gefertigt werden.

Auch das Image der Kunststoffe hat sich positiv gewendet. Viele Studien zeigen, insbesondere bei ganzheitlicher Betrachtungsweise, dass der Kunststoff zur Lösung vieler ökologischer Probleme beiträgt und somit das Verharren in alten Werkstofflösungen gerade auch aus diesem Blickwinkel zu einer unnötigen Verschwendung vor Ressourcen führt. Wir sind dabei zu lernen – eigentlich müsste man sagen wieder zu lernen –, dass Kunststoffe aus nachwachsenden Rohstoffen hergestellt werden können. Letztendlich ist es nur eine Frage der Kosten, ob diese Werkstoffe aus Erdöl oder Biomasse gewonnen werden. Also, auch aus diesem Blickwinkel können wir feststellen: Das Zeitalter der Kunststoffe hat gerade erst begonnen!

Das nun in der 29. Auflage vorliegende Kunststofftaschenbuch hat den Anspruch, ein kompaktes und aktuelles Nachschlagewerk für das ganze Kunststoffgebiet zu sein und den Fachmann wie auch den interessierten Laien bei täglichen Fragestellungen zu unterstützen. Karl Oberbach hat diese Aufgabe über viele Jahre mit äußerster Akribie und anerkanntem Sachverstand übernommen. Das Gebiet der Kunststoffe wächst wie seine Anwendungen enorm. Wir haben diese Aufgabe deshalb auf mehrere Schultern verteilt und stellen uns dieser Herausforderung in Zukunft mit einem Herausgeberteam. Viele Autoren und Unternehmen haben uns bei unseren Recherchen für dieses Buch uneigennützig und tatkräftig unterstützt. Wir bedanken uns – auch im Namen aller Leser – sehr für dieses Engagement.

Dabei sind wir uns sicher: Der Zuwachs an Wissen in diesem wirtschaftlich so bedeutsamen Gebiet in diesem Werk übersichtlich darzustellen, ist und bleibt eine schwierige Aufgabe. Wichtig erschien es uns, die Fragen des Konstruierens mit Kunststoffen verstärkt aufzugreifen und auch die heute existierenden rechnergestützten Werkstoffinformationssysteme einzubinden. Darum wurde auch die Gliederung des Buches neu strukturiert und erweitert. Hinzugekommen ist insbesondere das Kapitel „Werkstoff- und verarbeitungsgerechte Konstruktion“. Die einzelnen Werkstoffgruppen überschneiden sich in ihren Eigenschaften und einsetzbaren Verarbeitungstechnologien immer weiter. Die Beschreibung der verschiedenen Werkstoffklassen wie Thermoplaste, thermoplastische Elastomere, Duroplaste und Kautschuke wird deshalb in einem großen Kapitel zusammengefasst.

Aktualität ist für ein Nachschlagewerk unverzichtbar. Das Namens- und Unternehmenskarussell dreht sich jedoch gewaltig schnell und mit ihm die Handelsnamen der Kunststoffe. Alle Handelsnamen werden deshalb in Zukunft kontinuierlich überarbeitet und sind stets aktuell im Internet unter der Adresse *www.kunststofftaschenbuch.de* zugänglich.

Der Erfolg dieses Werkes war abhängig von der wohlwollenden Kritik unserer Leser, und dies wird auch in Zukunft so sein. Deshalb wünschen wir uns aufmerksame Leser, die uns helfen, etwaig verbliebene Fehler auszumerzen und uns mit konstruktiver Kritik unterstützen, die nächste Ausgabe noch besser zu machen! Daher gilt: Jede Anregung ist willkommen!

Wir fühlen uns der Tradition des Buches, ein kompaktes, aktuelles Nachschlagewerk zu schreiben, verpflichtet, damit aufkommende Fragen schnell beantwortet und viele Anknüpfungspunkte geboten werden. Unser Ziel ist es, den Lesern stets einen Ausgangspunkt zu bieten, um mit dem Werkstoff Kunststoff technische Herausforderungen zu meistern und somit die Zukunft zu gestalten. Hierbei wünschen wir uns allen viel Erfolg!

Im August 2004 *Die Herausgeber*

Vorwort zur 27. Ausgabe

Die 26. Ausgabe des Kunststoff-Taschenbuchs erschien in einer Phase des Umbruchs in der Kunststoffindustrie. Die weltweite Rezession Anfang der 90er Jahre hat in der Branche einen lange überfälligen Restrukturierungsprozess eingeleitet. Konsequenterweise haben Rohstofferzeuger und Maschinenbauer ihre technischen und wirtschaftlichen Ziele neu definiert. Dies alles hat Einfluss auf das gesamte Kunststoff-Fachgebiet. Eine Umstrukturierung des Kunststoff-Taschenbuchs wurde erforderlich, die mit der nun vorliegenden 27. Ausgabe weitgehend abgeschlossen ist.

Die *Globalisierung der Märkte* für wichtige Kunststoffanwenderbranchen (Elektrotechnik/Elektronik, Fahrzeugbau) zwingt Rohstofferzeuger und Maschinenbauer auf den drei großen Weltmärkten – Westeuropa, Nordamerika und Asien – präsent zu sein: mit Produktionsstätten, Kundenservice und auch Entwicklungsaktivitäten. Für die europäische Kunststoffindustrie eine große Herausforderung, die zwar erhebliche Ressourcen bindet, aber auch große Chancen für die weitere Entwicklung bietet.

Die *Produktentwicklung* der Kunststoff-Rohstofferzeuger konzentriert sich heute wieder stärker auf die anwendungsbezogene Optimierung der bestehenden Produktpalette. Die Euphorie der 80er Jahre, dass mit neuen Hochleistungskunststoffen volumenmäßig große Märkte kurzfristig erschlossen werden könnten, ist dem wirtschaftlichen Pragmatismus gewichen. Nach wie vor genügen die bekannten Kunststoffklassen den meisten anwendungstechnischen Forderungen. Hinzu kommt, dass neuere Erkenntnisse der Katalyse zu leistungsfähigeren und damit kostengünstigeren Prozessen und zu einer Verbreiterung des Eigenschaftsprofils etablierter Kunststoffe – insbesondere bei Polyolefinen – geführt haben. Entsprechende Produkte finden inzwischen Eingang im Markt.

Auch im Bereich der Kunststoffverarbeitung werden heute andere Akzente gesetzt. *Reengineering* ist angesagt, auch im Kunststoffmaschinenbau. Nicht mehr alles technisch Machbare, sondern das wirtschaftlich Sinnvolle steht im Vordergrund. Automatisierung der Fertigungsprozesse, hohe und gleichbleibende Qualität der Produkte, rechnergestützte Produktions- und Informationssysteme erschließen dem Kunststoffverarbeiter Produktivitäts- und Wertschöpfungsreserven. Hinzu kommt eine Reihe von Sonderverfahren, insbesondere im Bereich der Spritzpresstechnik, die dem Werkstoff Kunststoffe zunehmend neue Anwendungsgebiete erschließen.

Die Entwicklungszeiten für neue Produkte werden kürzer; das verlangt der Markt. Dies gilt auch für Kunststofferzeugnisse. Möglich wird dies durch rechnergestützte Bauteilauslegung und Prozess-Simulation. Dies wiederum verlangt zuverlässige *Werkstoff-Kennwerte*. Auf diesem Sektor ist in den letzten Jahren bei Kunststoffen mit der Werkstoffdatenbank CAMPUS ein entscheidender Durchbruch erreicht worden.

Auch diese Ausgabe des Kunststoff-Taschenbuchs hat sich vorrangig wieder zwei Schwerpunkte zum Ziel gesetzt:

1. *Systematische Vermittlung von fundiertem und für das Verständnis der Kunststoffe wichtigem Grundwissen.* Hierzu dienen im Wesentlichen die Kapitel 1 bis 3: Werkstoffkunde, Prüf- und Beurteilungsverfahren sowie Verarbeitungsverfahren. Kapitel 4 und 6 beschreiben umfassend die einzelnen Kunststoffklassen und daraus hergestelltes Halbzeug. Das Kapitel 5 „Kunststoffe im Vergleich" soll vor allem dem Formteilentwickler die Auswahl eines für ein bestimmtes Anwendungsgebiet geeigneten Werkstoffs erleichtern.

2. *Universelles Nachschlagewerk.* Ausgehend von der chemischen Bezeichnung, dem Kurzzeichen oder dem Handelsnamen findet der Benutzer nach einem rationellen Suchsystem infolge des einheitlichen und systematischen Aufbaus des Taschenbuchs schnelle Informationen über Aufbau, Eigenschaften, Verarbeitung, Anwendung und Lieferanten eines Kunststoffs (insbesondere Kapitel 4). In Kapitel 8 und 9 sind wichtige Informationen zur Kunststoffnormung und Gütesicherung, zu Fachzeitschriften und weiterführender Literatur, über Fachinstitute und Verbände zusammengefasst.

Zahlreiche Fachkollegen haben mich mit Rat und Tat unterstützt. Prof. Dipl.-Ing. *B. Meyer* hat das Kapitel 1 „Grundwissen" für die 26. Ausgabe neu abgefasst. Die toxikologische Bewertung von Kunststoffen und Additiven (Abschnitt 1.6) stammt von Prof. Dr. Dr. *H. P. Klöcking* und Dr. *H. Hentschel*, der Abschnitt 4.15 „Polyurethane" von Dr. *K. Uhlig*. Dr. *M. Beck* hat den Abschnitt 7.1 „Kautschuke" und Dr. *G. Mennicken* den Abschnitt 7.3 „Lacke" gründlich überarbeitet. Dipl.-Ing. *W. Land* hat uns seine umfangreiche Dokumentation über Software und Kunststoffbezeichnungen zur Verfügung gestellt. Dipl.-Ing. *F. Berg* hat die Normen aktualisiert. Allen gilt mein Dank. Ohne ihre Hilfe und ihr Fachwissen wäre das Kunststoff-Taschenbuch weniger vollständig und kompetent.

Unser Ziel ist es, mit dem Kunststoff-Taschenbuch ein Nachschlagewerk bereitzustellen, das dem Benutzer Zusammenhänge erläutert, Fachfragen beantwortet und als Ratgeber tägliche Hilfestellung leistet. Wenn dies nicht immer gelingt, bitte ich um Nachsicht und Verbesserungsvorschläge. Herausgeber und Verlag sind für alle Hinweise und Informationen aus dem Benutzerkreis dankbar, die der Aktualisierung und Optimierung des Kunststoff-Taschenbuchs dienen.

Im August 1998 *Dr. Karl Oberbach*

Vorworte 1936/89

Aus dem Vorwort der 1. Ausgabe

Dieses Buch soll Fragen aus den Anwendungsgebieten von Kunststoffen beantworten. ... Die Kürze der Ausführungen wird ermöglichen, den Preis des Buches niedrig festzusetzen. Die Kenntnis der Kunststoffe soll dadurch jedem Betriebsleiter, Meister und Arbeiter, jedem Konstrukteur, Verkäufer und Einkäufer leicht zugänglich gemacht werden.

Berlin-Dahlem, Oktober 1936 *Dr. F. Pabst*

Aus dem Vorwort der 11. Ausgabe

Dem breiten Eindringen der Kunststoffe in neue Anwendungsbereiche entsprechend werden Rohstoffe, auch soweit sie nicht nach „klassischen" Verfahren der Kunststofftechnik verarbeitet werden, und neuere Formgebungsverfahren eingehender behandelt als bisher. Die einzelnen Kapitel bzw. die Hauptabschnitte des Kapitels 4 sind nach dem Gang der Verarbeitung vom Vorprodukt und Rohstoff zum Fertigfabrikat oder Halbzeug hin geordnet. Die thermoplastischen Kunststoffe, die ihrem unverändert fadenförmigen Molekülbau nach die einfacheren sind, werden jeweils vor den duroplastischen Kunststoffen mit vernetzenden bzw. vernetzten Molekülen behandelt.

Troisdorf, im März 1955 *Dr. Hansjürgen Saechtling*
Dipl.-Ing. Willi Zebrowski

Aus dem Vorwort der 24. Ausgabe

Mit dieser Ausgabe ist das Kunststoff-Taschenbuch – einschließlich vier fremdsprachiger Fassungen – in insgesamt über 200 000 Exemplaren in aller Welt verbreitet. Bearbeiter und Verleger sind mehr als fünf Jahrzehnte hindurch der Zielsetzung des Begründers treu geblieben, ein jedermann zugänglich umfassend aktuelles Fachbuch und Nachschlagewerk für das Kunststoffgebiet zu schaffen. Möge das Kunststoff-Taschenbuch, das mit dieser 24. Ausgabe den Stand der Technik zur Zeit der 11. Internationalen Fachmesse K'89 erfasst, weiterhin sich als nützliches Hilfsmittel für den Dialog der Fachinteressenten erweisen.

Frankfurt am Main, August 1989 *Dr. Hansjürgen Saechtling*

Hinweise zur Benutzung

Sie wollen sich allgemein über ein Thema informieren:

- Das **Inhaltsverzeichnis** auf Seite • enthält die übergeordneten Abschnitte. Zu Beginn eines jeden Kapitels finden Sie das jeweilige ausführliche Inhaltsverzeichnis.
- Das **Sachwort-Register** auf Seite • enthält ca. • Begriffe mit Seitenzuordnungen zu entsprechenden Ausführungen.

Sie suchen Informationen zu einem Kunststoff,

- dessen **chemische Bezeichnung** Sie kennen: Das **Inhaltsverzeichnis** zu Kapitel 6 auf Seite • weist auf die Abschnitte hin, in denen die einzelnen Kunststoffe abgehandelt werden. Im Sachwort-Register auf Seite • finden Sie unter der chemischen Bezeichnung oder in Tafel 1 auf Seite XXII unter dem Kurzzeichen ggf. weitere Abschnittsnummern, in denen Aussagen zu diesem Produkt gemacht werden. Kapitel C enhält konkrete Handelsnamen für die der einzelnen Kunststoffe.
- dessen **Kurzzeichen** Sie kennen: In Tafel I auf Seite • finden Sie zu gängigen Kurzzeichen die zugehörige **chemische Bezeichnung** und die Nummer des bzw. der Abschnitte, in denen der Kunststoff beschrieben wird.
- dessen **Handelsnamen** Sie kennen: In Kapitel C, Seite •, finden Sie die **Lieferfirma** und Informationen über **Art und Lieferform** des Kunststoffs und können dann in den Kapiteln 6–9 oder mit Hilfe von Tafel I (chemische Kurzzeichen) auf Seite • weitere Informationen erhalten.

Sie suchen Kunststoffe mit bestimmtem Eigenschaftsniveau:

- In Kapitel 8 „Kunststoffe im Vergleich“ finden Sie nach Eigenschaften geordnete Richtwerte in Tafeln und Diagrammen. Hierbei ist zu bedenken, dass die Eigenschaften auch innerhalb einer Werkstofffamilie erheblich streuen können.

Sie suchen Halbzeuge aus Kunststoffen:

- In Kapitel 9 finden sie Auflistungen von Halbzeugen mit zugeordneten Einsatzgebieten.

Inhalt

Ausführliche Inhaltsverzeichnisse finden Sie jeweils am Anfang der einzelnen Kapitel.

Kurzzeichen der Kunststoff-Technik

Siehe auch Abschnitt 1.3

In der Kunststoffindustrie ist es allgemein üblich, Kunststoffe einer chemischen Familie zuzuordnen und über das Kurzzeichen dieser Familie zu identifizieren. Diese Praxis ist allgemein verbreitet, obwohl sie streng genommen nicht den Realitäten der Kunststoffbranche entspricht, weil letztendlich die Produkte als Handelsprodukte mit jeweils sehr spezifischem Eigenschaftsspektrum verkauft werden. Dabei ist der Handelsname (fast im Sinne einer Bestellnummer) das einzige identifizierende Kriterium. Normen, die die Eigenschaften von bestimmten Werkstoffklassen festlegen, wie sie im Metallsektor weit verbreitet sind, sind nur bei härtbaren Kunststoffen eingeführt. In der Regel streuen die Eigenschaften der Werkstoffe innerhalb einer Familie erheblich.

Trotzdem ist es unumgänglich im Sinne einer Strukturierung des Fachwissens, dass die Werkstoffe in einer logischen und nachvollziehbaren Weise kategorisiert werden.

In diesem Buch soll daher die verbreitete Methode der Kurzzeichen aufgegriffen werden. Dabei muss ein Kompromiss gefunden werden zwischen einer eindeutigen und starren Regeln folgenden Systematik und im Markt eingeführten und weit verbreiteten Bezeichnungen. Es gibt verschiedene Normen, welche die Kennzeichnung der Kunststoffe zum Inhalt haben (siehe Tafel 1.1), aber diese sind leider nicht nur untereinander, sondern teilweise sogar in sich inkonsequent und widersprüchlich.

In Tafel I sind die Kurzzeichen der in diesem Buch behandelten Kunststoffe zusammen gefasst. Dabei wird vorzugsweise nur der chemische Aufbau der Polymere berücksichtigt und Zusätze, die sich auf physikalische Eigenschaften oder Verarbeitungsverfahren beziehen, werden möglichst vermieden. Da in der Fachliteratur häufig derartige Benennungen verwendet werden, wie sie in Tafel 1.2 aufgelistet sind, konnte nicht ganz darauf verzichtet werden. Wegen der fehlenden Allgemeingültigkeit und vieler Widersprüche, ist davon abzuraten diese zu verwenden.

Die Liste der in Tafel I fett gedruckten und somit als Norm definierten Familienbezeichnungen greift auf einen Vorschlag zurück, der im Zusammenhang mit der Kunststoffdatenbank CAMPUS gemacht wurde. Dieser berücksichtigt die vorliegenden ISO-Normen so weit wie möglich, akzeptiert aber auch Ausnahmen, wenn sie allgemein verbreitet sind. Für CAMPUS wurde auf diese Weise eine Liste von so genannten Basispolymeren definiert, mit der fast der gesamte Kunststoffmarkt abgedeckt werden kann. Diese Liste wird regelmäßig überprüft und gegebenenfalls erweitert.

Tafel IA enthält Kurzzeichen für Kunststoffe und Kautschuke, Tafel IB (Seite XXXVII) Kurzzeichen für *Weichmacher*.

Tafel I.

Alphabetische Gliederung verwendeter Kurzzeichen für Kunststoffe, chemische Bezeichnung und Abschnitts-Nummern, in denen das Produkt behandelt wird (nur Homopolymere, Copolymere, Kautschuke und Weichmacher)

* Für diese Polymere sind keine Kurzzeichen bekannt.

A Kunststoff und Kautschuk

Kurzzeichen	Chemische Bezeichnung	Abschnitt Nr.
*	Pyrrone	6.15
*	Polycyclone	6.15
*	Polyphenylene (Polyarylen)	6.15
*	Polytriazine	6.13.1.4
ABS	Acrylnitril-Butadien-Styrol-Copolymer	6.2.2.1/3
ACM	Acrylat-Kautschuk, (AEM, ANM)	6.22.4
ACS	Acrylnitril-chloriertes Polyethylen-Styrol	6.2.2.1 Tafel 6.11
AECM	Acrylester-Ethylen-Kautschuk	6.22.4
AEM	Acrylat-Ethylen-Polymethylen-Kautschuk	6.22.4
AES	Acrylnitril-Ethylen-Propylen-Dien-Styrol-Copolymer	6.2.2.1
AFMU	Nitroso-Kautschuk	6.22.8
AMMA	Acrylnitril-Methylmethacrylat	6.5.2.2
ANBA	Acrylnitril-Butadien-Acrylat-Copolymer	6.5.1
ANMA	Acrylnitril-Methacrylat-Copolymer	6.5.1
APE-CS	siehe ACS	
ASA	**Acrylnitil-Styrol-Acrylester-Copolymer**	6.2.2.1/3
AU	Polyesterurethan-Kautschuk	6.22.8
BIIR	Brombutyl-Kautschuk	6.22.3
BR	Butadien-Kautschuk	2.1.1, 6.2.2.3, 6.22.3
CA	Celluloseacetat	2.1.1, 6.17.1.2/3
CAB	Celluloseacetobutyrat	2.1.1, 6.17.1.3 6.24.2
CAP	Celluloseacetopropionat	2.1.1, 6.17.1.3
CF	Kresol-Formaldehyd-Harz	6.20.1.1
CH	hydratisierte Cellulose, Zellglas	2.1.1, 6.17
CIIR	Chlorbutyl-Kautschuk	6.22.3
CM	chlorierter Polyethylen-Kautschuk	6.22.4
CMC	Carboxymethylcellulose	2.1.1, 6.17
CN	Cellulosenitrat, Celluloid	2.1.1, 6.17.1
CO	Epichlorhydrin-Kautschuk	6.22.5
COC	**Cyclopolyolefin-Copolymere**	6.1.4.6
COP	COC-Copolymerisat	6.1.4.6
CP	Cellulosepropionat	2.1.1, 4.20.1

Kurzzeichen	Chemische Bezeichnung	Abschnitt Nr.
CR	Chloropren-Kautschuk	2.1.1, 6.22.3
CSF	Casein-Formaldehyd-Harz, Kunsthorn	6.17.2
CSM	chlorsulfonierter Polyethylen-Kautschuk	6.1.3, 6.22.4
CTA	Cellulosetriacetat	2.1.2.3.2, 6.17.1
DPC	Diphenylpolycarbonat	6.8.1.2
E/P	**Ethylen-Propylen-Copolymer**	6.1.4
EAM	Ethylen-Vinylacetat-Kautschuk	6.22.4
EAMA	Ethylen-Acrylsäureester-Maleinsäureanhydrid-Copolymer	6.1.4.4
EB	Ethylen-Buten-Copolymer	6.1.4
EBA	Ethylen-Butylacrylat-Copolymer	6.1.4.4
EC	Ethylcellulose	2.1.1, 6.17.1.3
ECB	Ethylencopolymer-Bitumen-Blend	6.1.4.8
ECO	Epichlorhydrin-Kautschuk	6.22.5
ECTFE	Ethylen-Chlortrifluorethylen-Copolymer	6.4.2.1
EEAK	Ethylen-Ethylacrylat-Copolymer	6.1.4
EIM	Ionomer-Copolymer	6.1.4.7
EMA	Ethylen-Methacrylsäureester-Copolymer	6.1.4.4
EP	**Epoxid-Harze**	6.20.1.4, 6.21.6
EP(D)M	siehe EPDM	
EPDM	Ethylen-Propylen-Dien-Kautschuk	6.22.4
EPM	Ethylen-Propylen-Kautschuk	6.22.4
ET	Poly-ethylenoxid-tetrasulfid-Kautschuk	6.22.7
ETER	Epichlorhydrin-Ethylenoxid-Kautschuk (Terpolymer)	6.22.5
ETFE	Ethylen-Tetrafluorethylen-Copolymer	6.1.4, 6.4.2.2
EU	Polyetherurethan-Kautschuk	6.22.8
EVAC	**Ethylen-Vinylacetat-Copolymer**	6.1.4.2
EVAL	Ethylen-Vinylalkohol-Copolymer, alte Bezeichnung EVOH	6.1.4.3
FA	Furfurylalkohol-Harze	6.23.4, Tafel 6.73
FEP	Polyfluorethylenpropylen	6.4.2.3
FF	Furan-Formaldehyd-Harz	6.20.1.1
FFKM	Perfluor-Kautschuk	6.22.4
FKM	Fluor-Kautschuk	6.22.4
FPM	Propylen-Tetrafluorethylen-Kautschuk	6.22.4
FZ	Phosphazen-Kautschuk mit Fluoralkyl- oder Fluoroxyalkylgruppen	6.22.9
HIIR	halogenierter Butyl-Kautschuk	6.22.3
HNBR	hydrierter NBR-Kautschuk	6.22.3
ICP	intrinsisch leitfähige Polymere	6.18.2
IIR	Butyl-Kautschuk, (CIIR, BIIR)	6.22.3
IR	Isopren-Kautschuk	2.1.1, 6.22.3
IRS	Styrol-Isopren-Kautschuk	6.22.3

Kurzzeichen	Chemische Bezeichnung	Abschnitt Nr.
KWH	Kohlenwasserstoffharz	6.21.9
LCP	**Liquid Christal Polymer**	2.1.2, 6.14
LSR	Flüssigsilikonkautschuk	6.22.6
MABS	**Methylmethacrylat-Acrylnitril-Butadien-Styrol-Copolymer**	6.5.2
MBS	**Methacrylat-Butadien-Styrol-Copolymer**	6.5.2
MC	Methylcellulose (Cellulosederivat)	2.1.1, 6.17.1
MF	**Melamin-Formaldehyd-Harz**	6.20, 6.21
MFA	Tetrafluorethylen-Perfluormethyl-Vinylether-Copolymer	6.4.2.7
MFQ	Methyl-Fluor-Silikon-Kautschuk	6.22.6
MMAEML	Methylmethacrylat-exo-Methylenlacton-Copolymer	6.5.3.3
MPF	**Melamin-Phenol-Formaldehyd-Harz**	6.20.3.4/4.2
MPQ	Methyl-Phenyl-Silikon-Kautschuk	6.22.6
MQ	Polydimethylsilikon-Kautschuk	6.22.6
MS	siehe PMS	
MUF	Melamin-Harnstoff-Formaldehyd-Harz	6.20.1.1
MUPF	Melamin-Harnstoff-Phenol-Formaldehyd-Harz	6.20.1.1
MVFQ	Fluor-Silikon-Kautschuk	6.22.6
NBR	Acrylnitril-Butadien-Kautschuk	6.22.3
NCR	Acrylnitril-Chloropren-Kautschuk	6.22.3
NR	Naturkautschuk	2.1.1, 6.22.3
PA	Polyamid (weitere Bezeichnungen siehe Kapitel 6.7)	2.1.1, 6.7
PA11	**Polyamid aus Aminoundecansäure**	2.1.1, 6.7.1.1
PA12	**Polyamid aus Dodekansäure**	2.1.1, 6.7.1.1
PA46	**Polyamid aus Polytetramethylen-Adipinsäure**	2.1.1, 6.7.1.1
PA6	**Polyamid aus ε-Caprolactam**	2.1.2, 6.7.1.1
PA610	**Polyamid aus Hexamethylendiamin-Sebazinsäure**	2.1.1, 6.7.1.1
PA612	**Polyamid aus Hexamethylendiamin-Dodekansäure**	2.1.1, 6.7.1.1
PA66	**Polyamid aus Hexamethylendiamin-Adipinsäure**	2.1.1, 6.7.1.1
PA69	**Polyamid aus Hexamethylendiamin-Azelainsäure**	2.1.1, 6.7.1.1
PAA	Polyacrylsäureester	6.5.1
PAC	Polyacetylen	6.18.2
PAE	Polyarylether	6.12
PAEK	**Polyaryletherketon**	6.12
PAI	Polyamidimid	2.1.1, 6.13.2.1
PAMI	Polyaminobismaleinimid	6.13.1.2
PAN	Polyacrylnitril	2.1.1, 6.5.1
PANI	Polyanilin, Polyphenylenamin	6.21.2
PAR	Polyarylate	2.1.1, 6.8.3.1, 6.14
PARA	Polyarylamid	6.7.4
PARI	Polyarylimid	6.13.2.7
PB	Polybuten	2.1.1, 6.1.8

Kurzzeichen	Chemische Bezeichnung	Abschnitt Nr.
PBA	Polybutylacrylat	2.1.1, 6.5.1
PBI	Polybenzimidazol	2.1.1, 6.13.1.3
PBMI	Polybismaleinimid	2.1.1, 6.13.1.2
PBN	Polybutylennaphthalat	6.8.3.2
PBO	Polyoxadiabenzimidazol	6.13.1.4
PBT	**Polybutylenterephthalat**	6.8.2.2
PC	**Polycarbonat (aus Bisphenol-A)**	2.1.1, 6.8.1.1
PCPO	Poly-3,3-bischlormethylpropylenoxid	2.1.1
PCTFE	Polychlortrifluorethylen	2.1.1, 6.4.1.4
PDAP	Polydiallylphthalat-Harz	6.20.1.5, 6.20.3.9, 6.21.8
PDCPD	Polydicyclopentadien	6.1.9.2
PE	**Polyethylen**	2.1.1, 6.1.1
PE-HD	Polyethylen-High Density	6.1.1
PE-HMW	Polyethylen-High Molecular Weight	6.1.1
PE-LD	Polyethylen-Low Density	6.1.1
PE-LLD	Polyethylen-Linear Low Density	6.1.1
PE-MD	Polyethylen Medium Density	6.1.1.5
PE-UHMW	Polyethylen-Ultra High Molecular Weight	6.1.1
PE-ULD	Polyethylen-Ultra Low Density	6.1.4.1
PE-VLD	Polyethylen Very Low Density	6.1.4.1
PE-X	Polyethylen, vernetzt	6.1.2
PEA	Polyesteramid	6.18.1.2
PEDT	Polyethylendioxythiophen	6.18.2
PEEEK	Polyetheretheretherketon	6.12
PEEK	Polyetheretherketon	2.1.1, 6.12
PEEKEK	Polyetheretherketonetherketon	6.12
PEEKK	Polyetheretherketonketon	6.12
PEI	**Polyetherimid**	2.1.1, 6.13.2.2
PEK	Polyetherketon	2.1.1, 6.12
PEKEEK	Polyetherketonetheretherketon	2.1.1, 6.12
PEKK	Polyetherketonketon	2.1.1, 6.12
PEN	**Polyethylennaphthalat**	6.8.2.1
PEOX	Polyethylenoxid	2.1.1, 6.11
PESI	Polyesterimid	6.13.2.6
PES	Polyethersulfon	2.1.1, 6.9.2
PET	**Polyethylenterephthalat**	2.1.1, 6.8.2.1
PET-G	**Polyethylenterephthalat, glykolmodifiziert**	6.8.2.1
PF	**Phenol-Formaldehyd-Harz**	6.20.1.1/3.2
PFMT	Polyperfluortrimethyltriazin-Kautschuk	6.22.10
PFU	Polyfuran	6.18.2
PHA	Polyhydroxyalkanoate	6.17.1.3

Kurzzeichen	Chemische Bezeichnung	Abschnitt Nr.
PHB	Polyhydroxybutyrat	6.17.1.3
PHFP	Polyhexafluorpropylen	2.1.1
PI	**Polyimid**	2.1.1, 6.13.1.1
PIB	Polyisobutylen	2.1.1, 6.1.8.2
PISO	Polyimidsulfon	6.13.2.3
PK	**Polyketon**	6.18.3
PLA	Polylactid	6.17.2
PMA	Polymethylacrylat	6.5.1
PMI	Polymethacrylimid	2.1.1, 6.13.2.4
PMMA	**Polymethylmethacrylat**	2.1.1, 6.5.2.1
PMMI	Polymethacrylmethylimid	6.5.3.1, 6.13.2.5
PMP	Poly-4-Methylpenten-1	2.1.1, 6.1.9.1
PMPI	Poly-m-Phenylen-Isophthalamid	6.7.7, 6.14
PMS	Poly-α-Methylstyrol	2.1.1, 6.2.1.1
PNF	Fluor-Phosphazen-Kautschuk	6.22.9
PNR	Polynorbornen-Kautschuk	6.22.3
PO	Polypropylenoxid-Kautschuk	6.22.5
PO	Allgemeine Bezeichnung für die Gruppe der Polyolefine, Polyolefin-Derivate und -Copolymeriste	2.1.1, 6.1
POM	**Polyoxymethylen (Polyacetalharz, Polyformaldehyd)**	2.1.1, 6.6
PP	**Polypropylen**	2.1.1, 6.1.5
PPA	Polyphthalamid	6.7.4
PPB	Polyphenylenbutadien	6.18.2, Tafel 6.57
PPC	Polyphthalat-Carbonat	6.8.2
PPE	**Polyphenylenether, alte Bezeichnung PPO**	2.1.1, 6.10.1
PPI	Polydiphenyloxidpyromellithimid	2.1.1
PPMS	Poly-para-methylstyrol	6.2.2
PPOX	Polypropylenoxid	2.1.1, 6.11
PPP	Poly-para-Phenylen	6.18.2
PPQ	Polyphenylchinoxaline	6.23.6
PPS	**Polyphenylensulfid**	2.1.1, 6.9.1, 6.21.2, Tafel 6.57
PPSU	**Polyphenylensulfon**	2.1.1, 6.9.2
PPTA	Poly-p-Phenylenterephthalamid	6.7.7, 6.14.1
PPV	Polyphenylenvinylen	6.18.2
PPY	Polypyrrol	6.18.2
PPYR	Polyparapyridin	6.18.2, Tafel 6.57
PPYV	Polyparapyridinvinylen	6.18.2, Tafel 6.57
PS	**Polystyrol**	2.1.1, 6.2.1.1
PSAC	Polysaccharid, Stärke	6.17.1
PSIOA	Polysilicooxoaluminat	6.18.4
PSS	Polystyrolsulfonat	6.18.2

Kurzzeichen	Chemische Bezeichnung	Abschnitt Nr.
PSU	**Polysulfon**	2.1.1, 6.9.2
PT	Polythiophen	6.18.2
PTFE	**Polytetrafluorethylen**	2.1.1/2, 6.4.1.1
PTHF	Polytetrahydrofuran	6.11
PTT	Polytrimethylenterephthalat	6.8.2.3
PUR	**Polyurethan**	2.1.1, 6.16
PVAC	Polyvinylacetat	2.1.1, 6.3.5
PVAL	Polyvinylalkohol	2.1.1, 6.3.5
PVB	Polyvinylbutyral	2.1.1, 6.3.5
PVBE	Polyvinylisobutylether	2.1.1
PVC	**Polyvinylchlorid**	2.1.1, 6.3.1
PVC/EVA	Pylyvinylchlorid-Ethylenvinylacetat-Copolymer	6.3.3
PVDC	Polyvinylidenchlorid	2.1.1, 6.1.3, 6.3.5
PVDF	**Polyvinylidenfluorid**	2.1.1, 6.4.1.2
PVF	Polyvinylfluorid	2.1.1, 6.4.1.3
PVFM	Polyvinylformal	2.1.1, 4.3.5.5
PVK	Polyvinylcarbazol	2.1.1, 6.2.2.3, 6.3.4.8
PVME	Polyvinylmethylether	6.3.5.4
PVMQ	Polymethylsiloxan-Phenyl-Vinyl-Kautschuk	6.22.6
PVP	Polyvinylpyrrolidon	2.1.1, 6.3.5.7
PVZH	Polyvinylcyclohexan	2.1.1
PZ	Phosphazen-Kautschuk mit Phenoxygruppen	6.22.9
RF	Resorcin-Formaldehyd-Harz	6.20, 6.21
SAN	**Styrol-Acrylnitril-Copolymer**	6.2.2.1/3
SB	**Styrol-Butadien-Copolymer**	6.2.2.1, 6.2.4, 6.19.2
SBMMA	Styrol-Butadien-Methylmethacrylat-Copolymer	6.2.2.1, Tafel 6.11
SBR	Styrol-Butadien-Kautschuk	6.2.2.3, 6.22.3.
SBS	Styrol-Butadien-Styrol-Copolymer	6.2.2.1, 6.2.4, 6.19.2
SCR	Styrol-Chloropren-Kautschuk	6.22.3
SEBS	Styrol-Ethenbuten-Styrol-Copolymer	6.2.2.1, Tafel 6.11, 6.19.2
SEPS	Styrol-Ethenpropen-Styrol-Copolymer	6.2.2.1, Tafel 6.11, 6.19.2
SEPDM	Styrol-Ethylen-Propylen-Dien-Kautschuke	6.2.2.1, Tafel 6.11
SI	Silikone, Silikonharze	6.20.3.10
SIMA	Styrol-Isopren-Maleinsäureanhydrid-Copolymer	6.2.2.1, Tafel 6.11
SIR	Styrol-Isopren-Kautschuk	6.2.2.1, Tafel 6.11, 6.22.3
SIS	Styrol-Isopren-Styrol-Block-Copolymer	6.2.4, 6.19.2.4

Kurzzeichen	Chemische Bezeichnung	Abschnitt Nr.
SMAB	Styrol-Maleinsäureanhydrid-Butadien-Copolymer	6.2.2.2, Tafel 6.11 6.2.2.3
SMAH	**Styrol-Maleinsäureanhydrid-Copolymer**	6.2.2
SP	aromatische (gesättigte) Polyester	6.8
TCF	Thiocarbonyldifluorid-Copolymer-Kautschuk	6.22.7
TFEHFPVDF	Tetrafluorethylen-Hexafluorpropylen-Vinylidenfluorid-Copolymer (THV)	6.4.2.6
TFEP	Tetrafluorethylen-Hexafluorpropylen-Copolymer	6.4.2.3
TM	Thioplaste	6.22.7
TOR	Polyoctenamer	2.1.1, 6.22.3
TPA	**thermoplastische Elastomere auf Basis Polyamid**	6.19.2.1
TPC	**thermoplastische Elastomere auf Basis Copolyester**	6.19.2.2
TPE	thermoplastische Elastomere	6.19
TPE-A	siehe TPA	
TPE-C	siehe TPC	
TPE-O	siehe TPO	
TPE-S	siehe TPS	
TPE-U	siehe TPU	
TPE-V	siehe TPV	
TPO	**thermoplastische Elastomere auf Basis von Olefinen**	6.19.2.3
TPS	**thermoplastische Elastomere auf Basis Styrol**	6.19.2.4
TPU	**thermoplastische Elastomere auf Basis Polyurethan**	6.19.2.5
TPV	**thermoplastische Elastomere auf Basis von vernetztem Kautschuk**	6.19.2.6
TPZ	**weitere thermoplastische Elastomere**	6.19.2.7
UF	Harnstoff-Formaldehyd-Harz	6.20.1.1/3.3, 6.21.2
UP	**ungesättigtes Polyester-Harz**	6.20.1.2/3.6/6.21.4
VCE	Vinylchlorid-Ethylen-Copolymer	6.3.3
VCEMAK	Vinylchlorid-Ethylen-Methylmethacrylat-Copolymer	6.3.3
VCEVAC	Vinylchlorid-Ethylen-Vinylacetat-Copolymer	6.3.3
VCMAAN	Vinylchlorid-Maleinsäureanhydrid-Acrylnitril-Copolymer	6.3.3
VCMAH	Vinylchlorid-Maleinsäureanhydrid-Copolymer	6.3.3
VCMAI	Vinylchlorid-Maleinimid-Copolymer	6.3.3
VCMAK	Vinylchlorid-Methacrylat-Copolymer	6.3.3
VCMMA	Vinylchlorid-Methylmethacrylat-Copolymer	6.3.3
VCOAK	Vinylchlorid-Octylacrylat-Copolymer	6.3.3
VCPAEAN	Vinylchlorid-Acrylatkautschuk-Acrylnitril-Copolymer	6.3.3
VCPE-C	Vinylchlorid-chloriertes Ethylen-Copolymer	6.3.3
VCVAC	Vinylchlorid-Vinylacetat-Copolymer	6.3.4
VCVDC	Vinylchlorid-Vinylidenchlorid-Copolymer	6.3.3
VCVDCAN	Vinylchlorid-Vinylidenchlorid-Acrylnitril-Copolymer	6.3.3

Kurzzeichen	Chemische Bezeichnung	Abschnitt Nr.
VDFHFP	Vinylidenchlorid-Hexafluorpropylen-Copolymer	6.4.2.7
VF	Vulkanfiber	2.1.1, 6.17.1.3
VMQ	Polymethylsiloxan-Vinyl-Kautschuk	6.22.6
VU	Vinylesterurethan-Harz	6. 22.3
XBR	Butadien-Kautschuk, Carboxylgruppenhaltig	6.22.3
XCR	Chloropren-Kautschuk, Carboxylgruppenhaltig	6.22.3
XF	Xylenol-Formaldehyd-Harz	6.20.1.1/3.2/6.21.1
XNBR	Acrylnitril-Butadien-Kautschuk, Carboxylgruppenhaltig	6.22.3
XSBR	Styrol-Butadien-Kautschuk, Carboxylgruppenhaltig	6.22.3

B Weichmacher, gebräuchliche, s. auch Abschnitt 6.3.2

Kurzzeichen	Chemische Bezeichnung	Kurzzeichen	Chemische Bezeichnung
DODP	Dioctyldecylphthalat		
ASE	Alkylsulfonsäureester	DOP, DEHP	Dioctylphthalat
BBP	Benzylbutylphthalat	DOS	Dioctylsebacat
DBA	Dibutyladipat	DOZ	Dioctylazelat
DBP	Dibutylphthalat	DPCF	Diphenylkresylphosphat
DBS	Dibutylsebacat	DPOF	Diphenyloctylphosphat
DCHP	Dicyclohexylphthalat	DPP	Dipropylphthalat
DEP	Diethylphthalat	ELO	Epoxidiertes Leinöl
DHXP	Dihexylphthalat	ESO	Epoxidiertes Sojabohnenöl
DIBP	Diisobutylphthalat	ODA	Octyldecyladipat
DIDP	Diisodecylphthalat	ODP	Octyldecylphthalat
DINA	Diisononyladipat	PO	Paraffinöl
DMP	Dimethylphthalat	TBP	Tributylphosphat
DMS	Dimethylsebazat	TCEF	Trichlorethylphosphat
DNA	Dinonyladipat	TCF	Trikresylphosphat
DNODP	Di-n-octyl-n-decylphthalat	TIOTM	Triisooctyltrimellitat
DNOP	Di-n-octylphthalat	TOF	Trioctylphosphat
DNP	Dinonylphthalat	TPP	Triphenylphosphat
DOA (DEHA)	Dioctyladipat, auch Diethylhexyladipat, DEHA nicht mehr gebräuchlich		

Tafel II. Grundeinheiten, ISO- und US-Einheiten

Längen

		mm	m	km	in	ft	yd	mile
1 mm	=	1	10^{-3}	10^{-6}	0,0394	0,0033	–	–
1 m	=	10^{3}	1	10^{-3}	39,37	3,281	1,094	–
1 km	=	10^{6}	10^{-3}	1	39 370	3 281	1094	0,6214
1 inch (Zoll)	=	25,40	0,0254	–	1	0,0833	0,0278	–
1 foot (Fuß)	=	304,8	0,3048	–	12	1	0,3333	–
1 yard	=	914,4	0,9144	–	36	3	1	–
1 statute mile (Landmeile)	=		1609	1,609	–	5 280	1760	1

Flächen

		cm^2	m^2	a	ha	km^2	in^2	ft^2	yd^2
1 cm^2	=	1	10^{-4}	–	–	–	0,155	–	–
1 m^2	=	10^{4}	1	0,01	10^{-4}	10^{-6}	1550	10,76	1,196
1 a	=	–	100	1	0,01	10^{-4}	–	1076	119,6
1ha	=	–	10^{4}	100	1	0,01	–	–	–
1 km^2	=	–	10^{6}	10^{4}	100	1	–	–	–
1 square inch	=	6,452	–	–	–	–	1	–	–
1 square foot	=	929	0,0929	–	–	–	144	1	0,1111
1 square yard	=	8 361	0,8361	–	–	–	1256	9	1

Tafel II. Grundeinheiten, ISO- und US-Einheiten *(Forts.)*

Volumen

		cm^3	dm^3	m^3	in^3	ft^3	yd^3	gal (US)[2)]
1 cm^3	=	1	10^{-3}	10^{-6}	0,061	–	–	–
1 dm^3 [1)]	=	10^3	1	10^{-3}	61,02	0,0353	–	0,2642
1 m^3		10^6	10^3	1	61023	35,31	1,308	264,2
1 cubic inch	=	16,39	0,0164	–	1	–	–	–
1 cubic foot	=	–	28,32	0,0283	1728	1	0,037	7,481
1 cubic yard	=	–	764,6	0,7646	46656	27	1	202
1 gallon (US)	=	3785	3,785	–	281	0,1337	–	1

1) 1 Liter (l) = 1,0 dm^3

Kraft

			N	dyn^2	kp	
Newton	1N	=	1	10^5	0,101972	
Kilopond[1)]	1kp	=	9,80665	980665	1	
pound-force	1lbf	=	4,44822		0,4536	kilogramme-force (kgf) = kp

1) Einheit nicht mehr zugelassen

Masse

		g	kg	t	oz	lb
1g	=	1	10^{-3}	10^{-5}	0,0353	
1kg	=	10^3	1	10^{-3}	35,27	2,205
1t	=	10^6	10^3	1	–	2205
1 ounce (oz)	=	28,35	0,0284	–	1	0,0625
1 pound (lb)	=	453,6	0,4536	–	16	1

Metrisches Karat 1 k = 0,200 g bei Edelsteinen. Das Wort „Karat“ bedeutet bei Goldlegierungen $^1/_{24}$ Masseanteil Gold grain 1 gr = ($^1/_{700}$) lb = 0,0648 g

Druck

Werte gerundet, * Wert genau, siehe DIN 1314. Für den Druck gilt die Einheit Pascal (Pa) (DIN 1301)

		$Pa = N/m^2$	bar	$kp/cm^2 = at$	atm	Torr	lbf/in^2	–
1 Pa = 1 N/m^2	=	1	10^{-5}	$10{,}2 \cdot 10^{-6}$	$9{,}869 \cdot 10^{-6}$	$7{,}5 \cdot 10^{-3}$	$145{,}05 \cdot 10^{-6}$	–
1 bar	=	10^5	1	1,02	0,987	750	14,505	1 µbar = 1 dyn/cm^2 [1)]
1 kp/cm^2 = 1at (techn. Atmosphäre)[1)]	=	98 100	0,981	1	0,968	735,5	14,224	1 at = 10m WS(4 °C)
1 atm (phys. Atmosphäre)[1)]	=	101 325*	1,013	1,033	1	760*	14,7	1 Torr = 1/760 atm
1 Torr[1)]	=	133,32	$1{,}333 \cdot 10^{-3}$	$1{,}36 \cdot 10^{-3}$	$1{,}316 \cdot 10^{-3}$	1	0,01934	1 Torr = 1 mm Hg (0 °C)
1 lbf/in^2	=	6894,8	0,6895	0,0703	0,06804	51,715	1	–

[1)] Einheiten nicht mehr zugelassen

Energie (Arbeit, Wärmemenge)

		J	kWh	kpm	PSh	kcal	Btu	Näheres s. DIN 1301 und DIN 1345
1 J = 1 WS = 1 Nm = 1 kg m^2/s^2	=	1	$277{,}8 \cdot 10^{-9}$	0,101972	$377{,}5 \cdot 10^{-9}$	$238{,}8 \cdot 10^{-6}$	$984 \cdot 10^{-6}$	1 J = 1 Nm = 10^7 erg 1 eV = $1{,}602 \cdot 10^{-19}$ J
1 kWh	=	$3{,}6 \cdot 10^6$	1	$367 \cdot 10^3$	1,360	859,8	3412	
1 kpm[1)]	=	9,80665	$2{,}724 \cdot 10^{-6}$	1	$3{,}704 \cdot 10^{-3}$	$2{,}342 \cdot 10^{-3}$	$9{,}294 \cdot 10^{-3}$	
1 PSh[1)]	=	$2{,}648 \cdot 10^6$	0,7355	$270 \cdot 10^3$	1	632,4	2509	
1 kcal[1)]	=	4186,8	$1{,}163 \cdot 10^{-3}$	426,9	$1{,}581 \cdot 10^{-3}$	1	3,968	
1 Btu (British Thermal Unit)	=	1055	$293 \cdot 10^{-6}$	107,6	$398{,}5 \cdot 10^{-6}$	0,252	1	

[1)] Einheiten nicht mehr zugelassen

Tafel II. Grundeinheiten, ISO- und US-Einheiten *(Forts.)*

Leistung

		W	kW	kpm/s	PS	hp	
1 W	=	1	10^{-3}	0,101972	$1{,}36 \cdot 10^{-3}$	$1{,}341 \cdot 10^{-3}$	1 W = 1 J/s = 10^7 erg/s
1 kW	=	10^3	1	101,972	1,36	1,341	
1 kpm/s[1)]	=	9,80665	$9{,}80665 \cdot 10^{-3}$	1	0,0133	0,0131	
1 PS[1)]	=	735,5	0,7355	75	1	0,986	
1 hp (horsepower)	=	745,7	0,746	76,04	1,014	1	1hp = 550 ft lbf/s

[1)] Einheiten nicht mehr zugelassen

1 Einleitung

1 Einleitung

1.1 Wirtschaftliche Bedeutung der Kunststoffe

Kunststoffe haben als eigenständige Werkstoffgruppe neben Metallen und keramischen Werkstoffen eine sehr hohe technologische wie wirtschaftliche Bedeutung errungen. Neben dem beachtlichen Wachstum dieser Werkstoffgruppe zeigt sich auch, dass Kunststoffe heute weltweit ein größeres Produktionsvolumen aufweisen als etwa Rohstahl (Bild 1.1).

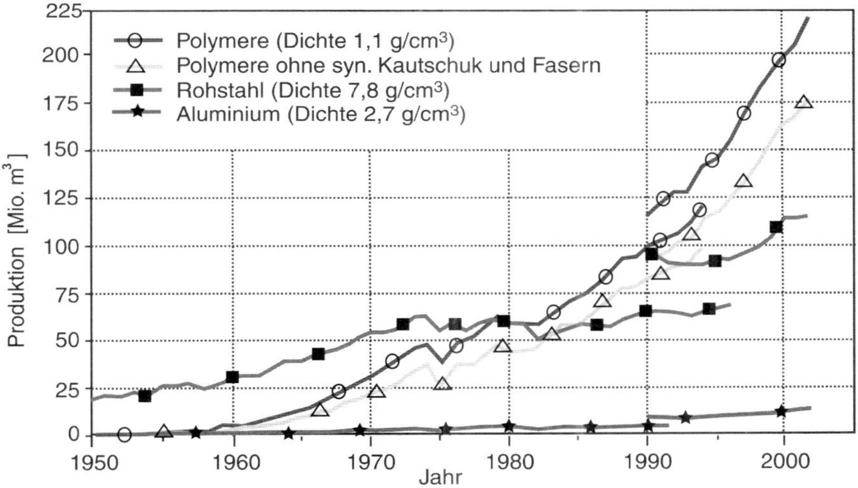

Bild 1.1 Produktionsvolumen verschiedener Werkstoffe nach Ehrenstein (bis 1995 westliche Welt, ab 1990 auch gesamte Welt)

Eine andere interessante Darstellung zeigt Bild 1.2. Neben dem Wachstum von 1980 auf 2001 ist hier für die verschiedenen Regionen der Welt auch die Prognose für 2010 aufgetragen. Dabei zeigt sich nicht nur das weiterhin anzunehmende hohe Wachstum dieser Werkstoffgruppe sondern auch die eindeutige Korrelation zwischen der Produktion dieses Werkstoffs und der wirtschaftlich-technologischen Leistungsfähigkeit einer Region. Wir sind im 21. Jahrhundert unstrittig in der „Kunststoffzeit" angekommen. Diese Werkstoffgruppe ist eine wesentliche Grundlage für die technologische Entwicklung und ein Indikator für das wirtschaftliche Wachstum einer Industriegesellschaft.

Aus der Analyse der Haupteinsatzgebiete dieser Werkstoffgruppe am Beispiel Deutschland im Jahr 2001 (Bild 1.3) zeigt sich die Vielfältigkeit der Anwendungen. So kann man feststellen, dass Kunststoffe in allen Bereichen der industriellen Produktion Einzug gefunden haben. Dabei sind es nicht immer die besonderen Gebrauchseigenschaften dieser Werkstoffgruppe, wie etwa das Leichtbaupoten-

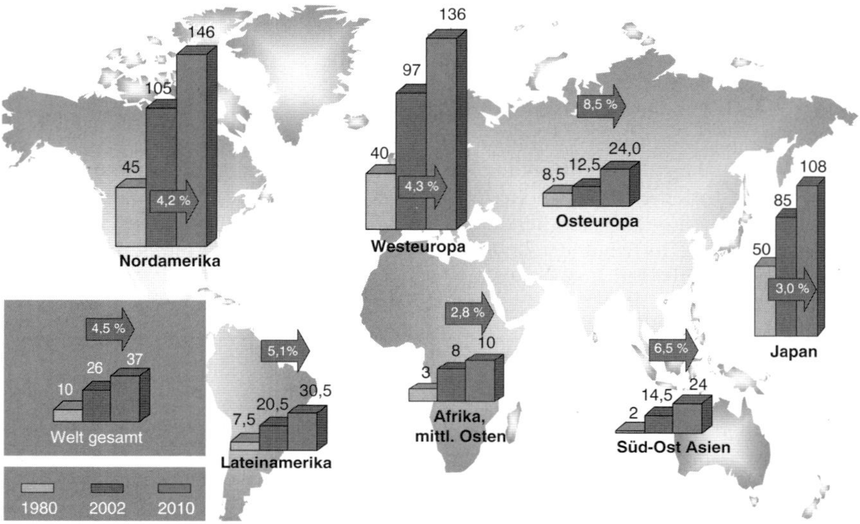

(ohne Leime, Lacke und Dispersionen)

Bild 1.2 Pro-Kopf-Verbrauch (in kg) von Kunststoff-Werkstoffen (Quelle:VKE)

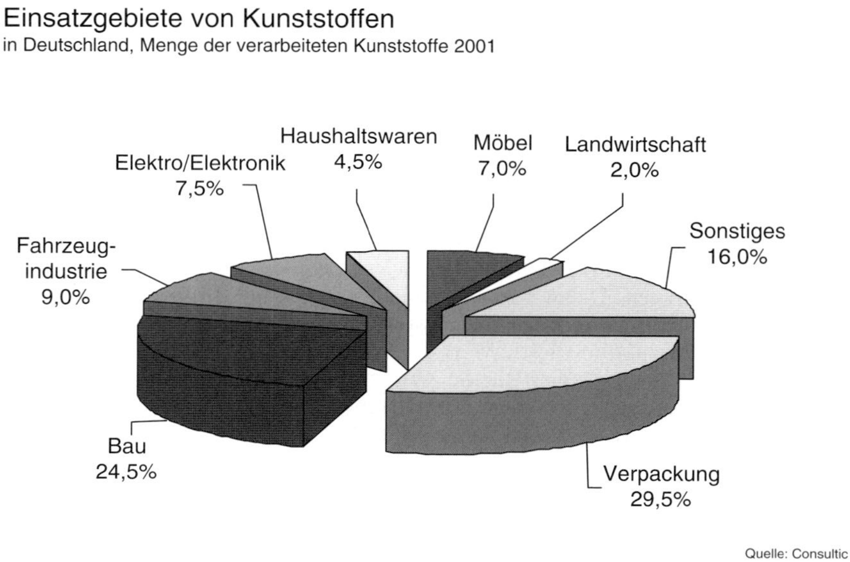

Bild 1.3 Haupteinsatzgebiete für Kunststoffe in Deutschland (2001) (Quelle:VKE)

tial, oder die guten Isolationseigenschaften, die den Einsatz lohnenswert machen. Die wohl wichtigste Eigenschaft dieser Werkstoffgruppe sind die hierfür verfügbaren effektiven Verarbeitungsverfahren. So erlaubt etwa das Spritzgießen die Fertigung höchst komplex geformter Bauteile mit einer Taktzeit von wenigen Sekunden bis zu einigen Minuten. Die wesentlichen Kosten für eine solche Fertigung entstehen aus den Abschreibungen der Fertigungseinrichtungen (Maschine und Werkzeuge) sowie aus den Kosten für Rohstoff und Energie. Mit steigender Stückzahl werden deshalb auch sehr aufwendige Produktionseinrichtungen höchst profitabel.

Betrachtet man die mit der Werkstoffgruppe Kunststoff befasste Industrie, so unterscheidet man die folgenden drei Bereiche

- Kunststoff-Erzeugung,
- Kunststoff-Verarbeitung und
- Kunststoff-Maschinenbau.

Diese Industrie umfasst in Deutschland 6610 Unternehmen und erzielte 2002 mit 387000 Arbeitnehmern einen Gesamtumsatz von über 65 Mrd. Euro. Vergleicht man dies mit der Bruttowertschöpfung des produzierenden Gewerbes in Höhe von 470 Mrd. Euro (ohne Baugewerbe, Angaben Statistisches Bundesamt Deutschland), so zeigt sich die hohe wirtschaftliche Bedeutung dieser Werkstoffklasse.

1.2 Einordnung der Kunststoffe in das Gebiet der Werkstoffe

Kunststoffe sind organische oder halborganische Werkstoffe mit hoher Molmasse (Molekulargewicht), d.h. mit sehr großen Molekülen (Makromolekülen), durch die das spezifische Eigenschaftsbild dieser Werkstoffe wesentlich bestimmt ist. In Bild 1.4 findet sich die Einordnung der Kunststoffe in das Gesamtwerkstoffgebiet, wobei als wichtige Unterscheidungsmerkmale die chemische Struktur, die Erzeugung und die Verarbeitungs- und Gebrauchseigenschaften verwendet wurden. Weitere Erläuterungen dazu folgen in Kapitel 2.

Auch wenn im „Kunststoff-Taschenbuch“ entsprechend ihrer Bedeutung die thermoplastischen Kunststoffe im Schwerpunkt behandelt werden, gelten viele Ausführungen zur Werkstoffkunde der Kunststoffe letztlich für alle polymeren Werkstoffe. Die begriffliche Einordnung ist in vielen Texten nicht einheitlich, so wird der Begriff Kunststoff und Polymer oftmals in gleicher Bedeutung verwendet. Nach unserem Verständnis benennt der Begriff Polymer die Gruppe aller Stoffe, die aus Makromolekülen bestehen. Der Begriff Kunststoff greift aus dieser Gruppe diejenigen Stoffe heraus, die chemisch synthetisiert wurden und als Werkstoffe Verwendung finden. Um einen polymeren Stoff als Werkstoff verwenden zu können, muss das Polymer mit weiteren Zusätzen (z.B. Verarbeitungshilfsmittel, Stabilisatoren, Pigmente, Füllstoffe) aufbereitet werden. Erst durch diesen Prozess der „Aufbereitung“ (siehe auch Abschnitt 4.2.1) entsteht aus dem Polymer ein Werkstoff, eben ein Kunststoff.

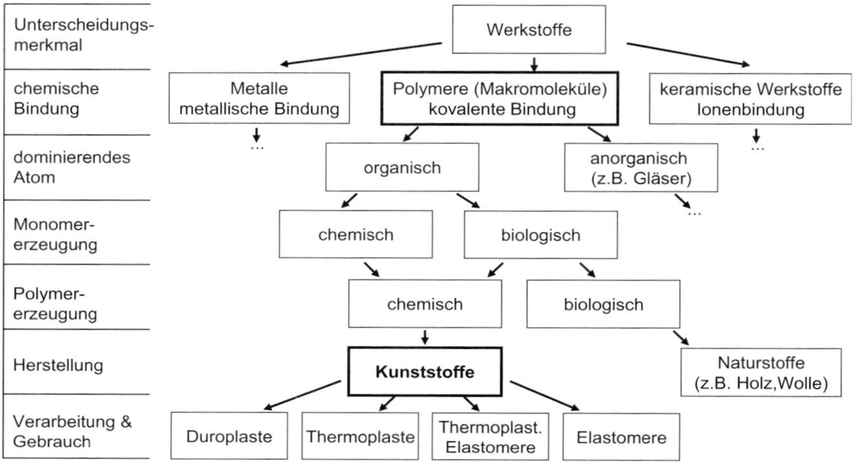

Bild 1.4 Einordnung der Kunststoffe in das Werkstoffgebiet

Trotz dieser sehr eindeutigen Definition gelingt auch in diesem Buch die exakte Begriffsunterscheidung zwischen Polymer und Kunststoff nicht immer. Dies hängt nicht zuletzt damit zusammen, dass selbst in der Sprache der Wissenschaft oder der Wirtschaftsstatistik die Zuordnungen nicht konsequent und eindeutig verwendet werden. Auch wird in Werkstoffnormen häufig die Bezeichnung Polymer verwendet, obwohl eigentlich Kunststoffe behandelt werden. In solchen Fällen verbietet sich die Abänderung des Begriffes Polymer in Kunststoff, da sonst das Auffinden der Normen unmöglich wird.

Allgemein kann zum Kunststoffgebiet festgestellt werden:

- Kunststoffe werden in einer großen Typenvielfalt hergestellt, wie sie von anderen Werkstoffgruppen nicht annähernd erreicht wird. Sie repräsentieren eine extrem große Spannweite des Eigenschaftsbildes. Der in der Anfangszeit der Kunststoffentwicklung etwas euphorisch geprägte Slogan „Werkstoffe nach Maß“ ist Realität geworden. In nahezu allen Bereichen des menschlichen Lebens sind Kunststoffe als Werkstoffe oder spezielle Funktionsstoffe etabliert.
- Aufgrund ihrer komplexen chemischen und morphologischen Struktur sowie ihrer großen Variationsbreite hinsichtlich der Zusammensetzung und stofflichen Modifizierbarkeit ergibt sich ein kompliziertes Stoffverhalten, das beim Einsatz und bei der Verarbeitung der Kunststoffe zu berücksichtigen ist. Beispiele sind die Visko- und Entropieelastizität, das nichtnewtonsche Fließen, ein komplexes Alterungsverhalten, die Teil- und Flüssigkristallinität, orientierungs- oder modifizierungsbedingte Anisotropie, Spannungsrissbildung u.a.m. Zur Beschreibung der Eigenschaften sind daher vielfältige Prüfverfahren erforderlich, um aussagefähige Eigenschaftswerte (Single-Point-Daten) oder Eigenschaftsfunktionen (Multi-Point-Daten) zu erhalten (s. Kapitel 3).
- Für die Aufbereitung, Ver- und Bearbeitung sowie Nachbehandlung der Kunststoffe kann eine große Anzahl verschiedenartiger Verfahren der Kunststofftech-

nik eingesetzt werden. Es dominieren eindeutig die Urform- und Umformverfahren, die eine hochproduktive und energiesparende Fertigung mit sehr guter Materialausnutzung sowie geringer Anzahl von Verfahrensschritten ermöglichen. Die Stoffverformung und -umwandlung (z.B. Härten, Vulkanisieren) laufen bei der Verarbeitung u.U. gleichzeitig ab. Insbesondere bei Thermoplasten bestehen gute Recyclingmöglichkeiten durch geschlossene Stoffkreisläufe. Mit einer erheblichen Beeinflussbarkeit der Produkteigenschaften durch die Verfahrensbedingungen muss gerechnet werden. Die Verfahrensoptimierung und Qualitätssicherung sollen daher in der Kunststoffverarbeitung einen angemessenen Rang haben (s. Kapitel 4).

- Die effiziente Gestaltung von Kunststoffteilen ist ohne Berücksichtigung der stofflichen Realisierbarkeit und Fertigungsverfahren nicht möglich. Dies sowie der hohe Grad der Werkstoff- und Geometriespezialisierung vieler Fertigungsverfahren zwingen dazu, Gestaltungs-, Werkstoff- und Verfahrensentscheidungen in enger Wechselbeziehung zu treffen (Bild 1.5).
- Die Herstellkosten von Produkten aus Kunststoff werden wesentlich durch die Werkstoffkosten bestimmt. Ökologische Anforderungen müssen zunehmend neben ökonomischen Zielsetzungen berücksichtigt werden. Eine zweckmäßige Werkstoffauswahl und materialsparende Konstruktion sind daher wirksame Beeinflussungsmöglichkeiten für eine wirtschaftliche Fertigung und für eine ökologisch sinnvolle Kunststoffanwendung. Möglichkeiten der Funktionsintegration infolge der besonderen Eigenschaften der Kunststoffe helfen Fertigungsschritte und damit Fertigungskosten einzusparen. Im gleichen Sinne wirkt sich eine recyclinggerechte Erzeugniskonstruktion aus.

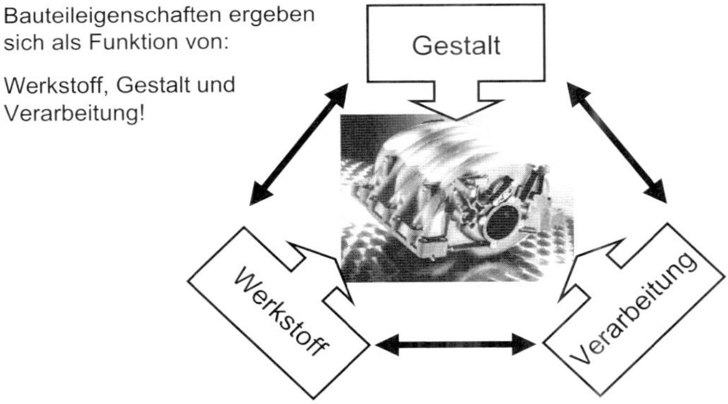

Bild 1.5 Produkte aus Kunststoff, werkstoff- und verarbeitungsgerecht gestaltet

In der überwiegenden Mehrzahl finden Kunststoffe Anwendung in Systemen, wo sie eine lasttragende, schützende oder trennende Funktion übernehmen. Dabei stehen die mechanischen Eigenschaften der Kunststoffe im Vordergrund. Bild 1.6 gibt einen Überblick zu diesen Anwendungen. Wenn der verwendete Werkstoff die Tragstruktur des Bauteils wesentlich bestimmt, spricht man von „Strukturwerkstoffen„.

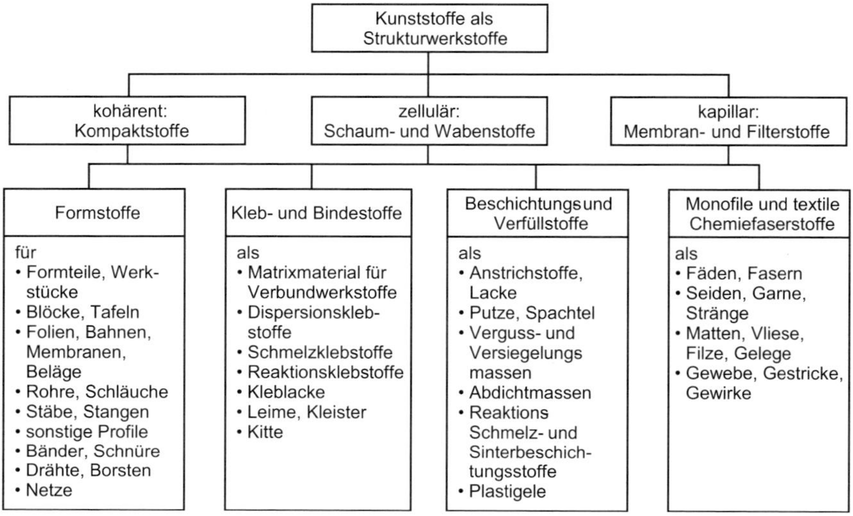

Bild 1.6 Anwendungsgebiete für Kunststoffe, geordnet nach Makrostruktur und Funktion

In letzter Zeit sind Kunststoffe auch stärker als „Funktionswerkstoffe“ zum Einsatz gekommen. Funktionswerkstoffe weisen nanoskopisch bestimmte Funktionalitäten aus, die sich etwa für optische oder elektrische Zwecke nutzen lassen. Hierzu zählen etwa UV-Licht-härtende Harze, photoadressierbare Makromoleküle oder elektrisch schaltbare Polymere. Im allgemeinen spricht man hier von Funktionspolymeren (besser: Funktionskunststoffe). Im Bauteil werden die Funktionswerkstoffe lokal angeordnet, etwa schicht- oder punktförmig. Sie übernehmen eine spezielle Funktion (etwa die der Datenspeicherung). Dieser Werkstoffgruppe wird eine stark wachsende Zukunft vorhergesagt, wegen der derzeit jedoch sehr speziellen Anwendungen und Eigenschaften wird diese Werkstoffgruppe nicht in diesem Taschenbuch behandelt.

Die in Bild 1.6 genannten textilen Vor- und Endprodukte werden nicht zum Kunststoffgebiet gezählt. Dies berücksichtigt die historische Entwicklung, nach der die Erzeugung textiler Produkte zunächst ausschließlich aus Naturstoffen erfolgte. Später adaptierte die Textiltechnik die Produktionsweisen auch auf solche Produkte, die aus Kunststoffen hergestellt werden. Ebenso findet sich vielfach eine historisch gewachsenen Abgrenzung zwischen den thermo- und duroplastischen Kunststoffen einerseits und den Elastomeren andererseits. Spätestens mit der Entwicklung der thermoplastischen Elastomere wurde deutlich, dass diese Abgrenzung keinen technische Begründung hat.

In der Kunststoffverarbeitung lassen sich drei charakteristische Phasen unterscheiden:

- Aufbereitung,
- Verarbeitung und Bearbeitung sowie
- Nachbearbeitung und Nachbehandlung.

In der Aufbereitung werden die Kunststoff-Rohstoffe oder Vorprodukte in verarbeitungsfähige Formmassen überführt, die nach der Verarbeitungsphase als eigentliche Produktwerkstoffe mit *Formstoffe* bezeichnet werden (s. DIN 7708). Erfolgt während der Verarbeitung eine chemische Reaktion zur Stoffwandlung, so sind Formmassen *reaktive Vorprodukte,* die sich von den angestrebten Werkstoffen völlig unterscheiden. Andernfalls liegt stoffliche Identität vor. Falls erforderlich, werden in einer zweiten Verarbeitungsstufe Kunststoffhalbzeuge durch Umformen, Spanen, Schweißen u.a. zu Enderzeugnissen verarbeitet bzw. Einzelteile (Formteile, Werkstücke) und/oder Halbzeuge zu kompletten Enderzeugnissen montiert oder konfektioniert. In der Nachbehandlungsphase erfolgen je nach Erfordernis die Fertigbearbeitung (z.B. Entgraten), die Oberflächenbehandlung und -veredlung (z.B. Bedrucken, Beflocken, Metallisieren) und Stoffeigenschaftsänderung (z.B. Konditionieren, Tempern). Formmassen werden je nach der Art, dem Zustand und der äußeren Darbietungsform als Pulver, Grieß, Dryblend, Agglomerat, Granulat (Pellet), Prepreg, Premix, Paste (Plastisol), Lösung, Suspension, Emulsion, Latex u.a. bezeichnet.

1.3 Benennung und Kurzzeichen für Polymere

Zur Kennzeichnung von Kunststoffen gibt es eine Reihe von nationalen und internationalen Normen, die zwar keine unverwechselbare Klasssifizierung ermöglichen, aber zumindest eine Orientierung für die Verwendung von Kurzzeichen erlauben, s. Tafel 1.1 und Tafel I, S.XXII.

Tafel 1.1 Normen für die Kennzeichnung von Polymeren

DIN EN ISO 1043-1	Kennbuchstaben und Kurzzeichen Teil 1: Basis-Polymere und ihre besonderen Eigenschaften
DIN EN ISO 1043-2	Kurzzeichen Füllstoffe und Verstärkungsstoffe
DIN EN ISO 1043-3	Kennbuchstaben und Kurzzeichen Teil 3: Weichmacher
DIN EN ISO 1043-4	Kennbuchstaben und Kurzzeichen Teil 4: Flammschutzmittel
DIN ISO 1629	Kautschuk und Latices Einteilung und Kurzzeichen
DIN EN ISO 11469	Sortenspezifische Identifizierung und Kennzeichnung von Kunststoff-Formteilen (ausgenommen Packmittel)
DIN EN ISO 18067	Thermoplastische Elastomere, in Vorbereitung

Tafel 1.2 Stoffmerkmale für Kunststoffe

Symbol	Stoffmerkmale
A	amorph
B	Block-Copolymer
BO	biaxial-orientiert
C	chloriert
E	expandiert
G	hohe Schmelzefestigkeit, bei: PET Glykol-modifiziert
H	Homopolymerisat

Tafel 1.2 Stoffmerkmale für Kunststoffe (Fortsetzung)

HC	hochkristallin
HD	High Density
HI	High Impact
HMW	High Molecular Weight
I	Impact
LD	Low Density
LLD	Linear Low Density
(M)	mit Metallocen-Katalysator hergestellt
MD	Medium Density
O	Orientiert
P	Plastifiziert
R	Random-Polymerisat
U	Unplastifiziert
UHMW	Ultra High Molecular Weight
ULD	Ultra Low Density
VLD	Very Low Density
X	Vernetzt
XA	Peroxidisch vernetzt
XC	Elektronenstrahl-vernetzt

Tafel 1.3 Kurzzeichen von Kunststoffen: Kennzeichnung von Art und Struktur von Zusatzwerkstoffen

Stoffart		Stoffstruktur	
A	Asbest	B	Kugeln, Perlen
B	Bor	C	Schnitzel, Späne
C	Kohlenstoff	D	Mehl, Pulver, Grieß
G	Glas	F	Faser, Faserbüschel, Flocken
K	Kreide	G	Fasermahlgut
L	Cellulose	H	Whiskers
M	Metall	L	Gelege, Nähwirkstoffe
P	Glimmer	M	Matte
R	Aramid	P	Papier, Folie
S	Synthetics	R	Roving, Strang, Draht
T	Talkum	S	Plättchen, Faserstäbchen
W	Holz	T	Gewirk, Gestrick, Schnur
		V	Vlies, Furnier
		W	Gewebe
		Y	Garn

Hinweise:

Es ist immer erst das Basismaterial mit dem Kurzzeichen zu benennen, darauf folgen weitere Erläuterungen, z.B. PS-E für expandiertes Polystyrol. (falsch. EPS)

Bei Copolymeren werden die Kurzbezeichnungen der Bestandteile in der Reihenfolge absteigender Massegehalte ohne Schrägstrich angegeben, z.B. PPEPDM (falsch: PP/EPDM)

Bei Blends (Mischungen) werden die Bestandteile ebenfalls in der Reihenfolge absteigender Massegehalte mit einem „+" getrennt angegeben, z.B. PC+ABS.

Als Erläuterungen zu den Basispolymeren sind die in Tafel 1.2 aufgeführten Symbole für Stoffmerkmale genormt bzw. üblich, z.B. PBT-A: amorphes PBT.

Die Art, Struktur und Gewichtsanteile von eventuell verwendeten Zusatzstoffen (Füll- und Verstärkungsstoffen) können durch die in Tafel 1.3 aufgeführten Kurzzeichen angezeigt werden, z.B. UP-GF30: mit 30 Gewichts-% Glasfasern verstärktes UP-Harz, oder: PP-(GB+K): mit Glaskugeln und Kreide gefülltes Polypropylen.

Zur Kennzeichnung von Kunststoffen gibt es eine Reihe von nationalen und internationalen Normen, so dass eine unverwechselbare Klasssifizierung durch Kurzzeichen möglich ist, s. Tafel 1.1 und Tafel 1, S. XXII.

2 Aufbau der Kunststoffe

2 Aufbau der Kunststoffe

2.1 Strukturbeschreibung der Kunststoffe

Die Eigenschaften von Stoffen lassen sich aus ihrer Struktur erklären. Kunststoffe besitzen die größte Strukturvielfalt aller vom Menschen genutzten Werk- und Funktionsstoffe. Für synthetisch oder durch stoffliche Abwandlung hergestellte Kunststoffe gelten die gleichen Strukturierungsprinzipien wie für Biomakromoleküle (z.B. Eiweiße, Kohlehydrate), die infolge ihrer vielfältigen Strukturvariationen zur Basis des Lebens wurden. Zur fachlichen Orientierung im Kunststoff- und Kautschukgebiet und zur Eigenschaftsbewertung sind Elementarkenntnisse der Polymerstruktur sehr hilfreich. Daher soll dieser Problemkreis nachfolgend in möglichst einfacher und kurzgefasster Weise dargestellt werden, ohne dabei immer Anspruch auf Vollständigkeit und akademische Akkuratesse erheben zu wollen. In weiteren Kapiteln (z.B. Kapitel 6) werden diese Ausführungen durch die Angabe detaillierter Struktur-Eigenschafts-Zusammenhänge ergänzt und die Aussagen angewendet.

2.1.1 Chemische Struktur (Konstitution und Konfiguration der Makromoleküle)

Organische Makromoleküle bestehen aus vielen sich wiederholenden Grundbausteinen (konstitutive Repetiereinheiten). Sie werden durch verschiedene Bildungsreaktionen aus niedermolekularen Ausgangsstoffen synthetisiert, für die sich der Begriff *Monomere* auch dann eingebürgert hat, wenn die Bildungsreaktion keine Polymerisation ist. Viele Monomere chemisch verknüpft ergeben *Polymere.* Als Art der chemischen Bindung (Hauptvalenzbindung) ist die kovalente Elektronenpaarbindung (homöopolare Bindung, Atombindung) dominierend. Die Metallbindung kommt nicht vor und die Ionenbindung nur als partielle chemische Bindung. Ionische Polymere sind *Polyelektrolyte,* falls die Ionenkonzentration wasserlösliche Polymere bedingt. Sie werden *Ionomere* genannt, wenn die geringen Konzentrationen an ionisch dissoziierten Bindungen zu wasserunlöslichen Polymeren führt. Am atomaren Aufbau sind hauptsächlich die Nichtmetallelemente Kohlenstoff (C), Wasserstoff (H) und Sauerstoff (O) beteiligt. Relativ häufig treten noch Stickstoff (N), Chlor (Cl), Fluor (F) und Schwefel (S) auf. Sog. halborganische Polymere enthalten die Halbmetallelemente Silizium (Si), als Silikone oder Polysiloxane bezeichnet, und Bor (B). Andere Elementarzusammensetzungen sollen wegen ihrer sehr speziellen Bedeutung nicht beachtet werden. Bereits die bisher besprochenen Strukturmerkmale erlauben folgende Rückschlüsse auf das Eigenschaftsbild reiner organischer Polymere:

- geringe elektrische Leitfähigkeit (elektrische Isolatoren),
- geringe Wärmeleitfähigkeit (thermische Isolatoren),
- spezifisch leichte Werkstoffe (Dichte 0,8 bis 2,2 g/cm^3),

- begrenzte thermische Beständigkeit, da Aufspaltung der Elektronenpaarbindung irreversibel ist.

Art und Funktionalität (Bindigkeit) der monomeren Ausgangsstoffe bestimmen die kovalente Grundstruktur von Kunststoffen (Bild 2.1).

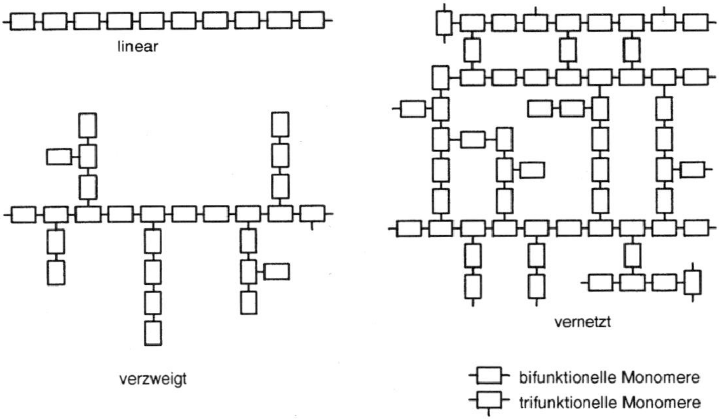

Bild 2.1 Kovalente Grundstrukturen von Polymeren

Bifunktionelle Monomere ergeben lineare Makromoleküle (Ketten- oder Fadenmoleküle). Bei tri- und höherfunktionellen Monomeren bilden sich verzweigte und/oder vernetzte Strukturen. Verzweigte Moleküle unterscheiden sich nach der Art und dem Grad der Verzweigung (Bild 2.2).

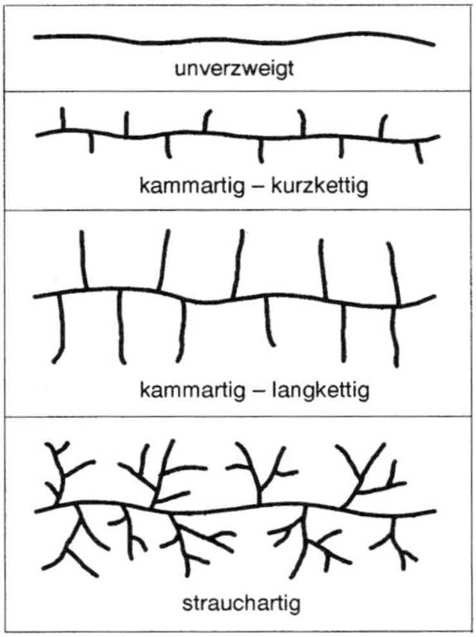

Bild 2.2 Verzweigungsarten von Makromolekülen

Beim Polyethylen wird z.B. der Verzweigungsgrad durch die Zahl der Seitenketten pro 1000 Hauptkettenatome quantifiziert:

- PE-HD: linear, wenige Kurzketten (ca. 4 bis 10 pro 1000C-Atome)
- PE-LD: langkettig bis strauchartig verzweigt
- PE-LLD: linear, viele Kurzketten (ca. 10 bis 35 pro 1000C-Atome).

Verzweigungsgrad und -art bewirken erhebliche Eigenschaftsunterschiede (Kristallisationsneigung, Härte u.a.). Bei chemischen Reaktionen entstehen Verzweigungen, sowohl gesteuert durch z.B. radikalische Chemismen, die zusätzliche Reaktionsstellen im Makromolekül erschließen, als auch durch zufällige Übertragungsreaktionen. Sind die Monomere von vornherein tri- oder höherfunktionell, so bilden sich kovalente Netzstrukturen in Form von Raumnetzmolekülen (Bild 2.3).

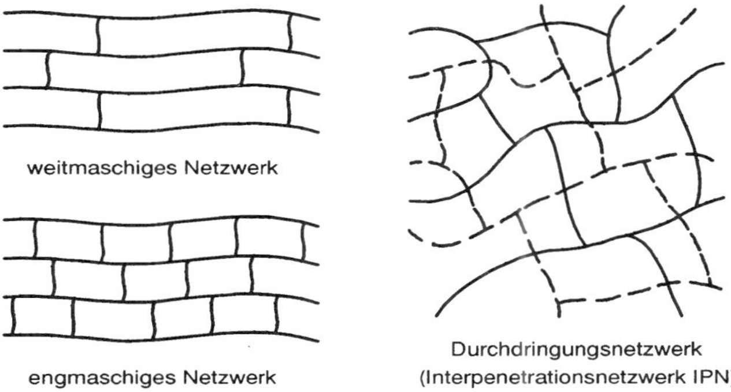

Bild 2.3 Kovalente Netzstrukturen von Polymeren

Eine weitmaschige Vernetzung ist die kennzeichnende Struktur von Gummi, während Duroplaste durch engmaschige Vernetzungen charakterisiert sind. Durch die Vernetzungsdichte lassen sich die Kunststoffeigenschaften in weiten Bereichen beeinflussen (z.B. die mechanischen Eigenschaften, Quellbarkeit).

Bestehen die Makromoleküle aus Grundbausteinen (Monomeren) der gleichen Art, werden sie als *Homopolymere* bezeichnet. Werden Monomere unterschiedlicher Arten chemisch verknüpft, so entstehen *Copolymere*. Diese neue Strukturvariation (Konstitutionsisomerie) gestattet eine Vielzahl von Anordnungsmöglichkeiten und erschließt damit Synthesemöglichkeiten für spezielle Kunststoffklassen. In Tafel 2.1 sind solche Variationsmöglichkeiten für lineare Copolymere angegeben, die sinngemäß auch für Raumnetzmoleküle gelten.

Zum Chemismus der Polymerbildungsreaktionen werden nachfolgend nur einige kurzgefasste Hinweise gegeben. Die Bildungsreaktionen für Makromoleküle werden durch geeignete Reaktionsbedingungen (z.B. Temperatur, Druck, Monomerkonzentration, mediale Reaktionsumgebung) sowie durch aktivierende bzw. hemmende und strukturregelnde Zusätze (z.B. Katalysatoren, Aktivatoren, Beschleuniger, Inhibitoren, Strukturregler) gesteuert. Nach der Art der Monomere und dem Chemismus sind wichtige Polyreaktionen in Bild 2.4 vereinfacht beschrieben.

Tafel 2.1 Konstitutionsisomerie von unvernetzten Copolymeren

Random-/ statistische Copolymere		statistische Monomeranordnung
Sequenz-copolymere		periodische Anordnung von Monomersequenzen
Segment-block-copolymere	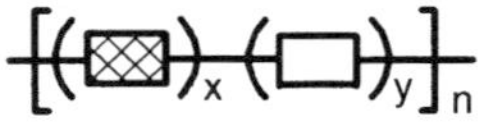	segmentierte Anordnung von homopolymeren Molekülblöcken
Teleblock-copolymere	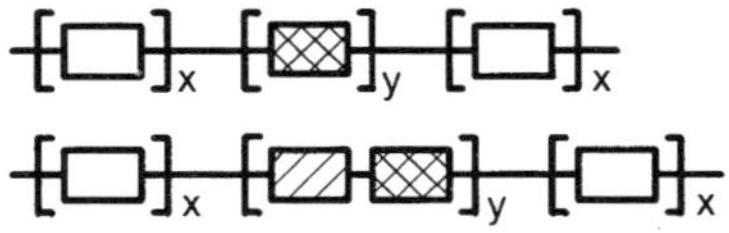	Anordnung von endständigen Molekülblöcken gleicher Monomerart an einem homo- oder copolymeren Mittelblock
Pfropf-copolymere	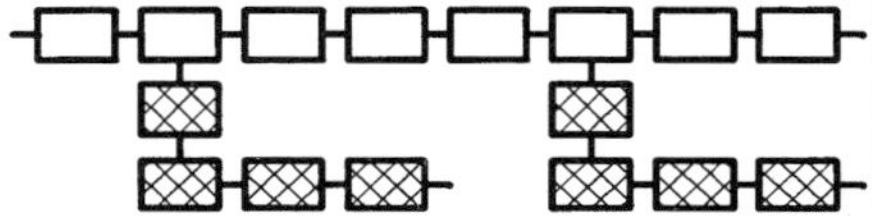	Aufpfropfen von Molekülblöcken auf einen Basisblock zu verzweigten Makromolekülen

- Nach der Anzahl unterschiedlicher Monomerarten werden Bi-, Ter-, Quater-, ... -Copolymere unterschieden.
- Blockcopolymere werden nach der Anzahl der molekülbildenden Blöcke in Di-, Tri-, Tetra-, ... -Blockcopolymere unterschieden.

Darüber hinaus gibt es eine Reihe anderer Reaktionstypen, auf die nicht eingegangen wird. Eine eindeutige Zuordnung von Polymeren zu den Reaktionstypen ist nicht immer möglich, da die Synthese auf unterschiedliche Weise erfolgen kann. So kann z.B. die Herstellung von Polyformaldehyd (POM) nach allen in Bild 2.4 angegebenen Reaktionstypen erfolgen. Bei anderen Polymeren, wie z.B. Polycaprolactam (PA 6), treten in verschiedenen Synthesestufen verschiedene Reaktionsmechanismen auf (Polykondensation, Polymerisation). Nach der technischen Durchführung der Polymerisation (mediale Reaktionsumgebung) wird zwischen der Masse- bzw. Substanzpolymerisation, Suspensions-, Emulsions- und Lösungspolymerisation unterschieden. Falls die Polymerisationsart von Bedeutung für das Eigenschaftsbild der Polymerisate ist, erfolgt eine entsprechende Kennzeichnung. Analoge Einteilungen gibt es für die Polykondensation und Polyaddition.

Die Größe den Makromoleküls ist ein wichtiger Strukturparameter. Aus der Polymerbildungsreaktion leitet sich für alle synthetisch hergestellten Linearpolymere ab, dass es eine einheitliche Molekülgröße nicht gibt. Vielmehr handelt es sich um Gemische unterschiedlich großer Molekülfraktionen, d.h. um *polymolekulare („polydisperse„) Stoffsysteme.* Die Angabe einer Molmasse (hier: relative Molmasse) ist daher immer ein statistischer Mittelwert, dessen Zahlenwert vom Verteilungsspektrum der Einzelmoleküle und der Art der Mittelwertbildung abhängt (Bild 2.5).

Polymerisation: Monomere verknüpfen sich durch Aufspaltung von Mehrfachbindungen oder Ringöffnung über eine *Kettenreaktion* zu *Polymerisaten.*

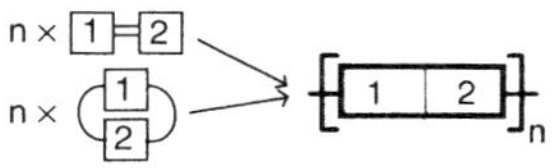

Polykondensation: Monomere verknüpfen sich durch Abspaltung von Reaktionsprodukten (z.B. Wasser) über eine *Stufenreaktion* zu *Polykondensaten* (z.B. Veresterung).

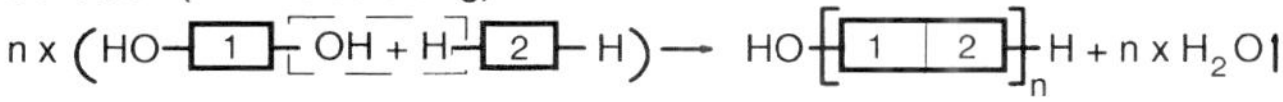

Polyaddition: Monomere verknüpfen sich durch intermolekulare „Wanderung“ eines Wasserstoffatoms ohne Abspaltung von Reaktionsprodukten über eine Stufenreaktion zu *Polyaddukten* (z.B. Urethanreaktion).

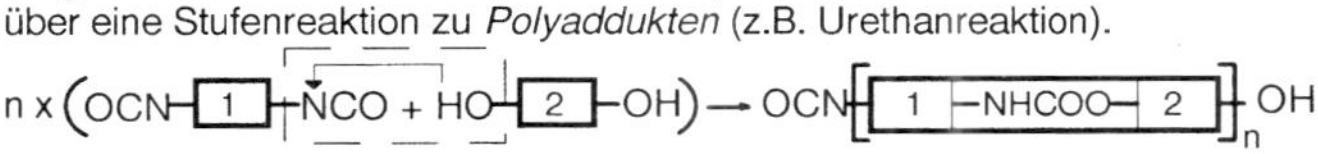

Bild 2.4 Schematische Darstellung häufiger Polymerbildungsreaktionen (Polyreaktionen)

Für Eigenschaftskorrelationen ist der Gewichtsmittelwert (M_w) praktisch von größerer Bedeutung. Zur Beschreibung der Uneinheitlichkeit von Polymeren wird noch der Zahlenmittelwert (M_n) benötigt. Beispiele dafür finden sich in Tafel 2.2.

Tafel 2.2 Polymolekularität in Abhängigkeit von der Polymerbildungsreaktion

Polymere	$\frac{M_w}{M_n}$
Molekulareinheitliche Polymere	1
Polykondensate und Polyaddukte	2
Vinylpolymerisate	2–5
Stark verzweigte Polymere	20–50

Einen Überblick zu Molmassebestimmungsmethoden enthält Tafel 2.3.

Ab welcher Molmasse wird gemeinhin von Polymeren gesprochen? Geht man von der Molekülgröße aus, ab der sich Molekülverschlaufungen (entanglements) in Schmelzen und Lösungen nachweisen lassen, so kann die untere Grenze etwa mit 10^4 angegeben werden. Molekülverschlaufungen sind als temporäre physikalische Vernetzungsstellen anzusehen, die im Vergleich zu niedermolekularen Stoffen qualitativ neue Stoffeigenschaften (z.B. Entropieelastizität) ergeben. Eine obere Grenze der Polymermolmassen ist nicht festlegbar. Technisch genutzte Kunststoffe liegen zwischen 10^4 bis 10^7, meist $5 \cdot 10^4$ bis $5 \cdot 10^5$. Makromoleküle, die im Übergangsgebiet zwischen niedermolekularen Produkten und Kunststoffen etwa bei 10^2 bis 10^4 liegen, werden als *Oligomere* bezeichnet. Um eine anschauli-

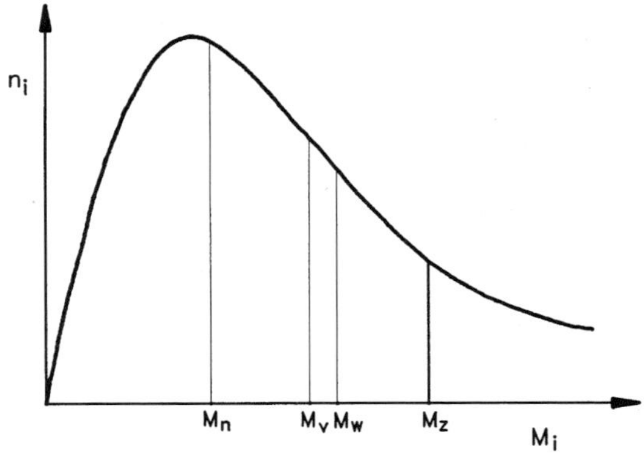

– Molmassemittelwerte:

Zahlenmittel $$M_n = \frac{\sum n_i \cdot M_i}{\sum n_i}$$

Gewichtsmittel $$M_w = \frac{\sum n_i \cdot M_i^2}{\sum n_i \cdot M_i} = \frac{\sum m_i \cdot M_i}{\sum m_i}$$

Z-Mittel $$M_z = \frac{\sum n_i \cdot M_i^3}{\sum n_i \cdot M_i^2} = \frac{\sum m_i \cdot M_i^2}{\sum m_i \cdot M_i}$$

Viskositätsmittel $$M_v = \left[\frac{\sum n_i \cdot M_i^{a+1}}{\sum n_i \cdot M_i}\right]^{1/a} = \left[\frac{\sum m_i \cdot M_i^{a}}{\sum m_i}\right]^{1/a}$$

– Molekulare Uneinheitlichkeit: $$U = \frac{M_w}{M_n} - 1$$

M_i relative Molmasse einer engen (differenziell kleinen) Molekülfraktion
n_i Anzahl der Moleküle der Molekülfraktion
$m_i = n_i \cdot M_i$ Gesamtmasse aller Moleküle der Molekülfraktion
a Exponent der Staudinger-Gleichung (meist: $0{,}5 \le a \le 1$)

Bild 2.5 Molmassemittelwerte

che Vorstellung von solchen Riesenmolekülen im gestreckten Zustand zu erhalten, sollte man für technisch genutzte Kunststoffe 1 mm dicke Fäden von 2 bis 200 m Länge annehmen. Spezielle Biopolymere können um mehrere Größenordnungen längere Moleküle enthalten.

Dass Molekülketten solcher Ausdehnung in erheblichem Maße die Fließfähigkeit der Kunststoffe im Schmelzezustand oder in Lösung beeinflussen, ist verständlich. Es gibt daher Formmassekennwerte bzw. Kennwertfunktionen, die zur praktischen Beschreibung des Fließverhaltens dienen und in Korrelation zur Molmasse stehen (Tafel 2.4).

Tafel 2.3 Molmassebestimmungsmethoden für Polymere und Oligomere

Methode		Meßergebnis	Meßbereich
Sedimentation und Diffusion mit Ultrazentrifuge	(a)	M_w, M_z	bis 10^8
Lichtstreuung	(a)	M_w	bis 10^7
Elektronenmikroskopie	(a)	M_i, M_n	abhängig von Löslichkeit
Gelpermeationschromatographie – GPC	(r)	M_n, M_w, M_v	
Lösungsviskosimetrie	(r)	M_v	
Schmelzviskosimetrie	(r)	M_w	abhängig von Schmelzbarkeit
Membranosmometrie	(a)	M_n	$2 \cdot 10^4$ bis 10^6
Dampfdruckosmometrie	(a)	M_n	bis 10^5
Endgruppenbestimmung	(e)	M_n	bis $5 \cdot 10^4$
Kryoskopie	(a)	M_n	bis $5 \cdot 10^4$
Ebullioskopie	(a)	M_n	bis 10^4

(a) Absolutmethode (r) Relativmethode (e) Äquivalentmethode

Tafel 2.4 Formmassedaten zur Beschreibung des Fließverhaltens thermoplastischer Kunststoffe, s. Abschn. 3.1.1

Kennwerte	Normen
Prüfung von Lösungen:	
– Viskositätszahl	DIN 51 562 , ISO 1628
– Staudinger-Index bzw.	DIN 53 726
Grenzviskositätszahl	DIN 53 727
– K-Wert nach Fikentscher	DIN 53 728 , ISO 1191
Prüfung von Schmelzen:	
– Schmelze-Massefließrate (MFR)	DIN 53 735 , ISO 1133
– Schmelze-Volumenfließrate (MVR)	
– Rheogramme $\eta = f(\dot{\gamma}, \tau, T)$	DIN 54 811

Hohe Molmassen ergeben, vor allem bei schlag- oder stoßartiger Belastung, größere Zerreißfestigkeiten der Kunststoffe. Zwischen der Verarbeitbarkeit (Fließverhalten) und den Anwendungseigenschaften müssen daher häufig Kompromisse getroffen werden. Eine möglichst enge Molmasseverteilung kann für bestimmte Verarbeitungsprozesse (z.B. Spritzgießen) notwendig werden, so dass dafür Spezialformmassen (controlled rheology) verfügbar sind.

Für Raumnetzmoleküle ist eine definierte Molmasse im Sinne der vorstehenden Ausführungen nicht bestimmbar. Im theoretischen Idealfall würde ein Kunststoffprodukt aus einem Riesenmolekül bestehen. Tatsächlich ist dies infolge molekularer und morphologischer Fehlstellen nie der Fall. Bei speziellen Eigenschaftsuntersuchungen ist aber die mittlere Molmasse zwischen den Vernetzungsstellen als Maß der Vernetzungsdichte von Bedeutung.

Vergleicht man die Abmessungen aller Strukturelemente von Kunststoffen im mikroskopischen Bereich, so überstreichen diese etwa sechs Größenordnungen. Für den Leser wird daher eine grobe Maßstabsorientierung von Vorteil sein, die mit Bild 2.6 gegeben wird. Die in Bild 2.6 angegebenen Bereiche sind nur als ungefähre Abmessungsrelationen aufzufassen, da im Einzelfall doch größere Überschneidungen möglich sind. Eine einfache Nutzanwendung dieser Darstellung besteht darin, dass Strukturelemente mit Abmessungen unterhalb der Wellenlänge des sichbaren Lichtes die visuell wahrnehmbare Lichtdurchlässigkeit des Kunststoffs nicht beeinflussen. Beliebige strukturelle Veränderungen in diesem Größenbereich ergeben daher immer transparente Kunststoffe.

Die Atome und Molekülgruppen sind im Makromolekül durch Hauptvalenzen so festgelegt, dass sie um diese Bindungen nur begrenzte und kooperative Translations- und Rotationsbewegungen ausführen können, ohne bestimmte räumliche

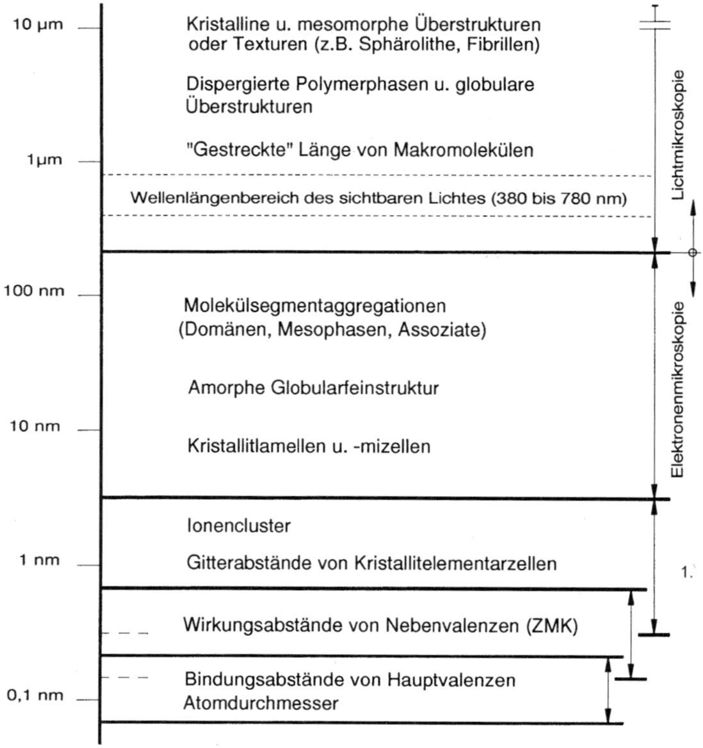

1. Rasterelektronenmikroskopie (REM) (minimal 1-2 nm)
Transmissionselektronenmikroskopie (< 1 nm)
Atomic Force Microscopy (AFM) (noch höher auflösend)

Bild 2.6 Abmessungsbereiche molekularer und morphologischer Strukturelemente von Kunststoffen (1 nm = 10^{-6} mm)

Konfigurationen (z.B. Winkel zwischen Hauptkettenatomen, Anbindungslage von Substituenten) als fixierte Zuordnungsmuster zu verändern. Daraus folgt, dass durch Variation der chemischen Konstitution auch die Steifigkeit bzw. Beweglichkeit der Moleküle durch unterschiedliche Molekülkonfigurationen beeinflussbar ist. Der Gestalteinfluss von Molekülkettenbauelementen auf die Molekularbeweglicheit von Makromolekülen ist in schematischer Darstellung in Tafel 2.5 zu erkennen.

Tafel 2.5 Gestalteinfluss der Kettenbauelemente auf die Molekülbeweglichkeit bzw. -steifigkeit von Kunststoffen

	Kettenbauelemente	Kettenbeweglichkeit
a)	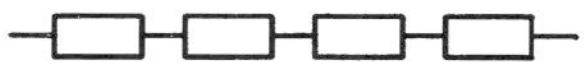	Kleine symmetrische Molekülsegmente sind über Einfachbindungen frei beweglich.
b)	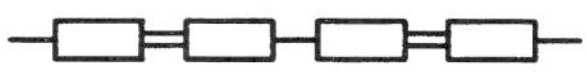	Behinderte Drehbarkeit der Molekülsegmente durch Mehrfachbindungen.
c)	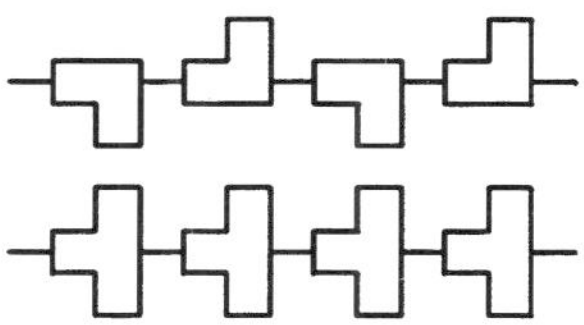	Großvolumige (sperrige) Substituenten ergeben einfach- und doppeltasymmetrische Molekülsegmente mit eingeschränkter Beweglichkeit.
d)	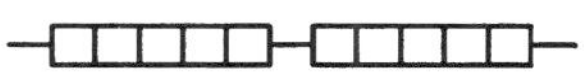	Verknüpfungen von Ringstrukturen nach dem Leiterprinzip ergeben starre Molekülsegmente (Halb-Leiter-Polymere).
e)	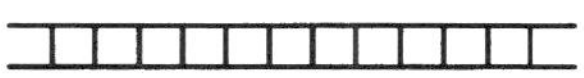	Extreme Bewegungseinschränkungen bei durchgängiger Leiterstruktur (Leiter-Polymere).

Diese Gestalt- und Bindungsasymmetrie der Molekülelemente bedingen entsprechende Anordnungsvarianten (Konstitutionsisomerie) bei der Polymersynthese (Bild 2.7). Bei den meisten Linearpolymeren liegt die 1,2-Addition bzw. Kopf-Schwanz-Anordnung aus energetischen Gründen bevorzugt vor. Für technisch genutzte Polydiene wie Kautschuke ist die 1,4-Addition bestimmend (z.B. NR, IR, BR, CR). Berücksichtigt man bei derart asymmetrischen Molekülbausteinen noch die veränderbare räumliche Lage (Stereoisomerie), so sind durch die Taktizität und cis-trans-Isomerie weitere Strukturvariationen von Polymeren möglich (s. Bild 2.8).

Tatsächlich sind diese Strukturen bei technischen Polymeren durch eine geeignete Reaktionsführung (z.B. Stereokatalyse; Metallocen-Katalysatoren) zu realisieren. Der Leser ahnt sicher, welche Eigenschaftsvielfalt bei gleicher Elementarzusammensetzung eines Kunststoffs möglich ist. Während z.B. das weichgummiartige, amorphe (Random-) PP-R wenig praktische Bedeutung erlangt hat, ist das härtere teilkristalline, isotaktische PP-I ein Thermoplastkunststoff mit großer Anwendungsbreite. Sog. schlagzähe Polypropylene sind u.U. Mischstrukturen zwischen diesen Extremen. Da in der technischen Synthese kaum 100%iges PP-I herstellbar

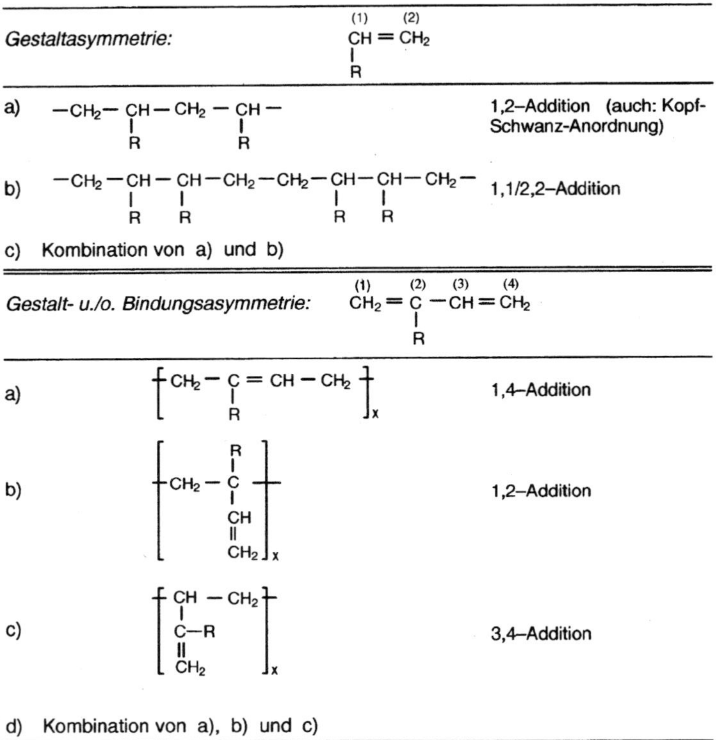

Bild 2.7 Konstitutionsisomerie durch Anordnung asymmetrischer Monomere

ist, wird der ataktische Anteil als heptanlösliche Phase bestimmt und in Form des Isotaxie-Index als Formmassekennwert angegeben (EN ISO 1873). Naturkautschuk (NR) ist chemisch ein cis-1,4-Polyisopren und wichtiger Gummiausgangsstoff. Das ebenfalls in der Natur vorkommende Guttapercha ist chemisch ein trans-1,4-Polyisopren. Infolge seiner Härte und Sprödigkeit bei Temperaturen unter 50 °C hat Guttapercha als technisches Polymerprodukt keine Bedeutung mehr. Diese Beispiele mögen als Demonstration zum Einfluss der Stereoisomerie auf die Eigenschaften von Kunststoffen genügen.

Wenn für den Zusammenhalt der Moleküle nur Hauptvalenzbindungen zuständig wären, müssten alle niedermolekularen organischen Stoffe bei Raumtemperatur gasförmig sein, d.h., die kondensierten Zustände (flüssig, fest) sind damit nicht erklärbar. Tatsächlich wirken aber bei allen Stoffen mit kovalenter Atombindung noch *zwischenmolekulare Kräfte (ZMK),* die gewissermaßen als physikalische Vernetzungspunkte der Wärmebewegung vonMolekülen bzw. Molekülteilen entgegenwirken. Bei entsprechend tiefer Temperatur sind also der Flüssig- und Festzustand damit erklärbar. Alle für Polymere wesentlichen zwischenmolekularen Kräfte sind in Tafel 2.6 aufgeführt und erläutert.

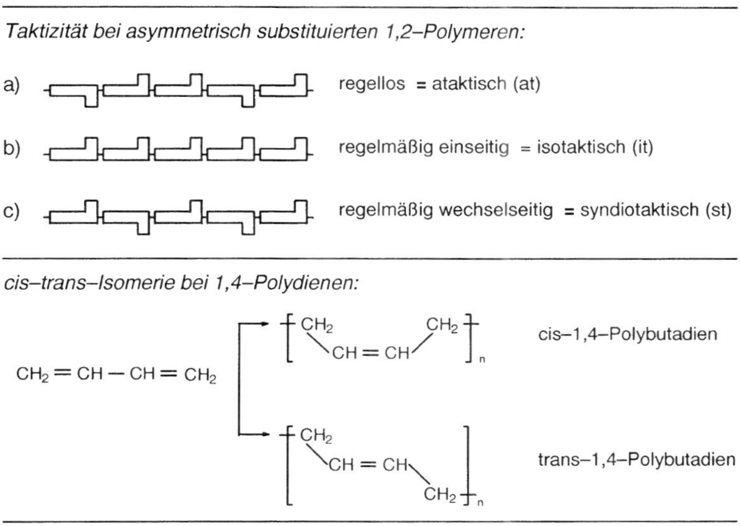

Bild 2.8 Stereoisomerie durch Anordnung asymmetrischer Monomere

Da die ZMK durch Wärmebewegung (Temperaturerhöhung) überwunden werden und bei Abkühlung wieder wirksam sind, handelt es sich um reversible Molekülbindungen. Trotz ihrer Vielfalt können die ZMK nach Tafel 2.6 auf zwei physikalische Grundprinzipien zurückgeführt werden:

- Die Dispersionskräfte haben ihre Ursache in temporären Veränderungen der Ladungsverteilung der Elektronenbindungsorbitale, so dass Anziehungskräfte in allen Stoffen als gleichförmiges Kraftfeld schwacher Wechselwirkungen auftreten.
- Alle weiteren in Tafel 2.6 aufgeführten ZMK beruhen auf permanenter Veränderung der Ladungsverteilung in Molekülen oder Molekülteilen, die als Polarität bezeichnet wird. Jedes Element hat eine unterschiedliche Fähigkeit, das bindende Elektronenpaar anzuziehen. Diese Fähigkeit wird als Elektronegativität bezeichnet und durch Verhältniszahlen (EN) nach Pauling quantifiziert (Tafel 2.7).

Für den Grad der Polarität einer Atombindung ist die Differenz der EN-Zahlen ($= \Delta EN$) der miteinander verknüpften Atome maßgebend. Bei $\Delta EN = 0$ liegen unpolare Stoffe vor, bei denen nur Dispersionskräfte als ZMK wirksam sind. Ist $\Delta EN \geq 1{,}8$, so handelt es sich um *Ionenbeziehung* als spezielle Form der chemischen Bindung (heteropolare Bindung). Im Zwischenbereich wird allgemein von *permanenten Dipolbindungen* gesprochen (Induktions-, Orientierungs-, Wasserstoffbrückenkräfte). Bei den bisherigen Erläuterungen zur Polarität wurden die Elektronegativitätsunterschiede zwischen zwei unmittelbar verbundenen Atomen betrachtet. Es ist einleuchtend, dass sich in einem Molekül unmittelbar benachbarte, entgegengerichtete Polaritätsunterschiede aufheben können. So wird beim Polyethylen bereits im Strukturelement der Methylengruppe [$-CH_2-$] die deutli-

Tafel 2.6 Zwischenmolekulare Kräfte (ZMK)

Art / Wirkungsprinzip	Absättigung durch Ladungsfixierung	Temperatureinfluss auf Kraftwirkung	n[1])	Einzelkraftwirkung	Beitrag zur Molkohäsion
Dispersionskräfte: allseitig wirksame, ungerichtete Anziehung zwischen fluktuierenden Ladungsschwerpunkten von Atombindungsorbitalen (atomare Dipole)	nicht möglich	gering	7	sehr gering	meist hoch; in allen Stoffen wirksam
Induktionskräfte: wenig gerichtete, induzierte Anziehung zwischen permanenten Molekülgruppendipolen und polarisierbaren Molekülteilen mit „verschieblichen" Elektronen (z.B. π–Elektronen in Aromaten und konjugierten Mehrfachbindungen)	nicht möglich	gering	7	gering	meist gering
Dipol- oder Orientierungskräfte: gerichtete Anziehung zwischen permanenten Molekülgruppendipolen	nicht möglich	groß	4	mittel bis groß je nach Dipolstärke	abhängig von Dipolkonzentration und -stärke; u. U. hoch
Wasserstoffbrückenkräfte: gerichtete Anziehung zwischen permanenten Molekülgruppendipolen, die einerseits als Protonendonator mit „verschieblichen" H-Atomen (X–H) und andererseits als Protonenacceptor (Y) wirken: X – H · · · Y	möglich (Vorstufe eines Ionengitters)	groß	4	groß	abhängig von H-Brückenkonzentration; u. U. sehr hoch
Ionenkräfte (Coulombsche Kräfte): allseitige elektrostatische Anziehung von Ionenrümpfen	in Ionengitter oder Ionencluster	gering	2	sehr groß	abhängig von Ionenkonzentration

[1]): zwischen Kraftwirkung (F) und mittlerem Teilchenabstand (r) gilt die Relation $F \sim 1/r^n$ mit Abstandsexponent n

Tafel 2.7 Elektronegativitätszahl (EN) nach *Pauling* für ausgewählte Elemente

Element	EN	Element	EN
Fluor (F)	4,0	Schwefel (S)	2,5
Sauerstoff (O)	3,5	Wasserstoff (H)	2,1
Chlor (Cl)	3,0	Silizium (Si)	1,8
Stickstoff (N)	3,0	Zink (Zn)	1,6
Kohlenstoff (C)	2,5	Natrium (Na)	0,9

che Bindungspolarität von $\Delta EN = 0{,}4$ für die Kohlenstoff-Wasserstoff-Bindung aufgehoben sein. Polyethylen ist, wie übrigens alle reinen Kohlenwasserstoffe, ein völlig unpolarer Stoff. Daraus darf man folgern, dass die Polarität nur als ZMK wirksam ist, wenn sie an hinreichend beweglichen Molekülgruppen (kinetische Einheiten) gebunden ist, die sich auf einen für die jeweiligen Kräftearten charakteristischen Mindestabstand annähern können (s. Bild 2.6).

Die Gesamtheit aller ZMK eines Stoffes ist die *Molkohäsion.* In Tafel 2.6 sind die Anteile einzelner ZMK-Arten an der Molkohäsion und deren Beeinflussbarkeit durch die Temperatur und Abstandsänderung erläutert. Zusammen mit der Molekülgestalt und -größe beeinflussen die ZMK nahezu alle anwendungs- und verarbeitungstechnisch wichtigen Eigenschaften der Kunststoffe, vor allem auch die Wechselwirkung mit niedermolekularen Stoffen (Lösung, Weichmachung, Permeation u.a.) und die Mischbarkeit der Polymere untereinander (z.B. Blendherstellung). Große Polarität ist immer dann zu erwarten, wenn Heteroatome (z.B. F, Cl, O, N) in Makromoleküle eingebaut sind und deren Bindungspolaritäten sich infolge der räumlichen Lage im Molekül nicht aufheben können.

Dem Leser ist die Bedeutung der chemischen Struktur für das Eigenschaftsbild eines Kunststoffs sicher bewusst geworden. Nachstehend soll daher der chemische Aufbau einiger ausgewählter Polymergruppen etwas genauer dargestellt werden. Die Ausgangsstoffe der Polymersynthesen stammen heute im Wesentlichen aus der Erdöl- und Erdgasaufbereitung (Petrochemie) und nur noch zu sehr geringen Teilen aus der Kohlechemie. Für einige Kunststoffe werden auch natürliche Rohstoffe (Pflanzenrohstoffe), wie Cellulose, Stärke und Pflanzenöle, genutzt. Nur knapp 5% der Welterdölförderung wird stofflich für Polymersynthesen eingesetzt, während über 90% verbrannt werden. Diese Relation mag als bedenkenswert für vernünftige Ressourcennutzung stehen, wenn bei Umweltdiskussionen die Kunststoffe „verteufelt" werden.

In einer Reihe von Tafeln sind nachstehend wichtige Polymergruppen durch vereinfachte Strukturformeln beschrieben. Bereits das äußere Bild dieser Formeln gestattet, die behandelten Strukturparameter an konkreten Beispielen zu veranschaulichen. Auch die genaue Benennung der Kunststoffe ist damit möglich (z.B. Polyamide). In Kapitel 6 werden viele dieser Kunststoffe bezüglich ihrer Eigenschaften und Verarbeitungsmöglichkeiten ausführlicher behandelt.

In Tafel 2.8 finden sich lineare Homopolymerisate, die entweder aus ungesättigten Monomeren direkt polymerisiert werden bzw. durch polymeranaloge Stoffumwandlung entstehen. Für letztere Polymere stehen Polyvinylalkohol und die Polyvinylacetale, die aus Polyvinylacetat chemisch abgewandelt werden. Kombi-

Tafel 2.8 Chemische Konstitution von Polymeren – Polymethylene

a)	Polyethylene (PE)	$\{CH_2-CH_2\}_n$	
b)	Polyvinyle	$[CH_2-CH(R)]_n$	

R:

$-CH_3$ Polypropylen (PP)	$-C_2H_5$ Polybuten-1 (PB)	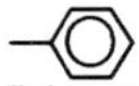 Polystyrol (PS)
$-CH_2-CH(CH_3)-CH_3$ Poly-4-methylpenten-1 (PMP)	$-O-CH_2-CH(CH_3)-CH_3$ Polyvinylisobutylether (PVBE)	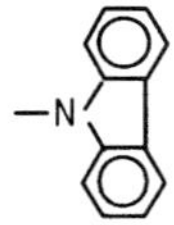 Polyvinylcarbazol (PVK)
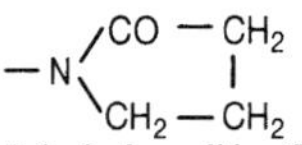 Polyvinylpyrrolidon (PVP)	$-CN$ Polyacrylnitril (PAN)	$-OH$ Polyvinylalkohol (PVAL)
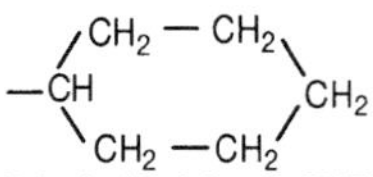 Polyvinylcyclohexan (PVZH)	$-O-COCH_3$ Polyvinylacetat (PVAC) $-Cl$ Polyvinylchlorid (PVC)	$-COOC_4H_9$ Polybutylacrylat (PBAK) $-F$ Polyvinylfluorid (PVF)

c)	Polyvinylidene	$[CH_2-CR_2]_n$	R: $-Cl$ Polyvinylidenchlorid (PVDC) $-F$ Polyvinylidenfluorid (PVDF)
d)	Polymethylvinyle	$[CH_2-C(CH_3)(R)]_n$	R: $-CH_3$ Polyisobutylen (PIB) $-COOCH_3$ Polymethylmethacrylat (PMMA) 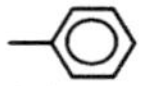 Poly- α-Methylstyrol (PMS)
e)	Perhalogenierte Polyvinyle	$[CF_2-CF(R)]_n$	R: $-F$ Polytetrafluorethylen (PTFE) $-Cl$ Polychlortrifluorethylen (PCTFE) $-CF_3$ Polyhexafluorpropylen (PHFP) $-O-$Alkyl Polyperfluoralkylether
f)	Polyvinylacetale	$[CH_2-CH-CH_2-CH]_n$ (mit $-O-R-O-$ verbrückt)	R: $-CH_2-$ Polyvinylformal (PVFM) $-C_4H_7-$ Polyvinylbutyral (PVB)

niert man die Monomere, so ergeben sich entsprechende Copolymere, deren Vielfalt hier eine detaillierte Formeldarstellung verbietet. Im Sprachgebrauch werden diese Kunststoffe auch nach anderen Merkmalen eingeordnet. So werden z.B. als Polyolefine (PO) alle Kunststoffe mit olefinischen Ausgangsstoffen zusammengefasst. In Tafel 2.8 sind das PE, PP, PB, PMP, PIB.

Tafel 2.9 enthält Polymere mit Doppelbindungen im Makromolekül, die nachträglich zu Elastomeren chemisch vernetzt werden können (z.B. durch eine Schwefelvulkanisation). Es sind also typische Vertreter der Kautschuke. Polycycloolefine gewinnen neuerdings als besonders wärmebeständige Thermoplaste an Bedeutung.

Tafel 2.9 Chemische Konstitution von Polymeren – Polydiene, Polyalkenamere, Polycycloolefine

a)	1,4-Polydiene	$\left[CH_2-\underset{R}{\underset{\mid}{C}}=CH-CH_2 \right]_n$	R: $-H$	Polybutadien (BR)
			$-Cl$	Polychloropren (CR)
			$-CH_3$	Polyisopren (IR), Naturkautschuk (NR)
b)	Polyalkenamere	$\left[CH=CH-(CH_2)_x \right]_n$	z.B. x = 6:	Polyoctenamer (TOR)

c) Polycycloolefine, Polycyclodiene

Homo- u. Copolymere von Cycloolefinen, auch zusammen mit anderen Monomeren, zur Herstellung unterschiedlicher Thermoplaste, Elastomere und Duromere.

Cycloolefine:

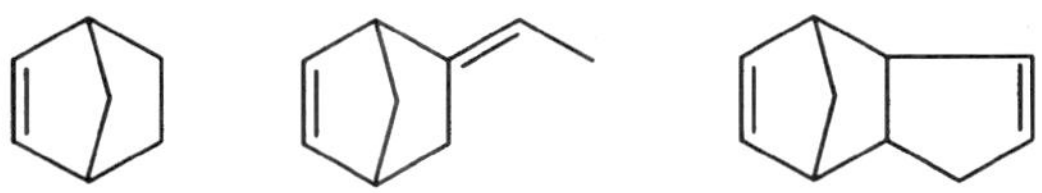

Norbornen (N) Ethylidennorbornen (EN) Dicyclopentadien (DCPD)

Sind Heteroatome (z.B. Sauerstoff) in der Hauptkette enthalten, ergeben sich Polyacetale und Polyether (Tafel 2.10). Werden zusätzlich „sperrige“ Aromatenbausteine eingefügt (Polyarylether, Polyaryletherketone), so wird die Wärmeformbeständigkeit dieser Polymere durch das steifere Makromolekül erheblich erhöht.

In der Anfangszeit der Kunststoffentwicklung wurden durch eine stoffliche Abwandlung von Naturprodukten, wie z.B. Cellulose, technisch interessante Kunststoffe gewonnen, die teilweise noch heute eingesetzt werden (Tafel 2.11). Das steife Cellulosemolekül erschwert eine thermoplastische Verarbeitung, so dass diese Produkte mit Weichmachern oder anderen Polymeren abgemischt werden. Die starke Polarität dieser Verbindungen bedingt u.a. eine große Wasseraufnahme, ja sogar Wasserlöslichkeit (z.B. CMC als Tapetenkleister).

Tafel 2.10 Chemische Konstitution von Polymeren – Polyacetale, Polyether, Polyarylether, Polyaryletherketone

a) Polyacetale	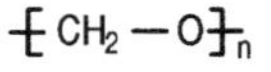 Polyformaldehyd, Polyoxymethylen (POM)	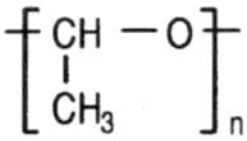 Polyacetaldehyd
b) Polyether	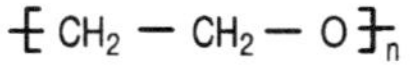 Polyethylenoxid (PEOX) 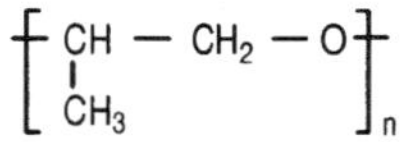 Polypropylenoxid (PPOX)	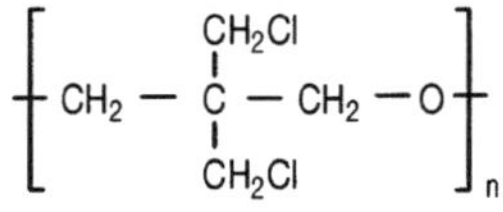 Poly-3,3-bis-chlormethyl-propylenoxid (PCPO)
c) Polyarylether, PAE	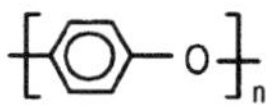 Polyphenylether	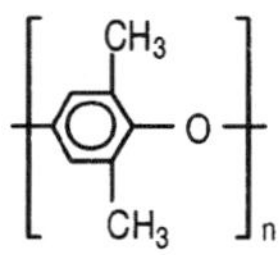 Poly-2,6-dimethylphenylenether (PPE)
d) Polyaryletherketone	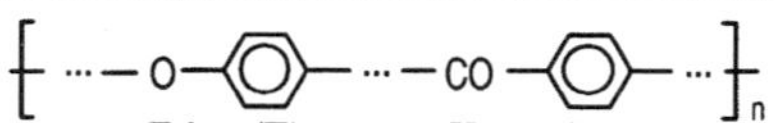 Ether (E) Keton (K) Benennung nach Aufeinanderfolge der E- u. K-Gruppen Beispiele: PEK, PEEK, PEKK, PEEKK, PEKEKK	

Polyamide sind lineare Polykondensate, die u.a. als Konstruktionswerkstoffe, Chemiefaser- und Folienstoffe weite Verbreitung fanden. Aus Tafel 2.12 kann ihre Struktur und Bezeichnung entnommen werden. Einige dieser Polymere sind infolge Wasserstoffbrückenbindungen und aromatischer Anteile besonders wärmeformbeständig. Sie haben allerdings auch eine vergleichsweise große Wasseraufnahme. Durch Variation der unpolaren Methylenanteile [$-CH_2-$] sind nahezu alle Übergangsstufen zwischen Polyolefinen und Polyamiden mit hoher Amidgruppenkonzentration [– NHCO –] möglich. Eine Vielzahl von Copolyamiden ergänzen die Eigenschaftspalette.

Lineare Polyester sind ebenfalls Polykondensate, die technisch aber nur als aromatenhaltige Polyarylester größere Bedeutung erlangten (Tafel 2.13). Spezielle Copolyester haben so steife Molekülsegmente (Mesogene), dass sie auch im flüssigen Zustand anisotrop geordnet sind und damit sog. flüssigkristalline, eigenverstärkte Polymere (LCP) darstellen.

Die größte Molekülsteifigkeit wird durch die chemische Struktur der Polyimide verwirklicht (Tafel 2.14). Einige Typen (z.B. PPI, PBI, PBMI) sind nicht mehr thermoplastisch verarbeitbar. Sie besitzen sehr hohe Wärmealterungs- und Wärmeformbeständigkeiten und sind meist Leiter- oder Halb-Leiter-Polymere (s. zum Vergleich Tafel 2.15).

Tafel 2.11 Chemische Konstitution von Polymeren – Cellulosederivate

Cellulosederivate sind durch Substitutionsart und Umsetzungsgrad der Hydroxylgruppen (R = –OH) der nativen Cellulose bzw. α-Cellulose sowie durch deren spezielle Präparation darstellbar.

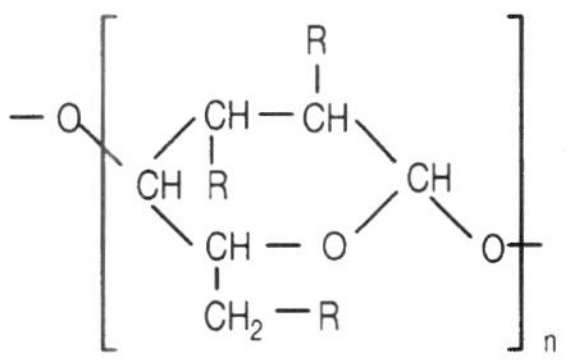

a)	Celluloseester	R:	$-O-COCH_3$ Celluloseacetat (CA)	$-O-COCH_3$ (vollst. subst.) Cellulosetriacetat (CTA)
			$-O-COC_2H_5$ Cellulosepropionat (CP)	$-O-COCH_3$ u. $-O-COC_2H_5$ Celluloseacetopropionat (CAP)
			$-O-COCH_3$ u. $-O-COC_3H_7$ Celluloseacetobutyrat (CAB)	$-O-NO_2$ Cellulosenitrat (CN)
b)	Celluloseether	R:	$-O-CH_3$ Methylcellulose (MC)	$-O-C_2H_5$ Ethylcellulose (EC)
			$-O-CH_2-$  Benzylcellulose (BC)	$-O-CH_2COOH$ Carboxymethylcellulose (CMC)
c)	Mercerisierte Cellulose		– Hydratcellulose, Cellulosehydrat, Zellglas (CH) – Pergamentierte Hydratcellulose, Vulkanfiber (VF)	

Eine technisch wichtige Gruppe von thermoplastischen Kunststoffen sind die Polyarylethersulfone und Polyarylsulfide (Tafel 2.15). Als Besonderheit der chemischen Struktur ist hierbei die Kombination von aromatischen und schwefelhaltigen Kettenbausteinen zu nennen, die diesen Kunststoffen ausgewogene Eigenschaften als leistungsfähige Konstruktionskunststoffe verleiht.

Alle bisher beschriebenen Kunststoffe sind Linearpolymere, die entweder im plastischen Zustand durch Ur- und Umformverfahren oder im Falle der Unschmelzbarkeit aus Lösungen, Dispersionen, Pulver u.a. durch Beschichtungs- und Sintertechniken verarbeitet werden. Sollen vernetzte Kunststoffe (Duroplaste) oder Elastomerwerkstoffe (Gummi) nach der Verarbeitung vorliegen, müssen lösliche bzw. schmelzbare Ausgangsstoffe als Formmassen verwendet werden, die aus weitgehend linearen bzw. teilvernetzten Makromolekülen oder aus niedermolekularen Verbindungen bestehen. Der eigentliche Werkstoff entsteht erst bei der Verarbeitung durch Vernetzungsreaktionen (*Härtung, Vulkanisation*). In diesen Ausgangsstoffen müssen tri- oder höherfunktionelle Moleküle vorhanden sein, die zu einer Vernetzungsreaktion befähigt sind. Der Kunststoffverarbeiter muss in diesem Fall neben der Formgebung auch die chemische Aufbaureaktion im gewünschten Sinne steuern. Sofern nicht direkt von niedermolekularen, reaktiven Verbindungen ausgegangen werden kann, muss auf „vorgefertigte" Makromoleküle (*Prepolymere)* zurückgegriffen werden. Diese sind bezüglich der Molmasse meist als Oligomere einzuordnen.Als Vernetzungsreaktionen kommen

Tafel 2.12 Chemische Konstitution von Polymeren – Polyamide (PA) und lineare Polyurethane (PUR)

a) Homopolyamide aus X-Aminosäuren oder deren Lactame

$$\left[NH \left(CH_2 \right)_x CO \right]_n$$

Z = C-Zahl der X-Aminosäure bzw. des Lactams (Z = x+1)

Beispiele:	PAZ
Polycaprolactam	PA6
Poly-11-aminoundecanamid	PA11
Polylaurinlactam	PA12

b) Aliphatische Homopolyamide aus unverzweigten Diaminen u. Dicarbonsäuren

$$\left[NH \left(CH_2 \right)_x NHCO \left(CH_2 \right)_y CO \right]_n$$

Z_1 = C-Zahl des Diamins (Z_1 = x)
Z_2 = C-Zahl der Dicarbonsäure (Z_2 = y+2)

Beispiele:	PAZ_1Z_2
Polytetramethylenadipinamid	PA46
Polyhexamethylenadipinamid	PA66
Polyhexamethylenacelainamid	PA69
Polyhexamethylensebacinamid	PA610
Polyhexamethylendodecanamid	PA612

c) Aromatische Homopolyamide (Polyarylamide)

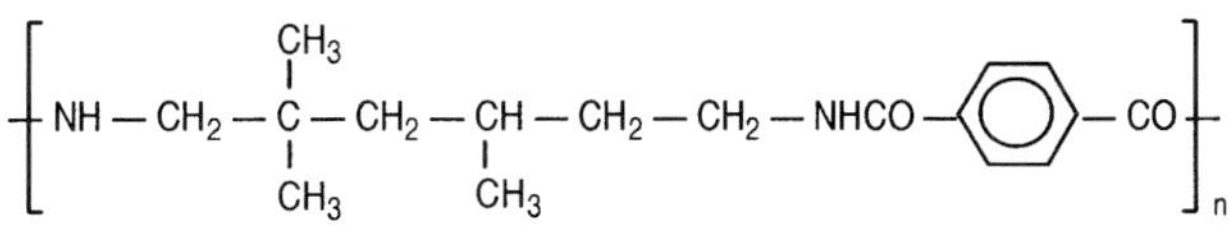

Polytrimethylhexamethylenterephthalamid (PANDT (PA6-3-T))

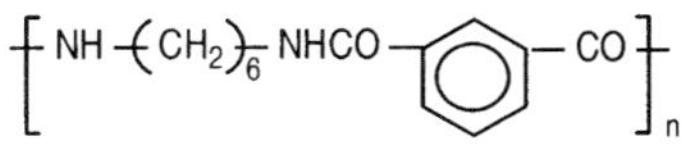

Polyhexamethylenisophthalamid (PA6I)

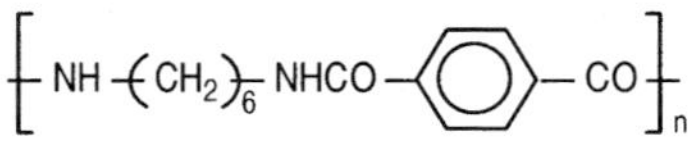

Polyhexamethylenterephthalamid (PA6T)

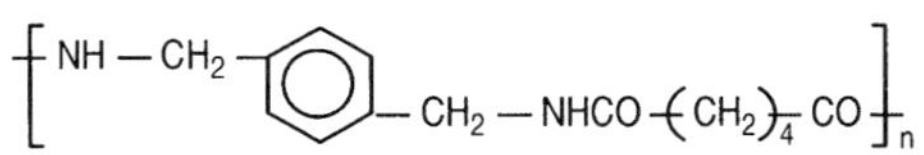

Poly-m-xylylenadipinamid (PAMXD6)

Kurzzeichenbildung wie a) und b), wobei für verzweigte aliphatische Diamine sowie für aromatische Diamine und Dicarbonsäuren Buchstabensymbole nach ISO 1874 festgelegt sind.

d) Copolyamide

Kurzzeichenbildung für Copolymere nach DIN EN ISO 1043 aus den monomeren Coreaktanten.

Beispiele: PA6/12; PA6/69; PA66/6; PA66/610; PA6/6T; PA12/MACMI; PA12/IPDI; PA6I/MACMT; PA6T/6I; PA6T/IPDI/6

e) Polyurethane aus aliphatischen Diisocyanaten und Diolen

$$\left[O - OCHN \left(CH_2 \right)_x NHCO - O \left(CH_2 \right)_y \right]_n$$

x = 6: 1,6-Hexamethylendiisocyanat
x = 4: 1,4-Butandiol

Tafel 2.13 Chemische Konstitution von Polymeren – Lineare Polyarylester

a) Polyalkylenterephthalate

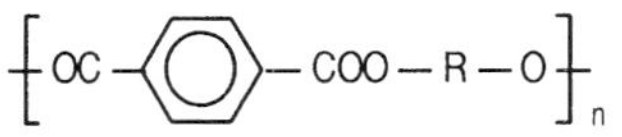

R: $-(CH_2)_2-$
Polyethylenterephthalat (PET)

$-(CH_2)_4-$
Polybutylenterephthalat (PBT)

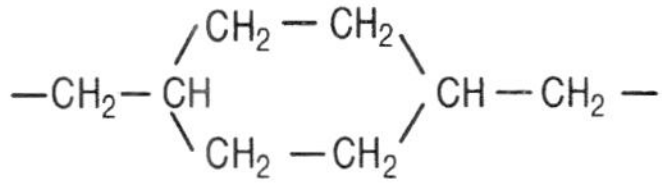

Polycyclohexylterephthalat (PCT)

b) Polycarbonate

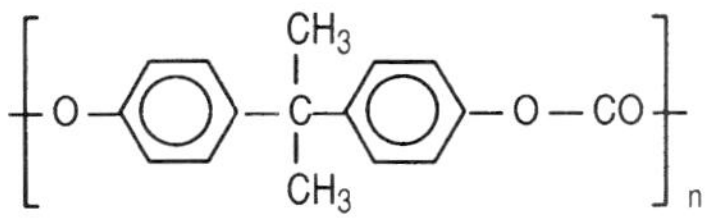

BisphenolA-Polycarbonat (PC)

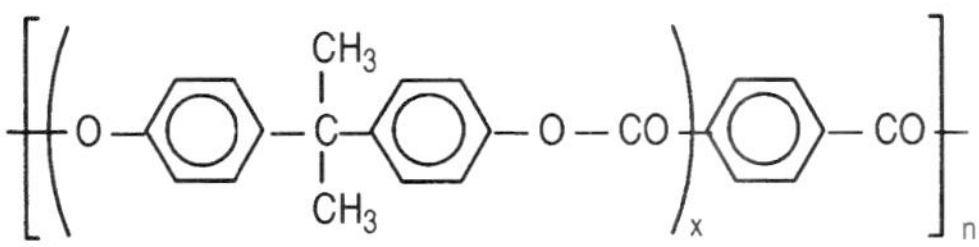

Polyterephthalsäureestercarbonat (PEC)

c) Polyhydroxybenzoate

Homo- u. Copolyester von Benzoesäurederivaten mit folgenden Strukturelementen unterschiedlichster Anordnung:

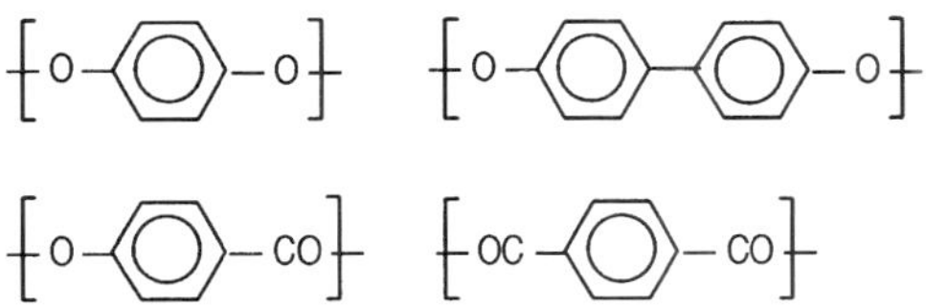

In Verbindung mit aliphatischen Strukturen (Spacer) auch Basis für flüssigkristalline Polymere (LCP).

Beispiel für Homopolyester:

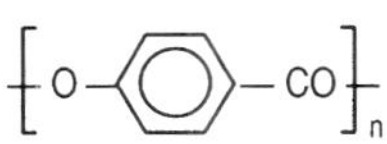

Poly-p-hydroxy-benzoat (POB)

Tafel 2.14 Chemische Konstitution von Polymeren – Polyimide (PI)

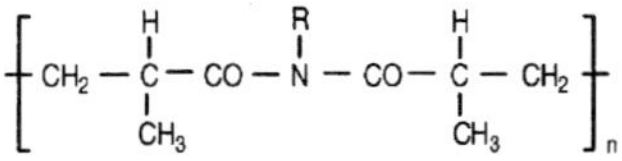

Polymethacrylimid (PMI)

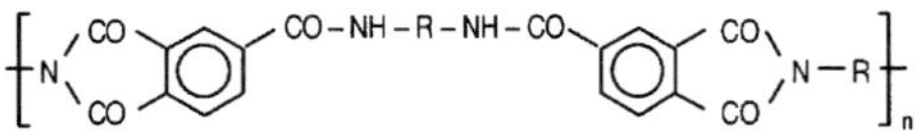

Polyamidimid (PAI)

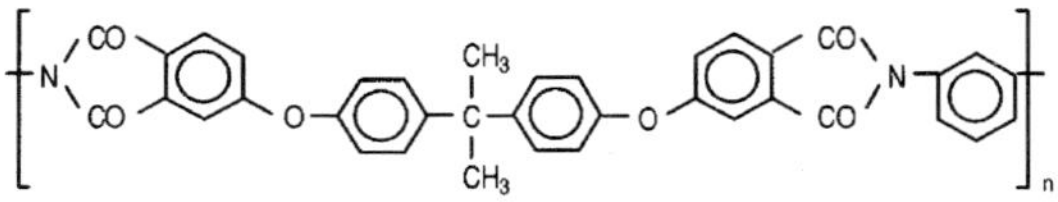

Polyetherimid (PEI)

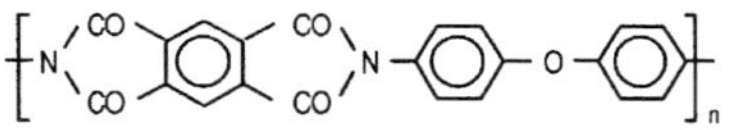

Polydiphenyloxidpyromelithimid (PPI)

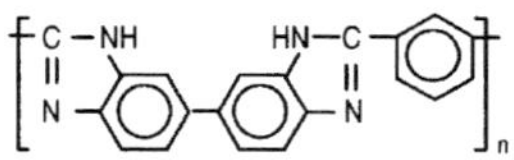

Polybenzimidazol (PBI)

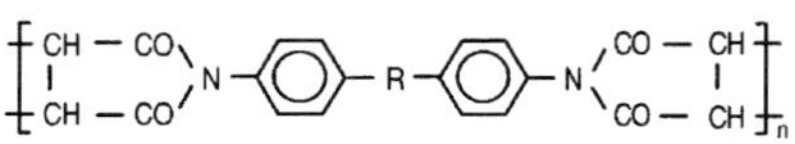

Polybismaleinimid (PBMI)

Tafel 2.15 Chemische Konstitution von Polymeren – Polyarylethersulfone, Polyarylsulfide

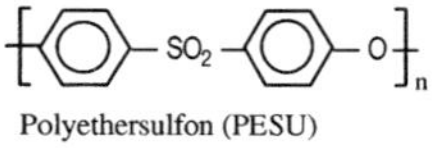

Polyethersulfon (PESU)

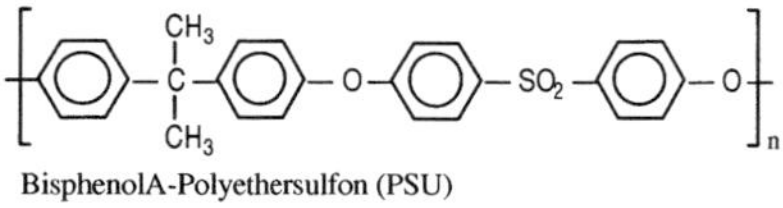

BisphenolA-Polyethersulfon (PSU)

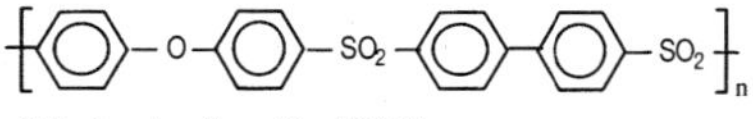

Polyphenylenethersulfon (PPSU)

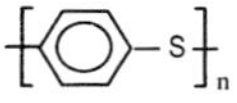

Polyphenylensulfid (PPS)

alle Polyreaktionstypen in Frage, die bereits genannt wurden (s. Bild 2.4). Die wichtigsten vernetzten Kunststoffe sind die Phenoplaste (PF), Aminoplaste (UF, MF), ungesättigten Polyesterharze (UP), Epoxidharze (EP), Polyurethanduromere und -elastomere (PUR) sowie Silikonharze und -elastomere. Durch chemische Abwandlungen verkörpern sie jeweils eine breite Typenvielfalt. Einzelheiten zu den vernetzten Kunststoffen sind Kapitel 6 zu entnehmen.

2.1.2 Morphologische Struktur (Konformation und Aggregation der Makromoleküle)

Nachdem die chemische Zusammensetzung und die Molekülarchitektur erklärt wurde, muss die Frage nach dem Bewegungs- und Ordnungszustand der Makromoleküle bei veränderbaren äußeren Bedingungen, wie z.B. Temperaturänderung und Deformation durch Kräfte, beantwortet werden.

Bei niedermolekularen Stoffen führen die Moleküle entsprechend der jeweiligen Temperatur und der Stärke der ZMK (zwischenmolekulare Kräfte) im statistischen Sinne willkürliche Bewegungen als ganze „Individuen" aus, die *Brownsche Molekularbewegung* genannt wird. Im gasförmigen Zustand sind die Molekülabstände so groß, dass die ZMK mit der Temperatur zunehmend ihre Wirkung verlieren und die Moleküle in ihrer Gesamtheit sich gleichmäßig im verfügbaren Volumen verteilen. Sie streben den Zustand größter „Unordnung" (Entropie) an. Bei abnehmender Temperatur spielen die ZMK eine stärkere Rolle als Anziehungskräfte, wodurch sich die Moleküle als möglichst dichte „Packung" bei der entsprechenden Wärmebewegung zu ordnen versuchen. In der Flüssigkeit hat diese Molekülordnung als sogenannte *Nahordnung* gegenüber dem Gaszustand eine neue Qualität im Sinne einer verminderten Entropie erreicht. Das Bestreben der Moleküle zur gleichmäßigen Verteilung ist eingeschränkt. Bei weiterer Temperaturabsenkung gewinnen die Ordnungstriebkräfte infolge abnehmender innerer Energie (Wärmebewegung) so stark die Oberhand, dass die Moleküle in ihrer Lage zueinander nahezu fest fixiert (*kristalline Fernordnung*) oder zumindest in der Bewegungsfreiheit stark eingeschränkt sind (*amorphe Nahordnung*). Das Ausmaß dieser Ordnung und damit die Molekülbeweglichkeit im Festzustand ist u.a. von der Stärke der ZMK und der Molekülgestalt abhängig.

Das vorstehend vereinfacht beschriebene Szenario der Molekülbewegung ist die Konsequenz der allgemeingültigen Gesetzmäßigkeit (2. Hauptsatz), dass alle sich selbst überlassenen Systeme bei konstantem Druck und Volumen spontan versuchen, möglichst einen Gleichgewichtszustand geringster freier Energie durch Verringerung der *inneren Energie* (Ordnungserhöhung) und durch Erhöhung der *Entropie* (Ordnungsverringerung) zu erreichen. Welche der beiden entgegengesetzt gerichteten Triebkräfte in welchem Ausmaß den stofflichen Ordnungszustand bestimmt, hängt von den äußeren oder inneren Bedingungen des Stystems ab (Molekülgestalt, Temperatur, verfügbare Zeit für Ordnungsumlagerungen u.a.) ab.

Naturgemäß gelten die vorstehend aufgeführten Gesetzmäßigkeiten auch für makromolekulare Stoffe. Bei sehr langen Molekülen ergeben sich aber neue Bewegungsmöglichkeiten (*Konformation*). Die Makromoleküle können sich je nach Molekülsteifigkeit und ZMK in unterschiedlich großen Molekülsegmenten bewegen, ohne die relative Lage des Gesamtmoleküls zu verändern (Modell: Ungeordnete Schlangenbewegungen von Glieder- oder Perlenketten). Die Molekülkonformation wird also nicht mehr allein durch das ganzheitliche Makromolekül bestimmt. Das bedeutet aber auch, dass sich Zusammenlagerungen von Molekülen (Molekülordnung) nur auf Teilzonen des Makromoleküls erstrecken können. Partielle Bewegung von Makromolekülsegmenten als kinetische Einheiten wird daher *mikrobrownsche Molekularbewegung* genannt, um sie so von der relativen Lageänderung ganzer Makromoleküle, der *makrobrownschen Molekularbewegung,* abzugrenzen. Werden lineare Makromoleküle durch entsprechende Einwirkung (z.B. hohe Temperatur, Deformation durch äußere Kräfte) gezwungen, eine makrobrownsche Molekülbewegung auszuführen, so treten bei hinreichend langen Molekülen „Hindernisse" in Form von Molekülverschlaufungen bzw. -verhakungen (entanglements) auf. Durch fortschreitende Molekülverformung werden diese Verschlaufungen zwar ständig aufgehoben, aber auch immer wieder neu gebildet. Sie wirken wie *temporäre physikalische Vernetzungsstellen,* deren bewegungshemmende Wirkung mit steigender Molmasse zunimmt. Selbst in verdünnten Polymerlösungen ist die Existenz von Molekülverschlaufungen nachweisbar. Ihre Wirkung und die große Molmasse sind die entscheidenden Gründe, dass ein gasförmiger Zustand bei Polymeren prinzipiell unmöglich ist. Bei chemisch vernetzten Polymeren ist eine makrobrownsche Molekülbewegung ohne partielle Zerstörung der kovalenten Netzstruktur nicht möglich.

Konformationsänderungen von Makromolekülen erfordern um mehrere Größenordnungen längere Zeiten als Molekularbewegungen niedermolekularer Stoffe. Fehlt diese Zeit bei molekularen Umordnungsprozessen, so entstehen die für Kunststoffe typischen *Nichtgleichgewichtszustände* in der Stoffstruktur, die sich infolge diverser anderer Störungen auch in einer *inhomogenen Verteilung der Strukturphasen* im Stoff äußern. Eindeutige Stoffphasengrenzen fehlen daher bei den Kunststoffen. Da bei Überführung in den Festzustand die molekulare Ordnung in Kunststoffen nicht ihr thermodynamisches Gleichgewicht erreicht, bleibt im Stoff ein gewisses *Leerstellenvolumen* bzw. *freies Volumen* erhalten, dessen Ausmaß deutlich die aktuellen Eigenschaften (z.B. Festigkeit) beeinflussen kann. Es ist daher verständlich, dass alle Kunststoffeigenschaften, die mit der Molekülbewegung zusammenhängen, nur als Funktion der Belastungszeit bzw. Blastungsfrequenz angebbar sind und außerdem von der „Vorgeschichte" der Strukturentstehung abhängen. Dieser Aspekt ist von erstrangiger Bedeutung für Entwicklung und Herstellung qualitativ hochwertiger Kunststofferzeugnisse.

Nach den notwendigen Vorbemerkungen zur molekularen Beweglichkeit von Makromolekülen sollen die wichtigsten Ordnungsstrukturen in polymeren Festkörpern erläutert werden. Sind die Moleküle hinreichend beweglich, aber durch unregelmäßige Konfiguration nicht optimal für eine enge „Molekülpackung" geeignet, so wird bei entsprechend tiefer Temperatur der Ordnungszustand durch maximale Entropie bestimmt, d.h., die Moleküle liegen als *amorphe Knäuel- oder Wattebauschstruktur* vor (Bild 2.9).

Die Bezeichnung *amorphe Struktur* beschreibt einen Zustand, bei dem eine durchgängige Fernordnung der Moleküle fehlt. Sie nehmen den energieärmsten Zustand eines statistischen Durchdringungsknäuels an, der nur im Bereich bis

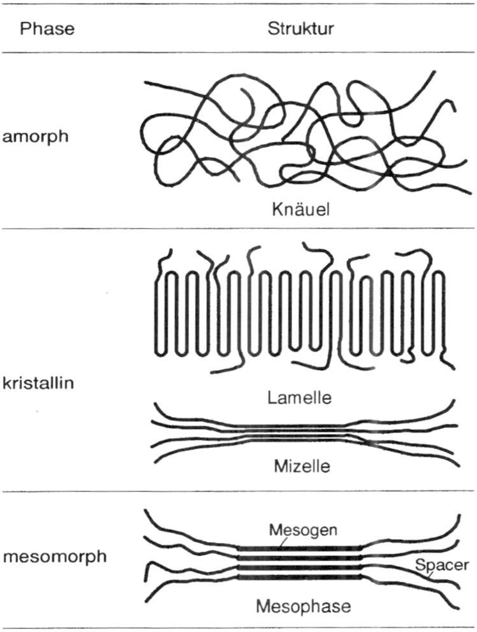

Bild 2.9 Molekulare Ordnungsstrukturen von Kunststoffen

ca. 1 nm eine gewisse Nahordnung zulässt, die von ZMK und Molekülgestalt abhängt. Werden bei höheren Temperaturen oder durch Anlagerung von Lösungsmittelmolekülen (Solvatation) die ZMK aufgehoben, d.h. die mikrobrownsche Bewegung freigesetzt, ist dieser amorphe Knäuelzustand für alle Polymere zutreffend, unabhängig von deren spezieller Struktur im Festzustand. In Schmelze und Lösung kann das vorstehend beschriebene Strukturmodell als experimentell gesichert gelten. Zu den Strukturdetails des amorphen Festzustandes gibt es unterschiedliche Ansichten. Aus elektronenmikroskopischen Untersuchungen glauben einige Werkstoffwissenschaftler eine *globulare Feinstruktur* („Noduln,,) im Abmessungsbereich 3 bis 10 nm erkannt zu haben, die als sehr beständiges und reproduzierbares Strukturelement der amorphen Phase gilt. Andere sehen solche Beobachtungen als Experimentierfehler bzw. Fehlinterpretationen an. Theoretische Modelle (z.B. Mäander-Modell) tragen auch nicht wesentlich zur Problemlösung bei. Vielleicht sind diese „Noduln“ einfach nur eine Folge „knotenartiger“ Störstellen durch Molekülverschlaufungen im Moment der Erstarrung. Unabhängig davon, ob die globulare Feinstruktur physikalische Realität ist, sind im Bereich ab ca. 0,1 µm morphologische Strukturen in der amorphen Festphase beobachtet worden, die hierarchisch aufgebaute Globularüberstrukturen darstellen. Deren Art und Aufbau hängen entscheidend von der „Vorgeschichte“ der Polymerherstellung ab. Als Beispiel ist in Bild 2.10 die Struktur eines PVC-Korns schematisch dargestellt.

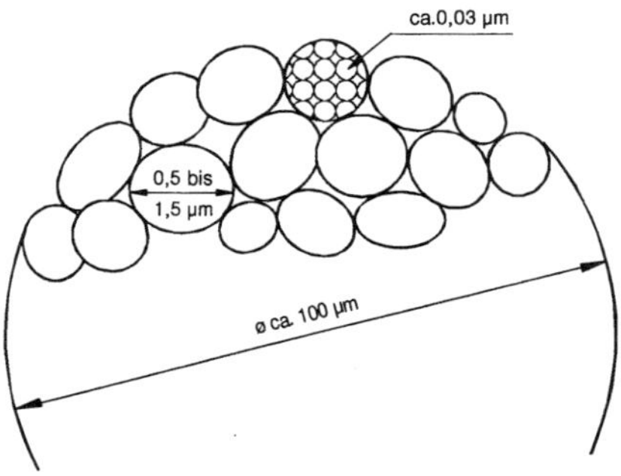

Bild 2.10 Globularüberstruktur von PVC (nach Hatori)

Der amorphe Festzustand wird wegen weitgehender Übereinstimmung mit dem Zustand erstarrter Gläser auch als *Glaszustand* bezeichnet. Aus dem Abschnitt 2.1.1 lassen sich Konfigurationsmerkmale ableiten, die für amorphe Strukturen von Linearpolymeren bestimmend sind. Ataktische Vinylpolymerisate (s. Tafel 2.8) sind wegen der unregelmäßigen Anordnung mehr oder weniger großer Substituenten im Regelfall amorphe Kunststoffe. Polymere mit kovalenten Netzstrukturen sind zumindest bei engmaschiger Vernetzung immer amorph, da die Vernetzungsstellen als Störstellen für einen höheren Ordnungszustand wirken.

Werden amorphe Linearpolymere im Festzustand durch Zugkräfte gereckt, so entsteht eine *Molekülorientierung* durch Parallellagerung der Moleküle, die entsprechende *Eigenschaftsanisotropie* zur Folge hat. In Richtung der Orientierung ergibt sich z.B. eine Steifigkeitserhöhung, quer dazu nimmt diese ab. Die Molekülorientierung ist ein „eingefrorener Zwangszustand" geringer Entropie. Schafft man durch Erwärmung eine hinreichende mikrobrownsche Molekülbeweglichkeit, so wird sich diese Orientierung überwiegend durch Schrumpfen des Prüfkörpers gemäß dem Prinzip der Entropiemaximierung zurückbilden. Die Größe der Schrumpfung wird davon abhängen, in welchem Maß beim Recken eine makrobrownsche Bewegung der Moleküle durch irreversible plastische Verformung stattgefunden hat. Wiederholt man das gleiche Experiment im Zustand freier mikrobrownscher Bewegung, wäre die Verformungsrückstellung sofort nach der Wegnahme der Belastung wirksam. Bei diesem Effekt handelt es sich um eine nur für Kunststoffe typische Elastizitätserscheinung, der *Entropieelastizität* oder *Gummielastizität.* Selbst bei Scherung einer Kunststoffschmelze würden Molekülverschlaufungen eine ideal makrobrownsche Molekülverformung verhindern, so dass auch im plastischen Zustand von Kunststoffen entropieelastische Anteile wirksam sind.

Werden Kunststoffe einer mechanischen Belastung ausgesetzt, so ist eine zeitabhängige Verformungszunahme bei vorgegebener Spannung (*Kriechen, Retardation*) bzw. ein zeitabhängiger Spannungsabbau nach erfolgter Verformung (*Relaxation*) zu beobachten. Dieses Verhalten, auch als *Viskoelastizität* bezeichnet, lässt sich auf die gleichzeitige Wirkung von drei qualitativ unterschiedlichen Deformationsmechanismen zurückführen. In Tafel 2.16 werden diese Verformungsarten näher erläutert.

Das unterschiedliche mechanische Verhalten von Kunststoffen und Gummi wird lediglich durch die graduell verschiedenen Verformungsanteile im jeweiligen thermischen Zustand bestimmt. Die verschiedenen molekularen Bewegungsmechanismen erlauben extrem unterschiedliche Verformungen. Sie reichen von ca. 0,1 % für energieelastische Verformung über ca. 100 % für gummielastische Verformung bis zu ca. 10^4 % für plastische Schmelzen. Das *nichtnewtonsche Fließen* (z.B. Strukturviskosität) von Kunststoffschmelzen oder -lösungen ist gleichfalls dieser Deformationsmechanik geschuldet. Stoffe mit derartig komplexem Verhalten werden auch *rheonome Stoffe* genannt. In Vergleich zur *Theorie der Viskoelasizität* mit ihrem komplizierten mathematischen Formalismus ist die theoretische Beschreibung des deformationsmechanischen Verhaltens sogenannter *skleronomer Stoffe* (z.B. Metalle) geradezu simpel. Konstrukteure von Kunststoff- und Gummibauteilen sowie Rheologen müssen sich oft damit auseinandersetzen, inwieweit ihre vereinfachten Berechnungsalgorithmen noch sinnvolle Ergebnisse liefern. Die Werkstoffprüfer stehen vor ähnlichen Problemen. Es ist anschaulich, polymere Stoffe bezüglich ihres Verformungsverhaltens als Hybride von Festkörpern, Flüssigkeiten und Gasen anzusehen. Die bereits mehrfach betonte Eigenschaftsvielfalt der Kunststoffe wird dadurch verständlicher.

Am Beispiel der amorphen Knäuelstruktur konnten wesentliche Struktur-Eigenschafts-Zusammenhänge der Kunststoffe erklärt werden. Sind die Makromoleküle sehr gleichmäßig aufgebaut und unterstützen ihre Konfiguration und die Stärke der ZMK eine enge Annäherung der Moleküle, so tritt *Kristallitbildung* ein, da Ordnungsvergrößerung zumindest partiell einen höheren Energiegewinn als Entropievergrößerung ergibt. Bei hinreichend flexiblen Molekülen geschieht dies durch Parallellagerung und Faltung, d.h., es entstehen Kristallite als *Lamellen.* Bei sehr steifen Molekülen (z.B. Cellulose) ist nur eine Parallellagerung möglich, die *Mizellen* ergibt. Beide Kristallitkonformationen sind in Bild 2.9 schematisch dargestellt. Die kleinsten molekularen Bauelemente dieser Kristallite sind die *Kristallitelementarzellen* mit unterschiedlichsten Gitterstrukturen.

Das enge Einfügen kleiner Molekülsegmente in ein Kristallgitter führt zu charakteristischen Mikrokonformationen in Längsrichtung der Molekülketten. In Bild 2.11 ist am Beispiel PTFE ein schraubenförmig verdrehtes Molekül, die sogenannte *Helix,* dargestellt. Dies ist die häufigste Mikrokonformation bei kristallinen Kunststoffen. Es sind aber auch *Zickzack-* oder *Faltblattstrukturen* möglich, wie in Bild 2.12 für PA 6 erkennbar ist. Bei PA 6 sind für die Kristallitbildung vor allem auch Wasserstoffbrücken verantwortlich.

Die Kristallelementarzellen sind als kleinste Strukturelemente der kristallinen Phase zwar relativ stabile Gebilde, können sich aber bei bestimmten Temperaturen in andere Gitterstrukturen umwandeln. In Bild 2.11 ist eine Kristallgitterumwandlung für PTFE bei ca. 19 °C angegeben. So wird PTFE bei Temperaturen über 19 °C ein weniger dicht „gepacktes“ Gitter haben, das etwa einer Zunahme des spezifischen Volumens von ca. 1 % entspricht. Würde man aus PTFE-Halbzeug besonders maßhaltige Werkstücke spanend herstellen, so wäre dieser Einfluss, z.B. bei der Maßprüfung, praktisch durchaus von Bedeutung. Zur Vielfalt der Kristallgitterstrukturen bei Polymeren sollen hier keine weiteren Ausführungen gemacht werden.

Tafel 2.16 Charakteristische Verformungsarten bei mechanischer Beanspruchung von Kunststoffen

Verformungsart	Molekulare Ursache	Zeitabhängigkeit der Verformung nach:		Verformungsmodul (Härte) bei steigender Temperatur	Bedingungen für ideale Wirksamkeit		
		Belastung	Entlastung		thermischer Zustand	mikrobrownsche Beweglichkeit	makrobrownsche Beweglichkeit
energieelastisch (auch: spontanelastisch)	Konfigurationsänderung ohne molekulare Platzwechsel	spontane Verformung	spontane Rückverformung (reversibel)	Größe: ca. 10^4 N/mm^2 gering fallend (stahlähnlich)	glasartig	minimal	minimal
entropieelastisch (auch: gummielastisch)	mikrobrownsche Konformationsänderung	zeitverzögerte Verformung	zeitverzögerte Rückverformung (reversibel)	Größe: 1–10^3 N/mm^2 linear steigend (gasähnlich)	thermoelastisch	maximal	minimal
plastisch (auch: viskos)	makrobrownsche Konformationsänderung	zeitverzögerte Verformung	bleibende Verformung (irreversibel)	Größe: $< 10^{-1}$ N/mm^2 exponentiell fallend (flüssigkeitsähnlich)	thermoplastisch	maximal	maximal

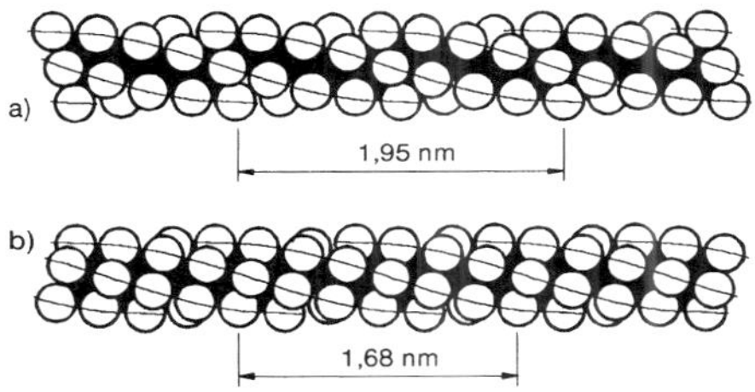

Bild 2.11 Kristallitelementarzellen von PTFE
>19°C: hexagonal kristallisiert
<19°C: triklin kristallisiert

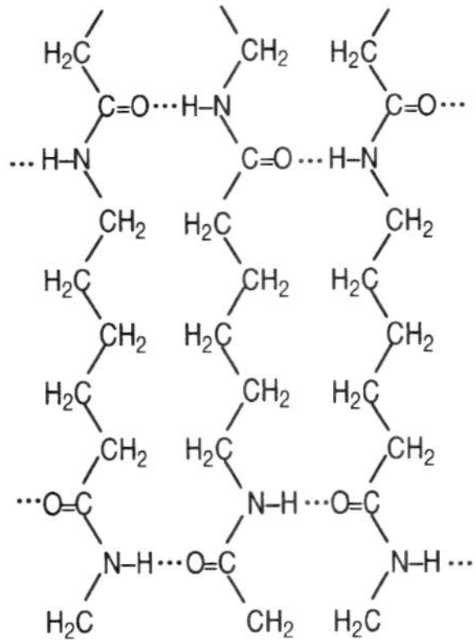

Bild 2.12 Faltblattstruktur von PA 6

Die Kristallisation von organischen Polymeren ist ein derart komplexes Strukturbildungsphänomen, dass hier nur eine stark vereinfachte Darstellung möglich ist. Die Kristallbildung wird, wie auch bei niedermolekularen bzw. atomaren Stoffen, durch die Teilschritte Keimbildung und Kristallwachstum bestimmt. Die Vielfalt der Makromolekülkonformationen sowie die Tendenz der Entropievergrößerung (Molekülknäuelung) lassen eine vollständige Kristallisation bei technischen Abläufen (Herstellung, Verarbeitung) nicht zu. Kunststoffe sind daher in der Regel *teilkristallin*. Ihre morphologische Struktur ist durch ein Gemenge von amorphen und kristallinen Phasen gekennzeichnet, deren Grenzen auf molekularer Ebene nicht eindeutig bestimmbar sind. Gleiche Makromoleküle können sowohl der amorphen als auch der kristallinen Phase angehören. Im Regelfall aggregieren die lamellaren bzw. mizellaren Kristallite *zu kristallinen Überstrukturen*, deren wichtigste Vertreter die *Sphärolithe* sind (Bild 2.13).

Inhomogene Kristallkeimbildung, unterschiedliche Abkühlungsgeschwindigkeit sowie Temperaturgradienten im Stoff können kristalline Strukturen erzeugen, die nach Zahl, Form, Größe und Verteilung sehr unterschiedlich sind. Die morpholo-

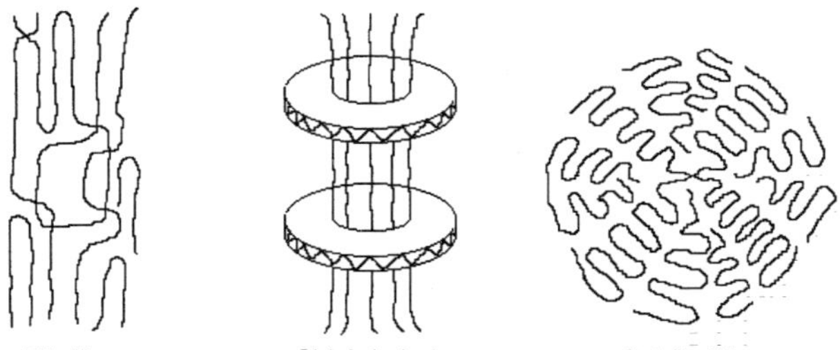

Bild 2.13 Kristalline Überstrukturen

gische Struktur teilkristalliner Kunststoffe wird daher immer mehr oder weniger inhomogen sein. Eine entsprechende Eigenschaftsanisotropie ist die Folge. Der kristalline Anteil wird quantitativ durch den *Kristallisationsgrad* angegeben, der bei besonders leicht kristallisierenden Kunststoffen 60 bis 80% betragen kann. Unter Laborbedingungen wurden auch höhere Werte bis hin zu *polymeren Einkristallen* erreicht.

Die Besonderheiten der morphologischen Struktur teilkristalliner Kunststoffe waren schon immer Anlass, diese im Sinne einer gewünschten Eigenschaftsbeeinflussung zu nutzen:

- Durch Reckung bzw. Scherung der Makromoleküle können infolge molekularer Umlagerung bzw. Neubildung orientierte kristalline Strukturen erzeugt werden, die erhebliche Steigerungen von Festigkeit, Steifigkeit u.a. in der gewünschten Richtung bewirken. Solche kristallinen Überstrukturen sind u.a. als Fibrillen- und Schaschlik(Shish-kebab)strukturen in Bild 2.13 angegeben. In der Chemiefaserindustrie und Kunststofftechnik sind dafür viele Verfahrensvarianten bekannt (z.B. Fadenreckung, biaxiale Folienverstreckung, Spritzgieß-, Extrusions- und Walzpressrecken). Ergebnisse dieser Manipulationen sind anisotrope Strukturen unidirektionaler oder orthogonaler Orientierung.
- Durch bewusste Steuerung der Erstarrungsbedingungen und/oder Zugabe feinverteilter Nukleierungsmittel als Keimbildner wird eine möglichst homogene und feinkörnige Kristallitstruktur angestrebt, die z.B. für verschleißbeanspruchte und maßhaltige Kunststoffprodukte sehr vorteilhaft ist.

Einige Polymere sind auf Grund ihrer Molekülkonfiguration bei üblichen Erstarrungsbedingungen nicht zur Kristallisation befähigt. Durch Reckung ist infolge der Parallellagerung und Annäherung der Molekülsegmente aber eine teilweise Kristallisation möglich, die als *Dehnungskristallisation* bezeichnet wird. Diese Strukturbildung setzt ein gewisses Maß an mikrobrownscher Molekülbeweglichkeit voraus, da sich Kristallite nur durch molekulare Umlagerungen während des Dehnungsvorgangs bilden können. Es ist daher nicht verwunderlich, dass bei Kautschuken (z.B. NR, IR, IIR, CR) diese Dehnungskristallisation häufig zu beobachten ist. Die damit verbundene Härtezunahme wird in der Elastomertechnik allerdings nicht immer geschätzt.

Kristalline Strukturen verkörpern den höchsten molekularen Ordnungszustand von Polymeren im Sinne dichtester Molekülaggregationen mit entsprechend verstärkten Anziehungskräften der ZMK. Aber auch sie sind unvollkommene Gebilde eines „eingefrorenen" Kristallisationsungleichgewichts, so dass sie bei Erwärmung in einem unterschiedlich breiten Temperaturintervall, nicht aber an einem Schmelzpunkt, aufschmelzen. Das Aufschmelzen erfordert zusätzliche latente Wärmeenergie als *Schmelzwärme.* Beim schnellen Erstarren setzt wegen der *Unterkühlbarkeit* der Schmelzen die Kristallisation bei Erstarrungstemperaturen ein, die 20 bis 40 K unterhalb der Schmelzendtemperaturen liegen können. Nukleierungsmittel als Keimbildner können diese Differenz verringern. Kristalline Phasen erhöhen Härte, Steifigkeit und Verschleißfestigkeit der Kunststoffe und verringern Permeation, Diffusion, Löslichkeit und Quellbarkeit. In vieler Hinsicht ergeben sich ähnliche Einflüsse auf die Kunststoffeigenschaften wie bei einer chemischen Vernetzung. Es ist daher zulässig, die kristallinen Strukturen als *physikalische Vernetzungsstellen* anzusehen, die thermisch reversibel sind.

Nach den bisherigen Strukturbetrachtungen ist es vorstellbar, dass extrem steife Makromoleküle (z.B. Leiter-Polymere) weder zu einer amorphen Knäuelstruktur, noch zu einer Einordnung im Kristallgitter befähigt sind. Die Moleküle sind wenig flexible Stäbchen *(Mesogene),* die nur einen geringen Freiheitsgad der mikrobrownschen Beweglichkeit besitzen. Falls eine makrobrownsche Bewegung möglich ist, ordnen sie sich zu anisotropen Parallelstrukturen (Modell: Baumstämme im Fluss), die als *Mesophasen* bezeichnet werden. Zwischen den Mesogenen herrschen zwar ZMK, deren Stärke aber nicht annähernd mit echten Kristallgitterstrukturen verglichen werden kann. Es liegt also ein kristallähnlicher Ordnungsgrad mit geringem Energieniveau vor. Realisiert man einen flüssigkeitsähnlichen Zustand, so bleibt die Mesophasenstruktur meist erhalten. Daher werden Polymere mit derartigen Strukturen als *flüssigkristalline Polymere* (liquid crystal polymers = LCP) bezeichnet. Da jede noch so geringe makrobrownsche Molekülbewegung die Mesogene in Reck- oder Strömungsrichtung unidirektional orientiert und damit hochbelastbare anisotrope Strukturen erzeugt, spricht man auch von *eigenverstärkenden Polymeren.* Die Mesophasenstruktur als Zwischenglied amorpher und kristalliner Struktur wird als *mesomorph* bezeichnet.

Durchgängige Leiter-Polymere (z.B. Aramide) sind durch Erwärmung nicht plastifizierbar, der flüssigkeitsähnliche Zustand ist nur in Lösung (*lyotrope LCP*) erreichbar. Sollen wärmeplastifizierbare (*thermotrope*) LCP erzeugt werden, so kann dies durch Kombination von Leiterstrukturen mit flexiblen Molekülsegmenten, den sogenannten *Spacern,* erreicht werden. Bei diesen Polymeren beschränkt sich die Mesophasenstruktur auf die Mesogene (Bild 2.9). Unterschiedliche Anordnung der Mesogene im Festzustand bzw. in der Schmelze führt zu unterschiedlichen Mesophasenstrukturen (z.B. nematisch, smektisch), die sich nach Ausrichtung und Packungssymmetrie unterscheiden. Bei bestimmten Temperaturen erfolgen Mesophasenumwandlungen, ohne die mesomorphe (anisotrope) Grundstruktur der LCP prinzipiell zu verändern. Wenn keine thermische Zersetzung auftritt, wird oberhalb einer bestimmten Temperatur (*Klärtemperatur*) die Mesophasenstruktur in eine ungeordnete isotrope Struktur überführt. Alle diese Umwandlungen erfordern nur geringe Umwandlungswärmen. Für die Spacersegmente der Makromoleküle sind alle für flexible Polymere zutreffenden Morphologien (amorph, kristallin) möglich.

2.1.3 Thermische Zustands- und Umwandlungsbereiche (Einteilung der Kunststoffe nach der Molekülstruktur)

Die allgemein gebräuchliche Vorstellung der verschiedenen Phasenzustände eines Stoffes (fest, flüssig, gasförmig) und der dazugehörigen Phasengrenzen (Temperatur und Druck, bei dem der Übergang von einer in eine andere Phase erfolgt) ist nicht ohne weiteres auf die Kunststoffe zu übertragen. Dies liegt im Aufbau dieser Werkstoffgruppe begründet und kann für den Einsteiger in das Kunststoffgebiet zu Fehleinschätzungen führen. Daher sollen dieses Einteilungsschema und die damit verknüpften Probleme kurz erläutert werden.

Für niedermolekulare kristalline Stoffe sind die Aggregatzustände *fest, flüssig, gasförmig* eindeutig durch ihre Umwandlungstemperaturpunkte *Schmelz-* und *Siedetemperatur* zu beschreiben. Aus den Strukturbetrachtungen des Abschnitts 2.1.2 ist ersichtlich, dass eine solche einfache thermische Zustandsdefinition für makromolekulare Stoffe prinzipiell unmöglich ist. Es können drei unterschiedliche Phasenstrukturen auftreten (amorph, kristallin, mesomorph), die miteinander kombinierbar sind. Außerdem kann die mikrobrownsche und makrobrownsche Molekularbeweglichkeit durch die chemische Konstitution und andere stoffliche Modifizierung in breiten Bereichen variiert werden, wobei speziellen molekularen Platzwechselmechanismen bei Temperaturerhöhung auch sehr unterschiedliche Grade der stofflichen Veränderung (Erweichung, Volumen- und Enthalpiezunahme, mechanische Dämpfung u.a.) zukommen.

Bereits in der Anfangsphase der Kunststoffentwicklung wurden zur Beschreibung der thermischen Zustände und Umwandlungsbereiche relevante Eigenschafts-Temperaturfunktionen verwendet. Am meisten eingebürgert sind Schubmodul (G)- und Dämpfungs (δ)-Temperaturschaubilder aus dem Torsionsschwingungsversuch nach DIN 53445 oder der dynamisch mechanischen Analyse (DMA) bei unterschiedlichen Frequenzen, s. Abschn. 3.3.1.1. Auf dieser Grundlage wurde sogar der Versuch einer Klassifikation der Kunststoffe unternommen (DIN 7724, VDI 2021). Weiterentwickelte Messmethoden und -systeme der *Dynamisch-Mechanischen Analyse (DMA)* erweiterten das Instrumentarium der sogenannten *mechanischen Spektroskopie.* Besonders die Messung der mechanischen Dämpfung als Funktion der Temperatur erweist sich als sehr empfindlicher Indikator von molekularen Platzwechselvorgängen in Polymeren. Thermoanalytische Messmethoden der Kalorimetrie, wie *Differenz-Thermoanalyse (DTA)* und *Dynamische Differenz-Kalorimetrie (DSC),* sind ebenfalls zur Identifikation thermisch initiierter Strukturveränderungen und -umwandlungen geeignet. In ähnlicher Weise ergänzen dilatometrische Messungen von Längen- oder Volumenänderungen (pvT-Verhalten) die Methoden der Strukturanalyse. Über den hier ins Auge gefassten Zweck der Beurteilung von thermischen Zustandsänderungen hinaus ergeben die genannten Prüfmethoden wichtige mechanische, kalorische, reaktionskinetische und dilatometrische Daten zur Qualitätssicherung, zur Berechnung von Kunststoffbauteilen und Verarbeitungsprozessen sowie zur Werkstoffauswahl. Weitere Informationen zu den genannten Prüfmethoden finden sich u.a. in Kapitel 3.

Bei der großen strukturellen und stofflichen Vielfalt der Kunststoffe wäre eine detaillierte Beschreibung thermischer Zustände und Übergangsbereiche durch Eigenschafts-Temperaturfunktionen im einführenden Kapitel nicht sinnvoll. Es sollen daher nur allgemeingültige Hinweise zum thermischen Verhalten der Strukturphasen gegeben werden (Bild 2.14).

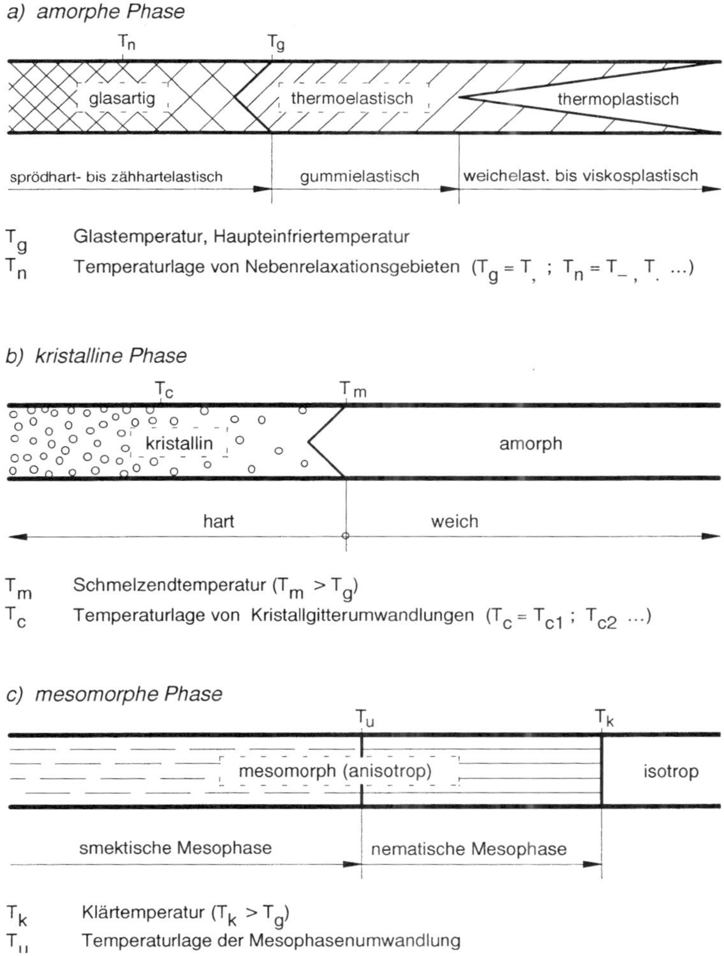

Bild 2.14 Thermische Zustands- und Umwandlungsbereiche von Kunststoffen

- *Amorphe Phase:* Mit steigender Temperatur werden im *Glaszustand* zunehmend mikrobrownsche Platzwechsel durch Abnahme der ZMK angeregt, deren „individuelle" Wirksamkeiten durch die Temperaturlage sogenannter *Nebenrelaxationsgebiete (Nebeneinfriergebiete)* angezeigt werden. Bis zu fünf oder mehr solcher charakteristischer Bereiche wurden bei Kunststoffen gefunden, die speziellen molekularen Platzwechselmechanismen zuzuordnen sind. Jenseits des *Haupteinfrierbereichs (Verglasungsbereich)* ist die mikrobrownsche Molekülbewegung insgesamt durch das Aufheben aller molekularer Nahordnung freigesetzt, d. h., die zwischenmolekularen Kräfte haben ihre unmittelbare Wirksamkeit für die Molekülfixierung verloren. Der *thermoelastische Zustand* ist erreicht. Das Ausmaß der dadurch bewirkten Erweichung hängt vom Grad der mikrobrownsche Molekülbeweglichkeit ab. Der Haupteinfrierbereich als Übergangsbereich zwischen glasartig und thermoelastisch wird allgemein durch die *Glas- oder Haupteinfriertemperatur* gekennzeichnet. Ihre genaue Festlegung ist Sache der Prüfmethodenkonvention. Sie hängt außerdem von Art und Dauer der Beanspruchung bei der Messung ab. Die „Antwortreaktion" der Moleküle erfolgt zeitlich verzögert zur „Lasterregung" der Prüfmethode. So werden bei dynamisch-mechanischen Prüfungen mit hohen Lastwechselfrequenzen deutlich höhere Glastemperaturen (dynamische Glastemperatur $T_{g\ dyn}$) gemessen als bei kalorimetrischen oder dilatometrischen Prüfungen mit sehr langsamer Temperaturänderung (statische Glastemperatur $T_{g\ stat}$). Differenzen sind je nach Kunststoffart und Höhe der Glastemperatur bis 50 K zu erwarten. Man könnte anschaulich auch so argumentieren, dass sich Kunststoffe um so härter bzw. steifer verhalten, je schneller der Beanspruchungszyklus ist. Im thermoelastischen Zustand überwiegt Enthropieelastizität, d.h., der Kunststoff verhält sich gummiartig. Mit zunehmender Temperatur erhöht sich die makrobrownsche Molekülbewegung, so dass plastische (viskose) Verformungsanteile überwiegen. Der thermoplastische Zustand ist in seinem Übergang als kontinuierliche Zunahme der Fließfähigkeit mit steigender Temperatur anzusehen, dessen Abgrenzung zum thermoelastischen Zustand durch *Fließtemperaturen, No-Flowtemperaturen* u.a. mit vereinbarten Viskositätsprüfungen möglich ist. Solche Temperaturgrenzwerte sind aber bezüglich Ergebnis und Aussage an die jeweiligen Prüfverfahren gebunden.

- *Kristalline Phase:* Bei kristallinen Phasen werden nur die Zustände *kristallin* und *amorph* abgegrenzt, die aus der Sicht mechanischer Belastung unterschiedliche Härte bzw. Weichheit bedeuten. Mit steigender Temperatur können im kristallinen Zustand je nach konfigurativen Voraussetzungen verschiedene *Kristallgitterumwandlungen* (T_c) stattfinden, deren Wirkung von denen der Nebenrelaxationsgebiete mit den beschriebenen Messmethoden nicht immer unterscheidbar ist. Insgesamt „lockern" sich die Kristallite, und es finden u.U. weit unterhalb der Schmelzendtemperatur Vorschmelzvorgänge weniger gut geordneter Strukturen statt. Bei stark eingeschränkter Kristallisation können *Rekristallisationsvorgänge* trotz steigender Temperatur partielle Steifigkeitserhöhungen bzw. *exotherme Wärmetönungen* bewirken. Mit Annäherung an die *Schmelzendtemperatur* verstärkt sich das Aufschmelzen der kristallinen Strukturen, so dass bei deren Erreichen nur noch eine amorphe Phase vorhanden ist. Aus kalorischen Prüfungen mit langsamer Aufheizgeschwindigkeit gemessene Schmelzendtemperaturen sind vergleichsweise konstante Stoffkennwerte. Sehr schnelle Erwärmungs- und Abkühlungsvorgänge bzw. hochfrequente dynamisch-mechanische Belastungen bewirken beim Schmelz- bzw. Erstarrungsvorgang ähnliche Verschiebungen, wie sie beim Einfrieren der amorphen Phase diskutiert wurden. Das Aufschmelzen von kristallinen Strukturen ist ein ausgeprägt endothermer Vorgang. Die dafür aufzubringende *Schmelzwärme* hängt von Kristallisationsgrad und Art der Kristallstuktur ab.

- *Mesomorphe Phase:* In der mesomorphen Phase sind Umwandlungen der Phasenstruktur möglich, die aber die Anisotropie nicht grundlegend verändern. Deren Existenzbereich schließt mit der *Klärtemperatur* ab, mit der eine ungeordnete isotrope Struktur beginnt. Ob Mesomorphie im glasartigen, thermoelastischen oder thermoplastischen Zustand vorkommt, hängt von der Gesamtstruktur der Polymeren ab. Thermotrope LCP sind als technische Kunststoffe interessant, wenn sie im thermoplastischen Zustand mesomorph sind. Mesophasenstrukturumwandlungen und Aufhebung des mesomorphen Zustandes sind nur mit geringen endothermen Wärmetönungen verbunden, sofern sie überhaupt nachweisbar sind.

Kunststoffe können je nach Phasenstruktur alle vorstehend genannten Zustands- und Übergangsbereiche durchlaufen, wenn sie sich vorher nicht thermisch zersetzen. Der thermische Zersetzungsbereich als Folge chemischer Abbauprozesse beendet die Existenz der Kunststoffe. Ein gasförmiger Zustand ist nicht möglich.

Die Einteilung der Kunststoffe in Thermoplaste, Duroplaste, Elastomere und thermoplastische Elastomere nach Bild 1.4 beruht auf einer qualitativen Unterscheidung der Molekülbeweglichkeit bei Raumtemperatur, wobei in der Namengebung der *Thermoplaste* die Möglichkeit, nicht aber die zwingende Notwendigkeit eines thermoplastischen Zustands erfasst ist. In Bild 2.15 wird in schematischer Form aus Unterschieden der makro- und mikrobrownschen Molekülbeweglichkeit die Zuordnung der in Bild 1.4 benannten Kunststoffklassen angegeben.

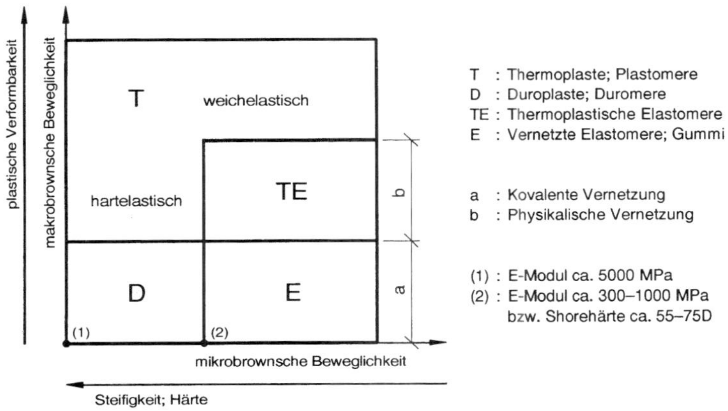

Bild 2.15 Einordnung der Kunststoffe nach der Molekülbeweglichkeit bei Raumtemperatur

Es handelt sich dabei immer um Endprodukt-Werkstoffe, also nicht um Formmassen und Vorprodukte. Die makrobrownsche Beweglichkeit zwischen Duroplasten und vernetzten Elastomeren (Gummi) einerseits und den Thermoplasten und thermoplastischen Elastomeren andererseits ist durch die kovalente (chemische) Vernetzung abgegrenzt. Duroplaste (Duromere) und Gummi sind mithin nicht oder infolge unvollkommener Netzwerkbildung nur gering plastisch verformbar. Die Abgrenzung zwischen Duroplasten und Gummi ist eine Frage der praxisüblichen Konvention, die sich in unterschiedlicher Härte bzw. Steifigkeit ausdrückt und dadurch unmittelbar mit der mikrobrownschen Molekülbeweglichkeit zusammenhängt. Verbindliche Festlegungen gibt es nicht, so dass die in Bild 2.15 angegebenen Bereiche des Kurzzeit-E-Moduls bzw. der Shorehärte D nur als grobe Orientierung gedacht sind. Es ist etwa ein Bereich, in dem Hartgummi, flexible EP-, UP-, PUR-X-, SI-X-Harze u.a. liegen. Nach diesem Einteilungsprinzip sind Thermoplaste (Plastomere) und thermoplastische Elastomere unvernetzte Kunststoffe, d.h., sie bestehen aus linearen oder verzweigten Makromolekülen. Nur mit dieser Struktur ist die Option eines thermoplastischen Zustands höchster makrobrownscher Molekülbeweglichkeit gegeben. Vor allem im letzten Jahrzehnt haben Kunststoffe zunehmend an Bedeutung gewonnen, die gummiähnliche Eigenschaften mit rationeller thermoplastischer Verarbeitbarkeit verknüpfen. Für diese Kunststoffklasse wurde u.a. der Begriff *thermoplastische Elastomere* geprägt. Die derzeitigen Bemühungen zur Nomenklatur dieser Kunststoffe sind nicht nur ein erneuter Beweis, wie schwer man sich in der Kunststofftechnik schon immer mit Bezeichnungssystemen getan hat, sondern auch dafür, dass es aus strukturphysikalischer Sicht ein sehr komplexes Problem ist. Im Grunde soll mit diesen Kunststoffen ein thermoplastisch verarbeitbarer, idealer Gummiwerkstoff geschaffen werden. Diese Forderung bedeutet nach Tafel 2.16, dass möglichst große mikrobrownsche Molekülbeweglichkeit mit ausreichend gummielastischer (entropieelastischer) Verformbarkeit und geringer makrobrownscher Beweglichkeit (geringer plastischer Verformung) zu kombinieren sind. Man benötigt also ein weitmaschig vernetztes Polymer mit geringen ZMK, dessen Vernetzungsstellen thermisch reversibel sind. Solche *physikalischen Vernetzungsstellen* können auf verschiedenste Weise verwirklicht werden. In Tafel 2.17 sind die derzeit bekannten Möglichkeiten erläutert und durch Stoffbeispiele belegt.

Die in Tafel 2.17 unter a) und b) aufgeführten Kunststoffe werden zu den Thermoplasten und die unter d) bis g) zu den thermoplastischen Elastomeren gezählt. Die Zuordnung von c) wird von der jeweiligen Härte oder anderen Gesichtspunkten abhängig gemacht. Dieses Schema zeigt die Schwierigkeit einer Zuordnung und damit auch die der Abgrenzung in Bild 2.15. Durch Molekülverschlaufungen trägt jeder Thermoplast ein gewisses „Gummipotential" in sich. In der Praxis waren PVC-P, PIB und andere weichelastische Thermoplaste als gummiähnliche Ersatzstoffe in vielen Bereichen eingesetzt, bevor sie durch moderne Typen thermoplastischer Elastomere substituiert wurden. Aus Bild 2.15 wird aber auch klar, dass der ideale Gummi erst erreicht ist, wenn die physikalischen Vernetzungen annähernd die Bindungsstärke kovalenter Vernetzung erreichen. Vielleicht bietet die Vervollkommnung ionischer Strukturen einen aussichtsreichen Ansatzpunkt.

Zu den Strukturbetrachtungen sollen abschließend die wichtigsten Kunststoffklassen (außer LCP) nochmals im Zusammenhang kurz charakterisiert werden (T_g = Glastemperatur; T_m = Schmelztemperatur; RT = Raumtemperatur):

- *Amorphe Thermoplaste:* Lineare und verzweigte Makromoleküle mit amorpher Struktur. Thermoplastisch erweichend (z.B. PMMA-Spritzgießmassen) bzw. bei sehr großer Molmasse nur thermoelastisch erweichend (z.B. PMMA-Gusshalbzeug). Prinzipiell löslich in geeigneten Lösungsmitteln. Bei geringen ZMK (z.B. unpolares PIB) oder deren Verminderung durch Solvatation (z.B. Weichmacherzusatz, PVC-P) und flexiblen Makromolekülen ist T_g < RT. Diese Kunststoffe sind weichelastisch bei RT und zunehmend gummiähnlich bei größerer Molmasse. Stärkere ZMK und steifere Moleküle ergeben T_g > RT, d.h. bei RT hartelastische Kunststoffe. In extremen Fällen (z.B. Leiterpolymere) ist Erweichung vor der thermischen Zersetzung nicht möglich.

- *Teilkristalline Thermoplaste:* Grundmerkmale der Moleküle wie bei amorphen Thermoplasten Zusätzliche Teilkristallinität bewirkt größere Härte und verringerte Löslichkeit. Für den Fall T_g < RT bewirkt die kristalline Phase hornähnliches, zähhartes Verhalten bei RT. Thermoplastischer Zustand nur bei Überschreitung von T_m möglich. Liegt T_m sehr viel über T_g, so ist nach dem Aufschmelzen der Kristallite sofort ein thermoplastischer Zustand erreicht (z.B. Polyamide). Ist dies nicht der Fall bzw. liegt sehr große Molmasse vor (z.B. hochmolekulare Polyamide), so tritt ein thermoelastischer Zustand auf. Extreme Verringerung der Molekülbeweglichkeit kann sowohl das thermoelastische Erweichen (z.B. wasserfreie Cellulose mit T_g = 225 °C) als auch den thermoplastischen Zustand (z.B. PTFE, PE-UHMW) vor der Zersetzung völlig verhindern. Die Löslichkeit solcher Stoffe bei RT ist u.U. erheblich eingeschränkt, bzw. für sie ist noch kein Lösungsmittel bekannt (z.B. PTFE).
- *Thermoplastische Elastomere:* Durch amorphe oder teilkristalline Hartsegmente (Domänen) bzw. durch Ionencluster thermisch reversibel vernetzte Makromoleküle mit geringer Vernetzungsdichte sowie Blends aus Thermoplasten mit hohen Anteilen vernetzter bzw. unvernetzter Elastomerphase. Thermoplastisch erweichende und lösliche, elastomerähnliche Kunststoffe (Zusatzinformation in Tafel 2.17).
- *Vernetzte Elastomere* (*Gummi*). Thermisch irreversibel (kovalent) vernetzte Makromoleküle mit überwiegend amorpher Struktur und meist geringer Vernetzungsdichte (geringe Härte). Thermoplastische Erweichung nicht möglich. Prinzipiell unlöslich, aber in geeigneten Medien u.U. stark quellbar. Ausgeprägte Gummielastizität (Entropieelastizität) ohne plastische Verformung im Temperatureinsatzbereich. Dehnungskristallisation relativ häufig.
- *Duroplaste:* Thermisch irreversibel (kovalent) vernetzte Makromoleküle mit amorpher Struktur und großer Vernetzungsdichte. Thermoelastische Erweichung je nach Höhe der zwischenmolekularen Kräfte und Vernetzungsdichte unterschiedlich ausgeprägt. Bei sehr enger Vernetzung ohne praktische Bedeutung. Prinzipiell unlöslich, aber je nach Vernetzung mehr oder weniger quellbar in geeigneten Medien.

2.2 Stoffliche Modifizierung von Kunststoffen

Unter stofflicher Modifizierung soll hier die Blendherstellung aus Homopolymeren sowie die Zugabe von Füll- und Zusatzstoffen (Additive) für unterschiedlichste Zweckbestimmungen verstanden werden. Wegen der Vielschichtigkeit dieses Gebietes ist nur eine kurze Übersichtsdarstellung möglich. Weitere Einzelheiten zu diesem Problemkreis finden sich in den folgenden Kapiteln.

Tafel 2.17 Einteilung von thermoplastischen Elastomeren und elastomerähnlichen Thermoplasten nach Art der physikalischen Vernetzungsstruktur (T_g Glastemperatur, RT Raumtemperatur)

a)	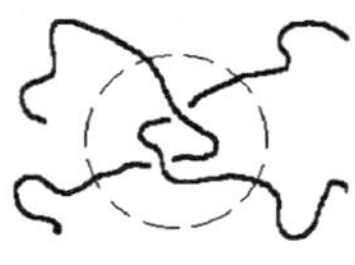	Amorphe Thermoplaste (T_g < RT), deren Molekülverschlaufungen (entanglements), inbesondere bei sehr hochmokularen Produkten , als temporäre Vernetzungsstellen wirken. z.B. PIB, PE-C, PVC-P
b)		Thermoplaste (T_g < RT) mit geringemKristallinitätsgrad, deren kristalline Bereiche als Vernetzungsstellen wirken. z.B. PE-VLD
c) d)	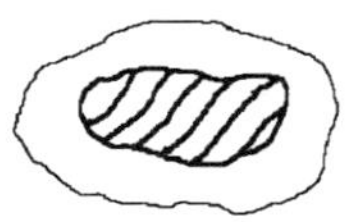 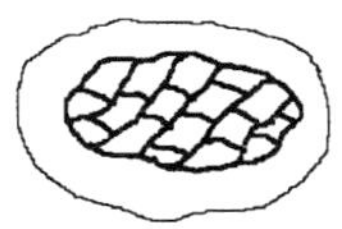	Blends aus Thermoplasten als kohärente Phase (Matrix) mit unvernetzten (c) oder vernetzten (d) Elastomeren als feindisperse Phase, wobei die Matrix als „Netzwerkgerüst" wirkt. Verbesserung der Phasenkopplung durch Kompatibilisatoren (z.B. Pfropfcopolymere) ist üblich. unvernetzte Phase: z.B. (EPDM+PP), (NR+PP) vernetzte Phase: z.B. (NR-X+PP), (NBR-X+PP) (EPDM-X+PP), (IIR-X+PP)
e)	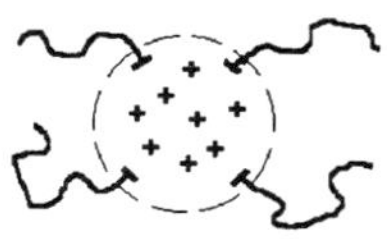	Thermoplaste (T_g < RT) mit partiellen Ionenbindungen, die als aggregierte Ionencluster wie Vernetzungsstellen wirken (Ionomere).
f)	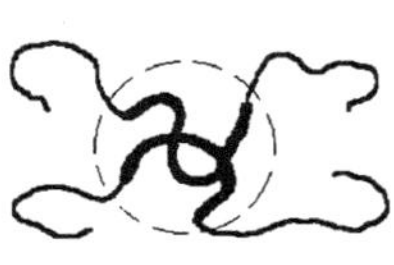	Amorphe Teleblockcopolymere (Triblockpolymere) mit langkettigem Weichsegmentmittelblock (T_g < RT) und endständigen Hartsegmentblöcken (T_g > RT), die sich wegen Unverträglichkeit zur Domänenstruktur entmischen und in der die Hartdomänen als Vernetzungsstellen wirken. Blends mit Thermoplasten (c) sind auch üblich. z.B. SBS, SEBS; (SBS+PP), (SEBS+PP)
g)	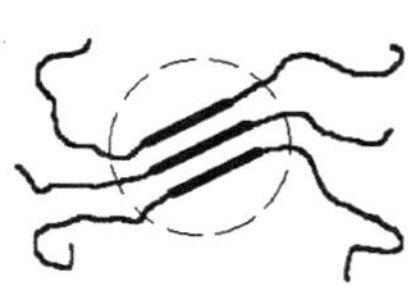	Segmentcopolymere aus langkettigen Weichsegmentblöcken (T_g < RT) sowie aus Hartsegmentblöcken mit Kristallisationsneigung, die sich zur Domänenstruktur entmischen und in der teilkristalline Hartdomänen als Vernetzungsstellen wirken; z.B. thermoplastische Elastomere (TPE)

2.2.1 Polymermischungen (Blends)

Die Herstellung von Polymermischungen (*Polymerblends, Polymerlegierungen, Blends*) ist fast so alt wie die Kunststofftechnik. Zur Verbesserung der Verarbeitbarkeit und zur Schlagzähmodifizierung wurden z.B. Celluloseester-Polyvinylether-Blends sowie Polystyrol-Kautschuk-Blends (sogenanntes schlagzähes Polystyrol) hergestellt. Aus energetischen Gründen ist die Mischbarkeit von Polymeren im Regelfall sehr eingeschränkt, so dass homogene Mischungen auf molekularer Ebene (homogene Blends) die Ausnahme sind.

Die Bildung eines morphologischen Mehrphasensystems (heterogene Blends) ist nicht von vornherein ungünstig, da viele nützliche Eigenschaften der Blendkomponenten erhalten bleiben können. Voraussetzung für qualitativ hochwertige Blends ist eine stabile Blendmorphologie. Dispergierte Phase und Matrix müssen in gleichmäßiger Verteilung bei guter Phasenadhäsion vorliegen. Nach dem Stand der Misch- und Zerteiltechnik sind u.U. „Phasentröpfchen" bis zur Wellenlänge des sichtbaren Lichtes erreichbar (transparente Blends). Zur Verbesserung der Mischbarkeit und Adhäsion werden verschiedene Methoden und Techniken praktiziert:

- Ausgangsverträglichkeiten aufeinander abstimmen.
- Abstimmung der quantitativen Zusammensetzung und der Aufbereitungstemperaturführung.
- Chemische Modifizierung durch Ionenbindungen, dynamischer Phasenvernetzung, partielle Pfropfcopolymerisation u.a., wobei die Reaktionen bei der Blendherstellung ablaufen können.
- Zugabe von Verträglichkeitsmachern (Kompatibilizer).
- Bildung von Durchdringungsnetzwerken (interpenetrating Networks, IPN) bei vernetzten Polymerstrukturen (Bild 2.3), die besonders günstige mechanische Eigenschaften ergeben.

Anfangs war die Blendherstellung überwiegend auf Verbesserung der Verarbeitbarkeit und Schlagzähmodifizierung, insbesondere für das Tieftemperaturgebiet, orientiert. Dafür wurden vorzugsweise Kautschuke als Blendkomponente eingesetzt (elastomermodifizierte Kunststoffe). Heute werden Polymerblends für das ganze Feld der Eigenschaftsverbesserung genutzt, wie z.B. Erhöhung der Wärmeformbeständigkeit, Verringerung der Spannungsrissbildung, Lackierbarkeit, Galvanisierbarkeit, Brennbarkeitsverminderung. Die Nutzung der Blendtechnologie für thermoplastische Elastomere sei besonders betont (Tafel 2.17). Im Zusammenhang mit dem verstärkten Stoffrecycling hat die Blendtechnik einen weiteren Impuls erfahren.

Bei statistischen Copolymeren und Sequenzcopolymeren ist eine relativ gleichmäßige Verteilung unterschiedlicher Monomerbausteine gewährleistet. Die Eigenschaften dieser morphologisch homogenen Polymere ergeben sich aus der Zusammensetzung nach bestimmten Additionsregeln. So liegt z.B. eine einheitliche Glastemperatur vor, die von der Monomerzusammensetzung abhängt. Ähnlich liegen die Verhältnisse bei homogenen Blends. Schon bei Block- und Pfropfcopolymeren findet bei unverträglichen Molekülblöcken eine Entmischung auf molekularer Ebene (*Domänenstruktur*) statt, so dass für diese Polymere mehrere Glastemperaturen gefunden werden, die den jeweiligen Domänen zuzuordnen sind. Diese Domänenstruktur wird besonders für thermoplastische Elastomere (Tafel 2.17) genutzt. In verstärkter Form ist das vorstehend beschriebene Eigenschaftsbild bei heterogenen Mehrphasenblends ausgebildet. Die Eigenschaften solcher Blends sind nicht mehr durch einfache Additionsregeln aus der Zusammensetzung abzuleiten. Überwiegend finden z.Z. Zweiphasenblends (Biblends) Anwendung. Zunehmend wird aber auch auf Ter- und Quaterblends zurückgegriffen. Konkrete Beispiele zu den Polymerblends sind im Kapitel 6 enthalten.

2.2.2 Kunststoffverbunde

Kunststoffverbunde sind eine Form der Eigenschafts- bzw. Stoffmodifizierung, die sich nach der Verbindungsart wie folgt einteilen lässt:

- Mehrschichtenverbunde und
- Mischwerkstoffverbunde.

Mehrschichtenverbunde aus geometrisch abgrenzbaren, aber stofflich verschiedenen Werkstoffschichten, s. auch Kapitel 9. Hierzu gehören *Mehrschichtenfolien, -tafeln, -rohre, -schläuche, Stützkernkonstuktionen (Sandwichkonstruktionen)* aus leichten Schaumstoff-, Waben- oder Homogenkernen mit relativ dünnwandigen Deckschichten, *Mehrkomponentenformteile* aus Mehrkomponenten- und Mehrfarbenspritzguss, Hinterspritztechniken u.a. sowie alle Produkte der *Insert- und Outserttechniken,* s. auch Kapitel 4. Die Schichtverbundbauweise gestattet die Entwicklung von Verbundfolien mit genau abgestimmtem Permeationsverhalten, die Herstellung leichter aber sehr biegesteifer Stützkernkonstruktionen für z.B. den Flugzeug- und Fahrzeugbau sowie eine Vielzahl anderer Eigenschaftskombinationen bezüglich Festigkeit, Steifigkeit, Gasdurchlässigkeit, Brennbarkeit, dekoratives Aussehen, Wärmeisolierung, Montierbarkeit u.a.. Dabei lassen sich sowohl verschiedene Kunststoffe untereinander als auch mit anderen Werkstoffen (Metalle, Hölzer u.a.) kombinieren. Ein technologischer Schwerpunkt dieser Werkstoffmodifizierung ist die Erzielung ausreichender Haftung zwischen den Schichten, wofür eine Reihe stoff- und formschlüssiger Verbindungstechniken nach unterschiedlichen Wirkprinzipien verfügbar ist.

Mischwerkstoffverbunde aus einer Polymermatrix, in der verstärkende oder eigenschaftsverbessernde Zusatzstoffe in gewünschter Weise (isotrop, anisotrop) verteilt sind. Typisches Beispiel sind *Hochleistungsfaserverbundkunststoffe* (*Composite*) aus hochfesten bzw. hochmoduligen Fasern oder textilien Halbzeugen, die durch eine Kunststoffmatrix zu einem Werkstoff verbunden sind. Aber auch Kunststoff-Beton, Schichtpressstoffe (Hartgewebe, Hartpapiere, Hartmatten), glasmattenverstärkte Thermoplaste (GMT) sowie die große Palette gefüllter und verstärkter duroplastischer Formstoffe und Laminate gehören zu dieser Werkstoffkategorie. Näheres dazu wird in Kapitel 6 erläutert. Am Beispiel der auf die Masse bezogenen Festigkeit und Steifigkeit von Faserverbundstoffen ist in Bild 2.16 ein Vergleich mit metallischen Konstruktionswerkstoffen angegeben.

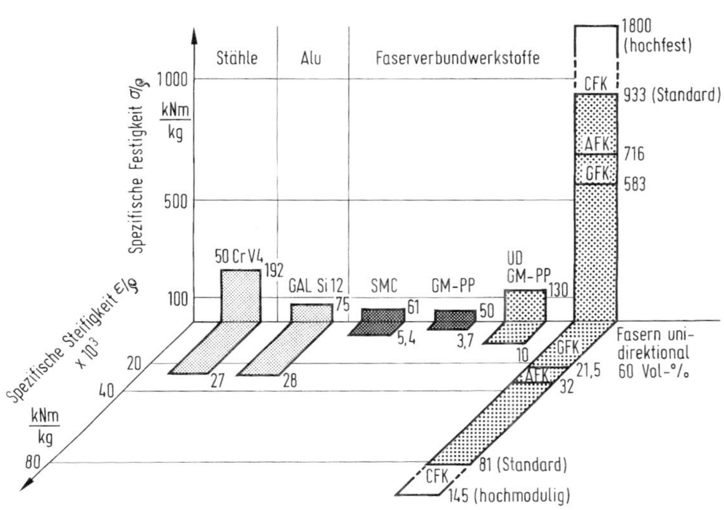

Bild 2.16 Werkstoffvergleich: spezifische Festigkeit und Steifigkeit

2.2.3 Zusatzstoffe (Additive) für Kunststoffe

Neben den bereits benannten Beispielen sind für eine verarbeitungs- und applikationsgerechte Kunststoffmodifizierung eine Vielzahl von Additiven bzw. Hilfsstoffen im Einsatz, deren wichtigste Gruppen in Kapitel 7 kurz charakterisiert werden.

2.3 Kunststoffrecycling

Mit Blick auf wichtige Umweltprobleme, wie z. B. Klimaänderung, Energie- und Ressourcennutzung, Wasser- und Bodenschädigung sowie Abfallerzeugung und -beseitigung sind die Kunststoffe insgesamt oft deutlich besser zu bewerten als sogenannte „naturgegebene“ Stoffe (Metalle, Glas, Holz, Papier u. a.). Darüber hinaus erweisen sich Kunststoffe häufig als vielseitige und unverzichtbare „Helfer“ bei der technischen Lösung von ökologischen Problemen. Dieses Pauschalurteil soll nicht darüber hinwegtäuschen, dass selbstverständlich auch die Kunststoffbranche ihre ökologischen Hausaufgaben erledigen muss. Hierzu sind Problemkreise der Abfallentsorgung in Reihenfolge ihrer gesellschaftlichen Priorität besonders hervorzuheben:

- *Abfallvermeidung oder -reduzierung* durch ökologisch orientierte Werkstoffauswahl, Typenbeschränkung, Leichtbau und recyclinggerechte Bau- und Konstruktionsweise. Exzessiven Kunststoffverbrauch, der den vermeintlichen oder wirklichen Konsumgewohnheiten geschuldet ist (z. B. Verpackungsbereich), auf Normalmaß zurückführen.

- *Abfallrecycling* mit dem Ziel verstärken, die Endlagerung von Kunststoffmüll drastisch zu reduzieren.

Die in Deutschland auf Basis des Abfallgesetzes erlassene Verpackungsverordnung von 1991 schreibt z.B. per 1.7.1995 vor, dass 80% aller anfallenden Verpackungen zu erfassen und einer Verwertung zuzuführen sind: werkstofflich, rohstofflich, energetisch. Eine Novellierung der Verordnung erhöht den Anteil der werkstofflichen Verwertung von 40% auf 60%. Eine energetische Verwendung wird zugelassen. In ähnlicher Weise will der Gesetzgeber die Abfallentsorgung in allen Kunststoffverbraucherbereichen erzwingen. Etwa 7% des Haushalt- und Gewerbemülls sind Kunststoffabfälle. Der Gesamtkunststoffmüll in Deutschland dürfte sich derzeit bei ca. 3 Mio. t pro Jahr bewegen. Seine überwiegende Entsorgung durch Recycling ist nur mit erheblichen Kraftanstrengungen der Kunststoffbranche und aller damit befassten Wirtschaftsbereiche und Institutionen möglich.

Die möglichen Entsorgungsmethoden für Kunststoffe sind in Tafel 2.18 aufgeführt. Wirtschaftlichkeit, technischer und logistischer Aufwand sind von der Art des Stoffkreislaufes abhängig (Bild 2.17).

Tafel 2.18 Entsorgungsmethoden für Kunststoffe

Wieder-verwertung	Produkt-recycling	Erzeugnismehrfachnutzung für gleiche oder unterschiedliche Zweckbestimmung
	Stoff-recycling	Wiederverarbeitung aufbereiteter Rücklaufmaterialien (Rezyklate) als Regenerate bzw. Regranulate
		Chemisches Recycling durch Stoffumwandlung (Pyrolyse, Solvolyse u.a.)
	Energie-recycling	Verbrennung von Abfall-, Alt- und Reststoffen
Endlagerung	Deponierung	Kompostierung biologisch abbaubarer Stoffe
		Endlagerung nicht abbaubarer Stoffe

Der Aufwand für Erfassung, Sortierung, Säuberung, Rückführung und Aufbereitung nimmt von Kreislauftyp 1 bis 3 überproportional zu, wenn qualitätsgleiche Rezyklate hergestellt werden sollen. Geschlossene Stoffkreisläufe des Typs 1 (Produktionsabfälle) im Verarbeitungsbetrieb bzw. durch Kooperationen verschiedener Betriebe sind weitgehend Standard. Auch für den Kreislauftyp 2 lassen sich zunehmend Beispiele finden (Automobilbranche u.a.). Wesentlich problematischer ist die Realisierung des Kreislauftyps 3 für Haushaltmüll. Selbst wenn der Preisverfall der letzten Jahre für Kunststoffformmassen immer stärker kompensiert wird, gibt es kaum betriebswirtschaftliche Anreize, Rezyklate mit dem Stigma „qualitätsgemindert" einzusetzen. Es kommen im Wesentlichen Einsatzgebiete mit minderen Anforderungen (Kabelschutzrohre, Gartenbau) in Frage. Größere Rezyklatanteile sind bei Thermoplasten für die Mehrheit der Eigenschaften zumindest in den Kreisläufen 1 und 2 (Bild 2.17) möglich. Die vorwiegend von Kunststoffherstellern genannte 20%-Grenze kann teilweise erheblich überboten werden.

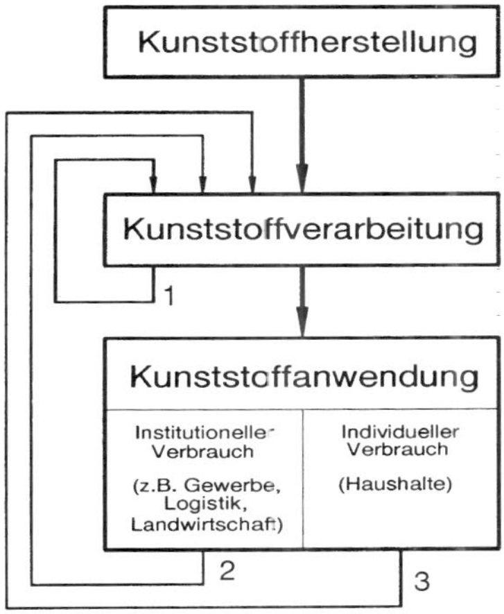

Bild 2.17 Stoffkreisläufe der Kunststoffverarbeitung und -anwendung

Für Duroplaste bestätigen auch neuere Untersuchungen die seit Jahrzehnten bekannte Durchschnittsgrenze von ca. 10%, weil oft die Verarbeitbarkeit nicht mehr gewährleistet ist. Duroplastrezyklate wirken im wesentlichen wie Füllstoffzusätze, während es sich bei Rezyklatmischungen von Thermoplasten um Blends handelt, die im Fall artgleicher Kunststoffe auf molekularer Ebene homogen sind.

Als weitere Methoden stehen Rohstoffrecycling auf chemischem Wege oder Energierecycling durch Verbrennung zur Verfügung. Die Stoffumwandlung der Kunststoffabfälle zu niedermolekularen Rohstoffen der organischen Synthese kann bei entsprechender Kapazität sicher einen wirksamen Beitrag zur Mengenreduzierung der Abfälle liefern. Wirtschaftlichkeit und Ökologie dieser Verfahren werden kontrovers beurteilt. Nach den z. Z. vorliegenden Erfahrungen und Konzepten zum Kunststoffrecycling sind sich nahezu alle Fachleute einig, dass ausschließliches Stoffrecycling nicht zur Bewältigung der Müllmenge mit wirtschaftlich und ökologisch vertretbarem Aufwand führen kann. Bekanntlich sind die meisten Polymere hochwertige Brennstoffe, so dass die energetische Verwertung (Müllverbrennung, Hochöfen, Zementöfen) sinnvoll ist, s. auch Tafel 2.19.

Verbrennungsanlagen haben einen technischen Standard erreicht, der die geforderten Luftverunreinigungsgrenzwerte garantiert. Kunststoffe nach dem Zyklus einer stofflichen Nutzung zu verbrennen, ist mindestens so sinnvoll, wie dies mit Erdöl geschieht. Nur 5% der Welterdölförderung werden für die Polymerherstellung stofflich genutzt, während über 90% mit mäßigem Wirkungsgrad mehr oder weniger direkt verbrannt werden.

Das Thema Kunststoffrecycling wird häufig unter den Stichworten Ressourcenschonung und Treibhauseffekt (CO_2-Ausstoß) diskutiert. Die hierzu erarbeiteten Bewertungen von drei Fachinstituten sind in Tafel 2.19 zusammengefasst, s. Kunststoffe 88 (1998) 10S. 1779. Es wird die Meinung vertreten, dass der erzielbare Umwelteffekt die Kosten der durch die Verpackungsverordnung erzwungenen separaten Erfassung und Verwertung nicht rechtfertigt.

Tafel 2.19 Einsparpotenziale verschiedener Verwertungswege für Kunststoffverpackungen (Berechnungsgrundlage 535 000 t/a)

Verwertungsmethode	Einsparpotential Ressourcenschonung [Heizöl kt/a]	Einsparpotential Treibhauseffekt [kt CO_2 Äquivalent/kg]
Fall A 100% Müllverbrennungsanlage	300	643
Fall B 100% rohstofflich	382	159
Fall C 100% werkstofflich	715	546
Fall D 40% werkstofflich 60% rohstofflich	413 bis 470*	218 bis 262*
Fall E 60% werkstofflich 40% rohstofflich	428 bis 514*	248 bis 313*

* je nach Effizienz der Primärwarensubstitution

2.4 Toxikologische Bewertung von Kunststoffen[1]

2.4.1 Einführung

Kunststoffe setzen sich aus hochmolekularen Verbindungen (Polymere) zusammen, die aus vielen gleichen oder ähnlichen niedermolekularen Bausteinen (Monomere) aufgebaut sind und durch Polymerisation, Polyaddition oder Polykondensation entstehen. Für die Durchführung dieser Reaktionen kommen Produktionshilfsstoffe (wie z.B. Initiatoren, Vernetzer) zur Anwendung. Zusatzstoffe (u.a. Flammschutzmittel, Stabilisatoren, Weichmacher, Antioxidantien, Farbstoffe, Treibmittel, Gleitmittel, Füllstoffe) beeinflussen die Eigenschaften des Kunststoffs und werden nachträglich eingearbeitet.

Produktionshilfsstoffe sind häufig im fertigen Kunststoff chemisch gebunden, während die Zusatzstoffe ggf. aus dem Polymer herausdiffundieren (migrieren) können. Bei der toxikologischen Bewertung sind neben den fertigen Kunststoffen selbst vor allem die monomeren Ausgangsmaterialien sowie die Hilfs- und Zusatzstoffe zu betrachten, wobei Herstellung, Verwendung und Abbau gesondert zu bewerten sind, da die Expositionssituationen deutlich differieren können.

1 Von G. Stropp, W. Pump und R. Baunemann

2.4.2 Toxikologische Bewertung der Kunststoffbestandteile

2.4.2.1 Monomere

Bei den Monomeren handelt es sich um in der Regel niedrigmolekulare und reaktive Einheiten, aus denen die Polymere aufgebaut sind. Die chemische Reaktivität der Monomere steht weitgehend auch mit deren Toxizität in Verbindung. Voraussetzung für die Verknüpfung der Monomere sind entweder ungesättigte Bindungen und/oder reaktionsfähige Endgruppen. Ungesättigte Bindungen befähigen zur Polymerisation, reaktionsfähige Endgruppen erlauben Polyaddition oder Polykondensation.

Bei den Monomeren handelt es sich häufig um Chemikalien mit gefährlichen Eigenschaften. Wie in den nachfolgenden Ausführungen, insbesondere bei den Aussagen zu den Polymeren, dargelegt, kann von den Monomereigenschaften nicht auf die Bewertung der Polymere geschlossen werden. Die Monomere unterliegen dabei im vollen Umfang den Maßnahmen der gesetzlichen Chemikalienregelungen. Das EG-Chemikalienrecht, aus dem sich das nationale Chemikalienrecht, vor allem das Chemikaliengesetz weitgehend ableitet, besteht aus einer Vielzahl von Einzelrichtlinien und Verordnungen. Zentralen Charakter haben

- die Gefahrstoffrichtlinie 67/548/EWG
- die Zubereitungsrichtlinie 88/379/EWG
- die Beschränkungsrichtlinie 76/769/EWG
- die Altstoffverordnung 793/93/EWG,

deren Darstellung den Rahmen dieses Beitrags sprengen würde. Auch der Arbeitsschutz beim Umgang mit chemischen Stoffen, der Transport und die Entsorgung sind durch vielfältige gesetzliche Vorschriften reguliert.

Gebräuchliche Kunststoffmonomere sind z.B. Alkene (z.B. Ethylen, Butadien), Stickstoff substituierte Alkene (Acrylnitril), aromatisch substituierte Alkene (Styrol), Acrylsäureverbindungen (Acrylate und Methacrylate, Acrylamid), Chlor und Fluor substituierte Alkene (z.B. Vinylchlorid, Vinylidenchlorid, Chloropren), Diisocyanate, Aminoverbindungen (z.B. Caprolactam, Melamin), Dicarbonsäuren (z.B. Adipinsäure), Aldehyde (Formaldehyd), Anhydride (Phthalsäureanhydrid), Phenolverbindungen (Phenol, Bisphenol A), Carbonylverbindungen (Phosgen) und Epoxidverbindungen (Ethylenoxid, Epichlorhydrin).

Ethylen ist unter Normaldruck ein Narkosegas und verursacht bei längerer Exposition Sehstörungen. Es wird im Säugerstoffwechsel teilweise zu dem kanzerogenen Ethylenoxid oxidiert und ist daher von der Senatskomission der Deutschen Forschungsgemeinschaft zur Ableitung von MAK-Werten (MAK/DFG) der Kategorie 3B (Kanzerogenität, Verdachtskategorie) zugeordnet (MAK = maximale Arbeitsplatzkonzentration). In Tierversuchen zeigte sich keine karzinogene Wirkung von Ethylen. Die Verstoffwechslung zu Ethylenoxid wird als zu gering angesehen, um im Modellversuch bei begrenzter Tierzahl eine Wirkung zu zeigen.

1,3-Butadien kann bei sehr hoher Konzentration zu Effekten auf das Zentralnerven-systems bis zur Narkose führen. Wie bei anderen verflüssigten Gasen führt der Kontakt mit Butadien als Flüssigkeit zu Erfrierungen. Für die nicht lokale Toxizität ist die Maus deutlich empfindlicher als die Ratte, was auf Unterschiede in der Fähigkeit zur Bildung der aktiven Epoxid-Metabolite zurückgeführt wird. 1,3-Butadien zeigt im Tierversuch eine karzinogene Wirkung und in vitro (im Reagenzglas) und in vivo (im Gesamttier) ein gentoxisches Potential. 1,3-Butadien ist als Krebs erzeugend für den Menschen eingestuft (MAK/DFG Kategorie 1).

Acrylnitril wird rasch resorbiert und im ganzen Körper verteilt. Es ist akut giftig, wobei die Vergiftungssymptome denen einer Cyanwasserstoffvergiftung (z.B. Ikterus, Anämie, Cyanose, Schwindel) vergleichbar sind. Intermediär gebildetes Cyanethylenoxid wird für die in Langzeittierversuchen mit Acrylnitril erhöhten Tumorinzidenzen sowie für das gentoxische Potential verantwortlich gemacht. Als weiterer Mechanismus für die Tumorentstehung wird die Glutathiondepletion mit oxidativem Stress in der Zelle als Folge diskutiert. Acrylnitril wirkt außerdem schädigend auf das Ungeborene bei Dosierungen, die für die Muttertiere bereits giftig sind. Epidemiologische Studien bei beruflich Exponierten sind nicht abschließend bewertbar und inkonsistent. Acrylinitril ist der MAK/DFG-Kategorie 2 (Kanzerogenität) zugeordnet.

Styrol führt beim Menschen ab 50 ml/m^3 zur Reizung der Schleimhäute der Augen und des oberen Respirationstrakts. Es hat eine niedrige Geruchsschwelle von 0,05 bis 0,08 ml/m^3. Bei länger dauernder Exposition werden Effekte auf das Zentralnervensystem (Müdigkeit, Konzentrationsschwäche, verlängerte Reaktionszeiten und Veränderungen im Elektroenzephalogramm) beobachtet. Styrol wird im Körper zu 7,8-Styroloxid metabolisiert, einer direkt alkylierenden (das Erbgut verändernden) und daher mutagenen Substanz. Speziesunterschiede im Metabolismus führen auch zu Speziesunterschieden bezüglich der Toxizität; bei der Maus ist die Fähigkeit zur Bildung des Styroloxids besonders hoch. Styrol wurde von MAK/DFG der Kategorie 5 Krebs erzeugender Stoffe zugeordnet und ein MAK-Wert von 20 ml/m^3 abgeleitet.

Acrylate sind etwas toxischer und reizender als die entsprechenden *Methacrylate*, wobei die Toxizität mit steigender Kettenlänge abnimmt. Unter den Acrylaten und Methacrylaten befinden sich Stoffe mit Haut sensibilisierender Wirkung. Im Vordergrund der Toxizität bei längerer Verabreichung steht die lokale Reizwirkung, aber auch die bei der Hydrolyse der Ester entstehenden Alkohole können zum Wirkpotential beitragen. Der MAK-Wert für Methylacrylat beträgt 5 ml/m^3, für Methylmethacrylat 50 ml/m^3.

Acrylamid wird als Monomer industriell hergestellt, es entsteht aber auch unter bestimmten Bedingungen (ohne dass es von außen zugesetzt wurde) bei der Herstellung und Verarbeitung von Nahrungsmitteln, z.B. in sehr stark erhitzten kohlenhydrathaltigen Lebensmitteln. In hohen Dosen führt Acrylamid beim Menschen zu neurotoxischen Effekten. Im Tierversuch wirkt Acrylamid bei Ratten und Mäusen Krebs erzeugend. Acrylamid zeigt eine mutagene Wirkung und ist daher der MAK/DFG-Kategorie 2 (Kanzerogenität) zugeordnet.

Vinylchlorid ist akut wenig giftig, wirkt aber im Tierversuch und beim Menschen Krebs erzeugend (z.B. Lebertumoren, Hämangiosarkome) und mutagen. In früheren Jahren wurden unter dem klinischen Bild der so genannten „Vinylchlorid-Krankheit“ Befunde wie z.B. Durchblutungsstörungen an den Händen beobachtet. Vinylchlorid ist wegen der Krebs erzeugenden Wirkung beim Menschen der MAK-Kategorie 1 (Kanzerogenität) zugeordnet.

Vinylidenchlorid wirkt in hohen Konzentrationen dämpfend auf das Zentralnervensystem. Leber und Niere sind die Zielorgane bei länger dauernder Exposition im Tierversuch. Im Tierversuch wirkt Vinylidenchlorid nicht teratogen und nicht kanzerogen. Lediglich in einer Inhalationsstudie an Mäusen wurden Nierentumore beobachtet. Da die Versuche zur Gentoxizität überwiegend negativ verliefen und im Tierversuch nur die bezüglich der Toxizität an den Nieren besonders empfindliche Maus Tumore zeigt, wird ein stammes- und geschlechtsspezifischer Mechanismus als Folge einer starken Nierentoxizität diskutiert. Vinylidenchlorid ist daher der MAK/DFG-Kategorie 3B (Kanzerogenität) zugeordnet. Der MAK-Wert beträgt 2 ml/m^3.

Chloropren (2-Chlor-1,3-butadien) ist in reiner Form instabil und bildet bei Alterung Oligomere, die als besonders relevant für die Toxizität der jeweils getesteten Verbindung angesehen werden. Zielorgane beim Menschen sind z.B. Leber, Lunge, Niere und Zentralnervensystem. Die epidemiologischen Untersuchungen zur Frage einer kanzerogenen Wirkung erbrachten widersprüchliche Befunde. In neueren Inhalationsversuchen kam es im Tierversuch zu einer Zunahme an Tumoren in verschiedenen Organen sowohl bei Ratten als auch Mäusen. Chloropren ist daher der MAK/DFG-Kategorie 2 (Kanzerogenität) zugeordnet.

Typisch und für die toxikologische Wirkung der *Diisocyanate* (z.B. Diphenylmethandiisocyanat (MDI), Toluylendiisocyanat (TDI)) bedeutsam ist die große Reaktivität ihrer NCO-Gruppen. Bei relativ geringer oraler Toxizität müssen vor allem Augen, Haut und Luftwege wegen akuter Reizwirkungen geschützt werden. Längerfristiges oder häufiges Einatmen höherer Diisocyanatkonzentrationen (Dampf und/oder Aerosol) kann zu Hustenreiz, Kurzatmigkeit und Atemwegssensibilisierung führen.

Eine Haut sensibilisierende Wirkung, die im Tierversuch in der Regel nachweisbar ist, ist beim Menschen von geringerer Bedeutung. Die mehr als 30jährige industrielle Erfahrung beim Umgang mit Diisocyanaten und dabei über einer Million exponierter Personen hat außer gelegentlichen Atemwegssensibilisierungen bisher keine weiteren Hinweise auf andere lang andauernde oder dauerhafte Gesundheitsschädigungen durch Di- und Polyisocyanate ergeben.

Nach chronischer Inhalation zeigten sich im Tierversuch mit Toluylendiisocyanat keine Hinweise auf eine kanzerogene Wirkung, mit technischem MDI (p-MDI) wurden Lungenadenome beschrieben, die vermutlich durch die chronische Reizwirkung auf das Lungengewebe ausgelöst sind. Die Ergebnisse zahlreicher Tierversuche lieferten keine Anhaltspunkte für Frucht schädigende (teratogene) oder Erbgut verändernde (mutagene) Effekte. Der MAK-Wert (TRGS 900) für MDI beträgt 0,05 mg/m^3. Vorsorglich wurden in Deutschland alveolengängige MDI-Aerosole ($< 11 \mu m$) der Kanzerogenitätskategorie 3 (Verdacht auf Krebs erzeugende Wirkung) zugeordnet (TRGS 905). Eine offizielle EU-Einstufung in Bezug auf Krebsverdacht ist noch nicht erfolgt. Für TDI gilt der MAK-Wert 0,035 mg/m^3 (TRGS 900). Aufgrund einer Fütterungsstudie hat TDI die Legaleinstufung R40 (Verdacht auf Krebs erzeugende Wirkung) erhalten. Dieser Aufnahmeweg ist für den Umgang mit TDI in der Praxis nicht relevant.

Caprolactam führt konzentrationsabhängig zu Reizeffekten an der Haut und im Respirationstrakt. Es wirkt erregend auf das Zentralnervensystem und kann im

Tierversuch sowie beim Menschen Krampfanfälle auslösen. Caprolactam zeigt im Tierversuch keine Krebs erzeugende Wirkung und ist überwiegend nicht gentoxisch. Der MAK-Wert für Caprolactam beträgt 5 mg/m^3, wobei die Haut- und Schleimhautreizung beim Menschen für den MAK-Wert bestimmend ist.

Melamin reizt Haut und Auge nicht. Auch eine sensibilisierende Wirkung ist nicht nachweisbar. Bei längerer Verabreichung kann Melamin im Tierversuch zur Steinbildung in den Harnwegen führen, vermutlich verursacht durch Auskristallisierung bei der Ausscheidung mit Überschreiten des Löslichkeitsprodukts. Die chronische Reizung an der Blasenschleimhaut durch die Steine in der Blase wird als Ursache für die Entstehung von Tumoren der Blasenschleimhaut im Tierversuch angesehen.

Adipinsäure wirkt im Tierversuch reizend insbesondere an den Augen. Bei Inhalation ist auch eine Reizwirkung am Atemtrakt möglich. Adipinsäure ist im Tierversuch bei einmaliger und länger dauernder oraler Aufnahme von geringer Giftigkeit und weder in vitro noch in vivo gentoxisch. Adipinsäure wird im Gastrointestinaltrakt gut resorbiert und überwiegend unverändert mit dem Urin ausgeschieden.

Formaldehyd ist ein industrielles Zwischenprodukt, es entsteht aber auch endogen im Stoffwechsel. Aufgrund seiner hohen Reaktivität wirkt Formaldehyd stark reizend an den Schleimhäuten von Auge und Atemtrakt (z.B. Tränenfluß, Husten, Atemnot). Formaldehyd wirkt sensibilisierend an der Haut. Die chronische inhalative Exposition bewirkt im Tierversuch an den Schleimhäuten der Nase und Nasennebenhöhlen Reizeffekte und Tumore. Es ist davon auszugehen, dass die Tumore die Folge chronisch proliferativer Prozesse aufgrund der Reaktivität und Reizwirkung sind. Darüber hinaus ist aufgrund von Unterschieden der Atemphysiologie und der dadurch bedingten hohen Empfindlichkeit der Nager eine direkte Übertragung der Tumorbefunde auf den Menschen nicht möglich. Formaldehyd ist der MAK/DFG-Kategorie 4 (Kanzerogenität) zugeordnet, der MAK-Wert beträgt 0,3 ml/m^3.

Die atemwegssensibilisierende Wirkung von *Phthalsäureanhydrid* ist von besonderer Bedeutung für das toxikologische Wirkprofil („Anhydrid-Asthma„). Darüber hinaus wirkt Phthalsäureanhydrid an Haut, Schleimhäuten und am Atemtrakt stark reizend. Das Anhydrid wird vermutlich im Säugerorganismus zu Phthalsäure hydrolysiert und rasch mit dem Urin ausgeschieden. Phthalsäureanhydrid wirkt nicht gentoxisch oder kanzerogen. Für Phthalsäureanhydrid konnte bisher kein MAK-Wert abgeleitet werden (MAK/DFG Gruppe IIb).

Die Hautresorption stellt den Hauptaufnahmeweg für *Phenol* dar. Phenol wirkt lokal deutlich reizend. Bei akuten Vergiftungen werden neben lokalen Effekten zentralnervöse Symptome (z.B. Bewusstseinstrübung, Schwindel, Lethargie), Nierenversagen und Effekte auf das Herz beschrieben. Bei länger dauernder Exposition dominieren beim Menschen Effekte auf das Nervensystem. Im Tierversuch wurden toxische Effekte auf Nerven, Niere, Blut und Immunsystem beobachtet. Gering erhöhte Tumorraten im Langzeitversuch werden mit dem Auftreten gentoxischer Metabolite begründet. Phenol ist embryo- und fetotoxisch. Phenol ist der MAK/DFG-Kategorie 3B (Kanzerogenität) zugeordnet.

Bisphenol A ist akut wenig giftig und reizt die Haut nicht. An den Schleimhäuten von Auge, Nase und Rachen kann es zu Reizreaktionen kommen. Die Giftigkeit bei länger dauernder Exposition im Tierversuch ist gering. Bisphenol A ist im Tierversuch weder gentoxisch, noch Krebs erzeugend. Die Tierversuche zur Frage einer teratogenen Wirkung nach oraler Gabe sind ebenfalls ohne besondere Befunde, lediglich in maternal-toxischen Dosen wurden embryotoxische Effekte beobachtet. In Dosen, die bereits allgemeine Toxizitätssymptome verursachen, ergeben sich im Tierversuch Hinweise auf eine Beeinträchtigung der Fertilität.

Berichte über „Niedrigstdosiseffekte" von Bisphenol A konnten in umfassenden Untersuchungen nicht bestätigt werden. Im Maximierungstest sowie im Lymphknotentest an der Maus konnte mit Bisphenol A keine Sensibilisierung hervorgerufen werden. Beim Menschen wurden photoallergische Reaktionen beobachtet, allerdings konnte diese Beobachtung im Lymphknotentest an der Maus nicht bestätigt werden. Auch über Kreuzreaktionen mit Epoxidharzen wurde berichtet.

In Screening-Tests zeigt Bisphenol A eine schwache östrogene Aktivität. Langzeitstudien und Studien zur Reproduktionstoxizität geben aber keine Hinweise auf eine hormonartige Wirkung beim Säuger. Der MAK-Wert beträgt 5 mg/m^3.

Phosgen ist ein Reizgas. Es führt bereits nach Inhalation geringer Konzentrationen mit einer Latenzzeit von bis zu 24 h zum toxischen Lungenödem, während bei höheren Konzentrationen die lokale Reizwirkung auf die Atemwege auch ohne Ausbildung eines Lungenödems zum Tode führen kann. In Studien wurden Lungeneffekte bereits ab 0,1 ml/m^3 beobachtet. Der MAK-Wert beträgt 0,02 ml/m^3.

Ethylenoxid ist ein potentes alkylierendes (direkt das Erbgut veränderndes) Agens. Neben der mutagenen Wirkung in vitro und in vivo zeigt es im Tierversuch eine kanzerogene Wirkung mit Tumoren vornehmlich in der Lunge. Ethylenoxid ist daher der MAK/ DFG-Kategorie 2 (Kanzerogenität) zugeordnet.

Epichlorhydrin ist ein direkt wirkendes gentoxisches Kanzerogen im Tierversuch. Es ist akut giftig und reizt Haut, Augen und Atemtrakt und kann zu Sensibilisierungen führen. Epichlorhydrin ist der MAK/DFG-Kategorie 2 (Kanzerogenität) zugeordnet.

2.4.2.2 Polymere

Aufgrund ihrer typischen Eigenschaften bergen Polymere im Allgemeinen keine oder nur geringe Gefahren für Mensch und Umwelt. Das Aufbauprinzip von Polymeren bewirkt in der Regel eine starke Abschwächung der potenziell gefährlichen Wirkungen der zugrunde liegenden Monomerbausteine bis hin zu deren vollständigen Verschwinden.

Verbrauchernah eingesetzte Polymere sind meist hochmolekular, dementsprechend nicht flüchtig und nahezu wasserunlöslich. Wegen des hohen Molekulargewichts und der fehlenden Fähigkeit, biologische Membranen zu penetrieren, werden die Kunststoffe im Allgemeinen als biologisch und physiologisch inert betrachtet. Die lokal Krebs erzeugende Wirkung bei Implantaten aus Polymeren ist vermutlich durch lokale Faktoren, wie eine Störung des physiologischen Austauschs von Sauerstoff, Elektrolyten oder Nährstoffen im Gewebe, bedingt und zeigt eine Abhängigkeit von der physikalischen Form des Kunststoffs („Solid-State-Kanzerogenese").

Polystyrol, Polyethylen und *Polypropylen*, aber auch andere Polymere wie z.B. *Polyurethane* oder *Polyamid*, zeigen nach Implantation lokal eine tumorigene Wirkung, die sich in Abhängigkeit von Form und Größe des Kunststoffs ausprägt. Polystyrol-Platten und Polyethylen-Folien verursachten z.B. bei Ratten nach subkutaner Implantation gehäuft lokale Tumoren, während kleinere Partikel seltener oder nicht zu Tumoren führten.

Abgesehen von dem Spezialfall Implantate sind toxikologische Untersuchungen an Kunststoffen nur ganz vereinzelt durchgeführt worden, da das Ergebnis „selbst bei hohen Applikationsmengen kein gesundheitlicher Effekt feststellbar" unter Fachleuten als vorhersagbar beurteilt wird.

2.4.2.3 Hilfsstoffe und Zusatzstoffe

Die in der Praxis gestellten Anforderungen erfordern eine Vielzahl von Kunststoffen mit unterschiedlichen Eigenschaftsspektren. Eine Möglichkeit zur Einstellung dieser Eigenschaften besteht in der Verwendung von Zusatzstoffen (Additiven). Dabei wird zwischen Lichtschutzmitteln, Antioxidantien, Gleitmitteln, Füllstoffen, Verstärkungsmitteln, Flammschutzmitteln, Antistatika, Farbstoffen, Stabilisatoren, Treibmitteln u.v.a. unterschieden. Hierbei handelt es sich um eine Vielzahl von Substanzen der unterschiedlichsten Verbindungsklassen. Eine umfassende Darstellung der eingesetzten Stoffe, deren Charakterisierung, ihrer toxikologischen Eigenschaften sowie der heute gestellten und zu erfüllenden regulativen Anforderungen findet sich im „Plastics Additives Handbook" (*Zweifel, H.*: Plastics Additives Handbook, 5. Aufl. Hanser, München 2001). Für die Bewertung der Additive gelten die auch für die Monomere zutreffenden, anwendungsspezifischen Regelungen.

2.4.2.4 Toxikologische Bewertung im Produktionsprozess

Bei der industriellen Fertigung, bei der Verarbeitung und auch bei der Entsorgung von Kunststoffen sind wegen der unterschiedlichen Toxizität vieler Einsatzstoffe bzw. beim Auftreten von Abbau- oder Pyrolyseprodukten technische und persönliche Arbeitsschutz-Maßnahmen notwendig.

In der industriellen Fertigung von Kunststoffen ist die Toxizität der Monomere von besonderer Bedeutung (vgl. Abschnitt 1.6.2.1). Bei der Verarbeitung von Kunststoffen muss zwischen der Verarbeitung gebrauchsfertiger Kunststoffe und der Verarbeitung niedermolekularer oder monomerer Vorprodukte, die erst beim Endverbraucher zum Makromolekül aufgebaut werden, z.B. Zwei-Komponenten-Kleber, unterschieden werden. Während bei der Verarbeitung gebrauchsfertiger Kunststoffe die Gesundheitsgefahren eher gering und durch den Restmonomergehalt oder unspezifische Faktoren wie Partikelstaub bestimmt werden, sind im zweiten Fall Gefährdungen durch flüchtige Monomere und z.B. Härtungskomponenten zu beachten.

Spezifische Regelungen zur sicheren Anwendung, erstellt von den entsprechenden Branchen, spielen hier ebenso wie spezielle Anforderungen der Berufsgenossenschaften eine wichtige und zu beachtende Rolle.

2.4.3 Toxikologische Bewertung von Bedarfsgegenständen aus Kunststoffen

Kunststoffe werden zu einem großen Teil zu Gebrauchsgegenständen des täglichen Lebens verarbeitet, wie Verpackungsmaterialien, Küchengeräte, Geschirr und andere Gegenstände, die mit Lebensmitteln oder Körperpflegemitteln in Berührung kommen, sowie Spielwaren.

Von der Kommission der Europäischen Gemeinschaft wurde eine Reihe von Richtlinien „über Materialien und Gegenstände, die dazu bestimmt sind, mit Lebensmitteln in Berührung zu kommen“ (z.B. Rahmenrichtlinie 89/109/EWG, Kunststoffrichtlinie 2002/72/EG; Migrationsrichtlinie 82/711/EWG und Ergänzungen sowie Simulanzlösemittelrichtlinie 85/572/EWG) erlassen.

Diese Richtlinien werden regelmäßig aktualisiert und in nationale Verordnungen der EU-Mitgliedsstaaten umgesetzt. Sie legen u.a. die grundsätzlichen Anforderungen fest, definieren die Bedingungen für die Durchführung von Migrationsstudien und enthalten das Verzeichnis von zulässigen Monomeren und sonstigen Ausgangsstoffen, die zur Herstellung von Bedarfsgegenständen aus Kunststoff verwendet werden dürfen (Positivliste), sowie Migrationsgrenzwerte oder sonstige Beschränkungen. Für alle Kunststoffe gilt der Gesamtmigrationsgrenzwert (GML) von 60 mg/kg bezogen auf Lebensmittelsimulanz bzw. 10 mg/dm^2 Kunststoffkontaktfläche. Darüber hinaus sind für eine große Zahl von Monomeren und Additiven spezifische Migrationsgrenzwerte (SML) oder höchstzulässige Restgehalte des Stoffes im Bedarfsgegenstand (QM) gesondert festgelegt.

2.4.4 Toxikologische Bewertung von Kunststoffmaterialien für medizinische Zwecke

Kunststoffe, die in der Medizin Anwendung finden, stehen in direktem oder indirektem Kontakt mit lebendem Gewebe oder Körperflüssigkeiten (z.B. ärztlichen Instrumente, Einmalartikel wie Katheter und Blutbeutel sowie Implantate). Für den Einsatz über einen längeren Zeitraum müssen folgende Kriterien erfüllt sein: einerseits darf der Kunststoff den Organismus, mit dem er in Kontakt kommt, nicht schädigen, andererseits darf der Kunststoff nicht durch die Einwirkung des biologischen Milieus geschädigt werden (vgl. EU Richtlinie 93/42/EEC „Concerning Medical Devices„). Ein Kunststoff, der diese Kriterien erfüllt, wird als bioverträglich oder biokompatibel bezeichnet. Die Anforderungen an Kunststoffe sind wesentlich abhängig von der vorgesehenen Anwendung, insbesondere der Kontaktzeit mit der biologischen Umgebung. An Implantate und Implantatmaterialen müssen höhere Anforderungen bezüglich der Biokompatibilität gestellt werden als an Materialien, die nur für eine kurze Zeit mit dem Organismus in Kontakt kommen oder im Organismus verweilen, wie z.B. Einmalartikel wie Katheter. Beim Einsatz im medizinischen Bereich muss der Kunststoff sterilisierbar sein.

Folgen von Wechselwirkungen zwischen Körper und Kunststoff können z.B. sein:

- lokale Gewebereaktion (Zytotoxizität, Fremdkörperreaktion),
- systemische, d.h. den Gesamtorganismus betreffende Reaktionen (z.B. Leber schädigende Wirkung) bei kurzzeitigem oder länger dauerndem Kontakt,

- allergische Reaktionen,
- Interaktion mit dem Blut,
- Abbau des Kunststoffs.

Um mögliche Folgen einer Wechselwirkung bewerten zu können, wurden von den Behörden praktisch weltweit akzeptierte Normen zur Prüfung von Medizinprodukten erstellt (ISO 10993 bzw. EN 30993). In diesen Standards werden abhängig von der Anwendung eines Medizinprodukts eine Standard-Teststrategie definiert und die Testmethoden dargestellt. Die Zytotoxizität und das allergene Potential muss bei allen Medizinprodukten abgeklärt sein, während z.B. die Gentoxizität oder die chronische Toxizität nur bei länger dauerndem Kontakt zu untersuchen sind.

2.4.5 Toxikologische Aspekte bei Kunststoffspielwaren

Für den Bereich der Spielwaren existiert seit langem die EU-Richtlinie 88/378/EWG zur Sicherheit von Spielwaren. Im Zuge eines Normungsmandates (DIN/EN 71) werden die Anforderungen an die physikalische Sicherheit sowie an die chemischen Inhaltsstoffe (Schwermetalle, Monomere und Additive) ständig ausgebaut.

2.4.6 Toxikologische Bewertung bei Kunststoffbauprodukten.

Im Rahmen der EU-Bauproduktenrichtlinie 89/106/EWG besteht für die Bewertung des Sachverhalts „Umwelt, Hygiene und Gesundheit" von Bauprodukten die Möglichkeit zur Einführung grundlegender Anforderungen, so z.B. hinsichtlich der Inhaltsstoffe und der Freisetzung von Inhaltsstoffen. Entsprechende Vorbereitungen befinden sich seit Anfang 2004 auf dem Wege. In Deutschland hat sich der Ausschuss zur gesundheitlichen Bewertung von Bauprodukten (AgBB), ein Gremium der Bundesländer, des Sachverhaltes angenommen und erste Konzepte vorgestellt, die sich derzeit in der Erprobungsphase befinden.

Das Deutsche Institut für Bautechnik (DIBt) befasst sich im Bereich der Zulassung von Bauprodukten ebenfalls mit der Thematik, derzeit mit dem Schwerpunkt einer Rezepturprüfung.

2.4.7 Toxikologische Aspekte beim Abbau von Kunststoffen

Abbauvorgänge, die die Haltbarkeit von Kunststoffen begrenzen, werden durch Wärme, Strahlung (z.B. Lichteinwirkung) und mechanische Energie ausgelöst. Diese Abbauvorgänge spielen aus toxikologischer Sicht keine besondere Rolle.

Dagegen sind die bei der vollständigen oder unvollständigen Verbrennung von Kunststoffen entstehenden Brandgase von toxikologischer Bedeutung. Dabei steht in der Regel die Wirkung von CO (Kohlenmonoxid), das auch aus allen anderen kohlenstoffhaltigen Naturstoffen und synthetischen Produkten entsteht, im Vordergrund. Brandgase setzen sich darüber hinaus aus unterschiedlichen Zersetzungsprodukten zusammen, je nachdem welches Material vom Brand betroffen ist.

3 Eigenschaften und Prüfverfahren

3

3

3 Eigenschaften und Prüfverfahren

In diesem Kapitel sollen die charakteristischen Eigenschaften der Kunststoffe und die zur Ermittlung dieser Eigenschaften erforderlichen Prüfverfahren dargestellt werden. Dabei ist es das Ziel, das Verständnis für diese Gruppe von Werkstoffen zu entwickeln und zu vertiefen. Die Darstellung bleibt daher hier allgemein und qualitativ. Hier verwendete Diagramme mit Werkstoffeigenschaften sollen lediglich helfen, das Verständnis zu verbessern. Eine Beschreibung der Kunststoffe mit ihren Einsatzgebieten erfolgt in Kapitel 6. Kapitel 8 liefert schließlich die Kennwerte zum Werkstoff. Zur Klärung der Frage etwa, wie die mechanischen Eigenschaften von einem Kunststoff bei langzeitiger Beanspruchung und erhöhter Temperatur beschrieben werden kann, möge der Leser in dieses Kapitel schauen. Braucht er Hinweise, welcher Werkstoff solche Beanspruchungen erträgt, suche er in Kapitel 6. Will er dagegen die Spannung bei 1 % Dehnung aus einer Isochronen für ein mit 30% Glasfaser verstärktes Polyamid 66. bei 60 °C und 1000h ermitteln, so möge er in Kapitel 8 nachschlagen.

3.0 Aussagekraft der Kennwerte

Kunststoffkennwerte werden zur ersten Beurteilung neuer Produkte, zum Vergleich mit bekannten Produkten, zur Vorauswahl von Kunststoffen für einen bestimmten Beanspruchungsfall und schließlich zur Bemessung von Formteilen benötigt. Um diesen Anforderungen gerecht zu werden, sind an Kennwerte bestimmte Forderungen zu stellen:

- sie müssen vergleichbar sein,
- sie müssen aussagekräftig sein,
- sie müssen rationell zu ermitteln sein.

In Datenbanken und sonstigen Produktbeschreibungen werden bis zu etwa 200 verschiedene Eigenschaften eines Produkts angeführt. Es ist wohl einleuchtend, dass diese Vielzahl von Informationen die Übersicht erschwert oder gar unmöglich macht.

Für ein Taschenbuch muss deshalb eine sinnvolle Auswahl getroffen werden. Eine weltweit anerkannte Grundlage hierzu ist DIN EN ISO 10350: *Plastics-acquisition and presentation of comparable single-point data,* s. Tafel 3.1. Da zur Beschreibung des Verhaltens von Kunststoffen Kennwertfunktionen eine große Bedeutung haben, werden in DIN EN ISO 11403: *Plastics-acquisition and presentation of comparable multipoint data*, Part 1: mechanical properties und Part 2: thermal and processing properties, wichtige Funktionen beschrieben, s. Tafel 3.2. Auf diesen Standards beruht die internationale Datenbank für Kunststoffkennwerte „CAMPUS„. Sie wird von mehr als 50 Rohstofflieferanten kostenlos Kunden per Diskette oder über das Internet (Näheres hierzu unter: www.CAMPUSplastics.com) zur Verfügung gestellt und enthält die Kennwerte für das jeweilige Produktsortiment entsprechend Tafel 3.1 und Tafel 3.2. Umfangreiche Informationen zur Ermittlung der Kennwerte sind als *help files* integriert.

Alle Werte werden nach in ISO-Normen einheitlich festgelegten Prüfverfahren ermittelt. Auch die Herstellung der Probekörper erfolgt nach einheitlichen Vorschriften, s. Abschnitt A.2.2. Dies ist ein sehr wichtiger Punkt für die Vergleichbarkeit der Werte, denn die am Probekörper ermittelten Kennwerte können stark von den Bedingungen bei der Herstellung der Probekörper im Spritzgießverfahren abhängen. Die Datenbank CAMPUS wurde vorzugsweise für Thermoplaste konzipiert. Sie ist aber auch für Elastomere, Thermoelaste sowie duroplastische Pressmassen anwendbar. Für langfaserverstärkte Kunststoffe wurde von der „Arbeitsgemeinschaft Verstärkte Kunststoffe" (AVK) eine eigene Datenbank unter der Bezeichnung „FUNDUS" erarbeitet, die in Anlehnung an CAMPUS für diese Werkstoffgruppe eine Vereinheitlichung der Kennwerte ergibt.

Im Folgenden sollen die wesentlichen in diesem Taschenbuch verwendeten Kennwerte zur Beurteilung des Verhaltens der Kunststoffe bei der Verarbeitung, d.h. bei der Herstellung der Formteile, beim bestimmungsgemäßen Gebrauch und bei Überlastung der Formteile erläutert werden. Generell ist bei der Beurteilung der Kennwerte zu beachten, dass sie keine universellen Materialkonstanten sind. Wie die Kennwerte anderer Werkstoffe können sie in mehr oder weniger starkem Maße von folgenden Einflussfaktoren abhängen:

- der Temperatur,
- der Dauer oder Geschwindigkeit einer Belastung,
- der Häufigkeit einer Belastung,
- den Umwelteinflüssen,
- den Materialinhomogenitäten wie Bindenähten, Kerben u.a.,
- den Herstellbedingungen der Formteile und den daraus resultierenden Eigenspannungen, Orientierungen, Kristallisationsgraden und Strukturen.

Hierzu werden in den folgenden Kapiteln Beispiele erläutert.

3.1 Verarbeitungstechnische Kennwerte

Die Herstellung von Formteilen aus Kunststoffen erfolgt bei Thermoplasten, Thermoelasten und Duroplast-Formmassen durch Ausformen bei erhöhten Temperaturen, wobei dieser Vorgang bei den Thermoplasten und Thermoelasten mehrfach wiederholbar ist. Duroplaste härten bei der Formgebung aus, sie vernetzen und sind deshalb nicht wieder aufschmelzbar. Gießharze werden nach speziellen Verfahren verarbeitet, s. Abschn. 4.3.2.

Der Verarbeitungsprozess ist mitbestimmend für die Eigenschaften und die Herstellungskosten eines Formteils. Für die Werkstoffauswahl und die Vorbereitung der Produktion ist deshalb die Kenntnis folgender Werte wichtig: rheologisches Verhalten, Erstarrungsverhalten, Entformungsverhalten, Abbauverhalten, Schwindungsverhalten und Toleranzen, Orientierungen, Kristallisationsverhalten.

Tafel 3.1 CAMPUS-Datenkatalog nach DIN ISO 10350

Eigenschaft	Symbol	ISO-(IEC)-Norm	Probekörper (Maße in mm)	Einheit	Bemerkung
Rheologische Eigenschaften					
Schmelzvolumenrate	MVR	1133	Formmasse	cm^3/10 min	1)
Verarbeitungsschwindung *parallel*	S_{Mp}	294-4 (Thermoplaste) 2577 (Duroplaste)	60 · 60 · 2/1	%	s. ISO 294-3, Thermoplaste u. ISO 10724-2, Duroplaste
Verarbeitungsschwindung *senkrecht*	S_{Mn}				
Mechanische Kennwerte 23 °C/50 % r.F.					
Zugmodul	E_t	527-1/2	ISO 3167 (Vielzweck-Probekörper)	MPa	Dehnung 0,05 bis 0,25%
Streckspannung	σ_y			MPa	nur, wenn ε_y oder $\varepsilon_B \leq 10\%$
Streckdehnung	ε_y			%	
Nominelle Bruchdehnung	ε_{tB}			%	nur oberhalb der Verstreckung
Spannung bei 50% Dehnung	σ_{50}			MPa	nur bei Probekörpern mit σ_y und $\varepsilon_B < 10\%$
Bruchspannung	σ_B			MPa	bei Probekörpern ohne σ_y bis $\varepsilon = 50\%$
Bruchdehnung	ε_B			%	bei Probekörpern ohne Verstreckung und $\varepsilon_B \geq 10\%$
Zug-Kriechmodul: für 1 h	E_{tc} 1	899-1	ISO 3167 (Vielzweck-PK)	MPa	Dehnung ≤ 0,5%
für 1000 h	E_{tc} 10^3				
Charpy-Schlagzähigkeit: bei + 23 °C	a_{cU} + 23	179/1eU	80 · 10 · 4 (Vielzweck-PK)	kJ/m^2	
bei −30 °C	a_{cU} −30				

Tafel 3.1 *(Forts.)*

Eigenschaft	**Symbol**	**ISO-(IEC)-Norm**	**Probekörper (Maße in mm)**	**Einheit**	**Bemerkung**
Charpy-Kerbschlagzähigkeit: bei + 23 °C	a_{cA} + 23	179/1eA	80 · 10 · 4 (Vielzweck-PK)	kJ/m²	
bei – 30 °C	a_{cA} –30				
Schlagzug-Zähigkeit bei + 23 °C	a_t 1	8256/1	80 · 10 · 4 (Vielzweck-Probekörper) mit Doppel-V-Kerbe	kJ/m²	wenn a_{cA} + 23 nicht zu ermitteln ist
Durchstoß bei + 23° u. –30 °C Maximalkraft	FM	6603-2	60 · 60 · 2	N	
Arbeit	WP			J	
Thermische Kennwerte					
Schmelztemperatur	T_m	11357-1 u. 3	Material	°C	Temperatursteigerung 10 °C/min
Glastemperatur	T_g	11357-1 u. 2			
Formbeständigkeitstemperatur bei: 1,85 MPa	T_f 1,8	75-1/2	80 · 10 · 4 (Vielzweck-PK)	°C	wähle 1,85 MPa und eine zweite Laststufe
0,45 MPa	T_f 0,45				
8,0 MPa	T_f 8,0				
Vicat-Erweichungstemperatur	T_v 50/50	306	≥ 10 · 10 · 4 (Vielzweck-PK)	°C	Temperatursteigerung 10 °C/min, Laststufe 50 N
Längenausdehnungs-Koeffizient parallel	α_p	11359-1/2	Zentrum von 80 · 10 · 4 (Vielzweck-PK)	E – 4/°C	Zunahme der Dehnung zwischen 23 und 55 °C
senkrecht	α_n				
Brennverhalten bei 1,6 mm Dicke	B50/1,6 B500/1,6	1210 10351	125 · 13 · 1,6 ≥ 150 · 150 · 1,6	Klasse	Klassen bei B50: V-0, V-1, V-2, HB, No (N). Klassen bei B500: 5VA, 5VB, No
bei -,- mm Dicke	B50/-,- B500/-,-	1210 10351	125 · 13 · -,- ≥ 150 · 150 · -,-		

Tafel 3.1 *(Forts.)*

Eigenschaft	**Symbol**	**ISO-(IEC)-Norm**	**Probekörper (Maße in mm)**	**Einheit**	**Bemerkung**
Sauerstoff-Index	O/23	4589-1/2	80 · 10 · 4 (Vielzweck-PK)	%	Verfahren A: Entzünden der oberen Oberfläche
Elektrische Kennwerte					
Dielektrizitätszahl 100Hz 1MHz	ε_r100 ε_r1M	IEC 60250	60 · 60 · 2 (60 · 60 · 1)	E-4	
Dielektrischer Verlustfaktor 100Hz 1MHz	tan δ100 tan δ1M				
spezifischer Durchgangs widerstand	ρe	IEC 60093	60 · 60 · 2 (60 · 60 · 1)	Ωcm	1-Minuten-Werte
spezifischer Oberflächen widerstand	σe			Ω	1-Minuten-Werte, 500 V
Elektrische Durchschlag-festigkeit	E_B1	IEC 60243-1	≥ 60 · ≥ 60 · 1	kV/mm	Spannungssteigerung 2kV/s
Vergleichszahl der Kriechweg bildung	CTI	IEC 60112	≥ 15 · ≥ 15 · 4 (Vielzweck-PK)		Prüfflüssigkeit A
Sonstige Kennwerte 23 °C					
Wasseraufnahme	W_W	62 und 15512	Dicke ≥ 1	%	Sättigungswert in Wasser
Feuchtigkeitsaufnahme	W_H				Sättigungswert in 23 C/50% r.h
Dichte	ρ	ISO 1183	(Vielzweck-PK)	kg/m³	
Formmasse-Spezifische Kennwerte					
Viskositätszahl	VN	1)	Material	cm³/g	1)
Kennzeichnende Dichte	ρ_I	1872-1		kg/m³	nur für PE

Tafel 3.1 *(Forts.)*

Eigenschaft	**Symbol**	**ISO-(IEC)-Norm**	**Probekörper (Maße in mm)**	**Einheit**	**Bemerkung**
Herstellbedingungen für Probekörper, [2])					
Spritzgießen von Thermo plasten					
Massetemperatur	T_M IP	294-1 u. 3		°C	
Werkzeugtemperatur	T_C P				
Spritzgeschwindigkeit	v_I P			Mm/s	
Nachdruck	P_H			MPa	es bedeuten: P = Thermoplastics S = Thermosets I = Injection Moulding C = Compression Moulding R = Cooling Rate M = Moulding $_c$ = Cure
Spritzgießen von Duroplasten					
Temperatur der plastifizierten Masse	T_M IS	10724		°C	
Werkzeugtemperatur	T_C S				
Spritzgeschwindigkeit	v_I S			Mm/s	
Härtungszeit	t_C I			s	
Pressen von Thermoplasten					
Werkzeugtemperatur	T_MCP	293		°C	
Abkühlgeschwindigkeit	R_C			K/min	
Presszeit	t_M			min	
Entformungstemperatur	T_D			°C	
Pressen von Duroplasten					
Werkzeugtemperatur	T_MCS	295		°C	
Härtungszeit	t_CC			min	

[1]) In den Stoffnormen, vgl. Tafel 8.2 Abschn 8.2.2, sind die Prüfbedingungen angegeben.

[2]) In den Stoffnormen, vgl. Tafel 8.2 Abschn 8.2.2, sind die Herstellungs-Bedingungen für das Spritzgießen und Pre

Tafel 3.2 CAMPUS-Kennwertfunktionen nach ISO 11403

Funktionen	Parameter	ISO Prüfnorm
Viskosität-Schergeschwindigkeit	Temperatur	6721-1,2,7
Schubmodul-Temperatur		527-1,2
Spannung-Dehnung	Temperatur	527-1,2
Sekantenmodul-Dehnung	Temperatur	
Spannung-Dehnung (isochron) T1 bis T6	Temperatur, Zeit	899-1
Kriechmodul-Zeit T1 bis T6	Spannung	
Spezifische Volumen-Temperatur (pvT)	Druck	ASTMX-30-132 u. 150
Spezifische Enthalpie pro Masse-Temperatur (DSC)		11357-1 u. 4
Scherviskosität-Schergeschwindigkeit	Temperatur	11443

3.1.1 Rheologisches Verhalten

Die Fließfähigkeit einer Kunststoffschmelze bei der Verarbeitungstemperatur ist sowohl für die Anzahl als auch für die Anordnung der Angüsse bei einem Spritzgießwerkzeug maßgebend. Außerdem hängt von ihr in Kombination mit dem Erstarrungsverhalten die erreichbare minimale Wanddicke ab. Die minimale Wanddicke ist zugleich ein Maß für den erforderlichen Materialeinsatz.

3.1.1.1 Fließkurven, Viskosität

Bei Thermoplasten wird das rheologische Verhalten durch Fließkurven beschrieben (DIN 54811). Sie vermitteln den Zusammenhang zwischen der Scherviskosität (das Verhältnis der Schubspannung zur Schergeschwindigkeit in einer fließenden Substanz und damit ein Maß für den Widerstand, den die Schmelze der Strömung entgegensetzt) in Pa · s und der Schergeschwindigkeit in 1/s. In Bild 3.1 sind die bei verschiedenen Verarbeitungsverfahren auftretenden Schergeschwindigkeitsbereiche eingezeichnet. In Tafel 3.3 sind Ausführungsformen einiger Rheometer mit Hinweisen auf Anwendungsbereiche zusammengestellt. Die Scherviskosität wird meist in Kapillarviskosimetern aus der Materialmenge bestimmt, die unter bestimmtem Druck aus einer Kapillare austritt.

On-line-Rheometer gestatten die Überwachung von Extrusionsprozessen. Mit Hilfe von Zahnradpumpen wird hierbei dem Volumenstrom des Extrudats ein Teilstrom nach dem Bypassprinzip entnommen, s. Bild 3.2. Aus dem von den Zahnradpumpen vorgegebenen Volumenstrom und der im Bypass über die Messstrecke gemessenen Druckdifferenz errechnet sich die Viskosität. Bei Variation der Fließgeschwindigkeit im Bypass kann eine Fließkurve aufgenommen werden. Die Viskosität kann auch direkt im Haupt-Volumenstrom bestimmt werden, allerdings nur bei der vom Prozess vorgegebenen Schergeschwindigkeit.

Um die Fließkurven bei der Auslegung von Spritzgieß- und Extrusionswerkzeugen mit Hilfe von Rechenprogrammen verwenden zu können, werden die Abhängigkeiten zwischen Viskosität, Schergeschwindigkeit und Temperatur durch Stoffgesetze, z.B. unter Nutzung von Potenzformeln oder des sog. Carreau-Ansatzes beschrieben. Die entsprechenden Fließkurven sind in den Datenbanken CAMPUS der einzelnen Rohstoffhersteller enthalten. Mit ihrer Hilfe kann der Druckverlust beim Spritzgießen in Kanälen, Düsen und Werkzeugen berechnet werden.

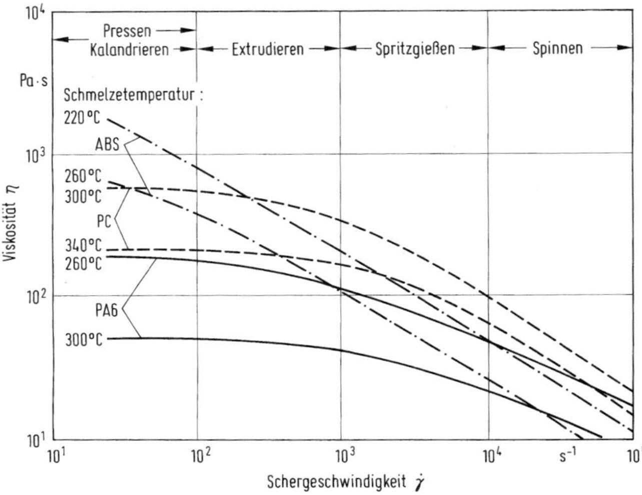

Bild 3.1 Schmelze-Viskosität einiger Thermoplaste für die normale obere bzw. untere zulässige Schmelztemperatur

Tafel 3.3 Ausführungsformen einiger zur Prüfung hochviskoser Polymerschmelzen geeigneter Rheometer-Typen (nach K.H. Moos)

Rotations-Rheometer	experimentell erfassbarer Schergeschwindig-keitsbereich	zu ermittelnde Material-funktionen
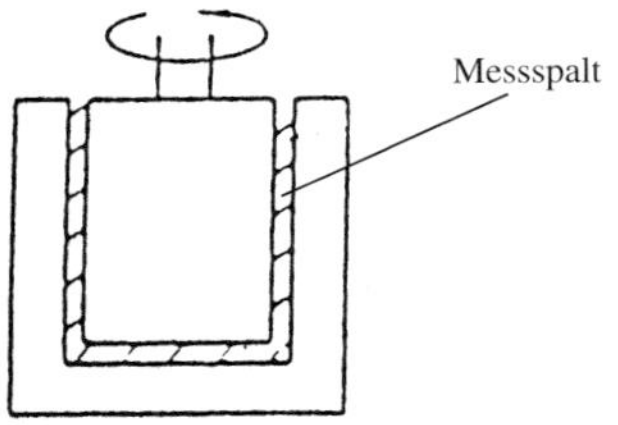 Koaxiale Zylinder Searl- bzw. Couette-Rheometer	$(10^{-2}$ bis $10^{2})s^{-1}$	rotierender Betrieb: $\tau, \eta = f(\rho, T, \dot{\gamma}, t)$ oszillierender Betrieb: $\eta', \eta''; G', G''$
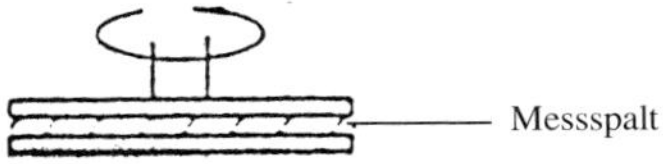 Parallel-Platten-Rheometer		rotierender Betrieb: $\tau, \eta, \sigma = f(\rho, T, \dot{\gamma}, t)$
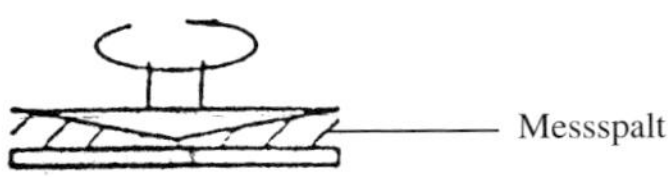 Kegel-Platte-Rheometer		oszillierender Betrieb: $\eta', \eta''; G', G''$

Tafel 3.3 *(Forts.)*

Kapillar-Rheometer	$(10^{-2}$ bis $10^{5})s^{-1}$	$\tau, \eta, \sigma = f(\rho, T, \dot{\gamma})$
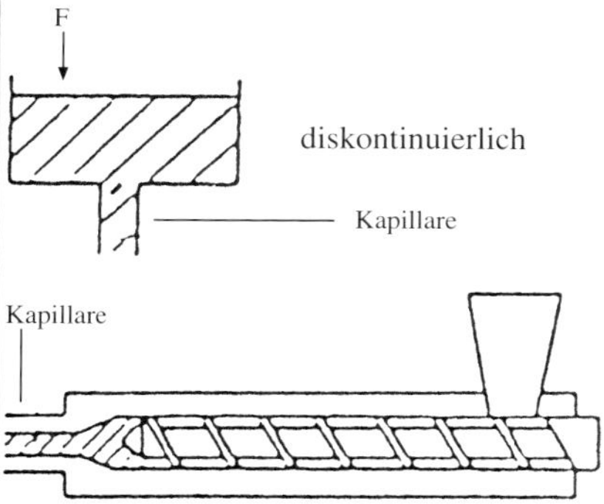	ρ = Druck Pa t = Zeite s T = Temperatur °C σ = Zugspannung Pa τ = Schubspannung Pa γ = Scherung m $\dot{\gamma}$ = Schergeschwindigkeit $m \cdot s^{-1}$ η = Viskosität Pa · s G = Schubmodul Pa η'; G' = elastischer Anteil Pa · s η''; G" = viskoser Anteil Pa · s	

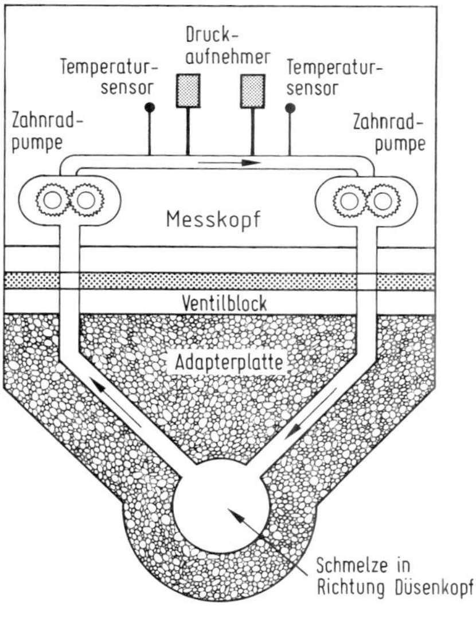

Bild 3.2 On-line-Rheometer, Bypassprinzip (Melt Flow Monitor, Bauart Rheometrics)

Bei Verarbeitungsverfahren mit hohem Dehnanteil an der Verformung der Schmelze, wie dem Blasformen von Kunststoffteilen, spielt auch die Dehnviskosität eine Rolle. Sie ergibt sich aus dem Verhältnis der auf eine Schmelze wirkenden Zugspannung zur zeitlichen Änderung der Zugdehnung und wird ebenfalls in Pa · s angegeben.

3.1.1.2 Schmelze-Volumenfließrate MVR und Schmelze-Massenfließrate MFR

Als reine Vergleichszahl für das Fließverhalten einer Schmelze, nicht jedoch für die Berechnung, wird die Schmelze-Volumenfließrate MVR benutzt. Sie ist definiert als das Volumen einer Schmelze, das in 10 min bei vorgegebener Temperatur und vorgegebenem Druck durch eine Kapillare festgelegter Abmessungen fließt (cm^3/10 min). Weniger gebräuchlich ist die Schmelze-Massenfließrate MFR, die unter gleichen Bedingungen ermittelt, aber in g/10 min angegeben wird. Beide Methoden werden nach ISO 1133 durchgeführt. Beim Vergleich solcher Werte muss darauf geachtet werden, dass sie auch unter gleichen Bedingungen, also bei gleichem Druck und gleicher Temperatur, ermittelt wurden.

3.1.1.3 Fließweg-Wanddicken-Diagramm

Zur ersten Abschätzung der erreichbaren minimalen Wanddicke beim Spritzgießen werden häufig Fließweg-Wanddicken-Diagramme herangezogen. Sie gelten für normale Verarbeitungsbedingungen und werden entweder mit Rechenprogrammen aus Stoffwerten berechnet oder beruhen auf Praxiserfahrungen. Das Diagramm in Bild 3.3 wurde rechnerisch ermittelt, wobei die Einspritzzeit jeweils so gewählt wurde, dass die Schmelzetemperatur sich über dem Fließweg nicht ändert, d.h., die Abkühlung wird durch die Wärmedissipation kompensiert.

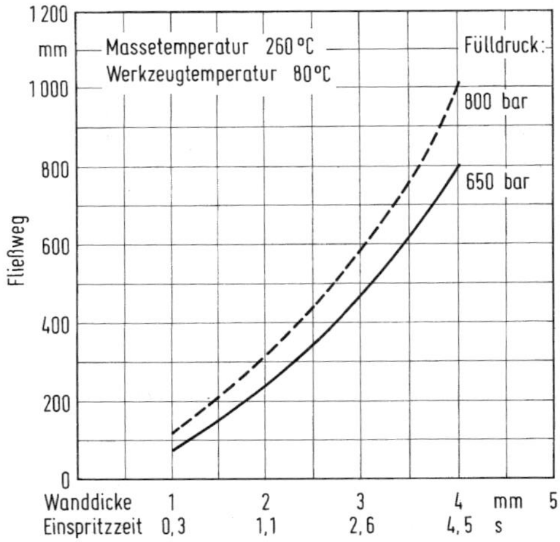

Bild 3.3 Fließweg-Wanddicken-Diagramm für PC-ABS-Blend, rechnerisch ermittelt

3.1.1.4 Fülldruck

Eine Beurteilung des Fließverhaltens von Thermoplastschmelzen ist auf einfache Weise praxisnah mit Hilfe der Fülldruckbestimmung beim Spritzgießen möglich. Dazu wird im Spritzgießwerkzeug angussnah ein Drucksensor eingebaut. Mit diesem Sensor wird der Druck an der Unstetigkeitsstelle im Werkzeuginnendruck-Verlauf zwischen dem flacheren Druckanstieg während der Formfüllphase und dem steileren Anstieg während der Verdichtungsphase der Schmelze bestimmt, Bild 3.4. Dieser Druck ist der Fülldruck und ein Maß für die Viskosität der Schmelze. Bei gleichem Werkzeug und gleichen Spritzgießparametern besteht eine gute Korrelation zur Schmelzeviskosität, Bild 3.5. Das Verfahren der Fülldruckbestimmung eignet sich gut zu Qualitätsüberwachung, z.B. bei der Eingangskontrolle.

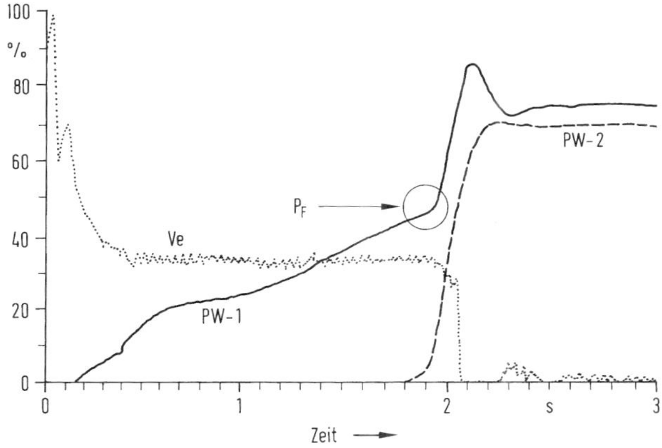

Bild 3.4 Fülldruckbestimmung aus Werkzeug-Innendruck-Messungen
PW-1 = Werkzeuginnendruck angussnah
PW-2 = Werkzeuginnendruck angussfern
Ve = Schneckenvorlauf-Geschwindigkeit
P_F = Fülldruck

3.1.1.5 Fließverhalten von duroplastischen Formmassen

Duroplastische Formmassen werden in verschiedenen Einstellungen geliefert, die sich im Fließverhalten (hart: höchste Viskosität, normal: normale Viskosität, weich: niedrige Viskosität) und in den Härtegeschwindigkeiten unterscheiden. Das Fließvermögen wird bei der Herstellung von Formteilen (Platte, Stab oder Becher) im Pressverfahren ermittelt. Versuchsparameter sind der Fließ-Druck, der Fließ-Weg oder die Fließ-Zeit. Je dünner die Platte oder die Becherwandung oder je länger der Stab sind, um so höher ist die Fließfähigkeit der Formmasse. Als Maß für die Härtegeschwindigkeit gilt die Schließzeit, das ist die Zeit vom Beginn des ersten Druckanstiegs bis zum Stillstand des Presskolbens (DIN 53465, Becherverfahren).

Mit einem Pressrheometer (IKV, Aachen) wird das Fließverhalten von SMC und BMC gemessen. Beim Pressrheometer wird die Formmasse in ein Tauchkantenwerkzeug mit rechteckiger Kavität eingelegt. An einer Seite ist das Formnest offen, und beim Zusammenfahren des Werkzeugs fließt die Formmasse aus diesem Spalt heraus. Aus den hierbei gemessenen Kraft-Weg-Kurven werden dann die Fließkurven zur Simulation des Fließverhaltens bei der Formnestfüllung abgeleitet.

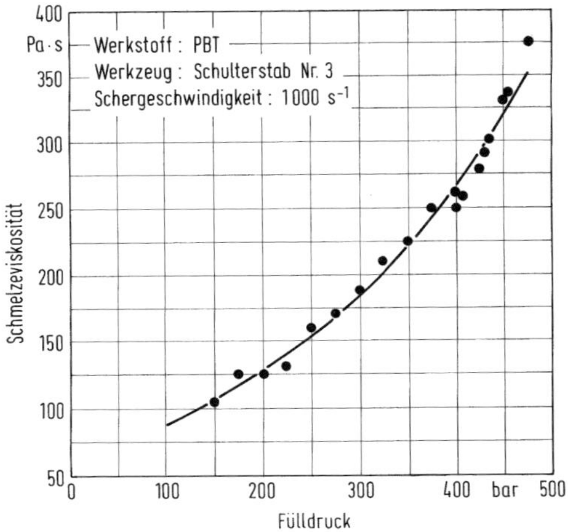

Bild 3.5 Korrelation „Schmelzeviskosität/Fülldruck" (nach Anders)

Das Fließverhalten von Gießharzen, z. B. für die GFK-Herstellung, wird durch die Viskosität beschrieben.

3.1.2 Erstarrungsverhalten

3.1.2.1 Siegelindex

Die Wirtschaftlichkeit eines Spritzgießprozesses hängt davon ab, wie schnell die Schmelze im Werkzeug erstarrt, wann der Anguss versiegelt ist und wann das Formteil ohne unzulässige Deformation oder Beschädigung entformt werden kann. Mit DSC-Messungen, vgl. Abschn. 3.8.5, kann man zwar die Kristallisationstemperatur teilkristalliner Kunststoffe ermitteln, diese Temperatur steht jedoch nach Salewski nicht in einem direkten Zusammenhang zum Erstarrungsverhalten eines Formteils. Besser eignet sich der Siegelindex zur Beurteilung des Erstarrungsverhaltens eines Kunststoffs. Wie bei der Bestimmung des Fülldrucks, Abschn. 3.1.1.4, werden der Hydraulikdruck und der Werkzeuginnendruck als Funktion der Zeit während der Nachdruckphase gemessen. Wie in Bild 3.6 dargestellt, verläuft die Innendruck-Kurve mit einem deutlichen Knick nach unten, wenn der Nachdruck zu einer bestimmten Zeit (t_3) auf Null reduziert wird und der Anguss noch nicht versiegelt ist. Die Schmelze hat die Möglichkeit, sich durch den Anguss zu entspannen. Aus dem Druckverlauf im Werkzeug nach der Abschaltung des Nachdrucks und dem extrapolierten Druckverlauf ohne Nachdruckabschaltung lässt sich der Siegelindex entsprechend Bild 3.6 ermitteln. Er erreicht 100 %, wenn nach Abschaltung des Nachdrucks kein Abfall des Innendrucks mehr erfolgt. Der Siegelindex ist zwar von den Prozessparametern und der Formteil- und Angussgeometrie abhängig, aber er ist praxisnah und zum Vergleich verschiedener Formmassen und zur Beurteilung von Neuentwicklungen oder Produktmodifikationen gut geeignet.

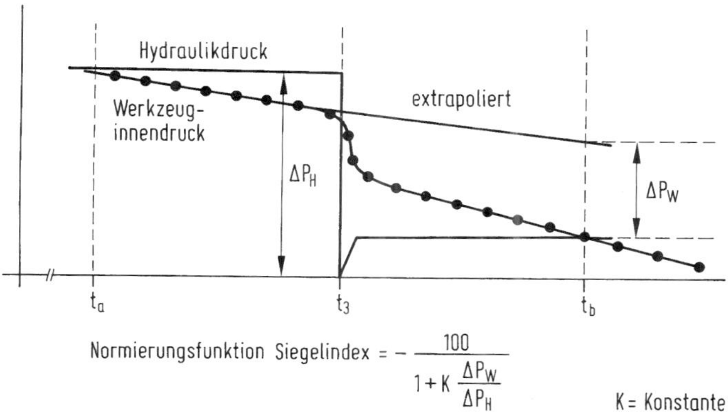

Bild 3.6 Verfahren zur Bestimmung des Siegelindex (nach *Salewski*)

3.1.2.2 Siegelzeit

Die Siegelzeit kann auch etwas aufwendiger durch das Auswiegen der Formteile ermittelt werden. Dabei wird in einer Testreihe die Nachdruckzeit bestimmt, oberhalb der das Formteilgewicht nicht mehr zunimmt. Beide Methoden liefern gleiche Ergebnisse, Bild 3.7, allerdings ist die Siegelzeit aus der Messung des Formteilgewichts schwieriger zu erkennen, da das Formteilgewicht nahe der Siegelzeit nur geringen Änderungen in Abhängigkeit von der Nachdruckzeit unterliegt.

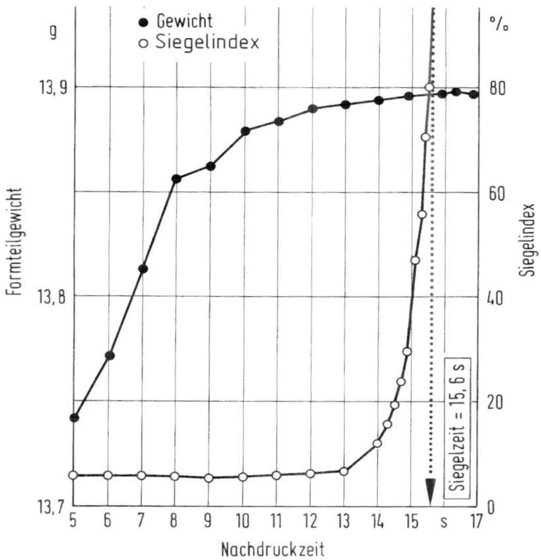

Bild 3.7 Korrelation „Siegelindex/Formteilgewicht" (nach *Salewski*)

3.1.3 Entformungsverhalten

Nach dem Erstarren muss das Formteil aus dem Werkzeug ausgestoßen werden. Hierzu sind unter Umständen beträchtliche Kräfte erforderlich, die über Auswerferstifte oder -platten oder über Druckluft aufgebracht werden müssen. Diese Kräfte entstehen durch das Aufschrumpfen der erkaltenden Formmasse auf Kerne im Werkzeug oder durch das Haften des Formstoffs an der Werkzeugoberfläche, also durch Schwindung und Reibung. Die übliche Methode zur Bestimmung des Entformungsverhaltens einer Formmasse besteht darin, dass man ein Becherwerkzeug abspritzt und über die Auswerfer mit einer Kraftmessdose die Entformungskraft bestimmt. Eine Differenzierung zwischen den beiden Einflussgrößen Schwindung und Reibung ist so jedoch nicht möglich.

Von *Dombrowski* und *Kaminski* wird ein Verfahren beschrieben, mit dem Reibungskoeffizienten unabhängig von Schwindungseinflüssen ermittelt werden sollen. Es eigne sich sowohl zur Beurteilung der Wirkung von Entformungs-Hilfsmitteln, die der Formmasse beigegeben werden, als auch zur Beurteilung der Einflüsse der Stahlsorten, Oberflächenbehandlungen und Rauhigkeiten der Werkzeuge auf die Reibungskoeffizienten.

3.1.4 Abbauverhalten

Auf dem Weg von der Formmasse zum fertigen Formteil wird der Kunststoff mehrmals einer hohen Temperaturbeanspruchung ausgesetzt: Bei der Granulierung, Compoundierung, Formteil- oder Halbzeugherstellung und bei einer eventuellen Thermoformung. Ob hierbei eine Schädigung auftritt, hängt außer vom Kunststoff vor allem von der Höhe der jeweiligen Temperatur und Verweilzeit ab. Dies kann besonders bei Kunststoff-Blends von Bedeutung sein. Eine Schädigung kann erfolgen, ohne dass diese optisch erkennbar ist. Eine Information über das Temperatur-Verweilzeit-Verhalten ist deshalb wichtig. Eine genormte Prüfmethode hierzu gibt es z.Z. noch nicht. Daher ist man bei der Bewertung des Abbauverhaltens gefordert, eine maßgebliche Eigenschaft zu identifizieren und deren Änderung durch die Verarbeitungsbedingungen zu charakterisieren. Bewährt hat sich hierfür etwa die Oxidations-Induktions-Zeit (siehe Abschnitt 3.8.5). In Bild 3.8 ist die thermische Belastung der Schmelze schematisch dargestellt. Ein reales sog. Verarbeitungsfenster ist in Bild 3.9 wiedergegeben: Bei Spritzgießversuchen wurden die Massetemperaturen und Verweilzeiten der Schmelze im Spritzgießzylinder systematisch variiert und an den so hergestellten Formteilen die Lösungsviskositäten als Maß für die Molmasse bestimmt, wobei ein Abfall von 10% noch als tragbar galt. Bild 3.9 zeigt deutliche Unterschiede zwischen den beiden PBT-Typen. Verarbeitungsparameter außerhalb des Fensters können zu einer Qualitätseinbuße des Formteils führen.

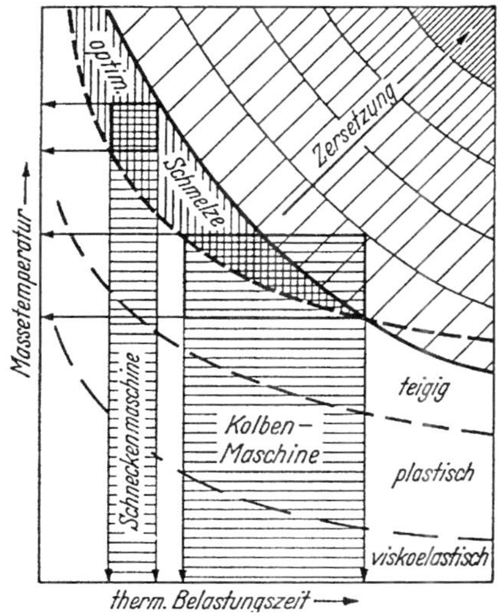

Bild 3.8 Thermische Belastbarkeit von Kunststoffmassen in Spritzgießmaschinen (schematische Darstellung nach *A. Albers*)

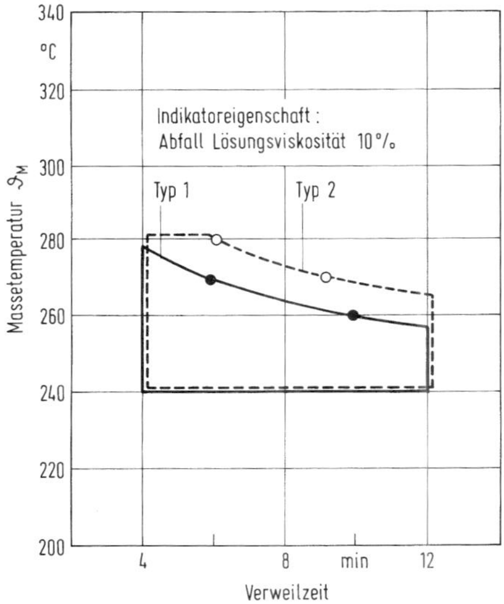

Bild 3.9 Verarbeitungsfenster am Beispiel von zwei PBT-Typen

3.1.5 Schwindungsverhalten und Toleranzen

3.1.5.1 Schwindung

Von einem Kunststoff-Formteil erwartet man, dass es nach dem Herstellungsprozess die Abmessungen in einem durch die Funktion geforderten Toleranzbereich aufweist. Außerdem sollen die Abmessungen der Formteile während der Lebensdauer unter den gegebenen äußeren Einwirkungen in den gegebenen Toleranzen erhalten bleiben.

Die Maße von Formteilen aus Kunststoff sind infolge der Verarbeitungsschwindung VS kleiner als die der Formwerkzeuge. Dies liegt an der höheren Kontraktion der Kunststoffe bei der Abkühlung, verglichen mit Stahl, und an der Volumenverringerung beim Vernetzungsvorgang bei Duroplasten bzw. der Kristallisation bei teilkristallinen Thermoplasten. Für die Maßbeständigkeit des Formstoffs kann die Nachschwindung NS infolge chemischer Reaktionen, der Stoffabgabe, Nachkristallisation oder Retardation von Belang sein. Die Nachschwindung stellt sich bei Raumtemperatur innerhalb sehr langer Zeiten ein. Sie kann durch eine Warmlagerung bei stoffspezifischen Temperaturen vorweggenommen werden. Dazu kommen Einflüsse der Formteilgestalt, der Angussart und der Verarbeitungsbedingungen auf das Schwindungsverhalten.

Für die Nachschwindung gilt: Bei amorphen Thermoplasten ist sie meist vernachlässigbar klein, bei teilkristallinen 0,2 bis 0,5 %, bei mineralisch gefüllten ≤ 0,2 %. Duroplaste: PF 0,1 bis 0,6 %, UF 0,6 bis 2,2 %, UP 0 bis 0,1 %.

Bild 3.10 zeigt die möglichen Änderungen einer Formteilabmessung mit den entsprechenden Definitionen. Die Verarbeitungsschwindung VS ist nach DIN 53464 und DIN 16901 (ISO 2577) der prozentuale Unterschied zwischen Maßen des kalten Formwerkzeugs und der darin hergestellten Formteile, gemessen frühestens 24 h und spätestens 168 h nach Herstellung und Lagerung im Normklima 23/50. Die Kompressibilität der Kunststoffschmelze ermöglicht es, der Verarbeitungsschwindung durch einen hohen Druckaufbau im Werkzeug entgegen zu wirken.

Die Schwindung in Fließrichtung der Schmelze und diejenige senkrecht dazu können aufgrund der Orientierungseffekte von Makromolekülen und/oder länglicher Füllstoffe beim Verarbeitungsprozess unterschiedlich sein. Dies zeigt Bild 3.11 für eine Viertelscheibe, die an einer Ecke angespritzt wurde. Bild 3.12 gibt zusätzlich den Einfluss der Wanddicke auf die Verarbeitungsschwindung wieder. Die Differenz zwischen Längs- und Querschwindung wird mit Schwindungsdifferenz bezeichnet. Hohe Werte weisen teilkristalline Thermoplaste und besonders solche mit einer Faserverstärkung und Duroplaste mit organischen Füllstoffen wie z.B. Holzmehl auf. Sie sind eine der Ursachen für den Verzug von Spritzgussteilen, der durch eine zweckmäßige Angusswahl und Formteilgestaltung, z.B. durch eine Verrippung, minimiert werden muss. Weitere Ursachen für den Verzug können sein: eine unterschiedlich große Schwindung auf beiden Seiten eines flächigen Formteils infolge unterschiedlicher Orientierungen oder Abkühlverhältnisse beider Formteilseiten bei der Erstarrung der Formmasse.

Nach ISO 294.3 werden die Verarbeitungsschwindungen in Spritzrichtung (VSp) und senkrecht zur Spritzrichtung (VSs) an Platten $60 \cdot 60 \cdot 2\,\text{mm}^3$, hergestellt durch Spritzgießen im Wechselrahmenwerkzeug nach ISO 249.1, bestimmt, s. auch Bild 3.13.

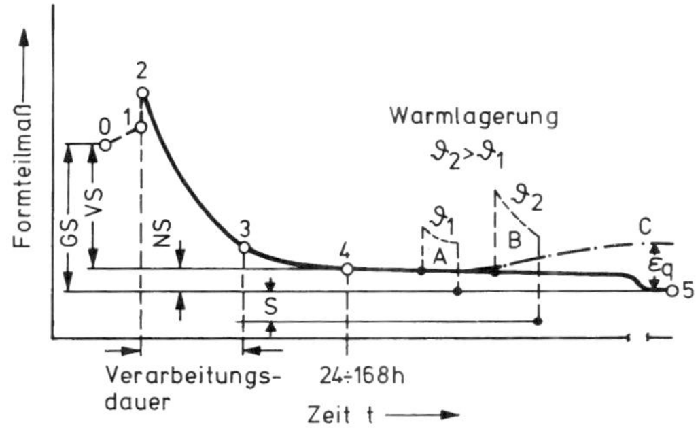

Bild 3.10 Maßänderungen von Formteilen

0 = Maß des kalten Werkzeugs	VS = Verarbeitungsschwindung
1 = Maß des warmen Werkzeugs	NS = Nachschwindung
2 = Maß des Werkzeugs unter Druck	GS = Gesamtschwindung
3 = Maß des Formteils bei der Entformungstemperatur	S = Schrumpfung
	εq = Quelldehnung
4 = Maß des Formteils bei RT	
5 = Maß des Formteils nach der evtl. Nachschwindung	ϑ = Temperatur

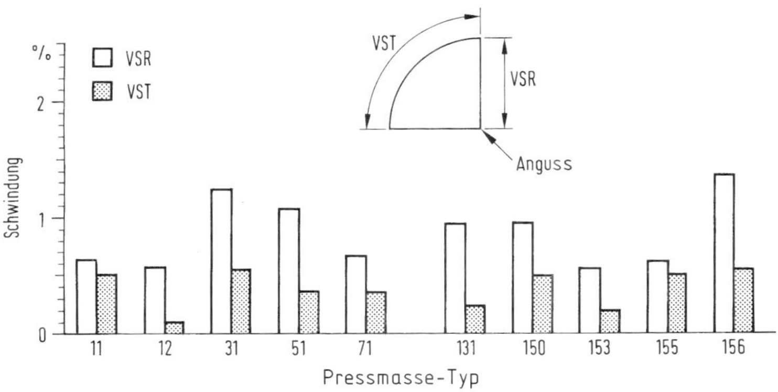

Bild 3.11 Verarbeitungsschwindung einiger Pressmassen und Thermoplaste

Zur Abschätzung von Schwindungswerten und deren Beeinflussung durch die Spritzgieß-Parameter mit Hilfe von pvT-Diagrammen, siehe Abschn. 3.3.6.

3.1.5.2 Toleranzen

Erzielbare Toleranzen bei der Herstellung von Kunststoff-Formteilen hängen vom Schwindungs- und Kristallisationsverhalten des Kunststoffs ab. Erfahrungswerte sind in Abschnitt 8.1.3 enthalten.

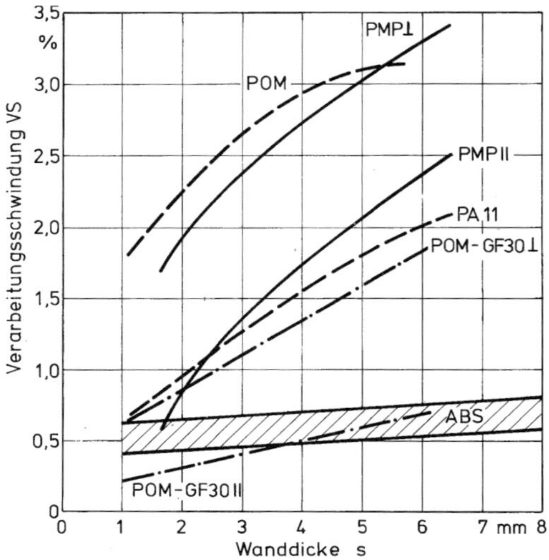

Bild 3.12 bhängigkeit der Verarbeitungsschwindung von der Wanddicke, || bzw. ⊥ = (parallel bzw. senkrecht) zur Fließrichtung

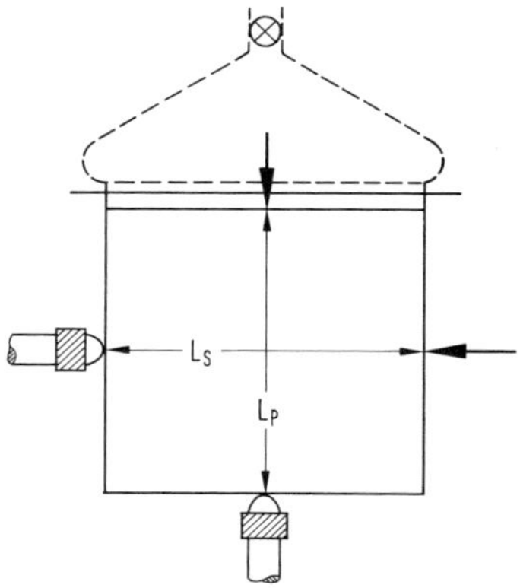

$$VSp = \frac{L_{wp} - L_p}{L_{wp}} \cdot 100 \ [\%]$$

$$VSs = \frac{L_{ws} - L_s}{L_{ws}} \cdot 100 \ [\%]$$

L_{wp}, L_{ws} = Bezugsmaße im Werkzeug

L_p, L_s = Bezugsmaße an der Platte

Bild 3.13 Platte für Schwindungsmessungen

3.1.6 Orientierungen

3.1.6.1 Molekül-Orientierung

In einer nicht bewegten Kunststoffschmelze liegen die Molekülketten in einem regellosen, verknäuelten Zustand vor. Eine Ausnahme bilden flüssigkristalline Polymere (LCP). Bei bewegten Schmelzen können sich die Moleküle in einer Vorzugsrichtung ausrichten, es findet eine Molekül-Orientierung statt. Schematisch ist dies in Bild 3.14 dargestellt. Aus einem kreisförmigen Schmelzeelement wird im Fließprozess ein orientiertes Element. Der Orientierung liegen zwei unterschiedliche Prozesse zugrunde, Bild 3.15:

- Lokale Dehnung eines Schmelzeelements, z.B. wenn sich ein Fließkanal verengt, eine Fließfront ähnlich der Aufweitung der Hülle eines Luftballons beim Aufblasen dehnt, oder beim Blasformen oder Warmformen (Tiefziehen).
- Scherung benachbarter Schmelzeschichten bei Strömungen mit einem Geschwindigkeitsprofil beim Spritzgießen oder Extrudieren, wenn die Schmelze an der Werkzeugwand haftet.

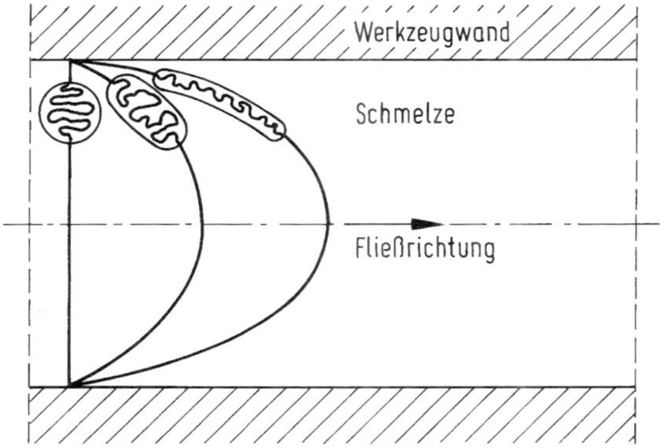

Bild 3.14 Entstehung der Molekülorientierung nach Chatain/Wintergerst

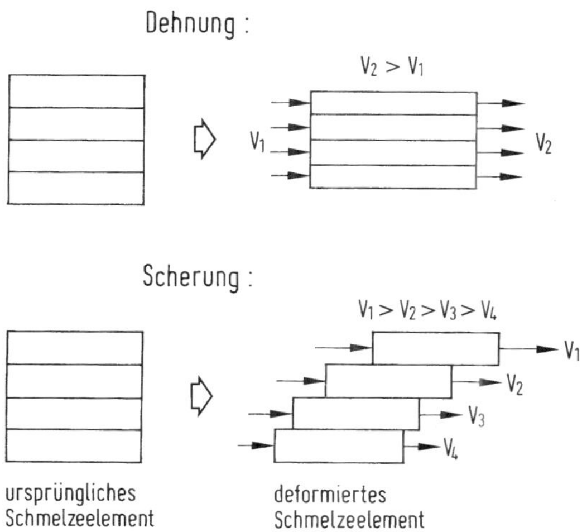

Bild 3.15 Dehnung und Scherung eines Schmelzeelements

Der beim Spritzgießen erzeugte Orientierungszustand ist besonders bei komplex gestalteten Formteilen nur mit einiger Erfahrung und Hilfe von Rechenprogrammen abzuschätzen. Infolge der Dehnung der Fließfront und der schnellen Erkaltung dieser beim Anlegen an die Werkzeugwand liegt in der Formteiloberfläche in der Regel eine dünne, sehr hoch biaxial orientierte Schicht vor. Unterhalb der Oberfläche wird durch das dort vorliegende hohe Schergefälle bei der Werkzeugfüllung eine wesentlich in Fließrichtung orientierte Schicht entstehen. In der Mitte der Wanddicke ist das Schergefälle und damit die Orientierung gering.

Infolge der Brownschen Bewegung der Moleküle bilden sich Orientierungen in der Schmelze sehr schnell zurück, sie relaxieren. Bei den Bedingungen des Spritzgießen werden hierzu nur wenige Sekunden benötigt. Da der Abkühlvorgang im Werkzeug jedoch auch sehr schnell erfolgt, wird ein Teil der Orientierung eingefroren. Die Höhe der eingefrorenen Orientierungen hängt demnach von der Massetemperatur, der Größe der Dehn- und Scherströmung, dem Erstarrungsverhalten der Schmelze, der Werkzeugwand-Temperatur und der Wanddicke des Formteils ab. Hohe Einspritzgeschwindigkeiten beim Spritzgießen bedeuten zwar eine hohe Orientierung der Schmelze, aber auch eine längere Verweilzeit der Schmelze bei höheren Temperaturen und damit eine stärkere Relaxation, so dass die eingefrorene Orientierung geringer sein kann als bei langsamer Einspritzgeschwindigkeit. Niedrige Massetemperaturen, kalte Werkzeuge und geringe Wanddicken führen zu hohen Orientierungen.

Im Bereich der Raumtemperatur relaxieren die eingefrorenen Orientierungen praktisch nicht mehr. Wird das Formteil jedoch bei erhöhten Temperaturen und längerfristig eingesetzt, so kann es zur Relaxation und der damit immer verbundenen Schrumpfung oder Verwerfung kommen, falls die Verformung nicht wie im Spritzgießwerkzeug durch Formzwang verhindert wird, s. Abschn. 3.1.5.1.

Eine Orientierung bedeutet Anisotropie der Eigenschaften: In Orientierungsrichtung liegt eine höhere Steifigkeit und Festigkeit, Wärmedehnung und Verarbeitungsschwindung vor.

Bei transparenten Werkstoffen kann man Orientierungen mit Hilfe der Polarisationsoptik qualitativ nachweisen, da orientierte Bereiche doppelbrechend sind. Die röntgenographische Methode eignet sich besonders zur quantitativen Untersuchung von teilkristallinen Kunststoffen. Eine weitere Möglichkeit besteht in der Messung des Schrumpfes: Hierbei werden die ganzen Formteile, Ausschnitte oder Dünnschnitte bei erhöhter Temperatur gelagert, so dass die Orientierungen relaxieren und zu Deformationen führen. Deren Größe ist ein Maß für die eingefrorenen Orientierungen, Bild 3.16.

3.1.6.2 Füllstoff-Orientierung

Längliche Füllstoffe wie Glas-, Kohlenstoff-, Graphit- oder Textilfasern/Naturfasern orientieren sich in einer strömenden Schmelze in ähnlicher Weise wie die Kettenmoleküle. Die Hauptorientierungs-Richtung ist die Fließrichtung. Liegt eine Quellströmung vor, z.B. wenn eine runde Scheibe über einen zentralen Anguss gefüllt wird, so werden im Formteilinnern die Fasern infolge der Dehnströmung tangential, d.h. quer zur Fließrichtung, orientiert. Da die Orientierung der Füllstoffe nicht relaxieren kann, bestimmt sich der Orientierungszustand aus-

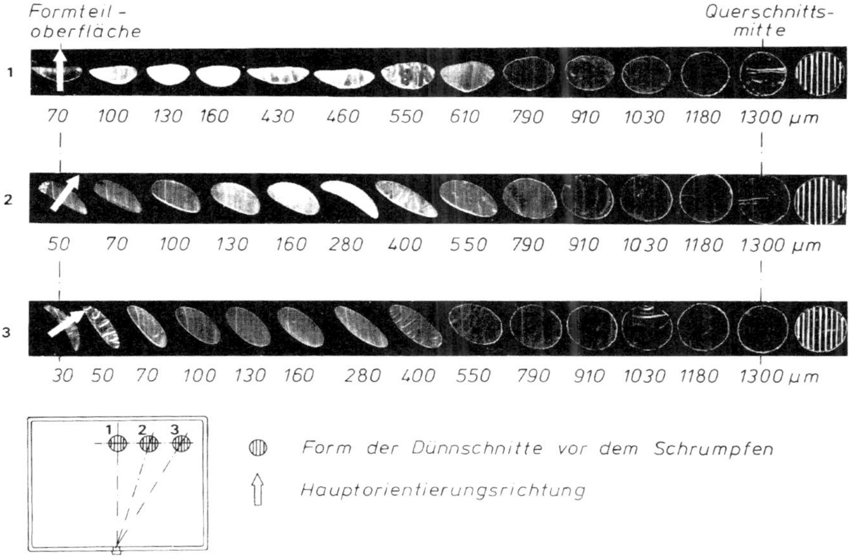

Bild 3.16 Schrumpfungsversuche an Dünnschnitten, die dem Formteil in verschiedenen Tiefen von der Oberfläche an entnommen wurden; die dargestellten Proben zeigen den Zustand nach dem Schrumpfen (5 min bei 120 °C, Werkstoff: PS); die Zahlen geben den Abstand von der Formteiloberfläche an

schließlich aus den Deformationvorgängen der Schmelze beim Ausformen des Formteils. Der Verarbeiter kann durch Änderung der Prozessparameter den Orientierungszustand im Bauteil kaum beeinflussen, dagegen ist die Festlegung der Angussposition ganz wesentlich für die Faserorientierung im Bauteil.

Durch die Orientierung von faserförmigen Verstärkungsstoffen werden größere Anisotropien erzeugt als durch eine Molekülorientierung. Bild 3.17 zeigt den Einfluss der Orientierung am Beispiel von Polycarbonat und Polyamid 6 mit jeweils 30 Gewichts-% Kurzglasfaserverstärkung. Aufgetragen ist die Abweichung der Eigenschaften, die in Fließrichtung gemessen wurden, von denen, die senkrecht dazu bestimmt wurden. Die Orientierung von Verstärkungsstoffen lässt sich röntgenographisch oder durch optische Auswertung von Anschliffen bzw. Dünnschnitten bestimmen.

3.1.7 Kristallisationsverhalten

Zahlreiche Kunststoffe sind wegen ihres regelmäßigen Aufbaus in der Lage, durch Parallellagerung von Molekülabschnitten Kristallite zu bilden. Sie kristallisieren jedoch auch unter günstigsten Bedingungen nur teilweise. Die Kristallite sind so klein, dass sie nicht im Lichtmikroskop, sondern nur im Elektronenmikroskop zu erkennen sind. Sie bilden aber Überstrukturen, sog. Sphärolithe, die lichtmikroskopisch gut zu erkennen sind. Somit ist neben dem Kristallisationsgrad

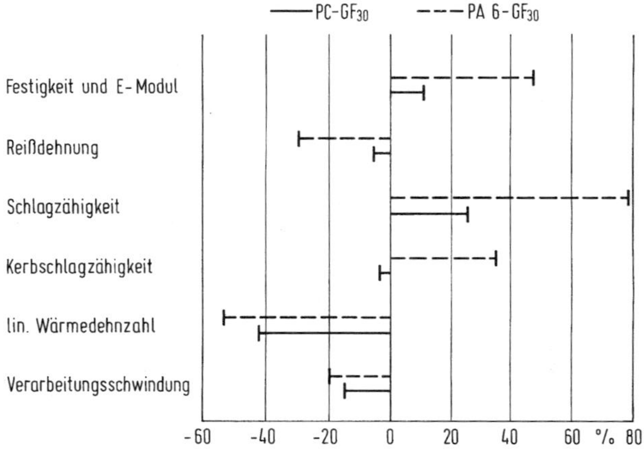

Bild 3.17 Prozentuale Abweichung der Eigenschaften in Fließrichtung von denen senkrecht zur Fließrichtung

auch die Überstruktur (z.B. Sphärolitdurchmesser) ein Merkmal für die Kristallinität.

Der Kristallisationsgrad bestimmt die Eigenschaften eines Kunststoffs. Je höher dieser Kristallisationsgrad ist, umso steifer und fester, aber auch spröder ist das Formteil. Die Dichte des Kunststoffs korreliert unmittelbar mit dem Kristallisationsgrad. Geringe Kristallisation oder sehr feinkristalline Strukturen ergeben opake bis transparente Teile. Die Kristallinität wird außer durch die chemische Struktur des Kunststoffs durch die Art der Nukleierung, den Verarbeitungsprozess und eine eventuelle Wärme-Nachbehandlung festgelegt. Kalte Werkzeuge und hohe Abkühlgeschwindigkeiten führen zu einem geringen Kristallisationsgrad und feinkristallinen Strukturen. Dies trifft vor allem für geringe Wanddicken und die Oberflächen von Formteilen zu. Lange Verweilzeiten der Schmelze bei hohen Temperaturen ergeben hohe Kristallisationsgrade und grobe Strukturen. Diese treten vor allem im Inneren von dickwandigen Formteilen auf. Bei längerem Einsatz der Formteile, besonders bei höheren Temperaturen, tritt eine Nachkristallisation ein. Hiermit ist eine Volumenabnahme verbunden, die zum Verzug oder zu Passungsschwierigkeiten führen kann. Durch eine Wärme-Nachbehandlung, eine Lagerung über längere Zeit bei erhöhten Temperaturen, kann die Nachschwindung vorweggenommen werden, s. Abschn. 3.1.5.1u. Bild 3.10. Bild 3.18 zeigt die Beeinflussung von Kristallisationsgrad und Dichte durch die Werkzeugwand-Temperatur und eine Wärme-Nachbehandlung. Die Sphärolithe können beim Verarbeitungsprozess ähnlich wie die Makromoleküle durch Scherung ausgerichtet werden und sind dann die Ursache für ein anisotropes Verhalten der Formteile.

Der Prozentsatz des kristallinen Anteils an der Gesamtmasse kann röntgenographisch, thermoanalytisch (DSC) oder mit Hilfe der Kernresonanzspektroskopie bestimmt werden. Da zwischen dem Kristallisationsgrad und der Dichte ein direkter Zusammenhang besteht, Bild 3.18, kann bei Vorliegen einer Eichkurve aus der Dichte auf die Kristallinität geschlossen werden.

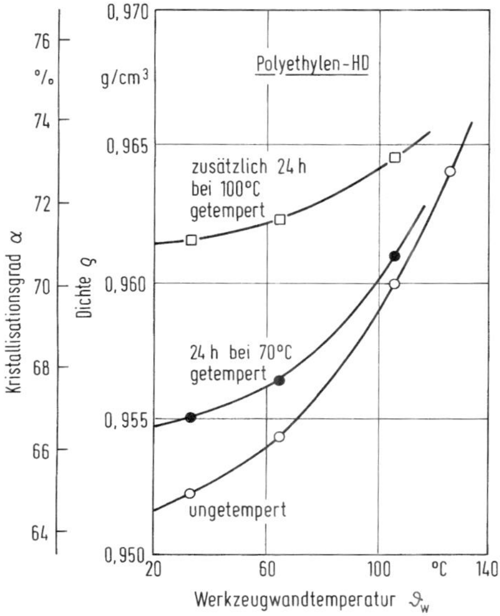

Bild 3.18 Kristallisationsgrad und Dichte von Spritzgussteilen, die bei unterschiedlicher Werkzeugwandtemperatur gefertigt wurden

3.2 Mechanisches Verhalten

3.2.0 Allgemeine Hinweise

Das mechanische Verhalten der Kunststoffe, d.h. der Zusammenhang zwischen der Spannung σ und der daraus resultierenden Dehnung ε bzw. der auf ein Formteil wirkenden Kraft F und der daraus resultierenden Verformung ΔL wird am besten durch den Zugversuch charakterisiert. Er kann im Gegensatz zum Biegeversuch auch an Probekörpern aus weichen Kunststoffen, wie z.B. Elastomeren, durchgeführt werden. Außerdem muss beim Biegeversuch mit einer Überhöhung der Festigkeitskennwerte gerechnet werden:

Bei der Biegebeanspruchung eines Balkens werden die äußeren Fasern gedehnt bzw. gestaucht, während die neutrale Faser verformungslos bleibt, Bild 3.19. Die Dehnung nimmt direkt proportional dem Abstand von der neutralen Faser zu. Ist der im isochronen Spannungs-Dehnungs-Diagramm (siehe Abschnitt 3.2.3) ermittelte Zusammenhang zwischen Spannung und Dehnung linear, so ist auch die Spannungsverteilung im Biegebalken über die Dicke linear, s. rechts oben in Bild 3.19. Da Kunststoffe vor allem bei kurzzeitiger Belastung auch außerhalb dieses Bereichs belastet werden können, ist dann die Spannungsverteilung im Balkenquerschnitt nicht mehr linear. Die zur Berechnung der Biegespannungen herangezogene Gleichung der elastischen Linie verliert damit ihre Gültigkeit, und es werden zu hohe Spannungswerte berechnet, s. rechts unten in Bild 3.19. Je

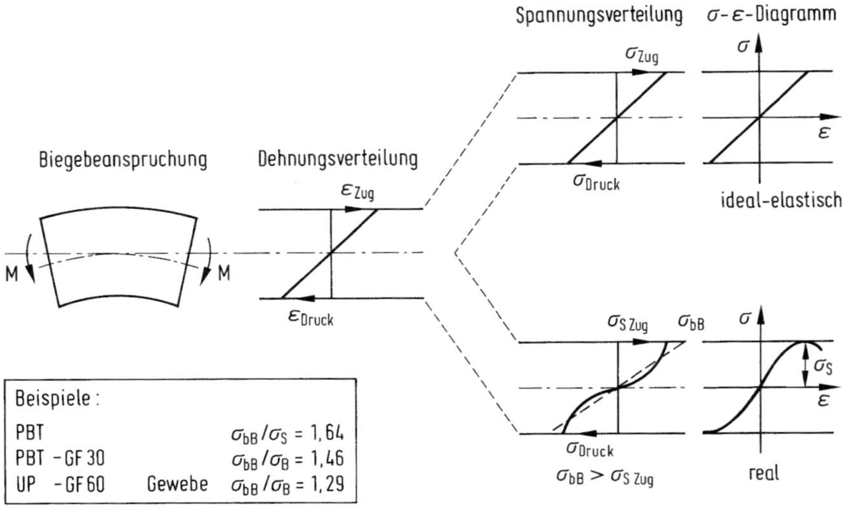

Bild 3.19 Dehnungs- und Spannungsverteilung bei Biegebeanspruchung

stärker die im isochronen Spannungs-Dehnungs-Diagramm ermittelte Spannungs-Dehnungs-Linie von der Linearität abweicht, um so mehr liegt die so errechnete Biegefestigkeit über der Zugfestigkeit bzw. Streckspannung, wie sie im Zugversuch bestimmt wird. Die Biegefestigkeit ist dann nur noch eine fiktive Spannung, die im Formteil nicht vorkommen kann, da spätestens beim Überschreiten der Zugfestigkeit Versagen auftreten wird. In Bild 3.19 sind Zahlenbeispiele für drei Kunststoffe mit unterschiedlicher Steifigkeit angegeben.

Der Biegeversuch wird aus den beschriebenen Gründen nur bei langfaserverstärkten Kunststoffen zur Ermittlung von Festigkeitskennwerten, z.B. auch der interlaminaren Scherfestigkeit, bei der Schubversagen in der neutralen Faser auftritt, durchgeführt. Außer bei den mit hohen Faseranteilen verstärkten Kunststoffen tritt unter Druckspannung kein Versagen auf. Deshalb wird auch der Druckversuch bei Kunststoffen nur ausnahmsweise angewendet: Stark uniaxial verstärkte Kunststoffe können unter Druckspannung durch Delamination versagen. An solchen Produkten wird der Druckversuch in der Art durchgeführt, dass ein schlanker Probekörper seitlich abgestützt und dadurch am Ausknikken gehindert wird, Bild 3.20.

Auch Schub- oder Scherversuche werden nur in Sonderfällen durchgeführt. Zur Abschätzung der Belastbarkeit von mit Schubspannungen beaufschlagten Teilen aus homogenen Werkstoffen gilt:

$\tau_{zul} \approx (0{,}5 \text{ bis } 0{,}74) \cdot \sigma_{zul}$

0,50 = größte-Schubspannungs-Hypothese (Tresca)

0,74 = größte-Normaldehnungs-Hypothese

Zur Bestimmung von Stanzkräften sollte mit $\tau = 1{,}0 \cdot \sigma_{zul}$ gerechnet werden.

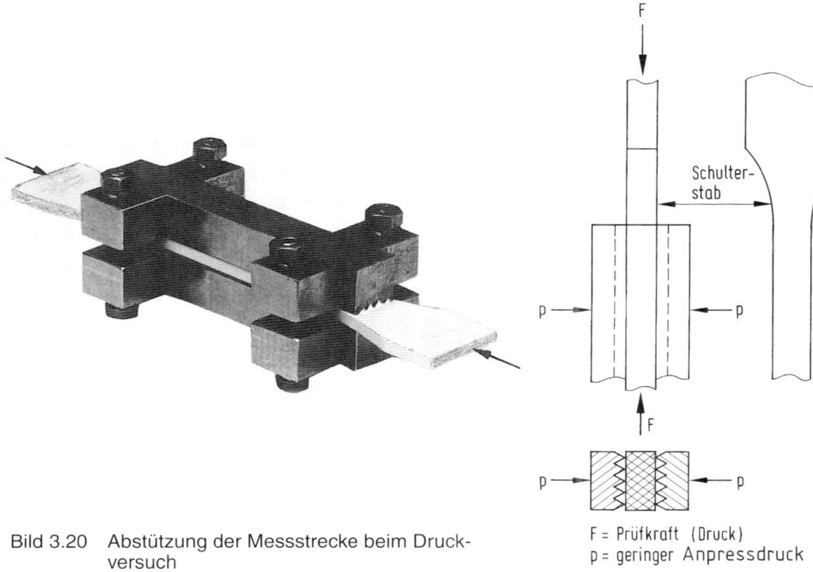

Bild 3.20 Abstützung der Messstrecke beim Druckversuch

Die Kugeldruckhärte oder sonstige Härtewerte spielen zur Beurteilung der technischen Anwendbarkeit der Kunststoffe praktisch keine Rolle.

Das mechanische Verhalten der Kunststoffe ist von vielen Einflussgrößen abhängig: der Geschwindigkeit der Verformung, der Zeitdauer und Häufigkeit einer Belastung, der Geometrie der Probekörper, den Prozessparametern bei der Herstellung der Probekörper (s. Abschn. 3.1), und den Umweltbedingungen, vor allem der Temperatur. Die Auswirkungen dieser Einflüsse auf das Verhalten der Kunststoffe lassen sich gut am Beispiel des Zugversuchs aufzeigen.

3.2.1 Kurzzeitverhalten

3.2.1.1 Kurzzeit-Zugversuch

Im Kurzzeit-Zugversuch nach ISO 527–1 und 2 werden stabförmige Probekörper (Universalstab nach ISO 3167) mit konstanter, in der Prüfnorm vorgeschriebener Geschwindigkeit gedehnt und dabei die Kraft F mit der Längenänderung ΔL der Messstrecke L_0 aufgezeichnet. Aus der Kraft wird bei Division durch den ursprünglichen Querschnitt A_0 des Probekörpers die Spannung σ in N/mm^2 und aus der Längenänderung bei Division durch die Ursprungslänge der Messstrecke L_0 die Dehnung ε in % bestimmt. Allgemein wird in der Werkstoffprüfung aus der Steigung der Kraft-Verformungs-Kurve der Elastizitätsmodul E als das Verhältnis von Spannung zu Dehnung errechnet. Da Kunststoffe keinen linearen Bereich der Spannungs-Dehnungs-Kurve aufweisen, ist diese Vorgehensweise hier nicht zulässig. Zeigen lässt sich dieser Sachverhalt anschaulich an Bild 3.21: Aufgetragen ist die Steigung der Verbindungsgrade aus dem Ursprung des Spannungs-Deh-

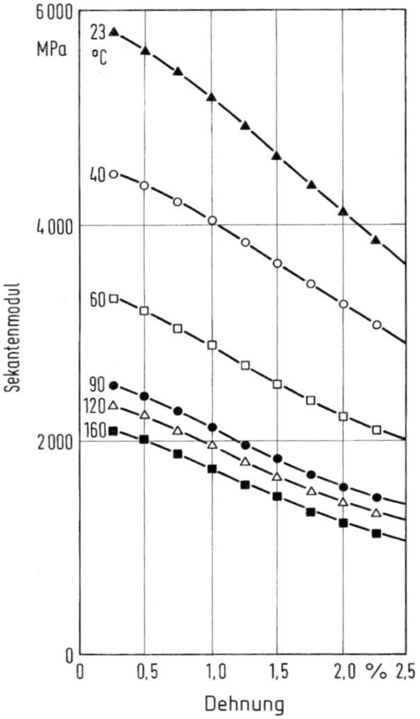

Bild 3.21
Sekantenmodul für glasfaserverstärktes PA 6

nungs-Diagramms zum jeweilig betrachteten Dehnungswert (Sekantenmodul genannt). Es zeigt sich die starke Dehnungsabhängigkeit des Moduls. Zur Bestimmung des „Elasitzitätsmoduls“ wird ersatzweise die Steigung der Spannungs-Dehnungs-Kurve zwischen 0,05 % und 0,25 % Dehnung verwendet.

In Bild 3.22 sind in einem Spannungs-Dehnungs-Diagramm die charakteristischen Kennwerte (nach CAMPUS) eingezeichnet, die zur Beurteilung von Kunststoffen herangezogen werden. Bei Kunststoffen, die eine Streckspannung aufweisen oder sich bis zum Bruch stark verformen, wird die „nominelle Bruchdehnung“ aus der Änderung des Spannzangenabstands und der ursprünglichen Einspannlänge bestimmt. Sie ist lediglich eine Vergleichszahl für die Dehnbarkeit des Kunststoffs unter den Bedingungen des Zugversuchs.

In Bild 3.23 sind für einige Kunststoffsorten reale Spannungs-Dehnungs-Diagramme wiedergegeben. Hieraus lassen sich die in Bild 3.22 definierten Kennwerte ermitteln. Diese sind auch zum Vergleich von Kunststoffen mit recht unterschiedlichem Weichheitsgrad geeignet.

In Bild 3.24 sind die Einflüsse von Probekörperdicke und Entnahmerichtung des Probekörpers aus der Probe (Einfluss der Orientierung) auf das Festigkeitsverhalten zu erkennen. Dies ist ein Hinweis darauf, dass in einem beliebig gestalteten Formteil keineswegs die Kennwerte wiedergefunden werden müssen, die an einem Norm-Probekörper ermittelt wurden.

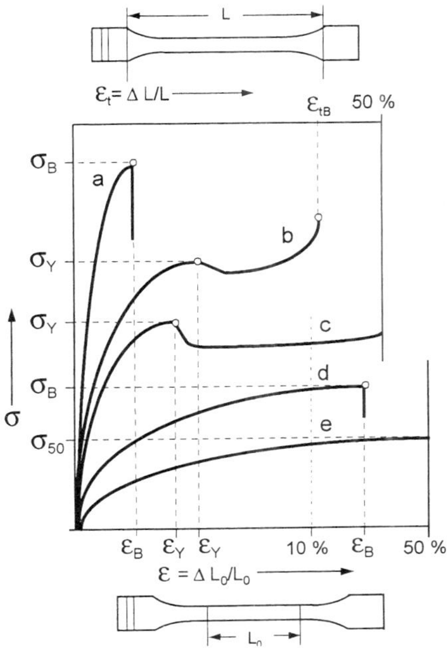

Bild 3.22 Schematische σ/ε-Diagramme mit Campus-Kennwerten für den Zugversuch
a: spröder Kunststoff, b: zäher Kunststoff, c: verstreckbarer Kunststoff, d und e: weichgemachter Kunststoff

E = Zug-Elastizitätsmodul
σ_B = Bruchspannung
σ_y = Streckspannung
σ_{50} = Spannung bei 50% Dehnung
ε_B = Bruchdehnung
ε_y = Streckdehnung
ε_{tB} = nominelle Bruchdehnung

In einem speziellen Zugversuch an einem Probekörper aus Folien, die mit einem Einschnitt versehen sind, wird nach IEC 493–2 die Kanteneinreißfestigkeit und nach DIN 53515 die Weiterreißfestigkeit nach Graves (das ist die zum Weiterreißen erforderliche Kraft, bezogen auf die Probekörperdicke) bestimmt.

3.2.1.2 Kurzzeit-Biegeversuch

Im Kurzeit-Biegeversuch nach ISO 178 werden balkenförmige Probekörper vorzugsweise mit den Abmessungen 80 mm · 10 mm · 4 mm an den Enden auf zwei Auflager gelegt und in der Mitte mit einem Biegestempel belastet. Aus den ermittelten Kräften und Durchbiegungen werden die in Bild 3.25 erläuterten Kennwerte errechnet:

Biegespannung $\sigma_b = \dfrac{3 \cdot F \cdot l_v}{2 \cdot b \cdot h^2}$ in N/mm^2

Randfaserdehnung $\varepsilon_b = \frac{600 \cdot h \cdot f}{lv^2}$ in %,

Bezeichnungen s. Bild 3.25 und Erläuterungen in Abschn. 3.2.0.

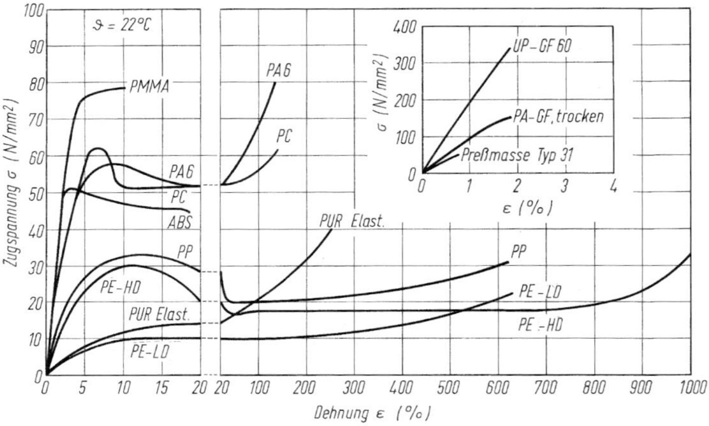

Bild 3.23 Beispiele von Spannungs-Dehnungs-Linien aus dem Zugversuch; bei Betrachtung der Kurvenverläufe ist zu beachten, dass die Ordinate im linken Bildteil bis 20% Dehnung der deutlicheren Darstellung wegen den fünffachen Maßstab der Ordinate im folgenden Bildteil hat

Formgeometrie	Winkel zur Spritzrichtung	Dicke	Anisotropie-Abminderungsbeiwert A
1. Stab, Endanspritzung	0°	3 mm	1
	0°	6 mm	1,2
	0°	12 mm	2,2
2. Platte, 2-fach Anspritzung	0°	3 mm	1,1
	90°	3 mm	1,7
	0°	6 mm	1,2
	90°	6 mm	2

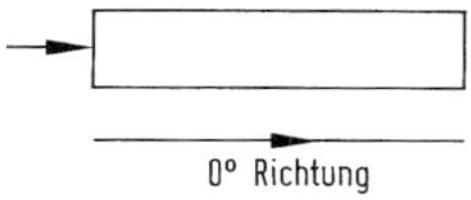

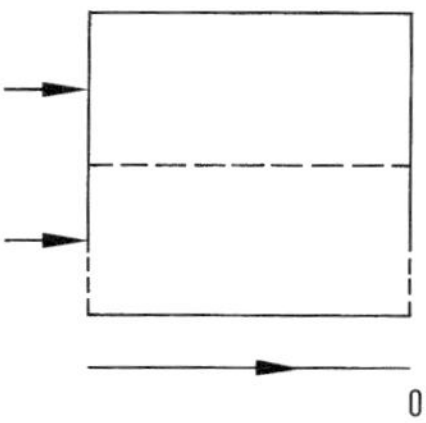

PP-GF

Bild 3.24 Einfluss der Probekörperdicke und des Entnahmewinkels auf das Festigkeitsverhalten; A = 2 bedeutet: Festigkeit = 50% derjenigen vom Stab mit 3 mm Dicke (A = 1)

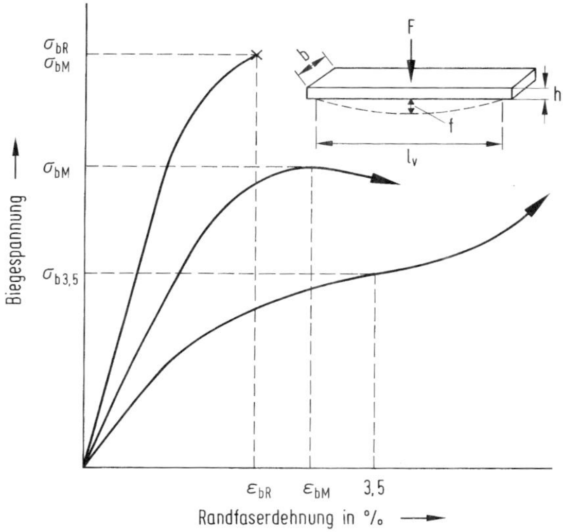

Bild 3.25 Schematische σ/ε-Diagramme für den Biegeversuch

σ_{bM} = Biegefestigkeit
$\sigma_{b3.5}$ = 3,5%-Biegespannung
σ_{bR} = Biegespannung beim Bruch
εbM = Randfaserdehnung bei Maximalspannung
εbR = Randfaserdehnung beim Bruch

3.2.1.3 Druckversuch

Der Druckversuch nach ISO 604 wird mit Ausnahme für die Untersuchung von GFK (s. Abschn. 3.0) und Schaumstoffen (s. Abschn. 3.7.2) praktisch nicht mehr angewendet. Es werden die zum Zugversuch analogen Kennwerte ermittelt.

3.2.1.4 Eindruckversuch, Härtemessung

Beim Eindruckversuch wird der Eindringwiderstand definierter Körper in eine Kunststoff-Oberfläche bestimmt. Zwischen Härte und Elastizitätsmodul besteht ein gewisser Zusammenhang, wenn der elastische Verformungsanteil bei der Prüfung überwiegt, ansonsten sind die Kennwerte für die Berechnung von Formteilen keine geeigneten Vergleichszahlen. Folgende Verfahren werden angewendet:

Kugeldruck-Härte H in N/mm2 (ISO 2039–1,2) ist der Quotient aus der Prüfkraft F, die über eine Kugel von 5 mm ∅ auf die Kunststoff-Oberfläche wirkt, und der Oberfläche des durch die Kugel unter Last erzeugten Eindrucks. Diese Oberfläche wird aus der Eindringtiefe, die unter der Last 30 s nach deren Aufbringung gemessen wird, errechnet. Je nach Härte des Kunststoffs wird eine der folgenden Laststufen angewendet: 49, 132, 358 oder 961 N und zu Indizierung bei der Werteangabe verwendet, z. B. H132.

Rockwell-α-Härte R_α (ISO 2039–2, unbenannte Zahl). Eine Kugel von 12,7 mm ∅ wirkt mit einer Kraft von 588,4 N auf die Oberfläche. Die Eindringtiefen nach 15 s (d_h) und 10 s (d_s) werden gemessen. Die Rockwell-α-Härte ist dann: $R\alpha = 150-(d_h-d_s)$.

Rockwell HR (ISO 2039–2, unbenannte Zahl). Sie wird aus der nach Fortnahme der Hauptlast (Einwirkungsdauer 15 s) gemessenen Eindringtiefe e bestimmt: HR = 130 – e. Je nach Prüfkraft F und Kugeldurchmesser d unterscheidet man vier Härteskalen: R, L, M und E und es gilt:

Kugeldurchmesser d	Prüfkraft F 588 N	980 N
12,7 mm	R	
6,35 mm	L	M
3,175 mm		E

Vickers-Härte HV (EN ISO 6507, unbenannte Zahl). Eine Diamantpyramide mit quadratischer Grundfläche wird mit Prüflasten F von 100, 300 oder 600 N 40 s lang auf die Oberfläche aufgesetzt. Nach der Entlastung wird die Länge der Eindruckdiagonalen d in mm ausgemessen

Die Vickers-Härte *HV* ist dann: $HV = \frac{0{,}189}{d^2} \cdot F$.

Die *Knoop-Härte HKn* (ASTM D1474, unbenannte Zahl) benutzt als Eindringkörper eine Pyramide mit rhombischer Grundfläche, Längs- und Querdiagonale verhalten sich wie 7/1. Aus der Prüflast F in g und der nach Entlastung gemessenen Länge der längeren Eindruck-Diagonalen l in mm wird die Knoop-Härte errechnet:

$$HKn = \frac{4320}{l^2} \cdot F.$$

Die Vickers- und Knoop-Härte gehören zu den Kleinlast-Härteprüfungen und werden zur Ermittlung mechanischer Anisotropieeffekte, z.B. von Orientierungen und Eigenspannungen in oberflächennahen Schichten, herangezogen.

Die *Shore-Härten A* und *D* (ISO 868 / DIN 53505, unbenannte Zahlen) werden an weichen Kunststoffen und Elastomeren mit handlichen Geräten bestimmt. Es wird der Widerstand gegen das Eindringen eines Kegelstumpfes (Shore A) oder eines Kegels mit abgerundeter Spitze (Shore D) als Verformung einer Feder 3 s oder bei Kunststoffen mit einem deutlichen plastischen Verhalten 15 s nach Aufdrücken des Härteprüfers auf die Oberfläche bestimmt, Bild 3.26.

Die *Barcol-Härte* (DIN EN 59) wird wie die Shore-Härte mit einem Handgerät und einem Kegelstumpf mit einer flachen Spitze von 0,157 mm bestimmt und dient zur Kontrolle des Härtungsvorgangs bei ungesättigten Polyesterharzen.

Schaumstoff-Härteprüfung, s. Abschn. 3.7.2.

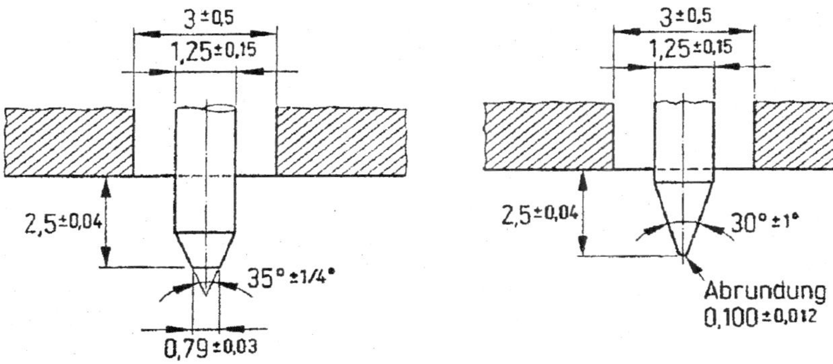

Bild 3.26 Eindringkörper zur Bestimmung der Shore-Härte

3.2.2 Verhalten beim Stoß

3.2.2.1 Berechnungs-Kennwerte

Beim Kurzzeit-Zugversuch wird die Dehngeschwindigkeit so gewählt, dass die charakteristischen Festigkeitskennwerte wie die Bruchspannung, Streckspannung oder Spannung bei 50% Dehnung in etwa einer Minute erreicht werden. Da die Kunststoffe zu den viskoelastischen Werkstoffen gehören, sind ihre Eigenschaften von der Geschwindigkeit der Beanspruchung abhängig. Bild 3.27 zeigt am Beispiel eines PE, dass mit zunehmender Dehngeschwindigkeit die Streckspannung ansteigt, die Bruchdehnung und Arbeitsaufnahme (Fläche unter der Kraft-Verformungs-Linie) aber abnehmen. Auch der Elastizitätsmodul nimmt mit zunehmender Beanspruchungsgeschwindigkeit zu. In Bild 3.28 und Bild 3.29 sind bei unterschiedlichen Dehngeschwindigkeiten ermittelte Festigkeitskennwerte und die 1 min nach dem Probekörperbruch ermittelten Restdehnungen dargestellt. Bei für jeden Werkstoff charakteristischen Dehngeschwindigkeiten wird ein Maximum der Festigkeit festgestellt. Bei diesen Geschwindigkeiten ist das Material so spröde, dass verformungslose, glasartige Brüche auftreten. Nur beim PMMA und AMMA konnten diese Geschwindigkeiten versuchstechnisch erreicht werden.

Dieses Werkstoffverhalten muss bei der Bemessung stoßartig belasteter Formteile berücksichtigt werden. Bei diesen Belastungen treten kurzzeitig Spannungsspitzen auf, die ein Vielfaches der Spannung betragen können, die unter gleicher ruhender Last auftreten. Das Verhältnis der unter stoßartiger Beanspruchung auftretenden Spannung zu der unter statischer Belastung auftretenden wird mit Stoßfaktor ψ bezeichnet. Resultiert die Stoßbeanspruchung aus dem Aufschlagen eines Gegenstands aus dem freien Fall auf ein Formteil, so lässt sich der Stoßfaktor nach den in Bild 3.30 dargestellten Formeln bestimmen. In diese Formeln gehen wesentlich die Masse des frei fallenden Gegenstands m, dessen Steifigkeit, wie auch die Steifigkeiten des getroffenen Formteils C_2 und dessen elastischer Abstützung C_3 ein. Je nach dem Verhältnis von C_1 zu C_2 zu C_3 muss das Formteil mehr oder weniger der anfallenden Energie absorbieren. Im Bild 3.30 rechts dar-

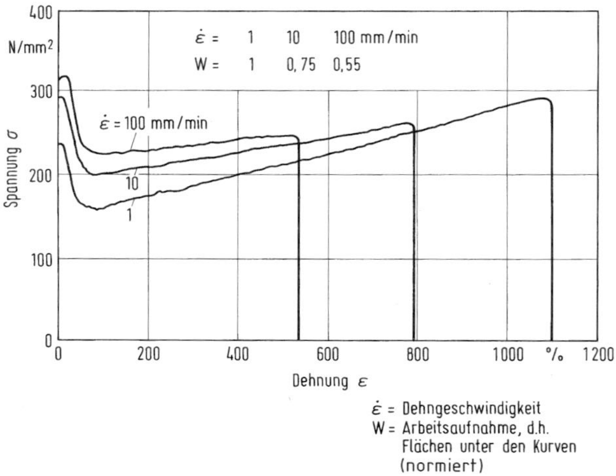

Bild 3.27 Einfluß der Dehngeschwindigkeit auf das σ/ε-Verhalten von PE

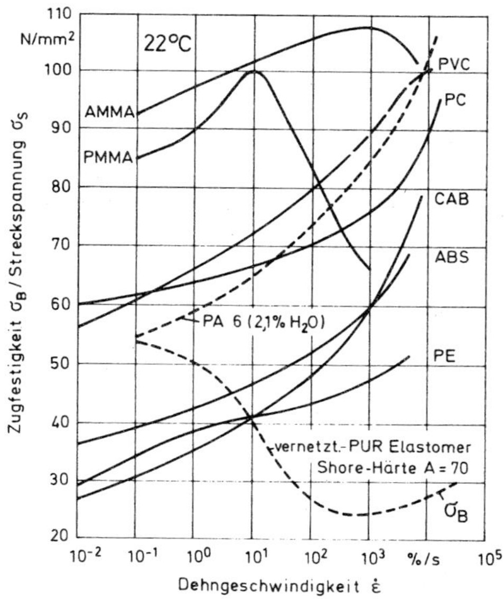

Bild 3.28 Abhängigkeit der Festigkeit von der Dehngeschwindigkeit

gestellten Beispiel sind die Federsteifigkeiten C_1 und C_3 als unendlich groß angesehen worden. Aus den Stoßfaktoren lassen sich erste Hinweise für die Bemessung von stoßbelasteten Formteilen ableiten.

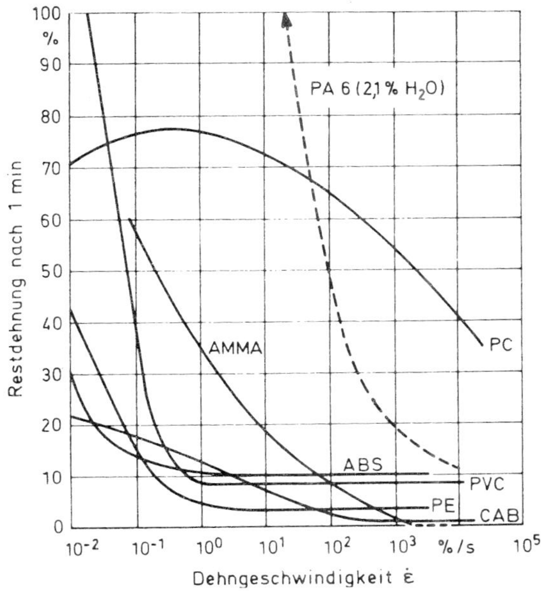

Bild 3.29 Abhängigkeit der Restdehnung 1 min nach dem Bruch von der Dehngeschwindigkeit

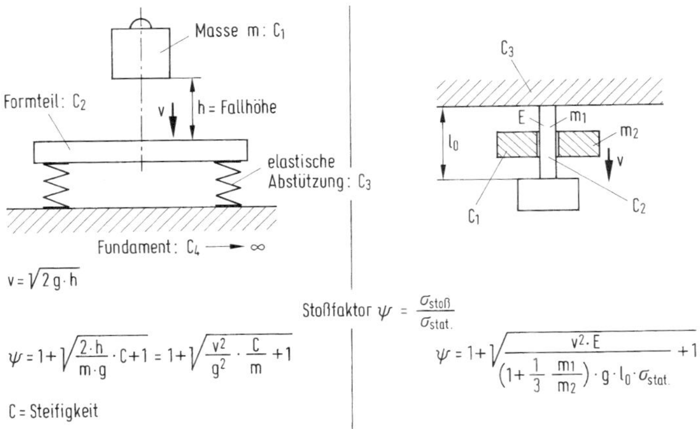

Bild 3.30 Beispiele für Stoßfaktoren

Ein anderer Weg der Berechnung führt über die Ermittlung der Verformungsarbeit. Trifft eine Masse m auf einen Balken, so muss seine kinetische Energie $W = 0{,}5\,m \cdot v^2$ in Verformungsarbeit des Balkens $\int F \cdot df$ umgesetzt werden, Bild 3.31.

Es lässt sich zeigen, dass die vom Balken aufgenommene Arbeit gleich einem Neuntel des Volumens desBalkens zwischen den Auflagen multipliziert mit dem Integral unter der Spannungs-Dehnungs-Linie ist. Für beliebige Formteile gilt allgemein: Das Arbeitsaufnahmevermögen eines Formteils ist gleich dem Produkt eines von der Geometrie abhängigen Faktors K mit dem Integral unter der Spannungs-Dehnungs-Linie w, also W = K · w. w kann durch Integration einer Spannungs-Dehnungs-Linie ermittelt werden, die möglichst bei der beim Stoß vorliegenden Dehngeschwindigkeit aufgenommen wurde. Bei einfachen Formteilen kann K numerisch berechnet werden, bei komplizierten muss die Finite-Elemente-Methode (FEM) herangezogen werden. Will man das gute Arbeitsaufnahmevermögen der Thermoplaste unter Stoßbeanspruchung bei FEM angemessen berücksichtigen, so ist es erforderlich, geometrisch nichtlinear zu rechnen. Dabei wird in der Rechnung die Veränderung der Geometrie und insbesondere des Querschnittes des Bauteils durch das Fließen des Werkstoffs berücksichtigt. Zur Beschreibung des Werkstoffverhaltens verwendet man dann das wahre Spannungs-Dehnungs-Diagramm, bei dem durch die Berücksichtigung des Einschnürverhaltens die tatsächlich sehr viel höheren Spannungen im eingeschnürten Probekörperbereich richtig dargestellt werden.

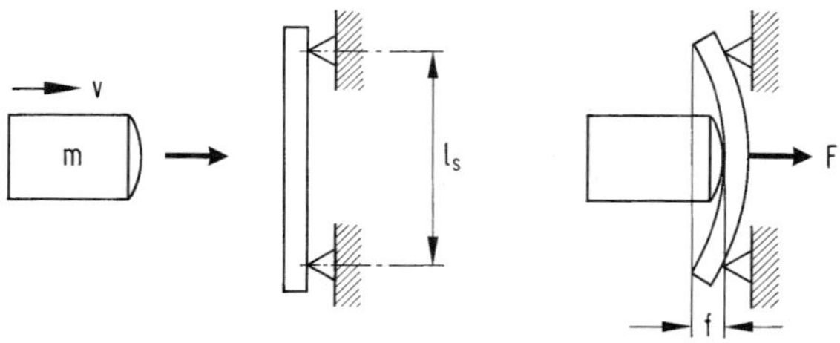

$$W = \frac{m \cdot v^2}{2} = \int_0^{F_{max}} \cdot F \, d\, f \approx \frac{F_{max} \cdot f}{2}$$

Bild 3.31 Energieumsetzung beim Stoß gegen einen Balken

3.2.2.2 Schlag-, Biege- und Zugversuche nach CAMPUS

Nach standardisierten Verfahren wird das Stoßverhalten, die sog. Zähigkeit der Kunststoffe, in Schlag- oder Durchstoßversuchen bestimmt. Hierbei wird das Arbeitsaufnahme-Vermögen von stab- oder plattenförmigen Probekörpern, die eventuell mit Kerben versehen sind, mit Hilfe von Pendelschlagwerken oder Fallgeräten meist bis zum Versagen, beim Durchstoßversuch auch bis zur ersten Schädigung der Probekörper, ermittelt. Die gängigsten Versuchsanordnungen enthält Bild 3.32.

Unter Berücksichtigung von Versuchsanordnung, Probekörperart und -abmessung sowie Kerbform kann sich eine Vielzahl verschiedener Kennwerte für die Zähigkeit ergeben. Da die Versuchsparameter die Größe der Kennwerte in starkem Maße beeinflussen, sind die nach den verschiedenen Verfahren ermittelten Werte in der Regel nicht vergleichbar. Selbst die Reihenfolge einer Auflistung von

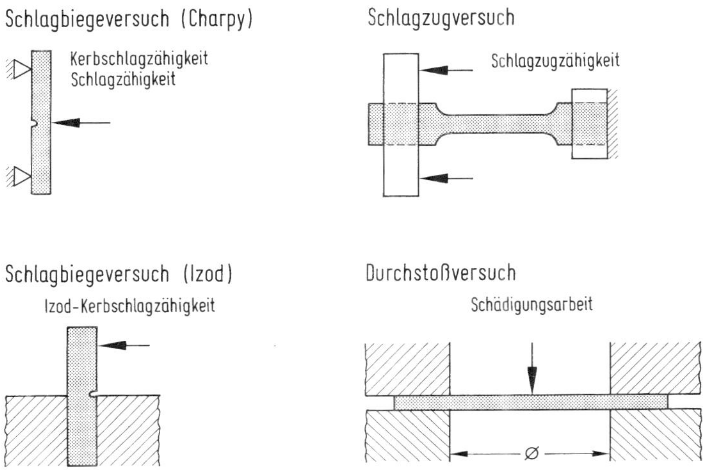

Bild 3.32 Versuchsanordnungen zur Bestimmung der Schlagzähigkeit

Kunststoffen nach Zähigkeitskennwerten ist vom Verfahren abhängig. Dies ist auch ein Hinweis darauf, dass solche Werte nur einen ungefähren Anhalt über das Zähigkeitsverhalten von Formteilen geben können. Für die Konstruktionsrechnung sind sie nicht verwertbar. Sie sind aber für die Auswahl eines Kunststoffs von Nutzen, wenn verschiedene Einstellungen der gleichen Art zur Verfügung stehen. Hierbei ist es besonders wichtig, dass für die verschiedenen Kunststoffe nach demselben Verfahren ermittelte Kennwerte zur Verfügung stehen. Es ist ein Verdienst der DIN EN ISO 10350, des Single-Point-Datenkatalogs, hier drei vorzugsweise anzuwendende Verfahren festgelegt zu haben, die je nach Zähigkeit des zu untersuchenden Kunststoffs zur Anwendung kommen: Charpy Impact Strength (Charpy-Schlagzähigkeit) für spröde und Charpy Notched Impact Strength (Charpy-Kerbschlagzähigkeit) für zähe Kunststoffe, beide durchgeführt nach ISO 179 am Probekörper 80 mm · 10 mm · 4 mm, Schlag auf die Schmalseite, beim gekerbten Probekörper unter Verwendung einer V-Kerbe mit einem Radius von 0,25 mm. Bei Kunststoffen, die nach diesen Verfahren keinen Bruch zeigen, wird die Tensile-Impact-Strength (Schlagzugzähigkeit) nach ISO 8256, ebenfalls am Stab 80 mm · 10 mm · 4 mm mit Doppel-V-Kerbe mit einem Radius von 1 mm durchgeführt. Bei allen drei Verfahren wird als Zähigkeitskennwert die auf den geringsten Querschnitt des Probekörpers bezogene Schlagarbeit (kJ/m^2) bis zum Bruch ermittelt. Diese Werte werden auch in den CAMPUS-Datenbanken und zwar für 23 und –30 °C angegeben.

Schlagzähigkeiten reagieren sehr stark auf gewollte oder auch ungewollte Modifikationen der Kunststoffe oder auch auf Einflüsse wie die Verarbeitungsparameter bei der Herstellung der Proben, Kerbgeometrie oder Prüftemperatur. Bild 3.33 zeigt, dass mit zunehmender Prüftemperatur die Schlagzähigkeit zunimmt. Bei Zähigkeiten oberhalb etwa 30 kJ/m^2 brechen die Probekörper nicht mehr, so dass keine Werte angegeben werden können. Der Übergang vom spröden zum zähen

Verhalten findet bei diskreten Temperaturen statt. Bei diesen treten sowohl zähes Versagen (Anbrüche) wie auch Sprödbrüche auf. Die Lage dieser Dispersionsgebiete kann durch die Massetemperatur und die Verweilzeit der Masse im Spritzgießzylinder bei der Herstellung der Probekörper beeinflusst werden. Hohe Temperaturen und lange Verweilzeiten führen beim untersuchten Material zum Abbau und damit zur Schädigung von Formteilen, Bild 3.33.

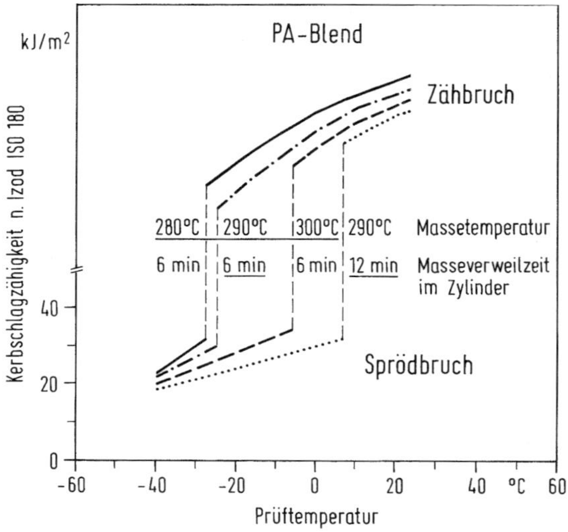

Bild 3.33 Einfluss von Prüftemperatur, Massetemperatur und Verweilzeit der Schmelze im Spritzgießzylinder auf die Kerbschlagzähigkeit

3.2.2.3 Weitere Normen für Schlagversuche

ISO 3127 / DIN 8061: Schlagzähigkeit von Rohren.

DIN EN ISO 6603–1,2: Fallbolzenversuch für plattenförmige Probekörper, mit und ohne Kraft-Weg-Messung.

3.2.3 Statisches Langzeitverhalten

3.2.3.1 Zeitstand-Zugversuch

Für die konstruktive Anwendung der Kunststoffe unter langzeitiger Lasteinwirkung sind die Ergebnisse sog. Standversuche wichtig. Wie bereits in Abschn. 3.2 erläutert, ist auch bei diesen Versuchen dem Zugversuch der Vorzug gegenüber Druck- oder Biegeversuchen zu geben. Der Standversuch unter Zugbeanspruchung kann als Zeitstandversuch nach DIN EN ISO 899 (Kriech- oder Retardationsversuch) oder als Entspannungsversuch nach DIN 53441 (Relaxationsversuch) durchgeführt werden. Da der Zeitstandversuch einfacher in der Durchführung ist als der Entspannungsversuch, wird er heute fast ausschließlich angewendet.

Im Zeitstandversuch werden Probekörper in einem konstanten Prüfklima durch Kräfte (meist Gewichte), die während der Versuchsdauer gleich bleiben, einachsig belastet. Gemessen werden die Dehnung der Messstrecke und die Zeit bis zum eventuellen Bruch der Probekörper. Aus den so erhaltenen Zeit-Dehnlinien (Bild 3.34) entnimmt man zugehörige Wertepaare von Spannung und Dehnung nach bestimmten Belastungszeiten und trägt sie in ein Spannungs-Dehnungsdiagramm ein, Bild 3.35. Man erhält so die für den Konstrukteur zweckmäßige Darstellung des isochronen Spannungs-Dehnungs-Diagramms (Linien gleicher Zeit). Isochrone Spannungs-Dehnungs-Diagramme sind in den Datenbanken CAMPUS enthalten. Wenn isochrone Spannungs-Dehnungs-Linien linear verlaufen, handelt es sich um einen Kunststoff mit linear viskoelastischen Eigenschaften. In diesem Fall besteht kein Einfluss der Beanspruchungshöhe auf das Kriech- bzw. Relaxationsverhalten. Es genügt dann bei der Berechnung des Bauteilverhaltens, mit temperatur- und zeitabhängigen Kennwerten zu rechnen. Im Allgemeinen zeigen Kunststoffe aber ein nichtlinear-viskoelastisches Verhalten, die Isochronen sind degressiv gekrümmt.

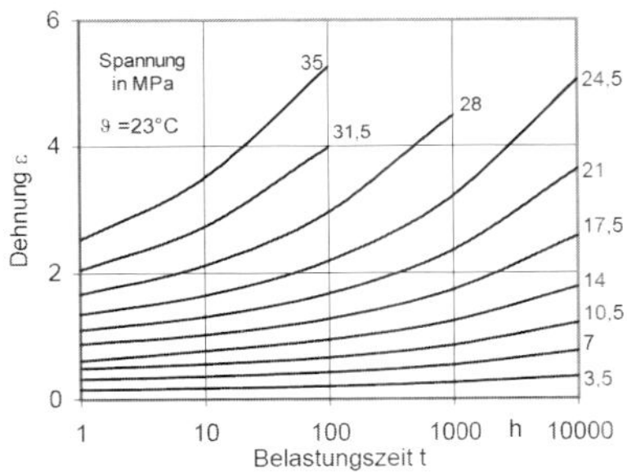

Bild 3.34 Zeit-Dehn-Linien von PBT bei 23 °C

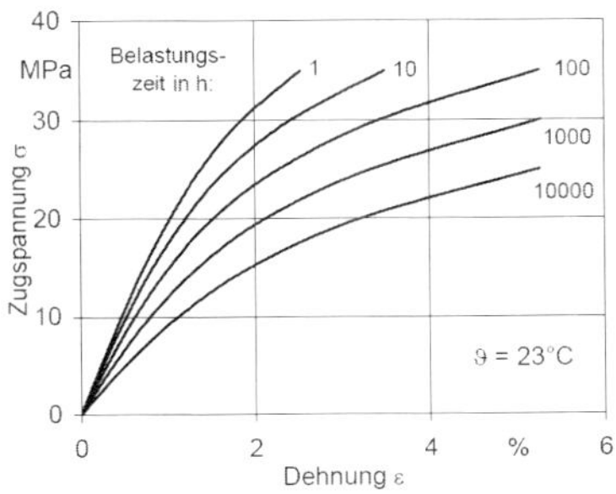

Bild 3.35 Isochrones Spannungs-Dehnungs-Diagramm von PBT bei 23 °C

Das Verformungsverhalten von Werkstoffen in der Konstruktion wird in der Regel mit Hilfe des Elastizitätsmoduls beschrieben. Aus der Steigung der isochronen Spannungs-Dehnungs-Linie kann man ähnlich wie aus den Spannungs-Dehnungs-Linien des Zugversuchs einen Modul errechnen, der mit zunehmender Belastungszeit, Temperatur und Spannung geringer wird und somit das Kriechen des Werkstoffs beschreibt. Man nennt diesen Modul Kriechmodul E_c (Bild 3.36), wenn er im Zeitstandversuch, und Relaxationsmodul E_r, wenn er im Entspannungsversuch ermittelt wurde. Beide Modulwerte stimmen für gleich Zeit und Beanspruchungshöhe nahezu überein (als Maß für die Beanspruchungshöhe kann ein Spannungs- oder Dehnungwert gewählt werden).

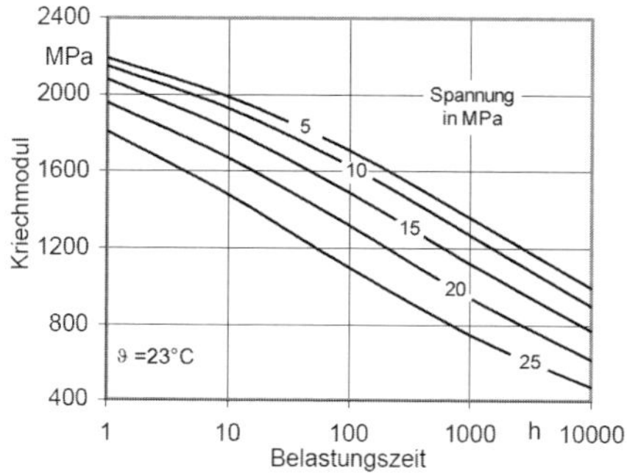

Bild 3.36 Sekanten-Kriechmodul von PBT bei 23 °C

Da das mechanische Verhalten der Kunststoffe außer von der Zeit und der Beanspruchungshöhe auch stark von der Temperatur abhängt, müssen die Zeit-Dehnlinien für die jeweils maßgebliche Einsatztemperatur betrachtet werden. Daher finden sich bei den Werkstoffdokumentationen zumeist mehrere Diagrammsätze gemäß Bild 3.34 bis 3.36 für unterschiedliche Einsatztemperaturen (typischer Weise mit einer Temperaturstaffelung von 20 °C).

Zur Bestimmung des Verhaltens von Bauteilen unter Beanspruchung ist neben dem Verformungsverhalten auch das Bruchverhalten von großem Interesse. Dazu ermittelt man das Zeitstand-Festigkeitsverhalten von stabförmigen Probekörpern, d.h. den Zusammenhang zwischen der Höhe der Belastung und der Zeit bis zum eventuellen Versagen des Probekörpers. Diese Vorgehensweise ist jedoch sehr aufwendig, da man die maßgeblichen Einflüsse auf die Bruchspannung (Temperatur, Zeit und Umgebungsmedien) berücksichtigen muss. Statt dessen verwendet man bei der Dimensionierung häufiger das Konzept der kritischen Dehnung. Dabei wird postuliert, dass unterhalb einer Grenzdehnung keine Werkstoffschädigung durch Rissentstehung und Risswachstum auftritt.

3.2.3.2 Zeitstand-Innendruckversuch an Rohren

Bei Rohrwerkstoffen haben Zeitbruchlinien jedoch eine hohe Bedeutung. Bei diesen werden in großem Umfang Zeitstandinnendruck-Versuche an Rohren besonders auch bei erhöhten Temperaturen durchgeführt, wobei als Druckmedium Wasser oder auch in kritischen Fällen das für den praktischen Einsatz des Rohrwerkstoffs vorgesehene Medium zum Einsatz kommen. Unter Berücksichtigung eines Sicherheitsfaktors werden die Ergebnisse zur Extrapolation einer zulässigen Spannung auf lange Zeiten - für Wasserleitungsrohre auf 50 Jahre –

verwendet. Die Knicke in den Zeitbruch-Linien von Bild 3.37 sind beim untersuchten PE auf Spannungsrissbildung unter dem Einfluss des Wassers und oxidative Alterung zurückzuführen, s. Abschn. 3.6.3. Bei anderen Medien kann der Knick nach anderen Belastungszeiten auftreten. Nach Ehrbar kann man die Wirkung verschiedener Medien durch sog. Resistenzfaktoren F_{CR} beschreiben. Diese geben an, um welchen Zeitfaktor der steile Ast der Zeitbruchlinien im Vergleich zu Wasser nach kürzeren oder längeren Zeiten verschoben wird, s. auch DVS (Deutscher Verband für Schweißtechnik)-Merkblatt 2205.

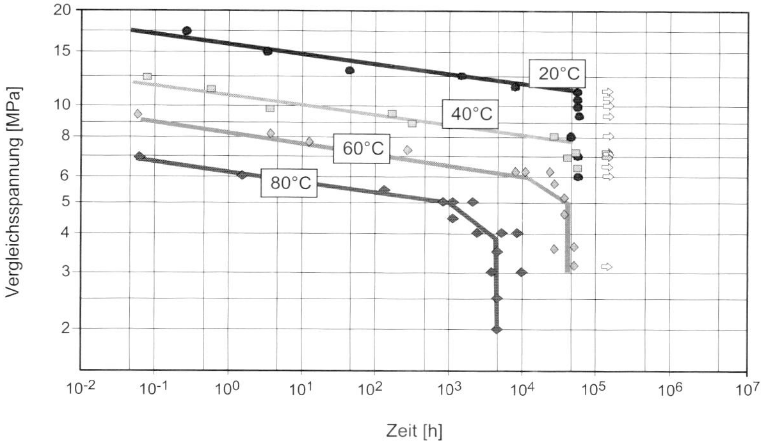

Bild 3.37 Zeitstandfestigkeit von PE-HD-Rohren unter Wasser-Innendruck

3.2.3.3 Weitere Normen für Zeitstandversuche

DIN 50118: Zeitstand-Versuch.

DIN EN ISO 899–2: Zeitstand-Biegeversuch bei Dreipunkt-Belastung.

3.2.4 Dynamisches Langzeitverhalten

Die häufigste Ursache für das Versagen von Kunststoffformteilen bei bestimmungsgemäßem Gebrauch ist eine dynamische oder wiederholte Beanspruchung meist unter Gegenwart von Kerben, Bindenähten, Anisotropien (Molekül- oder Verstärkungsfaser-Orientierung) und der gleichzeitigen Einwirkung von Chemikalien (spannungsrissauslösenden Medien) oder anderen Umweltbelastungen. Dieser Beanspruchungsart soll deshalb ein breiterer Raum gewidmet werden.

3.2.4.1 Allgemeines zum Dauerschwingversuch

Bei sich oft wiederholender, stark wechselnder Beanspruchung können der Berechnung von Konstruktionselementen nicht die Festigkeitskennwerte zugrunde gelegt werden, die unter stetiger Last- oder Verformungssteigerung oder bei statischer Langzeitbelastung ermittelt wurden. Wiederholte Beanspruchung oder Vib-

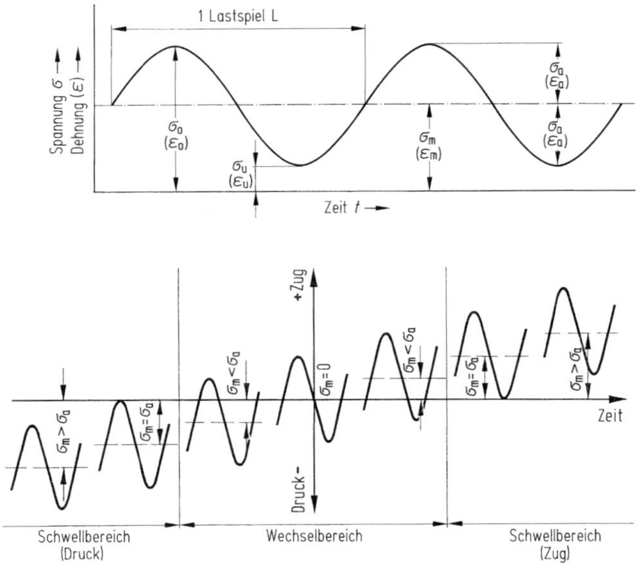

Bild 3.38 Begriffe und Beanspruchungsbereiche beim Dauerschwingversuch

σ_o = Oberspannung, größter Absolutwert der Spannung, ε_o = Oberdehnung
σ_u = Unterspannung, kleinster Absolutwert der Spannung. ε_u = Unterdehnung
σ_m = Mittelspannung = 0,5 ($\sigma_o + \sigma_u$), ε_m = Mitteldehnung
σ_a = Spannungsausschlag = ± 0,5 ($\sigma_o - \sigma_u$), ε_a = Dehnungsausschlag
L = Lastspiel, eine volle Schwingung der Beanspruchung um die ruhend zu denkende Mittelspannung.
n = Lastspielfrequenz, Zahl der Lastspiele in der Zeiteinheit, Einheit Hz = l/s: N ˆ= Lastspielzeit

Tafel 3.4 Mechanischer Verlustfaktor tan δ

Werkstoff	20 °C	60 °C
PE-LD	0,17	0,06
PP	0,07	0,07
PS	0,013	0,028
ABS	0,015	0,028
PVC hart	0,018	0,025
PTFE	0,075	0,06
PMMA	0,08	0,10
POM	0,014	0,015
PC	0,008	0,010
PA 6 trocken	0,01	0,16
PA 6 luftfeucht	0,15	0,06
UP	0,02	0,4
EP	0,02	0,02
PF Typ 31	0,016	0,022
MF Typ 151	0,016	0,022
Stahl	0,00002	0,001
Kupfer	0,0002	0,001

rationen führen in der Regel bei geringeren Spannungen oder Verformungen zum Versagen von Bauteilen.

Das Verhalten von Werkstoffen bei schwingender Beanspruchung wird im Dauerschwingversuch nach DIN 50100 ermittelt. Er kann an Probekörpern oder Bauteilen durchgeführt werden. Letzteres empfiehlt sich bei kritischen Anwendungen, da ähnlich wie beim Schlagversuch die ermittelten Kennwerte stark von den Prozessparametern bei der Herstellung der Formteile im Spritzgießverfahren und den Beanspruchungsbedingungen abhängen. Der Beanspruchungsverlauf bei Dauerschwing-Versuchen (Spannung oder Dehnung) ist meist angenähert sinusförmig. In Bild 3.38 sind die wichtigsten Begriffe und Zeichen des Dauerschwingversuchs erläutert.

Kunststoffe weisen im Gegensatz zu den üblichen metallischen Konstruktionswerkstoffen eine hohe mechanische Dämpfung, ausgedrückt durch den mechanischen Verlustfaktor tan δ, auf, Tafel 3.4. Diese Dämpfung bewirkt bei Beanspruchung eine irreversible Energieabsorption, die besonders bei wiederholter Beanspruchung zu einer Erwärmung der Kunststoffteile führen kann, da die Kunststoffe als schlechte Wärmeleiter die erzeugte Wärme verzögert an die Umgebung abführen. Dieser Effekt muss bei der Durchführung der Versuche und der Beurteilung der Ergebnisse beachtet werden, zumal schon eine geringe Temperaturerhöhung wesentliche Eigenschaftsänderungen bewirken kann. Diese Zusammenhänge sollen am Beispiel eines Dauerschwingversuchs unter Zugschwell-Belastungen mit geringer Unterspannung erläutert werden.

In einer Messreihe mit glasfaserverstärktem Polyamid wurden verschiedene Probekörper unterschiedlich dynamisch belastet und die Lastspielzahl bis zum Bruch ermittelt. Der über der Bruchlastspielzahl aufgetragene Spannungsausschlag ergibt die Wöhler-Kurve, vgl. Bild 3.39. Die dort dargestellten Kurven wurden unter verschiedenen Randbedingungen erstellt, so dass folgende Einflüsse erkennbar sind: Die Temperaturangaben an den Messpunkten geben in etwa die

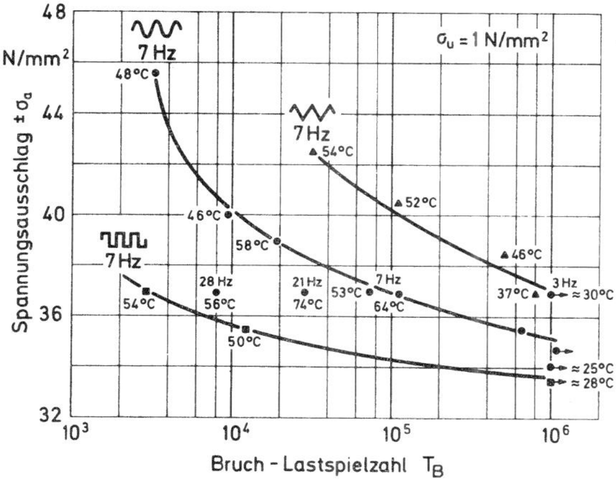

Bild 3.39 Wöhlerkurven von PA 6-GF aus dem Schwingversuch im Zugschwellbereich

Oberflächentemperatur der Probekörper kurz vor dem Bruch wieder. Sie liegen deutlich über der Prüftemperatur von 23 °C. Bei gleicher Lastspielfrequenz von 7 Hz wird die unter rechteckförmigem Spannungsverlauf ermittelte Kurve gegenüber der mit sinusförmigem Verlauf ermittelten zu geringeren Bruchlastspielzahlen verschoben, bei dreieckförmigem Spannungsverlauf zu höheren Lastspielzahlen. Die Ursache liegt darin, dass je nach Spannungsverlauf mehr oder weniger Energie je Lastwechsel umgesetzt wird und die Erwärmung deshalb unterschiedlich schnell erfolgt. Die Messreihe mit unterschiedlichen Lastspielfrequenzen und einem Spannungsniveau von etwa 37 N/mm^2 zeigt, dass eine höhere Lastspielfrequenz zu einem schnelleren Temperaturanstieg und damit zu einem früheren Versagen führt. Bei höheren Lastspielzahlen nähern sich die Kurven einander an, und man kann aus ihrem Verlauf abschätzen, dass im Bereich der reinen Zerrüttungsbrüche, etwa oberhalb 10^6 Lastspielen, bei denen der Bruch nicht von der Probekörpererwärmung mitbestimmt wird, die Kurven asymptotisch zusammenlaufen. Die geschilderten Einflussgrößen treten dann in ihrer Bedeutung zurück.

Nach einer neueren Prüfmethode wird über ein am Probekörper angebrachtes Thermoelement oder über berührungslose Temperaturmessung die Lastspielfrequenz so geregelt, dass die Probekörpertemperatur nur um einen festgelegten Betrag über die Umgebungstemperatur ansteigt, d.h., während des Versuchs konstant bleibt. Wie sich die daraus resultierenden unterschiedlichen Frequenzen bei unterschiedlichen Spannungsniveaus/Werkstoffdämpfungen auf die Vergleichbarkeit der Ergebnisse auswirken, ist derzeit noch ungeklärt.

Werden Wöhlerkurven-Messungen in verschiedenen Beanspruchungsbereichen, Bild 3.39, durchgeführt, so kann man die nach 10^7 Lastspielen zum Bruch führenden Spannungsausschläge in einem Smith-Diagramm zusammenfassen, Bild 3.40. Die gestrichelte Gerade stellt die Mittelspannung dar, um die der Span-

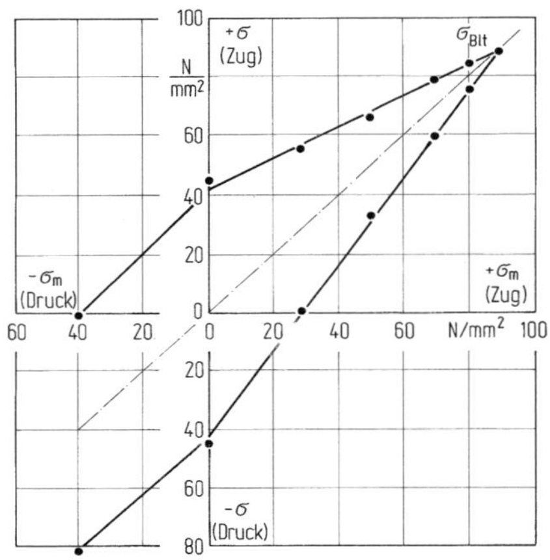

Bild 3.40 Smith-Diagramm von PA 6-GF30

Lastspielfrequenz = 7 Hz
Lastspielzahl bis zum Bruch = 10^7

Spannung σ = konstant
$\sigma_{B/t}$ = Zeitstandfestigkeit

nungsausschlag wechselt. Je höher diese Mittelspannung ist, um so geringer ist die überlagerbare dynamische Belastung. Bei einer Mittelspannung von etwa 90 N/mm^2 geht der Probekörper aus PA 6-GF30 ohne dynamische Belastung nach einer Zeit zu Bruch, die der Lastspielzahl von 10^7 entspricht. Dies ist demnach die Zeitstandfestigkeit des Kunststoffs.

Bei der Herstellung von Kunststoffteilen im Spritzgießverfahren sind Bindenähte, d.h. Stellen im Werkzeug, an denen zwei Schmelzeströme zusammenstoßen, nicht immer zu vermeiden. Diese brauchen sich im statischen Versuch nicht als festigkeitsmindernd zu erweisen, können aber bei dynamischer Beanspruchung, ebenso wie bei Stoßbeanspruchung, Schwachstellen sein. Das gleiche gilt für Kerben jeglicher Art. Zur Charakterisierung der Empfindlichkeit der Kunststoffe gegen solche Einflüsse haben sich Abminderungsbeiwerte bewährt. Sie geben das Verhältnis von im Kurzzeitzugversuch ermittelten Festigkeitskennwerten wie die Streckspannung oder Zugfestigkeit zur im Zugschwellversuch ermittelten Schwellfestigkeit wieder, Tafel 3.5. Die Schwellfestigkeit ist hierbei der mit 2 multiplizierte Spannungsausschlag, der im Zugschwellversuch am normalen oder am gekerbten bzw. mit einer Bindenaht versehenen Probekörper nach 10^7 Lastwechseln zum Bruch führt.

Tafel 3.5 Abminderungsbeiwerte TA für die Zugschwellfestigkeit σ_{Sch} einiger Kunststoffe, auch mit 3 mm Lochkerbe ($\sigma_{Sch,\varnothing}$) oder Bindenaht ($\sigma_{Sch,BN}$) im Probekörper

Werkstoff	$A_{Sch} = \frac{\sigma_S}{\sigma_{Sch}}$	$A_{Sch,\varnothing} = \frac{\sigma_S}{\sigma_{Sch,}}$	$A_{Sch,BN} = \frac{\sigma_S}{\sigma_{Sch,BN}}$
ABS	2,6	4,4	3,4
PA	1,8	3,0	1,8
PA-GF 30	2,5	5,4	4,5
PBT	1,7	2,0	1,8
PBT-GF 30	2,1	4,6	4,0
Probekörper	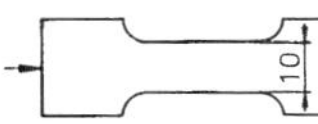	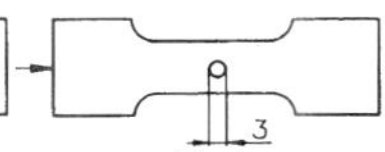 Kerbe	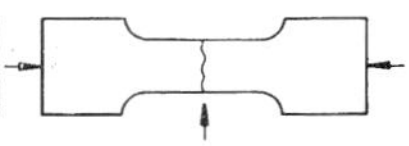 Bindenaht (BN)

3.2.4.2 Normen und Verfahren

Für Dauerschwingversuche an Kunststoffen gibt es nur die DIN 53442: Dauerschwingversuch im Biegebereich an flachen Probekörpern. Die Probekörper werden auf einer Wechselbiegemaschine einer zeitlich etwa konstanten Wechselverformung unterworfen. Infolge von Spannungsrelaxation und Erwärmung sinkt die vom Probekörper aufgenommene Spannung mit zunehmender Lastspielzahl. Um Ergebnisse vergleichbar zu machen, müssen alle die Beanspruchung beschreibenden Größen laufend gemessen und mit den Versuchsergebnissen bekanntgegeben werden.

Mit servohydraulisch geregelten Prüfmaschinen lassen sich Dauerschwingversuche an Kunststoffen mit konstant gehaltenen Spannungen oder Verformungen in idealer Weise durchführen. Allerdings ist der Aufwand beträchtlich.

Empfohlene Lit.: Becker/Braun, Kunststoff-Handbuch Bd.1 Abschn. 5.3.3, Hanser Verlag München 1990.

3.2.5 Moduln und Querzahl

Beim einachsigen Zugversuch wird dem Probekörper eine Längsdehnung aufgezwungen. Das Verhältnis von Spannung zu Dehnung ist der Elastizitätsmodul. Senkrecht zur Spannungsrichtung findet eine Querkontraktion statt. Das Verhältnis von relativer Querkürzung ε_q zur Längsdehung ε wird mit Querzahl (auch Poissonzahl genannt) ν bezeichnet. Die Werte für ν liegen für homogene und isotrope Werkstoffe zwischen 0,3 und 0,5. Eine Querzahl von 0,5 bedeutet, dass sich das Volumen bei der Beanspruchung nicht ändert. Thermoplaste mit einem Elastizitätsmodul zwischen etwa 2000 und 3000 N/mm^2 weisen eine Querzahl zwischen 0,3 und 0,35 auf. Je geringer der E-Modul ist, um so mehr nähert sich die Querzahl dem für den gummielastischen Zustand charakteristischen Wert von 0,5 an. Dieser Wert wird auch bei den Thermoplasten bei hohen Temperaturen erreicht, Bild 3.41.

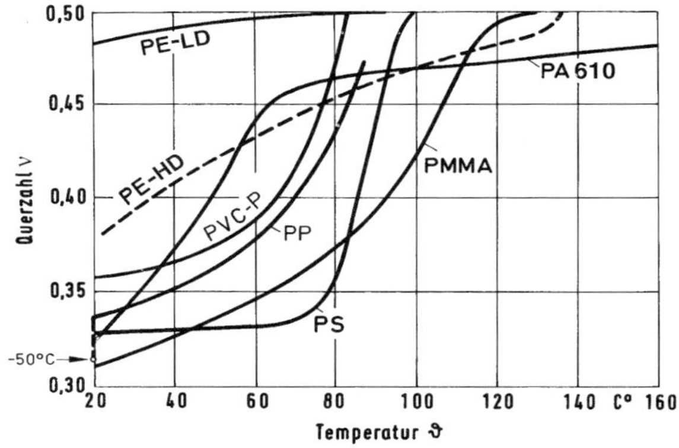

Bild 3.41 Temperaturabhängigkeit der Querzahl

Eine Abschätzung der Querzahl mit Hilfe des Elastizitätsmoduls gelingt nach Ansätzen von Gienke und Meder, Materialprüfung 23 (1981) 3, 75/ 85. Einer Querzahl von 0,3 wird der höchste E-Modul E_ zugeordnet, der von dem jeweiligen Material bekannt ist, die Querzahl 0,5 entspricht einem gegen Null gehenden E-Modul. Unter Verwendung der linearen Mischungsregel kann somit jedem Zeit-, Temperatur- und Dehnungsabhängigen Modul E* eine entsprechende Querzahl zugeordnet werden:

$$\nu = 0{,}3 + 0{,}2 \cdot (1 - E^*/E_0).$$

Bei anisotropen, z.B. glasfaserverstärkten Kunststoffen ist die Querzahl ähnlich wie der Elastizitätsmodul vom Glasgewichtsanteil, von der Orientierung der Glasfasern und von der Richtung der Beanspruchung in bezug zur Verstärkungsrichtung abhängig, Bild 3.42.

Die Querzahl wird in der Festigkeitslehre zur Berechnung mehrachsiger Formänderungszustände benötigt. Hierzu dienen folgende Grundgleichungen (isotrope Werkstoffe):

- Zug-/Druck-Beanspruchung
  $\sigma = \varepsilon \cdot E$ — σ = Zug/Druck-Spannung
  ε = Dehnung
  E = Elastizitäts-Modul
- Schub- oder Scherbeanspruchung
  $\tau = \gamma \cdot G$ — τ = Schubspannung
  γ = Schiebung, Scherwinkel
  G = Schub-Modul
- allseitiger, z.B. hydrostatischer Druck
  $p = \Delta v/v \cdot K$ — p = Druck
  $\Delta v/v$ = rel. Volumenänderung
  K = Kompressions-Modul
- Beanspruchung einer seitlich ausgedehnten Platte in Richtung der Flächennormalen
  $\sigma = \varepsilon \cdot L$ — L = Longitudinalwellen-Modul.

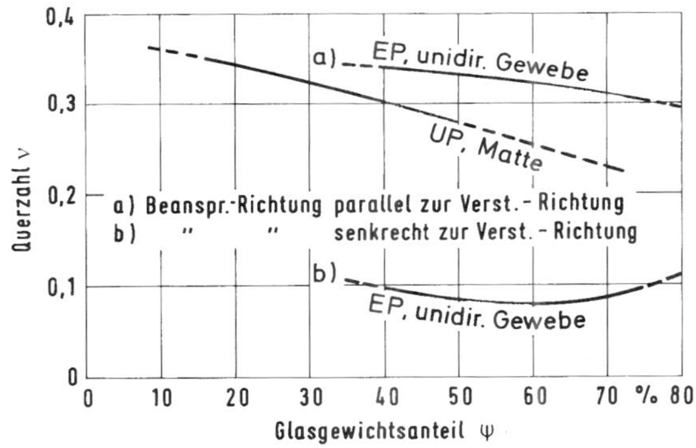

Bild 3.42 Abhängigkeit der Querzahl von Glasgewichtsanteil und Orientierungsrichtung

In der Regel stehen dem Konstrukteur für seine Berechnungen nur Elastizitätsmoduln zur Verfügung. Mit Hilfe der Querzahl können die vier Moduln E, G, K und L ineinander umgerechnet werden, Tafel 3.6. Hierbei ist zu beachten, dass die in der Tafel aufgelisteten Zusammenhänge nur gelten, wenn alle Werte sich auf gleiche Temperatur, Beanspruchungsgeschwindigkeit oder Beanspruchungsdauer beziehen.

3.2.6 Dichte

Bei festen Kunststoffen wird eine Rohdichte d_R bestimmt: $d_R = m/V$. V ist das Volumen der ganzen Stoffmenge, also einschließlich etwaiger Poren, und m die Masse der Probe, s. DIN 53479 (ISO 1183). Es werden die üblichen physikalischen Methoden angewendet: Auftriebverfahren, Schwebeverfahren, Pyknometer und Dichtegradientensäule. Letztere gestattet eine sehr schnelle und bequeme Dichtemessung auch an Pulvern, Granulaten oder kleinen Formkörpern. Die Rohdichte ist nicht nur zur Kalkukation von Halbzeugen und Formteilen von Interesse, sondern sie kann z.B. bei Polyolefinen auch Auskunft über den Zusammenhang mit technologischen Eigenschaften geben.

Zur Herstellung von Dichtegradientensäulen s. Kunststoff Handbuch Becker/ Braun, Band 1, C. Hanser-Verlag, München. Zur Rohdichtebestimmung von Schaumstoffen s. Abschn. 3.7.1.1.

Tafel 3.6 Zusammenhang der Moduln

	ausgedrückt durch				
Gesuchte Größe	E, ν	G, ν	K, ν	E, G	E, K
Querzahl ν	–	–	–	$\frac{E}{2G} - 1$	$\frac{1}{2}\left(1 - \frac{E}{3K}\right)$
Elastizitäts-Modul E	–	$2G(1+\nu)$	$3K(1-2\nu)$	–	–
Schub-Modul G	$\frac{E}{2(1+\nu)}$	–	$\frac{3K(1-2\nu)}{2(1-\nu)}$	–	$\frac{E}{3 - \frac{E}{3K}}$
Kom-pressions-Modul K	$\frac{E}{3(1-2\nu)}$	$\frac{2G(1+\nu)}{3(1-2\nu)}$	–	$\frac{G}{3\left(3\frac{G}{E} - 1\right)}$	–
Longi-dutinal-wellen-Modul L	$\frac{E(1-\nu)}{(1+\nu)(1-2\nu)}$	$\frac{2G(1-\nu)}{(1-2\nu)}$	$\frac{3K(1-\nu)}{(1+\nu)}$	$\frac{4G-E}{3-\frac{E}{G}}$	$\frac{3K+E}{3-\frac{E}{3K}}$

3.3 Thermisches Verhalten

Die Eigenschaften der Kunststoffe sind bereits im Bereich der Raumtemperatur wesentlich von der Temperatur abhängig. Deshalb werden auch die für den Einsatz wichtigen Kennwerte in der Regel in einem weiten Temperaturbereich, der der Anwendung entspricht, ermittelt.

3.3.1 Zulässige Gebrauchstemperatur

Der Anwendungs-Temperaturbereich, d.h. die zulässige obere und untere Temperaturgrenze für den Einsatz der Kunststoffe, wird durch zwei Faktoren bestimmt:

- die reversible Erweichung oder Versprödung bei kurzzeitiger Temperatureinwirkung und
- das Verhalten bei langzeitiger Temperatureinwirkung mit oder ohne zusätzlicher Belastung.

3.3.1.1 Kurzzeitige Temperatureinwirkung

Das Verhalten bei kurzzeitiger Temperatureinwirkung wird am besten dadurch charakterisiert, dass man die mechanischen Eigenschaften als Funktion der Temperatur ermittelt. z.B. ist in Bild 3.43 die Temperatur zu erkennen, bei der die Probekörper einen Zäh-Spröd-Übergang mit sinkender Temperatur aufweisen.

Einen guten Überblick gestatten die als Funktion der Temperatur ermittelten Modul- und Dämpfungswerte, der Schubmodul G und der mechanische Verlustfaktor d = tan δ nach DIN EN ISO 6721–1/2. Letzterer ist ein Maß dafür, wieviel der mechanisch aufgewendeten Arbeit bei einem Belastungsvorgang bei der Entlastung nicht mehr zurückgewonnen werden kann, sondern in Wärme umgewandelt wird. G und tan δ als Funktion der Temperatur sind quasi Visitenkarten der Kunststoffe. Bild 3.43 zeigt schematisch den Verlauf dieser Größen für Duroplaste, Thermoplaste und Elastomere. Charakteristische Temperaturen in diesen Diagrammen sind:

Glasübergangstemperatur T_g, auch Einfriertemperatur oder Hauptdispersions-Stufe genannt. Der Modul fällt in einem engen Temperaturbereich stark ab, da die Beweglichkeit der Molekülketten zunimmt, die Dämpfung zeigt ein ausgeprägtes Maximum.

Schmelztemperatur der Kristallite T_s, auch Kristallitschmelzpunkt genannt, ist bei teilkristallinen Kunststoffen die Temperatur, oberhalb der keine Kristallite mehr existieren können, der Kunststoff geht in den Schmelzezustand über.

Sekundäre Übergangstemperaturen T_n, auch Nebendispersions-Stufen genannt, treten besonders bei Kunststoff-Mischungen und -Legierungen auf und sind gekennzeichnet durch einen mäßigen Schubmodulabfall mit zunehmender Temperatur und ein geringes Dämpfungsmaximum. Mit dem Unterschreiten einer Nebendispersions-Stufe T_n ist eine Versprödung verbunden.

Duroplaste haben infolge der starken Vernetzung der Moleküle im gesamten Bereich der Anwendung einen hohen Modul und niedrige Dämpfungswerte. Ihr Einsatzgebiet bei hohen Temperaturen wird durch den chemischen Abbau, nicht durch eine Erweichung begrenzt.

Amorphe Thermoplaste werden unterhalb der T_g, die mit einem starken Modulabfall und einem hohen Dämpfungsmaximum verbunden ist, eingesetzt. Tritt ein Nebendispersionsgebiet (T_n) auf, so nimmt die Sprödigkeit unterhalb dieser Temperatur zu.

Teilkristalline Thermoplaste werden unterhalb der Kristallit-Schmelztemperatur eingesetzt, weniger unterhalb der Glasübergangstemperatur, da sie dort ihre gute Zähigkeit verlieren.

Elastomere weisen wie die amorphen Thermoplaste eine hohe Hauptdispersions-Stufe auf. Allerdings liegt ihr Einsatz-Temperatur-Bereich oberhalb dieser Stufe, da die Moduln dort über einen mehr oder weniger großen Temperaturbereich auf einem niedrigen Niveau relativ konstant bleiben (entropieelastischer Bereich).

Zur Schnellbestimmung sog. Formbeständigkeiten in der Wärme werden die beiden in Tafel 3.7 erläuterten Verfahren nach Vicat und HDT herangezogen. Der Martensgrad spielt heute keine Rolle mehr. Den Methoden ist gemeinsam, dass die Probekörper unter definierter Belastung mit einer bestimmten Aufheizge-

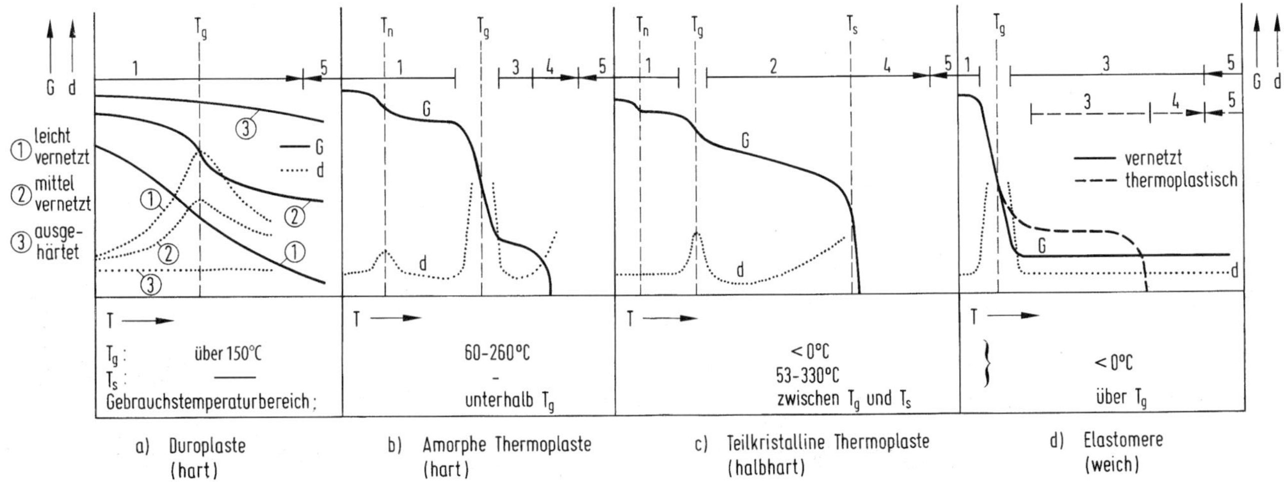

Bild 3.43 Dynamisch-mechanische Eigenschaften, gemessen im Torsionsschwingungsversuch nach DIN EN ISO 6721–1/2
G: Elastische Komponente des Schubmoduls, d: mechanischer Verlustfaktor, T_g: Glasübergangstemperatur, T_s: Kristallitschmelzbereich, T: sekundäre Übergangstemperatur
Thermische Zustandsbereiche: (1) glasartig, (2) teilkristallin, (3) elastomer, (4) pseudoplastisch viskos fließbar, im Übergang zu (5) kurzfristig thermochemisch zersetzbar

schwindigkeit erwärmt werden und dabei die Zunahme der Deformation gemessen wird. Als Vicat-Erweichungstemperatur bzw. Formbeständigkeitstemperatur HDT sind die Temperaturen definiert, bei denen die Deformationen einen bestimmten Wert erreicht haben, Tafel 3.7. Zur Formbeständigkeit in der Wärme von Schaumstoffen s. Abschn. 3.7.2.

Solche Werte sind geeignet, das Erweichungsverhalten innerhalb einer bestimmten Werkstoffgruppe zu differenzieren. Sie können jedoch über zulässige Gebrauchstemperaturen nur im Zusammenhang mit anderen Prüfdaten oder Erfahrungswerten etwas aussagen. In Bild 3.44 sind in den Schubmodul-Temperatur-Kurven einiger Kunststoffe Vicat- und HDT-Werte eingetragen. Man erkennt keinen zwingenden Zusammenhang mit den schraffiert eingezeichneten Temperaturbereichen, die die auf Erfahrung beruhenden zulässigen oberen Gebrauchstemperaturen für kurzzeitigen Einsatz ohne wesentliche Belastung wiedergeben. Die Ursache liegt in der großen Abhängigkeit der ermittelten Werte von den Prüfbedingungen, wie Bild 3.45 am Beispiel der HDT-Werte am Einfluss der Biegespannung zeigt.

Tafel 3.7 Verfahren zur Bestimmung der Formbeständigkeit in der Wärme

	Martens	Vicat	HDT
Prüfvorschrift	VDE 0302/III	DIN EN ISO 306 VDE 0302/III	DIN EN ISO 75-1/2 ASTM D 648
Prüfanordnung (Maße in mm)	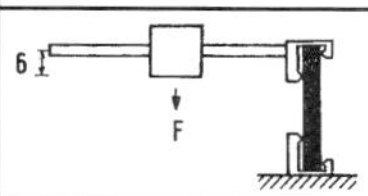	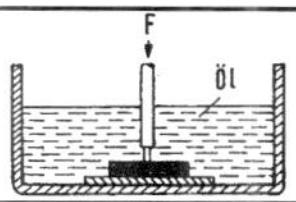	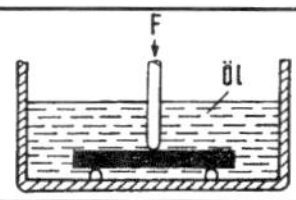
Belastungsart	Biegung	Eindringen einer Nadel $A = 1\ mm^2$	Biegung
Belastungsgröße	Biegespannung σ_b $5\ N/mm^2$	Druckkraft A: 10 N B: 50 N*)	Biegespannung σ_b A: $1{,}85\ N/mm^2$*) B: $0{,}46\ N/mm^2$ C: $8\ N/mm^2$
Soll-Deformation	Hebelarmsenkung 6 mm	Eindringtiefe 1 mm	Durchbiegung je nach Probekörperhöhe 0,21 bis 0,33 mm**)
Temperatur	Anstieg 50 K/h	Anstieg 50 K/h*) oder 120 K/h	Anstieg 2 K/min
Wärmeübertragungsmittel	Luft	Flüssigkeitsbad, in Sonderfällen Luft	Flüssigkeitsbad
Probekörper (l b h in mm)	120 15 10 60 15 4 50 6 4	10 10 3 ... 6,4	l = 110 b = 3,0 ... 4,2 (13) h = 9,8 ... 15
Wertangabe-Beispiel Kurzschreibweise	$t_{Martens} = 125\,°C$	VST/B 50 = 82 °C	HDT/A = 95 °C

*) bevorzugtes Verfahren. **) entsprechend einer Randfaserdehnung von ca. 0,2%

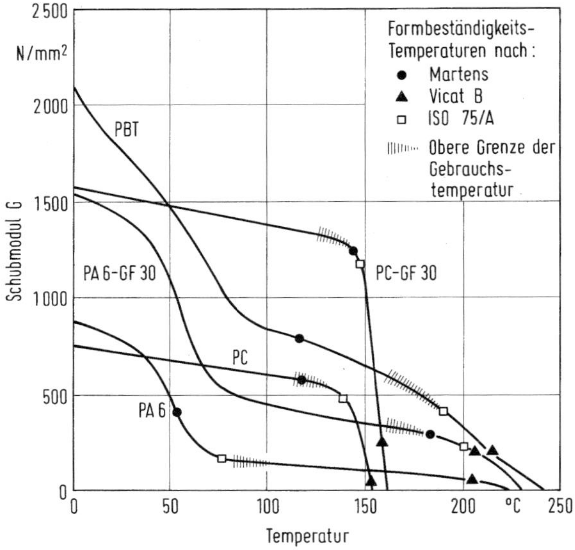

Bild 3.44 Gegenüberstellung von „Wärmeformbeständigkeiten„

3.3.1.2 Langzeitige Temperatureinwirkung

Das Verhalten bei langzeitiger Temperatureinwirkung kann in Kurzzeitversuchen nicht ermittelt werden, da hierbei zeitabhängige Alterungs- und Relaxationsprozesse eine Rolle spielen.

Das Alterungsverhalten ohne Belastung wird nach DIN EN ISO 2578 mit Hilfe von Temperatur-Indices TI, früher mit Temperatur-Zeit-Grenzen bezeichnet, bestimmt. Ausgewählte Eigenschaften werden vor und nach der Lagerung von Probekörpern über 5000 bis 20000h bei erhöhten Temperaturen in belüfteten Heizschränken bestimmt. Zwischen dem log. der Warmlagerungszeit und der Warmlagerungs-Temperatur, die zu einer bestimmten Änderung von Eigenschaften führt, besteht meist ein linearer Zusammenhang, Bild 3.46. Als Temperatur-Index wird die Temperatur angegeben, bei der nach festgesetzter Lagerungszeit der bei Raumtemperatur gemessene Eigenschaftswert auf einen bestimmten Bruchteil des Ausgangswertes abgesunken ist. Es muss beachtet werden, dass diese Indices immer nur für eine Eigenschaft und eine Eigenschafts-Änderung gültig sind. Die Wahl der Grenzbedingung richtet sich nach den Anforderungen an das Bauteil. Es können bestimmte mechanische oder elektrische Eigenschaften von Zulassungsstellen vorgeschrieben sein, wie dies bei dem international anerkannten „Underwriters Laboratories Temperature Index" geschieht.

Wirken zusätzlich zur Temperatur noch mechanische Spannungen oder Verformungen, so kann das Verhalten der Kunststoffe nur aufgrund der Ergebnisse von Zeitstand- oder Entspannungsversuchen bei den entsprechenden Temperaturen eventuell noch unter Einwirkung von in der Praxis vorkommenden Medien beurteilt werden, s. Abschn. 3.2.3.

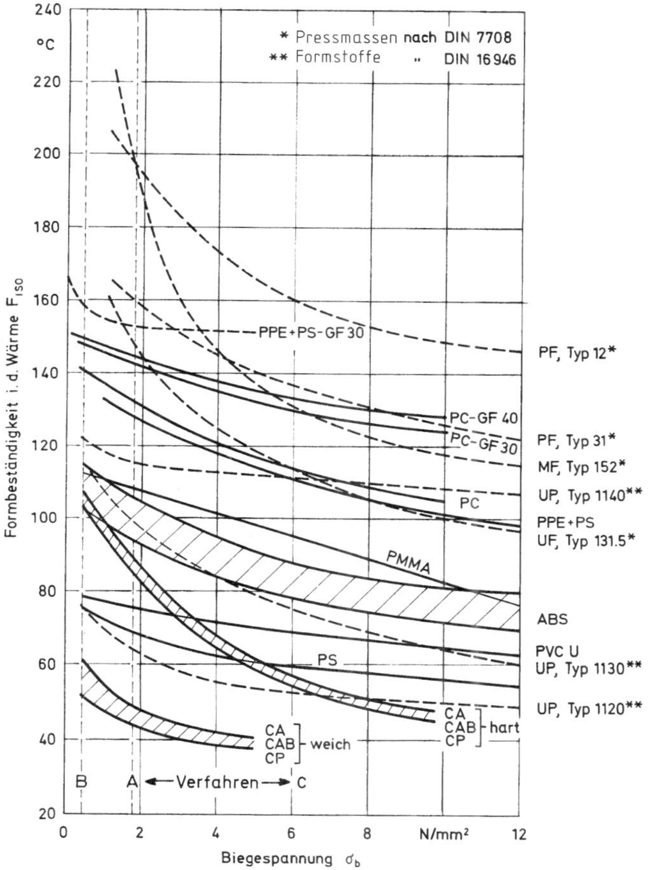

Bild 3.45 Spannungsabhängigkeit der Formbeständigkeit HDT nach ISO 75

An die Wärme- und Klimaschränke zur Durchführung von Lagerungsversuchen werden besondere Anforderungen gestellt, s. Kunststoffe 84 (1994) 1, 33/39 u. 39/41.

3.3.2 Spezifische Wärmekapazität, Verbrennungswärme

Die spezifische Wärmekapazität c_p (früher spezische Wärme genannt) ist die Wärmemenge Q, die benötigt wird, um eine Masse von 1 kg eines Stoffs um eine Temperatur von 1 K zu erwärmen: $Q = m \cdot c_p \cdot \Delta\vartheta$, s. DIN 51005: thermische Analyse, Begriffe. Die Wärmekapazität wird in der Regel bei konstantem Druck ermittelt (c_p). Messung s. Abschn. 3.8.5. Die bei konstantem Volumen ermittelte spezifische Wärmekapazität c_v ist um etwa 10% geringer. Die bei Raumtemperatur bestimmtenWärmekapazitäten liegen zwischen 1 und 2 kJ/kg · K und sind damit

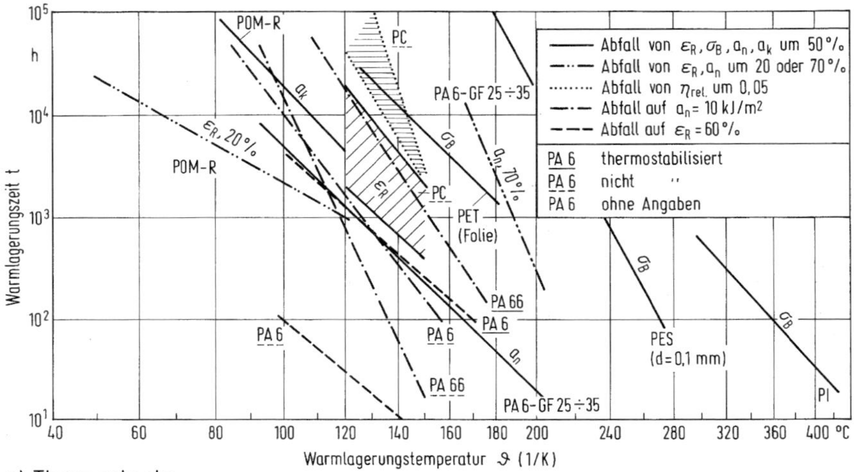

a) Thermoplaste

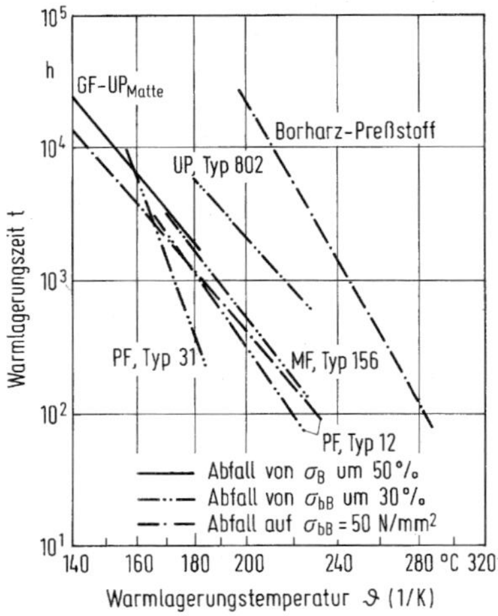

Bild 3.46 Temperatur-Zeit-Grenzen für einige Thermoplaste (a) und Duroplaste (b)

b) Duroplaste

bedeutend größer als die der metallischen Werkstoffe. Bezieht man die Wärmemenge jedoch nicht auf die Massen-, sondern auf die Volumen-Einheit, so liegen die Werte für beide Werkstoffgruppen in der gleichen Größenordnung.

Will man die spezifische Wärmekapazität zur Berechnung des Energiebedarfs beim Aufheizen benutzen, so muss ihre Temperaturabhängigkeit berücksichtigt werden, Bild 3.47. Beim Nullpunkt der absoluten Temperatur (– 273,16 °C) wird die spezifische Wärmekapazität Null. Bei der Ur- und Umformung von Thermoplasten müssen diese aufgeheiztund wieder abgekühlt werden. Die hierzu benötigten Wärmemengen lassen sich aus den in Bild 3.48 dargestellten Enthalpie-Temperatur-Funktionen als Differenz zwischen den Werten für die Ausgangs- und die Endtemperatur ermitteln.

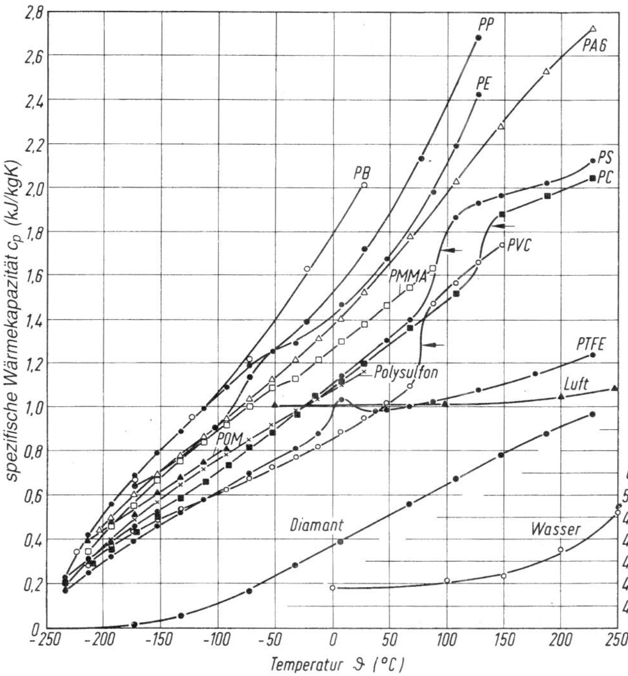

Bild 3.47 Temperaturabhängigkeit der spezifischen Wärmekapazität, → Erweichungsbereich

Bei gefüllten bzw. verstärkten Kunststoffen lässt sich die spezifische Wärmekapazität der Mischung aus den Werten der Komponenten und deren Gewichtsanteil ψ nach der Formel errechnen:

$C_m = \psi \cdot C_f + (1-\psi) \cdot C$

C_m = spez. Wärmekapazität der Mischung

ψ = Gewichtsanteil Füllstoff

C_f = spez. Wärmekapazität des Füllstoffs

C = spez. Wärmekapazität des Kunststoffs

Die Verbrennungswärme der Kunststoffe (Heizwert) in kWh/kg ist für die Beurteilung der thermischen Recyclierbarkeit ein wichtiger Kennwert. Sie liegt im Bereich üblicher Brennstoffe.

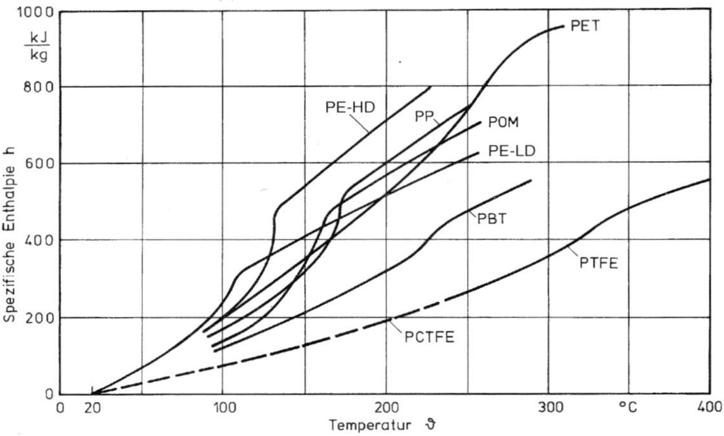

Bild 3.48 Temperaturabhängigkeit der spezifischen Enthalpie

3.3.3 Wärmeleitfähigkeit

Die Wärmeleitfähigkeit λ in W/K · m gibt diejenige Wärmemenge Q in J an, die in 1 s durch eine Schicht von A = 1 m^2 Fläche mit einer Dicke von s = 1 m transportiert wird, wenn der Temperaturunterschied Δϑ zwischen den beiden Oberflächen 1 K beträgt. Die Wärmemenge pro Dicke wird in Watt angegeben: $Q = \lambda \cdot A \cdot \Delta\vartheta / s$, s. auch DIN 1341, Wärmeübertragung, Grundbegriffe, Einheiten, Kenngrößen und DIN 52612– 1,2: Plattenverfahren nach Poensgen; Behandlung der Messwerte für die Anwendung im Bauwesen.

Kunststoffe haben besonders im Vergleich zu metallischen Werkstoffen eine sehr geringe Wärmeleitfähigkeit. Im technisch interessanten Temperaturbereich ist sie für die einzelnen Produkte zwar recht unterschiedlich, jedoch nur wenig von der Temperatur abhängig, Bild 3.49. Eine Verstreckung und damit Orientierung der Makromoleküle oder eine Glasfaserorientierung führt dazu, dass die Wärmeleitfähigkeit in der Vorzugsrichtung (||) erhöht und senkrecht dazu (⊥) erniedrigt wird, Bild 3.50. Es gilt: $3/\lambda 0 = 1/\lambda II + 2/\lambda\perp$, mit λ0 = Wärmeleitfähigkeit des Materials.

Mit zunehmendem Druck nimmt die Wärmeleitfähigkeit zu, Bild 3.51. Sie kann durch Abmischen mit anderen Stoffen beeinflusst werden. Quarzmehl, Glas, Metalle, Aluminiumnitrid-Pulver (150 μm) oder Kohlenstoff in Form von Fasern oder Pulvern erhöhen die Wärmeleitfähigkeit, während durch Aufschäumen mit Luft, CO_2 oder anderen Treibmitteln die Wärmeisolation verbessert wird. Beide Möglichkeiten werden bei praktisch allen Kunststoffsorten genutzt.

Die Schwierigkeit der Messung sowie die Anisotropieeffekte führen dazu, dass große Unterschiede in Werteangaben auftreten.

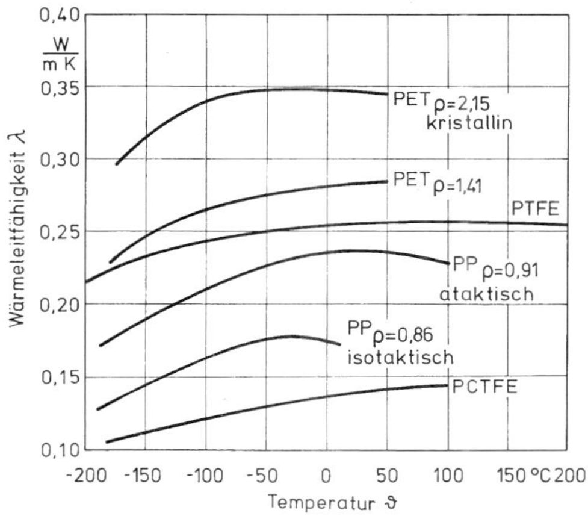

Bild 3.49 Temperaturabhängigkeit der Wärmeleitfähigkeit, ρ = Dichte

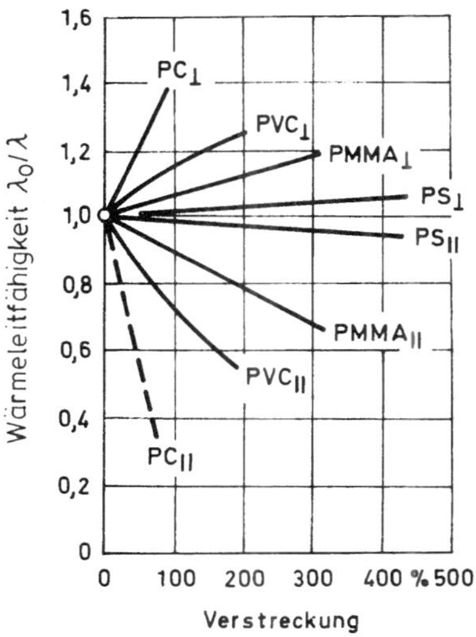

Bild 3.50 Abhängigkeit der Wärmeleitfähigkeit von der Verstreckung
|| = in Verstreckrichtung
⊥ = senkrecht zur Verstreckrichtung

Die Wärmeleitfähigkeit von Mischungen lässt sich nach folgender Mischungsregel errechnen:

$$\lambda_m = \frac{\lambda F \cdot \lambda}{\varphi \cdot \lambda + (1 - \varphi) \cdot \lambda F}$$

λ_m = Wärmeleitfähigkeit der Mischung

λ_F = Wärmeleitfähigkeit des Füllstoffs

λ = Wärmeleitfähigkeit des Kunststoffs

φ = Volumenanteil des Füllstoffs

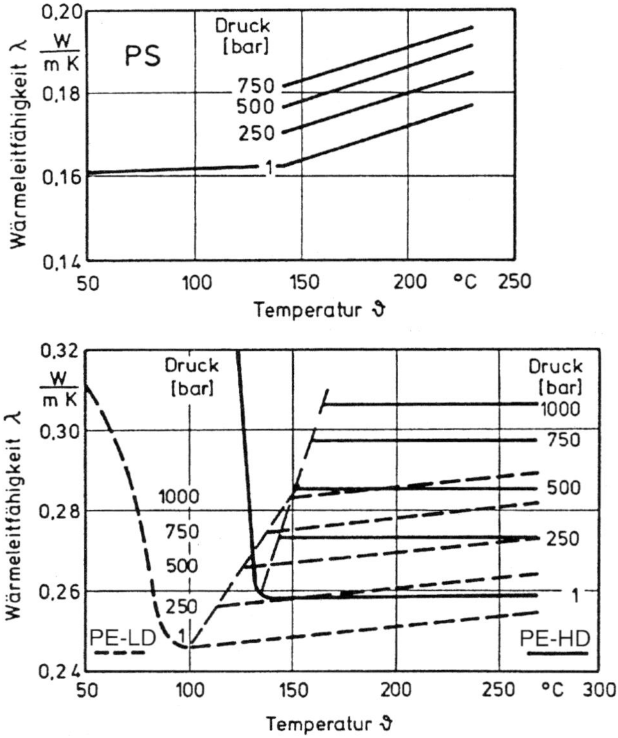

Bild 3.51 Abhängigkeit der Wärmeleitfähigkeit vom Druck für einen amorphen (oben) und teilkristalline Thermoplaste (unten)

3.3.4 Wärmeeindringzahl

Mit der spezifischen Wärmekapazität und Wärmeleitfähigkeit lassen sich weitere Kennzahlen ableiten. Die Wärmeeindringzahl ist ein Maß dafür, wie schnell Wärme in einen Stoff eindringt:

Wärmeeindringzahl $b = \sqrt{\lambda \cdot c \cdot \rho}$

λ = Wärmeleitfähigkeit

c_p = spez. Wärmekapazität

ρ = Dichte

Mit der Wärmeeindringzahl kann die Kontakttemperatur TK bei Berührung zweier Körper A und B mit unterschiedlichen Temperaturen T berechnet werden:

3

$$\text{Kontakttemperatur TK} = \frac{bA \cdot TA + bB \cdot TB}{bA + bB}$$

T = absolute Temperatur.

Aufgrund der vergleichsweise niedrigen Wärmeeindringzahlen von Kunststoffen fühlen sich kalte Kunststoffteile beim Berühren wärmer an als gut leitende Metalle oder Wasser, bei denen die Kontakttemperaturen wesentlich niedriger sind.

3.3.5 Temperaturleitfähigkeit

Für den Wärmetransport, der für alle Aufheiz- und Abkühlvorgänge entscheidend ist, ist die Temperaturleitfähigkeit eine wichtige Größe:

$$\text{Temperaturleitfähigkeit } a = \frac{\lambda}{c_p}$$

λ = Wärmeleitfähigkeit, c_p = spez. Wärmekapazität, ρ = Dichte

Mit ihrer Hilfe kann die für den Spritzgießprozess so wichtige Abkühlzeit des Spritzlings abgeschätzt werden:

$$\text{Abkühlzeit TK} = \frac{s^2}{\pi \cdot a} \ln \frac{\vartheta M - \vartheta W}{\vartheta E - \vartheta W}$$

s : Wanddicke, ϑM: mittl. Schmelzetemperatur, ϑW : Werkzeugtemperatur, ϑE : mittl. Entformungstemperatur

Die Temperaturleitfähigkeit von Mischungen lässt sich nach folgender Formel berechnen:

$$a_m = (1-\psi) \cdot a + 0{,}36 \cdot \psi \cdot a_F + 0{,}64 \cdot \psi^3 \cdot a_F$$

ψ = Gewichtsanteil des Füllstoffs,

a_F = Temperaturleitfähigkeit des Füllstoffs

3.3.6 Wärme-Ausdehnungskoeffizient

Die Ausdehnung von Kunststoffen mit zunehmender Temperatur spielt sowohl bei der Herstellung von Formteilen und Halbzeugen, vgl. Abschn. 3.1.5 Schwindung und Toleranzen, als auch beim Gebrauch von Kunststoffteilen eine Rolle. Zur Messung s. Abschn. 3.8.7. Z. B. kann der im Vergleich zu metallischen Konstruktionswerkstoffen hohe lineare Wärmeausdehnungskoeffizient zu Schwierigkeiten bei der Verbindung der beiden unterschiedlichen Werkstoffe führen (Bimetalleffekt).

Man muss zwischen dem linearen (α) und kubischen (β) Ausdehnungs-Koeffizienten unterscheiden. Der lineare Ausdehnungs-Koeffizient gibt an, um wie viel Meter sich ein Meter eines Stoffs bei einer Temperaturänderung um 1 K verlängert bzw. verkürzt, während der kubische angibt, um wie viel Kubikmeter sich ein Kubikmeter eines Stoffs bei einer Temperaturänderung vergrößert bzw. verkleinert, s. DIN ISO 7991: Längenausdehnungs-Koeffizient. Die Einheit ist in beiden Fällen 1/K. Für homogene, feste Körper gilt $\beta = 3 \cdot \alpha$. Mit zunehmendem Elastizitätsmodul der Werkstoffe nimmt im allgemeinen der Ausdehnungskoeffizient ab, vgl. Bild 3.52. Im doppelt-logarithmischen System erhält man angenähert eine Gerade. Damit ergibt sich der mathematische Zusammenhang: $\alpha = 1/E^m$.

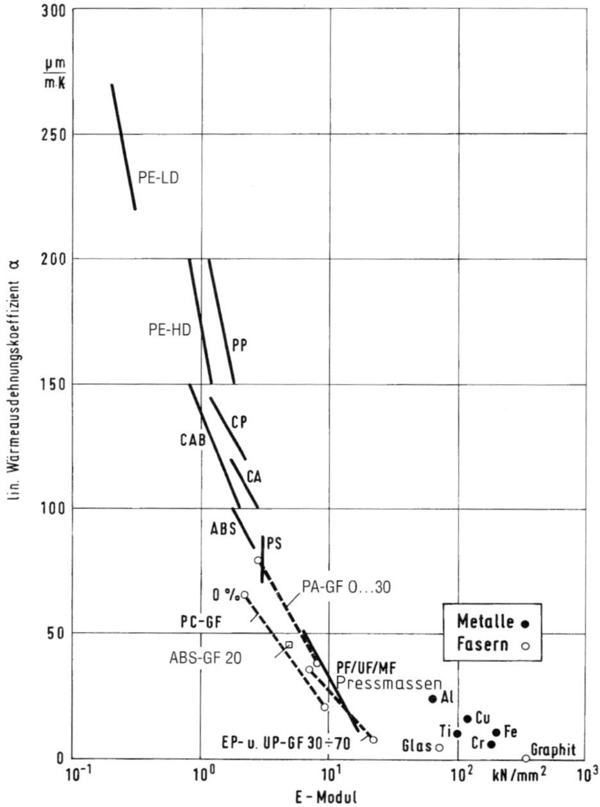

Bild 3.52 Zusammenhang zwischen dem linearen Wärmeausdehnungskoeffizienten und dem E-Modul

Durch Kombination von Kunststoffen mit Werkstoffen, die einen geringeren Ausdehnungskoeffizienten haben wie z.B. Glas oder Graphit, lässt sich der Ausdehnungskoeffizient solcher Verbundwerkstoffe verringern und damit demjenigen der Metalle angleichen. Bei in Vorzugsrichtung orientierten länglichen Füll- oder Verstärkungsstoffen muss allerdings mit einer Anisotropie der Wärmedehnung gerechnet werden. Das gleiche gilt für Molekülorientierungen, die wie in Bild 3.53 durch Verstreckung erreicht wurde.

Da die Ausdehnungskoeffizienten nur in einem engen Temperaturintervall von der Temperatur unabhängig sind, empfiehlt sich zur Darstellung der Messwerte eine Auftragung der relativen Längenänderung $\Delta l/l_0$ in % über der Temperatur, Bild 3.54.

Zur Optimierung des Spritzgießprozesses, besonders auch hinsichtlich der Verarbeitungsschwindung VS, s. Abschn. 3.1.5, ist die Kenntnis von p-v-T-Diagrammen hilfreich. In diesen wird das spezifische Volumen als Funktion der Tempera-

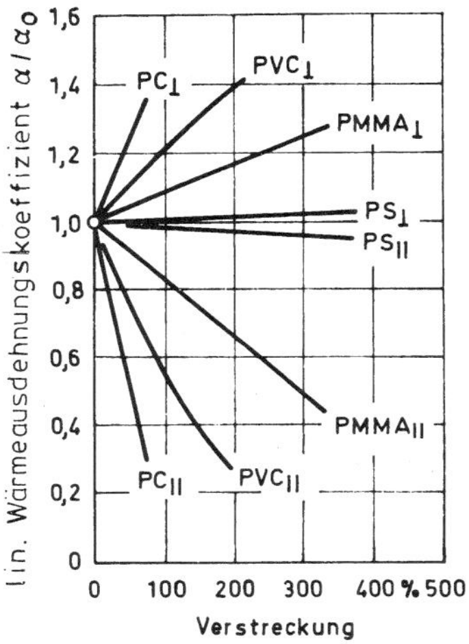

Bild 3.53
Abhängigkeit des Wärmeausdehnungskoeffizienten von der Verstreckung
|| = in Verstreckungsrichtung
⊥ = senkrecht zur Verstreckungsrichtung

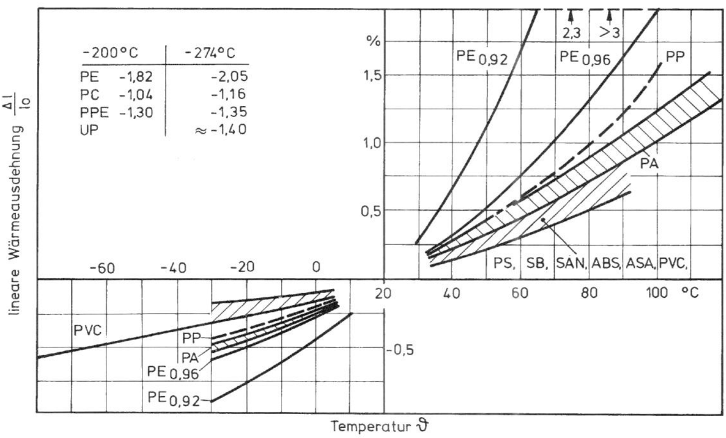

Bild 3.54 Zusammenhang zwischen relativer Längenänderung und Temperatur, Index bei PE = Dichte

tur mit verschiedenen, im Spritzgießprozess auftretenden Drücken dargestellt, Bild 3.55. Die eingezeichnete Kurve ist eine mögliche Arbeitslinie für den Spritzgießvorgang: bei „1“ wird die Formmasse eingespritzt, bei „2“ ist der Spritzdruck aufgebaut, und es wird auf Nachdruck umgeschaltet, bis „3“ wird isobar abgekühlt, d.h. es wird noch Schmelze aus dem Spritzzylinder nachgedrückt, bei „3“ ist der Anguss versiegelt, und der Werkzeugdruck fällt infolge der Kontraktion der Schmelze beim Abkühlen bis auf 1 bar ab, Punkt „4„. Entscheidend für die Verarbeitungsschwindung VS ist die Temperatur, bei der der Atmosphärendruck erreicht wird, denn jetzt beginnt sich das Formteil von der Werkzeugwand zu lösen. Die Volumenschwindung VS_v lässt sich aus dem spezifischen Volumen bei „4„V_4 und bei Raumtemperatur „5“ V_5 ermitteln: $VS_v = \frac{V_4 - V_5}{V_4}$. Unter der Annahme isotroper Schwindung folgt für die (lineare) Verarbeitungsschwindung $VS \approx VS_v/3$. Da die Schwindung in Dikkenrichtung der Formteilwandung immer wesentlich größer ist als in Flächenrichtung, macht die meist nur interessierende Verarbeitungsschwindung VS nur etwa 10% der Volumenschwindung in der Formteilebene VS_v aus.

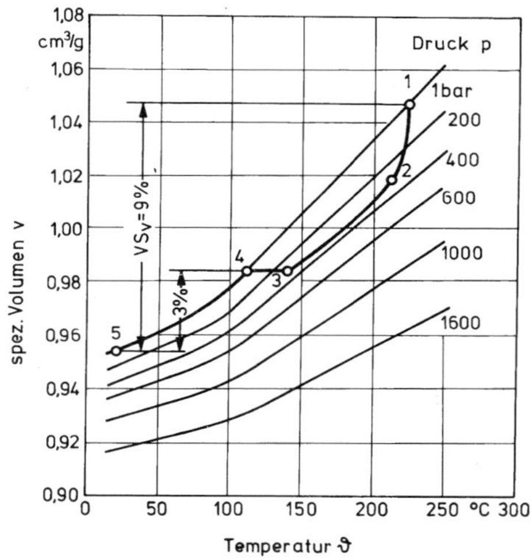

Bild 3.55 pvT-Diagramm für ABS mit Abkühlverlauf der Schmelze im Werkzeug
VS_v = Volumenschwindung

3.4 Elektrisches Verhalten

Kunststoffe sind im allgemeinen gute bis ausgezeichnete Isolierstoffe, neigen allerdings deshalb aber auch zur elektrostatischen Aufladung. Der Konstrukteur kann sich diese Eigenschaften in vielen Anwendungsfällen zusätzlich zu den mechanischen zunutze machen. Allerdings unterscheiden sich die Kunststoffe in ihren elektrischen Eigenschaften ebenso stark wie in den mechanischen und sind wie diese von der Geometrie und den Beanspruchungs- und Prozessparametern bei der Herstellung der Formteile abhängig. In vielen Fällen sind deshalb elektrische Bauteilprüfungen vorgeschrieben. Auch bei den elektrischen Eigenschaften erreicht man deshalb nur eine Vergleichbarkeit, wenn man die Probekörperherstellung und -prüfung standardisiert. Dies erfolgte im Single-Point-Datenkatalog nach DIN EN ISO 10350 bzw. in der Datenbank CAMPUS, vgl. auch Abschn. 3.0 und Tafel 3.1.

3.4.1 Isolationsverhalten

Das Isolationsverhalten wird durch den Widerstand charakterisiert, den der Werkstoff dem Durchgang des elektrischen Stroms entgegensetzt. Man unterscheidet im wesentlichen zwischen dem Durchgangswiderstand, der lediglich den im Werkstoffinneren fließenden Strom berücksichtigt und den an der Oberfläche fließenden Anteil ausschließt, und dem Oberflächenwiderstand, der zwischen auf der Oberfläche aufgesetzten Elektroden gemessen wird. Durch Zusatz von elektrisch leitenden Füllstoffen können Leitfähigkeiten eingestellt werden, die speziellen Anforderungen gerecht werden, s. Bild 3.56.

Die meisten *leitfähigen thermoplastischen Compounds* enthalten Leitruße als leitfähige Füllstoffe. Die elektrischen Widerstände solcher Compounds werden außer

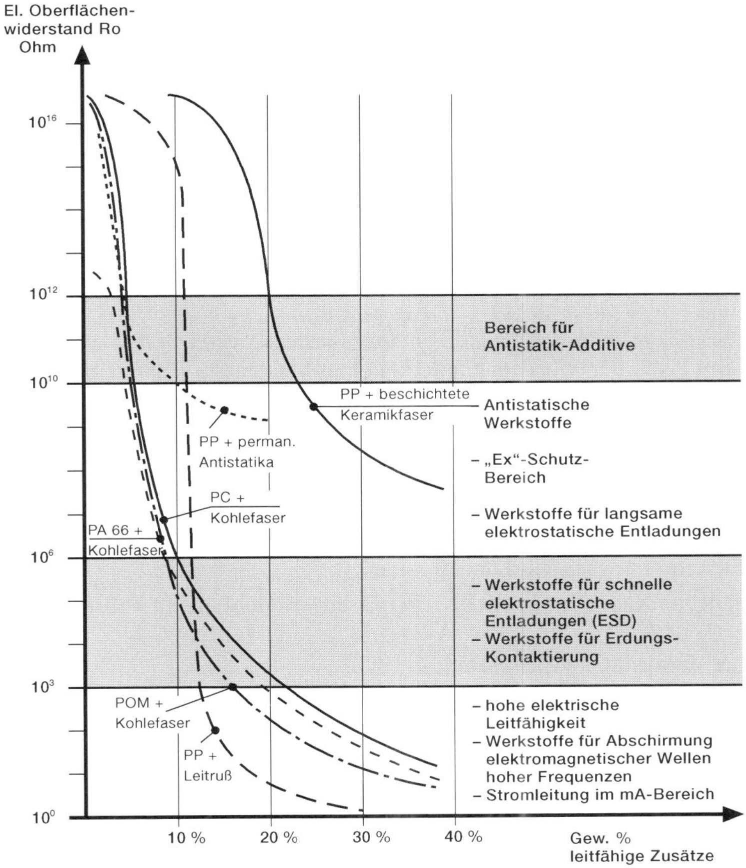

Bild 3.56 Elektrischer Oberflächenwiderstand in Abhängigkeit von Füllstoffart und -gehalt (Perkolationskurven)

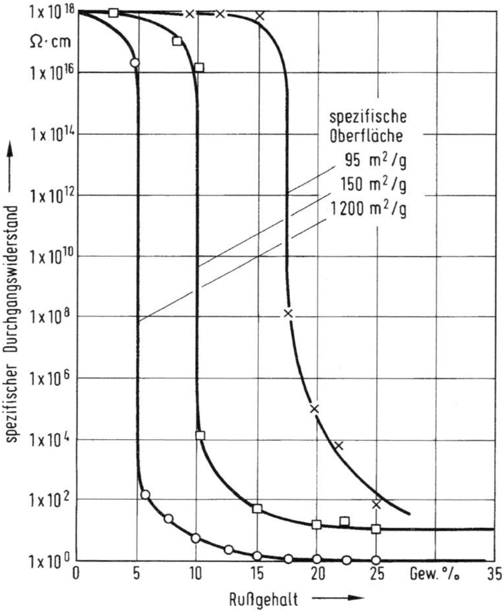

Bild 3.57 Einfluss von spezifischer Oberfläche des Rußes auf den elektrischen Durchgangswiderstand von Polypropylen/Ruß-Mischungen, Perkolationskurven

von der Rußkonzentration von deren spezifischer Oberfläche beeinflusst, s. Bild 3.57. Unterhalb der sogenannten Perkolationskonzentration (Steilabfall des spez. Durchgangswiderstandes) sind sie kaum niedriger als die der reinen Thermoplaste.

Weitere leitende Füllstoffe bestehend aus halbleitendem Zinn- und Antimonoxid auf Glimmer (Minatec 30 CM, Fa. Merck) oder Keramiknadeln (WK 300, Fa. Otsuka) als Trägermaterial, sind weiß bis grau und haben einen mehr stetigen Abfall des Widerstandes mit zunehmendem Füllstoffgehalt. Die Einstellung einer bestimmten Leitfähigkeit wird dadurch erleichtert.

Nachteile von Compounds aus Thermoplasten und leitfähigen Füllstoffen können sein:

- Hohe Viskosität der Schmelze,
- niedrige mechanische Festigkeit und Zähigkeit,
- Zunahme der elektrischen Widerstände bei Temperatur-Wechselbeanspruchung,
- Inhomogenität der elektrischen Widerstände,
- geringe Reproduzierbarkeit für antistatische Anwendung im Bereich von 1010–105 Wcm, s. Bild 3.57,
- geringe Abschirmung im Nahbereich bei niedrigen Freqenzen.

Compounds mit intrinsisch leitfähigen Kunststoffen weisen diese Nachteile nicht oder in geringerem Maße auf. Während bei Thermoplast-Ruß-Compounds die untere Grenze des Durchgangswiderstands bei 1 Ωcm liegt, wurden bei diesen schon Werte von 0,01 Ωcm erreicht.

3.4.1.1 Durchgangs-Widerstand / Leitfähigkeit

Der Durchgangswiderstand R eines Körpers ist das Verhältnis von angelegter Spannung U zu dem ihn durchfließenden Strom I: R = U/I (Ω). Bei einfachen geometrischen Formen kann man aus dem Durchgangswiderstand R einen spezifischen Durchgangswiderstand ρ_D errechnen, indem man R mit der Fläche der Elektrode F multipliziert und auf die Dicke l des Probekörpers in Stromrichtung bezieht: $\rho_D = R \cdot F/l$ ($\Omega \cdot m$), siehe IEC 93.Der spezifische Durchgangswiderstand ist von der Temperatur abhängig, Bild 3.58.

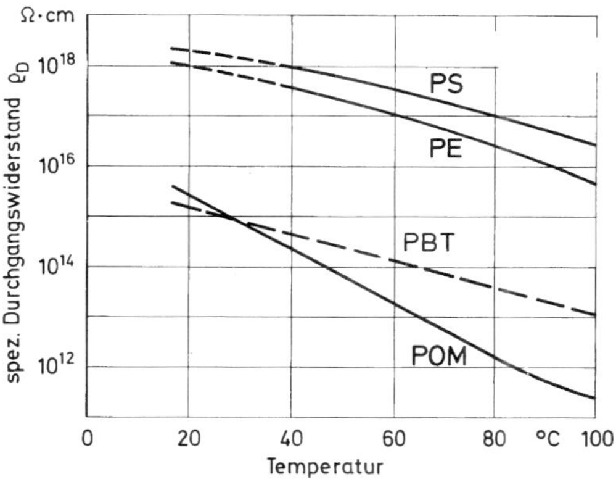

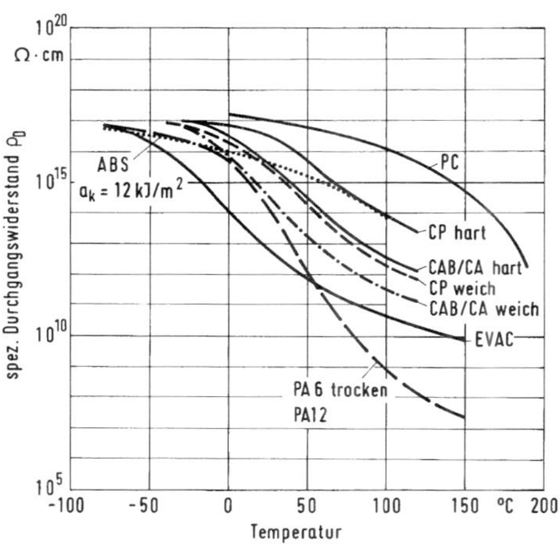

Bild 3.58 Temperaturabhängigkeit des spezifischen Durchgangswiderstandes

Die elektrische Leitfähigkeit S (Siemens) ist ein Maß für die Fähigkeit eines Stoffes, den Strom zu leiten. Sie ist identisch mit dem Kehrwert des Widerstandes:

$$S = \frac{1}{R} 1/R(\Omega)^{-1}$$

Die spezifische elektrische Leitfähigkeit ist:

$$\sigma = \frac{1}{\rho}(\Omega\,m)^{-1} = \frac{S}{m}.$$

3.4.1.2 Oberflächen-Widerstand

Der Oberflächenwiderstand R_0 ist das Verhältnis einer zwischen zwei Elektroden auf der Oberfläche eines Probekörpers angelegten Gleichspannung U zur Stromstärke I zwischen den Elektroden: $R_0 = U/I$ (Ω). Der spezifische Oberflächenwiderstand ρ_0 (Ω) ist der auf eine quadratische Fläche bezogene Oberflächenwiderstand, der mit einer speziellen Messanordnung ermittelt wird, s. IEC 93. Da stets nicht bestimmbare Anteile des Probeninneren an der Stromleitung teilnehmen, sind die Messwerte nicht auf andere Geometrien zu übertragen. Diese Werte sind deshalb auch von der Probekörperdicke abhängig und werden außerdem stark von der Luftfeuchtigkeit bei der Prüfung und einer eventuellen Oberflächenverschmutzung beeinflusst.

3.4.1.3 Elektromagnetische Abschirmung (– Verträglichkeit EMV, – Compatibility EMC)

Unter elektromagnetischer Interferenz (EMI) versteht man die meist unbeabsichtigte gegenseitige Beeinflussung einzelner Elektronikgeräte durch eine Störung im Stromnetz oder durch elektromagnetische Strahlung (EM). Die aus einem elektronischen Gerät maximal zulässige austretende Strahlungsmenge ist nach VDE oder in den USA nach FCC geregelt. Eine EG-Richtlinie ist in Vorbereitung. Die Elektronik kann durch leitfähige Gehäuse abgeschirmt werden, z.B. auch durch leitfähige Kunststoffe. Die Leitfähigkeit wird durch aufgedampfte Aluminiumschichten oder durch die Einarbeitung von leitfähigen Füllstoffen wie Leitfähigkeitsruß, Aluminiumteilchen, Edelstahlfasern (0,7 bis 1,4 Vol.-%) oder metallisierte Kohlenstoff- und Glasfasern erzielt. Leitfähige Compounds sind zur Abschirmung magnetischer Felder weniger geeignet. Zur Beurteilung der Abschirmwirkung reichen der spezifische Durchgangs- oder Oberflächenwiderstand nicht aus. Die magnetische Abschirmung S in dB wird deshalb als Abschwächung eines Magnetfeldes zwischen zwei Koaxial-Rahmenantennen durch das dazwischen gestellte Testmaterial, meist als Funktion der Frequenz, gemessen:

$S = -20 \log \frac{H1}{H0}$ dabei ist H1 ist die Stärke des Magnetfeldes mit und H0 diejenige Testmaterial, Bild 3.59.

Nach einem Normvorschlag der ASTM ES 7–83 wird zur Bestimmung der elektromagnetischen Schirmdämpfung ES in dB eine koaxiale Messzelle benutzt. Die Schirmdämpfung ES wird wie die Abschirmung S aus dem Verhältnis der gemes-

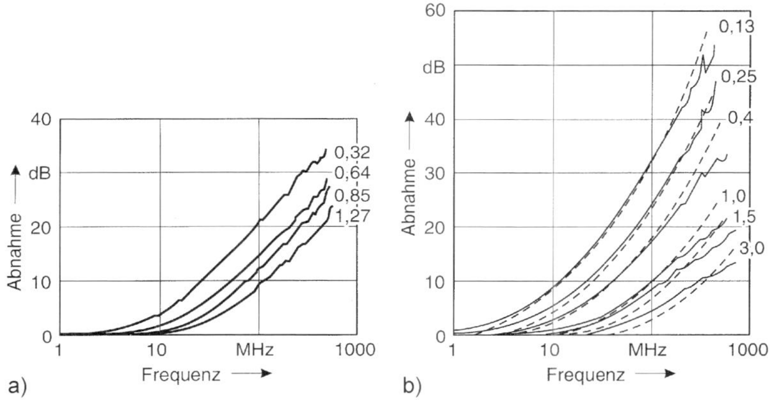

Bild 3.59 Magnetische Abschirmung S als Funktion der Frequenz, Parameter: Quadratwiderstand (r_{Dld}) des Werkstoffs (nach de Goeje)
a: auf Kunststoff aufgedampfte Al-Schichten
b: mit Edelstahlfasern gefüllter Kunststoff

senen elektrischen oder magnetischen Feldstärken mit und ohne Abschirmung bestimmt.

3.4.2 Festigkeitsverhalten

3.4.2.1 Elektrische Durchschlagfestigkeit

Bei der Einwirkung hoher elektrischer Spannungen kann es zu einem Spannungsdurchschlag kommen. Die Durchschlagfestigkeit E_d ist der Quotient aus der Spannung U_d, bei der der Durchschlag erfolgt, und dem Abstand zwischen den leitenden Teilen, an denen die Spannung anliegt, d.h. der Probekörperdicke d: $E_d = U_d/d$ (kV/mm), s. IEC 243–1. Sie ist keine Materialkonstante, sondern stark von der Elektrodenform und der Probekörperdicke abhängig, Bild 3.60. Deshalb ist für die Datenbank CAMPUS eine Dicke von 1 mm vorgeschrieben, um die Vergleichbarkeit zu gewährleisten. Bild 3.61 zeigt beispielhaft die Temperatur- und Frequenzabhängigkeit (dielektrische Erwärmung!) der Durchschlagfestigkeit.

3.4.2.2 Elektrische Zeitstandfestigkeit

Die beschriebenen Kurzzeit-Durchschlagfestigkeiten können nur als Anhaltswerte zum Verhalten bei langdauernder Spannungsbeanspruchung dienen. Die zulässige elektrische Spannung ist genau wie die mechanische Belastbarkeit von der Beanspruchungsdauer abhängig. Bei Zeiten von etwa 1 µs bis 1 s ist die Durchschlagfestigkeit nahezu konstant. Es erfolgt ein elektrischer Durchschlag, der durch Elektronen bewirkt wird. Bei längeren Beanspruchungszeiten und bei Kunststoffen, die sich entweder infolge einer ausreichenden elektrischen Leitfähigkeit oder im Wechselfeld infolge der dielektrischen Verluste erwärmen,

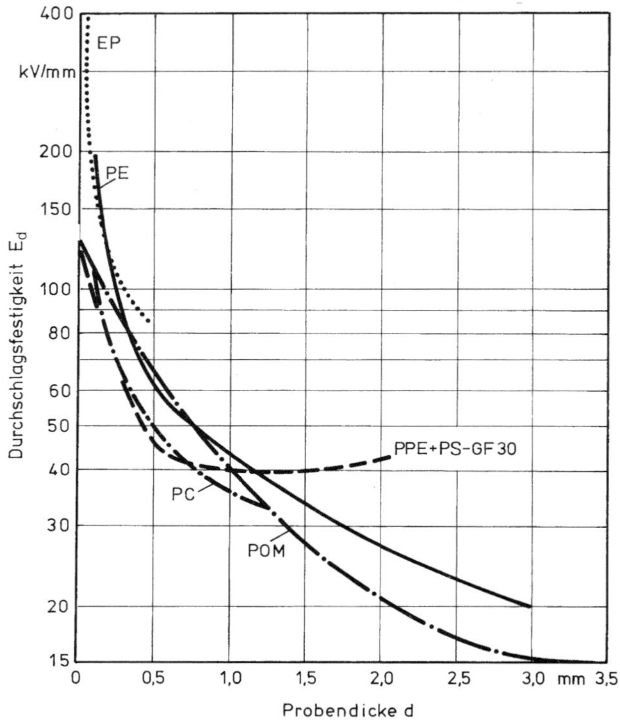

Bild 3.60 Dickenabhängigkeit der Durchschlagfestigkeit

kommt es zum Wärmedurchschlag, weil die Durchschlagfestigkeit mit zunehmender Temperatur abnimmt. Werkstoffe mit geringer Leitfähigkeit und geringen dielektrischen Verlusten, wie z. B. PE, zeigen meist keinen Wärmedurchschlag, s. Kurve II in Bild 3.62. Hier geht der Bereich des elektrischen Durchschlags direkt in den Bereich des Erosions-Durchschlags über. Die Ursache dieser Durchschlagsart sind Glimmentladungen, bei deren Entstehung mechanische und chemische Einwirkungen auf die Oberfläche eine Rolle spielen. Bild 3.63 zeigt ein Beispiel für die Zeitabhängigkeit der Durchschlagfestigkeit.

3.4.2.3 Vergleichszahl der Kriechweg-Bildung

Der Oberflächenwiderstand kann durch Verschmutzung oder chemische Beeinflussung so weit abgesenkt werden, dass zwischen Elektroden Kriechströme fließen, die die Ursache von Lichtbögen und schließlich für die völlige Zerstörung des Isolierteiles sind. Die Anfälligkeit gegen Kriechstrombildung wird für Prüfspannungen bis 600 V in einem Niederspannungsverfahren, s. IEC 60112 oder DIN VDE 0303 Teil 1, ermittelt. Hierbei werden auf die zu prüfende Oberfläche im Abstand von 4 mm zwei Elektroden aufgesetzt. Zwischen diese Elektroden wird eine leitfähige Prüflösung getropft. Die Vergleichszahl der Kriechwegbil-

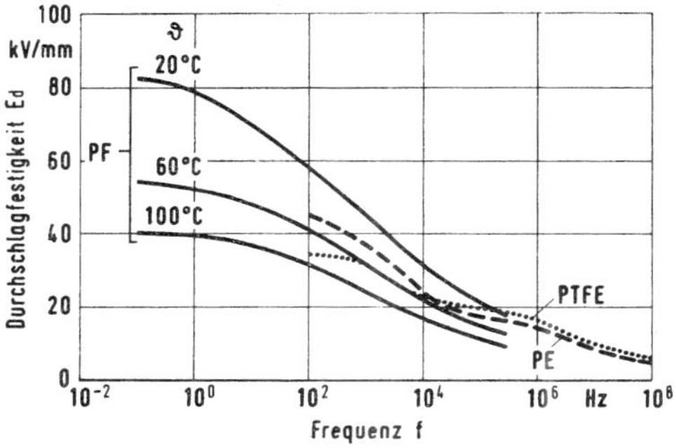

Bild 3.61 Frequenz- und Temperaturabhängigkeit der Durchschlagfestigkeit von PE, PTFE, PF

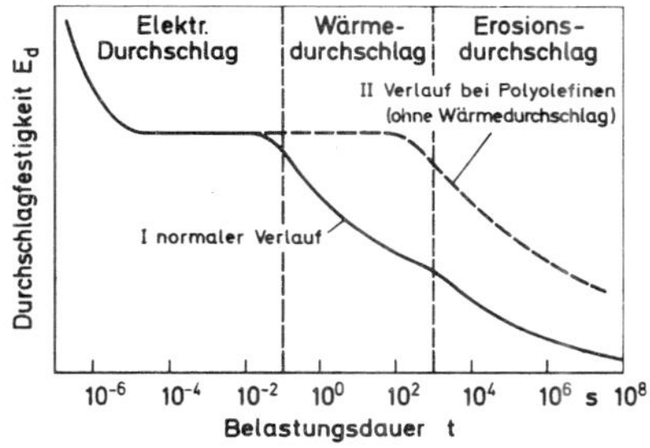

Bild 3.62 Abhängigkeit der Durchschlagfestigkeit von der Belastungsdauer, schematisch

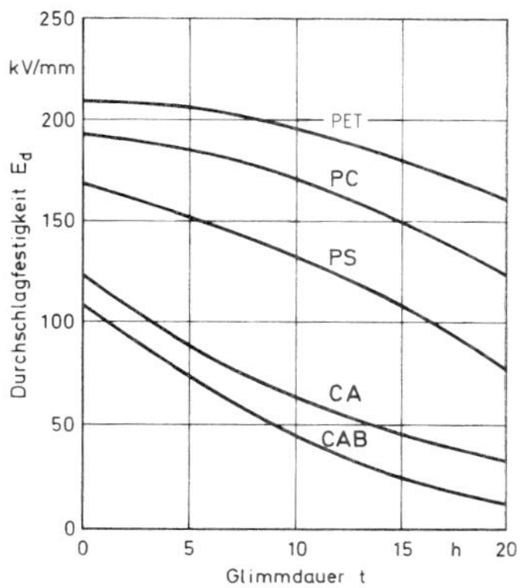

Bild 3.63 Zeitabhängigkeit der Durchschlagfestigkeit

dung CTI gibt die höchste Spannung an, der ein Werkstoff bei 50 Auftropfungen ohne Kriechwegbildung widersteht. Für die Datenbank CAMPUS ist die weniger aggressive Prüflösung A vorgesehen. Wenn die Probe 425 V aushält, ist die Vergleichszahl: CTI 425. Bei Verwendung der aggressiveren Prüfflüssigkeit B würde das Ergebnis lauten: CTI 425M. Bei Isolierstoffen, die bei hohen Spannungen und im Freien eingesetzt werden, wird ein Hochspannungsverfahren angewendet, s. IEC 60587 oder DIN VDE 0303–10. Die Einteilung der Isolierstoffe erfolgt entsprechend der meist verwendeten Methode A in drei Klassen, je nachdem welche der drei Spannungsstufen 2,5, 3,5 oder 4,5 kV der Stoff unter den speziellen Versuchsbedingungen 6h aushält, z.B. Klasse 3,5A.

3.4.2.4 Lichtbogen-Festigkeit

Nach Entwurf DIN VDE 0303 Teil 5 werden zur Bestimmung der Lichtbogenfestigkeit zwei Kohleelektroden auf die Oberfläche eines Probekörpers aufgesetzt und nach Zündung eines Niederspannungs-Hochstrom-Lichtbogens (200 V) mit einer Geschwindigkeit von 1 mm/s auseinander gezogen. Die Stromstärke wird durch einen Reihenwiderstand von 50 Ω begrenzt. Dabei werden die Länge des Lichtbogens, die Leitfähigkeit der Lichtbogenstrecke während der Prüfung und nach dem Abkühlen die Beschädigung des Probekörpers bei der Prüfung beurteilt. LV 1.1.1.1 ist die beste, LV 2.2.2.2 die schlechteste Einstufung. Die Lichtbogenfestigkeit wird meist nur vom Gerätehersteller an seinen Geräten gemessen.

3.4.2.5 Elektrolytische Korrosion

Isolierstoffe, die mit Leitern in Kontakt sind, können an diesen Korrosionserscheinungen auslösen. Die Korrosion hängt von der Kombination Metall/Isolierstoff ab. Zur Prüfung werden Isolierstoffolien in Kontakt mit Messing-Prüffolien gebracht und im feuchtwarmen Klima 40 °C / 92% rel. Feuchte vier Tage mit einer Gleichspannung von 100V beansprucht. Kennwerte für die elektrolytische Korrosionswirkung werden aus den Veränderungen an den Polen abgeleitet: A1 keine Veränderung, B4 sehr starke Veränderung, s. VDE 0303 Teil 6o. DIN 53489.

3.4.3 Dielektrisches Verhalten

Bei der Verwendung von Kunststoffen auf Gebieten wie dem Kondensatorbau und der Hochfrequenztechnik müssen die dielektrischen Eigenschaften, d.h. die Dielektrizitätszahl (DK) ε_r und der dielektrische Verlustfaktor tan δ, berücksichtigt werden. Die DK gibt an, um welches Vielfache die Kapazität eines Kondensators mit dem Kunststoff als Dielektrikum größer ist als die Kapazität desselben Kondensators mit Luft als Dielektrikum. Der dielektrische Verlustfaktor ist ein Maß für die Energie, die in einem Isolierstoff, der sich in einem elektrischen Wechselfeld befindet, in Wärme umgewandelt wird und damit als elektrische Energie verloren geht. Die dielektrischen Eigenschaften sind Materialkonstanten, die von den Methoden, wie sie bestimmt werden, s. IEC 60250 oder DIN VDE 0303 Teil 4 und 13, weitgehend unabhängig sind. Da sie jedoch ihren Wert mit der Temperatur und Frequenz ändern, werden sie meist in Abhängigkeit von diesen Parametern dargestellt, s. Bild 3.64.

Für die Erwärmung eines Kunststoffs in einem Dielektrikum ist der tan δ als Werkstoffkennwert entscheidend.Für die Wärmeleistung N gilt: $N = U^2 \cdot \omega \cdot \varepsilon_r \cdot \tan\delta$ mit U = angelegte Spannung, ω = Frequenz der Spannung. Kunststoffe, die einen hohen Verlustfaktor aufweisen, lassen sich demnach im elektrischen Wechselfeld erwärmen, z.B. verschweißen.

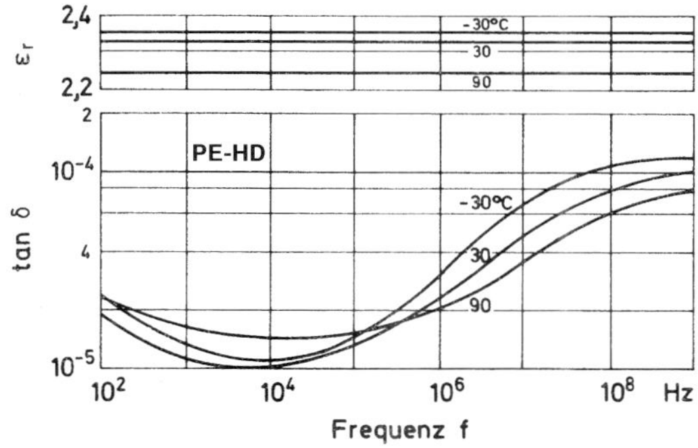

Bild 3.64 Frequenz- und Temperaturabhängigkeit von dielektrischem Verlustfaktor tan δ und Dielektrizitätszahl ε_r

3.4.4 Elektrostatisches Verhalten

Als elektrisch nicht leitende Werkstoffe lassen sich Kunststoffe elektrostatisch aufladen. Die Ladung wird durch Reibung, oder genauer gesagt, durch Berühren und wieder Trennen von Oberflächen bewirkt. Es kann bereits bei der Entnahme von Formteilen aus dem Spritzgießwerkzeug eine Aufladung stattfinden. Die Höhe der Aufladung hängt vom Kunststoff und dem Reibpartner ab. Die Ladungen können positiv oder negativ sein und fließen wegen der geringen Leitfähigkeit der Kunststoffe nur langsam zur Erde ab, Electrostatic Discharge, ESD.

Die Folgen einer elektrostatischen Aufladung sind Staubanziehung aus der Luft und eventuelle Funkenüberschläge, die beim Umfüllen brennbarer Flüssigkeiten aus Kunststoffbehältern oder beim Aufladen von Kunststoff-Fußböden in explosionsgefährdeten Räumen eine Gefahr darstellen, s. Richtlinie Nr. 4 der Berufsgenossenschaft der Chemie.

Aus den Werten für den spezifischen Oberflächenwiderstand, s. Abschn. 3.4.1.2, lässt sich bereits eine erste Voraussage über das elektrostatische Verhalten eines Werkstoffs machen, da diese Werte für die Ableitung einer irgendwie aufgebrachten Ladung maßgebend sind. Entsprechend einer Richtlinie zur Vermeidung von Zündgefahren infolge elektrostatischer Aufladung (Hauptverband der gewerblichen Berufsgenossenschaften, Bonn) muss man bei Oberflächenwiderständen oberhalb $10^{14}\,\Omega$ mit starker Aufladungsneigung rechnen. Bei Werten zwischen $10^9\,\Omega$ und $10^{11}\,\Omega$ ist die Aufladbarkeit abgeschwächt, während man bei Werten unterhalb $10^9\,\Omega$ nicht mehr von einem aufladbaren Material sprechen kann, also Zündgefahren vermieden werden.

Oberflächenwiderstände unterhalb $10^{11}\,\Omega$ weisen nur Pressmassen auf, während zumindest die ungefüllten Thermoplaste im trockenen Zustand oberhalb $10^{12}\,\Omega$ liegen. Günstiger verhalten sich Kunststoffe, die Wasser aufnehmen, wie z.B. PA.

Neben der Ableitung der Ladung spielt die absolute Aufladbarkeit eine wesentliche Rolle. Diese ist jedoch nur schwer reproduzierbar zu messen, da sie stark von der Prüfmethodik, dem Reibpartner und den Umweltbedingungen abhängt. Ein Verfahren ist in DIN 53486 genormt. Nach dieser Norm kann man die Grenzaufladung, das ist die unter den gegebenen Versuchsbedingungen maximal erreichbare Aufladung, und die Halbwertszeit, das ist die Zeit, in der die Grenzaufladung auf den halben Ausgangswert abgefallen ist, ermitteln.

3.5 Optisches Verhalten

Die Bezeichnung der Kunststoffe als „organische Gläser“ weist darauf hin, dass Kunststoffe auch für direkte optische Anwendungen eingesetzt werden, dies um so mehr, als heutige Verarbeitungsverfahren die Herstellung von Spritzlingen und Halbzeugen mit der für diese Anwendungen erforderlichen Präzision gestatten. Z.B. werden Linsen, Prismen, Verscheibungen, Lichtleiter und spannungsoptische Modelle durch spanende Bearbeitung, Gießen, Pressen, Prägen, Spritzgießen oder Extrudieren hergestellt. Zur Abschätzung der Einsetzbarkeit für solche Anwendungen sind die Kenntnis der optischen Eigenschaften, aber auch der erzielbaren Toleranzen bei der Herstellung der Teile (s. Abschn. 3.1.5) wichtig. Dies gilt ganz besonders für die Verwendung von Kunststoffen als optische Datenträger, einem weltweit expandierenden Einsatzgebiet.

3.5.1 Lichtdurchlässigkeit

Viele Kunststoffe weisen gegenüber Metallen, Holzprodukten und anorganischen Baustoffen den Vorteil der Lichtdurchlässigkeit auf. Diese transparenten Kunststoffe unterscheiden sich in ihren optischen Eigenschaften nicht wesentlich von denen anorganischer Gläser. Vielfach besitzen sie im sichtbaren Spektralbereich eine größere Lichtdurchlässigkeit und können auch im Ultraviolett- und Infrarot-Bereich besser durchlässig sein. Grob kann man die Kunststoffe in drei Klassen bezüglich der Lichtdurchlässigkeit einteilen: glasklar (transparent), durchscheinend (transluzent) und opak oder gedeckt (undurchlässig).

Als Maß für die Lichtdurchlässigkeit wird der Transmissionsgrad τ nach DIN 1349–1 verwendet: Er ist der Quotient aus dem Lichtstrom Φ_n hinter und Φ_v vor dem zu prüfenden Material: $\tau = \frac{\varphi}{\varphi} \cdot 100$ (%). Er enthält neben der Absorption auch die Streuung und die an der Probenvorder- und -rückseite auftretenden Reflexionsverluste. Der Transmissionsgrad wird im allgemeinen in Luft bestimmt und als Funktion der Wellenlänge angegeben, Bild 3.65.

3.5.2 Glanz und Reflexion, Trübung

Glanz entsteht primär durch gerichtete Reflexion des Lichts. Er ist im wesentlichen eine subjektive Eigenschaft: Bereits durch geringe Bewegung des Körpers relativ zum Beobachter kann sich der Eindruck von Glanz wesentlich verändern. Eine Definition bereitet also Schwierigkeiten. In Bild 3.66 sind verschiedene Methoden zur Glanzmessung dargestellt, vgl. auch ASTM D 523. Der Glanzgrad g wird durch das Verhältnis der Intensität des reflektierten Lichtes I_r zur Intensität desjenigen einer vollkommenen Standardfläche, z.B. eines hochwertigen opti-

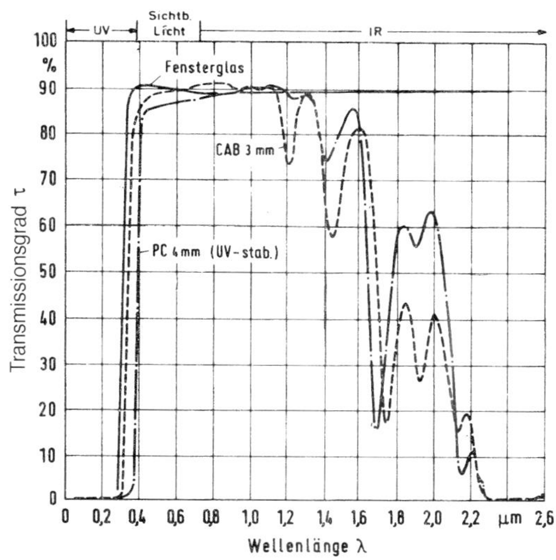

Bild 3.65 Abhängigkeit der Lichtdurchlässigkeit von der Wellenlänge

schen Spiegels $I_{r,s}$, definiert, s. 1. Feld in Bild 3.66. Die normale Messung erfolgt dabei unter einem Winkel von 45°, aber es werden auch andere Winkel angewendet, s. Feld 3. Entsprechend Feld 2 wird als Maßzahl für den Glanz das Verhältnis der Intensität des unter dem Reflexionswinkel von 45° austretenden Lichtes I_r zu derjenigen Intensität des senkrecht zur Fläche austretenden „Streulichtes" I_α gewählt. Die Felder 4 bis 6 zeigen weitere Beispiele. Die Ergebnisse der einzelnen Methoden sind nicht vergleichbar.

Der Glanz eines Kunststoffteils hängt wesentlich von dessen Oberfläche ab, die wiederum durch die Oberfläche des formgebenden Werkzeugs und dessen Temperatur bestimmt wird. Hochglanzpolierte Werkzeuge und hohe Werkzeugtemperaturen erge-

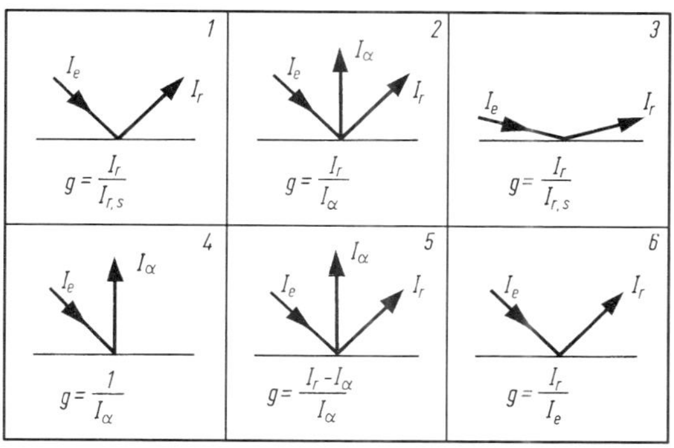

Bild 3.66 Schematische Darstellung der verschiedenen Methoden zur Messung des Glanzes von Kunststoff-Oberflächen, nach Schreyer

ben glänzende Oberflächen, hochgefüllte Kunststoffe und manche Blends erbringen mattere Oberflächen. Glanzmessungen werden gerne als zerstörungsfreie Messmethoden zur Kontrolle der Oberflächenveränderung bei Belichtungs- und Bewitterungsversuchen eingesetzt.

Die Durchlässigkeit für gerichtetes Licht kann durch Kristallisation, Füllstoffe, Oberflächenrauhigkeiten, Verunreinigungen oder die Verkratzung der Oberfläche beeinträchtigt werden, es tritt eine Trübung auf. Als Maßzahl für die Trübung dient die Trübungszahl. Sie ist das Verhältnis des Streulichtstromes, der von der Probe in einen Raumwinkel von 80° um die Achse des einfallenden Strahles nach vorne ausgesandt wird, zu dem nahezu rechtwinklig auf die Probe auffallenden Primärlichtstrom. Nach ASTM D 1003 ist die Trübung (auch mit „Haze“ bezeichnet) der Teil des von einer Probe durchgelassenen Lichtes, welcher von der Richtung des auf die Probe einstrahlenden Lichtes um mehr als 2,5° abweicht.

3.5.3 Farbe

3.5.3.1 Grundlagen

Farbe ist der visuelle Eindruck, den ein Betrachter von einer Oberfläche gewinnt. Warum erscheint eine Oberfläche farbig? Dazu muss man die Begriffe sichtbares Licht, Farbe und Komplementärfarbe verstehen.

Sichtbares Licht ist eine elektromagnetische Welle mit Wellenlängen von 400 nm bis 800 nm, ein nur kleiner Bereich im Gesamtspektrum der elektromagnetischen Wellen, s. Bild 3.67. Jede Wellenlänge in diesem „sichtbaren“ Bereich entspricht einer bestimmten Farbe, s. Bild 3.68. „Weißes Licht“ ist ein Gemisch aller Wellenlängen des sichtbaren Bereiches.

Zwei Farben, die überlagert weiß ergeben, nennt man Komplementärfarben. Mit Hilfe eines Farbenkreises, der auf Goethe zurückgeht, s. Bild 3.69, lässt sich die jeweilige Komplimentärfarbe leicht bestimmen. Zwischen den angegebenen Farben liegen alle möglichen Übergangstöne.

Fällt nun (weißes) Licht auf eine farbige Oberfläche, werden bestimmte Wellenlängen davon absorbiert, weil in den Farbmitteln der Oberfläche freie und/oder Bindungselektronen angeregt werden, wodurch diese Oberfläche dann in der Komplementärfarbe erscheint. Auf diesem Effekt beruht die Färbewirkung der Farbmittel.

3.5.3.2 Farbmessung

Zur Charakterisierung z.B. in Richtung Qualitätssicherung ist eine „objektive“ Farbmessung nötig. Hierfür ist heute das CIE-Lab-System (Comission International d'Eclairage) überall anerkannt. Mit entsprechenden Geräten werden Remissionskurven, die Intensität des reflektierten Lichtes in Abhängigkeit von der Wellenlänge, aufgenommen. In einer horizontalen Farbebene sind die Farben wie im Goetheschen Farbenkreis ausgerichtet, lediglich mit dem Unterschied, dass die Farbebene nicht kreisrund, sondern wie inzwischen erforscht/vermessen quasi elliptisch ist (s. Bild 3.70 „CIE-Lab-Normfarbtafel„), und einer zusätzlich senkrecht dazu stehenden Schwarz-Weiß-Ebene, die neben der Farbe die Helligkeit

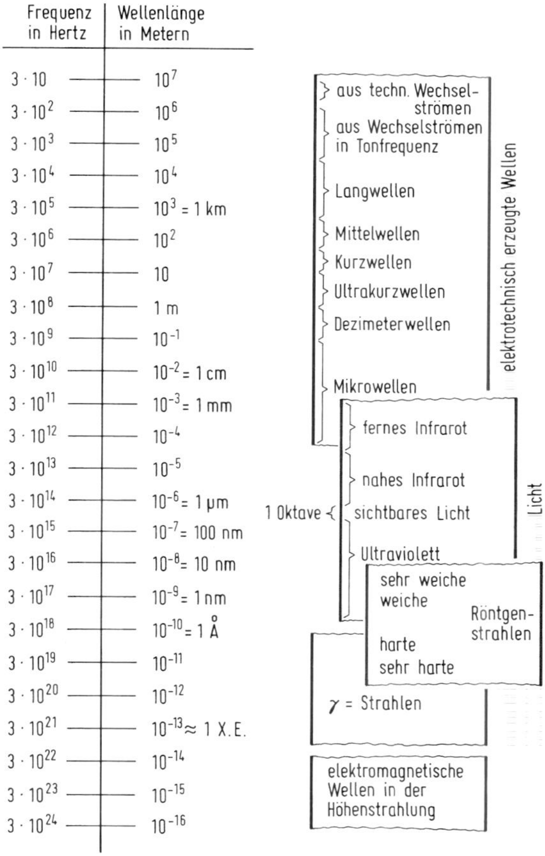

Bild 3.67 Spektrum der elektromagnetischen Wellen

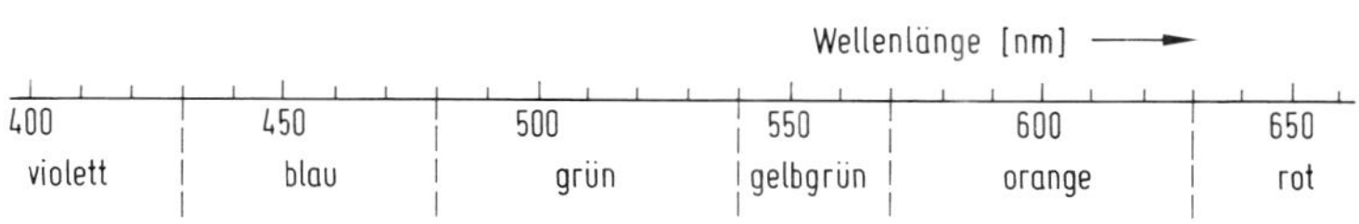

Bild 3.68 Zuordnung von Farben und Wellenlängen

definiert, s. Bild 3.71. Der Farbort ist durch die Koordinaten L, a und b gegeben: L = Helligkeit, a, b = Buntton und Buntheit. Entsprechend kann im Vergleich zweier Farben/zweier Farbtöne eine Farbdifferenz ΔE leicht und mit entsprechenden Messgeräten gut reproduzierbar definiert werden. Über vorliegende Computerprogramme werden solche Auswertungen mittlerweile in Verbindung mit Farbmessgeräten sehr einfach und genau. S. Kunststoffe 88 (1998) 3, S. 374–378.

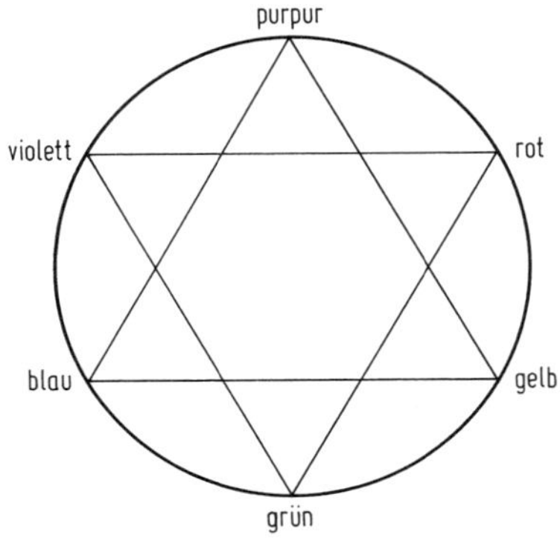

Bild 3.69 Der Farbenkreis als Hilfsmittel zur Ermittlung der Komplementärfarbe

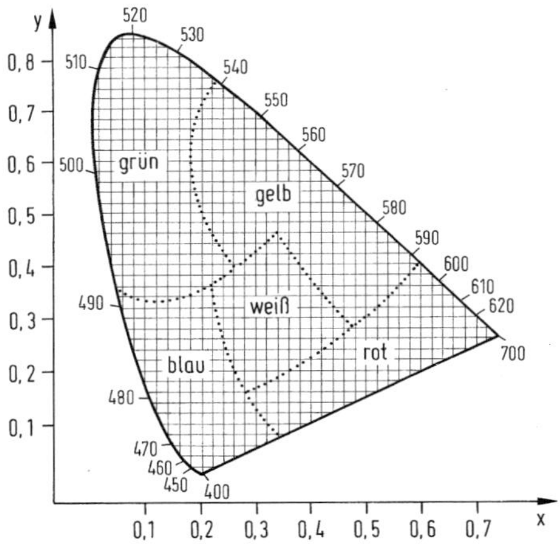

Bild 3.70 CIE-Normfarbtafel

Ihre Berechnung erfolgt entsprechend Bild 3.71 nach der Formel:

$$\Delta E = \sqrt{(\Delta L^*)^2 + (\Delta a^*)^2 + (\Delta b^*)^2}$$

$\Delta L^* = L_P^* - L_B^*$ B = Bezug (Soll)

$\Delta a^* = a_P^* - a_B^*$ P = Probe (Ist)

$\Delta b^* = b_P^* - b_B^*$

Bei Kfz-Reparaturen werden folgende farbabhängige Toleranzen für ΔE toleriert: Weißbereich bis 0,3, Blau-Türkis bis 0,5, Grün-Gelb bis 0,7, Rot bis 0,9.

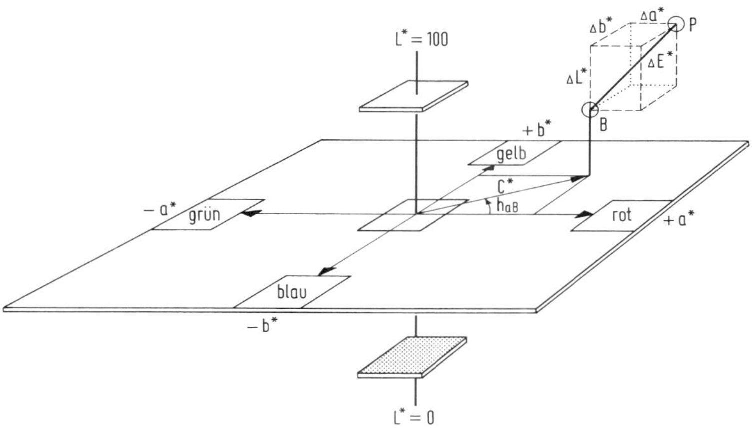

Bild 3.71 Das CIE-Lab-System zur Charakterisierung der Farbe

3.5.3.3 Normen zum Thema Farben

DIN 5031	Beibl. 1	Strahlungsphysik im optischen Bereich und Lichttechnik; Inhaltsverzeichnis über Größen, Formelzeichen und Einheiten sowie Stichwortverzeichnis zu DIN 5031 Teil 1 bis Teil 10
DIN 5033	Teil 1	Farbmessung: Grundbegriffe der Farbmetrik
	Teil 2	Normvalenz-Systeme
	Teil 3	Farbmaßzahlen
	Teil 4	Spektralverfahren
	Teil 5	Gleichheitsverfahren
	Teil 6	Dreibereichsverfahren
	Teil 7	Messbedingungen für Körperfarben
	Teil 8	Messbedingungen für Lichtquellen
	Teil 9	Weißstandard für Farbmessung und Photometrie
DIN 6160		Anomaloskop nach Nagel (Vereinfachtes Spektralgerät zur Beurteilung der Farbnormalsichtigkeit bzw. Art und Größe einer Farbenfehlsichtigkeit in Bezug auf das Rot-Grün-Sehen)
DIN 6173	Teil 1	Farbabmusterung; Allgemeine Farbabmusterungsbedingungen
	Teil 2	Farbmetrische Bestimmung von Farbabständen bei Körperfarben nach der CIE-Lab-Formel
DIN 53236		Prüfung von Farbmitteln; Mess- und Auswertebedingungen von Farbunterschieden bei Anstrichen, ähnlichen Beschichtungen und Kunststoffen

DIN 67530	Reflektometer als Hilfsmittel zur Glanzbeurteilung an ebenen Anstrich- und Kunststoffoberflächen
SS 019102	Farbatlas
RAL – XXX	RAL-Standardfarbvorlagen
RAL-Design-System	Farbatlas

3.5.4 Brechungsindex, Doppelbrechung

Beim Übergang des Lichts aus einem optisch dünneren in ein optisch dichteres Medium, z.B. aus Luft in einen Kunststoff, wird das Licht zum Einfallslot hin gebrochen, im entgegengesetzten Fall von ihm weg. Die Größe der Lichtbrechung wird durch den Brechungsindex $n_{21} = \frac{\sin\alpha}{\sin\beta} = \frac{c_1}{c_2}$ gekennzeichnet. Dabei sind α und β die Winkel, die ein Strahl im ersten bzw. zweiten Stoff mit dem Einfallslot bildet und c_1 und c_2 die entsprechenden Fortpflanzungsgeschwindigkeiten des Lichts in den Medien. Im allgemeinen bezieht man die Brechungsindices auf Vakuum als ersten Stoff. Die Lichtgeschwindigkeit c_0 ist im Vakuum größer als in allen Medien. Bezeichnet man die Lichtgeschwindigkeit in einem Stoff mit c und den auf Vakuum bezogenen Brechungsindex mit n, so gilt für die Berechnung eines Lichtstrahls, der aus dem Vakuum in einen Stoff einfällt: $n = \frac{\sin\alpha}{\sin\beta} = \frac{c_1}{c_2}$. Da die Lichtgeschwindigkeiten in Luft und in Vakuum sich nur wenig unterscheiden, gilt n praktisch auch für den Übergang Luft/ fester oder flüssiger Stoff.

Der Brechungsindex ist von der Wellenlänge des Lichts abhängig, Bild 3.72. Man bestimmt deshalb den Brechungsindex bei bestimmten Wellenlängen:

n_F	Wasserstoff-F-Linie:	486 nm
n_c	Wasserstoff-c-Linie:	656 nm
n_D	Natrium-D-Linie:	589 nm
n_e	Quecksilber-e-Linie:	546 nm
$n_{F'}$	Cadmium-F´-Linie:	480 nm
$n_{C'}$	Cadmium c´-Linie:	644 nm
n_g	Quecksilber-g-Linie:	436 nm

Der Brechungsindex nimmt mit zunehmender Temperatur ab. Der Differenzialquotient dn/dT einiger Kunststoffe ist in Tafel 3.8 wiedergegeben. Oberhalb der Glasübergangstemperatur T_g ist er wesentlich größer als unterhalb.

Die bisherigen Ausführungen gelten für optisch isotrope Stoffe. Durch die Orientierung von Makromolekülen oder Kristallstrukturen oder durch die Einwirkung mechanischer Spannungen werden die Kunststoffe optisch anisotrop, d.h., der Brechungsindex wird richtungsabhängig. Als Doppelbrechung Δn bezeichnet man die Differenz zwischen den zwei aufeinander senkrecht stehenden Brechungsindices: $\Delta n = n_1 - n_2$. Sie dient zum qualitativen Nachweis von Orientierungen und Spannungen. Zum quantitativen Nachweis von Spannungen muss der spannungsoptische Koeffizient $\Delta n/\sigma$ bekannt sein. Für PS liegt er bei + $1{,}936 \cdot 10^{-5}$ mm²/N und für PMMA bei + $0{,}636 \cdot 10^{-5}$ mm²/N. Auch zum quantitativen Nachweis von Orientierungen verwendet man einen „spannungs„-optischen Koeffizienten $\Delta n/\sigma$, wobei σ als die Verstreckspannung definiert ist. Für PS liegt der Koeffizient bei $-5 \cdot 10^{-3}$ mm²/N, für PMMA bei $-1 \cdot 10^{-4}$ mm²/N. Beim Einsatz von Kunststoffen für optische Datenträger muss die Doppelbrechung möglichst gering sein.

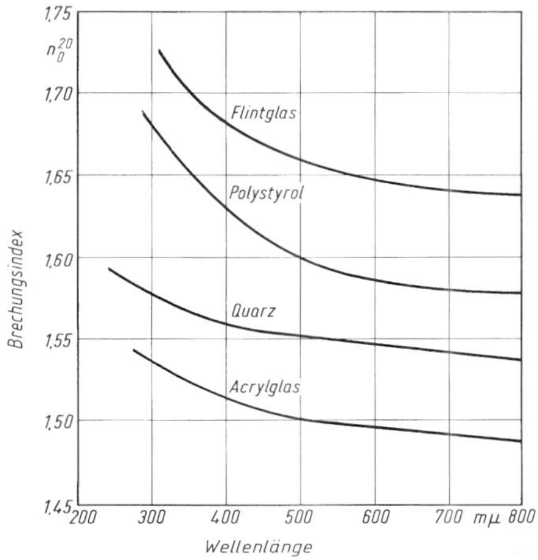

Bild 3.72 Wellenlängenabhängigkeit des Brechungsindex

Tafel 3.8 Temperaturkoeffizienten der Brechungsindizes von Polymerisationskunststoffen (Wiley und Brauer)

Stoff	T_g (°C)	Koeffizient $(-dn/dt) \cdot 10^4$ T < Tg	T > Tg
Polymethylacrylat	0	1,2	3,1
Polymethylmethacrylat	105	1,1	2,1
Polyethylmethacrylat	47	1,1	2,0
Polypropylmethacrylat	33	1,3	2,9
Polybutylmethacrylat	17	1,6	2,9
Polyvinylacetat	24	1,0	3,1
Polyvinylchloracetat	23	1,1	3,0
PVC/PvAz = 95/5	71	1,0	2,6
PVC/PvAz = 88/12	63	1,2	3,2
PVDC/PVC (Geon 205)	55	1,0	2,8
Polystyrol	75 ± 4	1,7	4,6
Styril/Butadien Cop. (85/15)	40	1,1	3,3

3.5.5 Oberflächenstruktur

Die Beurteilung von Werkzeug- und Formteil-Oberfläche erfolgt anhand fotographischer Aufnahmen mit 20 bis 1000facher Vergrößerung oder mit Hilfe von Rauigkeitsmessgrößen „R". Diese werden mit elektrischen Tastschnittgeräten ermittelt. Sie sind auch für die Festlegung der erforderlichen *Entformungsschrägen* im Spritzgießwerkzeug maßgebend. Tafel 3.9 zeigt Mindestschrägen für unverstärktes PA und PC in Abhängigkeit vom Mittenrauwert R_a. Bei glasfaserverstärkten Produkten ist sie eine Stufe höher zu wählen.

Der Kunststoff soll die Oberflächenstruktur des Werkzeugs abbilden. Die Abbildefähigkeit ist jedoch von einigen Parametern abhängig. Sie nimmt zu mit: abnehmender Viskosität der Schmelze, zunehmender Einspritzgeschwindigkeit, Werkzeugdruck, Werkzeugtemperatur und Wanddicke. Die Gestaltung der Werkzeugoberfläche muss sich deshalb nach der Art des Kunststoffs und des Formteils richten.

Tafel 3.9 Mindestentformungsschrägen in Abhängigkeit von der Rauigkeit

Mittenrauwert R_a	Entformungsschräge in Grad	
	PA	PC
<0,4	0,5	1,0
1,6	0,5	1,5
2,24	1,0	2,0
3,15	1,5	2,0
4,5	2,0	3,0
6,3	2,5	4,0
9,0	3,0	5,0
12,5	4,0	6,0
18,0	5,0	7,0

Je nach gewünschtem Glanzgrad werden beim *Polieren* Körnungen P240 bis P500 oder eine Diamantpaste mit einer Korngröße von 30 µm eingesetzt. Bei optischen Teilen werden besondere Anforderungen an die Polierbarkeit des Werkzeugstahls gestellt.

Durch *Erodieren* werden samtartige bis grobkörnige Oberflächen erreicht. Sehr feine Strukturen sollten vermieden werden, da sie kratzempfindlich sind.

Beim *Fotoätzen (Narben)* werden Formnestoberflächen partiell korrosiv abgetragen. Meist wird eine Mehrfachätzung durchgeführt, um eine gleichmäßige Oberflächenrauigkeit und somit Mattigkeit zu erzeugen. Eine Korrektur des Glanzgrades kann durch einen anschließenden Strahlvorgang z.B. mit Glaskugeln oder Kunststoffgranulat erreicht werden.

3.6 Verhalten gegen Umwelteinflüsse

In der praktischen Anwendung werden Kunststoffe außer mechanischen Beanspruchungen auch Umwelteinflüssen wie Chemikalien, der Bewitterung, energiereichen Strahlen oder einem Brandgeschehen ausgesetzt, die ihr Verhalten wesentlich beeinflussen können. Hierbei kann es von Bedeutung sein, ob mechanische und Umwelteinflüsse gleichzeitig einwirken oder nicht.

3.6.1 Wasser, Feuchtigkeit

Im Kontakt mit festen Stoffen, Gasen und Flüssigkeiten können diese Stoffe oder Bestandteile von ihnen in das Polymergefüge eindringen und dadurch die intermolekularen Bindungskräfte reduzieren und die Beweglichkeit der Moleküle steigern. Die Folgen sind: Absinken des Elastizitätsmoduls, der Härte, der Festigkeit, Erniedrigung der Glasübergangstemperatur, Beeinflussung elektrischer und physikalischer Eigenschaften. Diese Vorgänge sind physikalischer Natur und meist reversibel, sofern aus dem Kunststoff keine Bestandteile herausgelöst werden oder sich die Struktur, z.B. durch Sekundärkristallisation, nicht ändert.

Von besonderer Bedeutung vor allem für die Polyamide ist die Aufnahme von Wasser oder Luftfeuchtigkeit. Sie wird durch Lagern von Probekörpern in Wasser oder bei festgelegter Temperatur und Luftfeuchtigkeit als Funktion der Lagerungsdauer oder nach festgelegten Zeiten gravimetrisch bestimmt, s. ISO 62. Die nach solchen konventionellen Verfahren ermittelten Werte (in mg oder % angegeben) sind quantitativ nicht vergleichbar, da die Probekörperabmessungen und die Versuchsparameter das Ergebnis beeinflussen. In der Datenbank CAMPUS werden deshalb nur die Sättigungswerte für Lagerung in Wasser und im Normklima (23 °C und 50% rel. Feuchte) vorgeschrieben.

Die Wasseraufnahme φ lässt sich nach dem 2. Fickschen Gesetz mit Hilfe der Sättigungswerte φ_s und des Diffusionskoeffizienten D berechnen. In Bild 3.73 ist die Lösung der entsprechenden Differentialgleichung links in dimensionsloser Form und rechts für ein Beispiel graphisch dargestellt. Mit diesem Diagramm lässt sich die Wasserverteilung in plattenförmigen Teilen für beliebige Zeiten nach der Einlagerung abschätzen, wenn diese beidseitig benetzt werden und die Diffusionskoeffizienten bekannt sind. In ähnlicher Weise lässt sich der mittlere Wassergehalt $\bar{\varphi}$ mit Hilfe des Diagrammes in Bild 3.74 ermitteln. Diffusionkoeffizienten können aus den Ergebnissen von Einlagerungsversuchen berechnet werden. Es muss berücksichtigt werden, dass sie mit der Temperatur stark zunehmen, Bild 3.75. Dagegen sind die Sättigungswerte der Wasser- bzw. Feuchtigkeitsaufnahme nur wenig von der Temperatur abhängig, Bild 3.76.

Mit der Wasseraufnahme ist auch eine Volumenvergrößerung verbunden. Für isotrope Kunststoffe kann man als Richtwert annehmen, dass die sich aus der Quellung ergebende lineare Quelldehnung ε_q um den Faktor 0,3 kleiner ist als die Wasseraufnahme. Bei glasfaserverstärkten Produkten wird die Dehnung besonders in Richtung der Fasern behindert, so dass sie in Orientierungsrichtung kleiner ist als in Dickenrichtung einer Platte.

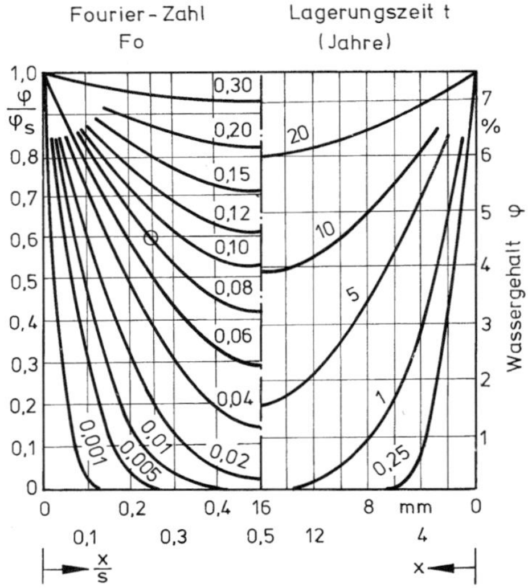

Beispiel: PA-6 Guss
gesucht: Zeit, nach der bei x = 8 mm
$\bar{\varphi}$ = 4,5% erreicht ist, $\bar{\varphi}$

Ordinate:	φ = Wassergehalt	= 4,5% (gegeben)
	φ_S = Sättigungswert	= 7,5% (gegeben)
	φ / φ_S	= 0,6
Abszisse:	x = Randabstand	= 8 mm (gegeben)
	s = Wanddicke	= 32 mm (gegeben)
	x/s	= 0,25
Parameter:	F_0 = Fourier-Zahl	
	$= \frac{D \cdot t}{s^2}$	≈ 0,08 (aus Diagramm)
	D = Diffusionskoeffizient	$= 0{,}32 \cdot 10^{-6}\ mm^2/s$
	t = Zeit	$= \frac{F_0 \cdot s^2}{D} = 2{,}56 \cdot 10^8\ s \approx$ 8,1 Jahre
	$\bar{\varphi}$ = mittlerer Wassergehalt	$= \varphi_s \cdot \bar{\varphi} / \varphi_s = 7{,}5 \cdot 0{,}63\% =$ 4,7%
	$\bar{\varphi} / \varphi_S$	= 0,63 (aus Bild 3.74)

Bild 3.73 Diagramm zur Abschätzung der Feuchtigkeitsverteilung in flächigen Kunststoffteilen bei beidseitiger Benetzung

Bei hydrolyseempfindlichen Kunststoffen wie z.B. den Polyestern können schon sehr geringe Wassergehalte im Granulat bei der thermoplastischen Verarbeitung zu Schlieren, Blasen und Molekülabbau führen, Bild 3.77. Der Wassergehalt muss deshalb vor der Verarbeitung genau kontrolliert werden. Eine analytische selektive Methode hierzu ist das Verfahren nach Karl Fischer. Es beruht auf der Umsetzung des Wassers mit SO_2 und J_2, vorzugsweise in methanolischer Lösung. Das Wasser wird dabei in einem Inertgas-Strom aus dem Kunststoff ausgeheizt. Eine Kalibrierung des Messsystems ist nicht erforderlich. Wird mit ansteigendem Temperaturgradienten gearbeitet, so ist die Unterscheidung zwischen adsorptiv gebundenem Oberflächenwasser und chemisch gebundenem bzw. dem bei der Zersetzung gebildeten Wasser möglich.

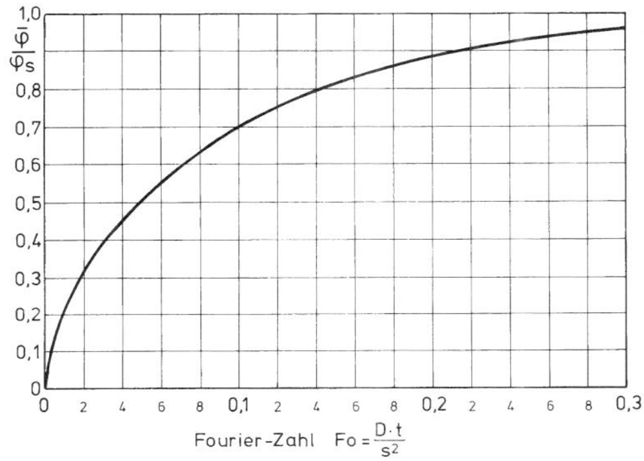

Bild 3.74 Diagramm zur Ermittlung der mittleren Feuchtigkeit (vgl. Bild 3.73)

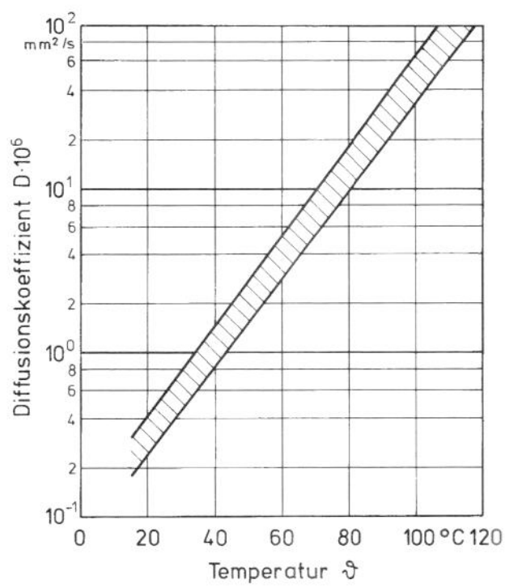

Bild 3.75 Temperaturabhängigkeit des Diffusionskoeffizienten für PA 6, 12 und 66

Eine zeitaufwändigere Methode ist die Wasserbestimmung durch Rücktrocknung im Vakuum-Trockenschrank. Hierbei besteht die Gefahr, dass andere flüchtige Bestandteile gleichzeitig bestimmt werden. In der Praxis hat sich die Beobachtung der Bläschenbildung eines Granulatkorns beim Erhitzen zwischen zwei Glasscheiben auf einem Heiztisch, der sog. TVI-Test, bewährt. Treten beim Aufschmelzen keine Bläschen mehr auf, ist der Wassergehalt für eine normale thermoplastische Verarbeitung ausreichend niedrig, Bild 3.78.

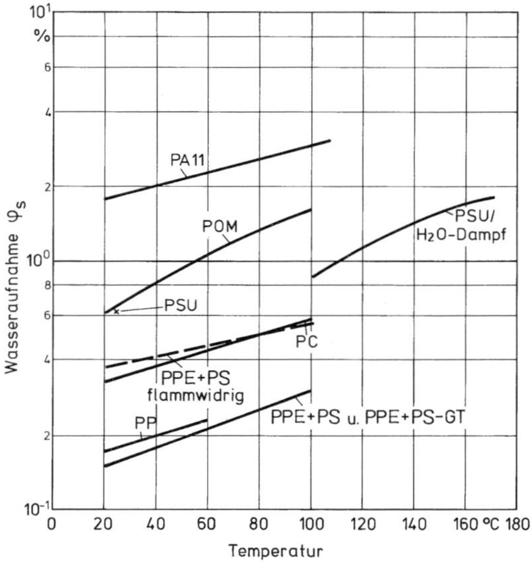

Bild 3.76 Temperaturabhängigkeit der Sättigungs-Wasseraufnahme

3.6.2 Chemikalien

Im Kontakt mit Gasen, Flüssigkeiten und Feststoffen können diese Stoffe oder Bestandteile dieser Stoffe in den Kunststoff hineindiffundieren oder Bestandteile aus dem Kunststoff herauslösen. Die Eigenschaften des Kunststoffs können hierdurch so beeinflusst werden, dass die Gebrauchstauglichkeit verloren geht. Die Widerstandsfähigkeit gegen solche Einflüsse wird mit chemischer Beständigkeit oder Tauglichkeit bezeichnet. Zu deren Bestimmung werden Probekörper ohne äußere Belastung im Kontakt mit den zu prüfenden Stoffen, ggf. bei verschiedenen Temperaturen, gelagert. In größer werdenden Zeitabständen werden Probekörper entnommen und an diesen Gewichts-, Dimensions- oder Eigenschaftsänderungen gegenüber dem Ausgangszustand ermittelt, siehe DIN EN ISO 175 und DIN 53756 (Fertigteilprüfung), DIN 53428 (Schaumstoffprüfung) und DIN 53393 (GFK-Prüfung).

Im einfachsten Fall werden die Ergebnisse dieser Prüfungen zur pauschalen Bewertungen wie beständig, bedingt beständig und unbeständig zusammengefasst. Diese meist nur auf das Verhalten bei Raumtemperatur bezogene Klassifizierung ist wenig objektiv und kann deshalb nur einen ersten Anhaltspunkt über die Verwendbarkeit der Kunststoffe für einen speziellen Fall geben. Gegenwärtig bemüht sich ein CAMPUS-Arbeitskreis zusammen mit den entsprechenden Ausschüssen der ISO und des DIN eine Vorgehensweise bei der Beurteilung und eine Liste von Standardmedien für eine vergleichende Bewertung der chemischen Beständigkeit zu erarbeiten.

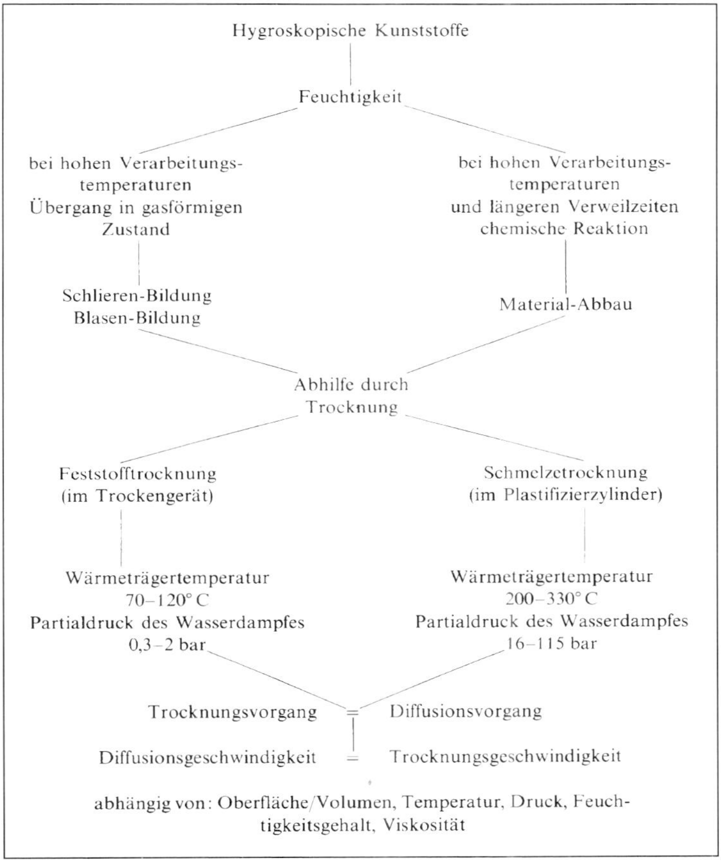

Bild 3.77 Problemkreis „hygroskopische Kunststoffe„, nach Rheinfeld

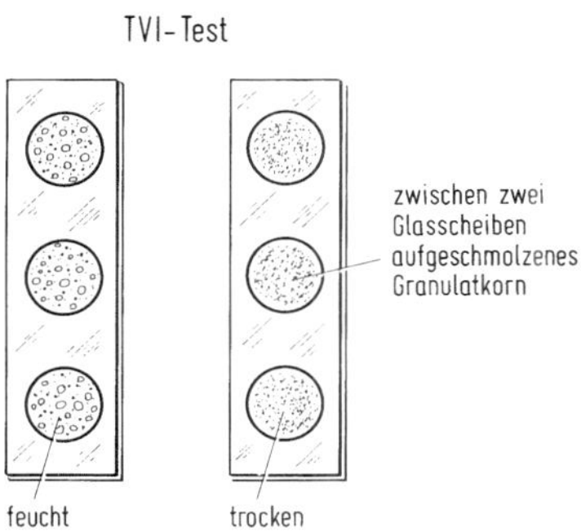

Bild 3.78 TVI-Test, Feuchtetest vor der thermoplastischen Verarbeitung

Der Verlauf der Einwirkung chemisch aktiver Medien auf Kunststoffformteile wird durch geringfügige Änderungen der Rezeptur der Kunststoffe, durch die Art, Zeitdauer und Temperatur der Beanspruchung des Mediums, weiter aber auch noch durch eine gleichzeitige Belastung des Formteils aufgrund eingefrorener Spannungen oder äußerer Lastspannungen beeinflusst, s. Abschn. 3.6.3: Spannungsrissbeständigkeit und Abschn. 3.2.3: Resistenzfaktoren beim Zeitstandverhalten von Rohren. Praxiserprobungen sind in kritischen Fällen immer anzuraten, zumal sich der Einsatz von nur bedingt beständigen Kunststoffen wirtschaftlich durchaus lohnen kann, wenn Alternativwerkstoffe nicht zur Verfügung stehen oder wesentlich teurer sind.

3.6.3 Spannungsrissbeständigkeit

Bei Metallen ist die Erscheinung der Spannungskorrosion allgemein bekannt. Sie führt bei gleichzeitiger Einwirkung bestimmter Medien und von Zugspannungen zur verformungslosen Trennung mit inter- oder transkristallinem Verlauf. Die Ursachen sind meist elektrochemischer Art. Auch bei Kunststoffen tritt diese Art von spröden Rissen unter der Einwirkung innerer Abkühlspannungen oder äußerer Zugspannungen und bestimmter Stoffe auf. Es handelt sich hierbei im wesentlichen um rein physikalische Prozesse, z.B. Benetzung, Diffusion und Quellung. Allerdings kann auch an der Rissspitze wirkende Oxidation oder Hydrolyse die Rissbildung beeinflussen. Die Entstehung eines spröden Bruchverhaltens bei ansonsten zähen Kunststoffen unter Einwirkung von Umgebungsmedien wird bei Kunststoffen mit Spannungsrissbildung (englisch: ESC = environmental stress cracking) bezeichnet.

Am Beginn einer Schädigung werden bei transparenten Kunststoffen meist von der Oberfläche ausgehende feine Haarrisse, auch Crazes genannt, beobachtet, an denen Licht reflektiert wird. Dies sind jedoch keine echten Risse, sondern Zonen, in denen der Kunststoff in Beanspruchungsrichtung verstreckt ist. Die Haarrisse werden durch verstreckte Molekülstränge überbrückt und sind deshalb in der Lage, Kräfte zu übertragen. Allerdings wirken sie bei stoßartiger Beanspruchung wie echte Kerb- und damit Schwachstellen und können sich bei langzeitiger Beanspruchung zu echten, klaffenden Rissen weiterbilden und zum Bruch führen. Dabei zeigen Untersuchungen von Berlich, dass die chemische Reaktivität des Mediums, in dem der Kunststoff geprüft wird, einen deutlichen Einfluss auf Spannungsrissbildung nimmt (Bild 3.79).

Da die Ausbildung der Risse einer Zeitfunktion unterliegt, wird das Spannungsrissverhalten in Zeitstandversuchen ermittelt. Hierbei wird zwischen Versuchen mit konstanter Last und solchen mit konstanter Dehnung unterschieden. Ein einstufiges Prüfverfahren ist die Bestimmung der relativen Zeitstand-Zugfestigkeit in verschiedenen Medien bei verschiedenen Temperaturen, s. ISO 6252. Im Kugel- oder Stifteindrückverfahren, s. ISO 4600, werden durch Eindrücken von Kugeln oder Stiften mit definierten Übermaßen in ein in den Probekörper gebohrtes Loch, im Biegestreifen-Verfahren, s. ISO 4599, durch Aufspannen des Probekörpers auf eine Biegeschablone zeitlich konstante Verformungen erzeugt, unter denen der Probekörper eine definierte Zeit dem Prüfmittel ausgesetzt wird. Die Schädigung wird durch die Beobachtung von Rissen bzw. durch Bestimmung der Rest-Festig-

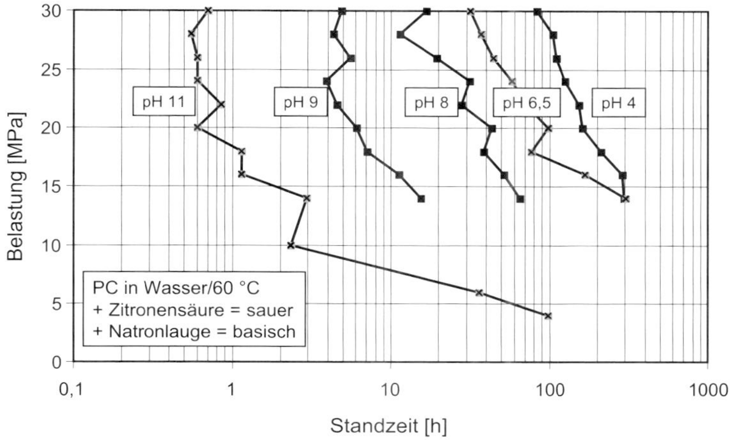

Bild 3.79 Einfluss des pH-Wertes auf die Standzeit von Polycarbonat

keit oder -Bruchdehnung nach der Lagerung ermittelt. Eine Wertung der Versuchsergebnisse ist nur mit Hilfe von Erfahrung mit der jeweiligen Methode und der Praxis möglich, zumal die Spannungsrissbildung von einer Vielzahl von Einflussgrößen abhängig ist. Sie nimmt zu mit:

- höherer Zugspannung, auch Eigen- oder Abkühlspannung,
- längerer Einwirkdauer,
- höherer Temperatur,
- höherer Reaktivität des Umgebungsmediums (z.B. Sauerstoffkonzentration, Netzmittel. pH-Wert)
- höherer Kristallinität,
- geringerer Molmasse,
- höherer Orientierung quer zur Zugspannungsrichtung,
- geringerer Vernetzung.

Verstärkungsfasern verringern die schädliche Auswirkung der Haarrisse, da sie rissstoppend wirken.

Ein Beispiel für das Auftreten von Spannungsrissen zeigt Bild 3.37. Im Bereich des flachen Verlaufs der Festigkeitskurven weist der Kunststoff ein zähes Bruchverhalten auf, im steileren Abfall bricht er spröde ohne plastische Verformung, ein Zeichen für die Initiierung durch Spannungsrissbildung. Schließlich tritt im senkrechten Steilabfall der Kurve der Bruch unabhängig von der einwirkenden Spannung auf. Dies ist ein Hinweis auf das Auftreten der oxidativen Alterung, das Material ist abgebaut. Dieser Zusammenhang zeigt sich auch in der Bruchform (siehe hierzu auch Bild 3.80).

Zwischen chemischer Beständigkeit und Sannungsrissbeständigkeit besteht kein Zusammenhang. Im Gegenteil, ein nach Einlagerungsversuchen in einem bestimmten Medium als chemisch beständig beurteilter Kunststoff kann durchaus spannungsrissempfindlich sein. Dies erklärt sich aus dem Umstand, dass die Mechanismen der Rissbildung erst wirksam werden, wenn im Werkstoff Spannungen auftreten (ggf. auch Eigenspannungen aus der Fertigung oder durch Temperaturwechseleinwirkungen).

Weitere Normen: ASTM-D 1693, Bell-Telephone-Test, speziell für PE; ASTM-D 5397, NCTL (Notched Constant Tensile Load)-Test, Zeitstand-Zugversuch an einem gekerbten Probekörper.

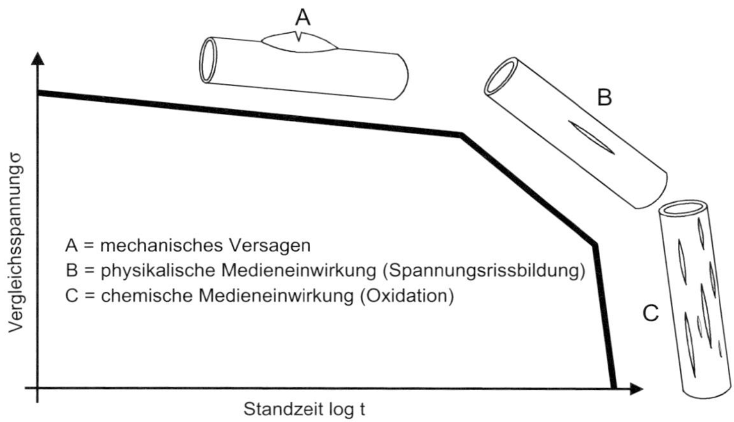

Bild 3.80 Schematisches Zeitstanddiagramm für Polyethylen

3.6.4 Atmosphärische Einflüsse

Unter atmosphärischen Einflüssen werden alle die Faktoren verstanden, die bei der Anwendung von Formteilen im Freien auftreten können: Sonnenstrahlung, Sauerstoff, Ozon, weitere gasförmige Bestandteile der Luft, Temperatur, Luftfeuchtigkeit, Niederschläge oder Staubablagerungen. Die Intensität und relative Dauer dieser Einwirkungen ist natürlich stark vom geographischen Ort und von der Jahreszeit abhängig. Deshalb ist eine allgemeingültige Charakterisierung der Bewitterungsbeständigkeit nicht möglich. Es werden je nach vorgesehenem Einsatz der Kunststoffe verschiedartige Expositionen durchgeführt. Im Anschluss an diese werden relative Änderungen der Farbe, des Glanzes, der Abmessungen, der Dichte und der mechanischen und physikalischen Eigenschaften bestimmt. Folgende Lagerungsarten sind üblich:

DIN EN ISO 877 Belichtung im Naturversuch unter Fensterglas, eventuell in verschiedenen Klimazonen. Es wird im wesentlichen nur die Lichtechtheit der Farbe bestimmt.

DIN 53386 Bewitterung im Freien in verschiedenen Klimazonen.

DIN 53387 Bewitterung in künstlichen Bewitterungsgeräten, in denen die Probekörper zyklisch zusätzlich zur Belichtung mit einem dem Sonnenlicht angepassten Spektrum mit Wasser besprüht werden.

DIN EN ISO 4892–3 Künstliche Bewitterung mit Leuchtstofflampen.

DIN 50013/14/15/16/17 Vorzugstemperaturen/Normklimate/konstante Prüfklimate/Feucht-Wechselklima/Schwitzwasserklima. Es wird nur der Einfluss von Temperatur und Feuchtigkeit untersucht.

Es gibt viele Ansätze, aus den Ergebnissen der Exposition in künstlichen Belichtungs- oder Bewitterungsgeräten auf das Verhalten im praktischen Einsatz zu schließen. Der so ermittelte Zeitraffereffekt ist jedoch von Produkt zu Produkt und von Gerät zu Gerät unterschiedlich, so dass solche künstlichen Bewitterungs- oder Belichtungsversuche nur zur Vorauswahl von Kunststoffen oder zur Beurteilung von Produktentwicklungen oder -Modifikationen dienen können. Die Vielzahl der auf dem Markt erhältlichen Bestrahlungsgeräte erschwert den Vergleich von Ergebnissen. S. auch: Freie und künstliche Bewitterung, Übersicht über Geräte und Prüfnormen, Kunststoffe 86 (1996) 6, S. 850 ff.

3.6.5 Energiereiche Strahlung

Zu den energiereichen (ionisierenden) Strahlen zählt man alle Arten von Teilchen- oder Wellenstrahlen, deren Energie groß im Vergleich zur molekularen Bindungsenergie ist. Zu ihnen gehören: energiereiche Elektronen, Protonen, a-Teilchen und schwere Kerne, Neutronen- und Röntgen- oder g-Strahlen, s. auch Bild 3.67. Die Wirkung der Strahlung auf die Materie wird durch deren Absorptionsverhalten, weniger durch die Strahlungsart bestimmt. Wie bei anderen Beständigkeits-Untersuchungen wird durch Exposition die Energiedosis in J/kg bestimmt, die zu einer bestimmten Eigenschaftsänderung führt. Die Dosisleistung, die pro Massen- und Zeiteinheit absorbierte Energie in J/kg · h, spielt dann eine Rolle, wenn im Kunststoff bei der Bestrahlung Oxidationsvorgänge ablaufen. Bei hohen Leistungen benötigt man entsprechend kurze Bestrahlungszeiten, um eine bestimmte Schädigung des Kunststoffs zu bewirken, so dass der Einfluss von Sauerstoff gering ist, während bei geringen Dosisleistungen und entsprechend langen Zeiten der Luftsauerstoff in den Kunststoff hineindiffundieren kann und damit das Ergebnis wesentlich verschlechtert Bild 3.81.

3.6.6 Beständigkeit gegen Organismen

Zur Ermittlung der Widerstandsfähigkeit gegen Organismen wie Schimmelpilze, Algen oder Bakterien werden Kunststoffproben auf entsprechende Nährböden gebracht. Prüfkriterien sind einmal die Beeinflussung des Wachstums dieser Kulturen und zum anderen die Schädigung des Kunststoffs, s. DIN EN ISO 846, DIN 53930. Die gute Mikrobenbeständigkeit der meisten Kunststoffe kann durch niedermolekulare Additive beeinträchtigt werden. In den Tropen spielt besonders die Termiten-Beständigkeit eine Rolle. Auch der mögliche Befall durch Nager muss durch Fütterungsversuche untersucht werden. Kunststoffe werden um so weniger angegriffen, je härter und glatter die Oberfläche ist.

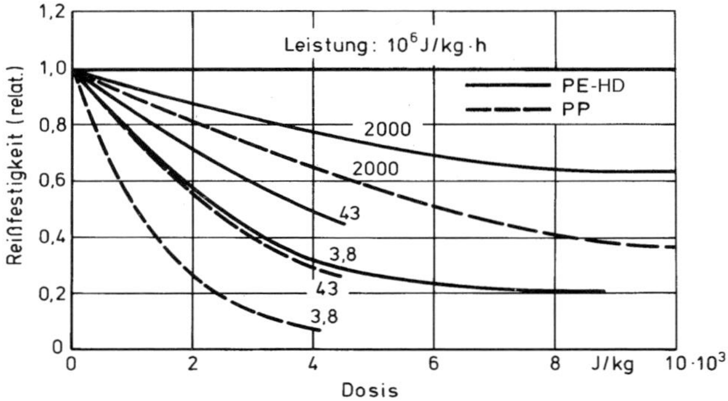

Bild 3.81 Einfluss der Dosis und der Dosisleistung auf die Beständigkeit gegen ionisierende Strahlung

3.6.7 Migration und Permeation

Absorption, Löslichkeit und Diffusion von Flüssigkeiten, flüchtigen Stoffen und Gasen in Polymeren und an Polymer-Grenzflächen sind Vorgänge von technischer Bedeutung auch dann, wenn sie keine wesentlichen Änderungen des Gesamtverhaltens eines Kunststoffs bewirken. Das gilt auch für das Auswandern, die Migration, von Kunststoff-Bestandteilen in die Umgebung, s. Abschn. 2.4, toxikologische Bewertung von Kunststoffen.

Praxisnahe Prüfverfahren erfassen die Gefährdung angrenzender Werkstoffe (z.B. die Spannungsrissbildung) durch Auswandern von Weichmachern (DIN EN ISO 177) und Ausbluten von Farbmitteln (DIN EN ISO 183). Hierbei werden Kunststoff-Folien bei erhöhter Temperatur gegen eine aufnehmende Kontaktfläche gedrückt und nach bestimmter Lagerungsdauer Gewichts-und Oberflächenänderungen beurteilt. Die Flüchtigkeit von Weichmachern und anderen Additiven wird im Aktivkohle-Adsorptions-Verfahren gemessen (DIN EN ISO 176). Zur Beurteilung der Eignung von Kunststoffen für den Lebensmittelsektor werden die extrahierbaren Bestandteile bestimmt (DIN EN ISO 6427).

Beim Wandern eines Mediums durch eine Kunststoffwandung (Permeation) können folgende Effekte beobachtet werden: Das „Weeping“ genannte Ausschwitzen verunreinigender oder gefährlicher Inhaltsstoffe aus Behälter- oder Rohrwandungen, deren Eindringen hinter Kunststoffauskleidungen, die Verdunstung von Kraftstoffen durch die Tankwandung, die Aufnahme von Luftsauerstoff in das Durchflussgut von Rohrleitungen oder den Inhalt von Kunststoffbehältern, die Korrosion an metallischen Anlageteilen verursachen kann. Dies sind Vorgänge, für die im Einzelfall speziell entwickelte Prüfverfahren oder eine Praxis-Simulation durch Langzeitversuche erforderlich wird.

Vor allem für die Verpackungsindustrie ist die Kenntnis der Durchlässigkeit von Kunststoffen für Gase und Dämpfe wichtig. Sie wird deshalb an Folien bestimmt.

Da die Permeation von Gasen und Dämpfen durch Kunststoff der Dicke umgekehrt proportional ist, gilt:

$P = P_o \cdot d_o / d$

P = Permeationswert einer Schichtdicke d

P_o = Permeationswert einer Bezuggsschichtdicke d_o

Für Mehrschichtverbunde gilt:

$1/P = 1/P_1 + 1/P_2 + ... 1/P_i$

P_1; P_2; P_i = Permeationswert der einzelnen Schichten

3.6.7.1 Wasserdampf-Durchlässigkeit

Die Wasserdampf-Durchlässigkeit WDD ist die Gewichtsmenge Wasserdampf, die in 24h bei einem festgelegten Luftfeuchtegefälle von 85% (dies entspricht einer Wasserdampf-Partialdruckdifferenz von 19,68 mbar) und einer Temperatur von 20 °C durch einen Quadratmeter einer geprüften Folie diffundiert:

WDD in $\left[\dfrac{g}{m^2 \cdot 24h}\right]$ (DIN 53122–1,2; ISO 1195).

Die Dicke der Folie muss mit angegeben werden, da sie den Messwert stark beeinflusst, Bild 3.82. Durch Multiplikation mit der Probendicke und Bezug auf die Partialdruckdifferenz erhält man den Permeationskoeffizienten

PWD in $\left[\dfrac{g}{cm \cdot h \cdot mbar}\right]$ *DIN (s. auch DIN 4108–4).*

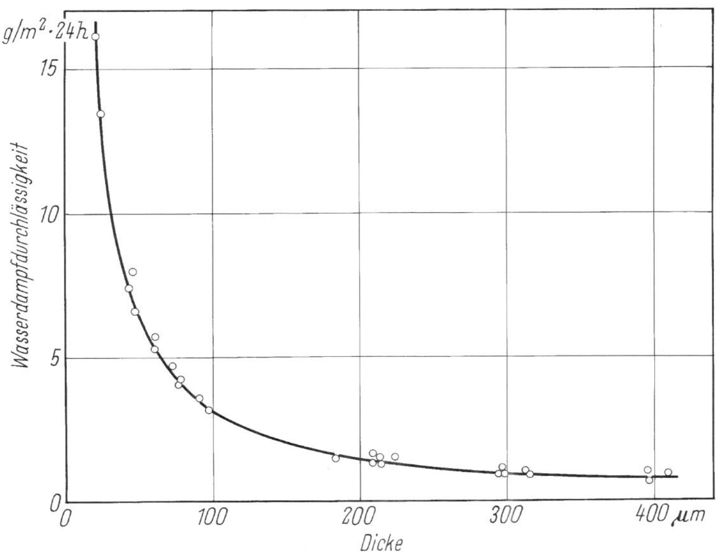

Bild 3.82 Dickenabhängigkeit der Wasserdampfdurchlässigkeit von PVC-U

3.6.7.2 Gas-Durchlässigkeit

Die Gas-Durchlässigkeit q ist das auf Normbedingungen (NTP) reduzierte Gasvolumen, das in 24h bei einer bestimmten Temperatur und einem bestimmten Druckgefälle durch eine Fläche von einem Quadratmeter einer Folie diffundiert:

$$g \text{ in} \left[\frac{cm^3}{m^2 \cdot 24h \cdot bar}\right] \text{ (DIN EN ISO 2556).}$$

Auch hier muss die Probendicke angegeben werden. Der Permeations-Koeffizient PG für Gase ist die auf die Dicke und Druckdifferenz bezogene Durchlässigkeit:

$$PG \text{in} \left[\frac{cm^3(NTP)}{cm \cdot s \cdot mbar}\right]$$

Durchlässigkeits-Kennwerte nehmen mit der Temperatur stark zu, s. Bild 3.83, und hängen empfindlich sowohl von den Messbedingungen als auch von der Art und dem Zustand der geprüften Folie ab. Werte aus der Literatur bieten deshalb lediglich einen qualitativen Vergleichsmaßstab, der in kritischen Fällen durch Messwerte am jeweiligen Produkt zu ergänzen ist. Für Durchlässigkeiten und Permeations-Koeffizienten werden teilweise unterschiedliche Einheiten benutzt, vgl. Umrechnungstabelle in Tafel 3.10.

3.6.7.3 Wasserdampf-Diffusions-Widerstandszahl

Die Wasserdampf-Diffusions-Widerstandszahl μ ist eine im Bauwesen für feuchtigkeits-schutztechnische Berechnungen benutzte dimensionslose Material-Kennzahl. Sie gibt an, um wieviel mal der Widerstand des Materials gegen Wasserdampf-Diffusion größer ist als der einer gleich dicken Luftschicht. Kunststoff-Folien mit μ-Werten in der Größenordnung von 10^4 bis 10^5 sind in relativ geringen Dicken als Dampfbremsen gegen Tauwasserbildung in Wänden oder Warmdächern wirksame Bautenschutz-Bahnen. Werte für die Widerstandszahl μ sind in der DIN 4108 zu finden.

3.6.8 Brandverhalten

Kunststoffe gehören zu den organischen Stoffen und sind deshalb von Natur aus brennbar. Eine allgemein gültige Bewertung der Kunststoffe hinsichtlich ihres Verhalten bei oder nach einer Entzündung ist jedoch nicht möglich, da das Brandverhalten keine Stoffeigenschaft ist. Für das Brandgeschehen nach der Entzündung ist die Verbrennungswärme (Heizwert) (angegeben in kWh/kg) des Kunststoffs ein wichtiger Stoffwert. Das Brandverhalten wird weiterhin bestimmt durch die Entzündbarkeit, den Beitrag zur Flammenausbreitung und Brandparallelerscheinungen wie Rauchentwicklung, Toxizität und Korrosivität der Brandgase. All diese Branderscheinungen und -folgen hängen außer vom Material zusätzlich noch von Umweltfaktoren wie der Art und Dauer der Einwirkung und der Intensität der Zündquelle, Luftzufuhr zum Brandort, Menge, Form und Anordnung des Kunststoff-Formteils im Raum usw. ab. Die Komplexität des Brandgeschehens ist ein Grund dafür, dass viele Prüfverfahren entwickelt wurden und auch für die Zulassung von Kunststoff-Formteilen für bestimmte Anwendungsfälle vorgeschrieben sind. Man versucht auf diese Weise, die unterschiedlichen Brandrisiko-Situationen nachzustellen.

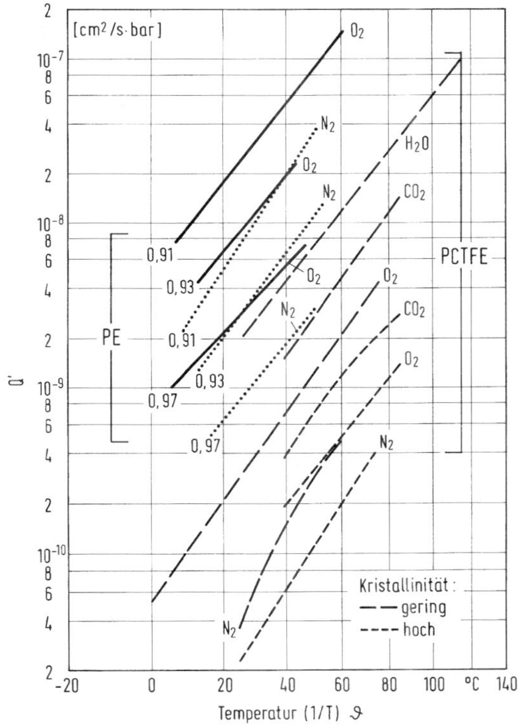

Bild 3.83 Temperaturabhängigkeit einiger Permeationskoeffizienten von PE und PCTFE

3.6.8.1 Brennbarkeit nach UL

Für die Datenbank CAMPUS ist zur Beurteilung der Brennbarkeit ein von den „Underwriters' Laboratories Inc." (UL) eingeführtes Verfahren (UL Subjekt 94) vorgeschrieben, da dieses weltweite Bedeutung gewonnen hat. (Zu ISO 10350: 1995 ist zur Bestimmung der Brennbarkeit die ISO 1210 vorgeschrieben. Eine Angleichung der beiden Vorschriften wird angestrebt.) Hersteller von Formmassen und Formteilen können ihre Erzeugnisse bei UL zertifizieren und überwachen lassen. Zur Prüfung werden die Probekörper horizontal bzw. vertikal eingespannt und mit einem Bunsenbrenner beflammt. Beurteilt werden die Abbrandgeschwindigkeit, Brennstrecke, Nachbrenndauer und das abtropfende Material. Die Bewertung erfolgt in Stufen: „no„, „HB„, „V-2„, „V-1„, „V-0„, „5VA„ oder „5VB„ die Reihenfolge entspricht zunehmender Schärfe des Tests. Zusätzlich wird in CAMPUS die Entzündbarkeit nach ISO 4589 angegeben.

Tafel 3.10 Umrechnungstafel Durchlässigkeitskennwerte für Gase und Wasserdampf

Größe	Empfohlene Einheit	Umrechnungsfaktor
Permeations-koeffizient	$1 \frac{cm^3 \cdot 100 \mu m}{m^2 \cdot d \cdot bar} \triangleq$	$10^{-2} \frac{cm^3 \cdot 100 \mu m}{dm^2 \cdot d \cdot bar}$ $10^{-9} \frac{cm^2}{d \cdot mbar}$ $1{,}5 \cdot 10^{-14} \frac{cm^2}{s \cdot Torr}$ $1{,}2 \cdot 10^{-11} \frac{cm^2}{s \cdot bar}$ $1{,}2 \cdot 10^{-16} \frac{cm^2}{s \cdot Pa}$ $10^{-11} \frac{cm^2}{d \cdot Pa}$
Gasdurchlässigkeit	$1 \frac{cm^3}{m^2 \cdot d \cdot bar} \triangleq$	$1{,}2 \cdot 10^{-9} \frac{cm}{s \cdot bar}$ $12 \cdot 10^{-6} \frac{cm^3}{m^2 \cdot s \cdot bar}$ $10^{-4} \frac{cm}{d \cdot bar}$ $10^{-9} \frac{cm}{d \cdot Pa}$ $1{,}3 \cdot 10^{-7} \frac{cm}{d \cdot Torr}$
Wasserdampf-durchlässigkeit	$1 \frac{g}{m^2 \cdot d} \triangleq$	$12 \cdot 10^{-6} \frac{g}{m^2 \cdot s}$ $12 \frac{\mu g}{m^2 \cdot s}$

Weitere Prüfungen von Bedeutung sind:

3.6.8.2 Allgemeine Prüfungen

Die Entzündungs- und Selbstentzündungs-Temperatur nach DIN 54836, das ist die Temperatur, bei der sich die bei der Erhitzung entstehenden Gase mit oder ohne zusätzliche Zündflamme entzünden.

Der Sauerstoffindex nach ASTM D 2836 ist die minimale Sauerstoffkonzentration in einem Sauerstoff-Stickstoff-Gemisch, bei der ein vertikal angeordneter Probekörper gerade noch kerzenartig abbrennt.

Die Rauchdichte nach DIN 53436. Es wird die optische Dichte der bei der Verschwelung bzw. Verbrennung entstehenden Rauchgase ermittelt.

Die Rauchgas-Toxizität wird in Tierexperimenten ermittelt, wobei eine Bewertung in Relation zu den an Brandgasen substituierter herkömmlicher Produkte gewonnener Ergebnisse erfolgt. Zur Erzeugung der Brandgase wird die Verschwelungsapparatur nach DIN 53436 benutzt.

3.6.8.3 Elektrosektor

UL-Prüfung, wie beschrieben.

Glühstabprüfung nach VDE 0304 Teil 3. Einteilung nach Stufen anhand der Flammenausbreitung beim Kontakt mit einem glühenden Stab (960 °C). Es gilt: I: keine sichtbare Flamme; II: Flamme erlischt vor der 1.Marke: III: Flamme erreicht 2. Marke.

Glühdrahtprüfung nach VDE 0471–2-1, DIN IEC 60695–2-1. Es wird festgestellt, ob der Prüfkörper oder ein Formteil bei Berührung mit einem glühenden Draht oder glühenden Kontakt eine Brandgefahr darstellt.

Kabelprüfung nach VDE 0472 Teile 804, 813 und 814. In einem Großtest mit einem Propangasbrenner werden das selbstlöschende Verhalten und die Oberfläche beurteilt.

3.6.8.4 Bauwesen

Nach DIN 4102 wird zwischen nicht brennbaren, sogenannten A-Stoffen, die in die Leistungsstufen A1 oder A2 eingestuft werden, und den brennbaren Stoffen der Kategorie B unterschieden. Diese wird in drei Klassen eingeteilt: B1: schwerentflammbar, B2: normalentflammbar, B3: leichtentflammbar. B1 wird in einem Brandschacht an Platten 190 mm · 1 m · Dicke bestimmt, während die Einstufung nach B2 und B3 im Kleinbrennertest nach DIN 53438 erfolgt.

Feuerwiderstandsfähigkeit nach ISO 834–1. Sie wird an praxisgerecht eingebauten Bauteilen unter realer Brandbelastung ermittelt. Hierzu wurden Versuchsgebäude und Fassadenprüfstände errichtet.

Die Implementierung eines für ganz Europa einheitlichen Prüf- und Klassifizierungssystems für das Brandverhalten in die nationalen Baurechte hat die EU im Jahr 2000 vorgeschlagen. Dies ist inzwischen in nationales Recht überführt. Darin werden die Baustoffe in die Klassen (turoclasses) A1, A2, B, C, D, E und F eingeteilt, s. Tafel 3.11 und 3.12.

3.6.8.5 Verkehrswesen

Kraftfahrzeug-Innenausstattungen müssen weltweit den Anforderungen des „Federal Motor Vehicle Safety Standard 302 (FMV SS 302)“ entsprechen, s. auch ISO 3795. Es wird die Abbrandgeschwindigkeit von Probekörpern bei Beflammung mit einem Bunsenbrenner auf 4 inch/min bei 15 s Beflammung (in Deutschland 110 mm/min) begrenzt.

Tafel 3.11 Klassifizierung für Baustoffe (außer Fußbodenbeläge) bezüglich ihres Brandverhaltens (Reaction to Fire) (aus Kunststoffe 90 (2000) 5, S. 42)

Klasse	ent spricht ... nach DIN 4102	Test-Methoden	Klassifizierungs-Kriterien	Zusätzliche Klassifizierung
A1	A1	EN ISO 11821; und	$\Delta T \leq 30$ °C; und $\Delta m \leq 50\%$; und $t_r = 0$ (i.e. kein anhaltendes Brennen)	
		EN ISO 1716	PCS ≤ 2,0 MJ/kg[1] und PCS ≤ 2,0 MJ/kg[2, 2a] und PCS ≤ 1,4 MJ/m²[2, 3] und PCS ≤ 2,0 MJ/kg[4]	
A2	A2	EN ISO 11821	$\Delta T \leq 50$ °C; und $\Delta m \leq 50\%$; und t_r 20 s	
		EN ISO 1716; und	PCS ≤ 3,0 MJ/kg[1] und PCS ≤ 4,0 MJ/m²[2, 2] und PCS ≤ 4,0 MJ/m²[2, 3] und PCS ≤ 3,0 MJ/kg[4]	
		EN 13823 (SBI)	FIGRA ≤ 120 W/s; und LFS < Probenaußen kante; und $THR_{600s} \leq 7{,}5$ MJ	Rauchentwicklung[5]; und brennende Tropfen/Teile[6]
B		EN 13823 (SBI); und	FIGRA ≤ 120 W/s; und LFS < Probenaußenkante; und $THR_{600s} \leq 7{,}5$ MJ	Rauchentwicklung[5+] - und brennende Tropfen/Teile[6]
		EN ISO 11925-2[8]: Beanspruchung = 30 s	Fs ≤ 150 mm innerhalb von 60 s	
C		EN 13823 (SBI); und	FIGRA ≤ 250 W/s; und LFS < Probenaußenkante; und $THR_{600s} \leq 15$ MJ	Rauchentwicklung[5]; und brennende Tropfen/Teile[6]
		EN ISO 11925-2[8]: Beanspruchung = 30 s	Fs ≤ 150 mm innerhalb von 60 s	
D		EN 13823 (SBI); und	FIGRA ≤ 750 W/s	Rauchentwicklung[5]; und brennende Tropfen/Teile[6]
		EN ISO 11925-2[8]: Beanspruchung = 30 s	Fs ≤ 150 mm innerhalb von 60 s	
E	B2	EN ISO 11925-2[8]: Beanspruchung = 15 s	Fs ≤ 150 mm innerhalb von 20 s	Brennende Tropfen/ Teile
F	B3	Kein Verhalten bestimmt		

1: Für homogene Produkte und substanzielle Komponenten von nicht-homogenen Produkten
2: Für alle externen nicht-substanziellen Komponenten von nicht-homogenen Produkten
2a: Alternativ, alle externen nicht-substanziellen Komponenten mit einem PCS ≤ 2,0 MJ/m², vorausgesetzt, dass das Produkt die folgenden Kriterien nach EN SBI erfüllt, FIGRA ≤ 20 W/s, und LFS < Probenaußenkante, und $THR_{600s} \leq 4{,}0$ MJ, und s1, und d0
3: Für alle inneren nicht-substanziellen Komponenten von nicht-homogenen Produkten
4: Für das ganze Produkt
5: s1 = SMOGRA ≤ 30 m²/s² und $TSP_{600s} \leq 50$ m²; s2 = SMOGRA ≤ 180 m²/s² und $TSP_{600s} \leq 200$ m²; s3 = nicht s1 oder s2
6: d0 = Keine brennenden Tropfen/Teile in EN 13823 (SBI) innerhalb von 600 s;
d1 = Keine brennenden Tropfen/Teile, die länger als 10 s weiterbrennen, in EN 13823 (SBI) innerhalb von 600 s;
d2 = nicht d0 oder d1; Entzündung des Papiers in EN ISO 11925-2 führt zu einer d2-Klassifizierung

7: Bestanden = keine Entzündung des Papiers (keine Klassifizierung); Nicht bestanden = Entzündung des Papiers (d2-Klassifizierung)
8: Unter Bedingungen der Flächenbeflammung und, wenn dies der End-use-Anwendung entspricht, Kantenbeflammung.

Tafel 3.12 Prüfmethoden für das europäische System – Brandverhalten (Reaction to Fire)

Prüfmethode	Norm
Nichtbrennbarkeit Ofenprüfung	Pr EN ISO 1182
Heizwert (PCS)	Pr EN ISO 1716
Single Burning Item (SBI)	Pr EN 13823
Kleinbrennerprüfung	Pr EN ISO 11925-2
Flooring Radiant Panel (Fußboden)	Pr EN ISO 9239-1
Klassifizierung	Pr EN ISO 13501-1

Kraftfahrzeug-Karosserieteile werden nach DIN 53438, Teil 3 geprüft. Die Probekörper müssen bei einer streichholzähnlichen Flächenbeflammung von 15 s mit einem Kleinbrenner nach DIN 50051 unmittelbar nach Entfernung der Flamme und vor Erreichen einer Messmarke verlöschen, Klassifizierung F1.

Kraftstoff-Behälter müssen widerstandsfähig gegen Benzinfeuer entsprechend der ECE-Reg. Nr. 34 (United Nations Agreement Concerning the Adoption of Uniform Conditions of Approval and Reciprocal Recognition of Approval for Motor Vehicle Equipment and Parts) sein.

Schienenfahrzeuge: Werkstoffe für den Innenausbau von Eisenbahnwaggons müssen der DIN 5510 Teil 2 genügen. Die Probekörper (190 mm · 500 mm · Bauteildicke) werden aus dem Bauteil entnommen und in einer Anordnung entsprechend DIN 54837 beflammt. Nach drei Kriterien wird klassifiziert: Brennbarkeit S1 bis S5, Rauchentwicklung SR1 und SR2, Tropfbarkeit ST1 und ST2. Die französische Norm NF F 16–101 enthält ähnliche Kriterien bei verschärften Anforderungen: Brennbarkeitsklassen geprüft nach NF P 92–507 M0 bis M4, Rauchentwicklungsklassen geprüft nach FN P10–702 F0 bis F5, Giftigkeit der Rauchgase geprüft nach NF X 70–100. Die für osteuropäische Länder wichtige Norm GOST 12.1.044–84 geht in ihren Forderungen ebenfalls über DIN 5510 hinaus.

Flugzeugsektor: Die amerikanische Luftfahrtbehörde FAA hat einen auch OSU-Test (Ohio-State-University-Test) genannten Test FAR 25.853 vorgeschrieben. Dieser enthält die schärfsten Anforderungen aller internationaler Brandprüfungen. Es werden an einem angestrahlten und beflammten Probekörper die freigesetzte Wärmemenge HR (Heat Release) nach 2 min und die maximal freigegebene Wärme HRR (Heat Release Rate) nach 5 min bestimmt.

Entsprechend der Airbus Test Specification ATS wird die Rauchgasdichte und -toxizität ermittelt.

Schiffsbereich, Möbel und Einrichtungen, s. Becker/Braun, Kunststoff-Handbuch, Band 1; Die Kunststoffe, Carl Hanser Verlag, München 1990.

3.6.8.6 Bergbausektor

Die Brandweiterleitung von Fördergurten wird nach DIN 2218 in einem Stollenprüfstand und Beflammung mit einem Propangasbrenner untersucht.

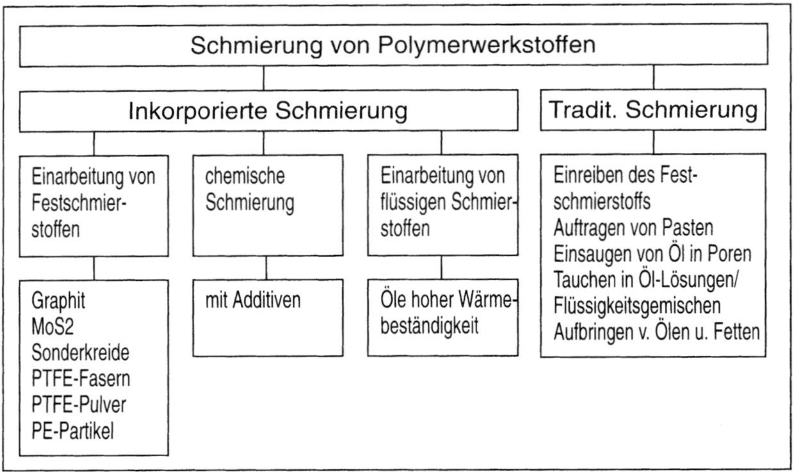

Bild 3.84 Varianten der Polymerwerkstoff-Schmierung, nach *H. Winkler*

Großversuche werden in kleinen oder großen Brandstollen der Versuchsgrubengesellschaft Tremonia in Dortmund bei einer Bewetterung von 1,2 m/s, einem Stollenausbau mit Nadelholz und einem Holz-Einleitungsfeuer durchgeführt.

3.6.9 Verschleiß- und Gleitverhalten

Die Begriffe Verschleiß und Reibung sind eng miteinander verknüpft. Mit Reibung bezeichnet man den Widerstand gegen die Änderung der relativen Lage zweier sich berührender Körper. Ein Maß für die Größe der auftretenden Reibung ist der Reibungskoeffizient μ. Solange noch keine Bewegung auftritt, ist μ größer (Haftreibungs-Koeffizient μ_s) als nach Eintritt des Gleitens (Gleit- oder dynamischer Reibungs-Koeffizient μ_D). Beim Gleitvorgang können an den gleitenden Flächen örtlich begrenzt Kräfte auftreten, die die Werkstoffe über ihre Festigkeit hinaus beanspruchen und zum Abtrag von Material, dem Verschleiß, führen.

Das natürliche Gleit- und Verschleißverhalten der Paarungen mit Kunststoff reicht häufig nicht aus, um die geforderten Anforderungen an die Lebensdauer zu erfüllen. In solchen Fällen bietet sich eine Schmierung entsprechend Bild 3.84 an. Besonders eine Kombination von inkorporierter und konventioneller Schmierung kann den Verschleiß gegen Null reduzieren und die dynamische Reibungszahl μ in die Größenordnung von 0,05 bis 0,12 bringen, solange ein schmierfähiger Film vorliegt.

Sowohl Kunststoffe wie Schmierstoffe sind Mehrstoffgemische, deren einzelne Bestandteile sich gegenseitig beeinflussen können. Deshalb ist grundsätzlich jede Kunststoff/Schmiermittel-Kombination auf ihre Verträglichkeit hin (Weichmacherwirkung, chemische und Spannungsrissbeständigkeit, Abbau) zu testen. Für die traditionelle Schmierung (Bild 3.84) stehen Gleitlacke und -filme auf Lösungsmittel- oder Wasserbasis mit Festschmierstoffen wie MoS_2, Graphit und PTFE sowie Öle, Fette und Pasten zur Verfügung, s. Abschn. 8.6.9.

3.6.9.1 Verschleiß

Zur Bestimmung des Verschleißverhaltens werden einige genormte Prüfverfahren angewendet:

DIN 53516: Bestimmung des Abriebs von Kautschuk und Elastomeren gegen Schmirgel.

DIN 52347 und 53754, ISO 9352: Reibradverfahren (Taberabrieb) gegen Schmirgel.

DIN 53863: Scheuerprüfung von Textilien.

In einem nicht genormten Verfahren nach Bauer und Kriegel wird der Verschleiß durch ein Sandstrahl-Luft-Gemisch erzeugt. Die Tiefe der Verschleißmulde nach einer Stunde gilt als Maß für den Verschleiß. Da das Verfahren auf alle Werkstoffe angewendet werden kann, eignen sich die Ergebnisse sehr gut, um einen Überblick über ein weites Werkstoffspektrum zu bekommen. Bild 3.85 zeigt, dass sowohl weiche Werkstoffe mit geringem Elastizitätsmodul als auch solche mit einem sehr hohen E-Modul verschleißfest sein können.

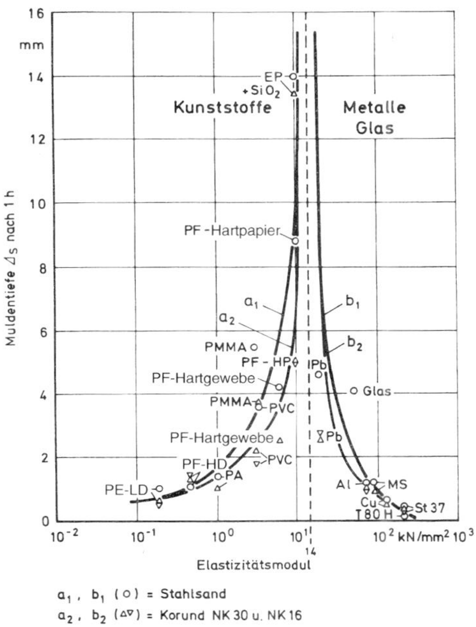

Bild 3.85 Abhängigkeit des Strahlverschleißes vom Elastizitätsmodul

3.6.9.2 Reibungskoeffizient

Der Reibungskoeffizient μ ist das Verhältnis der in Richtung der Berührungsebene wirkenden Reibungskraft F, die erforderlich ist, um die Haftung der beiden Flächen zu überwinden (μ_s) bzw. die beiden Flächen gegeneinander zu bewegen (μ_D), und der Normalkraft F_N auf die sich berührenden Flächen: $\mu = \frac{F}{N}$. Bei Kunststoffen gilt dieses Gesetz nur angenähert: Der Reibungskoeffizient ist von der Flächenpressung abhängig, Bild 3.86. Ebenso liegt bei μ_D eine Abhängigkeit von der Gleitgeschwindigkeit vor, Bild 3.87. Da bei jedem Gleitvorgang Wärme erzeugt wird, muss auch die Temperaturabhängigkeit berücksichtigt werden. Folien werden nach DIN 53375 und ISO 8295 geprüft. Ansonsten kann der Reibungskoeffizient mit Hilfe einer schiefen Ebene, wobei μ = tan α des Winkels ist, bei dem der gewichtsbelastete Probekörper auf dem Gegenkörper gerade noch haftet bzw. gerade gleitet. Nach einem weiteren Verfahren wird auf einer Universalprüfmaschine die Kraft F gemessen, die erforderlich ist, den mit der Normalkraft N belasteten Probekörper über eine horizontale Gleitbahn zu ziehen bzw. die Bewegung einzuleiten.

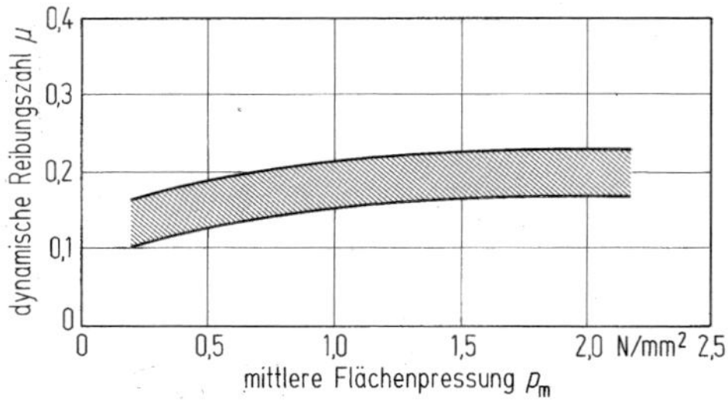

Bild 3.86 Abhängigkeit der dynamischen Reibungszahl μ von der mittleren Flächenpressung p_m für PE-HD-UHMW, Gleitgeschwindigkeit v = 10 m/min

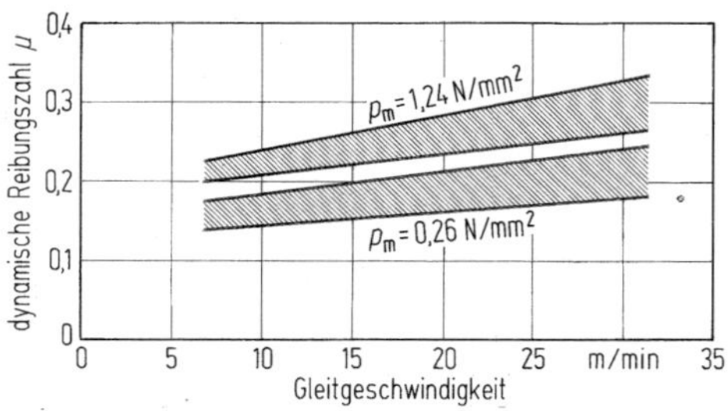

Bild 3.87 Abhängigkeit des dynamischen Reibungskoeffizienten von der Gleitgeschwindigkeit für PE-HD-UHMW

3.6.9.3 Gleitverhalten

Bei der Verwendung eines Kunststoffs als Gleitpartner genügt es nicht, Zahlenwerte für den Gleitreibungskoeffizienten und den Gleitverschleiß anzugeben. Diese Werte können durch folgende Faktoren z.T. wesentlich beeinflusst werden:

- Flächenpressung p,
- Gleitgeschwindigkeit v,
- Gleitflächentemperatur TF,
- Art des Gegenpartners (z.B. seine Härte),
- Oberflächenbeschaffenheit (z.B. Rauigkeit der Gleitpartner),
- eventuell vorhandene Schmiermittel.

Außerdem spielen Einlaufvorgänge eine Rolle. Hinzu kommt, dass unterschiedliche Prüfverfahren, die meist einem bestimmten Anwendungsfall nachempfunden sind, angewendet werden. Diese Fakten sind bei der Übertragung von Versuchsergebnissen auf praktische Anwendungsfälle zu berücksichtigen.

Das Gleitverhalten wird entweder direkt in einem Lagerversuch ermittelt, wobei die Lagerschale meist aus dem Kunststoff und die Welle aus Metall ist, oder nach der Stift-Platten-Methode, wobei ein Kunststoffstift gegen eine rotierende Metallscheibe gedrückt wird. Neben dem Reibungskoeffizienten μ_D wird die Gleitverschleißrate in mm/km Gleitweg bestimmt. Versuchsparameter sind die oben erwähnten Faktoren.

Als Maß für die Belastbarkeit eines Lagers wird gerne der sog. p · v-Wert herangezogen:

$$p \cdot v = \frac{F \cdot v}{l \cdot d} \text{ in } \frac{N \cdot mm}{mm^2 \cdot min}$$

F = Lagerauflast
v = Gleitgeschwindigkeit
l = Lagerlänge
d = Lagerdurchmesser

Zulässige p · v-Werte sind jedoch keine Materialkonstanten und können deshalb nur als Richtwerte dienen.

S. auch G. Erhard, Konstruieren mit Kunststoffen, Hanser Verlag 1993 und VDI 2544.

3.7 Prüfverfahren für Schaumstoffe

Schaumstoffe werden aus allen Kunststoff-Arten, Duroplasten, Thermoplasten, Thermoelasten und Elastomeren, in einem weiten Bereich der Dichten hergestellt. Typische Einsatzgebiete sind Polsterungen, Verpackungen, thermische und akustische Isolierungen, Kernlagen für Verbundkonstruktionen und Baustoffe. Entsprechend den unterschiedlichen Anforderungen werden eine Reihe spezieller Prüfverfahren zur Beurteilung der Einsatzmöglichkeiten, zum Vergleich und zur Qualitätskontrolle eingesetzt.

3.7.1 Beurteilung der Schaumstruktur

3.7.1.1 Rohdichte

Die Rohdichte eines Schaumstoffs ist der Quotient aus seiner Masse und seinem Volumen, sie wird in kg/m^3 angegeben. Nach DIN EN ISO 845 wird sie an geometrisch einfachen Probekörpern mit einem Volumen von mindestens 100 cm^3 durch Längenmessung und Gewichtsbestimmung ermittelt. In DIN EN ISO 823 sind die Messgeräte zur Bestimmung der linearen Abmessungen von Schaumstoff-Probekörpern zusammengestellt, die bei geringer Kontaktkraft eine ausreichende Reproduzierbarkeit gewährleisten. Struktur- und Integral-Schaumstoffe werden mit unterschiedlicher Zellverteilung über den Querschnitt so gefertigt, dass von einer nahezu massiven Außenhaut aus die Dichte nach innen kontinuierlich abnimmt, Bild 3.88. Durch Abtragen und Ausmessen einzelner Schichten kann das Rohdichte-Profil ermittelt werden.

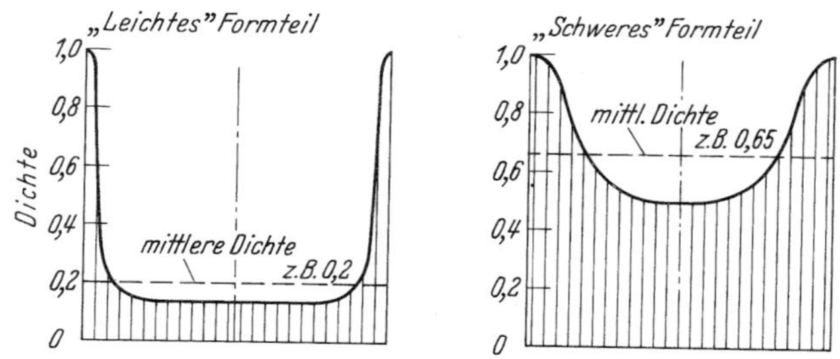

Bild 3.88 Dichteprofile von Strukturschaum-Formteilen

3.7.1.2 Zellstruktur

Die Zellstruktur ist entscheidend für die mechanischen und thermischen Eigenschaften der Schaumstoffe. Sie kann durch das Schäumverfahren und die Prozessparameter beim Schäumen beeinflusst werden.

Nach ASTM D 3576 werden die Zellgrößenverteilung, die Anordnung und Form der Zellen sowie die Anzahl der Zellen pro Längeneinheit möglichst in zwei zueinander senkrechten Richtungen mit dem Messmikroskop bestimmt.

Die Struktur von Schaumstoffen kann mit einer Kombination aus Mikrocomputertomographie (CT) und Rasterelektronenmikroskopie genauer untersucht werden, s. Kunststoffe 89 (1999) 11, S. 110.

3.7.1.3 Offenzelligkeit

Die Offenzelligkeit wird bei weichen Schaumstoffen angestrebt, während geschlossene Zellen bei Hartschäumen die Wärmeleitfähigkeit reduziert und die Festigkeit steigert. Nach DIN ISO 4590 werden in einem Luft-Vergleichspyknometer nach Remington/Pariser, Bild 3.89, an einem Quader von 25 mm · 25 mm · 40 mm die Anteile offener Zellen ω und geschlossener Zellen ψ ermittelt:

$$\omega = \frac{Vg - Vi}{Vg} \cdot 100 \text{ (in \%)}$$

Vg = geometrisches Volumen, Vi = gasdichtes Volumen, d.h. Probekörpervolumen, in das unter den Versuchsbedingungen kein Gas eindringt.

Es gilt: $\psi = 100 - \omega$.

Da der Messwert durch die angeschnittenen Zellen in der Oberfläche verfälscht wird, kann man die wahre Offenzelligkeit bestimmen, indem man den Ausgangsprobekörper in kleinere Volumina aufteilt und die daran ermittelten Offenzelligkeiten über dem Verhältnis von Oberfläche zu Volumen aufträgt und gegen Null extrapoliert.

Als Maß für die Offenzelligkeit wird auch der Koeffizient des Drucks vor und hinter einem luftdurchströmten Probekörper benutzt, s. EN ISO 29053.

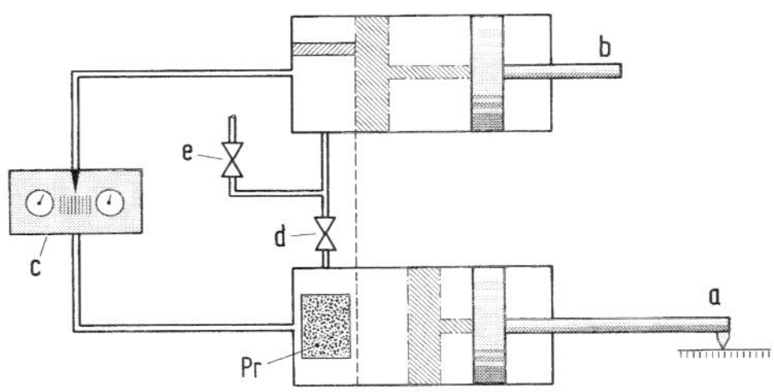

Bild 3.89 Luftvergleichspyknometer zur Bestimmung offener Zellen in harten Schaumstoffen – Prinzipskizze
a: Messkolben, b: Vergleichskolben, c: Differenzdruckmesser, d: Ausgleichsventil, e: Spülventil, Pr: Probekörper

3.7.2 Mechanisches Verhalten

Während bei kompakten Kunststoffen die Ergebnisse des Zugversuchs im allgemeinen ausreichen, um das mechanische Verhalten zu charakterisieren, sind für geschäumte Kunststoffe weitere Kennwerte erforderlich, die die speziellen Anforderungen berücksichtigen. Hierbei muss jeweils zwischen harten und weichen Schäumen unterschieden werden.

3.7.2.1 Druckversuch an harten Schaumstoffen

Er wird nach ISO 844 und DIN 53421 an Würfeln mit einer Kantenlänge von vorzugsweise 50 mm durchgeführt. Bei spröd-harten Schaumstoffen wird die Druckspannung (Druckkraft pro Fläche) beim ersten Einbrechen des Zellgefüges, dies entspricht der Druckfestigkeit σ_{dB}, und bei zäh-harten die Druckspannung bei 10% Stauchung σ_{d10} sowie die Stauchungen ε_{dB} ermittelt.

3.7.2.2 Druckversuch an weich-elastischen Schaumstoffen

Weich-elastische Schaumstoffe werden vorzugsweise zur Polsterung eingesetzt. Deshalb ist das Verhalten unter Druckbelastung von großer Wichtigkeit. Eine vollständige Information hierüber gibt die nach DIN EN ISO 3386–1/2 an einem quadratischen Probekörper mit einer Mindestdicke von 50 mm ermittelte Federkennlinie, Bild 3.90. Sie zeigt den Zusammenhang zwischen Druckkraft und Verformung sowohl bei der Be- als auch bei der Entlastung. Die von den beiden Kurven umschlossene Fläche ist ein Maß für die Dämpfung des Probekörpers, die allerdings u.a. wegen des Strömungswiderstandes der entweichenden Luft stark von der Verformungsgeschwindigkeit abhängt. Als Kennwert wird aus diesem Versuch die Stauchhärte σ_{d40}, das ist die zu einer Verformung von 40% erforderliche Druckspannung, ermittelt. Ein besonders elastischer Schaumstoff ist der Typ C in Bild 3.90.

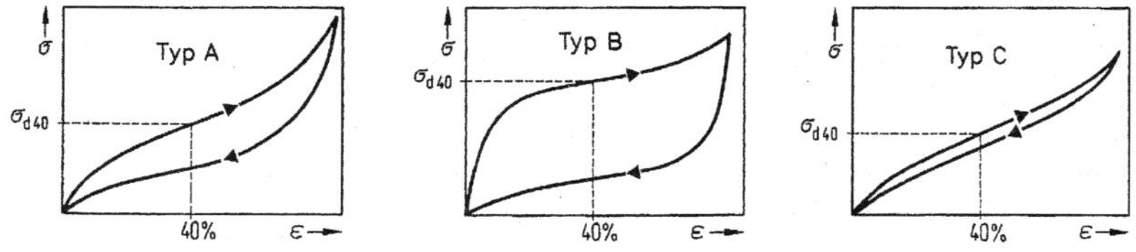

Bild 3.90 Federkennlinien von weichelastischen Polyurethan-Schaumstoffen; nach Rothermel sd40: Druckspannung bei 40% Stauchung (Stauchhärte). Belastungskurve, Entlastungskurve

Typ A: weichelastischer PUR-Schaumstoff mit normaler Energieabsorption
Typ B:weichelastischer PUR-Schaumstoff mit hoher Energieabsorption
Typ C: weichelastischer PUR-Schaumstoff mit niedriger Energieabsorption

3.7.2.3 Eindrück-Versuch an weich-elastischen Schaumstoffen

Nach DIN 53576 werden Probekörper von 380 mm · 380 mm Kantenlänge und 50 mm Dicke oder Fertigteile mit einem gelochten Eindrückstempel von 203 mm Durchmesser unter festgelegten Bedingungen belastet. Die Eindrückhärte ist die Kraft in N, die erforderlich ist, um den Probekörper um 40% zu stauchen. Die Kraft wird entweder sofort bei Erreichen der Verformung bestimmt (Verfahren C) oder nach einer Wartezeit von 30 s (Verfahren A). Nach DIN 53579–1,2 werden Fertigteile wie Polster im Eindrückversuch geprüft.

3.7.2.4 Druck-Verformungsrest an weich-elastischen Schaumstoffen

Nach DIN EN ISO 1856 werden Quader von 50 mm · 50 mm in der Dicke von 25 mm zwischen zwei Stahlplatten um 50 oder 75% zusammengedrückt und 72h bei Normklima bzw. bei 70 °C gelagert. Der Druck-Verformungsrest ist der nach der Entlastung bestimmte plastische Verformungsanteil (bleibende Verformung) in %.

3.7.2.5 Zeitstand-Druckversuch

Er wird nach DIN 53425 durchgeführt und dient zur Ermittlung der Temperatur, bei der ein harter Schaumstoff bei langdauernder Belastung noch formstabil ist. Quader von 50 mm · 50 mm · 25 mm werden bei verschiedenen Temperaturen mit verschiedenen Druckspannungen belastet. Gemessen wird die Stauchung der Probekörper als Funktion der Belastungsdauer. Zeitstandversuche können auch unter Zug- oder Biegebeanspruchung durchgeführt werden. Zur Durchführung und Auswertung vgl. auch Abschn. 3.2.3. DIN 18164 enthält Anforderungen an Wärmedämmstoffe im Hochbau bezüglich des temperaturabhängigen Kriechverhaltens.

3.7.2.6 Biegeversuch

Er wird nach DIN 53423 an stabförmigen Probekörpern mit Dreipunkt-Auflage wie bei kompakten Kunststoffen durchgeführt. Bei spröd-harten Schaumstoffen wird die Biegefestigkeit, bei zäh-harten die Grenzbiege-Spannung, das ist die Spannung bei 20 mm Durchbiegung, bestimmt. Da an den Stellen der Krafteinleitung zusätzliche Deformationen auftreten, kann der Elastizitätsmodul nur bei 4-Punkt-Belastung ermittelt werden.

3.7.2.7 Zugversuch

Er wird wie bei kompakten Kunststoffen an Schulterstäben durchgeführt. An weichelastischen Schaumstoffen (DIN EN ISO 1798) und an harten (DIN 53430) werden die Zugfestigkeit und die Dehnung beim Bruch bestimmt. Der an eingeschnittenen Probekörpern durchgeführte Weiterreißversuch soll Hinweise auf den Weiterreißwiderstand geben, liefert aber im Prinzip die gleiche Aussage wie der Zugversuch.

3.7.2.8 Scherfestigkeit

Die Scherfestigkeit nach DIN 53427 (ISO 1922) dient vor allem zur Beurteilung des Verhaltens von harten Schaumstoffen bei der Schubübertragung in Sandwich-Konstruktionen. Ein stabförmiger Probekörper von 250 mm Länge, 50 mm Breite und 25 mm Dicke wird wie in Bild 3.91 gezeigt auf Metallplatten geklebt, über die die Scherkraft eingeleitet wird. Die Scherfestigkeit τ_B ist die auf die Ursprungslänge und Breite des Probekörpers bezogene Höchstkraft F_{max}.

3.7.2.9 Schlagzähigkeit von harten Schaumstoffen

Sie wird nach DIN EN ISO 9054 bei harten Intergral-Schaumstoffen in der Charpy-Anordnung, vgl. Bild 3.32, an ungekerbten Probekörpern mit den Abmessungen 120 mm · 15 mm · 10 mm bestimmt. Die zum Zerschlagen des Probekörpers verbrauchte Schlagarbeit wird auf den Querschnitt des Probekörpers bezogen und ergibt die Schlagzähigkeit in kJ/m^2. Sie ist wie bei kompakten Kunststoffen kein Kennwert für die Konstruktionsrechnung, vgl. Abschn. 3.2.2.

3.7.2.10 Formbeständigkeit in der Wärme

Sie wird nach DIN 53424 an harten Schaumstoffen nach zwei unterschiedlichen Methoden bestimmt: Ein stabförmiger Probekörper wird an einem Ende wie ein Kragbalken eingespannt und am anderen Ende mit einem Gewicht belastet, oder ein Quader von 40 mm · 40 mm · 20 mm wird mit einem Gewicht auf Druck beansprucht. Diese Anordnungen werden einer stetigen Temperatursteigerung unterworfen, wobei die Deformation des Probekörpers gemessen wird. Die Formbeständigkeits-Temperatur ist die Temperatur, bei der die Deformation ein

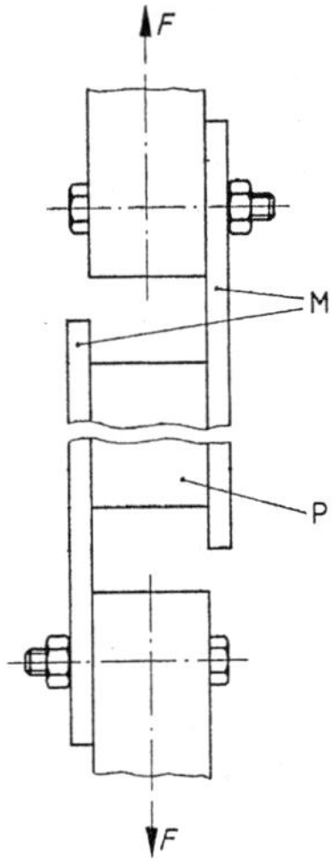

Bild 3.91 Anordnung zur Bestimmung der Scherfestigkeit nach DIN 53427
M : Metallplatten, P : Probekörper

bestimmtes Maß erreicht hat. Diese Temperaturen hängen sowohl vom Prüfverfahren wie auch von der Höhe der aufgebrachten Biege- bzw. Druckbeanspruchung ab und können deshalb nur in Verbindung mit anderen Kennzahlen oder Erfahrung einen Hinweis auf zulässige Gebrauchstemperaturen ergeben.

3.7.2.11 Konturstabilität in der Kälte und Wärme

Da geschlossenzellige PUR-Schaumstoffe in ihren Zellen ein Treibgas enthalten, kann in den Zellen bei Temperaturänderung ein Über- oder Unterdruck entstehen, der zum Aufblähen bzw. Schrumpfen des Schaumstoffs führt, wenn das Zellgerüst nicht stabil genug ist. Nach DIN EN ISO 2796 wird die Konturstabilität durch die Ermittlung der Änderung der linearen Abmessungen nach einer Lagerung für eine bestimmte Zeit unter definierten Klimabedingungen bestimmt.

3.7.2.12 Dauerschwing-Verhalten an weich-elastischen Schaumstoffen

Es wird nach DIN EN ISO 3385 an weich-elastischen Schaumstoffen für Polsterzwecke ermittelt. Ein Probekörper von 380 mm · 380 mm · 50 mm wird mit einem Stahlstempel von 250 mm Durchmesser der am unteren Rand eine Abrundung von r = 25 mm aufweist, im Eindruck-Schwellversuch mit konstanter Belastungsamplitude (Belastung durch ein 75 kg-Gewicht) beansprucht. Nach 80 000 Schwingspielen werden die Dickenabnahme und die Änderung der Eindruckhärte, bewertet. Die Ergebnisse korrelieren gut mit dem Praxisverhalten von Sitzpolsterungen.

3.7.3 Physikalische Eigenschaften

3.7.3.1 Dynamische Steifigkeit

Sie wird nach DIN EN 29052–1 an Schall-Dämmschichten bestimmt, vgl. auch DIN 18164–1,2: Dämmstoffe für die Schrittschalldämmung und DIN 52210: Trittschalldämmung, Messverfahren. Sie beschreibt die Federung der Platte in Dickenrichtung. Aus der Resonanzfrequenz eines zur Schwingung angeregten streifenförmigen Probekörpers wird der dynamische Elastizitätsmodul E' errechnet und auf die Probendicke a bezogen: s' = E'/a. Niedrigere Werte lassen infolge größerer Weichheit auf bessere Eignung für schwimmende Estriche schließen. Direkte Messungen der Schrittschalldämmung sind nur nach DIN 52210 bzw. DIN EN ISO 140 möglich. Zur Beurteilung des Absorptionsverhaltens für Luft- und Körperschall und der Dämpfung von Biegewellen bei der Entdröhnung ist die Kenntnis des Dämpfungsverhaltens des Kunststoffs erforderlich, s. Abschn. 3.3.1.1.

3.7.3.2 Luftschall-Absorption

Da Schallwellen in den offenen Zellen weichelastischer Schaumstoffe durch Reibung der bewegten Luft gedämpft werden, eignen sich diese gut zur Luftschallabsorption. In Anlehnung an DIN 52215 wird in einem Impedanzrohr der Schallreflexions-Faktor im Bereich der Hörfrequenz bestimmt.

3.7.3.3 Wärmeleitfähigkeit

Sie ist für harte Schaumstoffe für Isolationszwecke eine wichtige Bemessungsgröße, s. auch Abschn. 3.3.3. Nach DIN EN ISO 3382 wird sie mit einem Wärmestrom-Messplatten-Gerät an Platten, nach DIN EN 29053 nach dem Rohrverfahren an kreisförmigen Hohlzylindern bestimmt. Es ist zu beachten, dass die an Schaumstofen bestimmte Wärmeleitfähigkeit streng genommen eine Wärmedurchgangszahl ist, da der Wärmetransport nicht nur durch Wärmeleitung sondern auch durch Konvektion des Gases in den Zellen und durch Strahlung erfolgt. Deshalb wird sie auch stark durch die Art des Treibmittels beeinflusst und kann sich im Laufe der Zeit infolge von Diffusionsvorgängen verändern. Da die Ermittlung der Wärmeleitfähigkeit an trockenen Probekörpern (bei 10 °C) erfolgt und auch der Feuchtigkeitsgehalt der Schaumstoffe den Kennwert beeinflusst, werden die praktischen Rechenwerte für PS-Hartschaum um 5%, für PS-Extruderschaum um 10 bis 20% und für PUR-Hartschaum je nach den λ Werten um 10% ($\lambda \leq$ 0,027 W/K · m) bis 50% ($\lambda \geq$ 0,020 W/K · m) höher angesetzt als die gemessenen Werte.

3.7.3.4 Stoßabsorption/Spitzenverzögerung

Sie wird an harten und weich-elastischen Schaumstoffen nach ISO 4651 zur Beurteilung der Eignung zur Schockminderung von Verpackungen bestimmt. Sie ist die maximale Verzögerung in m/s^2 einer Masse, die aus einer bestimmten Höhe auf einen Probekörper mit quadratischer Fläche von 150 mm Seitenlänge und 50 mm Dicke fällt. Besonders aussagekräftig sind Diagramme, in denen die Spitzenverzögerung a als Funktion der statischen Flächenbelastung σ_{ST} (Druckkraft, die die Fallmasse im Ruhezustand auf den Schaumstoff ausüben würde, bezogen auf die Fläche des Probekörpers), Bild 3.92. Man erhält ein sog. Polsterdiagramm, wenn man in Bild 3.92 noch die jeweilige maximale Stauchung einträgt. In einem einfachen Verfahren zur Ermittlung der Stoßelastizität, auch Rückprallelastizität R genannt, wird das Verhältnis von Rückprallhöhe zur Fallhöhe eines Pendels bestimmt, s. EN ISO 8307.

3.7.4 Verhalten gegen Umwelteinflüsse

3.7.4.1 Belichtung und Bewitterung

Es werden die üblichen Labormethoden eingesetzt: DIN 53386, 53387, EN ISO 877. Die Rangfolge der Beurteilung bei diesen künstlichen Verfahren kann jedoch von der im Außeneinsatz ermittelten abweichen, so dass Außenbewitterungen und natürliche Belichtungen erforderlich bleiben.

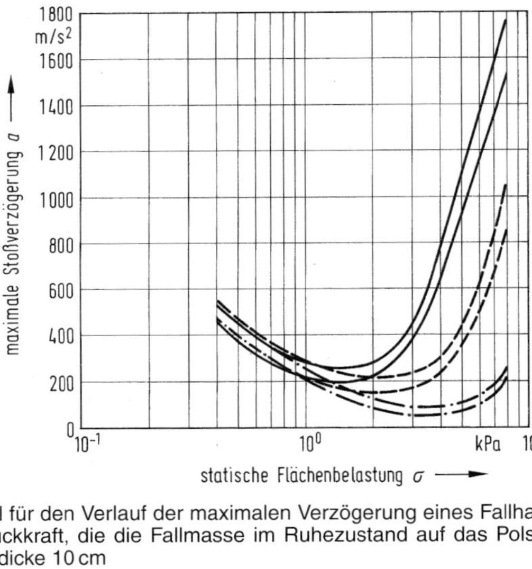

Bild 3.92 Beispiel für den Verlauf der maximalen Verzögerung eines Fallhammers als Funktion der Druckkraft, die die Fallmasse im Ruhezustand auf das Polster ausüben würde, Probendicke 10 cm

——— Fallhöhe 90 cm
– – – – Fallhöhe 60 cm
– · – · – Fallhöhe 30 cm

3.7.4.2 Chemikalien

Die Ermittlung des Verhaltens gegen Flüssigkeiten, Gase und Dämpfe von Schaumstoffen erfolgt nach DIN EN ISO 2440. Die Hydrolysealterung wird ermittelt, indem Probekörper 3 h bei 105 °C oder 5 h bei 121 °C im Dampfautoklaven gelagert werden und danach die Änderung mechanischer Kennwerte bestimmt wird.

3.7.4.3 Wasserdampf-Durchlässigkeit

Nach DIN 53122–1,2 wird die Wasserdampfdurchlässigkeit an harten Schaumstoffen aus der Gewichtszunahme einer mit der Schaumstoffprobe abgeschlossenen Schale, die ein Trockenmittel enthält, bestimmt. Die Schale wird entweder bei 38 °C und 88,5% relativer Feuchte oder bei 23 °C und 85% relativer Feuchte gelagert. Da eine eventuelle Schaumhaut und Schwankungen in der Dichte und Dichteverteilung der Proben sich auf die Durchlässigkeit auswirken, können diese nicht auf von der Probekörperdicke abweichende Dicken umgerechnet werden.

3.7.4.4 Wasser-Aufnahme

An geschlossenzelligen harten Schaumstoffen wird die Wasseraufnahme durch Permeation des Wassers in die Zellen nach DIN ISO 2896 aus der Auftriebsverminderung eines in Wasser gelagerten Probekörpers bestimmt und in Vol.-%, bezogen auf das Gesamtvolumen des Schaumstoffs, angegeben. Die Wasseraufnahme erhöht die Wärmeleitfähigkeit und ist deshalb für den Einsatz in der Bauindustrie wichtig.

Offenzellige weich-elastische Schaumstoffe können ohne hydrostatischen Druck durch Kapillarwirkung mehr oder weniger Wasser aufnehmen, je nach dem, ob die Gerüstsubstanz hydrophil oder hydrophob ist. Zur Ermittlung des kapillaren Haltevermögens und des kapillaren Aufstiegs von Wasser werden Streifenproben mit Wasser gesättigt und danach etwa 4 h über einer Wasseroberfläche senkrecht hängend austropfen gelassen. Danach wird der Streifen in Stücke von 2 cm Länge zerschnitten und deren Wassergehalt bestimmt. Der Wassergehalt in Vol.-%, aufgetragen über der Höhe der Entnahme, ergibt die Saugspannungs-Kurve.

3.8 Analytische Untersuchungen

Die wichtigsten zur Aufklärung der Struktur und der chemischen Zusammensetzung von Polymeren eingesetzten physikalischen Methoden sollen kurz erläutert werden.

3.8.1 Infrarot (IR)- und Raman-Spektroskopie

Im Wellenlängenbereich von 750 nm bis 1 mm werden Absorptionsspektren der Translations- und Rotations-Schwingungen von Molekülen bzw. Molekülteilen oder -gruppen untersucht. Beide Methoden werden hauptsächlich zu analytischen Aufgaben herangezogen (Nachweis von Bestandteilen, Identifizierung), gestatten aber auch Aussagen über die Konformation und die Taktizität von Makromolekülen, über kristalline Anteile und über molekulare Orientierungen.

Im nahen (NIR) und mittleren (MIR) (800 bis 2500 nm) Infrarotbereich ist die Sortierung von Polymerabfällen (PE, PP, PS, PET, PVC), nach entsprechender Eichung auch von komplexen Kunststoffgemischen, möglich (Recycling). Zur In-Line-Analytik von Polymerreaktionen in der Kunststoffschmelze z.B. in Extrudern kann die IR-Spektroskopie eingesetzt werden.

3.8.2 Kernresonanz-Spektroskopie (nuclear magnetic resonance: NMR)

Sie beruht auf der Wirkung eines Magnetfelds auf das magnetische Moment eines Atomkerns. Die hochauflösende NMR untersucht Polymere in Lösungen, die Breitlinien-NMR feste Polymerproben. Neben analytischen Fragen können Fragen zur Taktizität, zur molekularen Verzweigung, zur Zusammensetzung von Copolymeren, der Kristallinität oder der Vernetzungsdichte gummielastischer Kunststoffe untersucht werden.

Auch Materialfehler und das Verhalten unter Spannung können untersucht werden. Mit einem NMR-MOUSE (***MO****bile* ***U****niversal* ***S****urfac****E*** Scanner) lassen sich Dicke und Homogenität der Schichten eines Reifens erkennen.

3.8.3 Dynamisch-mechanische Spektroskopie, DMA

Die Methoden der mechanischen Spektroskopie ermitteln die Elastizitäts- oder Schubmoduln sowie die mechanische Dämpfung als Funktion der Temperatur und/oder der Frequenz. Streifenförmige Probekörper oder mit dem zu untersuchenden Kunststoff beschichtete Metallstreifen werden zu Torsions- ober Biegeschwingungen angeregt, ISO 537, DIN EN ISO 6721–2: Torsionsschwingungsversuch, ISO 4663, DIN 53535, DIN 53513: Kautschuk und Elastomere, DIN EN ISO 6721–3: Biegeschwingungsversuch. Aus der Schwingungsfrequenz wird der Modul und aus dem logarithmischen Dekrement der gedämpften Schwingung der mechanische Verlustfaktor des Materials errechnet. Beide Werte, als Funktion der Temperatur aufgetragen, zeigen charakteristische Stufen oder Maxima, die auf Glasübergänge bzw. Nebendispersionsgebiete hinweisen, s. auch Abschn. 3.3.1.1 und Bild 3.43. Auf diese Weise lassen sich einzelne Polymerklassen unterscheiden und lässt sich zwischen Polymeren mit geringen Unterschieden im chemischen Aufbau, der Taktizität, der Vernetzung, der Verzweigung oder der Kristallinität differenzieren. Das gleiche gilt für Misch- und Copolymerisate gleicher oder ähnlicher Zusammensetzung.

3.8.4 Dielektrische Spektroskopie

Das Verfahren ist mit der mechanischen Spektroskopie vergleichbar. Die Dielektrizitätskonstante ε_r und der dielektrische Verlustfaktor tan δ werden als Funktion von Temperatur und Frequenz dargestellt. Allerdings können nur polare molekulare Gruppen angeregt werden, so dass die Aussagefähigkeit im Vergleich zur mechanischen Spektroskopie limitiert ist. Das Verfahren ist jedoch wesentlich einfacher und preiswerter und gestattet das Messen in einem weiten Temperatur- und Frequenzbereich, s. auch Bild 3.64.

3.8.5 Differential-Thermoanalyse (DTA) und Differential-Kalorimetrie (DSC)

Beide Verfahren beruhen auf dem gleichen Prinzip: Zusammen mit der zu untersuchenden Probe wird eine Referenzprobe aufgeheizt oder abgekühlt. Dabei wird der Unterschied in der Temperatur der beiden Proben (DTA) bzw. der Unterschied in der spezifischen Wärme (DSC) als Funktion der Temperatur gemessen. Heute kommen praktisch nur noch DSC-Geräte zum Einsatz. Beim „Dynamischen Wärmestrom-Differenz-Kalorimeter" werden im Inneren eines Ofens in zwei Pfännchen einmal die Probe (0,1 bis 10 mg Einwaage) und zum anderen ein inertes Vergleichsmaterial, z.B. ein Saphir, mit wählbarer konstanter Geschwindigkeit aufgeheizt. Die Temperaturdifferenz zwischen den beiden Pfännchen ist der spezifischen Wärmekapazität der Probe proportional. Das System ist kalibrierbar. Bei den „Dynamischen Leistungs-Differenz-Kalorimetern" werden beide Pfännchen mit getrennten Heizvorrichtungen so aufgeheizt, dass zwischen beiden keine Temperaturdifferenz entsteht. Aus den hierzu erforderlichen Heizleistungen und der bekannten spezifischen Wärmekapazität der Vergleichsprobe wird die spezifische Wärmekapazität der untersuchten Probe als Funktion der Temperatur bestimmt. Auf diese Weise kann man endo- oder exotherme Prozesse erkennen, deren Ursachen in einer Kristallisation, einem Glasübergang (T_g in Bild 3.93) oder in einem Desorientierungsvorgang liegen können, Bild 3.94, s. auch Abschn. 3.3.2.

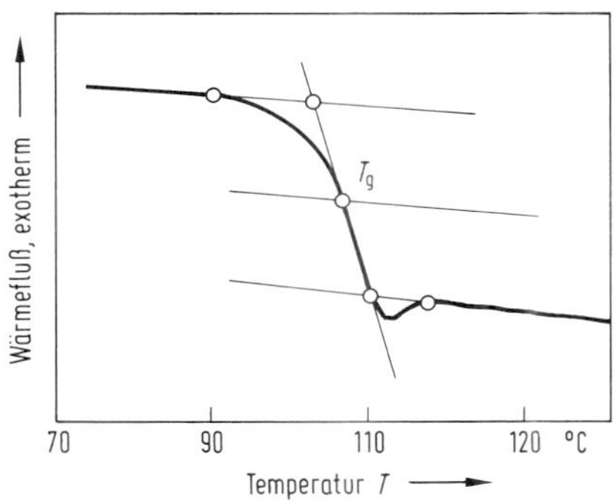

Bild 3.93 Mit DSC an PS-a aufgenommene Wärmeflusskurve mit festgelegter Glastemperatur T_g

Auch eignet sich die DSC zur Bestimmung des Stabilisierungszustands eines Kunststoffs. Dazu wird unter Sauerstoffatmosphäre bei einer bestimmten Haltetemperatur die Zeit bis zum Start der exothermen Reaktion gemessen (Oxidations-Induktions-Zeit, OIT). Aus der jeweiligen Höhe dieser Kennzahl ergibt sich ein relativer Vergleich zum Alterungszustand des Werkstoffs.

Neue Hochdruck-DSC-Verfahren (bis zu 15 MPa) wirken dem Verdampfen flüchtiger Komponenten entgegen, so dass eine Trennung zwischen Verdampfungs- und anderen Reaktionseffekten erreicht werden kann.

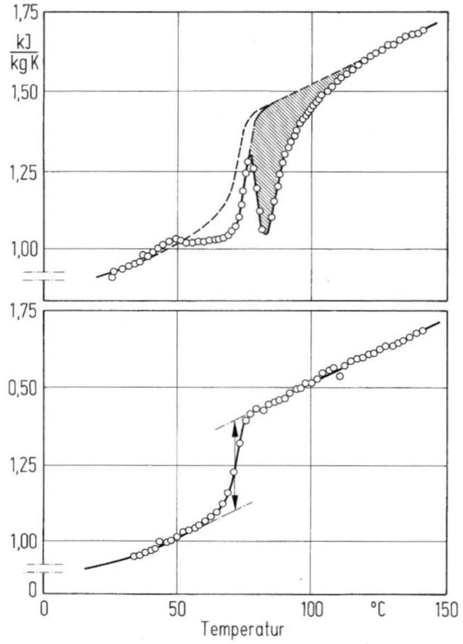

Bild 3.94 Spezifische Wärmekapazität von PVC-U
oben: abgeschreckte Probe
unten: getemperte Probe

3.8.6 Thermogravimetrische Analyse (TGA)

An einer kleinen Werkstoffprobe wird fortlaufend mit steigender Temperatur der Gewichtsverlust bestimmt, Bild 3.95. Aus den Thermogrammen lässt sich der Zersetzungsverlauf bei kurzzeitiger Beanspruchung und damit z.B. die Eignung für Hitzeschilde ableiten.

Die bei der TGA frei werdenden Gase können mit hoher Genauigkeit im FT-IR (Fourier-Transform-Infrarotspektroskop, s. 3.8.1) detektiert werden.

3.8.7 Dilatometrie, thermo-mechanische Analyse (TMA)

Die Verfahren dienen zur Bestimmung der Längen- oder Volumenänderung fester Probekörper als Funktion der Temperatur. Man erhält so den temperaturabhängigen Ausdehnungskoeffizienten und die pvT-Diagramme (Zusammenhang zwischen Druck, Volumen und Temperatur), die besonders zur Beurteilung des Schwindungsverhaltens von Kunststoffen beim Verarbeitungsprozess von Bedeutung sind, vgl. Bild 3.55. Eine Anisotropie des Ausdehnungskoeffizienten weist auf eine Orientierung der Moleküle oder auf Füllstoff hin, so auch Abschn. 3.3.6. Bild 3.96 zeigt den Einfluss einer Temperung: Die Schwindung der abgeschreckten Probe (Kurve 2) oberhalb 175 °C ist auf eine Nachkristallisation zurückzuführen.

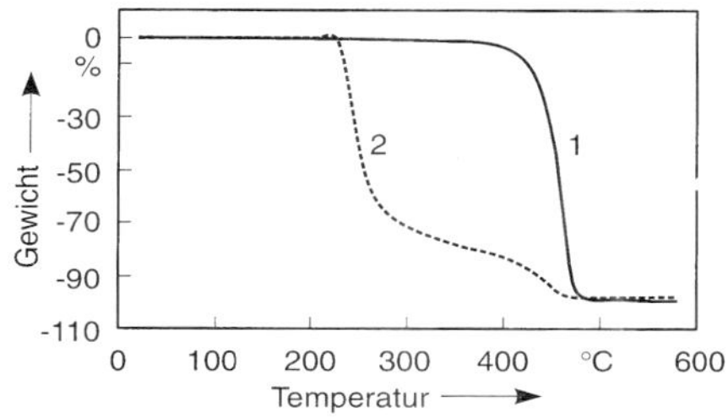

Bild 3.95 Gewichtsverlust von PE-HD für eine Probeneinwaage von 3,1 mg unter Stickstoff (Kurve 1) und für eine Probeeinwaage von 0,8 mg unter Sauerstoff (Kurve 2), TGA (Heizrate: 20 K/min)

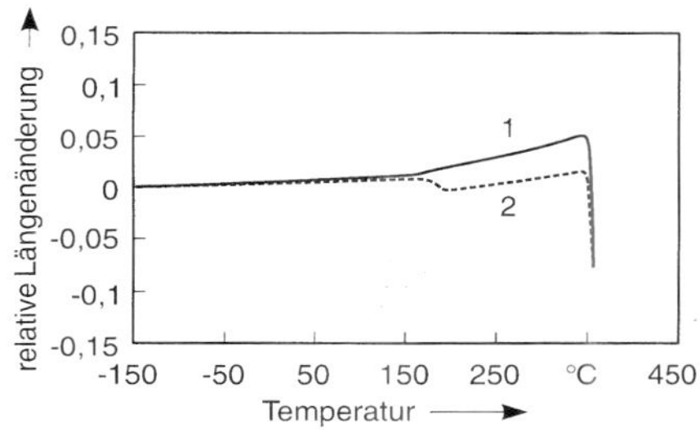

Bild 3.96 Relative Längenänderung $\Delta l/l_0$ einer getemperten (Kurve 1) und einer abgeschreckten (Kurve 2) Probe aus PEEK-GF (Heizrate: 10 K/min)

3.8.8 Lösungs-Viskosimetrie

Zwischen der Viskosität von Polymeren in einer Lösung und der Molmasse besteht eine Beziehung, die zur Bestimmung von Molmassen benutzt wird. In einem Kapillarviskosimeter nach Ubbelohde werden die Viskositäten von Lösemittel und Lösung (0,2 bis 1 g gelöstes Polymer in 100 ml Lösemittel) bestimmt, (η Viskosität der Lösung, η_s Viskosität des Lösemittels, C Konzentration in g/cm^3). Folgende Kennwerte als Maß für die Molmasse werden daraus abgeleitet:

Die Viskositätszahl $J = \left[\frac{\eta}{\eta_s} - 1\right] \cdot \frac{1}{C}$ das Viskositätsverhältnis $\eta_{rel} = \frac{\eta}{\eta_s}$ und die relative Viskositätsänderung $\eta_{sp} = \left[\frac{\eta}{\eta_2} - 1\right]$

Diese Daten werden in Entwicklungslaboratorien und zur Produktionskontrolle gerne herangezogen. Ein Abbau durch Belichtung, Bewitterung, energiereiche Strahlung und durch die Einwirkung von Chemikalien und Wärme ist damit gut nachweisbar.

Der Wert der Viskosität ist vom verwendeten Lösemittel, der Konzentration der Lösung, der Messtemperatur und in geringem Maße auch von der Schergeschwindigkeit abhängig. Da Viskositätszahlen und daraus abgeleitete K-Werte, Bild 3.97, zur Kennzeichnung von Typen innerhalb einer Kunststoffgruppe verwendet werden, sind Normen zur Bestimmung der Viskositätszahlen für bestimmte Kunststoffe erstellt worden:

DIN 51562–1 bis 3: Viskosimetrie; Messung der kinematischen Viskosität mit dem Ubbelohde-Viskosimeter, Teil 1 Normal-Ausführung, Teil 2 Mikro-Ubbelohde-Viskosimeter, Teil 3 Relative Viskositätsänderung bei kurzen Durchflusszeiten.

DIN EN ISO 1628–1: Kunststoffe, Bestimmung der Viskosität von Polymeren in verdünnter Lösung durch ein Kapillarviskosimeter.

ISO 3105: Kapillar-Viskosimeter aus Glas zur Bestimmung der kinematischen Viskosität-Anforderungen und Bedienungsanleitungen.

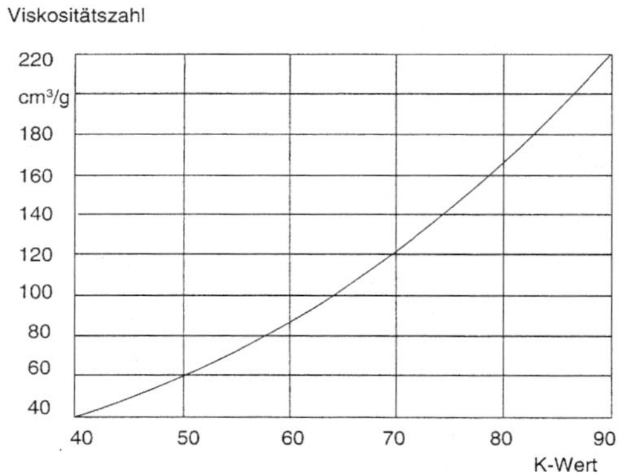

Bild 3.97 Zusammenhang zwischen K-Wert und Viskositätszahl

3.8.9 Chromatographie

Allen chromatographischen Verfahren gemeinsam ist die Auftrennung von Stoffgemischen mit Hilfe von Verteilungsvorgängen zwischen einer unbewegten Phase (Trennsäule) und einer bewegten Phase (Fließmittel), vgl. Bild 3.98. Sie dienen zur Trennung und Anreicherung von löslichen oder verdampfbaren Stoffen und in Kombination mit Nachweisverfahren (Detektoren) zur Identifizierung der getrennten Stoffe.

Folgende Verfahren wurden entwickelt: LC: Säulen-Flüssigkeits-, DC: Dünnschicht-, GC: Gas-, GPC: Gelpermeations-, SCF: Supercritical-Fluid-Chromatographie.

Schwerpunktmäßig werden sie in der Kunststoffanalytik bei der Untersuchung niedermolekularer Abbauprodukte von Polymeren sowie zur Identifizierung von Zusatzstoffen eingesetzt. Mit Hilfe der GPC ist die Bestimmung der Molmassenverteilung möglich.

Bei der Kopplung von GPC und IR-Spektroskopie wird die GPC mit einer Durchflusszelle versehen, die im Strahlengang des IR-Spektrometers liegt (GPC-FTIR-Spektrometer). Es gestattet z.B. die Trennung von Polymer-Blends.

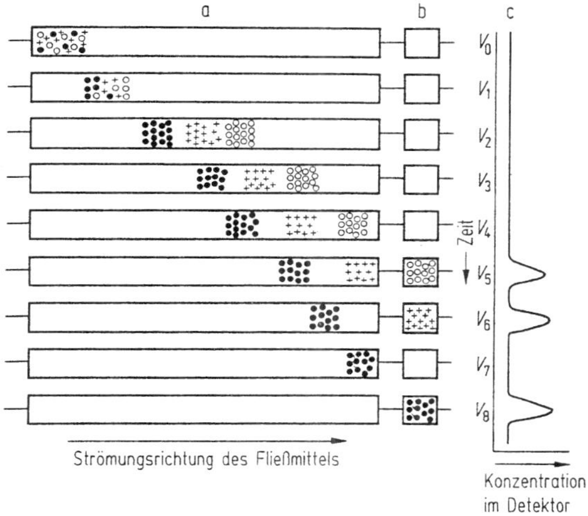

Bild 3.98 Schematische Darstellung des Trennvorganges bei der Chromatographie
• + o stellen drei verschiedene Molekülsorten dar, deren Standort zu verschiedenen Zeiten in der Trennsäule (a) und dem Detektor (b) dargestellt ist; c ist das registrierte Chromatogramm: v0 bis v8 sind verschiedene Zeitpunkte.

3.8.10 Erkennen von Kunststoffen

Das Erkennen von Kunststoffen ist sowohl für die Eingangskontrolle der Formmassen als auch für die Identifizierung der Sorte im Hinblick auf das Recycling von großer Bedeutung. Nicht immer besteht die Möglichkeit, die in den Abschnitten 3.8.1 bis 3.8.9 aufgezeigten Methoden anzuwenden, da die zum Teil aufwendigen Einrichtungen nicht zur Verfügung stehen, die Analysenzeit zu lang ist oder das erforderliche Fachpersonal nicht zur Verfügung steht. Eine Neuentwicklung scheint hier eine ideale Lösung zu sein. So hat z.B. die Fa. Bruker eine Software und ein Gerät entwickelt, das nach dem Verfahren der „mittleren Infrarot-Spektroskopie“ (MIR), s. Abschn. 3.8.1, z.Zt. 29 verschiedene Kunststofftypen und Blends in allen bekannten Modifikationen und Typen aufgrund abgespeicherter Spektren unterscheiden kann. Die zu identifizierenden Teile werden 1 s lang vor ein Messfenster gehalten. Nach 3s erscheint das Ergebnis auf dem Bildschirm eines Rechners.

Oft reicht es aus, die Kunststoffgruppe (amorpher oder teilkristalliner Thermoplast, Thermoelast oder Duroplast) oder die Art des Polymeren (PE, POM, ABS, PUR usw.) zu kennen. Hierzu sind einfache Bestimmungsmethoden bekannt.

Die Kunststoffgruppe kann nach den Angaben in Tafel 3.13 ermittelt werden. Die Dichte ist allerdings kein eindeutiger Hinweis, da sie durch Füll- und Verstärkungsstoffe oder durch Aufschäumen stark beeinflusst werden kann.

Die Art des Polymeren lässt sich mit Hilfe der in Tafel 3.14 zusammengestellten Kriterien meist auch ohne spezielle Kenntnis der Kunststoffchemie bestimmen. Es werden Methoden beschrieben, die ohne oder mit einfachsten Laborhilfsmitteln angewendet werden können. Nach einiger Erfahrung ist das Verhalten der Kunststoffe beim Erhitzen in einem Glasröhrchen oder in der Flamme sehr aufschlussreich. Man verwendet stets nur kleine Mengen und eine ganz kleine Flamme (Sparflamme eines Bunsenbrenners oder Streichholz). Zur Bestimmung der Reaktion der Schwaden, die aus dem Röhrchen aufsteigen, führt man zunächst einen mit Wasser angefeuchteten Streifen Lackmuspapier in das obere Ende des Röhrchens. Bei alkalischer Reaktion färbt sich das Papier blau, bei saurer Reaktion rot. Stark saure Reaktion stellt man anschließend mit Kongopapier (wird blau) oder Indikatorpapier (pH ≤ 2) fest.

Weitere Erkennungsmethoden sind in „D. Braun: Erkennen von Kunststoffen, 4. Aufl., Carl Hanser Verlag 2003“ zu finden, s. auch DIN EN ISO 11469, Kunststoffe – sortenspezifische Identifizierung und Kennzeichnung von Kunststoff-Formteilen.

Tafel 3.13 Vergleich verschiedener Kunststoff-Gruppen

	Struktur	Erscheinungsform*	Dichte (g/cm^3)	Verhalten beim Erwärmen	Verhalten beim Behandeln mit Lösungsmitteln
Thermoplaste	lineare oder verzweigte Makromoleküle	teilkristallin: biegsam bis hornartig; trüb, milchig bis opak; nur in dünnen Folien klar durchsichtig	0,9 bis etwa 1,4 (Ausnahme PTFE: 2–2,3)	erweichen; schmelzbar, dabei klar werdend; oft fadenziehend; schweißbar (Ausnahmen möglich)	quellbar, in der Regel in der Kälte schwer löslich, aber meist bei Erwärmen, z. B. Polyethylen in Xylol
		amorph: ungefärbt und ohne Zusätze glasklar; hart bis (z. B. bei Weichmacherzusatz) gummielastisch	0,9 bis 1,9		von wenigen Ausnahmen abgesehen löslich in bestimmten organischen Lösungsmitteln, meist nach vorherigem Quellen
Duroplaste (Duromere) in verarbeitetem Zustand	(meist) engmaschig vernetzte Makromoleküle	hart; meist gefüllt und dann undurchsichtig, Füllstoff-frei transparent	1,2 bis 1,4; gefüllt 1,4 bis 2,0	bleiben hart: nahezu formstabil bis zur chemischen Zersetzung	unlöslich, quellen nicht oder nur wenig
Elastomere	(meist) weitmaschig vernetzte Makromoleküle	gummielastisch dehnbar	0,8 bis 1,3	fließen nicht bis nahe an die Zersetzungstemperatur	unlöslich, oft aber quellbar

* Als grobes Maß für die Härte eines Kunststoffs kann das Verhalten beim Ritzen des Fingernagels dienen: harte ritzen den Nagel, hornartige sind etwa gleich hart, biegsame oder gummielastische lassen sich mit dem Fingernagel ritzen oder eindrücken.

Tafel 3.14 Bestimmung der Kunststoffe

Physikalische Kenndaten																		
Gruppe und Stoff		Spez. Gewicht		Übliche Erscheinungsformen				Elastisches Verhalten			In Lösemittel, bei ca. 20 °C l = löslich, q = quellbar, u = unlöslich							
siehe Abschnitt	Kurzzeichen	ungefüllt g/cm³	gefüllt bis g/cm³	transparente dünne Folien	massive Werkstücke: glasklar	trüb bis opak	meist gefüllt	leder- oder gummiweich	schmiegsam, federnd	hart	Benzin	Benzol	Methylenchlorid	Diethylether	Aceton	Ethylacetat	Ethylalkohol	Wasser
6.1.1	PE weich	0,92		}			{		+		u/q	q	u	u/q	u/q	u/q	u	u
ff	bis hart			} +		+	{											
		0,96		}			{		+	+	u	u/q	u/q	u	u	u	u	u
6.1.5	PP	0,905	1,3*	+		+				+	u/q	u/q	u/q	u	u	u	u	u
6.1.8	PB	0,915				+			+	+	q	u/q	u	u/q	u	u/q	u	u
6.1.8	PIB	(0,93)	1,7				+	+			l	l	l	q	u	u	u	u
6.1.9	PMP	0,83			+					+	q	q	u	u	u	q	u	u
6.2.1	PS	1,05		+	+					+	q/l	l	l	u/q	l	l	u	u
6.2.2	SB	1,05			+	+			+	+	q/l	l	l	l	l	l	u	u
6.2.2	SAN	1,08	1,4*		+					+	u	l	l	l	l	l	u	u
											Lösungsgeschw. typabhängig (SAN, ABS, ASA)							
6.2.2	ABS	1,06				+			+	+	q	l	l	l	l	l	q	u
6.2.2	ASA	1,07				+				+	q	l	l	q	l	l	q	u
6.3.1	PVC	1,39		+	+					+	u	u/q	q/l	u/l	u/q	u/q	u	u
		1,35											Cop. leichter q/l als PVC					
6.3.1	PVC-C	ca. 1,5		+	(+)					+	u	u/q	u	u	u/q	u	u	u
6.3.1	PVC-HI																	
	PVCEVA	1,2–1,35		+		+		+	+	+	u/q	u/q	q/l	u/q	q	u/q	u	u
	PVCPEC	1,3–1,35		+		+			+	+	u	q	q	u	u	u	u	u
6.1.3	PE-C	1,1–1,3			+			+	+		q	zwischen PE u. PVC je nach Cl-Gehalt						
6.3.2	PVC-P	1,2–1,35	1,6	+	+	+		+			u	q	q	q	q	q	q	u
											Weichm. (meist) mit Diethylether herauslösbar							
6.4.1	PTFE	}																
	FEP	} 2,0–2,3				+			+		u	u	u	u	u	u	u	u
6.4.2	PFA	}									PFA, ETFE, q in heißem CCl_4 u.ä.							
6.4.2	ETFE	1,70																
6.4.1	PCTFE	2,1			+	+			+	+	u	u	u	u	u	u	u	u
6.4.1	PVDF	1,7–1,8	–	+	(+)	+				+	u	u	q	u/q	q	u	u	u

Tafel 3.14 Bestimmung der Kunststoffe (Fortsetzung)

Pyrolyse und Einzelnachweise

Langsames Erhitzen im Röhrchen s = schmilzt z = zersetzt sich	Reaktion der Schwaden a = alkalisch n = neutral s = sauer ss = stark sauer	Anzünden mit kleiner Flamme 0 = kaum anzündbar I = brennt in der Flamme, erlischt außerhalb II = brennt nach Anzünden weiter III = brennt heftig, verpufft	Art und Farbe der Flamme	Geruch der Schwaden beim Erhitzen im Röhrchen oder nach Anzünden und Ablöschen	Weitere Hinweise Nachweis von Leitelementen (N, Cl, F, S, Si)
					Unterschiedliche Schmelzbereiche
wird klar, s, z, wenig sichtbare Dämpfe	n	II	gelb mit blauem Kern, tropft brennend ab	schwach paraffinartig, PP u. PB mit Beigeruch	105–120 °C 125–130 °C 165–170 °C 130–140 °C
s, vergast, Gase entzündbar	n	II	gelb, ruhig brennend	paraffin- und gummiartig	
s, z, vergast, etw. weißer Rauch	n	II	gelb mit blauem Kern, tropft ab	schwach paraffinartig	245 °C
schmilzt u. vergast	n	II	flackernd, gelb leuchtend, stark rußend	typisch leuchtgasartig	Bei Bruch von Hand: Sprödbruch
s, gelblich, z	n	II		wie PS+Gummi	Weißbruch
s, gelb, z	a	II		ähnlich PS, kratzend	N, Sprödbruch
z, wird schwarz	n	II		wie PS + zimtartig	N, Weißbruch
s, z, schwarzer Rückstand	s	II		wie PS + pfefferartig	
	ss	I	gelb rußend unterer Flammensaum ein wenig grün gefärbt	Salzsäure (CHI) und brenzlicher Beigeruch	Cl, Unterscheidungsmerkmal Cl-Gehalt und Erweichungstemperatur
erweicht, z wird braun schwarz	ss	I			
	ss, s	I/II			
	ss	I			
s, wird braun	ss	I/II	gelb, leuchtend, rußend	HCl + Paraffin	
ähnlich PVC	ss	I/II	leuchtend vom Weichm.	HCl + Weichmacher	versteift beim Herauslösen des Weichmachers
wird klar, s nicht, z bei Rotglut	ss	0	brennt nicht, blaugrüner Flammensaum, verkohlt nicht	bei Rotglut stechend: HF	F PFEP, PFA schmelzen bei 300 °C, ETFE bei 270 °C
s, z bei Rotglut	ss	0	wie PTFE sprühend	Salzsäure + Flußsäure	F, Cl
s, z bei hoher Temperatur	ss	0/I	kaum entflammbar	stechend (HF)	F

Tafel 3.14 Bestimmung der Kunststoffe (Fortsetzung)

Physikalische Kenndaten

Gruppe und Stoff: siehe Abschnitt	Gruppe und Stoff: Kurzzeichen	Spez. Gewicht: ungefüllt g/cm^3	Spez. Gewicht: gefüllt bis g/cm^3	Übliche Erscheinungsformen: transparente dünne Folien	Übliche Erscheinungsformen: massive Werkstücke: glasklar	massive Werkstücke: trüb bis opak	massive Werkstücke: meist gefüllt	Elastisches Verhalten: leder- oder gummiweich	Elastisches Verhalten: schmiegsam, federnd	Elastisches Verhalten: hart	In Lösemittel, bei ca. 20 °C (l = löslich, q = quellbar, u = unlöslich): Benzin	Benzol	Methylenchlorid	Diethylether	Aceton	Ethylacetat	Ethylalkohol	Wasser
6.3.5	PVAC	1,18		Dispersions-Grundstoff				+	+		u	l	l	q	l	l	l	u
6.3.5	PVAL	1,2–1,3		+				+	+		u	u	u	u	u	u	u	l[1]
													[1] acetylgruppenfrei auch heiß					
6.3.5	PVB	1,1–1,2		Sicherheitsglas-Folie				+			u	q	q/l	u	q/l	q/l	l	u
6.12	PAE	1,1–1,2		Dispersions-Grundstoffe				+	+		u/l	l	l	u	l	l	l	u[1]
														[1] Polyacrylsäure lösl.				
6.5.2	PMMA	1,18			+					+	u	l	l	u	l	l	u	u
6.5.2	AMMA	1,17			+ gelb					+	u	u	q	u	q	u	u	u
6.6	POM	1,41	1,6*			+				+	u	u	u	u	u	u	u	u
6.7	PA	1,14 } 1,02	1,4*	+		+			+	+	u	u	u	u	u	u	u	u
		1,12			+					+	u	u	q	u	q	u	u	u
6.8.1	PC	1,20	1,4*	+	+					+	u	q	l	q	q	q	u	u
6.8.2	PBT	1,35	} 1,5*	+	+	+			+	+	u	u	q	u	u/q	q	u	u
6.8.2	PET	1,41																
6.9.1	PPS					+				+	u	u	u	u	u	u	u	u
6.9.2	PSU	1,24	1,5*		(+)	+			+	+	u	l	l	u	q	u/q	u	u
6.10.1	PPE		1,3*			+				+	u	l	l	u	u	u	u	u
6.13.1	PI	ca. 1,4		+ gelb		+				+	u	u	u	u	u	u	u	u
6.17.1	CA	1,3		+	+				+	+	u	u	q/l[1]	u	q/l[1]	q/l[1]	u	u
												[1] je nach Acetylierungsgrad						
6.17.1	CAB	1,2		+	+					+	u	q	l	u	l	l	q	u
6.17.1	CP	1,2			+					+	u	u	q	u	l	l	q	u
6.17.1	CN	1,35–1,4		+	+				+	+	u	u	u	q	l	l	u	u
6.17.1	CH	1,45		+					+		u	u	u	u	u	u	u	u[1]
																[1] erweicht		
6.17.1	VF	1,2–1,3				+			+	+	u	u	u	u	u	u	u	u

Tafel 3.14 Bestimmung der Kunststoffe (Fortsetzung

Pyrolyse und Einzelnachweise					
Langsames Erhitzen im Röhrchen s = schmilzt z = zersetzt sich	Reaktion der Schwaden a = alkalisch n = neutral s = sauer ss = stark sauer	Anzünden mit kleiner Flamme 0 = kaum anzündbar I = brennt in der Flamme, erlischt außerhalb II = brennt nach Anzünden weiter III = brennt heftig, verpufft	Art und Farbe der Flamme	Geruch der Schwaden beim Erhitzen im Röhrchen oder nach Anzünden und Ablöschen	Weitere Hinweise Nachweis von Leitelementen (N, Cl, F, S, Si)
s, braun, vergast	s	II	leuchtend, rußend	Essigsäure u. Beigeruch	
s, z, brauner Rückstand	n	I/II	leuchtend	kratzend	
s, z, schäumt	s	II	blau mit gelbem Rand	ranzige Butter	
s, z, vergast	n	II	leuchtend, etwas rußend	typisch scharf	
erweicht, z unter Aufblähen und Knistern, wenig Rückstand	n	II	brennt knisternd, tropft ab, leuchtend	typisch fruchtartig	gegossenes Acrylglas erweicht kaum
braun, dann s, z schwarz	a	II	rußend, etwas sprühend	erst scharf, dann kratzend	N
s, z, vergast	n (s)	II	blau, fast farblos	Formaldehyd	
wird klar, s z, braun	(a)	I/II	schwer anzündbar, bläulich gelber Rand, knisternd abtropfend, fadenziehend	typisch, verbranntem Horn ähnlich	N, Schmelztemperatur °C: PA46 295, PA66 255, PA6 220, PA11 185, PA12 175
s, zäh, farblos, z, braun	(s)	I	leuchtend, rußend, blasig, verkohlt	zunächst schwach, dann Phenol	Phenolnachweis
s, z, dunkelbraun weißer Beschlag oben	s	I/II	leuchtend, knisternd, tropft ab, rußt	süßlich kratzend	PETP schmilzt 255 °C PBTP schmilzt 255 °C
wird klar, s, dann braun	s	I	stark rußend	nach H_2S	
s blasig, Dämpfe nicht sichtbar, braun	ss	II	brennt schwer an, gelb, rußend verkohlt	zunächst wenig, im Röhrchen schließl. H_2S	
wird schwarz, s, z, braune Dämpfe	a	II	brennt schwer an, dann hell, rußend	zunächst gering, dann Phenol	
s nicht, bei starkem Erhitzen braun, glüht auf	a	0	glüht auf	bei starkem Erhitzen Phenol	
s, z, schwarz	s	II	schmilzt u. tropft, gelbgrün mit Funken	Essigsäure + verbrannes Papier	
s, z, schwarz	s	II	gelbleuchtend, brennend abtropfend	Essigsäure, Buttersäure, verbr. Papier	
s, z, schwarz	s	II	wie CAB	Propionsäure, verbr. Papier	
z heftig	ss	II	hell, heftig, braune Dämpfe	Stickoxide (Kampfer)	N
z, verkohlt	n	II	wie Papier	verbranntes Papier	
z, verkohlt	n	I/II	brennt langsam	verbranntes Papier	

Tafel 3.14 Bestimmung der Kunststoffe (Fortsetzung)

Physikalische Kenndaten

Gruppe und Stoff: siehe Abschnitt	Gruppe und Stoff: Kurzzeichen	Spez. Gewicht: ungefüllt g/cm³	Spez. Gewicht: gefüllt bis g/cm³	Übliche Erscheinungsformen: transparente dünne Folien	Übliche Erscheinungsformen: massive Werkstücke: glasklar	massive Werkstücke: trüb bis opak	massive Werkstücke: meist gefüllt	Elastisches Verhalten: leder- oder gummiweich	Elastisches Verhalten: schmiegsam, federnd	Elastisches Verhalten: hart	In Lösemittel, bei ca. 20 °C (l = löslich, q = quellbar, u = unlöslich): Benzin	Benzol	Methylenchlorid	Diethylether	Aceton	Ethylacetat	Ethylalkohol	Wasser
6.20	PF [2]	1,25 bis 1,3		technische Harze							u	u	u	u	l	u	l	(l)
	[3]				(+)					+								
6.20	PF [4]		1,8–2				+			+								
6.20	PF [5]		1,4				+			+								
9.31	Hp [6]										u	u	u	u	u	u	u	u
			1,3–1,4				+			+								
9.31	Hgw [7]																	
9.31	Hgw [8]		1,8				+			+								
6.21	UF/MF			Leimharze							u	u	u	u	u	u	u	l
6.21	UF/MF[9]		1,5				+			+								
6.21	MF[10]		2,0				+			+	u	u	u	u	u	u	u	u
6.21	MF+PF[11]		1,5				+			+								
9.31	Hgw[12]		1,8				+			+								
6.20	UP	ca. 1,2			+					+								
	[13]	1,3																
6.20	UP [14]		1,4–2			+	+			+	u	u	q	u	q	q	u	u
6.21.6	EP	ca. 1,2			+					+	u	u	q	u	q	q	u	u
6.21.6	EP [15]		1,7–2				+			+								
6.16	PUR [16]	1,26				+		+	+	+	u	u	q	u	q	q	u	u
	[17]	1,17–1,22		+		+		+			u	q	q	u	q	q	u	u
	[18]	>>1				+		+	+	+	u	q	q	u	q	q	u	u
6.22.6	SI [19]	1,25					+	+			q	q	q	u	u	u	u	u

[1]) mit Glasfaser (o. ä.) verstärkt, steif
[2]) nicht gehärtet
[3]) Preß- oder Gießharz
[4]) Typen 11–16: Preßstoffe, min. gef.
[5]) Typen 30–84: Preßstoffe, org. gef.
[6]) Hartpapier, ähnl. Preßschichtholz
[7]) Hartgewebe mit Baumwolle
[8]) mit Asbest- oder Glasfaser
[9]) Typen 131, 152–154; org. gef. Preßstoffe
[10]) Typen 155–157, min. gef. Preßstoffe
[11]) Typen 180–182, org. gef. Preßstoffe
[12]) 2272: MF + Glasseidengewebe
[13]) selbstlöschend eingestellt
[14]) typ. (Schicht-)Preßstoffe, min. gef. Glasfaser-Laminate
[15]) typ. (Schicht-)Preßstoffe, GF-Laminate
[16]) vernetzt
[17]) linear gummielastisch
[18]) Schaum
[19]) vorwiegend Silikonkautschuk

Tafel 3.14 Bestimmung der Kunststoffe (Fortsetzung)

Pyrolyse und Einzelnachweise

Langsames Erhitzen im Röhrchen s = schmilzt z = zersetzt sich	Reaktion der Schwaden a = alkalisch n = neutral s = sauer ss = stark sauer	Anzünden mit kleiner Flamme 0 = kaum anzündbar I = brennt in der Flamme, erlischt außerhalb II = brennt nach Anzünden weiter III = brennt heftig, verpufft	Art und Farbe der Flamme	Geruch der Schwaden beim Erhitzen im Röhrchen oder nach Anzünden und Ablöschen	Weitere Hinweise Nachweis von Leitelementen (N, Cl, F, S, Si)
s, z	n	I	brennt schwer an, hell, rußend	Phenol, Formaldehyd	
z, springt		0/I	hell, rußend	Phenol, Formaldehyd, ev. Ammoniak	
z, springt	n(a)	I/II	verkohlt		
z, Schichtentrennung	n	II	hell, rußend	wie oben + verbr. Papier	
z, springt	n	0/I	Gerüst bleibt	Phenol, Formaldehyd	
z, springt, Dunkelfärbung, Aufblähen	a	0/I	kaum anzündbar, Flamme leicht gelb, Stoff verkohlt mit weißen Kanten Gerüst bleibt	Ammoniak, Amine, widerlicher fischiger Beigeruch (vor allem bei Thioharnstoff), Formaldehyd	N, bei Thioharnstoff auch S
wird dunkel, s springt, z ev. weißer Beschlag	n (s)	II (I)	leuchtend gelb rußend ungefüllt unter Erweichen, sonst knackend, verkohlt, Glasfaser-Rückstand	Styrol und scharfer Beigeruch	Anzündbarkeit hängt auch von Füllung und Pigmentierung ab
Dunkelfärbung vom Rand, z, springt ev. weißer Beschlag (unvernetzt)	n oder a (s)	II I/II	schwer anzündbar, brennt mit kleiner gelber Flamme, rußt	je nach Härter esterartig oder Amine (ähnlich PA), später Phenol	N bei Aminhärter oder Spezialharzen
s bei kräftigem Erhitzen, dann z	n	II	schwer anzündbar, gelb leuchtend,	typisch unangenehm stechend (Isocyanat)	N
s	s	II	schäumt, tropft ab		
z	a				
nur bei starkem Erhitzen z, weißes Pulver	n	0	allenfalls Glimmen in der Flamme	weißer Rauch, zerklüfteter weißer SiO_2-Rückstand	Si

4 Kunststoffverarbeitung

4

4 Kunststoffverarbeitung

Das Gebiet der Kunststoffverarbeitung umfasst alle Prozesse der Formgebung. Grundsätzlich unterscheidet man in der Produktionstechnik zwischen

- Urformen: aus dem Werkstoff wird mit Hilfe von Formwerkzeugen ein Bauteil oder Halbzeug geformt.
- Umformen: ein Halbzeug wird durch Wärme- und/oder Krafteinwirkung in eine neue Form gebracht.
- Bearbeiten: ein Halbzeug wird durch Abtragung von Werkstoff in eine neue Form gebracht.

Im Wesentlichen werden Kunststoffe in Urformprozessen verarbeitet. Dabei nutzt man die im allgemeinen niedrigen Verarbeitungstemperaturen (Raumtemperatur bis 350 °C), bei denen die Werkstoffe der Verarbeitungsmaschinen und Formen (in der Kunststofftechnik als Werkzeuge bezeichnet) dauerhaft und möglichst verschleißfrei sind. So können die Fertigungseinrichtungen vielfach wiederverwendet (beim Spritzgießen sind ohne weiteres 10^6 bis 10^7 Formteile in einem Werkzeug herstellbar) und die an sich hohen Kosten für die Anlagen und Werkzeuge über eine hohe Produktionsmenge umgelegt werden. Neben der Vielfachnutzung der Werkzeuge liegt der besondere Vorzug der Kunststoffverarbeitung in dem Merkmal, dass die endgültige Form bereits im Urformprozess erreicht wird, da die Oberfläche des Werkzeugs sehr präzise am Formteil abgeformt wird. So entfallen die beim Metallguss üblichen Schritte der Nachbearbeitung (Fräsen, Drehen, Schleifen oder Polieren) zur Erzeugung der Oberflächen. Ein sehr anschauliches Beispiel für die Abformgenauigkeit von Kunststoffverarbeitungsprozessen liefert das Spritzgießen von Compact Disks. Hier werden die digitalen Informationen in Form von kleinsten Strukturen mit Abmessungen unterhalb von 1 µm durch Abformen der Werkzeugoberfläche in die Oberfläche der Datenträgerscheibe kodiert (siehe Bild 4.1).

In den letzten Jahren wird der Trend sichtbar, immer komplexere Anlagen und Verfahren zu entwickeln, um aufwendig geformte oder aus mehreren Kunststoffen zusammengesetzte Bauteile oder Halbzeuge in einer Anlage urzuformen. Beispiele hierfür seien der Mehrkomponentenspritzguss, etwa zur Herstellung von Bauteilen mit harten und weichen Segmenten, oder die Mehrschichtextrusion zur Herstellung von Folien und Platten mit einem gezielten Schichtaufbau. Dabei gilt das Prinzip, dass Konzeption und Aufbau der Fertigungseinrichtungen den Anforderungen der Bauteilentwicklung folgen. So finden sich in der Kunststoffverarbeitung oft Fertigungseinrichtungen, die auf ein spezielles Bauteil oder Halbzeug oder aber zumindest für eine spezielle Gruppe von Produkten aus Kunststoff maßgeschneidert sind. Auch umfasst die Aufgabe der „Entwicklung von Produkten aus Kunststoff" in besonderem Maße die Entwicklung der zugehörigen Fertigungseinrichtungen wie auch die „fertigungsgerechte Produktentwicklung". Wegen der Wichtigkeit dieser Zusammenhänge wird in Kapitel 5 wird auf diese Frage gesondert eingegangen.

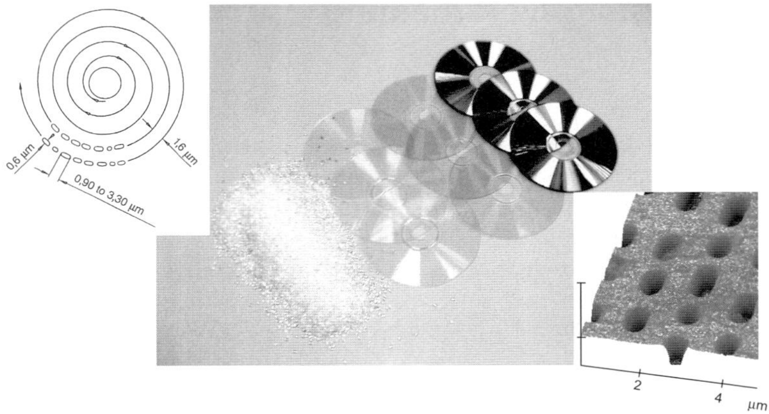

Bild 4.1 Vom Granulat zum Datenträger mit 3 s Zykluszeit: Spritzgießen von Compact Disk

Grundprinzip aller Urformverfahren ist, dass der Werkstoff in einem formbaren Zustand vorliegt. Bei den schmelzbaren Kunststoffen (Thermoplaste und thermoplastische Elastomere) erfolgt die Verarbeitung im Schmelzezustand, durch die Erstarrung wird die Form fixiert. Es muss berücksichtigt werden, dass die für die Werkstoffeigenschaften wichtigen Parameter Kristallisation, Orientierung und Eigenspannungen bei der Erstarrung neu gesetzt werden. Daher sind die Eigenschaften von Produkten aus Kunststoff stets von den Parametern der Fertigung abhängig.

Produkte aus Elastomeren oder Duroplasten können nicht durch Erstarrung einer Schmelze erzeugt werden, da diese Stoffe nicht mehr schmelzbar sind. Hier nutzt man die in Kapitel 2 dargelegten Verfahren, nach denen aus den Grundbausteinen (niedermolekulare Ausgangsstoffe) die makromolekularen Kunststoffe synthetisiert werden. Es kommen als Ausgangswerkstoffe vorsynthetisierte Produkte (Harze oder Kautschuk) zum Einsatz. Die zunächst schmelzeförmigen Ausgangsstoffe (ggf. bei erhöhter Temperatur) werden im Formgebungsprozess weiter synthetisiert (vernetzt), und durch diesen chemischen Prozess erfolgt die Erstarrung des Formteils in der Form (zumeist bei weiterem Temperaturanstieg).

4.1 Thermische Zustandsbereiche

In Bild 3.43 (s. Kapitel 3.3.1.1) ist schematisch der Schubmodul der vier Kunststoffarten über der Temperatur dargestellt. Anhand dieser Kurven lassen sich die möglichen Verarbeitungsverfahren ableiten.

Duroplaste

gehen mit zunehmender Temperatur vom harten Zustand (1) in den Bereich der thermischen Zersetzung (5) über, ohne so weit zu erweichen, dass eine Umformung möglich wäre. Diese Kunststoffe werden bei der Synthese in die endgültige

Form gebracht. Sie können nur noch durch eine mechanische Bearbeitung oder durch Kleben weiter verarbeitet werden.

Thermoplaste

durchlaufen vor dem Erreichen des Bereichs der thermischen Zersetzung (5) einen Temperaturbereich, in dem sie reversibel umformbar sind. Die *amorphen* Thermoplaste weisen oberhalb der Glasübergangstemperatur T_g, der Schubmodul fällt hier stark ab, eine Art gummielastischen Bereich auf (3). In diesem Temperaturbereich lässt sich der Thermoplast unter Anwendung relativ geringer Kräfte umformen, muss aber unter Formzwang abgekühlt und in den glasartigen Zustand (1) überführt werden, da er sich sonst wieder in den Ausgangszustand zurückverformt: Warmformen, Umformen, Tiefziehen. Bei diesem Umformvorgang werden die Moleküle in Verformungsrichtung verstreckt. Dadurch wird der Werkstoff orientiert, die Eigenschaften werden richtungsabhängig. Bei *teilkristallinen* Kunststoffen ist der gummielastische Bereich in der Regel wesentlich geringer ausgebildet, er kann aber durch eine Änderung der Molekülstruktur erreicht werden (z.B. Makromoleküle mit stärkeren Verzweigungen und größerer Molmasse). Amorphe Thermoplaste gehen nach dem gummielastischen in einen hochviskosen Zustand (4) über, während die teilkristallinen Thermoplaste nach Überschreiten der Schmelztemperatur T_S eine dünnflüssige Schmelze bilden (4). In diesem Temperaturbereich finden die für Thermoplaste charakteristischen Verarbeitungsverfahren wie das Spritzgießen und Extrudieren statt.

Thermoplastische Elastomere

weisen einen ausgeprägten gummielastischen Bereich (3) auf, in dem sie aber im Gegensatz zu den Thermoplasten nicht bleibend umformbar sind, da sie leicht chemisch bzw. physikalisch vernetzt sind. Oberhalb dieser Temperatur (Bereich 3) gehen sie jedoch in einen viskosen Zustand (4) über, in dem sie wie Thermoplaste verarbeitbar sind.

Elastomere

weisen aufgrund einer chemischen Vernetzung der Moleküle einen ausgeprägteren gummielastischen Bereich auf, der bei höheren Temperaturen in den Bereich der thermischen Zersetzung (5) übergeht, eine plastische Formgebung ist also wie bei den Duroplasten in der Regel nicht möglich.

Gleitende Übergänge zwischen diesen vier Verhaltensweisen sind durch Blends oder bei Mischungen möglich und üblich.

4.2 Verarbeitung Thermoplaste und Thermoplastische Elastomere

4.2.1 Aufbereiten von Formmassen

Unter Aufbereitung versteht man alle Arbeitsgänge, denen ein Rohstoff unterworfen wird, bevor die Formmasse dem eigentlichen Verarbeitungsprozess zur endgültigen Gestaltgebung zugeführt wird. Hierzu gehören das Einarbeiten von Zusätzen wie Farbstoffe, Füll- und Verstärkungsstoffe, Weichmacher, Gleitmittel, Stabilisatoren, Flammschutzmittel, Treibmittel, Lösemittel oder anderer Polymere, sowie die Umwandlung der Formmasse in eine geeignete Form (Granulat, Pulver, Paste, Lösung, Dispersion). Die wichtigsten Aufbereitungsvorgänge sind das Mischen, Dispergieren, Kneten, Lösen oder Granulieren, für die Spezialanlagen entwickelt wurden.

4.2.1.1 Rotierende Feststoff-Mischbehälter

Die einzelnen Bauarten unterscheiden sich durch die Ausbildung der Mischtrommel zur Erzeugung unterschiedlicher Mischwirkungen. Es gibt einfache Rollfässer, Fässer mit Taumelbewegungen, Rhönradmischer, Taumelmischer für größere Volumina, Doppelkonusmischer und V- oder Hosenmischer. Sie werden als Vormischer für rieselfähige Produkte und Zuschlagstoffe für die Weiterverarbeitung auf Schneckenknetern, Extrudern oder Spritzgießmaschinen oder zum Nachmischen fertiger Compounds zur Chargenvereinheitlichung und zur eventuellen Trocknung verwendet.

4.2.1.2 Feststoff-Mischer mit rotierenden Werkzeugen

Die Werkzeuge arbeiten mit Umfangsgeschwindigkeiten von weniger als 2 m/s bis 50 m/s. Mit zunehmender Geschwindigkeit wird die Behandlung weniger schonend, die Mischzeiten werden geringer und die Zerteileffekte und Energieaufnahme nehmen zu. Man unterscheidet diskontinuierliche und kontinuierliche Mischer. Bei den kontinuierlichen Mischern weisen die Mischelemente eine zusätzliche Förderwirkung auf.

Typische Bauarten der Mischer zeigt Bild 4.2, wobei die rotierenden Wellen mit unterschiedlichen Mischelementen wie Schneckenbänder, Schaufeln, Spiralen oder Paddeln bestückt sein können. Beim Kegel-Schnecken-Mischer wird die Schnecke so angetrieben, dass sie außer um ihre Längsachse auch planetenartig in einer Kreisbahn an der Innenwand eines konusförmigen Behälters vorbeiwandert. Solche Mischer haben ein Nutzvolumen bis zu 30 m^3, die Silo-Senkrechtmischer bis zu 100 m^3. Das Nutzvolumen der diskontinuierlichen Mischer mit einer horizontalen Welle beträgt bis zu 30 m^3, der Durchsatz der kontinuierlichen Mischer bis zu 450 m^3/h.

Mischer mit rotierenden Werkzeugen werden für alle Mischaufgaben eingesetzt. Zum Heißmischen oder Plastifizieren von PVC werden Heiz-Kühlmischer-Kombinationen aus Trog- oder Schaufelmischern verwendet. Silo-Senkrecht- oder Kegel-Schneckenmischer dienen zum Vereinheitlichen größerer Granulatmengen.

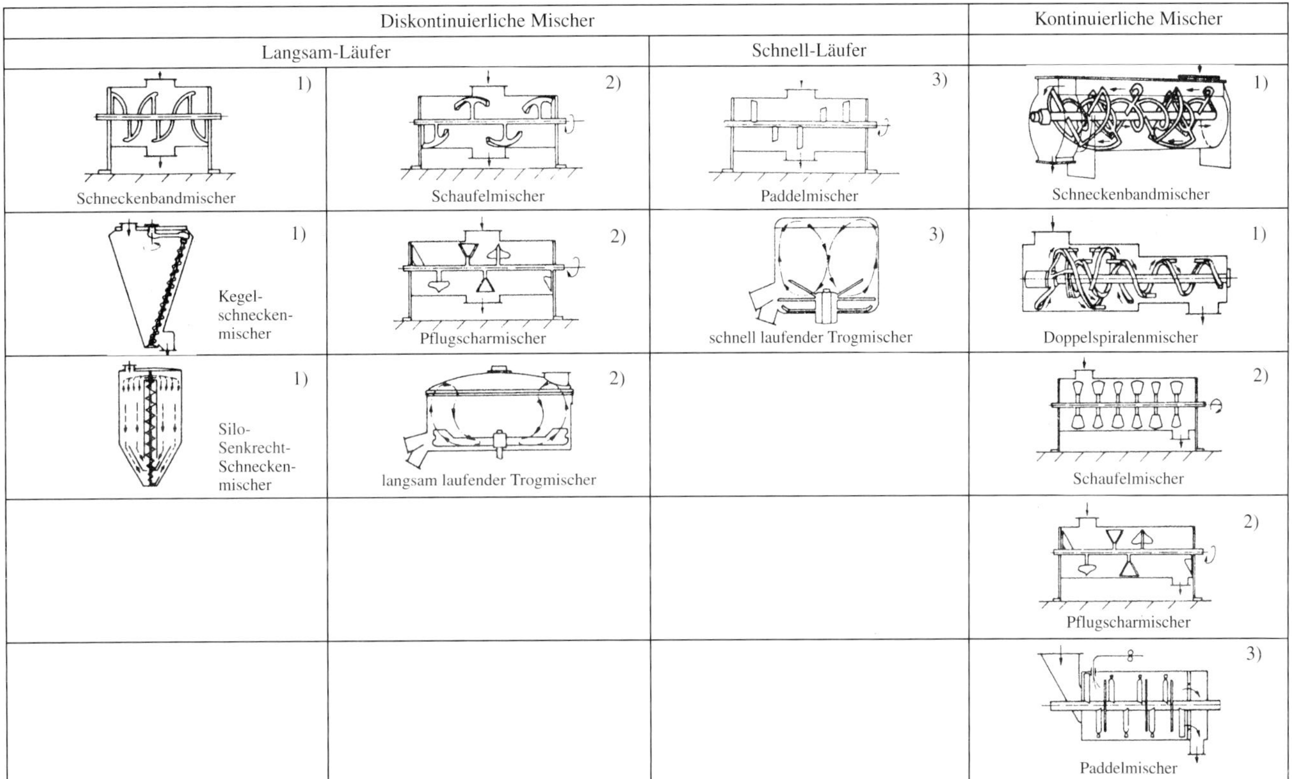

Bild 4.2 Mischer mit rotierenden Mischwerkzeugen

1) Umfangsgeschwindigkeit V_u £ 2 m/s;

2) Umfangsgeschwindigkeit V_u = 2 bis 12 m/s;

3) Umfangsgeschwindigkeit V_u = 12 bis 50 m/s

4.2.1.3 Schneckenkneter für viskose Stoffe

Schneckenkneter werden zum kontinuierlichen Aufbereiten (Compoundieren) von Kunststoffen zu verarbeitungsfähigen Formmassen verwendet. Die vorgemischte oder über Dosierwaagensysteme kontinuierlich dosierte Rezeptur wird aufgeschmolzen und bis in den Mikrobereich hinein homogen vermischt. Gasförmige Bestandteile können in Entgasungszonen ausgedampft werden, chemische Reaktionen sind durchführbar. Man unterscheidet ein- und zweiwellige Kneter.

Einwellige Kneter

In ihrem grundsätzlichen Aufbau sind sie den Plastifiziereinheiten der Spritzgießmaschinen oder den Extrudern ähnlich, s. Abschn. 4.2.2 und 4.2.4. In einem *Plastifikator* wird PVC-weich über eine Dosierschnecke einem konusförmigen Misch- und Scherteil zugeführt, dort durch Scherung plastifiziert und über eine nachgeschaltete Schnecke ausgetragen.

Der ebenfalls einwellige *Ko-Kneter* führt neben der Rotation eine axial oszillierende Bewegung aus, Bild 4.3. In den Lücken zwischen Schneckenflügeln und feststehenden Knetzähnen wird das Material in axialer und radialer Richtung geschert. Der Austrag erfolgt bei der Kalanderbeschickung direkt am Ende des Kneters oder über eine meist rechtwinklig zum Kneter angeordnete einwellige Schnecke in einen Granulator.

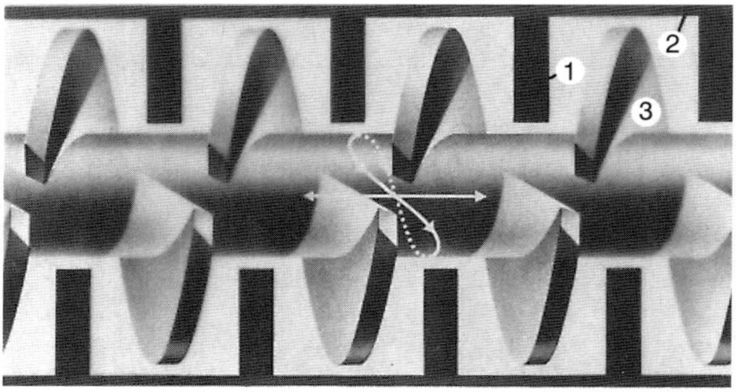

Bild 4.3 Prinzip des Ko-Kneters
1: Knetzahn, 2: Knetgehäuse, 3: Schneckenflügel

Normale Einschneckenextruder für das Spritzgießen oder Extrudieren weisen eine geringe Mischwirkung auf. Diese Mischwirkung kann durch den Einbau von Mischteilen oder Scherteilen nach Bild 4.4 und Bild 4.5 verbessert werden. Z.B. wird in wassergekühlten Extrudern mit Schneckenlängen von 24 bis 40D PE-LD in zwei bis vier hintereinander geschalteten Maillefer-Zonen, s. auch Abschn. 4.2.4 und Bild 4.49, zur Verbesserung der optischen und mechanischen Eigenschaften homogenisiert. Die Beschickung erfolgt mit Schmelze.

Zweiwellige Kneter

Gleichläufige Schneckenkneter mit ineinander greifenden Schnecken werden am häufigsten zur Aufbereitung eingesetzt. Bei den sog. *ZSK*- oder *ZE-Maschinen*

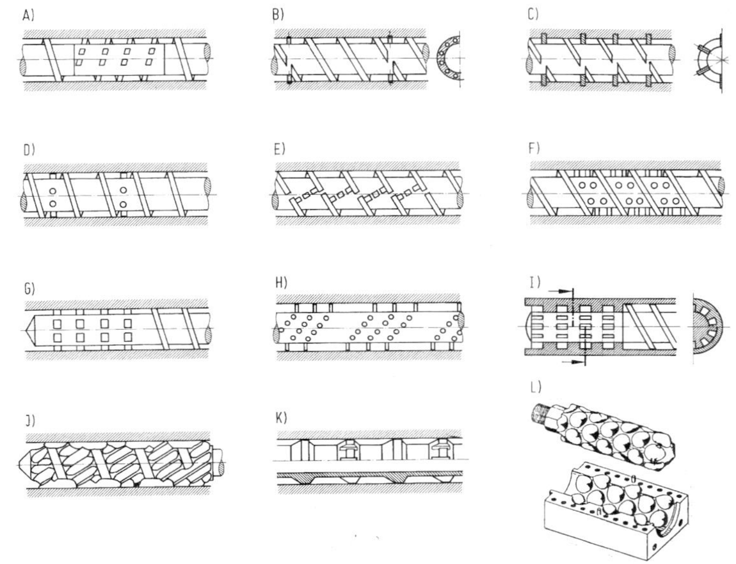

Bild 4.4 Mischteile in Einschneckenextrudern

A: Gegengewinde mit Durchbrüchen, B: Ring mit Bohrungen, C: Stifte im Gehäuse, D bis F: Stifte im Schneckenkanal, G: Zahnscheiben, H: versetzte Stifte, I: Nocken im Zylinder und Schnecke, J: verdrehte Nuten, K: Ringspalt-Lücken-Mischteil, L: Kugelabdrücke in Welle und Zylinder

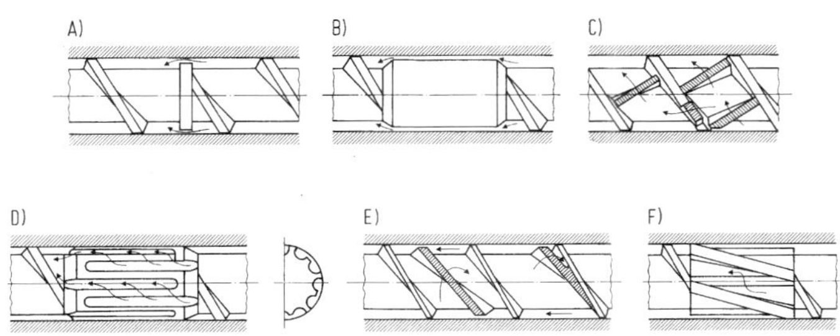

Bild 4.5 Scherteile in Einschneckenextrudern

A: Stauring, B: Schertorpedo, C: Stauleiste, D: Maddock-Scherteil (Sacknuten-Torpedo), E: Maillefer-Scherteil, F: Troester-Scherteil

sind die Schnecken und Gehäuse nach dem Baukastenprinzip aufgebaut, Bild 4.6 und Bild 4.7. Die einzelnen Elemente werden auf die Schneckenwellen aufgeschoben. Die Art und Abfolge der Förder-, Knet- und Dichtelemente können der Aufgabe entsprechend gewählt werden. Für die Entgasung oder Zugabe von Feststoffen, Schmelzen, Pasten oder Flüssigkeiten können entsprechende Gehäuseelemente eingebaut werden. ZSK-Maschinen sind selbstreinigend und können elektrisch, mit Flüssigkeiten oder mit Dampf beheizt werden.

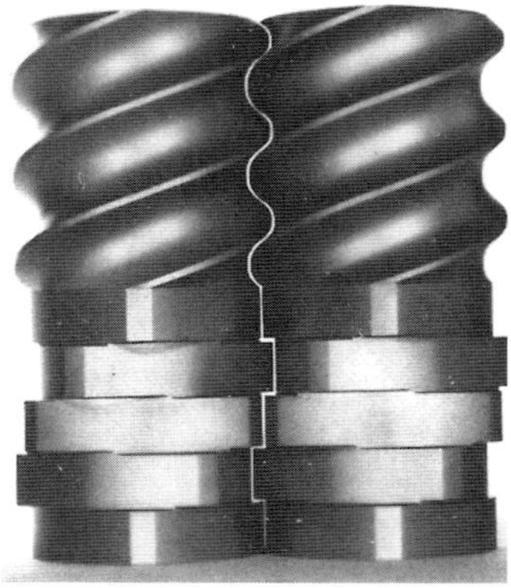

Bild 4.6 Dichtprofil bei Schneckenelementen und Knetscheiben des zweiwelligen Schneckenkneters (Werkfoto: Werner & Pfleiderer)

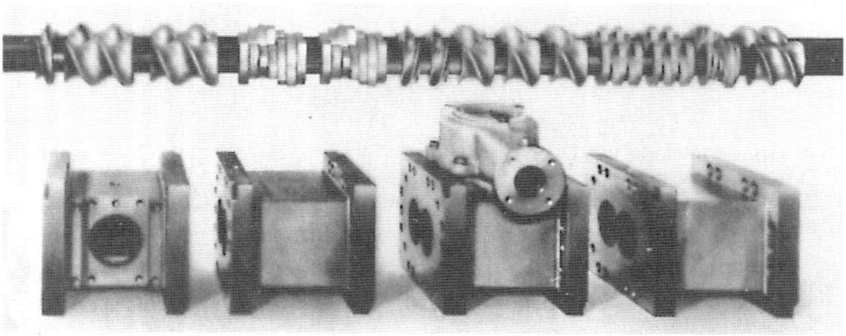

Bild 4.7 Baukastensystem eines Gleichdrallschneckenkneters (Werkfoto: Werner & Pfleiderer)

Während bei der normalen ZSK-Maschine die Schmelze direkt am Schneckenende ausgetragen wird, erfolgt dies bei der *Kombiplast*-Maschine über eine rechtwinklig angeordnete, einwellige Schnecke mit einer Einzugs- und Entgasungszone, Endplastifizierzone und einer Druckaufbau- und Austragszone. Sie wird für empfindliche Kunststoffe wie PVC, vernetzbares PE oder hochmolekulare technische Kunststoffe eingesetzt.

Der *Doppelschnecken-Knetmischer MPC* arbeitet ähnlich wie die Kombiplast-Maschine. Das Gehäuse ist aufklappbar. Die Schnecken können aus einem Stück oder aus einer Welle mit Aufsteckelementen bestehen. Ein Spalt am Ende der Aufbereitungszone kann durch Verschieben der Schnecken verstellt und damit die Knetwirkung beeinflusst werden.

Beim zweistufigen, kontinuierlichen *Mischer FCM* besteht die erste Stufe aus einem zweiwelligen, gegenläufigen, nicht ineinander greifenden Schneckenteil als Einzugszone, die in eine Mischkammer mit Kneter und Knetschaufeln übergeht. Den zweiten Teil bildet der Schmelzeaustragextruder.

Knetschneckenextruder (Typ KEX, Fa. Drais) sind kontinuierlich arbeitende Dispersionskneter. Sie bestehen aus einer Einzugszone mit Einfach- oder Doppelschnecke, einer Austragsschnecke und dazwischen angeordneten Rotor-Stator-Paarungen, die jeweils eine Mischkammer bilden. Zwischen den Mischkammern sind Förderelemente verschiedener Konfiguration angeordnet. Vorteile: hohe wirksame Oberfläche, einstellbare Scherwirkung, hohe Homogenisierwirkung.

Tafel 4.1 zeigt eine Übersicht über Schneckenkneter, Bild 4.8 Beispiele für Einsatzbereiche von Dispersionsanlagen.

Tafel 4.1 Übliche Baugrößen, Antriebsleistungen, Durchsätze von Schneckenknetern

Maschine	Schnecken-durchmesser mm	Antriebs-leistung kW	Energie-dichte kWh/kg	Durchsatz kg/h
Einwelliger Schmelze-Homogenisierextruder	250 bis 800	500 bis 6700	0,07 bis 0,13	4000 bis 74000
Plastifikator	330 bis 555	22 bis 160	0,07 bis 0,1	200 bis 2300
Ko-Kneter quantec	46 bis 400 50 bis 170	11 bis 650 30 bis 1150	0,08 bis 0,4 0,02 bis 0,4	10 bis 8000 400 bis 16000
ZSK MEGA-compounder ZSK MEGAvolume	25 bis 380 34 bis 125	75 bis 20000 75 bis 2600	0,1 bis 0,4 0,02 bis 0,15	10 bis 75000 10 bis 18000
Kombiplast	25 bis 133	17 bis 355	0,05 bis 0,28	60 bis 12000
FCM	50 bis 381	22 bis 2940	0,18 bis 0,29	75 bis 16000

Eine Sonderform der Schneckenkneter ist der *Scherwalzen-Extruder,* Bild 4.9. Er vereinigt die Vorteile vom geschlossenen Extruder mit denen eines offenen Walzwerks und wird zum Komprimieren, Aufschmelzen, Homogenisieren, Dispergieren, Trocknen und Granulieren von Stoffen mittlerer bis hoher Viskosität im Temperaturbereich von 20 bis 280 °C eingesetzt. Die beiden sehr langen, gegenläufigen Walzen sind horizontal nebeneinander angebracht und mit ebenfalls gegenläufigen, schraubenförmigen und scharfkantigen Schernuten versehen. Diese bewirken eine Förderung des Materials von einem Ende der Walzen zum anderen. Die Breite des Scherspalts zwischen den Walzen kann eingestellt werden und zwar so, dass sie zum Walzenende hin auf 0,3 bis 0,5 mm abnimmt, um die Scherwirkung zu erhöhen. Im gesamten Arbeitsbereich der Walzen lassen sich über geeignete Fördereinrichtungen Zuschlagstoffe wie Füllstoffe, Fasern oder Farbstoffe mit fast beliebiger Konsistenz in den Walzenspalt eindosieren. Das fertige Compound wird entweder als Band von der Walze abgenommen oder granuliert, Bild 4.10. Die Masse wird durch die Bohrungen eines Granulierzylinders gepresst. Die auf der Innenseite dieses Zylinders austretenden zylindrischen Noppen werden abgeschnitten und in einem Luftstrom abgekühlt. Die Durchsätze der z.Zt. gefertigten Geräte liegen bei 5 bis 650 kg/h.

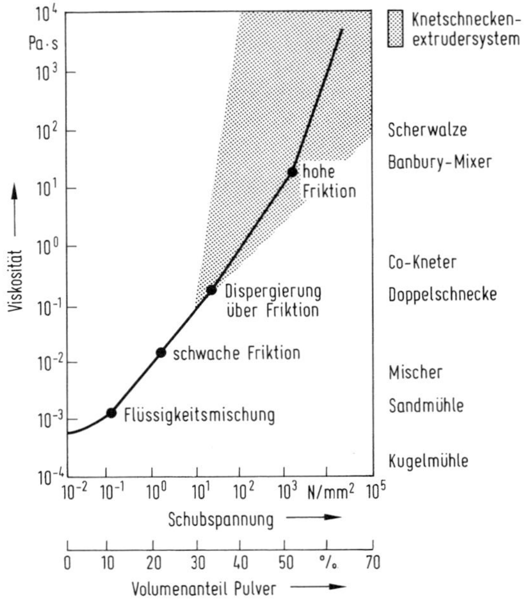

Bild 4.8 Beispiele für Einsatzbereiche von Dispersionsanlagen

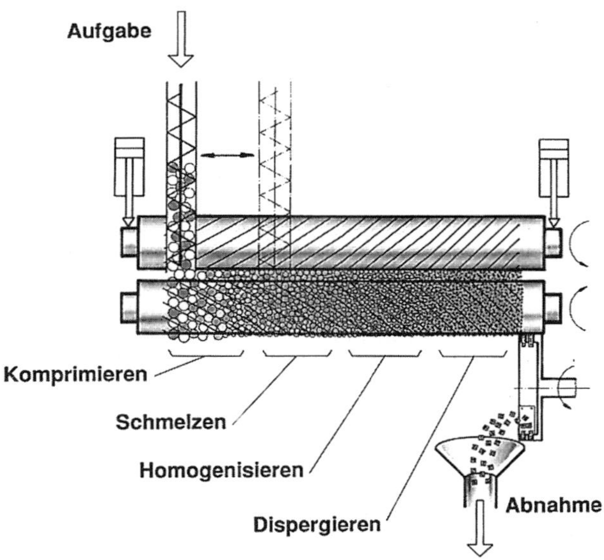

Bild 4.9 Verfahrensvorgänge beim Scherwalzenextrudieren

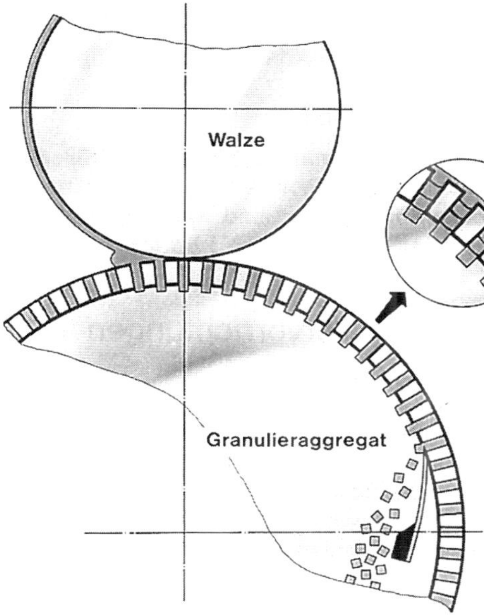

Bild 4.10 Einströmvorgang in die Bohrungen des Granulierzylinders

Mehrwellige Kneter

Erhöhte Anforderungen an Leistungsfähigkeit und Qualität führen zu Compoundier-Reaktoren mit z.B. 12 achsparallelen, ringförmig angeordneten und sich gleichsinnig drehenden dichtkämmenden Schnecken (3+Extruder GmbH, Lauffen). Die Segmentbauweise gestattet eine Anpassung an unterschiedliche Aufgaben.

4.2.1.4 Sonstige Mischer für viskose Stoffe

Kneter mit oder ohne Stempel wurden für die Aufbereitung von Kautschukmischungen entwickelt und werden heute auch für ABS eingesetzt, Bild 4.11. Gegenläufig rotierende Knetschaufeln rotieren in muldenförmigen Mischkammern, wobei die ineinander greifenden Schaufeln eine höhere Energieeinleitung in die Mischung bewirken als die tangierenden Rotorsysteme, Bild 4.12.

Doppelschaufelige Trogkneter werden zur Aufbereitung niedrigviskoser Kunststoffe, sowohl als Laborgeräte mit einem Volumen bis 10 l Inhalt als auch als Produktionskneter mit einem Volumen bis zu etwa 4000 l eingesetzt, Bild 4.13.

Der kontinuierlich arbeitende Conterna-Kneter (IKA-Maschinenbau, Staufen) besteht aus 6 (max.12) aneinander gereihten Bearbeitungskammern, s. Bild 4.14. So können Verfahrensschritte wie Mischen, Kneten, Walzen, Extrudieren, Zudosieren kombiniert werden.

Rührwerksmischer eignen sich zur Bildung von Lösungen und Pasten mit Viskositäten bis zu etwa 150 Pa · s, Bild 4.15.

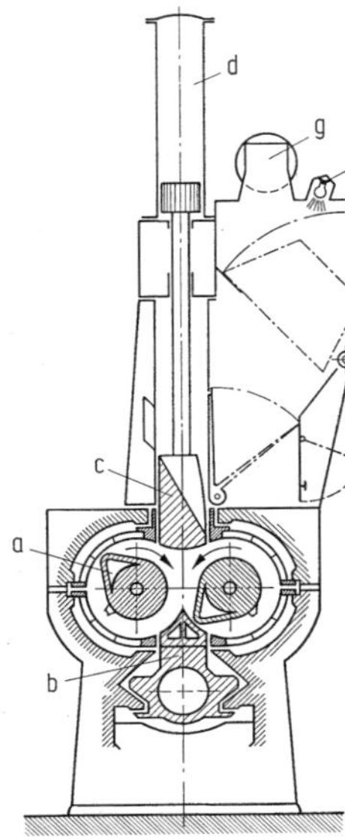

Bild 4.11 Stempelkneter. (Werkbild: Werner & Pfleiderer)
a: Knetschaufeln, b: Gleitsattel zur Entleerung, c: Stempel, d: Druckluftzylinder, e: Füllkübel, f: Scheinwerfer, g: Absaugung

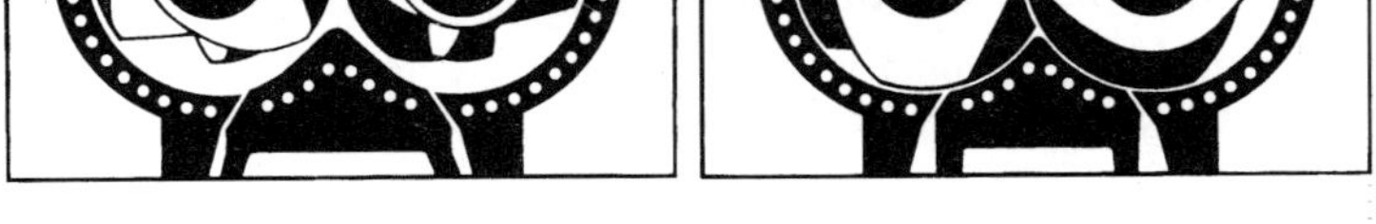

Bild 4.12 Rotorgeometrien und Anordnung in Innenmischern für die diskontinuierliche Gummiaufbereitung
links: tangierende Rotoren, rechts: ineinander greifende Rotoren

Walzwerke, wie sie in der Kautschukaufbereitung Verwendung finden, spielen für Kunststoffe nur noch eine untergeordnete Rolle.

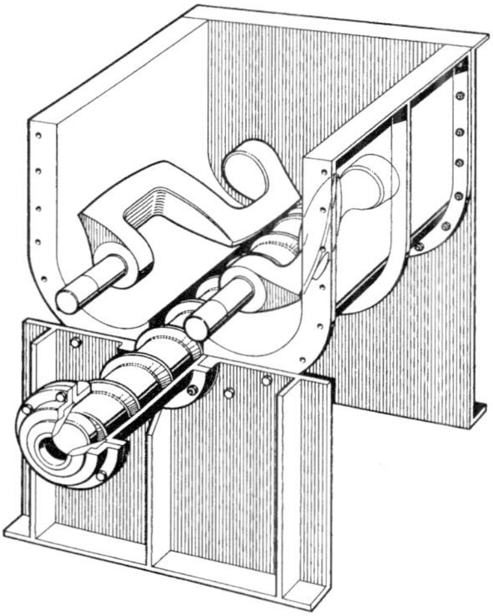

Bild 4.13 Doppelschaufelige Trogkneter mit Sigmarotoren und Austragsschnecke

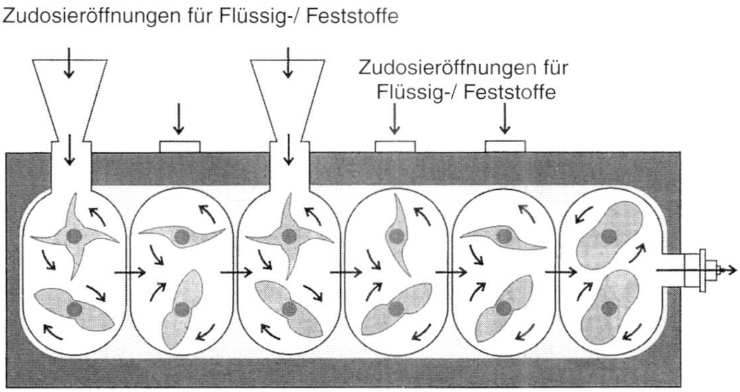

Bild 4.14 Kontinuierlich arbeitender Mehrkammer-Kneter; Austrag kombinierbar mit diversen Austragsmodulen und Abschneid- oder Granuliervorrichtung, z.B.: Zahnradpumpe, Gegendralldoppelschneckenextruder, Einfachschneckenextruder

4.2.1.5 Herstellung von Thermoplastprepregs

Glasmattenverstärkte Thermoplaste (GMT) sind Ausgangs-Halbzeuge zur Herstellung von langfaserverstärkten Formteilen nach dem Pressverfahren mit Glasfasergehalten von 20 bis 50% und einer typischen Faserlänge von 35 bis 50 mm. Sie werden nach dem Verfahren der Extruderbeschichtung, s. Abschn. 4.2.7, oder aus Thermoplastfolien und GF-Matten in Doppelbandpressen zu Platten mit einer Dicke von 2 bis 4 mm laminiert. Andere Verfahren arbeiten mit wässrigen Aufschwemmungen von 5 bis 20 mm langen Fasern und Thermoplastpulvern, die in

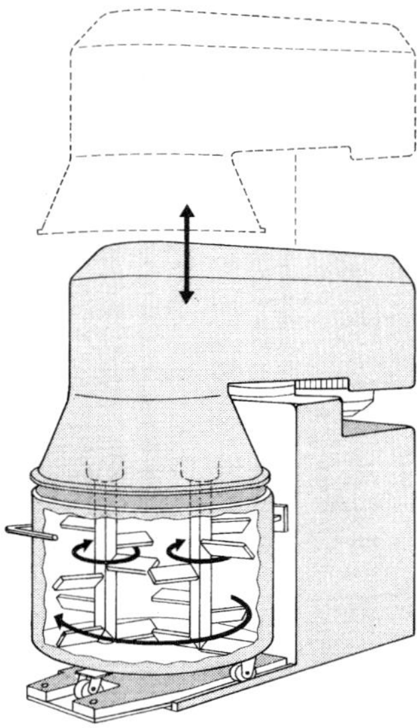

Bild 4.15 Rührwerks-Planetenmischer

schnelllaufenden Kreiselmischern zu Dispersionen gemischt, auf Papiermaschinensieben kontinuierlich entwässert und bis zu mehreren mm dicken luftdurchlässigen Schnittmatten-Bahnen mit Glasgehalten bis zu 70 % getrocknet werden.

So genanntes Organoblech besteht aus endlosfaserverstärktem Thermoplast. Es wird in einem kontinuierlichen Prozess hergestellt. Im Einzugsbereich einer isobaren, beheizten Doppelbandpresse wird mit Hilfe einer Streueinrichtung Thermoplastpulver zwischen die Verstärkungslagen eingebracht, aufgeheizt und zwischen die Filamente gepresst.

Hybridrovings entstehen, indem bei der Herstellung von Glasrovings im Ziehprozess Thermoplastfilamente (PP, PE, PET) in den Roving mit eingebracht werden. Anders als Organoblech weisen Hybridrovings noch keine stoffliche Verbindung der parallel laufenden Glas- und Thermoplastfilamente auf. Erst im Verarbeitungsprozess bildet das dann aufschmelzende Thermoplastfilament den Matrixwerkstoff, der die Glasfilamente tränkt und bindet. Glasgehalt 40 bis 76 Gew. %, Verarbeitung: Wickeln, Pressen, auch in Kombination mit GMT.

Für *thermoplastische Hochleistungsprepregs* kommt das Laminieren von Folien mit Glasgeweben, Geweben oder Fasergelegen aus Kohlenstoff- oder Aramidfasern sowie Pulveraufgabe auf Filamente im Wirbelbett oder Verfahren der Papiertechnik in Betracht. Auch das Laminieren von Hybrid-Textilien aus Matrix- und Stützfasern ist aussichtsreich. Ebenso ist das Tränken mit Lösungen möglich.

Im Pultrusionsverfahren werden bandförmige Prepregs (Tapes) z. B. aus Kohlenstofffasern und PEEK hergestellt. Sie eignen sich etwa für die Weiterverarbeitung im Wickelverfahren.

Nach einem speziellen Pulver-Imprägnierverfahren werden Faserrovings mittels einer Dispersion aus Wasser und Polymerpulver getränkt, das Wasser anschließend verdampft und dann das Polymerpulver in Schmelzeöfen aufgeschmolzen. Die vollständige Imprägnierung und Formgebung erfolgt zwischen Profilwalzen.

4.2.1.6 Granuliervorrichtungen

Thermoplastische Formmassen werden in der Regel in Granulatform geliefert. Nach der Aufbereitung muss die Schmelze deshalb granuliert werden. Die hierzu üblichen Verfahren zeigt Tafel 4.2.

Beim *Heißabschlag* (Kopfgranulierung) wird die Schmelze in Lochplatten zu Strängen geformt, die unmittelbar beim Austritt aus der Lochplatte auf Kornlänge geschnitten und abgekühlt werden. Bild 4.16 und 4.17 zeigen Granuliervorrichtungen, die in Luft, einer Luft-Wasser-Verwirbelung oder unter Wasser arbeiten. Bei einem wenig zum Kleben neigenden Kunststoff wie PVC kann die Abkühlung auch in der Luft erfolgen, sonst wird hierzu Wasser benutzt. Danach ist eine Trocknung anzuschließen. Da die Kühlmittel in einem geschlossenen System geführt werden, ist beim Heißabschlag nicht mit einer Verschmutzung durch Staub zu rechnen. Es werden Durchsätze bis zu 25 t/h erreicht.

Bild 4.16 Luftgranuliervorrichtung mit exzentrisch angeordneter Messerachse (System Werner & Pfleiderer)

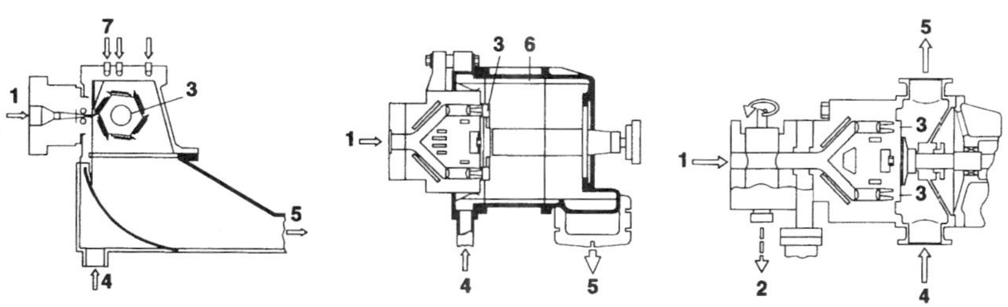

Bild 4.17 Messerwalzengranulierung (links), Wasserringgranulierung (Mitte) und Unterwassergranulierung (rechts) (System Werner & Pfleiderer)

1: Polymerschmelze, 2: Anfahrprodukt, 3: Schneidmesser, 4: Wasserzufuhr, 5: Granulate in Wasser, 6: Wasserring, 7: Sprühwasser

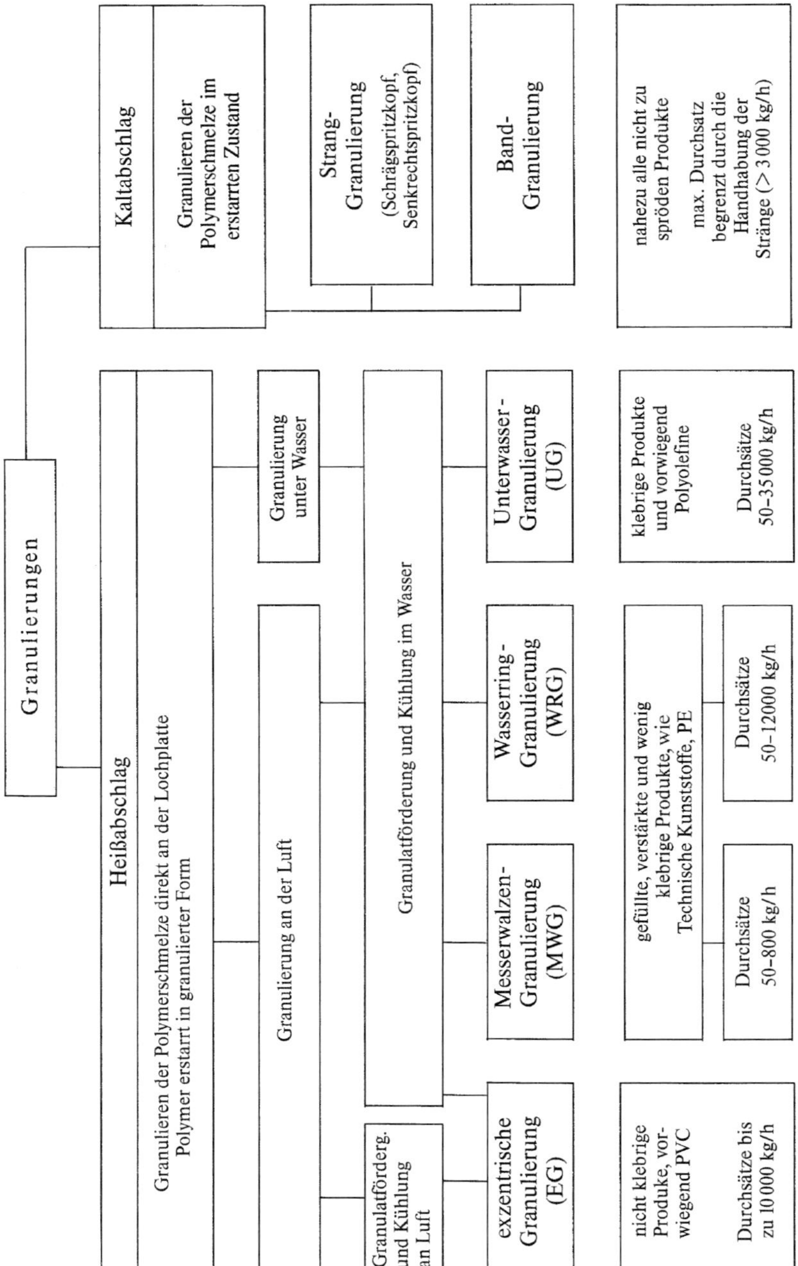

Tafel 4.2 Granuliersysteme

Beim *Kaltgranulieren* werden Stränge oder Bänder extrudiert, in einem Wasserbad abgekühlt und in Strang- oder Bandgranulatoren zu Granulaten geschnitten. Eine Trocknung ist anzuschließen. Beim Bandgranulator müssen die Bänder zusätzlich zum Querschnitt auch in Längsrichtung geschnitten werden. Kaltgranulier-Einrichtungen sind zwar preiswert und flexibel, erfordern aber einen höheren Personalaufwand, und es besteht die Gefahr der Verunreinigung, da es sich meist um offene Systeme handelt. Solche Anlagen werden deshalb häufig für kleinere Mengen und im Laborbetrieb benutzt.

4.2.1.7 Mühlen

In Mühlen werden Kunststoffe in die für die Verarbeitung geeignete Körnung zerkleinert: Verarbeitungsabfälle beim Spritzgießen, Extrudieren oder Blasen (z.B. Angüsse, Kantenbeschnitt oder Butzen) werden gemahlen, so dass sie bei der Verarbeitung, je nach Kunststoff oder Anwendung in Mengen bis zu 50% wieder der Originalware zugemischt werden können. Feinkörnige Pulver werden zur Beschichtung und für die Sintertechnik verwendet.

Die meisten Mühlen zertrümmern die Kunststoffe nach dem Prinzip des Schlagens oder Scherens. Bild 4.18 zeigt einen Schneidgranulator. Zwischen Rotor- und Statormesser wird das Aufgabegut so lange zerkleinert, bis es durch das unten angeordnete Sieb ausgetragen werden kann. Um eine Erwärmung zu vermeiden, empfiehlt sich ein mehrstufiges Mahlen. Beim Feinzerkleinern von zähen Kunststoffen lässt sich die erforderliche Sprödigkeit durch eine vorherige Kühlung, z.B. mit flüssigem oder gasförmigem Stickstoff, erreichen. Bild 4.19 zeigt eine solche Anlage, in der Luftstromprallmühlen verschiedenster Bauart zum Einsatz kommen.

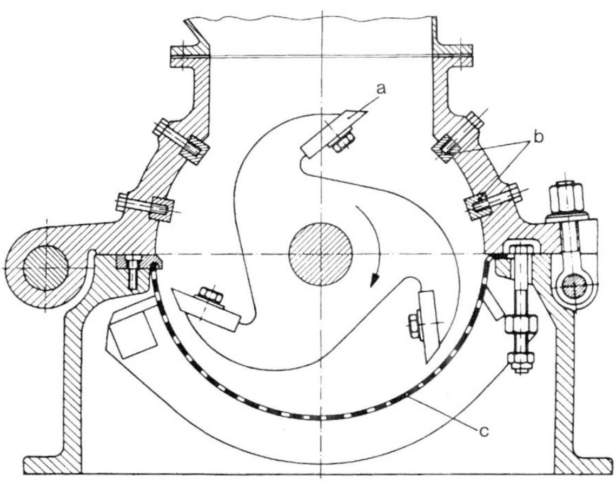

Bild 4.18 Schema eines Schneidgranulators
a: Rotormesser, b: Statormesser, c: Sieb

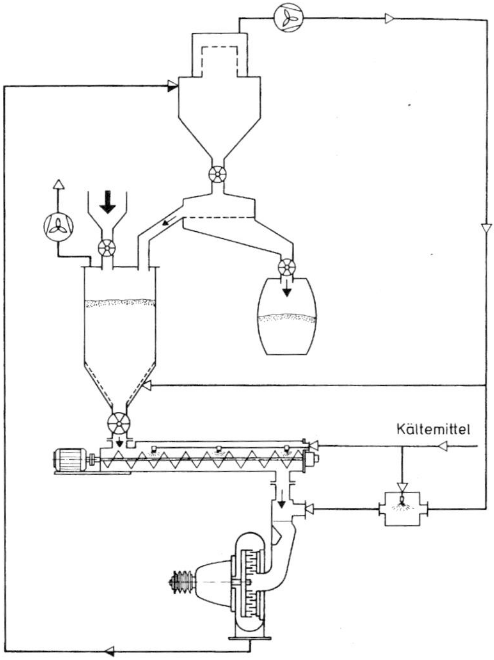

Bild 4.19 Schema einer Kaltmahlanlage

4.2.1.8 Aufbereitung von Recyclingmaterial

Hierzu kommen übliche Aufbereitungsanlagen zum Einsatz, s. Abschn. 4.2.1.3 bis 4.2.1.6. Schmelzefilter dienen zur Entfernung von Verunreinigungen, s. Abschn. 4.2.4.9. Die Verträglichkeit von Polymermischungen wird durch Haftvermittler erhöht.

Ein flexibles System in Modulbauweise (Fa. Ereme, Österreich) gestattet die Kombination folgender Arbeitsschritte: Schneidverdichter (Zerkleinern, Mischen, Erwärmen, Trocknen), Extruderschnecke, Schmelzefilter (Teilflächen-Rückspültechnik für geringe Verschmutzung), Hochleistungsschmelzefilter (Laserfilter für Schmutzanteil bis 7 %), Entgasungszone, Compoundierzone mit Doppelschneckendosiereinheit, Granuliereinheit oder Dosierung direkt oder über eine Speichereinheit in ein Presswerkzeug.

4.2.2 Spritzgießen

Das Spritzgießen ist das für thermoplastisch verarbeitbare Kunststoffe bei weitem wichtigste Verfahren zur Herstellung von Formteilen. Fertigteile von weniger als 1 mg bis zu mehr als 10 kg können mit Zykluszeiten von Sekunden bis zu mehreren Minuten mit einem Minimum an Nachbearbeitungsaufwand hergestellt werden. Aus dem Grundprinzip wurden viele Sonderverfahren des Spritzgießens abgeleitet, die es erlauben, verschiedenste Werkstoffe in unterschiedlichter Anordnung und Gestalt mit höchster Wirtschaftlichkeit zu Formteilen zu verarbeiten. Dabei sind die Spritzgießsonderverfahren vielfältig und unterliegen einer anhaltenden Entwicklung, so dass eine eindeutige und systematische Benennung nur schwer möglich ist. Die in diesem Abschnitt als Unterpunkte aufgeführten Sonderverfahren werden von den Autoren derzeit als die relevanten Verfahren angesehen. Sie werden jeweils unter dem Namen aufgeführt, der technisch zweckmäßig und möglichst marktüblich ist (soweit bekannt und zugänglich, werden synonyme Bezeichnungen in Klammern ergänzt). Es sei aber an dieser Stelle darauf hingewiesen, dass Maschinenhersteller oft aus Gründen eines Alleinstellungsmerkmals abweichende Bezeichnungen verwenden.

Den Aufbau eine vollhydraulischen Schneckenspritzgießmaschine zeigt Bild 4.20. Das Grundprinzip und die Funktionsweise sind in Bild 4.21 dargestellt. Den Aufbau einer Schnecke zeigt Bild 4.22. Die rieselfähige Formmasse wird in Form von Granulat oder seltener von Pulver über einen Massetrichter einer sich drehenden und beheizten Schnecke zugeführt. Die Formmasse wird zur Schneckenspitze gefördert und dabei durch Wärme aufgrund von Wärmeleitung und Friktion aufgeschmolzen. Vor der Schneckenspitze bildet sich ein Polster aufgeschmolzener Masse, das die Schnecke rückwärts schiebt. Reicht das so erzeugte Massepolster zur Erstellung des Formteils aus, wird die Schneckenrotation gestoppt, die Schnecke meist hydraulisch vorgeschoben und dabei die Schmelze in ein in der Regel temperiertes Werkzeug gedrückt, Formwerkzeuge s. Abschn. 4.2.10. Der sich aufbauende Druck beträgt mehrere 100 bar und wird bis zur Erstarrung der Schmelze im Werkzeug bzw. bis zum Versiegeln des Angusspunktes im Werkzeug aufrechterhalten. Der so erzeugte Spritzling wird dem anschließend geöffneten Werkzeug entnommen bzw. mit Auswerferstiften oder -platten oder Druckluft ausgestoßen.

Das Werkzeug wird in der Schließeinheit aufgespannt und gegen die durch den Werkzeuginnendruck erzeugte Kraft mechanisch oder hydraulisch zugehalten. In herkömmlicher Bauweise werden die Kräfte von vier Holmen aufgenommen. Neuere Entwicklungen verwenden holmlose Schließeinheiten, die einen größeren und besser zugänglichen Raum für das Werkzeug ergeben.

Um ein Rückströmen der Schmelze beim Einspritzen und Nachdrücken zu verhindern, werden auf die vorderen Teile der Schnecken Rückströmsperren aufgesetzt. Da diese Sperren während der Dosierphase einen Druckverlust bedeuten, sollten sie strömungsgünstig konstruiert sein und einen freien Strömungsquerschnitt von nicht weniger als 80% der freien Ringspaltfläche am Schneckenende aufweisen. Konstruktionsbeispiele zeigen Bild 4.23 und 4.24. Die Kulissen-Rückströmsperre, Bild 4.24D, bewirkt, dass sich ein der Fördermenge der Schnecke entsprechender Spalt einstellt. Gegen Ende des Dosierwegs gehen die Fördermenge und die Spaltweite gegen Null, so dass beim Beginn des Einspritzvorgangs der Sperrring bereits in der Schließstellung ist.

Die Düse stellt als Bestandteil der Plastifiziereinheit die kraftschlüssige Verbindung zwischen dem Zylinderkopf und der Angussbuchse des Werkzeugs her. Wenn es möglich ist, sollte immer die verfahrenstechnisch günstige offene Düse verwendet werden, Bild 4.25. Bei Schmelzen, die zum Heraustropfen oder Fadenziehen neigen, werden Verschlussdüsen eingesetzt. Bild 4.26 zeigt zwei Schiebe-

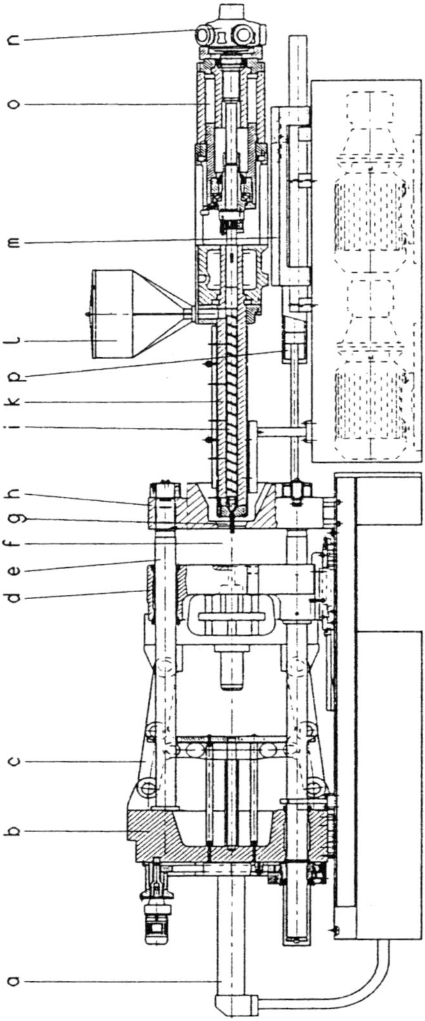

Bild 4.20 Spritzgießmaschine (Schnittdarstellung) (Bauart Engel)
a: Hydrozylinder für Kniehebel, b: äußere Abstützplatte, c: Kniehebel, d: bewegliche Werkzeugaufspannplatte, e: Säulen der Schließeinheit, f: Werkzeugeinbauraum, g: Düse, h: feststehende Werkzeugaufspannplatte, i: Schnecke, k: Zylinder, l: Trichter, m: Einspritzaggregatführung, n: Hydromotor für Schneckenrotation, o: Hydrozylinder für Einspritzen, p: Fahrzylinder für Einspritzaggregat; im Maschinenbett Antrieb mit E-Motoren und Hydropumpen (gestrichelt)

verschluss-Düsen, die beim Anlegen an die Angussbuchse selbständig öffnen. Bei anderen Düsen wird das Schließen durch eine Nadel bewirkt, die federbelastet, Bild 4.27, und mechanisch oder hydraulisch von außen gesteuert sein kann (Nadelverschlussdüsen).

Moderne Spritzgießmaschinen sind mit zahlreichen Sensoren ausgerüstet, die etwa die Temperatur des Massetrichters, Schneckenzylinders und Werkzeugs, den Druck in der Hydraulik, an der Schneckenspitze und im Werkzeug, den Schneckenweg beim Einspritzen, die Schneckenvorlaufgeschwindigkeit und Zyklus-,

Einspritz- und Nachdruckzeit zu ermitteln und gegebenenfalls zu regeln gestatten. Bild 4.28 zeigt als Beispiel den Ausdruck der Datenerfassung eines Spritzgießvorgangs mit einem Dataloggergerät. Auf diese Weise können die als optimal erkannten Spritzgießparameter konstant gehalten und reproduziert werden, so dass eine gleich bleibende Qualität der Spritzlinge gewährleistet werden kann.

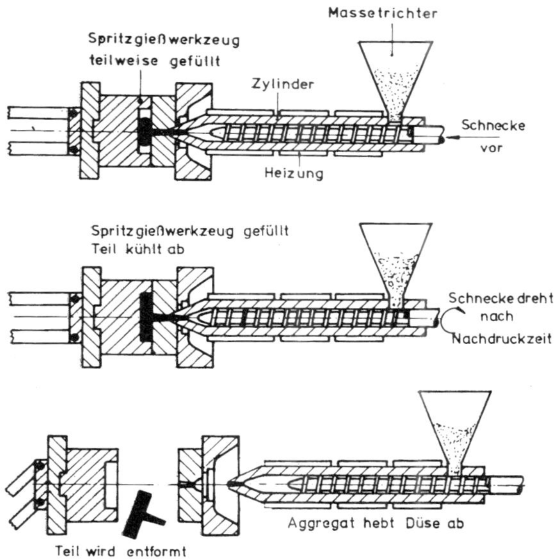

Bild 4.21 Drei Phasen des Spritzgießvorgangs: Einspritzen, Plastifizieren (Dosieren), Auswerfen (Entformen)

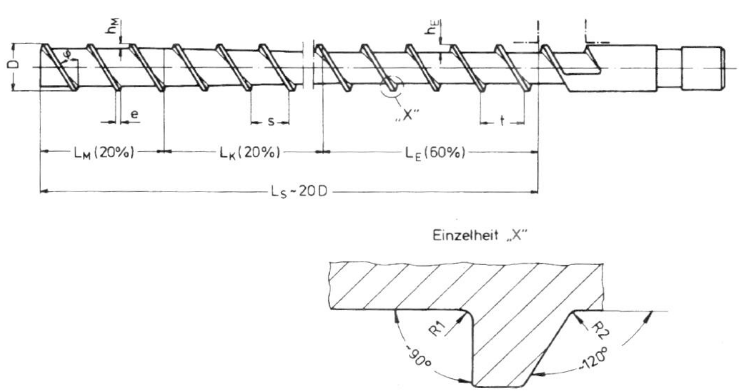

Bild 4.22 Schnecke für die Thermoplastverarbeitung
LS: wirksame Schneckenlänge
LE: Einzugszone
LK: Kompressionszone
LM: Meteringzone

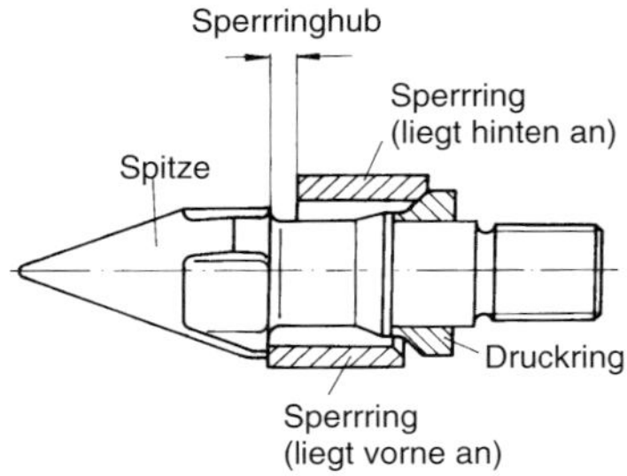

Bild 4.23 Rückströmsperre für die Thermoplast-Verarbeitung, Normalbauart

Dieses Grundprinzip einer Spritzgießmaschine kann sowohl in maschinenbaulicher Hinsicht als auch hinsichtlich der Verfahrenstechnik vielfach modifiziert werden.

So werden neben den voll-hydraulisch betriebenen Maschinen zunehmend Maschinen eingesetzt, deren Funktionen teilweise (Hybridtechnik) oder ganz durch elektrische Antriebe betätigt werden. Dies bedingt einen höheren Maschinenpreis, senkt aber die laufenden Energiekosten, führt zu schnelleren Bewegungsabläufen und verringert die Geräuschbelästigung.

Bei Tandemmaschinen sind zwei Werkzeuge in der Schließeinheit in Reihe angeordnet. Dies kann Einsparungen von bis zu 25 % in den Spritzgießkosten erbringen.

Bei Zweiplattenmaschinen wird die Schließ- und Zuhaltekraft direkt über die beiden Formträgerplatten vermittelt. Die bewegliche Werkzeugaufspannplatte entfällt, so dass diese Maschinen kürzer sind.

Eine „Direct Compounding Injection Machine" (DCIM) besteht aus einem gegenläufigen Doppelschneckenextruder mit gravimetrischer Dosierung für Fasern, Füllstoffe, Modifikatoren usw., der das Compound direkt der Spritzgießschnecke übergibt.

4.2.2.1 Kolben-Spritzgießmaschinen

Diese Maschinen, bei denen statt der Schnecke ein Kolben zur Dosierung und Förderung der Schmelze Verwendung findet, waren in den Anfangsjahren der Spritzgießtechnik üblich. Sie werden heute nur noch zur Herstellung von Kleinstteilen verwendet.

Bei einer Sonderkonstruktion für den Mikropräzisionsspritzguss s. Abschn. 4.2.2.25 fördert eine Schnecken-Plastifiziereinheit die Schmelze in den Zylinder einer Kolbenspritzeineinheit, die dann den Einspritzvorgang ausführt.

4.2.2.2 Entgasungsschnecken, Barriereschnecken

Sie können bei der Verarbeitung von Kunststoffen, die hygroskopisch sind und bei denen die Gefahr besteht, dass sie durch das Wasser bei den hohen Schmelzetemperaturen geschädigt werden, von Vorteil sein. Bei diesen Maschinen wird etwa bei halber Schneckenlänge die Gangtiefe der Schnecke so vergrößert, dass der Druck der Schmelze gleich dem Atmosphärendruck ist und der Wasserdampf oder auch andere flüchtige Bestandteile durch eine Entgasungsöffnung im Zylinder entweichen können, Bild 4.29.

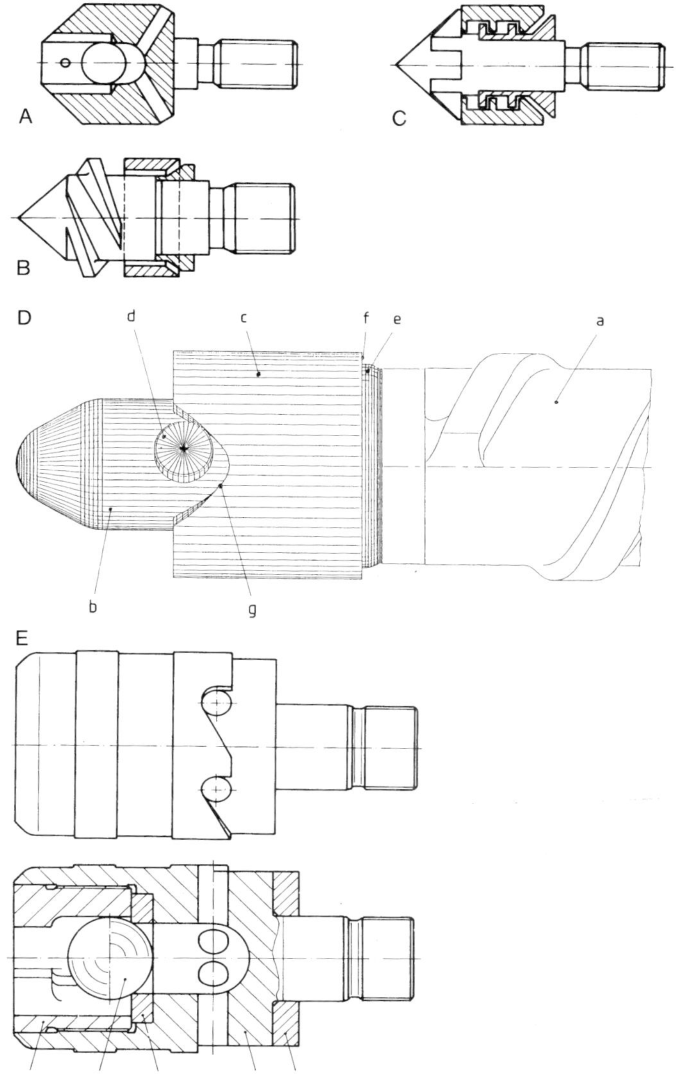

Bild 4.24 Rückströmsperren verschiedener Bauart (A, B, C)
D: Funktionsskizze einer Kulissen-Rückströmsperre
a: Schnecke, b: Spitze der Rückströmsperre, c: Sperrhülse, d: Bolzen, e: Sperrkörper, f: kegelige Dichtfläche zwischen Sperrhülse und Sperrkörper, g: schraubflächenförmige Kulisse
E: Rückströmsperre mit Ring (oben) und mit Kugel (unten)
a: Schneckenspitze, b: Stahlkugel, c: Kugelführung, d: Druckscheibe, e: Zwischenring

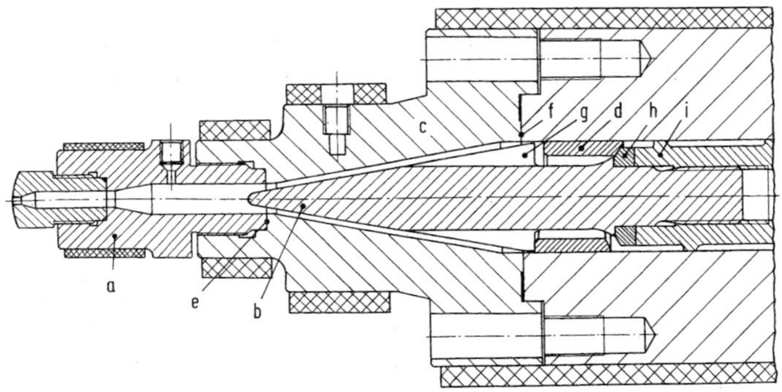

Bild 4.25 Konstruktionsbeispiel für die Schneckenspitze mit Rückströmsperre und Düsenbereich

a: Düse, b: Schneckenspitze, c: Zylinderkopf, d: Rückströmsperre, e: Dichtfläche Düse, f: Dichtfläche Zylinderkopf ($p = 400\,N/mm^2$), g: vier gepanzerte Flügel, h: Druckring, i: Schnecke

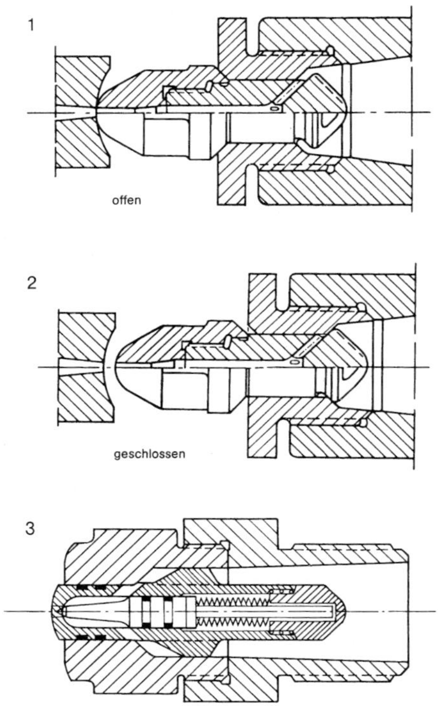

Bild 4.26 Schiebeverschlussdüsen

1 bis 2: Verschluss durch sich aufbauenden Düsenanpressdruck öffnend
3: Verschluss durch Feder, Feder innen liegend, öffnen durch Einspritzdruck

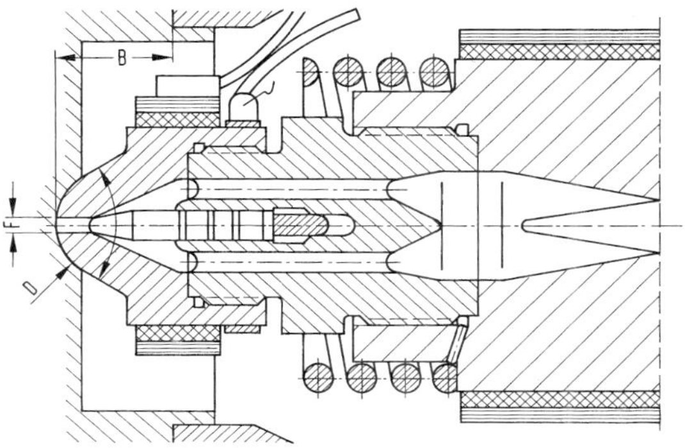

Bild 4.27 Nadelverschlussdüse mit Feder
B: Düseneintauchtiefe, D: Düsenradius, F: Durchmesser Düsenbohrung

In zunehmendem Umfang werden auch beim Spritzgießen die Vorteile der von der Extrusion her bekannten Barriereschnecken ausgenutzt, s. Abschn. 4.2.4.6

4.2.2.3 Fließ- oder Intrusionsverfahren

Sie ermöglichen die Herstellung von Spritzlingen, deren Volumen weit über dem maximalen Hubvolumen der Schnecke (Produkt aus maximalem Dosierweg und Querschnitt der Schnecke) liegt. Hierbei arbeitet die Spritzeinheit während der Füllung des Werkzeugs weiter und erzeugt und fördert Schmelze, allerdings nur mit dem relativ geringen Förderdruck der Schnecke. Es sind also große Anschnitte erforderlich und nur geringe Fließweg-Wanddickenverhältnisse möglich.

4.2.2.4 Spritzprägen

Diese Verfahrensvariante kann bei der Herstellung von Präzisionsteilen, z.B. für optische Anwendungen wie digitale Datenträger, von Vorteil sein. Hier wird zum Ausgleich der thermischen Kontraktion beim Abkühlen der Formmasse im Werkzeug der Werkzeughohlraum, z.B. durch einen hydraulisch verschiebbaren Kern oder durch das Verschieben einer beweglichen Werkzeughälfte, verkleinert, Bild 4.30. Auch können durch Spritzprägen die Orientierungen im Werkstoff bei der Fertigung minimiert oder der Fülldruck abgesenkt werden. Dabei kann der Effekt des Spritzprägens, nämlich das Nachführen von Werkzeugoberflächen, oft auch dadurch erreicht werden, dass die Spritzgießmaschine mit einer angepassten Schließkraft betrieben wird (atmende Werkzeuge).

4.2.2.5 Spritzgieß-Pressrecken

Dies ist ein Verfahren, um eine erhöhte Festigkeit in bestimmten Bereichen eines Spritzlings zu erreichen. Nach der Herstellung eines Vorformlings im konventionellen Spritzguss wird eine Werkzeughälfte ausgewechselt und der Vorformling durch einen anschließenden Pressvorgang so verformt, dass Molekülorientierungen und damit Festigkeitssteigerungen in den gewünschten Richtungen erzeugt werden.

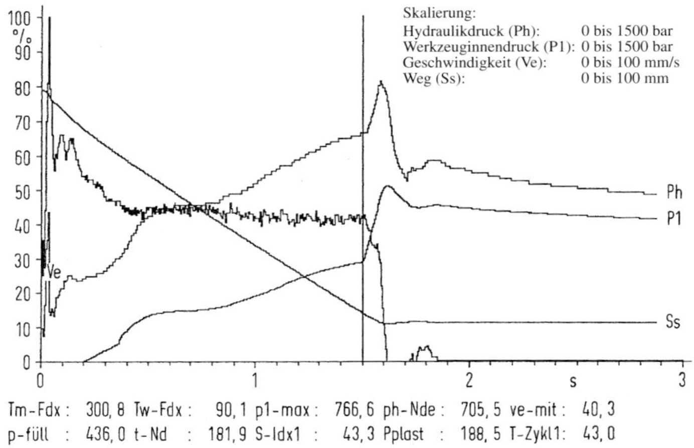

Mold-Control-C V1.3		Prozess-Kennwerte		
Auftragsnummer	11890194	Massetemperatur	(± 5 °C)	300 °C
Typ	Makrolon 2800	Werkzeugtemperatur	(± 3 °C)	90 °C
Partie	94123	Schneckenvorlaufgeschw.	(± 10%)	40 mm/s
Farbe	NATUR	Bediener		MORMELS
Maschine	ARBURG 320-210–750 (400)	Bemerkungen		RINGVERSUCH
Werkzeug	Schulterstab Nr. 3, 4 mm	Trocknertyp		Umluft
Auftraggeber	NEDDEN	Trocknung	(°C/h)	120 °C/4h

Schluss	Zeit	Tm-Fdx[°C]	Tw-Fdx [°C]	p1-max [bar]	ph-Nde [bar]	ve-mit [mm/s]	p-füll [bar]	t-Nd [s]	S-Idx1 [%]	Pplast [cm³/min]	T-Zykl [s]
1	11:40	300,2	89,4	744,6	692,9	39,3	440,2	20,0	100,0	180,5	43,0
2	11:41	300,1	89,4	743,2	691,9	39,5	438,9	20,1	100,0	182,6	43,1
3	11:42	300,0	89,5	747,1	696,5	39,3	439,2	20,0	100,0	181,2	43,1
•											
14	11:52	300,1	90,1	744,3	696,9	39,6	441,2	20,0	100,0	182,2	43,1
15	11:52	300,1	90,0	739,2	695,8	39,3	441,9	20,0	100,0	180,6	43,0
Minimum		300,0	89,4	729,5	691,9	39,2	438,2	20,0	100,0	180,3	43,0
Maximum		300,3	90,1	747,1	699,2	39,8	442,8	20,1	100,0	183,2	43,1
Mittelwert		300,1	89,8	741,0	695,7	39,4	440,7	20,0	100,0	181,6	43,0
Standardabw.		0,1	0,3	5,0	2,2	0,2	1,6	0,0	0,0	0,9	0,1
Variationsk.		0,0	0,3	0,7	0,3	0,4	0,4	0,2	0,0	0,5	0,1

Mittl. Produktionsrate: 85 Zyklen/St.

Kennwert:	Beschreibung:	Einheit:
Tm-Fdx	Massetemperatur zu Beginn der Einspritzphase	[°C]
Tw-Fdx	Werkzeugtemperatur zu Beginn der Einspritzphase	[°C]
P1-max	maximaler Werkzeuginnendruck angussnah	[bar]
ph-Nde	Nachdruck (Hydraulikdruck bei Nachdruckende)	[bar]
Ve-mit	mittlere Einspritzgeschwindigkeit	[mm/s]
p-füll	Fülldruck aus Werkzeuginnendruck angussnah	[bar]
t-Nd	Nachdruckzeit	[s]
S-Idx1	Siegelindex aus Werkzeuginnendruck angussnah	[%]
Pplast	Plastifizierkennwert	[cm^3/min]
T-Zykl	Zykluszeit	[s]

Bild 4.28 Prozessdatenerfassung beim Spritzgießen (nach Bayer AG)

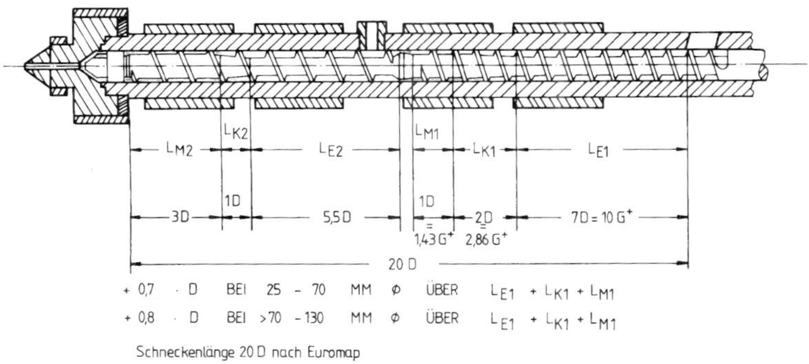

Bild 4.29 Entgasungsplastifiziereinheit für die Spritzgießverarbeitung (nach v. Hooren/ Kaminski)
L_E : Einzugszone, L_K : Kompressionszone, L_M : Meteringzone

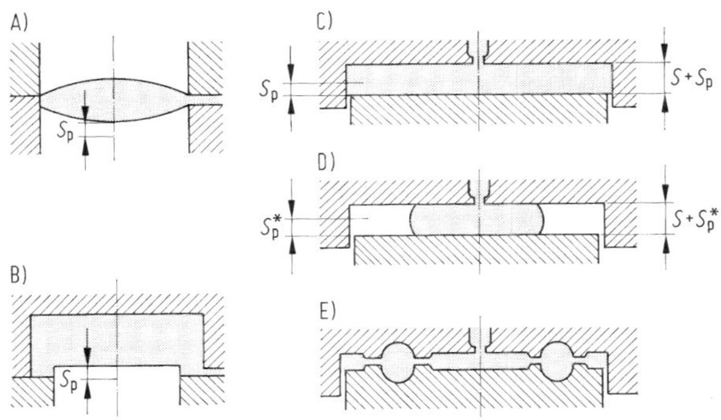

Bild 4.30 Varianten des Spritzprägens (nach Knappe/Lampl), links: mit verschiebbaren Kernen, rechts: mit beweglicher Werkzeughälfte
A) auf Querschnittsfläche wirkend, B) auf Teilfläche wirkend, C) mit vollständiger Füllung, D) mit Teilfüllung, E) mit Abquetschkanten
S: Spalt, S_p: Prägespalt, der Volumenkontraktion infolge Abkühlung ausgleicht, S_p*: Prägespalt $>S_p$

4.2.2.6 Thermoplast-Schaum-Gießen (TSG)

Das Flächengewicht von Spritzlingen kann unter Beibehaltung der Steifigkeit dadurch erniedrigt werden, dass man treibmittelhaltige Thermoplast-Formmassen verwendet, s. auch Abschn. 4.2.8. Es entstehen Integral-Strukturen, die durch eine kompakte Außenhaut und einen zelligen Kern gekennzeichnet sind. Den Nachteil der relativ rauen Oberflächen versucht man durch verschiedene Verfahrensvarianten zu vermeiden.

Beim Mikrozellular-Schaumspritzgießen werden unter Verwendung von CO_2 oder N_2 als Treibmittel besonders feine Schaumstrukturen erreicht, s. Abschn. 4.2.5.7.

4.2.2.7 Mehrkomponentenspritzguss, Mehrfarben-Spritzguss, Overmoulding

Dies sind Spritzgießverfahren, bei denen zunächst ein Vorspritzling gefertigt wird, an den in einem weiteren Verfahrensschritt eine weitere Kunststoffkomponente angespritzt wird. Dabei werden Formteile erzeugt, die aus Bereichen mit unterschiedlichen Kunststoffen oder Einfärbungen zusammengesetzt sind. Bild 4.31 zeigt eine für solche Fertigungen typische Maschinenkonzeption. Es werden zwei oder mehr Spritzgießeinheiten verwendet, die nacheinander in ein Werkzeug arbeiten. Die Werkzeuge sind für diese Verfahren besonders ausgelegt. Durch Ziehen von Kernen oder Auswechseln bestimmter Teile des Werkzeugs ändert sich die Größe des Formnestes. Nachdem die erste Einheit das zunächst noch kleine Formnest gefüllt hat, wird das Formnest für den Spritzgießvorgang der zweiten Einheit entsprechend vergrößert. Dabei kann je nach Wahl der Werkstoffe und Prozessparameter eine stoffschlüssige Verbindung der beiden Komponenten oder eine Gleitebene im Bauteil entstehen. Ein vielzitiertes Beispiel für die Spritzgießvariante mit Gleitebene ist die in Bild 4.32 in den unterschiedlichen Stufen der Fertigung dargestellte Spielzeugfigur (Fa. Gebra Brandstätter). Durch geeignete Wahl von Werkstoffen mit unterschiedlichem Schwindungspotential kann die Gängigkeit der Drehscharniere eingestellt werden.

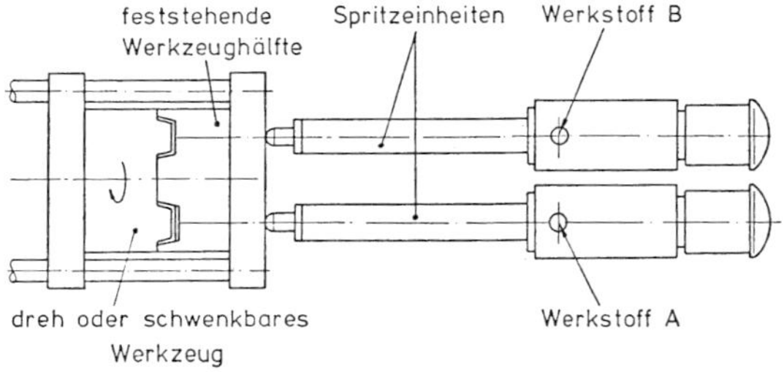

Bild 4.31 Maschine mit zwei Spritzgießeinheiten für Zweikomponentenspritzguss

Nach dem Verfahren des Koaxialnadelverschlusses (Fa. Ewikon) ist ein Hinterspritzen durch eine Düse ohne Umsetzen des Spritzlings möglich, s. Bild 4.33.

Sonderwerkzeuge für das Mehrkomponentenspritzgießen sind: Ziehen eines Kernes (Core-back-Technik); Umsetzen des Vorspritzlings mit einem Handlingsystem; Drehen eines Teiles des Werkzeugs, meist der beweglichen Werkzeughälfte; Verwendung einer drehbaren Mittelplatte bei der Etagentechnologie, s. Bild 4.34.

Nach dem Verfahren des Mehrkomponentenspritzgusses können mechanische und elektrische Baugruppen in einem dreidimensionalen Spritzling integriert werden. Beim MID (Moulded Interconnect Device)-Verfahren ist eine der beim Mehrkomponentenspritzguss eingesetzten Komponenten metallisierbar. Beispiel: PA12 + (PA 6–GF15 galvanisierbar). Beim PCK-Verfahren besteht diese aus mit Palladiumkeimen beladenem Kunststoff. Mit dieser wird zunächst das Leiterbild gespritzt und dann werden mit einem nicht metallisierbaren Kunststoff die Zwischenräume zwischen den vorgesehenen Leiterbahnen ausgefüllt. In der anschließenden stromlosen Beschichtung wird nur an der metallisierbaren Oberfläche Metall abgeschieden. In einem mit SKW-Prozess bezeichneten Verfahren wird der Vorspritzling aus metallisierbarem Kunststoff in einer Zwischenstufe gebeizt und mit Palladiumkeimen aktiviert. Anschließend wird der nicht galvanisierbare Kunststoff um den Vorspritzling gespritzt.

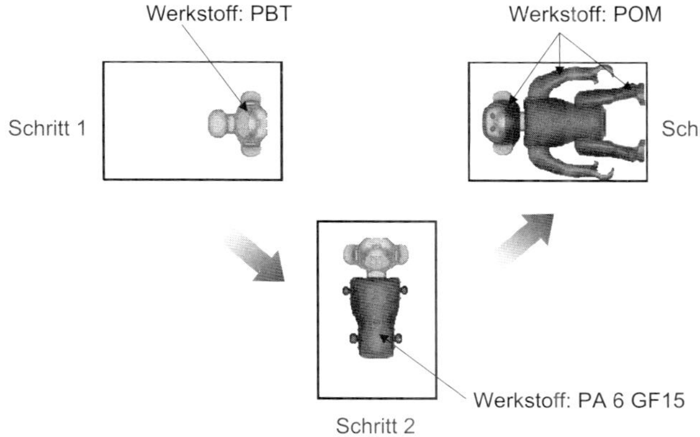

Bild 4.32 Montage durch Mehrfach-Spritzguss

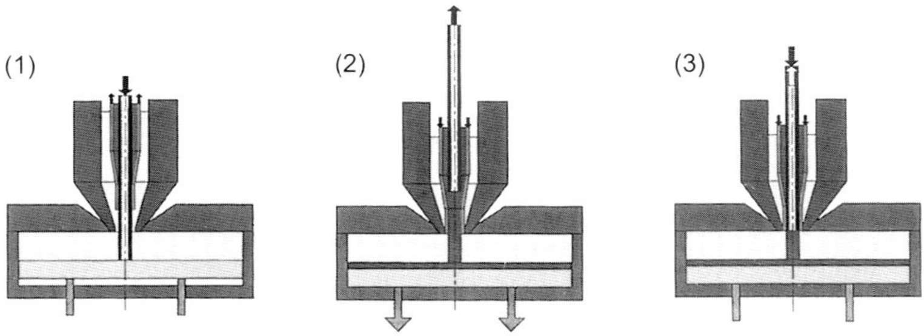

Bild 4.33 Prinzip des Koaxialnadelverschlusses
1: Füllen der Komponente 1 bei geöffneter Hohlnadel, die Zentralnadel hält einen Kanal für die Komponente 2 offen, 2: die Hohlnadel wird geschlossen, die Zentralnadel geöffnet, durch Auffahren der Form kann die Komponente 2 hinterspritzt werden, 3: die Zentralnadel wird geschlossen

4.2.2.8 Sandwich-Spritzguss

Er erlaubt die Erzeugung von Teilen mit einem im Querschnitt sandwichartigen Wandaufbau, bestehend aus zwei Hautschichten und einer Kernschicht. Dazu arbeiten zwei Spritzeinheiten über eine Angussdüse in ein Werkzeug, Bild 4.35. Mit der ersten Einheit wird eine teilweise Füllung des Werkzeugs vorgenommen. Die Schmelze der zweiten Einheit verdrängt dann die Schmelze der ersten aus dem Kernbereich des Formteils an die noch nicht ausgeformte Oberfläche des

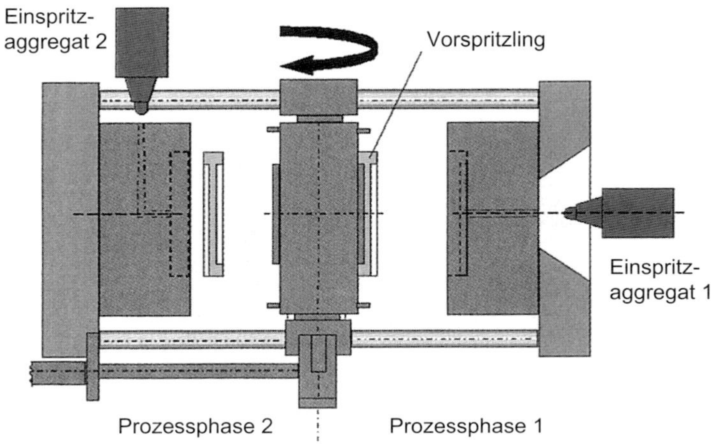

Bild 4.34 Mehrkomponentenspritzgießen mit drehbarer Mittelplatte in Etagentechnik (nach Ferromatik Milacron)

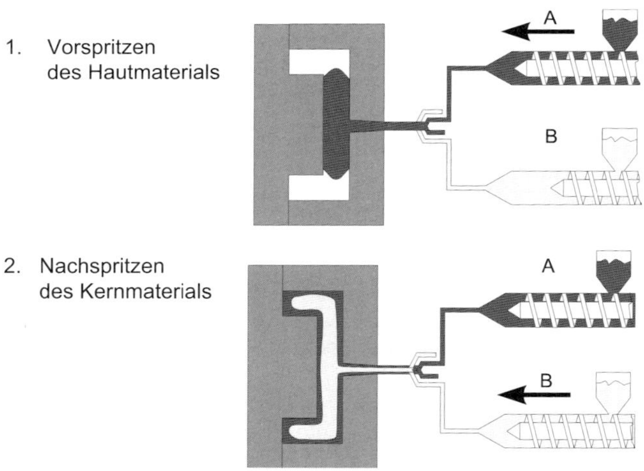

Bild 4.35 Prinzip Sandwichspritzguss

Formteils. Folgende Werkstoff-Kombinationen bieten sich an: harter Kern/weiche Außenhaut; geschäumter Kern/einfallfreie und glatte Oberfläche; Kern aus einem metallgefüllten Kunststoff zur elektromagnetischen Abschirmung/Außenhaut glatt oder Kern aus Recyclingmaterial.

Beim Monosandwich-Verfahren (Ferromatik Milacron) werden die Schmelzen über zwei separate Plastifiziereinheiten in einen gemeinsamen Einspritzraum gefördert und räumlich hintereinander geschichtet, s. Bild 4.36. Beim Einspritzvorgang verdrängt die Kernkomponente die Hauptkomponente an die Werkzeug-Oberfläche.

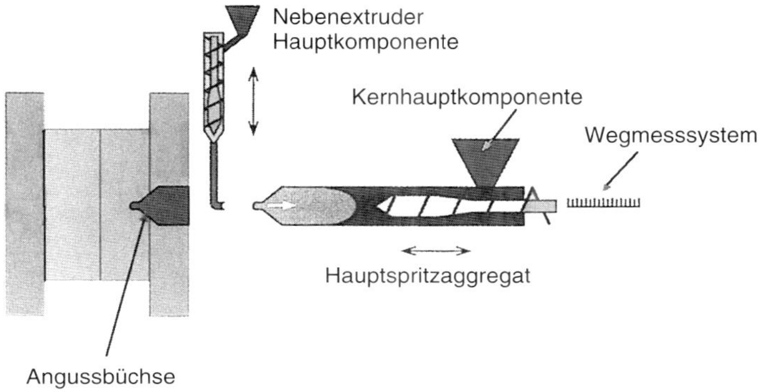

Bild 4.36 Schematische Darstellung des Monosandwich-Verfahrens

4.2.2.9 Sequenzverfahren

Das Sequenzverfahren ist eine Abwandlung des Mehrkomponenten-Spritzgusses und dadurch gekennzeichnet, dass die Fließfront einer Schmelze von der folgenden Schmelze, z.B. mit einer anderen Einfärbung, durchbrochen wird. Es werden auf diese Weise dekorative Oberflächeneffekte erzielt.

4.2.2.10 Intervall-Spritzgießen

Beim Intervall-Spritzgießen nach Fa. Arburg werden über zwei Spritzeinheiten zwei unterschiedlich eingefärbte Kunststoffe in einer dem Werkzeug vorgelagerten Mischdüse abwechselnd in die Kavitäten eingebracht. Die Farbeffekte entstehen durch Ineinanderfließen und Mischen der beiden Kunststoffschmelzen. Diese Mischdüse kann auch beim Sandwich-Spritzguss) eingesetzt werden.

4.2.2.11 Gas-Injektions-Technik (GIT)

Grundsätzlich arbeitet die Gas-Injektions-Technik nach dem gleichen Prinzip wie der Sandwich-Spritzguss. Sie verwendet jedoch statt der zweiten Kunststoff-Formmasse ein inertes Gas, meist Stickstoff. Dieses Gas wird nach einer Teilfüllung des Werkzeugs mit Schmelze durch die Angussdüse oder die Werkzeugwand am Ort einer Masseanhäufung mit einem Druck bis zu 300 bar injiziert und verdrängt dabei die Schmelze an die Formwand, Bild 4.37. Bei der Gasinjektionstechnik ist eine reproduzierbare Vorfüllung der Kavität sehr wichtig für die Ausbildung der Gasblase, Bild 4.38. Mit dieser Technik können Spritzgussteile mit unterschiedlichen Wanddicken einfallfrei und materialsparend mit reduzierten Kühlzeiten hergestellt werden.

Einfallstellen an einer Sicht-Oberfläche können vermieden werden, wenn man auf der Gegenoberfläche des Formteils im Werkzeug einen Gasdruck aufbaut: Gashinterdruckverfahren, GHD.

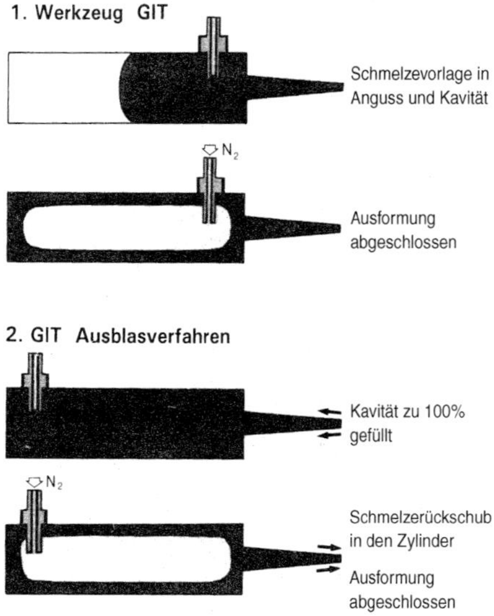

Bild 4.37 Gasinjektions-Varianten (nach Bayer AG)
1: Gasinjektion ins Werkzeug
2: Schmelzeausblasverfahren durch Gasinjektion ins Werkzeug gegenüber dem Anspritzort

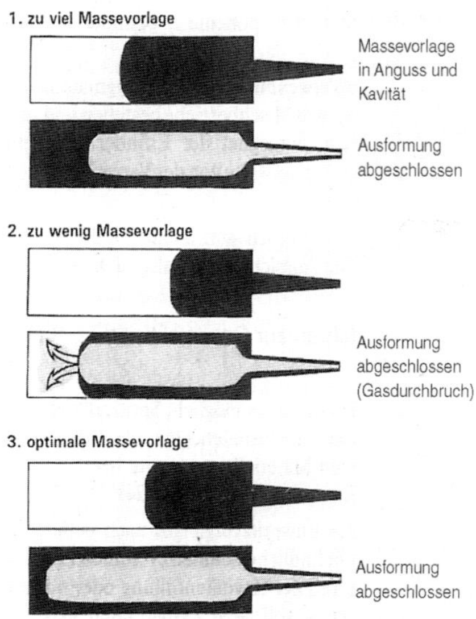

Bild 4.38 Gasblasenausbildung bei der Gasinjektionstechnik (nach Bayer AG), drei unterschiedliche Massevorlagen

4.2.2.12 GIT-Schäumtechnik (GIT-S)

Bei dieser Variante der GIT wird ein Kunststoff verwendet, dessen Schmelze in der Lage ist, das injizierte Gas im Umfeld der Gasblase zu lösen. Beim Entspannen treibt die noch viskose Schmelzeschicht auf und bildet einen Schaum, der die Gasblase ganz oder teilweise ausfüllt.

4.2.2.13 Schmelze-Ausblasverfahren

Das Werkzeug wird ganz mit Schmelze gefüllt. Anschließend wird mit Gasdruck die Schmelze aus dem Kern verdrängt und in eine Nebenkavität wie einen zusätzlichen Hohlraum in der Trennebene oder in die Spritzeinheit zurück gedrückt, Bild 4.37. Es ergeben sich Vorteile wie bei der GIT. Der Gaskanal kann im Formteil als Leitungssystem z. B. für Wasser ausgebildet werden.

4.2.2.14 Wasserinjektion, Fluidinjektion (WIT)

Hierbei wird die Schmelze im Werkzeug ähnlich dem GIT-Verfahren durch Wasser wie mit einem Kolben verdrängt. Ein Vorteil ist die Kühlzeitsenkung. Verfahrensvarianten s. Bild 4.39.

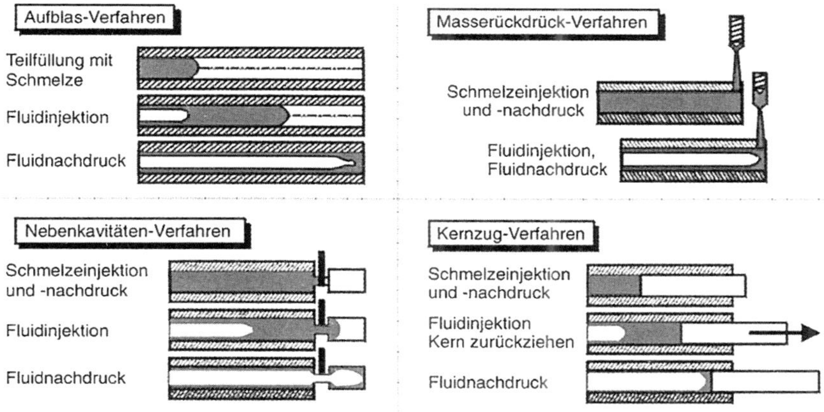

Bild 4.39 Verfahrensvarianten für die Fluidinjektion (nach IKV)

4.2.2.15 Oszillierende Schmelze, sequentielles Spritzgießen, Kaskadenspritzguss

Multi-Live-Feed-Injecktion-Moulding (MLFM-Verfahren) und das Gegentakt-Spritzgießen (GTS-Spritzgießen) sind Verfahren, mit deren Hilfe höhere Molekül- oder Glasfaserorientierungen erreicht und die Auswirkungen von Bindenähten, die bei mehrfach angespritzten Formteilen entstehen, reduziert werden können. Der noch nicht erstarrte Anteil der Schmelze im Innern eines Formteils wird von zwei im Gegentakt arbeitenden Kolben oder Spritzgießeinheiten so lange hin und her geschoben und dabei schichtweise in Fließrichtung orientiert, bis die ganze Schmelze erstarrt ist, s. Bild 4.40.

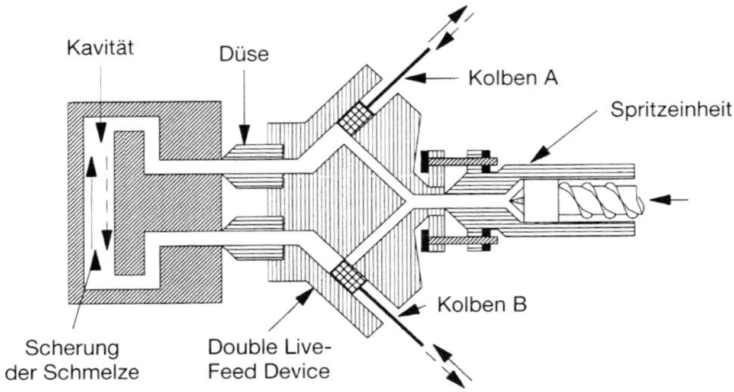

Bild 4.40 Oszillierende Schmelze, scherbedingte Orientierung beim Spritzgießen

Beim sequentiellen Spritzgießen lassen sich durch kontrolliertes Öffnen und Schließen von Nadelverschlussdüsen zu unterschiedlichen Zeiten des Einspritzvorgangs die Fließfronten so verschieben, dass die Bindenähte an unkritischen Stellen des Formteils zu liegen kommen.

Das Kaskadenspritzgießen vermeidet Bindenähte ganz. Dabei steuert man die Nadelverschlussdüsen so, dass stets nur eine Fließfront existiert. Jede Düse öffnet erst dann, wenn die Schmelzefront über ihren Anspritzpunkt hinweg gewandert ist. Die Verzugsneigung länglicher Teile wird verringert. Diese Angusstechnik ist dann einzusetzen, wenn lange Fließwege eine mehrfache Anbindung des Formteils erforderlich machen, zugleich aber Bindenähte nicht auftreten sollen.

4.2.2.16 Umspritzen von Einlegeteilen

Zur örtlichen Einleitung hoher Kräfte werden in Werkzeuge Inserts eingelegt und umspritzt. Eine Umkehrung dieses Verfahrens bedeutet das Anspritzen von Funktionselementen aus Kunststoffen, wie in Werkzeuge eingelegte Platinen, sog. Outsert-Technik. Schließlich können tiefgezogene Blechteile oder GFK-Teile in ein Werkzeug eingelegt und mit Kunststoffen angespritzt oder umspritzt werden (Hybridbauweise, z.B. im Kfz). Hierbei nutzt man die Festigkeit und den hohen E-Modul des Einlegeteils und die große Gestaltungsfreiheit mit Kunststoffen zur Erzeugung auch großflächiger, steifer Teile mit einem hohen Arbeitsaufnahme-Vermögen aus.

4.2.2.17 Hinter-Spritz-Technik (HST), Zwischenschicht-Spritz-Technik (ZST)

Dies sind Verfahren, bei denen flächige Substrate wie Folien und Stoffe in das Werkzeug eingelegt werden. Die Schmelze beschichtet hierbei das Substrat einseitig (HST) oder gelangt zwischen zwei Substratschichten, so dass ein beidseitig beschichtetes Formteil entsteht (ZST).

Zur Vermeidung von Faltenbildung und zur (erforderlichen) Reduzierung des Fülldrucks wird die Hinterspritztechnik of als Kaskadenspritzguss ausgeführt, s. 4.2.2.15. Als Textilschicht werden z.B. eingesetzt: *Oberware:* Polyester, Polyamid, Baumwolle; Zwischenschicht: PUR-Schaum; *Unterware (Interliner):* Polyester, Abdichtfolie gegen Eindringen der Kunststoffschmelze. Ein Umbug der Einlegeschicht am Formteilrand ist bis zu 90° durch spezielle Spannrahmentechniken im Werkzeug möglich. Ein größerer Umbug erfordert eine Nachbearbeitungsstation.

Ein Sonderverfahren der Hinterspritztechnik besteht darin, dass eine Spritzgießmaschine aus einer Breitschlitzdüse einen dem Formteil angepassten Strang in ein Presswerkzeug ablegt. Dieser wird dann auf eine z.B. warmgeformte Dekorfolie gepresst (Fa. Engel).

4.2.2.18 In Mould Dekorieren (IMD), In Mould Labelling (IML)

Beim IMD werden speziell modifizierte Heißprägefolien, s. Abschnitt 4.4.4.5, von der Rolle durch das Spritzgießwerkzeug geführt. Beim Spritzgießen lösen sich die Lackschichten von der Trägerfolie und verbinden sich fest mit dem Spritzling. Bei unebenen Formteilen lassen PET-Trägerfolien eine Dehnung bis zu 40% der projizierten Fläche zu.

Bei stärker gekrümmten oder mit Durchbrüchen versehenen Teilen kommt das Insert-Molding-Verfahren zur Anwendung: Die Prägefolie wird auf eine Tiefziehfolie (Backing-Folie) thermokaschiert, anschließend entsprechend der Geometrie des Formteils tiefgezogen und ausgestanzt, ins Werkzeug eingelegt und hinterspritzt. Die Backing-Folie (ABS, PMMA, PC, PP) muss auf den Werkstoff des Spritzlings abgestimmt sein und soll mit diesem eine feste Verbindung eingehen.

Nach dem Baymetec-Verfahren der Bayer AG werden mit Hilfe eines speziellen Primers elektrische Schaltbilder auf die Folie aufgetragen. Die Primer enthalten Katalysatoren, die eine spätere Metallisierung der Leiterbahnen mit vereinfachten Beschichtungsverfahren ermöglichen.

Unter IML wird das Dekorieren blasgeformter Behälter durch Einlegen von Etiketten verstanden. Lackträgerfilme und Folien für das Hinterspritzen werden mit „In-Mould-Surfacing Film" (ISF) bezeichnet.

4.2.2.19 Schmelzkern-Technik

Spritzgussteile mit komplizierten Geometrien und komplizierten Hohlräumen, die sich nicht durch entformbare Kerne herstellen lassen, können unter Verwendung von Einlegekernen aus Werkstoffen, die nach dem Spritzgießvorgang ausgeschmolzen werden, hergestellt werden. Bewährt haben sich Kerne aus niedrigschmelzenden Metalllegierungen wie Zinn-Wismut-Legierungen.

4.2.2.20 Schalen-Technik

Dies ist ein weiteres Verfahren, um Hohlkörper durch Spritzgießen zu erzeugen. Es werden zwei oder mehr spritzgegossene Schalen in ein Werkzeug eingelegt und anschließend die flanschförmig ausgebildeten Kontaktflächen der Schalen mit einem Wulst umspritzt, so dass eine feste und dichte Verbindung entsteht.

4.2.2.21 Spritzgieß-Blasformen

Zur Herstellung von Behältern, vor allem für die Verpackungsindustrie, wird der Vorformling zunächst mit zylindrischer Kontur und angeformtem Gewinde für die Verschlusskappe gespritzt. In einem weiteren Verarbeitungsschritt wird dieser Vorformling in ein weiteres Werkzeug umgesetzt und zur endgültigen Kontur aufgeblasen. Je nach Variante des Verfahrens wird der Blasprozess unmittelbar nach dem Spritzgießen in der gleichen Maschine oder in einer separaten Blasformstation durchgeführt. In zunehmendem Maße werden Vorformlinge nach dem Mehrkomponenten-Spritzguss, s. Abschn. 4.2.2.8, hergestellt; Beispiel PET/PET-Rezyklat/PET.

4.2.2.22 Streck-Blasformen

Hierbei handelt es sich um eine Variante des Spritzblasens, bei dem eine zweiachsige Verstreckung zu einer Festigkeitssteigerung und Permeationsreduzierung ausgenutzt wird, Bild 4.41. Dabei übernimmt die Blasluft vorwiegend die Aufweitung des Vorformlings in Umfangsrichtung, ein ausfahrbarer Dorn die Streckung in Achsrichtung des Behälters.

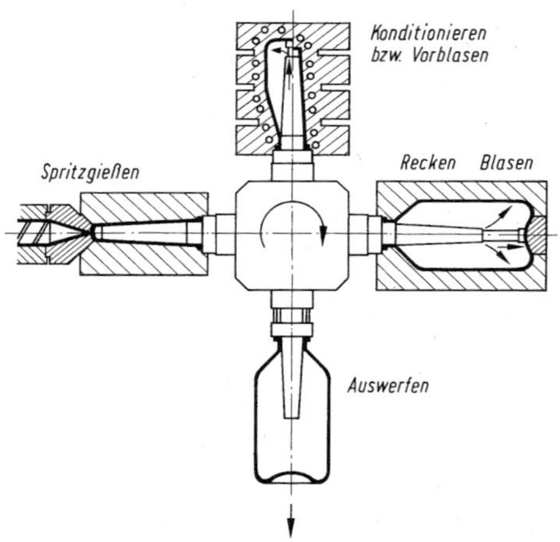

Bild 4.41 Anlagenkonzept von Streckblasaggregaten mit vier Operationsstationen (Draufsicht)

4.2.2.23 Glaseinzug-Verfahren

Bei Spritzgießmaschinen mit Entgasungsöffnungen besteht die Möglichkeit, durch diese Öffnungen Glasfaserrovings in die Schmelze einzuziehen. Diese Rovings werden von der Schnecke in vergleichsweise lange Stücke zerbrochen und verstärken den Kunststoff.

4.2.2.24 Pulver-Spritzgießen

Pulver-Spritzgießen (PIM, Powder Injection Moulding) ist eine Entwicklung zur Herstellung von Metall- und Keramikteilen, Größenbereich 0,2 bis 5 cm. Hierbei wird ein Pulver aus Metall (Eisen, rostfreie Stähle, Werkzeugstähle, Hartmetall, Titan, Fe_2Ni, MoCu, WCu) (MIM, Metal Injection Moulding) oder aus Keramik (Aluminiumoxid, Zirkonoxid, Siliziumnitrid, Siliziumcarbid usw.) (CIM, Ceramics Injection Moulding) mit einem Binder aus Polymeren und Wachsen gemischt und im Spritzgießverfahren in speziell für diese Technologie ausgelegten Spritzgießmaschinen zu Grünlingen verarbeitet. Der Binder wird anschließend chemisch-katalytisch und/oder thermisch durch Vorsintern ohne Dimensionsänderung entfernt. Anschließend erfolgt die End-Sinterung bei 1200 bis 2000 °C.

4.2.2.25 Mikrospritzguss

Beim Mikrospritzgießen werden folgende Werte erreicht: Wanddicken unter 20 µm, Strukturdetails von 0,2 µm, Fließweg-Wanddicken-Verhältnisse je nach Werkstoff 10:1 bis 200:1, Zykluszeiten um 5 min. Verstärkte und unverstärkte Thermoplaste (PMMA, PC, PSU, PE, PE, POM, PA, PEEK, LCP) und Pulver (Grünlingherstellung) mit Bindern auf POM- und Polyolefin-/Wachsbasis (Carbonyleisen, Stahl, Hartmetall WC-Co, Al_2O_3- und ZrO_2-Keramiken) wurden untersucht. Beim Pulverspritzgießen werden minimale Mikrostrukturen von 50 µm erreicht.

Es werden Nachrüsteinheiten zu Standardspritzgießmaschinen (Nanomelt-Spritzeinheit) angeboten.

Oft sind eine variotherme Prozessführung (lange Zykluszeiten, Werkzeugtemperatur beim Einspritzen nahe der Schmelzetemperatur des Polymeren, anschließend Kühlung) und eine Formnestevakuierung erforderlich.

Zur Herstellung von Formeinsätzen werden folgende Methoden angewandt:

- Mikrozerspanung von Messing oder Ni/Al-Legierungen,
- Funkenerosion,
- Elektronenstrahl-, Röntgen- oder UV-Lithographie und Galvanoformung in Nickel oder Nickellegierungen (NiCO, NiFe),
- Ätzen oder reaktives Ionenätzen in Silizium,
- Laserstrukturierung z.B. in Hartmetallen.

4.2.3 Allgemeine Spritzgießtechnik

Beim *Spritzgießzyklus* mit einer Schneckenspritzgießmaschine ist die Einspritzzeit im Allgemeinen nicht viel länger als 1 s, die Nachdruckzeit bis zum Erstarren des Angusses oder Anschnitts einige Sekunden lang. Bestimmend für die Zykluszeit ist meist die Abkühlzeit bis zur Entformbarkeit, die etwa quadratisch mit der Wanddicke des Formteils anwächst. Als Anhaltswert möge dienen, dass 2 mm dicke Bauteile eine Kühlzeit zwischen 4 und 10 s benötigen. Währenddessen zieht die rotierend zurücklaufende Schnecke neue Masse ein.

Die optimalen Verarbeitungsparameter (Massetemperatur, Werkzeugtemperatur, Verweilzeit) sind für den jeweiligen Kunststoff unterschiedlich. Daher sollte bei den vom Rohstoffhersteller empfohlenen Bedingungen verarbeitet werden oder im Rahme der Einrichterversuche ein optimales Prozessfenster ermittelt werden. Nähere Informationen hierzu liefert auch Kapitel 8.

Tafel 4.3 liefert Hinweise auf Verarbeitungsfehler und ihre Beseitigung. Neuere technische Thermoplaste erfordern Spritzeinheiten für Temperaturen bis 450 °C. Für dünnwandige Teile mit langen Fließwegen braucht man höhere Massetemperaturen und Drücke als für dickwandige.

Je höher (in den gegebenen Grenzen) die *Werkzeugtemperatur* ist, um so besser wird bei polierten Werkzeugen der Oberflächenglanz und umso geringer werden die eingefrorenen Spannungen (Eigenspannungen). Gegebenenfalls wird auch die kristalline Struktur der Formteile verbessert. Allerdings erhöht dies die Zykluszeiten. Die Lage des Anschnitts muss so gewählt und der Spritzvorgang so geführt werden, dass die Masse, vom Anschnitt her wandhaftend vorquillt. Sonst kommt es zur Freistrahlbildung (Bild 4.42) mit einer schlechten Anbindung der nachquellenden Masse und einer Störung der Oberfläche.

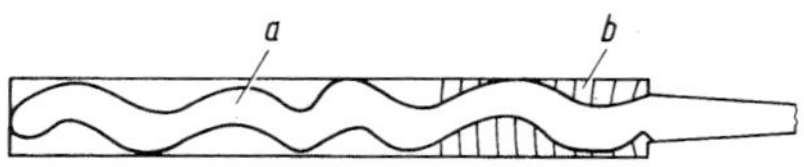

Bild 4.42 Freistrahlbildung
a Würstchen, *b* matte Flecken, weil Masse des Freistrahls Wandberührung hatte und dann – schon etwas abgekühlt – weiterrutschte

Spritzgießen gefüllter Formmassen

Mineralisch gefüllte und/oder verstärkte thermoplastische Formmassen erfordern i.A. eine etwas höhere Spritzgießtemperatur und höhere Drücke als ungefüllte Massen. Da die Schmelzen rasch erstarren, muss die Einspritzzeit kurz sein. Für ein einwandfreies Auswerfen der Formteile sind Entformungsschrägen von 1 bis 2° empfehlenswert, insbesondere bei strukturierten Oberflächen. Teile mit Wanddicke unter 2 mm aus gefüllten Massen sind schwieriger herstellbar. Mit Heißkanalwerkzeugen kann man ein vorzeitiges Erstarren der Schmelze im Anguss und Anguss-Abfälle vermeiden.

Zusammenhang Schussgewicht/Schneckendurchmesser

Da zu lange Verweilzeiten oder zu große Plastifizierhübe negative Auswirkungen auf die Bauteileigenschaften haben, ist für die Auswahl eines Plastifizieraggregats für die Herstellung eines bestimmten Formteils die Kenntnis des Zusammenhangs zwischen Schneckendurchmesser, Dosiervolumen, Dichte und Schussgewicht wichtig. Dieser ist in Bild 4.43 dargestellt

Das Nomogramm zeigt in einer anschaulichen Darstellung den Zusammenhang zwischen Schussgewicht und sinnvollem Schneckendurchmesser auf. Es kann für die Auslegung von Schneckendurchmesser (Maschinengröße) und geplantem Teilgewicht bei der Verarbeitung von Thermoplasten auf Spritzgießmaschinen verwendet werden. Es baut auf den Erkenntnissen des optimalen Dosierhubs (Dosierbereich 1 bis 3D) bei Dreizonen-Schnecken mit einem L/D-Verhältnis 18:1 bis 22:1 auf, D = Schneckendurchmesser. Bei Unter- und Überschreitung dieses Bereiches muss mit Qualitätseinbußen, wie z.B. Molekulargewichtsabbau oder Oberflächenstörungen an den Formteilen durch mitgeschleppte Luft, gerechnet werden. Die Bezugslinie *1 gilt für den Dosierweg 1D, die Bezugslinie *2 für den Dosierweg 3D.

Tafel 4.3 Fehler beim Spritzgießen von Thermoplasten, mögliche Ursachen und vorgeschlagene Abhilfen (unter Verwendung der Broschüre „Verarbeitungsdaten für den Spritzgießer", Bayer AG, Bestell-Nr. KU 41920 von 3.88)

Fehler	Mögliches Erscheinungsbild	Mögliche Ursachen	Vorgeschlagene Abhilfe
Verunreinigung des Granulates	Graue Fremdpartikel, die je nach Lichteinfall glänzend reflektieren	Abrieb von Beschickungsrohren, Behältern und Fülltrichtern	Keine Rohre, Behälter und Fülltrichter aus Aluminium oder Weißblech, sondern Stahl- oder VA-Rohre (innen gereinigt) bzw. Stahl-VA-Bleche verwenden. Förderwege sollten wenig Umlenkungen aufweisen
	Dunkle Stippen, Verfärbungsschlieren	Staub oder Schmutzpartikel	Trockner sauberhalten und regelmäßig Luftfilter reinigen, angebrochene Säcke und Behälter sorgfältig schließen
	Farbschlieren, Ablösung von Hautpartien im Angußbereich	Vermischung mit anderen Kunststoffen	Verschiedene Kunststoffe trennen, niemals verschiedene Kunststoffe gemeinsam trocknen, Plastifiziereinheit reinigen, nachfolgendes Material auf Reinheit prüfen
Verunreinigung des Regenerates	Wie bei Granulat (s. oben)	Mühlenabrieb	Mühlen regelmäßig auf Abrieb oder Beschädigungen kontrollieren und instandhalten
		Staub oder Schmutzpartikel	Abfälle staubfrei aufbewahren, verschmutzte Formteile vor dem Mahlen säubern, Formteile aus Feuchtverarbeitung (PC, PBT) sowie thermisch geschädigte Formteile verwerfen
		Andere Kunststoff-Regenerate	Verschiedene Kunststoff-Regenerate immer getrennt aufbewahren
Feuchtigkeitsschlieren	U-förmig langgezogene Schlieren, die gegen die Fließrichtung offen sind	Zu hohe Restfeuchtigkeit im Granulat	Trockner bzw. Trocknungsprozeß kontrollieren, Temperatur im Granulat messen, Trocknungszeit einhalten

Tafel 4.3 (Forts.) Fehler beim Spritzgießen von Thermoplasten, mögliche Ursachen und vorgeschlagene Abhilfen (unter Verwendung der Broschüre „Verarbeitungsdaten für den Spritzgießer", Bayer AG, Bestell-Nr. KU 41920 von 3.88)

Fehler	Mögliches Erscheinungsbild	Mögliche Ursachen	Vorgeschlagene Abhilfe
Silberschlieren	Silbrig-strichförmig langgezogene Schlieren	Zu hohe thermische Belastung der Schmelze durch: zu hohe Schmelzetemperatur, Schmelzeverweilzeit oder: Schneckendrehzahl, Düsen- und Fließkanalquerschnitte zu klein	Schmelzetemperatur überprüfen, günstigeren Schneckendurchmesser wählen, Schneckendrehzahl senken, Düsen- und Fließkanalquerschnitte erweitern
Schlieren (mitgeschleppte Luft)	Strichförmig langgezogene Schlieren mit großflächiger Ausbreitung, bei transparenten Kunststoffen manchmal auch zusätzlich Blasenbildung sichtbar	Einspritzgeschwindigkeit zu hoch, Luft eingezogen, Staudruck zu gering	Einspritzzeit verlängern Staudruck im zulässigen Rahmen erhöhen
	Strich- und nasenförmig ausgebildet, konzentrierte Schwarzfärbung (Dieseleffekt) an Zusammenflussstellen oder am Fließwegende	Eingeschlossene schlagartig verdichtete Luft im Spritzgießwerkzeug, die nicht über die Trennebene oder Auswerfer entweichen kann	Werkzeugentlüftung verbessern, besonders im Bereich des Schmelzezusammenflusses, am Fließwegende und bei Vertiefungen (Stege, Zapfen und Schriftzüge), Fließfrontverlauf korrigieren (Wanddicken, Anschnittlage, Fließhilfen) oder Einspritzzeit etwas verlängern
Grauschlieren	Graue oder dunkelfarbige Streifen, ungleichmäßig verteilt	Verschleißeffekte an der Plastifiziereinheit	Austausch der gesamten Einheit oder einzelner Bauteile, Einsatz von korrosions- und abrasionsgeschützter Plastifiziereinheit
		Verschmutzte Plastifiziereinheit	Plastifiziereinheit reinigen
Wolkenbildung	Feinste Stippen oder Metallpartikel, wolkenartig ausgebildet	Verschleißeffekte an der Plastifiziereinheit	Wie oben aufgeführt
		Verschmutzte Plastifiziereinheit	Plastifiziereinheit reinigen
	Wolkenartig ausgebildete dunkle Verfärbungen	Zu hohe Schneckendrehzahl	Schneckendrehzahl absenken

Tafel 4.3 (Forts.) Fehler beim Spritzgießen von Thermoplasten, mögliche Ursachen und vorgeschlagene Abhilfen (unter Verwendung der Broschüre „Verarbeitungsdaten für den Spritzgießer", Bayer AG, Bestell-Nr. KU 41920 von 3.88)

Fehler	Mögliches Erscheinungsbild	Mögliche Ursachen	Vorgeschlagene Abhilfe
Dunkle, meist schwarz erscheinende Stippen	Größe unter 1 mm^2 bis mikroskopisch klein	Verschleißeffekte an der Plastifiziereinheit	Wie oben aufgeführt
	Größe von mehr als 1 mm^2	Aufreißen und Abblättern der an Schnecken- und Zylinderoberfläche gebildeten Grenzschichten	Plastifiziereinheit reinigen und Einsatz von korrosions- u. abrasionsgeschützter Plastifiziereinheit Für PC und PC-Blends: „durchheizen" der Zylinderheizungen bei 160 bis 180 °C bei Produktionsunterbrechungen
Verbrennungsschlieren	Bräunliche Verfärbungen mit Schlierenbildung	Schmelzetemperatur zu hoch	Schmelzetemperatur kontrollieren und absenken, Regler überprüfen
		Schmelzeverweilzeit zu lang	Zykluszeit verkürzen, kleinere Plastifiziereinheit einsetzen
		Temperaturführung im Heißkanal ungünstig	Heißkanaltemperatur kontrollieren, Regler und Thermofühler überprüfen
	Periodisch auftretende bräunliche Verfärbung mit Schlierenbildung	Plastifiziereinheit verschlissen oder „Tote Ecken" an Dichtflächen	Kontrolle der Bauelemente wie Zylinder, Schnecke, Rückströmsperre und Dichtflächen auf Verschleiß und tote Ecken
		Strömungsungünstige Bereiche in Plastifiziereinheit und Heißkanälen	Ungünstige Strömungsübergänge beseitigen
		Einspritzgeschwindigkeit zu hoch	Einspritzzeit verlängern
Abschieferungen oder Delaminierungen	Ablösung von Hautpartien im Angussbereich (bes. bei Blends)	Verunreinigung durch andere, unverträgliche Kunststoffe	Plastifiziereinheit reinigen, nachfolgendes Material auf Reinheit prüfen
Matter Fleck	Samtmatte Flecken um den Anschnitt, an scharfen Kanten und Wanddickensprüngen	Gestörter Schmelzefluß im Angusssystem, an Übergängen und Umlenkungen (Scherung, Aufreißen schon erstarrter Oberflächenhaut)	Anschnitt optimieren, scharfe Kanten, besonders beim Übergang vom Anschnitt in die Formhöhlung, vermeiden, Übergänge an Angusskanälen und

4

Tafel 4.3 (Forts.) Fehler beim Spritzgießen von Thermoplasten, mögliche Ursachen und vorgeschlagene Abhilfen (unter Verwendung der Broschüre „Verarbeitungsdaten für den Spritzgießer“, Bayer AG, Bestell-Nr. KU 41920 von 3.88)

Fehler	Mögliches Erscheinungsbild	Mögliche Ursachen	Vorgeschlagene Abhilfe
Matter Fleck (Fortsetzung)			Wanddickensprüngen abrunden und polieren, gestuftes Einspritzen: langsam – schnell, damit die Form kontinuierlich im Quellfluss gefüllt wird und dabei die Benetzung der Konturen mit der Schmelze vom Anschnitt bis zum Formteilende systematisch ohne Abreißen des Quellflusses erfolgen kann
Schallplattenrillen oder Jahresringe	Feinste Rillen auf der Formteiloberfläche (z. B. bei PC) oder mattgraue Ringe (z. B. bei ABS)	Zu hoher Fließwiderstand im Spritzgießwerkzeug, so daß Schmelze stagniert, Schmelzetemperatur, Werkzeugtemperatur, Einspritzgeschwindigkeit zu niedrig	Schmelze- und Werkzeugtemperatur anheben, Einspritzgeschwindigkeit erhöhen
Kalter Propfen	Oberflächlich eingeschlossene kalte Schmelzepartikel	Düsentemperatur zu niedrig, Düsenquerschnitt und -bohrung zu klein	Ausreichendes Heizband mit höherer Leistung erwählen, Düse mit Thermofühler und Regler ausstatten, Düsenquerschnitt und -bohrung vergrößern. Kühlung der Angussbuchse vermindern. Düse früher von Angussbuchse abheben
Lunker und Einfallstellen	Luftleere Hohlräume in Form von runden oder langgezogenen Blasen, nur bei transparenten Kunststoffen sichtbar, Vertiefungen in der Oberfläche	Volumenkontraktion in der Abkühlphase wird nicht ausgeglichen	Nachdruckzeit verlängern, Nachdruck erhöhen, Schmelztemperatur absenken und Werkzeugtemperatur ändern (bei Lunkern erhöhen und bei Einfall absenken), Massepolster kontrollieren, Düsenbohrung vergrößern

Tafel 4.3 (Forts.) Fehler beim Spritzgießen von Thermoplasten, mögliche Ursachen und vorgeschlagene Abhilfen (unter Verwendung der Broschüre „Verarbeitungsdaten für den Spritzgießer", Bayer AG, Bestell-Nr. KU 41920 von 3.88)

Fehler	Mögliches Erscheinungsbild	Mögliche Ursachen	Vorgeschlagene Abhilfe
Lunker und Einfallstellen (Fortsetzung)		Nicht „kunststoffgerechte" Form des Spritzlings (z.B. Wanddickenunterschiede)	Kunststoffgerecht konstruieren, z. B. Wanddickensprünge und Masseanhäufungen vermeiden, Fließkanäle und Angussquerschnitte dem Formteil anpassen
Blasen	Ähnlich wie Lunker, aber im Durchmesser wesentlich kleiner und vermehrt vorhanden	Zu hoher Feuchtigkeits-Gehalt in der Schmelze, zu hohe Restfeuchtigkeit im Granulat, s. Abschn. 3.6.1	Intensiv-Trocknung, ggf. Entgasungsschnecke durch Normalschnecke ersetzen und mit Vortrocknung arbeiten, Trockner und Trocknungsprozess kontrollieren, evtl. Trockenlufttrockner einsetzen
Freier Massestrahl	Sichtbare Strangbildung der zuerst eingeflossenen Masse auf der Formteiloberfläche	Ungünstige Angusslage und -dimensionierung	Freistrahlbildung durch Verlegen des Anschnittes vermeiden (gegen eine Wand einspritzen), Anschnittquerschnitt vergrößern
		Einspritzgeschwindigkeit zu hoch	Einspritzzeit verlängern bzw. gestuft einspritzen: langsam – schnell
		Schmelzetemperatur zu niedrig	Schmelzetemperatur anheben
Nicht vollständig ausgeformte Spritzlinge	Unvollständige Füllung insbes. am Fließwegende oder an dünnwandigen Stellen	Fließeigenschaften des Kunststoffes nicht ausreichend	Schmelze- und Werkzeugtemperatur erhöhen
		Einspritzgeschwindigkeit zu niedrig	Einspritzzeit verkürzen und/oder Einspritz- bzw. Nachdruck erhöhen
		Wanddicke des Formteils zu gering	Wanddicke des Formteils erhöhen
		Düse dichtet nicht gegen das Werkzeug	Düsenanpressdruck erhöhen, Radien von Düse und Angussbuchse überprüfen, Zentrierung kontrollieren

Tafel 4.3 (Forts.) Fehler beim Spritzgießen von Thermoplasten, mögliche Ursachen und vorgeschlagene Abhilfen (unter Verwendung der Broschüre „Verarbeitungsdaten für den Spritzgießer", Bayer AG, Bestell-Nr. KU 41920 von 3.88)

Fehler	Mögliches Erscheinungsbild	Mögliche Ursachen	Vorgeschlagene Abhilfe
Nicht vollständig ausgeformte Spritzlinge (Fortsetzung)		Angusssystem mit zu kleinem Querschnitt	Anguss, Fließkanal und Anbindung zum Formteil vergrößern
		Werkzeugentlüftung nicht ausreichend	Werkzeugentlüftung optimieren
Fließnahtfestigkeit nicht ausreichend	Deutlich sichtbare Kerbe entlang der Fließnaht	Fließeigenschaften des Kunststoffs nicht ausreichend	Schmelze- und Werkzeugtemperatur erhöhen, ggf. Anschnitt verlegen, um die Fließverhältnisse zu verbessern
		Einspritzgeschwindigkeit zu niedrig	Einspritzzeit verkürzen
		Wanddicke zu gering	Wanddicken angleichen
		Werkzeugentlüftung nicht ausreichend	Werkzeugentlüftung verbessern
Verzogene Formteile	Formteile sind nicht plan, Teile weisen Winkelverzug, Propellerverzug oder Bombierung auf	Zu große Wanddicken- und Schwindungsunterschiede, starke Querorientierung von Glasfasern im Formteilinnern	Formteil „kunststoffgerecht" konstruieren, Änderung der Anschnittlage
		Einseitig stärkere Längsorientierung von Glasfasern außen	Wanddicken örtlich so ändern, daß der Schmelzefluss beidseitig zu einer symmetrischen Glasfaserverteilung führt
		Werkzeugtemperatur ungünstig	Werkzeughälften unterschiedlich temperieren
		Umschaltpunkt von Einspritz- auf Nachdruck ungünstig	Umschaltpunkt verlegen
Formteil klebt im Werkzeug	Matte Flecken bzw. fingerförmige oder kleeblattartige glänzende Vertiefungen auf der Oberfläche der Formteile (meist angussnah)	Örtlich zu hohe Werkzeugwandtemperatur	Werkzeugtemperatur reduzieren
		Zu frühes Entformen	Zykluszeit verlängern

Tafel 4.3 (Forts.) Fehler beim Spritzgießen von Thermoplasten, mögliche Ursachen und vorgeschlagene Abhilfen (unter Verwendung der Broschüre „Verarbeitungsdaten für den Spritzgießer“, Bayer AG, Bestell-Nr. KU 41920 von 3.88)

Fehler	Mögliches Erscheinungsbild	Mögliche Ursachen	Vorgeschlagene Abhilfe
Formteil wird nicht ausgeworfen bzw. wird deformiert	Formteil klemmt. Auswerferstifte deformieren das Formteil oder durchstoßen es	Werkzeug überladen, zu starke Hinterschneidungen, unzureichende Werkzeugpolitur an Stegen, Rippen und Zapfen	Einspritzzeit verlängern und Nachdruck reduzieren, Hinterschneidungen beseitigen, Werkzeugoberflächen nacharbeiten und in Längsrichtung polieren
		Beim Entformen entsteht zwischen Formteil und Werkzeug Unterdruck	Werkzeugentlüftung verbessern
		Elastische Werkzeugdeformation und Kernversatz durch Einspritzdruck	Steifigkeit des Werkzeugs erhöhen, Kerne abfangen
		Zu frühes Entformen	Zykluszeit verlängern
Gratbildung (Schwimmhaut)	Bildung von Kunststoffhäutchen an Werkzeugspalten (z.B. Trennebene)	Zu hoher Werkzeuginnendruck	Einspritzzeit etwas verlängern und Nachdruck reduzieren, Umschaltpunkt von Einspritz- auf Nachdruck vorverlegen
		Werkzeugtrennflächen durch Überspritzungen beschädigt	Werkzeug im Bereich Trennflächen oder Konturen nacharbeiten
		Schließkraft bzw. Zuhaltekraft nicht ausreichend	Schließkraft erhöhen, ggf. nächstgrößere Maschine einsetzen
Raue und matte Formteiloberflächen (bei GF-verstärkten Thermoplasten)		Schmelzetemperatur zu niedrig	Schmelzetemperatur erhöhen
		Werkzeug zu kalt	Werkzeugtemperatur erhöhen, Werkzeug mit Wärmedämmplatten ausstatten, leistungsfähigeres Temperiergerät einsetzen
		Einspritzgeschwindigkeit zu gering	Einspritzzeit verkürzen

Am Beispiel eines zu fertigenden ABS-Teils mit 2500 g Gewicht einschließlich Anguss wird gezeigt, dass es minimal mit einer Schnecke von 100 mm (maximal genutzter Dosi

erweg von 3 D) und maximal mit einer Schnecke von 150 mm Durchmesser (minimal genutzter Dosierweg von 1 D) spritzgegossen werden kann. Dabei wird von einer Schmelzedichte von 0,85 g/cm³ ausgegangen. Erhöht sich die Dichte, werden die erforderlichen Schneckendurchmesser kleiner. Die beiden eingezeichneten Dichtebezugslinien überbrücken den Bereich der Schmelzedichten von ungefülltem ABS (0,85 g/cm³) bis zu PPS mit hohem Füllstoffanteil (1,7 g/cm³).

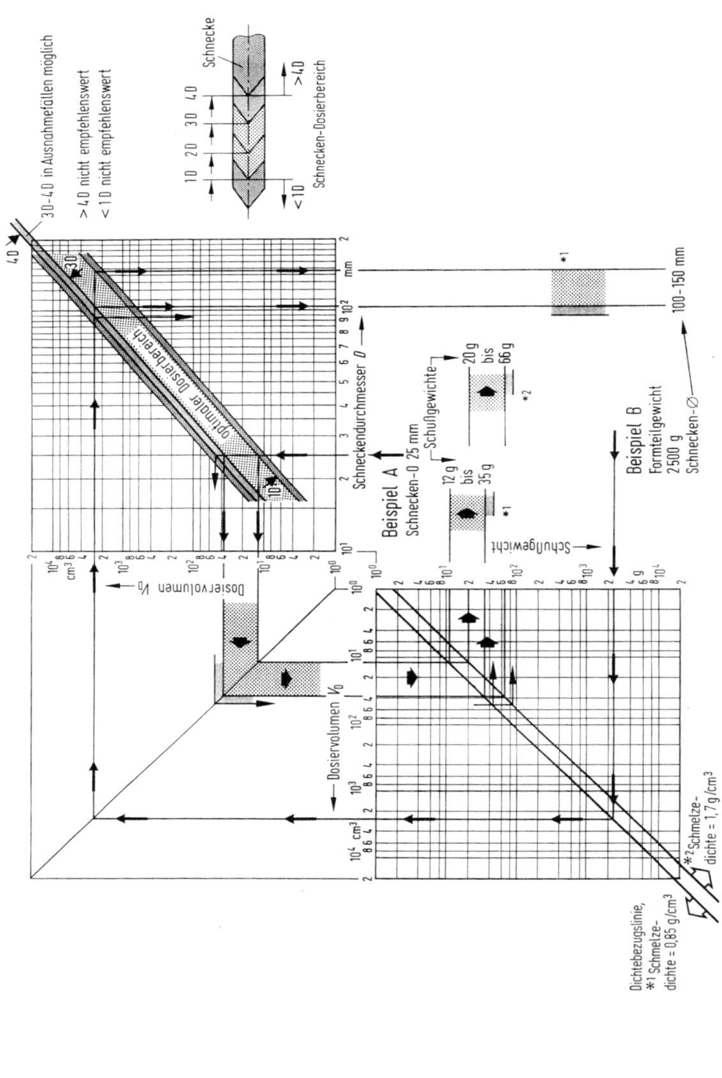

Bild 4.43 Korrelation zwischen Schneckendurchmesser, Dosiervolumen, Dichte und Schussgewicht (nach Kaminski und Lambeck)

Natürlich kann jederzeit auch eine Dichtelinie für ein spezielles Produkt eingetragen werden. Ist die Schmelzedichte für eine Formmasse nicht bekannt, so kann man sie überschlägig aus der Dichte bei Raumtemperatur ableiten, indem man diese für ungefüllte Schmelzen mit dem Faktor 0,85 bzw. für hochgefüllte Schmelzen (ca. 60 %) mit dem Faktor 0,95 multipliziert.

4.2.4 Extrudieren

Unter Extrudieren versteht man das kontinuierliche Aufschmelzen von Kunststoff-Formmassen und Austragen durch eine formgebende Düse mit anschließender Abkühlung zur Herstellung von Halbzeugen wie Profilen, Platten oder Folien. Es können Ausstoßleistungen von mehr als 1000 kg/h erreicht werden. Als Ausgangsmaterial kommen Kunststoffe in Granulatform, als Pulver oder auch als Mischungsrezeptur in Frage, da viele Extrusionseinrichtungen auch Compoundieraufgaben übernehmen können. Zum Aufbereiten der Schmelze und zum Druckaufbau gibt es verschiedene Verfahren. Die Anlagen sind in der Regel mit Sensoren für die wichtigsten Prozessparameter so ausgerüstet, dass diese überwacht bzw. geregelt werden können und eine gleich bleibende Qualität gesichert werden kann.

Nachfolgend werden die verschiedenen Bauarten und Verfahrensvarianten beschrieben. Tafel 4.4 gibt eine Übersicht über Extrusionssysteme.

4.2.4.1 Einschnecken-Extruder

Einschnecken-Extruder sind die am häufigsten verwendeten Maschinen, Bild 4.44. Die Formmasse wird über einen Trichter einer Schnecke zugeführt, die in einem zonenweise beheizten Zylinder rotiert. Dort wird der Kunststoff hauptsächlich durch Friktion, weniger durch Wärmeleitung, aufgeschmolzen, eventuell entgast, durch Scherung homogenisiert und verdichtet. Die Förderwirkung kommt aufgrund der Reibungskräfte zustande, die die Oberflächen von Schnecke und Zylinder auf die Extrusionsmasse ausüben. Den grundsätzlichen Aufbau einer Extrusionschnecke mit Einzugs-, Übergangs- oder Kompressionszone und Ausstoß- oder Pumpzone zeigt Bild 4.45. Die Geometrie der Schnecke wird dem zu verarbeitenden Kunststoff angepasst, wenn ein optimaler Durchsatz erreicht werden soll.

4.2.4.2 Entgasungs-Extruder

Diese können die Vortrocknung feuchtigkeitsempfindlicher Kunststoff-Granulate ganz oder teilweise überflüssig machen, Bild 4.46. Dabei wird etwa bei einer halben Schneckenlänge die Gangtiefe der Schnecke so vergrößert, dass der Druck auf den Atmosphärendruck abfällt und Wasserdampf oder auch andere flüchtige Bestandteile durch eine im Zylinder angebrachte Entgasungsöffnung entweichen können. Schwierigkeiten kann die Abstimmung der Förderleistung der beiden Schneckenabschnitte aufeinander bereiten.

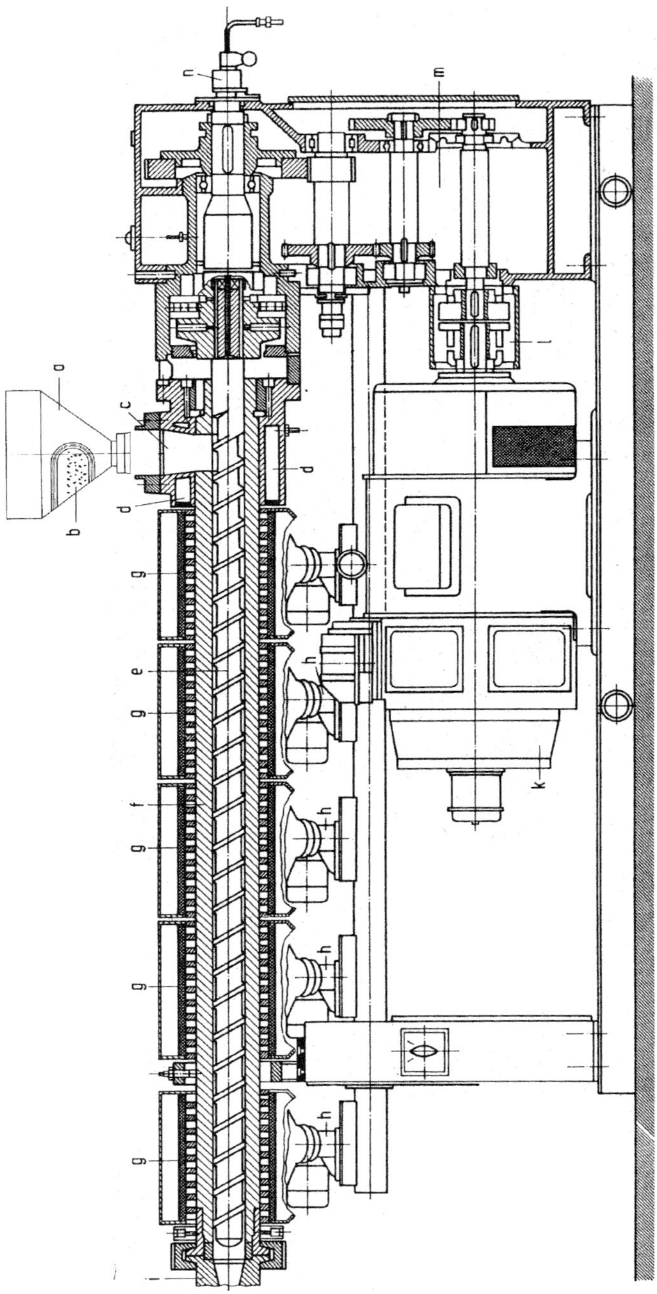

Bild 4.44 Einschnecken-Plastifizierextruder (nach BASF AG)

a: Fülltrichter, b: Extrusionsmasse, c: Einzugsöffnung, d: Kühlkanäle, e: Schnecke, f: Zylinder, g: Heizbänder, darunter Kühlkanäle für Gebläseluft, h: Kühlgebläse, i: Anschluss für Extrusionswerkzeug, k: Elektromotor, l: Kupplung, m: Untersetzungsgetriebe für Schneckenantrieb, n: Anschlüsse für die Schnekkentemperierung

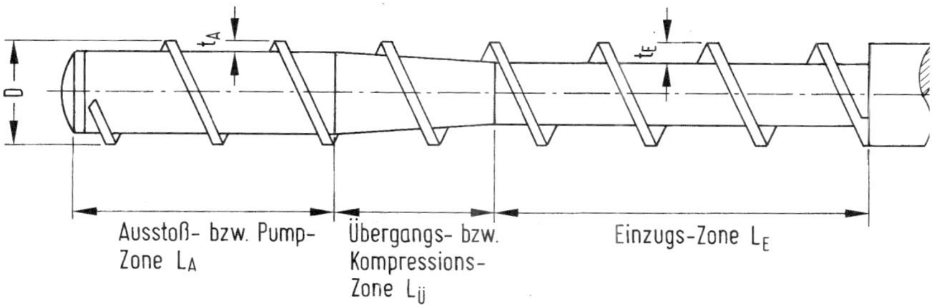

Bild 4.45 Zoneneinteilung einer üblichen Dreizonenschnecke

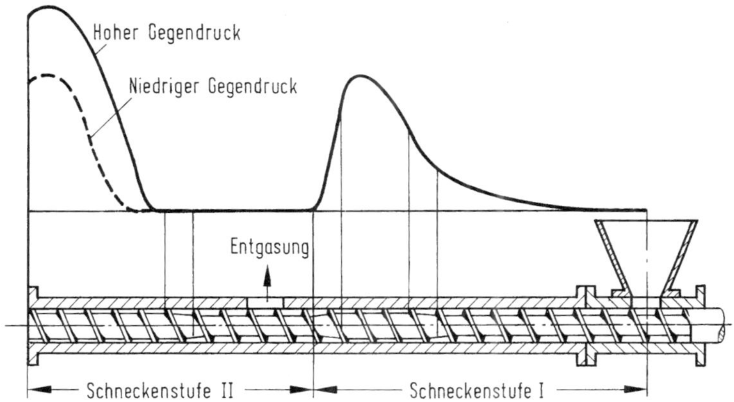

Bild 4.46 Schema und Druckverlauf bei einem Entgasungsextruder

4.2.4.3 Kaskaden- oder Tandem-Extruder

Sie bestehen aus einer Hintereinander-Schaltung eines Plastifizier-Extruders, der die Kunststoffschmelze aufbereitet, und eines Schmelze-Extruders, der die Schmelze homogenisiert und den Staudruck aufbaut, Bild 4.47. Da beide Extruder einen eigenen Antrieb besitzen, lassen sich die Förderleistungen der beiden Schnecken gut aufeinander abstimmen, allerdings ist der maschinenbauliche Aufwand größer.

4.2.4.4 Schnellläufer-Extruder (adiabatische Extruder)

Diese arbeiten statt mit einer Schnecken-Umfangsgeschwindigkeit von etwa 0,7 m/s mit einer Geschwindigkeit bis zu 1,2 m/s. Die Schnecken sind so konzipiert, dass das Aufschmelzen ausschließlich über die Scherenergie erfolgt. Sie sind einfach in ihrem Aufbau und geeignet für unempfindliche Kunststoffe wie z.B. PE, PS oder PA.

Tafel 4.4 Verfahrenstechnische Eigenschaften, Konstruktionsprinzip, Baugrößen, Drehzahlen, Durchsätze und Einsatzbereich von Extrusionssystemen (nach Martin und Schuler)

		Gleichläufer	**Einschnecke**	**Ko-Kneter**
Einzug von Feststoff		+++	+	++
Aufschmelzen		+++	+	+++
Verteilen		+++	++	+++
Zerteilen		+++	++	+++
Selbstreinigung		+++		+++
Verweilzeitverteilung		eng	breit	eng
Entgasung		++	++	++
Druckaufbau		+	++	
Energieeinleitung (Antrieb)		+++	+++	++
Zylinderheizleistung		+	++	+
Zylinderkühlleistung		+	++	+
Schneckentemperierung		möglich	möglich	ja
Anpassungsmöglichkeiten ohne Umbau des Verfahrensteils		Drehzahl Drossel Heizen/Kühlen	Heizen/Kühlen (Drehzahl)	Drehzahl Heizen/Kühlen Austragssystem Drossel
Aufbau des Verfahrensteils	Schnecke Zylinder	modular modular	einteilig einteilig	modular modular
Extrudergrößen	[mm]	16 bis 380	20 bis 600	30 bis 200 (600)
Schneckendrehzahl	[mm^{-1}]	100 bis 1200	20 bis 250	20 bis 500
Durchsatzbereich	[kg/h]	1 bis 50000	5 bis 30000	5 bis 4000
Haupteinsatzgebiete		**Compoundieren** Verarbeitung bei Pulver oder Durchsätzen > 1 t/h	**Verarbeitung von Granulat** Austrags-extruder Entgasung	**Compoundieren** Kalander-beschickung (PVC, PP)

Continuous Mixer	**Gegenläufer dichtkämmend**	**Gegenläufer nicht kämmend**	**Planetwalzen**	**MSE**
++	+++	++	++	+
+++	++	++	++	melt fed
++	+	++	++	+++
++	+++	+	+++	+
	+++		+++	+++
breit	sehr eng	breit	sehr eng	eng
+	+	++	++	+++
	+++	+		++
+++	++	++	++	+
+	++	+	+++	++
+	++	+	+++	++
ja	ja	nein	Hauptschnecke	Hauptschnecke
Drehzahl Austrittsklappe Austragssystem Heizen/Kühlen	Heizen/Kühlen (Drehzahl) (Drossel)	Drehzahl Heizen/Kühlen	Drehzahl Heizen/Kühlen Austrags-System	Drehzahl Heizen/Kühlen
einteilig modular	einteilig einteilig	modular modular	einteilig einteilig	einteilig einteilig
29 bis 437	25 bis 160	50 bis 460	70 bis 350	(47 bis 150)
200 bis 1800	5 bis 80	100 bis 500	10 bis 60	(20 bis 200)
5 bis 44000	1 bis 2000	100 bis 15000	400 bis 4000	(50 bis 5000)
Compoundieren	**Verarbeiten von PVC-Dryblend** Compoundieren von PVC-Dry blend	Entgasen	**Compoundieren und Kalanderbeschickung von PVC**	**Entgasen** **Reaktionen mit großen Verweilzeiten**

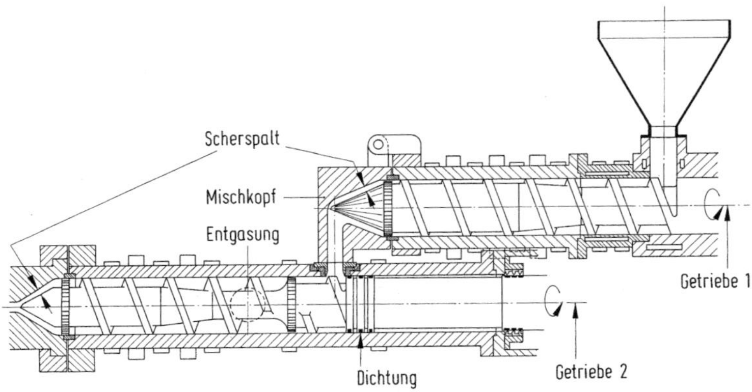

Bild 4.47 Schematische Darstellung eines Kaskadenextruders

4.2.4.5 Planetwalzen-Extruder

Planetwalzen-Extruder weisen eine sehr schonende Plastifizierung, gute Homogenisierung und Dispergierung auf und eignen sich deshalb besonders für empfindliche Kunststoffe wie PVC. Im Bereich der Übergangszone einer normalen Schnecke ist die Schnecke mit einer speziellen Verzahnung versehen, ebenso der Zylinder. Dazwischen befinden sich im Eingriff mit diesen Verzahnungen mehrere Planetenschnecken. Bei der Rotation der Zentralschnecke drehen sich die Planetenschnecken um ihre eigenen Achsen und befinden sich gleichzeitig im Umlauf um die Zentralschnecke, Bild 4.48. Zwischen den Zentral- und Planetenschnecken wird das aus der Einzugszone geförderte Granulat bzw. Pulver feinschichtig ausgewalzt. Hierdurch ist eine Entgasung auf äußerst geringe Monomer-, Lösungsmittel- oder Wassergehalte möglich. Weiterer Einsatz: Nachkondensation von Polykondensaten.

4.2.4.6 Schnecken mit Schmelzetrennung, Barriereschnecke

Sie weisen am Beginn der Aufschmelzzone einen zusätzlichen Steg auf, der eine größere Steigung besitzt als der durchgehende Schneckensteg und deshalb am Anfang der Kompressionszone wieder mit diesem zusammentrifft, s. Maillefer-Schnecke, Bild 4.49. Über diesen zusätzlichen Steg wird das bereits aufgeschmolzene Material in den sich in Förderrichtung vergrößernden Schneckengang gedrückt und auf diese Weise ein Vordringen von unaufgeschmolzenem Granulat in die Ausstoßzone verhindert. Außerdem wird die Aufschmelzleistung gesteigert und die Homogenisierung der Schmelze verbessert. Weitere Schnecken dieser Art sind die Barr-, Maxmelt/Lacher/Hsu/Willert-, Efficient/Dray und Lawrence- sowie VPB/Kim-, Ingen/Housz- und HPM-Schnecken.

4.2.4.7 Doppelschnecken-Extruder

Sie weisen gegenüber Einschnecken-Extrudern folgende Vorteile auf: Zwangsförderung statt Schleppströmung, hohe Durchsätze bei geringer Verweilzeit und bei einem engen Verweilzeitspektrum, Selbstreinigung der Schnecken und schonende

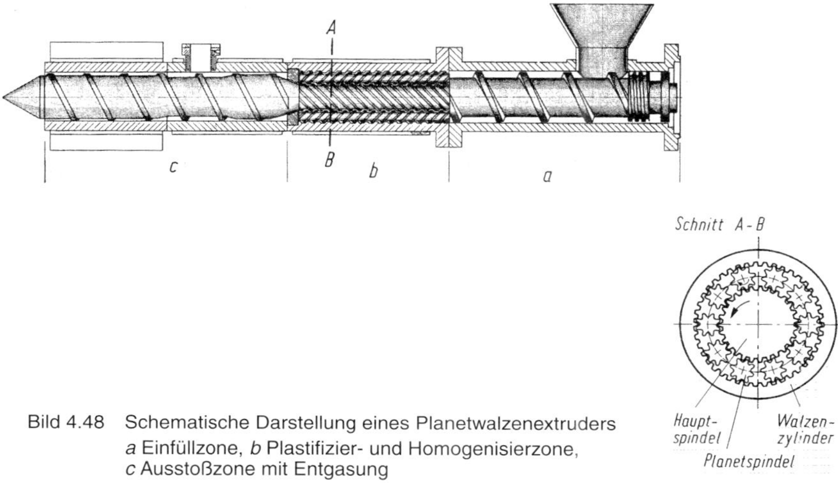

Bild 4.48 Schematische Darstellung eines Planetwalzenextruders
a Einfüllzone, *b* Plastifizier- und Homogenisierzone,
c Ausstoßzone mit Entgasung

Plastifizierung schwer einziehbarer, thermisch empfindlicher Pulver-Compounds. Die Schnecken können gleichlaufend oder gegeneinander laufend, mehr oder weniger dicht kämmend, zylindrisch oder konisch sein, Bild 4.50.

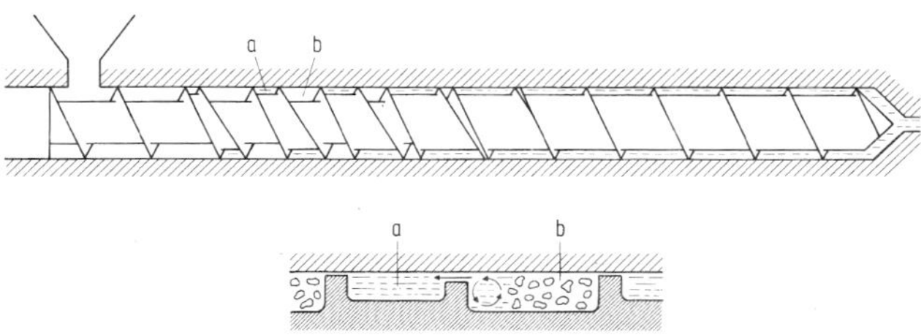

Bild 4.49 Maillefer-Schnecke
a: flacher Gang für den Transport der Schmelze, b: tiefer Gang für das Aufschmelzen des Granulats

Mit Gleichdrall-Doppelschneckenextrudern können bei der Herstellung z.B. von Rohren Füllstoffe wie Holzmehl oder Calciumcarbonat direkt in den pulverförmig oder granulatförmig aufgegebenen Kunststoff eincompoundiert werden. Diese Direktextrusion führt zu Einsparungen von bis zu 20% durch Wegfall eines Compoundierschrittes.

4.2.4.8 Kolben-Extruder, Ram-Extruder

Sie werden vor allem zur Extrusion gesinterter Profile aus dem Pulver schwierig plastifizierbarer Thermoplaste wie z.B. PTFE oder PE-UHMW eingesetzt. Das Prinzip dieser diskontinuierlichen Extrusion zeigt Bild 4.51. Beim Sintern wird die Düse durch einen beheizten Rohrspalt ersetzt.

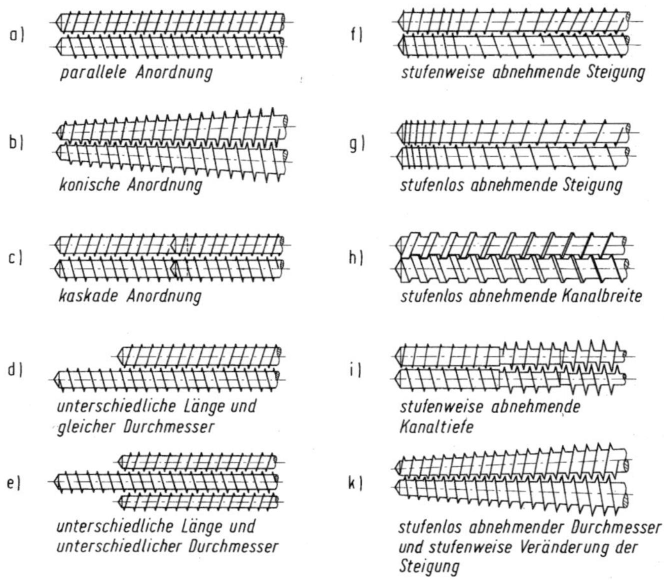

Bild 4.50 Anordnungen und Geometrien von Doppelschnecken

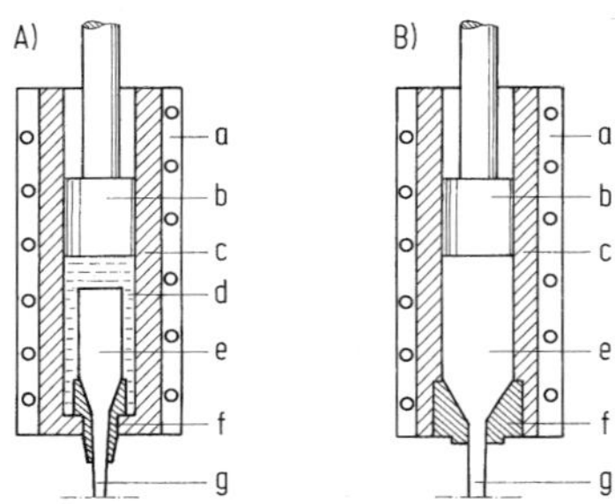

Bild 4.51 Methoden der Feststoff-Extrusion
A) hydrostatische Extrusion, B) RAM-Extrusion
a: Beheizung, b: Kolben, c: Zylinder, d: druckübertragende und schmierende Flüssigkeit, e: Vorformling, f: Düse, g: Extrudat

4.2.4.9 Zusatzeinrichtungen für Extruder

Dosier- und Stopfeinrichtungen zur gleichmäßigen Produktaufgabe.

Beheizte Vakuumtrichter zur Vorab-Entgasung und -Trocknung, sie erhöhen den Ausstoß und die Qualität.

Genutete Einzugszonen erhöhen die Förderleistung.

Scher- und Mischteile erhöhen die Homogenität einer Schmelze.

Staubuchsen oder Lochplatten an der Schneckenspitze, sie passen den Massedruck an den Werkzeugwiderstand an.

Schmelzepumpen sorgen für einen gleichmäßigen Massestrom zum formgebenden Werkzeug.

Auswechselbare Schmelzefilter reinigen die Schmelze und verringern den Quellkörperanteil, Schmelzefilter sind wichtig für die Recyclat-Verarbeitung.

4.2.5 Extrusions-Werkzeuge und Kalibrierung

4.2.5.1 Rohre und symmetrische Hohlprofile

Der plastifizierte Massestrom wird über einen Dorn zentrisch aufgeweitet und im Werkzeuggehäuse und der Düse zu einem Ringkörper geformt, Bild 4.52. Die Dornhalterung teilt den Massestrom auf und erzeugt damit in Längsrichtung des Hohlprofils verlaufende Bindenähte, die Schwachstellen sein können. Zu deren Vermeidung werden Siebdorn-, Siebkorb- oder Wendelverteiler-Werkzeuge, eingesetzt. Zur Außenkalibrierung wird das Profil zum Ende hin durch einen am Dorn mit einem Seil oder einer Kette angehängten Schleppstopfen abgedichtet, über den Dorn mit Stützluft versorgt und durch eine gekühlte Kalibrierstrecke gezogen. Bei einer Vakuumkalibrierung kann auf Stützluft verzichtet werden, Bild 4.53.

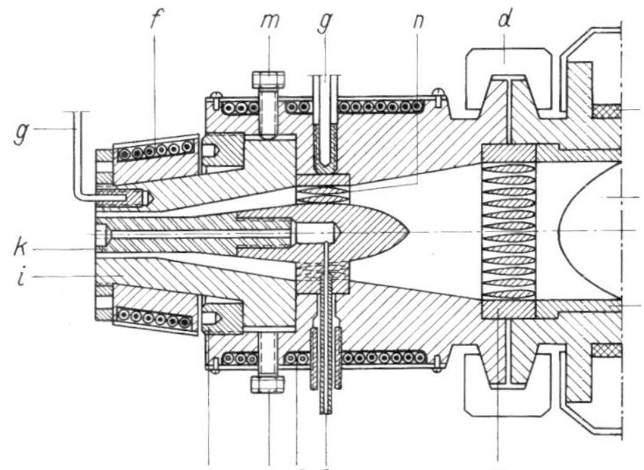

Bild 4.52 Hohldorn-Rohrwerkzeug
a: Schneckenspitze, *b:* Zylinderauskleidung, *c:* Zylinderheizung, *d*: Befestigung des Werkzeuges mit Sperrriegel, *e:* Lochscheibe mit strömungsgünstigen tropfenförmigen Löchern, *f*: gewickelte Heizung des Werkzeuges, *g:* Temperaturmessstellen mit Kupferkontakt, *h:* Werkzeugverschraubung, *i:* Düse, *k:* Dorn, Parallelführung 30 bis 40fache Spaltweite, *l:* Zufuhr der Stützluft, *m:* Zentrierschrauben

4.2.5.2 Vollprofile

Wenn sie keinen kreisförmigen Querschnitt aufweisen, sind die Querschnitte von Düse und Extrudat wegen der ungleichmäßigen Strangaufweitung nicht mehr ähnlich. Es müssen deshalb empirisch Korrekturen am Profilwerkzeug angebracht werden. Nach den Standard-Kalibrierverfahren können Vollprofile nur einseitig kalibriert werden, da sonst der noch thermoplastische Strang festgekeilt wird. Die Kalibrierschlitze müssen ein Übermaß von 15 bis 20% aufweisen. Nach einem anderen Verfahren wird eine Kalibrierfläche so ausgebildet, dass sie elastisch ausweichen kann, um ein Verkeilen des Profils zu verhindern. Nach dem Kühldüsen-Verfahren werden die Profile unmittelbar hinter der Düse außen kalibriert, Bild

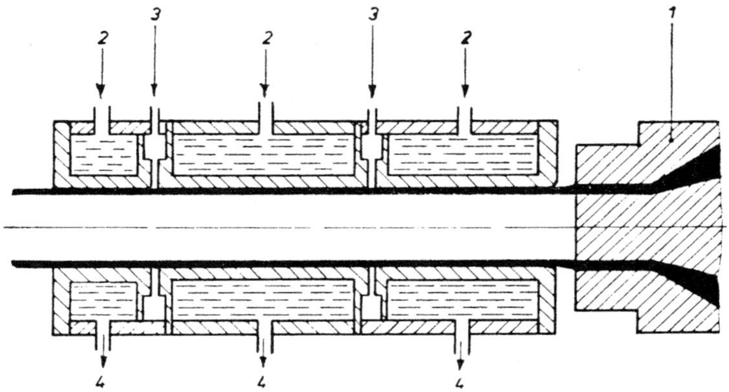

Bild 4.53 Vakuumkalibrierung
1: Rohrwerkzeug, 2: Kühlwassereintritt, 3: Vakuumanschluss, 4: Kühlwasseraustritt

4.54. Damit keine Lunker im Inneren des Profils entstehen, wird zum Ausgleich der Schwindung ständig Schmelze in den Profilkern mit einem über die Drehzahl der Schnecke geregelten Massedruck nachgedrückt. Beim Technoform-Präzisions-Profil-Ziehverfahren wird ein repräsentatives Maß des Profils zwischen Werkzeug und Kalibrierung gemessen und in den Regelkreislauf des Abzugs einbezogen. Damit wird einerseits ein Festkeilen unterbunden und andererseits eine enge Fertigungstoleranz erreicht.

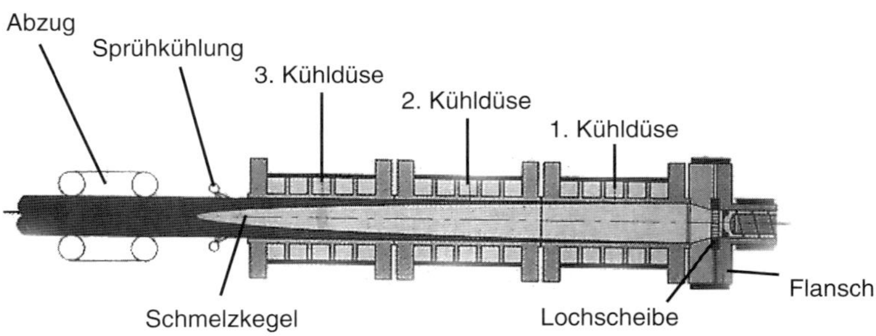

Bild 4.54 Werkzeug für die Profilherstellung nach dem Kühldüsenverfahren

4.2.5.3 Hohlkammer-Profile

Diese Profile werden ähnlich wie Rohre in der Düse geformt. Stegplatten, die aus dünnen Ober- und Unterschichten, eventuell noch einer Mittelschicht, bestehen, die zur Schubübertragung bei Biegebeanspruchung über Stege miteinander verbunden sind, können mehrere Meter breit sein. Deshalb muss der vom Extruder kommende Schmelzestrang auf diese Breite so gespreizt werden, dass in der Mitte kein Voreilen stattfindet, vgl. auch bei Tafeln und Folien. Die Kalibrierung erfolgt mit Vakuum, s. Bild 4.53.

4.2.5.4 Ummantelungen

Zur Ummantelung von Schläuchen mit Gewebeverstärkungen, Drähten oder Metallrohren werden Pinolenwerkzeuge eingesetzt, Bild 4.55.

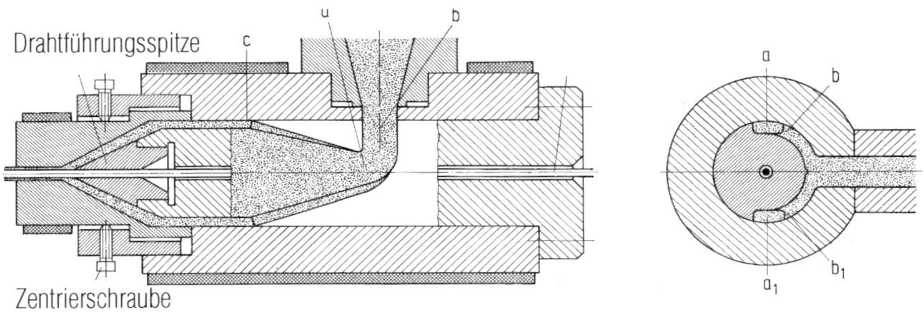

Bild 4.55 Pinolenwerkzeug für die Druckummantelung (nach BASF AG)
a, b und c: Führung der Strömung um die Pinole, die von zwei Seiten angeströmt wird (a, b und a_1, b_1 in der Schnittzeichnung rechts), ab c liegt eine geschlossene Schmelzeschicht um die Pinole vor.

4.2.5.5 Tafeln und Flachfolien

Tafeln und Flachfolien von etwa 0,3 bis 30 mm Dicke mit Breiten bis zu etwa 4 m werden mit Breitschlitzdüsen, die verstellbare Lippen haben, hergestellt, Bild 4.56. Die zentrisch zugeführte Schmelze wird durch einen Verteilerkanal so in der Austrittsebene verteilt, dass die mittlere Geschwindigkeit an jeder Stelle des Spaltes gleich ist. Man erreicht dies mit „Kleiderbügel-Düsen“, Bild 4.57. Tafeln mit einer Dicke unter 0,5 mm werden horizontal extrudiert und mit einem Glättwerk abgezogen. Bei der Folienextrusion tritt der Schmelzefilm schräg nach unten aus und legt sich tangential auf eine Kühlwalze (Kühlwalzen- oder Chillroll-Verfahren). Hierbei können die Folien in Extrusionsrichtung bis auf Dicken von 8 bis 15 µm verstreckt werden. Eine Kalt- oder Warmverstreckung, uni- oder biaxial, mit extrem hohen Verstreckgraden ist in besonderen Streckvorrichtungen möglich. Im Zweistufenverfahren, Bild 4.58, wird die Folie zuerst zwischen zwei mit verschiedenen Umfangsgeschwindigkeiten laufenden Walzen in Längsrichtung verstreckt. Die Querverstreckung erfolgt in der zweiten Stufe, indem die seitlichen Ränder der Folie von Kluppen erfasst und während des Längstransports der Folie nach außen geführt werden. Bei der simultanen biaxialen Verstreckung, Bild 4.59, werden die Kluppen nach außen und gleichzeitig mit zunehmender Geschwindigkeit in Laufrichtung geführt. Durch die Verstreckung und eine thermische Nachbehandlung (Thermofixierung) werden die Festigkeit, Transparenz, Permeationswiderstand, Kältefestigkeit und das elektrische Verhalten verbessert.

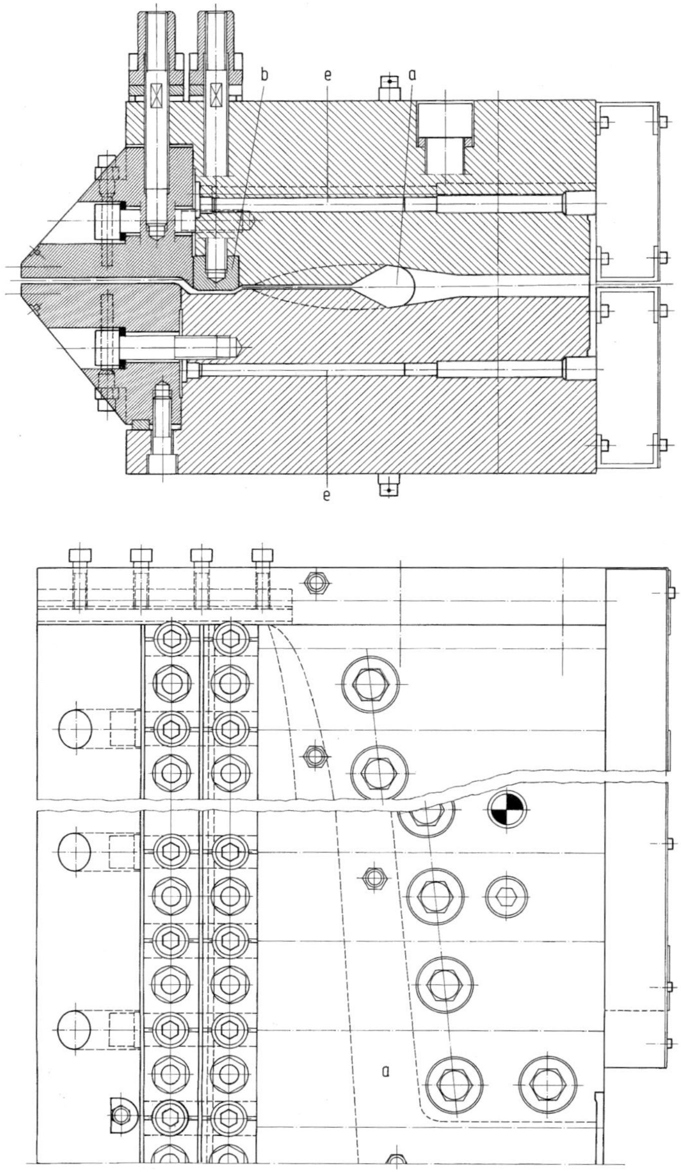

Bild 4.56 Breitschlitzwerkzeug für die Tafelextrusion im Schnitt (oben), in Deraufsicht (unten) (nach Wartburg und Hempler)
a: Verteilerkanal, b: Staubalken, c, d: Lippen, e: Heizpatronen

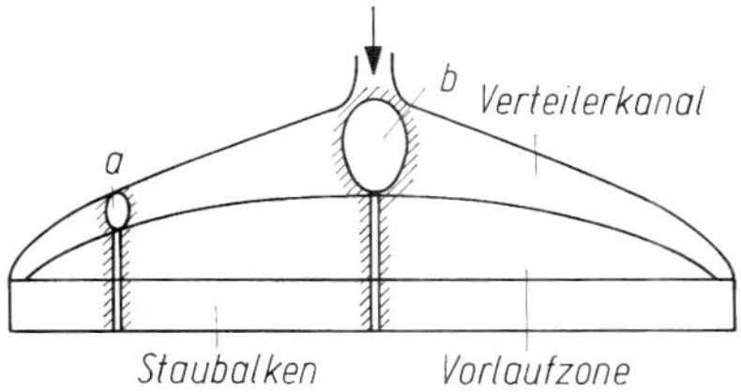

Bild 4.57 Kleiderbügelverteiler
a, b: Fließkanalquerschnitte

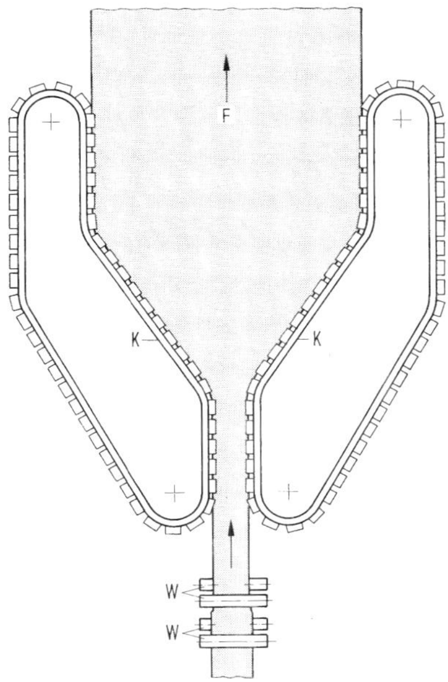

Bild 4.58 Zweistufige biaxiale Verstreckung von Flachfolien (nach Hensen, Knappe, Potente)
F: Folie, W: Walzen für die Verstreckung in Längsrichtung, K: umlaufende Ketten mit Kluppen für die Verstreckung quer zur Laufrichtung

4.2.5.6 Schlauchfolien

Schlauchfolien werden mit Hilfe von Ringdüsen bei Schlauchumfängen bis zu 16m und mit Dicken von 10 bis 300 mm hergestellt. Bei Pinolen-Werkzeugen umfließt die Schmelze einen im Gehäuse eingespannten Dorn, wobei der Einlaufkanal so gestaltet wird, dass eine in axialer Richtung gleichmäßige Strömung erreicht wird, Bild 4.60. Die an der Rückseite des Dornes nicht zu vermeidende Bindenaht zeichnet sich jedoch im Extrudat ab. Dies ist auch in einem verminderten Maße bei Stegdornhalter-Werkzeugen der Fall. Durch das Nachschalten von Lochscheiben und durch die Verwendung von „Verwischgewinden" oder „Wen-

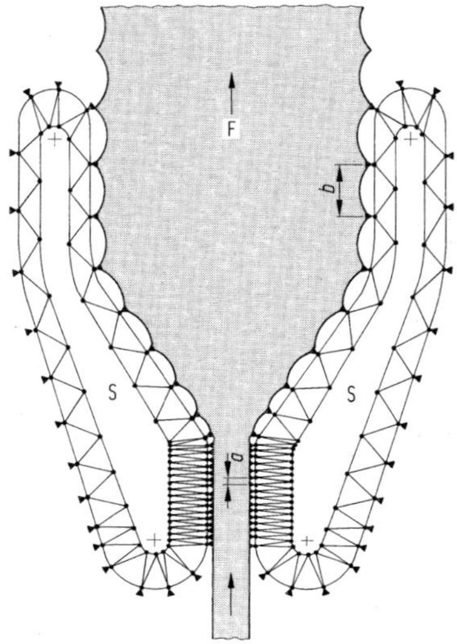

Bild 4.59
Simultanstrecken mit Scherengittersystem (nach Hensen, Knappe, Potente)
F: Folie, S: Scherengitter mit Kluppen

delverteilern" am Dorn lassen sich die Stegmarkierungen vermindern, Bild 4.61. Nach Austritt der Schmelze aus dem Ringspalt wird die Folie mit Stützluft auf den gewünschten Schlauchdurchmesser aufgeblasen und nach dem Durchlaufen einer Kühlstrecke mit Hilfe besonderer Einrichtungen flachgelegt und aufgewickelt.

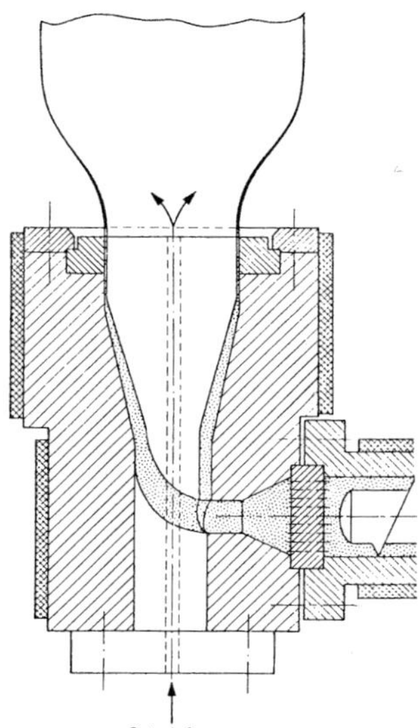

Bild 4.60 Pinolen-Werkzeug

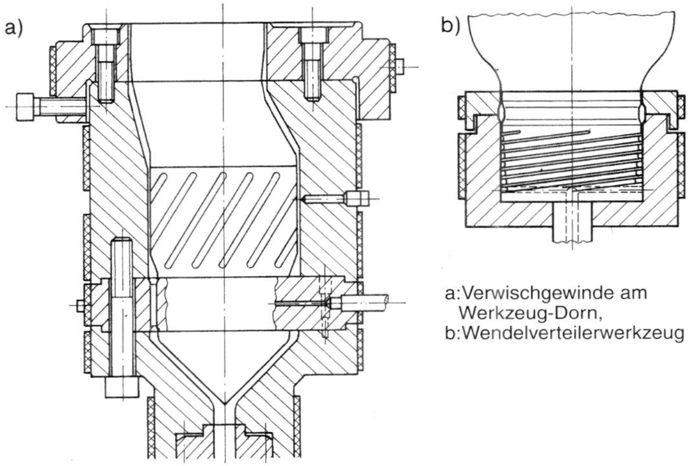

a: Verwischgewinde am Werkzeug-Dorn,
b: Wendelverteilerwerkzeug

Bild 4.61 Masseverteiler in Schlauchfolien-Werkzeugen

4.2.5.7 Geschäumte Profile, TSE-Verfahren

Geschäumte Profile werden unter Verwendung treibmittelhaltiger Formmassen auf normalen Extrudern hergestellt, s. auch Abschn. 4.2.8. Die Temperaturführung lässt das Treibmittel beim Austritt aus der Düse „anspringen", Bild 4.62. Bei der freien Aufschäumung nach außen bildet sich bei der anschließenden Kalibrierung eine dichte Außenhaut, Bild 4.62 A, während sich bei der Aufschäumung nach innen eine kompakte, glatte Außenhaut mit einem Kern geringer Dichte bildet, Bild 4.62 B, Integralschaumprozess, Celuka-Verfahren. Mit Begasungs-Extrudern werden Formmassen ohne Treibmittelzusatz verarbeitet. Das Treibmittel (CO_2) wird unter hohem Druck in den Extruder eingespritzt und molekular in der treibmittelfreien Schmelze (z.B. PS) gelöst. Beim Austritt aus der Düse expandiert das Treibmittel.

Bei der Herstellung geschäumter Platten kann nach dem Austritt der Schmelze aus dem Extruder die Schmelze zur Stabilisierung und Vordimensionierung des Schaums in ein Vorkühlwerk geführt werden. Die Ausformung erfolgt anschließend in einem Drei-Walzen-Glättwerk.

Statt der Einschnecken-Extruder verwendet man besonders bei der Verarbeitung von PVC-U zwangsfördernde Doppelschnecken-Extruder.

Für das Extrusionsschäumen von Profilen aus thermoplastischen Vulkanisaten (TPV) auf üblichen Einschnecken-Extrudern wird ein Wasser-freisetzendes Compound (Water Releasing Compound, WRC) der DSM eingesetzt, das Dichten bis herunter zu 200 kg/m³ ermöglicht.

Besonders gleichmäßig verteilte feine Zellstrukturen von 0,005 bis 0,05 mm erreicht man, wenn beim homogenen Aufschmelzen von z.B. PP in einem Barriere-Schneckensegment ein superkritisches Gas über Gasinjektoren in Lösung gebracht wird. Dieses fällt beim Entspannen der Schmelze aus (MuCell-Verfahren).

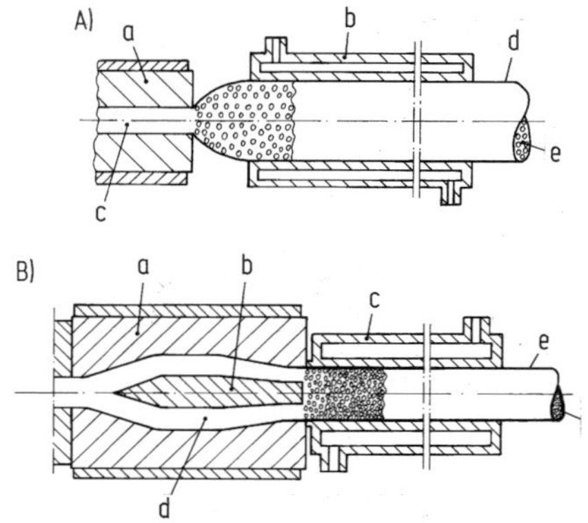

Bild 4.62
Extrusion von Schaumstoff-Profilen
A) freie Aufschäumung. a: Düsenwerkzeug, b: Kalibrierung, c: treibmittelhaltige Schmelze, d: Außenhaut, e: Schaumkern
B) Aufschäumung nach innen.
a: Düsenwerkzeug, b: Dorn, c: Kalibrierung, d: treibmittelhaltige Schmelze, e: kompakte Außenhaut, f: Schaumkern

4.2.5.8 Extrusions-Blasformen

Der Extruder wird zur Herstellung schlauchförmiger Vorformlinge eingesetzt. Diese werden zwischen zwei beweglichen Hälften eines Blaswerkzeugs eingequetscht und mit Druckluft von 5 bis 10 bar an die Innenwand des Werkzeugs gepresst. Die Druckluft wird durch den Blasdorn zugeführt. Der Blasdorn dient gleichzeitig zur Kalibrierung der Hohlkörperöffnung, Bild 4.63. Zur Erzeugung biaxialer Orientierungen werden die Vorformlinge durch Streckdorne oder Streckzangen vor dem Aufblasen in axialer Richtung verstreckt oder zunächst in einem Werkzeug vorgeblasen und anschließend bei optimaler Verstrecktemperatur in einem größeren Werkzeug fertig geblasen. Vorformlinge bis etwa 1 kg

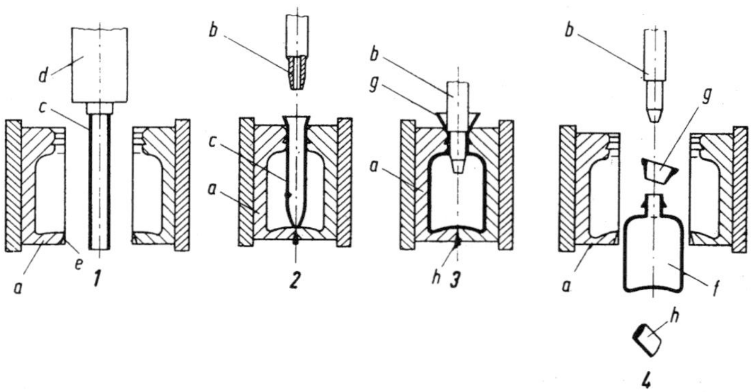

Bild 4.63 Verfahrensschritte des Extrusionsblasformers (mit Dornhubkalibrierung)
a: Blaswerkzeug (Hälfte), *b:* Kalibrierblasdorn, *c:* Vorformling (Schlauch), *d:* Schlauchkopf, *e:* Quetschkante, *f:* Blasteil, *g:* Halsbutzen, *h:* Bodenbutzen
1: Extrusion des Vorformlings, *2:* Schließen des Blaswerkzeugs; das untere Ende des Vorformlings wird durch die Quetschkanten des Werkzeugs verschlossen und verschweißt, *3:* Einpressen des Kalibrierdorns; Kalibrieren der Flaschenmündung und Aufblasen des Vorformlings zum Blasteil; Kühlen, *4:* Entformen des Blasteils, Abtrennen des Halsbutzens und des Bodenbutzens

Gewicht für Blasteile mit etwa 30 l Inhalt lassen sich kontinuierlich auch im Coextrusionsverfahren, s. Abschn. 4.2.5.10, extrudieren. Größere freihängende Vorformlinge, z.B. für Heizöltanks mit einem Inhalt bis 1000 l, würden sich wegen der relativ langen Extrusionszeit zu stark längen und abkühlen. In diesen Fällen werden Speicher von einem Extruder oder auch mehreren Extrudern kontinuierlich gefüllt und die Schmelze für den Vorformling in einem Bruchteil der Plastifizierzeit hydraulisch ausgestoßen. Zur Regelung der Wanddicke der Erzeugnisse kann die Wanddicke des Vorformlings kontinuierlich während des Extrusionsvorgangs angepasst werden, Wanddickensteuerung (WDS).

Die Extrusions-Blastechnik ist heute so weit fortgeschritten, dass auch sehr komplizierte Hohlkörper wie PKW-Kraftstofftanks (KKB) in Großserien hergestellt werden können. Beim Blasformen von Kraftstoffbehältern werden in Coextrusionsanlagen, s. auch Abschn. 4.2.5.10, mit zusätzlichen Speicherköpfen mehrschichtige Vorformlinge hergestellt. Der in Bild 4.64 gezeigte 3-Schicht-Speicherkopf besitzt drei konzentrische Ringkolbenspeicher, die von je einem separaten Extruder gespeist werden. Die Laminatbildung erfolgt beim Ausstoßen.

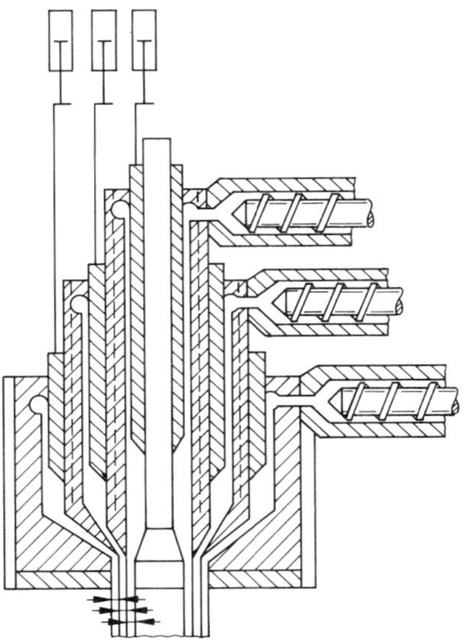

Bild 4.64
Coex-Akku-Kopf mit konzentrischen Ringkolbenspeichern (Bauart IHI)

Zur Erhöhung der Steifigkeit und/oder Wärmeisolation von PE-Blasformteilen wird bei der Blow Moulding Foam Technologie (BFT) die mittlere der drei Schichten mit einem physikalisch oder chemisch wirkenden Treibmittel versetzt und so aufgeschäumt. Rezyklatverwendung ist möglich.

Zur Vermeidung von Quetschnähten auch bei mehrdimensional gekrümmten Produkten werden die schlauchförmigen Vorformlinge während der Extrusion oder nach der Extrusion mit speziellen Greifern (Robotern) entsprechend der Artikelkontur in die geöffnete Blasformhälfte eingelegt.

Bei der „sequentiellen Coextrusion“ werden bei der Vorformlingherstellung unterschiedliche Materialien in Längsrichtung kombiniert, sodass z.B. Formteile mit flexiblen Endteilen und weniger flexiblen Mittelteilen entstehen.

Beim Inmould-Labelling (IML) werden zur Dekoration der Blasteile bedruckte Folien in das Blaswergzeug eingelegt und beim Aufblasen des Vorformlings verschweißt.

Beim Selar® RB-Verfahren werden KKB aus einer Mischung von PE-HD und PA 6 mit Haftvermittler blasgeformt. Bei der Plastifizierung werden die PA 6-Körner angeschmolzen und durch Scherung im Extruder zu dünnen Plättchen verformt. Diese liegen parallel zur Oberfläche der KKB und erhöhen den Permeationswiderstand.

4.2.5.9 Monofile, Bändchen, Fasern

Diese werden auf Extrudern hergestellt, die meist zur Erzeugung eines kontinuierlichen Massestroms mit Schmelzepumpen ausgerüstet sind. *Monofile* werden durch Düsenplatten mit einer Vielzahl von Bohrungen nach unten extrudiert, im Wasserbad abgekühlt und anschließend zwischen mit verschiedenen Geschwindigkeiten laufenden Reckwerken vorgereckt. In weiteren Reckwerken erfolgt die Nachverstreckung bei Streckverhältnissen von 5 bis 10 und schließlich die Fixierung in Heißluftstrecken.

Bändchen in Breiten von einigen mm und Dicken zwischen 20 und 200 μm werden durch das Aufschneiden verstreckter Folien oder durch das Aufschneiden von Folien mit anschließender Verstreckung hergestellt. Bei der einsprunggehemmten Verstreckung der Folien, Bild 4.65, wird die Querkontraktion behindert und damit die oft unerwünschte Neigung der verstreckten Bändchen zum Aufspleißen (Einsatz für Säcke und Packbänder) reduziert. Eine große Spleißneigung ist bei der Verwendung für Seile und textile Anwendungen erwünscht. Solche Spleißfasern werden nach drei Verfahren hergestellt: Nach dem Barfilex-Verfahren werden Folien mit nutenförmigen Dünnstellen in Längsrichtung extrudiert, die an diesen Stellen bei der Verstreckung aufspleißen. Nach dem Roll-Embossing-Verfahren werden glatte Folien vor der Verstreckung mit Prägewalzen in Längsrichtung profiliert. Wird eine netzartige Struktur aufgeprägt, so entsteht bei der Verstreckung ein Netz, da die Folie an den dünnen Stellen aufreißt. Das Fibrillieren mit Nadel- und Messerwalzen nach dem Verstrecken der Folie führt zu Produkten, die den Naturfasern ähnlich sind.

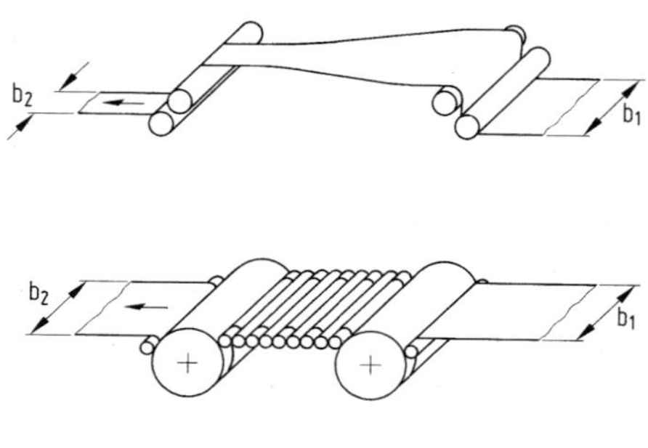

Bild 4.65
Prinzip der einachsigen Verstreckung (oben) und der einsprunggehemmten Verstreckung (unten)
b_1: Ausgangsbreite, b_2: Endbreite

Fasern werden durch Spinnbalken nach unten extrudiert und im Luftstrom abgekühlt und anschließend wie Monofile nachbehandelt.

4.2.5.10 Co- oder Mehrschicht-Extrusion

Hierbei handelt es sich um Verfahren zur Erzeugung von Extrudaten, die aus mehreren Schichten artgleicher oder artfremder Kunststoffe bestehen. Sie werden bei der Profil-, Platten-, Hohlkammerplatten-, Flach-, Blasfolienextrusion und beim Extrusionsblasformen eingesetzt. Fünf bis sieben Schichten sind wirtschaftlich sinnvoll, um gewünschte Eigenschaften durch Gas- oder Wasserdampf-Sperrschichten, UV-absorberhaltige Schichten oder durch sehr dünne Haftvermittler-Schichten zu erreichen oder um die Wirtschaftlichkeit durch die Verwendung von Innenlagen aus Sekundär- oder Recycling-Material zu erhöhen. Im Durchmesserbereich von 32 bis 630 mm werden Rohre mit PVC-Deckschichten und geschäumten Kernen als preiswerte und steife Kanal- und Abwasserrohre hergestellt, wobei ein oder zwei Doppelschnekken-Extruder für beide Deckschichten eingesetzt werden. Bei der Coextrusion werden die Schmelzeströme mehrerer Extruder in oder hinter einem Werkzeug zusammengeführt. Bild 4.66 zeigt ein Blaswerkzeug für Zweischichtfolien, bei dem die Schmelzeströme getrennt aus der Düse austreten und durch die Stützluft zusammengeführt werden. Eine Gaszuführung zwischen den Schichten kann die Haftung verbessern. Bei Mehrschicht-Werkzeugen werden die Schmelzeströme kurz vor dem Austritt aus dem Werkzeug zusammengeführt, Bild 4.67. Wie beim Blaswerkzeug in Bild 4.66 lassen sich die Schmelzeströme unterschiedlich temperieren. Bei Adapter-Werkzeugen, meist zur Herstellung von Platten, Flachfolien oder Hohlkammerplatten, findet die Zusammenführung der Schmelzen vor dem Eintritt in das Formgebungswerkzeug statt, Bild 4.68. Diese Werkzeuge sind preiswert und mit Einschicht-Werkzeugen zu vergleichen. Der Modulblock ist auswechselbar. Allerdings müssen die Verarbeitungstemperaturen und Viskositäten der Schmelzen etwa gleich sein.

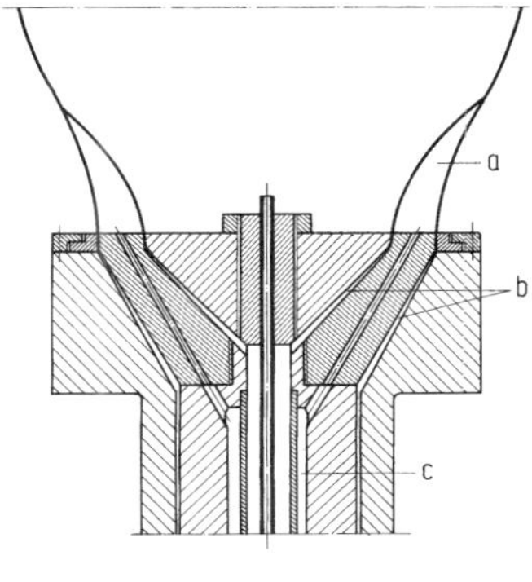

Bild 4.66
Blaswerkzeug für Zweischichtfolien mit Schmelzetrennung und Begasungskammer
a: Begasungskammer,
b: Schmelzeströme,
c: Gaszufuhr

Bild 4.69 zeigt ein Coextrusionswerkzeug, bei dem zur Einstellung der Schmelzestromverteilung statt des Staubalkens eine flexible Membran verwendet wird.

Nach dem Post-Co-Extrusionsverfahren (PCE) (Fa. Greiner, Österreich) wird auf das fertig kalibrierte Profil in einem Arbeitsgang z.B. eine Dichtlippe aus flexiblerem Material über einen Coextruder aufgetragen. Eine feste Haftung erreicht man, wenn die Verbindungsstelle über eine Aufwärmstation vorgewärmt wird. Bei einer lösbaren Verbindung erfolgt die Coextrusion in eine Nute des Hauptprofils.

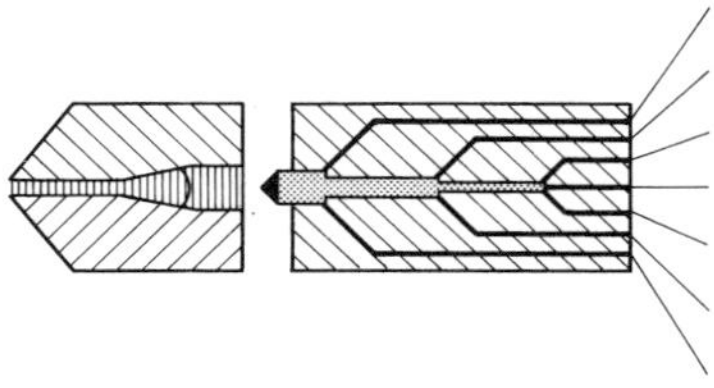

Schicht (1)	Schicht (2)	Schicht (3)	Anwendungsbeispiele (1)	Anwendungsbeispiele (2)	Anwendungsbeispiele (3)
A	A	A	PP	PS-HI	PP
B	B	B	HV	SCRAP	HV
C	C	C	EVOH	HV	PA
B	D	D	HV	EVOH	EVOH
D	C	C	SCRAP	HV	PA
A	B	B	PP	SCRAP	HV
–	A	E	–	PS-HI	PE-LD

(1), (3) asymmetrische Schichtstruktur
(2) symmetrische Schichtstruktur

Bild 4.67 Aufbau eines 7-Schicht-Coextrusionsadapters

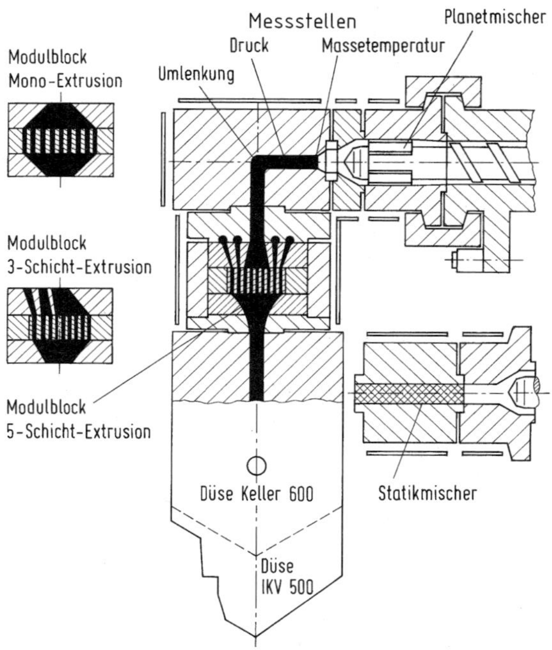

Bild 4.68 Extrusions-Adapterwerkzeug (nach Bayer AG)

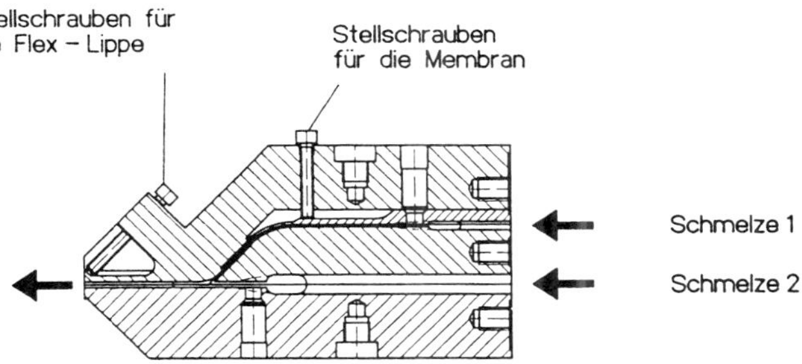

Bild 4.69 Staubalkenlose Coextrusionsdüse (nach IKV)

4.2.6 Kalandrieren

Zu den kapitalintensivsten Anlagen der Kunststoffverarbeitung gehören die Kalanderstraßen zur Herstellung von Folien, meist aus PVC, mit Durchsatzleistungen bis zu mehreren Tonnen pro Stunde. Sie bestehen aus vorgeschalteten Anlagen zur Aufbereitung der Kunststoffmischung wie Mischer zur Herstellung der Rezeptur und Kneter, Extruder, Innenmischer, Mischwalzen oder Strainer (Extruder, die die Schmelze durch Wechselsiebe austragen), zum Plastifizieren oder Gelieren der meist pulverförmigen Formmassen und nachgeschalteten Anlagen zum Kühlen, Recken, Prägen, Randbeschneiden und Aufwickeln der Folien. Die Formgebung findet im Kalander statt. Die aufbereitete Formmasse wird von den Fütterungswalzen erfasst und von Walze zu Walze durch enger werdende Spalten geschleppt. Bild 4.70 zeigt als Beispiel einen Vier-Walzen-Kalander zur Herstellung von PVC-P-Folien. Die Bauformen der Kalander unterscheiden sich im Wesentlichen durch die Zahl und Anordnung der heiz- und kühlbaren Walzen, Bild 4.71. Bei größeren Folienbreiten, bis zu etwa 2,8 m sind möglich, müssen die Walzen zur Erreichung einer gleichmäßigen Dicke über die Breite bombiert geschliffen bzw. gebogen oder geschränkt werden.

Nach dem Luvitherm-Verfahren wird zunächst bei einer niedrigen Temperatur aus Emulsions-PVC eine spröde und brüchige Walzfolie hergestellt, die in einem zweiten Verfahrensschritt auf meist zwei bis vier Schmelzwalzen bei einer hohen Temperatur zu einer homogenen und stabilen Folie verschmolzen und anschließend im Verhältnis etwa 1:3 thermoelastisch verstreckt wird. Dabei werden hohe Festigkeiten und geringe Dicken von 0,025 bis 0,04 mm erreicht. Aufgrund des hohen Spaltdrucks müssen bei großen Bahnen mit Breiten bis 2,6m die formgebenden Walzen durch Stützwalzen abgestützt werden. Luvitherm-Folien werden als Klebebänder verwendet.

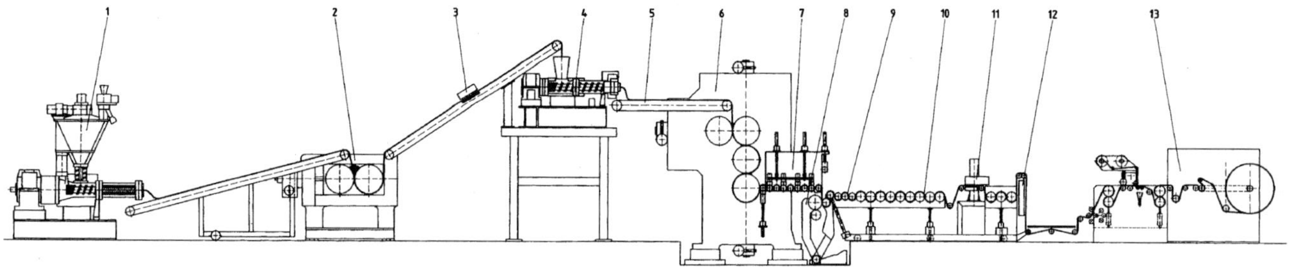

Bild 4.70 Schema einer Kalanderanlage zum Herstellen von PVC-P-Folien (Werkbild: Berstorff, Hannover)
1: Walzenextruder, 2: Walzwerk mit Misch- und Wendeeinrichtung, 3: Metallsuchgerät, 4: Strainer, 5: schwenkbare Beschickvorrictung, 6: Vier-Walzen-F-Kalander, 7: Mehrwalzenabzug, 8: Prägeeinrichtung, 9: Abnahmevorrichtung, 10: Temperier- und Kühleinrichtung, 11: Flächengewichtsmessung, 12: Leuchtschirm, 13: Zweifach-Wickelmaschine

Standardbauformen

	Bauform	generelle Einsatzgebiete
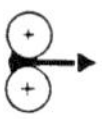	2-Walzen-Kalander, I-Form	Fußbodenbeläge, Vinylfliesen, Satinieren von IT-Platten, Kautschukgrobplatten, Sohlenplatten
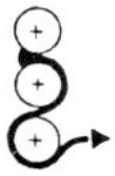	3-Walzen-Kalander, I-Form	Fußbodenbeläge, Kautschukplatten, Friktionieren
	4-Walzen-Kalander, I-Form	PVC-U-Folien, Kautschukplatten, ein- und beidseitiges Belegen von Geweben und Cordfädenbahnen, Friktionieren
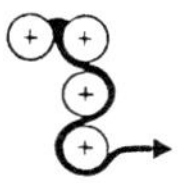	4-Walzen-Kalander, F-Form	PVC-P-Folien, Kautschukplatten, ein- und beidseitiges Belegen von Geweben und Cordfädenbahnen, Friktionieren, Dublieren
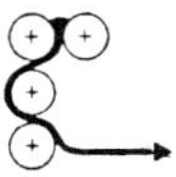	4-Walzen-Kalander, F-Form mit nachgestellter Brustwalze	PVC-P-Folien, Kautschukplatten, ein- und beidseitiges Belegen von Geweben und Cordfädenbahnen, Friktionieren, Dublieren
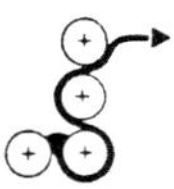	4-Walzen-Kalander, L-Form	PVC-U-Folien
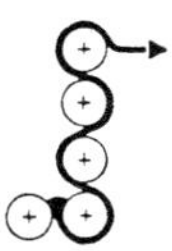	5-Walzen-Kalander, L-Form	PVC-U-Folien
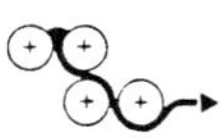	4-Walzen-Kalander, Z-Form	PVC-P-Folien, Kautschukplatten, ein- und beidseitiges Belegen von Geweben und Cordfädenbahnen, Friktionieren, Dublieren
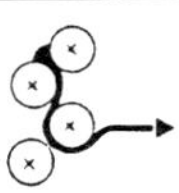	4-Walzen-Kalander, S-Form	PVC-Folien, Kautschukplatten, ein- und beidseitiges Belegen von Geweben und Cordfädenbahnen, Friktionieren, Dublieren
	2-Walzen-Kalander, waagrechte Form	Kautschukgrobplatten, Fußbodenbeläge
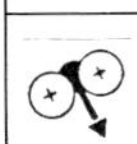	2-Walzen-Kalander, Schrägform	Kautschukgrobplatten, Linoleum
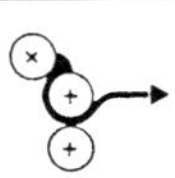	3-Walzen-Kalander, Schrägform	Kautschukplatten, einseitiges Belegen von Geweben, Friktionieren

Bild 4.71 Kalanderbauformen (nach Vorlagen der Firma Krauss-Maffei, München)
Sonderbauformen

Sonderbauformen

	Bauform	generelle Einsatzgebiete
	3-Walzen-Kalander, A-Form	Vorfolien für PVC-U-Pressplatten
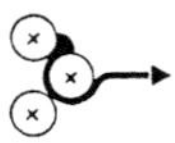	3-Walzen-Kalander, Dreieckform	Kautschukplatten, einseitiges Belegen von Geweben, Friktionieren
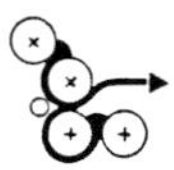	4-Walzen-Kalander, Z-Form mit angehobener Vorderwalze	Kautschukplatten, ein- und beidseitiges Belegen von Geweben und Cordfädenbahnen, Friktionieren, Dublieren
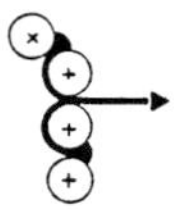	4-Walzen-Kalander, I-Form mit schräg gestellter Oberwalze	Kautschukplatten, ein- und beidseitiges Belegen von Geweben und Cordfädenbahnen, Friktionieren, Dublieren

Bild 4.71 *(Forts.)*

4.2.7 Herstellung mehrschichtiger Bahnen

4.2.7.1 Folienverbunde

Folienverbunde werden auch durch den Auftrag von PE-Schmelzen aus Breitschlitzdüsen aus Dispersionen oder Lösungen aufgebaut. Zum „Doublieren", d.h. der Vereinigung zweier gleichartiger Folienbahnen zu einem verlässlich porenfreien Verbund, verwendet man Prägekalander. Die „Aumaanlage", auf der vorgewärmte dickere Bahnen durch ein endlos umlaufendes Druckband aus Stahl gegen einen angetriebenen Zylinder gepresst werden (Bild 4.72), dient zum Kaschieren dickerer Bahnen, z.B. für mehrschichtige Fußbodenbeläge.

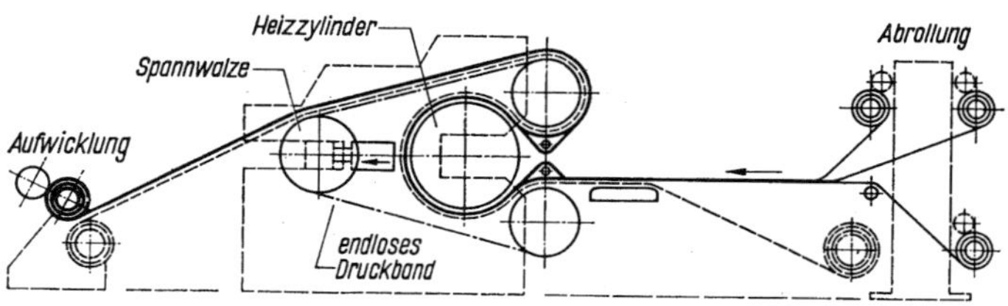

Bild 4.72 Dublieranlage zum Doublieren und Kaschieren mehrerer Folienbahnen (Berstorff-Auma, Schema)

4.2.7.2 Laminieren und Beschichten

Flexible Laminate aus thermoplastischen Kunststoffen und Trägerbahnen aus Papier oder textilen Vliesen, Gewirken, Geweben (auch auf Mineral- oder Glasfaserbasis) werden in vielfältigen Anwendungsformen für Verpackungsmittel, Schutzplanen, Baudichtungs- und Dachbahnen, Werkstoffe für das textile Bauen, rückseitenbeschichtete Textil-Bodenbeläge und mehrschichtige Elastic-Beläge,

Textiltapeten, Kunstleder und Schuhoberstoffe gebraucht. Oft werden im kontinuierlichen Durchlauf nacheinander auf den Träger ein Haftvermittler, eine Beschichtung oder mehrere (auch schäumfähige) Beschichtungen und ein Deckstrich aufgebaut sowie Mehrfarbendruck- und Prägeanlagen in die Fertigungsstraße einbezogen. Mit weiter je nach Bedarf zwischenzuschaltenden Trocken-, Gelier- und Kühlstrecken sind dies hochspezialisierte Großanlagen. Einzelne Fertigungsschritte können sein:

- Kaschieren mit dem Kalander durch Einführen von (vorgestrichenen) Trägerbahnen zwischen die letzten Kalanderwalzen oder mit einer Zusatzwalze, z.B. für Textil-Tapeten, (Schaum-)Kunstleder oder als Grundschicht geschäumter Bodenbeläge mit nachträglichem Aufschäumen der unterhalb der Schäumtemperatur kalandrierten Kernschicht;
- Streichen auf herkömmlichen Streichmaschinen mit dickenbestimmendem Streichmesser (Rakel). Die Trägerbahn wird abgestützt unter dem Rakel durchgeführt, vor ihm wälzt sich die dickflüssige Streichmasse;
- Walzenauftragsmaschine oder Reverse-Roll-Coater (Bild 4.73) für höhere Auftragsgeschwindigkeiten und Dicken.

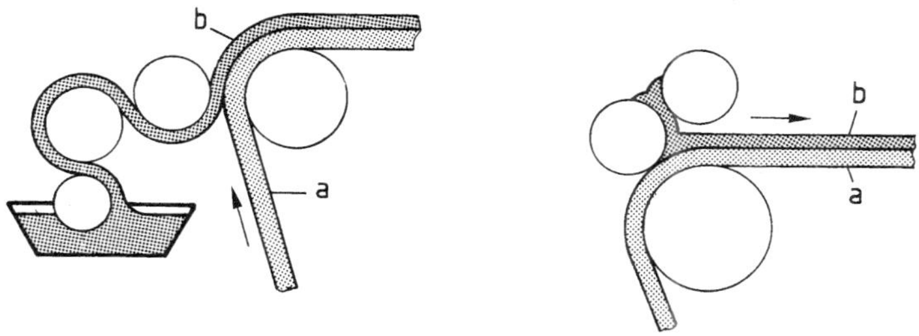

Bild 4.73 Schematische Darstellung einer Vier-Walzen-Auftragsmaschine (links) und eines Reverse-Roll-Coaters (rechts). (Werkbild Menschner)
A: Warenbahn, b: Beschichtung

Die beiden letztgenannten Verfahren erfordern flüssige Beschichtungsmassen (Lösungen, Dispersionen, Pasten, PUR-Vorprodukte) und anschließend Trocken- oder Gelierkanäle. Im

- Schmelzwalzenverfahren (Bild 4.74) wird das Beschichtungsmaterial als Pulver, Granulat, ggf. auch durch eine Zusatzwalze oder vom Extruder vorplastifiziert, zwischen die Schmelzwalzen aufgegeben. Die vielseitig ausbaubaren
- Heißschmelz- ("Hot melt")Verfahren ohne nachzuschaltende Gelier- oder Trockenkanäle sind wirtschaftlich vorteilhaft und umweltfreundlich. Zu ihnen gehört auch das Extrusionskaschieren über eine Breitschlitzdüse, s. Bild 4.75.
- Laminieranlagen (Bild 4.76) zwischen verschiedenen als Bahnen vorliegenden Materialien können mit Lösemittel-, Dispersions- oder Schmelz-Klebstoffen betrieben werden.

Phosphatierte Stahlbleche und chromatierte Aluminiumbleche werden kontinuierlich in ausgedehnten Anlagen mit tiefziehfähigen, haftenden Kunststoffdeckschichten veredelt. Nach dem Aufstreichen und Einbrennen eines Spezialklebstoffs werden wenig weich gemachte PVC-Bahnen von etwa 0,2 mm Dicke heiß aufgewalzt. Dünnere Schichten (50 µm) werden im Walzenschmelzverfahren oder als Pulver mit Vibrationssieben auf heiße Bleche aufgetragen und homogen verwalzt oder auch aus Organosolen aufgeliert.

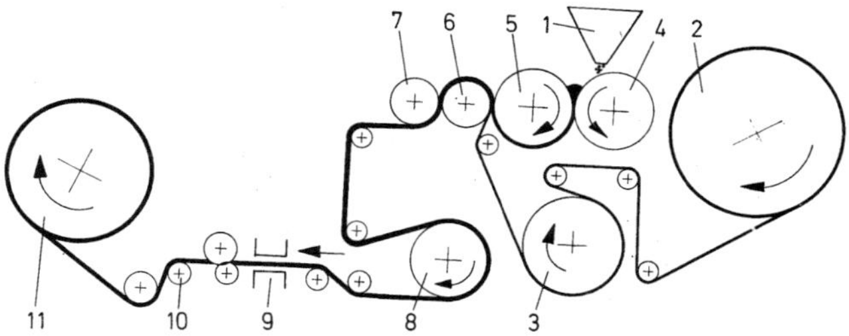

Bild 4.74 Schematische Darstellung des Schmelzwalzen-Beschichtungsverfahrens (Zimmer-Plastic)
1: Kunststoffeinspeisung (Pulver, Granulat oder Plastifikat), 2: Substratabwicklung, 3: Vorheizung, 4: verschiebbare Schmelzwalze, 5: feststehende Schmelzwalze, 6: gummierte Abnahmewalze, 7: auswechselbare Glätt- oder Prägewalze, 8: Kühlwalze, 9: Flächengewichts-Messanlage, 10: Kantenschnitt, 11: Aufwicklung

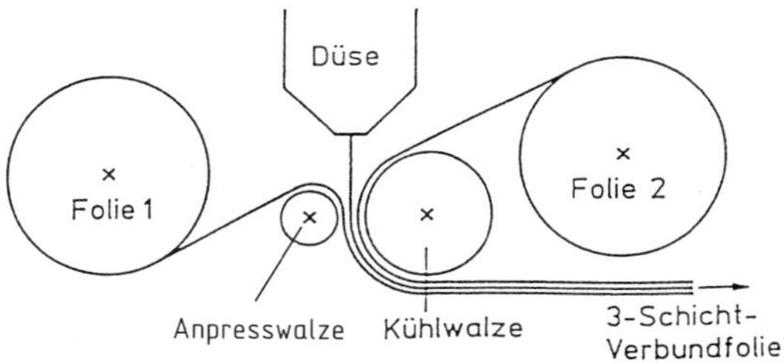

Bild 4.75 Extrusionskaschieren einer Dreischichtfolie

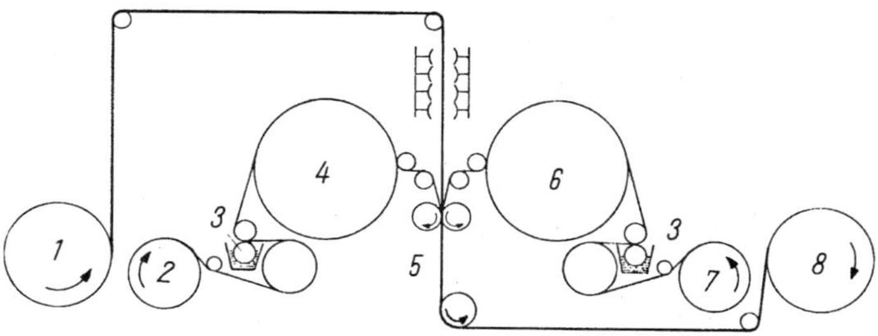

Bild 4.76 Laminieranlage
1: Gewebeabwicklung, 2: Folienabwicklung, 3: Auftragswalze, 4: Heizzylinder, 5: Laminierwalzen, 6: Heizzylinder, 7: Folienabwicklung, 8: Aufwicklung

4.2.7.3 Metallisieren von Folien

Folienrollen werden in einer evakuierbaren Anlage in einem halbkontinuierlichen Prozess umgewickelt und überwiegend mit Reinst-Aluminium und Schichtdicken von 0,03 bis 0,04 µm bedampft, s. Bild 4.77. Das erforderliche Hochvakuum beträgt 10^{-4} mbar. Als Trägerfolien werden PET (Mindestdicke 9 µm) und biaxial verstrecktes PP (Mindestdicke 15 µm) oder PC in Breiten von 0,3 bis 2,4 m eingesetzt. Einsatzgebiete: Kondensatorfolien, Wasserdampf- und Sauerstoffsperre, Dekoration.

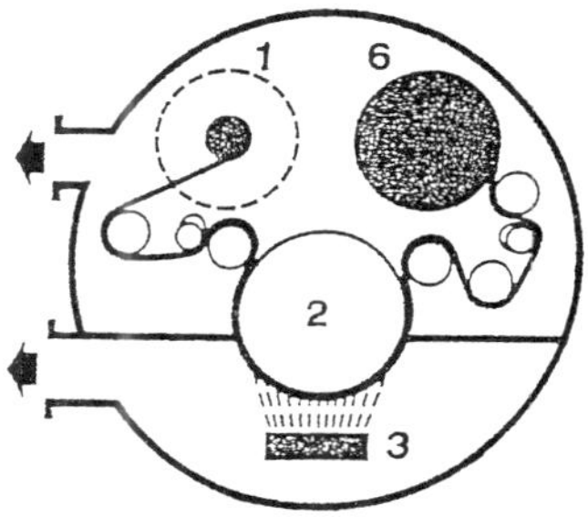

Bild 4.77
Verfahrensprinzip der Metallisierung (Quelle: Leybold-Heraeus)
1: Abwickelstation, 2: Bedampfungswalze, 3: Bedampfungsquelle, 4: Aufwicklung

Folien, die wegen eines Gehalts an flüchtigen Bestandteilen nicht direkt metallisiert werden können, werden nach dem Verfahren der Transfer- oder Übertragungs-Metallisierung mit Metall beschichtet. Eine mit Lack beschichtete Trägerfolie wird auf der lackierten Seite metallisiert. Die zu metallisierende Folie wird darauf mit der metallisierten Seite der Trägerfolie durch Kaschieren verbunden. Anschließend wird die Trägerfolie abgezogen.

4.2.7.4 SiO_x-Beschichtung von Folien

Eine Neuentwicklung ist die Beschichtung von Folien mit SiO_x, wobei x zwischen 1,5 und 1,7 liegen soll, um einerseits eine genügende Transparenz und andererseits eine ausreichend geringe Sauerstoffdurchlässigkeit zu erreichen. Die chemische Abscheidung aus der Dampfphase ausgehend von Organosiliciumverbindungen und die Verdampfung (Sublimation) von SiO_x durch thermische Energie haben sich bisher als unwirtschaftlich erwiesen.

Zum Einsatz kommt die Elektronenstrahlbeschichtung im Wesentlichen von PET, die nach dem Prinzip der Metallbedampfung, s. Abschn. 4.2.7.3, arbeitet. SiO_x wird dabei nach einem computerkontrollierten Steuerungssystem mit Elektronenstrahlkanonen verdampft. Zum Schutz der spröden SiO_x-Schicht kommen fast ausschließlich Verbundfolien zum Einsatz.

Versuche zur Beschichtung mit Metalloxiden werden ebenfalls durchgeführt.

4

4.2.8 Schäumen

4.2.8.1 Schäumprinzipien

Schäume aus polymeren Werkstoffen entstehen dadurch, dass im Kunststoff gelöste Treibmittel oder bei der Vernetzungsreaktion entstehende Gase freigesetzt werden.

Bei Thermoplasten wird der Schäumvorgang durch Erhitzen ausgelöst. Hierbei verdampfen in die Formmassen eingearbeitete relativ niedrigsiedende Substanzen wie Monomere oder Lösemittel (Kohlenwasserstoffe Pentan bis Heptan mit Siedepunkten von 30 bis 100 °C, Chlorkohlenwasserstoffe wie Methylenchlorid mit einem Siedepunkt von –24 °C, Trichlorethylen mit einem Siedepunkt von 87 °C) oder mechanisch beigemengte Treibmittel (z.B. Azo-Verbindungen, N-Nitroseverbindungen und Sulfonylhydrazide mit Anspringtemperaturen zwischen 90 und 275 °C) und zersetzen sich unter Gasentwicklung. Nahezu alle Thermoplaste können nach solchen Verfahren zu harten bzw. weichelastischen Schaumstoffen verarbeitet werden.

Der Einsatz von sonst sehr gut geeigneten Fluor-Chlor-Kohlenwasserstoffen (FCKW) musste wegen der Schädigung der Ozonschicht in der Stratosphäre eingestellt werden.

Permanente Gase, meist Stickstoff, werden mit einem Druck von etwa 200 bar im Airex-Verfahren in PVC- und im UCC-Verfahren in PE- oder PP-Schmelzen in Extrudern mit Akkumulatoren eingearbeitet. Anschließend wird die Formmasse frei (Airex-Verfahren) oder in einer Form (UCC-Verfahren) aufgeschäumt. Im Schlagschaumverfahren wird Luft, N_2 oder CO_2 unter geringem Überdruck in Mischern unter Mitwirkung von Tensiden mit leichtflüssigen PVC-P-Pasten verwirbelt. Dieser Nassschaum geliert bei Wärmeeinwirkung.

PVC-P-Schäume mit Raumgewichten um 250 kg/n m^3 werden aus Plastisolen mit Zusätzen von grenzflächenaktiven Mitteln und Druckluft oder CO_2 als Treibgas kontinuierlich extrudiert.

Bei duroplastischen Schaumstoffen entstehen die Treibgase bei der chemischen Vernetzung durch Abspaltung von Gasen. Es wird in Bandschäumanlagen (PF, PUR, MF), Blockformen (PUR, PF) und Werkzeugen mit speziellen Konturen (UF, PUR) geschäumt, s. auch Abschn. 4.3.3.

Chemische Treibmittel sind häufig Feststoffe, die bei höheren Temperaturen unter Freisetzung von Gasen zerfallen. Sie müssen sehr gleichmäßig im Substrat verteilt sein, und ihre Zersetzungstemperatur muss mit der Verarbeitungstemperatur des Polymeren korrespondieren. Beispiele sind Azo-Verbindungen, N-Nitrosoverbindungen und Sulfonylhydrazide, die zwischen 90 und 275 °C anspringen und 100 bis 300 ml/g Stickstoff abspalten. Die Anspringtemperatur von ca. 230 °C des Azodicarbonamids kann durch „Kicker" auf 200 bis 150 °C herabgesetzt werden. Für PE-Schaum gibt es gasabspaltende Vernetzungsmittel.

Zur Herstellung von geschäumten Formteilen aus Thermoplasten im Spritzguss s. Abschn. 4.2.2.6, TSG-Verfahren. Ansonsten werden Transfer- und Rundläufer-Automaten und Sondermaschinen eingesetzt, s. auch Abschn. 4.3.3, PUR. Blockanlagen zur Herstellung großer Blöcke aus Partikelschaum arbeiten meist diskontinuierlich oder schrittkontinuierlich. Kontinuierlich arbeitende Anlagen, bei denen die Perlschüttung zwischen horizontal laufenden Doppelbändern aufgeschäumt wird, erbringen kaum Vorteile gegenüber modernen Großblock-Anlagen.

Je nach dem Schäumverfahren wird ein unterschiedlicher Dichteverlauf über den Querschnitt erreicht, Bild 4.78. Nach dem Spritzgießverfahren hergestellte Schaumstoffteile weisen eine Dichteverteilung nach B oder C auf (Struktur- oder Integralschaumstoff, vgl. Abschn. 4.2.2.6 und 4.2.2.12, TSG- und GIT-S-Verfahren), während extrudierte Schaumstoffe eine dünne kompakte Außenhaut nach B bilden (Thermoplast-Schaum-Extrusion, vgl. Abschn. 4.2.5.7 TSE). Beim freien Aufschäumen oder bei der Herstellung von Polystyrolschaum (PS-E) nach dem Styropor®-Patent der BASF ist die Dichte nahezu konstant über dem Querschnitt, A in Bild 4.78.

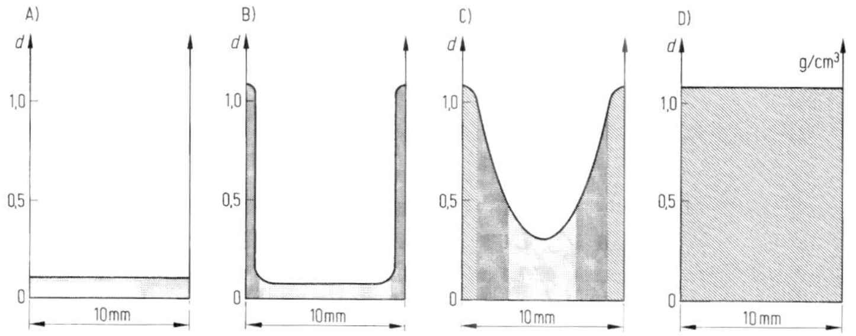

Bild 4.78 Strukturschaumstoffe, Dichteverlauf über Querschnitt
A: Schaumstoff ohne Haut, Rohdichte $d = 0{,}1\,g/cm^3$, B: Strukturschaumstoff, Rohdichte $0{,}2\,g/cm^3$, C: Strukturschaumstoff, Rohdichte $0{,}6\,g/cm^3$, D:, kompakter Werkstoff, Rohdichte $1{,}1\,g/cm^3$

4.2.8.2 Partikelschaum

Die Verarbeitung von PS-E (in zunehmendem Umfang wird auch PP-E (expandierbares PP) eingesetzt) erfolgt in zwei Schritten: Das expandierbare PS wird unter Zugabe von Treibmitteln (Kohlenwasserstoffen) durch Suspensions-(Perl-)Polymerisation (Granulatgröße 0,2 bis 0,3 mm) hergestellt und mit Hilfe von Wasserdampf bei Temperaturen von 80 bis 110 °C bis zum 80fachen des ursprünglichen Volumens vorgeschäumt. Hierzu dienen diskontinuierlich oder kontinuierlich arbeitende Vorschäumer. Der in die Zellwände diffundierende Wasserdampf unterstützt dabei den Schäumvorgang. Zum Ausschäumen der losen Schaumperlen für Verpackungen oder zur Herstellung von Blöcken mit maximalen Abmessungen von 1,25 m · 1,0 m · 8 m und Rohdichten von 10 bis 30 kg/m^3 werden diese in eine Form mit gasdurchlässigen Wandungen gefüllt und die in der Perlschüttung verbliebene Luft durch Spülung oder ein Vakuum entfernt. Unter Energiezufuhr (in der Regel Wasserdampf, zuweilen mit einer Hochfrequenzanregung) werden die Perlen dann bei 110 bis 120 °C und 0,5 bis 1,5 bar erweicht. Dabei wird der Dampfdruck des Resttreibmittels erhöht, so dass die Schaumperlen weiter expandieren und dabei miteinander verschweißen. Auf diese Weise werden stabile Formteile hergestellt.

4.2.8.3 Neoplan-Verfahren

Im Neoplan-Verfahren entstehen die geschäumten Partikel direkt aus einer treibmittelhaltigen Schmelze durch Heißabschlag nach dem Extruder, z.B. PE-LD. PE-LLD- und PP-Copolymer-Granulat wird in wässriger Suspension mit Treibmittel unter Druck imprägniert und bläht beim Entspannen auf Normaldruck ebenfalls zu Schaumpartikeln auf.

4.2.8.4 In Mould Skinning

Beim In Mould Skinning werden Formteile mit integraler, porenfreier Haut in einem Arbeitsgang erzeugt. Die Werkzeugoberfläche, die diese Haut bilden soll, wird vor dem Befüllen bereits auf eine Temperatur oberhalb der Erweichungstemperatur des Kunststoffs aufgeheizt und nach Erreichen der gewünschten Hautdicke schnell wieder abgekühlt.

4.2.9 Sonstige Verarbeitungsverfahren

4.2.9.1 Pressen, GMT-Verarbeitung,

Das Pressverfahren wird bei unverstärkten Thermoplasten fast nur noch zur Herstellung von Tafeln und Blöcken eingesetzt. Zuschnitte von Kalanderbahnen oder Walzenfellen werden in mehreren Lagen in beheizten Etagenpressen zwischen meist polierten Pressblechen verpresst, unter Druck abgekühlt und entnommen. Das diskontinuierliche Pressen wird eingesetzt, wenn bei extrudierten Platten die Oberflächenqualität nicht ausreichend ist oder die Isotropie der Eigenschaften nicht bestimmten Anforderungen gerecht wird. Dies gilt auch für die Herstellung von Platten für die Werkstoffprüfung.

Glasmattenverstärkte Halbzeuge aus Thermoplasten (GMT, Prepregs, Herstellung s. Abschn. 4.2.1.5) und Hochleistungsprepregs werden im Pressverfahren mittels heiz- und kühlbarer Werkzeuge ausgehend von Zuschnitten zu Formteilen verpresst, vgl. auch Abschn. 4.3.2.7. und 4.2.10.3. Im Gegensatz zum Pressen von SMC müssen die Formteile im Werkzeug vor der Entformung abgekühlt werden, was längere Formstandzeiten bedingt. Bei auf 20 bis 60K über die Schmelztemperatur des Thermoplasten vorgeheizten Zuschnitten kann mit geringeren Werkzeugtemperaturen gepresst werden, so dass Taktzeiten von 30s erreicht werden. Beim Diaphragma-Formen“ werden die Zuschnitte zwischen elastisch verformbaren Membranen (Silikon, Polyester) gelegt, evakuiert und dann unter relativ geringem Druck von 0,4 bis 1,0 MPa über einer Matrize verformt. Hydraulisches Tiefziehen mit Zwischenschaltung einer Gummimembran oder Pressen über ein Presskissen aus Gummi ist ebenfalls möglich.

Durch eine spezielle Nadelung der Verstärkungsmatten kann man deren Spinnfäden so weit brechen und verfilzen, dass daraus hergestelltes GMT durch Fließpressen in Formwerkzeugen mit dichtschließenden Tauchkanten abfallfrei geformt werden können.

Beim „Intervall-Pressverfahren“ zu Herstellung von L-, U-, C-, T-, und I-Profilen und Platten (auch gekrümmte) wird das Prepreggelege in einem Werkzeug aufgeheizt, verpresst und wieder abgekühlt. Anschließend öffnet die Presse und das Profil wird einen Schritt weiter gezogen.

Nach dem „Express-Verfahren" (Daimler Benz) werden abwechselnd Faservliese (Glasfasern, Grünflachs, Sisal) mit einem Kunststoff-Schmelzefilm, der mit einem fahrbaren Extruder aufgetragen wird, in beheizte Tauchkantenwerkzeuge abgelegt und verpresst. Der Herstellschritt für GMT wird eingespart.

Eine weitere kostengünstige Variante ist die Herstellung eines Thermoplast-Langfasercompounds, Langfaser-Thermoplast (LFT), mit einem gleichlaufenden, dichtkämmenden Zweischneckenkneter (ZSK) unmittelbar an der Presse. Die Glasfasern werden direkt eingezogen, abgelängt (Länge >3 mm), imprägniert und dispergiert. Die pressfertige heiße Masse wird direkt dem Presswerkzeug dosiert zugeführt.

Nach dem „Solid Phase Pressure Forming" (SPPF) werden Halbzeuge aus kreide- oder holzmehlgefülltem PP, glasmattenverstärkte Halbzeuge oder PP-Bahnen durch Warmpressen kurz unterhalb des Kristallitschmelzbereichs mit beheiztem Stempel in kalten Formwerkzeugen zu Formteilen verpresst.

4.2.9.2 Gießen

Das Gießen ist ein druckloses Verfahren zur Herstellung von Formteilen oder Halbzeugen. Zum Gießen von Folien werden Lösungen, Dispersionen oder Pasten durch einen breiten Schlitz, entweder auf ein umlaufendes Band aus einem blanken Metall, z.B. Nickel, oder auf eine umlaufende Trommel gegossen und anschließend an Heizvorrichtungen zur Entfernung des Lösemittels oder zur Ausgelierung der Paste vorbeigeführt.

Beim Gießen in meist größere Formen nützt man die Schwerkraft oder die Zentrifugalkraft zum Einbringen der Masse aus. Bei den Thermoplasten sind höchstens die teilkristallinen Kunststoffe gießfähig, da sie eine dünnflüssige Schmelze bilden. Ähnlich wie beim Intrusionsverfahren, s. Abschn. 4.2.2.3, wird die Schmelze in ein offenes Werkzeug extrudiert und drucklos abgekühlt.

Massive Halbzeuge wie Platten, Rohre oder Stäbe werden durch Polymerisation in den Werkzeugen hergestellt. Beispiele sind PMMA-Halbzeuge, z.B. Platten, die zwischen Glasplatten gegossen, zu sehr hohen Malmassen polymerisiert werden und dadurch verbesserte Eigenschaften wie eine höhere Härte und Spannungsrissbeständigkeit aufweisen. Allerdings betragen die Polymerisationszeiten bis zu eine Woche. Ein weiteres Beispiel ist das Guss-PA-6, das durch eine anionische Polymerisation von Caprolactam in leichten Formen drucklos zu Halbzeugen oder massiven Formteilen wie Schiffsschrauben, Rollen oder Zahnkränzen zu PA 6 umgewandelt wird.

Nach dem *Schalengießverfahren* werden Hohlkörper aus PVC-P hergestellt. Die PVC-Paste wird in eine erwärmte Form eingefüllt und bildet dort an der Wandung durch Gelieren eine haftende Schicht. Die nicht gelierte Restmasse kann wieder ausgeschüttet werden. Statt der Paste kann man auch Sinterpulver aus einem Thermoplasten verwenden. Dieses Pulver bildet an der heißen Formwand eine angeschmolzene, haftende Schicht, die nach Entfernen des Restpulvers durch Nacherwärmen vollständig aufgeschmolzen wird.

Gibt man in ein Werkzeug eine bestimmte Menge eines Monomeren, eines Sinterpulvers oder einer dünnflüssigen Schmelze, so kann man durch Rotieren der Form um mehrere Achsen Hohlkörper fast beliebiger Gestalt und Wanddicke nach dem sog. Rotations-Gießverfahren erzeugen.

4.2.9.3 Beschichten

Das Herstellen von beschichteten oder imprägnierten Bahnen wird in Abschn. 4.2.7 behandelt.

Beim *Tauchverfahren* wird das zu beschichtende Teil in eine Lösung, eine Paste oder eine Dispersion aus Kunststoff eingetaucht. Beim langsamen Herausziehen bildet sich auf der Form eine Haut, die anschließend sofort nach den üblichen Verfahren (Verdampfen von Lösemittel bzw. Wasser, Gelieren, Abkühlen, Vulkanisieren) verfestigt wird. Die Haut kann auch abgestreift werden, um Formteile wie z.B. Handschuhe zu erzeugen.

Die *Pulver-Beschichtung* wird nach unterschiedlichen Verfahren vorgenommen. Beim *Wirbelsintern* werden Kunststoffpulver mit Korngrößen von 50 bis 300 μm im Wirbelsintergerät, Bild 4.79, mittels Einblasen von Luft oder Stickstoff mit einem Überdruck von etwa 0,1 bar durch poröse Bodenplatten (Porengröße < 25 μm) zum Schweben gebracht, das Wirbelbett wird fluidisiert. Beim Eintauchen auf 200 bis 400 °C vorgewärmter Metallgegenstände schmilzt in 2 bis 5 s eine porenfreie Kunststoffschicht auf, die, falls erforderlich, in einem kontinuierlichen Durchlauf in einem Ofen ausgehärtet und geglättet werden kann. Je nach Tauchzeit sind Schichtdicken von minimal 75 bis 500 μm erreichbar.

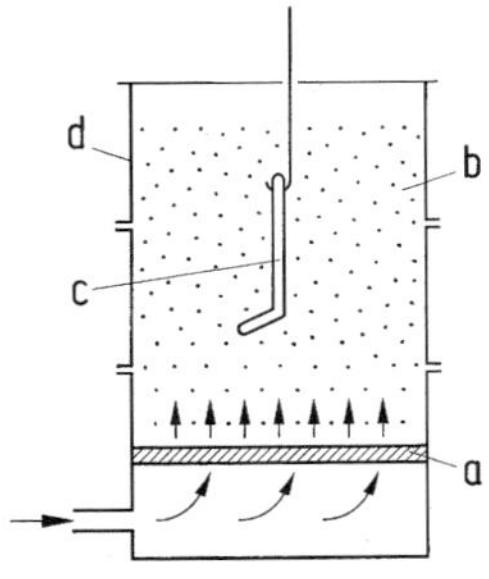

Bild 4.79
Wirbelsintern, die Pfeile kennzeichnen die Zufuhr von Druckluft
a: poröse Platte, b: Pulverbad, c: zu beschichtendes Metallteil, d: mehrteiliger Behälter

Nach dem *Pulver-Slash-Verfahren* werden in beheizten, rotierenden Metallformen Pulver (PVC-P, TPU, PP, PA) in Schichtdicken von 0,8 bis 1 mm aufgeschmolzen und anschließend entnommen und z.B. als Innenverkleidung im PKW verwendet.

Nach dem APS-/NAD-Verfahren werden Feinstpulver-Dispersionen in Wasser oder Lösemitteln mit Hochdruck- bzw. Airless-Spritzpistolen wie Lacke aufgetragen.

Für das *elektrostatische Pulver-Sprühen (EPS)* werden Kunststoffpulver mit Korngrößen von 40 bis 100 μm beim Austritt aus einer Druckluftpistole in einem (ungefährlichen) Hochspannungsfeld von 50 bis 90 kV elektrisch so aufgeladen, dass sie auf geerdeten Metallteilen im Sprühfeld auch auf die Rückseite aufgetragen werden und für längere Zeit haften. Anschließend werden die Kunststoffe in wenigen Minuten in Heißluftöfen bei etwa 200 °C zu Schichtdicken von 40 bis 150 µm, max. 300 µm geschmolzen und danach abgekühlt.

Beim *elektrostatischen Wirbelsintern* (Brennier-Verfahren) wird im Wirbelbett aufgeladenes Pulver auf geerdete Teile haftend niedergeschlagen.

Mit eingebügelten PA- oder PE- Pulvern werden Textilien versteift oder kaschiert.

Beim *Flammspritzen* wird das Pulver mittels einer Spritzpistole durch die heißen Gase einer Flammringdüse geführt und dabei angeschmolzen und dann auf die vorgewärmte, zu beschichtenden Oberflächen gesprüht.

4

4.2.10 Formwerkzeuge für Thermoplaste und Duroplaste

4.2.10.1 Allgemeines zum Formenbau

Werkzeuge (= Formen) sind zusammen mit den Kunststoffmaschinen entscheidende Fertigungsmittel bei der Verarbeitung der Formmassen zur Herstellung von Kunststoff-Formteilen (Pressteilen und Spritzgussteilen) oder von Blasformteilen. Wegen der erheblichen Drücke und Schließkräfte im Formenraum sind i.A. spezielle Werkzeugstähle erforderlich. Es geht dabei nicht nur um die mechanische Festigkeit, sondern es muss auch eine ausreichende Steifigkeit gewährleistet sein. Die Verformungen der einzelnen Werkzeugelemente dürfen bei den großen Drücken im Formenraum (300 bis 1000 bar und mehr) und den entsprechend großen Schließ- und Zuhaltekräften – je nach geforderter Toleranz für die Formteile – den Bereich von 1 bis 2 hundertstel Millimeter nur selten überschreiten.

Für die formgebenden Werkzeugteile verwendet man vorwiegend *einsatzgehärtete, legierte Stähle* mit gehärteter, polierter Oberfläche und mit zähem Kern. Durchhärtende Stähle sind für flache Gravuren und hochverschleißbeanspruchte Werkzeugteile zweckmäßig, vergütet angelieferte Stähle für sehr große Werkzeuge, die sich beim Härten verziehen könnten. Werkzeuge aus Nitrierstählen erfüllen höchste Anforderungen an die Maßhaltigkeit, die dünne harte Randzone ist aber empfindlich gegen eine unsachgemäße Behandlung. Korrosionsbeständige Stähle mit einem hohen Chromgehalt sind für Kunststoffe wie PVC und Kondensations-Formmassen erforderlich und für tiefgekühlte Werkzeuge (Rostansatz durch Schwitzwasser) zu empfehlen. Pressformen werden häufig hartverchromt.

In erster Linie Werkzeuge und Komponenten aus gehärteten Werkzeugstählen erhalten durch PVD-Beschichtung (Physical Vapor Deposition) harte, oxidations- und korrosionsbeständige Oberflächen, s. Tafel 4.5.

Beim Lamcoat-Verfahren wird eine Weichschicht auf Basis Wolfram-Disulfid mechanisch mit einer Schichtdicke von 0,5 bis max. 1,5 µm bei Raumtemperatur aufgetragen. Die um 70% geringere Reibung reduziert den Fülldruck und verlängert die Standzeiten des Werkzeugs.

Werkzeuge aus Stahl werden überwiegend spanabhebend, die eigentlichen Werkzeugkonturen immer häufiger elektroerosiv gefertigt. Narbungen oder Maserungen können in Stahlformen durch Säureätzen photographisch übertragener Vorlagen angebracht werden, s. auch 4.2.2.25.

Tafel 4.5 Durch Lichtbogenverdampfen industriell hergestellte Schichtarten

		TiN	CrN	TiCN	AlTiN	WC/C
Härte	HV	2500	2100	3000	2800	1000
Oxidationsbeständigkeit bis:	°C	500	600	400	750	300
Reibungskoeffizienten gegen Stahl 100 Cr 6		0,65	0,50	0,45	0,55	0,2
Dichte	g/cm^3	5,2	6,1	5,6	5,1	
Linearer Ausdehnungskoeffizient	$10^{-6}\,K^{-1}$	9,4	9,4	9,4	7,5	
Typische Schichtdicke	µm	2 bis 4	3 bis 8	2 bis 4	2 bis 4	1 bis 4
Farbe		gold	silber	rotbraun bis grau	blau bis schwarz	schwarzgrau

Gegossene Formen aus *Zinklegierungen,* die bis etwa 100 °C temperaturbeanspruchbar sind, kommen für einfache Spritzgussteile und als Blasformen in Betracht, *Leichtmetallguss* wegen seiner porigen Oberfläche allenfalls für das Blasformen. Legierungen von *Kupfer* mit Kobalt und Beryllium, die hoch wärmeleitfähig sind, braucht man z.B. für Heißkanaldüsen oder für Werkzeugteile, die intensiv gekühlt werden sollen.

Für Formteile mit originalgetreu feinstrukturierten Oberflächen (z.B. technisches Spielzeug) können *galvanoplastisch* vom Urmodell abgeformte *Hartnickel-Formeinsätze* wirtschaftlich sein.

Zum methodischen *Konstruieren von Formwerkzeugen* gehört die Festlegung der Lage der Trennebenen, der Anzahl und Anordnung der Formnester, der Werkzeugbauart, der zu verwendenden Normalien sowie die Einplanung der Temperier-, Auswerfer- und Entlüftungssysteme und die Wahl der Angussart und Lage der Anschnittstellen bei Spritzgießwerkzeugen. Hierzu dient die rechnergestützte Spritzgießsimulation (siehe auch Kapitel 5)

4.2.10.2 Spritzgießwerkzeuge und Angussarten

Den grundsätzlichen Aufbau eines Spritzgießwerkzeugs mit nur einer Trennebene zeigt Bild 4.80. Das Spritzgießwerkzeug liegt mit seiner *Angussbuchse* an der Düse der Spritzgießeinheit an. Der Radius für den Düsensitz muss etwas größer als der Düsenradius, die Angussbohrung etwas weiter als die Düsenbohrung sein, damit der Inhalt des Angusskanals – der *Anguss* am Formteil hängend mit diesem entformt und anschließend am Übergang zum Formteil – dem *Anschnitt* (der engsten Stelle im Angusskanal) – von diesem abgetrennt werden kann. Die älteste Angussform für Einfach-Werkzeuge ist der *Kegel-* oder *Stangen-Anguss*, der mit seinem größten Querschnitt in die Formhöhlung mündet (Bild 4.81). Bei dünnwandigen Formteilen ist er aufgrund längerer Kühlzeiten und größerer Abfallmenge unwirtschaftlich und führt wegen der Schwindung der großen Angussmasse u.U. zu Einfallstellen auf der Gegenseite. Man verwendet überwiegend den

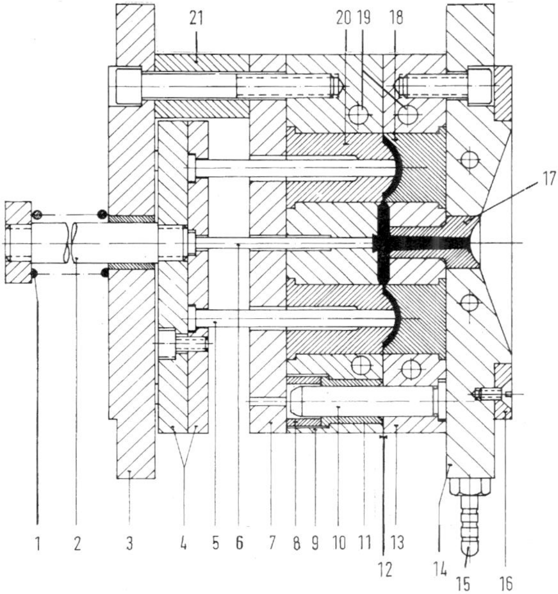

Bild 4.80 Bezeichnungen am Spritzgießwerkzeug

1: Druckfeder
2: Auswerferstöße
3: schließseitige Aufspannplatte
4: Auswerferplatte
5: Auswerfer
6: Mittenauswerfer
7: Zwischenplatte
8: Zwischenbuchse
9: Formplatte
10: Führungssäule
11: Führungsbuchse
12: Formtrennebene
13: Formplatte
14: spritzseitige Aufspannplatte
15: Schlauchnippel für Anschluss der Kühlung
16: Zentrierring
17: Angussbuchse
18: Formeinsatz
19: Kühlbohrung
20: Formeinsatz
21: Stützbuchse

Punktanguss. Der Punktanguss *mit Vorkammer* (Bild 4.81b) ist gewissermaßen die Vorstufe zum heute vielfach verwendeten Heißkanal-Anguss. Wenn man die Vorkammer durch Luftspalte gegen das gefüllte Werkzeug isoliert, behält der Pfropfen in der Vorkammer eine „plastische Seele", so dass man ihn zwischen den Spritzungen nicht zu ziehen braucht, sondern „durchspritzen" kann. Um angusslos spritzen zu können, füllt man die Vorkammer auch teilweise aus mit einer von der Düse her oder getrennt beheizten durchbohrten Spitze aus gut wärmeleitfähigen Kupferlegierungen.

Der Punktanguss mit Vorkammer (für das abfallfreie Spritzgießen) wurde mehr und mehr durch den *Heißkanal-Anguss* mit mehrfachen Düsen (Punktanschnitte) ersetzt, s. Bild 4.82. Hierbei wird die Schmelze in beheizten Kanälen im Werkzeug bis zum Anguss geführt. Neben von außen beheizten Kanälen und Düsen werden auch Innenbeheizungen speziell von Düsen eingesetzt. Diese erhöhen die

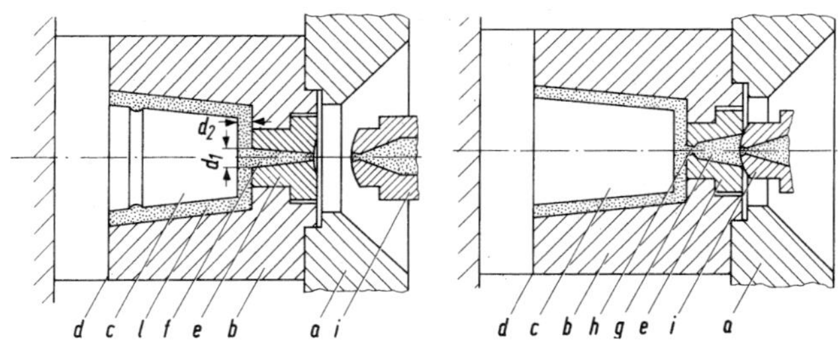

Bild 4.81 Zentralanguss für becherförmige Teile
links: Kegelanguss, rechts: Punktanguss mit Vorkammer
a: Werkzeug-Aufspannplatte, b: Gesenk, c: Kern, d: Werkzeugtrennfläche, e: Angussbuchse, f: Kegelanguss, $d_1>d_2$, g: Vorkammer, h: Punktanguss, i: Spritzdüse

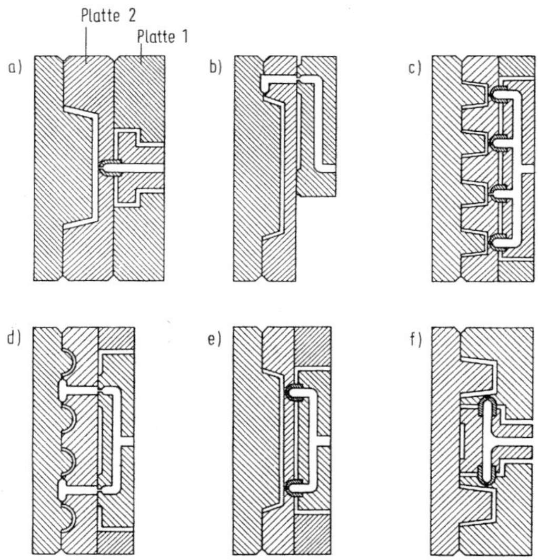

Bild 4.82 Prinzipielle Möglichkeiten der Schmelzeführung mit Heißkanälen
a: zentrale Anspritzung eines Formnestes, b: seitliche Anspritzung bei 1fach-Werkzeugen, c: zentrale Direktanspritzung mehrerer Formnester, d: indirekte, seitliche Anspritzung mehrerer Formnester, e: Mehrfachanspritzung eines Formnestes, f: seitliche Direktanspritzung mehrerer Formnester

Stabilität der Werkzeuge. Der Heißkanal-Anguss kann beim Abfahren der Düse durch einen hydraulisch betätigten Schieber geschlossen werden. Die Trennfläche zwischen den Platten 1 und 2 wird nur bei Betriebsunterbrechung geöffnet.

Nach dem Counter Valve Verfahren können Spritzlinge ohne Angussmarkierung hergestellt werden. Ein dem Angusssystem gegenüberliegendes Verschließventil schert den Anguss nach der Werkzeugfüllung ab und kann auch zur Erzeugung von Nachdruck verwendet werden, s. Bild 4.83.

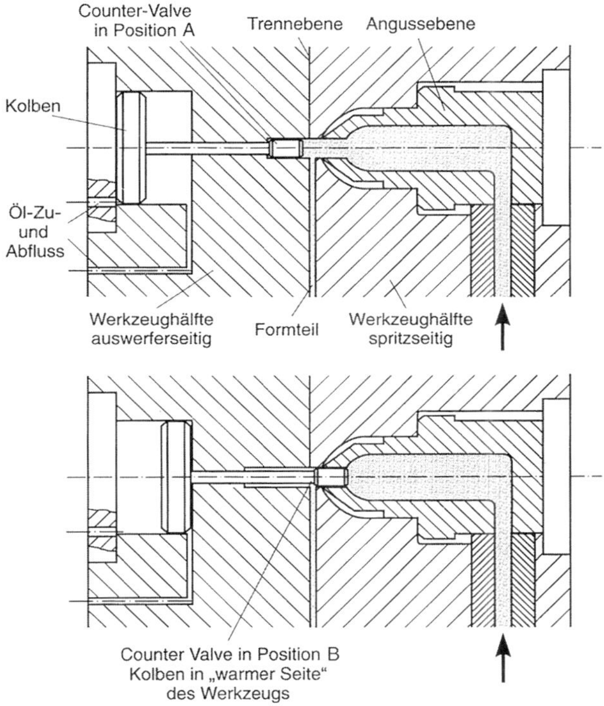

Bild 4.83 Schematische Darstellung einer Anspritzstation (Counter-Valve-Gate) für ein Formteil (nach Hekuma)

A: Einspritzstellung, Ventil in hinterer Position, B: Abscherposition, Ventil trennt Anguss vom Formteil

Bei *Vielfach-Werkzeugen* für Kleinteile und Mehrfachanspritzungen (Bild 4.84) legt man zwecks gleichmäßiger Füllung die Verteilerkanäle so, dass die Wege von der Düse der Spritzgießmaschine bis zum Anspritzpunkt am Formnest gleich lang sind und gleichen Querschnitt aufweisen. Bei nicht gleich langen Fließwegen werden die Verteilerkanalquerschnitte rheologisch (s. weiter unten) „ausbalanciert".

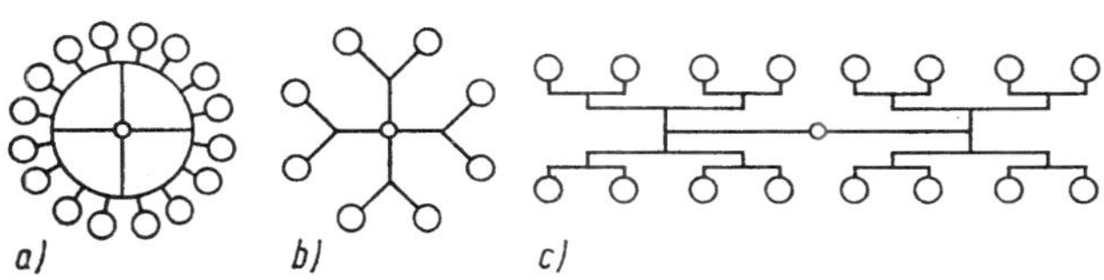

Bild 4.84 Bauformen von Vielfachwerkzeugen

a: Ringkanalanguss, b: Verteilerstern, auch mehrstufig verwendet, c: mehrstufiger Reihenanguss;
a ist ungünstig wegen ungleich langer Fließwege, besser b und c

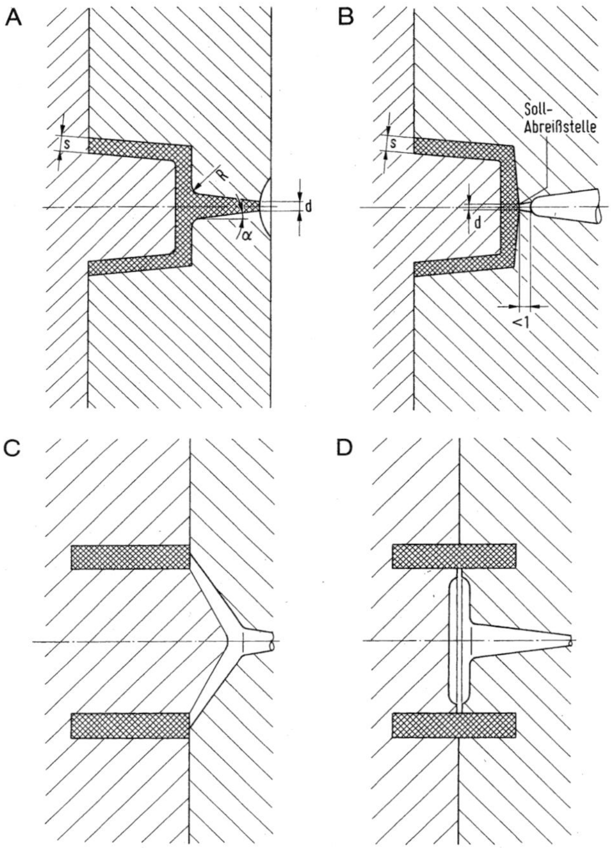

Bild 4.85 Verschiedene Angussarten und Anschnitte
A: Stangenanguss, α = Entformungsschräge, s = Wanddicke, d = Stangenanguss (Durchmesser), $d \geq s$, $d \geq 0{,}5$,
B: Punktanschnitt, $d \leq 2/3s$,
C: Schirmanguss,
D: Scheibenanguss,

Spritzt man *ringförmige Teile* oder Rohre einseitig an, so muss die Masse den Kern umfließen. Die beim Zusammentreffen der schon abgekühlten Masseströme entstehende Bindenaht ist eine Schwachstelle und kann auch störend sichtbar sein. Zentral angespritzte *großflächige Teile* können sich verziehen, weil die Schwindung in Fließrichtung größer ist als die quer dazu. Für derartige Teile sind Filmanschnitte, Reihenpunktanschnitte oder versteifende Rippen empfehlenswert. Verschiedene Angussarten und Anschnitte zeigt Bild 4.85.

Bei gebogenen Tunnelanschnitten wird der Anguss bogenförmig in einer Werkzeughälfte eingearbeitet, s. Bild 4.85 F. Beim Öffnen des Werkzeugs reißt der An-

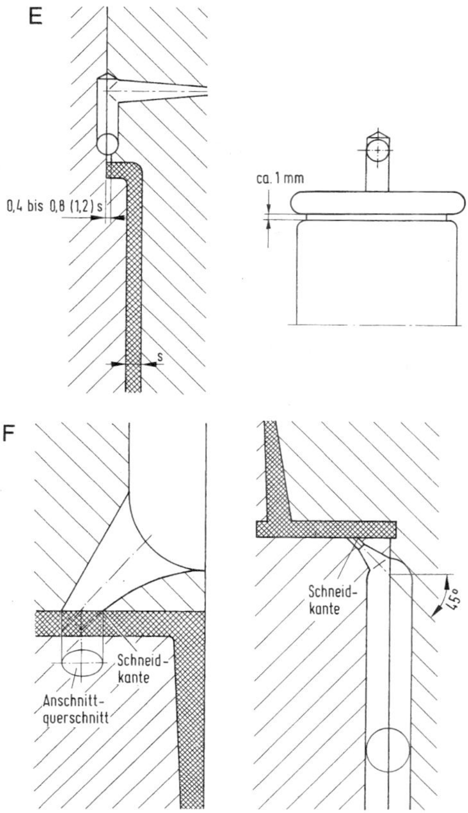

Bild 4.85 Verschiedene Angussarten und Anschnitte (Forts.)
E: Bandanschnitt, vorzugsweise für großflächige Formteile,
F: Tunnelanschnitt

guss am punktförmigen Angussquerschnitt ab und wird vom Angussverteiler herausgezogen. Bei Vielfach-Formen, bei denen ein Tunnelanguss nicht möglich ist, und bei einem mehrfachen Anguss großer komplizierter Spritzgussteile verwendet man *Dreiplatten-Werkzeuge* (Bild 4.86), bei denen der Anguss zusammen mit dem Angussverteiler in der Trennfläche 2 entformt wird.

Um die Produktivität einer Spritzgießmaschine steigern zu können, verwendet man für dünne großflächige Formteile auch *Mehretagen-Werkzeuge,* s. Abschn. 4.2.2.7. Bei diesen werden im Gegensatz zu regulären Werkzeugen mehrere, meist zwei Formnester in senkrechten Ebenen, den Etagen, in der Mitte des Werkzeugs „Rücken an Rücken" angeordnet und gleichzeitig gefüllt. Nachteilig ist dabei der hohe Materialverlust durch das verzweigte Angusssystem, er wird durch Heißkanal-Systeme eliminiert.

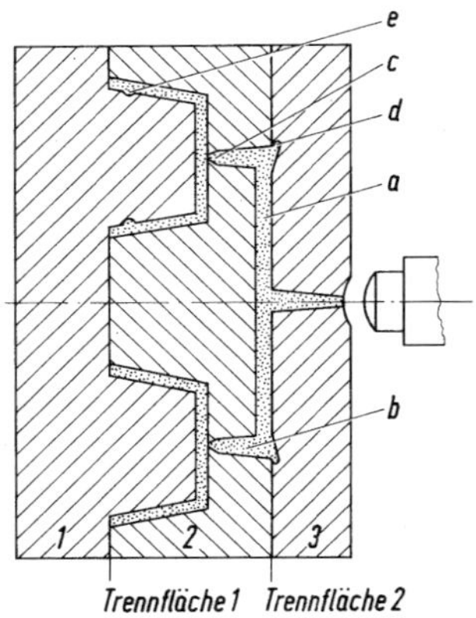

Bild 4.86
Dreiplattenwerkzeug, Anguss mit Verteiler- und Verbindungskanal und Formteil trennen sich beim Auseinanderfahren der Platten 1, 2 und 3 voneinander

a: Verteilerkanal, b: Verbindungskanal, c: Anschnittkanal, d: Hinterschneidung für Anguss, e: Hinterschneidung am Kern

Als bewegliche Werkzeugteile für Wanddurchbrüche und äußere Hinterschneidungen verwendet man durch Kurven verzögert bewegte *Schieber* und *Gesenkbacken,* die mit Schwalbenschwanzführungen beim Entformen schräg nach oben gleiten. Sie werden durch Zuglaschen oder hydraulisch betätigt. Für Innengewinde braucht man ausschraubbare Kerne, in einfachster Ausführung zum Ausschrauben aus dem Formteil von Hand nach dem Entformen, sonst ähnlich betätigt wie andere bewegliche Werkzeugteile. Rohrkrümmer und ähnliche Teile spritzt man mit mittig im Formwerkzeug fixierten Kernen aus Metall-Legierungen, die bei 50 bis 130 °C schmelzen. Sie halten höheren Einspritztemperaturen der Masse stand und sind aus dem Formteil verlustfrei ausschmelzbar, s. Abschn. 4.2.2.19.

Vor der endgültigen Festlegung der Werkzeuggeometrien und Angusssysteme ist es besonders bei sehr großen oder bei sehr kleinen Werkzeugen sinnvoll, eine rheologische Werkzeugauslegung vorzunehmen s. Kapitel 5.

4.2.10.3 Press- und Spritzpress-Werkzeuge

Den Aufbau einer Presse zeigt Bild 4.87, Bild 4.88 den Grundaufbau der Werkzeuge für das Pressen und Spritzpressen. Zum sicheren Verdichten der Pressmassen in der Formhöhlung von Presswerkzeugen muss man mit einem Überschuss arbeiten. Bei der einfachen, wenig empfehlenswerten *Überlauf- oder Abquetschform* (Bild 4.88a) mit waagerechten Trennflächen tritt der Überschuss als Grat schwankender Dicke zwischen den äußeren Abpressflächen aus. Füllraum-Formen ermöglichen eine genauere Dosierung und mit abgeschrägten Austrittsflächen zwischen Gesenk und Stempel (Bild 4.88b und c) die Bildung eines leicht abtrennbaren senkrechten Pressgrats definierter Dicke, gegeben durch das Spiel zwischen Stempel und Gesenk. *Spritzpresswerkzeuge* gleichen hinsichtlich der Bauweise des Formteils hinter dem Spritzkanal den Spritzgießwerkzeugen. Der Spritzkanal wird für einen Bandanguss (s. Bild 4.85E) oder einen (größeren) Punktanguss ausgebildet, s. Abschn. 4.3.1.6.

Kaltkanalsysteme (KKS) werden zur angusssparenden Spritzgießverarbeitung eingesetzt. Der Angusskanal wird auf niedriger Temperatur gehalten, um dort ein

Aushärten härtbarer Formmassen zu verhindern. Auch Silikonkautschuke, z.B. RTV- und HTV-Typen, lassen sich problemlos verarbeiten, unter bestimmten Voraussetzungen auch andere Gummiarten.

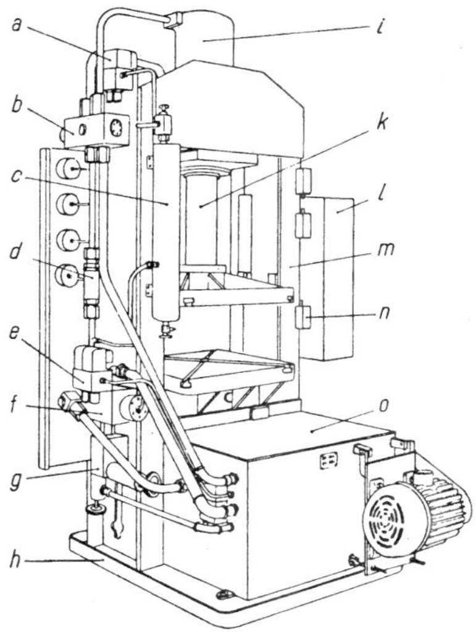

Bild 4.87 Hydraulische Presse für 1 MN Presskraft mit zusätzlichem hydraulischen Kolben im Pressentisch (0,4 MN), der als Spritzkolben oder Auswerfer benutzt werden kann (Werkzeichnung Hahn & Kolb, Stuttgart)

a: Magnetventil,
b: oberer Steuerschieber,
c: Druckspeicher,
d: Rückschlagventil,
e: Magnetdoppelventil,
f: unterer Steuerschieber für Unterkolben,
g: Druckregelventil für Unterkolben,
h: Grundplatte,
i: oberer Presszylinder,
k: Oberkolben,
l: Schaltschrank für elektrische Steuerung,
m: Rahmen,
n: Endschalter,
o: Pumpenkasten mit Antrieb

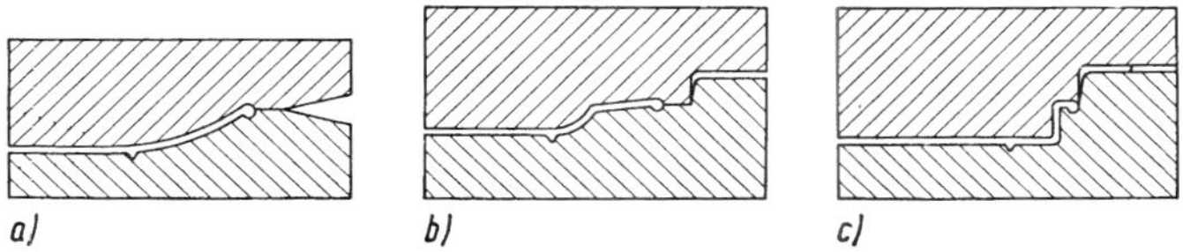

Bild 4.88 Dichtungsflächen von Presswerkzeugen

a: Überlaufform mit horizontaler Abquetschfläche,
b: Abquetsch-Füllraumform,
c: Füllraumform mit vertikalem Austrieb, Auflagefläche außerhalb des Füllraums

4.2.10.4 Normalien für Werkzeuge*

In DIN 16750 sind unterschiedlichste Bauteile von Spritzgießwerkzeugen in Wort und Bild normativ dargestellt. Diese und weitere Normen sind im DIN-Taschenbuch 262 Press- Spritzgieß- und Druckgießwerkzeuge mit 66 Normen/Normenentwürfen zusammengefasst. Sie bieten dem Anwender die Möglichkeit, mit den in vielfältiger Form zur Verfügung stehenden, standardisierten Werkzeugbauteilen, sprich Normalien, z.B. Spritzgießwerkzeuge kostengünstig mit geringstem Zeitaufwand herstellen zu können.

In Bild 4.89 sind die Basisnormalien gekennzeichnet und dargestellt wie

WA Werkzeugaufbauten
P ungebohrte Platten
FP gebohrte Platten
FE Führungs-/Zentrierelement
BS Backensätze integriert in FP/WA
Af Aluminiumformenaufbau (Monoblock)
F Federn

Beispielhaft für die Füllelemente zur angussminimierten Thermoplastverarbeitung sind

HKB Heißkanalblock
D1 Düse, außenbeheizt, mit zentraler Spitze
D5 Düse, außenbeheizt, mit mehreren dezentralen Spitzen
D8 Düse, außen beheizt, mit lateralen (seitlichen) Masseaustrittsbohrungen

aufgelistet. Anwenderspezifische Spezialdüsen in vielfältigen Ausführungsvarianten stehen zur Verfügung.

Dezentrale und zentrale Einzeldüsen *Edz,* wie auch 2- bis 32-fach Kaltkanaleinheiten sind standardisiert. Zur Auswahl stehen offene und Nadelverschluss-Systeme mit Drossel zur Balancierung der Masseströme zur Verfügung, s. Abschn. 4.2.2.15.

Zum Heizen der Werkzeugelemente stehen elektrische Hochleistungspatronen *HP,* Heizmanschetten, starre und flexible Wendelrohrheizpatronen zur Auswahl. Flüssige Medien (Öl, Wasser) werden einerseits zum Heizen, andererseits zum Kühlen der formgebenden Platten, Kerne und Einsätze genutzt. Bevorzugt werden in diesem Zusammenhang Temperierrohre *T,* Turbospiralen und Umlenkstege genutzt. Für die Kühlung von Kleinstbereichen bei Kerndurchmessern bis zu 1,5 mm werden eingesetzt: Miniaturkühlkanäle in Verbindung mit Hochdrucktemperiergeräten, Wärmeleitstifte, Wärmeleitrohre, alternative Wärmeträger wie CO_2, N_2, Druckluft, flüssige Kältemittel mit Phasenumwandlung. Die Schnittstellen für die flüssigen Temperiermittel werden an den Werkzeugaußenflächen vorzugsweise mit versenkten Nippeln *N* und Kupplungen *K* ausgestattet.

Direkt wirkende (die Teile berührende) Entformungshilfen zum Ausbringen der Produkte sind mit *Aw* gekennzeichnet. Auswerferstifte und Auswerferhülsen werden mit unterschiedlich großen Querschnittsflächen, Längen und Werkstoffen angeboten. Die indirekt wirkenden (die Teile nicht berührenden) Entformungshilfen (nicht abgebildet), wie Rückzugsvorrichtungen, Zwei-Stufen-Auswerfer mit Ein-

* Nach H. Emmerich

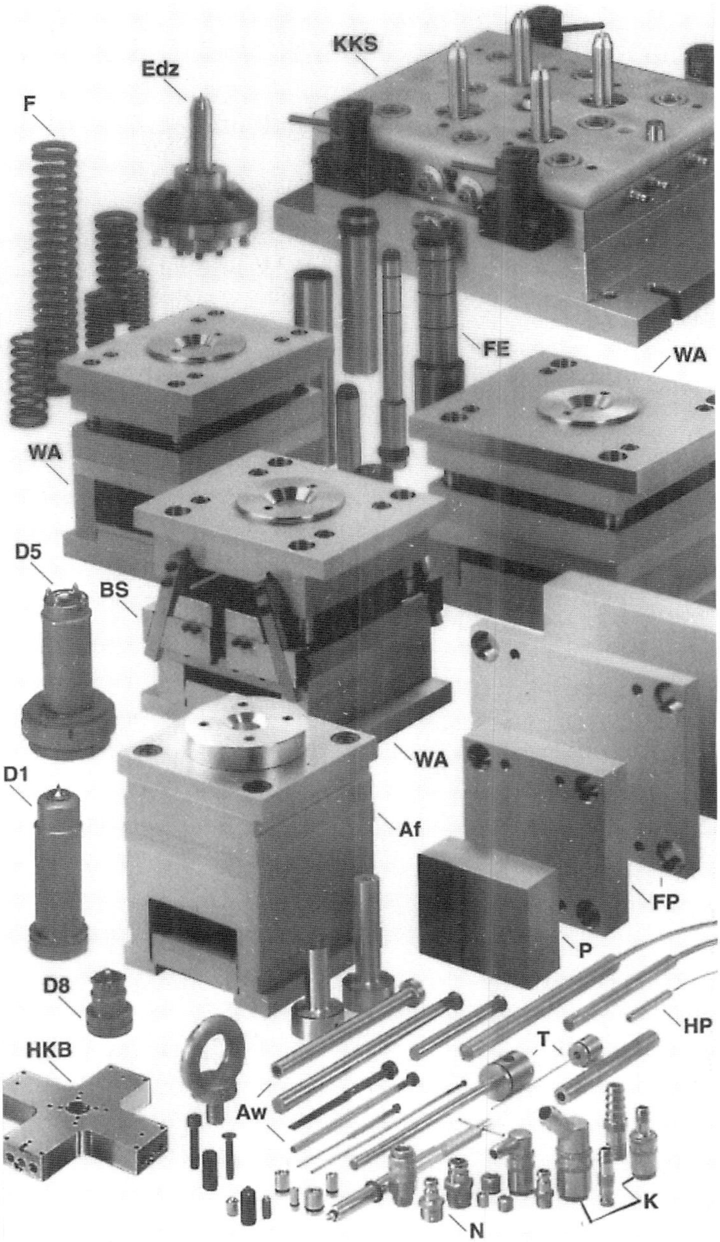

Bild 4.89 Normalien für den Werkzeugbau, Bezeichnungen s. Text

zelhub oder Kombihub, pneumatische Sicherheitskupplungen, Klinkenzüge, rund oder eckig, sind auch gerade bei komplizierten Funktionsabläufen für eine sichere Teileentformung unverzichtbar.

4.2.11 Sonderverfahren der Formteil- und Werkzeugherstellung*

Es muss immer das Bestreben der herstellenden Industrie sein, in einem möglichst frühen Stadium der Entwicklung von Formteilen Anschauungsmuster, Prototypen, Vor- oder Kleinserienteile oder Werkzeuge zu deren Herstellung zu haben. Hierzu dienen neue Technologien zur direkten Objektgenerierung aus 3D-CAD-Daten, die besonders in der Kunststofftechnik große industrielle Verbreitung in der gesamten Wertschöpfungskette gefunden haben. Die „Schnelle Fertigung von Modellen“ (SFM) spielt hierbei eine besondere Rolle, s. Bild 4.90.

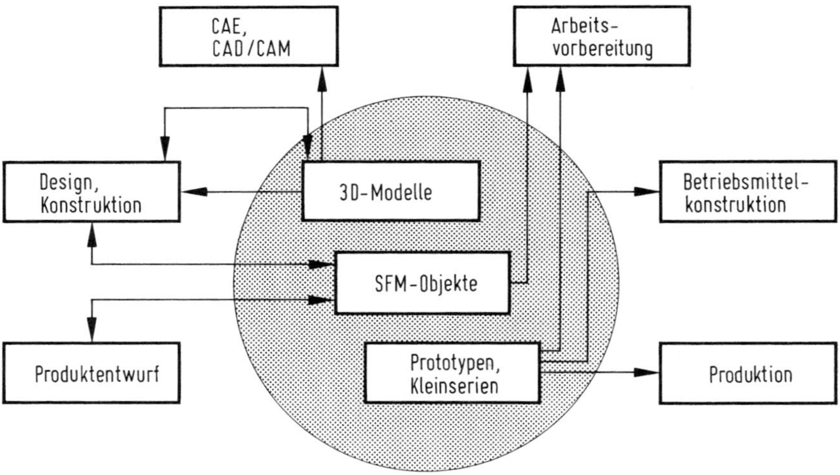

Bild 4.90 Integration der SFM-Prozessketten in den Wertschöpfungszyklus

Als typischer Folgeprozess für den Einsatz von Anschauungsmodellen wird das Vakuumgießen in der Kunststofftechnik am häufigsten zur Erstellung kleiner Stückzahlen von 15 bis 20 Teilen genutzt. Die Weiterentwicklung der Verfahren ermöglicht inzwischen die Fertigung von größeren Stückzahlen direkt im Serienwerkstoff.

* Nach D. Kochan

4.2.11.1 Rapid Prototyping (RM)

Das Grundprinzip der neuen technologischen Verfahren kann wie folgt charakterisiert werden:

- Rechnergestützte Konstruktion eines Volumenmodells des Bauteils (zumeist heute bereits aus der Bauteilkonstruktion vorhanden).
- Übergabe der Daten des Volumenmodells in sogenannten stl-Dateien (die Oberflächen werden bei diesen Dateien mit kleinen Dreiecken beschrieben).
- Der Prozessrechner der Rapid-Prototyping-Anlage schneidet das Bauteilvolumen in dünne Schichten (üblich 0,1 bis 0,2 mm), „Slicing". Diese Schnittdaten in x-, y- und z-Richtung sind Steuerdaten für automatisierte Bauprozesse nach unterschiedlichen physikalischen Prinzipien.
- Schichtenweiser Aufbau des Prototypen nach unterschiedlichsten Methoden (lokales Aufschmelzen und von Pulver, lokales Vernetzen von lichthärtenden Harzen, Laminieren, Schmelzeablage, aufsprühen von Binder auf Pulverschichten usw.)

Für eine detaillierte Beschreibung der industriell genutzten Verfahren wird auf folgende Lit. verwiesen: Kochan, D.: Solid Freeforming Manufacturing, Advanced Rapid Prototyping, Elsevier, 1993, Amsterdam, und A. Gebhardt, Rapid Prototyping, Hanser Verlag 2000, München.

Eine Zusammenfassung der weltweit verfügbaren Systeme enthält Bild 4.91. Daraus ist zu entnehmen, dass für vielfältige Anwendungen in der Kunststofftechnik die Verfahren STL, SGC, SLS, DMLS, LOM und auch FDM besonders geeignet sind. Deswegen werden diese Verfahren in Bild 4.92 bis Bild 4.97 (nach SFM-GmbH Dresden) etwas näher charakterisiert.

Während das Rapid Prototyping bei der schnellen Produktentwicklung zur Erzeugung von Anschauungsmustern und zur Überprüfung der Konstruktionsdaten heute bereits vielfach angewendet wird, reicht der Detaillierungsgrad und/oder die Werkstoffeigenschaften vielfach noch nicht aus, mit diesen Verfahren unmittelbar zu einsatzfähigen Bauteilen zu kommen. Allerdings zeigt die Entwicklung des selektiven Lasersinterns insbesondere unter Verwendung des Kunststoffs Polyamid 12, dass heute bereits Bauteile mit einer Festigkeit in der gleichen Größenordnung wie beim Spritzgießen gefertigt werden können.

4.2.11.2 Rapid Tooling (RT)

Unter RT versteht man die schnelle Herstellung von Werkzeugen bzw. Werkzeugeinsätzen direkt aus CAD-Daten, primär für das Spritzgießen in Verbindung mit Rapid Prototyping-Verfahren. Dabei unterscheidet man zwischen Soft Tooling (Silikonkautschuk für Prototypen in serienähnlichen Werkstoffen, Stückzahlen 15 bis 20), Hard Tooling (Werkzeugeinsätze aus Epoxidharzen, Al-verstärkten Gießharzen, Metalllegierungen u.a. für mittlere und große Stückzahlen in Serienmaterialien). Eine Übersicht über die wesentlichen Materialien zur Herstellung von Einsätzen für das Spritzgießen zeigt Bild 4.98.

4

Materialausgangszustand	**Flüssig**		**Pulverförmig**					**Fest**	
Verfahren	**STL (LMS)** Stereo-litho-graphie	**SGC** Solid Ground Curing	**SLS** Selective Laser Sintern	**DMLS** Direktes Metall Laser Sintern	**MM** Model Maker	**MJM** Multi Jet Modeling	**3D-Printing**	**FDM**[1] Fused Deposition Modeling	**LOM**[2] Laminated Object Manufacturing
Physikalisches Prinzip	**Punktweise (Laserstrahl)**	**Fläche (UV-Licht)**	**Laserstrahl Sintern**	**Laserstrahl Sintern**	**Wärme**	**Wärme**	**Kleber**	**Wärme**	**Laserschneiden Kleben**
Nutzbare Materialien	**Polymer Epoxyd**	**Polymer Wachs**	**Wachs Sand Kunststoff** mit Thermoplast beschichtetes Metallpulver als Grünling	**Bronce/Nickel Stahl**	**Kunststoff**	**Kunststoff**	**Keramik**	**Wachs Nylon**	**Papier Keramik**
Typische Anwendungsgebiete Anschauungs-		X	X	X	./.	./.	./.	X	X
Funktions-		X	X	X	./.	./.	./.	./.	X
Fertigungsmodell		X	X	X	X	./.	X (Al-Feinguß)	X	X

Bild 4.91 Systemübersicht Rapid Prototyping

[1]) neuere Bezeichnung: FLM, Fused Layer Modeling

[2]) neuere Bezeichnung: LLM, Layer Laminate Manufacturing

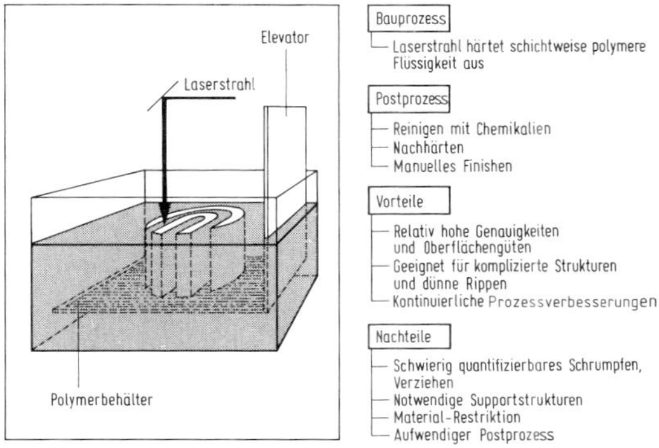

Bild 4.92 Verfahrensprinzip Stereolithographie, STL

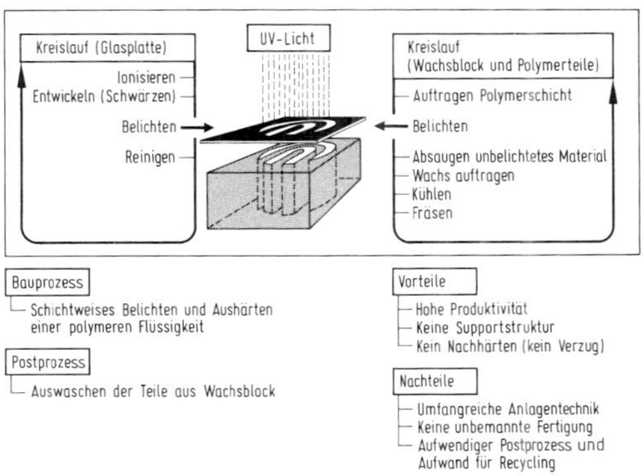

Bild 4.93 Verfahrensprinzip Solid Ground Curing, SGC

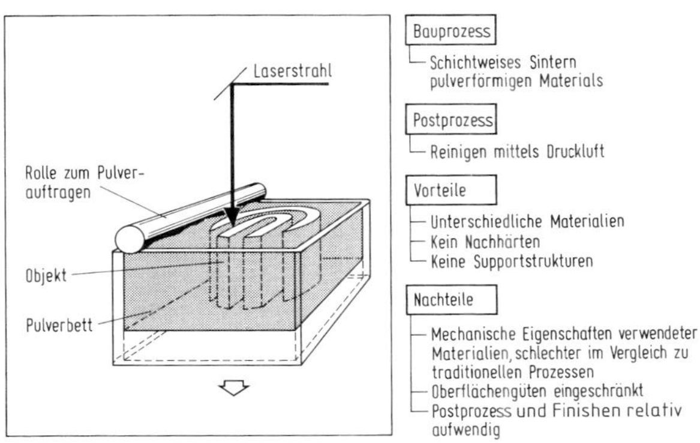

Bild 4.94 Verfahrensprinzip Selectiv Laser Sintering, SLS

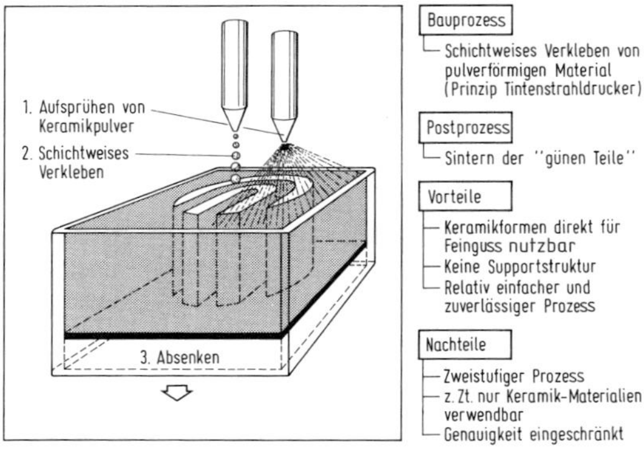

Bild 4.95 Verfahrensprinzip 3D-Printing

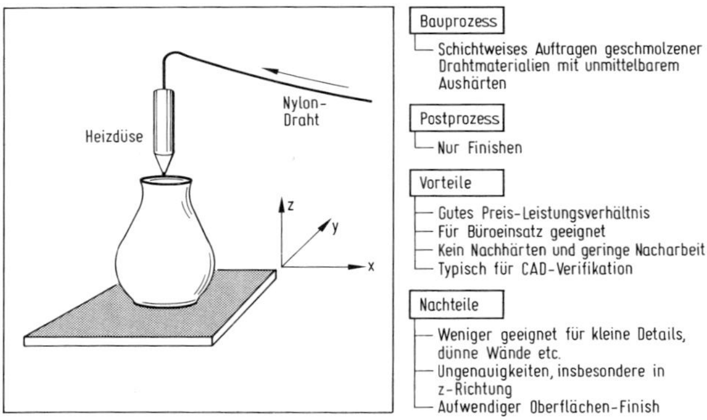

Bild 4.96 Verfahrensprinzip Fused Deposition Modeling, FDM (FLM)

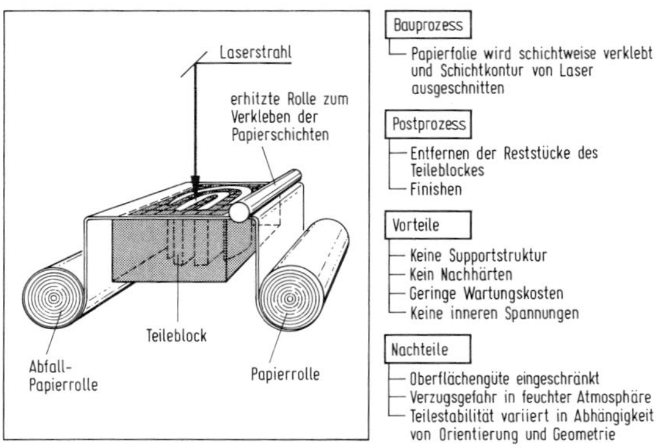

Bild 4.97 Verfahrensprinzip Laminated Object Manufacturing, LOM (LLM)

Materialien für Spritzgießwerkzeugeinsätze

Losgröße 10–200	Losgröße 20–200	Losgröße 2000–20000
Stereolithographie	Gießharz	Metallspitzen
Gießharz	Metallspitzen	Lasersintern (Metall)
	Lasersintern (Metall)	Alu-Feinguß
	Alu-Feinguss	Stahl-Feinguss

Bild 4.98 Meistverbreitete RP-Prozessketten zur Herstellung von Werkzeugeinsätzen

4.2.11.3 Verfahrensbeschreibungen

Im Folgenden sollen die wichtigsten bisher industriell bewährten Verfahren herausgestellt werden.

Stereolithographie (STL)

Die mit der STL erreichbaren Genauigkeiten und Materialeigenschaften gestatten die Herstellung von Werkzeugeinsätzen. Man unterscheidet zwei Verfahren:

- Herstellung der Negative, d.h. der technischen Hohlräume der gewünschten Formteile aus Epoxiydharz. Erreichbare Stückzahlen 50 bis 100. Höhere Stückzahlen (100 bis 200) und kürzere Zykluszeiten gestatten wegen der besseren Wärmeleitfähigkeit mit Al-verstärkte EP-Harze.
- Der bisher industriell am häufigsten genutzte RT-Prozess geht von Formteilen aus, die in Stereolithographie (STL) gefertigt werden und von denen dann mittels Abformen die Werkzeugeinsätze hergestellt werden. Einsätze aus wärmebehandelten Al-verstärkten EP-Harzen gestatten Stückzahlen von 1000 bis 2000. Aus Metall gesinterte Einsätze nach dem in den USA entwickelten Keltool-Prozess werden in einem zweifachen Abformprozess von STL-Formteilen hergestellt. Die Eigenschaften sind mit denen von Stahlwerkzeugen vergleichbar und erlauben Stückzahlen von 5000 bis 500 000.

Selective Laser Sintern (SLS)

Nach dem SLS-Verfahren werden aus thermoplastbeschichtetem Metallpulver zunächst Grünlinge in der Geometrie der gewünschten Werkzeugeinsätze hergestellt. In einem nachgeschalteten thermischen Zyklus werden die Teile zu dichten metallischen Objekten weiterverarbeitet. In einem weiteren dreistufigen Wärmeprozess wird der Binder ausgetrieben, das Metallpulver bei einem Schrumpf von ca. 3% gesintert und schließlich die Porenstruktur mit Kupfer infiltriert. Anschließend sind alle konventionellen Nachbehandlungen wie z.B. Feinerodieren oder Polieren möglich.

Direkt Metall-Laser-Sintern (DMLS)

Hierbei wird Metallpulver mit max. Partikeldurchmesser von 20 µm auf Basis Bronze/Nickel mit einer Genauigkeit von 0,05 mm und minimalen Stegbreiten von 0,5 mm direkt mit einem Laserstrahl z.B. zu Werkzeugeinsätzen gesintert.

Beim *3D-Keltool-Prozess* wird ein Pulvergemisch aus Stahl und Wolframkarbid direkt zu Werkzeugeinsätzen gesintert.

Layer Laminate Manufacturing (LLM, LOM)

Dies ist auch ein Verfahren zur Herstellung einfacher Umformwerkzeuge für geringe Stückzahlen, auch für Stahlblech.

Sandformen für Prototypen lassen sich aufbauen, indem mit Klebstoff versetzte Sandkörner durch Aufsprühen von Härtern verbunden werden.

Rapid Tooling (RT), weitere Verfahren

Insbesondere für größere Teile sind weitere Technologien bekannt, die einzeln oder kombiniert zum Einsatz kommen:

Werkzeugaufbau aus Normalien, s. Abschn. 4.2.10.4.

Werkzeuge oder Einsätze aus leicht zerspanbaren Metallen wie Messing oder Al.

Werkzeugaufbau mit galvanisch hergestellten (Nickel), gegossenen (Al) oder flammgesprühten (Zinn-Zink- oder Zinn-Wismut-Legierungen) Konturschalen und Hinterfütterung mit Beton oder EP-Harz.

Gegossene Werkzeuge aus Feinzink.

4.2.12 Reinigen von Schnecken und Zylindern

Bei Materialwechsel oder Produktionswechsel müssen Schnecke und Zylinder gereinigt werden. Hierzu werden spezielle Reinigungsgranulate eingesetzt:

Materialtyp	Zylindertemperatur, °C
PE	200 bis 300 optim. 210 bis 260
hochwärmebeständige PO, (PP)	<400
hochmolekulare Acrylpolymere, (PMMA)	200 bis 300 optim. 240 bis 250

Die Polymere enthalten Zusatzstoffe/Füllstoffe zur Erhöhung der Reinigungswirkung. Diese beruht auf einer zähen, gummielastischen Schmelze, die wie ein Pfropfen durch den Zylinder gedrückt wird. Reinigungsgranulate sind für Thermo- und Duroplaste gleichermaßen geeignet. Zum Ausspülen von am Stahl haftenden Kunststoffen wie z.B. PC kann stufenweise verfahren werden, beginnend mit PE. Bei kritischen Materialwechseln empfiehlt sich ein anschließendes Reinigen mit der Bürste. Zum Reinigen und Ablösen von Kunststoffen und Harzen mit Lösungsmitteln siehe Abschn. 2.4.3 sowie Tafel 8.12 und Tafel 8.13.

4.3 Verarbeitung Duroplaste

Duroplaste sind chemisch vernetzte Kunststoffe, die nicht mehr wie die Thermoplaste thermoplastisch umgeformt, sondern nur noch spanend bearbeitet werden können. Sie müssen deshalb bereits bei der Aushärtung in die endgültige Form gebracht werden. Als Ausgangsstoffe unterscheidet man hinsichtlich der Verarbeitungsverfahren zwischen den *härtbaren Formmassen,* auch Duroplast-Formmassen genannt, mit langen Fasern verstärkten *Gießharzen* und den *Polyurethanen.* Erstere sind meist rieselfähige Massen, die in einem Warmformungsvorgang mit unmittelbar anschließender irreversibler Aushärtung bei erhöhter Temperatur zu Formteilen oder Halbzeugen verarbeitet werden. Gießharze sind flüssige oder durch geringe Erwärmung verflüssigbare Reaktionsharze, die beim Zusatz von Härtern oder Beschleunigern bei Raumtemperatur oder auch bei höheren Tempararaturen aushärten. Eine Sonderstellung nehmen die Polyurethane ein, für deren Verarbeitung eine eigene Technologie zur Mischung der Reaktionskomponenten unmittelbar vor dem Formgebungsprozess entwickelt wurde.

4

4.3.1 Verarbeitung von härtbaren Formmassen

Härtbare Formmassen bilden meist vor der Aushärtung sehr dünnflüssige Schmelzen. Eine Gratbildung, z.B. durch unvermeidbare Spalten im Werkzeug, erfordert deshalb im Gegensatz zur Thermoplastverarbeitung nach dem Entformen ein Säubern des Werkzeugs, z.B. mit Druckluft, und ein Entgraten des Formteils, z.B. durch Trommeln oder Bestrahlen mit einem weichen Granulat. Da auch die Zykluszeit wegen der für die Aushärtung benötigten Zeit, besonders bei dickwandigen Teilen, länger ist, muss großer Wert auf eine automatische Fertigung gelegt werden, um Wettbewerbsfähigkeit zu erreichen.

4.3.1.1 Aufbereiten härtbarer Formmassen

Härtbare Formmassen bestehen aus dem Harz als Bindemittel und pulverigen oder faserigen Füllstoffen wie Gesteinsmehl, Holzmehl, Glasfasern, Papier, Gewebe, Fasersträngen oder Schnitzeln. Soweit es sich um pulverige oder kurzfaserige Füllstoffe handelt, werden sie im trockenen Zustand mit dem pulverisierten Harz, gegebenenfalls unter Zugabe von Verarbeitungshilfsmitteln oder Farbstoffen, vorgemischt und anschließend auf beheizten Walzwerken oder in Doppelschnecken-Extrudern plastifiziert und homogenisiert. Gleichzeitig wird das Harz auf die zur Herstellung rieselfähiger Formmassen erforderliche Viskosität vorkondensiert oder vorpolymerisiert (B- oder C-Zustand). Die Walzfelle oder extrudierten Chips werden anschließend durch Mahlen und fraktioniertes Sieben auf einheitliche Korngrößen gebracht.

Grobfaserige Massen und Schnitzelmassen werden vorwiegend in Flügelmischern durch Tränken mit flüssigen oder gelösten Harzen und anschließender Trocknung hergestellt. Mit langen Fasern verstärkte Massen werden durch kontinuierliches Tränken endloser Faserstränge, die anschließend zerhackt werden, hergestellt. Die Beharzung von Bahnen für die Herstellung von Schichtpressstoffen findet auf Imprägniermaschinen statt, s. auch Abschn. 4.2.6/4.2.7.

4.3.1.2 Hinweise zur Formtechnik für Duroplaste

Die Zykluszeit beim Urformen von Duroplast-Formmassen wird maßgeblich durch die *Standzeit des aushärtenden Formteils* im Werkzeug bis zur Entformbarkeit bestimmt.Beim Formpressen rechnet man mit Grundzeiten von ≥1 min für das Aufheizen und Plastifizieren und je nach Formmasse und Verarbeitungstemperatur 15 bis 60 s/mm Wanddicke für das Aushärten. Insgesamt ergeben sich daraus mit der Wanddicke zunehmende Härtezeiten von mehreren Minuten. Allerdings können die Zykluszeiten durch eine Hochfrequenz-Vorwärmung der Formmasse wesentlich verkürzt werden. Beim Spritzpressen wird die Masse im Spritzkanal durchmischt und durch die meistens angewandte HF-Vorwärmung erheblich fließfähiger, die Aufheiz- und Härtezeiten werden dadurch kürzer. Am günstigsten hinsichtlich der Standzeiten ist in der Regel das Spritzgießen, die Zykluszeit ist dabei wenig von der Wanddicke (Bild 4.99) abhängig. Die Einstellgrößen beim Spritzgießen gleichen bis auf „Härtezeit" statt Kühlzeit denen beim Thermoplastspritzgießen. Füllstofforientierungen beim Spritzpressen und Spritzgießen können Unterschiede in der Festigkeit und der Schwindung in der Längs- und Querrichtung und damit auch einen Verzug bewirken.

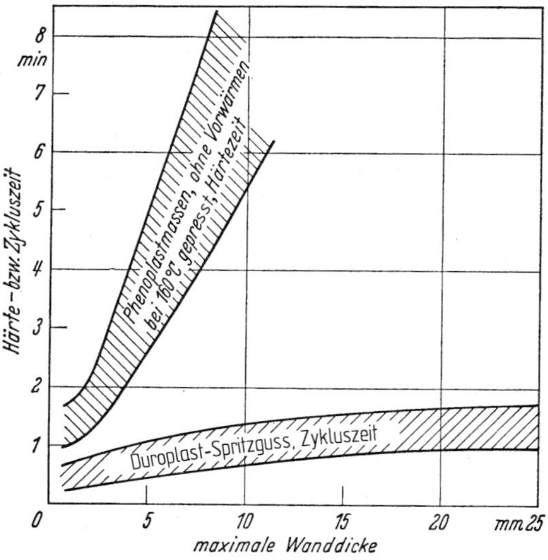

Bild 4.99 Abhängigkeit der Härtungs- bzw. Zykluszeit von der Wanddicke des Formteils bei Phenoplast-Formstoffen für das Pressverfahren ohne Vorbehandlung (obere Kurven) und für das Spritzgießverfahren (untere Kurven)

Duroplastische Formmassen werden in verschiedenen Einstellungen geliefert, die sich im *Fließverhalten* (weich, mittel, hart) und in den *Härtegeschwindigkeiten* unterscheiden. Spritzgießmassen müssen so eingestellt sein, dass sie einerseits bei möglichst niedriger Zylindertemperatur fließfähig werden und im Zylinder Verweilzeiten von 3 bis 6 min. aushalten, andererseits bei der höheren Werkzeugtemperatur rasch aushärten. Sehr weiche, extrem fließfähige Massen braucht man für

Formteile mit hohem Fließweg-Wanddickenverhältnis bzw. für komplizierte Teile mit Kernen, die umflossen werden müssen, und für die halbautomatische Fertigung von Formteilen mit Einlagen, die von Hand in das Werkzeug eingesetzt werden müssen. Dann muss man aber eine langsamere Härtung in Kauf nehmen.

Für ein gleichmäßiges automatisches Dosieren trockener Massen zum Pressen, Spritzpressen und Spritzgießen braucht man eine staubfreie, rieselfähige Körnung. Für schlagfeste Formmassen mit Faser- oder Schnitzelverstärkung gibt es Spezialgranulate.

Duroplastische Formmassen können bei der Verarbeitung als „*Flüchte*" gasförmig entweichende Stoffe enthalten oder entwickeln. Beim Formpressen nicht (ausreichend) vorgewärmter Massen lüftet man den Formstempel unmittelbar vor Aufgabe des Pressdrucks 2 bis 3 s lang. Mangelnde oder verspätete Lüftung macht sich durch Blasenbildung oder Porosität bemerkbar. Beim Spritzpressen und Spritzgießen müssen die Werkzeuge mit Entlüftungskanälen versehen sein, beim Spritzgießen entweicht die Gase großenteils durch den Einzugstrichter aus dem Spritzzylinder.

Für das Spritzpressen sind 400 bis 500 bar höhere Drücke als für das Spritzgießen erforderlich. Für die Werkzeugheizung werden vorwiegend elektrische Heizpatronen, für den Spritzzylinder beim Spritzgießen Heizmittel-Umlauftemperierungen verwendet.

Mit Werkzeugen, deren Verteiler (Kaltkanal) auf ca. 120 °C beheizt sind, kann man auch beim Duroplastspritzguss angusslos arbeiten.

Tafel 4.6 gibt eine Übersicht über Fehler an duroplastischen Formteilen und deren mögliche Ursachen, sie ist sinngemäß auf alle Verfahren der Verarbeitung duroplastischer Formmassen anwendbar.

4.3.1.3 Pressen

Das aus Gesenk und Stempel bestehende, beheizte und in einer Presse angeordnete Presswerkzeug wird offen mit einer abgemessenen Menge von Formmasse beschickt (Dosierung mittels Kolbendosierschieber, Füllschablonen, automatischen Waagen). Nach dem Schließen der Form füllt die in der Form bis zur Fließfähigkeit erwärmte Masse unter Pressdruck (50 bar bei Feuchtmassen, bis 150 bar bei vorgewärmten Massen, maximal 400 bar) das Formnest aus, härtet aus und kann heiß entnommen werden. Da bei Phenolharz- und Aminoplastmassen während der Härtung flüchtige Bestandteile entstehen, ist ein Lüften des Werkzeugs durch kurzes Anheben des Stempels zweckmäßig. Die Härtezeit bestimmt wesentlich die Zykluszeit. Deshalb wird die Formmasse besonders bei Pressautomaten vorgeheizt. Dies kann durch eine elektrische Vorwärmung (Hochfrequenz, Mikrowelle, Infrarot) z.B. tablettierter Formmassen oder auch durch ein Vorplastifizieren und Dosieren mit Schneckenaggregaten, Bild 4.100, erfolgen. Bei Schneckenaggregaten wird die Formmasse wie beim Spritzgießen mit einer rotierenden Schnecke plastifiziert, unter Rückzug der Schnecke in einen Stauraum gefördert und anschließend von der Schnecke eine definierte Menge ausgestoßen. Diese Masse wird von einem messerartigen Schieber abgeschnitten und dem Werkzeug zugeführt.

Tafel 4.6 Fehler beim Verarbeiten duroplastischer Formmassen

Fehlerortung	Formmasse						Spritz- bzw. Press-Einheit			
Fehler-Ursache			Fließeinstellung		Härtungsgeschwindigkeit		Masse-Temperatur		Dosierung	
	zu feucht	zuviel Gleitmittel	zu hart	zu weich	zu hoch	zu niedrig	zu hoch	zu niedrig	zu hoch	zu niedrig
	u. a.									
1. *Materialfehler*										
1.1. Entmischung	bei grobem Füllstoff inhomogene Masse			+				+		
1.2. Porosität				+			+			+
1.3. Wolken und Schlieren				+			+	+		
1.4. Große Blasen, Teile matt, verformt	+			+		+		+		
1.5. Kleine Blasen, aufgeplatzt, Teile glatt	+						+			
2. *Oberflächenfehler*										
2.1. Unruhig (Orangenhaut)	+		+	+				+		
2.2. Zu geringer Glanz	+			+				+		
2.3. Matte Stellen	+	+					+			
2.4. Helle Flecken	z. T. überhärtet wärmeempfindlich		+		+		+			+
2.5. Brandflecken			+				+			
2.6. Klebrig						+		+		
3. *Gestaltfehler*										
3.1. Einfallstellen				+						
3.2. Lunker				+	+	+		+		
3.3. Teile nicht voll			+		+		+	+		+
3.4. Fließmarkierungen	+	+						+		
3.5. Rippen durchmarkiert		+						+		
3.6. Kleben an der Form	+			+		+				
3.7. Klemmen in der Form	+			+						
3.8. Übermäßiger Grat				+		+			+	
4. *Strukturfehler*										
4.1. Teile verzogen	+			+						
4.2. Teile gerissen	+			+	+					
4.3. Metalleinlagen beschädigt oder verbogen			+							
4.4. Masse in Metalleinlagen				+						

Spritz- bzw. Press-Einheit					Werkzeug und Schließeinheit								
Spritz-Geschwindigkeit		Spritzdruck			Werkzeug-Konstruktion				Werkzeug Temperatur		Härtezeit		
zu hoch	zu niedrig	zu hoch	zu niedrig	Nachdruck zu wenig	Fließwege zu eng	sonst ungünstig	Auswerfer nicht richtig	Entlüftung ungenügend	zu hoch	zu niedrig	zu lang	zu kurz	Schließdruck zu niedrig
+		+			+	+							
	+		+	+	+			+					+
+		+							+				
										+		+	
+		+			+				+		+		
						+				+		+	
						+		+					
+		+			+				+		+		
+		+			+			+					
												+	
			+	+	+	+				+			
			+	+					+	+		+	
			+	+					+	+			
		+			+				+				
			+	+								+	
									+	+		+	
						+	+				+	+	
		+											+
			+	+		+					+	+	+
+		+				+		+			+	+	
+		+				+							
+		+											

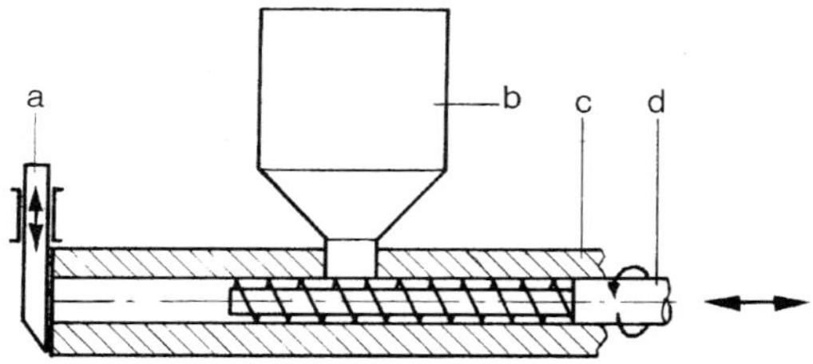

Bild 4.100 Schubschnecken-Plastifizieraggregat
a: Schneidvorrichtung, b: Fülltrichter, c: Zylinder, d: Schnecke

Pressautomaten sind meist Rundläufer, bei denen bis zu 20 gleiche oder auch unterschiedliche Werkzeuge auf einem Karussell schrittweise umlaufen und dabei die Beschickungsstation, die Werkzeug-Schließstation, mehrere Härtestationen sowie die Entformungs- und Reinigungsstation durchlaufen, Bild 4.101.

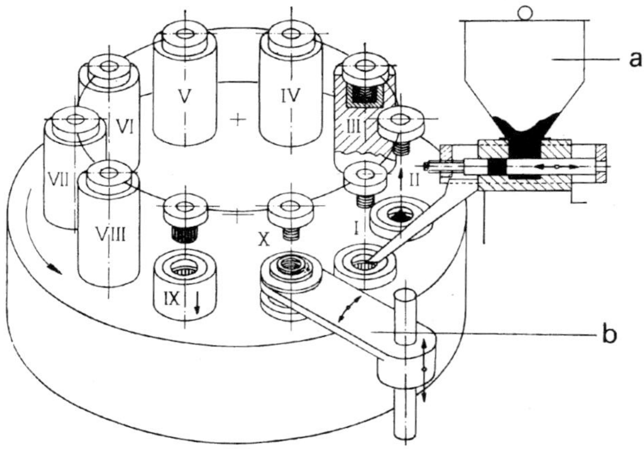

Bild 4.101 Rundläufer-Pressautomat
a: Formmassenbehälter mit Dosierschieber, b: Abschraubvorrichtung (oder Abstreifer)
Station I: Beschicken mit Formmasse, Station II: Schließen des Werkzeugs, Station III: Lüften, falls erforderlich, Station III bis IX: Härten unter Pressdruck, Station IX: Öffnen des Werkzeugs beim Übergang zu Station X, Station X: Abschrauben (oder Abstreifen) des Formteils, Ausblasen des Werkzeugs

Nach dem Verfahren des *In-Mould-Pulver-Lackierens* wird ein Pulverlack elektrostatisch in das geöffnete heiße Werkzeug in einer Schichtdicke von 100 bis 200 µm eingetragen und bildet dort beim Pressvorgang eine integrale Schicht mit dem UP-Harz. Vorteile: glatte, porenfreie, abriebfeste, eingefärbte Schutzbeschichtung.

4.3.1.4 Schichtpressen

Auf beheizten Ein- oder Mehretagenpressen mit mehr als 40 Etagen, Bild 4.102, werden mit Harz getränkte flächige Gebilde zu hochfesten Schichtpressstoffen (Laminaten) verpresst. Folgende Harzträger aus Rohstoffen aller Art wie Natur- und Synthesefasern, Fasern aus Glas, Graphit und Holz kommen zur Anwendung: Papier, Gewebe, Furniere, Vliese, Matten (non-wovens), Folien, Bleche u. a. Die in Form von Bahnen vorliegenden Materialien werden auf Imprägnieranlagen (s. Abschn. 4.2.6/4.2.7.) mit Bindemitteln in Form von Lösungen, Dispersionen, Gießharzen oder schmelzbaren Folien imprägniert oder beschichtet. Beim Verpressen erreicht man glatte Oberflächen durch harzreiche Decklagen und Zwischenlagen polierter Bleche zwischen Stapel und Druckplatten. Dekorative Schichtpressplatten erhält man, wenn man unter eine im ausgehärteten Zustand durchsichtige Deckschicht eine entsprechend gemusterte oder eingefärbte Bahn anordnet.

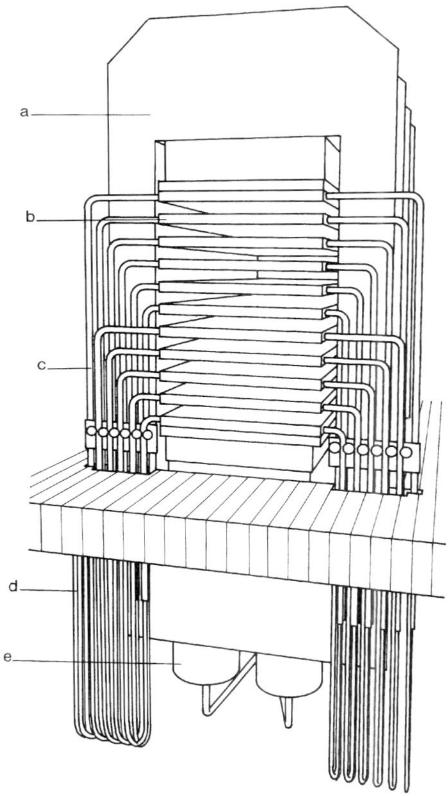

Bild 4.102 Etagenpresse; hydraulische Unterdruck-Rahmenpresse mit zehn Etagen (Bauart Siempelkamp)
a: Rahmengestell, b: Pressplatten, c: Rohre für Heizung und Kühlung,
d: Schläuche für Heizung und Kühlung, e: Arbeitszylinder

Der erforderliche Pressdruck reicht von 5 bis 10 bar bei kalthärtenden Harzen, über 10 bis 20 bar bei der Warmhärtung, bis zu 300 bar bei der Verarbeitung von Polyester-Premix und -Prepregs. Tischflächen bis zu 15 m^2 mit Presskräften bis zu 200 MN werden gebaut. Die Beheizung erfolgt bei neueren Pressen elektrisch, sonst mit Heißwasser oder Dampf. Die Presszeit kann 100 min betragen. Bei nicht heiß entformbaren Platten muss eine Wasserkühlung vorgesehen werden. Eine andere Möglichkeit ist die Abkühlung unter Druck in einer separaten, gekühlten Presse.

Dekorative Schichtstoffplatten werden auch kontinuierlich in Doppelbandpressen im Endlosverfahren hergestellt, dabei entstehen sog. CPL-Platten, Continuous Pressure Laminates. Wesentliches Element einer solchen Kontilaminat-Presse ist eine beheizte Trommel mit einem Durchmesser von etwa 1300 mm, die ein Druckband umschlingt. Technische Daten sind: Umfangsgeschwindigkeit bis 15 m/min, Temperatur bis 180 °C, Pressdruck etwa 5 N/mm^2, Arbeitsbreite bis 1,4 m, Plattendicke 0,3 bis 0,7 mm.

4.3.1.5 Strangpressen

Profile aus härtbaren Formmassen werden nach dem Strangpressverfahren hergestellt. Man braucht Extruder, die so ausgelegt sind, dass das Profil in der Düse aushärtet und damit den erforderlichen Gegendruck zum Komprimieren der Formmasse aufbaut. Nach einem diskontinuierlichen Verfahren wird die Formmasse durch einen Kolben verdichtet und im beheizten Profilwerkzeug plastifiziert und ausgehärtet. Das Profil wird entsprechend der Hin- und Herbewegung des Kolbens ausgestoßen, Bild 4.103.

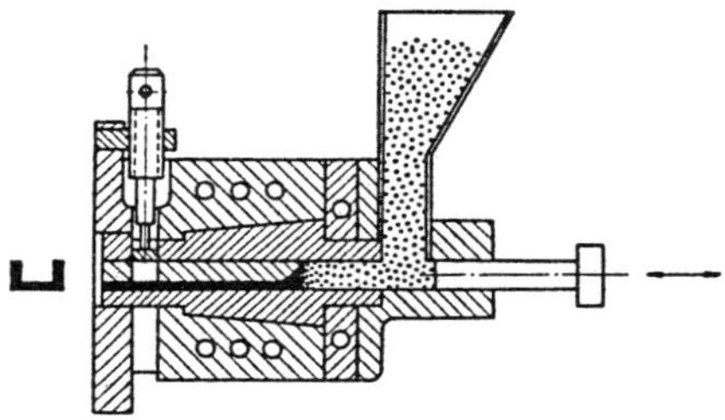

Bild 4.103 Strangpressen

4.3.1.6 Spritzpressen (Transferpressen), Resin Transfer Moulding (RTM)

Die für einen Pressvorgang dosierte bzw. tablettierte Formmasse wird in einem Druckzylinder unter Druck und Temperatur fließfähig gemacht und anschließend mit einem Stempel durch Kanäle in geschlossene, auf Aushärtetemperatur beheizte Formen gepresst, Bild 4.104. Es werden Zweikolbenpressen eingesetzt, bei denen der größere Kolben zum Öffnen und Schließen des Werkzeugs und der kleinere zum Spritzen dient. Einzelne Pressen unterscheiden sich durch die Anordnung der Kolben und die Art der Beschickung des Spritzzylinders. Bei der *Waagedosierung* wird die Formmasse über einen Trichter von oben in den Spritzzylinder gegeben. Bei *Pressautomaten mit Vorplastifizierung* wird die Formmasse in einem Plastifizieraggregat aufbereitet und dem Spritzkolben entweder direkt zuführt, Bild 4.105, oder mittels einer Übergabevorrichtung, Bild 4.106.

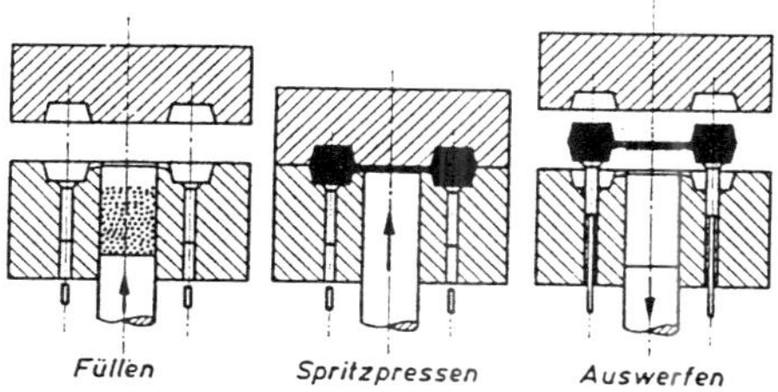

Bild 4.104 Spritzpressen entgegen der Schließrichtung

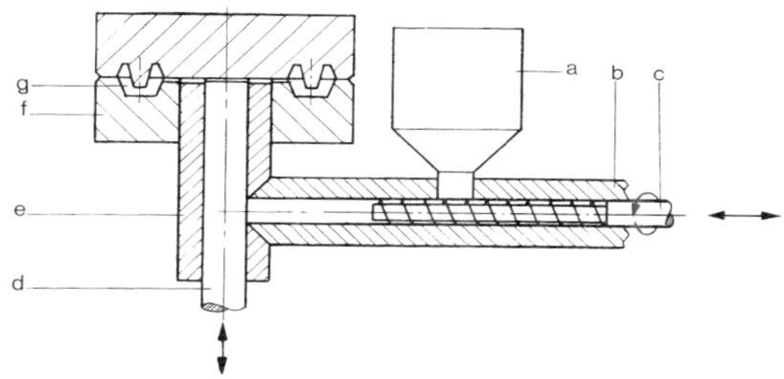

Bild 4.105 Spritzpressautomat mit integriertem Schneckenplastifizieraggregat

a: Formmassenbehälter, b: Plastifizierzylinder, c: Plastifizierschnecke, d: Spritzkolben, e: Spritzzylinder, f: Werkzeug, g: Formnest

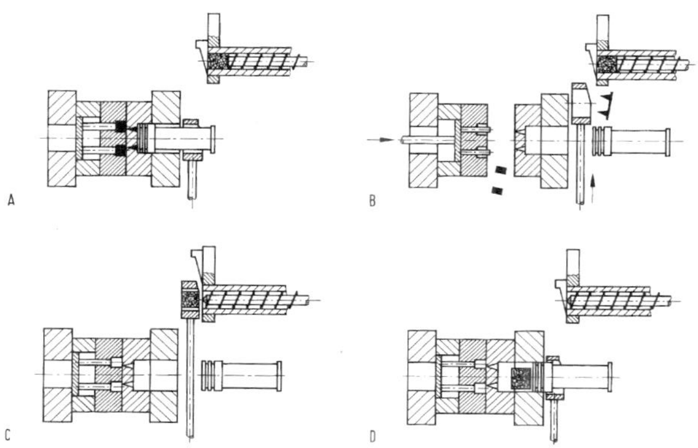

Bild 4.106 Horizontaler Spritzpressautomat mit Vorplastifizierung

A: Spritzzylinder mit Formmasse beschickt, Formteil gespritzt, Dosierung ist für den nächsten Zyklus vorbereitet, B: Werkzeug auf, Auswerfer und Abstreifer entformen Formteil und Anguss, C: dosierte Masse wird übernommen, D: dosierte Masse befindet sich in der Spritzbuchse, die Maschine ist bereit für den nächsten Spritzvorgang

Das Resin Transfer Moulding wird zunehmend zur Herstellung endlosfaserverstärker Bauteile eingesetzt. Dabei legt man vor dem Injektionsvorgang Fasergelege oder -gewebe (Prewovens) in passendem Zuschnitt in das Werkzeug und nutzt den RTM Prozess zur Tränkung der Fasern mit Reinharz. Um eine verbesserte Tränkung zu erreichen, kann die Kavität evakuiert werden.

4.3.1.7 Spritzgießen

Schnecken-Spritzgießmaschinen für Duroplaste unterscheiden sich nicht wesentlich von denen für Thermoplaste. Um die vernetzbaren Massen nicht durch Scherung unzulässig zu erwärmen, haben die Schnecken geringere Gangtiefen und ein geringeres Gangtiefenverhältnis. Sie besitzen nur zwei Zonen, die Kompression ist gering, die Rückstromsperre fehlt (außer bei einer Nasspolyester-Verarbeitung), und es wird mit offener Düse gearbeitet. Die Schnecken sind kürzer, das L/D-Verhältnis liegt bei 12 bis 15D bzw. bei feuchten Massen bei 10D, Bild 4.107. Auf Verschleißschutz ist besonders zu achten. Ein wesentlicher Unterschied besteht in der Temperierung. Während bei Thermoplasten mit hohen Zylindertemperaturen und niedrigen Werkzeugtemperaturen gearbeitet wird, darf die Zylindertemperatur bei Duroplasten je nach Typ 60 bis 90 °C nicht überschreiten, um eine Vernetzung im Zylinder zu vermeiden. Der Zylinder wird in der Regel mit Wasser temperiert. Dagegen werden die Werkzeuge elektrisch auf Temperaturen von 150 bis 200 °C aufgeheizt, um ein schnelles Aushärten der Formmasse zu erreichen. Die Formteile können bei hohen Temperaturen entnommen werden, da die vernetzten Formstoffe eine hohe Formbeständigkeit in der Wärme aufweisen. Die aufgeschmolzene Formmasse ist meist sehr dünnflüssig, so dass zwar große Fließweg-Wanddickenverhältnisse erreicht werden, aber auch besonders auf eine gute Passungen der Maschine und des Werkzeugs geachtet werden muss, um eine Gratbildung zu vermeiden. Um auch bereits leicht vernetzte Massen verarbeiten zu können, sollte der verfügbare Spritzdruck um etwa 300 bar höher sein als bei Thermoplastmaschinen.

Da bei der Aushärtung Wasser, Gleitmittel oder dergleichen freigesetzt werden können, ist auf eine gute Belüftung des Werkzeugs zu achten. Bewährt hat sich in diesen Fällen ein Lüften des Werkzeugs, d.h., nach dem Einspritzen des dosierten Volumens wird das Werkzeug kurz gelüftet, bevor die Aushärtung beginnt.

Vielfach wird auch das Spritzprägen angewendet, bei dem die dosierte Masse in ein etwas geöffnetes Werkzeug gespritzt wird und die Ausformung des Formteils anschließend durch Schließen des Werkzeugs erfolgt. Beim Kernprägen wird nach dem Ausformen der Hauptkontur des Formteils durch die Bewegung eines Kerns das Material örtlich noch stärker verdichtet, oder es werden Funktionselemente wie Bohrungen usw. eingeprägt, ohne dass Bindenähte entstehen.

Schnecken für die Elastomerverarbeitung sind denen für Duroplaste ähnlich. Um ein vorzeitiges Vulkanisieren zu vermeiden, muss noch mehr auf die Temperierung des Zylinders geachtet werden. Deswegen sind Elastomerschnecken meist hohlgebohrt, um eine Wassertemperierung zu ermöglichen.

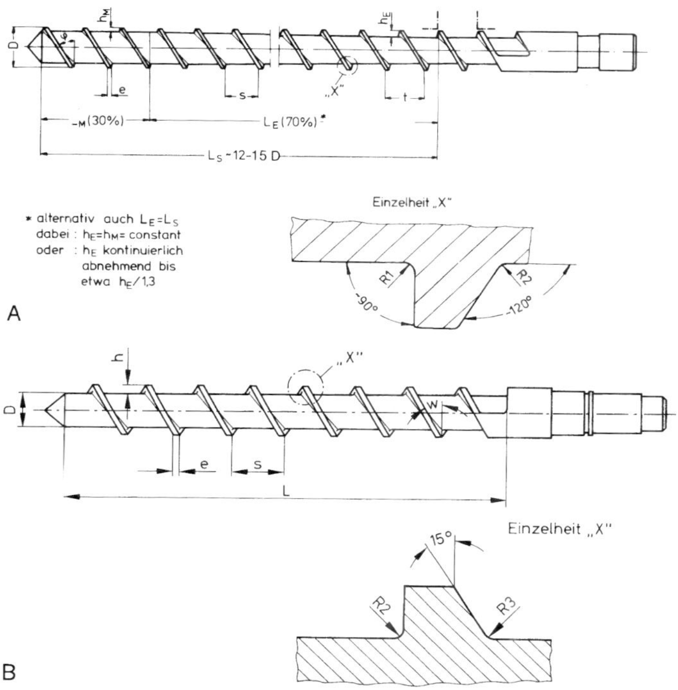

Bild 4.107 Duroplastschnecken
A: Schnecke mit veränderlicher Gangtiefe; B: Schnecke ohne Gangtiefenveränderung
h : Gangtiefe, h_M : Gangtiefe im Meteringbereich, h_E : Gangtiefe im Einzugsbereich, L_S : wirksame Schneckenlänge, t: Steigung, s : Kanalbreite, e: Stegbreite, w: Steigungswinkel, D: Durchmesser

4.3.2 Verarbeitung langfaserverstärkter Gießharze

Mit langen Fasern verstärkte Gießharze weisen im Vergleich zu denen, die Kurzfasern enthalten, höhere Steifigkeiten und höhere Festigkeiten auf. Darüber hinaus können gewollte Anisotropien durch die Ausrichtung der Fasern in bestimmte Vorzugsrichtungen erzeugt werden. Die größte Bedeutung haben die glasfaserverstärkten Kunststoffe (GFK) auf der Basis ungesättigter Polyesterharze erlangt. Neben E- und S-Glas werden Chemie-Fasern wie Aramid, Kohlenstoff- oder Graphitfasern oder auch Naturfasern und andere Harze wie Epoxid-, Phenol- oder Polyimid-Harze eingesetzt. Zur Herstellung von Formteilen aus diesen langfaserverstärkten Kunststoffen wurden spezielle Technologien entwickelt, da das Harz in feuchter oder nasser Form vorliegt. In Tafel 4.7 sind die Verfahren zusammen mit den erforderlichen Einrichtungen aufgelistet.

Tafel 4.7 Überblick über die bei einzelnen Verfahren benötigte Ausstattung

Verfahren \ Anlagen, Geräte	Rührwerk	Dispergier-Gerät	Waage	Gelcoat-Anlage, Spritzpistole	Ansatzspender	Laminier-Werkzeug	Kompressor	Faserspritzgerät	Vakuum-Anlage	Injektions-Anlage	Presse	Vorform-Anlage	Harzmatten-Anlage	Schneid-Anlage	Kneter	Wickelanlage Dorn, Abziehvorr.	Besäum-Gerät	Entgratungs-Anlage	UP-Beton-/Kunststein-Anlage	Rütteltisch, frequenzregelbar	Profilzieh-Anlage
Handverfahren	x x	 xx	x x	 x	 xx	x x	 xx										x x				
Faserspritzen	 x	 xx	 x	 x		x x	xx xx	xx xx									x x				
Vakuumstechnik	x x	 x	x x	 x	 (x)	x x			xx xx								x x				
Injektions-Verfahren, RTM	 x	x xx	x xx	 x		x x	xx xx		 x	xx xx		x xx					(x) x				
Nasspressen, kalt	x x	 xx	x x	 x	 x	x x	 x				xx xx	 x					x x				
Nasspressen, warm	x xx	 x	x x	 (x)	 x	x x	 x				xx xx	 x					x x				
Harzmatten-Verarbeitung (SMC)	 x	 xx	(x) x				xx xx				xx xx		 xx	 xx				(x) x			
Faser-Formmassen-Verarbeitung (DMC, BMC)	 x	 xx	x x				xx xx				xx xx				 xx			(x) x			
Wickeltechnik	x x	 x	x x	 x	 x	(x) x	 x	 (x)								xx xx	x x				
UP-Beton UP-Kunststein	xx x	 x	x x																 xx	xx xx	
Profilziehen	x x	 x	x x		 xx																xx xx

obere Zeile: Mindest-Ausstattung; untere Zeile: Komplett-Austattung; (x): evtl., x: ja, xx: wesentliche Anlagen bzw. Geräte

4.3.2.1 Aufbereiten der Gießharze

Zur Herstellung reaktionsfähiger Harzansätze werden die üblichen Dosier-, Misch- und Dispergiergeräte eingesetzt, vgl. Abschn. 4.2.1. Zum Dispergieren feinkörniger Füllstoffe im flüssigen Harz werden Walzenstühle eingesetzt. Bild 4.108 zeigt einen Dreiwalzenstuhl, bei dem die Friktion durch unterschiedliche Drehzahlen der Walzen I und II erzeugt wird. Das Mahlgut gelangt anschließend in den zweiten Walzenspalt zwischen Walze II und III und wird von Walze III zum Abstreifrakel transportiert.

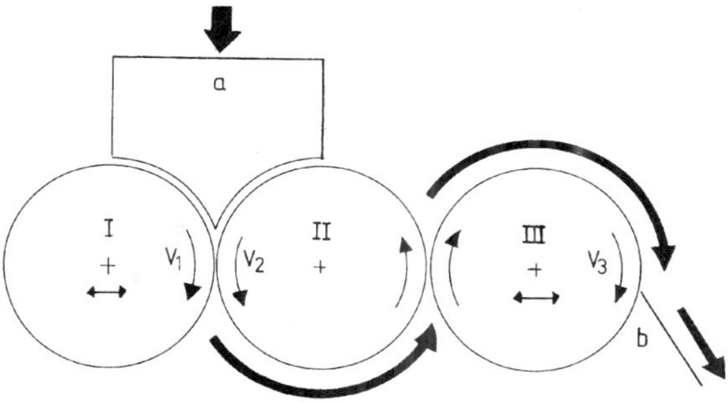

Bild 4.108 Schema eines Dreiwalzenstuhls
a: Trichter, b: Abstreifrakel, I, II, III: Walzen, $v_1 \neq v_2 \neq v_3$

Bei einigen Verfahren kommen geschnittene Fasern zum Einsatz. Da man als Ausgangsprodukt meist Endlosfasern verwendet, müssen diese in Schneidwerken auf Längen von etwa 10 bis 50 mm geschnitten werden, Bild 4.109. Die Rovings gelangen durch die Einführung a in das Schneidwerk, werden von einer gummibezogenen Walze b und der Andrückwalze c erfasst und von der mit Messern bestückten Walze d geschnitten. Der Antrieb erfolgt bei Faserspritzanlagen über Druckluftmotoren.

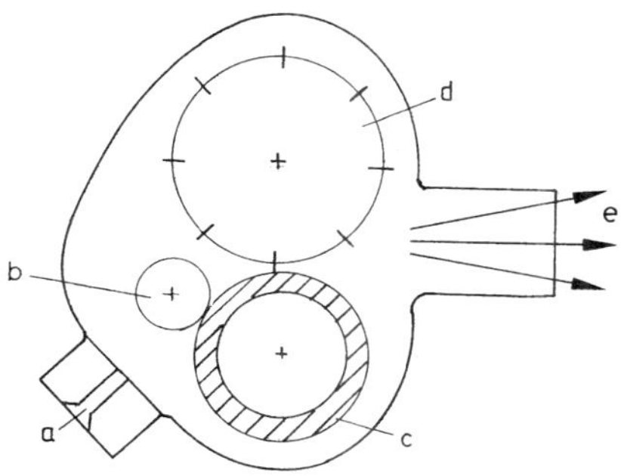

Bild 4.109 Roving-Schneidwerk (Cutter)
a: Roving-Einführung, b: Walze, c: Andrückwalze, d: Messerwalze, e: geschnittene Rovings

Vor allem größere Formteile aus GFK (auch CFK, AFK) (z.B. Karosserieteile) werden durch das Verpressen von *Harzmatten* erzeugt (SMC, sheet moulding compounds; HMC, SMC mit einem hohen Glasgehalt). Harzmatten sind mit härtbaren Kunststoffen vorimprägnierte Textilglasmatten oder flächige Lagen von Schnittrovings (Prepregs). Zur ihrer Herstellung wurden kontinuierlich arbeitende Anlagen entwikkelt, Bild 4.110. Zwischen zwei mit einer Harzpaste beschichtete Folien werden in einem oder in zwei Schneidwerken auf Längen von 10 bis 50 mm geschnittene Rovings eingebracht. Zusätzlich können Endlosrovings aufgelegt werden. Andrückwalzen, Knetwalzen und Egalisierwalzen sorgen für das Entlüften und Imprägnieren und eine gleichmäßige Dicke. Mit Hilfe von Messstationen kann der Rakelauftrag mit β- oder γ-Strahlern kontrolliert und geregelt werden. Bei der Aufbereitung des Harzansatzes muss das Harz mit einem Härter, pulverförmigen Füllstoffen, weiteren Hilfsstoffen und vor allem mit Metalloxiden als Eindickmittel vermischt werden. Letzteres sorgt nach der Imprägnierung in einem mehrere Tage dauernden Reifungsprozess bei 30 bis 50 °C dafür, dass sich die Harzmatten gut handhaben und leicht für die Weiterverarbeitung durch Pressen auf entsprechende Formate zuschneiden lassen. Technische Daten solcher Harzmattenanlagen sind: Arbeitsbreite 1 bis 1,6 m, Produktionsgeschwindigkeit 2 bis 10, max. 20 m/min, Flächengewichte vorzugsweise 3 bis 6, max. 12 kg/m^2.

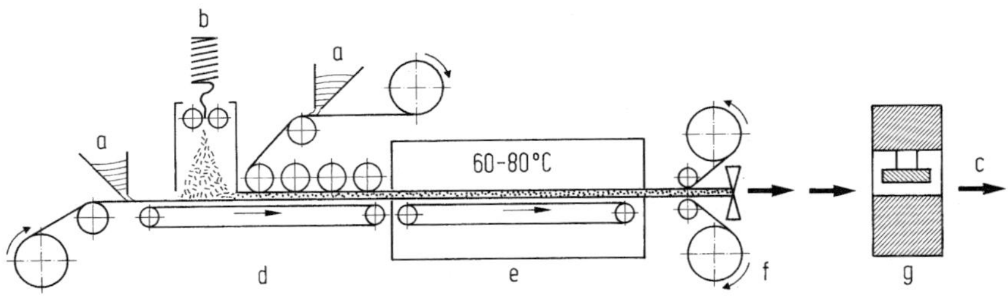

Bild 4.110 Kontinuierliche Herstellung von Harzmatten (nach Lawonn/Hesse)
a: UP-Harz/Füllstoffmischung, b: Roving, c: Nachbearbeitung, d: Harzmattenanlage, e: Reifungszone, f: Schneidvorrichtung mit Folienabwicklung, g: Presse

Mit *Textilglasmatten* statt der geschnittenen Rovings hergestellte Harzmatten werden kaum noch eingesetzt, da solche Matten nur begrenzt verformbar sind.

Wenn die Geometrie des Formteils es zulässt, werden unidirektionale (UD) Prepregs aus Gewebe oder Rovinggelegen eingesetzt.

SMC-Sandwich-Strukturen lassen sich in einem Pressvorgang erreichen, wenn man Harzmatten, bestehend aus zwei Deckschichten üblichen Aufbaus, mit einer Kernlage aus mit Treibmittel (z.B. einem Alkohol) versehenen SMC einsetzt: One-Step-Sandwich-SMC.

Im *TMC-Verfahren* (thick moulding compound) werden einerseits Schnittfasern von parallel angeordneten Rovingsträngen, andererseits eine mit einer Dosierpumpe abgemessene Harzpaste dem Mischspalt zwischen zwei gegenläufigen Rollen zugeführt. Die Masse wird durch rasch laufende Abnehmerwalzen auf eine Trägerfolie geschleudert, die zusammen mit einer Deckfolie einem Transportband zugeführt wird. Das bis 50 mm dicke Massefell mit einem GF-Gehalt von 50 bis 65 % kann in Zuschnitten wie SMC verpresst werden.

BMC (bulk moulding compound) sind teigförmige, meist Polyesterharz-Formmassen mit einer langfaserigen Glasfaserverstärkung, die ähnlich wie härtbare Formmassen in Mischern hergestellt werden.

4.3.2.2 Drucklose Verarbeitungsverfahren, Low Pressure Laminat (LPL)

In *manuellen Verfahren* (Handlaminieren, Handauflegeverfahren, Kontaktverfahren) werden Großbauteile wie z.B. Schiffsrümpfe mit Längen bis zu 50 m in geringen Stückzahlen gefertigt. Auf Formen aus GFK, Holz, Blech, Gips o.Ä. mit porenfrei gemachten Oberflächen wird zuerst ein Trennmittel und dann die erste meist unverstärkte, witterungs- und chemikalienbeständige Harzschicht, die sog. Gelcoat-Schicht, aufgetragen. Nach Anhärten dieser Feinschicht werden Faserverstärkungen in Form von Matten, Geweben oder auch Rovings so aufgelegt und mit Harz getränkt, dass in der Richtung größter Beanspruchung des Formteils auch die höchste Verstärkung liegt. Als letzte Schicht wird wieder eine Gelcoat-Schicht aufgebracht. Mit geriffelten Walzen werden die Schichten entlüftet und angedrückt. Die Aushärtung erfolgt bei Raumtemperatur oder leicht erhöhten Temperaturen über längere Zeiten.

Das *Faser-Harz-Spritzverfahren* ist dem manuellen Verfahren ähnlich. Es werden zerschnittene Rovings zusammen mit dem zerstäubten Harz gegen eine Form gespritzt und anschließend von Hand verdichtet und entlüftet. Das Zuschneiden von Matten entfällt. Die Verfahren werden oft kombiniert.

4.3.2.3 Schleuder- und Rotations-Verfahren

Nach dem Schleuderverfahren werden Rohre von 0,2 bis 2 m Durchmesser mit Längen bis etwa 10 m in beidseitig offenen Stahlrohren als Formen hergestellt. Die eingelegten Verstärkungen und das mit einem axial beweglichen Rohr gleichmäßig in Längsrichtung eingebrachte Harz werden durch die Zentrifugalkraft (bis zu 1000 g) gegen die Innenwand der Form gepresst und entlüftet. Die Härtung erfolgt durch die Beheizung der Stahlform oder durch eingeblasene Heißluft. Statt der eingelegten Verstärkung können auch geschnittene Rovings mit einer axial verschiebbaren Vorrichtung gegen die Wandung der rotierenden Form geblasen werden. Bei für die Erdverlegung vorgesehenen Großrohren kann die Steifigkeit durch Zwischenlagen von Harz-Sand-Gemischen erhöht werden.

Beim *Rotations-Verfahren* wird die Harz-Verstärkungs-Schicht bei langsam sich drehenden Formen (5 bis 100 1/min) wie beim Laminieren von Hand oder mit speziellen Vorrichtungen entlüftet und verdichtet. Es sind Rohre mit Durchmessern bis zu 4,5 m möglich.

4.3.2.4 Niederdruck-Verfahren

Beim Niederdruckverfahren erfolgt das Tränken der Faserlagen und das Aushärten in geschlossenen Formen. Beim *Drucksack-Verfahren* wird das Harz auf die in die Form eingelegte Verstärkung gegossen. Die Durchtränkung erreicht man durch eine mit Überdruck in die Form gepresste dehnbare Folie bei gleichzeitiger Evakuierung des Zwischenraums zwischen Folie und Form. Bei geringen Stömungswiderständen der Verstärkung und dünnflüssigen Harzen reicht manchmal das Vakuum alleine zur guten Imprägnierung aus *(Vakuumsack-Verfahren).*

Eine Abwandlung des Vakuumsack-Verfahrens besteht darin, dass das Harz durch ein Vakuum in die mit der Verstärkung ausgelegte Form gesaugt wird, Bild 4.111, (*Vakuum-Injektionsverfahren, Harzinfusionsverfahren, Resin Infusion, RI*). Durch den Einsatz von Abstandsgeweben (sogenannten Verteilmedien) können auch sehr große Bauteile hergestellt werden, Bild 4.112. Es werden auch zweiteilige Formen verwendet, um glattere Oberflächen zu erhalten. Zur stärkeren Verdichtung und um einen höheren Glasfasergehalt zu erreichen, kann bei zweiteiligen Formen ein zusätzlicher äußerer Pressendruck und bei mit Folie abgedeckten einteiligen Formen ein solcher in einem Autoklaven aufgebracht werden. Nach dem Injektionsverfahren werden zunehmend auch Sandwichbauteile mit Schaumstoffkernen hergestellt. Diese müssen allerdings eine geschlossene, luftdichte Oberfläche aufweisen.

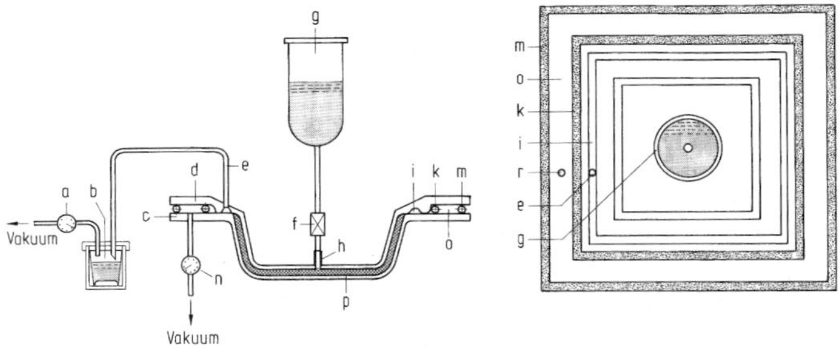

Bild 4.111 Vakuum-Injektionsverfahren (nach Schik, Siegberg, Grunz)
links: Schnittbild; rechts Draufsicht
a: Unterdruck von 660 bis 800 mbar, b: Zwischenbehälter zum Auffangen überschüssiger Reaktionsharzmasse, c: Unterform, d: Oberform, e: Vakuumleitung zum Harz-Ansaugkanal, f: Absperrventil, g: Vorratsbehälter für die Reaktionsharzmasse, h: Injektionsstutzen, i: umlaufender Harz-Ansaugkanal, k, m: umlaufende Moosgummidichtung, n: Unterdruck von ca. 130 mbar, o: Vakuum-Schließkanal, p: GFK-Formteil

4.3.2.5 Wickeln

Nach dem Wickelverfahren werden hochbeanspruchte Hohlkörper oder auch andere Bauteile gefertigt. Rovings, Textilglas-Fäden oder -Bänder werden mit Harz in Imprägnierstationen, Bild 4.113, getränkt und unter Vorspannung auf einen rotierenden Kern gewickelt. Danach erfolgt die Kalt- oder Warmhärtung. Das Wickelmuster wird so festgelegt, dass die Glasfasern möglichst in Beanspruchungsrichtung des Formteils liegen. Einfache Bauteile wie Rohre oder Korpusse für Behälter mit einzuklebenden Böden werden nach dem *Drehmaschinenprinzip* gewickelt, wobei das Wickelmuster durch die Regelung der Drehgeschwindigkeit des Kerns und der Längsgeschwindigkeit des hin- und hergehenden Fadenauges erzeugt wird.

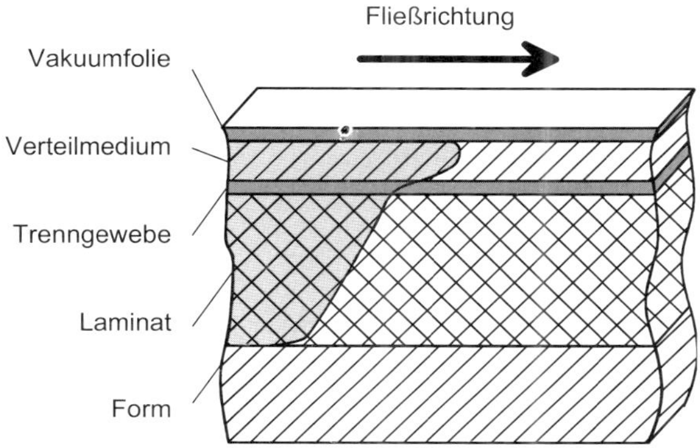

Bild 4.112 Fließfront beim Tränken im Harzinfusionsverfahren (schematisch)

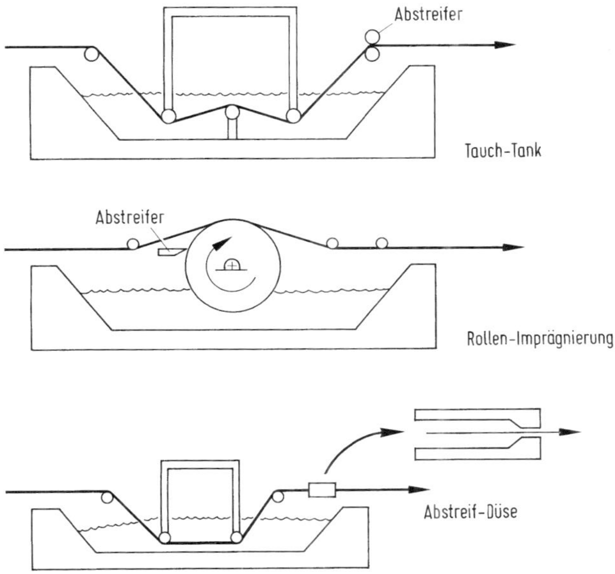

Bild 4.113 Imprägnierstationen

Mit Polarwickelmaschinen (Planeten- und Taumelsystemen) mit mehrachsig rotierenden Dornen oder Fadenaugen, Bild 4.114, werden geschlossene Körper auf verlorenen (z.B. Hartschaumstoff), ausschmelzbaren (niedrigschmelzende Metall-Legierungen, Paraffin), herauslösbaren (Salzgemische), zerstörbaren (Gips) sowie falt- oder zerlegbaren Kernen hergestellt.

Komplizierte Wickelkörper können heute mit Hilfe der Datenverarbeitung und elektronischer Steuerung (computer aided filament winding) optimal und reproduzierbar gefertigt werden. Die Fadenführung kann dabei ein *Roboter* übernehmen, Bild 4.115. Eine nachträgliche Imprägnierung trocken gewickelter Strukturen ist möglich.

Mit Großmaschinen werden Körper mit Durchmessern bis zu 10m und Längen bis 50m (Rotorblätter, Tauchboothüllen) gefertigt. Um Transportschwierigkeiten zu vermeiden, kann mit mobilen Wickelanlagen vor Ort gearbeitet werden.

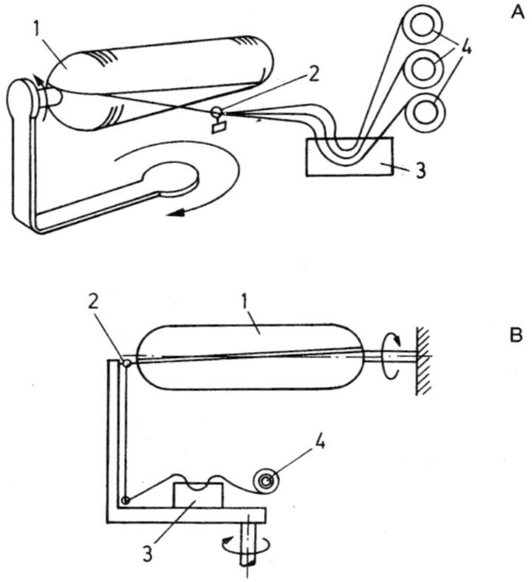

Bild 4.114 Polarwickelmaschinen
A: *Taumel-System:* Fadenauge steht fest, Dorn dreht um zwei Achsen
B: *Planeten-System:* Fadenauge beschreibt Kreisbahn, Dorn ist um Hochachse schwenkbar
1: Wickelkern, 2: Fadenauge, 3: Harzbad, 4: Roving, bzw. Gewebeband

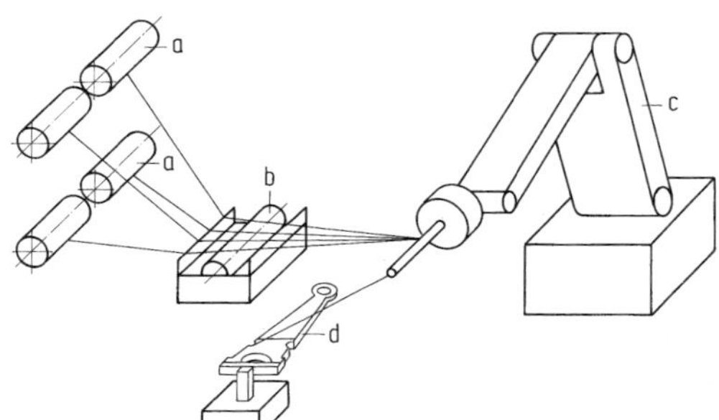

Bild 4.115 Wickelroboter (nach Menges, Ermert, Gellhorn)
a: Rovingspulen, b: Tränkvorrichtung, c: Roboter, d: Wickelteil

4.3.2.6 Faser-Ablegeverfahren

Eine Abwandlung des Wickelverfahrens mit Robotern ist das Faser-Ablegeverfahren. Hierbei werden imprägnierte endlose, faser- oder bandförmige Verstärkungen nach einem mit einem Rechner erstellten Plan z.B. in ein offenes Presswerkzeug abgelegt und anschließend verpresst. Es können so hochfeste Formteile mit gerichteten Eigenschaften erzeugt werden.

4.3.2.7 Zieh- oder Pultrusionsverfahren

Profile aus in Längsrichtung mit Endlosfasern verstärkten Gießharzen lassen sich mit Dicken von etwa 1 bis 30 mm und mit Arbeitsgeschwindigkeiten von 150 m/h im Zieh- oder Pultrusionsverfahren herstellen. Ein Beispiel einer Anlage zeigt Bild 4.116. Eine um die Ziehachse rotierende Wickelvorrichtung ermöglicht eine radiale Verstärkung, die die Gefahr des Aufspleißens der Profile bei Schubbelastung vermindert. Die Harztränkung erfolgt nicht wie üblich in einem Tränkbad, sondern im Pultrusionswerkzeug, dem das reaktionsfähige Harz unter Druck zugeführt wird. Die Aushärtung erfolgt in einer nicht dargestellten Heizzone, z.B. durch Mikrowellen. Werden Profile ohne eine äußere Wickellage gezogen, so erfolgt die Aushärtung in einem bis zu 70 cm langen, elektrisch beheizten Stahlwerkzeug.

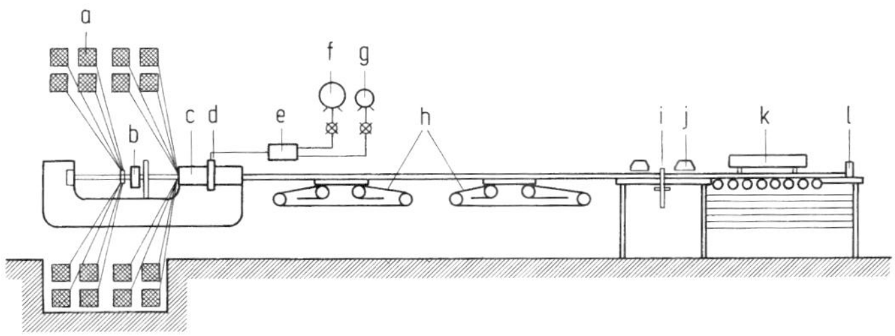

Bild 4.116 Horizontalziehverfahren mit Injektionstränkung und Wickelvorrichtung
a: Spulengestell, b: Wickelvorrichtung, c: Ziehofen, d: Injektionsdüse, e: Förderpumpe, f: Harzbehälter, g: Reaktionsmittelbehälter, h: Ziehvorrichtung, i: Quersäge, j: Haltevorrichtung, k: Ablegevorrichtung, l: Endschalter

Ähnlich wie bei der Herstellung von Harzmatten, Bild 4.110, können GFK-Bahnen oder -Tafeln hergestellt werden, indem zwischen zwei mit Reaktionsharzen bestrichene Folien geschnittene Rovings eingebracht und in einem Walzenspalt entlüftet und imprägniert werden. Vor der anschließenden Aushärtung können die Platten durch entsprechende Formschuhe in Längsrichtung und durch an Transportketten mitlaufenden formgebenden Elementen in Querrichtung profiliert werden (Wellplatten).

4.3.2.8 Pressen

Beim Pressen werden Zuschnitte aus *Harzmatten* (SMC, HMC), BMC-Masse oder noch nicht imprägnierte Verstärkungen als Zuschnitte oder Vorformlinge zusammen mit dem *flüssigen Harzansatz* in geöffnete Pressformen gebracht Da die trockenen Verstärkungszuschnitte im Gegensatz zu den SMC-, HMC- oder *BMC-*

Massen nicht fließfähig sind, muss ein überstehender Rand vorgesehen werden, der beim Schließen des Werkzeugs durch Quetsch- oder Schneidkanten abgetrennt wird. Vorformlinge für tiefe und komplizierte Teile werden hergestellt, indem geschnittene Rovingstränge gegen eine sich drehende Form aus gelochten Blechen geblasen, dort durch Luft angesaugt und anschließend durch aufgesprühte Bindemittel verklebt werden, s. Bild 4.117. Besonders bei großen Stückzahlen wird das Heißpressen in Stahlformen mit vorimprägnierten Massen bevorzugt. Das Kaltpressen entsprechend aktivierter Harze kann in Formen aus verstärkten Duroplasten erfolgen, wobei sich diese durch die Reaktionswärme auf 30 bis 60 °C aufheizen. Da die benötigten Pressdrücke mit 3 bis 10 bar wesentlich niedriger liegen als bei der Verarbeitung von Pressmassen und Harzmatten, können vergleichsweise leicht gebaute Pressen eingesetzt und Teile mit Flächen bis zu 30 m^2 gefertigt werden.

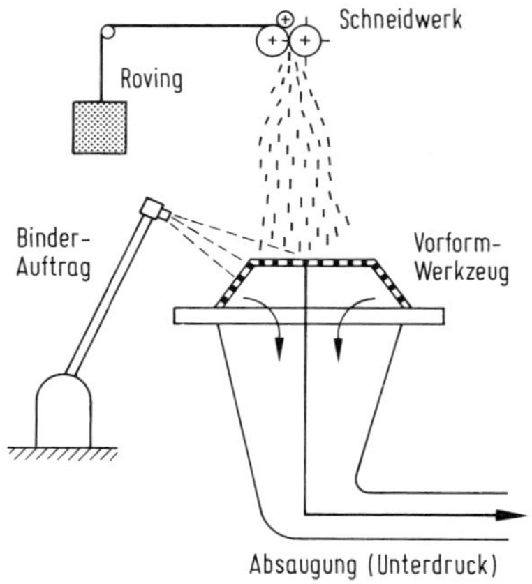

Bild 4.117
Sprühverfahren zur Herstellung von Formlingen

Um eine Blasenbildung bei der nachfolgenden Einbrennlackierung verpresster Harzmatten zu vermeiden, wird nach der SMC/IMC(In Mould Coating)-Verbundtechnik dem Formteil eine etwa 0,1 mm dicke Deckschicht aus einem PUR-Flüssiglack aufgepresst. Hierzu wird nach dem eigentlichen Pressvorgang die Presse kurz geöffnet und der Lack mit 400 bar Druck eingespritzt.

4.3.2.9 Spritzgießen

BMC-Massen werden auf Kolben- und Schnecken-Spritzgießmaschinen verarbeitet, s. Abschn. 4.3.1. Da die Massen nicht rieselfähig sind, werden zum Beschicken Stopfschnecken oder Kolben-Stopfvorrichtungen verwendet, die während der Einzugsphase der Spritzmaschine einen Druck auf die Masse von 5 bis 30 bar ausüben. Tiefgeschnittene Schnecken mit Rückstromsperren und große Angussquerschnitte sorgen dafür, das möglichst wenig Glasfasern gebrochen werden. Beim *ZMC-Verfahren* werden BMC-Massen portionsweise dem Plastifizierzylinder einer Spezial-Spritzgießmaschine zugeführt, der anschließend seinerseits in einem zweiten Zylinder verschiebbar als Spritzkolben die Masse ohne weitere Schädigung in das Formwerkzeug fördert.

4.3.3 Polyurethan(PUR)-Verfahrenstechnik

4.3.3.1 Allgemeine Grundlagen

Polyurethane werden je nach Art der Vorpolymerisation thermoplastisch oder als reaktive Stoffe zu Werkstoffen von sehr harter (also eher duroplastischer) bis gummielastischer Einstellung verarbeitet. Bei der Verarbeitung von reaktiven Ausgangsstoffen zu Polyurethanbauteilen hat sich eine spezielle Verarbeitungstechnik entwickelt, die in diesem Abschnitt als Polyurethan(PUR)-Verfahrenstechnik dargestellt wird.

Der „Verarbeiter" von Polyurethanen ist streng genommen der Hersteller des Kunststoffs. Dabei bringt er flüssige Rohstoffe zur chemischen Reaktion. Entweder es reagieren alle Komponenten gleichzeitig („One-shot-Verfahren") oder nacheinander in zwei Stufen (Prepolymer-Verfahren). Demzufolge zeigen Anlagen zur Herstellung von Polyurethanen die charakteristischen Elemente eines chemischen Reaktors: Behälter mit Rührwerken, Pumpen, Rohrleitungen, Ventile etc. Die Errichtung und der Betrieb von PUR-Anlagen einschließlich des Transports und der Lagerung der Rohstoffe unterliegen Genehmigungen, z.B. nach dem BImSch-G. Darüber hinaus sind Sicherheitseinrichtungen zu berücksichtigen, z.B. metallische Schutzwannen für Lagertanks u.a. Gebinde, Überfüllsicherungen, Absaug- und Temperieranlagen sowie Körperschutzvorkehrungen (Schutzbrille, -handschuhe, -anzug u.Ä.).

In Bild 4.118 sind der Aufbau und die Funktionen einer PUR-Anlage schematisch dargestellt. Die Hauptkomponenten A und B (Polyisocyanat und Polyol) werden aus den Lagertanks in die Arbeitsbehälter überführt, auf die vorgeschriebene Temperatur gebracht und über Dosieraggregate dem Mischkopf zugeleitet. Die Reaktionsmischung wird aus dem Mischkopf ausgetragen und reagiert auf einer Unterlage oder in einem Formwerkzeug aus.

Feste Rohstoffe (z.B. für PUR-Elastomere) müssen im Arbeitsbehälter erst aufgeschmolzen, entwässert und entgast werden. Einer der Zusatzstoffe (die Komponenten C bis F) ist dabei immer ein Vernetzter oder Kettenverlängerer.

Durch eine separate Zudosierung von Zusatzstoffen hat der PUR-Verarbeiter die Möglichkeit, Rezepturen und damit die Eigenschaften seines Produkts zu steuern. Die Orte der Zudosierung können sowohl saug- als auch druckseitig vom Dosieraggregat liegen. Auch die direkte Einspeisung in den Mischkopf wird durchgeführt.

PUR-Anlagen können an z.T. extreme verfahrenstechnische Voraussetzungen angepasst werden:

- Verarbeitung von bei Raumtemperatur flüssigen Rohstoffen mit Viskositäten von 5 bis 20 000 mPas oder geschmolzenen Polyesterpolyolen,
- Dosieren und Mischen in Dosierverhältnissen von 1:100 bis 1:1 für Formteilgewichte von wenigen g bis zu 100 kg,
- Anpassung der Förderleistung der Dosier-Aggregate an die Reaktivität des Systems,
- Austragtechniken für kontinuierlich und Einfülltechniken für diskontinuierlich arbeitende Anlagen,

- Verarbeitung auch füllstoffhaltiger Reaktionskomponenten mit körnigen, schuppigen oder faserigen Zusatzstoffen.

Zur Reduzierung der Rohdichte um ca. 10 bis 20% insbesondere bei Weichschaum (kontinuierliche und Formteil-Herstellung) können 1,5 bis 2 Teile CO_2 dem Reaktionsgemisch zugegeben werden. Bei der *Inline-Dosierung* wird flüssiges CO_2 unmittelbar vor dem Mischkopf einer der Hauptkomponenten beigemischt und geht dort in Lösung. Nach dem CO_2 *Batch-Verfahren* wird das Gas in flüssigem oder gasförmigem Zustand in einem separaten Verfahrensschritt in eine der Hauptkomponenten eingemischt. Die Mischung muss oberhalb des sich einstellenden Gleichgewichtsdrucks von ca. 20 bar gehalten werden.

Auch durch kontrollierte Evakuierung des speziell ausgelegten Werkzeugs kann die Rohdichte von Formteilen verringert werden.

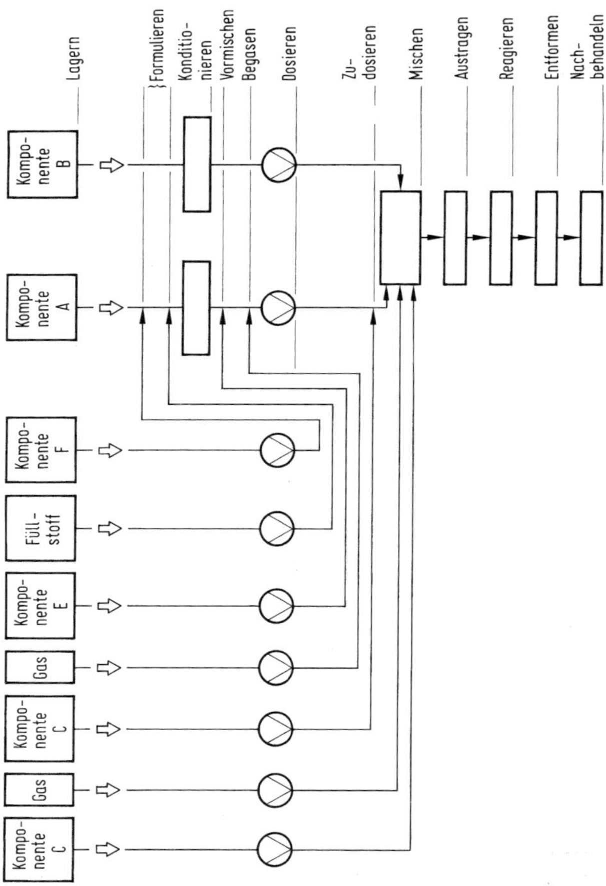

Bild 4.118 Blockschema einer Anlage für die Verarbeitung von PUR-Systemen

Tafel 4.8 PUR-Systeme und -Verfahrenstechnik

PUR-System \ Verfahrensschritte	One-Shot-Prozess	Prepolymer-Prozess	Vormischen	Begasen	Zudosieren	Hochdruck-Injektions-vermischung	Niederdruck-Rührwerk-vermischung	Kontinuierliche Fertigung	Diskontinuier-liche Fertigung	Block-Anlage	Doppelband-Anlage	Formen-Träger	RIM-Anlage	Entformen
Weichschaum														
Block	x				x		x	x		x				
Form	x					x			x			x		x
Füll	x					x			x			x		x
Hartschaum														
Block	x				x		x	x		x				
Hohlraum	x		x			x			x			x		x
Platten	x		x	x		x		x			x			
Rohre	x		x			x			x					
Ortschaum	x					x			x					
Intergralschaum hart + flexibel	x		x	x		x			x			x	x	x
Elastomere														
Heißgieß		x					x		x			x		x
Kaltgieß	x						x	x	x			x		x
Sprüh	x						x	x						
Gießharze	x						x		x			x		x
PUR-Kautschuk		x							x			x		x
Thermoplast	x	x					x	x						

4

4.3.3.2 Die Verfahrensschritte

In Tafel 4.8 sind die PUR-Systeme und ihre Verarbeitungstechniken zusammengefasst. Die erste Spalte enthält die wichtigsten Werkstoffe auf PUR-Basis, die weiteren die zu ihrer Herstellung überwiegend verwendeten Verfahren und benötigten Verfahrensschritte. Die Viskosität und Reaktivität der Polyuhrethan-Rohstoffe bestimmen die Art der einzusetzenden Maschinensysteme.

Nieder- und Hochdruckmaschinen

Für die Dosierung hochviskoser, geschmolzener Polyesterpolyole werden langsam laufende Zahnradpumpen eingesetzt. Wegen der niedrigen Arbeitsdrücke (max. 40 bar) bezeichnet man diesen Maschinentyp als *Niederdruckmaschine,* Bild 4.119. Die Vermischung erfolgt in mechanischen Rührwerken, Bild 4.120.

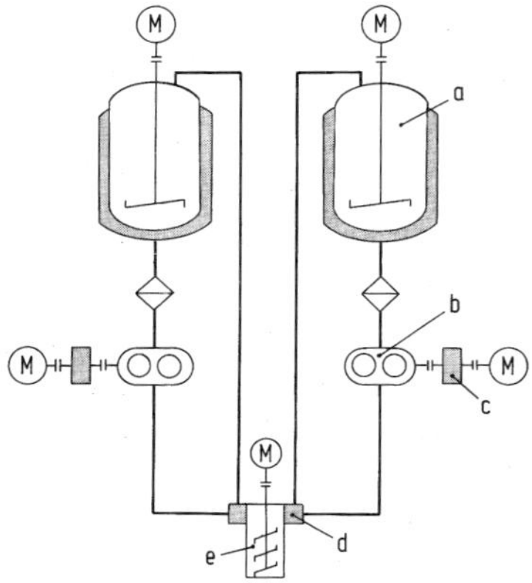

Bild 4.119
Fließschema einer Niederdruckmaschine
a: Arbeitsbehälter,
b: Dosierpumpe,
c: Getriebe,
d: Umschaltorgane,

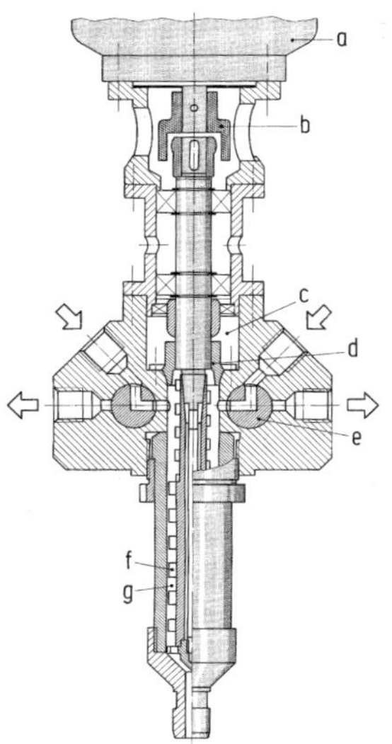

Bild 4.120
Rührwerksmischkopf für intermittierenden Betrieb
a: Antriebsmotor,
b: Kupplung,
c: Schmierflüssigkeitsvorlage,
d: Gleitringdichtung,
e: Umschaltorgan,
f: Blattrührer,
g: Mischkammer,

Eine Alternative ist der *Niederdruck-Hochfrequenzmischer* (n = 150 bis $250 s^{-1}$), s. Bild 4.121. Im zylindrischen Teil der Schnecke sind Mischkammern als Nuten oder Bohrungen angeordnet, in denen die seitlich über Ventile zudosierten Komponenten (mehr als zwei sind möglich) vermischt werden.

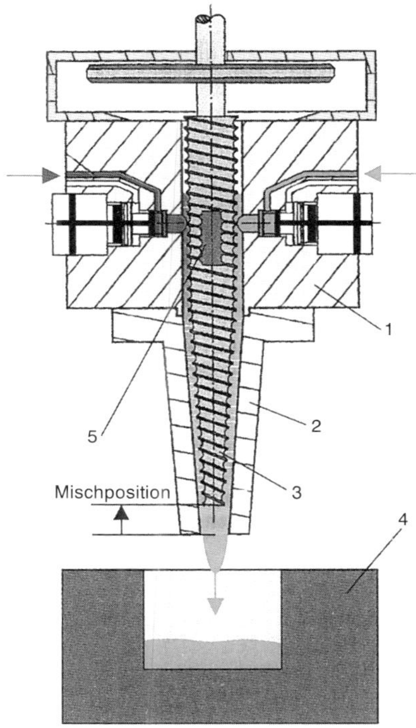

Bild 4.121
Funktionsprinzip Friktionsmischer (nach Hanemann u.a.)
1: zylindrischer Teil der Mischkammer, 2: konischer Teil der Mischkammer, 3: hochfrequent rotierende Schnecke mit kleiner Gangtiefe, 4: offene Form, 5: Mischkammern im zylindrischen Teil

Mit der Verfügbarkeit niedrigviskoser Polyether-Polyole erfolgte die Entwicklung von *Hochdruckmaschinen,* Bild 4.122. Bei diesem Mischprinzip strömen die Komponenten mit hoher Geschwindigkeit in eine extrem kleine Mischkammer und werden dort im Durchlauf unter Ausnutzung der kinetischen Energie vermischt, Bild 4.123. In Bild 4.124. ist eine Bauform, der Parallelstrommischkopf, schematisch dargestellt.

Mit Hilfe von Kolbenpumpen unterschiedlicher Bauart werden die Reaktionskomponenten bei Arbeitsdrücken zwischen 100 bis 300 bar in den Injektionsmischkopf dosiert, Bild 4.125.

Entscheidende Vorteile des Hochdruckverfahrens sind neben der exakten Dosierung und Einhaltung des Schussgewichts die Möglichkeit, hochreaktive Systeme zu verarbeiten, die minimalen Materialverluste und nicht zuletzt die geringe Umweltbelastung, insbesondere bei der Verwendung von selbstreinigend ausgelegten Injektionsmischern. Die günstigeren Kosten der Niederdruckmaschinen wiegen diese Vorteile nicht auf.

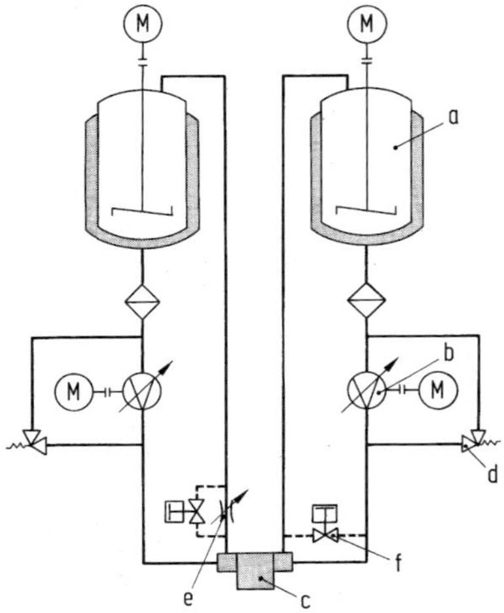

Bild 4.122
Fließschema einer Hochdruckmaschine (Kreislaufsystem)
a: Arbeitsbehälter,
b: Dosieraggregat,
c: Mischkopf,
d: Sicherheitsventil,
e: Kreislaufdrossel,
f: Niederdruckkreislaufventil

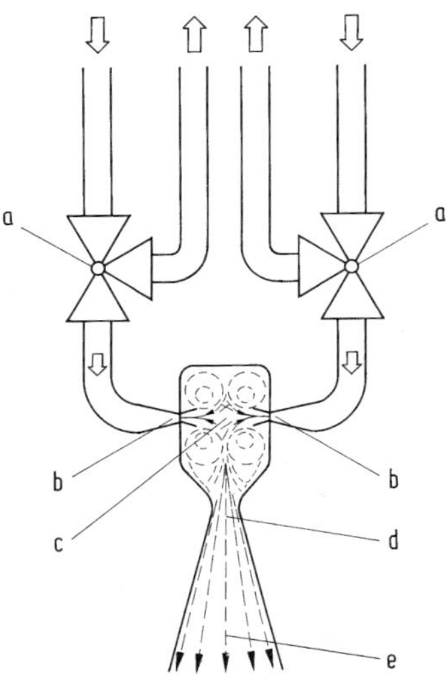

Bild 4.123Schematische Darstellung eines Hochdruckmischkopfes nach der Gegenstrom-Injektionsmethode; das sog. Mischermodell
a: Umschaltorgane,
b: Einlassorgane (Injektionsdüsen),
c: Mischkammer,
d: Gemischdrossel,
e: Beruhigungselement

Unterhalb eines Gesamtdurchsatzes von etwa 2l/min bzw. eines Formteilgewichts von etwa 15g wird vorteilhaft mit dem Niederdruckverfahren gearbeitet. Bei höheren Austragsleistungen bis zu einem Gesamtdurchsatz von 400 l/min und z.B. Formteilgewichten von über 50 kg ist das Hochdruckverfahren vorzuziehen. Die Kombination von Hochdruck- und Niederdrucktechnik ist auch möglich. Hierbei werden die Komponenten über Kolbenpumpen unter Hochdruck in eine

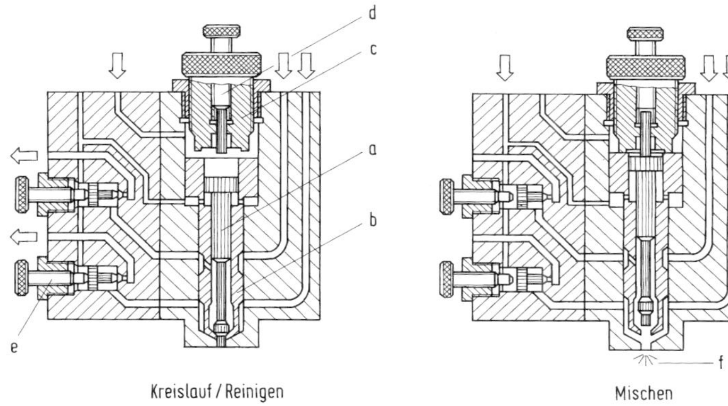

Bild 4.124 Schematische Darstellung des Parallelstromkopfes (Bauart: Hennecke)
a: innere Düsennadel, b: Hohldüse, c: Einstellvorrichtung für Hohldüse, d: Einstellvorrichtung für innere Düsennadel, e: Kreislaufdrosseln, f: Mischkammer

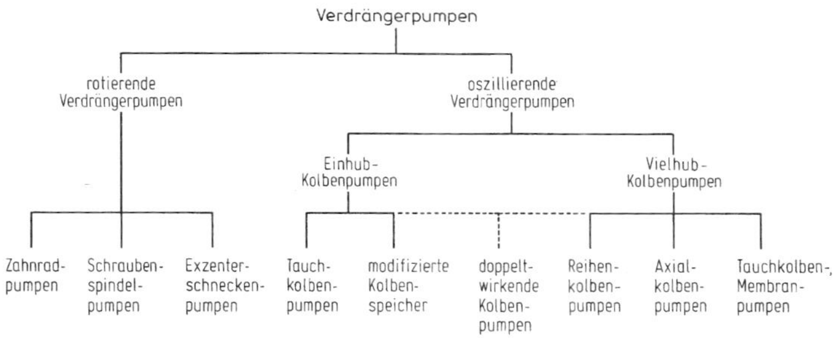

Bild 4.125 Übersicht über Dosierpumpen, die bei der Verarbeitung von PUR-Rohstoffen eingesetzt werden

Rührwerksmischkammer eingedüst. Anwendung findet dieses kombinierte Verfahren überall dort, wo mehr als vier Einzelkomponenten kontinuierlich vermischt werden müssen und man die exaktere Dosiergenauigkeit der Kolbenpumpen ausnutzen will.

Die Übertragung des Kreislaufsystems aus der Niederdrucktechnik auf die Hochdruckmaschine war eine Folge steigender qualitativer Anforderungen an das zu erzeugende Fertigteil. Vor jedem Misch- und Füllvorgang zirkulieren die Komponentenströme bereits im gewünschten Mengenverhältnis sowie unter dem für die Injektion erforderlichen Druck. Die Umsteuerung von Kreislauf- auf Injektionsstellung erfolgt in Hochdruck-Injektionsmischern mit zwangsgesteuerten Umschaltelementen. Alle Funktionselemente, die für einen einwandfreien, insbesondere synchronen Komponenteneintritt in die Mischkammer verantwortlich sind, werden zwangsweise mechanisch oder hydraulisch betätigt. Das in der Mischkammer verbleibende Reaktionsgemisch wird nach dem Füllen durch Reinigungskolben ausgestoßen oder mit Pressluft ausgeblasen.

Spritz- oder Sprühmaschinen

Neben den Nieder- und Hochdruckmaschinen für den intermittierenden Betrieb sind als weitere Gruppe die Spritz- oder Sprühmaschinen zu nennen. Bei diesen Maschinen wird sowohl die Nieder- als auch die Hochdruckdosierung angewandt. Wird nach der Niederdrucktechnik gearbeitet, muss zur Erzielung eines geeigneten Sprühstrahls zusätzlich Luft in die Mischkammer oder am Austritt des Mischraums zugegeben werden. Bei der Hochdrucktechnik kann der durch Hochdruckpumpen erzeugte Vermischungsdruck auch zur Versprühung der Komponenten genutzt werden. Der Einsatz pneumatisch angetriebener Einzylinder-Kolbenpumpen ist dabei ebenso üblich wie Schlauchlängen bis zu 100m. Der Mischkopf muss in allen Fällen leicht und von Hand gut bewegbar sein. Er wird meist selbstreinigend ausgelegt. Die Austragsleistungen von Sprühmaschinen liegen zwischen 2 und 7l/min. Nach dem Sprühverfahren werden sowohl Isolationsschichten als auch Haut-ähnliche Gebilde, die anschließend hinterschäumt werden (Armaturentafeln) hergestellt.

Anlagen

Generell wird zwischen kontinuierlich arbeitenden Anlagen zur Produktion von Halbzeugen in Form von Blöcken oder Platten und diskontinuierlich arbeitenden Anlagen unterschieden. In diesen Anlagen werden offene oder geschlossene Formwerkzeuge oder Hohlräume schussweise mit dem Reaktionsgemisch gefüllt.

Kontinuierliche Fertigung

Ein Beispiel für eine kontinuierliche Fertigung ist die Herstellung von Weichschaumblöcken, Bild 4.126. Rechteckige Querschnitte von etwa 2m Breite und etwa 1m Höhe sind heute Stand der Technik. Bei Rohdichten der Schaumstoffblöcke zwischen 15 und 60 kg/m^3 und gewünschten Bandgeschwindigkeiten bis zu 10m/min errechnen sich daraus Austragsleistungen des Reaktionsgemisches von 50 bis 600l/min. Daraus resultieren Bandlängen von 30 bis 100 m, je nach Rezeptur und Aushärtezeit. Zu einer Fertigungsanlage gehören ferner Transportbandsysteme mit nachfolgenden Querschneide- und Besäumungseinrichtungen sowie Weiterverarbeitungs- bzw. Konfektionierungsmaschinen.

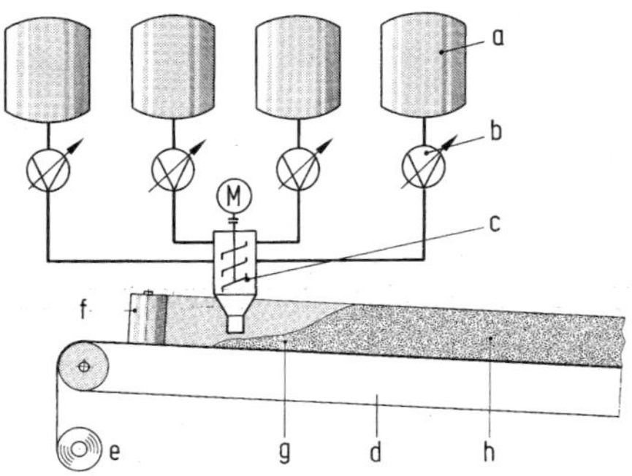

a: Arbeitsbehälter,
b: Dosieraggregat,
c: Rührwerksmischkammer,
d: Transportband,
e: Bodenpapier,
f: Seitenpapier,
g: Reaktionsgemisch,
h: ausreagierter Schaumstoff

Bild 4.126 Schematische Darstellung einer Anlage zum kontinuierlichen Herstellen von Schaumstoffblöcken

Ein weiterer kontinuierlicher Fertigungsprozess ist die Herstellung von Hartschaumstoffplatten auf sog. *Doppeltransportbändern,* Bild 4.127. Im Unterschied zum Weichblockschaumstoff, bei dessen Herstellung große Mengen an Reaktionsgemischen ausgetragen werden, müssen bei der kontinuierlichen Hartschaumstoffplatten-Herstellung extrem dünne Schichten aufgebracht und gleichmäßig verteilt werden. Auch bei der Fertigungsanlage für Platten schließen sich dem „Nassteil" Haspelvorrichtungen für wickelbare Deckschichten, Aufgabestationen für starre Deckschichten und Profiliereinrichtungen für Metalldeckschichten an. Hartschaum-Platten von 0,5 bis 1,30 m Breite und 5 bis 200 mm Dicke sind marktüblich. Die Produktionsgeschwindigkeiten reichen bei modernen Doppeltransportbändern bis zu 20 m/min. Rohdichten von 20 bis 60 kg/m^3 ergeben Austragsleistungen von 3 bis 40 l/min. Hieraus ergeben sich Doppelbandlängen zwischen 12 und 30 m.

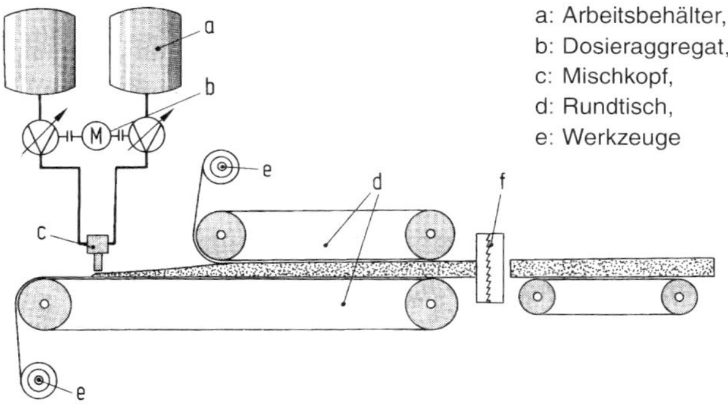

Bild 4.127 Schematische Darstellung einer Anlage mit beweglichen Werkzeugen und in Beschickungsrichtung beweglichem Mischkopf

In einem kontinuierlichen Freischäumverfahren kann mit Glaskügelchen von 10 bis 60 µm Durchmesser verstärkter Hartschaum in einem Arbeitsgang in Schichtdicken von 55 mm auf Rohre und dergl. aufgetragen werden, Druckfestigkeit der Schicht bis 1500 m Wassertiefe.

Diskontinuierliche Fertigung

Bei diskontinuierlich arbeitenden Anlagen wird das Reaktionsgemisch intermittierend in den Hohlraum eines Werkzeugs gefüllt, in dem ein Formteil entsteht. Wesentliche Parameter zur Festlegung einer Konzeption für diese Anlagen sind die Losgrößen, ihre Abmessungen und Gestalt. Bei der Fertigung von Klein- und Kleinstteilen werden die zu füllenden Werkzeuge auf Trägerpaletten bzw. kleinere Schließeinheiten gesetzt, die sich kontinuierlich oder taktweise fortbewegen. Es werden Rundtische oder Ovalbänder eingesetzt, Bild 4.128. Das Einfüllen des Reaktionsgemisches aus maximal zwei Mischköpfen erfolgt in das offene Werkzeug. Bei kontinuierlich durchlaufenden Formenträgern wird der Mischkopf während des Füllvorgangs mitgeführt. Das Reaktionsgemisch wird dabei punktförmig oder zeilenförmig eingetragen. Bei taktweise bewegten Formenträgern nach dem sog. *Stop-and-go-Prinzip* (Palettenschubanlagen oder Rundtische) kann das Reaktionsgemisch zur besseren Benetzung der Werkzeugoberfläche zeilenförmig oder kurvenförmig über Roboter und Manipulatoren eingetragen werden. Ein 24-stelliger Rundtisch mit je zwei Werkzeugen pro Palette erzielt z.B. eine Produktionsleistung von 600 Teilen/h. In beiden Anlagensystemen kommen vorwiegend Hochdruckmaschinen zum Einsatz.

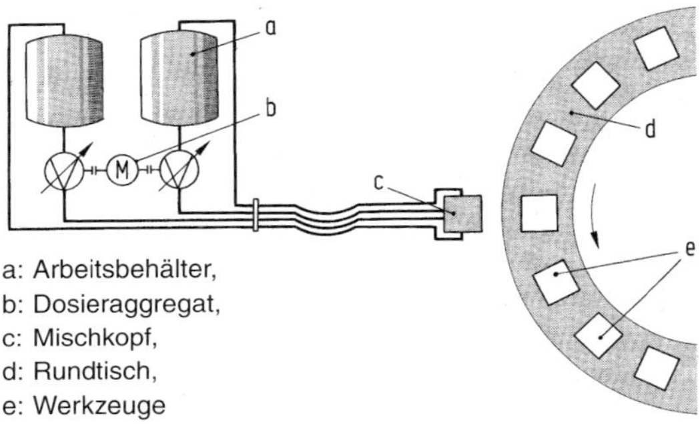

a: Arbeitsbehälter,
b: Dosieraggregat,
c: Mischkopf,
d: Rundtisch,
e: Werkzeuge

Bild 4.128 Schematische Darstellung einer Anlage mit beweglichen Werkzeugen und in Beschickungsrichtung beweglichem Mischkopf

Für große und besonders komplizierte Formteile arbeitet man wirtschaftlicher mit stationären Anlagen. Werden dabei nur wenige, räumlich eng zusammenstehende Werkzeuge installiert, kann die Füllung entweder von der stationären Maschine über flexible Leitungssysteme mit einem Mischkopf vorgenommen werden, oder die Anlage fährt an den Werkzeugen vorbei. Die stationäre Anlage hat sich auch überall dort durchgesetzt, wo profilähnliche lange Formteile gefertigt werden. Die Werkzeuge werden dabei stern- oder halbkreisförmig aufgebaut.

Bei hochreaktiven Systemen sind die Einfüllgeschwindigkeiten hoch und die Aushärtezeiten kurz, so dass ein Wegfahren des Mischkopfes und die anschließende Formenverriegelung nicht mehr praktikabel sind. In solchen Fällen arbeitet man nach der RIM (Reaction Injection Moulding)-Technologie und setzt grundsätzlich Hochdruckdosiermaschinen mit selbstreinigenden Injektions-Anbaumischköpfen ein. Dabei wird jedem Werkzeug mit Schließeinheit ein fest installierter Anbaumischkopf zugeordnet, Bild 4.129. Mehrere Anbaumischköpfe können von einem Dosieraggregat versorgt werden. Die Verteilung der Komponentenströme erfolgt über Ringleitungen. Zunächst zirkulieren die Komponenten an den zu füllenden Werkzeugen vorbei. Bei Anwählung bzw. Fertigmeldung eines Werkzeugs zur Füllung wird über entsprechende Ventile der Weg zum entsprechenden Mischkopf angesteuert.

Ähnlich dem *Mehrkomponenten-Spritzguss* bzw. der *Gas-Injektions-Technik* bei Thermoplasten kann auch ein Schichtaufbau aus zwei PUR-Systemen bzw. eine Hohlkörperstruktur wie bei den Spritzgießsonderverfahren realisiert werden, s. Abschn. 4.2.2.8 und 4.2.2.11. *Hinterspritztechnik* und *Zwischenschicht-Spritztechnik* besonders mit Textilien sind ebenfalls möglich, s. Abschn. 4.2.2.17.

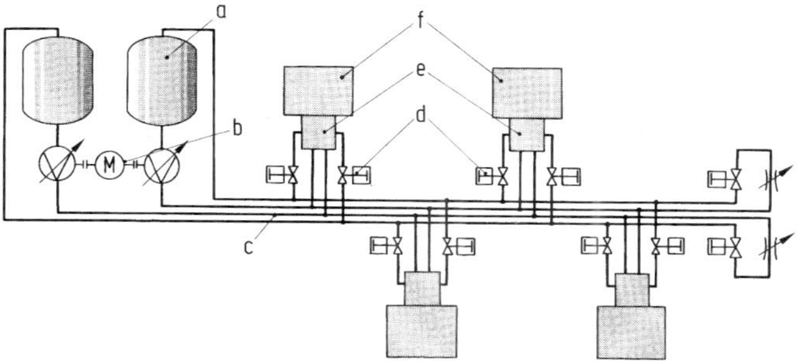

Bild 4.129 Schematische Darstellung einer Anlage mit stationären Werkzeugen, Anbaumischköpfen und Mehrstellendosierung (RIM-Anlage)
a: Arbeitsbehälter, b: Dosieraggregat, c: Ringleitungssystem, d: Zuschaltventile, e: Anbaumischköpfe. f: Schließeinheiten mit Werkzeugen

Herstellung glasfaserverstärkter Teile

Nach dem *R-RIM-Verfahren* (Reinforced Reaction Injection Moulding) werden dem Reaktionsgemisch zu Verstärkung ca. 30% Kurzglasfasern (0,1 bis 0,3 mm) beigemischt. Wird hierbei ein schäumendes System eingesetzt, spricht man vom LD-R-RIM (Low Density R-RIM)-Verfahren. Die erreichten Festigkeiten sind relativ gering.

Beim *LFI-Verfahren* (Lang-Faser-Injektion) oder NFI-Verfahren (Natural Fibre Injection) werden in einen speziellen Prozesskopf, mit dem jede RIM-Dosiermaschine ausgerüstet werden kann, im Austragsschlauch über ein gekoppeltes Schneidwerk 2,5 bis 10 cm lange Faserbündel eingeleitet. Der mechanisch nach Programm geführte Prozesskopf verteilt das Faser-PUR-Gemisch entsprechend der Wanddicke ins offene Werkzeug. Bei einigen Maschinenherstellern ist gleichzeitiges Zudosieren pulver- oder granulatförmiger Zugschlagstoffe (Holzmehl) oder von CO_2 möglich. Dieses Verfahren wird vorteilhaft bei mehrdimensionalen Formteilen angewendet, bei denen das *S-RIM-Verfahren* (Structural-RIM) zu aufwendig ist. Bei diesem werden Vorformlinge mit Faserlängen von 10 bis über 100 mm oder aus Endlosglasfasermatten (meist mit thermoplastischem Binder) in die offenen Werkzeuge eingelegt und dann vom PUR-Gemisch durchtränkt, s. auch 4.3.2.8. So werden hochfeste Teile erzeugt.

Prozessüberwachung

Die Entwicklung und der Einsatz geeigneter Mess-, Steuer-, Regel-, Überwachungs- und Datenverarbeitungssysteme ermöglichen einen hohen Automatisierungsgrad für die Polyurethan-Maschinen- und -Anlagentechnik Dazu tragen Messwertaufnehmer sowie entsprechende Stellglieder bei. Sie messen und kontrollieren folgende Verfahrensparameter:

- Temperaturen der Komponenten,
- Volumen- und Massestrom, st^chiometrisches Verhältnis der Komponenten,
- Mischzeiten,
- Dichten der Komponenten,

- Arbeits-, Injektions- und Kreislaufdrücke,
- Gasbeladungen,
- Werkzeugtemperaturen.

Letztendlich können mit Hilfe graphischer Online-Darstellungen sog. „lebende Schichtprotokolle" erhalten werden.

Reinigung

Die Reinigung der Rührwerksmischkammern erfolgt durch das Ausspülen mit Reinigungsmitteln. Bei der Hochdruckvermischung werden die Mischkammern und nachgeschalteten Elemente aufgrund ihres geringen Volumens nur durch einen Pressluftstoß gereinigt. Unter Selbstreinigung ist nicht nur die Mischkammerreinigung durch Stößel zu verstehen, sondern auch die Reinigung der sich anschließenden Elemente.

PUR-Elastomere

Bei der Herstellung von PUR-Elastomeren ist dem eigentlichen Herstellungsprozess zum fertigen Artikel meistens eine chemische Stufe vorgeschaltet. Dabei werden die Polyole mit einem Überschuss an Diisocyanat zum sog. „Prepolymer" umgesetzt, das dann in einer zweiten Reaktion mit Vernetzern zum fertigen Polyurethan ausreagiert. In Bild 4.130 ist eine Anlage für dieses Verfahren dargestellt.

Thermoplastische PUR, TPU

Bei der großtechnischen Herstellung thermoplastischer Polyurethane (TPU) werden alle Komponenten in einem Rührkessel gemischt (COne-shot-Verfahren") und auf ein laufendes Band ausgetragen. Dabei reagiert das TPU aus und verfestigt sich zu Platten, die in einem Granulator zerkleinert und anschließend über einen Extruder und eine wiederholte Granulierung zu einem gleichmäßigen Granulat (Linsen, Zylinder) verarbeitet werden. Zu einem gleichmäßigen Granulat

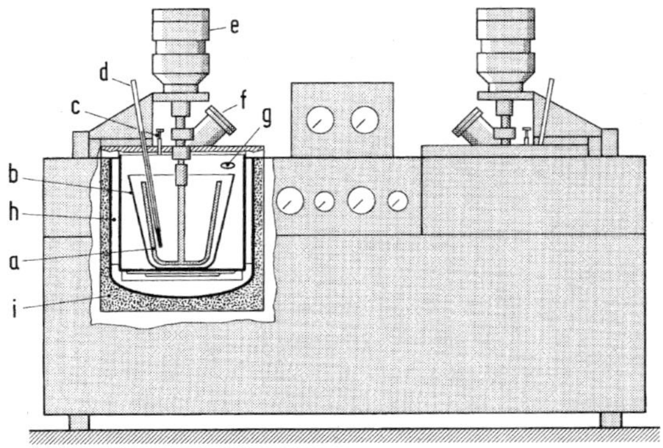

Bild 4.130 Prepolymer-Anlage zur Herstellung von PUR-Elastomeren (Doppel-Reaktionsapparatur)

a: Ankerrührer, b: Gießtopf, c. Belüftungshahn, d: Thermometer, e: Getriebemotor, f: Füllstutzen, g: Vakuumleitung zur Wulfschen Flasche, h: Heizmedium, i: Isolierung gelangt man auch, wenn die Reaktion in einem Doppelschneckenextruder durchgeführt wird.

Sonstige PUR-Systeme

Die in Tafel 4.8 nicht aufgeführten PUR-Systeme für Lacke und Anstrichmittel, Klebstoffe, Textil-, Leder- u.a. -Beschichtungen und Fasern werden nach den in diesen Industrien üblichen Verfahrenstechniken hergestellt.

4.4 Weiterverarbeitung und Nachbehandeln von Formteilen und Halbzeugen

Die Kunststoff-Technologie hat gegenüber manchen anderen Verfahren zur Herstellung von Formteilen den Vorteil, auch komplizierte Konstruktionen in einem Arbeitsgang oder nur wenigen Arbeitsgängen bei geringen Nachbearbeitungen herstellen zu können. Trotzdem kann in manchen Fällen auf ein Umformen, Fügen, Beschichten, Entgraten oder Trennen nicht verzichtet werden. Hierzu wurden dem Werkstoff angepasste Verfahren entwickelt.

4.4.1 Umformen

Unter Umformen versteht man die spanlose Weiterverarbeitung, vor allem von Halbzeugen, aber auch von Formteilen, s. VDI-Richtlinie 2008 Bl. 1. Hierbei nutzt man die Eigenschaft der Thermoplaste aus, dass im Einfrierbereich (amorphe Kunststoffe) oder im bzw. kurz oberhalb des Schmelzbereichs (teilkristalline Kunststoffe) der Elastizitätsmodul um etwa eine Zehnerpotenz absinkt. In diesem sog. gummielastischen Zustand sind sie mit geringen Kräften umformbar. Allerdings sind mit diesen Umformungen Orientierungen der Makromoleküle verbunden, die bei Fortnahme der verformenden Kräfte zu einer Rückverformung führen würde. Die verformten Teile müssen deshalb entweder längere Zeit bei möglichst hoher Temperatur unter Formzwang gelagert werden, damit die Molekülorientierungen relaxieren können, oder die Teile müssen unter Formzwang abgekühlt werden, damit die Orientierungen eingefroren werden. Allerdings sind damit auch Eigenschaftsänderungen (Anisotropien) verbunden (vgl. Abschn. 5.3.2), und solche Teile würden sich bei Temperaturen in der Nähe des Erweichungsbereiches rückverformen. Gummiartige Kunststoffe, deren Glasübergangstemperatur T_g unterhalb des Gebrauchstemperatur-Bereichs liegen, sind deshalb in der Regel nicht warmformbar.

Das Rückstellvermögen warmverformter Thermoplaste beim Wiedererwärmen wird bei *Schrumpfschläuchen* zur Umkleidung von Stangen und Griffen und bei *Schrumpffolien* zur Herstellung fest anliegender Verpackungen, z.B. bei Paletten, ausgenutzt.

Amorphe Thermoplaste weisen im Gegensatz zu teilkristallinen Thermoplasten einen breiten Temperaturbereich auf, in dem sie umgeformt werden können. Für diese Kunststoffe wurden spezielle Typen der Umformtechnik entwickelt. Duroplaste sind in der Regel nicht warm umformbar, ausgenommen einige schwach vernetzte PUR-Platten, dünnes Hartpapier und dekorative Schichtpressstoffe. Sie werden in warmformbaren Qualitäten geliefert und können dann mit Radien bis etwa 35 mm gebogen werden, federn nach dem Erkalten in der Biegeschablone allerdings etwas zurück.

Die Aufheizung der Tafeln oder Folien erfolgt meist mit Wärmestrahlern. Bis zu einer Dicke von 2,5 mm genügt eine einseitige Heizung. Mit einer beidseitigen Heizung können Tafeln bis etwa 10 mm Dicke für die Umformung temperiert werden.

4.4.1.1 Biege-Formen

Halbzeuge wie Stäbe, Rohre und Platten werden umgeformt, indem die Biegezone mit Warmluft oder -gas, im Flüssigkeitsbad oder mit Wärmestrahlung erwärmt wird. Wie bei der Metallumformung werden Rohre zur Erhaltung des runden Querschnitts mit angewärmtem Sand, mit einem Stab aus Silikonkautschuk, mit einer mit Gewebe überzogenen Metallspirale oder mit einem aufgeblasenen Schlauch innen abgestützt. Größere Rohre werden aus Plattenware durch Biegen über einer Walze, z.B. mit Hilfe eines Rolltuchs, und durch anschließendes Verschweißen der Stoßkante hergestellt. Rohrmuffen werden auf dem Gegenrohr oder mit Kalibrierdornen, Überzugsrohren (die dann durch eine Wiedererwärmung auf eine Unterlage geschrumpft werden) mit Aufweitdornen hergestellt. Rohrenden werden warm in Kalibrierringe und Bundbüchsen eingepasst, aufgebördelt oder bei Polyolefinen auch angestaucht.

Zum *Abkanten* von Platten eignen sich Abkantvorrichtungen, die auch kleine Biegeradien ermöglichen. Scharfkantige Biegungen werden durch die Kombination von Biegen und Schweißen *(Abkantschweißen)* erreicht, Bild 4.131.

In ähnlicher Weise kann man Filmscharniere mit sehr guter Wechselbelastbarkeit herstellen. Ein beheiztes Schwert mit abgeflachter Schneide wird in den Kunststoff eingedrückt und verstreckt diesen dabei im Bereich der Schneide.
Vor allem großflächige Teile mit geringen erforderlichen Verformungen wie Hauben aus Acrylglas werden nach dem Verfahren der *Überlegformung* hergestellt, indem die erwärmten Platten über eine meist mit reibungsmindernden Stoffen bezogene Positivform gelegt und mit einem Niederhalterrahmen oder einem übergespannten Tuch fixiert werden.

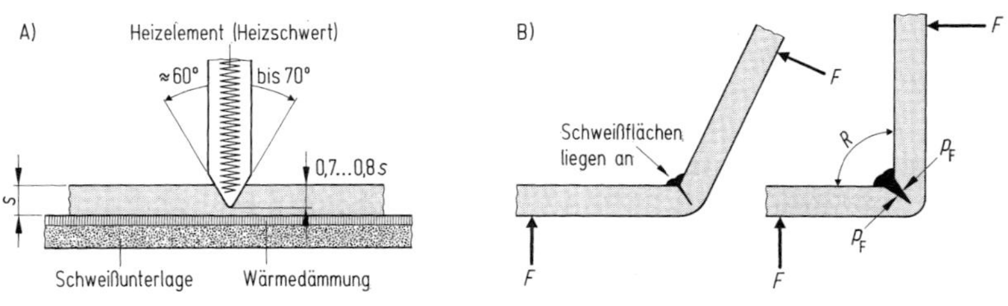

Bild 4.131 Abkantschweißen (nach Hadick)
A: Das erhitzte Heizelement wird in die Platte gedrückt, B: Abkanten der Platte, *F:* Abkantkraft, p_F : Schweißdruck

4.4.1.2 Zieh-Formen

Das Ziehformen findet meist mit Positiv- und Negativwerkzeugen statt, Bild 4.132, wobei das Oberteil auch durch ein mit Wasser gefülltes Kissen oder ein solches aus Schaumgummi ersetzt werden kann. Annähernd gleich bleibende Wanddicken werden dadurch erreicht, dass der umzuformende Plattenzuschnitt über den Rand des Werkzeugs nachgleiten kann. Die Massenproduktion einfacher, meist rotationssymmetrischer Verpackungsbehälter erfolgt mit Stempel und Ziehring entsprechend Bild 4.133 bei Temperaturen unterhalb der Einfriertemperatur amorpher und unterhalb der Schmelztemperatur teilkristalliner Thermoplaste *(Kalttiefziehen)*. Die Ziehkräfte liegen bei 40 bis 60% der Kräfte, die beim Ziehen von Metallen erforderlich sind. Die Werkzeugkosten liegen bei 25 bis 35% derjenigen für das Spritzgießen. Auf Automaten sind bei Verwendung von Mehrfachformen Stückzahlen von >10000 pro Stunde möglich.

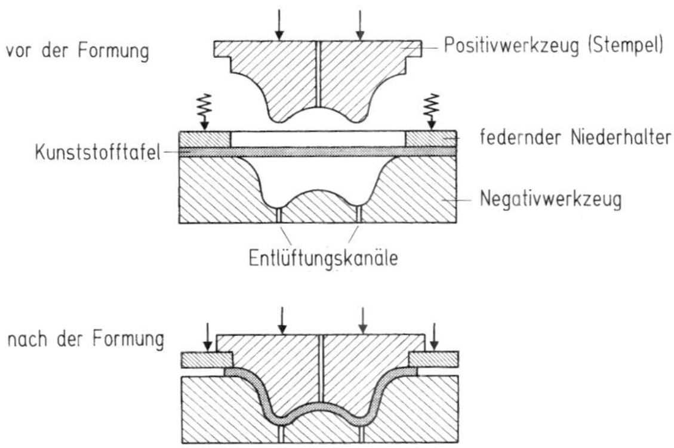

Bild 4.132 Tiefziehen mit Positiv- und Negativ-Werkzeug (nach VDI 2008, Bl.1)

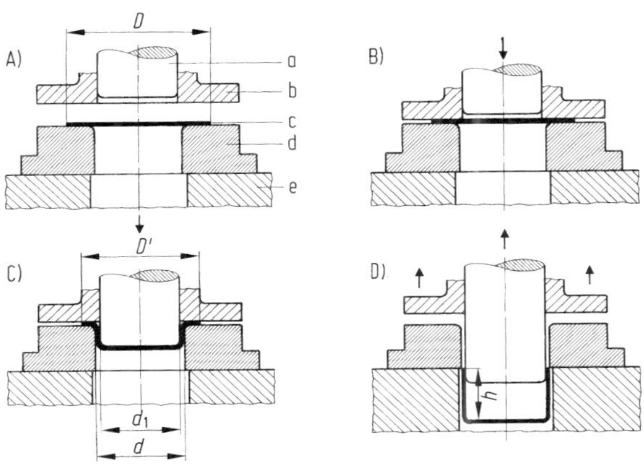

Bild 4.133 Tiefziehvorgang (A bis D) bei zylindrischen Teilen (nach Ebneth, Heidenreich, Röhr)
a: Ziehstempel, b: Niederhalter, c: ABS-Scheibe, d: Ziehring, e: Pressentisch

4.4.1.3 Streck-Formen

Beim Streckformen werden die Ränder der Zuschnitte so fixiert, dass die Umformung unter Verringerung der Wanddicke erfolgen muss. Die Verformungskräfte werden über Vakuum aufgebracht. Großtechnisch wird dieses Verfahren zur Herstellung von Verpackungsmitteln aus Kunststofffolien eingesetzt, darüber hinaus bei großflächigen Teilen. Warmformmaschinen weisen Formflächen von etwa 250 mm · 350 mm bis 3000 mm · 9000 mm und Ziehtiefen bis 2500 mm auf und gestatten Stückzahlen bis <5000 pro Stunde. Die Werkzeugkosten machen nur etwa 20% vergleichbarer Spritzgießwerkzeuge aus. Für Kleinserien bis etwa 50 Stück und Versuche genügen Werkzeuge aus Gips, Stonex-Masse oder Holz. Für größere Stückzahlen und bei feinerer Profilierung der Oberfläche werden gut wärmeleitende Werkzeuge aus Leichtmetall- oder Messing-Guss sowie aus Gießharzen mit etwa 60% Al-Pulverfüllung, in die zusätzlich Kühlkanäle eingegossen werden können, benötigt. Entwicklungsziele der Verfahrenstechnik sind die Minimierung der Wanddickenunterschiede und des Verschnitts, da in den meisten Fällen die Ränder der Tiefziehteile beschnitten werden müssen.

Das *Vakuumverfahren* in *negativer* Form (Vakuumtiefziehen) zeigt Bild 4.134. Da sich die Bereiche der Platte, die sich zuerst an die Form anlegen, nicht mehr an der weiteren Umformung beteiligen, werden die Wanddicken an Ecken, Kanten und in tiefen Bereichen des Formteils stark herabgesetzt. Eine Verbesserung wird erreicht, wenn die aufgeheizte Platte pneumatisch vorgestreckt und anschließend mit einem Hilfsstempel ins Werkzeug geführt wird, Bild 4.135. Ein Beispiel für die Automatisierung dieses Prozesses im Verpackungssektor zeigt Bild 4.136. Die Füllstation für das zu verpackende Gut und die Station zum Verschließen der Behälter, z.B. durch Heißsiegeln, sind integriert.

Wird die aufgeheizte Kunststoffplatte über dem Werkzeug pneumatisch vorgedehnt und dann mit Vakuum an die Wandung gesaugt, so spricht man vom *Positiv-Verfahren,* Bild 4.137. Eine Variante ist das Skinpack-Verfahren, bei dem das zu verpackende Gut auf einem Spezialkarton mit einer heißsiegelfähigen Schicht und Lochung für das Vakuum liegend als Positivform verwendet wird, Bild 4.138.

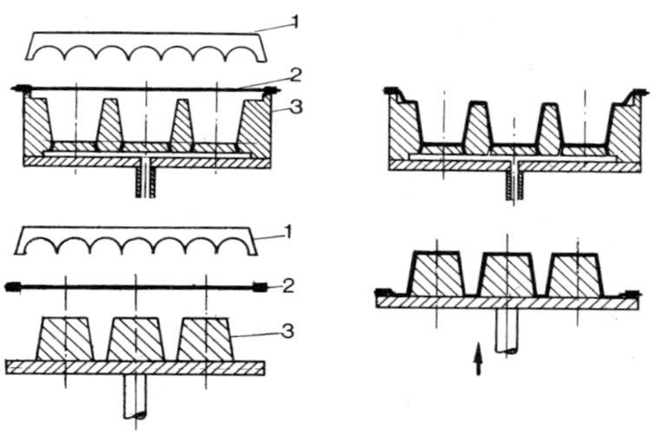

Bild 4.134 Schematische Darstellung des Warmform-Verfahrens
oben: Negativformen mit reiner Vakuumtechnik, unten: Positivformen
1: Heizelement, 2: Folie im Spannrahmen, 3: Werkzeug

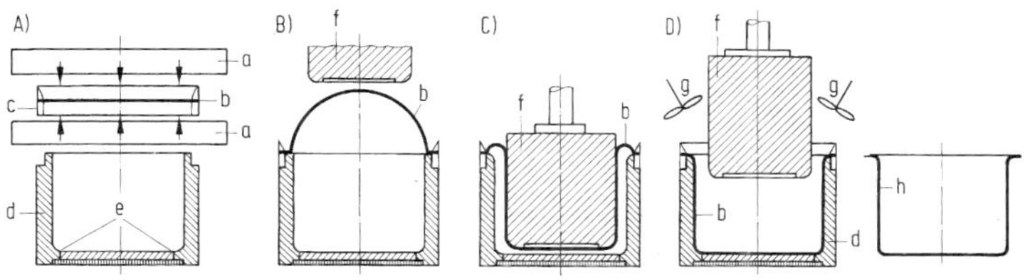

Bild 4.135 Vakuumverformung (Negativverfahren mit pneumatischem Vorstrecken und Hilfsstempel, (nach Höger)

A: Vorwärmen der eingespannten Folie mit Infrarotstrahlung, B: pneumatisches Vorstrecken (Vorblasen) mit Druckluft, C: mechanisches Vorstrecken mit Hilfsstempel, D: Saugen und Kühlen

a: Infrarotstrahler, b: Folie, c: Einspannrahmen, d: Negativform, e: Luftkanäle im Werkzeug, f: Hilfsstempel, g: Kühlung durch Blasluft, h: Umformteil

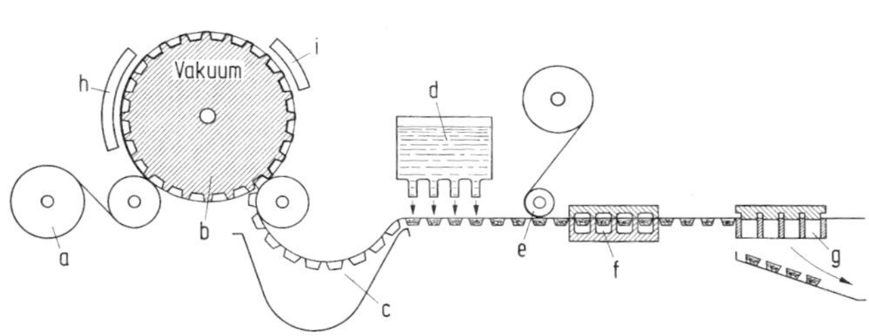

Bild 4.136 Rotations-Tiefziehen mit Vakuum (nach Missbach)

a: Abwicklung, b: Tiefziehtrommel, c: Abzugsausgleich, d: Füllstation, e: Aufbringen der Deckel-Folie, f: Verschweißen der Deckel-Folie, g: Trennen, h: Heizung, i: Kühlung

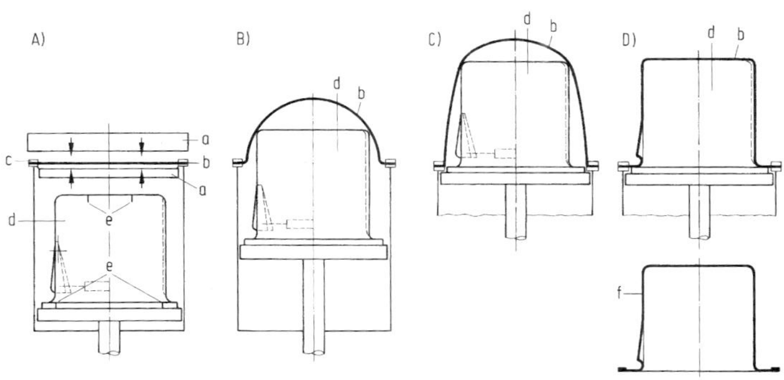

Bild 4.137 Vakuumverformung (Positivverfahren mit pneumatischem und mechanischem Vorstrecken) nach Höger

A: Vorwärmen der eingespannten Folie mit Infrarotstrahlung, B: pneumatisches Vorstrecken (Vorblasen) mit Druckluft, C: mechanisches Vorstrecken durch Hochfahren der Form, D: Saugen und Kühlen

a: Infrarotstrahler, b: Folie, c: Einspannrahmen, d: Positivform, e: Luftkanäle im Werkzeug, f: Umformteil

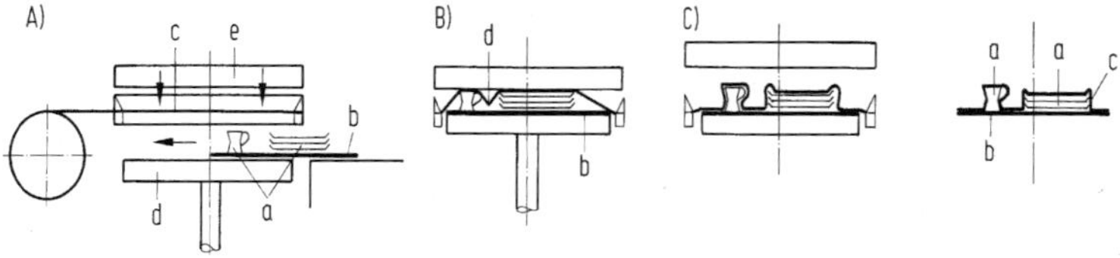

Bild 4.138 Skinpackverfahren
A: Vorwärmen der Folie. B: Hochfahren der Skinpackplatte mit dem Verpackungsgut. C: Saugen und Kühlen
a: Verpackungsgut, b: Spezialkarton, c: Folie, d: Skinpackplatte, e: Infrarotstrahler

Beim Blister- oder Bubbel-Verfahren werden Folien aus meist transparenten Kunststoffen mit angeformten Schalen über die zu verpackenden Güter gestülpt und mit der siegelfähigen Unterlage der Güter verschweißt.

Mit zweiteiligen Formwerkzeugen, zwischen denen zwei aufgeheizte Kunststoffplatten eingespannt und beim Zusammenfahren der Formhälften am Rand miteinander verschweißt werden, bläst man mit Druckluft oder zieht man mit einem Vakuum Hohlkörper wie Surfbretter, Twin-Sheet-Verfahren.

Das Herstellen von Hohlkörpern nach dem Spritzgieß- oder Streck-Blasfomen, s. Abschn. 4.2.2.21/4.2.2.22, und nach dem Extrusions-Blasformen, s. Abschn. 4.2.5.8, sowie die Verstreckung von Folien, Monofilen, Bändchen und Fasern sind auch Umformverfahren, die im Inline-Verfahren mit der Herstellung der Halbzeuge erfolgen und eine Verbesserung der Produkteigenschaften durch die Orientierung der Makromoleküle bzw. Kristallitbereiche in Umformrichtung bezwecken. Ebenso kann man das Zieh- und Streckformen unmittelbar an die Herstellung der Platten oder Folien anschließen, so dass ein Aufheizvorgang eingespart wird.

4.4.1.4 Druck-Formen

Besonders die teilkristallinen Kunststoffe lassen sich bei Raumtemperatur oder erhöhten Temperaturen durch Druck umformen. Die von der Metallverarbeitung her bekannten Verfahren wie das *Gummipressverfahren, Walzen, Schmieden, Stauchen, Nieten, Fließpressen und Gewinderollen oder -walzen* lassen sich anwenden, haben aber außer zur Herstellung von Schrauben, Patronenhülsen und dergleichen keine große Bedeutung erlangt. Bild 4.139 und Bild 4.140 zeigen Beispiele für das Gummipress- und Gesenkschmiede-Verfahren.

4.4.2 Fügen: Schweißen

Normen und Vorschriften zum Thema Schweißen s. Anhang A, über die Schweißeignung der Kunststoffe siehe auch Tafel 8.8 bis 8.10.

Nach DIN 1910 Teil 3 ist Kunststoff-Schweißen das Verbinden von thermoplastischen Kunststoffen unter Anwendung von Wärme und Druck mit oder ohne Verwendung von Zusatzwerkstoffen. Hierbei werden die Oberflächen auf eine Temperatur oberhalb der Schmelztemperatur aufgeheizt und unter Druck so zusammengefügt, dass eine möglichst homogene Verbindung entsteht. In der

Regel lassen sich nur Thermoplaste und Thermoplastische Elastomere verschweißen, da Duroplaste und vernetzte Elastomere nicht so aufschmelzbar sind, dass sie fließfähig werden. Neuere Untersuchungen von Bonten zeigen jedoch, dass teilkristallines vernetztes Polyethylen schweißbar ist, wenn die Vernetzungsdichte nicht zu hoch ist. Als Bindemechanismus wurde die Kristallisation über die Fügebene nachgewiesen. Unterschiedliche Kunststofftypen lassen sich nur miteinan-

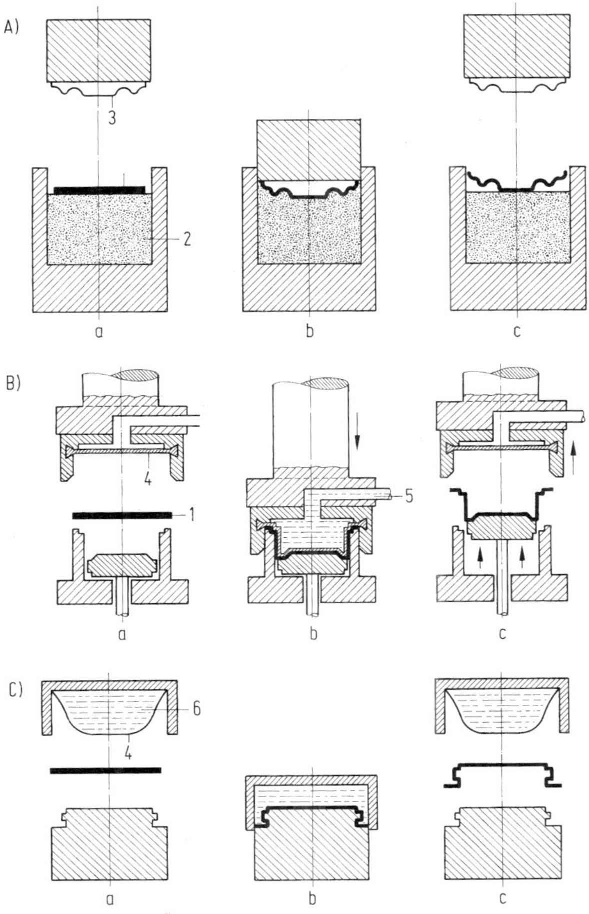

Bild 4.139 Gummipressverfahren (nach von Finckenstein)

A: mit Gummikissen, B: mit Gummimembran und Druckwasser (Hydroformverfahren), C: mit Gummimembran und konstanter Wasserfüllung (Beutel-Ziehverfahren)

a: Einlegen, b: Umformen, c: Entformen

1: Folienzuschnitt, 2: Gummikissen, 3: Ziehstempel, 4: Gummimembran, 5: Druckwasser-Zu- und -Ableitung, 6: Wasserfüllung

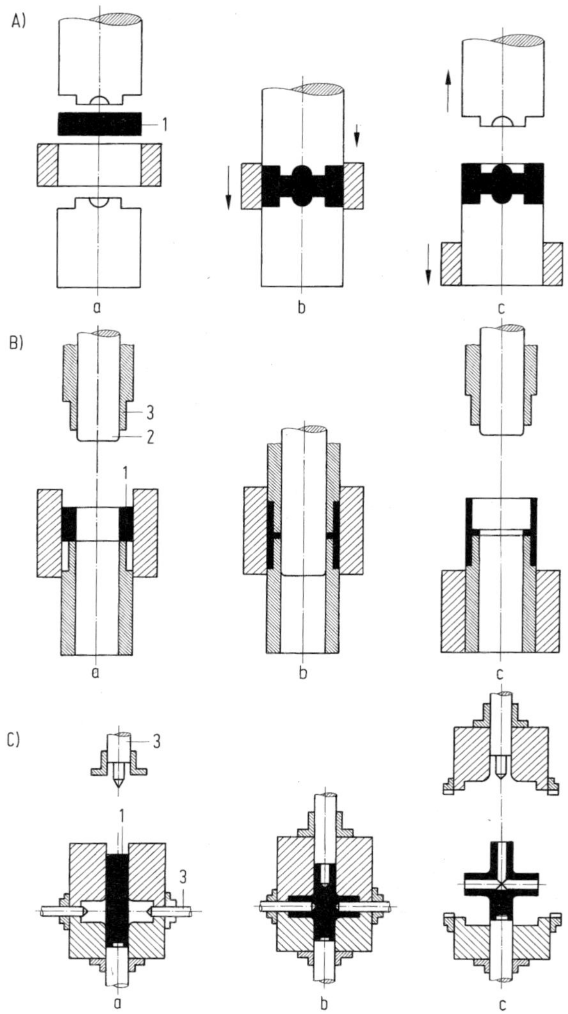

Bild 4.140 Gesenkschmieden von Kunststoffen (nach von Finckenstein)
A: Laufrad, B: Rohrmuffe, C: Ventilkörper
a: Einlegen, b: Umformen, c: Entformen, 1: Vorformling, 2: Dorn, 3: Stempel

der verschweißen, wenn eine chemische Mindestkompatibilität vorliegt und die Schmelztemperaturen nicht allzu weit auseinander liegen.

Eine Bewertung der Schweißverbindung muss sowohl die Dichtheit (Rohre, Behälter, Beutel, Verpackungen) als auch die Festigkeit einschließen. Während die Dichtheit in praxisnahen Versuchen an geschweißten Formteilen untersucht wird, werden - auch an Probekörpern - Kurz- und Langzeit-Schweißfaktoren(-Gütefaktoren) ermittelt. Sie geben das Verhältnis der Festigkeit der Schweißverbindung zu der des Grundmaterials wieder und liegen im Bereich von 0,3 bis 1. Bei der Angabe von Schweißfaktoren muss immer das Prüfverfahren mit angegeben werden, da dieses Verfahren die Höhe der Faktoren stark beeinflussen kann. Gebräuchliche Prüfverfahren sind Zug-, Biege-, Faltbiege- und Schlagbiege- oder Schlagzug-Versuche und Zeitstandversuche, z.B. unter Innendruck an Rohr-Schweißverbindungen. Eine Schweißverbindung kann für das Formteil eine Kerbwirkung bedeuten. Durch den lokalen Wärmeeintrag in der Schweißnaht kommt es lokal zu veränderten Eigenspannungen, die maßgeblich die Lebensdauer einer Schweißverbindung beeinflussen. Dies kann eine Prüfung des Formteils in Hinblick auf die Langzeiteigenschaften erforderlich machen. Die Güte einer Schweißnaht wird auch durch die Material- und Verarbeitungsqualität (Eigenspannung, Kristallisation, Orientierung usw.) der zu fügenden Bauteile beeinflusst

DIN 1910 teilt die Schweißverfahren für Kunststoffe nach der Art der Wärmezufuhr ein, s. Tafel 4.9.

Tafel 4.9 Schweißen thermoplastischer Kunststoffe

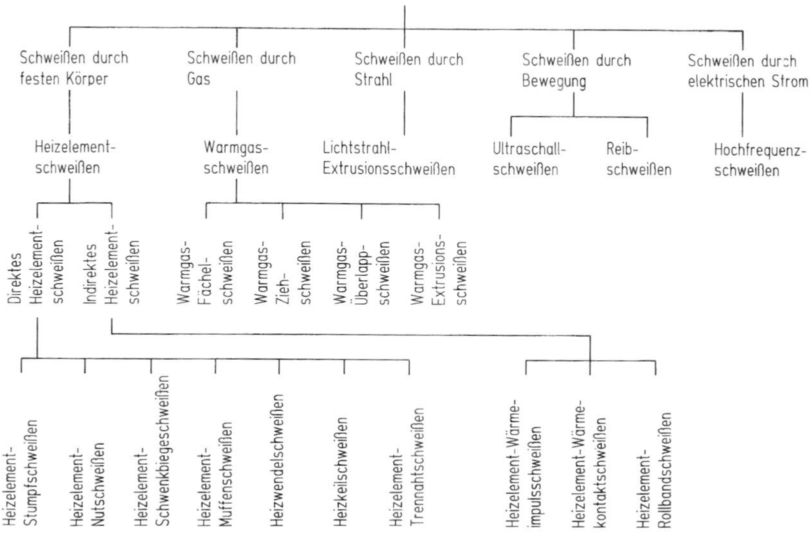

4.4.2.1 Heizelementschweißen mit direkter Erwärmung

Die zu verbindenden Fügeflächen werden mit elektrisch auf etwa 180 bis 300 (550) °C aufgeheizten Metallkörpern unter leichtem Andruck so weit erwärmt, bis sich ein Wulst teigig aufgeschmolzenen Materials gebildet hat. Nach dem Entfernen des oder der Heizelemente werden die Flächen möglichst schnell unter einem Druck von 0,1 bis 2 N/mm^2 so zusammengefügt, dass aufgeschmolzenes Material ausgepresst wird. Die Heizelemente, meist aus AL-Legierungen, sind dabei den

Fügeflächen angepasst (Lötkolben, Heizspiegel, Heizkeil usw.) und bei Temperaturen bis 260 °C mit einer PTFE-Antihaft-Schicht versehen. Gegen Verzunderung werden sie vernickelt oder versilbert. Für Mischmaterial-Schweißungen verwendet man Heizelemente, deren Oberflächentemperaturen den unterschiedlichen Schmelztemperaturen der Kunststoffe angepasst werden können. Die Temperaturdifferenzen auf der Oberfläche der Heizelemente sollten 5 °C nicht überschreiten.

Eine hohe Qualität der Schweißverbindung wird mit Heizelement-Schweißvorrichtungen erreicht, die sowohl in der Werkstatt als auch auf der Baustelle eingesetzt werden können. Bei diesen Vorrichtungen werden die zu verbindenden Teile gespannt und geführt, die Heizspiegel maschinell ein- und ausgeschwenkt und der zeitliche Arbeitsablauf, die Schweißspiegel-Temperatur und der Anpressdruck geregelt. Insbesondere Polyolefin-Halbzeuge werden so verarbeitet:

- Schweißen und Abkanten (Bild 4.131) von Platten mit bis zu 2 m langen Heizschwertern,
- Stumpfschweißen von Rohren mit Durchmessern bis zu 1400 mm,
- Rohr-Fitting-Schweißung mit Heizelementen, die die zu verbindenden Innen- und Außenflächen erwärmen,
- Einschweißen von Bauteilen in Platten oder Rohre (Hosenrohre),
- Gehrungsschweißen, z. B. von PVC-Fensterrahmen,
- Verschweißen von Spritzgussteilen, z. B. zu Hohlkörpern, Ansaugkrümmer.

Mit Heizmuffen und Heizdornen werden Innen- und Außenrohre für die Schweißmuffenverbindung in einem Arbeitsgang geformt und erhitzt. Bild 4.141 zeigt Beispiele für die Ausbildung von Fügenähten.

Eine Sonderform des Heizelementschweißens ist das Muffenschweißen mit Elektroschweißfittings. In die Innenseite der Muffen beim Spritzgießvorgang eingebettete verlorene Heizwendel werden elektrisch aufgeheizt, die Wärmeausdehnung des Kunststoffs erzeugt den Schweißdruck.

Überlapp-Verbindungen von weichen Dichtungsbahnen für Dach- und Deponie-Abdichtung werden kontinuierlich mit Heizkeilen hergestellt, über die die Folien geführt und anschließend durch Druckrollen verschweißt werden.

4.4.2.2 Heizelementschweißen mit indirekter Erwärmung

Diese Verfahren wurden speziell für Folien in der Verpackungsindustrie entwickelt. Die zu verbindenden Folien werden überlappt zwischen zwei Stempel gelegt, von denen ein Stempel oder auch beide Stempel beheizt sind. Beim *Wärmekontakt-Schweißen* erfolgt eine Dauerbeheizung bei 150 bis 250 °C. Der Stempel ist mit PTFE-Gewebe überzogen und überträgt die Wärme durch die Folien an die Fügestelle. Die Schweißnahtgüte wird durch die Variation der Schweißzeit und des -druckes optimiert. Da die Schweißnaht nicht unter Druck abkühlen kann, weist sie besonders bei einseitiger Beheizung und dünnen Folien oft ein unschönes welliges Aussehen auf. Man setzt deshalb das Verfahren mehr zum Aufschweißen von Deckeln, zum Heißsiegeln von Schmelzschichten und zum Verschweißen von Verbundfolien ein. Hierzu werden manuelle Systeme und vollautomatische Heißsiegel- und Beutelmaschinen verwendet.

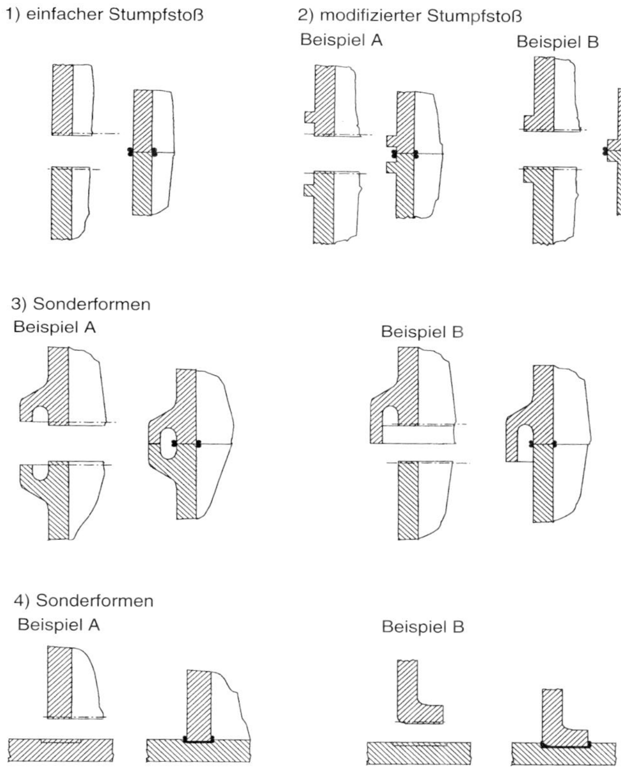

Bild 4.141 Fügenahtgestaltung beim Heizelementschweißen

Beim *Wärmeimpuls-Schweißen* liegen auf Stempeln dünne Heizbänder oder -drähte unter einer nicht zum Kleben oder Haften neigenden PTFE-Schicht. Die Heizelemente werden durch kurze Stromimpulse aufgeheizt, die Abkühlung erfolgt unter dem Druck der Stempel. Folien mit einer Dicke unter etwa 0,1 mm werden mit einseitigen, dickeren Folien bis etwa 0,3 mm mit zweiseitiger Erwärmung verschweißt. Wird zur Heizung ein freiliegender Draht verwendet, so werden die beiden Folien beim Wärmeimpuls durchtrennt und gleichzeitig an beiden Seiten des Drahtes verschweißt: *Trennnaht-Schweißen.* Wird bei diesem Verfahren ein dauerbeheizter Draht eingesetzt, so lassen sich höchste Taktzahlen (etwa 250 Takte/min) erreichen.

Ein Abkühlen unter Druck bei konstant beheizten Stempeln ermöglicht das *Heizelement-Rollbandschweißen,* Bild 4.142. Die Wärme wirkt über ein umlaufendes Kontaktband auf die zu verschweißenden Folien ein und wird anschließend zwischen den Kühlelementen wieder abgeführt. Taktzahlen von 100 Takte/min werden erreicht.

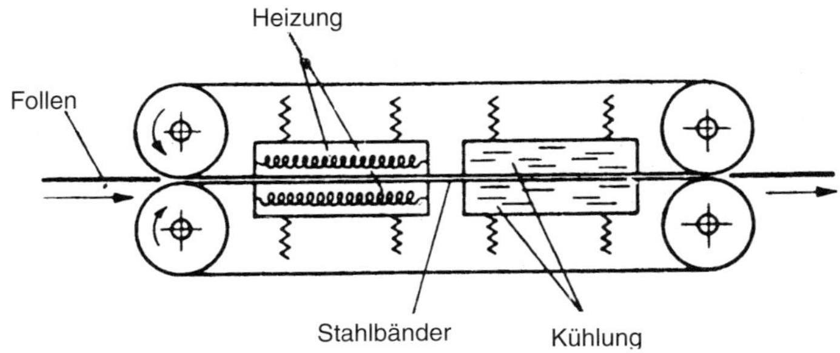

Bild 4.142 Wärmekontakt-Schweißverfahren für Flachnähte durch umlaufende Schweißbänder mit Abkühlung unter Druck (Werkbild: Doboy)

4.4.2.3 Warmgas-Schweißen

Beim Warmgasschweißen werden die zu verschweißenden Flächen und ein Zusatzdraht mit erwärmter Luft von 80 bis 500 °C aufgeschmolzen. Es sind in erster Linie manuelle Verfahren zur Herstellung von Apparaten und Anlagen der chemischen und Photo-Industrie, die bei abnahmepflichtigen Bauteilen geschultes und überprüftes Personal erfordern, vgl. DVS-Richtlinie 2212. Die drei wesentlichen Methoden sind in Bild 4.143 dargestellt.

Beim *Fächelschweißen* wird die Warmluft durch eine Runddüse von Hand zugeführt und ein Schweißstab senkrecht von oben in eine V-förmig vorbereitete Schweißnut gedrückt. Durch pendelnde Bewegungen des Schweißgeräts werden Schweißdraht und Fügeflächen fortlaufend auf Schweißtemperatur gebracht, s. Bild 4.143 A. Bei weichen Kunststoffen wie PE oder PVC-P muss der Schweißdruck über eine Rolle aufgebracht werden. Runde, aber auch profilierte Schweißstäbe kommen zum Einsatz.

Zum *Warmgas-Ziehschweißen* wird ein Schweißgerät verwendet, in dem der Heißluftstrom gezielt auf den Schweißstab und das Grundmaterial gerichtet wird, s. Bild 4.143 B. Die Schweißkraft wird über die schnabelförmige Spitze der Düse übertragen. Speziell zum Verschweißen von PVC-Fußbodenplatten nach diesem Verfahren werden selbstfahrende Maschinen eingesetzt.

Eine Weiterentwicklung des Warmgas-Ziehschweißens ist das *Extrusions-Schweißen,* das gerne bei großen Volumen der Schweißnaht und bei hohen Qualitätsanforderungen angewendet wird, Bild 4.144. Statt des Schweißstabs wird dem Schweißkopf über einen beheizten Schlauch ein in einem Extruder erzeugter Schmelzestrom zugeführt und in die mit Heißluft erwärmte Schweißfuge oder beim Schweißen von Dichtungsbahnen zwischen die erwärmten Folien abgelegt. Die Schmelze wird mit dem Gleitschuh oder separat von Hand angedrückt. Mit *Hand-Schweitextrudern* lassen sich Nähte für Wanddicken bis 15 mm in einer Lage schweißen, mit für den Werkstattbetrieb ausgelegten Anlagen (Schmelzestrang-Durchmesser 10 bis 20 mm) bis zu 30 mm. Beim *Lichtstrahl-Extrusionsschweißen* wird das Grundmaterial statt mit Heißluft mit langwelligen Heizstrahlern erwärmt.

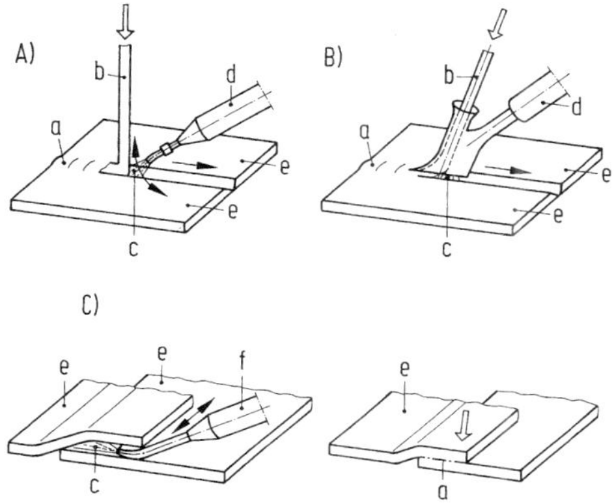

Bild 4.143 Warmgasschweißverfahren (nach Potente)
A: Fächelschweißen, B: Ziehschweißen, C: Überlappschweißen
a: Schweißnaht, b: Schweißzusatz, c: Warmgas, d: Schweißgerät, e: Werkstück, f: Schweißgerät mit Flachdüse

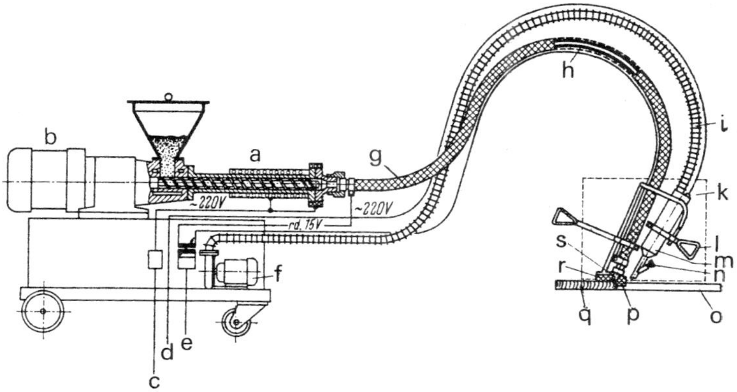

Bild 4.144 Extrusionsschweißgerät
a: Extruder, b: Regelmotor, c: Temperaturregler für die Extruderheizung, d: Stromzufuhr für die Lufterhitzer, e: Temperaturregler für die Schlauchheizung, f: Gebläse, g: Schlauchumflechtung als Heizwiderstand, h: PTFE-Schlauch, i: Luftschlauch, k: Schweißkopf, l: Handgriff, m: Lufterhitzer, n: Warmluftthermometer, o: Schweißfuge, p: Führungsnase, q: Schweißgut, r: Schweißnaht, s: Schweißschuh, t: Schlauchmundstück

Ohne Schweißzusatz werden Folien oder Platten überlappt verschweißt. Die Heißgasdüse wird fächelnd zwischen den zu verschweißenden Flächen geführt und der Druck von Hand mit einer Rolle aufgebracht, s. Bild 4.143C. Auch für das Überlappschweißen von Deponiebahnen werden automatische Anlagen eingesetzt.

Großrohre werden ähnlich dem Exruder-Schweißen nach dem *Wickelverfahren* hergestellt, indem ein extrudiertes Band auf eine beheizte Trommel so abgelegt wird, dass sich die Profilkanten überlappen und beim Andrücken verschweißen, Bild 4.145. Nach dem Abkühlen wird die Trommel nach innen zusammengeklappt, so dass das Wickelrohr entformt werden kann.

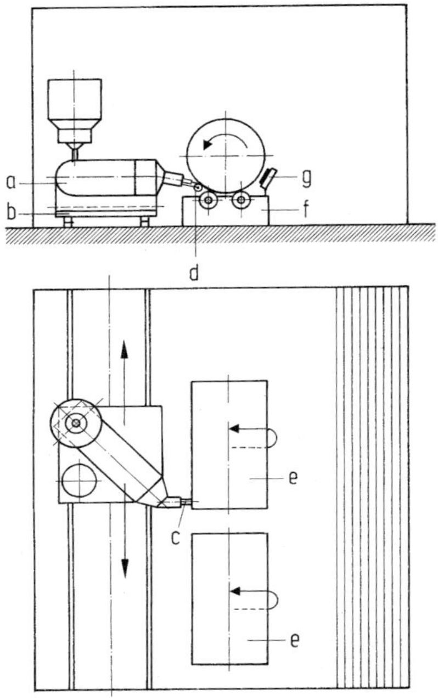

Bild 4.145 Anlage zum Wickeln von Rohren (nach Hawerkamp)
a: Extruder, b: Extruderfahrwagen, c: Profilwerkzeug, d: Profilandrückrolle, e: Wickeltrommeln, f: Wickelvorrichtungen, g: Trommelheizvorrichtung

4.4.2.4 Reib-Schweißen, Ultraschall-Schweißen

Bei diesen Verfahren wird die zum Verschweißen der Fügeteile erforderliche Wärme durch Relativbewegungen der Fügeflächen unter Druck erzeugt. Beim Erreichen der Schweißtemperatur wird der Reibvorgang gestoppt und die Teile mit erhöhtem Druck zusammengefügt. Bild 4.146 gibt einen Verfahrensüberblick.

Rotationssymmetrische Teile wie Stangen, Rohre, Hohlzylinder, Rohrbunde und runde Teile, die in andere Körper eingeschweißt werden, lassen sich rationell nach dem *Rotations-Reibschweißen* verbinden. Auf Drehbänken oder speziellen Rotations-Reibschweißmaschinen wird ein Teil festgehalten, während das andere Teil mit einer Umfangsgeschwindigkeit von etwa 0,5 bis 8 m/s rotierend auf diesem reibt. Beim Erreichen der Schmelztemperatur soll die Relativbewegung innerhalb 0,5 s beendet und der Schweißdruck von 0,1 bis 2 N/mm^2 aufgebracht werden. Beim Stumpfschweißen mit Durchmessern >40 mm müssen die Schweißflächen ballig oder schwach kegelig gestaltet werden. Bild 4.147 zeigt einige Fügenahtformen.

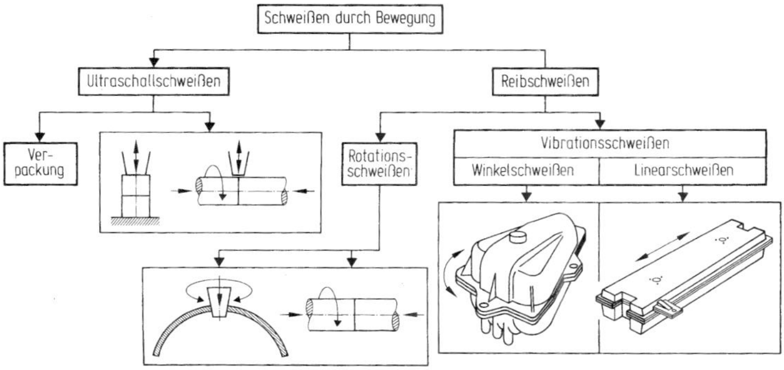

Bild 4.146 Ultraschall- und Reibschweißen (nach Potente)

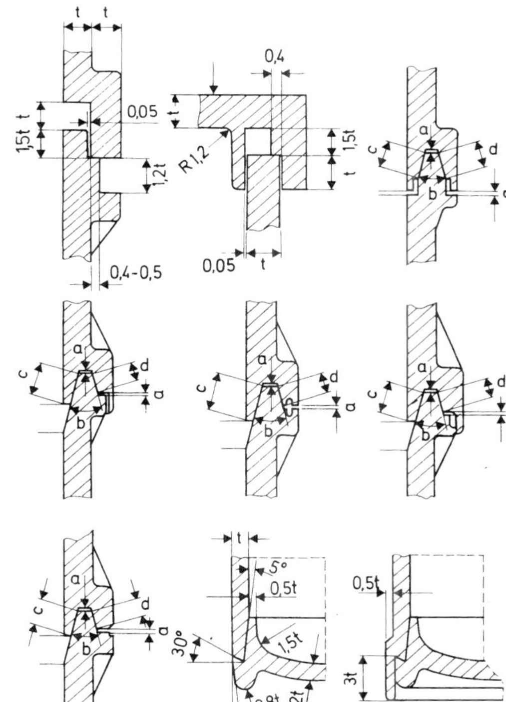

Bild 4.147 7Fügenahtgestaltung beim Rotationsreibschweißen
a: Maß der Verschiebung beim Schweißen,
b: Fügenahtwinkel,
c, d: Fügenaht-Maße,
t: Wanddicke,
R: Radius

Das *Vibrations-Schweißen* ist von der Formteilgeometrie unabhängiger. In speziellen Maschinen werden die Fügeteile unter leichtem Druck zusammengespannt und ein Fügeteil durch elektromagnetische oder hydraulische Systeme zu Schwingungen von wenigen Winkelgraden (Winkelschweißung), Amplituden von 0,2 bis 3,5 mm *(Linear-Schweißverfahren),* oder kreisförmigen Schwingungen mit Minikreisen von 0,2 bis 0,75 mm Amplituden bei Frequenzen von 100 bis 280 Hz angeregt. Die Schweißmaschinen weisen Aufspannflächen bis zu 0,6 m · 2 m auf und die Schweißfläche kann bis zu 300 cm^2 betragen, so dass auch sehr große Teile, z.B. für den Kraftfahrzeugbereich, hergestellt werden können.

Je nach Partnerwerkstoffen entsteht beim Vibrationsschweißen eine Kunststoff-Kunststoffverbindung, eine Verkrallung des Matrixwerkstoffs im Faserwerkstoff oder nur eine makroskopisch formschlüssige Verbindung.

Beim *Ultraschall-Schweißen* erfolgt die Erwärmung in den Berührungsflächen der Fügeteile durch Reibung als Folge von Schallwellen mit einer Frequenz von 20 bis 25 kHz, in Sonderfällen von 50 kHz. Da ein Teil der Energie durch innere Reibung im Kunststoff in Wärme umgewandelt wird, lassen sich bevorzugt harte Kunststoffe mit geringen mechanischen Verlustfaktoren und Formteile mit einem geringen Abstand zwischen Schalleinleitungsstelle und Schweißnaht verschweißen. Man unterscheidet zwischen dem *Kontakt-* oder *Nahfeld-Schweißen,* z.B. zum Verschweißen gefüllter Verpackungen und dem *Fernfeld-Schweißen* von in der Regel kleineren Formteilen wie Feuerzeuge, Filmkassetten, Diarahmen, Schreibgeräten oder Autorücklichtern, Bild 4.148. Ein Schweißdruck von 2 bis 5 N/mm^2 ist erforderlich, damit die Sonotrode nicht vom Schweißgut abhebt. Die Schweißzeiten können unter 1 s liegen. Besondere Bedeutung für die Schweißbarkeit, Optik und Qualität kommen der Formteilgestaltung und Ausbildung der Fügezone zu. Bild 4.149 zeigt Beispiele. Spezielle Anwendungen der Ultraschalltechnik sind Bild 4.150 zu entnehmen. Das Einbetten von Metallinserts und das Vernieten mit Nietzapfen ist auch bei einigen Duroplasten möglich, da sie bei Erwärmung etwas erweichen können.

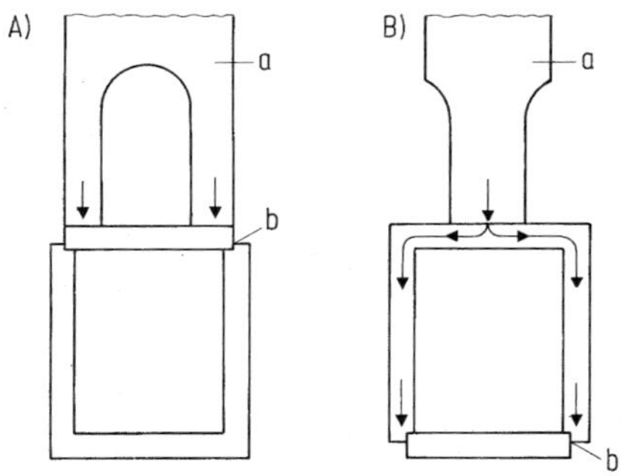

Bild 4.148 Ultraschallschweißen (nach Vorlagen der Fa. KLN-Mecasonic, Heppenheim)
A: Nahfeldschweißung,
B: Fernfeldschweißung
a: Sonotrode, b: Schweißnaht

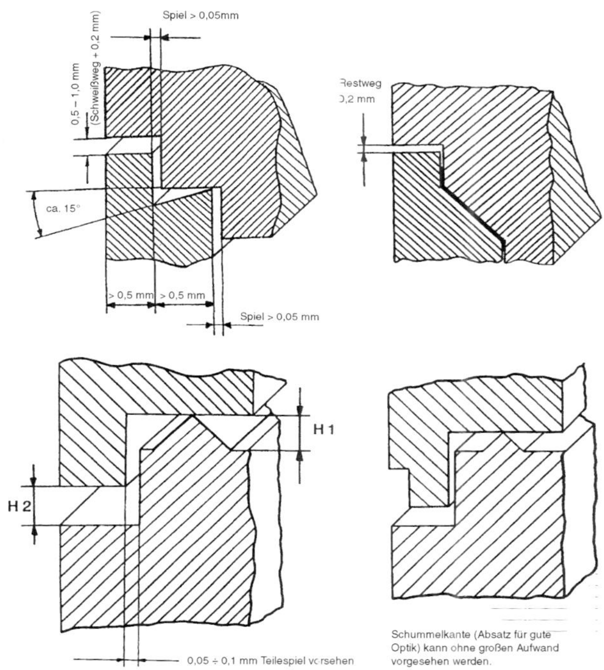

Bild 4.149 Fügeflächenkonstruktion beim Ultraschallschweißen (Werkbild: Hermann)

4.4.2.5 Hochfrequenz-Schweißen

Kunststoffe mit einem ausreichend hohen dielektrischen Verlustfaktor tan $\delta > 0{,}1$ (z.B. PVC, PUR, PVDC, EVA, PET, ABS, CA), lassen sich im hochfrequenten elektrischen Wechselfeld erwärmen und damit unter Druck verschweißen. Da der Verlustfaktor einiger Kunststoffe mit der Temperatur ansteigt, können diese Kunststoffe durch Vorwärmen oder vorgewärmte Elektroden schweißbar gemacht werden. Auch das Zwischenlegen einer schweißbaren Folie oder einer entsprechenden Verbundfolie kann eine Lösung sein.

Eine HF-Schweißmaschine besteht aus einem HF-Generator (Schweißfrequenz meist 27,12 MHz) im Leistungsbereich von 0,1 bis 100 kW und einer pneumatischen oder hydraulischen Schweißpresse, die über die Elektroden- die obere ist die meist aus Messing gefertigte Formelektrode, die untere die isolierte plattenförmige Gegenelektrode- den erforderlichen Schweißdruck aufbringt. Entsprechend dem Haupteinsatzgebiet der HF-Schweißung (Herstellung von Täschnerwaren, Bucheinbänden, Polstern, Aufblasartikeln, KFZ-Ausstattungsteilen usw.) kommen unterschiedliche, auch dreidimensional geformte Formelektroden zum Einsatz, die verschiedene Zusatzfunktionen erfüllen, Bild 4.151. HF-Schweißpressen sind meist in Produktionsstraßen eingebaut und werden dabei automatisch beschickt und entsorgt. Es lassen sich beim Schweißen ohne Schneidkanten dabei bis zu 80 Takte/min erreichen.

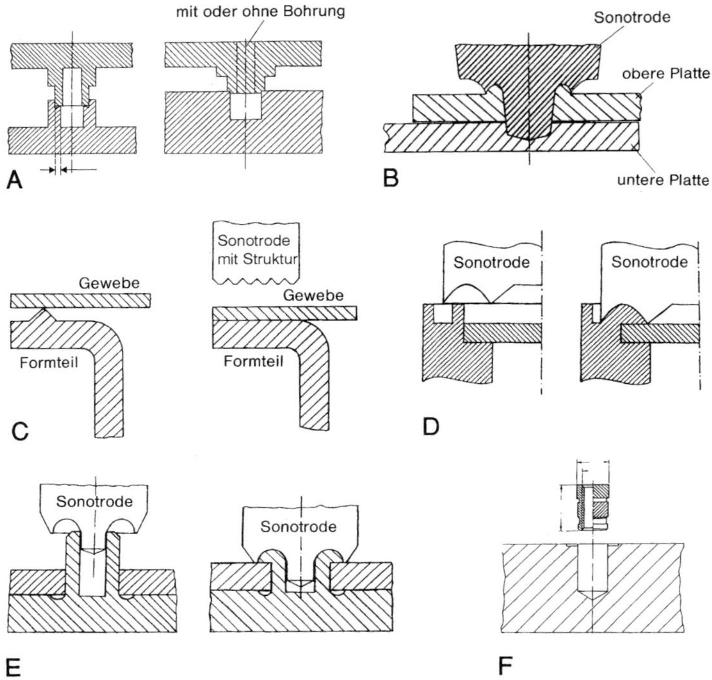

Bild 4.150 Anwendungen der Ultraschallschweißtechnik (Werkbild: Hermann)
A: Zapfenschweißen, B: Punktschweißen, C: Verschweißen von Folien und Geweben mit Formteilen, D: Bördeln, E: Nieten, F: Einbetten von Metallinserts

4.4.2.6 Induktions-Schweißen

Ein metallhaltiger Schweißwerkstoff kann durch Induktion erwärmt werden. Als elektromagnetische Zusatzstoffe (Suszeptormittel) im Grundmaterial der Fügeteile oder in einem als Schweißzusatz vorgesehenen Kunststoff, der zwischen die Fügeteile gelegt wird, werden Oxidpartikel eingesetzt. Das Prinzip zeigt Bild 4.152. Obwohl das Induktions-Schweißen (elektromagnetisches Schweißen oder EMA-Bond) z. Z. wenig bekannt ist, ist es eine aussichtsreiche Methode, da es zur Verbindung der meisten Thermoplaste geeignet erscheint.

In der Flugzeugindustrie werden größere Teile aus mit leitenden Fasern (Kohlefasergewebe) verstärkten Thermoplasten innerhalb von 5 s auf 400 °C induktiv erwärmt und verschweißt.

4.4.2.7 Laserschweißen

Das Schweißen mit Laserstrahlen ist ein vergleichsweise neues Verfahren, das erst allmählich in hierfür geeignete Anwendungen vordringt. Dabei mag auch der recht hohe Investitionsaufwand und die noch geringen Erfahrungen mit diesem Verfahren eine Rolle spielen. Es kommt deshalb vorzugsweise dort zum Einsatz,

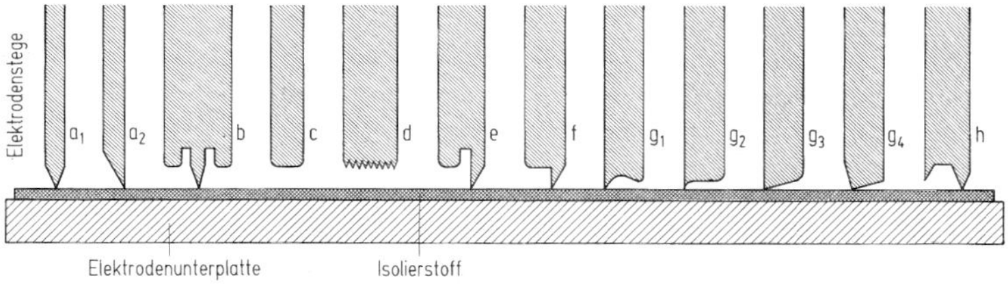

Bild 4.151 Verschiedenartige Elektrodenstege (Abele, Kunststoff-Fügeverfahren)

a_{1-2}: Trennstege (Schneidkanten) in symmetrischer und unsymmetrischer Ausführung,

b: symmetrischer Trennsteg mit beidseitig angebrachten Schweißstegen (auch Taschenschlitz-Elektrode genannt),

c: einfacher Schweißsteg (glatt),

d: Profilierter Schweißsteg (Dekorsteg), es gibt längs und quer gefräste Stege, unterbrochene Linien, Steppstich- und andere Gravuren sowie Ornamentmotive in vielen Ausführungen und Stegbreiten zwischen 1 und 6 mm,

e: Standard-Schweiß-Trennelektrodensteg, lieferbar in Breiten von 1,5 bis 3 mm und Trennkanten-Höhendifferenzen von 0,1 bis 0,6 mm (Zehntel-Abstufung). Kombinierte Schweiß-Trennstege werden auch als Dekorstege angeboten,

f: Schweiß-Trennelektrodensteg ohne Wulstrand-Fräsung,

g_{1-4}: Randlos-Schweißstege verschiedener Art. Die Nutzenseite ist jeweils links vom Steg, der Randabriss rechts,

h: Randappliziersteg zum Aufschweißen andersfarbiger Folien-Randstreifen

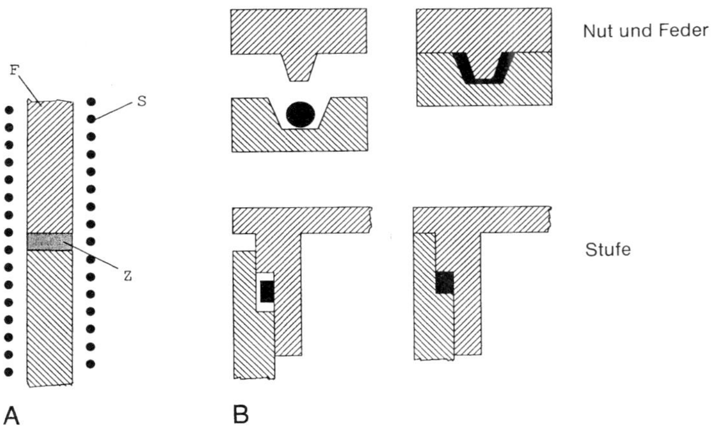

Bild 4.152 Prinzip (A) und Fügenahtgestaltung (B) beim Induktionsschweißen
S: Spule, F: Fügeteil, Z: Zusatzmaterial

wo herkömmliche Verfahren Schwierigkeiten bereiten. Hierbei werden die hohe Flexibilität und Schweißgeschwindigkeit, die Möglichkeit der begrenzten Energieeinbringung auch an schwer zugänglichen Stellen und die berührungslose Arbeitsweise genutzt. CO_2-Laser (Wellenlänge 10,6 μm) Nd:YAG-Laser (Wellenlänge 1,064 µm) und Hochleistungsdioden-Laser (Wellenlänge 0,8 bis 1,0 µm) kommen zum Einsatz.

Die Art des Lasers, die Absorptionseigenschaften des bzw. der zu verschweißenden Kunststoffe und die Fügeform müssen aufeinander abgestimmt werden. Die Strahlung von CO_2-Lasern wird von allen Kunststoffen oberflächennah vollständig absorbiert, so dass der Wärmetransport in tiefere Schichten durch Wärmeleitung erfolgen muss. Die Fügeflächen müssen für den Laserstrahl zugänglich sein. Damit kann der CO_2-Lasern als Ersatz für Heizelemente dienen. Bild 4.153B oder C zeigt eine für CO_2-Laser geeignete Vorgehensweise.

Die Strahlung der beiden anderen Laserarten dringt dagegen abhängig vom jeweiligen Kunststoffe bis zu mehreren mm ein. Damit wird ein Durchstrahlschweißen möglich Bild 4.153A. Die beiden zu fügenden Teile müssen jedoch im Bereich der Wellenlänge des Laserlichtes unterschiedliches Absorptionsverhalten aufweisen. Während das obenliegende Teil transparent für das Laserlicht sein muss, wird das Absorptionsverhalten des untenliegenden Kunststoffs durch Einarbeitung von absorbierenden Füll- und Verstärkungsstoffen oder Pigmenten so modifiziert, dass die Laserenergie an der Grenze vom Oberteil zum Unterteil absorbiert wird. Beim Einsatz von NIR-Absorbern mit einem Absorptionsmaximum zwischen 0,8 und 1,0 µm lassen sich mit Diodenlasern auch im sichtbaren Lichtbereich hochtransparente Kunststoffe schweißen. Inzwischen sind verschiedene Pigmentkombinationen erprobt, bei denen beide Fügeteile optisch gleich erscheinen, aber dennoch genügend unterschiedliche Absorption im Laserlicht zeigen. Das Schweißen von allen gängigen Thermoplasten einschließlich hochtemperatur-beständiger fluorierter Kunststoffe sowie die Verbindung auch unterschiedlicher Werkstoffe wie PMMA und ABS, Thermoplast und thermoplastisches Elastomer oder Kunststoff und Metall sind möglich.

Mikroformteile können mit einer minimalen Schweißnahtbreite von 50 bis 70 µm geschweißt werden, Formabtrag im Mikrometerbereich erfolgt mit Excimer-Lasern.

4.4.3 Fügen: weitere Methoden

4.4.3.1 Kleben von Kunststoffen

Allgemein gültige Normen und Vorschriften für die Durchführung von Klebungen siehe Anhang A.

Haftkräfte beim Verkleben von Kunststoffen lassen sich im Wesentlichen auf Nebenvalenz-, Dipol- und Dispersionskräfte zurückführen. Dabei unterscheiden sich die zu verklebenden Kunststoffe nicht nur nach der vorhandenen Oberflächenenergie (Benetzbarkeit), sondern insbesondere nach dem chemischen Aufbau, der die Ausbildung dieser Kräfte ermöglicht. Die bekannt schwierige Verklebung der unpolaren Polyolefine (Polyethylen, Polypropylen) beweist den starken Einfluss der Polaritätseigenschaften. Unpolare Kunststoffe lassen sich daher – bei geringer Festigkeit – nur nach einer Oberflächenbehandlung verkleben.

Zur Haftungssteigerung stehen folgende Verfahren zur Verfügung:

- Erhitzung der Oberfläche mit einer oxidierenden Gasflamme auf 300 bis 400 °C.

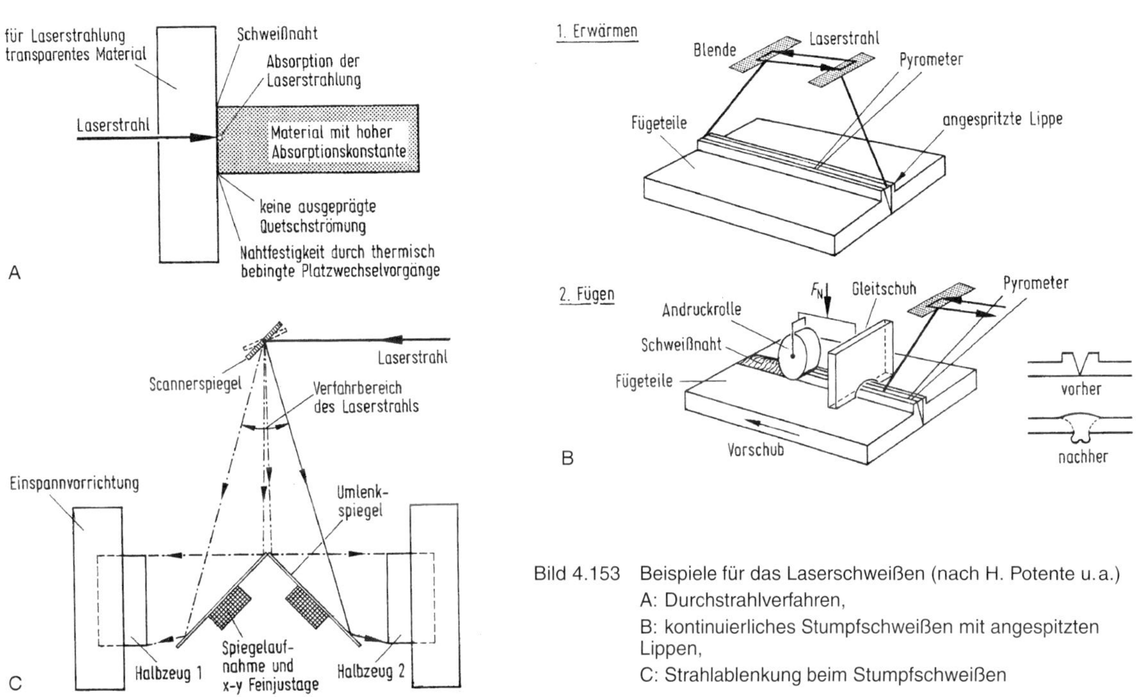

Bild 4.153 Beispiele für das Laserschweißen (nach H. Potente u.a.)
A: Durchstrahlverfahren,
B: kontinuierliches Stumpfschweißen mit angespitzten Lippen,
C: Strahlablenkung beim Stumpfschweißen

- Behandlung in Beizbädern (PE, PP: wässrige Chromschwefelsäure, 70 °C; PTFE: Naphthalin, Natrium in Tetrahyrofuran, 20 °C; POM: 85% Phosphorsäure).
- Primern mit verdünnten Klebstofflösungen, Ätz- oder Halogenisierungsmittel; PVC-U mit 1-K-PUR-Klebstoff; PP mit Cyanacrylat.1
- Coronaentladungen (5 bis 10 kV, 6 bis 100 kHz).
- UV-Strahlen.
- Bei der Gasphasenfluorierung wirkt ein Gas bestehend aus N_2 und 0,1 bis 10 Vol.-% F_2 10s bis 10 min auf die zu behandelnde Oberfläche ein. Hierbei wird H im Kunststoff durch F ersetzt, Anwendungen bei Reaktionsklebung von PP, PP-GF, EPDM, PBT, PBT+ABS, PET, POM, PPS.
- Niederdruck-Plasmabehandlung (PE, PP, PS, ABS, PC, POM, PTFE).

Für die Plasmabehandlung werden zylindrische Zykluskammern bis zu mehreren m^3 Inhalt für Massenteile, Parallelplattengeräte für Großteile der diskontinuierlich arbeitenden Anlagen nach dem Evakuieren auf 0,1 bis 10 mbar bei fortlaufender Pumpe kurzzeitig mit Prozessgas (O_2, N_2, F, Edelgase) dieses Drucks unter Hochfrequenzspannung im prozess- und volumenabhängig zu wählenden Hz- bis GHz-Bereich beaufschlagt. Herausschlagen von Atomen („Sputtering“) und Aktivierung („Trocken-Ätzung“) von Oberflächen durch die entstehenden hoch aufgeladen beschleunigten Anionen, Elektronen und Atome des Plasmagases (mit O_2 unter Abspaltung von abgesaugtem CO_2 und H_2O) und zugleich auftretende UV-Strahlung erfordert in Sekunden zu messende Zeiten, so dass die Zyklen nur einige Minuten dauern. Das erhebliche Anlagekosten erfordernde Verfahren arbeitet trotz der Diskontinuität daher bezogen auf die Stückkosten wirtschaftlich. Die Formteile werden im Plasmareaktor 60 bis 100 °C warm.

Das Lösungsvermögen bzw. das Diffusionsverhalten der thermoplastischen Kunststoffe macht in vielen Fällen deren Diffusions-Verklebung erst möglich. Für die einzelnen Thermoplaste finden zum Anlösen bzw. Anquellen vorwiegend die im Folgenden aufgeführten Lösemittel Verwendung:

PVC: Tetrahydrofuran, Cyclohexanon,

PS: Toluol, Xylol,

PMMA: Methylenchlorid, Methylethylketon,

POM Hexafluoracetonsesquihydrat,

PC: Methylenchlorid, Tetrahydrofuran,

CA: Methylethylketon, Methylalkohol,

PPE: Chloroform, Toluol,

PA: Ameisensäure,

PET: Benzylalkohol.

Im Gegensatz zu den Lösemittelklebstoffen findet bei der Anwendung von lösemittelfreien Reaktionsklebstoffen, sofern sie keine die Fügeteile anlösenden Monomere enthalten, keine Veränderung der Fügeteile statt. Zum Einsatz gelangen im Wesentlichen Klebstoffe auf Basis von Epoxidharzen (EP), Polyurethanen (PUR), Methylmethacrylaten (MMA) und ungesättigten Polyestern (UP). Eine große Anwendungsbreite haben ebenfalls die Cyanacrylate bei kleinflächigen Kunststoff- bzw. Elastomerklebungen gefunden.

Die *Diffusionsklebung* durch Anquellen oder Anlösen der Fügeflächen ist somit bei Thermoplasten mit Ausnahmen (z.B. PE, PP, POM und Polyfluorcarbonen) möglich. Sie führt zu schweißähnlichen Verbindungen, kann jedoch eine Spannungsrissbildung fördern. Die *Adhäsionsklebung* durch physikalische und chemische Bindungsvorgänge zwischen Klebflächen und Klebstoff ist bei fast allen Kunststoffen möglich.

Beispiele für Klebeverbindungen:

- In der handwerklichen Verarbeitung klebt man z.B. Acrylglas für geringe Beanspruchung mit Lösemittelklebstoffen. Optisch einwandfrei und witterungsfest sind dabei auspolymerisierende Bindemittel, die in dickerer Schicht, z.B. als V-Naht, angewandt werden. Ähnlich klebt man Acrylglas mit Silikatglas, sonst mit Haftklebstoffen. Kleben von PVC s. DIN 16970. Für aufzuarbeitende GFK-Verstärkungen wird PVC mit einem anlösenden UP-Harz als Haftvermittler behandelt.
- PIB-Bahnen werden auf Beton mit Bitumen-Kunststoff-Schmelzklebstoffen, auf Metalle mit speziellen Kontaktklebstoffen geklebt. Die Richtlinien VDI 2531 bis VDI 2534 geben Einzelheiten über den Oberflächenschutz mit Kunststoffbahnen.
- Für das Verkleben von Kunststoffen, vor allem in Form von Bahnen oder Tafeln, mit undurchlässigen Trägern (Metalle, Beton, Stein, Glas) eignen sich Kontaktklebstoffe auf der Basis von Natur- oder Synthese-Kautschuk. Sie werden meist auf beide Flächen aufgestrichen, die nach weitgehendem Abdunsten des Lösemittels unter Anreiben oder Anklopfen zusammengefügt werden. Gute Kontaktklebstoffe können bei dauernder Schmiegsamkeit erhebliche Scherkräfte aufnehmen, elastisch vernetzende Zweikomponentenklebstoffe auch bei höheren Temperaturen. Polychloroprenklebstoffe verfestigen durch allmähliche Teilkristallisation.
- Zum Verkleben von Kunststoffen, insbesondere Folien, mit porösen Werkstoffen (Papier, Pappe, Filz, Textilien, Leder, Holz) eignen sich lösemittelfreie Dispersions-Klebstoffe. Frischer, flüssiger Klebstoff kann mit Wasser entfernt werden, eingetrockneter nicht. Die Klebungen sind weitgehend feuchtfest.
- Duroplastische Formstücke werden miteinander und mit anderen Werkstoffen mit gleichartigen, kalt oder heiß härtenden Kunstharzen geklebt. Phenolharz-Schichtpressstoffe (aufgeraut oder mit leimfähiger papierrauer Rückseite) binden auch mit Carbamidharz-Leimen ab. Für dekorative Schichtpressstoffe werden außer diesen auch die oben erwähnten Kontakt- und Dispersions-Klebstoffe benutzt. Vulkanfiber und Kunsthorn können untereinander und mit Holz mittels üblicher Holzleime geklebt werden.
- Hochbelastbare Klebverbindungen von Bauteilen aus faserverstärkten Hochleistungswerkstoffen untereinander oder mit solchen aus anderen Werkstoffen ermöglichen allgemein die lösemittelfreien, drucklos abbindenden Reaktionsharz-Klebstoffe. Cyanacrylat-Einkomponenten-Reaktionsharzklebstoffe werden häufig in der Feinwerktechnik eingesetzt.

- Klebfolien aus thermoplastischen Schmelzklebstoffen, die bei Erwärmung reversibel erweichen, werden in erster Linie zur Verklebung von flächigen Gebilden wie Textilien, Papier, Folienbahnen, Leder und Holzprodukten eingesetzt. Neben „Bügeleisen“ kommen beheizte Formpressen und kalanderartige Kaschieranlagen zur Anwendung, bei denen das Aufschmelzen des Klebstofffilms kontinuierlich durch Strahler, Beflammung oder beheizte Walzen erfolgt.
- Klebefolien aus Reaktiv-Schmelzklebstoffen (Reacktive Hotmelt) auf PUR-Basis bestehen aus PUR-Prepolymeren mit freien endständigen Isocyanatgruppen, die mit Wasser zu Polyharnstoffen reagieren. Um beste Klebung zu erreichen, muss die Klebefolie vor dem Zusammenfügen mit den vorgewärmten zu verklebenden Flächen aus der Luft die erforderliche Wassermenge aufnehmen. Anwendung: Kaschieren von Fensterprofilen.

4.4.3.2 Schrauben, Nieten, Schnappen

Als weitere Montageprozesse kommen das Schrauben, Nieten und Schnappen in Betracht. Die entsprechenden Befestigungselemente müssen kunststoffgerecht konstruiert und im Formteil integriert sein (siehe Kapitel 5). Dort finden sich auch Hinweise zur Dimensionierung von schraub- und Schnappverbindungen. Kunststoffgerecht ausgelegt erfordern diese Montageprozesse keine weitere Nachbehandlung der Kunststoff-Bauteile. So entfällt beispielsweise das Einbringen von Gewindebohrungen und Schneiden der Gewinde, da entweder selbstschneidende Kunststoffschrauben in die in das Spritzgussbauteil integrierten Schraubtuben eingedreht werden oder bei metrischen Schraubverbindungen das Gewinde in Form eines Metallinserts in das Spritzgießwerkzeug eingelegt wird.

4.4.4 Oberflächenbehandlungen

Zur Oberflächenbehandlung/-gestaltung gehören auch Verfahren, die im Herstellungsprozess von Formteilen und Halbzeugen integriert sind, s. entsprechende Abschnitte: Mehrfarben-/Mehrkomponentenspritzguss (4.2.2.7/4.2.2.8), Hinterspritz-/Zwischenschichtspritz-Technik (4.2.2.17), In-Mould-Dekorieren/Labelling (4.2.2.18, 4.2.5.8), Co- oder Mehrschicht-Extrusion (4.2.5.10), Laminieren und Beschichten (4.2.7.3), Metallisieren von Folien (4.2.7.3), SiO_X-Beschichtung von Folien (4.2.7.4), dekorative Schichtpressplatten (4.3.1.4), In Mould Coating (4.3.2.8). An dieser Stelle sollen Verfahren angeführt werden, die nach der Urformung zum Einsatz kommen.

4.4.4.1 Vorbehandlung der Oberflächen

VDI/VDE 2421 Kunststoffoberflächenbehandlung in der Feinwerktechnik, Übersicht und Blatt 1 Mechanische Bearbeitung, Blatt 2 Metallisieren, Blatt 3 Lackieren, Blatt 4 Bedrucken und Heißprägen, s.a. VDI 2533u. VDI 2537.

Um die Oberflächen von Kunststofferzeugnissen haftfest beschichten zu können, sind vielfach *Vorbehandlungen* zur Beseitigung von Oberflächenfehlstellen oder Verunreinigungen aus dem Herstellungsprozess oder der Umgebung erforderlich. Schwer benetzbare Oberflächen von Polyolefinen, Fluorkunststoffen oder Polyacetalen müssen für das Verkleben, Lackieren, Bedrucken oder Metallisieren durch chemische Reaktionen „aktiviert" werden, s. Abschn. 4.4.3.1.

Die mechanische Vorbehandlung großflächiger Teile mit porösen oder schlierigen Oberflächen durch Schleifen oder Strahlen ist arbeitsaufwendig, zur haftverbessernden Aufrauung sowie bei hohen Anforderungen an die Oberflächengüte lackierter Teile, z. B. „Class A" im Fahrzeugbau, zuweilen unvermeidbar erforderlich. Trennmittelreste werden durch Abwaschen mit Lösemitteln, in Spezialanlagen durch Lösemitteldampf oder Ultraschall-Reinigung im Lösemittel entfernt. Durch elektrostatische Aufladung angezogener Staub wird mit deionisierter Luft abgeblasen.

4.4.4.2 Polieren

Spanlos geformte Teile werden gelegentlich poliert, um Spuren des Entgratens oder des Angusses zu entfernen, spanend gefertigte Formstücke häufig. Man arbeitet mit speziellen Schleif- und Glanzwachsen, von Hand mit Schwabbelscheiben, besser gefalteten Polierringen (Schleifen 15 bis 25 m/min, Polieren 25 bis 30 m/min, Glänzen ohne Poliermittel). Kleinteile werden getrommelt (je Arbeitsgang 8 bis 12 h, 20 bis 25 U/ min, 1/3 Füllung, davon 2 Teile Poliermittel-Würfel bzw. -Kugeln auf 1 Teil Poliergut), auf hinreichend niedrige Temperaturen muss geachtet werden. Antistatische Entgratungs-Granulate und Poliermittel vermindern den lästigen Staub.

4.4.4.3 Lackieren

Hochwertige Kunststoffbauteile entsprechen oft nur dann spezifischen Anforderungen an die Optik, Haptik, Licht- und Wetterbeständigkeit, wenn sie lackiert werden. Härte, Dehn- und Temperaturverhalten von Lackschichten müssen auf das Verhalten des Grundkörper-Werkstoffs abgestimmt sein. Zu harte Lackierung kann die Schlagzähigkeit eines Kunststoff-Bauteils empfindlich herabsetzen. Die Kosten für die Lackierung erreichen oft die gleiche Größenordnung wie die der Herstellung der Kunststoffteile. Auch muß beachtet werden, ob das Kunststoffteil den Beanspruchungen bei der Lackierung stand hält (Temperatur, Lösungsmittel).

Lackieren von Strukturschaumstoff- und GFK-Formteilen mit Reaktionsharzlacken erfordert meist Oberflächenvorbereitungen durch Nassschleifen und Grundieren, sofern nicht (IMC, IMD, s. Abschn. 4.3.2.8 und 4.2.2.18) Lackschichten in das Formwerkzeug eingebracht werden können. Schwarzpigmentierter UV-Filterlack (Transfer-Electric) schirmt Polyolefine gegen photochemische Zersetzung ab. Abriebfeste Leitlacke gebraucht man für antistatische Beschichtungen von Benzintanks und, mit Ag, Ni oder Cu gefüllt, für die Hochfrequenz-Emissionsabschirmung elektronischer Geräte.

Die Kratzbeständigkeit von PMMA und PC wird durch spezielle Klarlacke (Acrylat-, Siloxan-, Polyurethan- und Nanomerlacke) erhöht. Wässrige Dispersionen auf Basis 3,4-Polyethylendioxythiophen ergeben im Sprüh-, Druck- oder Gießauftrag *leitfähige Polymerbeschichtungen*. Durch Sprühen, Fluten oder Tauchen werden auf transparente Kunststoffe, vorzugsweise PC, in einem Sol-Gel-Prozess kratzfeste Beschichtungen auf Basis *organically modified ceramics*, kurz Ormocere, aufgebracht, die einen Einsatz als Kfz-Verscheibung ermöglichen. Für

Oberflächeneffekte bei Thermoplasten, wie Perlmuttglanz mit Fischsilber oder Iriodin-Pigmenten, zweifarbiges Schattieren von Kunstledernarbungen, braucht man Lacke mit artverwandtem Grundstoff und Speziallösemitteln.

Pulverlackierbar sind Kunststoffe wie z.B. PA 6 oder PA 66, die mit Metall oder leitfähigen Keramikkugeln leitfähig gemacht wurden und höhere Einbrenntemperaturen ertragen. Anwendungen im Sanitärbereich.

4.4.4.4 Bedrucken, Beschriften und Dekorieren

Douroplast-Erzeugnisse werden kaum bedruckt. Flächige MF- und GFK-Erzeugnisse werden durch Einbetten bedruckter oder bemalter Papiere oder gemusterter Gewebe unter einer klaren Deckschicht, Press- und Spritzgussteile durch Einlegen von Ornamin-Dekorfolien in das Formwerkzeug dekoriert, s. Abschn. 4.2.2.18 und 4.3.2.7.

Folien werden von der Rolle mit üblichen Rotationsdruckmaschinen, Folienzuschnitte, auch im Zerrdruck für späteres Tiefziehen, mit Bogendruckmaschinen bedruckt, die hinsichtlich Führung und Trocknung des Druckguts für die Kunststoffmaterialien modifiziert sind. Zum mehrfarbigen Bedrucken von Formteilen gibt es Spezialmaschinen. Die Druckfarbenfabriken führen Druckfarbensortimente für Kunststoffe.

Von den üblichen Druckverfahren wird der *Hochdruck* mit Metall- oder Kunststoff-Formen für kleinere Auflagen im Bogendruck und zum Bedrucken flacher Teile angewandt. Mit Druckformen aus Gummi, die auch mehrere Farben aufnehmen können, arbeitet der für den Druck von der Rolle überwiegend gebrauchte Anilin- oder *Flexo-Druck.* Für den Bogendruck und für das Bedrucken von Formteilen wird der als *Trocken-Offset-Verfahren* bezeichnete indirekte Hochdruck gebraucht, bei dem die Druckfarben, ggf. mehrere für einen Druck, von erhabenen Formen auf Gummituch übertragen werden. Der *Tiefdruck* ermöglicht drucktechnisch eine vollendete Wiedergabe der Vorlage auf Folien und Rundkörpern, ist aber der hohen Anlage- und Druckform-Kosten wegen nur für Großauflagen wirtschaftlich. Für den universell anwendbaren *Siebdruck,* ursprünglich ein Handverfahren für kleine Auflagen, gibt es Mehrfarbendruck-Automaten, auch für Rundkörper.

Beim *Thermodiffusionsdruck für* Polyolefine, PA und POM verwendet man dick aufgetragene Druckfarben, die durch kurze Behandlung der bedruckten Teile mit 100 bis 150 °C in die Oberfläche hineindiffundieren. Das *Therimageverfahren* besteht in der Übertragung eines Tiefdrucks auf gewachstem Papier auf einem Thermoplast-Hohlkörper durch Abwickeln und Fixieren in der Wärme. Vorbedruckte Folien, die sich mit den Erzeugnissen verbinden, werden im *Formprint-Verfahren* für Blasartikel, im *Ornatherm-* bzw. bei maschineller Aufgabe der Folien im *Ornamat-Verfahren* für Spritzgussartikel vorab in das Formwerkzeug eingelegt. Unregelmäßig gestaltete und große Teile, die sich nicht bedrucken lassen, werden durch *Farbspritzen* unter Verwendung von Schablonen dekoriert.

Diese traditionellen Verfahren werden zunehmend durch berührungslose abgelöst.

Mit elektromagnetisch gesteuerten Nd-YAG-, das sind Neodym-dotierte Yttrium-Aluminium-Granat-Laser, oder durch Schriftmasken wirkende (CO_2-)*Laserstrahlen* werden thermoplastische Formteile durch Gravieren, Verfärben, Verschäumen oder Verkohlen haltbar und kontrastreich beschriftet, *Laserbeschriftung*. Beschriftungsgeschwindigkeiten liegen zwischen 0,3 und 1 m/s. Bei mangelnder Absorption der Lichtstrahlen können dem Kunststoff geeignete Pigmente beigegeben werden, die durch Farbänderung verschiedener Art zu Kontrasteffekten und auch mehrfarbigen Beschriftungen führen. Entsprechende Batches werden angeboten.

Auch nach dem Prinzip der Tintenstrahldrucker (Ink-Jet-Technik) arbeitende Beschriftungsanlagen werden eingesetzt.

Nach einer speziellen Tauchbadtechnik, *Tauchbaddekorieren*, können auch unregelmäßige und mehrdimensionale mehrfarbige Dekors aufgebracht werden (Marmor- oder Holzeffekt). Eine mit dem Dekor bedruckte Folie wird von einer Rolle abgeschnitten und auf die Oberfläche eines Wasserbades gelegt und anschließend von oben mit einem Lösemittel besprüht. Die Trägerschicht der Folie löst sich dabei auf, so dass nur die hauchdünne Schicht des Dekors schwimmend zurückbleibt. Beim anschließenden Hineintauchen eines Spritzgussteils in das Wasserbad schmiegt sich die Dekorschicht an die Oberfläche des Teiles an, wo sie haften bleibt. Ein Überlackieren mit Klarlack nach dem Trocknen der Dekorschicht erhöht die Abriebfestigkeit und optische Tiefenwirkung.

4.4.4.5 Prägen, Heißprägen

Örtliche *Blind- und Farbprägungen* werden mit geheizten Formstempeln aufgebracht, bei PVC-Folien werden die HF-Blindprägung (s. Abschn. 4.4.2.5, HF Schweißen) und das Einschmelzen von Prägefolien oft kombiniert. Mehrfarbige Bilder werden als „Plastetten", das sind bedruckte Folienstücke, durch Prägen aufgeschweißt.

Für das positive oder negative Heißprägen von Skalen, Schriftzügen oder Ornamenten (auch als Konterprägung) werden Heißprägefolien bestehend z.B. aus einer PET-Trägerfolie mit einem Schichtaufbau nach Bild 4.154, Dicke 12 bis 75 μm, eingesetzt. In einer Heißprägemaschine wird die Folie mit einem beheizten Prägewerkzeug unter hohem Druck auf das Substrat gepresst. Die dekorativen Schichten lösen sich nur dort von der Trägerfolie, wo Kontakt zwischen Prägewerkzeug und Substrat auftritt.

4.4.4.6 Beflocken

Das Beflocken von Kunststoff-Bahnen oder -Formteilen wird mit kurz geschnittenen Textilfasern (Flock) von 0,3 bis 5 mm Schnittlänge, Textilstaub oder ähnlichem Material zu dekorativen (samt-, plüsch- oder pelzartige Strukturen) oder technischen Zwecken (z.B. Auto-Fenstergleitleisten, Friktionselementen in der Feinwerktechnik, Etuiauskleidungen, Schalldämpfung oder Schwitzwasserbin-

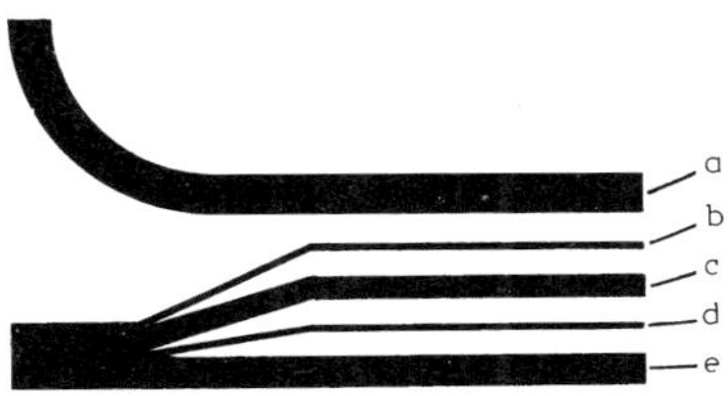

Bild 4.154
Aufbau einer Prägefolie
a: Trägerfolie, b: Trennschicht, c: Schutzlack, d: Metallisierung, Farbschicht, e: Klebschicht; die Schichten b bis e bilden die Prägung

dung) durchgeführt. Die Flocken werden auf die mit einem Klebstoff bestrichene Oberfläche aufgesiebt, mit Druckluft aufgeblasen oder elektrostatisch niedergeschlagen. Bild Bild 4.155 zeigt eine Anlage, in der Bahnen von oben beflockt werden. Beim Durchtreten durch das Sieb b werden die Flocken, die durch das Behandeln mit geeigneten wässrigen Lösungen eine ausreichende elektrische Leitfähigkeit erlangt haben, aufgeladen, in Richtung der Feldlinien ausgerichtet und mit bis zu 200 cm/s in Richtung der Folie bewegt, so dass sie senkrecht auf die Klebstoffschicht auftreffen. Nicht festgeklebter Flock wird elektrisch umgeladen und wieder zur Hochspannungselektrode gezogen oder abgesaugt.

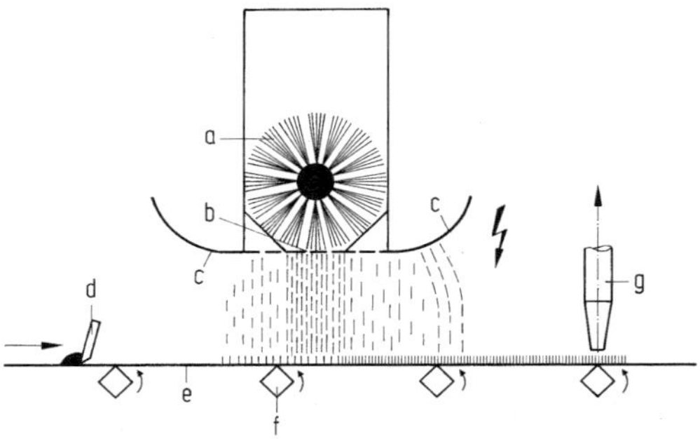

Bild 4.155 Bild 4.155Elektrostatisches Beflocken von oben (nach Maag)
a: Flockbehälter mit Bürstendosierung, b: Dosiersieb, gleichzeitig Hochspannungselektrode, c: Vor- und Nachflockzone, d: Klebstoffauftrag, e: mit Klebstoff beschichtete Bahn, f: Schlägerwellen, g: Vorreinigung durch Absaugen

4.4.4.7 Metallisieren

Zum *Metallisieren* werden Einzelteile auf drehbaren Halterungen, Folien auf Umspulvorrichtungen in Hochvakuumkesseln (10^{-4} bis 10^{-5} mbar) 0,1 bis 1 µm dick mit Metallen – meist Al, für besondere Zwecke Cu oder Edelmetalle – beschichtet, die durch elektrisches Erhitzen verdampft werden. Von 0,2 µm aufwärts sind die Metallschichten undurchsichtig, dickere Schichten werden evtl. zusätzlich aufgalvanisiert. Gasende (weichmacherhaltige) Kunststoffe brauchen einen Grundlack, die spiegelnden Metallschichten eine Schutzlackierung.

Niedrig schmelzende Metalle werden auf Kunststoffe mit Metallspritzpistolen aufgebracht, Gold-, Silber- und Kupferschichten durch chemische Reduktion (z.B. mit Formaldehyd) aus den Metallsalzlösungen niedergeschlagen.

Zur Verankerung der durch *Galvanisieren* aufgebrachten Metallüberzüge von 50 bis 100 µm Dicke werden Kunststoff-Teile zunächst in Beiz-Bäder gebracht, die deren Oberfläche chemisch aufrauen. Geeignete Kunststoff-Typen und die zugehörigen Beizmittel gibt es für die meisten thermoplastischen Kunststoffe, PF-Pressstoff, EP-Harz und PUR-Strukturschaum; manche Kunststoffe sind ohne Vorbehandlung galvanisierbar. Die aufgerauten Oberflächen werden in Bädern mit Lösungen von Edelmetallsalzen so aktiviert, dass aus Kupferbädern auf der Kunststoff-Fläche festhaftend eine Kupferschicht stromlos abgeschieden werden kann. Diese wird dann galvanisch weiter verkupfert und vernickelt oder verchromt. Die Verfahren führen zu Verbundwerkstoffteilen mit erhöhter mechanischer und Temperaturstandfestigkeit (Tafel 4.10). Oberflächen-Metallisierungen sind weiterhin von Bedeutung für die Abschirmung von Elektronik-Geräten gegen elektromagnetische Felder, s. Abschn. 3.4.1.3.

Tafel 4.10 Vergleichszahlen für galvanisierte Formteile

	ABS		PP	
	nicht galvanisiert	galvanisiert	nicht galvanisiert	galvanisiert[1])
Grenzbiegespannung . . . . . N/mm^2	390	520	450	830
E-Modul . . . . N/mm^2	22 000	63 000	12 000	61 000
Kugeldruckhärte . . . . N/mm^2			540	860
Formbeständig bis . . . . °C	90	130	148	>170

[1]) nach Vorbehandlung

4.4.4.8 Einreiben

Das Einreiben von Kunststoffen mit antistatischen Mitteln (Antistatic C, Statexon AN, Plexiklar) verhindert eine Staubanziehung, mit Silikonöl werden der Oberflächenglanz und die Kratzfestigkeit verbessert; Preventol K wirkt keimtötend. Die Wirkung der aufgeriebenen Schichten ist zeitlich begrenzt, wenn die Schichten im Gebrauch abgetragen werden.

4.4.4.9 Fluorierung, Gasphasenfluorierung

Die Beaufschlagung von PE, z.B. von Innenflächen von Kfz-Tanks, und PP(ABS) mit fluorhaltigem Gas bewirkt durch die Reaktionsfreudigkeit des Fluor eine mehr oder weniger statistische Substitution von Wasserstoffatomen aus der PE-Kette durch Fluoratome. Es entstehen CF-, CF_2- und auch (unerwünschte) CF_3-Bindungen. Letztere bedeuten Bruch der PE-Kette. Die Fluorierung führt zu einer Hydrophilierung der Oberfläche und damit zu einer Verminderung der Adsorption und Sorption der hydrophoben Kraftstoffe.

4.4.4.10 Plasmaverfahren (Chemical Vapor Deposition, CVD)

Ein zunehmend eingesetztes Beschichtungsverfahren ist die Plasmapolymerisation, Bild 4.156. In ein Niederdruck-Plasma (ganz oder teilweise ionisiertes Gas) werden Monomere eingebracht, deren Moleküle durch den Zusammenstoß mit Elektronen spontan so stark aufgeheizt werden, dass chemische Bindungen aufbrechen und Reaktionen eintreten können, die normalerweise erst bei hohen Temperaturen ablaufen. Die Temperatur des Plasmas liegt bei 60 bis 150 °C, so dass das zu beschichtende Substrat thermisch nicht stark beansprucht wird. Durch die geeignete Wahl der Monomeren und Prozessparameter können folgende Oberflächeneffekte erreicht werden: hydrophile oder hydrophobe Schichten, Antibeschlag-Schichten, Haft- oder Antihaft-Schichten, UV-Schutzschichten, Schichten mit angepassten Brechungsindices, Diffusionssperrschichten, kratzfeste Schichten (0,1 bis 8 µm dicke Schicht einer Si-O_2-Verbindung).

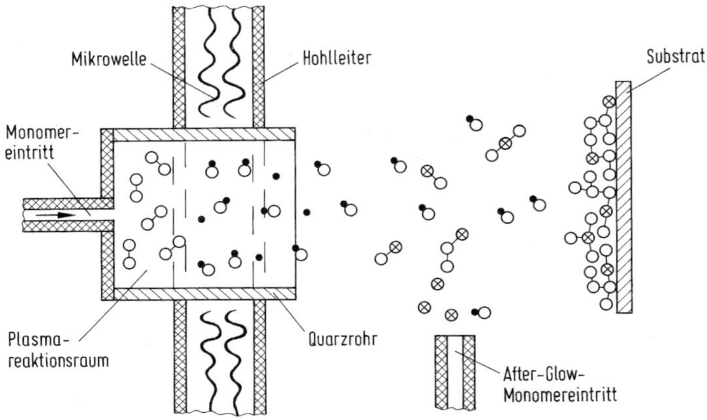

Bild 4.156 Plasmapolymerisation, Prozessablauf (nach IKV Aachen)

Bei der Kratzfestbeschichtung von Kunststoffen als Glasersatz im Kfz werden siliziumorganische Verbindungen (Hexamethyldisiloxan) und Sauerstoff durch Anregung durch Hochfrequenz oder Mikrowellen fragmentiert. Die Bruchstücke reagieren miteinander und scheiden sich unter Bildung einer stark vernetzten Schicht auf der Kunststoffoberfläche, z.B. von PC, ab, Schichtdicke 0,1 bis 8 µm.

4.4.4.11 Thermisches Spritzen

Mit hohen Geschwindigkeiten (10 min/m² bei 0,1 mm Schichtdicke) können Metalle, Kunststoffe, Metall- und Kunststoffschäume, Keramik usw. mit Schichten aus Thermoplasten von üblicherweise 0,1 bis 0,5 mm Dicke beschichtet werden. Zum Aufschmelzen, Fördern und Schützen der Zusatzwerkstoffe stehen Schutzgase zur Verfügung.

4.4.5 Sonstige Bearbeitungsverfahren

4.4.5.1 Spanabhebende Bearbeitung

Obwohl die spanlose Formgebung für Kunststoffe das werkstoffgerechte Verfahren ist, ist die spanabhebende Bearbeitung in folgenden Fällen sinnvoll bzw. erforderlich:

- bei geringen Stückzahlen sind die Kosten für Formwerkzeuge zu hoch,
- erhöhte Anforderungen an die Maßgenauigkeit,
- schlecht spanlos zu verarbeitende Kunststoffe, z.B. Fluorpolymere, werden wie Furnierholz geschält (Folien aus PTFE),
- Weiterverarbeitung von Duroplasten, Schichtpressstoffen,
- nachträgliches Einbringen von Bohrungen usw., um Werkzeuge einfach zu halten,

- Entgraten und Entfernen von Angüssen,
- Herstellung von Probekörpern aus Formteilen oder Halbzeugen.

Im Vergleich zu Werkstoffen wie Metall und Holz weisen Kunststoffe einige Besonderheiten auf, die bei der spanenden Bearbeitung zu berücksichtigen sind:

- Bei Erwärmung erweichen Thermoplaste und neigen dann zum Schmieren, Duroplaste zur Verbrennung bzw. zur chemischen Zersetzung. Deshalb kleine Spanquerschnitte und hohe Schnittgeschwindigkeiten bei guter Kühlung mit Pressluft oder Inertgas verwenden. Schmier- und flüssige Kühlmittel können zur Spannungsrissbildung führen.
- Die niedrige Wärmeleitfähigkeit fördert die Erwärmung bei der Bearbeitung.
- Der Wärmeausdehnungskoeffizient ist hoch, so dass Maßkontrollen erst nach Abkühlung vorgenommen werden können.
- Der um mehr als eine Größenordnung geringere Elastizitätsmodul führt zu plastischen Verformungen bei den auftretenden Kräften, die sich zeitverzögert zurückstellen und die Ursache für Übermaße sein können: Löcher fallen meist kleiner aus als der Bohrerdurchmesser.
- Halbzeuge und Formteile können Eigenspannungen aufweisen, deren inneres Gleichgewicht durch die Bearbeitung gestört werden kann und dann zum Verzug, in extremen Fällen zu Rissbildung führt. Tempern vor der Verarbeitung kann erforderlich sein.
- Anorganisch gefüllte Kunststoffe führen zu einem erhöhten Werkzeugverschleiß, deshalb Hartmetall-, oxidkeramische oder DiamantWerkzeuge einsetzen. Der füllstoffhaltige Staub sollte abgesaugt werden. Bei ungefüllten Thermoplasten genügt SS-Stahl. Zum Bearbeiten von CFK und GFK (Herstellung von Probekörpern aus Halbzeug) haben sich Diamant-Schleifkörper bewährt, die z. B. auf Fräsmaschinen der Holzbearbeitung zum Einsatz kommen. Vorteilhaft ist das Schleifen unter Wasser.

Die VDI-Richtlinie 2003 enthält praxisnahe Daten und Hinweise für die spanende Bearbeitung und die Gestaltung der Bearbeitungswerkzeuge.

Tafel 4.11 gibt eine Bewertung von Bearbeitungstechnologien für Kunststoffe.

Während das besonders bei *Duroplasten* erforderliche *Entgraten* durch Trommeln mit Thermoplastgranulaten bei Raumtemperatur möglich ist, werden *Elastomere* hierbei schockartig durch Stickstoff auf bis zu –130 °C so abgekühlt, dass nur die Angüsse und Grate verspröden und abgetragen werden.

Elastomere (NBR, Shore A = 80) lassen sich bei hohen Schnittgeschwindigkeiten (60 m/min), Vorschüben um 0,1 mm, mit hochpositiven Werkzeugen ($\alpha = 12°$, $\gamma = 25°$, Schneidkantenradius $< 10\ \mu m$) auch im entropieelastischen Bereich (Raumtemperatur) gut bearbeiten.

4.4.5.2 Trennen, Abtragen

Zuschnitte aus Halbzeugen wie Folien, Platten oder Profile werden mit Kreismessern, Langmessern oder Schneidwalzen hergestellt. Ausschnitte entstehen durch Stanzen. Ein Erwärmen harter Platten reduziert die Schnittkräfte und vermeidet einen Kantenausbruch. Bei größeren Materialdicken werden die Schnitte mit

Tafel 4.11 Gegenüberstellung der Bearbeitungstechnologien (nach G. Spur u. St. Liebelt)

	Zerteilen		Spanen		Abtragen	
	Schneiden	Stanzen	Bohren	Fräsen	Wasserstrahl	Laserstrahl
Mechanische Belastung	gering	mittel	mittel–hoch	mittel	gering	sehr gering
Thermische Belastung	sehr gering	sehr gering	hoch	mittel–hoch	sehr gering	sehr hoch
Schadstoffentwicklung in der Luft	gering	gering (Fasern)	mittel	hoch (Staub, Fasern)	gering (leichte Aerosolbildung)	sehr hoch (Rauch, Gase)
Geräuschentwicklung	gering	mittel–hoch	hoch	sehr hoch	hoch–sehr hoch	gering
Schnittfugenbreite	—	—	—	mittel (Werkzeug)	gering	gering
Engste Radien	—	—	—	Werkzeug-durchmesser	0,5 bis 1 mm	0,5 mm
Symmetrie der Schnittkante	keine Formhaltigkeit	parallel/konkav zur Stanzrichtung	senkrecht zur Werkzeugachse	senkrecht zur Werkzeugachse, leichte Aufweitung	parallel zur Strahlrichtung, leichte Aufweitung	parallel zur Strahlrichtung
Werkzeugverschleiß	mittel	mittel–hoch	hoch	hoch	gering	sehr gering
Vorschubschneidgeschwindigkeit	—	—	0,2 m/min	6 m/min	1 bis 5 m/min (reiner Hochdruck)	7 bis 15 m/min (1500 W)
Oberflächenrauigkeit R_Z	40 µm	—	—	bis 10 µm	bis 4 µm (abrasiv) 50 µm (Hochdruck)	40 µm
Flexibilität	hoch	gering	hoch	hoch	hoch	hoch
Personalanforderungen	gering	gering	mittel	hoch	hoch	hoch

Kreis- oder Bandsägen, vgl. VDI-Richtlinie 2003, ausgeführt. Für das Nass-Trennen von faserverstärkten Harzen kommen Diamant-Trennmaschinen zum Einsatz, wie sie in der Glas- und Stein-Bearbeitung üblich sind.

Thermoplastische Kunststoffe können auch durch lokales Aufschmelzen *(Trennschweißen)* getrennt werden, s. auch Abschn. 4.4.2.5. Elektrisch beheizte Klingen oder Drähte werden als Schneidwerkzeuge benutzt. So entstehen glatte Trennflächen. Besondere Bedeutung hat das *Glühdrahtschneiden* für das Trennen und Modellieren von PS- oder PUR-Schaumstoffen erlangt. Werden weiche Schaumstoffe während des Schneidens flächig oder zwischen Walzen in bestimmter Weise zusammengedrückt, so entstehen räumliche Schnitte mit einem gewünschten Oberflächenprofil, z. B. für die Verpackung empfindlicher Güter, Bild 4.157.

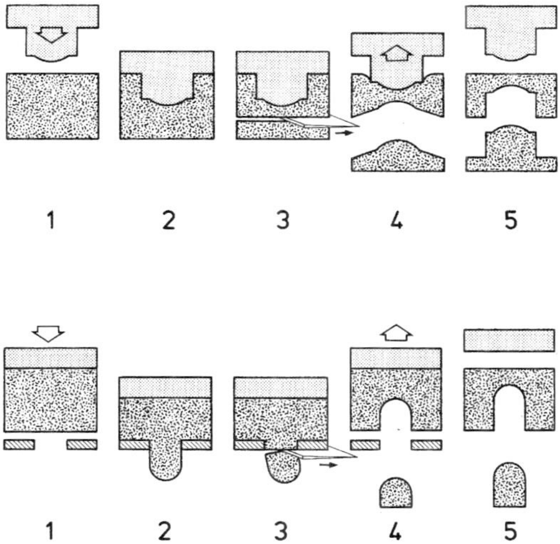

Bild 4.157 Kompressionsschnitte
oben: Eindrückverfahren, unten: Durchdrückverfahren

Mit *Laserstrahlen* lassen sich Schnittfugen in Kunststoffen mit minimalen Breiten von 0,1 mm und glatten Schnittkanten herstellen. Die hohe Energie der Strahlung führt zum Zersetzen und/oder Verdampfen des Kunststoffs. Das Verfahren ist besonders bei Einsatz numerisch gesteuerter Maschinen (Roboter) zur Herstellung unregelmäßiger Formen und zum Bohren feiner Löcher geeignet. Ohne unter Umständen gesundheitsschädliche Zersetzungsprodukte arbeitet das *Hochdruck-Wasserstrahlschneiden* (2500 bis 4500 bar). Der Wasserstrahl tritt mit mehrfacher Schallgeschwindigkeit aus und spült das abgetragene Gut sofort weg. Das Verfahren eignet sich für faserverstärkte Kunststoffe, erreicht aber noch nicht die Schnittqualität wie bei der Bearbeitung mit Diamantwerkzeugen.

Beim Wasserstrahl-geführten *Laserschneiden* (Lasermicrojet) wird das Licht eines Festkörperlasers ($\lambda = 1064$ nm) in einen laminaren Wasserstrahl von 0,1 mm Durchmesser und einem Druck von 20 bis 200 bar eingekoppelt. Vorteile: Kühl-

und Spüleffekt, große Arbeitslänge des Laserstrahls durch Führung im Wasserstrahl, Abstand des Bearbeitungskopfes zum Werkstück 1 bis 100 mm, minimaler Schneidspalt 0,05 mm.

4.4.5.3 Strahlenvernetzung

Bei der Einwirkung energiereicher Strahlung können Kunststoffe, abhängig von der Struktur der Polymeren, vernetzt oder abgebaut werden. Eine Anwendung ist die Strahlenvernetzung von PE-Kabelummantelungen, die mit Elektronenstrahl-Beschleunigern sofort im Anschluss an die Ummantelung hinter der Extrusion stattfinden kann, Bild 4.158. Da Ozon, nitrose Gase und Röntgenstrahlen entstehen, sind besondere Sicherheitsmaßnahmen erforderlich.

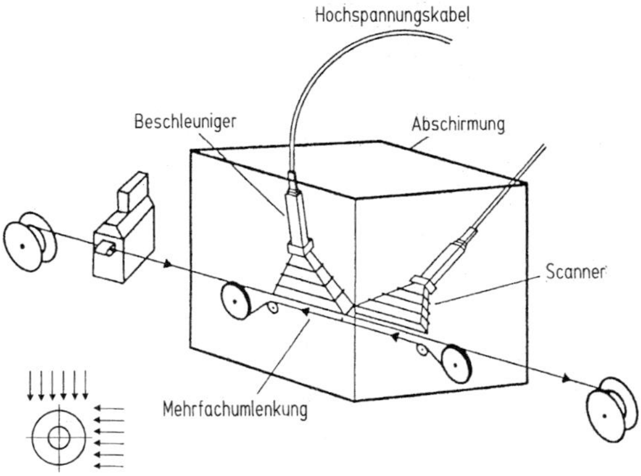

Bild 4.158 Strahlenvernetzungsanlage mit zwei um 90 °C versetzten Beschleunigern für die Kabelummantelung

4.4.5.4 Wärmebehandlung

Mit einer Warmlagerung über eine bestimmte Zeit (Tempern) lassen sich im Kunststoff folgende Effekte erreichen:

- Nachhärtung von Duroplasten,
- Erhöhung des kristallinen Anteils und damit der Festigkeit und Steifigkeit teilkristalliner Kunststoffe,

Reduzierung oder Beseitigung eingefrorener Spannungen (Eigenspannungen) durch Lagerung bei Temperaturen im Einfrierbereich (bei amorphen Thermoplasten) oder unterhalb des Schmelzbereichs (bei teilkristallinen Thermoplasten). Wichtig ist, dass die Formteile nach der Lagerung langsam abgekühlt werden, da sich sonst infolge von örtlichen Temperaturdifferenzen wieder Spannungen aufbauen. Bei der Warmlagerung muss die Kontur des Bauteils fixiert sein, weil es sonst zu Verzug kommen kann .

4.4.5.5 Abbau elektrostatischer Aufladungen

Die Oberflächen von Kunststoffen mit einem hohen spezifischen elektrischen Widerstand ($\rho > 10^{12}\ \Omega \cdot cm$) laden sich elektrostatisch auf, wenn sie gerieben werden oder sich von einer anderen Oberfläche lösen. Beispiele sind das Entformen von Spritzgussteilen, das Abwickeln von Folien oder das pneumatische Fördern von Kunststoff-Pulvern oder -Granulaten. Dies kann zu unerwünschter Staubanziehung oder gar zur Funkenbildung führen. Ionisation der Luft mit Hilfe von Sprühelektroden oder radioaktiven Präparaten, Auftragen von hygroskopischen Schichten oder Erhöhung der Leitfähigkeit des Polymeren durch Zugabe von Antistatika (diese Wandern im Laufe der Zeit durch Diffusion an die Oberfläche des Kunststoffs) verringern oder beseitigen die Aufladungsneigung. S. auch Abschn. 4.4.4.3, 4.4.4.8

5 Werkstoff- und verarbeitungsgerechte Konstruktion

5

5 Werkstoff- und verarbeitungsgerechte Konstruktion

Unter dem Begriff der Konstruktion werden alle Tätigkeiten zusammengefasst, mit denen die Pläne für ein Produkt aus Kunststoff erzeugt werden. Dies umfasst weit mehr als die Beschreibung der Geometrie der einzelnen Komponenten, aus denen das Produkt zusammengestellt ist, die Konstruktionszeichnungen. Insbesondere beinhaltet die Konstruktion auch die Festlegung der Anforderungen an ein Produkt, die Erarbeitung von Lösungsprinzipien unter Abwägung möglicher Herstellverfahren, Herstell- und Betriebskosten, die Auswahl geeigneter Werkstoffe, die Abschätzung von Risiken in der Fertigung und Anwendung sowie die ökologische Verträglichkeit.

Bei Kunststoffen umfasst die Konstruktion auch die Betrachtung von Herstellprozessen, da in aller Regel für die Erzeugung eines Produkts spezielle Anlagenkomponenten wie etwa Spritzgießwerkzeuge oder Handlingseinrichtungen erforderlich sind. Ebenso sind die Wechselwirkungen zwischen dem gewählten Werkstoff und der dem Werkstoff angepassten Konstruktion und Verarbeitung zu berücksichtigen.

Die Konstruktion ist ein Element der Produktentwicklung. Diese umschließt neben den konstruktiven Tätigkeiten auch die Funktionen des Technologie- und Innovationsmanagements im Sinne der Entwicklung und Bereitstellung von Produktionstechnologien, Werkstofftechnologien und Werkzeugen der Konstruktion, Bild 5.1. Dabei kommt auch der Frage nach der angemessenen Beherrschung rechnergestützter Hilfsmittel der Konstruktion eine hohe Bedeutung zu.

5.1 Systematisches Konstruieren von Produkten aus Kunststoff

Das systematische Konstruieren verfolgt das Ziel, auch bei komplexen Anforderungen den Produktenstehungsprozess besser zu beherrschen.

Es beinhaltet:

- Abstraktion der Aufgabenstellung,
- methodische Gliederung,
- iteratives Vorgehen,
- stufenweises Vorgehen (qualitativ, quantitativ).

Das systematische Konstruieren soll sicherstellen, dass in Entwicklungsprozessen alle wesentlichen Aspekte betrachtet werden.

Ein wesentliches Element des systematischen Konstruierens ist die Festlegung der unterschiedlichen Tätigkeiten im Konstruktionsprozess und deren Verknüpfung. Die Vorgehensweise entsprechend VDI 2222 zeigt Bild 5.2. Ergänzend muss für den Bereich der Kunststoffe festgehalten werden, dass neben dem eigentlichen Produkt auch die für die Produktion erforderlichen Produktionswerkzeuge zu entwickeln sind. Damit ergibt sich, dass der in Bild 5.2 dargestellte Zyklus zumindest zweimal, also für das Formteil und das Produktionswerkzeug, durchlaufen werden muss.

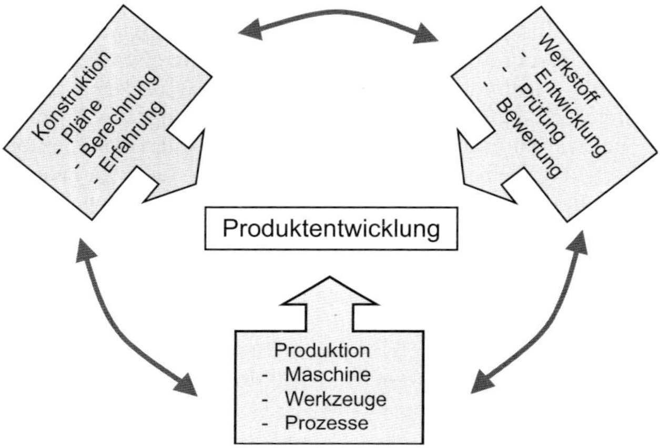

Bild 5.1 Elemente der Produktentwicklung

Bild 5.2 Vorgehen beim Entwickeln technischer Produkte

Weitere kunststoffspezifische Aspekte des systematischen Konstruierens sind:

- die Berücksichtigung spezielle Werkstoffeigenschaften der Kunststoffe (z.B. Temperaturabhängigkeit, Langzeitverhalten und Alterung),
- das fertigungsgerechte Gestaltung und

- die Berücksichtigung der Abhängigkeit der Bauteileigenschaften vom Verarbeitungsprozess (z.B. Anisotropie, Schwindung, Eigenspannungen).

5.1.1 Anforderungslisten, Pflichtenheft und Lastenheft

Mit Hilfe von Anforderungslisten werden Eigenschaften definiert, die das Produkt erfüllen soll. Hierbei ist zwischen notwendigen und wünschenswerten Anforderungen zu unterscheiden, um in der späteren Ausführung der Konstruktion eine Abwägung zwischen Aufwand und Nutzen zu ermöglichen. Die Anforderungslisten erlauben die Ableitung von Forderungen an Werkstoff und Herstellungsprozess und stellen unter anderem die Grundlage für die Werkstoffauswahl.

Das Pflichtenheft fasst die vom Kunden geforderten und gewünschten Eigenschaften eines Produkts zusammen. Das Pflichtenheft ist also ein Teil einer Anforderungsliste.

Sollen Produkte im Auftrag bei einem Lieferanten entwickelt werden, so formuliert der Auftraggeber das Lastenheft. In diesem Lastenheft sind die Anforderungen an des Produkt aus der Sicht des Anwenders formuliert.

Lastenheft und Pflichtenheft beschreiben also ebenfalls die Anforderungen an ein Produkt, jedoch aus der unterschiedlichen Sichtweise des Anwenders und des Herstellers des Produktes.

Die umfassende und systematische Erstellung von Anforderungslisten für ein zu entwickelndes Produkt, wie auch die Verständigung über verbindliche Lasten- bzw. Pflichtenhefte sind die Voraussetzung für eine zielführende Produktentwicklung. Zu spät formulierte Anforderungen können den bis dahin geführten Entwicklungsprozess in Frage stellen oder aber hohen Aufwand bei der nachträglichen Berücksichtigung der nun neu formulierten Anforderung bedeuten.

Ein Fragekatalog zur systematischen Erstellung einer Anforderungsliste für Produkte aus Kunststoff besteht aus den Themenfeldern:

- Angaben zum Bauteil,
- Bezeichnung, Funktion, Anschlüsse, rechtliche Rahmenbedingungen,
- Angaben zu den mechanischen, thermischen, elektrischen und chemische Belastungen,
- Anforderungen an den Werkstoff und die Recyclingfähigkeit,
- Anforderungen zu den Termin- und Kostenvorgaben,
- sonstige Anforderungen.

Alle Antworten sollten eine möglichst ausführliche, quantitative Beschreibung der Anforderung darstellen. Wenn möglich sind Normen und Vorschriften anzugeben. Es sollte zusätzlich eine Gewichtung der Anforderung vorgenommen werden nach

- Festforderung,
- Mindestforderung,
- Wunsch.

Eine Dokumentation der Quelle jeder Information ist ebenfalls aufzunehmen.

Die hier aufgenommenen Fragen stellen nur einen ersten Schritt zur Fertigstellung der Anforderungsliste dar. Innerhalb des Konstruktionsprozess kann es noch zu Änderungen (Präzisierung oder Neuaufnahme) von Fragestellungen kommen. Auch die aufgenommenen Anforderungen müssen in der Konstruktions- und Prüfphase ständig hinterfragt und eventuell geändert werden. Jeder dieser Schritte ist dabei zu dokumentieren.

5.1.2 Konstruktionskataloge

Ein weiteres Element des systematischen Konstruierens ist die Verwendung von Konstruktionskatalogen zur Auswahl und zum Vergleich verschiedener Lösungsprinzipien. Tafel 5.1 zeigt einen solchen Katalog für die Funktion Verbinden von Kunststoffen. Solche Konstruktionskataloge helfen, die unterschiedlichsten Aspekte eines Lösungsprinzips zu beachten. Für die einzelnen Lösungsprinzipien können Standardlösungen, sogenannte Funktionselemente, erarbeitet werden, die für die unterschiedlichsten Konstruktionen wiederholt verwendet werden können. Gerade für das Konstruieren mit Kunststoffen wurden eine Vielzahl solcher Funktionselemente kunststoffgerecht entwickelt, siehe Abschnitt 5.5.

5.2 Werkstoffauswahl

Im allgemeinen stellen die Werkstoffkosten bei Produkten aus Kunststoff den größten Kostenblock dar, siehe Bild 5.3. Daher kommt der Wahl des Werkstoffs nicht nur unter technischen sondern auch wirtschaftlichen Gesichtspunkten eine große Bedeutung zu. Bei der Werkstoffauswahl ist ein wesentlicher Schritt die Umsetzung der Anforderungen durch quantifizierte Werkstoffkennwerte. Aus solchermaßen festgelegten Anforderungen an die Werkstoffkennwerte wird ein Suchprofil erstellt. Mit diesem kann dann in einer Werkstoffdatenbank der optimale Werkstoff ausgewählt werden. Dabei ist zu beachten, das die Werkstoffkennwerte in der Datenbank vergleichbar sind (nach gleichen Prüfnormen ermittelt, Probekörper unter vergleichbaren Bedingungen hergestellt). Diese Voraussetzung bietet die CAMPUS-Datenbank, der sich die meisten Rohstoffhersteller angeschlossen haben (siehe auch Tafel 5.7).

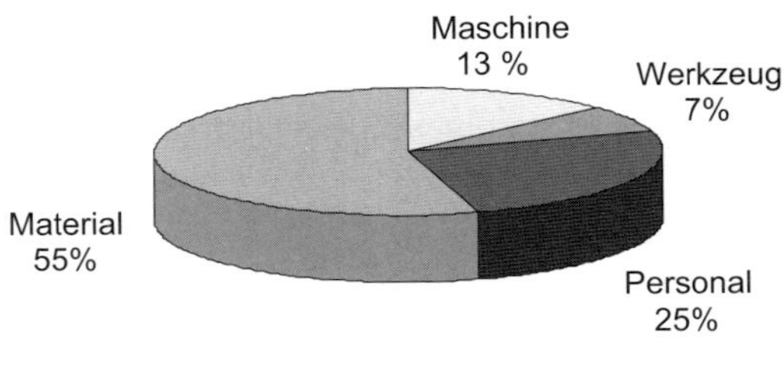

Bild 5.3
Aufteilung der Herstellungskosten

exemplarisches Spritzgussteil, Polyamid, Schussgewicht 190 g, 180.000 Stück pro Jahr

Ein wesentliches Problem bei der Werkstoffauswahl besteht darin, dass die Anforderungen an das Produkt in der frühen Phase der Produktentwicklung oft nicht genügend genau spezifiziert sind. Diese Unsicherheiten werden oft durch überhöhte Anforderungen kompensiert, was letztendlich zu einem überteuerten Produkt führt. Daher ist es empfehlenswert, mehrere alternative Werkstoffe in einer Werkstoffvorauswahl zu identifizieren und die entgültige Festlegung erst in einer späteren Phase der Produktentwicklung, etwa nach Abschluss erster Prototypenversuche, vorzunehmen.

5.3 Fertigungsgerechtes Konstruieren

Unter dem Begriff fertigungsgerechtes Konstruieren werden alle Aspekte aufgegriffen, um beim Konstruieren die Wechselwirkung zwischen Fertigungsverfahren und Produkteigenschaften angemessen zu berücksichtigen.

5.3.1 Auswahl des Fertigungsverfahrens

Werkstoff, Geometrie und Stückzahl bestimmen letztendlich das anwendbare Fertigungsverfahren. Zur Eignung eines Verfahrens für ein bestimmtes Produkt siehe Kapitel 4. Besonders zu beachten ist die starke Wechselwirkung zwischen Prozess und Produktgestalt. Oft muss die Geometrie so modifiziert werden, dass sie den Anforderungen an ein bestimmtes Fertigungsverfahren genügt.

Oft auch muss das Fertigungsverfahren modifiziert werden, etwa um den geometrischen Anforderungen den Bauteils zu genügen. So kann man die Entwicklung vieler Spritzgießsonderverfahren aus der Forderung nach einer bestimmten Produktgestalt ableiten. Gerade das Beispiel „Bauteile mit komplexen, räumlichen Strukturen“ zeigt die Schwierigkeit der Bestimmung eines geeigneten Fertigungsverfahrens. So kann ein solches Bauteil als geometrisch einfacher Hohlkörper blasgeformt werden oder aus mehreren einzelnen schalenförmigen Einzelteilen bestehen, die in einem weiteren Prozess zu einem Bauteil gefügt (Mehrschalentechnik) oder in Schmelzkerntechnik hergestellt werden. Eine Analyse der heute aus Kunststoff gefertigten Sauganlagen für Verbrennungsmotoren z.B. zeigt, dass letztendlich alle hier genannten Verfahren zur Anwendung kommen. Bei der Entscheidung für ein bestimmtes Verfahren ist neben den Herstellkosten, die sich zumeist je nach Stückzahl und Komplexität der Geometrie des Bauteils unterschiedlich darstellen, auch maßgeblich, welche Verarbeitungstechnik bei dem jeweiligen Hersteller verfügbar ist oder auch besser beherrscht wird.

5.3.2 Fertigungsgerechtes Gestalten

Das ausgewählte Fertigungsverfahren liefert Einschränkungen bei der Gestaltung der Bauteilgeometrie. Einfache Beispiele lassen diesen Zusammenhang gut für das Spritzgießen aufzeigen:

- Große Wanddicken bewirken hohe Zykluszeiten. Mit Verdopplung der Wanddicke vervierfacht sich die Kühlzeit. Übliche Wanddicken von Spritzgussteilen sind 2 bis 4 mm.

Tafel 5.1 Konstruktionskatalog: Verbinden von Kunststoffen

	Art des Schlusses		stoffschlüssig		
		Nr.	1	2	3
Hauptteil	Bezeichnung	1	Klebverbindung	Schweißverbindung	Stoffschlüssige Verbindungselemente (Filmscharnier)
	Skizze	2			
Zugriffsteil	Lösbarkeit	1	unlösbar	unlösbar	unlösbar
	Art der Belastbarkeit	2	Schub	beliebig	bedingt auf Zug
	Mediendurchlässigkeit	3	undurchlässig		
	Montageaufwand	4	hoch (aufwendige Vorbehandlung)	hoch (Schweißmaschine erforderlich)	entfällt
	Zusätzliche Verbindungsmaterialien	5	Klebstoff oder Lösungsmittel	Schweißmaterial	keine
	Werkstoffpaarung	6	beide Werkstoffe verklebbar	gleiche Thermoplaste	aus PP, PE, PA evtl. auch aus ABS oder SB
	sonstiges	7			

	Art des Schlusses		formschlüssig		
		Nr.	4	5	6
Hauptteil	Bezeichnung	1	Umspritzen	Nietverbindung	Schiebeverbindung
	Skizze	2			
Zugriffsteil	Lösbarkeit	1	unlösbar	unlösbar oder lösbar	lösbar
	Art der Belastbarkeit	2	beliebig	Schub	nach Art der Verbindung verschieden
	Mediendurchlässigkeit	3	undurchlässig	mit zusätzlichen Materialien abdichtbar	
	Montageaufwand	4	hoch (Teile einzeln einlegen)	mittel (Nietwerkzeug erforderlich)	gering
	Zusätzliche Verbindungsmaterialien	5	Umspritzmaterial	Niet	keine
	Werkstoffpaarung	6	beliebig		
	sonstiges	7			

Tafel 5.1 Konstruktionskatalog: Verbinden von Kunststoffen *(Forts.)*

	Art des Schlusses		**formschlüssig**	
		Nr.	7	8
Hauptteil	Bezeichnung	1	Schnappverbindung	formschlüssiges Verbindungselement (Passfeder, Stift)
	Skizze	2		
Zugriffsteil	Lösbarkeit	1	lösbar oder unlösbar	lösbar
	Art der Belastbarkeit	2	bedingt auf Zug	nach Art der Verbindung verschieden
	Mediendurchlässigkeit	3	mit zusätzlichem Material abdichtbar	
	Montageaufwand	4	gering	mittel
	Zusätzliche Verbindungsmaterialien	5	keine	Passfeder, Stift, ...
	Werkstoffpaarung	6	min. ein zähelastischer Werkstoff	beliebig
	sonstiges	7		

	Art des Schlusses		**reibschlüssig**		
		Nr.	9	10	11
Hauptteil	Bezeichnung	1	Pressverbindung	Schraubverbindung	reibschlüssiges Verbindungselement (Ringspannelement)
	Skizze	2			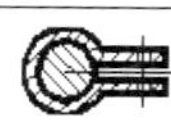
Zugriffsteil	Lösbarkeit	1	bedingt lösbar	lösbar oder bedingt lösbar	lösbar
	Art der Belastbarkeit	2	Schub	Zug und Schub	Schub
	Mediendurchlässigkeit	3	mit zusätzlichen Materialien abdichtbar		
	Montageaufwand	4	gering	mittel (bei Gewindeeinsätzen größer)	mittel
	Zusätzliche Verbindungsmaterialien	5	keine	Schraube, Mutter, (Gewindeeinsatz)	Ringspannelement, o.ä.
	Werkstoffpaarung	6	beliebig		
	sonstiges	7			

- Bei kleinen Wanddicken und langen Fließwegen kann das Formnest nicht mehr gefüllt werden.
- Die Gestaltung soll so erfolgen dass beim Öffnen des Werkzeugs eine Entformung des Formteils möglich ist. Dazu sind geeignete Entformungsschrägen vorzusehen (Bild 5.4). Bei strukturierten Oberflächen ist die Entformungsschräge entsprechend der Rautiefe der Struktur anzupassen (siehe Abschnitt 3.5.5). Die Trennung des Werkzeugs ist so zu konstruieren, dass Schieber möglichst vermieden werden (Bild 5.5).
- Kleinere Hinerschnitte, wie sie sich etwa durch den umlaufenden Wulst für die in Bild 5.6 gezeigten Kappe ergeben, können zwangsentformt werden, wenn die dem Bauteil aufgeprägte Dehnung ausreichend klein bleibt. Solche kleinen Hinterschnitte werden oft auch deshalb an das Formteil konstruiert, damit beim Öffnen des Werkzeugs das Teil auf der Auswerferseite der Kavität bleibt.

Durch das fertigungsgerechte Gestalten berücksichtigt der Konstrukteur die Anforderungen der Fertigung an die Bauteilgeometrie.

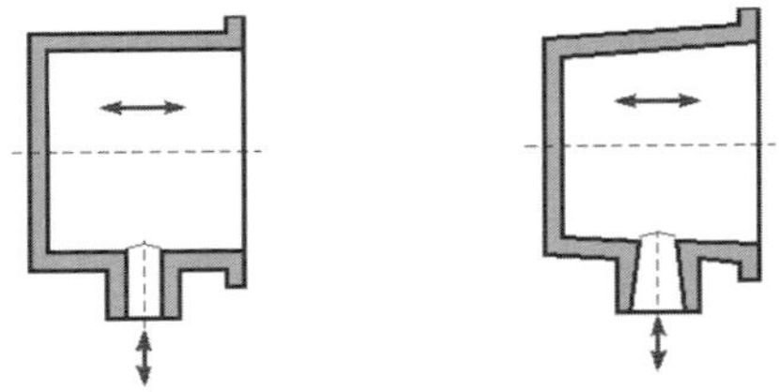

ungünstig:
keine Entformungsschrägen
hofe Entformungskräfte
langer Auswerferhub

günstig:
Entformungsschrägen in allen
Entformungsrichtlinien > 0,5°
Strukturoberfläche: zusätzlich
1,5/0,02 mm RT

Bild 5.4 Hinweise zu Entformungsschrägen

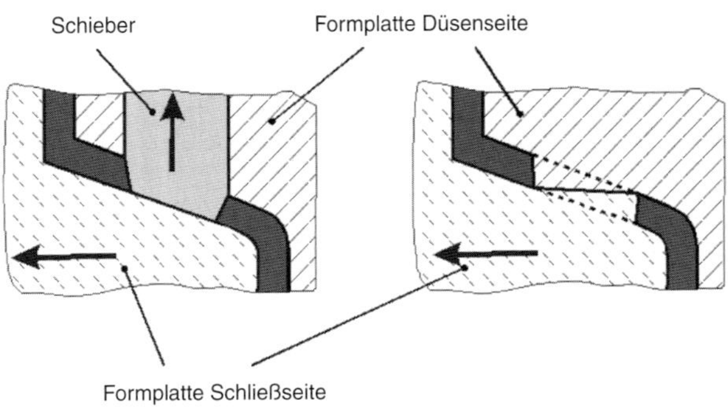

Bild 5.5 Vermeidung von Hinterschneidungen

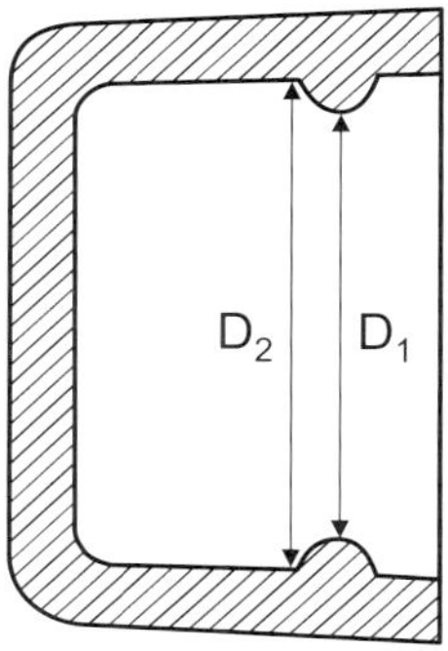

Kunststoff	max. zulässige Dehnung [%]
PS	< 0,5
PS schlagzäh	< 1,0
ABS	< 1,5
PC	< 1
PA	< 2
POM	< 2
PE-LD	< 5
PE-HD	< 3
PVC hart	< 1
PVC weich	< 10
PP	< 2

$$\varepsilon = \left(\frac{D_2}{D_1} - 1\right) \cdot 100 \ [\%]$$

Bild 5.6 Zulässige Dehnungen beim Entformen

5.3.3 Der Einfluss der Fertigung auf die Bauteileigenschaften

Die Fertigung beeinflusst die Eigenschaften des Kunststoffs im Formteil (siehe auch Abschnitt 3.1). Auch dies muss im Konstruktionsprozess berücksichtigt werden. Da hier vielfältige Wirkungen oft sehr komplexer Art beobachtet werden können, hat es sich in der Kunststofftechnik eingebürgert, die „inneren Eigenschaften" zu definieren. Die inneren Eigenschaften sind Merkmale zur Beschreibung des Zustands eines Kunststoffs, etwa seiner Morphologie. Die wichtigsten inneren Eigenschaften sind:

- Orientierungen,
- Eigenspannungen,
- Kristallisation (Kristallisationsparameter),
- molekularer Aufbau (mittlere Molmasse, Molmassenverteilung),
- Änderung der Zuschlagsstoffe (z.B. Stabilisatoranteil, Faserlänge).

Die inneren Eigenschaften beschreiben den Zustand des Kunststoffs im Bauteil. Sie bestimmen die Änderungen der Gebrauchseigenschaften. Durch das Erfassen der Verarbeitungseinflusses auf die inneren Eigenschaften kann der Einfluss der Verarbeitung auf die Bauteileigenschaften bewertet werden.

Ein gutes Beispiel für den Einfluss der Fertigung auf die Bauteileigenschaften liefert die Bindenaht, s. Bild 5.7. Mit Bindenaht wird der Bereich eines Formteils gekennzeichnet, wo Schmelzefronten während des Füllvorgangs zusammenstoßen. Auf Grund der verbleibenden Kerbe und der ungünstigen Molekülorientierung stellt die Bindenaht immer eine mechanische Schwachstelle dar. Häufig bewirken Bindenähte auch einen optischen Mangel.

Während es sich bei den meisten inneren Eigenschaften um Werkstoffeigenschaften handelt (siehe Kapitel 3) stellen Eigenspannungen eine mechanische Beanspruchung dar, die gleichsam wie äußere Spannungen auf das Bauteil wirken und

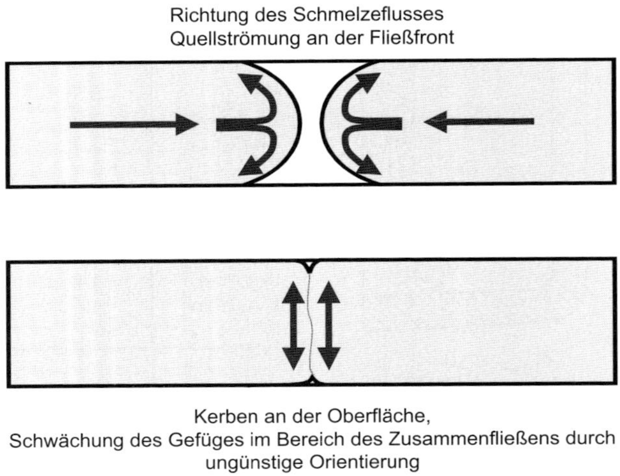

Bild 5.7 Bindenaht

bei der Festigkeitsanalyse berücksichtigt werden müssen (in erster Näherung durch Abminderung des Festigkeitskennwertes). Eigenspannungen resultieren unmittelbar aus der Druck- und Temperaturführung beim Erstarrungsprozess (Bild 5.8). Eigenspannungen wachsen an bei:

- heterogener Temperaturverteilung im Bauteil,
- schnellen Abkühlgeschwindigkeiten,
- hohem Wärmeausdehnungskoeffizienten,
- hohem E-Modul des Werkstoffs.

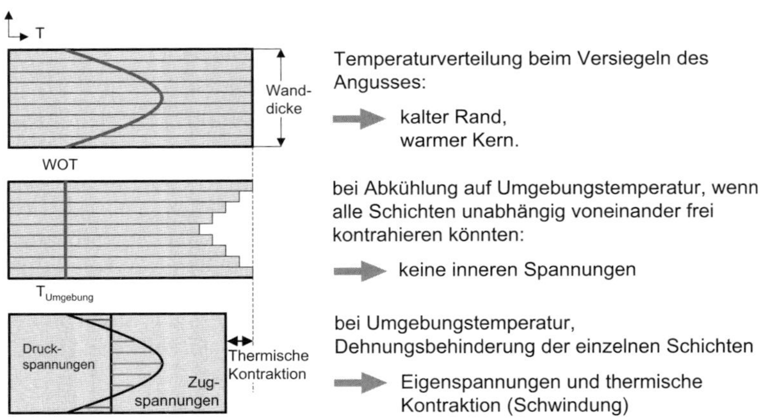

Bild 5.8 Schichtmodell: Entstehung von Abkühleigenspannungen
WOT: Werkzeugoberflächen-Temperatur

Bei Werkstoffverbunden bewirken unterschiedliche Wärmeausdehnungskoeffizienten ebenfalls Eigenspannungen in Abhängigkeit vom durchlaufenen Temperaturintervall (Bimetalleffekt). Durch Tempern kurz unterhalb der Schmelztemperatur und anschließendes langsames Abkühlen können Eigenspannungen abgebaut werden. Bei spannungsrissempfindlichen Werkstoffen können Eigenspannungen schon bei geringen äußeren Lasten oder bei Einwirkung rissauslösender Medien Risse im Bauteil erzeugen.

Der Einfluss der Fertigung auf die Eigenschaften des Bauteils zeigt sich insbesondere in den Merkmalen Schwindung und Verzug. Um hier möglichst geringe Wechselwirkungen zu erhalten, beachte man folgende Regeln für das spritzgießgerechte Konstruieren:

- möglichst konstante Wanddicken, vermeide Masseanhäufungen,
- möglichst verrundete Ecken, vermeide Eckenverzug,
- Rippenfußdicke maximal 60% der Bauteilwanddicke, vermeide Einfallstellen durch Masseanhäufungen,
- in Fließrichtung ist die Schwindung kleiner als senkrecht zur Fließrichtung,
- teilkristalline Thermoplaste weisen höhere Schwindungswerte auf als amorphe Thermoplaste,
- fasergefüllte Formmassen weisen stärkere Anisotropien bei den Schwindungswerten auf als unverstärkte Formmassen.

5.3.4 Prozesssimulation als Werkzeug des fertigungsgerechten Konstruierens

Ein wesentliches Element des fertigungsgerechten Konstruierens ist die rechnergestützte Modellierung von Fertigungsprozessen und die hierauf aufsetzenden Simulationsrechnungen der Stoff- und Wärmetransportvorgänge. Für grundlegende Betrachtungen wendet man zur Modellierung und Simulation universell gehaltene Rechnerprogramme an, die zumeist auf der Methode der Finiten Elemente oder Finiten Differenzen aufbauen. Die Modellierung des Prozessgeschehens erfolgt einerseits durch die Netzgenerierung zur geometrischen Beschreibung der Bilanzgrenzen (z. B. Werkzeugkavität, Anguss, Werkzeug, Kühlkanäle), durch die Wahl geeigneter Stoffgesetze zur Beschreibung der Stoff- und Wärmetransportvorgänge (z. B. Fließgesetz nach Carreau) sowie durch die Annahme geeigneter Randbedingungen (z. B. Massetemperatur, Einspritzgeschwindigkeit, Kühlmitteltemperatur). Die Genauigkeit der hiermit erreichbaren Berechnungen hängt stark von der Vorgehensweise bei der Modellbildung ab. Eine sehr umfassende Modellierung führt zu erheblichem Aufwand bei der Modellerstellung und den Rechenzeiten. Auch mangelt es oft an genauen Vorstellungen zum Verhalten des Werkstoffs, so dass stark vereinfachende Stoffgesetze Anwendung finden. Damit bleiben die in der Prozesssimulation erzielten Ergebnisse in ihrer Beschreibungsgüte innerhalb der gewählten Modellierungsansätze.

Für bestimmte Fertigungsverfahren wurde maßgeschneiderte Prozesssimulationssoftware entwickelt. Weit verbreitete Beispiele hierfür sind die Programmsysteme MOLDFLOW und CADMOLD, die zur Simulation des Spritzgießens dienen.

5

Der wesentliche Vorteil dieser Software gegenüber universellen FE- oder FD-Programmen besteht darin, dass bereits ein hoher Anteil des Modellierungsaufwands in der Software voreingestellt ist. Dadurch reduziert sich der Aufwand bei der Modellerstellung erheblich. Ein Beispiel für die Anwendung der Software CADMOULD zeigt Bild 5.9. Neben dem hier gezeigten „Füllbild", in dem die Lage der Schmelzefront zu unterschiedlichen Einspritzzeiten dargestellt wird, erlauben diese Programme viele weitergehende Berechnungen zu Druckverläufen, Erstarrungsvorgängen, Orientierung, Eigenspannungen und Verzug, wobei Eigenspannung und Verzug auf Grund der verfügbaren Stoffgesetze und der Vereinfachungen bei der Modellbildung eher qualitativ bestimmt werden.

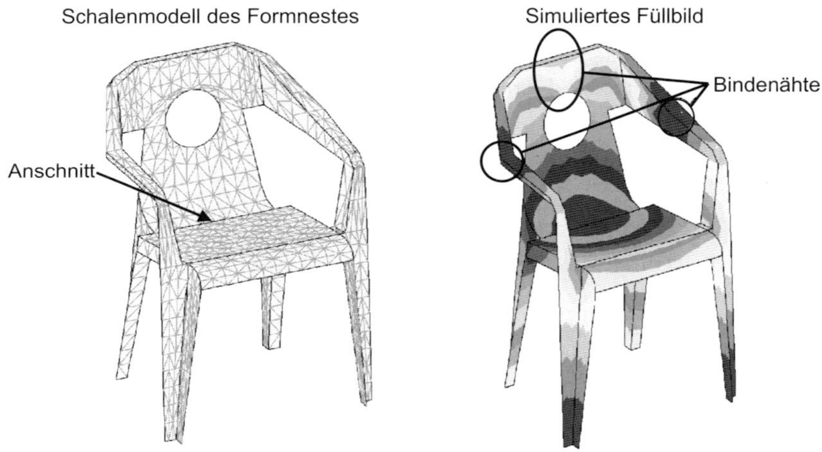

Bild 5.9 Modellierung und Füllsimulation eines Gartenstuhls

Allerdings gilt bei diesen Programmen noch mehr als bei den oben erwähnten universellen FE- oder FD-Berechnungsprogrammen, dass die hier festgelegten Vereinfachungen Einfluss auf die Genauigkeit der Lösung nehmen. So arbeiten diese Programme etwa mit einer 2½D-Geometriemodellierung der Kavität. Dies bedeutet, dass die einzelnen Elemente des Formnestes als Schalen dargestellt werden, in denen ein Strömungsfortschritt nur in der Ebene modelliert wird. Die Dicke des Elements wird als Parameter mitgeführt, um hieraus dann letztendlich Druckverluste oder Abkühlvorgänge abschätzen zu können. Da Spritzgussteile meist konstante Wanddicken und eine flächige, schalenförmige Kontur aufweisen, ist die oben angeführte Vereinfachung rheologisch sinnvoll. Im Ergebnis führt sie zu einer erheblichen Reduzierung von Modellaufwand und Rechenzeit. Allerdings darf man nicht erwarten, dass eine solche Prozesssimulationssoftware geeignet ist, die Strömungsverhältnisse richtig abzubilden, wenn erhebliche Wanddickenunterschiede oder dickwandige Bauteile vorliegen.

Die Prozesssimulation dient zur Vorausberechnung des Prozessgeschehens. Hierdurch kann der Konstrukteur Informationen zu folgenden Aspekten erhalten:

- Prüfung der Herstellbarkeit (Anzahl der Angüsse, Lage der Bindenähte s. Bild 5.9, Lufteinschlüsse),
- Einfluss des Fertigungsprozesses auf die Bauteileigenschaften (Eigenspannungen, Orientierung, Kristallisation),
- Abschätzung der Fertigungsparameter (Druckbedarf, Schließkraft, Zykluszeit),
- Auslegung der Werkzeuge (rheologisch, thermisch und mechanisch).

Trotz aller Unzulänglichkeiten bei der Modellbildung und den Stoffgesetzen hat sich die Prozesssimulation zu einem unverzichtbaren Werkzeug des kunststoffgerechten Konstruierens entwickelt. Nur so gelingt es, bereits in den frühen Phasen der Konstruktion die wesentlichen Einschränkungen durch den Fertigungsprozess zu erkennen und „robuste" Werkzeugkonzepte zu entwickeln.

5.4 Werkstoffgerechtes Konstruieren

Die spezifischen Eigenschaften der Kunststoffe müssen beim Konstruieren angemessen beachtet werden, um zu technisch anspruchsvollen und wirtschaftlichen Produkten zu gelangen. Beachtet werden müssen im Vergleich zu metallischen Werkstoffen:

- der sehr viel geringere E-Modul (nur etwa 0,1 % bis 1 %),
- die geringere Festigkeit (etwa 1 % bis 10 %),
- die deutlich höhere Dehnbarkeit (etwa um das 10- bis 100-fache),
- die deutlich höhere Wärmedehnung (etwa um das 10- bis 100-fache),
- die Abhängigkeit vieler Eigenschaften von Temperatur und Zeit.

Hieraus lassen sich einige allgemeingültige Regeln für das kunststoffgerechte Konstruieren ableiten:

- Biegesteife Bauteile erreicht man bei niedrigem E-Modul gut durch Verrippung.
- Mechanisch hoch belastete Teile müssen ohne Kerben und Ecken ausgeführt werden!
- Die große Verformbarkeit von Kunststoffen erlaubt charakteristische Konstruktionen (Filmscharniere, Schnappverbindungen).
- Die niedrige Festigkeit begünstigt den Einsatz selbstformender metallischer Schrauben als kostengünstige Verbindungstechnik.

Da die Kunststoffe durch Beimischen von Füllstoffen oder Veränderung in ihrem molekularen Aufbau in ihrem Eigenschaftsbild stark beeinflusst werden können, ist die Modifizierung des Kunststoffs mit Blick auf sein Anwendungsgebiet eine wesentliche Eigenschaft dieser Werkstoffgruppe.

5.4.1 Dimensionierungsrechnung

Wie bei klassischen Konstruktionswerkstoffen erfolgt auch bei Kunststoffen eine Dimensionierung zur Klärung der Frage:

Erträgt das Bauteil die bei der Fertigung und dem Gebrauch auftretenden Kräfte ohne Rissbildung oder unzulässige Verformung?

Dazu ergibt sich folgende Vorgehensweise:

- Festlegung der Randbedingungen:
  - Geometrie des Bauteils,
  - einwirkende Bauteilbeanspruchung (Lasten, Temperatur, Zeit, Medium),
  - Dimensionierungskennwerte (zulässige Werkstoffbeanspruchungen, E-Modul ...).
- Bestimmung des Bauteilverhaltens unter einwirkender Beanspruchung (alternativ durch):
  - konventionelle Dimensionierungsrechnung,
  - empirisch gestützte Dimensionierungsrechnung,
  - Anwendung der Methode der Finiten Elemente zur mechanischen Analyse,
  - Bauteilversuche an Prototypen oder Modellen.
- Prüfung der Zulässigkeit durch Vergleich mit Grenzwerten:
  - Steifigkeitsnachweis zur Prüfung der zulässigen Bauteilverformung,
  - Festigkeitsnachweis zur Prüfung der Zulässigkeit der Werkstoffanstrengung.

5.4.2 Dimensionierungskennwerte

Bei der Dimensionierungsrechnung werden Dimensionierungskennwerte benötigt, die eine quantitative Beschreibung des Werkstoffeinflusses auf das Bauteilverhalten erlauben. Als die wesentlichen Dimensionierungskennwerte können angesehen werden:

- E-Modul,
- Querkontraktionszahl,
- zulässige Spannung oder zulässige Dehnung.

Um die viskoelastischen Eigenschaften des Kunststoffs angemessen zu berücksichtigen., müssen die Abhängigkeiten der Dimensionierungskennwerte von den Einsatzbedingungen beachtet werden. Entsprechend müssen für jeden Lastfall die zugehörigen Kennwerte neu ermittelt werden. Das dabei übliche Verfahren ist die Ermittlung eines „quasielastischen Ersatzkennwertes“. Hierbei wird die Veränderung der Werkstoffsteifigkeit etwa durch Kriechen oder durch Temperaturerhöhung dadurch berücksichtiget, indem man einen „Ersatzwerkstoff“ definiert, dem der nun niedrigere E-Modul als elastische Eigenschaft zugesprochen wird. Die Ermittlung des elastischen Ersatz-E-Moduls in Abhängigkeit von der jeweiligen Zeit, Temperatur und Beanspruchungshöhe erfolgt im isochronen Spannungs-Dehnungs-Diagramm, s. Bild 5.10. Er ergibt sich als die Steigung der Verbindungsgeraden aus dem Ursprung des Spannungs-Dehnungs-Diagramms zum jeweils betrachteten Beanspruchungszustand. In Bild 5.11 ist dargestellt, wie mit der Modellvorstellung des idealelastischen Ersatzwerkstoffs ein Kriechvorgang abgebildet wird.

Als weiterer Kennwert für die Steifigkeitsanalyse des Bauteils wird die Querkontraktionszahl ν benötigt. Da hierzu in der Regel keine Messwerte vorliegen, behilft man sich mit einer näherungsweisen Betrachtung (siehe hierzu Abschnitt 3.2.5)

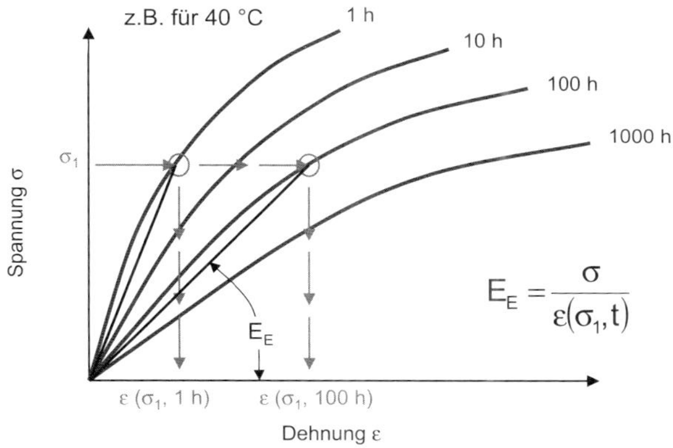

$$E_E = \frac{\sigma}{\varepsilon(\sigma_1, t)}$$

Bild 5.10 Bestimmung des elastischen Ersatz-E-Moduls aus dem isochronen Spannungs-Dehnungs-Diagramm

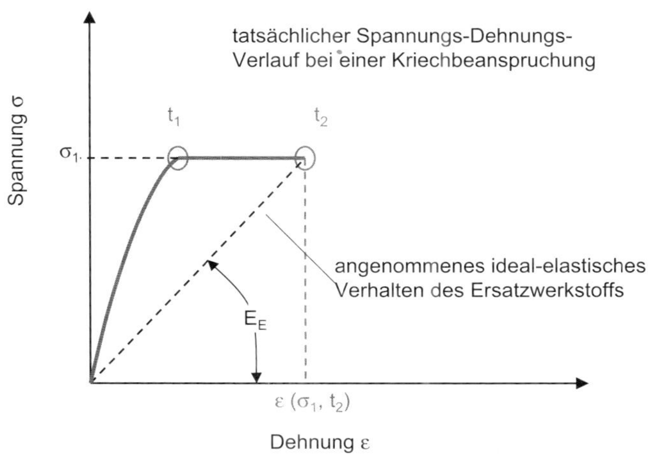

Bild 5.11 Beschreibung des Kriechens durch die Modellvorstellung des elastischen Ersatzwerkstoffes

Die Berechnung statischer mechanischer Beanspruchungszustände kann mit Hilfe der hier ermittelten Ersatzkennwerte näherungsweise mit den Formeln für elastische Werkstoffe erfolgen.

Einschränkungen:

- Bei diesen Dimensionierungsrechnungen wird der Einfluss der Molekül- oder Füllstofforientierung auf die mechanischen Eigenschaften nicht berücksichtigt.
- Das Verhalten unter dynamischen, zyklischen oder nichtisothermen Beanspruchungen kann mit der oben beschriebenen Vorgehensweise nur grob abgeschätzt werden. In solchen Fällen ist es erforderlich, durch komplexere Modellvorstellungen und Stoffgesetze den Einfluss der Beanspruchungsgeschichte bei der Lösung der mechanischen Aufgabenstellung zu berücksichtigen. Auch dann erst ist es möglich, die bei zyklischer Beanspruchung in Wärme umgesetzte (dissipierte) Energie zu bestimmen.

Während isochrone Spannungs-Dehnungs-Diagramme zunehmend in der Werkstoffdatenbank dokumentiert sind, finden sich praktisch keine Informationen zu Beanspruchungsgrenzwerten. Daher ist der Konstrukteur bei der Bestimmung zulässiger Grenzwerte auf abschätzende Verfahren angewiesen, wenn er eine aufwendige Werkstoffprüfung vermeiden will. Eine übliche und vom Institut für Bautechnik anerkannte Vorgehensweise ist die Verwendung von Abminderungsfaktoren zur Berücksichtigung der unterschiedlichen Einflüsse auf die Bauteilfestigkeit, in Bild 5.12 dargestellt. Durch die Multiplikation der Abminderungsfaktoren sollen möglicherweise wirksame Synergien verschiedener Einflüsse auf die Festigkeit berücksichtigt werden. Nachteilig bei dieser Vorgehensweise ist, dass letztendlich nur sehr kleine zulässige Festigkeiten ermittelt werden und deshalb zumeist das Potenzial des Werkstoffs nur unzureichend ausgenutzt wird.

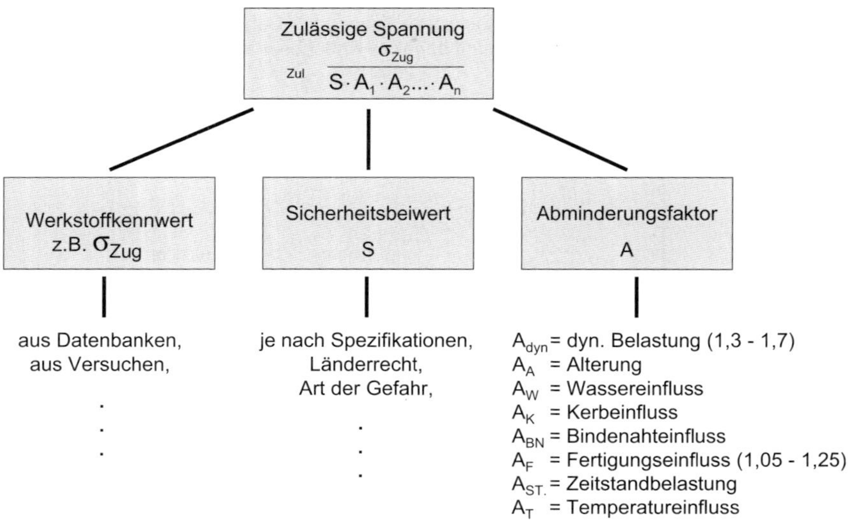

Bild 5.12 Ermittlung der zulässigen Spannung

Eine in der Praxis sehr gerne genutzte, wenn auch durch wissenschaftliche Untersuchungen nur empirisch belegte Grenze zur Dimensionierung stellt die kritische Dehnung dar, s. Tafel 5.2. Sie wurde von Menges aus der These entwickelt, dass bei Kunststoffen erste irreversible Schädigungen erst dann beobachtet werden können, wenn Kunststoffe oberhalb der kritischen Dehnung beansprucht werden.

Tafel 5.2 Kritische Dehnung von Thermoplasten

Kunststoff	Kritische Dehnung
Amorphe, ungefüllte Thermoplaste	0,8 %
Ausnahme: Polystyrol	0,2 %
Teilkristalline Thermoplaste (oberhalb T_G, sonst siehe amorphe Thermoplaste)	2,0 %
Schlagzäh modifizierte Blends	0,8%

5

Bei der Verwendung der kritischen Dehnung als Dimensionierungsgrenze muss beachtet werden, dass bei mit harten Füllstoffen gefüllten Kunststoffen die lokale Dehnung der Matrix stets größer ist, als die mittlere makroskopische Dehnung. Deshalb muss die kritische Dehnung hier in Abhängigkeit vom Füllstoffanteil abgemindert werden. So kann man für mit Kurzglasfasern gefüllte Kunststoffe etwa mit folgender Näherungsformel rechnen:

$$\varepsilon_{\text{krit,GF}} \approx \varepsilon_{\text{krit}} \cdot (1 - 1{,}5 \cdot \varphi)$$

mit φ Gewichtsanteil Glas.

Die Dimensionierung mit der kritischen Dehnung ist eine bewusst einfach und anschaulich gestaltete Regel. Sie leitet den Konstrukteur zum dehnungsbezogenen Denken an. Sie erlaubt auch bei großen Unsicherheiten im Anforderungsprofil eine erste Auslegung eines Bauteils. Eine Vorhersage von Versagenszuständen kann aus der kritischen Dehnung nicht abgeleitet werden.

Beide oben diskutierten Beanspruchungsgrenzen beziehen sich auf den einachsigen Beanspruchungszustand. Liegen im Bauteil mehrachsige Spannungszustände vor, so ist in das Normalspannungssystem zu transformieren (schubfreier Zustand) und über eine Versagensthese mit der zulässigen einachsigen Spannung zu vergleichen (bei der Vorgehensweise nach der kritischen Dehnung erhält man durch Multiplikation mit dem zugehörigen Ersatz-E-Modul die entsprechende zulässige einachsige Spannung). Gebräuchliche Versagenskriterien zur Abschätzung mehrachsiger Spannungszustände sind das Mises-Kriterium oder das Kegelkriterium.

5.4.3 Konventionelle Dimensionierungsrechnung

Ein Entwurf kann überschlägig berechnet werden, wenn dieser in geometrisch einfache Strukturen (Stäbe, Balken, Platten, Schalen...) zerlegt werden kann, die Belastungsfälle einzeln berechnet und dann superpositioniert werden können. Überschlägige Berechnungen sind hilfreich, um die Größenordnungen bei Spannungen und Verformungen abzuschätzen. Die Vorgehensweise ist nur zulässig, wenn die Verformungen genügend klein bleiben, da sonst die Änderung der Geometrie und der Krafteinleitungspunkte nicht angemessen berücksichtigt wird. Es wird vorausgesetzt, dass die Gleichungen der allgemeinen Elastizitätstheorie anwendbar sind. Es werden die hieraus abgeleiteten Lösungen für die jeweiligen Geometrien verwendet (z.B. Biegung von Platten, Knicken von Stäben, Kesselformel für dünnwandige Behälter usw.). Mit der Entwicklung der Methode der Finiten Elemente verliert die konventionelle Dimensionierung zunehmend an Bedeutung. Dennoch ist sie ein sehr brauchbares Werkzeug, um in ersten Entwurfsstadien die Machbarkeit einer Konstruktion und die Größenordnung der Beanspruchungen abzuschätzen.

5.4.4 Empirisch gestützte Dimensionierungsrechnung

Insbesondere bei Funktionselementen (siehe Abschnitt 5.5) wird oft die empirisch gestützte Dimensionierungsrechnung angewendet. Grundidee hierbei ist, dass im Rahmen von Musterbauteilen bestimmte Funktionsprinzipien erprobt werden und dann in Näherungsgleichungen das mechanische Wirkprinzip niedergelegt ist. So wird etwa durch Gestaltungsregeln der Tubus einer Schraubverbindung so ausgelegt, dass ein Versagen durch Aufplatzen des Tubus vermieden wird. Dann kann die Bruchkraft der Schraubverbindung je nach Einschraubtiefe aus der Festigkeit der Schraube, der Festigkeit des Tubusquerschnitts oder der Schubfestigkeit des abgescherten Bereichs des in den Tubus eingeschraubten Gewindes bestimmt werden. Charakteristisch für die empirisch gestützte Dimensionierungsrechnung ist also, dass zunächst bestimmte Gestaltungsregeln beachtet werden und dass Erfahrungswissen zu Auslegungsregeln verarbeitet wurde.

Für Bauteile aus Kunststoffen, die der bauaufsichtlichen Zulassung durch das deutsche Institut für Bautechnik unterliegen, finden sich häufig solche empirischen Dimensionierungen (z.B. für Kunststoffrohre unter Erddruck)

5.4.5 Anwendung der Methode der Finiten Elemente zur mechanischen Analyse

Mit der Methode der Finiten Elemente (FEM) hat der Konstrukteur ein leistungsfähiges Werkzeug, um die mechanischen Eigenschaften eines Bauteils auch bei sehr komplexen Geometrien und Beanspruchungsfällen sicher vorherzusagen. Grundsätzlich unterscheidet sich die Anwendung der FEM bei Kunststoffen nicht von der anderer Werkstoffe. Allerdings führen die Besonderheiten des Werkstoffverhaltens und die oft komplexe Bauteilgeometrie zu typischen Bearbeitungsansätzen. Allgemein gilt für die Methode der finiten Elemente:

- Komplexe Geometrien werden durch Finite Elemente dargestellt.
- Lastangriff kann ohne geometrische Einschränkungen erfolgen (Punkt, Linie, Volumen, Fläche...).
- Lastangriff kann zeitlich verändert werden.
- Es können Kontaktprobleme etwa das Aufsetzen auf einem anderen Körper dargestellt werden.

Nichtlinearitäten können beachtet werden (siehe Bild 5.13).

Die Wahl der Elemente zur Abbildung der Geometrie ist mitbestimmend für die Güte der Berechnung. In Tafel 5.3 bis 5.5 werden verschiedene Elemente mit ih-

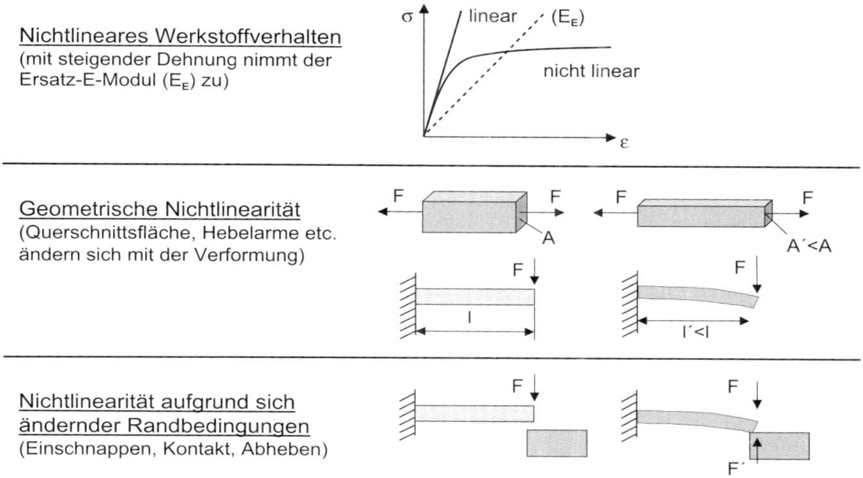

Bild 5.13 Nichtlinearitäten bei der Anwendung der Methode der Finiten Elemente

ren Modelleigenschaften und Anwendungen erläutert. Hieran wird besonders gut deutlich, dass die Berechnungsergebnisse keine Aussagen zu Verhaltensweisen treffen können, die im Modell nicht abgebildet sind. So sind Membranelemente beispielsweise nicht geeignet, ein Biegemoment in einer schalenförmigen Geometrie zu berechnen.

Ebenfalls wesentlich bei der Modellerstellung ist es, eine geeignete Netzgeometrie und Feinheit zu erreichen. So führen stark verzerrte Elemente oder zu grobe Elemente zu fehlerhaften Berechnungsergebnissen. In Bild 5.14 wird am Beispiel einer Schnappverbindung gezeigt, wie durch lokale Verfeinerung des Netzes ein

- Je mehr Elemente, desto genauer die Berechnung
- Rechenzeit steigt quadratisch mit der Elementanzahl
- Kompromiss zwischen Genauigkeit und Zeitaufwand/Kosten
- Höhere Feinheit des Netzes in Bereichen kritischer Stellen mit hohem Spannungs- oder Dehnungsgradienten (Kerbe, Wanddickensprung, Durchbruch, punktförmiger Kraftangriff...)

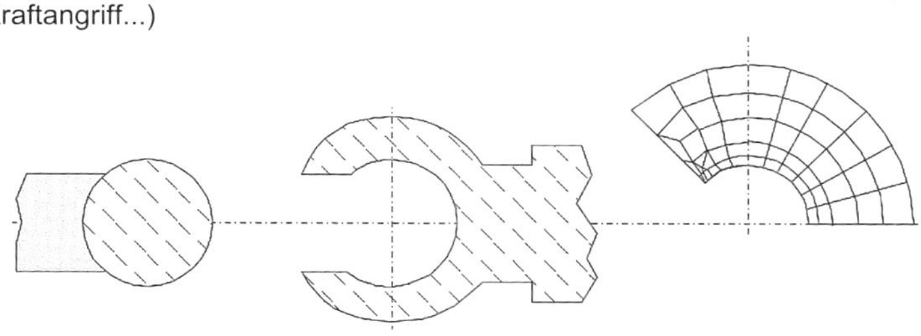

Bild 5.14 Feinheit der Strukturelemente

Kompromiss zwischen notwendiger Genauigkeit und erforderlicher Rechenzeit erreicht werden kann.

Bei der Anwendung einer Finite-Elemente-Analyse ergibt sich folgender typischer Arbeitsablauf:

- Geometrieerstellung,
- Preprocessing (Modellaufbereitung: Randbedingungen, Lasten, Wahl des Materialmodells),
- FE-Berechnung (Lösung des Gleichungssystems),
- Postprocessing (Ergebnisdarstellung),
- Interpretation mit Hilfe von Dimensionierungskennwerten.

Mit der Finite-Elemente-Analyse verfolgt der Konstrukteur verschiedene Zielsetzungen:

- Gestaltoptimierung,
- Nachweis der Herstellbarkeit und Einfluss der Fertigung auf die Bauteileigenschaften,
- Lebensdauer-FEM.

Um dies zu verdeutlichen, soll beispielhaft die Entwicklung eines Pumpengehäuses aus PA 66-GF30 dargestellt werden (siehe auch Bild 5.15). Ausgehend vom vorhandenen CAD-Modell einer konventionellen Konstruktion für Metall wird unter Beibehaltung der maßgeblichen Funktionsmaße (Flansche, hydraulische Querschnitte) im Preprozessor des FE-Programms die Netzgeometrie sukzessive so geändert, dass möglichst keine Spannungsspitzen mehr auftreten und die zulässigen Bauteilverformungen nicht mehr überschritten werden (Gestaltoptimierung mit FEM). Man verwendet die FEM also, um zunächst das mechanische Konzept eines Bauteils zu entwickeln. In diesem Stadium ändert man mehrfach die Geometrie des Bauteils, um zu einer optimalen Gestaltung zu kommen. Hier genügt

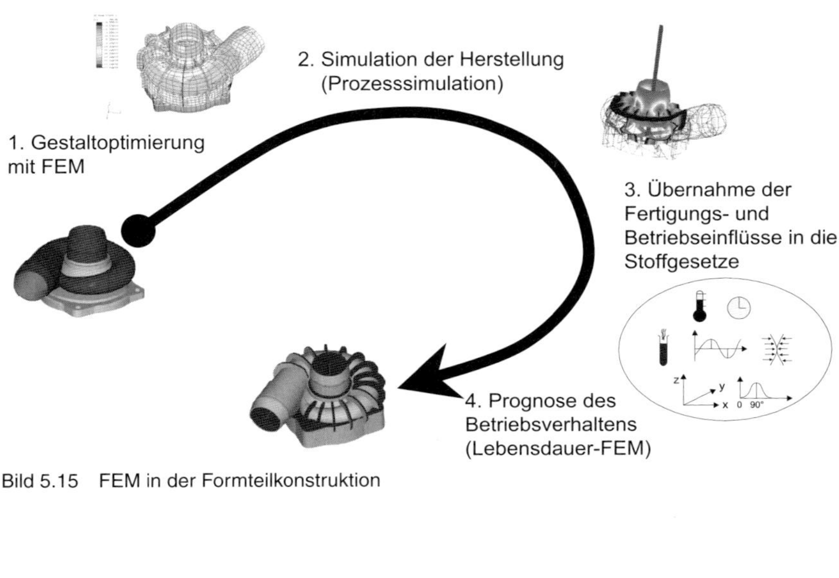

Bild 5.15 FEM in der Formteilkonstruktion

zur Verringerung des Aufwands, mit vereinfachten Geometrien (oder Teilgeometrien bei Symmetrie) und vereinfachten Materialgesetzen zu rechnen.

Wenn die optimale Bauteilgeometrie gefunden ist, muss die Machbarkeit durch Prozesssimulation geprüft werden, s. Abschnitt 5.3.4. Auch hier kann es zu einer Änderung der Bauteilgeometrie kommen, was zu einer erneuten Änderung der Geometrie des FE-Netzes führt.

Abgeschlossen werden die Dimensionierungsrechnungen durch eine Lebensdauer-FEM: Für festgelegte Parameter Geometrie, Werkstoff, Herstellbedingungen und Lastfall möchte man das Verhalten des Bauteils vorhersagen. Hier ist es in aller Regel erforderlich, durch Kopplung von Prozesssimulation und Bauteilsimulation mit der Methode der Finiten Elemente (integrative Simulation) die Einflüsse der Herstellung auf die lokalen Werkstoffeigenschaften im Bauteil zu berücksichtigen und so zu einer genauen Beschreibung des Bauteilverhaltens zu kommen. Die Einflüsse der Beanspruchung und der Herstellbedingungen auf das Werkstoffverhalten werden dadurch berücksichtigt, dass lokal jedem Element angepasste Werkstoffeigenschaften zugeschrieben werden. So wird etwa die Orientierung der Kurzglasfaser durch die Fließvorgänge beim Spritzgießen in der Prozesssimulation berechnet, s. Bild 5.16, und in der anschließenden FE-Rechnung berücksichtigt, s. Bild 5.17.

Erst nach Abschluss dieser Berechnungen wird dann das CAD-Modell des Bauteils zumeist als 3D-Volumenmodell endgültig festgelegt.

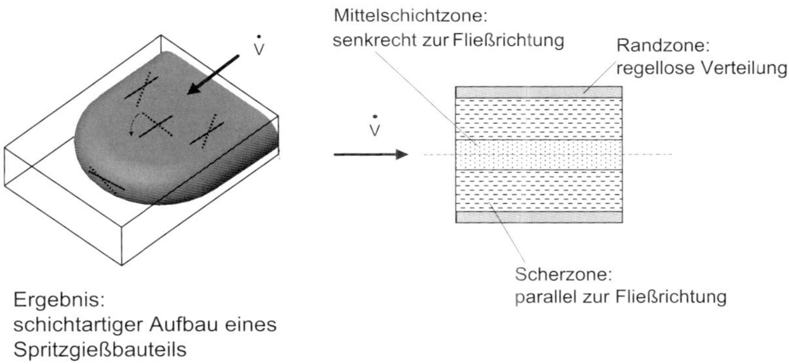

Bild 5.16 Faserausrichtung in der Schmelzeströmung (vereinfachte Darstellung)

5.4.6 Bauteilversuche an Prototypen oder Modellen

Bei Bauteilen mit hohen Anforderungen an die Sicherheit gegen Versagen müssen zur Absicherung der Dimensionierung, die ja stets auf „Hypothesen" beruht, Bauteilversuche durchgeführt werden. Bei der endgültigen Freigabe eines Serienbauteils sollen diese Bauteilversuche an Mustern erfolgen, die in gleicher Weise wie die Serienbauteile gefertigt worden sind. Dies verbietet sich jedoch in den frühen Phasen der Bauteilentwicklung, da hier typischer Weise die Formwerkzeuge für die Serienfertigung nicht zur Verfügung stehen.

Tafel 5.3 Eindimensionale finite Elemente und ihre Eigenschaften

Art	Anwendung	Charakteristika	Bemerkungen
Stabelement 	Fachwerke Stabwerke	• ausschließlich Kraft in Längsrichtung (keine Torsion, Biegung) • keine Querschnittsänderung bei Verformung	keine Schubspannungen möglich Flächen bleiben konstant, hohe Verformungen führen dann zu zu niedrigen Spannungsannahmen. in Schichten können unterschiedliche Spannungszustände im Abstand zur neutralen Faser erfasst werden.
Balkenelement 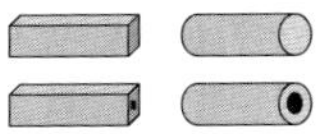		• auch Biegebelastungen und -momente • mit Querschnittsänderung	auch Schubspannungen dadurch möglich (lineare Probleme: 3-Schichten nicht lin. Probleme: 5-Schichten), Schichten auch für Sandwich-Aufbau, Auswertung der einzelnen Schichten

Tafel 5.4 Zweidimensionale finite Elemente und ihre Eigenschaften

Art	Anwendung	Charakteristika	Bemerkungen
Schalenelement 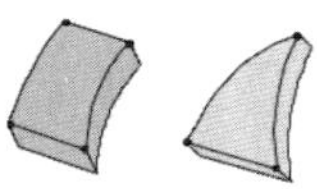	schalenartige Bauteile, (Kunststoffbauteile) besonders für Biegebelastung (weniger für Torsionsbelastung)	Spannung in Dickenrichtung = 0 Zug/Druck, Biegung keine Momente um Dickenachse (!)	auch schichtenweise möglich (Faserverbundbauteile mit Faserorientierung)
Membranelement 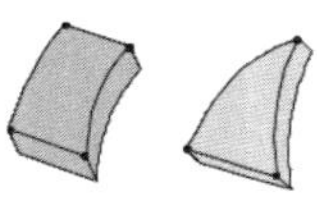	Membranen: sehr dünne und großflächige Bauteile ohne Biegesteifigkeit (Bänder, Riemen, Membranen, Ballons)	Membranen: gar keine Momente möglich	

Tafel 5.5 Dreidimensionale finite Elemente und ihre Eigenschaften

Art	Anwendung	Charakteristika	Bemerkungen
Volumenelement 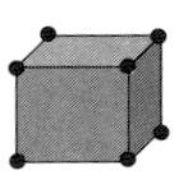 (Tetraeder, Hexaeder)	dickwandige Bauteile wenn Spannungsverteilung in Dickenrichtung relevant ist wenn bei der Beanspruchung Schubspannungen dominant sind	jeder Belastungsfall hoher Aufwand bei Vernetzung und Berechnung aber: bei Tetraedern automatisches vernetzen aus 3D-CAD-Geometrie möglich!	Verschiebungen innerhalb des Elements werden aus den Knotenverschiebungen mit Hilfe der Formfunktionen interpoliert. auch hier Schichtaufbau möglich

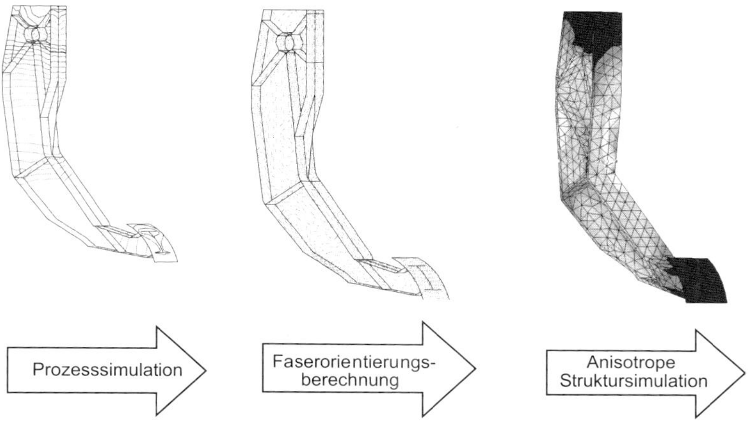

Bild 5.17 Integrative FEM durch Kopplung von Prozess- und Struktursimulation

Um dennoch zu einer Überprüfung der Dimensionierung zu gelangen, empfiehlt sich die Nutzung des Rapid-Prototypings (siehe Abschnitt 4.2.11). Dabei kann das entsprechend der in Abschnitt 5.4.5 beschriebenen Vorgehensweise erzeugte 3D-Volumenmodell unmittelbar zur Generierung des Prototypen genutzt werden. Vorteil hierbei ist neben großer Zeit- und Kosteneinsparung, dass eventuelle Fehler bei der Geometrieerzeugung im CAD-System am Modell unmittelbar erkannt werden.

Bei großen Bauteilen müssen maßstäblich verkleinerte Prototypen hergestellt werden, die unter einer entsprechend angepassten Belastung geprüft werden. Die Verwendung unterschiedlicher Werkstoffe für Serienbauteil und Prototyp kann durch entsprechende Korrekturfaktoren oder durch eine geeignet geänderte Versuchstemperatur berücksichtigt werden.

Der besondere Nutzen des Bauteilversuchs liegt in der ergänzenden Information in Verbindung mit den FE-Rechnungen. Durch die Kopplung von Versuch und Rechnung erhält der Berechnungsingenieur eine zusätzliche Erfahrungsebene, die es ihm erlaubt, verbesserte Entwürfe und Berechnungsweisen zu entwickeln.

5.5 Funktionselemente

Im Sinne der Nutzung bewährter Konstruktionen ist es sinnvoll, Neukonstruktionen so weit wie möglich zu vermeiden und statt dessen durch Abwandlung vorhandener Konstruktionsweisen zu neuen Lösungen zu kommen. Bricht man diese Betrachtungsweise auf die einzelnen Elemente einer Konstruktion herunter, so finden sich zahlreiche Beispiele solcher wiederkehrender „Funktionselemente, s. Bild 5.18. Nachfolgend werden einige solcher Funktionselemente beschrieben.

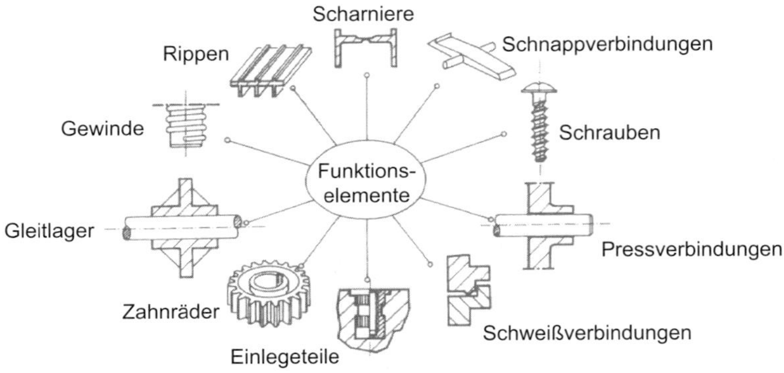

Bild 5.18 Funktionselemente in Kunststoffkonstruktionen

5.5.1 Filmscharniere

Bei Filmscharnieren nutzt man die große Dehnbarkeit der Kunststoffe wie auch die Möglichkeit, im Spritzgießwerkzeug zwei Formteile gleichzeitig zu fertigen, wobei das zweite Teil durch einen möglichst dünnen Film an das erste Teil angebunden ist. Dieser Film bildet dann das Filmscharnier der nun zusammenhängenden Teile (etwa Bauteil mit Verschlusselement). Kritisch bei Filmscharnieren ist eine Gestaltung, die lokal zu unzulässig hohen Dehnungen führt, s. Bild 5.19. Beachtet werden muss bei der rheologischen Auslegung von Spritzgießwerkzeugen, dass es aufgrund der starken Wanddickensprünge im Bauteil zu einer vorzeitigen Erstarrung der Fließfronten im Filmscharnier kommen kann. Es muss also darauf geachtet werden, die Angüsse im ersten Teil so anzuordnen, dass das Filmscharnier möglichst am Fließwegende des ersten Teils liegt. Schließlich sollte zumindest eine Teilfüllung des zweiten Teils durch das Filmscharnier erfolgen.

Die Werkstoffbeanspruchung bei der Betätigung bestimmt sich aus der Dicke des Filmscharniers und der Änderung der Krümmung. Da die maßgebliche Randfaserdehnung linear mit der Dicke ansteigt, empfehlen sich dünne Filme; zur Aufnahme der Zuglasten sind entsprechende Breiten vorzusehen.

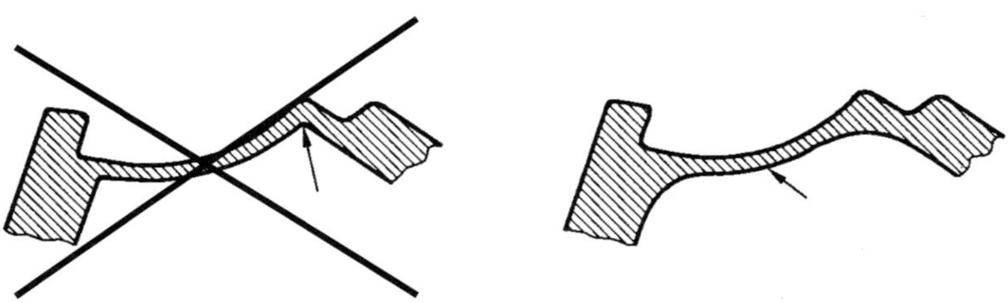

Schlecht: zu schroffe Übergänge

Gut: Deformation in Scharniermitte legen!

Bild 5.19 Gestaltung von Filmscharnieren

5.5.2 Schnappverbindungen

Schnappverbindungen sind in vielen Fällen technisch und wirtschaftlich günstige Verbindungsarten. Sie können je nach Hakengeometrie schwer oder leicht lösbar oder auch bedingt lösbar konstruiert werden (so einrastend, dass ein Lösen nicht durch Kraft sondern lediglich durch zusätzliche mechanische Betätigung möglich wird). Weil viele Kunststoffe kurzzeitig recht große Dehnwerte ohne Bruch oder bleibende Deformationen zulassen und die Formgebung zumeist beim Spritzgießen mit nur geringem Zusatzaufwand erreicht wird, sind Kunststoffe in besonderem Maße für dieses Fügeverfahren geeignet. Bild 5.20A und B zeigen einfache Beispiele mit Schnapphaken, Bild 5.21 zeigt eine Chassis-Abdeckung mit zwei schnappenden Laschen mit großer Kraftübertragung, die durch Daumendruck in Pfeilrichtung ausgeklinkt werden können. Bild 5.22 stellt eine unterbrochene Ringschnappverbindung dar.

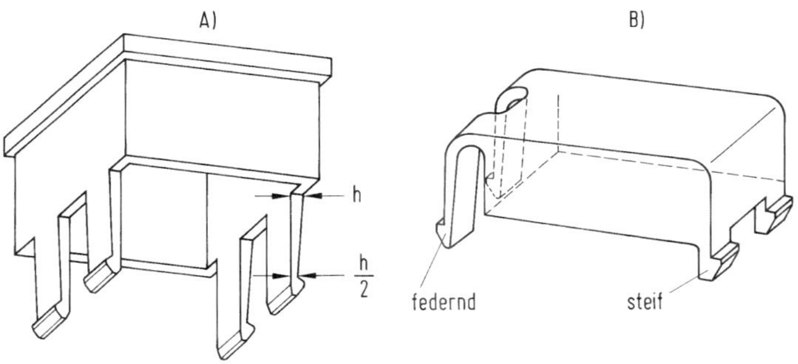

Bild 5.20 Beispiele für Bauteile mit Schnapphaken
A: Baustein für Schaltwände mit vier Schnapphaken , B: Abdeckklappe mit zwei steifen und zwei federnden Schnapphaken

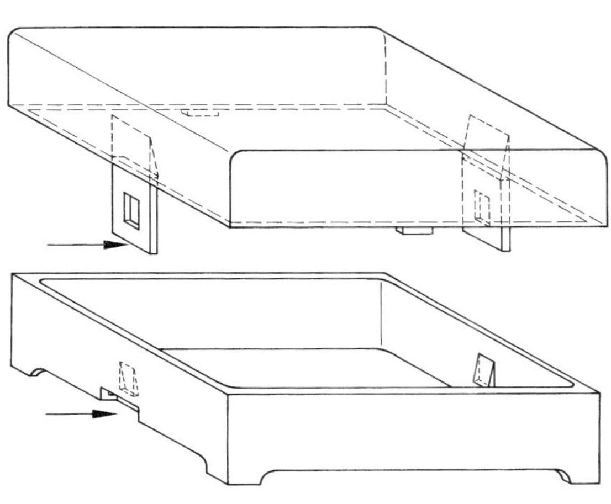

Bild 5.21 Lösbare Schnappverbindung einer Chassis-Abdeckung

Die wichtigsten Grundformen für solche Verbindungen sind: federnde Haken, Ringschnappverbindungen und Torsionsschnappverbindungen. Die Berechnungsgleichungen für zwei einfach gestaltete Schnapphaken sind Bild 5.23 zu entnehmen.

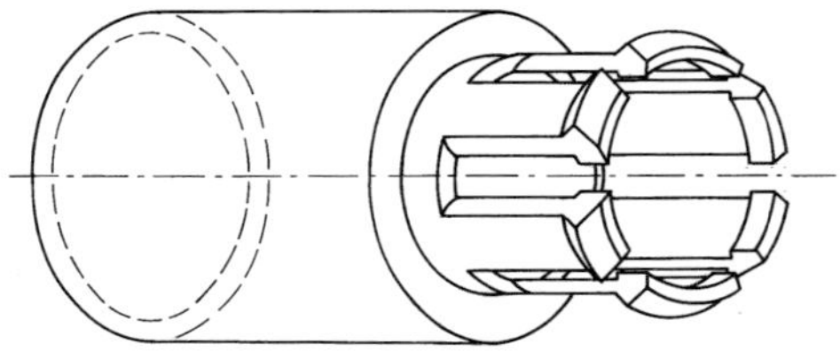

Bild 5.22 Unterbrochene Ringschnappverbindung

Ausführung ↓ / Querschnittsform →			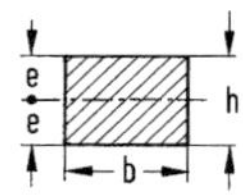 Rechteck
(zulässige) Auslenkung	1	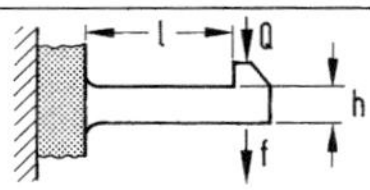 Querschnitt über Länge konstant	$f = 0{,}67 \cdot \frac{\varepsilon \cdot l^2}{h}$
	2	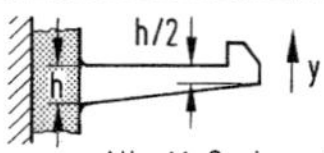 Alle Maße in y-Richtung, z. B. h, nehmen auf die Hälfte ab	$f = 1{,}09 \cdot \frac{\varepsilon \cdot l^2}{h}$
	3	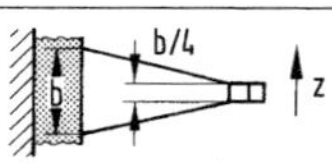 Alle Maße in z-Richtung, z. B. b, nehmen auf ein Viertel ab	$f = 0{,}86 \cdot \frac{\varepsilon \cdot l^2}{h}$
Auslenk-Kraft	1, 2, 3	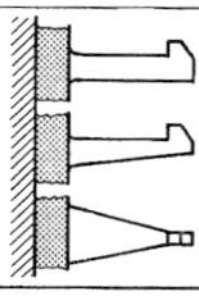	$Q = \overbrace{\frac{b \cdot h^2}{6}}^{W} \cdot \frac{E_E \cdot \varepsilon}{l}$

Bild 5.23 Berechnungsgleichungen für Schnapphaken

f: (zulässiger) Federweg (= Hinterschnitt), ε: (zulässige) Dehnung in der Randfaser der Einspannstelle (in den Formeln: ε als Absolutwert = Prozentwert/100), l: Armlänge, h: Dicke am Einspannquerschnitt, b: Breite am Einspannquerschnitt, e: Randfaserabstand von der neutralen Faser (Schwerpunkt), W: axiales Widerstandsmoment (W = I/e; I = axiales Trägheitsmoment), E_E :Ersatz-E-Modul, Q: (zulässige) Auslenkkraft

5.5.3 Schraubverbindungen

Schrauben bzw. Muttern aus Kunststoffen als Befestigungsmittel sind wegen der i.A. geringen Festigkeit und/oder Steifigkeit der Kunststoffe nur dann sinnvoll, wenn spezielle Anforderungen an die Schraubverbindungen keine andere Wahl zulassen. Das kann zutreffen, wenn eine elektrische Isolation, eine sehr hohe Korrosionsbeständigkeit oder z.B. eine durchgehende Einfärbung erwünscht sind (s.a. VDI 2543).

Weit verbreitet sind jedoch Schraubverbindungen mit Metallschrauben, wobei zwischen selbstformenden und metrischen Schrauben zu unterscheiden ist. Wegen der geringeren Festigkeit und des niedrigen E-Moduls der Kunststoffe versagt ein metrisches Gewinde durch Abscheren der Gewindeflanken im Schraubtubus. Daher ist die Festigkeit eines in den Kunststoff geschnittenen metrischen Gewindes gering. Sollen aus Gründen einer vereinfachten Montage dennoch metrische Schrauben verwendet werden, so empfiehlt sich, sogenannte Inserts, z.B. Messingbuchsen mit Innengewinden, zu verwenden. Diese werden entweder vor jedem Spritzgießzyklus in das Werkzeug eingelegt und umspritzt oder z.B. mit Ultraschall nachträglich eingesenkt. Dem Rationalisierungsgewinn bei der Montage durch Verwendung einheitlicher Schrauben und Drehmomente steht oft ein beträchtlicher Zuwachs an Zykluszeit und Maschinenbedienung gegenüber, so dass diese Lösung wirtschaftlich stets kritisch betrachtet werden sollte.

Besonders bewährt haben sich beim Verschrauben thermoplastischer Kunststoffteile spezielle selbstformende Schrauben mit und ohne Schneidkerbe. Tafel 5.6 enthält Bemessungsrichtlinien für einzuformende Längen und Durchmesser der gewindelosen Sacklochbohrungen bei zwei Schraubentypen A und B, s. Bild 5.24.

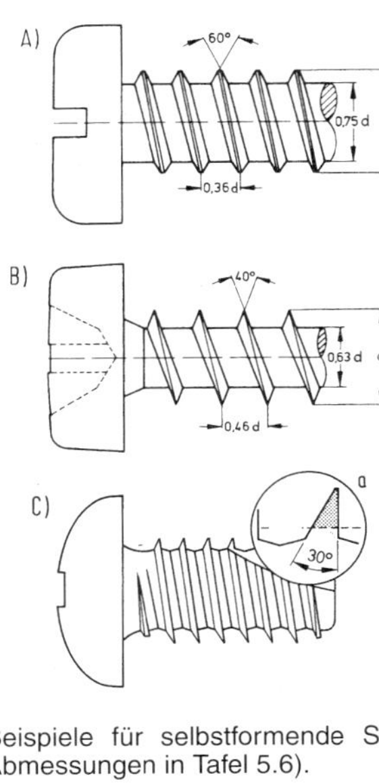

Typ A: Blechschraube mit Gewinde nach DIN EN ISO 1478

Allgemeine Kennzeichen: stumpfe Flankenwinkel (ca. 60°); große Kerndurchmesser (>0,7 D); hohes zu verdrängendes Volumen bewirkt hohe Spannungen in der Schraubhülse, daher weniger geeignet für spannungsrissempfindliche Kunststoffe

Typ B: Spanplatten-Schraube (z.B. ABC-®SPAX)

Allgemeine Kennzeichen: Spitze Flankenwinkel (<45°); kleine Kerndurchmesser (<0,65 D); meist höhere Steigung als bei Schraubentyp A; Schraubentyp B ist für thermoplastische Kunststoffe besser geeignet als Schraubentyp A

Typ C: Insbesondere geeignet für Duroplaste, mit großem Anzugs- und Lösemoment

a: Ausschnitt mit Lastflankenwinkel von 30°, die Kerbauskehlung schafft Freiraum für zerspanten Werkstoff, der in das Sackloch (Spanraum) fällt

Bild 5.24 Beispiele für selbstformende Schrauben (siehe die dazu passenden Sackloch-Abmessungen in Tafel 5.6).

Man ersieht aus der Tafel, dass bei zähen, wenig rissempfindlichen Kunststoffen (ABS, PA 6 konditioniert) der Durchmesser d_i kleiner sein kann und dass der Schraubentyp B i.A. günstiger ist, speziell auch bei PC.

Tafel 5.6 Selbstformende Schrauben ohne Schneidkerbe
Bemessungsrichtlinien für Schraubzapfen (gültig für d = 2,9 mm bis 5,1 mm) in Anlehnung an ATI 482, Bayer AG (1988)

Werkstoffe (Beispiele für thermoplastische Kunststoffe)	Schraubentyp A[1])	Schraubentyp B[1])
ABS	$d_i = 0{,}87 \times d$	$d_i = 0{,}84 \times d$
(PC + ABS) (mit niedrigem PC-Anteil)	$d_i = 0{,}90 \times d$	$d_i = 0{,}86 \times d$
(PC + ABS) (mit hohem PC-Anteil)	nicht	$d_i = 0{,}89 \times d$
PC	empfehlens-	$d_i = 0{,}90 \times d$
PC glasfaserverstärkt	wert	$d_i = 0{,}92 \times d$
PET	$d_i = 0{,}89 \times d$	$d_i = 0{,}85 \times d$
PET glasfaserverstärkt	$d_i = 0{,}91 \times d$	$d_i = 0{,}87 \times d$
PA 66 glasfaserverstärkt, spritzfrisch	$d_i = 0{,}94 \times d$	$d_i = 0{,}90 \times d$
PA 66 glasfaserverstärkt, konditioniert	$d_i = 0{,}92 \times d$	$d_i = 0{,}87 \times d$
PA 6 spritzfrisch	$d_i = 0{,}90 \times d$	$d_i = 0{,}86 \times d$
PA 6[2]) konditioniert	$d_i = 0{,}85 \times d$	$d_i = 0{,}82 \times d$
PA 6 glasfaserverstärkt, spritzfrisch	$d_i = 0{,}92 \times d$	$d_i = 0{,}88 \times d$
PA 6 glasfaserverstärkt, konditioniert	$d_i = 0{,}90 \times d$	$d_i = 0{,}86 \times d$

[1]) Schraubentypen s. Typ A und Typ B in Bild 5.24

[2]) Tragende Länge ≥ 3 x d empfohlen, um VDE-Vorschriften zu erfüllen

[3]) Je größer Einschraubtiefe, desto besser werden VDE-Vorschriften erfüllt

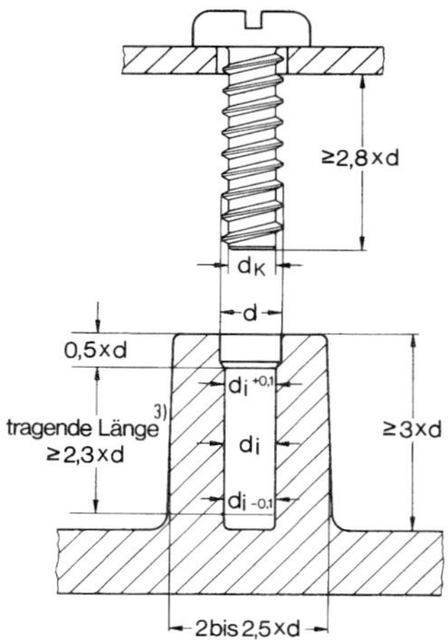

Für eine speziell für Thermoplaste entwickelte Schraube ähnlich Type B in Bild 5.24 mit einem Flankenwinkel von 30° empfiehlt der Hersteller (Ejot-Verbindungstechnik) Schraubzapfendurchmesser von 1,8 bis 2,5·d, Einschraubtiefen von 1,7 bis 2,2·d und folgende Lochdurchmesser:

- ca. 0,70·d: PE-LD, POM, PP, PP mit 20% Talkum,
- ca. 0,75·d: PA 46, PA 6, PA 66, PBT, PE-HD, PET, POM-GF 30,
- ca. 0,80·d: ABS, ABS+PC, ASA, PS, PVC-U, PA 46-, PA 66-, PBT-, PET-GF 30,
- ca. 0,85·d: PC, PC-GF 30, PMMA, PPO.

Beim Verschrauben duroplastischer Kunststoffteile sind selbstschneidende Schrauben günstig, die nicht eine Umformung des Kunststoffs (wie bei zähen Thermoplasten), sondern eine Zerspanung bewirken, Typ C in Bild 5.24. Dazu eignet sich ein asymmetrisches Gewindeprofil mit einem Lastflankenwinkel von 30°. Die Sacklochbohrung sollte etwa 0,85 · d, die Spanraumtiefe mindestens 0,8 · d, besser mehr, betragen, damit nicht beim Einschrauben der Boden am Sacklochende abgesprengt wird.

5.5.4 Nieten

5

Das Vernieten von Kunststoffen untereinander oder mit anderen Werkstoffen kann mit Weichnieten aus Kupfer, Messing, Aluminium, auch mit umbördelnden Hohlnieten, geschehen. Die Nietschläge müssen in ihrem Impuls (Masse mal Geschwindigkeit) der Bruch- oder Rissempfindlichkeit des Kunststoffs angepasst sein. Falls einer der Fügepartner ein thermoplastischer Kunststoff ist, kann das Ende der Zapfen des betreffenden Formteils durch Warm- oder Kaltformen (Ultraschall) zu einem Nietkopf umgeformt werden, s.Abschnitt 4.4.2.4, Ultraschall-Schweißen.

5.5.5 Schweißverbindungen

Thermoplastische Kunststoffe können durch Schweißen gefügt werden, zu den verschiedenen Verfahren siehe Abschnitt 4.4.2. Soll das Schweißen als Montageverfahren in der Serienproduktion verwendet werden, so sind Verfahren auszuwählen, die entsprechend kurze Zykluszeiten erlauben (z.B. Reibschweißen, US-Schweißen, Heizelementschweißen). Die Fügebereiche sind entsprechend den Anforderungen des Schweißverfahrens zu gestalten.

Zu beachten ist, dass die Festigkeiten einer geschweißten Verbindung in aller Regel nicht die Festigkeiten des Grundwerkstoffs erreichen. Maßgeblich hierfür sind die Kerbwirkung durch den entstehenden Schweißwulst, die Eigenspannungen durch die lokale Erwärmung beim Fügen und die zumeist ungünstige Orientierung der Moleküle und Verstärkungsfasern. Je nach Schweißeignung des Werkstoffs und gewähltem Verfahren werden 40 bis 80% der Kurzzeitfestigkeit erreicht. Bei langzeitiger Lasteinwirkung, dynamischer Beanspruchung oder Medienangriff ist die Abschwächung noch stärker. Entsprechend hohe Abminderungsfaktoren müssen bei der Dimensionierung von Schweißverbindungen beachtet werden.

Im Regelwerk der Deutschen Verbandes für Schweißtechnik sind für einige Kunststoffe und Schweißverfahren die Bemessungskennwerte dargestellt.

5.5.6 Pressverbindungen

Die Pressverbindung ist eine einfache kostengünstige Möglichkeit, eine kraftschlüssige Verbindung zwischen einer Welle und einer Nabe herzustellen. Man findet sie vor allem in der Feinwerktechnik bei Welle-Nabe-Verbindungen von Zahnrädern, Stellelementen, Mitnehmern und Kupplungen sowie zur Befestigung von Lüfter- und Pumpenrädern.

Wegen des geringeren Elastizitätsmoduls der Kunststoffe sind die Untermaße größer zu wählen als bei Pressverbindungen zwischen zwei Metallbauteilen. Beachtet werden muss auch die größere Wärmedehnung der Kunststoffe (bei hydrophilen Kunststoffen auch die Quelldehnung) und das zeitabhängige mechanische Verhalten. Diese Einflüsse führen zum teilweisen Relaxieren der Spannungen im Kunststoff, wodurch die Presskräfte in der Verbindung abgebaut werden.

5.6 Software

5.6.1 Datenbanken

Die Datenbank CAMPUS® ist wohl die wichtigste Datenbank mit Kunststoff-Kennwerten, da sie von vielen Rohstofflieferanten des In- und Auslands (z.Zt. ca. 50) mit untereinander vergleichbaren Werten und mit gleicher Software geliefert wird, s. Kapitel 3. Neben Übersetzungen ins Englische, Französische, Italienische und Spanische existieren auch chinesische und japanische Versionen.

Analog zu CAMPUS wurde, unter der Federführung der AVK, die Datenbank Fundus® entwickelt, die die Eigenschaften faserverstärkter Duroplaste und glasmattenverstärkter Thermoplaste beinhaltet. Sie enthält Daten für SMC, BMC und GMT. Z.Zt. beteiligen sich daran ca. 10 Firmen (Rohstoffhersteller und Verarbeiter).

Rohstoffhersteller, Institute, Verlage und Softwarehäuser bieten darüber hinaus eine Reihe unterschiedlicher Datenbanken an, bei denen allerdings die Frage der Vergleichbarkeit der Kennwerte nicht gegeben ist.

5.6.2 Software für Konstruktion und Simulation

Für das rechnergestützte Konstruieren mit Kunststoffen ist eine Grundausstattung mit Software für die Geometrieerzeugung (CAD-Systeme), Modellbildung, die numerische Simulation und die Ergebnisdarstellung erforderlich. Tafel 5.7 zeigt als Übersicht eine Reihe dieser Systeme mit der jeweiligen Angabe des Namens des Softwarepaketes, des Rechteinhabers und einem Hinweis auf die weiterführende Internetadresse. Es gibt zahlreiche Initiativen von Kunststoff-Lieferanten wie auch von Hochschulinstituten und Softwarehäusern, spezielle Software für die Konstruktion von Kunststoff-Bauteilen, den Werkzeugbau und die Verarbeitung (Spritzgießen, Extrudieren, Weiterverarbeitung) zu entwickeln und anzubieten. Einige inzwischen auf dem Markt etablierte und kommerzialisierte Produkte sind ebenfalls beispielhaft in Tafel 5.7 aufgeführt. Da dieser Markt laufend Veränderungen unterworfen ist und diese Programme ständig verbessert und erweitert werden, kann ein aktueller Stand vom dargestellten abweichen.

Tafel 5.7 Häufig eingesetzte kommerzielle Software für rechnergestütztes Konstruieren (Stand März 2004)

Typ	**Name**	**Unternehmen**	**Quelle: http://**
CAD-Systeme	*CATIA*	IBM, Dassault Aviation	www.ibm.com
	Pro/Engineer	Parametric Technology Corporation	www.ptc.com/
	Solid Works	SolidWorks Deutschland GmbH	www.solidworks.de/
	AutoCAD	Autodesk	www.autodesk.de
	I-Deas,	Unigraphics	www.eds.com
Nummerische Simulations-programme	*Abaqus*	Abaqus	www.abaqus.com/
	Ansys	Ansys Inc.	www.ansys.com/
	Fidap,Polyflow	Fluent Inc.	www.fluent.com
	Marc	MSC.Software	www.marc.com/
	Nastran	Macro Industries	www.macroindustries.com
	LS-Dyna	Livermore Software Technology Corporation	www.ls-dyna.com
	PAMCRASH	ESI-Group	www.esi-group.com
Pre-und Post-prozessoren	*ANSA*	Beta-CAE Systems S.A.	www.beta-cae.gr/
	HyperWorks	Altair	www.altair.com/
	Animator	*GNS mbh*	www.gns-mbh.com/
häufig eingesetzte kommerzielle Software zum rechnergestützten Konstruieren mit Kunststoffen (Auszug)			
Werkstoffdaten-banken	*CAMPUS*	CWFG mbH	www.campusplastics.com/
	MCBase	M-Base	www.m-base.de
Nummerische Simulation	*Cadmould*	Simcon GmbH	www.simcon-world-wide.com
	Moldflow	Moldflow Corp.	www.moldflow.com
	SIGMASOFT	Sigma Engineering GmbH	www.sigmasoft.de
	Moldex	SimpaTec GmbH	www. simpatec.com
	Express	M-Base	www.m-base.de
	B-SIM, T-SIM, Flow2000	CADFEM	www.cadfem.de
Weitere leistungsfähige Simulationstools können bei den Rohstoffherstellern und den einschlägigen Fachinstituten erworben werden			

6 Beschreibung der Kunststoffe

6

6 Beschreibung der Kunststoffe

6.0 Allgemeine Hinweise

Zum Vergleich der einzelnen Kunststofftypen werden in den entsprechenden Tafeln so weit wie möglich Eigenschaften nach der Grundwertetabelle nach DIN EN ISO 10350 (vgl. Datenbank CAMPUS Abschn. 3.0) herangezogen, s. Tafel 6.1. Die Anzahl der aus dieser Grundwertetafel übernommenen Eigenschaften wird klein gehalten, um die Übersicht zu erleichtern und die Aussagekraft hoch zu halten. So werden in der Regel keine Werte für Schlagzähigkeiten angegeben, da diese Werte für die Formteil-Gestaltung und -Belastbarkeit keine direkte Aussage liefern, s. Abschn. 3.2.2. Als Faustregel für die Zähigkeit kann gelten: Haben Sorten einer Produktgruppe einen geringeren Elastizitätsmodul und eine höhere Streckdehnung (Bruchdehnung), so verhalten sich Formteile daraus bei einer Überbeanspruchung im Allgemeinen duktiler und zäher.

6

Tafel 6.1 Zusammenstellung der Eigenschafts-Symbole, s. Tafel 3.1

Eigenschaft	Einheit	Symbol
Dichte	g/cm^3	ρ
Zug-E-Modul	MPa	E_t
Streckspannung	MPa	σ_y
Streckdehnung	%	ε_y
Nominelle Bruchdehnung	%	ε_{tB}
Spannung bei 50% Dehnung	MPa	σ_{50}
Bruchspannung	MPa	σ_B
Bruchdehnung	%	ε_B
Schmelztemperatur	°C	T_m
Formbeständigkeitstemperatur HDT/A 1,8 MPa	°C	T_f 1,8
Längenausdehnungskoeff., parallel (23–55 °C)	10^{-5}/K	α_p
Längenausdehnungskoeff., senkrecht (23–55 °C)	10^{-5}/K	α_n
Brennbarkeit UL 94 bei 1,6 mm Dicke	Klasse	B 50/1,6; B 500/1,6
Dielektrizitätszahl bei 100 Hz	–	ε_r100
Dielektrischer Verlustfaktor bei 100 Hz	$\cdot 10^{-4}$	tan δ 100
Spezifischer Durchgangswiderstand	Ohm · m	ρ_D
Spezifischer Oberflächenwiderstand	Ohm	ρ_s
Elektrische Durchschlagfestigkeit	kV/mm	E_BI
Vergleichszahl der Kriechwegbildung CTI/A		CTI
Aufnahme von Wasser bei 23 °C, Sättigung	%	W_w
Feuchteaufnahme bei 23 °C/50% r.F., Sättigung	%	W_H

Falls nicht anders angegeben, beziehen sich die Eigenschaftskennwerte auf nicht modifizierte Grundtypen. Da im Allgemeinen keine Werte bestimmter Handelsprodukte angegeben werden, können alle Daten nur Anhaltswerte oder Bereiche wiedergeben, einzelne Kunststofftypen können stark von den angegebenen Eigenschaften abweichen. Dies trifft auch für die Einteilung nach ‚beständig' und ‚unbeständig' gegen Umwelteinflüsse zu.

6.1 Polyolefine, PO, Polyolefinderivate und -copolymerisate

Alle Polymere, die aus Kohlenwasserstoffen der Formel C_nH_{2n} mit einer Doppelbindung (Ethen, Propen, Buten-1, Isobuten) aufgebaut sind, werden mit dem Sammelbegriff Polyolefine bezeichnet. Zu ihnen gehören Polyethylen, Polypropylen, Polybuten-1, Polyisobuten, Poly-4-methylpenten sowie deren Copolymere. Das heute verfügbare Angebot an Homo- und Copolymeren auf Ethen- und Propen-Basis ermöglicht eine außerordentliche Bandbreite der Eigenschaften, wie Bild 6.1 am Beispiel des Elastizitätsmoduls von PE zeigt.

Die Polyolefinarchitektur wird insbesondere durch die verwendeten Katalysatoren bestimmt. Hierbei kommt den *Metallocen-Katalysatoren* eine zunehmende Bedeutung zu. Mit Metallocenkatalysatoren hergestellte Formmassen besitzen eine enge Molmassenverteilung und der Strukturaufbau erfolgt gezielt in Abfolge und Anordnung der Monomerbausteine. Außerdem lassen sich Bausteine in das Polyolefingerüst einbauen, die einer Copolymerisation bisher nicht zugänglich waren. Eine Übersicht zeigt Bild 6.2

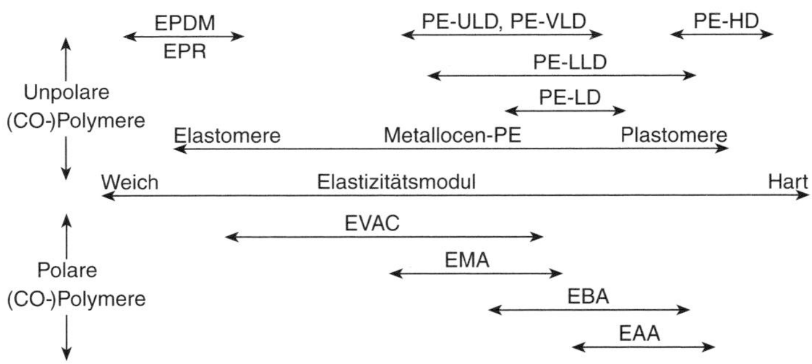

Bild 6.1 Die Polyolefin-Polymerfamilie in der Bandbreite ihrer jeweiligen Elastizitätsmodul-Spektren (nach A. Mayer)

6.1.1 Polyethylen-Standard-Homo- und -Copolymere; PE-LD, PE-HD, PE-HD-HMW, PE-HD-UHMW und PE-LLD

Polyethylene (PE) gehören zu den teilkristallinen Thermoplasten. Die Struktur, Molmasse, Kristallinität, und damit ihre Eigenschaften, hängen in großem Maße vom Polymerisationsverfahren ab. Formel 6.1 zeigt die Grundstruktur von PE mit den möglichen Kettenverzweigungen, Bild 6.3 schematisch die Kettenverzweigung von drei PE-Typen. Art und Anteil der Verzweigungen werden durch das Polymerisationsverfahren bestimmt. Die relative Molmasse und deren Verteilung sind durch eine starke mechanisch-thermische Beanspruchung bei der Verarbeitung beeinflussbar, was im Allgemeinen vermieden wird. Die Kristallinität wird durch die Struktur des Polymeren, zusätzlich jedoch durch die Verarbeitungsbedingungen eingestellt. Für die industrielle Anwendung werden die Polyethylene

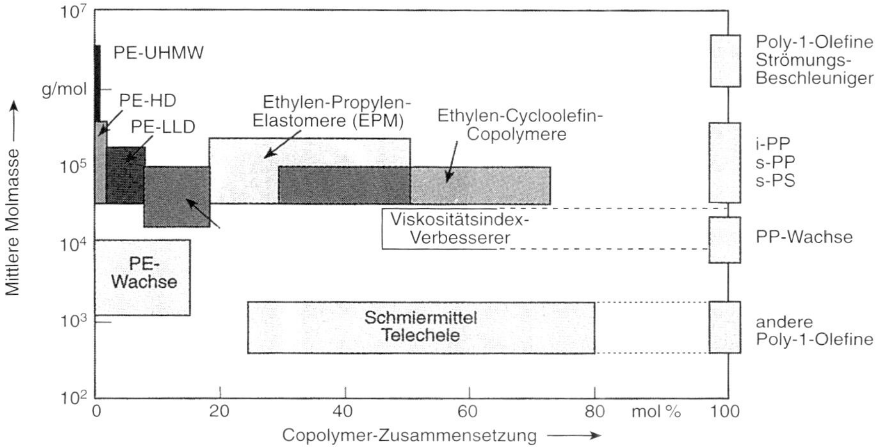

Bild 6.2 Anwendungen von Metallocen-Formmassen (nach Böhm und Fleißner)

nach ISO 1133 entsprechend ihrer unterschiedlichen Dichte, die sich je nach Kristallinitätsgrad einstellt, in verschiedene Klassen eingeteilt. Nach DIN EN ISO 1872 werden PE-Formmassen international nach den Hauptmerkmalen „*Dichte*“ und „*Schmelze-Massefließrate MFR*“ sowie zusätzlich nach Anwendung, Verarbeitungsverfahren, Additiven, Füll- und Verstärkungsstoffen mit einem sogenannten „*Datenblocksystem*“ verschlüsselt gekennzeichnet. Diese Kennzeichnung reicht jedoch nicht aus, um das Verhalten und die Anwendungsmöglichkeiten der zahlreichen PE-Sorten ausreichend zu beschreiben und wird in der täglichen Praxis wenig genutzt.

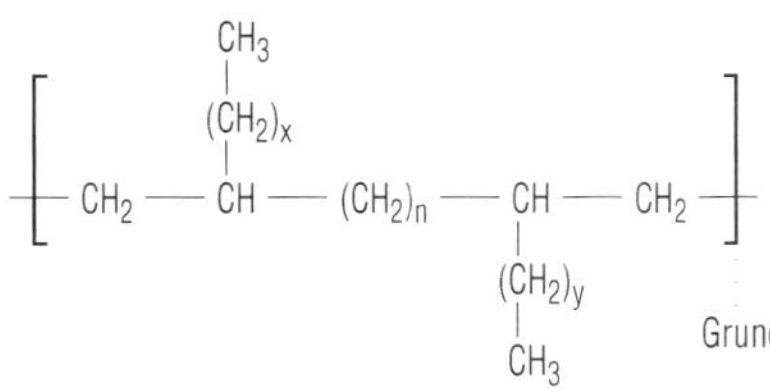

Grundstruktur verzweigtes PE (6.1)

6.1.1.1 Polymerisation, chemischer Aufbau

Polyethylene werden prinzipiell in Gegenwart von Radikalen im Hochdruckverfahren (radikalische Polymerisation) oder mit Hilfe von Katalysatorsystemen im Mittel- und Niederdruckverfahren (anionische Polymerisation) hergestellt und entsprechend dem Stoffzustand des Poly(ethylen)s zusätzlich in Suspensions-, Lösungs-, Gasphasen und Massepolymerisation eingeteilt. Mit dem Hochdruckverfahren werden stark verzweigte Homopolymere (PE-LD) und mit dem Mittel- bzw. Niederdruckverfahren lineare Homo- und Copolymere (PE-HD, PE-MD oder PE-LLD) synthetisiert.

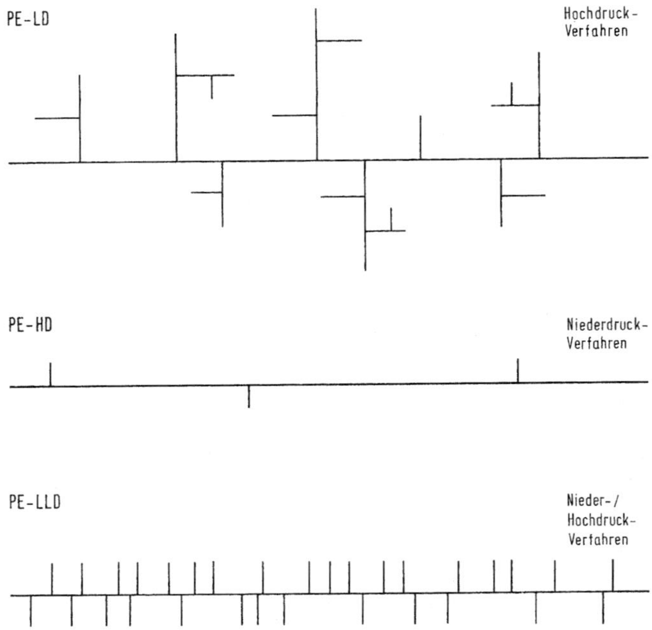

Bild 6.3 Kettenverzweigungen von Polyethylenen auf 1000 Kettenglieder bei
PE-LD: 8 bis 40 lange, in sich verzweigte Seitenketten
PE-HD: ca. 5 Kurz-Verzweigungsstellen
PE-LLD: bis 100 C4 bis C8-Gruppen seitlich der Hauptkette

Hochdruckverfahren: PE-LD (LD = low density) wird nach dem *Hochdruckverfahren* (ICI 1939) diskontinuierlich in Rührkesseln oder kontinuierlich in Rohrreaktoren aus Ethylen (CH_2=CH_2) bei einem Druck von 1000 bis 3000 bar bei 150 bis 275 °C mit 0,05 bis 0,1% Sauerstoff oder Peroxiden als Katalysatoren hergestellt. Es entsteht ein stark verzweigtes PE mit unterschiedlich langen Verzweigungen. Die Kristallinität beträgt 40 bis 50%, die Dichte 0,915 bis 0,935 g/cm^3, die mittlere Molmasse (MM) bis 600 000 g/mol. Mit Hochleistungs-Katalysator-Systemen können PE-LD-Anlagen zur Erzeugung von PE-LLD (LLD = linear low density) umgerüstet werden.

Mittel- und Niederdruckverfahren: PE-HD (HD = high density) wird nach dem *Mitteldruck-* (Phillips) und *Niederdruckverfahren* (Ziegler), beides Suspensionsverfahren, hergestellt. Nach der *Phillips-Methode* betragen der Druck 30 bis 40 bar, die Temperatur 85 bis 180 °C; als Katalysator wird Chromoxid auf Aluminiumoxid verwendet. Die MM betragen etwa 50 000 g/mol. Beim *Ziegler-Verfahren* liegt der Druck bei 1 bis 50 bar, die Temperatur bei 20 bis 150 °C. Es werden Titanhalogenide, Titanester und Aluminiumalkyle als Katalysatoren eingesetzt. und MM von 200 000 bis 400 000 g/mol erreicht. PE-HD ist nur sehr schwach verzweigt, hat deswegen eine höhere Kristallinität (60 bis 80%) und höhere Dichte (0,94 bis 0,97 g/cm^3) als PE-LD.

PE-HD-HMW (HMW = high molecular weight) mit einer Dichte von 0,942 bis 0,954 g/cm^3 und *PE-HD-UHMW* (UHMW = ultra high molecular weight) mit einer Dichte von 0,93 bis 0,94 g/cm^3 verfügen neben der hohen Dichte über hohe Molmassen. Diese Werkstoffe werden mit speziellen Katalysatoren im Niederdruckverfahren hergestellt. Die mittlere Molmasse von PE-HD liegt bei 200 bis 500 kg/mol, bei PE-HD-HMW werden Werte von 500 bis 1000 kg/mol und bei PE- HD-UHMW 3000 bis 6000 kg/mol erzielt.

PE-LLD (LLD = linear low density) wird mit Metallkomplex-Hochleistungskatalysatoren nach vier unterschiedlichen Verfahren hergestellt: Im *Niederdruckverfahren* aus der Gasphase, aus der Lösung oder in einer Suspension und in einem *modifizierten Hochdruckverfahren*. Durch Copolymerisation des Ethylens mit 1-Olefinen, wie Buten-1 oder Hexen-1, entstehen Kurzkettenverweigungen. PE-LLD besitzt einen hohen Comonomer-Anteil im Vergleich zu linearen PE-HD. Die höheren Molmassen dieser nur schwach verzweigten Produkte führen zu verbesserten Eigenschaften.

6

PE-VLD (VLD = very low density) mit einer Dichte von 0,905 bis 0,915 g/cm^3 und *PE-ULD* (ULD = ultra low density) mit einer Dichte von 0,890 bis 0,905 g/cm^3 verfügen aufgrund der Steigerung des Comonomer-Anteils über einen so großen Verzweigungsgrad, dass die Dichte unter 0,915 g/cm^3 fällt.

PE-(M) (Polyethylen mit Metallocen-Katalysatoren hergestellt). Mit Metallocen hergestellte Polyethylene weisen eine enge Molmassenverteilung auf. Metallocen-PE-Typen sind mit sehr verschiedenen Dichten erzeugbar. Mit Metallocen hergestelltes PE-mLLD hat die gleiche Zusammensetzung wie das „reguläre" PE-LLD, jedoch weist es verschiedene Sequenzstatistiken auf. Als Katalysatoren werden mit Methylaluminoxanen aktivierte Übergangsmetallverbindungen verwendet, meistens mit an Cyclopentadienylreste gebundene Ti- oder Zr-Zentren.

Der Dichtebereich der PE-(M)-Typen umfasst:

- PE-LLD-(M): 0,915 bis 0,930 g/cm^3,
- PE-MD-(M): 0,930 bis 0,940 g/cm^3 (mittlere Dichte),
- PE-HD-(M): 0,940 bis 0,95 g/cm^3 (Entwicklungsprodukte).

Darüber hinaus sind PE-VLD-(M): 0,863 bis 0,885 g/cm^3 (Polyolefin-Elastomere) und 0,886 bis 0,915 g/cm^3 (Polyolefin-Plastomere) herstellbar.

6.1.1.2 Verarbeitung

PE ist unkritisch in der Verarbeitung. Entsprechend der Variationsbreite der PE-Typen überstreichen sie einen weiten Bereich der Verarbeitungsbedingungen. Für bestimmte Anwendungen und Verfahren kommen Spezialtypen mit besonderen Verarbeitungs-Charakteristiken zum Einsatz.

Im Spritzgießverfahren liegen die Massetemperaturen für PE-LD bei 160 bis 260 °C, für PE-HD bei 260 bis 300 °C, und die Werkzeugtemperaturen entsprechend bei 50 bis 70 °C bzw. bei 30 bis 70 °C. Für Massenproduktionen werden leichtfließende Typen eingesetzt. Die Dichte und damit auch die Schwindung der Formteile ist bei diesen teilkristallinen Kunststoffen stark von der Temperaturführung bis zur Entformung abhängig. Schnell abgekühlte Formteile weisen eine geringe Kristallinität, minimale Verarbeitungsschwindung aber auch eine hohe

Nachschwindung infolge einer Nachkristallisation bei erhöhten Temperaturen auf. Die Folgen können Verzug und Spannungsrissbildung durch eingefrorene Spannungen sein. In dieser Hinsicht verhalten sich PE-Typen mit geringer Schmelze-Fließrate günstiger. Gegen die sog. Angusssprödigkeit infolge hoher Molekülorientierung helfen eine Erhöhung der Massetemperatur und Formmassen mit höchster Fließrate.

Nur Spezial-Typen aus PE-HD-UHMW sind im Spritzguss (Formteile bis ca. 1 kg) verarbeitbar. Sie erfordern wegen der schlechten Fließfähigkeit Maschinen mit hohen verfügbaren Spritzdrücken (ca. 1100 bar), den Verzicht auf Rückströmsperren, möglichst genutete Einzugszonen und kurze Fließwege. Die Verarbeitungstemperaturen betragen bis zu 240 bis 300 °C, die Werkzeugtemperatur liegt zwischen 70 und 80 °C.

PE-LLD ist schwieriger zu verarbeiten als PE-LD. Es gilt: höhere Schnecken-Antriebsleistung, geringerer Ausstoß, ungünstigeres Schwindungsverhalten.

Für das Blasformen sind PE-Typen mit höherer Schmelzeviskosität erforderlich, die eine ausreichende Schmelzefestigkeit zur Verhinderung des Abreißens der Vorformlinge unter dem Eigengewicht aufweisen. Die Schmelze- und Werkzeugtemperaturen liegen bei 140 °C (PE-LD) und 160 bis 190 °C (PE-HD). PE-LLD ist wegen der engen Molmasse-Verteilung und der damit verbundenen größeren Schmelzeviskosität weniger für das Blasformen geeignet, gut dagegen für das Rotationsgießen.

Im Extrusionsverfahren wird PE-LD bei Massetemperaturen von 140 bis 210 °C (Filme, Rohre), 230 °C (Kabelummantelungen) und 350 °C (Beschichtungen) verarbeitet. Bei PE-HD liegen die Temperaturen um 20 bis 40 K höher. Aus diesen Formmassen werden auch Tafeln und Monofile hergestellt. Aus PE-HD-UHMW werden über die Hochdruckplastifizierung (2000 bis 3000 bar) mit taktweise arbeitenden Zwillingsextrudern (Ram-Extruder) Profile gefertigt. Auch gleichlaufende Doppelschneckenextruder, die mit ca. 10 min^{-1} arbeiten, sind hierfür geeignet (Massetemperatur 180 bis 200 °C).

Die Extrusion von PE-LLD ergibt auf Extrudern, die für PE-LD ausgelegt wurden, einen um 20 bis 30% geringeren Ausstoß. Dieser Nachteil wird durch eine erforderliche Reduzierung der Schneckenlänge von 30 D auf 25 bis 20 D und der Drehzahlen um 50% bewirkt. Maßnahmen zum Ausgleich des Durchsatzverlustes: Verwendung von Schnecken größeren Durchmessers, Erhöhung der Gangtiefe der Schnecke und Vergrößerung des Düsenspaltes. Die optimale Massetemperatur liegt bei 210 bis 235 °C, für die Filmextrusion bei 250 bis 280 °C.

Durch ein absatzweises gesteuertes 30faches Verstrecken von Spinnfasern unter Bedingungen, die zur fast einkristallartigen Ausrichtung der Kristallite führen, erhält man extrem feste Verstärkungsfasern mit Festigkeiten von 1 bis 5 GPa, E-Moduln von 50 bis 150 GPa und Reißdehnungen von ca. 5%. Durch Abscheiden von PE aus Lösungen unter Scherung werden zellstoffähnliche Fasern, sog. Fibride, erzeugt.

Nach dem Neopolen-Verfahren werden vorgeschäumte Partikel, die aus einer treibmittelhaltigen Schmelze durch Heißabschlag gewonnen werden, zu Formblöcken oder Formteilen im Partikel-Schäumverfahren mit Dampf gesintert, PE-E (E = expandiert).

Durch Pressen werden einfache Formteile bei einem Druck von 2 bis 5 bar hergestellt. Elektrisch leitfähig eingestellte Massen können schnell durch einen Stromdurchgang aufgeheizt werden. PE-HD und PE-LD können bei 105 bis 140 °C verpresst werden.

In der Pulvertechnik (Rotationsschmelzen, Wirbelsintern) verwendet man Pulver mit 30 bis 800 μm Korndurchmesser aus PE-Sorten mit Rohdichten von 0,92 bis 0,95 g/cm^3 und geringen Volumen-Fließraten, während solche mit einem besseren Fließverhalten für Rückenbeschichtungen von Teppichen und für Aufbügelstoffe verwendet werden. Umgefällte PE-Pulver mit gleichmäßigen Korngrößen von ca. 50 μm eignen sich zum elektrostatischen Beschichten von Metallen oder Geweben, noch feinere Partikel (8 bis 30 μm) sind z.B. für die Papierverarbeitung im Holländer oder in Druckfarben dispergierbar.

6.1.1.3 Nachbehandlung

6

PE ist nach den üblichen Schweißverfahren gut schweißbar: Heizelement-, Reib-, Warmgas-, Ultraschall- und Extrusionsschweißen. Induktionsschweißen leitfähiger Typen ist möglich, das Hochfrequenzschweißen jedoch wegen des unpolaren Charakters der Polyolefine nicht.

Beim Kleben und Dekorieren von PE bereiten die Unpolarität und die schlechte Lösbarkeit Schwierigkeiten. Betr. Oberflächen-Vorbehandlung zur Haftverbesserung s. Abschn. 4.4.3.1. Durch Pfropfen von PE-LLD mit Maleinsäureanhydrid (s. Tafel 6.5, Nr. 31) werden hervorragende Hafteigenschaften und hohe Wärmeformbeständigkeit erreicht.

Plasmabehandeltes PE-LLD-(M)Pulver kann, wenn es im Rotationssintern verarbeitet wird, ohne weitere Vorbehandlung mit Wasserlacken lackiert und/oder mit PUR-Schaum ausgeschäumt werden.

Beim mechanischen Bearbeiten von PE ist darauf zu achten, dass der Werkstoff nicht zu warm wird, da er sonst zum Schmieren neigt. Teile aus weichen Typen oder mit geringen Wanddicken lassen sich gut stanzen.

6.1.1.4 Eigenschaften

Durch die Homo- und Copolymerisation, durch die Erzeugung niedriger, mittlerer oder hoher Dichten, niedriger, mittlerer, hoher oder sehr hoher Molmassen oder enger bzw. weiterer Molmasseverteilungen lassen sich viele Typen mit sehr unterschiedlichen Eigenschaften herstellen. Niedermolekulares PE wird als Hilfsmittel für die Kunststoffverarbeitung eingesetzt. Allen hochmolekularen Polyolefinen gemeinsam sind eine im Vergleich zu anderen Kunststoffen geringe Dichte, relativ geringe Steifigkeit und Festigkeit, hohe Zähigkeit und Bruchdehnung, ein gutes Reib- und Verschleißverhalten, sehr gute elektrische und dielektrische Eigenschaften (PE ist unpolar). Die Streckspannung nimmt mit der Dichte etwa linear zu, s. Bild 6.4. Die Wasseraufnahme und Wasserdampfdurchlässigkeit sind gering. Die Durchlässigkeit für Sauerstoff, Kohlensäure und viele Geruchs- und Aromastoffe ist beträchtlich, nimmt aber mit zunehmender Dichte ab. Die zulässigen maximalen Temperaturen bei einem kurzzeitigen Einsatz liegen je nach Typ bei 80 bis 120 °C (PE-LD-UHMW kann von –268 bis kurzzeitig 150 °C eingesetzt werden), bei einem langzeitigen Einsatz bei 60 bis 95 °C (PE-LD-UHMW: 100 °C).

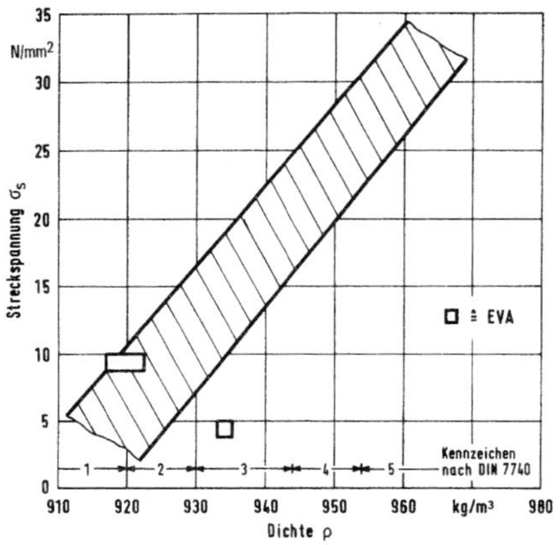

Bild 6.4
Dichte-Abhängigkeit der Streckspannung von PE

PE ist gegen Wasser, Salzlösungen, Säuren, Laugen, Alkohole, Benzin beständig. Unterhalb 60 °C ist PE in allen organischen Lösemittel unlöslich, quillt aber in aliphatischen und aromatischen Kohlenwasserstoffen umso mehr an, je geringer seine Dichte ist. Einzelne PE-Sorten hoher Dichte sind für Heizölbehälter, Treibstoffkanister und Kfz-Treibstofftanks zugelassen. Behälter, die mit Fluor-Stickstoff-Mischungen fluorierte oder mit SO_3 sulfonierte Oberflächen haben, sind permeationsdicht gegen alle Kraftstoffe und andere kohlenwasserstoffhaltige Produkte, s. auch Abschn. 4.4.4.10, Plasmapolymerisation. Keine Beständigkeit liegt gegen starke Oxidationsmittel wie rauchende Schwefelsäure, konzentrierte Salpetersäure, Nitriersäure, Chromschwefelsäure und Halogene sowie einige Reinigungsmittel vor. Es besteht die Gefahr der Spannungsrissbildung bei Kontakt mit oberflächenaktiven Stoffen wie Netz- und Waschmitteln. Neben PE-LLD weisen PE-Sorten mit einer Dichte von ca. 0,90 g/cm^3 die beste Spannungsrissresistenz auf.

Gegen Fotooxidation muss PE stabilisiert werden, am besten mit Ruß. Durch energiereiche Strahlung wird PE vernetzt, bei Gegenwart von Sauerstoff abgebaut. Es brennt wie Wachs, flammhemmend eingestellte Typen, z. B. für den Bausektor, sind erhältlich.

PE ist geruchlos, geschmacksfrei und physiologisch indifferent. Die meisten PE-Sorten des Handels entsprechen den Richtlinien des Bundesgesundheitsamtes für die Verwendung in Verbindung mit Lebensmitteln. Die qualitative Auswirkung der Dichte, Molekülgestalt, mittleren Molmasse und der Molmassen-Verteilung auf wesentliche Eigenschaften zeigt Tafel 6.2.

Metallocen-PE, PE-(M)-Typen zeichnen sich gegenüber konventionellen Typen durch eine Kombination von Eigenschaften aus:

- *Polyolefin-Plastomere*: neue Polymere mit hohem Comonomeranteil bieten im Vergleich zu PE-LLD verbesserte Durchstoß- und Durchdrückfestigkeit, Glanz, Siegelfähigkeit, Sauerstoff- und Wasserstoffpermeabilität (Verpackung frischer Lebensmittel).

Tafel 6.2 Struktur-Parameter und Eigenschaften von PE

Struktur-Parameter	Dichte g/cm³		Molekül-Gestalt		Molekulargewichts-Mittel		MG-Verteilung M_w / M_n	
Grenzwerte	0,915	0,97	stark und vielfach verzweigt	linear, ohne oder kurze Seitenketten	niedrig 20000 bis 60000	hoch 200000 bis 400000	eng	weit
Kristallisationsgrad	–/+	++	– –	++	–	+	+	–
Schmelzindex	□		□		++	– –	□	
Verarbeitbarkeit	+	–	+	–	+	–	–	+
Zug- und Biegefestigkeit	→		→		→		←	
Bruchdehnung	←		↔		→		←	
Steifigkeit und Härte	→		→		□		←	
Schockfestigkeit	←		→		→		←	
Spannungsrissbeständigkeit	↔		↔		→		←	
Kristallit-Schmelzbereich und Wärmeformbeständigkeit	→		→		→		←	
Kältebruch-Temperatur	→		→		→		←	
Chemische und Lösungsmittel-Beständigkeit	→		→		→		□	
Dampf- und Gas-Diffussionswiderstand	→		→		□		□	
Transparenz	←		←		□		□	

+ –: hohe bzw. niedrigere Werte → in Pfeilrichtung zunehmender günstiger Einfluss □ ohne wesentlichen Einfluss

- *PE-MD/HD-(M)* lassen sich durch die Art und Länge eingebauter Comonomere im Eigenschaftsprofil Anforderungen wie Zähigkeit, Steifigkeit, Festigkeit, Optik und Organoleptik anpassen.
- *Polyolefin-Elastomere* bieten im Vergleich zu konventionellen Polymeren (in Klammern) folgende Vorteile (auch als Comonomere in TPO oder PP): thermoplastische Verarbeitung (vernetzte Elastomere), Lebensdauer (TPS), Transparenz, Flexibilität, Rissbeständigkeit (EVA, EMA), Verarbeitbarkeit, Wirtschaftlichkeit, Umweltverträglichkeit (PVC-P), nach Vernetzung: Langzeit- und Temperaturbeständigkeit (EPDM, IIR, SBR, NR).

Die Eigenschaften von PE werden durch Zusatzstoffe bestimmten Einsatzgebieten angepasst: Glasfasern werden zur Erhöhung der Steifigkeit und Belastbarkeit zugesetzt, Oxidationsschutzmittel und UV-Stabilisatoren für den Außeneinsatz, Flammschutzmittel, Schäummittel, dauerhafte Antistatikausrüstungen, Ruß und andere Mittel zur Erhöhung der elektrischen Leitfähigkeit (EMI, electromagnetic interference), Antiblockmittel, geringe Zusätze von Fluorelastomeren zur Verbesserung der Schmelze-Festigkeit und -Fließfähigkeit und Farbstoffe für Einfärbungen. Einen Vergleich von Eigenschaften ermöglicht Tafel 6.3

6.1.1.5 Einsatzgebiete

Tafel 6.4 gibt eine Übersicht über die Anwendung von PE im Spritzguss.

PE-LD: Haupteinsatzgebiet sind Folien für die Verpackung, Schwersack-Folien, Schrumpffolien, Tragetaschen, Landwirtschaftsfolien, Wasserdampfsperren bei Verbundfolien, wobei PE-LD-Copolymere als Haftvermittler zu anderen Kunststoffen mit z.B. EVA, EAA oder EEA eingesetzt werden; Rohre, Tafeln für das Tiefziehen, Ummantelungen von Fernmeldekabeln (auch geschäumtes und vernetztes PE), Beschichten von Stahlrohren, flexible Behälter und Flaschen, Kanister bis 60l Inhalt und Einstellbehälter bis 200 l Inhalt. Blends mit PE-LLD ergeben höher dehnfähige Streckfolien.

PE-LLD: (Bis auf 5 µm ausziehbare) Folien mit guten optischen Eigenschaften, besserer Kältezähigkeit, Reiß- und Durchstoßfestigkeit sowie geringerer Spannungsrissanfälligkeit als solche aus PE-LD; Blasfolien aus Mischungen mit PE-LD, auch als Verbundfolien, zunehmender Ersatz von PE-LLD beim Rotationsformen von Containern, Kanus und Surfbrettern.

PE-HD: Haushaltswaren, Lager- und Transportbehälter, Abfalltonnen und -behälter bis 1100l Inhalt, Flaschenkästen, Benzinkanister, Kraftfahrzeugtanks, Spezialtypen für: Druckrohre und Fittings für die Trinkwasserversorgung und Abwasserentsorgung (Durchmesser extrudiert bis 1600 mm, größere Durchmesser gewickelt), Platten (auch glasfaserverstärkt) für die Erstellung von Apparaten für die chemische und die Kfz-Industrie (untere Motorraumabdeckung); Fibride als Wasser abstoßende, aber Kohlenwasserstoffe u.Ä. bindende Zugaben zu Spachtelmassen, zum Aufsaugen von Ölen oder als Verstärkung für Papier, Fasern und extrem verfestigte Verstärkungsfasern.

PE-HD-HMW: Surfbretter bis 5 m Länge; Monofile für Netze, Seilwaren, Gewebe; Verpackungsfolien mit einer von 20 auf 10 bis 7 µm reduzierten Dicke für Tragetaschen und von 80 bis 120 µm als Innenbeutel für Papiersäcke, Tiefbau-(Deponie)Dichtungsbahnen.

Tafel 6.3 Eigenschaftsvergleich der Polyethylene

Eigenschaft	Einheit	Polyethylen					
		PE-LD	PE-MD	PE-HD	PE-UHMW	PE-LLD	PE-(M)**
Dichte	g/cm^3	0,915–0,92	0,925–0,935	0,94–0,96	0,93–0,94	ca. 0,935	0,904
Zug-E-Modul	MPa	200–400	400–800	600–1400	700–800	300–700	75
Streckspannung	MPa	8–10	11–18	18–30	ca. 22	20–30	7
Streckdehnung	%	ca. 20	10–15	8–12	ca. 15	ca. 15	–
Nominelle Bruchdehnung	%	>50	>50	>50	>50	>50	>50
Spannung bei 50 % Dehnung	MPa	–	–	–	–	–	–
Bruchspannung	MPa	–	–	–	–	–	–
Bruchdehnung	%	–	–	–	–	–	–
Schmelztemperatur	°C	105–118	120–125	126–135	130–135	126	100
Formbeständigkeitstemperatur HDT / A 1,8 MPa	°C	–	30–37	38–50	42–49	ca. 40	–
Längenausdehnungskoeffizient, längs (23–55 °C)	$10^{-5}/K$	23–25	18–23	14–18	15–20	18–20	–
Längenausdehnungskoeffizient, quer (23–55 °C)	$10^{-5}/K$	–	–	–	–	–	–
Brennbarkeit UL 94 bei 1,6 mm Dicke	Klasse	HB*	HB*	HB*	HB*	HB*	–
Dielektrizitätszahl bei 100 Hz	–	2,3	2,3	ca. 2,4	2–2,4	2,3	2,3
Dielektrischer Verlustfaktor bei 100 Hz	$\cdot 10^{-4}$	2–2,4	2	1–2	ca. 2	2	–
Spezifischer Durchgangswiderstand	Ohm · m	$>10^{15}$	$>10^{15}$	$>10^{15}$	$>10^{15}$	$>10^{15}$	$2 \cdot 10^4$
Spezifischer Oberflächenwiderstand	Ohm	$>10^{13}$	$>10^{13}$	$>10^{13}$	$>10^{13}$	$>10^{13}$	–
Elektrische Durchschlagfestigkeit	kV/mm	30–40	30–40	30–40	30–40	30–40	–
Vergleichszahl der Kriechwegbildung CTI/A		600	600	600	600	600	–
Aufnahme von Wasser bei 23 °C	%	<0,05	<0,05	<0,05	<0,05	<0,05	–
Feuchteaufnahme bei 23 °C / 50 % r. F., Sättigung	%	<0,05	<0,05	<0,05	<0,05	<0,05	–

* auch als V-2 bis V-0 verfügbar ** mit Metallocen-Katalysatoren hergestellt

6

Tafel 6.4 Verarbeitungsverhalten und Anwendungsbereiche von PE-Spritzgießmassen

Rohdichte	$0{,}92\ g/cm^3$	$0{,}93\ g/cm^3$	$0{,}94\ g/cm^3$ [2]	$0{,}95\ g/cm^3$	$0{,}96\ g/cm^3$
MFR 190/2,16: >25 bis 15[1]	leichtest fließend, Massenartikel ohne besondere Beanspruchung	leicht fließend, großflächige Teile, geringer Verzug, guter Glanz	leicht fließend, stoßfeste Teile, ohne besondere Anforderungen an Steifheit	leicht fließend, mit geringer Verzugsneigung, spritztechnisch schwierige Haushaltsartikel	leicht fließend, hohe Härte und Steifheit, Schüsseln, Siebe, Geschirr, Transportkästen[3]), Schutzhelme
15 bis 5	Artikel besserer Festigkeit, geringer Oberflächenglanz	spannungsarme Teile mit gutem Oberflächenglanz	gut stoßfest, wenig spannungskorrosionsanfällig, hochbeanspruchte technische Teile	leicht verarbeitbar, gut stoßfest, Schraubkappen, Verschlüsse, technische Teile	stoßfest, formstabil, mechanisch stark beanspruchte Teile, z. B. Mülltonnen[3]) Sitzschalen
ca. 1,5	sehr gute mechanische Festigkeit und Widerstandsfähigkeit gegen Spannungskorrosion		gut zeitstandfest, wenig spannungskorrosionsanfällig, besonders beanspruchte Verschlüsse	spannungskorrosionsbeständig, gute Oberfläche, hochbeanspruchte technische Teile	
<1				hochmolekular, meist hochstabilisiert, Druckarmaturen, Rohrkrümmer, Fittings	

[1]) Superleichtfließende PE-LD- und -HD-Sorten sind mit MFR >100 auf dem Markt.
[2]) Oft PE-LD/HD-Blends, ähnliche Anwendungen für PE-LLD geringerer Dichte.
[3]) Flaschenkästen und Mülltonnen sind gütegesichert einschließlich von Grenzbedingungen für Mitverwendung wiederaufgearbeiteten Rücklaufmaterials.

PE-HD-UHMW: Durch Pressen hergestellte Blockmaterialien und Filterpressenplatten, Ausnutzung des sehr guten Abriebverhaltens: Auskleidungen für Trichter und Rutschen für abrasive Fördergüter, Maschinenbauelemente wie Förderschnecken, Pumpenteile, Gleitelemente, Rollen, Zahnräder, Gleitbuchsen, Walzen; kernporös gesinterte Abstandshalter in Bleiakkus, chirurgische Implantate, Prothesen, Ski-Gleitbeschichtungen.

PE-(M): Verpackungsfolien, Heißsiegelschichten, Oberflächen-Schutzfolien, hochflexible Dichtungen und Deckel.

6.1.2 Polyethylen-Derivate; PE-X, PE+PSAC

Vernetztes PE, PE-X

Die linearen PE-Makromoleküle können dreidimensional *vernetzt* werden *(PE-X)*, wodurch z.B. der Kriechwiderstand, die Tieftemperatur-Schlagzähigkeit und die Spannungsrissbeständigkeit wesentlich verbessert, die Härte und Steifigkeit etwas verringert werden. Da PE-X wie ein Elastomer nicht aufschmelzbar ist, ist es thermisch höher belastbar: Kurzzeitig ohne mechanische Belastung bis 250 °C langzeitig bis 120 °C. Mit zunehmender Vernetzungsdichte nimmt der erreichbare Schermodul auch bei höheren Temperaturen zu.

6

Grundsätzlich unterscheidet man vier Vernetzungsarten, die alle in der Extrusion angewandt werden: Peroxid-(A)-, Silan-(B)-, Elektronenstrahl-(C)- und Azo-(D)-Vernetzung. Im Spritzguss wird mit Peroxidvernetzern versetztes PE-HD im genau festgelegten Temperaturbereich von 130 bis 160 °C im Zylinder aufgeschmolzen und im Formwerkzeug bei 200 bis 230 °C vernetzt. Zusätzlich können spritzgegossene und blasgeformte Bauteile strahlenvernetzt werden.

Peroxidvernetzung PE-XA: Nach dem *Engel-Verfahren* wird in einer mit Doppel-Hochdruckstößel kontinuierlich fördernden Maschine aus einem grießförmigen *PE-HD/Peroxidgemisch* (s. Formel 6.39) ein Rohr gesintert und im anschließenden Heizzylinder zugleich aufgeschmolzen, in die endgültige Form gebracht und bei einer Temperatur zwischen 200 und 250 °C, oberhalb der Kristallitschmelztemperatur, vernetzt. Es entsteht ein gleichmäßiges Netzwerk von Makromolekülen mit geringen Spannungen und hoher Flexibilität. Das Material ist weicher und zäher als strahlenvernetztes PE-XC. Nach einem modifizierten Verfahren, dem *PAM-(Pont-a-Mousson-)Verfahren,* wird das extrudierte Rohr in einem heißen Salzbad in der Kalibrierzone vernetzt. Im zweistufigen *Daopex-Verfahren* werden normal extrudierte PE-LD-Rohre durch Lagerung in einer peroxidhaltigen Emulsion unter Druck bei Temperaturen über dem PE-Kristallitschmelzpunkt von außen her vernetzt. Nach DIN 163892 ist beispielsweise für Rohre aus PE-XA ein Vernetzungsgrad von über 75 % vorgeschrieben. Mit dem Engel-Verfahren können Vernetzungsgrade bis 99,5 % erzielt werden.

Silanvernetzung PE-XB: Nach den *Sioplas-*, *Hydro-Cure-*, *Monosil-* und *Spherisil-*Verfahren werden silangepfropfte PE-Compounds unter Zumischung eines Silan-Vernetzungskatalysators verarbeitet. Die Vernetzungsreaktion springt bei anschließender Heißwasser-Druck-Behandlung unter Bildung von Si-O-Si-Brückenbildung an.

Elektronenstrahlvernetzung PE-XC: Normal ohne Vernetzungshilfsmittel gefertigte PE-Erzeugnisse werden in gesonderten Bestrahlungsanlagen bei Temperaturen unter dem Kristallitschmelzpunkt durch Abspaltung von Wasserstoff vernetzt. Als Strahlenquellen kommen Elektronenstrahl-Beschleuniger oder Isotopen (β- oder γ-Strahler) in Betracht. Die Eindringtiefe der Strahlung kann reguliert werden (β-Strahlen bis 10 mm, γ Strahlen bis 100 mm), so dass das Innere dicker Wandungen oder gewünschte Formteilbereiche unvernetzt belassen werden können.

Die Vernetzung eines mit einer inhibierten Version von Butylperbenzoat versetzten PE-HD wird unmittelbar im Anschluss an die Extrusion bzw. Formgebung *durch UHF-Strahlung* aktiviert.

Azovernetzung PE-XD: Nach dem *Lubonyl*-Verfahren werden dem PE-Compound Azo-Verbindungen zugemischt, die in einem nachgeschalteten heißen Salzbad mit Stickstoff unter Brückenbildung vernetzen.

Einsatzgebiete für PE-X sind Mittel- und Hochspannungskabel-Isolierungen, Rohre für Warmwasser- und Fußbodenheizungen, Formteile für die Elektrotechnik, den Apparatebau und Automobilbau. Nach einem vom KuZ-Leipzig entwickelten Verfahren ist PE-X mit Heizelementen (s. Abschn. 4.4.2.1) verschweißbar, Einsatz Rohrsektor.

Abbaubares PE; PE+PSAC

Compounds von biologisch abbaubaren Polymeren (Polysaccharide, Stärke, PSAC) mit konventionellen, nicht biologisch abbaubaren Polymeren (PE) mit ca. 94% PE-Anteil sind biologisch abbaubar. Höhere Anteile von Stärke ergeben Verarbeitungsprobleme. Üblicherweise wird zunächst ein Stärke-PE-Farbstoff-Masterbatch hergestellt, das dann zusammen mit weiterem PE extrudiert wird. Verwendung vor allem für Verpackungen.

Die von PE umhüllten Stärkepartikel werden nach der Diffusion von Feuchte biologisch abgebaut. Die PE-Matrix baut dabei jedoch biologisch nicht ab.

Durch einen gezielten Einbau von UV-empfindlichen Molekülstrukturen, wie Ketogruppen (z. B. ECO-Copolymer), sowie durch das Einarbeiten von Fotosensibilisatoren (z. B. Eisendialkylthiocarbamate und andere metallorganische Verbindungen) kann ein Fotoabbau des Polymeren relativ genau gesteuert werden. Solche Produkte sind nicht biologisch abbaubar. Die heutigen Anwendungen fotoabbaubarer Polymere konzentrieren sich auf Agrarfolien, Tragetaschen und Müllsäcke.

6.1.3 Chloriertes und chlorsulfoniertes PE; PE-C, CSM

Die *Chlorierung von Polyolefinen* erfolgt in Lösungen, Dispersionen oder durch direkte Einwirkung von Chlorgas. *PE-C* mit Chlorgehalten von 25 bis 30% ist schmiegsam bis gummiweich und kältestandfest. *Einsatzgebiete:* Mit vielen Kunststoffen mischbar, wird es den Polyolefinen zur Herabsetzung der Entflammbarkeit, PVC zur Erhöhung der Schlagzähigkeit, PS u.a. für Abfall-Mischcompounds zugesetzt. (PE-C+PVC)-Compounds mit 70 bis 90% PE-C werden für weichmacherfreie und bitumenbeständige Dach- und Dichtungsbahnen, Auskleidungsfolien und Profile eingesetzt.

PE-C kann durch verschiedene Methoden zu einem *PE-C-Elastomer* vernetzt werden. Üblicherweise erfolgt die Vulkanisation durch Peroxide, da sie höhere Bindungskräfte als die Schwefelvernetzung oder Vernetzung durch eine Bestrahlung ergeben. Das günstige Preis-Eigenschaftsverhältnis führte zu *Einsatzgebieten* auf dem Kabelsektor und in der Gummiindustrie im Wettbewerb zu CSM (chlorsulfoniertes PE), CR (Polychloropren), EPDM (Ethylen-Propylen-Dien-Kautschuk) und NBR (Acrylnitril-Butadien-Copolymer). Die hervorstechendsten Eigenschaften sind: Alterungsbeständigkeit, Wetter- und Ozonbeständigkeit, Flammwidrigkeit, Ölbeständigkeit (auch bei höheren Temperaturen), Abriebfestigkeit, niedrige Versprödungstemperatur und gute Verarbeitbarkeit.

Chlorsulfoniertes PE, PE-Kautschuk CSM, erhält man durch die Behandlung von in Chlorkohlenwasserstoffen gelöstem PE (meist PE-LD) mit SO_2 und Chlorgas und gleichzeitiger Bestrahlung mit UV-Licht oder energiereichen Strahlen, z.B. mit einer Co^{60}-Quelle, s. z.B. Formel 6.2. Die Vulkanisation erfolgt mit MgO oder PbO und Beschleunigern. *Einsatzgebiete:* Auskleidung von Transportbehältern und im chemischen Apparatebau, Kabelisolationen (gute Oxidations- und Ozonbeständigkeit) und in Form von Blends mit anderen Kautschuken als Beschichtungsmaterial.

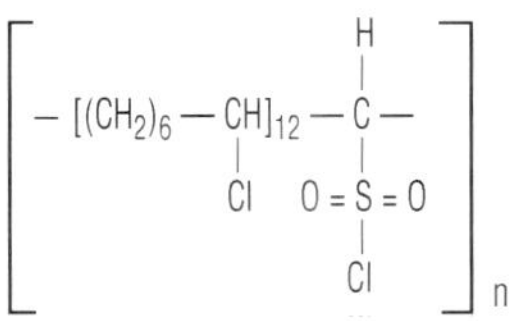

(6.2)

Chlorsulfoniertes PE, CSM

6.1.4 Ethylen-Copolymere; PE-ULD, EVAC, EVAL, EEAK, EB, EBA, EMA, EAA, E/P, EIM, COC, ECB, ETFE

Durch Copolymerisation von Ethen mit Propen, Buten-1, Vinylacetat, Acrylsäureester, Kohlenmonoxid u.a. (Chemische Struktur der Monomeren s. Tafel 6.5) wird die lineare Struktur der Methylenkette unterbrochen und damit die Kristallinität reduziert. Die Folge ist eine verringerte Schmelztemperatur. Die zwischenmolekularen Kräfte und die Lage der Glasübergangstemperatur sind von der Art und Polarität der Comonomeren abhängig. Eigenschaftsvergleich s. Tafel 6.6.

Die Herstellung *polarer* Copolymere erfolgt ausschließlich nach dem Hochdruckverfahren. Die Copolymerisation des PE mit *unpolaren* Monomeren wie Buten, Hexen oder höheren α-Olefinen zu linearem PE niederer Dichte erfolgt nach dem Niederdruckverfahren in der Gasphasen-Wirbelschicht oder in Lösung.

6.1.4.1 Ultraleichtes Polyethylen; PE-ULD, PE-VLD

PE-ULD und -VLD sind Co- und Terpolymerisate von Ethylen mit bis zu 10% Octen-, 4-Methylpenten-1 und zuweilen auch Propylen mit Dichten zwischen 0,91 und 0,89 g/cm³. Sie sind kaum kristallin, transparent und mit einer Reißdehnung von > 900% in einem weiten Temperaturbereich flexibel. *Anwendungen*

Tafel 6.5 Grundstrukturen von Olefin- und Vinylpolymeren und deren Copolymeren (Terpolymere mit PS, s. Tafel 6.8)

Nr.	Chemische Bezeichnung	Struktur der Monomeren $-[CH_2-CR_1R_2]-$ (H R₁ / –[C– C]– / H R₂): R_1	R_2 (bei -[]- handelt es sich um die vollständige Struktur)	Homopolymerisate	Copolymerisate mit: Ethylen	Styrol	Vinylchlorid
1	Ethylen	$-H$	$-H$	PE		*	VCE
2	Propylen	$-H$	$-CH_3$	PP	E/P	*	
3	Buten-1	$-H$	$-CH_2-CH_3$	PB			
4	Octen	$-H$	$-(CH_2)_5-CH_3$				
5	Styrol	$-H$	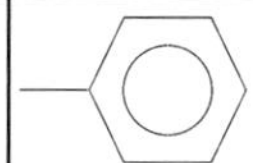	PS			
6	α-Methylstyrol	$-CH_3$	wie 5	PMS		SMS	
7	Paramethylstyrol	$-H$	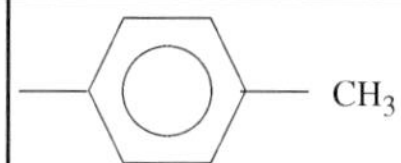				
8	Vinylchlorid	$-H$	$-Cl$	PVC			
9	Chloriertes Ethylen	$-H$	$-Cl$	PE-C			VCPE-C
10	Vinylidenchlorid		$-[CHCl-CHCl]-$ (H H / –[C – C]– / Cl Cl)	PVDC			VCVDC

Tafel 6.5 *(Fortsetzung)*

11	Acrylsäure (Acrylat)	– H	$-C(=O)-O-H$	PAA	EAA		
12	Methacrylat (Acrylsäure-methylester), (MA)	– H	$-C(=O)-O-CH_3$		EMA		
13	Ethylacrylat (Acrylsäure-ethylester), (EA)	– H	$-C(=O)-O-CH_2-CH_3$		EEAK		
14	Butylacrylat (Acrylsäure-butylester), (BA)	– H	$-C(=O)-O-(CH_2)_3-CH_3$	PBA	EBA		
15	Octylacrylat (Acrylsäure-octylester)	– H	$-C(=O)-O-(CH_2)_7-CH_3$				VCOA
16	Methacrylsäure	$-CH_3$	wie 11	PMA			VCMAK
17	Methylmethacrylat (Methacryl-säuremethylester)	$-CH_3$	wie 12	PMMA		SMMA	VCMMA
18	Ethylmethacrylat (Methacrylsäu-reethylester)	$-CH_3$	wie 13				
19	Butylmethacrylat (Methacrylsäu-rebutylester)	$-CH_3$	wie 14				
20	Vinylacetat, (VAC)	– H	$-O-C(=O)-CH_3$	PVAC	EVAC		VCVAC
21	Vinylalkohol	– H	– OH	PVAL	EVAL		
22	Vinylether	– H	$-O-R$; $R = -CH_3$, $-CH_2-CH_3$ usw.				

Tafel 6.5 *(Fortsetzung)*

Nr.	Chemische Bezeichnung	Struktur der Monomeren $-[C(H)(H)-C(R_1)(R_2)]-$		Homo-poly-meri-sate	Copolymerisate mit:		
		R_1	R_2 (bei -[]- handelt es sich um die vollständige Struktur)		Ethylen	Styrol	Vinyl-chlorid
23	Vinylmethylether	– H	$-O-CH_3$	PVME			
24	Vinylpyrrolidon	– H	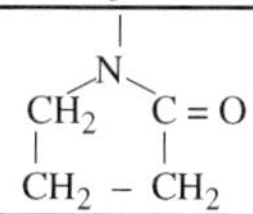	PVP			
25	Vinylcarbazol	– H	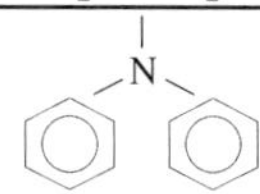	PVK			
26	Acrylnitril	– H	$-C \equiv N$	PAN		SAN	
27	4-Methylpenten-1	– H	$-CH_2-CH(CH_3)_2$	PMP			
28	Vinylbutyral		$-[CH_2-CH-CH_2-CH]_m-[CH_2-CH]_n-$ mit $O-CH(-(CH_2)_3)-O$ und OH	PVB			
29	Vinylformal		$-[CH_2-CH-CH_2-CH]_m-[CH_2-CH]_n-$ mit $O-CH_2-O$ und OH	PVFM			
30	Itaconsäureester	wie R 2 Zeile 20	Wie R2 Zeile 13				

Tafel 6.5 *(Fortsetzung)*

31	Maleinsäure-anhydrid		– [CH – CH] – / \\ CO–O–CO			SMAH	VCMAH
32	Malein(säure)imid		– [CH – CH] – / \\ CO–N–CO | R R = – CH_3 – $[CH_2]_3$ – CH_3 usw.				VCMAI
33	Acrylsäureester-Elastomer	– H	– C – O – R || O R = – CH_3 – CH_2 – CH_3 – $[CH_2]_3$ – CH_3 usw.	ACM			
34	EPDM-Kautschuk		– $[CH_2 – CH_2]_m$ – $[CH_2 – CH]_n$ – $[CH_2 – CH]_m$– | (an $[CH_2 – CH]_n$): CH_3 | (an $[CH_2 – CH]_m$): CH_2 – CH = CH – CH_3	EPDM		SEPDM	
35	Butadienkautschuk		– $[CH_2$ – CH = CH – $CH_2]$ –	BR		SB	
36	Isopren-Kautschuk		– $[CH_2$ – C = CH – $CH_2]$ – | CH_3	IR			
37	Thermopl. PUR-Elastomer		– [R – NH – COOR] –	TPU			
38	Ethenbuten		CH_3 – CH – CH = CH_2 | – [HC – CH_2] –				
39	Ethenpropen		H_3C – C = CH_2 | – [HC – CH_2] –				

Tafel 6.6 Eigenschaftsvergleich der Ethylen-Copolymerisate und andere Polyolefine

Eigenschaft	Einheit	EVAC	EIM Ionomer	COC 52% Nor-bornen	PDCPD	EA	PB	PMP
Dichte	g/cm^3	0,93–0,94	0,94–0,95	1,02	1,03	0,925–0,935	0,90–0,915 (0,94)	0,83–0,84
Zug-E-Modul	MPa	30–100	150–200	2600 – 3200	1800–2400	40–130	210–260 (420)	1 200–2 000
Streckspannung	MPa	–	7–8	–		4–7	15–25	10–15
Streckdehnung	%	–	>20	2 – 5	4	>20	ca. 10	>10
Nominelle Bruchdehnung	%	>50	>50	–		>50	>50	>10
Spannung bei 50 % Dehnung	MPa	4–9	–	–		–	–	–
Bruchspannung	MPa	–	–	46 – 66	46	–	–	–
Bruchdehnung	%	–	–	2 – 10	25	–	–	–
Schmelztemperatur	°C	90–110	95–110	80 – 180		92–103	125–130	230–240
Formbeständigkeitstemperatur HDT / A 1,8 MPa	°C	–	–	75 – 170	90–115	–	55–60	40
Längenausdehnungskoeffizient, längs (23–55 °C)	10^{-5}/K	ca. 25	10–15	ca. 6	8,2	ca. 20	13	12
Längenausdehnungskoeffizient, quer (23–55 °C)	10^{-5}/K	–	–	–		–	–	–
Brennbarkeit UL 94 bei 1,6 mm Dicke	Klasse	HB	HB	HB		HB	HB	HB
Dielektrizitätszahl bei 100 Hz	–	2,5–3	ca. 2,4	ca. 2,4		2,5–3	2,5	2,1
Dielektrischer Verlustfaktor bei 100 Hz	$\cdot 10^{-4}$	20–40	ca. 30	–		30–130	2–5	ca. 2
Spezifischer Durchgangswiderstand	Ohm · m	$>10^{14}$	$>10^{15}$	$>10^{14}$		$>10^{14}$	$>10^{14}$	$>10^{14}$
Spezifischer Oberflächenwiderstand	Ohm	$>10^{13}$	$>10^{13}$	–		$>10^{13}$	$>10^{13}$	$>10^{13}$
Elektrische Durchschlagfestigkeit	kV/mm	30–35	40	–		30–40	20–40	
Vergleichszahl der Kriechwegbildung CTI/A		600	600	600		600	600	600
Aufnahme von Wasser bei 23 °C, Sättigung	%	<0,4	ca. 0,5	< 0,01		<0,4	<0,1	<0,01
Feuchteaufnahme bei 23 °C / 50 % r. F., Sättigung	%	<0,2	ca. 0,3	–		<0,2	<0,05	<0,05

sind durchstoßfeste Schwerlast-Stretchfolien, Schwergut-Sackfolien, (mehrschichtige) aromadichte oder medizinische Verpackungen und im Hochgeschwindigkeits-Spritzgießen hergestellte Formteile. Die leicht verarbeitbaren Produkte dienen auch zur Verbesserung der elastischen Eigenschaften und Spannungsrissbeständigkeit anderer PE-Sorten. Butylacrylat-modifiziertes PE (s. Abschn. 6.5.1) ähnelt PE-LLD.

6.1.4.2 Ethylen-Vinylacetat-Copolymere, EVAC

Mit zunehmendem Vinylacetat-Gehalt (VAC) nimmt die Gasdurchlässigkeit von PE zu und die Produkte werden weicher, weil die Kristallinität abnimmt, s. Bild 6.5 und 6.6. Tafel 6.7 zeigt Eigenschaften und Anwendungsgebiete von Copolymerisaten mit verschiedenen VAC-Gehalten. Produkte mit über 10% VAC sind transparenter, zäher und leichter heißsiegelbar als PE-LD und für den Lebensmittelverkehr zugelassen. EVAC-Copolymere werden als Schlagzäh- oder Weichmacher zur besseren Einarbeitbarkeit mit Vinylchlorid (VC) gepfropft.

6

Die *Verarbeitung* von EVAC erfolgt wie bei PE-LD, wobei sich die Massetemperatur nach dem VA-Gehalt richtet: Massetemperaturen beim Spritzgießen 175 bis 220 °C, Werkzeugtemperaturen 20 bis 40 °C. Die Extrusion sollte bei Temperaturen von 140 bis 180 °C (Flachfolien bis 225 °C) erfolgen. Zur Vermeidung der Abspaltung von Essigsäure sollte die Massetemperatur 230 °C nicht überschreiten und die Verweilzeit kurz gehalten werden. Bei Produktionsunterbrechungen empfiehlt sich ein Spülen mit PE-LD.

Bedrucken oder *Beschichten* ist wegen der polaren Struktur leichter als bei PE. Eine Vorbehandlung, meist mit Corona-Entladungen, erhöht die Haftfestigkeit.

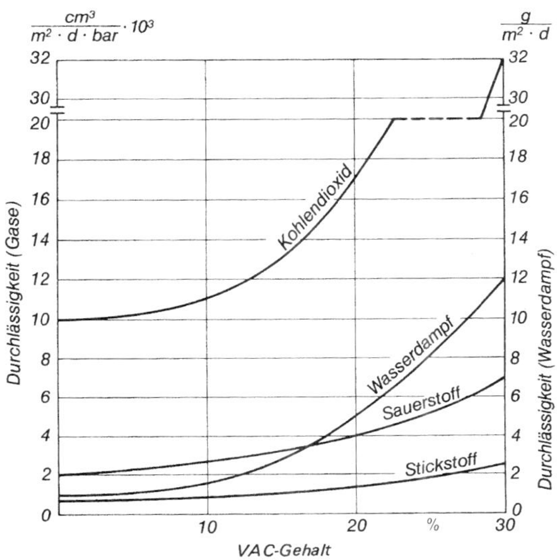

Bild 6.5 Abhängigkeit der Durchlässigkeit von EVAC für Wasserdampf und Gase in Abhängigkeit vom VAC-Gehalt

Einsatzgebiete sind: Flexible Rohre, Profile, Draht- und Kabelummantelungen, Folienbeutel, Dichtungen, Staub- und Anästhesiemasken, Verpackungs- und Gewächshaus-Folien, falt- und verformbares Spielzeug, Material für Compounds.

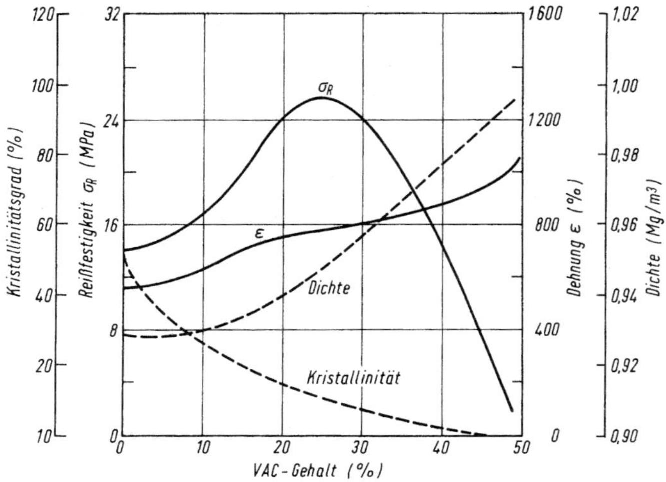

Bild 6.6 Eigenschaften von EVAC-Copolymerisaten in Abhängigkeit vom VAC-Gehalt

Tafel 6.7 Eigenschaften und Anwendungen von EVAC-Copolymeren mit verschiedenem VAC-Gehalt

VAC-Gehalt der Copolymerisate (Gew.-%)	Eigenschaften und Anwendungen
1 bis 10	im Vergleich mit PE-LD transparenter, flexibler, zäher (Schwersackfolien, Tiefkühlverpackungen), leichter siegelnd (Beutel, Verbundfolien), weniger anfällig gegen Spannungsrissbildung (Kabelummantelung), bei niedrigerer Temperatur höherer Schrumpf (Schrumpffolien), geringere Relaxation vorgedehnter Folien (Streckfolien)
15 bis 30	noch thermoplastisch verarbeitbar, sehr flexibel und weich, kautschukähnlich (Anwendung vergleichbar mit PVC-P, besonders für Verschlüsse, Dichtungen, rußgefüllte thermoplastische Massen für die Kabelindustrie)
30 bis 40	hohe elastische Dehnung, Weichheit mit Füllstoffaufnahmefähigkeit, breiter Erweichungsbereich, Polymerisate mit großer Festigkeit und guter Adhäsion für Beschichtungen und Klebstoffe
40 bis 50	Produkte mit noch ausgeprägteren Kautschuk-Eigenschaften (peroxidisch und mit Strahlen vernetzbar, z.B. für Kabel; für Propfreaktionen, z.B. für hochschlagfestes PVC mit sehr guter Witterungsbeständigkeit; durch Hydrolyse resultieren Polymerisate für Gewebebeschichtungen, Schmelzkleber, thermoplastische Verarbeitung zu Formkörpern und Folien mit hoher Festigkeit und Zähigkeit)
70 bis 95	Verwendung in Form von Latices für Emulsionsfarben, Papierbeschichtung, Klebstoffe und von Verseifungsprodukten für Folien und spezielle Kunststoffe

EVAC (und auch Ethylen/Acrylsäure-Acrylat, EAA) werden mit Paraffinen, Wachsen und Kunstharzen zu Politurmitteln, Schmelzklebstoffen und Beschichtungsmassen verarbeitet und z.T. mit Peroxiden vernetzt. Modifizierte teilverseifte EVAC: Zwischenschichten in Sicherheitsgläsern.

6.1.4.3 Ethylen/Vinylalkohol-Copolymere, EVAL

Vinylalkoholhaltige Copolymere werden wie auch Polyvinylalkohol PVAL durch eine Teilverseifung von EVAC hergestellt. EVAL mit VAL-Gehalten von 24 bis 30% sind als Pulver für zähfeste, auch auf Metallen gut haftende elektrostatische Beschichtungen zum Korrosionsschutz und Splitterschutz auf dem Markt.

Sorten mit VAL-Gehalten von 53 bis 68% sind Barrierekunststoffe mit minimaler Durchlässigkeit für N_2, O_2 und CO_2 und Aromastoffe, aber mit erheblicher Wasserdampf-Durchlässigkeit und -Aufnahmefähigkeit. EVAL mit 3 bis 8% Wassergehalt verliert seine Sperrwirkung und wird daher in Mehrschichtfolien zwischen PE, PP und auch zusammen mit PA oder Polyterephthalaten koextrudiert. Die Glasübergangstemperatur liegt bei 66 °C, die optimale Verarbeitungstemperatur zwischen 160 und 180 °C. Kurzfristig werden aber Temperaturen bis 200 °C ertragen, wobei die Sperrwirkung gegen O_2 reversibel verringert wird. Auch die Verminderung der Sperrwirkung beim Kochen von Verbundpackungen ist beim Abkühlen reversibel.

PVAL sind teilkristalline, wasserlösliche Kunststoffe. Vollverseifte Produkte lösen sich mit ausreichender Geschwindigkeit nur in heißem Wasser. Teilverseifte sind in kaltem Wasser leichter löslich als in heißem. Beide PVAL-Typen werden zur Herstellung von Folien eingesetzt: Monofolien für wasserlösliche Beutel, als Coextrusionsfolie wegen ihrer äußerst geringen O_2-Durchlässigkeit.

6.1.4.4 Ethylen-Acryl-Copolymerisate; EEAK, EBA, EAA, EAMA, EMA

Ethylacrylat-(EA), Butylacrylat-(BA) und Methacrylat-(MA)Copolymere mit PE werden bei tiefen Temperaturen für hoch elastische, spannungsrissbeständige, hoch füllbare Verpackungsfolien und Heißsiegelschichten eingesetzt. EBA und EMA sind bis 20%, EEAK bis 8% Comonomergehalt für den Lebensmittelverkehr zugelassen. Rußgefüllte, halbleitende Folien und Schläuche werden für Chip- und Sprengstoffverpackungen sowie im medizinischen und anderen Bereichen bei einer Gefährdung durch statische Elektrizität angewandt.

EAA, EAMA und EMA, Ethylen-(Meth)acrylsäure-Copolymere und z.B. durch Acrylamid weiter abgewandelte Terpolymere werden als Haftschichten in Mehrschichtfolien, z.B. zwischen PA und PE, und für Metallbeschichtungen coextrudiert. Sie sind Grundbestandteile von Ionomeren, s. weiter unten, und als Phasenkoppler in Legierungen wie z.B. von PA+ PET dienlich.

Einsatzgebiet EAA s. auch EVAC

6.1.4.5 PE-α-Olefin-Copolymere; PEα-PO-(M)

Mit Metallocenkatalysatoren hergestellte Copolymere von PE mit α-Olefinenin sind Kunststoffe mit linearer Struktur (PE-mLLD) und enger Molmassenverteilung. Sie zeichnen sich durch eine niedrige Dichte (0,903 bis 0,917 g/cm^3) bei günstigen optischen Eigenschaften und hoher Zähigkeit aus.

Einsatzgebiete: Folienanwendungen in der Medizintechnik und in der Lebensmittelindustrie

6.1.4.6 Cycloolefin-Copolymere; COC, COP

COC sind Copolymerisate aus linearen (Ethen) und cyclischen Olefinen (technisch im Allgemeinen Norbornen). Sie können unter Verwendung von Metallocen-Katalysatoren in zwei Modifikationen hergestellt werden: Als statistische (amorphe) und alternierende (teilkristalline) Polymere. Letztere weisen eine bessere Lösungsmittel- und Chemikalien-Beständigkeit auf. Das Eigenschaftsbild der COC lässt sich bei der Polymerisation in einem weiten Bereich variieren. So lässt sich bei statistischen COC die Glasübergangstemperatur von 0 °C bei 12 mol-% Norbornen bis ca. 230 °C bei 80 mol-% Norbornen einstellen. COC- Kunststoffe sind hochtransparent, blutverträglich, sterilisierbar, metallisierbar, leicht zu verarbeiten und hydrolysefest. Spritzlinge weisen sehr geringe optische Anisotropien auf, der Brechungsindex beträgt 1,53, die Dichte 1,02 g/cm^3. *Einsatzgebiet:* CD, andere optische Datenspeicher, Optik, vorfüllbare transparente Spritzen, biaxial verstreckte Kondensatorfolien, Barrierefolien gegen H_2O, Blisterfolien, Optik, Kosmetik.

Eigenschaftsvergleich s. Tafel 6.6. Durch Polymerisation und anschließende Hydrierung von *Dicyclopentadien* entsteht ein amorphes COC-Copolymerisat (COP) mit ebenfalls hoher Transparenz, niedriger Doppelbrechung, guter chemischer Beständigkeit, geringer Feuchtigkeitsaufnahme und einer Temperaturbeständigkeit von 120 bis 130 °C (Weiterentwicklung: T_g = 100 bis 165 °C)

Einsatzgebiete: medizinische Geräte wie Spritzen und Blisterfolien, LCD, Streuscheiben, Kondensatorfolien.

6.1.4.7 Ionomere Copolymere, EIM

Im Gegensatz zu herkömmlichen Kunststoffen wirken bei Ionomeren zusätzlich zu den Nebenvalenzkräften ionische Bindungskräfte, d.h., elektrostatische Kräfte zwischen den Molekülketten. Bei Ionengehalten von bis zu 10% in einem ansonsten unpolaren Polymer spricht man von Ionomeren, bei Ionengehalten die darüber hinaus liegen, von Polyelektrolyten. Ionomere werden im allgemeinen durch Copolymerisation eines funktionalisierten Monomeren (z.B. Acrylsäure, Methacrylsäure oder p-Styrolsulfonsäure) mit einem olefinischen Monomer und anschließender Salzbildung synthesisiert. Eine wichtige Gruppe sind thermoplastische Copolymere des Ethylens mit carboxylgruppenhaltigen Monomeren wie Acrylsäure, von denen ein Teil als freie Carboxylgruppen vorliegt, der Rest ist mit Metallkationen der 1. und 2. Gruppe des Periodensystems gebunden, so dass eine gewisse physikalische Quervernetzung erreicht wird, s. Formel 6.3. Bei höheren Temperaturen löst sich diese Vernetzung auf, so dass Ionomere nach allen für Thermoplaste üblichen Verfahren bei Massetemperaturen von 150 bis 260 (330) °C verarbeitbar sind. Die Schmelze weist eine hohe Elastizität auf, die die Herstellung von Platten und Folien erleichtert. Ionomere haften wegen der polaren Gruppen gut auf verschiedenen Trägermaterialien, und es können z.B: porenfreie Folien von nur 12 µm Dicke extrudiert werden. Die Folien sind gut mit einem hohen Reckverhältnis warmreckbar.

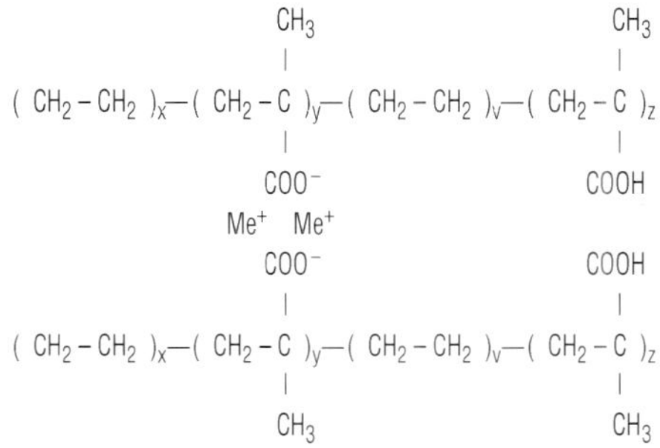

(6.3)

(Me = Metall-Kationen (Na, Mg, Zn)
Ionomer, EIM

Allgemeine Eigenschaften: Ionomere sind nicht kristallin. Im Bereich der Gebrauchstemperatur von –40 bis 40 °C und darüber sind die Erzeugnisse zäh und glasklar. Sie sind beständig gegen Alkalien, schwache Säuren, Fette und Öle. Organische Lösemittel quellen sie an. Sie sind nicht beständig gegen oxidierende Säuren, Alkohole, Ketone, aromatische und chlorierte Kohlenwasserstoffe. Es besteht kaum Neigung zur Spannungsrissbildung. Die Durchlässigkeiten für Wasserdampf, O_2 und N_2 sind mit denen von PE vergleichbar, die Durchlässigkeit für CO_2 ist geringer. Ionomere brennen mit leuchtender Flamme. Für den Kontakt mit Lebensmitteln geeignete Typen sind erhältlich.

Einsatzgebiete: Glasklare Rohre für Trinkwasser, Wein und Fruchtsäfte; Klarsichtfolien für fetthaltige Lebensmittel, Labor- und medizinische Teile; Skin- und Blisterpackungen; Flaschen für Pflanzenöle, flüssige Fette, Shampoos; Schuhsohlen, Skischuhschalen, Werkzeuggriffe, transparente Beschichtungen, corona- und spannungsrissbeständige Isolierungen.

Ionomere sind Haftvermittler zwischen Kunststoffen unterschiedlicher Polarität in Legierungen und Laminaten. Niedermolekulare Polymere sind zur Homogenisierung von Dispersionen und zur Verstärkung von Klebungen brauchbare Hilfsmittel.

6.1.4.8 Ethylen-Copolymer-Bitumen-Blend; ECB, ECB/TPO

ECB ist die Bezeichnung für eine Mischung aus Ethylencopolymer (Ethylen/Butylacrylat-Copolymerisat) und speziellen Bitumen. Bei ECB bildet der Kunststoff die durchgehende Phase. Das Handelsprodukt Lucobit enthält keinen Weichmacher und ist witterungs- und alterungsbeständig. Es wird als schwarzes Granulat (Dichte = 0,97 g/cm^3) geliefert und bei 140 bis 190 °C vorwiegend zu Bahnen extrudiert oder bei 160 bis 220 °C im Spritzguss verarbeitet. Bei 250 bis 280 °C kann es drucklos zu dickwandigen Formkörpern gegossen werden. Farbige Dach- und Dichtungsbahnen werden aus ECB/TPO (Thermoplastische Polyolefine)-Materialmischungen angeboten.

Einsatzgebiete: Dichtungsfolien (auch mit einer Glas- oder Polyester-Vliesarmierung) für Flachdächer, Tunnel und im Tiefbau, Zumischung zu Bitumen-Schmelz- und Asphaltmassen zur Verbesserung der Standfestigkeit.

Copolymere mit Fluorpolymeren, ETFE, s. Abschn. 6.4.2.

6.1.5 Polypropylen-Homopolymerisate; PP, PP-H

PP wird durch die Polymerisation von Propylen ($H_3C–CH=CH_2$) gewonnen. Es ist wie PE ein teilkristalliner Thermoplast, besitzt jedoch eine höhere Festigkeit, Steifigkeit und Kristallit-Schmelztemperatur bei geringerer Dichte (0,905 bis 0,915 g/cm^3). Das Angebot der Polypropylen-Typen ist enorm vielfältig (Tabelle 4.8). Die Produktpalette und die Einsatzbereiche dieser Materialgruppe erweitern sich kontinuierlich. Weltweit wurden im Jahr 2002 rund 34 Mio. Tonnen PP verbraucht. Neue Polypropylen-Produkte werden gezielt mit spezifischen Eigenschaftsprofilen durch spezielle Katalysatorsysteme entwickelt. Hochmolekulare Homo- und Copolymere sowie Blockcopolymere und elastomenmodifizierte Typen sind u.a. von Interesse. Es stehen transparente Materialien, Typen mit niedriger Steifigkeit, hochsteife Produkte mit guter Wärmeformbeständigkeit und solche mit kratzfesterer Oberfläche zur Verfügung. Die neuen PP-Typen sind auf dem Weg, in einigen Anwendungen höherpreisige Produkte wie ABS, PS, PET, PC und TPE zu verdrängen.

6.1.5.1 Chemischer Aufbau, Polymerisation

Die CH_3-Gruppen des PP können bei der Polymerisation räumlich unterschiedlich angeordnet werden und damit auch unterschiedliche Eigenschaften bewirken, s. Formel 6.4.

Beim *isotaktischen PP* (PP-I) ist die Mehrzahl der CH_3-Gruppen an der gleichen Seite der C-Kette oder spiralförmig nach außen gerichtet angeordnet. Beim *syndiotaktischen PP* (PP-S) liegen die CH_3-Gruppen abwechselnd auf den gegenüberliegenden Seiten der Hauptkette, während beim *ataktischen PP* (PP-a, PP-R(andom)) die CH_3-Gruppen auf beiden Seiten der Kette statistisch verteilt sind. Ataktisches PP hat eine Konsistenz wie nicht vulkanisierter Kautschuk. Isotaktisches PP hat mengenmäßig die größte Bedeutung und wird technisch durch den Isotaktizitätsindex charakterisiert. Dieser gibt den Prozentanteil an unlöslichem Polymer in siedendem Xylol an.

Das Grund-*Syntheseverfahren* ist die Niederdruck-Fällungs-Polymerisation von Propengas an metallorganischen, von *Natta* (1955) stereospezifisch wirksam abgewandelten, in Kohlenwasserstoffen aufgeschwemmten Ziegler-Katalysatoren. Dabei entstehen Anteile an ataktischem PP, die zu einem weicheren und weniger wärmebeständigen Produkt führen. Sie sind in Heptan löslich und können so abgetrennt werden. In neueren Gasphasen-Polymerisationsverfahren werden mit minimalen Anteilen selektiv einstellbarer Hochleistungs-Katalysatoren mit hohem Ausstoß reine Produkte (bis 97 % isotaktisches PP) gewonnen. Das Spheripol-Verfahren mit gezielt auf unterschiedliche Homo- und Copolymer-Typen auszurichtenden „Catalloy“-Katalysator-Systemen liefert u.a. auch direkt ohne Granulierung verarbeitbare Partikel von 0,5 bis 4 mm Durchmesser. Es gelingt

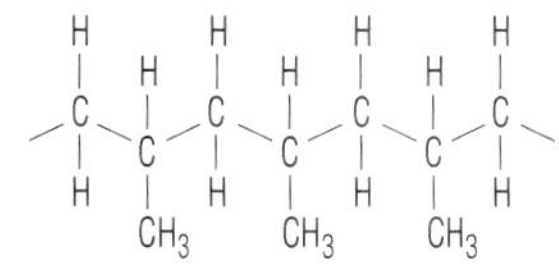

isotaktisches PP, (PP-I)

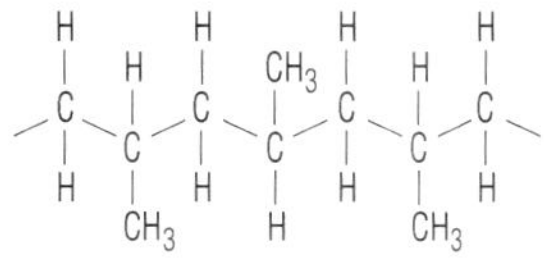

syndiotaktisches PP, (PP-S)

(6.4)

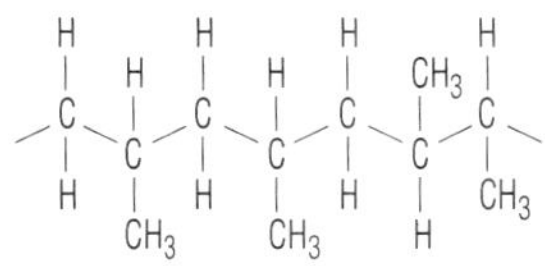

ataktisches (Random-)PP, (PP-R)

auch mit diesem Gasphasenverfahren, PP-Blends mit normalerweise inkompatiblen, amorphen Thermoplasten herzustellen, bei denen eine kontinuierliche PP-Matrix mit einer feinverteilten amorphen Phase entsteht: reaktives Blenden.

Bei einer Polymerisation mit *Metallocen-Katalysatoren* können die Eigenschaften des Polypropylens gezielt eingestellt werden. So sind die Taktizität, der Comonomereinbau und die Molmasse wie die Molmassenverteilung nach Maß steuerbar.

Zusätzlich werden Polypropylene mit enger Molmassenverteilung und erniedrigter Schmelzeviskosität (PP-CR, controlled rheology) eingesetzt, welche beispielsweise durch die Beimengung von organischen Peroxiden bei der Aufbereitung oder der Verarbeitung erzielt wird.

6.1.5.2 Verarbeitung

Zum *Spritzgießen* stehen für den weiten Anforderungsbereich von hoch wärmebeständigen, steifen bis zu elastifizierten, kälteschlagzähen Formteilen PP-Formmassen zur Verfügung. Die Massetemperatur liegt bei 250 bis 270 °C, die Werkzeugtemperatur bei 40 bis 100 °C. Im warmfeuchten Klima kann sich Oberflächenfeuchtigkeit auf dem Granulat niederschlagen, das vor der thermoplastischen Verarbeitung durch Trocknung oder mit Hilfe von Entgasungsschnecken entfernt werden sollte.

Im *Extrusionsverfahren* werden Blasfolien, Flachfolien, Platten, Rohre, Blasformteile und Monofile bei Massetemperaturen von 220 bis 270 °C hergestellt.

Wegen der großen abzuführenden Wärmemenge ist für die Folienherstellung das Chill-Roll-Breitschlitzverfahren günstiger als das Schlauchfolien-Blasen, das eine intensive Wasserkühlung des Folienschlauchs erfordert. Um (nur bei PP-H brillante) Transparenz zu erreichen, müssen die Folien schockartig unter die Kristallitbildungs-Temperatur abgekühlt werden. Außer den für eine biaxiale Orientierung vorgesehenen Folien enthalten die meisten Gleit- und Antiblockmittel. Zum Extrusionsblasformen werden schwerfließende PP-H-Formmassen bei Temperaturen von 190 bis 220 °C eingesetzt.

Im *Schmelzspinnverfahren* werden aus einem leichtfließenden, hochisotaktischen PP-H Stapelfasern, durch *Verstrecken* von Blas- oder Flachfolien Webbändchen und Spleißfasern, durch Abscheiden von PP aus Lösungen unter Scherung sog. Fibride erzeugt.

6.1.5.3 PP-Schaumstoffe, PP-E

PP-Schaumstoffe werden nach den folgenden Verfahren hergestellt, s. auch Abschnitt 4.2.8:

- Flexible Schäume mit kleinen, geschlossenen Zellen mit extrem geringer Dichte (10 kg/m^3) durch Extrusion.
- Harte Schäume mit einer Dichte von 50 bis 120 kg/m^3 nach dem Hochdruckverfahren.
- Strukturschäume mit Dichten um 400 bis 700 kg/m^3 unter Verwendung von gasförmigen oder chemischen Schäummitteln im Spritzgießverfahren.
- Harte Profile im gleichen Dichtebereich durch Extrusion.

6.1.5.4 Nachbehandlung

Das *Warmformen* flächiger Halbzeuge ist wegen des engen thermoelastischen Temperaturbereichs nur eingeschränkt möglich. Dagegen lässt sich PP nach dem SPPF-Verfahren (Solid Phase Pressure Forming) dicht unterhalb der Kristallit-Schmelztemperatur (150 bis 160 °C) umformen und bei Raumtemperatur walzen und formpressen.

Zur *Oberflächenveredelung* (Bedrucken, Lackieren) muss PP vorbehandelt werden. Es kann im Vakuum metallisiert werden. Spezielle Typen können nach der Aktivierung der Oberfläche mit Edelmetall-Salzen galvanisiert werden. In der Regel wird zunächst eine Nickelschicht aufgebracht, die schließlich mit Nickel oder Chrom galvanisch plattiert wird, s. auch Abschn. 4.4.4.

Das *Verbinden* durch Schweißen und Kleben ist wie bei PE möglich, s. Abschn. 4.4.3.1. Als Klebstoffe kommen Kontaktklebstoffe auf der Basis von Naturgummi oder Chlorbutadien-Kautschuk sowie Klebstoffe auf der Basis von Silikonen, Epoxid-Harzen oder Polyurethanen in Frage. Die Oberflächen-Vorbehandlung erfolgt meist mit Chromschwefelsäure. Eine Diffusions-Klebung ist nicht möglich.

Spanende Bearbeitung ist wegen der größeren Härte von PP einfacher als beim PE, das Stanzen ist aber nur begrenzt möglich.

6.1.5.5 Eigenschaften

Die Vielfalt der angebotenen PP-Sorten ist größer als die der meisten anderen Kunststoffe. Die Molekülstruktur, die Höhe der mittleren Molmasse (200 000 bis 600 000 g/mol), die Molmasseverteilung, die Kristallinität und die Sphärolithstruktur können in weiten Grenzen variiert und damit die Eigenschaften beeinflusst werden.

Die Steifigkeit und Festigkeit liegen zwischen denen von PE und den „technischen“ Kunststoffen wie ABS, PA u.a. Die dynamische Belastbarkeit ist relativ hoch. Mit einer Glasübergangstemperatur um 0 °C verspröden alle PP-H-Typen in der Kälte. Der Kristallit-Schmelzbereich liegt bei 160 bis 165 °C und damit höher als bei PE, so dass auch die maximalen Gebrauchstemperaturen höher sind: kurzfristig 140, langfristig 100 °C. Die elektrischen Eigenschaften sind denen von PE vergleichbar und werden durch eine Lagerung in Wasser nicht beeinträchtigt. Die Dielektrizitätszahl und der dielektrische Verlustfaktor sind weitgehend von der Temperatur und Frequenz unabhängig. (s. Tafel 6.8)

6

PP zeigt nur minimale Wasseraufnahme und -durchlässigkeit. Lebensmittelrechtlich zugelassene Erzeugnisse sind zum Heißabfüllen von Getränken und anderen Nahrungsmitteln geeignet und heiß sterilisierbar. Gase, vor allem CO_2, sowie niedrigsiedende Kohlenwasserstoffe und Chlorkohlenwasserstoffe diffundieren durch PP. Die Chlorkohlenwasserstoffe quellen es an. Wegen seines nichtpolaren Charakters ist PP chemisch sehr beständig: bis zu 120 °C ist es beständig gegen wässrige Lösungen von Salzen, starken Säuren und Alkalien, ggf. auch gegen Waschlaugen. Beste Beständigkeit gegenüber polaren organischen Lösemitteln, Alkoholen, Estern, Ketonen, Fetten und Ölen weisen die hochkristallinen Typen auf. Gegen Treibstoffe bei höheren Temperaturen sind nur Spezialtypen beständig. Starke Oxidationsmittel wie Chlorsulfonsäure, Oleum, konzentrierte Salpetersäure oder Halogene greifen PP schon bei Raumtemperatur an. Während PE bei Bestrahlung unter Sauerstoff vernetzt wird, wird PP durch Sauerstoff abgebaut.

PP muss für den Außeneinsatz witterungsstabilisiert werden, ist aber dennoch dem PE hinsichtlich Witterungsbeständigkeit unterlegen. Es brennt mit schwach leuchtender Flamme nach Fortnahme der Zündquelle weiter. Flammgeschützte Typen sind verfügbar.

Formteile aus PP sind transluzent. Eine Verstreckung unterhalb der Kristallit-Schmelztemperatur erhöht die Transparenz, ebenso ein Zusatz von Nukleierungsmitteln zur Erzeugung eines feinkörnigen Kristallitgefüges.

Bei *PP-S-(M)* können folgende Eigenschaften im Vergleich zu konventionellem PP modifiziert werden: Erniedrigung des Schmelzpunkts auf ca. 150 °C, Erhöhung von Glanz und Transparenz bei Erhalt der Steifigkeit (wegen höherer Schlagzähigkeit Wettbewerb zu PS), Erniedrigung der Schmelzeviskosität, Verbesserung der Barriereeigenschaften. PP-R(M) sind sehr weiche Produkte mit hoher Reißdehnung und einer Glasübergangstemperatur von nur 0 °C. S. Tafel 6.9.

Tafel 6.8 Eigenschaftsvergleich der Polypropylene

Eigenschaft	Einheit	Polypropylen								
		PP–H Homo-polymer	PP–R Random-polymer	PP-B Block-copolymer	(PP + EPDM)	PP-T 20 Talkum	PP-T 40 Talkum	PP-GF 30 Glasfaser	PP-GFC 30 Glasfaser chem. gek.	PP-B 25 Barium
Dichte	g/cm^3	0,90–0,915	0,895–0,90	0,895–0,905	0,89–0,92	1,04–1,06	1,21–1,24	1,21–1,14	1,12–1,14	1,13
Zug-E-Modul	MPa	1300–1800	600–1200	800–1300	500–1200	2200–2800	3500–4500	5200–6000	5500–6500	1850
Streckspannung	MPa	25–40	18–30	20–30	10–25	32–38	30–35	–	–	26
Streckdehnung	%	8–18	10–18	10–20	10–35	5–7	3	–	–	–
Nominelle Bruchdehnung	%	>50	>50	>50	>50	>20	4–10	–	–	–
Spannung bei 50 % Dehnung	MPa	–	–	–	–	–	–	–	–	–
Bruchspannung	MPa	–	–	–	–	28–30	30	40–45	70–80	–
Bruchdehnung	%	–	–	–	–	15–20	3–15	3–5	3–5	–
Schmelztemperatur	°C	162–168	135–155	160–168	160–168	162–168	162–168	162–168	162–168	–
Formbeständigkeitstemperatur HDT / A 1,8 MPa	°C	55–65	45–55	45–55	40–55	60–80	70–90	90–115	120–140	53
Längenausdehnungskoeffizient, längs (23–55 °C)	10^{-5}/K	12–15	12–15	12–15	15–18	10–11	8–9	6	6	0,7
Längenausdehnungskoeffizient, quer (23–55 °C)	10^{-5}/K	–	–	–	–	10–11	8–9	7	7	
Brennbarkeit UL 94 bei 1,6 mm Dicke	Klasse	HB*	HB*	HB*	HB*	HB*	HB*	HB*	HB*	HB
Dielektrizitätszahl bei 100 Hz	–	2,3	2,3	2,3	2,3	2,4–2,8	2,4–3	2,4–3	2,4–3	ca. 2,6
Dielektrischer Verlustfaktor bei 100 Hz	$\cdot 10^{-4}$	2,5	2,5	2,5	2,5	7–10	12–15	10–15	10–15	ca. 20
Spezifischer Durchgangswiderstand	Ohm · m	$>10^{14}$	$>10^{14}$	$>10^{14}$	$>10^{14}$	$>10^{14}$	$>10^{14}$	$>10^{13}$	$>10^{14}$	$<10^{15}$
Spezifischer Oberflächenwiderstand	Ohm	$>10^{13}$	$>10^{13}$	$>10^{13}$	$>10^{13}$	$>10^{13}$	$>10^{13}$	$>10^{13}$	$>10^{13}$	$<10,^{13}$
Elektrische Durchschlagfestigkeit	kV/mm	35–40	35–40	35–40	35–40	45	45	45	45	ca. 28
Vergleichszahl der Kriechwegbildung CTI/A		600	600	600	600	600	600	600	600	600
Aufnahme von Wasser bei 23 °C, Sättigung	%	<0,2	<0,2	<0,2	<0,2	<0,2	<0,2	<0,2	<0,2	–
Feuchteaufnahme bei 23 °C / 50 % r. F., Sättigung	%	<0,1	<0,1	<0,1	<0,1	<0,1	<0,1	<0,1	<0,1	<0,01

Tafel 6.9 Eigenschaftsvergleich spezieller Polypropylene

Eigenschaft	Einheit	PP-R-LMW	PP-R-HMW	PP-R-HMW	PP-S-(M)	PP-I-(M)
Dichte	g/cm³	0,836	0,861	0,855	0,90	0,903
E-Modul	MPa	10	8	5	61	1000–1700
Zugfestigkeit	MPa	1	1	2	2,4	20–35
Bruchdehnung	%	110	1400	2000		100–300
Schmelzindex	g/10min	670	7	0,1	3	1,8
Trübung	%	58	20	18	1,7	85
Kristallit schmelzpunkt	°C				168	163
Kristallinität		gering	amorph	amorph	30–40%	40–60%
HDT/A	°C					55

6.1.5.6 Einsatzgebiete

Die besonderen Eigenschaften des PP erlauben einen außerordentlich weiten Einsatz, dem sich die Rohstoffhersteller in ihren Rezepturen angepasst haben.

Amorphes ataktisches PP und andere ataktische α-Olefin-Polymere sind bis –30 °C flexible bis harte Kunststoffe, die in der Beschichtung aus der Schmelze von Papier-Packmitteln und Teppichfliesen-Rücken, als Pkw-Dämmstoffe, Korrosionsschutzbinden, Fahrbahnmarkierungs-Massen, Schmelzklebstoffe, Dichtungsmassen, Bitumenverschnitt und alterungsbeständige Baudichtungs- und Dachbahnen eingesetzt werden.

Spritzgießen, isotaktisches PP: Innenausstattungen für Pkw, die den Kopfaufschlagtest bestehen und schalldämpfend sind, Lüftungssysteme, Armaturenbretter, Mittelkonsolen, Scheinwerfer- und Heckleuchtengehäuse; Massenartikel wie Trinkbecher und Lebensmittelverpackungen, Werkzeug- und Reisekoffer, Transport- und Stapelkästen, Gehäuse und Funktionsteile (Filmscharniere) für Haushalts-Maschinen wie Kaffeemaschinen, Toaster, Heizlüfter, Geschirrspüler, Wächetrockner, Waschmaschinen; gefüllte und verstärkte Typen für Karosseriebauteile, Pkw-Kühlflüssigkeits-Ausgleichsbehälter (für 2,3 bar Überdruck bei 125 °C), Rasenmäher, Elektrowerkzeuge, Teile für Tauchpumpen, Lüfterräder, Elektroinstallationen, Gartenmöbel.

Blasformen: schwer fließende Formmassen (PP-Q, Polypropylen mit hoher Schlagzähigkeit) zu Flaschen für kosmetische und medizinische Pulver, etwas leichter fließende für die Massenfertigung von Flüssigkeitsbehältern bis ca. 5 l Inhalt, auch biaxial verstreckt; Heißwasserbehälter; Luftleitsysteme in Pkw; Koffer (mit Filmscharnieren) für Werkzeuge, Nähmaschinen, Elektronikteile (antistatisch), Motorräder; Surfbretter.

Extrusion: Warmwasser-Druck- und Abwasserrohre, Profile, Platten, Kabelummantelungen, unverstreckte und biaxial verstreckte (biaxial orientierte) Folien (PP-BO) (transparente) für Verpackungen („Zigarettenfolie“), Isolationen und als Verbundfolien, geschäumte Platten, Verpakkungsbänder, Webbändchen, Spleißfasern, Faservliese für Geotextilien und Filter, Binderkordel für die Landwirtschaft (abbaubar eingestellt), Säcke, glasmattenverstärkte Platten (GMT) (Harzmatten) für die Weiterverarbeitung durch Heißpressen.

Bevorzugte Einsatzgebiete für *PP-(M)*: transparente Verpackungen (Spritzguss, Breitschlitz-Folien), Dünnwandtechnik, Teppichgarne, Stapelfasern. PP-CR: Verpackungsbereich (wie für dünnwandige Becher) und für Beschichtungen sowie Fasern für Filter- und Hygieneanwendungen

6.1.6 Polypropylen-Copolymerisate und -Derivate, Blends; PP-C, PP-B, EPDM, PP+EPDM

Die Eigenschaften des PP können außer durch Additive durch Copolymerisation und durch Blends mit anderen Polymeren in weiten Grenzen modifiziert werden.

6.1.6.1 PP, Chloriertes PP-C

PP-C hat geringere Bedeutung als PE-C. Es wird für chemikalien- und korrosionsfeste Anstriche verwendet.

6.1.6.2 PP-Copolymere, PP-B

Als Copolymere kommen z.B. Ethylen, Buten-1 und höhere α-Olefine in Betracht, s. Tafel 6.5, Nr. 1, 3, und 27. Manchmal werden die PP-B Materialien auch als Block-Copolymere bezeichnet, obwohl es sich um eine heterophasige Mischung aus Homo-und Copolymeren, also um ein Blend, handelt. Der Einbau von PE unterbricht die Molekülkette, die Kristallinität des PP bleibt aber bis zu einem PE-Gehalt von 20% erhalten. PE bewirkt eine Reduzierung der Glasübergangstemperatur um 5 °C. Die Schmelztemperatur eines statistischen PE-Copolymeren wird schon bei geringeren Anteilen stark herabgesetzt. Wird das PE als Block eingebaut, wird die Schmelztemperatur nur wenig gesenkt. Durch 10% PE wird die Schlagzähigkeit bei tiefen Temperaturen (–30 bis –40 °C) wesentlich verbessert. 20% ergibt weiche Produkte wie PE-LD mit einem Schmelzpunk nicht unter 160 °C. Sie werden für Heißsiegelschichten, flexible Rohre und transparente Spritzlinge und Blasteile eingesetzt.

6.1.6.3 Ethylen-Propylen-(Dien)-Copolymer, EPDM

EPDM entsteht durch die Copolymerisation von PE, PP und Ethylen/ Norbornen (bei Terpolymeren) in Hexan mit Hilfe von Ziegler-Katalysatoren. Norbornen wird über eine Synthese aus Ethylen und Cyclopentadien gewonnen und ist ein Rohstoff für Synthesekautschuktypen. Als Ausgangsstoff für Gummi wird EPDM in Ballenform gepresst, während PP-EPDM-Compound als Granulat geliefert wird.

Statistische Copolymere (amorphes EPDM). Die Beweglichkeit der Makromoleküle des linearen PE frieren erst unterhalb –100 °C ein. Da PE-HD aber teilkristallin ist, wirkt sich diese Eigenschaft nicht in einer entsprechenden Flexibilität aus. Um amorphe Produkte zu erhalten, müssen einige H-Atome des PE durch statistisch verteilte, unpolare Gruppen ersetzt werden. Copolymere mit α-Olefinen wie PP oder Buten-1 mit bis zu 70% PE sind amorph, räumlich vernetzt, haben eine extrem geringe Dichte von 0,86 bis 0,87 g/cm^3 und eine Glasübergangstemperatur, die genügend weit unterhalb der Raumtemperatur liegt. Sie können wie Kautschuke verarbeitet werden. Voraussetzung für die Vulkanisierbarkeit mit

Schwefel und die Vorherbestimmung des Vernetzungsgrades ist der Einbau von Dienen. E/P-Copolymere (EPM) können nur mit Peroxiden chemisch vernetzt werden, mit dem Nachteil, dass sie hinsichtlich Vernetzungsgrad und -dichte nicht optimiert werden können. EPDM mit 50% PE kann nicht thermoplastisch verarbeitet werden und wird im Automobil- und Hausbau und in der Kabelindustrie eingesetzt.

Sequentielle Copolymere (teilkristalline EPDM) sind „physikalisch" vernetzt. Die Vernetzung basiert auf der Bindung zwischen kristallinen oder glasartig festen Teilen der Polymerkette. Sie können zusätzlich vulkanisiert werden. Bei einem PE-Gehalt von mindestens 70% sind die PE-Sequenzen lang genug, um solche Bereiche zu bilden. Solche Produkte sind thermoplastisch verarbeitbar, haben aber den Nachteil, dass sich die physikalischen Bindungen mit zunehmender Temperatur, je nach der Blockstruktur, zu lösen beginnen und der elastomere Charakter verloren geht. Vulkanisierte und nicht vulkanisierte Produkte werden wegen ihrer guten Witterungsbeständigkeit und Schweißbarkeit als Dichtungsfolien für Dächer und Böden, wegen ihrer guten Füllbarkeit mit schweren Füllstoffen als Schalldämm-Folien, z.B. im Pkw-Bau, eingesetzt.

6

6.1.6.4 PP+EPDM-Elastomer-Blends

Die ideale Struktur eines Polyolefin-Elastomeren besteht aus Blockstrukturen amorpher Ethylen- und Propylen-Sequenzen in statistischer Verteilung und festen PP-Blöcken. Diese Strukturen brauchen jedoch nicht in einer Kette direkt miteinander verbunden zu sein, sondern können auch durch eine Mischung von PP mit EPDM erhalten werden. Solche Produkte besitzen eine hohe Steifigkeit und Erweichungstemperatur, sind durch eine Copolymerisation des PP gut modifizierbar und verträglich mit EPDM.

Eine UV-Stabilisierung erfolgt entweder mit Ruß oder mit sterisch gehinderten Aminen, wenn hellfarbige Produkte gefordert werden. Es besteht auch die Möglichkeit des UV-Schutzes durch eine Beschichtung mit flexiblem PUR. Die Steifigkeit kann durch Kreide oder Glasfasern erhöht werden.

Die Eigenschaften der PP+EPDM-Elastomere hängen vom Mischungsverhältnis ab. 90% PP ergibt die üblichen Eigenschaften von PP mit einer etwas verringerten Steifigkeit und Erweichungstemperatur, aber auch mit einer bei –40 °C erhöhten Schlagzähigkeit, während Mischungen mit 40% PP die typischen Eigenschaften eines thermoplastischen Kautschuks aufweisen. Neben dem Mischungsverhältnis spielen die Kristallinität, Molmasse und Molmassenverteilung des PP eine Rolle. Außerdem ist wichtig, ob ein Homo- oder Copolymer, ein statistisches oder sequentielles PP eingesetzt wird. Weiterhin besteht die Möglichkeit des Blendens mit PE. Ausgenommen die Typen, die mit Öl verschnitten wurden, entsprechen die EPDM-Typen der DGA-Vorschrift 21 (Gebrauchsgüter auf der Basis natürlichen und synthetischen Gummis).

Die für PP üblichen Verarbeitungsmethoden können auch für PP-Elastomer-Blends eingesetzt werden. Bei ca. 250 °C werden schwerer fließende Typen extrudiert, blasgeformt oder verpresst. Leichter fließende Typen werden bei Massetemperaturen von 220 bis 260 °C und Werkzeugtemperaturen um 60 °C im Spritzguss verarbeitet.

Haupteinsatzgebiet ist der Automobilsektor: Stoßfänger, Spoiler, Radkasten- und Kofferraum-Verkleidungen, Schmutzfänger, Armaturenbretter, Konsolen und andere Innenteile, Lenkradverkleidungen; flexible Schläuche und Rohre im Installationssektor; Schuh-, Sport- und Spielzeugindustrie.

6.1.6.5 Polypropylen-Blends

Durch reaktives Blenden (s. Abschn. 6.1.5.1) werden Blends aus PP-I und z.B. Methylmethacrylat oder Styrol hergestellt, die folgende Vorteile aufweisen: geringe Dichte (0,91 bis 0,96 g/cm^3), witterungsbeständig, kratzunempfindlich, geringe Verarbeitungsschwindung (Verzug) und Feuchteaufnahme.

Compounds mit 3 bis 6% Kohlenwasserstoff-Harzen, z.B. hydriertes Dicyclopentadien (DCPD), erhöhen die Glasübergangs-Temperatur von PP-Folien um bis zu 25K und damit den Elastizitätsmodul um bis zu 50% und verringern die Wasserdampfdurchlässigkeit um bis zu 30%.

6.1.7 Polypropylen, Sondertypen

Nukleierungsmittel als Zusatzstoffe bewirken eine feine Sphärolith-Struktur und damit eine erhöhte Transparenz und Flexibilität, aber auch eine geringere Steifigkeit und Wärmeformbeständigkeit. Durch Zugabe von *organischen Peroxiden* in Pulverform werden bei der Compoundierung oder Verarbeitung Radikale gebildet, die Wasserstoff von den Molekülketten abtrennen und dadurch zu einer engeren Molmasseverteilung führen (PP-CR). Hierdurch wird die Schmelzeviskosität reduziert und die Verarbeitung erleichtert. Da *Kupferionen* die Thermooxidation katalysieren, ist eine entsprechende Stabilisierung bei der Anwendung von PP zur Isolierung von Kupferdrähten vorzusehen. Der Einsatz im Waschmaschinensektor macht eine *Stabilisierung gegen alkalische Lösungen* und gegen *Wärmealterung* erforderlich. Antimontrioxid in Kombination mit Halogencompounds und Phosphorsäureestern wirken *flammhemmend* (B 1 nach DIN 4102, HB bis V0 nach UL 94). *Galvanisierbare* Typen enthalten Pigmente, die feinrissige Oberflächen von Formteilen bewirken, die wiederum die Haftung der ersten Metallschicht beim Galvanisieren erhöhen. Die *Witterungsstabilisierung* erfolgt mit Ruß, für farbige Anwendungen mit Aminen.

Für die Extrusion und das Blasformen stehen Modifikationen mit höherer Schmelzefestigkeit zur Verfügung.

Talkum ist der bei PP meist verwendete *Füllstoff*. Er verbessert die Steifigkeit, Dimensionsstabilität, Wärmestandfestigkeit und das Kriechverhalten und wirkt als Nukleierungsmittel (s. Tafel 6.8). Nachteilig sind die Verringerung der Kälteschlagzähigkeit, die Verschlechterung der Schweißbarkeit sowie der Oxidationsbeständigkeit bei hohen Temperaturen und die Bildung matter Oberflächen. *Calciumcarbonat* wirkt ähnlich wie Kreide, hat aber Vorteile: Leichtere Dispergierbarkeit, besser fließende Schmelze, höhere UV- und Oxidations-Stabilität, höhere Oberflächenqualität, geringerer Werkzeugverschleiß und geringere Zykluszeit beim Spritzgießen. 40% *Glimmer* erhöhen die Steifigkeit im gleichen Maße wie 30% Glasfasern bei geringeren Kosten. *Holzmehl* verbessert die akustische Dämpfung, *Calciumsilicate* die Schlagzähigkeit sowie die elektrischen und thermischen Eigenschaften. *Zinkoxid* schützt vor Mikroorganismen und erhöht die UV-Beständigkeit.

Mit speziell gecoateten Füllstoffen in Verbindung mit Additiven und mineralischen Füllstoffen werden kratzfeste Oberflächen erreicht wie beim ABS.

Glasfaserverstärktes PP wird mit gemahlenen und geschnittenen Glasfasern angeboten. Kurze Glasfasern erhöhen die Steifigkeit und erniedrigen die Zähigkeit, während längere Fasern die Festigkeit und den Kriechwiderstand anheben. Chemisch gekoppelte Glasfasern haben einen zusätzlichen Effekt in dieser Richtung. Besonders lange Glasfasern bewirken eine anisotrope Schwindung durch die Faserorientierung (und damit besteht Verzugsgefahr), matte Oberflächen und einen erhöhten Werkzeugverschleiß. *Glaskugeln,* auch in Kombination mit Glasfasern, ergeben ein verstärktes PP mit höherer Steifigkeit und Druckfestigkeit sowie mit geringerer Verzugsneigung. (s. Tafel 6.8).

Glasmatten-verstärkte PP-Platten (GMT) zur Weiterverarbeitung durch Pressen, s. Abschn. 4.2.9.1, und mit langen Glasfasern verstärkte Compounds sind Ausgangsstoffe für hochbelastete Bauteile speziell im Kfz.

Eigenschaften: Verarbeitungstemperatur 215 °C, Wärmeformbeständigkeit ca. 150 °C, Gebrauchstemperatur kurzzeitig 140 °C, langzeitig 110 °C, s. auch Tafel 6.10.

Tafel 6.10 Gegenüberstellung charakteristischer Werkstoffeigenschaften von GMT und PP-LGF (Basiskunststoff: Polypropylen; alle Kennwerte wurden an Probeplatten ermittelt)

Eigenschaft	Einheit	GMT		Direktverfahren	
		PP-GM 30	PP-GM 40	PP-GLF	PP-GLF
		Verstärkt mit Glasmatte, vernadelt		Verstärkt mit Langglas fasern, Direkteinzug	
Dichte	g/cm^3	1,13	1,22	1,13	1,22
Glasgehalt	Gew.-%	30	40	30	38
Zugfestigkeit	MPa	70	90	70	80
Zug-E-Modul	MPa	4500	5500	5000	6000
Reißdehnung	%	1,8	1,6	2,0	1,8
Ausdehnungs koeffizient	$10^{-6}\,K^{-1}$	ca. 30	25 bis 30	30 bis 40	20 bis 30

6.1.8 Polybutene; PB, PIB

Buten liegt in zwei technisch interessanten, isomeren Formen, Buten-1 und Isobuten, vor. Aus dem linearen Monomeren Buten-1 ensteht das thermoplastische Polybuten-1 (PB), während das verzweigte Isobuten das kautschukähnliche Material Polyisobuten (PIB) ergibt (s. Formel 6.5).

6.1.8.1 Polybuten-1, PB

Chemischer Aufbau

Polybuten-1 entsteht durch die stereospezifische Polymerisation von Buten-1, s. Formel 6.5a mit spezifischen Ziegler-Natta-Katalysatoren. PB ist ein weitge-

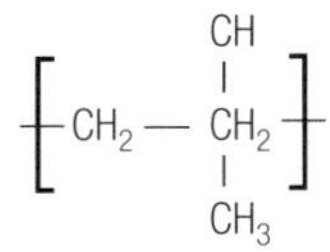

Polybuten –1, PB (6.5a)

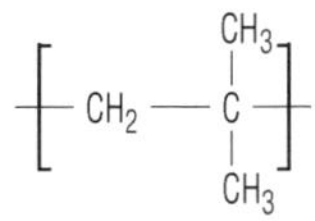

Polyisobutylen, PIB (6.5b)

hend isotaktischer, teilkristalliner Kunststoff mit einer hohen Molmasse von 700000 bis 3000000 g/mol und einer sehr geringen Dichte von 0,910 bis 0,930 g/cm^3. Beim Abkühlen kristallisiert es zu etwa 50% zunächst in einer metastabilen, tetragonalen Modifikation (Dichte ca. 0,89 g/cm^3) zu einem weichen, gummiähnlichen Produkt. Dieses wandelt sich bei Raumtemperatur in ca. einer Woche unter entsprechender Nachschrumpfung in eine stabile, doppelt hexagonale Modifikation um. Bei höherem Druck erfolgt die Umwandlung schneller, bei höheren und tieferen Temperaturen als der Raumtemperatur langsamer. Während dieser Umwandlung nehmen die Dichte, Streckspannung, der Elastizitätsmodul und die Härte zu. Ataktisches Polybuten–1 dient als Schmelzekleber. Syndiotaktisches Polybuten-1 hat keine technische Bedeutung.

Verarbeitung

Bei den hauptsächlichen Verarbeitungsverfahren (Spritzgießen und Extrusion) ist eine Trichtertrocknung pigmentierter Typen erforderlich. Die Massetemperaturen beim Spritzgießen liegen bei (190) 240 bis 280 °C, bei der Extrusion bei 190 bis 290 °C. Die Temperatur der Spritzgießwerkzeuge sollte zwischen 40 und 80 °C liegen. Es ist zu beachten, dass PB nach der thermoplastischen Verarbeitung umkristallisiert. So kann man Rohrbögen herstellen, indem man ein extrudiertes Rohr auf eine Trommel wickelt und auf dieser das Material in die stabile Modifikation übergehen lässt.

Eigenschaften

Hinsichtlich der mechanischen Eigenschaften bei Raumtemperatur ordnet sich PB in der stabilen Modifikation zwischen PE und PP ein. Auch bei höheren Temperaturen weist es wegen seiner hohen Molmasse und der zwischen den kristallinen Bereichen herrschenden hohen Bindungskräfte eine hohe Zeitstandfestigkeit, eine geringe Kriechneigung und eine hohe Spannungsrissbeständigkeit auf. Die guten Eigenschaften bleiben beim Füllen mit bis zu 20% Ruß erhalten. Hervorzuheben sind insbesondere die geringe Kriechneigung in Kombination mit der chemischen Beständigkeit sowie das sehr gute Abriebverhalten, z.B. beim Transport von Schlamm oder aufgeschwämmten Feststoffen. PB-Rohre erfüllen die internationalen Normen (Zeitstandfestigkeit).

PB ist gegen nichtoxidierende Säuren, Öle, Fette, Alkohole, Ketone, aliphatische Kohlenwasserstoffe und Reinigungsmittel beständig, nicht beständig ist es gegen aromatische oder chlorierte Kohlenwasserstoffe. Wie alle Polyolefine brennt PB leicht und muss beim Außeneinsatz stabilisiert werden. Der Kontakt mit Lebensmitteln ist zulässig, PB ist physiologisch unbedenklich. Der Kontakt und das Einatmen von Buten-1-Dämpfen ist zu vermeiden, da sie anästhesierend wirken.

Eigenschaftsvergleich, s. Tafel 6.6.

Einsatzgebiete

Warmwasserleitungen, Rohre für Fußbodenheizungen, Fittings, extrusionsgeblasene Hohlkörper, Apparate der chemischen Industrie, Telefonkabel, Zwei-Schicht-Blas- oder Breitschlitz-Folien mit PA/PE, PE oder PP als Trägerfolie und einer peelfähigen Siegelschicht aus einer PE/PB-Mischung für kalt und heiß einzufüllende Lebensmittel- und Fleischverpackungen. Ein 1- bis 5%iger PB-Zusatz erhöht die Extrusionsgeschwindigkeit von PE, PP und PS. In Abmischungen von 25 bis 35% PB mit aliphatischen Klebstoff-Komponenten (Tackifiern) und mikrokristallinen Wachsen lassen sich spezielle Schmelzklebstoffformulierungen herstellen, die sich durch eine lange offene Zeit und hohe Temperaturbeständigkeit auszeichnen.1 bis 2% PB als Verarbeitungshilfe für PE-LLD reduziert Schmelzebruch bei der Blasfolien-Extrusion.

6

6.1.8.2 Polyisobuten, PIB

Chemischer Aufbau

PIB (Rohdichte 0,91 bis 0,93 g/cm^3) ist ein kautschukähnliches thermoplastisches Material, das durch kationische Polymerisation von Isobuten, s. Formel 6.5b hergestellt wird. Homo-Polyisobutene sind aufgrund mangelnder funktioneller Einheiten nicht vulkanisierbar (s. auch Butylkautschuk, IIR Abschnitt 6.22.3).

Verarbeitung

Die Verarbeitung fester, gummiähnlicher Produkte erfolgt wie bei Kautschuk in Knetern, auf Walzwerken, Kalandern, Pressen, Extrudern und Spritzgießmaschinen. Die Massetemperaturen liegen zwischen 150 und 200 °C. Bei zu geringen Temperaturen neigt PIB zum mechanischen Abbau. Dispersionen zum Beschichten und Schäume können hergestellt werden.

Eigenschaften, Einsatzgebiete

Je nach der Molmasse (MM) erhält man viskose Öle, klebrige bis weichplastische Massen oder gummiähnliche thermoplastische Produkte. Einige Anwendungen beruhen auf der hohen Kälteflexibilität von PIB (Glasübergangstempertur –73 °C) andere auf der geringen Gaspermeabilität ($D = 0{,}081 \cdot 10^{-6}$ cm^2/s).

Einsatzgebiete: Alle MM sind zur Herstellung von Klebstoffen und Dichtungsmassen geeignet, die ihre Eigenschaften von der Einfriertemperatur (–73 °C) bis fast 100 °C nur wenig ändern, zur Copolymerisation mit anderen Polyolefinen (Verbesserung der Verarbeitbarkeit), Styrolen und anderen Monomeren. In Kautschukmischungen verbessert PIB die Witterungs- und Alterungsbeständigkeit und Haftfestigkeit von Reifen-Laufflächen und verringert die Gasdurchlässigkeit.

Ölige Flüssigkeiten, MM 300 bis 3000 g/mol: Elektroisolieröle, viskositätsverbessernde Zusätze zu Mineralölen, haftfördernde Additive für Stretchfolien.

Hochviskose Stoffe, MM 40.000 bis 120.000 g/mol: Zumischungen zu Kaschierwachsen, Dichtungsmassen, Kaugummi.

Elastische Werkstoffe, MM 300.000 bis 3 Mio g/mol: Polymeradditive, Elektroisolierfolien, Auskleidungs- und Abdichtungsbahnen gegen Säuren und drückendes Wasser, für Flach- und Steildächer (mit lichtschützenden und mineralischen Füllstoffen). Hierfür maßgebende Eigenschaften sind: Sehr hohe Dehnbarkeit, auch nach Füllung, bei allerdings sehr geringer Festigkeit, sehr geringe Wasserdampf- und Gasdurchlässigkeit, ausgezeichnete dielektrische Werte ($\delta_D = 10^{15}$ Ohm · cm, $\varepsilon_R = 2{,}2$ und tan $\delta = 0{,}004$), Gebrauchstemperaturen kurzzeitig –40 bis 80 °C, langzeitig –30 bis 65 °C.

PIB ist beständig gegen Säuren, Alkalien und Salze, bedingt beständig gegen Salpeter- und nitrierte Säuren, unbeständig gegen Chlor, Brom und Chlorschwefelsäure, löslich in aromatischen, aliphatischen und chlorierten Kohlenwasserstoffen, quillt in Butylacetat, Ölen und Fetten und ist unlöslich in Estern, Ketonen und niederen Alkoholen. Bei der Einwirkung von Sonnenlicht und UV-Strahlung muss PIB stabilisiert werden (z.B. mit Ruß). Es brennt wie Gummi.

6.1.9 Höhere Poly-(α-Olefine); PMP, PDCPD

6.1.9.1 Poly-4-Methylpenten-1, PMP

Chemischer Aufbau, Eigenschaften

Das stark verzweigte 4-Methylpenten-1 ergibt bei der Polymerisation einen spezifisch sehr leichten (Rohdichte 0,83 g/cm^3), glasklaren (90% Lichtdurchlässigkeit), aber harten, teilkristallinen Thermoplasten, s. Tafel 6.5, Nr. 27.

Die Kristallinität beträgt ca. 65%; die Transparenz beruht darauf, dass die amorphen und kristallinen Bereiche nahezu den gleichen Brechungsindex aufweisen. PMP-Homopolymerisate sind meist etwas wolkig, da sich zwischen den amorphen und kristallinen Bereichen aufgrund ihrer unterschiedlichen Ausdehnungskoeffizienten Mikrospalten bilden. Der Schmelzpunkt liegt bei 245 °C und kann durch eine Copolymerisation erniedrigt werden. Dadurch verringert sich auch die Neigung zur Spaltenbildung. Die Gebrauchstemperaturen liegen kurzzeitig bei 180 °C, langzeitig bei 120 °C. Die elektrischen Eigenschaften entsprechen denen des PE-LD.

PMP ist gegen mineralische Säuren, alkalische Lösungen, Alkohole, Reinigungsmittel, Öle, Fette und kochendes Wasser beständig, nicht beständig ist es gegen Ketone, aromatische und chlorierte Kohlenwasserstoffe, außerdem ist es spannungsrissempfindlich. Die Witterungsstabilität, auch stabilisierter Typen, ist gering. PMP vergilbt und verliert dann die guten mechanischen Eigenschaften. Es brennt mit leuchtender Flamme und ist für den Kontakt mit Lebensmitteln zugelassen und physiologisch inert.

Eigenschaftsvergleich, s. Tafel 6.6

Verarbeitung

PMP wird im Spritzguss bei Massetemperaturen von 280 bis 310 °C und einer Werkzeugtemperatur von ca. 70 °C verarbeitet. Das Extrudieren ist wegen des engen Schmelzbereichs schwierig. Das Hohlkörperblasen ist bei Temperaturen von 275 bis 290 °C möglich, aufgrund der geringen Schmelzenfestigkeit ist die Größe der Hohlkörper begrenzt. Das Warmformen ist ebenfalls durchführbar. PMP ist wie alle Polyolefine schweißbar und etwas besser klebbar als PE, wenn die Oberflächen vorher aufgeraut werden. Die Behandlung in einer Chromschwefelsäure führt zu einer guten Haftung, aufgrund der Probleme bei der Entsorgung der verbrauchten Chromschwefelsäure sollte vorzugsweise auf eine Plasma- oder Freistrahlcorona-Behandlung zurückgegriffen werden.

Einsatzgebiete

Sichtgläser, Innenraum-Beleuchtungskörper, sterilisierbare Formteile und Folien für Medizin und Verpackungen, Verpackungen für Fertiggerichte, Färbespulen, Raschigringe, transparente Rohre und Fittings, bis –10 °C flexible Kabelisolierungen.

6.1.9.2 Polydicyclopentadien, PDCPD

Chemischer Aufbau, Verarbeitung

Dicyclopentadien fällt als Nebenprodukt im Crack-Prozess bei der Benzinherstellung an. In einer Reinheit von 99% erhält es im Gemisch mit Norbornen eine oberhalb –2 bis 0 °C flüssige Konsistenz. In Gegenwart von Katalysatoren wie Alkylaluminium findet durch Aufspaltung von Doppelbindungen und Ringöffnungen eine Polymerisation zu einem vernetzten PDCPD statt. Vermischt mit Additiven lässt sich DCPD in Form von 2-Komponentensystemen mit konventionellen RIM-Anlagen, s. Abschn. 4.3.3.2, mit Reaktionszeiten von 15 s bis 2 min verarbeiten.

Eigenschaften, Anwendungen

Die Eigenschaften und Einsatzgebiete sind vergleichbar mit hartem PUR-RIM. PDCPD weist jedoch höhere Zähigkeit, Steifigkeit und Formbeständigkeit in der Wärme auf. Die Einsatztemperatur liegt zwischen –40 °C und 110 °C. Anwendungen sind im Bereich von Karosserieteilen von Landwirtschafts- und Baumaschinen und der Produktion von Kleinserien für die Medizintechnik zu finden.

6.2 Styrolpolymere

6.2.1 Polystyrol, Homopolymerisate; PS, PMS

6.2.1.1 Polystyrol, PS; Poly-p-Methylstyrol, PPMS; Poly-α-Methylstyrol, PMS

Chemischer Aufbau

Polystyrole sind chemisch gesehen Polyvinylbenzole, bei denen die Phenylgruppen normalerweise zufällig entlang der Kette verteilt sind. Es können sich deshalb keine kristallinen Bereiche bilden, so dass konventionelles PS, PS-R (Random), ein amorpher, transparenter Thermoplast ist. Die Polymerisation erfolgt nach dem Suspensions-, Perl- oder Masse-Polymerisationsverfahren und führt zu glasklaren Produkten. PS gehört zu den wichtigsten Kunststoffen für Konsumgüter, die im großtechnischen Maßstab hergestellt werden und relativ preiswert sind. Bei Verwendung von stereospezifischen Natta-Katalysatoren erhält man isotaktische Polymere PS-I, bei denen alle Phenylgruppen in der gleichen räumlichen Anordnung vorliegen. Die Produkte sind bei langsamer Abkühlung aus der Schmelze oder nach einer Temperung bei 150 °C bis zu 50% kristallin und opak.

Unter Verwendung von Metallocen-Katalysatoren polymerisiertes PS führt zu syndiotaktischem PS-S, (PS-S-(M)). Dieses ist kristallin, hat einen Schmelzpunkt von 270 °C und gehört deshalb zu den hochwärmebeständigen Kunststoffen. Einsatz: Spritzguss und Extrusion, Elektronik, hitzebeständige Haushaltsprodukte.

Neben Styrol werden substituierte Styrole wie p-Metylstyrol und α-Methylstyrol polymerisiert (PS, PPMA, PMS, s. Tafel 6.5, Nr. 5, 6 und 7). p-Methylstyrol wird radikalisch polymerisiert und weist höhere Härten und höhere Wärmeformbeständigkeiten als PS auf. α-Methylstyrol ist schwierig radikalisch zu hochmolekularen Produkten polymersisierbar. Niedermolekulare Poly-α-Methylstyrole werden als Modifikatoren und Verarbeitungshilfen u.a. für thermoplastische Elastomere, PVC und ABS eingesetzt.

Verarbeitung, Eigenschaften und Einsatzgebiete s. Abschn. 6.2.2.

6.2.2 Polystyrol, Copolymerisate, Blends

6.2.2.1 Chemischer Aufbau

Zur Modifizierung bestimmter Eigenschaften wie z.B. der Wärmeformbeständigkeit, Steifigkeit, Schlagzähigkeit, der chemischen Beständigkeit und der Spannungsrissempfindlichkeit und zur Anpassung an spezifische Anforderungen wurde eine Vielzahl von Copolymerisaten (auch in Kombinationen) und Blends entwickelt. Tafel 6.5 listet Grundstrukturen von Copolymeren auf.

Tafel 6.11 nennt einige Co-und Terpolymere sowie übliche Blends. Wichtiger Vertreter der Produktklasse ist SAN, aus dem durch Zusatz von Kautschuken ABS und ASA hergestellt werden. Diese werden zu Blends wie ABS+PC, ASA+PC und ABS+PA weiterverarbeitet. MABS und MBS gehören ebenfalls zur Styrolcopolymerfamilie, s. auch Abschn. 6.5.2.3

Tafel 6.11 Polystyrol-Ter- und -Blockcopolymere sowie -Blends

Terpolymere	**Kurzzeichen**	**s. Nr. in Tafel 6.5**
Acrylnitril-Butadien-Styrol	ABS	5+26+35
Methacrylat-Butadien-Styrol	MBS	5+12+35
Methylmethacrylat-Acrylnitril-Butadien-Styrol	MABS	5+17+26+35
Acrylester-Styrol-Acrylnitril	ASA	5+26+33
Styrol-Butadien-Methylmethacrylat	SBMMA	5+35+17
Acrylnitril-chloriertes PE-Styrol	ACS	5+26+9
Acrylnitril-EPDM Kautschuk-Styrol	AES (AEPDMS)	5+26+34
Styrol-Maleinsäureanhydrid-Butadien	SMAB	5+31+35
Styrol-Isopren-Maleinsäureanhydrid	SIMA	5+26+31
Blockcopolymere, TPE-S		
Styrol-Acrylnitril	SAN	5+26
Styrol-Butadien	SB	5+35
Styrol-Butadien-Styrol	SBS	5+35+5
Styrol-Isopren	SIR	5+36
Styrol-Isopren-Styrol	SIS	5+36+5
Styrol-Ethen-Propen	SEP	5+1+2
Styrol-Ethen-Buten-Styrol	SEBS	5+38+5
Styrol-Ethen-Propen-Styrol	SEPS	5+39+5
Blends von	**mit**	
PS	PPE	
ABS	PC	
	PC-Blend	
	PA	
	TPU	
	PVC	
	SMA	
	PSU	
ASA	ABS	
	AES	
	PC	

6.2.2.2 Verarbeitung

Styrolpolymerisate werden zum überwiegenden Teil im *Spritzguss* verarbeitet. Der Bereich der Massetemperatur reicht von 180 bis 280 °C, der der Werkzeugtemperatur von 5 °C (kurzlebige Massenartikel) bis 80 °C. Niedrige Werkzeugtemperaturen und hohe Einspritzgeschwindigkeiten führen zu eingefrorenen Spannungen und Orientierungen und reduzieren damit die Langzeitqualität der Formteile. Die geringe Verarbeitungsschwindung ermöglicht maßgenaue Teile. Schlagzäh-Modifikatoren erhöhen in der Regel die Schmelzeviskosität und verringern damit die Fließfähigkeit. Mit Treibmitteln versehene Formmassen können zu Strukturformteilen spritzgegossen werden.

Grundsätzlich lassen sich alle Styrolpolymerisate auch zu Profilen und Tafeln oder Folien (PS-S) *extrudieren.* Bevorzugt aus SB und ABS werden Tafeln für das anschließende Tiefziehen auch großflächiger Teile hergestellt. Spritzblasen und Extrusionsblasen sind übliche Verarbeitungsverfahren.

Standard-PS ergibt beim *Vakuum-Metallisieren* mit Aluminium spiegelnde Oberflächen. Besonders ABS eignet sich nach einer speziellen Vorbehandlung der Oberfläche sehr gut zum *Galvanisieren.* Lackieren, Bedrucken und das Beschrif-

6

ten mit Laserstrahlen sind möglich. Verklebungen können mit Kleblacken, die dem Kunststofftyp angepasst sind, oder auch mit Zweikomponenten-Klebstoffen durchgeführt werden. Für Thermoplaste übliche Schweißverfahren sind je nach Typ einsetzbar.

6.2.2.3 Eigenschaften

PS-Homopolymerisat ist wasserklar und besitzt einen hohen Oberflächenglanz. Besonders die leichtfließenden Typen sind steif und hart, aber auch spröde und bruchempfindlich und für dynamische Beanspruchungen nur mit Einschränkungen geeignet. Die Verschleiß- und Abriebfestigkeit und Wasseraufnahme sind gering, die Dimensionsstabilität hoch. Die kurzzeitige maximale Gebrauchstemperatur liegt zwischen 75 und 90 °C, die langzeitige zwischen 60 und 80 °C. PS besitzt sehr gute elektrische und dielektrische Eigenschaften. Es ist unempfindlich gegen Feuchtigkeit und beständig gegen Salzlösungen, Laugen und nichtoxidierende Säuren. Ester, Ketone, aromatische und chlorierte Kohlenwasserstoffe wirken als Lösemittel und die Lösungen sind als Kleblacke verwendbar. Benzin, etherische Öle und Aromastoffe (Zitrusschalenöl, Gewürze) wirken spannungsrissauslösend. Die Neigung zur Bildung von Spannungsrissen ist groß, insbesondere wenn durch schnelles Abkühlen der Formmasse im Spritzgießwerkzeug oder durch ungünstige Anschnitte Spannungen eingefroren werden. Während PS in geschlossenen Räumen über Jahre den Glanz und die Transparenz bewahrt, ist es für den Außeneinsatz nicht geeignet. PS brennt nach dem Anzünden leicht weiter.

Syndiotaktisches PS-S (PS-S-(M) verhält sich bei gleicher Dichte ähnlich wie Standard-Random-PS, (PS-R) ist jedoch steifer und besitzt eine wesentlich höhere Wärmeformbeständigkeit, speziell glasfaserverstärkte Typen, und bessere Fließfähigkeit der Schmelze.

PS sowie auch seine Copolymere und Blends werden gegen den Abbau bei hohen Verarbeitungstemperaturen und gegen Vergilbung bei Beanspruchung durch UV-Strahlen stabilisiert. Es gibt leichtfließende, glänzende, antistatisch eingestellte, nichthaftende (antiblocking), intern und extern geschmierte, eingefärbte oder mit organischen oder anorganischen Pigmenten versehene und für die Galvanisierung geeignete Typen.

Füll- und Verstärkungsstoffe werden insbesondere bei reinem PS nur wenig eingesetzt, da sie das Eigenschaftsbild bezüglich der Härte, Sprödigkeit und Spannungsrissbildung nur wenig beeinflussen. Kreide, Talkum und Glasfasern/Glaskugeln kommen eher beim ABS oder dessen Blends zum Einsatz.

Die generelle Wirkung von Copolymer-Bausteinen ist in Tafel 6.12 wiedergegeben.

Zur Erhöhung der mechanischen Eigenschaften und der Wärmeformbeständigkeit können Styrol-Gruppen durch Methyl-Styrol ersetzt werden. Bei einem Gehalt von 50% steigt die Glasübergangstemperatur von 95 auf 115 °C. In gleicher Richtung wirken *AN* und *MA*. Beispiele: *SAN, ASA, AES, oder SMAB*. AN führt zu höherer Zähigkeit, Beständigkeit gegen Öle und Fette, aber auch höherer Wasseraufnahme und leichter Vergilbung. SAN-Modifikationen mit Polyvinylcarbazol (PVK ist giftig!) führen zu sehr wärmeformbeständigen aber toxischen Produkten, solche mit Dimethylcarbonsäureestern zusätzlich zu höherer chemischer und UV-Beständigkeit.

Tafel 6.12 Einfluss von Comonomeren auf die Eigenschaften von Polystyrol

Monomer	Zeilen-Nr. in Tafel 6.5	Einfluss auf PS
α-Methylstyrol, MS	6	höhere Wärmestandfestigkeit
Chloriertes Ethylen, PE-C	9	Schlagzäh-Modifizierer
Methylmethacrylat, MMA	17	ergibt in PS und ABS Transparenz
Vinylcarbazol	25	höhere Wärmestandfestigkeit, aber toxisch
Acrylnitril, AN	26	höhere Festigkeit, Zähigkeit, Beständigkeit, Wasseraufnahme; geringere elektr. Eigenschaften, Gelbstich
Acrylsäureester-Elast., ACM	33	Schlagzäh-Modifizierer, verringerte Wärmestandfestigkeit, Steifigkeit, Festigkeit, gegenüber BR erhöhte Witterungsbeständigkeit
EPDM-Kautschuk, EPDM	34	wie Acrylsäureester-Elastomer
Butadienkautschuk, BR	35	wie EPDM, aber verringerte Wärmestandfestigkeit
Isopren-Kautschuk, IR	36	wie BR
Thermopl. PUR-Elastomer, TPU	37	erhöhte Schlagzähigkeit und Abriebfestigkeit

PVK wird außer zur Erhöhung der Wärmestandfestigkeit von PS auch als homopolymere Formmasse eingesetzt: Dichte 1,19 g/cm^3, Elastizitätsmodul 3500 MPa, Gebrauchstemperatur kurzzeitig 170, langzeitig 150 °C, spröde. Einsatzgebiete: Isolierstoff im Hochfrequenz- und Fernsehsektor mit hoher mechanischer und thermischer Beanspruchung.

Schlagzähes PS (PS-HI (High Impact)) erhält man durch Pfropf-Copolymere mit z.B. 5 bis 15% Butadien-(Styrol-)Synthesekautschuk *(BR, SBR)*. Copolymerisate mit 15 bis 40% *BR* sind Hilfsmittel der Kautschukverarbeitung. Mehrphasige technische Kunststoffe (Pfropfpolymere und/oder Thermoplast-Blends) mit einem ausgewogenen thermischen, mechanischen und Zähigkeits-Verhalten (bis zur lederartigen Zähigkeit) gibt es in vielen Modifikationen mit *ACM*, *EPDM*, *PE-C* oder thermoplastischen *PUR*-Elastomeren.

Die Steifigkeit und Festigkeit dieser Produkte sind reduziert, die Schlagzähigkeit, besonders auch bei tiefen Temperaturen, und die Spannungsrissbeständigkeit sind erhöht. Es gibt opake und auch transparente Typen. Butadienhaltige Produkte sind weniger UV-beständig als SAN-Copolymere und butadienfreie schlagzähe Typen.

ABS-Polymerisate haben wegen der breiten Variationsmöglichkeit ihrer Eigenschaften besondere Bedeutung erlangt. Die beiden wichtigsten Herstellungsprozesse sind:

- Pfropfpolymerisation von Styrol und Acrylnitril auf Butadienlatex. Das entstandene Pfropfpolymer wird mit SAN gemischt, coaguliert und getrocknet.
- Das Pfropfpolymere und SAN werden getrennt hergestellt, getrocknet, vermischt und dann granuliert. Durch entsprechende Wahl der Kautschukkomponente und Ersatz von Styrol durch α-Methylstyrol können besonders die Glas-

6

übergangstemperatur und damit die Wärmeformbeständigkeit und Schlagzähigkeit beeinflusst werden.

Transparente Kunststoffe auf ABS-Basis mit entsprechenden Kautschukkomponenten sind im Gegensatz zum opaken Standard-ABS erhältlich.

ABS+PC-Blend weist mit zunehmendem PC-Anteil eine zunehmende Formbeständigkeit in der Wärme auf und besitzt eine mit PC vergleichbare Steifigkeit und Härte

Beim *ABS+PA*(PA6)-Blend werden die nachteiligen Eigenschaften von PA, wie Schwindung und mangelnde Kälteschlagzähigkeit reduziert. Das Blend bietet eine gute Zähigkeit, Verarbeitbarkeit, Chemikalienbeständigkeit und im Vergleich zu ABS+PC eine niedrigere Dichte. ABS+PA-Blend zeichnet sich durch eine sehr hohe Wärmeformbeständigkeit von 180 bis 200 °C (Heat-sag-Test) aus und ist somit für die kathodische Tauchlackierung mit anschließender Trockung bei Temperaturen knapp über 200 °C einsetzbar.

ASA zeichnet sich aufgrund des Acrylesterkautschuks im Vergleich zu ABS insbesondere durch seine Witterungsbeständigkeit und Wärmeformbeständigkeit aus. Für Außenteile aus ASA kann auf eine Lackierung verzichtet werden. Wie ASA wird *AES* in ähnlichen Einsatzbebieten wie ABS, jedoch bei hohen Anforderungen an Licht- und Witterungsbeständigkeit eingesetzt.

ASA+PC-Blends weisen im Vergleich zu ABS eine höhere Wärmeformbeständigkeit auf, die sich mit der Mischung aus PPE+PS bis auf 160 °C steigern läßt.

Polystyrol-Copolymerisate werden umfangreich als Blend-Komponenten für andere Thermoplaste verwendet. Die Gründe hierfür sind beim ABS die polare Natur der CN-Bindung und die relativ niedrige Schmelzeviskosität der SAN-Gruppe. Für PVC stehen spezielle Modifizierharze zur Verfügung. Haftvermittler auf der Basis von SB-Blends braucht man als Binde-Schichten beim Laminieren von Tafeln und dem Coextrudieren von Folien aus Styrolpolymerisaten mit Polyolefinen, PC, PMMA, PA und als Haftvermittler in Mischungen von Formmassen aus wiederaufzuarbeitenden Kunststoff-Gemischen.

Einen Eigenschaftsvergleich einiger Typen zeigen Tafel 6.13 und Tafel 6.14.

Einsatzgebiete

Standard-PS wird mehr für kurzlebige, nicht technische Einsatzgebiete wie Einwegverpackungen für Lebensmittel, Pharmazeutika und Kosmetika eingesetzt.

PS-S soll höher wärmebeständige Kunststoffe wie PC, PT, LCP substituieren: Scheinwerferreflektoren, Elektronik, Medizin, Kondensatorfolien.

PS-Copolymerisate und Blends, insbesondere auch ABS und ähnliche Produkte, finden in höherwertigen Einsatzgebieten Verwendung: Isolierfolien und Platten für die Weiterverarbeitung, z.B. durch Warmformen, Rohre und Profile; Formteile und Gehäuse für Radios, Fernsehgeräte, Notebooks, Telefone, Computer, Drucker, Elektrowerkzeuge, Optik-Geräte, Haushalts- und Gartengeräte; Zeicheninstrumente, Leuchtschirme, Spielzeuge; Innenverkleidungen für Eisschränke und Tiefkühltruhen. In der Kfz-Industrie: Verkleidungselemente, Armaturentafeln, Cockpit-Großmodul (z.B. aus SMA-GF10), Ventilationsysteme, Dach-Innenverkleidungen, Batteriegehäuse. Bewitterungs- und UV-beständige

Typen: Spoiler, Kühlergrills und Radkappen im Pkw, Außenteile für Traktoren, Lkw, Motorräder, Wohnwagen, Bootskörper, Gartenmöbel, Kotflügel

6.2.3 Polystyrol-Schaumstoff; PS-E, XPS

Zur Herstellung von Strukturschaum-Erzeugnissen sind PS-, SB- und ABS-Formmassen zum Auftrommeln von chemischen Treibmitteln, treibmittelhaltigen Konzentraten und gebrauchsfertigen Massen, auch mit Brandschutzausrüstung, auf dem Markt. Die Treibmittel werden im Verarbeitungsbetrieb zusammen mit je etwa 0,2% Butylstearat oder Paraffinöl als Haftvermittler aufgetrommelt. Strukturformteile werden meist aus schlagzäh modifizierten Formmassen im Dichtebereich von 0,7 bis 0,9 g/cm^3, mindestens 5 mm Wanddicke und bis zu 30 kg Gewicht im Spritzgießverfahren (Thermoplast-Schaum-Spritzgießen, TSG) hergestellt. Die Außenhaut solcher Teile ist für manche Anwendungen zu rau, so dass ein nachträgliches Schleifen und Lackieren erforderlich ist. Bau- und Möbelprofile werden extrudiert. Beim Extrudieren leichterer geschäumter Halbzeuge wie z.B. Verpackungsfolien mit Dichten von 0,1 g/cm^3 oder Dämmplatten mit 0,025 g/ cm^3 verwendet man PS mit eingearbeiteten physikalischen Treibmitteln, wie CO_2, oder dosiert solche unmittelbar in den Extruder. Extrudierter Polystyrol-Hartschaumstoff (XPS) ist ein geschlossenzelliger Schaumstoff mit einer verdichteten Oberfläche. Er zeichnet sich durch eine gute Druckfestigkeit, geringfügige Wasseraufnahme und schwere Entflammbarkeit aus. Mit Rohdichten zwischen 20 und ca. 50 kg/m^3 werden Druckfestigkeiten von 0,20 bis 0,70 MPa erreicht.

Ausgangsprodukte für *PS-Leichtschaum, PS-E* (PS-Partikelschaum, PS-expandiert), sind Perlpolymer-Kugeln mit Durchmessern von 0,2 bis 3 mm, in die ein niedrigsiedender Kohlenwasserstoff, vorzugsweise Pentan, als Treibmittel einpolymerisiert ist. Diese werden in einem dreistufigen Verfahren zu steifen Formteilen, z. B. für Verpackungen oder zu Blöcken bis zu 1,25 m x 1 m x 8 m ausgeschäumt. PS-E-Perlen werden auch als schwer entflammbare Einstellungen nach DIN 4 102 und/ oder beständig gegen aliphatische Kohlenwasserstoffe geliefert. Schäume aus Styrol-Copolymerisaten mit Maleinsäure sind bis 120 °C temperaturbeständig.

Einsatzgebiete PS-E-Schaumstoffe

Isoliersektor, Tritt- und Schalldämmung, Verpackungsindustrie, Transportpaletten, persönliche Schutzausrüstung, (Fahrrad- bzw. Schutzhelme, Kindersitzschalen), Surfbrettkerne und Modellflugzeuge. PS-E-Formteile werden als verlorene Kerne in Leichtmetallgießereien verwendet, z. B. für die Herstellung von Ansaugkrümmern, Lost-Foam-Verfahren. Zementgebundener PS-E-Leichtbeton mit einer Dichte von 700 bis 900 kg/m^3 wird mit PS-E-Perlen als Zuschlagsstoff hergestellt. Durch Zerkleinern von PS-E-Formteilen oder aus Abfällen mit Korngrößen von 4 bis 25 mm hergestellte Flocken werden als Dämmbaustoff zur thermischen Isolierung im Stopfverfahren oder zur Bodenverbesserung (Styromull) verwendet.

Durch Einbau von Infrarotabsorbern bzw.-reflektoren in die Schaumstoff-Struktur wird der Strahlungsanteil am Wärmedurchgang und damit die Wärmeleitfähigkeit je nach Rohdichte um 12 bis 18% reduziert. Das pentanhaltige, expandierfähige, schwarze PS-Granulat wird zu silbergrauen Schaumstoffblöcken und Formteilen verarbeitet.

6

Tafel 6.13 Eigenschaftsvergleich der Styrol-Homopolymerisate und α-Copolymerisate

Eigenschaft	Einheit	Styrol-Homopolymerisate und -Copolymerisate								
		PS (PS-R)	PS-s-(M)	SMS	SB schlagzäh	SB-T schlagzäh transparent	SB-HI hoch schlagzäh	SAN	SAN-GF35	SMAHB
Dichte	g/cm³	1,04–1,05	1,05	1,05–1,06	1,03–1,05	1,0–1,03	1,03–1,04	1,07–1,08	1,35–1,36	1,05–1,13
Zug-E-Modul	MPa	3100–3300	4500	3300–3500	2000–2800	1100–2000	1400–2100	3500–3900	10000–12000	2100–2500
Streckspannung	MPa	–	–	–	25–45	20–40	15–30	–	–	37
Streckdehnung	%	1,5	1,4	–	1,1–2,5	26	1,5–3	–	–	–
Nominelle Bruchdehnung	%	–	–	–	10–45	20–>50	40–>50	–	–	–
Spannung bei 50% Dehnung	MPa	–	–	–	–	–	–	–	–	–
Bruchspannung	MPa	30–55	–	50–60	–	–	–	65–85	110–120	–
Bruchdehnung	%	1,5–3	–	24	–	–	–	2,5–5	2–3	11–26
Schmelztemperatur	°C	–	270	–	–	–	–	–	–	
Formbeständigkeitstemperatur HDT / A 1,8MPa	°C	65–85	95[1)]	80–95	72–87	60–75	60–80	95–100	100–105	103–115
Längenausdehnungskoeffizient, längs (23–55 °C)	10^{-5}/K	6–8	–	68	8–10	7–14	8–11	7–8	2,5–3	6–9
Längenausdehnungskoeffizient, quer (23–55 °C)	10^{-5}/K	–	–	–	–	–	–		2	6–9
Brennbarkeit UL 94 bei 1,6 mm Dicke	Klasse	HB*	–	HB*	HB*	HB	HB*	HB*	HB*	HB
Dielektrizitätszahl bei 100 Hz		2,4–2,5	3	2,4–2,5	2,4–2,6	2,5–2,6	2,4–2,6	2,8–3	3,5	
Dielektrischer Verlustfaktor bei 100 Hz	$\cdot 10^{-4}$	12	–	1–2	1–3	2–4	1–3	40–50	70–80	
Spezifischer Durchgangswiderstand	Ohm · m	$>10^{14}$	–	$>10^{14}$	$>10^{14}$	$>10^{14}$	$>10^{14}$	10^{14}	10^{14}	10^{13}
Spezifischer Oberflächenwiderstand	Ohm	$>10^{14}$	–	$>10^{14}$	$>10^{13}$	$>10^{14}$	$>10^{13}$	10^{14}	10^{14}	$>10^{15}$
Elektrische Durchschlagfestigkeit	kV/mm	55–65	–	55–65	456–5	40–50	45–65	30	40	25
Vergleichszahl der Kriechwegbildung CTI/A		350–500	–	350–500	350–550	600	350–550	400–550	600	
Aufnahme von Wasser bei 23 °C, Sättigung	%	<0,1	–	<0,1	<0,2	<0,1	<0,2	0,2–0,4	0,2–0,3	
Feuchteaufnahme bei 23 °C / 50% r. F., Sättigung	%	<0,1	–	<0,1	<0,1	<0,1	<0,1	0,1–0,2	0,1	0,2

1) PS-s-GF: 250

Tafel 6.14 Eigenschaftsvergleich der Acrylnitril-Styrol-Copolymerisate und Blends

Eigenschaft	Einheit	Acrylnitril-Styrol-Copolymerisate und Blends						
		ABS	ABS-HI	ABS-GF 20	(ABS + PC)	ASA	(ASA + PC)	ABS+PA⁺
Dichte	g/cm^3	1,03– 1,07	1,03–1,07	1,18–1,19	1,08–1,17	1,07	1,15	1,07–1,09
Zug-E-Modul	MPa	2200–3000	1900–2500	6000	2000–2600	2300–2900	2300–2600	1200–1300
Streckspannung	MPa	45–65	30–45	–	40–60	40–55	53–63	30–32
Streckdehnung	%	2,5–3	2,5–3,5	–	3–3,5	3,1–4,3	4,6–5	
Nominelle Bruchdehnung	%	15–20	20–30	–	>50	10–30	>50	>50
Spannung bei 50 % Dehnung	MPa	–	–	–	–	–	–	
Bruchspannung	MPa	–	–	65–80	–	–	–	
Bruchdehnung	%	–	–	2	–	–	–	
Schmelztemperatur	°C	–	–	–	–	–	–	
Formbeständigkeitstemperatur HDT / A 1,8 MPa	°C	95–105	90–100	100–110	90–110	95–105	105–115	75–80
Längenausdehnungskoeffizient, längs (23–55 °C)	10^{-5}/K	8,5–10	8–11	3–5	7–8,5	9,5	7–9	9
Längenausdehnungskoeffizient, quer (23–55 °C)	10^{-5}/K	–	–		5–6	–		
Brennbarkeit UL 94 bei 1,6 mm Dicke	Klasse	HB*	HB*	HB*	HB*	HB*	HB*	HB
Dielektrizitätszahl bei 100 Hz	–	2,8–3,1	2,8–3,1	2,9–3,6	3	3,4–4	3–3,5	
Dielektrischer Verlustfaktor bei 100 Hz	$\cdot 10^{-4}$	90–160	90–160	50–90	30–60	90–100	20–160	
Spezifischer Durchgangswiderstand	Ohm · m	10^{12}–10^{13}	10^{12}–10^{13}	10^{12}–10^{13}	$>10^{14}$	10^{12}–10^{14}	10^{11}–10^{13}	$2–10^{12}$
Spezifischer Oberflächenwiderstand	Ohm	$>10^{13}$	$>10^{13}$	$>10^{13}$	10^{14}	10^{13}	10^{13}–10^{14}	$3–10^{14}$
Elektrische Durchschlagfestigkeit	kV/mm	30–40	30–40	35–45	24			30
Vergleichszahl der Kriechwegbildung CTI/A		550–600	550–600	600	250–600	600	200–225	
Aufnahme von Wasser bei 23 °C, Sättigung	%	0,8–1,6	0,8–1,6	0,6	0,6–0,7	1,65	1	
Feuchteaufnahme bei 23 °C / 50 % r. F., Sättigung	%	0,3–0,5	0,3–0,5	0,3	0,2	0,35	0,3	1,3–1,4

* Auch als V-2 bis V-0 verfügbar ⁺ konditioniert

6

Durch Einarbeitung von expandierbaren Hohlkugeln in TPS-SEBS-Granulat lassen sich durch Spritzgießen und Extrusion feinporige Schaumstoffe mit $\rho = 0{,}5\ g/cm^3$ z. B. für Handgriffe, Räder, Profile herstellen.

6.3 Vinylpolymere

6.3.1 Polyvinylchlorid hart, Homopolymerisate; PVC-U

6.3.1.1 Chemischer Aufbau

Die Haupt-Unterscheidungskriterien für Vinylpolymerisate sind einmal die verschiedenen Polymerisationsverfahren (Emulsions-Polymerisation, sog. PVC-(E), Suspensions-Polymerisation, PVC-(S), und Masse-Polymerisation, PVC-(M), sowie unterschiedliche Eigenschaften (harte Formmassen ohne Weichmacher (PVC-U, *u*nplasticized), weich gemachte Formmassen (PVC-P, *p*lasticized) und PVC-Pasten.

Tafel 6.5 gibt einen Überblick über Grundstrukturen von Vinylchlorid (VC) und seinen Copolymeren. Vinylchlorid (VC) wird heute überwiegend durch eine ein- oder zweistufige Anlagerung von Chlor an Ethylen hergestellt. Der hohe Gehalt an aus der NaCl-Elektrolyse reichlich verfügbarem Chlor (homopolymeres PVC enthält 56,7% Chlor) ist mitbestimmend sowohl für die hohe wirtschaftliche Bedeutung als auch die besonderen Eigenschaften der VC-Polymerisate. PVC-(M) ist sehr sauber und besitzt eine enge Verteilung der Korngröße (ca. 150 μm). Verarbeitbarkeit und Thermostabilität sind besser im Vergleich zum PVC-(S). Die Aufnahmefähigkeit für Weichmacher und flüssige Additive ist sehr gut.

6.3.1.2 Lieferformen, Verarbeitung

Während andere Thermoplaste überwiegend als gebrauchsfertige Formmassen auf dem Markt sind, werden VC-Polymerisate vielfach aus pulverförmigen Rohstoffen und den für die Verarbeitung und Anwendung erforderlichen Zusatzstoffen im Verarbeitungsbetrieb gemischt. Sofern die Aufbereitung der Rohstoffe zum Granulat über Extruder nicht aus technischen Gründen notwendig ist, werden rieselfähige Pulvermischungen (nicht zu geringe Korngrößen), Agglomerate oder rieselfähige sandige Trockenmischungen (Dry-blends oder Heißmischungen) verwendet. Diese Art der Aufbereitung ist sehr wirtschaftlich und schont außerdem die thermisch empfindlichen PVC-Rohstoffe.

PVC-(E) entsteht als Primärteilchen mit Durchmessern von 0,1 bis 2 mm. Die endgültige Größe und Form der Pulverkörner wird durch die Aufbereitungsbedingungen (Trocknung) festgelegt. Auf diese Weise werden für den jeweiligen Anwendungsbereich folgende Produkte hergestellt: *Feinstteilige* für die Plastisolverarbeitung, s. Abschn. 6.3.4; *feinteilige,* gut aufschließbare für die Kalanderverarbeitung; *grobkörnige,* gut rieselfähige mit hoher Schüttdichte für die Extrusion (PVC-U); grobkörnige, poröse für die Anwendung in PVC-weich (PVC-P, s. Abschn. 6.3.2). E-PVC enthält bis zu 2,5% Emulgator sowie teilweise anorganische Zusätze. Abhängig von der Art und Menge dieser Zusätze sind Transparenz, Wasseraufnahme und elektrische Isoliereigenschaften in der Regel ungünstiger als bei

PVC-(S) oder -(M). PVC-(E) hat den Vorteil leichter Verarbeitbarkeit, Formteile weisen glatte, geschlossene Oberflächen, höhere Zähigkeiten und eine geringere elektrostatische Aufladbarkeit auf.

PVC-(S) mit Korngrößen zwischen 0,06 und 0,25 mm und *PVC-(M)* mit besonders gleichmäßiger Teilchengrößen-Verteilung um 0,15 mm sind dem Herstellungsverfahren entsprechend sehr reine Produkte und bei geringer Stabilisierung für glasklare, hochwertige Produkte geeignet, die mechanisch und elektrisch hoch belastet werden können und sich hinsichtlich der Korrosions- und Witterungsbeständigkeit günstig verhalten. Typen mit porösen Körnern (Schüttdichten von 0,4 bis 0,5 g/ml) sind für PVC-P, solche mit kompakten Körnern (Schüttdichten von 0,5 bis 0,65 g/ml) für PVC-U geeignet. Mikro-S-Polymerisate sind verkapselbar (Korngrößen 10 bis 1 µm).

PVC-C (PVC, chloriert) mit einem durch eine Nachchlorierung bis > 60 % erhöhten Chlorgehalt ist schwerer verarbeitbar als PVC, aber bis >100 °C temperaturstandfest und z. B. gegen Chlor noch beständiger.

6

VC-Polymerisate können nicht ohne Stabilisatoren verarbeitet werden, die die Verfärbung und weiter gehende Schädigung durch Oxidation und HCl-Abspaltung während der Verarbeitung bei hohen Temperaturen wie auch durch Wärme-und Lichteinwirkung im Gebrauch gering halten. Dazu kommen Fließ- und Gleitmittel und UV-Absorber. Fein gemahlenes Calciumcarbonat als Füllstoff in Anteilen von 5 bis 15 % erleichtert das Extrudieren und erhöht die Kerbschlagzähigkeit.

PVC-Schmelzen sind hochviskos, scher- und temperaturempfindlich, haften aber an den Kontaktflächen der Förderorgane weniger als andere Kunststoffe. Die wichtigsten Verarbeitungsarten sind das Extrudieren von Rohren, anderen Profilen und Tafeln, das *Kalandrieren* und das *Pressen* von Platten. Daneben sind das *Spritzgießen* und *Blasformen* üblich.

Die PVC-Hartfolien-Herstellung auf dem *Kalander* im Großbetrieb erfolgt in folgenden Schritten: Abwiegen und Mischen der Mischungskomponenten, Plastifizieren in meist kontinuierlich arbeitenden Schneckenknetern, Kalandrieren im Hochtemperatur-Verfahren mit von 160 auf 210 °C ansteigenden Temperaturen zu Folien von 0,02 bis ca. 1 mm, vorwiegend 0,1 bis 0,2 mm Dicke [PVC-(S) und PVC-(M)]. Im Tieftemperatur-(Luvitherm-)Verfahren werden Folien aus PVC-(E) mit hohen K-Werten, K-Wert s. Abschn. 6.3.1.3, bei Temperaturen, die von 175 auf 145 °C abnehmen, kalandriert, anschließend nach Führung über eine 240 °C heiße Walze auf 0,02 bis 0,2 mm Dicke in einer Richtung oder in beiden Richtungen schrumpffähig gereckt. Aus etwa 0,5 mm dicken Kalanderfolien werden weitgehend spannungsfreie Tafeln und Blöcke durch Laminieren von Folienpaketen zwischen Pressblechen in Etagenpressen hergestellt.

Bei der PVC-U-Verarbeitung auf *Extrudern* bei 170 bis 200 °C kann man von Pulvermischungen oder vom Granulat ausgehen. Pulvermischungen erfordern Doppelschnecken- oder Einschneckenextruder mit 20D Schneckenlänge.

Für den *Spritzguss* (Massetemperatur 180 bis 210 °C, Werkzeugtemperatur 30 bis 50 °C) und das *Blasformen* von Flaschen und anderen Hohlkörpern sind nur Formmassen aus PVC-(S) oder -(M) mit niedrigen K-Werten, versehen mit Verarbeitungshilfsmitteln, geeignet. Die Verarbeitung muss schonender als bei den meisten anderen Thermoplasten erfolgen, da Überhitzungen vermieden werden müssen. Die fließgerechte Gestaltung der Schnecken und Werkzeuge unter Vermeidung toter Ecken ist besonders wichtig, um eine Zersetzung und damit Abspaltung von Salzsäure zu vermeiden. Deswegen ist auch eine korrosionsfeste Ausstattung zweckmäßig.

PVC-U lässt sich nach allen für Thermoplaste üblichen Verfahren durch Aufschmelzen verschweißen: Heißgas-, Heizelement-, Ultraschall- und Hochfrequenz-*Schweißen* Kleblacke auf der Basis von Tetrahydrofuran (THF) oder Zweikomponenten-Klebstoffe auf EP-, PUR- oder PMMA-Basis werden zum *Verkleben* eingesetzt. Adhäsionsverklebungen erfolgen mit PUR-, Nitril- oder Chlorbutadien-Kautschuk-Klebstoffen.

Das Warmformen von Tafeln, Rohren usw. wird im großen Maßstab beim Bau von chemischen Apparaten angewendet.

6.3.1.3 Kennzeichnung

VC-Polymerisate werden entsprechend ihrer Molmasse durch K-Werte oder Viskositätszahlen gekennzeichnet. Beide Zahlen basieren auf der Messung der relativen Lösungsviskosität und stehen in einem festen Verhältnis zueinander. Zwischen folgenden Kennwerten besteht eine Korrelation: K-Wert (DIN 53726), spezifische Viskosität, Viskositätszahl J (DIN 53726–8), Inherent Viscosity (ASTM D 1234-T) und Zahlen- und Gewichtsmittel der molaren Masse, s. auch Formmassenormen ISO 1163 (PVC-U) und ISO 2898 (PVC-P). PVC für die thermoplastische Verarbeitung hat K-Werte nach DIN EN ISO 1628–2 zwischen 50 und 80. Je höher der K-Wert ist, umso besser sind die mechanischen und elektrischen Eigenschaften der Erzeugnisse, andererseits wird die Verarbeitung besonders von PVC-U in gleicher Richtung schwieriger. Die für die einzelnen Verarbeitungsverfahren gebräuchlichen K-Werte zeigt Tafel 6.15. DIN EN ISO 1060/1 enthält eine Einteilung und Bezeichnungen von Vinylchlorid-Polymerisaten (Datenblocksystem).

6.3.1.4 Eigenschaften und Einsatzgebiete

PVC-U gehört zu den Thermoplasten mit hoher Festigkeit und einem hohen Elastizitätsmodul, aber geringer Abriebfestigkeit, Schlagzähigkeit bei tieferen Temperaturen und Dauerschwingfestigkeit. Auch die Gebrauchstemperaturen sind relativ gering: kurzzeitig bis ca. 75 °C, langzeitig bis ca. 65 °C. Bei geeigneter Wahl von Stabilisatoren und Zusatzstoffen erhält man ausgezeichnete elektrische Eigenschaften, besonders im Bereich geringer Spannungen und Frequenzen. Bei höheren Frequenzen tritt infolge des hohen elektrischen Verlustfaktors Erwärmung auf. Die N_2-, O_2-, CO_2- und Luftdurchlässigkeit sind geringer als die Durchlässigkeit der Polyolefine, die Wasserdampfdurchlässigkeit ist höher.

Bis zu Temperaturen von 60 °C ist PVC-U beständig gegen die meisten verdünnten und konzentrierten Säuren, bis auf oleumhaltige Schwefelsäure, Milchsäure und konzentrierte Salpetersäure, verdünnte und konzentrierte Laugen und Salzlösungen. Gasförmiges Chlor bildet eine Schutzschicht chlorierten Materials, flüssige Halogene greifen PVC an. Gegenüber niederen Alkoholen, Benzin, Mineralölen, anderen Ölen und Fetten besteht Beständigkeit, Ester, Ketone, Chlor-

Tafel 6.15 Anwendungsbereiche von PVC-Sorten

PVC-Sorten	PVC–U			PVC-P		
	E	S	M	E	S	M
Verarbeitung	K-Werte*)			K-Werte*)		
Kalander (Schmelzwalzenmaschinen, Plattenpressen)	(60–65)	57–65	57–65	70–80	65–70	70
Thermisch vergütete Folien	78	–	–	–	–	–
Bodenbeläge	–	–	–	65–80	65–80	
Extruderverarbeitung Hart-PVC						
Rohre	–	67–68	67–68			
Fensterprofile	–	68–70	–			
Möbel- u. Bauprofile	60–70	60–68	60–68			
Tafeln und Flachfolien	60–65	60	60			
Blasfolien	60	57–60	57–60			
Extruderverarbeitung Weich-PVC						
allgemein				65–70	65–70	65–70
Kabelmassen				–	70–90	
vorzugsweise				–	70	70
Hohlkörperblasen	–	57–60	57–60		65–80	60–65
Spritzgießen	–	50–60	56–60	–	65–70	55–60
Pastenverarbeitung	–	–	–	65–80	(70–80)	

*) nach DIN 53726: 0,25 g PVC in 50 ml Cyclohexanon.

kohlenwasserstoffe und aromatische Kohlenwasserstoffe quellen oder lösen es mehr oder weniger an. Tetrahydrofuran und Cyclohexanon sind Lösemittel (Kleblacke). PVC ist weitgehend spannungsrissbeständig. Entsprechend stabilisiertes PVC-U ist für den Außeneinsatz geeignet (Fensterprofile usw.).

PVC-U ist physiologisch indifferent. Die Brauchbarkeit von Erzeugnissen für den Lebensmittelsektor hängt von der Art der Stabilisierung ab. Die meisten PVC-U-Erzeugnisse sind ohne eine Brandschutzausrüstung schwer entflammbar (B1 nach DIN 4102, bis V0 nach UL 94). Die Flamme verlöscht nach dem Entfernen der Zündquelle. Je nach der Art der Polymerisation ist PVC transluzent bis transparent und gut einfärbbar.

Füllstoffe werden bei PVC in der Regel nur als Extender (Streckmittel), Glasfasern als Verstärkungsmittel nur selten eingesetzt, s. Tafel 6.16. 1 bis 2% feinkörnige *Kreide* (5 bis 10 μm) wirkt bei der Rohr- und Profilherstellung als Verarbeitungshilfsmittel für PVC-U. 5 bis 15% Zugabe können die Kerbschlagzähigkeit auf das Doppelte anheben. Je nach der Höhe der mechanischen Beanspruchung von z.B. Rohren und Profilen (Druckrohre, Abflussrohre, Drainagerohre, Sonnenblendenprofile) werden mehr als 40% als Füllstoff beigegeben. PVC-P kann je nach Einsatzgebiet bis zu 350 Teile Kreide enthalten. Sie wirkt als Absorber abgespaltener Säure und erhöht damit die thermische Stabilität. Kreide wirkt dem Plate-out-Effekt (Niederschlag von ausschwitzenden Bestandteilen auf Kalandern und Extrudern) entgegen.

Da *Kaolin* den Durchgangswiderstand erhöht, wird es in PVC-P-Kabelmassen eingesetzt. *Silikate* reduzieren den Plate-out-Effekt, erhöhen die Thixotropie und ergeben Produkte mit matten Oberflächen, während *Aluminiumhydroxid* die Flammwidrigkeit, z.B. von Teppichrücken-Beschichtungen, erhöht. *Bariumferrit* wird als Füllstoff für magnetische Dichtungsprofile für Eisschränke und dergleichen verwendet.

Hochschlagzähe *PVC-HI-Sorten* (HI = hight impact) mit 5 bis 12% Schlagzähmachern sind zweiphasig. Als Schlagzähmacher kommen *Polyacrylsäureester-Elastomere (ACM), PE-C* und *EVAC* als disperse Weichphase in Frage. Die ACM werden als Pfropfcopolymerisate mit VC mit 6 bis 50% AN-Anteil oder als Copolymerisate mit Methylmethacrylat (MA) mit 60 bis 90% AN-Anteil eingesetzt. Hochprozentige ACM werden mit PVC-(S), -(M) oder -(E) auf eine gebräuchliche Schlagzähmacher-Konzentration von 5 bis 7% oder auch darüber abgemischt. Im Gegensatz zu ACM sind PE-C und EVAC als Schlagzähmacher in gewissem Maße scherempfindlich, d.h., die erreichbare Zähigkeit hängt von den Verarbeitungsbedingungen ab. *Polyacrylate* können mit Styrol modifiziert für transparente, erhöht schlagzähe Formteile eingesetzt werden.

Alle diese PVC-HI sind langzeitwetterfest und damit für den Außeneinsatz geeignet. Schlagzähmacher für glasklare Packmittel sind *MABS* und, vor allem für Hohlkörper, MBS, s. Abschn. 6.2.2. Wegen des Butadienanteils sind diese für den Außeneinsatz weniger geeignet.

Einsatzgebiete s. auch Tafel 6.15

Eigenschaftsvergleich s. Tafel 6.17

Tafel 6.16 Eigenschaften von gefülltem und verstärktem PVC

Zusatz zu PVC–U	Gewichtsanteil %	Zugfestigkeit MPa	Dehnung bei Höchstkraft %	E-Modul MPa	Vicat-Temperatur °C	Dichte g/cm³
ohne	–	60	6–10	2700	85	1,36
nat. $CaCO_3$	30 100	46 –	8 –	3200 –	94 116	1,53 1,78
gefälltes $CaCO_3$	15	30–47	6	3100	87	1,45
Kreide	20	34	6	3500	–	1,48
Quarzmehl	20	38		3100	–	–
Glasfasern	40	25	3	8000	85	–
Wollastonit	20	25	5,4	–	–	1,47

6.3.2 Polyvinylchlorid weich, PVC-P

6.3.2.1 Aufbau

Die Härte und Sprödigkeit von PVC können durch die Zugabe von Weichmachern in einem weiten Umfang beeinflusst werden. Sie vergrößern den Abstand zwischen den PVC-Kettenmolekülen und reduzieren dadurch die Bindungskräfte. Bei „interner Weichmachung" wird ein verträgliches Polymer mit niedriger Glasübergangstemperatur in die Kette eingebaut, s. auch Abschn. 6.3.3, VCEVAC. Bei

Tafel 6.17 Eigenschaftsvergleich der Vinylchloridpolymerisate und Blends

Eigenschaft	Einheit	Vinylchlorid-Polymerisate und Blends							
		PVC-U	PVC-C	**VCA** acrylatmod.	PVC + **VCA**	PVC + PE-C	PVC + ASA	PVC-P mit DOP	
								75/22	60/40
Dichte	g/cm³	1,38–1,4	1,55	1,34–1,37	1,42–1,44	1,36–1,43	1,28–1,33	1,24–1,28	1,15–1,20
Zug-E-Modul	MPa	2700–3000	3400–3600	2200–2600	2500–2700	2600	2600–2800	–	–
Streckspannung	MPa	50–60	70–80	45–55	45	40–50	45–55	–	–
Streckdehnung	%	4–6	3–5	4–5	4–5	3	3–3,5	–	–
Nominelle Bruchdehnung	%	10–50	10–15	35–>50	>50	10–>50	ca. 8	>50	>50
Spannung bei 50% Dehnung	MPa	–	–	–	–	–	–	–	–
Bruchspannung	MPa	–	–	–	–	–	–	–	–
Bruchdehnung	%	–	–	–	–	–	–	–	–
Schmelztemperatur	°C	–	–	–	–	–	–	–	–
Formbeständigkeitstemperatur HDT / A 1,8 MPa	°C	65–75	ca. 100	72	74	69	65–85	–	–
Längenausdehnungskoeffizient, längs (23–55 °C)	10^{-5}/K	7–8	6	8–9	7–7,5	8	7,5–10	18–22	23–25
Längenausdehnungskoeffizient, quer (23–55 °C)	10^{-5}/K							–	–
Brennbarkeit UL 94 bei 1,6 mm Dicke	Klasse	V-0	V-0	V-0	V-0	V-0	V-0	–	–
Dielektrizitätszahl bei 100 Hz	–	3,5	3,5	3,5	3,5	3,1	3,7–4,3	4–5	6–7
Dielektrischer Verlustfaktor bei 100 Hz	$\cdot 10^{-4}$	110–140	140	120–140	120	140	100–120	0,05–0,07	0,08–0,1
Spezifischer Durchgangswiderstand	Ohm · m	$>10^{13}$	$>10^{13}$	$>10^{13}$	10^{13}	10^{12}–$>10^{13}$	10^{12}–$>10^{14}$	10^{12}	10^{11}
Spezifischer Oberflächenwiderstand	Ohm	10^{14}	10^{14}	$>10^{13}$	$>10^{13}$	$>10^{13}$	10^{12}–10^{14}	10^{11}	10^{10}
Elektrische Durchschlagfestigkeit	kV/mm	20–40	15	30				30–35	ca. 25
Vergleichszahl der Kriechwegbildung CTI/A		600	600	600	350–600	600	350–600	–	–
Aufnahme von Wasser bei 23 °C, Sättigung	%	0,1	0,1	<0,25	0,5	0,1	0,4–0,8	–	–
Feuchteaufnahme bei 23 °C / 50 % r. F., Sättigung	%	0,01	0,01	<0,01	<0,1	0,03	0,1–0,3	–	–

* Auch als V-2 bis V-0 verfügbar

6

„äußerer Weichmachung“ dringt ein niedermolekularer Weichmacher in das PVC ein und bewirkt eine Art Quellung. Hierbei besteht die Gefahr des Ausschwitzens, besonders bei höheren Temperaturen und über längere Zeit. Man unterscheidet deshalb zwischen Primärweichmachern, die gut gelatinieren und nicht ausschwitzen, und Sekundärweichmachern, die nur geringe Dipolwirkung aufweisen und wenig gelatinieren. Letztere werden in Kombination mit Primärweichmachern verwendet, die die Migrationsneigung reduzieren und die Tieftemperatur-Zähigkeit und den Extraktionswiderstand erhöhen. Primärweichmacher werden zur Preisreduzierung oft teilweise durch „Extender“, das sind Streckmittel in Form von Flüssigkeiten geringer Flüchtigkeit und mäßiger Polarität, ersetzt. Sie wirken nicht als Gelatiniermittel, können aber das Fließverhalten von Plastisolen verbessern (Fettsäureester, alkylierte Aromate, Naphtene) oder die Flammwidrigkeit erhöhen (flüssige Chlorparaffine).

Polymere Weichmacher sind besonders beständig gegen Lösemittel und Migration.

6.3.2.2 Lieferform, Verarbeitung

PVC-P-Formmassen werden für den Spritzguss und das Hohlkörperblasen in Granulatform, für die Extrusion auch als rieselfähige Agglomerate verarbeitungsfertig mit Stabilisatoren, Gleitmitteln usw. geliefert. Pulvermischungen werden für das Wirbelsintern und die elektrostatische Beschichtung eingesetzt.

PVC-P-Schmelzen fließen unter verhältnismäßig geringem Druck, sollten aber beim *Spritzgießen* bei der höchsten für die Formmasse verträglichen Massetemperatur (170 bis 200 °C) verarbeitet werden. Bei zu niedriger Verarbeitungstemperatur erreichen die Formteile nicht die optimalen mechanischen und elektrischen Eigenschaften, sie schwinden unregelmäßig nach und haben ungleichmäßige, matte Oberflächen. Ähnlich wirkt eine schnelle Abkühlung, d.h. ein kaltes Werkzeug (Werkzeugtemperaturen von 15 bis 50 °C). Wie bei PVC-U sollen die Werkzeuge und Maschinen korrosionsbeständig ausgelegt sein. Durch *Extrusion* werden Formmassen mit Shore-A-Härten von 60 bis 80 im Schmelzetemperaturbereich von 120 bis 165 °C verarbeitet, härtere Mischungen erfordern 150 bis 190 °C. *Blasformen* von Hohlkörpern aller Art ist eine übliche Technik.

Alle für Thermoplaste üblichen *Kleb-* und *Schweißverfahren* sind möglich, für Täschnerwaren insbesondere das Hochfrequenzschweißen.

6.3.2.3 Weichmacher

Tafel 6.18 gibt eine Übersicht über gebräuchliche Gruppen von PVC-Primärweichmachern und ihrer charakteristischen Eigenschaften. DIN 53400 betrifft Prüfung der Kennzahlen für Gleichmäßigkeit und Reinheit von Weichmachern.

Phthalat-Weichmacher (Gruppe „1“ in Tafel 6.18), in erster Linie der Allzweckweichmacher DOP, machen 65 bis 70% der Verarbeitungsmenge aus. Für bestimmte Anwendungsbereiche werden vorzugsweise die Phthalate kurzkettiger Alkohole angewandt.

Ester aliphatischer Dicarbonsäuren (2) werden überwiegend im Verschnitt mit Phthalaten zur Verbesserung der Kälteschlagzähigkeit von PVC-P-Artikeln gebraucht.

Phosphorsäureester (3) werden bevorzugt für die Herstellung von technischen Erzeugnissen mit hoher Flammwidrigkeit eingesetzt.

Alkylsulfonsäureester des Phenols (4), im Weichmacherverhalten ähnlich dem DOP, weisen minimale Flüchtigkeit auf. Diese Ester ergeben ein gutes HF-Schweißverhalten und gute Witterungsstabilität trotz leichter Vergilbung.

Zitronensäureester (5) sind Spezialweichmacher für bestimmte Produkte, die den lebensmittelrechtlichen Bestimmungen unterliegen.

Trimellitate (6) werden für Erzeugnisse eingesetzt, die über längere Zeit höheren Gebrauchstemperaturen ausgesetzt sind.

Epoxidierte Produkte (7) werden PVC-P vor allem wegen ihrer costabilisierenden Wirkung zugesetzt, ihr alleiniger Einsatz in größerer Menge kann zu Ausschwitzerscheinungen führen.

Polyester-Weichmacher (8) als Oligomer- und Polymerweichmacher haben sowohl durch Wahl der Veresterungskomponenten als auch der Molmasse im Bereich von 600 bis 2000 g/mol und mehr zu einem breiten Sortimentsangebot geführt. Neben ihrer geringen Flüchtigkeit zeichnen sie sich durch eine gute Extraktionsbeständigkeit gegenüber Fetten, Ölen und Treibstoffen aus. Mit diesen Weichmachern lassen sich Migrationsprobleme bei Kontakt mit anderen Stoffen lösen, wobei die Produkte aufeinander abzustimmen sind.

6.3.2.4 Eigenschaften und Einsatzgebiete

PVC-P-Formmassen enthalten 20 bis 50% Weichmacher. Geringe, zur homogenen Gelbildung nicht ausreichende Weichmacherzusätze bewirken eine Versprödung, d.h., die Festigkeit nimmt zu und die Bruchdehnung kann abnehmen, s. Bild 6.7. Jenseits dieser Grenze verhält sich PVC-P mit zunehmendem Weichmachergehalt gummiähnlicher. Es ist deshalb üblich, die PVC-P-Typen durch die Shore-Härte zu charakterisieren. Für das Extrudieren sind Shore-Härten A von 96 bis 60, für das Blasformen von 85 bis 65 und für das Spritzgießen bis 50 üblich. Hochgefüllte Massen mit Shore A 85 bis 70 für Fußbodenbeläge und Kabelummantelungen haben geringere Bruchdehnungen und sind weniger kältebiegsam als ungefüllte.

Die Kältesprödigkeit hängt von der Art und Menge des Weichmachers ab, s. Tafel 6.17 und Tafel 6.19. Bei 40 bis 60 °C zeigt PVC-P nach längeren höheren mechanischen Belastungen deutliche bleibende Verformungen und unterscheidet sich hierdurch von Gummi. Die obere Dauergebrauchs-Temperatur ohne Belastung liegt bei etwa 80 °C, da darüber der Weichmacherverlust stark zu- und die Festigkeit stark abnehmen. Für temperaturbeständigere Formmassen, z.B. für Kabelummantelungen, kommen die im Kälteverhalten ungünstigeren Trimellitat- und Polyester-Weichmacher in Frage.

Der spezifische Durchgangswiderstand nimmt mit zunehmendem Weichmachergehalt in der Regel ab. Eine Zugabe von >13% leitfähigem Ruß senkt den Durchgangs- und Oberflächen-Widerstand um ca. 6 bzw. 8 Zehnerpotenzen.

Monomerweichmacher können beim Kontakt mit anderen Stoffen wie thermoplastischen Kunststoffen, Gummi oder Lacken in diese hineinwandern (migrieren). Die Folgen sind eine Versprödung des PVC-P und eventuelle Schädigung

Tafel 6.18 PVC-Primär-Weichmacher

Gruppe Nr.	Name	Kurzzeichen[1)]	Charakterisierung
1.	Phthalat-Weichmacher		
	Dioctylphthalat Di-iso-heptylphthalat Di-2-ethylhexylphthalat Di-iso-octylphthalat (Phthalsäureester-Gemisch)	DOP DHP DEHP [2)] DIOP	Spezialweichmacher für Plastisole Standardweichmacher für PVC, hohes Geliervermögen, wenig flüchtig, ausgeglichene Hitze-, Kälte-, Wasser-Beständigkeit und elektrische Eigenschaften
	Di-iso-nonylphthalat Di-iso-decylphthalat Di-iso-tridecylphthalat	DINP [2)] DIDP DITDP	Von DINP zu DITDP nehmen (gegenüber DOP) Weichmacherwirkung, Flüchtigkeit, Kältebeständigkeit ab, Hitzebeständigkeit, elektrische Werte zu. Hohe Verarbeitungstemperatur (Bisphenol A-Zusatz), Spezialweichmacher für Kabelmassen
	C_7–C_9 Phthalate überwiegend C_9–C_{11} linearer Alkohole C_6–C_{10} n-Alkylphthalate C_8–C_{10} Alkylphthalate	– – – –	Misch-Alkohol-Ester, gegenüber DOP: geringe Viskosität (für Pasten), bessere Kältefestigkeit und Wasserbeständigkeit, geringere Flüchtigkeit (wichtig für Kunstleder, Fußbodenbeläge)
	Dicyclohexylphthalat Benzylbutylphthalate	DCHP BBP	begrenzt einsetzbar, resistent gegen Benzinextraktion gut gelierend, für Schaumpasten, Streichbodenbeläge
2.	Adipin-, Azelain- u. Sebacinsäureester		
	Di-2-ethylhexadipat	DOA, DEHA	DOA hervorragend kältefest weichmachend, lichtstabil flüchtiger und wasserempfindlicher als DOP
	Di-iso-nonyladipat Di-iso-decyladipat	DINA DIDA	DINA-DIDA: weniger kältefest und geringer flüchtig als DOA
	Di-2-ethylhexylazelat Di-2-ethylhexylsebacat	DOZ DOS	weniger wasserempfindlich als Adipate, ähnlich DOS beste Kältefestigkeit, wenig flüchtig

Tafel 6.18 *(Fortsetzung)*

Gruppe Nr.	Name	Kurzzeichen[1]	Charakterisierung
3.	Phosphat-Weichmacher		
	Trikresylphosphat	TCF	flammwidrig, für mechanisch und elektrisch hoch beanspruchbare Artikel, nicht für Lebensmittelgebrauch
	Tri-2-ethylhexylphosphat	TOF	flammhemmend, lichtbeständig, weniger hitzebeständig als TCF, niederviskos (für Pasten)
	Aryl-alkyl-mischphosphate	–	ähnlich TOF, benzinbeständig
4.	Alkyl-Sulfonsäure-Phenyl-Ester	ASE	ähnlich DOP, geringer flüchtig als Phthalate, Vergilbungsneigung, witterungsbeständig
5.	Acetyl-tributylcitrat	–	ähnlich DOP, für Gebrauch mit Lebensmitteln
6.	Tri-2-ethylhexyltrimellitat Tri-iso-octyltrimellitat	TOTM TIOTM	gering flüchtig, thermisch hoch belastbar, hoher Preis (Kabelmassen)
7.	Epoxidierte Fettsäureester		Butyl-, Octyl-epoxystearat kältefest, wenig flüchtig, synergistisch stabilisierend mit Ca-Zn-Stabilisatoren
	Epoxidiertes Leinöl Epoxidiertes Sojaöl	ELO ESO	ELO und ESO primär zur Verbesserung der Wärmestabilität, extraktionsbeständig
8.	Polyesterweichmacher	–	Polyester aus (Propan-, Butan-, Pentan- und Hexan-)Diolen mit Dicarbonsäuren der Gruppen 1 und 2. Nicht flüchtig, wenig temperaturabhängig, weitgehend extraktions- und spezifisch migrationsbeständig
	Oligomerweichmacher	–	Viskosität <1000 mPa · s, auch mit Monomerweichmacher gemischt, für Pasten
	Polymerweichmacher	–	Viskosität bis 300 000 mPa · s, für Extrudieren und Kalandrieren geeignet

[1]) nach DIN 7723 (12.87)

6

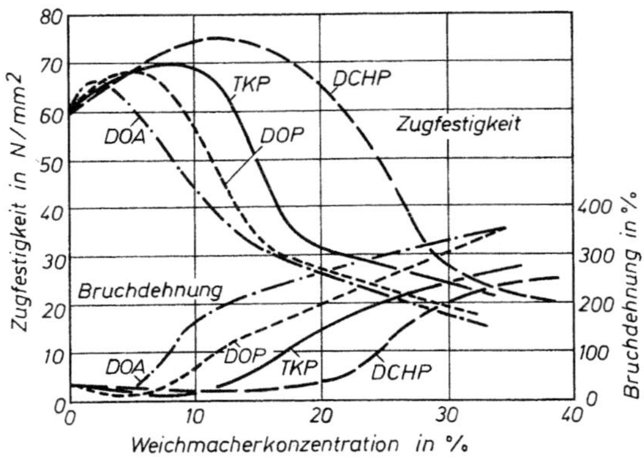

Bild 6.7 Zugfestigkeit und Bruchdehnung von PVC-P bei 23 °C in Abhängigkeit von Art und Menge des Weichmachers (nach Ghersa)

DOP: Dioctylphthalat, DOA: Dioctyladipat,
TCP: Trikresylphosphat, DCHP: Dicyclohexylphthalat

des aufnehmenden Stoffs, z.B. eine Spannungsrissauslösung. Obwohl die meisten Weichmacher physiologisch indifferent sind, ist die Verwendung weichmacherhaltiger Kunststoffe im Kontakt mit Lebensmitteln unerwünscht, wenn die Gefahr des Weichmacherübergangs besteht. Die Kunststoff-Kommission des Bundesgesundheitsamtes hat Empfehlungen über die Zusammensetzung und Anwendungsbereiche von Fördergurten, Getränkeschläuchen, Folien und Beschichtungen aus PVC-P für den Lebenmittel-Einsatz herausgegeben.

Verschnitte von PVC-P mit PVCEVAC-Elastifikatoren, TPU oder NBR/AN-Copolymeren weisen sehr gute Kälteschmiegsamkeiten in Verbindung mit einer allgemeinen Dauergebrauchsbeständigkeit in einem weiten Temperaturbereich auf. Die TPU- und NBR-Typen sind auch gegen Fette, Öle und Treibstoffe beständig.

Eigenschaftsvergleich s. Tafel 6.17

Einsatzgebiete

Spritzguss: Dichtungsringe, Schutzkappen, Haftsauger, Fahrrad- und Motorradgriffe, an Leitungen angespritzte Elektrostecker, Stiefel, Sandalen, Schuhsohlen, Stoßdämpfer.

Extrusion: Rohre, Schläuche, Handlaufprofile, Dichtungsprofile, Kabel- und Draht-Ummantelungen, Isolierbänder und -schläuche (wegen der hohen Dielektrizitäts-Zahlen auf niedrige Frequenzen beschränkt); (auch im Kalanderverfahren): Platten, Folien für Duschvorhänge, Beschichtungen von Textilien für Regenkleidung, Förderbänder u.a.; Fußbodenbeläge.

Blasformen: gegen PUR-Schaum beständige Armlehnen in der Kfz-Industrie, Puppen, Bälle, Tuben, Flaschen.

Tafel 6.19 Shore-Härte A und D von PVC-P

Shore-Härtebereiche		Allgemeine Kennzeichnung	Kälte-sprödigkeits-Bereich*) °C
A	D		
98–91	ca. 60–40	halbhart	0 bis −20
90–81	39–31	kernlederartig	−10 bis −30
80–71	nicht gebraucht	stramm weichgummiartig	−10 bis −45
70–61	nicht gebraucht	mittel weichgummiartig	−30 bis −50
60	nicht gebraucht	sehr weiche Spritzgussteile	−40 bis −50

*) gemessen mit der Fallhammerprüfung

6.3.3 Polyvinylchlorid: Copolymerisate und Blends

Aufbau

Eine Aufstellung von Vinylchlorid-Copolymeren enthält Tafel 6.5, von Terpolymeren

Tafel 6.11, Tafel 6.20 zeigt den Einfluss von Comonomeren auf die Eigenschaften von Polyvinylchlorid.

VCVAC-Copolymerisate werden als Formmassen mit bis zu 50% VAC eingesetzt. Die Eigenschaften gleichen denen des PVC, sie sind bei niedrigeren Massetemperaturen schonender zu verarbeiten, weisen aber eine geringere Wärmestandfestigkeit auf. Einsatzgebiete sind speziell Tiefziehfolien und im Pressverfahren hergestellte Schallplatten. Auch Copolymere mit Vinylethern und PP kommen dafür in Betracht.

VCVDC-Copolymerisate mit einem hohen Gehalt an VDC sind temperaturfester als PVC, wegen der Neigung zur HCl-Abspaltung bei höheren Temperaturen aber schwieriger zu verarbeiten. Homopolymeres PVDC zersetzt sich unterhalb der Schmelztemperatur und ist deshalb nicht auf dem Markt.

Modifizierharze, meist auf der Basis hochmolekularer Methacrylat-(Multi-)Polymere sind mit PVC einphasig mischbar und ergeben glasklare Erzeugnisse. Sie verbessern das Fließverhalten der Schmelze und die Tiefziehbarkeit im thermoelastischen Bereich, so dass stoßfeste und gut witterungsbeständige Produkte unter schonenden Verarbeitungsbedingungen erzeugt werden können. Modifizierharze auf der Basis von α-Methylstyrol/Acrylnitril und Styrol/Maleinsäureanhydrid verbessern die Wärmebeständigkeit um 10 bis 15K.

Weitere Blends werden mit ABS, NBR, PE-C, PMMA hergestellt.

Eigenschaftsvergleich s. Tafel 6.17

Einsatzgebiete

PVC-U, Copolymere und Blends: Halbzeuge wie Folien, Platten, Wellplatten, Profile, Druck-Rohre für Wasser und chemische Industrie, Abfluss- und Drainagerohre, Fittinge, Apparate für die Chemie, Rollladenstäbe, Dachrinnen, Fenster- und Türrahmen, Fassadenverkleidungen, Straßen-Reflektionspfosten, Gehäuse, Verpackungsfolien, Flaschen und andere Blasteile für die Verpackung, Schallplatten (VCVAC), Schaumstoff, Sperrschichten gegen O_2, H_2, und Aroma-Stoffe

(VCVDC) im Lebensmittelbereich, weich -macherfreie Weichfolien (VCEVAC), Fasern, Fäden, Vliesstoffe, Netze.

Tafel 6.20 Einfluss von Comonomeren auf die Eigenschaften von Polyvinylchlorid

Monomer	Zeilen-Nr. in Tafel 4.5 S. 410 ff.	Einfluss auf PVC
Ethylen	1	höhere Zähigkeit in der Kälte, besser verarbeitbar
α-Methylstyrol	6	höhere Wärmestandfestigkeit
Chloriertes Polyethylen	9	Cl statistisch verteilt, höhere Schlagzähigkeit, schwerer verarbeitbar
Vinylidenchlorid	10	geringere Wärmestandfestigkeit, leichter verarbeitbar
Methacrylat	16	leichter verarbeitbar, besser tiefziehbar
Vinylacetat Ethylenvinylacetat, EVAC	20	geringere Wärmestandfestigkeit, leichter verarbeitbar
Vinylether	22	höhere Festigkeit, schwerer verarbeitbar
Acrylnitril	26	höhere Festigkeit und Schlagzähigkeit
Malein(säure)imid	32	höhere Wärmestandfestigkeit, schwerer verarbeitbar
Acrylsäureester-Elastomer	33	höhere Schlagzähigkeit

6.3.4 Polyvinylchlorid: Pasten, Plastisole, Organosole, Schäume

6.3.4.1 Pasten, Plastisole, Organosole

Die PVC-Pastentechnologie ist eine spezielle Methode zu Erzeugung von PVC-P-Erzeugnissen und besteht in der Dispergierung feinteiliger PVC-U-Partikel (K-Werte von 56 bis 80) in Weichmachern. Bei Temperaturen bis ca. 35 °C findet keine Reaktion zwischen dem PVC und den Weichmachern statt. Beim Erwärmen auf 150 bis 220 °C gelieren die Pasten und weisen dann die für PVC-P typischen Eigenschaften auf. Zur Erniedrigung der Geliertemperatur können VCVAC-Copolymerisate eingesetzt werden.

Entsprechend der Zusammensetzung der Pasten unterscheidet man *Plastisole,* sie bestehen im Wesentlichen aus PVC und Weichmacher und eventuell geringen Mengen an Extendern, Stabilisatoren, Pigmenten und Füllstoffen. *Organosole* sind Plastisole mit größeren Mengen an flüchtigen Verdünnungsmitteln wie Benzin oder Glykole zur Reduzierung der Viskosität, die damit z.B. für Lacke in Frage kommen, und *Plastigele,* die durch hohe Zusätze kolloidaler Kieselsäure oder Metallseifen in einen gelartigen, knetbaren Zustand gebracht wurden.

Zur Auswahl der Weichmacher s. Abschn. 6.3.2 Als polymerisierbare Weichmacher setzt man monomere Glykolmethacrylate, die die Viskosität der Pasten herabsetzen, zu. Mit ebenfalls zugegebenen Katalysatoren polymerisieren sie bei der Gelierung zu Produkten mit erhöhter Härte.

Pasten können in einer PVC-Weichmacher-Zusammensetzung zwischen 50:50 und 80:20 hergestellt werden und ergeben dann gummi- bis PVC-U-ähnliche

Produkte. Bei einem höheren Weichmachergehalt erhält man gallertartige Massen. Die Herstellung erfolgt in schnelllaufenden Mischern mit anschließender Filtration und Entlüftung, die besonders bei Tauch- und Gießpasten erforderlich ist. Temperaturempfindliche Massen werden in langsam laufenden Mischern mit anschließender Passage auf wassergekühlten Kalandern hergestellt, s. auch Abschn. 4.2.1.

PVC-Pasten können im *Streich-, Tauch-, Gieß- oder Spritzverfahren* sowie im *Rotations-Siebdruck* verarbeitet werden. Im Streichverfahren werden flächige Träger (Textil, Papier, Glas- und Mineralvlies, Blech usw.) zu Kunstleder, Textilien für Regenbekleidung, Planenstoffen, Boden- und Wandbelägen sowie Fassadenverkleidungen, überwiegend in mehreren hintereinander geschalteten Beschichtungs-Vorgängen, mit kompaktem oder geschäumtem Material beschichtet. Im *Tauchverfahren* werden Schutzhandschuhe oder Schutzüberzüge auf metallischen Trägermaterialien hergestellt. Im Gießverfahren, vorzugsweise Rotationsgießen, produziert man Hohlkörper wie Bälle, Puppen, Faltenbalge usw. *Spritzfähige Plastisole* werden (meist im Airless-Verfahren) zur Metallbeschichtung, z.B. als Unterbodenschutz im Kfz-Bereich, eingesetzt. Im Rotations-Siebdruck trägt man PVC-Pasten vollflächig oder partiell auf Papier, Textil u.Ä. zur Herstellung von Planenstoffen, Kunstledern sowie Boden- und Wandbelägen (Tapeten) auf.

6.3.4.2 Schäume

Verarbeitungfertige, treibmittelhaltige PVC-U-Formmassen für das Extrudieren strukturgeschäumter Rohre und anderer Profile und den Thermoplast-Schaumguss (TSG) sind lieferbar, PVC-E (PVC, expandiert). Sie werden z.B. zu Türzargen, Rollladenkästen, Fensterbrettern und Möbelteilen mit Rohdichten von 0,7 bis 0,9 g/cm^3 verarbeitet. Aus 0,5 Teile Treibmittel enthaltenden PVC-P-Compounds (z.B. 100/70 PVC/DOP), die mit 20 bis 30 Teilen Nitrilkautschuk (NBR) oder EVA verschnitten sind, stellt man Dichtungsprofile, Schuhsohlen, Puffer und Stoßdämpfer her.

Bei einem Druck von 200 bis 600 bar werden nach dem Airex-Verfahren, s. Abschn. 4.2.8, Blöcke aus PVC-U oder -P mit geschlossenen Zellen hergestellt. Eine Vernetzung mit Diisocyanat erhöht die Wärmestandfestigkeit.

Pasten für das Aufschäumen auf Trägerstoffen sind in Hinblick auf das Gelieren und Aufschäumen in einem Arbeitsgang, z.B. im Heizkanal einer Streichmaschine bei 180 bis 200 °C, eingestellt. Nach dieser Methode werden ein- und mehrschichtige Schaumkunstleder sowie trägerlose Schaumfolien gefertigt. Bei chemisch geprägten Cushioned-Vinyl-Boden- und -Wandbelägen wird die bei niedrigen Temperaturen (ca. 140 °C) vorgelierte Schaumschicht mit einem Inhibitor (TMSA, Benzotriazol) bedruckt, der bei der folgenden Verschäumung bei 190 bis 220 °C örtlich die Aufschäumung verhindert.

6.3.5 Vinylpolymere, weitere Homo- und Copolymerisate; PVDC, PVAC, PVAL, PVME, PVFM, PVB, PVK, PVP

Die Grundstrukturen der Homopolymeren sind in Tafel 6.5 enthalten.

6.3.5.1 Polyvinylidenchlorid, PVDC

PVDC zersetzt sich unterhalb der Schmelztemperatur und wird deshalb nur als Comonomer mit PVC verwendet.

6.3.5.2 Polyvinylacetat, PVAC

PVAC (Dichte = 1,17 g/cm^3, MM = 35 000 bis 2 000 000 g/mol) sind glasklare, weiche bis harte Harze, die mangels ausreichender Temperaturfestigkeit für Formmassen nicht geeignet sind, aber in den meisten Lösemitteln (außer aliphatischen Kohlenwasserstoffen und wasserfreien Alkoholen) gut löslich sind. Sie bilden lichtechte, benzin-, öl- und wasserfeste, etwas in Wasser (Wasseraufnahme bis 3 %) quellbare Filme mit einem hohen Pigment-Bindevermögen und begrenzter Verträglichkeit mit Nitrozellulose und Weichmachern. PVAC ist für eine Verseifung anfällig.

Einsatzgebiete: Anstrichmittel, Klebstoffe, Appreturmittel, Beschichtungsmittel, auch in Form von Dispersionen.

6.3.5.3 Polyvinylalkohol, PVAL

PVAL entsteht durch Verseifung von Polyvinylacetat und ist ein weißes bis gelbliches, in organischen Lösemitteln unlösliches Pulver. Teilverseifte Sorten mit ca. 13 % PVAC-Anteilen sind gut wasserlöslich, besser als vollverseifte PVAL.

Einsatzgebiete: klare Folien; mit hydrophilen mehrwertigen Alkoholen wie Glyzerin als Weichmacher wird PVAL thermoplastisch zu alterungsbeständigen, lederartigen Erzeugnissen verarbeitet: treibstoff-, öl- und lösemittelfeste Schläuche, Membranen, Dichtungen, Trennfolien, z. B. für die Verarbeitung von UP-Harzen; PVAL mit einem Bichromatzusatz wird durch UV-Bestrahlung wasserundurchlässig und im graphischen Gewerbe verwendet.

Einsatzgebiete der Lösungen: Schutzkolloide zum Dispergieren und Stabilisieren, Verdickungsmittel in der Kunststoff-Industrie, in der kosmetischen und der chemisch-pharmazeutischen Industrie, Textil-Schlichten und -Appreturen, Papierleime, Bindemittelfür Farbstiftminen, Streich- und Druckfarben, Klebstoffe, Überzugsmassen.

6.3.5.4 Polyvinylmethylether, PVME

PVME sind in kaltem Wasser und fast allen organischen Lösemitteln außer in benzinartigen Kohlenwasserstoffen, Ethylether, Isobutylether und Decalylether löslich. Je nach Polymerisationsgrad sind es Öle, weiche oder harte, elektrisch hochwertige, nicht verseifbare Harze.

Einsatzgebiete: elektrische Isolation, selbstklebende Massen, Verschnittharze für Kaugummi und Dentalmassen; Oktadecylether für Hochglanz-Bohnerwachs (V-Wachs). Verwendung der Lösungen s. PVAL.

6.3.5.5 Polyvinylbutyral, Polyvinylformal, PVB, PVFM

Polyvinylacetale entstehen durch die Umsetzung von Polyvinylalkoholen mit Aldehyden. PVB und PVFM sind in organischen Lösemitteln lösliche feste Harze.

Einsatzgebiete: Lacke (Folienlacke, auch heißsiegelfähig, Einbrennlacke, Goldlacke, Druckfarben, Primer), Imprägnierstoffe, Klebstoffe, Schrumpfkapseln, abziehbare Verpackungen, öl- und benzinfeste Schläuche und Dichtungen. Aus hochmolekularem PVB entstehen Zwischenschichtfolien für Sicherheitsgläser, mit PVFM entstehen treibstoffbeständige Lacke für Benzinbehälter, in Verbindung mit Phenolharzen Drahtlacke und heißhärtbare Metallklebfolien.

6.3.5.6 Polyvinylcarbazol, PVK

PVK ist wie PS ein glasklarer Thermoplast, weist jedoch infolge der voluminösen Seitengruppen, s. Tafel 6.5, wesentlich höhere Wärmebeständigkeit auf: kurzzeitig 170, langzeitig 150 °C. Copolymere mit Styrol sind bekannt. Die elektrischen Eigenschaften sind sehr gut. PVK ist beständig gegen alkalische und Salz-Lösungen, Säuren (außer konzentrierter Salpeter-, Chrom- und Schwefelsäure), Alkohole, Ester, Ether, Ketone, Tetrachlorkohlenstoff, aliphatische Kohlenwasserstoffe, Mineralöle mit geringem Gehalt an Aromaten, Trafoöle, Rizinusöl, Wasser und Wasserdampf bis zu 180 °C. Es ist unbeständig gegen Dimethylformamid, Treibstoffe, aromatische Kohlenwasserstoffe, chlorierte Kohlenwasserstoffe wie Chloroform, Methylenchlorid, Tetrahydrofuran. Die Spannungsriss- und Witterungsbeständigkeit sind sehr gut. PVK ist selbstverlöschend, darf aber nicht in Kontakt mit Lebensmitteln verwendet werden.

PVK wird in der Chemie wegen der guten thermischen und chemischen Beständigkeit und in der Hochfrequenz bei zusätzlicher mechanischer Beanspruchung eingesetzt.

6.3.5.7 Polyvinylpyrrolidon und Copolymere, PVP

PVP gibt es in wasserlöslichen und stark wasserquellbaren Modifikationen. PVP und seine Copolymeren finden als gesundheitlich unbedenkliche, hautverträgliche Bindemittel für kosmetische, medizinische und gewerbliche Erzeugnisse vielseitige Anwendungen. Das Blutersatzmittel Periston ist eine Lösung von Polyvinylpyrrolidon.

6.4 Fluorpolymere

6.4.1 Fluor-Homopolymere; PTFE, PVDF, PVF, PCTFE

Chemischer Aufbau

In Fluor-Polymeren sind Wasserstoff-Atome (H) der Kohlenstoff-Hauptketten ganz oder teilweise durch Fluor-Atome (F) ersetzt, s.Tafel 6.21. Die F-Atome sind voluminöser als H-Atome und bilden um die Kohlenstoffkette einen dichten, schützenden Mantel. Außerdem ist die F-C-Bindung sehr stabil, so dass solche Polymere eine ausgezeichnete chemische Beständigkeit, auch bei erhöhten Temperaturen, aufweisen. Sie sind ohne eine Stabilisierung wetterfest, physiologisch indifferent,

Tafel 6.21 Übersicht über fluorhaltige Polymere

Nr.	Kurz-zeichen	Grund-Struktur	Gebrauchstemperaturen °C kurzzeit.	langzeit.	Verarbeitung: Pressen = P Spritzgießen = S Extrudieren = E
1	PTFE	$-[CF_2-CF_2]-$	300	-270 b. +260	P, Sintern, Ram-E
2	PVDF	$-[CH_2-CF_2]-$		-60 b. +150	S, E, Beschichtung
3	PVF	$-[CH_2-CHF]-$		-70 b. +120	(Halbzeug)
4	PCTFE	$-[CFCL-CF_2]-$	180	-40 b. +150	S, Strang-P
5	ECTFE	$-[CFCL-CF_2]-[CH_2-CH_2]-$	160	-75 b. ca+140	S, E, Sintern
6	ETFE	$-[CF_2-CF_2]-[CH_2-CH_2]-$	200	+155 b.-190	S, E,
7	FEP	$-[CF_2-CF_2]-[CF_2-CF]-$ | CF_3	250	-200 b. +205	S, E, P, Sintern
8	PFA	$-[CF_2-CF_2]-[CF_2-CF]-$ $R = C_nF_{2n}$ | $O-R$		PFA: -200 b. +260 TFB: -100 b. +130	S, E, Beschichtung
9	AF	$-[CF_2-CF_2]-[CF-CF]-$ | | O O \ / C / \ CF_3 CF_3	300	-50 b. +260	S, E, Beschichten
10	TFEHFPVDF (THV)	$-[CF_2-CF_2]-[CF_2-CF]-[CH_2-CF_2]-$ | CF_3		-50 b. +130	S, E, Beschichten

nicht entflammbar und verspröden erst bei tiefen Temperaturen. PTFE weist von den technischen Kunststoffen die höchste Wärmestandfestigkeit auf: Die obere Grenze der Gebrauchstemperatur liegt kurzzeitig bei 300 °C und langzeitig bei 250 °C. Die Festigkeiten (Reißfestigkeiten unter 50 MPa) und Steifigkeiten (Elastizitätsmodul 350 bis 1800 MPa) sind eher gering, die Reißdehnungen liegen oberhalb 100%. Der Kristallisationsgrad kann je nach der Molekülstruktur und Verarbeitung bis zu 94% betragen. Je nach Fluorgehalt kann die Rohdichte bis zu 2,2 g/cm^3 betragen, sie gehören damit zu den Kunststoffen mit den höchsten Dichten. Die Verarbeitungsschwindung ist entsprechend dem Kristallisationsgrad hoch.

In den folgenden Abschnitten werden die allgemeinen Eigenschaften der Fluorpolymere und ihre Einsatzgebiete behandelt. Hinweise auf die Molekülstruktur, Anwendungstemperatur-Bereiche und Verarbeitungsmöglichkeit sind in Tafel 6.21 zu finden. Tafel 6.22 gibt eine Übersicht über Kennwerte.

6

6.4.1.1 Polytetrafluorethylen, PTFE

Verarbeitung

PTFE erleidet bei 19 °C eine Phasenumwandlung, verbunden mit einer 1,2%igen Volumenvergrößerung, die bei der Bemaßung und der häufig erforderlichen spanabhebenden Bearbeitung von Formteilen – zweckmäßig bei 23 °C – berücksichtigt werden muss. Die Volumenzunahme von 30% beim Erwärmen von 20 °C bis zum Kristallitschmelzbereich um 327 °C, in dem PTFE in eine klare gelartige Masse übergeht, führt zu entsprechender, verfahrensabhängig richtungsmäßig unterschiedlicher Schwindung beim Abkühlen vom Formstoff.

Aus PTFE-Suspensionspolymerisat-Pulver werden bei 20 bis 30 °C Vorformlinge gepresst, die durch Sintern oberhalb 327 °C nach folgenden Verfahren verschmolzen werden:

- Formfrei-Sintern: Mit 20 bis 100 MPa werden bei 20 bis 30 °C einfache Vorformlinge in automatischen Pressen, solche mit Hinterschneidungen oder Hohlräumen unter allseitigem Druck (isostatisch) mit flexiblen Formwerkzeugen gepresst, anschließend nach einem vorgegebenem Temperaturprogramm in Öfen freistehend aufgeheizt, bei 370 bis 380 °C gesintert und langsam abgekühlt. Frei gesinterte Formteile ($d_R \sim 2{,}1$ g/cm^3) sind nicht porenfrei.
- Drucksintern oder Sintern mit Nachdruck: Sintern des (aus leitfähig modifiziertem PTFE elektrisch rasch aufheizbaren) Formstücks im Werkzeug unter Druck, bzw. nachträgliche Druckaufgabe auf das im Werkzeug drucklos gesinterte heiße Formstück und Abkühlung unter Druck, oder formgebendes Schlagpressen eines vorgesinterten Rohlings. Die Verfahren ergeben formtreue, porenfreie Erzeugnisse höchster Dichte und Festigkeit. Ein wenig unterhalb des Schmelzpunkts warmgeformte Teile haben Rückstellbestreben, das wird ausgenutzt für Lippendichtungen, die sich in der Wärme anlegen.
- Ram-Extrusion (Pulverextrusion) von Stäben und dickwandigen Rohren: Im Anfangsteil des langen, zylinderförmigen Formwerkzeugs wird zufließende Formmasse durch einen hin und her gehenden Kolben diskontinuierlich zu Tabletten gepresst, die im Folgenden auf 380 °C geheizten Werkzeugteil unter Gegendruck durch Wärmeausdehnung und Wandreibung zum kontinuierlich

austretenden, wenn erforderlich, am Ende des Sinterrohrs zusätzlich abgebremsten Stab oder Rohr versintern.

- Folien werden vom gesinterten Rundblock geschält, sie können durch Walzen vergütet werden.

Dünnwandige Erzeugnisse großer Länge, hauptsächlich Schläuche bis 250 mm Durchmesser mit Wanddicken von 0,1 bis 4 mm und Kabelummantelungen werden – im „Pasten"-Extrusionsverfahren – mit einem Kolbenextruder aus Emulsionspolymerisat hergestellt, das mit 18 bis 25 % Testbenzin zu einer knetbaren Masse angeteigt wird. Dem Extruder ist ein Durchlauf-Ofen nachgeschaltet, in dem zunächst das Gleitmittel verdampft und dann das Erzeugnis bei 380 °C gesintert wird. Gewindedichtbänder, die porös bleiben sollen, werden nach dem Extrudieren nicht gesintert, sondern nur gewalzt und getrocknet. Aus PTFE-Dispersionen werden dünne Folien gegossen, weiter dienen diese zum Imprägnieren von Glasfasererzeugnissen und Formteilen aus Graphit oder porösen Metallen, mit anschließendem Sintern oder Verpressen bei 380 °C. Aus Dispersionen auf metallische oder keramische Oberflächen, gegebenenfalls mit Haftvermittler, aufgebrachte, anschließend eingebrannte PTFE-Gleitschichten sind nicht porendicht und daher als Korrosionsschutzbeschichtung nicht brauchbar.

Durch Anätzen mit Lösungen von Alkalimetallen wird PTFE klebfähig, für Temperaturen bis 130 °C gibt es Spezialklebstoffe. Spanabhebendes Bearbeiten erfordert scharfe Werkzeuge.

Lieferform, Eigenschaften

PTFE ist der wichtigste Fluorkunststoff. Wegen der hohen Schmelzeviskosität (Schmelzpunkt >327 °C) ist er nicht nach den für Thermoplaste üblichen Verfahren verarbeitbar. Er wird als nach dem Suspensionspolymerisations-Verfahren hergestelltes Pulver zum Verpressen, Sintern oder für das Ram-Extrudieren geliefert. Emulsionspolymerisat-Pulver ist für die „Pasten"-Extrusion, als Dispersion für Beschichtungen und Imprägnierungen oder als Additiv in anderen Kunststoffen zur Verringerung der Gleitreibung gedacht.

PTFE ist ein wenig steifer und fester Kunststoff. Seine Vorteile liegen in dem weiten Temperatur-Anwendungsbereich (–270 bis 300 °C, PTFE versprödet erst unterhalb –260 °C), der universellen chemischen Beständigkeit, der Unlösbarkeit in allen bekannten Lösemitteln unterhalb 300 °C, der Bewitterungsbeständigkeit ohne Stabilisierung, der Brennbarkeits-Einstufung SE-O nach UL 94, in den hervorragenden elektrischen und dielektrischen Eigenschaften und dem besten Gleit- und Antihaftverhalten aller Kunststoffe. Das Verschleißverhalten ist weniger gut, kann aber ebenso wie die Steifigkeit und Festigkeit durch Modifikation (5 bis 40 Vol.-%) mit Graphit, E-Kohle, Bronze, Stahl, MoS_2 oder Glasfasern verbessert werden.

Einsatzgebiete

Statisch und dynamisch beanspruchte Dichtungen, Bälge, Kolben und andere Maschinenelemente, Schmelztiegel, Beschichtungen (u. a. für Glasgewebe) und Ummantelungen, Träger für gedruckte Schaltungen, Folien und andere Halbzeuge für die spanende Bearbeitung.

Tafel 6.22 Eigenschaftsvergleich der Fluorpolymere

Eigenschaft	Einheit	Fluorpolymere							
		PTFE	PCTFE	PVDF	FEP	PFA	ETFE	ETFE GF 25	ECTFE
Dichte	g/cm^3	2,13–2,23	2,07–2,12	1,76–1,78	2,12–2,18	2,12–2,17	1,67–1,75	1,86	1,68–1,70
Zug-E-Modul	MPa	400–750	1300–1500	2000–2900	400–700	600–700	800–1100	8200–8400	1400–1700
Streckspannung	MPa	–	–	50–60	ca. 10	ca. 50	25–35	–	ca. 50
Streckdehnung	%	–	–	7–10			15–20	–	
Nominelle Bruchdehnung	%	>50	>50	20–>50	>50	>50	>50	–	>50
Reißfestigkeit	MPa	20–40	30–40	–	15–25	20–35	40–50	–	40–50
Bruchspannung	MPa	–	–	–	–	–	–	80–85	–
Bruchdehnung	%	–	–	–	–	–	–	8–9	–
Schmelztemperatur	°C	325–335	210–215	170–180	255–285	305	265–270	270	240
Formbeständigkeitstemperatur HDT / A 1,8 MPa	°C	50–60	65–75	95–110	–	45–50	70	210	ca. 75
Längenausdehnungskoeffizient, längs (23–55 °C)	10^{-5}/K	15–20	6–7	10–13	8–12	10–12	7–10	2–3	7–8
Längenausdehnungskoeffizient, quer (23–55 °C)	10^{-5}/K	–	–	–	–	–	–	>3	–
Brennbarkeit UL 94 bei 1,6 mm Dicke	Klasse	V-0	V-0	V-0	V-0	V-0	V-0	V-0	V-0
Dielektrizitätszahl bei 100 Hz	–	2,1	2,5–2,7	8–9	2,1	2,1	2,6	2,8–3,4	2,3–2,6
Dielektrischer Verlustfaktor bei 100 Hz	$\cdot 10^{-4}$	0,5–0,7	90–140	300–400	0,5–0,7	0,5–0,7	5–6	30–50	10–15
Spezifischer Durchgangswiderstand	Ohm · m	$>10^{16}$	$>10^{16}$	$>10^{13}$	$>10^{16}$	$>10^{16}$	$>10^{14}$	$>10^{14}$	$>10^{13}$
Spezifischer Oberflächenwiderstand	Ohm	$>10^{16}$	$>10^{16}$	$>10^{13}$	$>10^{16}$	$>10^{16}$	$>10^{14}$	10^{15}	10^{12}
Elektrische Durchschlagfestigkeit	kV/mm	40	40	40	40	40	40	40	40
Vergleichszahl der Kriechwegbildung CTI/A		600	600	600	600	600	600	600	600
Aufnahme von Wasser bei 23 °C, Sättigung	%	<0,05	<0,05	<0,05	<0,05	<0,05	<0,05	<0,05	<0,05
Feuchteaufnahme bei 23 °C / 50 % r. F., Sättigung	%	<0,05	<0,05	<0,05	<0,05	<0,05	<0,05	<0,05	<0,05

6.4.1.2 Polyvinylidenfluorid, PVDF

Verarbeitung

Die Massetemperaturen bei der Verarbeitung (Spritzguss und Extrusion) liegen zwischen 230 und 270 °C, die Werkzeugtemperaturen zwischen 60 und 90 °C. Die Temperaturen beim Beschichten mit modifiziertem PVDF durch Sprühen, Tauchen oder Gießen liegen zwischen 190 und 215 °C. Bei 180 °C kann warmgeformt werden. Die Schmelze von PVDF darf nicht mit borhaltigen Produkten (Schnecken, Zylinder, bestimmte Glasfasern) oder MoS_2 in Berührung kommen, da es dann zum spontanen Abbau der Schmelze kommen kann. Auch sollten nur vom Hersteller empfohlene Farbmittel, Füll- und Verstärkungsstoffe verwendet werden. Alle üblichen Schweißverfahren sind möglich, ebenso das Verkleben mit Kleblacken oder Zweikomponenten-Klebstoffen.

Flexiblere Modifikationen haben einen Schmelzbereich von ca. 165 °C.

Eigenschaften

PVDF enthält 57 % Fluor. Die Kristallinität hängt von der thermischen Vorbehandlung der Formteile ab: Schnelles Abkühlen dünner Folien führt zu transparenten Produkten, während ein Tempern bei 135 °C hochkristalline und steife Teile ergibt. Die Einsatztemperatur liegt zwischen – 60 und +150 °C Die polare Struktur schließt eine Verwendung in der Hochfrequenztechnik aus. Bei einem Außeneinsatz (Wellenlänge der Strahlung 200 bis 400 nm) findet ein allmählicher Abbau statt. PVDF besitzt eine hohe Beständigkeit gegenüber Chlor und Brom, ist UV-beständig und überragt alle anderen Fluorpolymere in der Beständigkeit gegen energiereiche Strahlen. Es erfüllt höchste Ansprüche an die Reinheit und wird deshalb z.B. für Reinstwasserrohrleitungen, Verpackungen von Chemikalien (gas- und aroma-undurchlässige Flaschen), im Apparatebau und in der Halbleiterfertigung eingesetzt.

Einsatzgebiete

Dichtungen, Membranen, Pumpen- und Ventilteile, Rohre, Schrumpfschläuche, Zahnräder, Fittinge, Gleitschienen, Auskleidungen, Laminierungen für den Außeneinsatz, Verpackungsfolien.

6.4.1.3 Polyvinylfluorid, PVF

Eigenschaften

PVF wird nur als Folie (glasklar) und in Form von Tafeln geliefert. Schwach orientierte oder biaxial verstreckte Folien sind erhältlich. Im Vergleich zu PVDF hat PVF eine höhere Festigkeit und Steifigkeit, geringere Dichte, Dehnbarkeit und Dauergebrauchstemperatur. Wegen der guten UV-, IR-, Wetter- und Korrosionsbeständigkeit wird PVF im Außenbereich auch als Beschichtung für andere Werkstoffe eingesetzt. Die thermoplastische Verarbeitung erfolgt bei 260 bis 300 °C. Halbzeuge sind schweißbar und mit EP-Harzen klebbar.

Einsatzgebiete

Dachabdichtungen, Bedachungen, Sonnenkollektoren, Laminierungen für den Außeneinsatz, Straßenschilder, Verpackungsfolien, Schrumpfschläuche.

6.4.1.4 Polychlortrifluorethylen, PCTFE

Verarbeitung

PCTFE wird hauptsächlich durch Pressen, Spritzgießen und Extrudieren verarbeitet. Die Schmelzetemperaturen liegen zwischen 270 und 300 °C, die Werkzeugtemperaturen zwischen 80 und 130 °C. Metallteile können mit Hilfe von Dispersionen beschichtet werden. Da kupfer- und eisenhaltige Metalle den Abbau von PCTFE katalysieren, ist bei der Ummantelung von Drähten eine Vernickelung der Drähte vorzusehen. Hochfrequenz- und Ultraschallschweißungen sind möglich, beim Kleben ist eine Vorbehandlung erforderlich.

Eigenschaften

Da Chloratome größer sind als Fluoratome, wird die Symmetrie der Makromoleküle durch den Einbau von Cl-Atomen gestört, so dass die Kristallinität geringer und die Kettenabstände größer sind. Trotzdem sind infolge der höheren Polarität der Chloratome die Festigkeit und Steifigkeit größer, die Verwendung im Hochfrequenzbereich ist jedoch nur eingeschränkt möglich. Die chemische Beständigkeit ist jedoch geringer als die Beständigkeit von PTFE. PCTFE hat die geringste Wasserdampfdurchlässigkeit aller transparenten Folien, ist witterungsstabil, spaltet jedoch bei Bestrahlung mit energiereichen Strahlen Chlor ab, brennt nicht, ist physiologisch inert, wird im medizinischen Sektor eingesetzt und kann in Kontakt mit Lebensmitteln verwendet werden.

Einsatzgebiete

Fittinge, Schläuche, Membranen, Schmelztiegel, gedruckte Schaltungen, Spulenkerne, Isolationsfolien, Verpackungen.

6.4.2 Fluor-Copolymerisate und -Elastomere; ECTFE, ETFE, FEP, TFEP, PFA, AF, PTFEAF, TFEHFPVDF (THV), [FKM, FPM, FFKM]

Zahlreiche Copolymerisate mit modifizierten Eigenschaften, insbesondere verbesserter thermoplastischer Verarbeitbarkeit, werden angeboten, s. Tafel 6.21. Die Bezeichnungen der Copolymerisate sind nicht standardisiert, beeinhalten jedoch oft die Abkürzung für das Comonomer. Einen Eigenschaftsvergleich bringt Tafel 6.22.

6.4.2.1 Ethylen-Chlortrifluorethylen-Copolymer, ECTFE

Dieses Block-Copolymere gehört zu den fluorhaltigen Polymeren mit dem höchsten E-Modul und höchster Festigkeit bei hoher Schlagzähigkeit zwischen –40 °C und +150 °C. Es wird in Form von Granulat und Pulver für den Spritzguss, die Extrusion, das Rotationsformen und Wirbelsinten und für geschäumte Kabelisolierungen geliefert. Die Schmelzetemperatur bei der Verarbeitung liegt zwischen 260 und 300 °C. Schweißen und Kleben ist möglich. Die Barriereeigenschaften gegenüber Sauerstoff, Kohlendioxid, Chlorgas und Salzsäure sind 10 bis 100-mal besser als die von PTFE, was viele Anwendungen in der Chemie ermöglicht.

Einsatzgebiete

Kabelummantelungen in den Bereichen Rechner, Flugzeugbau, Ölbohrung, Strahlenchemie, Auskleidungen für Behälter und sonstige Formteile der chemischen Industrie, Verpackungen für Pharmazeutika, flexible gedruckte Schaltungen, Folien zum Laminieren, Fasern für Filtertücher und feuerbeständige Polster, Bauteile in Reinst-Anwendungen.

6.4.2.2 Ethylen-Tetrafluorethylen-Copolymer, ETFE

Durch einen Anteil von ca. 25 % Ethylen im PTFE wird die thermoplastische Verarbeitbarkeit wesentlich erleichtert: Massetemperatur 300 bis 340 °C beim wichtigsten Verarbeitungsverfahren Spritzgießen. Allerdings wird die max. Gebrauchstemperatur um ca. 100C gesenkt. Die Steifigkeit und Festigkeit sind erhöht, die Beständigkeiten vergleichbar. Eine Stabilisierung gegen thermischen und photochemischen Abbau ist erforderlich. Eine Glasfaserverstärkung bewirkt eine deutliche Erhöhung der Steifigkeit und Festigkeit.

Einsatzgebiete

Zahnräder, Pumpenteile, Verpackungen, Laborartikel, Auskleidungen, Kabelisolationen, geblasene Folien für transparente und sehr dauerhafte Bedachungen.

6.4.2.3 Polyfluorethylenpropylen, FEP; Tetrafluorethylen-Hexafluorpropylen-Copolymer, TFEP

Verarbeitung

Zum Erreichen einer thermoplastischen Verarbeitbarkeit wird PTFE mit 50 bis 90 % Hexafluorpropylen copolymerisiert. Bei der thermoplastischen Verarbeitung durch das Spritzgießen oder Extrudieren müssen hohe Temperaturen angewendet werden: Massetemperaturen von 315 bis 360 °C und Werkzeugtemperaturen von 200 bis 230 °C. Extrusionsblasen ist möglich. Die Zylinder der Verarbeitungsmaschinen müssen aus eisenfreien Legierungen wie Hastelloy, Xaloy, Reiloy oder Monel sein. FEP neigt zum Schmelzebruch. Die Kristallinität kann durch Tempern bei 210 °C von 40 bis auf 67 % gesteigert werden. FEP-Pulver wird zum Wirbelsintern verwendet.

Eigenschaften

Im Vergleich zu reinem PTFE besitzt FEP eine geringere Schmelzeviskosität, höhere Schlagzähigkeit, geringere Festigkeit und Steifigkeit, niedrigere Dauergebrauchstemperatur, aber eine vergleichbare chemische und Witterungsbeständigkeit, Brennbarkeit und vergleichbare elektrische Eigenschaften.

Graphit und gemahlene Glasfasern sind die wesentlichen Verstärkungsstoffe zur Erhöhung der Steifigkeit und Verschleißfestigkeit. Der Füllstoffgehalt wird durch die relativ hohe Schmelzeviskosität nach oben begrenzt.

Einsatzgebiete

Kabelisolierungen und Beschichtungen, Auskleidungen von Behältern, flexible gedruckte Schaltungen, Spritzgussteile für die Elektro-, Elektronik- und chemische Industrie, Verpackungsfolien, Imprägnierungen, Heißklebstoffe.

6.4.2.4 Perfluorpropylvinylether-Copolymer, Perfluoralkoxy, PFA

Das Copolymerisat aus Perfluorpropylvinylether (PFA) mit Tetrafluorethylen (TFE) erreicht die Dauergebrauchstemperatur von PTFE, ist aber thermoplastisch verarbeitbar, da die Schmelzevikosität geringer ist. Auch die sonstigen Eigenschaften sind denen von PTFE vergleichbar. Die Massetemperatur bei der Verarbeitung muss bei 330 bis 425 °C liegen, die Werkzeugtemperaturen zwischen 90 und 200 °C. Alle schmelzeführenden Teile müssen korrosionsbeständig sein, die Werkzeuge hartverchromt oder aus einer Nickellegierung.

Einsatzgebiete

Auskleidungen, technische Artikel, Kabelisolation, Heißklebstoff für Einsatztemperaturen von –200 bis 260 °C, Kaminauskleidung bei Brennwert-Heizsystemen. TFB ist ein bei 160 bis 185 °C leichtfließendes Terpolymer, das für Beschichtungen und als Klebfilm verwendet wird, CF-, AF-, GF-Prepregs.

6.4.2.5 PTFE-Copolymer mit AF, PTFEAF

Es handelt sich um ein Copolymerisat mit 2,2 Bis(trifluormethyl)-4,5-Difluor-1,3-Dioxolan (AF). Die bisher beschriebenen fluorhaltigen Polymere sind alle teilkristallin und deswegen opak bis transluzent und unlöslich. Dieses Copolymerisat ist dagegen amorph, transparent und löslich, so dass Substrate leicht damit beschichtet werden können (Antihaftbeschichtung). Es ist steif und kriechfest, die Schmelze besitzt gute Fließeigenschaften und die geringste Dielektrizitätskonstante im GHz-Bereich aller Kunststoffe.

Einsatzgebiete

Korrosions- und Antihaftbeschichtungen, Lichtleiter, Teile für die Elektro- und Elektronikindustrie.

6.4.2.6 Tetrafluorethylen-Hexafluorpropylen-Vinylidenfluorid-Copolymer, TFEHFPVDF (THV)

Dieses Terpolymer schmilzt bei 160 bis 185 °C, hat eine geringe Festigkeit, einen sehr niedrigen E-Modul und eine sehr hohe Reißdehnung auch noch bei tiefen Temperaturen. Im sichtbaren Bereich liegt die Transparenz bei 97 %. Die chemische Beständigkeit gleicht derjenigen von PVDF, die Flammbeständigkeit ist besser, die Bewitterungsbeständigkeit soll 10 bis 15 Jahre betragen. Es ist thermoplastisch verarbeitbar, mit Wärme und Hochfrequenz schweißbar.

Einsatzgebiete

Beschichtung von Geweben (auch mit Dispersionen), Lichtleitern, Solarzellen; flexible Rohre für den medizinischen Sektor und die Chemie, Kabelisolation.

6.4.2.7 Weitere Fluor-Copolymere

Tetrafluorethylen/Perfluormethyl/Vinylether-Copolymerisat, MFA.

Vinylidenchlorid-Hexafluorpropylen, VDFHFP.

Fluorkautschuke; FKM, EPM, FFKM. Siehe Abschnitt 6.22.4

6.5 Polyacryl- und Methacrylpolymere

Zu den Acrylatpolymerisaten gehören alle Polymere auf der Basis von Acrylsäure und Methacrylsäure, s.Tafel 6.5, Nr. 11 bis 16.

Sie zeichnen sich durch besonders gute Transparenz und Witterungsbeständigkeit aus.

6.5.1 Polyacrylate, Homo- und Copolymerisate; PAA, PAN, PMA, PBA, ANBA, ANMA

(Chemische Bezeichnung s. Tafel I, Seite XVI)

6.5.1.1 Polyacrylnitril; PAN

PAN entsteht durch Polymerisation des Acrylnitrils, Grundstruktur s. Tafel 6.5, Nr. 26. Haupteinsatzgebiet ist die Herstellung von Fasern und der Einsatz als Copolymer mit Styrol (ABS, SAN) und Butadien (NBR: Nitrilkautschuk). PAN weist gute Sperrwirkung gegen die meisten Gase auf. Da reines PAN aber kaum thermoplastisch verarbeitbar ist, werden als Sperrschichten bei Verpackungsfolien Acrylnitril-Copolymere eingesetzt.

6.5.1.2 Polyacrylate, Spezialprodukte

Homopolymere Acrylsäureester (PAA), s. Tafel 6.5, Nr. 11, sind weiche Harze, deren Bedeutung wegen ihrer guten Beständigkeit gegen Licht, oxidative Einflüsse und Wärme und ihrer elastifizierenden Wirkung in der Co- und Terpolymerisation mit PS, PVC, VA, MA, AN und Acrylsäure liegt. Diese werden als Festharze oder Lösungen, hauptsächlich aber als Dispersionen geliefert. *Oxalidin-modifizierte Acryllack-Harze* sind mit Isocyanaten vernetzbar. *Elastoplastische Copolymerisate* sind Grundstoffe für Fugendichtungsmassen, solche mit >20% Acrylsäure sind wasserlöslich. *Polyhydroxyethyl-methacrylat* wird mit ca. 40% Wasser gesättigt für Kontaktlinsen und zur Beschichtung (z.B. von Brillen) und Umhüllungen mit kontrollierten Wasser-Aufnahmen und -Durchlässigkeiten in der Medizin und Technik, eingesetzt. Im Verdauungstrakt *lösliche Acrylharze* braucht man zur Umhüllung von Medikamenten. Durch Einpolymerisieren untereinander oder mit Zweitkomponenten *vernetzbarer* Komponenten stellt man heiß- oder strahlenhärtbare Lackharze her. Hart eingestellte *Methacrylat-Copolymerisate* verwendet man als Schlussstrich für Kunstleder und andere treibstoffbeständige Lackierungen. *MMA-VC-Copolymere* sind Elastifikatoren für PVC. Ungesättigte aliphatische Polyurethan-Acrylatharze sind mit H_2O_2 vernetzbare, zähe, flexible GFK-Laminierharze.

6.5.2 Polymethacrylate, Homo- und Copolymerisate; PMMA, AMMA, MABS, MBS

6.5.2.1 Polymethylmethacrylat, PMMA

Chemischer Aufbau

PMMA ist der bekannteste Acrylattyp. Aus Methacrylsäure entsteht durch eine Block-, Emulsions- oder Suspensions-Polymerisation ein Thermoplast mit hoher Molmasse, Grundstruktur s. Tafel 6.5, Nr. 17. Die Blockpolymerisation zwischen Glasplatten oder in Formen führt zu Halbzeugen wie Platten, Vollprofilen oder Rohren mit hoher Festigkeit, hohem Elastizitätsmodul und gutem Oberflächenfinish. Als Polymerisations-Initiatoren für die Warmhärtung dienen u.a. Peroxide, für die Kalthärtung werden dieselben Peroxide mit Zusätzen von Aminaktivatoren oder anderen Redox-Polymerisations-Startsystemen eingesetzt. Bei Mitverwendung mehrfunktioneller Komponenten entstehen teilvernetzte Kunststoffe. Die Molmasse ist in der Regel so hoch, dass nur eine Weiterverarbeitung durch Warmformen, Kleben oder eine spanende Bearbeitung in Frage kommt.

Zur Herstellung von Spritzgussmassen werden Blöcke in flachen Beuteln polymerisiert und anschließend vermahlen. Gleichförmiges Granulat wird durch eine Extrusion mit anschließender Granulierung erzeugt.

Verarbeitung

PMMA-Formmassen können im Spritzguss oder durch Extrusion verarbeitet werden: Massetemperaturen 200 bis 230 °C, Werkzeugtemperaturen 50 bis 70 °C. Vortrocknen der Formmasse oder Verwendung von Entgasungsschnecken ist erforderlich. Beim Bedrucken oder Lackieren ist wegen der Gefahr der Spannungsrissbildung auf Freiheit von Eigenspannungen und eine richtige Auswahl der Farben zu achten. PMMA kann mit und ohne Vorbehandlung metallisiert werden. Schweißen mit Heißluft, Hochfrequenz und Ultraschall und Kleben, z.B. mit Ein- oder Zweikomponenten-Methylmethacrylat-Klebstoffen oder mit Kleblacken aus Methylenchlorid oder chlorierten Kohlenwasserstoffen ist möglich. Die lösemittelhaltigen Kleblacke sollten aufgrund der Umweltbelastungaber nicht mehr verwendet werden, zumal dem Kunststoff angepasste Klebstoffe auf Epoxidharz-, PUR- oder Cyanacrylatbasis zur Verfügung stehen.

Eigenschaften

PMMA ist ein spröder Werkstoff mit hoher Festigkeit, hohem Elastizitätsmodul, hoher Oberflächenhärte (Kratzfestigkeit) und bei der Polymerisation zwischen polierten Glasplatten mit hohem Oberflächenglanz. Es ist polierbar, ohne Stabilisierung witterungsstabil, gegen schwache Säuren und Alkalien, nichtpolare Lösemittel, Fette, Öle und Wasser beständig. Auf Spannungsrissbildung muss geachtet werden. Die Lichtdurchlässigkeit und gute Einfärbbarkeit, s. Bild 6.8 und 6.9, sind für den Einsatz in der Lichttechnik maßgebend. Eigenschaftsvergleich s. Tafel 6.23

Tafel 6.23 Eigenschaftsvergleich der Methylmethacrylat-Polymerisate

Eigenschaft	Einheit	Methylmethacrylat-Polymerisate						
		PMMA Formmassen	PMMA Halbzeuge hochmol.	PMMA-HI elastmod.	MBS	MABS	AMMA Halbzeug	PMMI
Dichte	g/cm^3	1,17–1,19	1,18–1,19	1,12–1,17	1,05–1,16	1,07–1,09	1,17	1,22
Zug-E-Modul	MPa	3100–3300	3300	600–2400	2000–2800	2000–2200	4500–4800	4000
Streckspannung	MPa	–	–	20–60	30–55	40–50	90–100	–
Streckdehnung	%	–	–	4,5–5	3–6	3–5,5	10	–
Nominelle Bruchdehnung	%	–	–	20–>50	25–30	20–30	40–>50	–
Spannung bei 50 % Dehnung	MPa	–	–	–	–	–	–	–
Bruchspannung	MPa	60–75	70–80	–	–	–	–	90
Bruchdehnung	%	2–6	4,5–5,5	–	–	–	–	3
Schmelztemperatur	°C	–	–	–	–	–	–	–
Formbeständigkeitstemperatur HDT / A 1,8 MPa	°C	75–105	90–105	65–95	85	90	75	1,60
Längenausdehnungskoeffizient, längs (23–55 °C)	10^{-5}/K	7–8	7	8–11	9	9	6,5–7	4,5
Längenausdehnungskoeffizient, quer (23–55 °C)	10^{-5}/K	–	–	–	–	–	–	–
Brennbarkeit UL 94 bei 1,6 mm Dicke	Klasse	HB	HB	HB	HB	HB	HB	HB
Dielektrizitätszahl bei 100 Hz	–	3,5–3,8	3,5–3,8	3,6–4,0	3,0–3,2	2,9–3,2	4,5	–
Dielektrischer Verlustfaktor bei 100 Hz	$\cdot 10^{-4}$	500–600	600	400–600	270–290	160–200	600	–
Spezifischer Durchgangswiderstand	Ohm · m	$>10^{13}$	$>10^{13}$	$>10^{13}$	$>10^{13}$	$>10^{13}$	$>10^{13}$	–
Spezifischer Oberflächenwiderstand	Ohm	$>10^{13}$	$>10^{13}$	$>10^{13}$	$>10^{13}$	$>10^{13}$	$>10^{13}$	–
Elektrische Durchschlagfestigkeit	kV/mm	30	ca. 30	30	25–30	35–40	ca. 30	–
Vergleichszahl der Kriechwegbildung CTI/A		600	600	600	600	600	600	–
Aufnahme von Wasser bei 23 °C, Sättigung	%	1,7–2,0	1,7–2,0	1,9–2,0	0,4–0,6	0,7–1,0	2–2,25	5
Feuchteaufnahme bei 23 °C / 50 % r. F., Sättigung	%	0,6	0,6	0,5–0,6	0,2–0,3	0,35	0,7–0,8	2,5

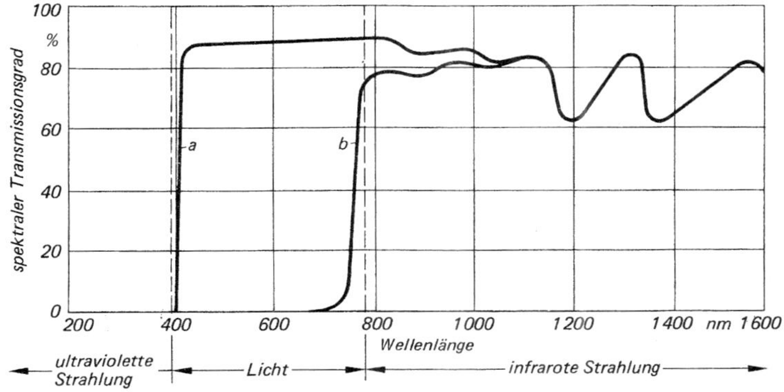

Bild 6.8 Spektraler Transmissionsgrad von glasklarem (a) und IR-durchlässig schwarz eingefärbtem (b) PMMA (Probendicke 3 mm) (Quelle: Röhm)

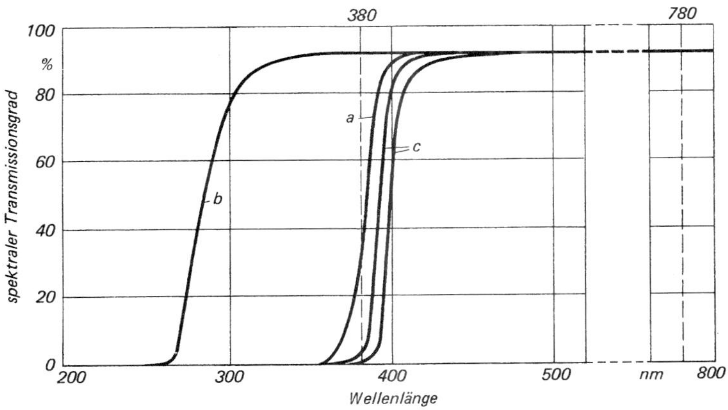

Bild 6.9 Spektraler Transmissionsgrad von glasklaren (a), glasklaren, UV-durchlässigen (b) und zwei glasklaren, UV-absorbierenden (c) PMMA-Typen. (Probendicke: 1 mm) (Quelle: Röhm)

Einsatzgebiete

Formmassen: Rohrleitungselemente, Sanitäreinrichtungen; Gläser, Linsen, Gehäuse, Abdeckungen, Sichtscheiben, Lichtleiter in der Lichttechnik; Solartechnik, Cockpit- und Stadionverscheibungen, Lichtkuppeln, Filter für definierte Wellenlängen, Schmuckindustrie, optische Speicher, 60 µm dünnes „elektronisches Papier" mit fein verteilten Flüssigkristallin-Tröpfchen (Polymer Dispersed LC, PDLC).

Gießharze: spaltfüllende Acrylglas-Klebstoffe, Mehrschichtenglas, Holzimprägnierung, Eingießen von Demonstrationsobjekten, Knopfplatten, glasfaserverstärkte Lichtplatten, Kunststeinplatten mit z.B. Marmoreinlagen. Zweikomponenten-

Systeme für hochresistente Estrichbeschichtungen, Flickbeton, Straßenmarkierungen, Spezialmassen in harter oder gummielastischer Einstellung für die Chirurgie, Orthopädie und Dental-Prothetik.

Modifizierte, duroplastisch härtbare, leichtfließende und hochfüllbare Reaktionsharze auf MMA-Basis sind Bindemittel für BMC- und SMC-Formmassen, Halbzeuge und Pultrusion und ergeben sehr feuchte-, chemikalien- und korrosionsbeständige Teile mit z.T. erhöhter Wärmeformbeständigkeit. Aus Dispersionen mit feinkörnigen mineralischen Füllstoffen werden in Gießformen Küchenspülen, Wasserbecken, Sanitärobjekte und marmorähnliche, warmformbare und wie Holz bearbeitbare Platten warm ausgehärtet.

6.5.2.2 Methylmethacrylat-Copolymerisate, AMMA

Copolymerisate und Blends mit Methylmethacrylat dienen zur Erhöhung der Wärmeformbeständigkeit, Schlagzähigkeit und Spannungsrissbeständigkeit gegen Alkohole.

Grundstruktur s. Tafel 6.5, Nr. 14 und 26.

Verarbeitung

Die hohe Viskosität der Schmelze und der weite Erweichungsbereich prädestinieren AMMA für das Blasformen und Tiefziehen. Zum Spritzgießen bei Massetemperaturen nicht über 230 °C muss das Granulat vorgetrocknet werden.

Eigenschaften

Die Lösemittel-Beständigkeit und Wärmeformbeständigkeit und bei einem AN-Anteil von mehr als 50% auch die Schlagzähigkeit werden erhöht. Da AN beim Erhitzen zur Ausbildung von Ringstrukturen neigt, ist AMMA etwas gelbstichig. Eine Lichtstabilisierung ist erforderlich. Eine In-situ-Copolymerisation führt zu gegossenen Platten. Durch eine biaxiale Verstreckung bis zu 70% werden die Schlagzähigkeit, Berst- und Einreißfestigkeit erhöht, so dass sie speziell für Verglasungen mit hoher Beanspruchung wie in Sportstadien zum Einsatz kommen können.

Die geringe Gasdurchlässigkeit von Polyacrylnitril bestimmt das Verhalten der als „Barriere“-Kunststoff bezeichneten, etwa 70% Nitril enthaltenden (Pfropf-)Copolymerisate mit Methacrylat oder Styrol, z.T. noch mit butadienhaltigen, elastifizierenden Komponenten. Die Permeabilität nimmt mit zunehmender biaxialer Verstreckung noch ab, die Bruchfestigkeit und Schlagzähigkeit zu.

AMMA ist gegen mäßig konzentrierte Säuren und Laugen und die meisten Lösemittel beständig. Methanol und Ketone quellen es an, Dimethylformamid und Acetonitril sind Lösemittel.

Eigenschaftsvergleich s. Tafel 6.23.

Einsatzgebiete

Verpackungen für flüssige und feste Lebensmittel wie Gewürze, Vitaminpräparate, Suppenpulver und Fleischprodukte und für PKW-Pflegemittel und Kosmetika. Getränke dürfen nicht mit nitrilhaltigen Kunststoffen in Kontakt kommen, so dass Mehrschicht-Verpackungen eingesetzt werden.

6.5.2.3 Methylmethacrylat-Acrylnitril-Butadien-Styrol-Copolymere, MABS; Methacrylat-Butadien-Styrol-Copolymere, MBS

Grundstrukturen s. Tafel 6.5, Nr. 17, 26, 35, 5.

Sie sind auch bei tiefen Temperaturen schlagzäh, klar und lichtdurchlässig. Wegen der Butadienkomponente sind sie nicht witterungsbeständig, jedoch beständig gegen Öle, Fette, Treibstoffe und für eine Gammastrahlen-Sterilisation geeignet.

Verarbeitung: Spritzguss, Extrusion, Blasformen. Heißsiegeln, Kleben, Ultraschall-, Heizspiegel- und Reibschweißen.

Eigenschaftsvergleich s. Tafel 6.23.

Einsatzgebiete: Flaschen für kosmetische Produkte, Sprüh- und Reinigungsmittel; technische Hohlkörper; medizinische Einweggeräte, Armaturen und Verpackungsteile.

6

6.5.3 Polymethacrylate, Modifizierungen und Blends; PMMI, PMMA-HI, MMA-EML-Copolymer, PMMA+ABS

6.5.3.1 Polymethacrylmethylimid, PMMI

PMMI ist formal ein Copolymer aus Methylmethacrylat (MMA) und Glutaramid, wird jedoch durch die Umsetzung von PMMA mit Methylamin (MA) bei hoher Temperatur unter hohem Druck hergestellt, s. Formel 6.6.

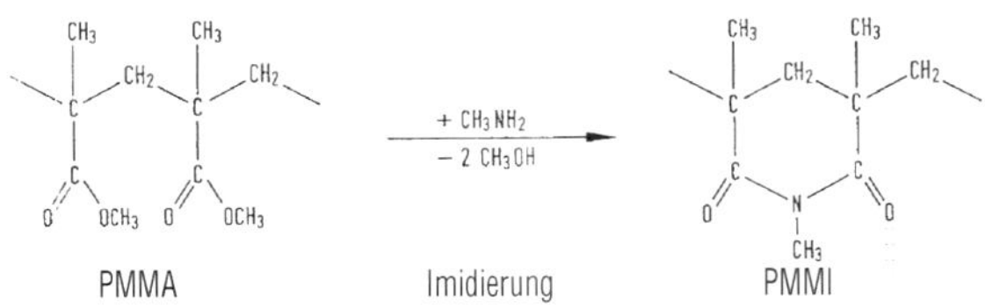

(6.6)

Es ist wie PMMA glasklar farblos, hat eine hohe Lichtdurchlässigkeit und keine Trübung. Der Ringschluss ergibt eine höhere Kettensteifigkeit und damit auch höhere Wärmeformbeständigkeit. Je nach Imidisierungsgrad können alle Eigenschafts-Zwischenwerte im Vergleich zum PMMA erreicht werden. PMMI hat eine geringe Sauerstoffdurchlässigkeit und ist weniger spannungsrissempfindlich gegenüber Ethanol, Ethanol/Wasser- und Isooctan/Toluol-Gemischen. Die Eigenschaften sind vom Imidgehalt abhängig, s. Bild 6.10.

Die Verarbeitung im Spritzguss erfolgt nach Vortrocknung des Granulats bei 140 °C bei Massetemperaturen von 200 bis 310 °C und Werkzeugtemperaturen von 120 bis 150 °C.

Eigenschaftsvergleich s. Tafel 6.23.

Einsatzgebiete:

Scheinwerfer-Streulichtscheiben für Kfz, Straßenleuchten-Abdeckungen, Lichtleiter, als Blendkomponente und als faserverstärkter Konstruktionswerkstoff. PMMI-Schaum s. Abschn. 6.13.2.5

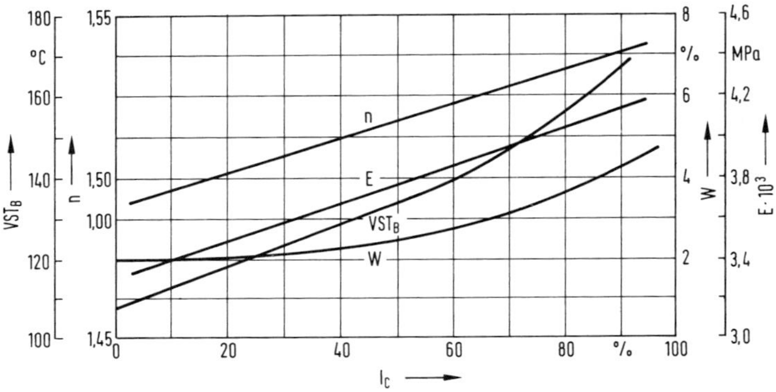

Bild 6.10 Abhängigkeit der Eigenschaften wie Vicat-Erweichungstemperatur (VSTa), Elastizitätsmodul (E), Brechzahl (n) und Wasseraufnahme (W) vom Imidgehalt (I_c)

6.5.3.2 Schlagzähes PMMA, PMMA-HI

Schlagzähe Formmassen werden durch die Suspensions- oder Emulsionspolymerisation zweiphasig hergestellt. In der PMMA-Matrix bilden z.B. mit Styrol modifizierte Acrylat-Elastomere (≤ 30%, im Brechungsindex angeglichen) die zähmachende disperse Phase. Durch diesen Aufbau sind Formstoffe aus den uneingeschränkt mit PMMA mischbaren schlagzähen Massen in gleicher Weise witterungsstabil und glasklar wie reines PMMA. Ihre Spannungsrissempfindlichkeit ist geringer, ihre Heißwasser-Beständigkeit besser.

Die *Verarbeitung* erfolgt nach Vortrocknung oder mit Entgasungsschnecken im Spritzguss und durch Extrusion bei Massetemperaturen von 210 bis 230 °C und Werkzeugtemperaturen von 60 bis 80 °C.

Eigenschaftsvergleich s. Tafel 6.23.

Einsatzgebiete

Witterungsschutzschicht bei Bauprofilen wie z.B. PVC-Fensterprofile, Haushalts-, Zeichen- und Schreibgeräte; Sanitärteile, Leuchtenabdeckungen.

6.5.3.3 Methylmethacrylat-exo-Methylenlacton-Copolymerisat; MMA-EML-Copol., MMAEML

Gegenüber PMMA weist ein Copolymerisat von Methylmethacrylat mit exo-Methylenlactonen (EML), z.B. mit Methylen-Methyl-Butyrolacton, s. Formel 6.7, verbesserte Eigenschaften auf: Bei einem EML-Gehalt von 15 bis 40% betragen die Glastemperaturen 140 bis 180 °C, die Zugfestigkeit 82 bis 46 MPa, der E-Modul 3600 bis 4000 MPa, die Reißdehnung 4,7 bis 1,2% und die Wasseraufnahme 2,5 bis 4,3%. Der Brechungsindex ist mit 1,54 höher als beim PMMA (1,49). Die Massetemperatur bei der Verarbeitung liegt zwischen 230 und 280 °C.

Die hohe Härte, optische Brillanz, Witterungs- und UV-Beständigkeit und Lackierbarkeit lassen den Einsatz bei Kfz-Frontscheinwerfern (Streuscheiben und Reflektoren) möglich erscheinen. Weiterer Einsatz: Lichtwellenleiter.

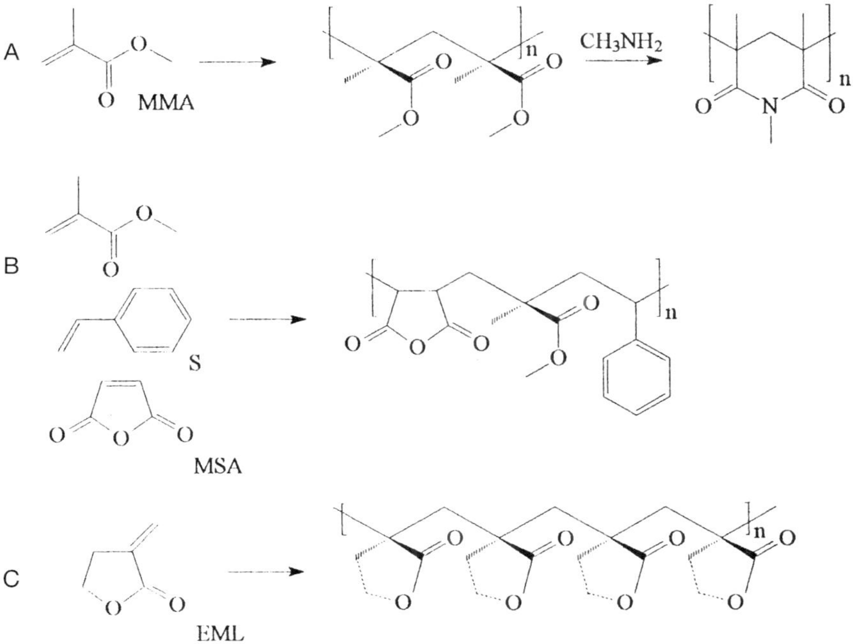

(6.7)

6.5.3.4 PMMA+ABS

Ein Blend dieser Art findet für Kfz-Teile (Gehäuse, Reflektoren) sowie im Apparatebau (Deckschichten für Bade- und Duschwannen) und der Elektroindustrie Anwendung. Das Material ist metallisierbar, zeigt gutes Schweißverhalten und besitzt eine bessere Witterungsbeständigkeit und Steifigkeit als ABS.

6.6 Polyoxymethylen (Polyacetalharz, Polyformaldehyd), POM

6.6.1 Polyoxymethylen-Homo- und Copolymerisate; POM-H, POM-Cop.

Chemischer Aufbau

POM (Polyoxymethylen, Polyformaldehyd, Polyacetal) sind teilkristalline Thermoplaste, die durch Homo- (POM-H) oder Copolymerisation (POM-Cop.) von Formaldehyd entstehen, s. Formel 6.8.

Copolymere sind im Gegensatz zu Homopolymeren alkalibeständig und weisen eine höhere Heißwasser-Beständigkeit auf.

$$\left[CH_2 - O \right] \qquad \left[(CH_2 - O)_n - (CH_2 - CH_2)_m \right] \tag{6.8}$$

Acetal-Homopolymer, POM-H Acetal-Copolymer, POM-Cop. (n und m statistisch verteilt)

Verarbeitung

Prinzipiell können alle für Thermoplaste üblichen Ver- und Nachbearbeitungsverfahren angewendet werden. Das wichtigste Verarbeitungsverfahren ist das Spritzgießen. Höhermolekulare Typen können extrudiert, schwach vernetzte blasgeformt werden. Zur Ausbildung guter Kristall- und Oberflächen-Strukturen müssen die Spritzgießwerkzeuge und Glättwalzen beim Extrudieren auf 60 bis 130 °C aufgeheizt werden. Die Verarbeitungsschwindung nimmt mit fallender Werkzeugtemperatur von 3 auf ca. 1 % ab, die Nachschwindung entsprechend zu. Verarbeitungstemperaturen von 220 °C führen zur Zersetzung und Bildung von gasförmigem Formaldehyd und sind deshalb gefährlich. Wegen des geringen Wertes von tan δ ist POM nicht HF-schweißbar.

Eigenschaften

Unverstärktes POM zählt zu den steifsten und festesten thermoplastischen Kunststoffen und besitzt eine sehr gute Dimensionsstabilität. Es versprödet erst unterhalb –40 °C und ist kurzzeitig bis ca. 150 °C und langzeitig bis ca. 110 °C einsetzbar. Hohe Oberflächenhärte und niedrige Reibwerte sind die Gründe für das gute Gleit- und Verschleißverhalten. Die guten Isolationswerte und dielektrischen Eigenschaften sind wenig temperatur- und frequenzabhängig. Die Durchlässigkeit für Gase und Dämpfe, auch von organischen Stoffen, ist gering. Von starken Säuren (pH 4) und Oxidationsmitteln werden beide Arten angegriffen. Sie sind in allen gebräuchlichen organischen Lösemitteln, auch in Treibstoffen und Mineralölen, nicht löslich und kaum quellbar. Speziell stabilisierte Typen sind in bis zu 100 °C heißem Dieselkraftstoff und in aggressiven Benzinen beständig. Nicht stabilisierte Typen werden durch UV-Strahlung angegriffen, daher sind UV-stabilisierte oder rußgefüllte Typen zu verwenden. Eine Stabilisierung für farbige Typen ist erhältlich, ebenso gleitmodifizierte, die Quietschgeräuche verhindern. Folien aus POM sind transluzent. POM brennt mit schwach bläulicher Flamme und tropft ab. Es ist physiologisch einwandfrei, für den Gebrauch mit Lebensmitteln stehen entsprechende Produkttypen zur Verfügung.

Eigenschaftsvergleich s. Tafel 6.24

Einsatzgebiete

Ersatz besonders für Präzisionsteile der Feinwerktechnik wie Zahnräder, Hebel, Lager, Schrauben, Spulen; Teile für Textilmaschinen, Rohrleitungsfittinge, heißwasser- und kraftstoffführende Pumpenteile; Tankeinbauten für Diesel (stab. Typen); im „Outsert"-Spritzguss werden Platinen mit bis zu 120 POM-Funktionselementen gespritzt; POM-PUR-Kombinationen werden für schlagbeanspruchte Kettenräder, Gehäuseteile, Filmscharniere, Skibindungen und Reißverschlüsse eingesetzt.

Tafel 6.24 Eigenschaftsvergleich der Polyacetale

Eigenschaft	Einheit	Polyacetale				
		POM-H	POM-H-HI schlagzäh. mod.	POM-Cop.	POM-Cop.-HI elastmod.	POM-Cop.-GF 30
Dichte	g/cm^3	1,40–1,42	1,34–1,39	1,39–1,41	1,27–1,39	1,59–1,61
Zug-E-Modul	MPa	3000–3200	1400–2500	2600–3000	1000–2200	9000–1000
Streckspannung	MPa	60–75	35–55	65–73	20–55	–
Streckdehnung	%	8–25	20–25	8–12	8–15	–
Nominelle Bruchdehnung	%	20–>50	>50	15–40	>50	–
Spannung bei 50 % Dehnung	MPa	–	–	–	–	–
Bruchspannung	MPa	–	–	–	–	125–130
Bruchdehnung	%	–	–	–	–	3
Schmelztemperatur	°C	175	175	164–172	164–172	164–172
Formbeständigkeitstemperatur HDT / A 1,8 MPa	°C	105–115	65–85	95–110	50–90	155–160
Längenausdehnungskoeffizient, längs (23–55 °C)	$10^{-5}/K$	11–12	12–13	10–11	13–14	2,5–4
Längenausdehnungskoeffizient, quer (23–55 °C)	$10^{-5}/K$	–	–	–	–	6
Brennbarkeit UL 94 bei 1,6 mm Dicke	Klasse	HB	HB	HB	HB	HB
Dielektrizitätszahl bei 100 Hz	–	3,5–3,8	3,8–4,7	3,6–4	3,7–4,5	4,0–4,8
Dielektrischer Verlustfaktor bei 100 Hz	$\cdot 10^{-4}$	30–50	70–160	30–50	50–200	40–100
Spezifischer Durchgangswiderstand	Ohm · m	$>10^{13}$	$10^{12}–10^{13}$	$>10^{13}$	$>10^{11}$	$>10^{13}$
Spezifischer Oberflächenwiderstand	Ohm	$>10^{14}$	$>10^{14}$	$>10^{13}$	$10^{11}–10^{12}$	$>10^{13}$
Elektrische Durchschlagfestigkeit	kV/mm	25–35	30–40	35	30–35	40
Vergleichszahl der Kriechwegbildung CTI/A		600	600	600	600	600
Aufnahme von Wasser bei 23 °C, Sättigung	%	0,9–1,4	1,6–2,0	0,7–0,8	0,8–1,2	0,8–0,9
Feuchteaufnahme bei 23 °C / 50 % r. F., Sättigung	%	0,2–0,3	0,9	0,2–0,3	0,2–0,3	0,15

6

6.6.2 Polyoxymethylen, Modifizierungen und Blends, POM+PUR

Zur Erhöhung der Steifigkeit und Festigkeit werden 10 bis 40% Glasfasern, Glaskugeln oder mineralische Füllstoffe (richtungsunabhängige Verstärkung) eingearbeitet. Zur Erhöhung der Zähigkeit bei gleichzeitiger Verringerung der Festigkeit und Steifigkeit werden Blends mit vernetztem Kautschuk und mit bis zu 50% PUR-Elastomeren hergestellt, s. Bild 6.11, und speziell leichtfließende Typen für dünnwandige Teile. Das Reib- und Trockengleitverhalten wird durch Zusätze von MoS_2, PTFE, PE, Silikonölen oder speziellen Kreiden verbessert. Mit Aluminium- oder Bronzepulver können die Wärmestandfestigkeit und die elektrische Leitfähigkeit erhöht werden.

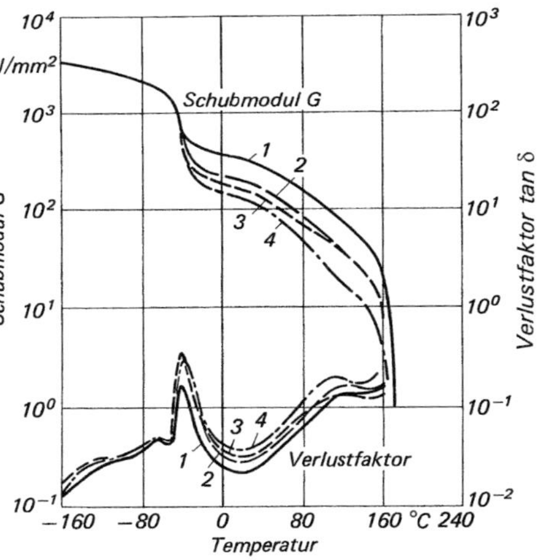

Bild 6.11
Schubmodul von Acetal-Copolymer/PUR-Mischungen, Verhältnis 1:1. (Kurve 1 bis 4 zunehmende Durchmischung)

6.7 Polyamide, PA

6.7.1 Polyamide, Homopolymerisate (AB und AA/BB-Polymere); PA 6, 11, 12, 46, 66, 69, 610, 612 (PA 7, 8, 9, 1313, 613)

6.7.1.1 Chemischer Aufbau

Die Amid-Gruppe, s. Formel 6.9, ist charakteristisch für alle Polyamide.

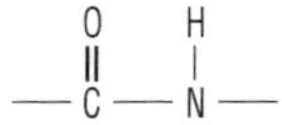

(6.9)

Amid-Gruppe

Die Makromoleküle der AB-Polymeren PA 6, PA 11 und PA 12 bestehen aus einer Grundeinheit, s. Tafel 6.25 Die Zahlen bei den Kurzzeichen kennzeichnen die Anzahl der C-Atome des Molekül-Grundbausteins. Die AA/BB-Polyamidtypen *PA 46, PA 66, PA 69, PA 610* und *PA 612* werden durch zwei Grundeinheiten charakterisiert, die Zahlen bei den Kurzzeichen geben die Anzahl der C-Atome in den beiden Einheiten an. Zusätzlich werden Polyamide durch eine Reihe von weiteren Zeichen entsprechend ihrer eingesetzter Monomereinheiten charakterisiert s. auch Tafel 6.25., wie u.a.: *I:* Isophthalsäure, *N:* 2,6-Naphthalindicarbonsäure, *T:* Terephthalsäure, *ND:* 1,6-Diamino-2,2,4-trimethylhexan, *MC*: 1,3-Bis(aminomethyl) cyclohexan, *IND:* 1,6-Diamino-2,4,4-trimethylhexan, *IPD:* Isophorandiamin (1-Amino-3-aminomethyl-3,5,5-trimethylcyclohexan), *MTD:* m-Toluylendiamin, *MXD:* m-Xylillendiamin, *MACM:* 3,3′-Dimethyl-4,4′-diaminodicyclohexylmethan, *PTD:* p-Toluylendiamin, *PAPC:* 2,2-Bis(p-aminocyclohexyl)propan, *PPGD*: Polypropylenglykoldiamin, *PBGD:* Polybutylenglykoldiamin, *PAPM:* Diphenylmethan-4,4-diamin, *PACM:* Bis(p-aminocyclohexyl)methan, *TMD:* 6-3: 2,2,4-Trimethylhexamethylendiamin und 2,4,4-Trimethylhexamethylendiamin

Folgende weitere Polyamidtypen dieser Aufbausysteme sind herstellbar, haben aber bisher keine größere technische Bedeutung erlangt: *PA 4* (Herstellung von Fasern, hohe Wasseraufnahme), *PA 1313, PA 613.*

Der starke polare Charakter der CONH-Gruppe bewirkt eine Wasserstoff-Brückenbildung zwischen benachbarten Molekülketten, s. Bild 6.12. Diese Bindungen sind für die Zähigkeit, Temperaturformbeständigkeit und den hohen E-Modul verantwortlich. Typen mit glatten aliphatischen Segmenten zwischen den CONH-Gruppen sind hochkristallin.

Mit steigendem Verhältnis von CH_2-Gruppen zu CONH-Gruppen, s. Tafel 6.25, nimmt die für Polyamide so charakteristische Wasseraufnahme ab Bild 6.13. Bild 6.14 zeigt die Abhängigkeit des Gleichgewichtsfeuchtigkeitsgehalts von der rel. Luftfeuchte.

Mit größer werdendem Abstand (zunehmender Zahl von CH_2-Gruppen) zwischen den Amidgruppen nehmen die zwischenmolekularen Kräfte ab. Deshalb ist z.B. PA 11 weicher und hat eine niedrigere Schmelztemperatur als PA 6.

Die Kristallinität der PA kann je nach der Abkühlgeschwindigkeit zwischen 10% (schnelles Abkühlen: feinkörnige Struktur, hohe Zähigkeit) und 50 bis 60% (langsames Abkühlen: große Sphärolithe, hohe Festigkeit, hoher E-Modul, hohe Abriebfestigkeit, geringere Wasseraufnahme) variieren.

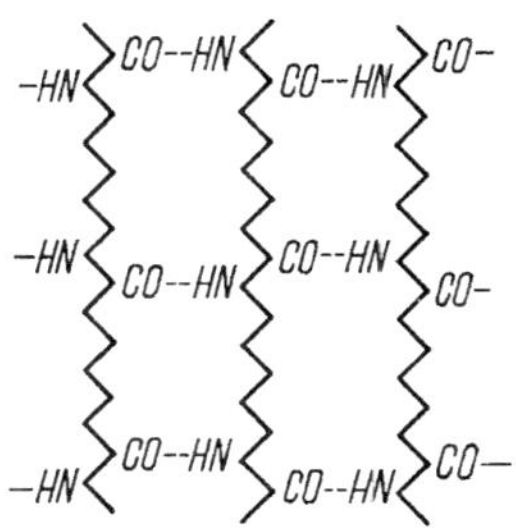

Bild 6.12 Wasserstoffbrückenbindung in PA 6

Tafel 6.25 Struktur und Ausgangsstoffe der Polyamide

Kurzzeichen	Grundstruktur	Dichte, g/cm³	CH_2/CONH-Verhältnis	Ausgangsstoffe	Gebrauchstemperatur kurzzeitig °C	Gebrauchstemperatur langzeitig °C
	AB-Polymere $\left[NH - (CH_2)_x - CO \right]_n$					
PA 6	x = 5	1,12–1,15	5	ε-Caprolactam	140–180	80–100
PA 11	x = 10	1,03–1,05	10	Aminoundecansäure	140–150	70–80
PA 12	x = 11	1,01–1,04	11	Dodecansäure	140–150	70–80
	AA/BB-Polymere $\left[NH - (CH_2)_x - NH - CO - (CH_2)_y - CO \right]_n$					
PA 46	x = 4, y = 4	1,10	4	1,4 Diaminobuten u. Adipinsäure	280	140
PA 66	x = 6, y = 4	1,13–1,16	5	Hexamethylendiamin u. Adipinsäure	170–200	80–120
PA 69	x = 6, y = 7	1,06–1,08	6,5	Hexamethylendiamin u. Azelainsäure		
PA 610	x = 6, y = 8	1,07–1,09	7	Hexamethylendiamin u. Sebacinsäure	140–180	80–110
PA 612	x = 6, y = 10	1,06–1,07	8	Hexamethylendiamin u. Decandincarbonsäure	130–150	80–100
PA 6T	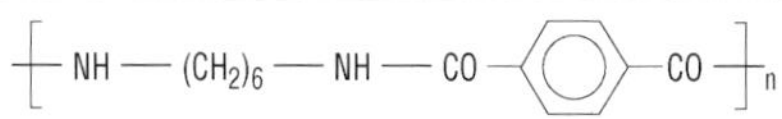	1,18		Hexamethylendiamin u. Terephthalsäure	120–130	70–90
PA NDT/ INDT (PA 6-3-T)	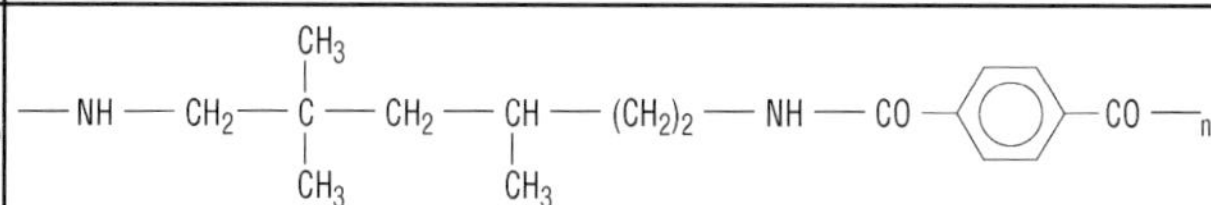	1,12		Trimethylhexamethylendiamin u. Terephthalsäure	130–140	80–100
PA MXD6 PARA	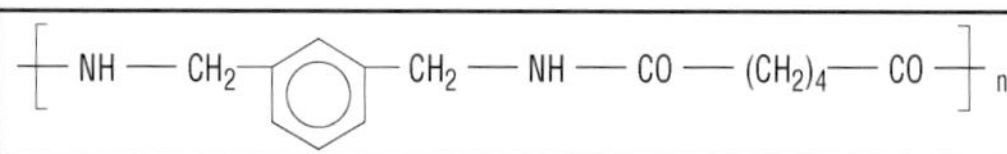	1,43		m-Xylylendiamin u. Adipinsäure	190–230	110–145

Tafel 6.25 *(Fortsetzung)*

Kurzzeichen	Grundstruktur	Dichte, g/cm³	CH_2/CONH-Verhältnis	Ausgangsstoffe	Gebrauchstemperatur kurzzeitig °C	Gebrauchstemperatur langzeitig °C
PA 6I	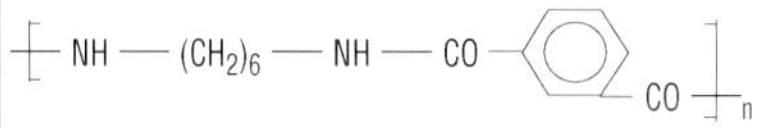	1,18		Hexamethylendiamin u. Isophthalsäure		
PA 6-6T	s. PA6 und PA6T	1,18		Caprolactam/Hexamethylendiamin u. Terephthalsäure		90
PA-Elastomer		1,01–1,02		PA 12 u. Tetrahydrofuran- oder Polyether-Blöcke	130	100
TPA-ET		0,99–1,03		Polyamid u. Dihydroxipolyether	130	100
PA-RIM		1,13		PE-, PP-Glykol oder Polybutadien mit Caprolactam		
PMPI	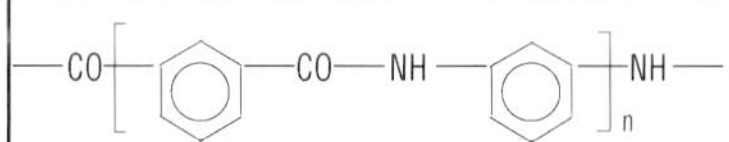			Isophthaloylchlorid u. m-Phenylendiamin	260	
PPTA	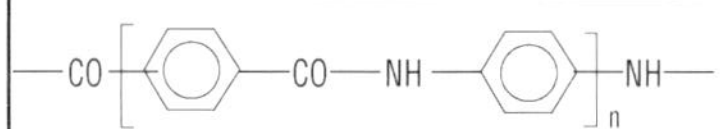	145		Terephthaloylchlorid u. Phenylendiamin	>250	>200

max. Wasseraufnahme bei 23 °C in%

	in Luft (50% r.F.)	in H_2O
PA 46	3,7	15
PA 66	2,8	8,5
PA 6	3,0	9,5
PA 610	1,4	3,3
PA 11	0,9	1,9
PA 12	0,7	1,6

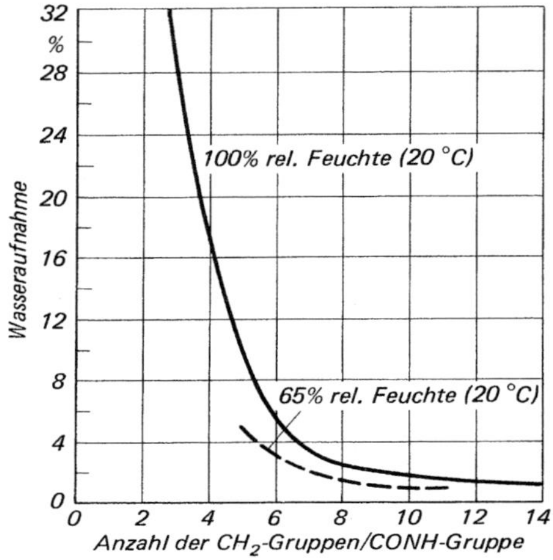

Bild 6.13
Struktureller Aufbau und Wasseraufnahme aliphatischer Polyamide

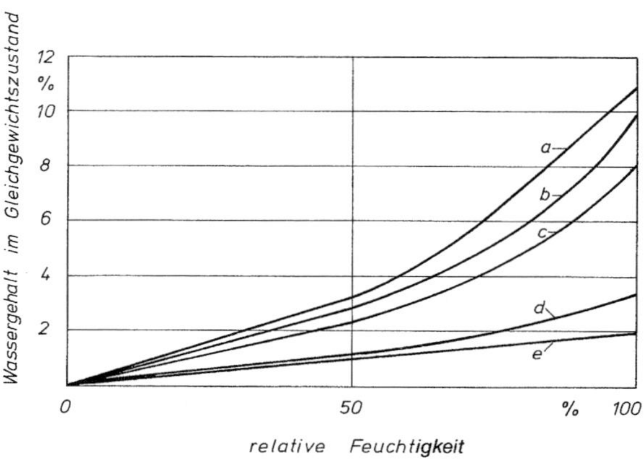

Bild 6.14 Lagerungsbedingungen und Wasseraufnahme bei verschiedenen PA-Typen
a: PA 6, b: PA 6/610/66, c: PA 66, d: PA 610, e: PA 11

6.7.1.2 Verarbeitung

Alle für Thermoplaste üblichen Verarbeitungsverfahren sind möglich. Vortrocknung der Formmasse ist erforderlich. Die teilkristallinen PA bilden eine sehr dünnflüssige Schmelze (Verschlussdüsen sind beim Spritzguss erforderlich!) mit ausgeprägten Schmelz- und Erstarrungstemperaturen. Beim Extrudieren und Blasformen sind deshalb besondere Maßnahmen erforderlich, oder es kommen Spezialtypen zum Einsatz. Die Volumenkontraktion beim Erstarren beträgt 4 bis 7%. Entsprechend hoch ist die Verarbeitungsschwindung (bis ca. 3%), bei dickeren Formteilen ist mit Lunkerbildung zu rechnen. Folien werden bevorzugt nach dem Chill-Roll-Verfahren hergestellt. Tafel 6.26 gibt eine Übersicht über Verarbeitungsparameter.

Caprolactam und Laurinlactam werden großtechnisch bei 250 bis 300 °C zu schmelzflüssigem PA 6 und PA 12 polymerisiert. Co-Katalysatoren (Acylierungsmittel, insbesondere Isocyanate) ermöglichen eine rasche, drucklose, aktivierte anionische Polymerisation bei 100 bis 200 °C von hochmolekularem *Guss-PA 6* oder *-PA 12*. Auf diese Weise gießt man drucklos große, dickwandige Teile bis zu einer Masse von 1000 kg in einfach herzustellenden Formwerkzeugen, wie sie z.B. im Metallguss verwendet werden. Rotationskörper werden im Schleuderguss, Hohlkörper im Rotationsguss hergestellt.

PA sind durch Aufschmelzen schweißbar, lassen sich mit Spezialklebstoffen auf der Basis von Cyanacrylaten oder Zweikomponenten-EP-Harzen verkleben und sind spanabhebend gut zu bearbeiten. Das Verkleben mit Resorzin und Kresolen ist denkbar, aber aufgrund der Arbeitsplatzbelastung und der Gesundheitsgefährdung zu vermeiden.

Tafel 6.26 Verarbeitungsparameter der PA

Typ	Masse-temp. °C	Werkzeug-temp. °C	Schwindung %	ren Masse-temp. °C	Masse-temp. °C	Werkzeug-temp. °C
6	230–280	80–90 (120)	0,5–2,2	240–300	250–260	80
46	295–330					
66	260–320	80–90 (120)	0,5–2,5	250–300	270–290	90
610	230–280	80–90 (120)	0,5–2,8	230–290	230–250	80
11/12	210–250	40–80	0,5–1,5	230–290	200–230	70
NDT/ INDT	260–290	70–90	0,4–0,6	250–280	240–255	40
MXD6	250–280	100–140				

6.7.1.3 Eigenschaften

Die einzelnen PA-Typen unterscheiden sich nur wenig in ihren Eigenschaften. Im trockenen Zustand, unmittelbar nach der thermoplastischen Verarbeitung, sind sie hart und mehr oder weniger spröde. Bei Wasseraufnahme aus der Atmosphäre oder bei Wasserlagerung werden sie zäher und abriebfester, der E-Modul sinkt. Die Wasseraufnahme ist mit einer Volumenzunahme und damit auch mit einer Vergrößerung der Abmessungen, was bei der Konstruktion berücksichtigt werden muss, verbunden. Das Gleit- und Verschleißverhalten der PA ist sehr gut: sie besitzen gute Trockenlaufeigenschaften, sind unempfindlich gegen Verschmutzungen und chemikalienbeständig. Da die Glasübergangstemperaturen T_g im oder nur wenig über dem Bereich der Raumtemperatur liegen, erweichen die PA bei relativ niedrigen Temperaturen und können dann nicht mit hohen Dauerlasten beaufschlagt werden, obwohl sie bis in die Nähe der Schmelztemperatur eingesetzt werden können (große Zeitabhängigkeit des Kriechmoduls). Verstärkte oder gefüllte Typen zeigen ein wesentlich besseres Tragverhalten, auch oberhalb T_g.

Die elektrischen Eigenschaften verschlechtern sich ebenso wie die mechanischen stark mit zunehmender Temperatur und zunehmendem Wassergehalt. Der Oberflächenwiderstand wird so gering, dass mit einer Staubanziehung oder mit elektrostatischer Aufladung nicht gerechnet werden muss.

Mit abnehmender Wasseraufnahme nimmt die Wasserdampfdurchlässigkeit der PA ab, die sonst geringere Durchlässigkeit für Gase (O_2, Aromastoffe) allerdings leicht zu. Letztere macht die PA geeignet für Verpackungsfolien, oft in Form von Verbundfolien, z.B. mit Polyolefinen.

PA sind beständig gegen Lösemittel, Öle, Fette, Kraftstoffe, schwache alkalische Lösungen, Ketone und kochendes Wasser (kann sterilisiert werden), unbeständig gegen starke alkalische Lösungen und starke Säuren. Natürliche Farbstoffe (Tee, Kaffee, Fruchtsäfte usw.) können PA anfärben. Beim längeren Einsatz bei Temperaturen z.B. oberhalb 100 °C oder beim Außeneinsatz muss PA entsprechend stabilisiert werden (z.B. durch Zusatz von ca. 2% Ruß). Bei glasfaserverstärktem PA wird die Oberfläche durch Bewitterung stärker angegriffen, was bei einem Angriff über mehrere Jahre zur Oberflächen-Erosion führen kann. Nicht modifizierte PA brennen nach Entfernung der Zündquelle weiter.

Eigenschaftsvergleich s. Tafel 6.27

6.7.1.4 Einsatzgebiete

Technische Teile wie Lager, Zahnräder, Rollen, Schrauben, Dichtungen, Fittinge, Verkleidungen, Gehäuse; Pumpenteile, Spulenkörper, Vergaserteile, Kfz-Pedale Ansaugkrümmer für Verbrennungsmotore, Ventilatoren, Teile für Haushaltsgeräte und Verbrauchsgüter; extrudierte Halbzeuge wie Stangen, Rohre, Schläuche, Platten, Kabelummantelungen; Skischuhe, Schuhsohlen, Membranen, Dichtungen; geblasene und Flach-Folien, Verpackungen, Blasformteile; Fasern, Borsten, Angelleinen, Glasmatten-verstärkte Platten (GMT), CF-, AF-, GF-Prepregs.

Gusspolyamide: dickwandige Halbzeuge, Zahnräder, Laufrollen, Schiffsschrauben bis 1000 kg Masse; große Öltanks bis 10000 l Inhalt.

6.7.2 Modifikationen

Zusatzstoffe

PA werden gegen die schädigende Wirkung von Sauerstoff bei der Verarbeitung, bei hohen Temperaturen und bei einer UV-Strahlung stabilisiert. Einfärbung erfolgt mit anorganischen Pigmenten, die bis oberhalb 300 °C stabil sind. Bei Cadmiumpigmenten und organischen Farbstoffen besteht Abbaugefahr. Typen mit Brandschutzausrüstung werden angeboten. Leichtfließende Spritzgießmassen werden zum schnelleren und feineren Kristallisieren nukleiert (mit Keimbildnern versehen) und weisen bessere mechanische Eigenschaften, eine geringere Wasseraufnahme und Zähigkeit auf. Geschmierte Typen lassen sich besser entformen.

Verstärkung, Füllung

Da PA bei höheren Temperaturen erweichen, werden viele mit bis zu 50% Glas-, Kohlenstoff- oder sonstigen Fasern verstärkte Typen angeboten, die die Festigkeit, den E-Modul und die Wärmeformbeständigkeit erhöhen. Siliciumdioxid, Talkum, Kreide und Glaskugeln erhöhen die Steifigkeit und verringern die Verzugsneigung und Schwindung. Da solche Typen Bedeutung für technische Teile erlangt haben, gibt Tafel 6.28 eine Übersicht.

Tafel 6.27 Eigenschaftsvergleich der aliphatischen Homopolyamide, ungefüllt

Eigenschaft	Einheit	Aliphatische Homopolyamide										
		PA 6		PA 12		PA 66		PA 610		PA 46		PA-MXD6-GF30
		trocken	kond.*	trocken	kond.*	trocken	kond.*	trocken	kond.*	tr.	kond.	
Dichte	g/cm^3	1,12–1,14		1,01–1,03		1,13–1,15		1,06–1,09		1,18		1,43
Zug-E-Modul	MPa	2600–3200	750–1500	1300–1600	900–1200	2700–3300	1300–2000	2000–2400	1300–1600	3300	1000	11500
Streckspannung	MPa	70–90	30–60	45–60	35–40	75–100	50–70	60–70	45–50	100	55	
Streckdehnung	%	4–5	20–30	4–5	10–15	4,5–5	15–25	4	15			
Nominelle Bruchdehnung	%	20–>50	>50	>50	>50	10–40	>50	30–>50	>50			
Spannung bei 50% Dehnung	MPa	–	–	–	–	–	–	–	–			
Bruchspannung	MPa	–	–	–	–	–	–	–	–			190
Bruchdehnung	%	–	–	–	–	–	–	–	–			2,4
Schmelztemperatur	°C	220–225		175–180		255–260		210–220		295		
Formbeständigkeitstemperatur HDT / A 1,8 MPa	°C	55–80		40–50		70–100		60		160		
Längenausdehnungskoeff., längs (23–55°C)	10^{-5}/K	7–10		10–12		7–10		8–10		0,8		1,8
Längenausdehnungskoeff., quer (23–55°C)	10^{-5}/K	–		–		–		–		1,0		
Brennbarkeit UL 94 bei 1,6 mm Dicke	Klasse	HB-V-2**		HB**		V-2**		V-2**		V-2 (0,75) mm		HB
Dielektrizitätszahl bei 100 Hz	–	3,5–4,2	12–20	3,7–4	5–6	3,2–4	5–11	3,5	4			3,9
Dielektrischer Verlustfaktor bei 100 Hz	$\cdot 10^{-4}$	60–150	2100–3500	300–700	800–1000	50–150	1000-2400	70–150	1000–1800			100
Spezifischer Durchgangswiderstand	Ohm · m	$>10^{13}$	10^{10}	$>10^{13}$	$>10^{12}$	$>10^{12}$	10^{10}	$>10^{13}$	10^{10}	10^{13}	10^{6}-10^{9}	$2 \cdot 10^{13}$
Spezifischer Oberflächenwiderstand	Ohm	$>10^{12}$	$>10^{10}$	$>10^{13}$	$>10^{12}$	$>10^{10}$	$>10^{10}$	$>10^{12}$	$>10^{10}$	$>10^{15}$	10^{13}-10^{14}	
Elektrische Durchschlagfestigkeit	kV/mm	30	25–30	27–29	28–32	25–35	25–35			>25	15–20	30
Vergl.-Zahl d. Kriechwegbildung CTI/A		600	600	600	600	600	600	600	600	600		>400
Aufnahme v. Wasser b. 23°C, Sättigung	%	9–10		1,3–1,7		8–9		2,9–3,5				3,2
Feuchteaufnahme b. 23°C / 50% r. F., Sättig.	%	2,5–3,4		0,7–1,1		2,6–3		1,2–1,6		3,7		1,0

* Lagerung der Prüfkörper bei 23 °C/50 % rel. Feuchte bis zur Sättigung ** Auch als V-1 und V-0 verfügbar

6

PA 6 mit 1 bis 2 Vol.-% PA-Clay-Nanocomposites weist eine um 25 bis 50% verringerte O_2-Durchlässigkeit bei geringfügig verringerter Durchstichfestigkeit auf.

Metallpulver wie Aluminium, Kupfer, Bronze, Stahl, Blei, Zink oder Nickel erhöhen die Wärmestandfestigkeit und führen zu elektrisch leitfähigen Produkten. Mit 80% Bariumferrit-Füllung werden Magnete hergestellt. Das Gleit- und Verschleißverhalten wird durch Zusätze von MoS_2, PTFE, PE-HD und Graphit verbessert.

Tafel 6.28 Eigenschaften verstärkter und gefüllter Polyamide, konditioniert 23 °C, 50% rel. Feuchte

PA-Typ	Füllstoff-Gehalt %	Dichte g/cm³	Festigkeit MPa	Bruchdehnung %	E-Modul MPa	Formbeständigkeitstemperatur HDT/A °C
PA 6	–	1,13	64	220	1 200	80
Kurzglasfasern	30	1,37	148	3,5	5 500	–
Glaskugeln	30	1,35	65	20	3 000	208
C-Fasern	20	1,23	100	–	8 000	–
Siliciumdioxid	10	1,19	57	140	1 000	–
Kreide	30	1,35	50	30	3 000	60
PA 66	–	1,14	63	60–300	1 500	66–85
Kurzglasfasern	30	1,37	153	3,0	7 200	204–249
Glaskugeln	30	1,35	81	5,0	3 700	74
C-Fasern	20	1,23	197	4	16 900	257
Glimmer	30	–	39		6 900	
PA 610	–	1,19	60	85–300	1 900	60
Kurzglasfasern	30	1,30	128	3	7 800	204
Talkum	20	1,25	60	5	4 000	
PA 11	–	1,04	58	325	1 200	58
Kurzglasfasern	30	1,26	93	4	6 200	173
Bronzepulver	90	4,0	34	4	5 500	100
PA 12	–	1,02	60	270	1 200	40 - 50
Kurzglasfasern	30	1,23	83	6	5 700	155
Glaskugeln	30	1,23	45	25	2 500	120
PA 46	–	1,18	100	40	3 300	160
Kurzglasfasern	30	1,41	175	2,5	10 000	290

6.7.3 Polyamide, Copolymerisate; PA 66/6, PA 6/12, PA 66/6/610 Blends, PA+: ABS, EPDM, EVA, PPS, PPE, Kautschuk

Misch-PA wie *PA 6/66* sind in wässrigen alkoholischen Mischungen löslich. Die Lösungen dienen u. a. zur Herstellung von treibstoffbeständigen Elektroisolierlacken, von gut auf Metallen, Holz, Pappe und Glas haftenden Überzügen und von gegossenen dünnen Folien. Für Textil-Verklebungen und Beschichtungen gibt es gebrauchsfertige Lösungen. PA 12-Copolymer wird als Schmelzklebstoff eingesetzt.

Bei PA 6 und 66 wirken Restmonomere wie aufgenommenes Wasser elastifizierend. 10 bis 20% aliphatisches Glykol oder aromatische Sulfonamide (Benzolsulfonsäure-n-butylamid) sind sehr gute Weichmacher für niedrigkristalline PA wie

PA 11 und 12 . Meist feindisperse zweiphasige Legierungen oder Pfropfungen mit PE-HD, ABS, PPS, PPE, Elastomeren wie EPDM oder EVAC, ABR, BR, SBR, Acrylat- o.a. Synthesekautschuken haben ebenfalls eine höhere Zähigkeit: PA-HI.

Eine Aufpropfung von 17% Acrylat-Elastomer, s. Tafel 6.5, Nr. 33, auf die PA 6-Ketten ergibt ein hochschlagzähes Polymer.

Im spritzfrischen, trockenen Zustand schlagzähe Formmassen enthalten 10 bis 20% PE, das über haftvermittelnde Ionomere oder chemisch (Carboxylierung, Pfropfung mit Maleinsäureanhydrid oder Acrylsäure) angekoppelt wird.Tafel 6.29 und Tafel 6.30

6.7.4 Polyamide, Spezialpolymere; PA NDT/INDT (PA 6–3-T), PAPACM 12, PA 6-I, PA MXD6 (PARA), PA 6-T, PA PDA-T, PA 6–6-T, PA 6-G und 12-G, TPA-EE

Grundstrukturen und weitere Informationen s. Tafel 6.25

Baut man in PA-Moleküle anstelle „glatter“ -CH_2-Segmente sperrige ein, wie z.B. aromatische Dicarbonsäuren oder verzweigte aliphatische bzw. acyclische Diamine, kann man halbkristalline oder amorphe, glasklare PA herstellen. Beispiele: PA NDT/INDT (Bezeichnung nach ISO 1874, alte Bezeichnung: *PA 6–3-T*) und *PA 6I.*

Weiere teilaromaische, amorphe PA sind:

PA-Typ	*Monomere*
PA 6-I-6-T[1])	Hexamethylendiamin, Isophthalsäure, Terephthalsäure
PA 6I/6T/PACM/PACMT	wie PA 6-I-6-T + Diaminodicyclohexylmethan
PA 12/MACMI	Laurinlactam, Dimethyl-Diaminodicyclohexylmethan, Isophthalsäure
PA 12/MACTM	Laurinlactam, Dimethyl-Diaminodicyclohexylmethan

[1]) Polyphthalamid, Kurzzeichen auch PPA, T_G = 130 °C, T_S = 330 °C, Fiso/A[a]280 °C (GF33)

Ein *PA 12* auf Basis von Dodecandisäure (DDS) und einem cyclischen aliphatischen Diamin (PA CM), Bezeichnung nach ISO 1874: PA-PACM 12, ist mikrokristallin und deshalb dauerhaft transparent und zeigt dem PMMA vergleichbare Farbstabilität bei Bewitterung. E-Modul.: 1450 MPa, Fiso/A 105 °C.

Durch Erhöhen der Zahl der Amidgruppen und den Einbau aromatischer Monomere in die Moleküleinheiten kann die Schmelztemperatur erhöht werden: *PA 6-T:* 371 °C und *PA-PDA-T* (PDA = Phenylendiamin): 500 °C, (nicht mehr als Schmelze verarbeitbar). Haupt-Anwendungsgebiet sind hochfeste und temperaturbeständige Fasern. *PA 6/6T*-Copolymerisate (Schmelztemperatur 295 °C) sind wärmebeständiger als PA 66 und nehmen nur 6% Wasser auf, so dass sie besonders mit einer Glasfaserverstärkung dort ihren Einsatz finden, wo PA mit hohen Dauergebrauchstemperaturen und geringer Wasseraufnahme gefordert werden.

Tafel 6.29 Eigenschaftsvergleich der aliphatischen Homopolyamide, gefüllt und modifiziert

Eigenschaft	Einheit	Aliphatische Homopolyamide, gefüllt und modifiziert									
		PA 6–GF 30		PA 66–GF 30		PPA GF 33	PA 6–HI schlagzähmod.		PA 66–HI schlagzähmod.		PA 12-P weich-macher-haltig
		trocken	konditio-niert*	trocken	konditio-niert*	trocken	trocken	konditio-niert*	trocken	konditio-niert*	
Dichte	g/cm^3	1,35–1,37		1,36		1,46	1,01–1,13		1,04–1,13		1,0–1,05
Zug-E-Modul	MPa	9000–10800	5600–8200	9100–10000	6500–7500	11700	1100–2800	450–1200	1800–3000	900–2000	220–750
Streckspannung	MPa	–	–	–	–		25–80	20–45	50–80	40–55	15–35
Streckdehnung	%	–	–	–	–		4–5	15–30	5–7	15–30	20–45
Nominelle Bruchdehnung	%	–	–	–	–		>50	>50	20–>50	>50	>50
Spannung bei 50 % Dehnung	MPa	–	–	–	–		–	–	–	–	–
Bruchspannung	MPa	170–200	100–135	175–190	115–14-	220	–	–	–	–	–
Bruchdehnung	%	3–3,5	4,5–6	2,5–3	3,5–5	2,5	–	–	–	–	–
Schmelztemperatur	°C	220–225		255–260			220		255		160–175
Formbeständigkeitstemp. HDT / A 1,8 MPa	°C	190–215		235–250		285	45–70		60–75		40–50
Längenausdehnungskoeff., längs (23–55 °C)	10^{-5}/K	2–3		2–3			8,5–15		7–8,5		12–17
Längenausdehnungskoeff., quer (23–55 °C)	10^{-5}/K	6–8		6–8			–		–		–
Brennbarkeit UL 94 bei 1,6 mm Dicke	Klasse	HB**		HB**			HB**		HB**		HB**
Dielektrizitätszahl bei 100 Hz	–	3,8–4,4	7–15	4	8		3–4	5–14	3,5–4	7–9	4–24
Dielektrischer Verlustfaktor bei 100 Hz	$\cdot 10^{-4}$	100–150	2000–3000	140	1300–2300		100–400	500-3000	70–240	900–1800	900–3500
Spezifischer Durchgangswiderstand	Ohm · m	10^{13}	10^{11}	10^{13}	10^{11}		$>10^{13}$	$>10^{10}$	$>10^{12}$	10^{10}–10^{12}	10^{9}–10^{11}
Spezifischer Oberflächenwiderstand	Ohm	$>10^{13}$	$>10^{11}$	$>10^{13}$	$>10^{11}$		10^{10}–10^{12}	10^{8}–10^{10}	$>10^{13}$	10^{13}	10^{11}–10^{15}
Elektrische Durchschlagfestigkeit	kV/mm	35–40	25–35	40	35		30–35	25–35	30–35	30–35	20–35
Vergleichszahl d. Kriechwegbildung CTI/A		400–600	400–600	400–600	400–600		600	600	600	600	600
Aufnahme v. Wasser bei 23 °C, Sättigung	%	6,0–6,7		5,0–5,5			6,5–9,0		6,5–8,0		0,8–1,5
Feuchteaufna. bei 23 °C /50 % r. F., Sättigung	%	1,4–2,0		1,0–1,7			1,8–2,7		2,2–2,5		0,4–0,7

* Lagerung der Prüfkörper bei 23 °C/50 % rel. Feuchte bis zur Sättigung   ** Auch als V-1 und V-0 verfügbar

Tafel 6.30 Eigenschaftsvergleich der aromatischen Polyamide, Copolyamide und Polyetherblockamide

Eigenschaft	Einheit	Aromatische Polyamide, Copolyamide u. Polyetherblockamide											
		PA 6/6 T		PA 6-3-T	PA MXD6 – GF 30	PA 6 I		PA 6/66 PA 66/6	PEBA 12		PEBA 6		PPA
		trock.	konditioniert*	konditioniert*		trocken	konditioniert*		Shore D 40–55	Shore D 55–65	trocken	konditioniert*	
Dichte	g/cm^3	1,18		1,12	1,43	1,18		1,13–1,14	0,99–1,02	1,02–1,03	1,03		ca. 1,5
Zug-E-Modul	MPa	3500	3000	2800–3000	11 800	3300	3000	2200–3000	70–250	270–450	90–250	60–140	
Streckspannung	MPa	110	100	80–90	–	110	90	80	–	20–25	–	–	
Streckdehnung	%	5	6	7–8	–	5	6		–	30–35	–	–	
Nominelle Bruchdehnung	%	10–20	10–20	>50	–	>50	>50	>50	>50	>50	>50	>50	
Spannung bei 50 % Dehnung	MPa	–	–	–	–	–	–	–	10–20**	–	10–15**	8–12**	
Bruchspannung	MPa	–	–	–	185	–	–	–	–	–	–	–	
Bruchdehnung	%	–	–	–	2,5	–	–	–	–	–	–	–	
Schmelztemperatur	°C	295–300		–	225–240	175–180		200–245	140–155	160–170			
Formbeständigkeitstemp. HDT / A 1,8 MPa	°C	110		120	228	105		50–60	<50	50–55	34		
Längenausdehnungskoeff., längs (23–55 °C)	10^{-5}/K	6–8		5–6	1,5–2	6			18–23	14–18	15–20		
Längenausdehnungskoeff., quer (23–55 °C)	10^{-5}/K	–		–		–			–	–			
Brennbarkeit UL 94 bei 1,6 mm Dicke	Klasse	V-2***		V-2***	HB***	V-2***		V-2***	HB	HB	HB		
Dielektrizitätszahl bei 100 Hz	–	4	4,5	4–4,2	3,9	4,3	4,6	3.7	6–11		4	6	
Dielektrischer Verlustfaktor bei 100 Hz	$\cdot 10^{-4}$	300	400	170–210	100	400	480	300	400–1300		300–500	950–1100	
Spezifischer Durchgangswiderstand	Ohm · m	10^{13}	10^{13}	$>10^{13}$	$>10^{13}$	$>10^{13}$	$>10^{13}$	10^{13}	$10^{10}–10^{12}$		10^{11}	10^{10}	
Spezifischer Oberflächenwiderstand	Ohm	10^{14}	10^{13}	$>10^{14}$	$>10^{14}$	$>10^{15}$	$>10^{15}$	$10^{12}–10^{13}$	$10^{12}–10^{13}$		10^{12}	10^{11}	
Elektrische Durchschlagfestigkeit	kV/mm	50	80	25	30	25	28		30–40		35–40	30-35	
Vergleichszahl d. Kriechwegbildung CTI/A		600	600	600	500–600	600	600	600	600		550–600	550–600	
Aufnahme v. Wasser bei 23 °C, Sättigung	%	6,5–7,5		6,5–7,5	3,5–4	6		9–10	0,6–1,5		3,5–5,,0		
Feuchteaufn. b. 23 °C / 50 % r. F., Sättigung	%	1,8–2,0		2,8–3	1,6	2		3–3,2	0,3–0,7		1,0–1,5		

* Lagerung der Probekörper bei 23 °C/50 % rel. Feuchte bis zur Sättigung **≙ Reißfestigkeit *** auch bis V-0 verfügbar

6

Die amorphen oder schwach kristallinen Polyamide wie PA 6-T, PA MXD6 nehmen eine Sonderstellung ein. Die Wasseraufnahme liegt in der Regel deutlich niedriger im Vergleich zum PA 6 oder PA 66. Sie lassen sich nicht so leicht anfärben, sind maßhaltiger und verzugsärmer und weisen nahezu keine Nachschwindung auf. Die Gesamtschwindung liegt bei 0,5 %. Da der Erweichungs-Temperaturbereich breiter und die Schmelzeviskosität höher sind, wird die Verarbeitung im Spritzguss, in der Extrusion und besonders beim Blasformen erleichtert.

Produkte wie terephthalathaltige Copolymere (*PA 6–6-T,* E-Modul 3,5 GPa) oder Poly-m-Xylylenadipinamid (Polyarylamid *PA MXD6,* PARA) mit 30 bis 60 % GF-Verstärkung, auch in erhöht schlagfester Einstellung für die Elektrotechnik, besitzen die höchste Festigkeit und Steifigkeit aller PA-Typen bei guter Wärmestandfestigkeit und mit anderen PA-Typen vergleichbarer Chemikalienbeständigkeit. Reines PA MXD6 wird auch als Barriere-Sperrschicht mit anderen PA oder PET bei Flaschen gegen O_2, CO_2, Kohlenwasserstoffe, Lösemittel und Aromen verwendet.

Copolymere aus PA 6-T und PA 6-I (PA 6-T-6-I) lassen sich trotz hohen Kristallit-Schmelzbereichs (330 °C) thermoplastisch bei 340 bis 350 °C Massetemperatur und 140 bis 160 °C Werkzeugtemperatur im Spritzgießen verarbeiten. Einsatz meist mit 50 % Kurzglasfaser-Verstärkung; beständig gegen im Kfz gebräuchliche Medien, Heißwaser und saure Entkalkungslösungen; lebensmittelrechtlich zugelassen.

Eigenschaftsvergleich s. Tafel 6.30.

6.7.5 Gusspolyamide; PA 6-G, PA 12-G

Die Eigenschaften gleichen denen von PA 6 bzw. PA 12. Da die Molmasse oft höher ist, kann auch die Steifigkeit höher und die thermoplastische Verarbeitung erschwert oder in besonderen Fällen unmöglich sein. Der Volumenschrumpf beim Gießen beträgt ca. 15 % und muss bei der Formauslegung berücksichtigt werden.

6.7.6 Polyamid für Reaktionsguss, PA-RIM

PA-RIM ist ein „NBC-RIM“ (Nylon-Block-Copolymer), das nach dem Zweikomponenten-RIM-Verfahren (Reaction Injection Molding, Reaktions-Gieß-Verfahren) verarbeitet werden kann. Längere in die Kette eingebaute Polyether-Blöcke (Polymere mit Sauerstoffbrücken in der Kette) erhöhen die Schlagzähigkeit und verringern die Steifigkeit, so dass die Eigenschaften beliebig zwischen denen des PA 6 und denen eines PA-Elastomer liegen können. Die niedrige Viskosität der Rezeptur erlaubt hohe Füll- und Verstärkungsstoff-Gehalte. Das Material wird u. a. für die Herstellung von Prototypen in Vakuumgießanlagen eingesetzt.

6.7.7 Aromatische Polyamide, Aramide; PMPI, PPTA

6.7.7.1 Poly-m-Phenylenisophthalamid; PMPI

PMPI zeichnet sich durch hohe Wärmestandfestigkeit aus und besitzt bei 260 °C noch die Hälfte seiner mechanischen Eigenschaften. Der Kristallitschmelzpunkt liegt bei 368 bis 390 °C. Struktur s. Tafel 6.25.

Einsatzgebiete: Fasern für Hitzeschutzkleidung und elektrische Isolation bei hohen Temperaturen

6.7.7.2 Poly-p-Phenylenterephthalamid; PPTA

PPTA wird als Faserwerkstoff eingesetzt. Diese weisen das höchste Festigkeits/Dichte Verhältnis aller kommerziellen Fasern auf. Nach 100 h bei 250 °C besitzen sie noch ca. 50% der ursprünglichen Festigkeit. PPTA ist unschmelzbar und beginnt bei 425 °C zu carbonisieren. Dichte ca. 1,45 g/cm^3, Zugfestigkeit ca. 3,5 GPa, E-Modul ca. 15 GPa, Reißdehnung 2,0 bis 2,5%. Struktur s. Tafel 6.25.

6.8 Aromatische (gesättigte) Polyester

Chemischer Aufbau

Thermoplastische (gesättigte, lineare) Polyester enthalten in regelmäßigen Abständen eine Ester-Gruppe in der Kette, s. Formel 6.10, und werden meist durch Kondensation von Dicarbonsäuren und Diolen oder deren Abkömmlingen hergestellt.

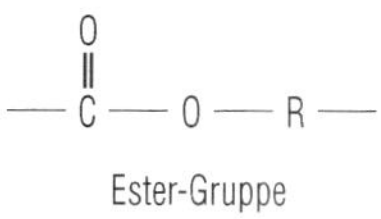

(6.10)

Polyester mit aromatischen Gruppen (Benzolringen) sind thermoplastische Grundpolymere für technische Anwendungen. Die aromatischen Ringe versteifen die Molekülketten und führen zu umso höheren Formbeständigkeits- und Schmelz-Temperaturen, je dichter sie aneinander gefügt sind. Vollaromatische Polyester (PAR, Polyarylate) sind thermisch sehr stabil.

Halbaromatische Polyester werden einerseits durch aliphatische Kohlenwasserstoffe, andererseits zumindest durch Ethanol und höhere Alkohole nicht angegriffen. Sie absorbieren kaum Wasser und sind grundsätzlich physiologisch inert. Infolge des Gehalts an verseifbaren Estergruppen werden sie durch Alkalien zerstört. Ihre Beständigkeit gegen (oxidierende) Säuren und bei dauernder Einwirkung von Wasser oder Wasserdampf oberhalb 70 °C ist begrenzt. Um Hydrolyseschäden bei der thermoplastischen Verarbeitung zu vermeiden, müssen die Formmassen vollkommen trocken sein.

6.8.1 Polycarbonat, PC

6.8.1.1 Polycarbonat auf Basis Bisphenol A, PC

Chemischer Aufbau

Polykondensation und Grundstruktur s. Formel 6.11.

Das wichtigste Polycarbonat wird durch die Umsetzung von Bisphenol A (entstanden aus Phenol und Aceton) mit Phosgen hergestellt. Dagegen hat das Schmelz-

Kondensationsverfahren aus Bisphenol A und Diphenylcarbonat an Bedeutung verloren. Die Molmasse liegt in der Regel nicht über 30 000 g/mol, da die Schmelzeviskosität sonst zu hoch wird. PC ist ein amorpher Thermoplast.

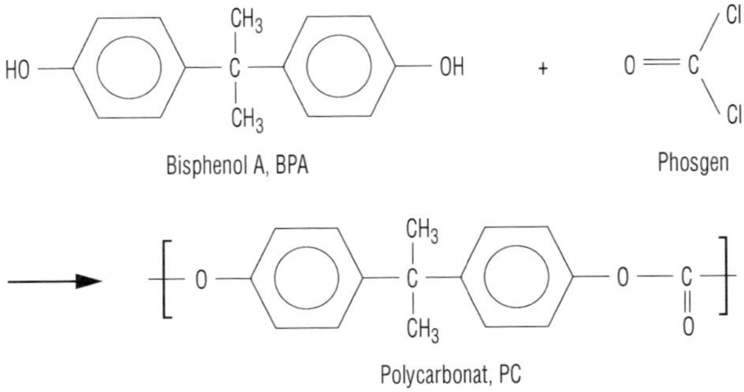

(6.11)

Verarbeitung

PC lässt sich nach allen für Thermoplaste üblichen Verfahren ver- und nachbearbeiten. Die hohe Schmelzeviskosität erfordert hohe Spritzkräfte bzw. bedingt relativ geringe Fließweg-Wanddicken-Verhältnisse. Die Verarbeitungstemperaturen beim Spritzgießen liegen zwischen 280 und 320 °C (Werkzeugtemperatur 80 bis 120 °C), beim Extrudieren zwischen 240 und 280 °C. Die Restfeuchte muss dabei durch Trocknung 4 bis 24h bei 120 °C unter 0,01 bis 0,02% gebracht werden. Entgasungsschnecken können vorteilhaft sein Die Verarbeitungsschwindung liegt bei 0,6 bis 0,8%, die Nachschwindung ist sehr gering. PC ist sehr gut zur Herstellung von Präzisionsteilen im Spritzgießverfahren für die optische und Elektroindustrie geeignet. Dünnste Folien können aus Lösungen von PC in Methylenchlorid gegossen werden. Bei Verwendung schäummittelhaltiger Granulate ist das Spritzgießen und Extrudieren von sehr großen Formteilen mit Integralstruktur möglich. PC kann mit Kleblacken (z.B. aus PC und Methylenchlorid) oder Reaktionsharzklebstoffen geklebt oder mit Ultraschall oder Hochfrequenz verschweißt werden.

Eigenschaften

Unverstärktes PC ist glasklar, hat einen hohen Oberflächenglanz und ist in allen Farben und Farbdichten einfärbbar. Im Temperaturbereich von -150 bis 135 °C ist PC schlagzäh und besitzt eine hohe Steifigkeit und Festigkeit. Die maximalen Gebrauchstemperaturen liegen kurzzeitig bei 150, langzeitig bei 130 °C. PC ist allerdings kerbempfindlich, was sich auch in einer geringen Dauerschwingfestigkeit äußert. Bei Abrieb ist es nur bedingt einsetzbar. Die guten elektrischen Eigenschaften werden durch Feuchtigkeit nicht beeinflusst. PC ist gut beständig gegen energiereiche Strahlen und in größeren Wanddicken bzw. bei UV-Schutz, der bei plattenförmigen Halbzeugen nur in der der Bewitterung zugekehrten Oberfläche aufgebracht wird, gut wetterbeständig. Die chemische Beständigkeit ist begrenzt. Es besteht die Gefahr der Spannungsrissbildung. Die Durchlässigkeit für CO_2 ist relativ hoch, so dass bei Verwendung für Flaschen CO_2-haltiger Flüssigkeiten eine Sperrschicht, z.B. aus PET oder PBT, vorgesehen werden muss. PC ist sterilisierbar und selbstverlöschend nach Fortnahme der Zündquelle.

Für die Herstellung großflächiger Teile (z.B. Lampenabdeckungen) oder von Compact Discs stehen leichter fließende Typen zur Verfügung. Zur Erhöhung der Steifigkeit, besonders bei erhöhten Temperaturen und zur Verringerung der Auswirkung von Spannungsrissen werden Typen mit 10 bis 40% Kurzglasfasern hergestellt. Mit Graphit, MoS_2 oder PTFE gefüllte Typen weisen ein besseres Gleit- und Verschleißverhalten auf, während eine Füllung mit Aluminium-Pulver die elektromagnetische Abschirmung daraus hergestellter Gehäuse verbessert.

Eigenschaftsvergleich s. Tafel 6.31

6.8.1.2 Polycarbonat-Copolymere

Polyethercarbonat ist ein Blockcopolymerisat aus „harten" BPA-Carbonat-Einheiten, s. Formel 6.11, und „weichen" Polyethylenglykol-Einheiten, s. Formel 6.12. Im Koagulationsverfahren lassen sich daraus Dialysemembranen herstellen, die blutverträglich sind und bessere Trennwirkung aufweisen als Cellulosemembranen.

$$-[\mathrm{O}-(\mathrm{CH_2}-\mathrm{CH_2}-\mathrm{O})-\mathrm{CO}]_n- \qquad (6.12)$$

Polyethylenglykol

Cokondensate von BPA mit Fluorenon-Bisphenol weisen erhöhte Wärmeformbeständigkeit auf (bis 220 °C).

Cokondensate von BPA mit längerkettigen aliphatischen Dicarbonsäuren ergeben sehr zähe und leichtfließende Produkte, jedoch mit geringerer Wärmeformbeständigkeit.

Polycarbonat auf Basis Trimethylcyclohexan-Bisphenol, PC-TMC

PC-Copolymere auf der Basis von Bisphenol A und Bisphenol TMC (Trimethylcyclohexan s. Formel 6.13) sind ebenfalls glasklar und erweitern den Temperatur-Anwendungsbereich je nach TMC-Gehalt auf 160 bis 220 °C (Vicat-Erweichungstemperatur), so dass Einsatzgebiete im Kfz-Scheinwerfer und in der Medizintechnik (sterilisierbar bei 143 °C) in Frage kommen. Die Zähigkeit nimmt jedoch in gleicher Richtung ab.

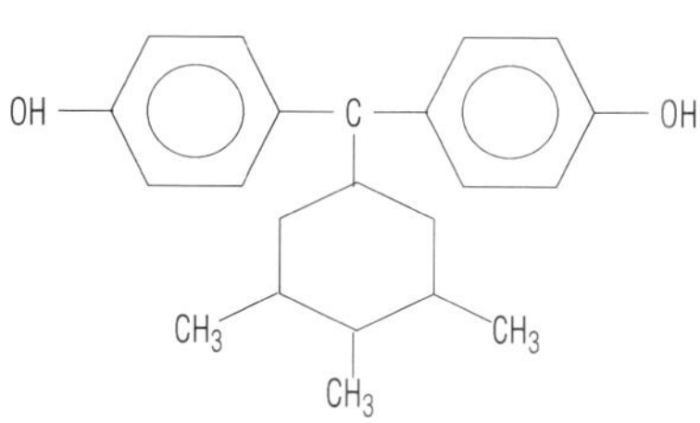

(6.13)

Trimethylcyclohexan-Bisphenol (TMC)

Tafel 6.31 Eigenschaftsvergleich der Polycarbonate und PC-Blends

Eigenschaft	Einheit	Polycarbonate und PC-Blends									
		PC (BPA)	PC-GF 30	PEC unterschiedl. Esteranteil	(PC+ ABS)[2]	(PC+ABS) –GF 20	(PC+PET)	(PC+PBT)	(PC+PBT) – GF 30	PC + LPC	PC (TMC)
Dichte	g/cm^3	1,20	1,42–1,44	1,19–1,21	1,08–1,17	1,25	1,22	1,2–1,26	1,43–1,45		1,18–1,14
Zug-E-Modul	MPa	2300–2400	5500–5800	2000–2400	2000–2600	6000	2100–2300	2300	7000	2600–4000	22509
Streckspannung	MPa	55–65	–	65–70	40–60	–	50–55	50–60	–	66	65
Streckdehnung	%	6–7	–:	7–9	3–3,5	–	5	4–5	–	5,6–2,9	7
Nominelle Bruchdehnung	%	>50	–	>50	>50	–	>50	25–>50	–		>50
Spannung bei 50 % Dehnung	MPa	–	–	–	–	–	–	–	–		–
Bruchspannung	MPa	–	70	–	–	75	–	–	90	74–82	–
Bruchdehnung	%	–	3,5	–	–	2	–	–	3		–
Schmelztemperatur	°C	–	–	–	–	–	–	–	–		–
Formbeständigkeitstemp. HDT / A 1,8 MPa	°C	125–135	135–140	135–165	90–110	115	105	70–95	150	120–135	140–180
Längenausdehnungskoeff., längs (23–55 °C)	10^{-5}/K	6,5–7	2,5–3	7–8	7–8,5	3–3,5	9–10	8–9	3		7,5
Längenausdehnungskoeff., quer (23–55 °C)	10^{-5}/K	–		–	5–6		–	–			
Brennbarkeit UL 94 bei 1,6 mm Dicke	Klasse	V-2[1]	V-1[1]	HB[1]	HB[1]	HB[1]	HB[1]	HB[1]	HB[1]		HB[1]
Dielektrizitätszahl bei 100 Hz	–	2,8–3,2	3,3	2,8–3,3	3	3,2	3,3	3,3	4		3,0→2,8
Dielektrischer Verlustfaktor bei 100 Hz	$\cdot 10^{-4}$	7–20	9–10	10–20	30–60	20–30	200	20–40	30–40		16→13
Spezifischer Durchgangswiderstand	Ohm · m	$>10^{14}$	$>10^{14}$	$>10^{14}$	$>10^{14}$	$>10^{14}$	$>10^{13}$	$>10^{14}$	$>10^{14}$		$>10^{14}$
Spezifischer Oberflächenwiderstand	Ohm	$>10^{14}$	$>10^{14}$	$>10^{14}$	10^{14}	$>10^{14}$	$>10^{15}$	$>10^{14}$	$>10^{14}$		$>10^{14}$
Elektrische Durchschlagfestigkeit	kV/mm	30–75	30–75	35–45	24	30	30	35	35		35
Vergleichszahl d. Kriechwegbildung CTI/A		250–300	150–175	225–375	250–600	200–300	250–275	250–500	300–500		325→600
Aufn. von Wasser bei 23 °C, Sättigung	%	0,35	0,28–0,30	0,32	0,6–0,7	0,4–0,5	0,35	0,35	0,25		
Feuchteaufn. b. 23 °C / 50 % r. F., Sättigung	%	0,2	0,11–0,15	0,15	0,2	0,15–0,2	0,15	0,15	0,1		0,15

[1] auch als V-0 verfügbar [2] bei geringem PC-Anteil auch als (ABS+PC), s. Tafel 12 in 4.2.3

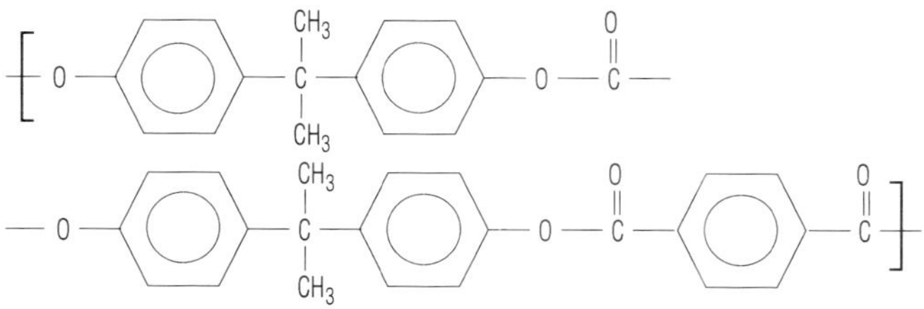

(6.14)

Polyphthalat-Carbonat, PPC

Polyphthalat-Carbonat, PPC

PPC ist ein transparentes PC-Copolymerisat, s. Formel 6.14, mit ca. 10 K höherer Wärmeformbeständigkeit als PC und hoher Schlagzähigkeit.

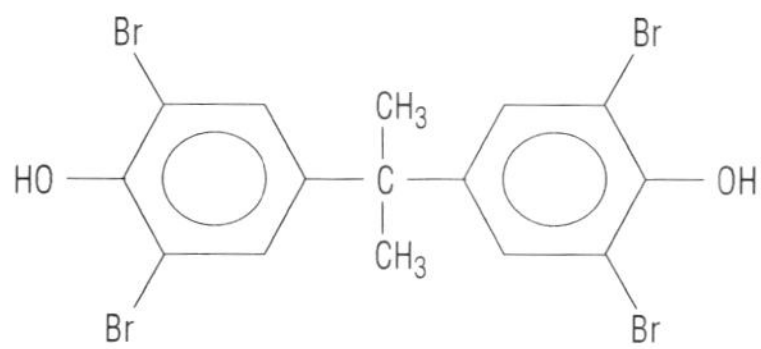

(6.15)

Tetrabrombisphenol

Eine erhöhte Flammwidrigkeit wird bei Copolymeren mit halogenierten Bisphenolen, speziell Tetrabrombisphenol (Formel 6.15), erreicht. Alternative Flammschutzmittel gewinnen gegenüber diesen jedoch an Bedeutung.

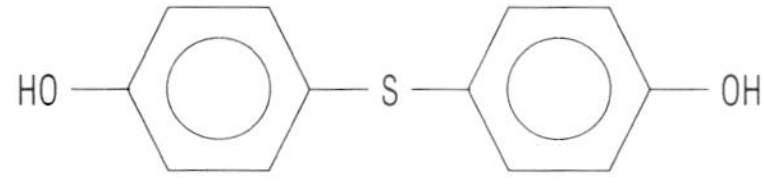

(6.16)

Dihydroxydiphenylsulfid (Bisphenol S)

Ein zunehmender Anteil von Bisphenol S (Dihydroxydiphenylsulfid), Formel 6.16, erhöht die Kerbschlagzähigkeit.

Polycarbonat auf Basis aliphatischer Dicarbonsäuren

Diese Polycarbonate basieren auf einer Random-Copolymer-Technologie, mit der wahlweise das Fließvermögen oder die mechanischen Eigenschaften erhöht werden können, ohne im einen Fall die Schlagzähigkeit oder im anderen die Verarbeitbarkeit zu beeinträchtigen.

Diphenylpolycarbonat, DPC

DPC wird in einem neu erarbeiteten Schmelzeumesterungsverfahren aus Bisphenol A und Diphenylcarbonat hergestellt.

6.8.1.3 Polycarbonat-Blends: PC + : ABS, ASA, AES, PMMA+PS, PBT, PET, PPE+SB-HI, PS-HI, PPE, PP-Cop., SMA, TPU

Ca. 15% des produzierten PC wird zur Herstellung von Blends, insbesondere mit 10 bis 50% SAN oder ABS verwendet. Die hohe Wärmeformbeständigkeit von PC ist bei vielen Anwendungen nicht erforderlich, während die Wärmeformbeständigkeit der Polystyrole oft nicht ausreicht. Diese Lücke wird durch preiswerte Blends geschlossen, deren zulässige Gebrauchstemperatur sich in erster Näherung aus denjenigen der Komponenten nach einer linearen Mischungsregel abschätzen lässt. Folgende Polystyrole oder polystyrol-ähnliche Kunststoffe werden in unterschiedlichen Mengenverhältnissen eingesetzt: *ABS, ASA, SMA, AES* (s. auch Abschnitt 6.2.2.3) Wie Bild 6.15 zeigt, kann die Kerbschlagzähigkeit eines ABS-Blends in bestimmten Temperaturbereichen höher sein als die der einzelnen Komponenten. ASA und AES ergeben witterungsstabilere Kunststoffe, während sich die Wärmeformbeständigkeit, z.B. durch den Einsatz von SMA, eines methylstyrol-haltigen ABS oder spezieller PC-Typen erhöhen lässt. *Flammwidrig* eingestellte (auch chlor- und bromfreie), mit 10 bis 30% Kurzglasfasern verstärkte und *schäumbare* Typen sind im Markt.

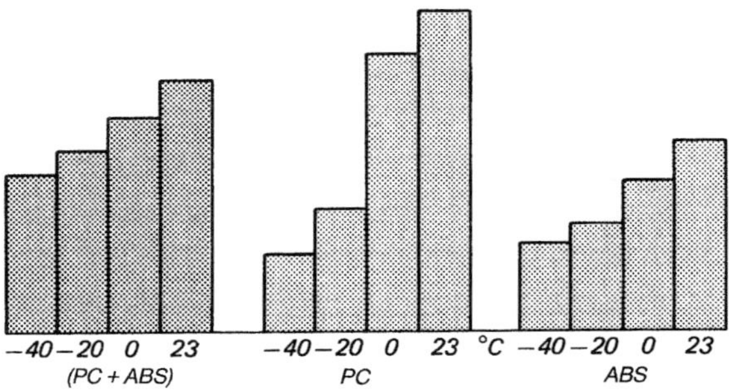

Bild 6.15 Vergleich der Izod-Kerbschlagzähigkeit von ABS und PC mit der eines daraus hergestellten Polymer-Blends

PC-Blends mit *PMMA* erhöhen die UV-Beständigkeit. Blends mit modifizierten *PPE* oder mit *PP-Copolymeren* werden ebenfalls hergestellt.

Blends aus PC und *LCP* (LCP-Gehalt deutlich unter 50%) weisen sehr gute Fließfähigkeit (Halbierung der möglichen minimalen Wanddicke beim Spritzgießen im Vergleich zu PC+ABS) und gegenüber PC erhöhte Festigkeit und Steifigkeit (richtungsabhängig!) ohne Glasfaserverstärkung auf. Die Verstärkerwirkung beruht auf der Ausrichtung des mit PC nicht verträglichen LCP im Scherfeld zu Fibrillen.

Zur Erhöhung der Kerbschlagzähigkeit wird PC mit *TPU, PBT* bzw. *PET* kombiniert. Die Wärmeformbeständigkeit des PC bleibt bei PBT- und PET-Blends weitgehend erhalten, die Kraftstoff-Beständigkeit wird erhöht.

Eigenschaftsvergleich s. Tafel 6.31.

Einsatzgebiete

Ausnutzung der Transparenz, Wärmeformbeständigkeit und Schlagzähigkeit: Formteile und Gehäuse für die Elektrotechnik, Elektronik, für Küchenmaschinen, Messinstrumente, Ferngläser, Chronometer, Projektionsgeräte, Steckerleisten, optische Datenspeicher (CD und DVD), Präzisions-Formteile aus speziellen leichtfließenden Formmassen, Straßenleuchten, Verkehrsampeln, Fahrzeugsignallichter, Abdeckkästen und -scheiben für Schalt- und Messgeräte und Verteilerstationen, Verscheibungen für Stadien und Gewächshäuser aus extrudierten Platten, Sicherheitsverbundglas, Brillengläser und Linsen; Schutzhelme, hochwertiges Geschirr, Mehrweg-Getränkeflaschen, Milchflaschen, Trinkwasserbehälter bis 20 l Inhalt. Großteile wie Straßenbriefkästen, Kabelverteilerschränke, Montageplatten, Laternenmasten aus PC-Strukturschaum mit und ohne Glasfaserverstärkung. PC-Copolymere werden bei erhöhten Anforderungen an die Wärmeformbeständigkeit eingesetzt. Beschichtetes PC wird für die Autoverscheibung – Seiten- und Heckpartie und Dachmodule – eingesetzt.

PC-TMC/BPA: Beleuchtungssektor und Gießfolien mit höherer Temperaturbelastung, Streuscheiben mit Kratzfestlack, mit 4 bis 8 µm Siloxanlackbeschichtung.

PC und PC+PBT-Blends mit elektroluminizierenden Folien beschichtet: dreidimensional leuchtende Kunststofffolien.

6.8.2 Polyester der Terephthalsäure, Blends, Blockcopolymere

6.8.2.1 Polyethylenterephthalat, PET

Chemischer Aufbau

Die Ausgangsstoffe für die Kondensation von PET sind Terephthalsäure und Ethylenglykol. Die Grundstruktur zeigt Formel 6.17.

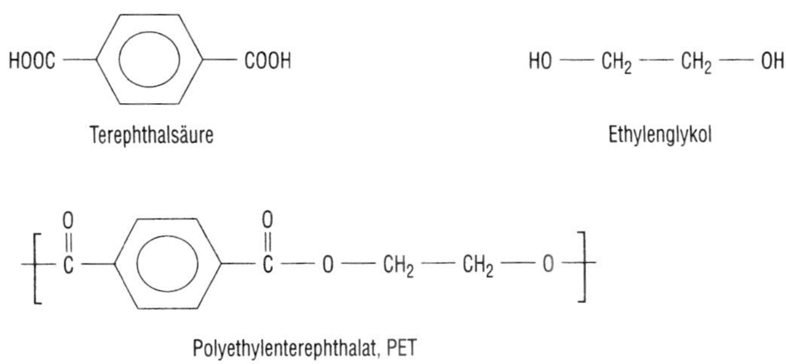

(6.17)

PET ist ein teilkristalliner Thermoplast, der anfänglich nur für die Herstellung von Fasern, später auch für Folien und Flaschen eingesetzt wurde. Heute zählt PET zu den bedeutensten Werkstoffen im Verpackungsbereich. Höhermolekulare Typen, die zur Beschleunigung der Kristallisation mit Nukleierungsmitteln versehen sind, machen den Einsatz im Spritzgießsektor möglich.

Man unterscheidet drei unterschiedliche PET Typen: kristallines PET (PET-C), amorphes PET (PET-A) und PET-Copolymerisate mit erhöhter Schlagzähigkeit, glykolmodifiziert (PET-G).

Durch den Einbau voluminöser Comonomere wie Isophthalsäure oder 1,4-Cyclohexandimethylol (CHDM), s. Formel 6.18, kann die Kristallinität verringert werden, so dass die Herstellung transparenter Formteile (z.B. Flaschen) möglich ist.

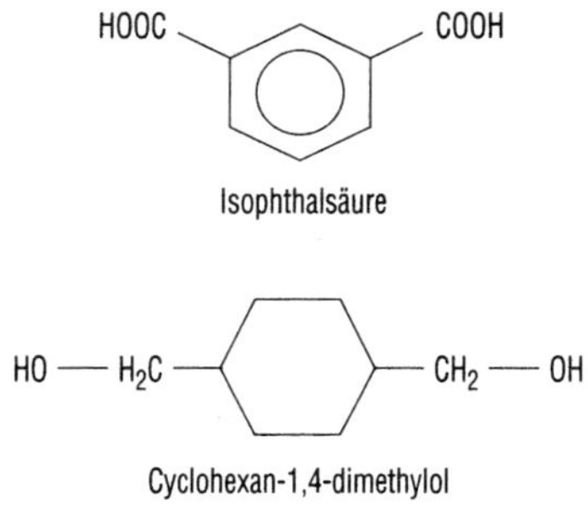

(6.18)

Verarbeitung

Hauptsächliches Verarbeitungsverfahren für PET ist das Spritzgießen und das ein- und zweistufige Streckblasen zur Herstellung von PET-Flaschen und PET-Containern. Folien, Platten und massive Profile werden extrudiert. Vor der thermoplastischen Verarbeitung muss feuchtes Granulat ca. 10 h bei etwa 130 °C getrocknet werden. Die Massetemperatur muss 260 bis 290 °C, die Werkzeugtemperatur beim Spritzgießen von amorphen Formteilen über 60 °C, von teilkristallinen Formteilen (Wanddicken über 4 mm) ca. 140 °C betragen. Trotz der hohen Verarbeitungsschwindung teilkristalliner Formteile von 1,2 bis 2,5 % ist ein Umspritzen von Metallteilen gut möglich, wenn die Wanddicke entsprechend groß gewählt wird. Verbindungen können nach folgenden Verfahren hergestellt werden: Ultraschall-, Reib-, Heizspiegel- und Heißgasschweißen und Kleben mit Cyanacrylat-, EP- oder PUR-Klebstoffen.

Eigenschaften

Die mechanischen Eigenschaften werden stark vom Kristallinitätsgrad bestimmt, der wiederum von den Prozessparametern beim Spritzgießen abhängt. Werkzeugtemperaturen von 140 °C, lange Verweilzeiten und eine Nachtemperung führen zu einer Kristallinität von 30 bis 40 %. Solche Formteile weisen unterhalb 80 °C eine hohe Festigkeit und Steifigkeit auf und zeigen geringe Kriechneigung unter statischer Dauerlast. Die Schlagzähigkeit ist jedoch gering, das Gleit- und Verschleißverhalten gut.

Amorphe Formteile werden angestrebt, wenn neben hoher Transparenz hohe Zähigkeit, sehr gutes Gleit- und Verschleißverhalten, eine geringe Verarbeitungsschwindung und hohe Dimensionsstabilität verlangt werden.

PET weist bei ca. 80 °C einen Glasübergangsbereich der amorphen Anteile auf, in dem der Elastizitätsmodul, besonders der nicht verstärkten Typen, deutlich abfällt. Hochverstärkte Typen sind bis ca. 250 °C formstandfest. Die langzeitige Gebrauchstemperatur liegt bei 100 bis 120 °C. Die guten elektrischen Eigenschaften sind wenig frequenz- und temperaturabhängig. PET weist geringe Durchlässigkeiten für O_2 und CO_2 auf, so dass es für alkohol- und kohlensäurehaltige Getränkeflaschen gut geeignet ist. Es ist beständig gegen schwache Säuren und alkalische Lösungen, Öle, Fette, aliphatische und aromatische Kohlenwasserstoffe und Tetrachlorkohlenstoff. Es ist nicht beständig gegen starke Säuren und alkalische Lösungen, Phenol und bei langem Einsatz in heißem Wasser oberhalb 70 °C. Spannungsrissbildung ist bei PET nicht bekannt. Es besitzt eine gute Bewitterungsstabilität, insbesondere wenn der Formstoff mit Ruß gegen UV-Strahlung geschützt wird.

Die Gründe für den weltweit rasanten Einsatz von PET als Verpackungsmaterial liegen ebenfalls im Eigenschaftsbild des Werkstoffs begründet. Es ist im Vergleich zu Glas unzerbrechlich und deutlich leichter (30 bis 40 g/l für PET, 500 bis 900 g/l für Glas). PET weist weiterhin geringe Durchlässigkeiten für O_2 und CO_2 auf, so dass es für kohlensäurehaltige Getränkeflaschen sehr gut geeignet ist.

6

PET brennt mit orange-gelber Flamme, wenn es nicht flammgeschützt ist. Es entspricht den Anforderungen für den Kontakt mit Lebensmitteln, kann wegen der geringen Hydrolysebeständigkeit jedoch nur in Ethylenoxid-Atmosphäre oder durch Bestrahlung sterilisiert werden.

Die Steifigkeit und Festigkeit werden durch Kohle- und Glasfaserverstärkungen erhöht, die Verarbeitungsschwindung auf 0,4 bis 0,8% reduziert. Allerdings nimmt die Schwindungsanisotropie zu, so dass Typen mit Mikroglaskugel eingesetzt werden, wenn es nur um die Versteifung geht, z.B. bei Anwendungen in der Elektroindustrie.

Eigenschaftsvergleich s. Tafel 6.32

Einsatzgebiete

Stapelfasern und Filamente (Verbrauchsanteil 72%), PET-Flaschen (Einweg, Mehrweg, heißbefüllbare Flaschen) verschleißfeste Teile (auch aus glasfaserverstärktem PET) wie Lager, Zahnräder, Wellen, Führungen, Kupplungen, Schlosselemente, Türgriffe. Isolier-, Magnetband-, Antihaft-Folien für die Gießharzverarbeitung und Backwaren, Farbbänder für Drucker, Trägerfolien für Photofilme, Schrumpfschläuche, Fasern, PET-A-Folien für Blisterverpackungen, geschäumte PET-C-Tiefziehfolien für Fast-Food-Schalen.

6.8.2.2 Polybutylenterephthalat, PBT

Chemischer Aufbau

PBT (alte Bezeichnung Polytetramethylenterephthalat, PTMT) ist im chemischen Aufbau und auch in den Eigenschaften dem PET sehr ähnlich. Bei der Kondensation wird statt Ethylenglykol 1,4-Butandiol verwendet, s. Formel 6.19.

PBT ist ebenfalls ein teilkristalliner Thermoplast, der jedoch schneller kristallisiert und sich für das Spritzgießen besser eignet als PET.

Tafel 6.32 Eigenschaftsvergleich der Polyalkylenterephthalate und Polyesterelastomere

Eigenschaft	Einheit	Polyalkylenterephthalate und Polyesterelastomere								
		PET			PBT			(PBT + ASA)	TPC-EE	
		amorph PET-A	teilkrist. PET-C	– GF 30	unverst.	elastmod.	– GF 30		Shore D 35–50	Shore D 55–75
Dichte	g/cm³	1,33–1,35	1,38–1,40	1,56–1,59	1,30–1,32	1,2–1,28	1,52–1,55	1,21–1,22	1,11–1,20	1,22–1,28
Zug-E-Modul	MPa	2100–2400	2800–3100	9000–11000	2500–2800	1100–2000	9500–11000	2500	30–150	200–1100
Streckspannung	MPa	55	60–80	–	50–60	30–45	–	53	–	–
Streckdehnung	%	4	5–7	–	3,57	6–20	–	3,6	–	–
Nominelle Bruchdehnung	%	>50	>50	–	20–>50	>50	–	>50	>50	>50
Spannung bei 50% Dehnung	MPa	–	–	–	–	–	–	–	10–30*	30–50*
Bruchspannung	MPa	–	–	160–175	–	–	130–150	–	–	–
Bruchdehnung	%	–	–	2–3	–	–	2,53	–	–	–
Schmelztemperatur	°C	–	250–260	250–260	220–225	200–225	220–225	225	155–210	215–225
Formbeständigkeitstemperatur HDT/A, 1,8 MPa	°C	60–65	65–75	220–230	50–65	50–60	200–210	80	–	50–55
Längenausdehnungskoeffizient, längs (23–55 °C)	10^{-5}/K	8	7	2–3	8–10	10–15	3–4,5	10	15–22	10–18
Längenausdehnungskoeffizient, quer (23–55 °C)	10^{-5}/K	–	–	7–9	–	–	7–9	–	–	–
Brennbarkeit UL94 bei 1,6 mm Dicke	Klasse	HB[1)]	HB[1)]	HB[1)]	HB[1)]	HB[1)]	HB[1)]	HB[1)]	HB[1)]	HB[1)]
Dielektrizitätszahl bei 100 Hz		3,4–3,6	3,4–3,6	3,8–4,8	3.3–4,0	3,2–4,4	3,5–4,0	3,3	4,4–5	
Dielektrischer Verlustfaktor bei 100 Hz	$\cdot 10^{-4}$	20	20	30–60	15–20	20–130	20–30	10	100–200	
Spezifischer Durchgangswiderstand	Ohm·m	$>10^{13}$	$>10^{13}$	$>10^{13}$	$>10^{13}$	$>10^{13}$	$>10^{13}$	$>10^{14}$	ca. 10^{10}	
Spezifischer Oberflächenwiderstand	Ohm	$>10^{14}$	$>10^{14}$	$>10^{14}$	$>10^{14}$	$>10^{14}$	$>10^{14}$	$>10^{15}$	$>10^{13}$	
Elektrische Durchschlagfestigkeit	KV/mm	250	30	30–35	25–30	25	30–35	30	20–25	
Vergleichszahl der Kriechwegbildung CTI/A		300–400	300–400	250–275	600	600	350–525	600	600	
Aufnahme von Wasser bei 23 °C, Sättigung	%	0,6–0,7	0,4–0,5	0,4–0,5	0,5	0,4–0,7	0,35–0,4	0,5	0,6–1,2	0,4–0,8
Feuchteaufnahme bei 23 °C / 50% r.F., Sättigung	%	0,3–0,35	0,2–0,3	0,2	0,25	0,15–0,2	0,1–0,15	0,2	0,3–0,6	0,2–0,4

* = Reißfestigkeit 1) Auch als V-0 verfügbar

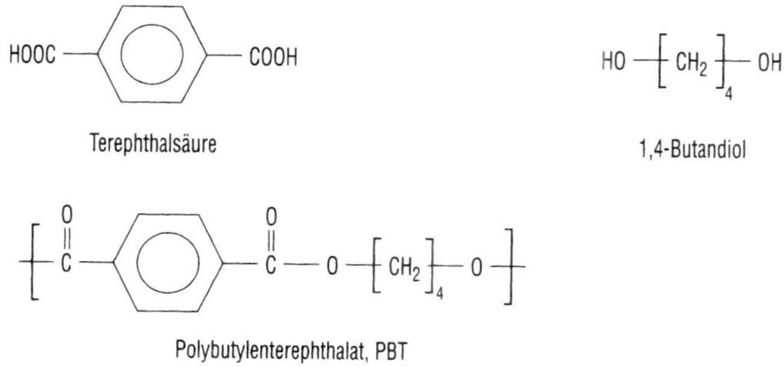

(6.19)

Verarbeitung

PBT wird hauptsächlich durch Spritzgießen bei Massetemperaturen von 230 bis 270 °C verarbeitet. Werkzeugtemperaturen unterhalb 60 °C sind üblich, jedoch wird eine optimale Oberfläche erst bei 110 °C erreicht. Eine Granulattrocknung ist wie beim PET erforderlich. Verbindungsverfahren sind das Ultraschall-, Reib-, Heizspiegel- und Heißgasschweißen sowie das Kleben mit Reaktionsharzklebstoffen.

Eigenschaften

Die Festigkeit und Steifigkeit sind etwas geringer als beim PET, die Zähigkeit bei tiefen Temperaturen etwas besser. Das Gleit- und Verschleißverhalten ist sehr gut. Der Glasübergang der amorphen Phase liegt bei 60 °C. Die maximale Formbeständigkeitstemperatur liegt mit 180 bis 200 °C entsprechend tiefer, jedoch sind die langzeitigen Wärmeformbeständigkeiten mit 100 bis 120 °C gleich. PBT ist ein guter elektrischer Isolator, dessen Eigenschaften wenig von der Wasseraufnahme, Temperatur und Frequenz beeinflusst werden. Die Durchlässigkeit für CO_2 ist wesentlich grösser als die Durchlässigkeit des PET, die Beständigkeit gegen Chemikalien und Bewitterung und das Brennverhalten sind vergleichbar. Die Beständigkeit gegen heißes Wasser ist besser. PBT-Typen sind für den Kontakt mit Lebensmitteln zugelassen.

PBT-Typen werden mit folgenden Modifikationen geliefert: leichtfließend, flammhemmend, höher schlagzäh durch Elastomermodifizierung, s. Bild 6.16, verstärkt oder gefüllt zur Erhöhung der Steifigkeit, Festigkeit, des Verschleißwiderstands oder zur Verringerung des Gleitreibungskoeffizienten.

Eigenschaftsvergleich s. Tafel 6.32.

Einsatzgebiete

Gleitlager, Rollenlager, Ventilteile, Schrauben, Steckerleisten, Pumpengehäuse und Räder, Teile für Haushaltsgeräte wie Kaffeemaschinen, Eierkocher, Toaster, Haartrockner, Staubsauger, Kochgeräte.

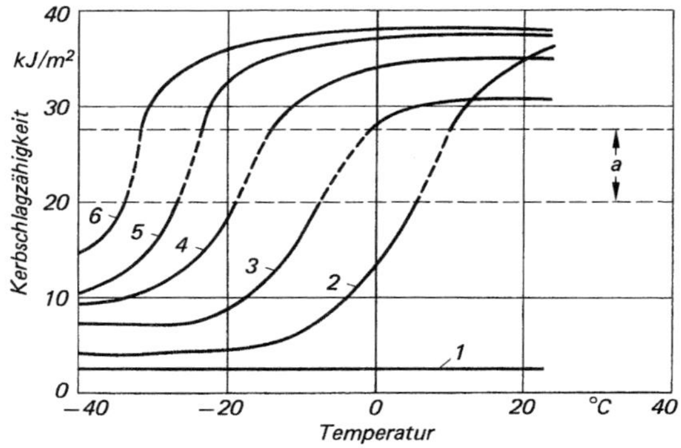

Bild 6.16 Kerbschlagzähigkeit unverstärkter modifizierter Polybutylenterephthalate in Abhängigkeit von der Temperatur
1: nicht modifiziert,
2: mit Polyacrylat-Kautschuk,
3: mit Polyolefin-Pfropfpolymer,
4: mit PC und Polybutadien-Pfropfpolymer,
5: mit Polybutadien-Pfropfpolymer,
6: mit modifiziertem Polybutadien-Pfropfpolymer,
a: Übergangsbereich Duktil-/Sprödbruch

6.8.2.3 Polytrimethylenterephthalat; PTT

Die Eigenschaften von PTT sind vergleichbar denen von PBT. Die Glastemperatur T_g liegt etwas höher, so dass der E-Modul mit zunehmender Temperatur weniger abfällt.

6.8.2.4 Thermoplastische Polyester-Elastomere; TPC

s. Abschn. 6.19.2.2

6.8.2.5 Polyterephthalat-Blends: PET + : PBT, MBS, PMMA, PSU, Elastomer

Blends mit PBT, MBS, PMMA und PSU weisen eine verbesserte Verarbeitbarkeit auf. Zur Verbesserung der Schlagzähigkeit unter Beibehaltung der Transparenz werden Blends mit MBS mit allen drei PET-Typen hergestellt, PET+MBS. Bei der Herstellung von MBS (Methacrylat-Butadien-Styrol-Copol., s. Abschn. 6.5.2.) wird auf einen weichen Kautschukkern eine harte Schale aufpolymerisiert. Einsatzgebiet: Gefrierpackungen auch für Mikrowelle. Eine höhere Wärmebeständigkeit weisen Blends mit PEN auf, s. Abschn. 6.8.3.3.

PBT + : ASA, EPDM, LCP, PC, PET, SMA

PBT+PC weist erhöhte Zähigkeit auf und wird in zunehmendem Maße für großflächige Außenteile im Kfz-Sektor eingesetzt. PBT+PET-GF50 ist extrem steif, UV-beständig, hat glatte Oberfläche, Einsatz im Pkw: Scheibenwischerarm, Außenspiegelträger. PBT+ASA-(GF) weist geringeren Verzug bei verbesserter Fließfähigkeit und Oberflächengüte auf, Einsatz im Pkw: Scheinwerferrahmen, Elektronikgehäuse. Blends mit EPDM, LCP und SMA sind erhältlich.

6.8.3 Polyester aromatischer Diole und Carbonsäuren; PAR, PBN, PEN

6.8.3.1 Polyarylate, PAR

Chemischer Aufbau, Eigenschaften

PAR sind thermoplastische Kondensate rein aromatischer Polyester und Polyestercarbonate (PEC). Formel 6.20 zeigt beispielhaft eine Struktur.

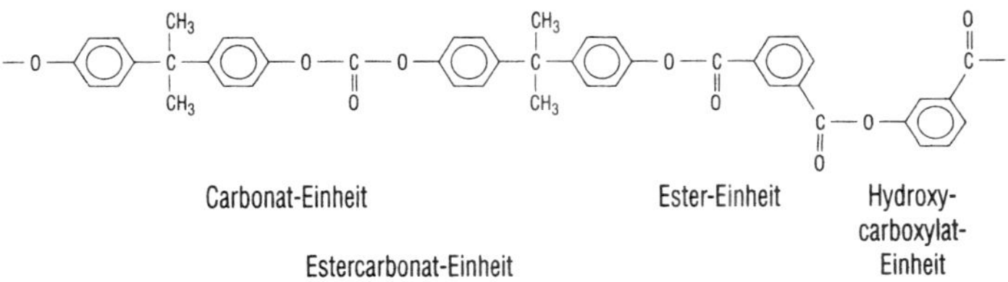

(6.20)

Sie sind transparent, in den mechanischen und elektrischen Eigenschaften und in der chemischen Beständigkeit mit PC vergleichbar. Typen für den Kontakt mit Lebensmitteln stehen zur Verfügung. PAR ist sterilisierbar. Die Glasübergangstemperatur liegt oberhalb 180 bis 325 °C, die Dauergebrauchstemperatur liegt bei 150 °C. PAR sind von Natur aus schwer entflammbar, sehr beständig gegen UV-Strahlung und für den Außeneinsatz auch ohne Stabilisierung geeignet, sie neigen aber ohne UV-Absorber zur Vergilbung.

In neuerer Zeit werden zwei PAR-Typen (PAR 15 und PAR 25) mit einer sehr hohen Temperaturbeständigkeit angeboten, s. Formel 6.21.

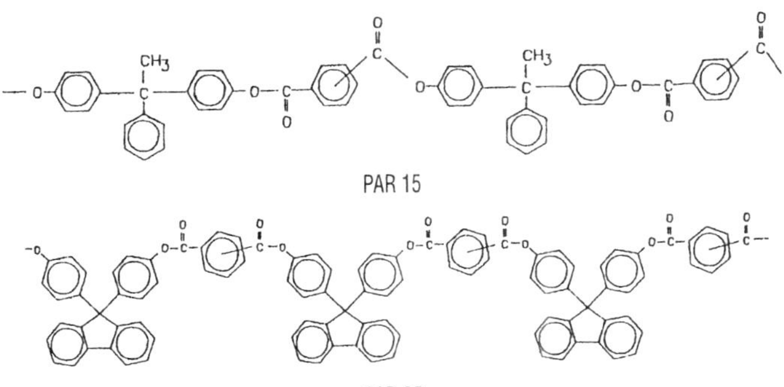

(6.21)

Die Glasübergangstemperaturen liegen bei 250 °C (PAR 15) und 325 °C (PAR 25). Aus beiden Thermoplasten können durch *Sintern* Halbzeuge wie Platten und Stäbe hergestellt werden. PAR 15 kann außerdem im *Spritzguss* verarbeitet werden. Die PAR 15 und 25 zeichnen sich durch eine hohe Konstanz der mechanischen und elektrischen Eigenschaften im Temperaturbereich bis etwa 200 bzw. 300 °C aus. Aufgrund ihrer amorphen Struktur sind die Formteile und Gießfolien glasklar. Anwendungen liegen im Bereich von UV-Filtern, Membranen, der Lichttechnik, von Schweißausrüstungen, der Elektronik und Elektrotechnik.

Eigenschaftsvergleich s. Tafel 6.33

Tafel 6.33 Eigenschaftsvergleich PAR

Eigenschaft	Einheit	PAR 15/25	PBN GF 30	PEN
Dichte	g/cm^3	1,21/1,22	1,63	
Zug-E-Modul	MPa	2350/2800		2400
Streckspannung	MPa			81
Streckdehnung	%			7,2
Nominelle Bruchdehnung	%			>50
Spannung bei 50 % Dehnung	MPa			
Bruchspannung	MPa	76/100	153	
Bruchdehnung	%	9–115	5	
Schmelztemperatur	°C			
Formbeständigkeitstemperatur HDT / A 1,8 MPa	°C	235/305	228	87
Längenausdehnungskoeffizient, längs (23–55 °C)	10^{-5}/K			
Längenausdehnungskoeffizient, quer (23–55 °C)	10^{-5}/K			
Brennbarkeit UL 94 bei 1,6 mm Dicke	Klasse	VO		
Dielektrizitätszahl bei 100 Hz	–			
Dielektrischer Verlustfaktor bei 100 Hz	$\cdot 10^{-4}$			
Spezifischer Durchgangswiderstand	Ohm · m	$1–20 \cdot 10^{14}$		
Spezifischer Oberflächenwiderstand	Ohm			
Elektrische Durchschlagfestigkeit	kV/mm		66	

Verarbeitung

PAR müssen vor der thermoplastischen Verarbeitung, im Wesentlichen dem Spritzgießen und Extrudieren (Massetemperatur 340 bis 400 °C), bei 120 bis 130 °C bis auf einen Wassergehalt unter 0,02 % getrocknet werden. Die Werkzeugtemperatur kann bis zu 150 °C betragen, die Verarbeitungsschwindung beträgt in Fließrichtung ca. 0,2 %, senkrecht dazu ca. 0,7 bis 0,9 %. Sonstige Ver- und Nachbearbeitungen wie bei PC.

Modifikationen

Einarbeitung von Faser- und Füllstoffen, insbesondere Glasfasern und Kaliumtitanatfasern erhöhen die Steifigkeit. Auch Talkum wird als Verstärkungsstoff verwendet. Durch Brandschutzadditive wird das schon gute Brandverhalten (V2 nach UL 94) noch verbessert.

Mischungen mit anderen Polymeren erbringen Vorteile, besonders hinsichtlich der Verarbeitbarkeit, Beständigkeit gegen Treibstoffe, die Gefahr der Hydrolyse und Verringerung des Preises. Die Verringerung der Kälteschlagzähigkeit wird durch gepfropfte Silikon-Kautschuke kompensiert, s. Tafel 6.34

Tafel 6.34 Vorteile von Mischungen aus Polyarylaten mit anderen Polymeren

Mischungspartner	Treibstoff-festigkeit	Hydrolyse-stabilität	Verarbeit-barkeit	Preis	Sonstiges
Polyalkylenterephthalate	x		x	x	
aliphatische Polyamide	x		x	x	
aromatisches Polycarbonat			x		
Polyolefine			x	x	höhere Zähigkeit
ABS-Polymere		x	x		höhere Zähigkeit
Polyphenylensulfid		x			höherer Brandwiderstand
Polyetherimid	x				
Polycarbonat-Siloxan-Blockcopolymere	x		x		höhere Zähigkeit
gepfropfte Silikon-Kautschuke	x				höhere Zähigkeit

x vorrangige Verbesserung

Einsatzgebiete

PAR werden dort eingesetzt, wo die Wärmeformbeständigkeit der PC nicht ausreicht und PSU aus Preisgründen nicht in Frage kommen: z.B. Bedienungspaneele für Küchenherde, Teile für Haartrockner und Mikrowellenöfen, Lampengehäuse und -reflektoren, Handwerkzeuge, Elemente für Büro- und sonstige Maschinen.

PAR 15/25: Gesinterte Halbzeuge wie Platten, Rohre, Stäbe; transparente Gießfolien für die Elektro- und Elektronikindustrie zum Isolieren oder für Mehrschichtverbunde, Flüssigkristall-Bildschirme, Klebebänder, UV-Filter; aus Sinterhalbzeugen oder spritzgegossenen Halbzeugen: temperaturbeanspruchte Funktionselemente für alle Bereiche der Technik.

6.8.3.2 Polybutylennaphthalat, PBN

PBN ist ein Polymerisat auf Basis von Dimethyl-2,6-Naphthalendicarboxylat (NDC) und Butandiol. Es weist gegenüber PBT höhere Wärmeformbeständigkeit auf (lötfest), hat geringere Durchlässigkeit für Methan und Methanol als PA 11 oder PE-HD.

Eigenschaftsvergleich s. Tafel 6.33.

Einsatzgebiete: elektronische Bauelemente, kraftstoffführende Teile (Copolymerisate [TPE] für Schläuche und Kabel).

6.8.3.3 Polyethylennaphthalat, PEN

PEN ist ein Polymerisat auf Basis von Dimethyl-2,6-Naphthalendicarboxylat (NDC) und Ethylenglykol. Es ist amorph und transparent und wird als Alternative oder als Blendpartner zu PET im Bereich Flaschen (heiß waschbar für Mehrweg), Folien und Fasern eingesetzt. Bei der Herstellung von Polyesterflaschen konnte sich PEN bislang aus Kostengründen nicht durchsetzen. Nur in Einzelfällen haben die bessere Barriereeigenschaften und höhere Wärmestabilität von PEN im Vergleich zu PET zum Einsatz bei der Flaschenherstellung geführt.

Verarbeitung: Spritzgießen, Extrudieren, Warmformen, Blasen.

Eigenschaften, s. auch Tafel 6.33: geringe Sauerstoffdurchlässigkeit, gute UV-Beständigkeit und Beständigkeit gegen Chemikalien und Hydrolyse.

Einsatz in der Medizin, Blutentnahmevorrichtung, Verpackung, Behälter.

6.9 Aromatische Polysulfide und Polysulfone; PPS, PSU, PES, PPSU, PSU+ABS

6.9.1 Polyphenylensulfid, PPS

Chemischer Aufbau

PPS sind teilkristalline Kunststoffe, bei denen aromatische Monomereinheiten über Schwefelatome miteinander verbunden sind. Sie zeichnen sich durch sehr hohe Wärmeformbeständigkeiten (Schmelztemperatur bis 445 °C), eine hohe Chemikalienbeständigkeit und Steifigkeit aus, s. Formel 6.22.

Sie können als vernetzbare Duroplaste und als Thermoplaste produziert werden, wobei letztere bei weitem die größere Bedeutung haben.

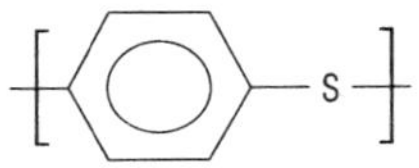

(6.22)

Polyphenylensulfid, PPS

Verarbeitung

Spritzgießen: Das wichtigste Verarbeitungsverfahren ist das Spritzgießen: Massetemperatur 315 bis 370 °C, Werkzeugtemperatur 25 bis 200 °C. Oberhalb einer Werkzeugtemperatur von 120 °C wird die Formteiloberfläche glatt und glänzend, bei 40 °C wird die höchste Zähigkeit erreicht. Da glasfaserverstärkte Formmassen weniger als 0,05 % Wasser enthalten, ist eine Vortrocknung nur in besonderen Fällen erforderlich, wenn z.B. hydrophile Füllstoffe verwendet werden. Eine Lagerung bis zu 6 h bei 150 °C hat sich in jedem Fall als zweckmäßig erwiesen. Da PPS eine sehr geringe Schmelzeviskosität aufweist, gehören auch die gefüllten Typen zu den leichtfließenden Formmassen, und es können geringe Wanddicken gespritzt werden.

Pressen/Sintern: PPS kann auch durch Pressen oder Sintern (z.B. zur Oberflächenbeschichtung) verarbeitet werden. Die Pulver werden vorher durch oxidative Vernetzung auf die erforderliche Schmelzeviskosität gebracht. Arbeitsschritte beim Pressen und Sintern von Formteilen sind: Verdichten in kalten Formen bei 70 MPa, Aufheizen der Form innerhalb einer Stunde auf 360 °C, erneutes Pressen bei 70 MPa, Presszeit 2 min je 2,5 mm Wanddicke, Abkühlen mit weniger als 10 K/h, Entformen bei etwa 150 °C.

Nacharbeiten: Beim mechanischen Bearbeiten sind besonders bei den hochgefüllten Formmassen Hartmetallwerkzeuge zweckmäßig. Das Ultraschall- und Spiegelschweißen ist gut möglich, weniger die Hochfrequenzschweißung. Wegen der hohen chemischen Beständigkeit ist ein Kleben mit Lösemittel-Klebstoffen nicht möglich, jedoch ergeben Zweikomponenten-Klebstoffe auf Epoxidharz- oder Polyurethanbasis feste Verbindungen. Zum Lackieren müssen die Oberflächen durch Beflammen oder durch ein Plasma vorbehandelt werden, oder es muss eine Grundierung auf PUR-Basis aufgebracht werden.

Tafel 6.35 Eigenschaftsvergleich der Polyarylsulfide und -sulfone

Eigenschaft	Einheit	Polyarylsulfide und - sulfone					
		PPS –GF 40	PES		PSU		(PSU + ABS)
			unverst.	–GF 30	unverst.	–GF 30	
Dichte	g/cm^3	1,60–1,67	1,36–1,37	1,58–1,6	1,24–1,25	1,44–1,45	1,13
Zug-E-Modul	MPa	13000–19000	2600–2800	9000–11000	2500–2700	7500–9500	2100
Streckspannung	MPa	–	75–80	–	90	–	50
Streckdehnung	%	–	5–6	–	6–7	–	4
Nominelle Bruchdehnung	%	–	20–50	–	20–>50	–	>50
Spannung bei 50 % Dehnung	MPa	–	–	–	–	–	–
Bruchspannung	MPa	165–200	–	125–150	–	110–125	–
Bruchdehnung	%	0,9–1,8	–	1,9–3	–	2–3	–
Schmelztemperatur	°C	275–290	–	–	–	–	–
Formbeständigkeitstemperatur HDT / A 1,8 MPa	°C	ca. 260	200–205	210–225	170–175	185	150
Längenausdehnungskoeffizient, längs (23–55 °C)	10^{-5}/K	1,5–2,5	5–5,5	2–3	5,5–6	2	6,5
Längenausdehnungskoeffizient, quer (23–55 °C)	10^{-5}/K	3,5–5	–	4–4,5	–		–
Brennbarkeit UL 94 bei 1,6 mm Dicke	Klasse	V-0	V-0	V-0	V-2/HB[1)]	V-0/V-1	HB[1)]
Dielektrizitätszahl bei 100 Hz	–	3,9–4,8	3,5–3,7	3,9–4,2	3,2	3,5–3,7	3,1–3,3
Dielektrischer Verlustfaktor bei 100 Hz	$\cdot 10^{-4}$	10–20	10–20	20–30	8–10	10–20	40–50
Spezifischer Durchgangswiderstand	Ohm · m	$>10^{13}$	$>10^{13}$	$>10^{13}$	$>10^{13}$	$>10^{13}$	$>10^{13}$
Spezifischer Oberflächenwiderstand	Ohm	$>10^{14}$	$>10^{13}$	$>10^{13}$	$>10^{15}$	$>10^{15}$	$>10^{14}$
Elektrische Durchschlagfestigkeit	kV/mm	20–30	20–30	20–30	20–30	30–35	20–30
Vergleichszahl der Kriechwegbildung CTI/A		125–150	100–150	125–175	125–150	150–175	175
Aufnahme von Wasser bei 23 °C, Sättigung	%	<0,1	1,9–2,3	1,5	0,6–0,8	0,4–0,5	0,3
Feuchteaufnahme bei 23 °C / 50 % r. F., Sättigung	%	<0,05	0,6–0,8	0,6	0,25–0,3	0,15–0,2	0,1

[1)] auch als V-0 verfügbar

6

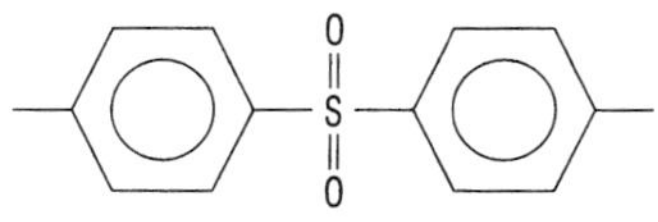

(6.23)

Diarylsulfon-Gruppe

Eigenschaften

Thermoplastisches PPS ist schwach verzweigt und deshalb hochkristallin. Die Kristallinität hängt in starkem Maße von der Temperatur-Zeit-Historie bei der thermoplastischen Verarbeitung ab. Die Dauergebrauchstemperatur liegt bei 200 bis 240 °C, die maximale Gebrauchstemperatur bei 300 °C. Lösemittel unter 200 °C sind nicht bekannt, es kann jedoch bei erhöhten Temperaturen angequollen werden. PPS ist gegen Alkalien und nichtoxidierende Säuren beständig, mit Ausnahme von Salzsäure, und wird von Oxidationsmitteln wie Salpetersäure angegriffen. Licht bewirkt bei nichtstabilisierten oder nicht pigmentierten Typen einen oberflächlichen Angriff. Die Gasdurchlässigkeit ist größer als bei anderen teilkristallinen Thermoplasten. PPS ist von Natur aus flammwidrig und erreicht bei 0,4 mm Dicke die Einstufung V0 nach UL 94.

PPS gehört zu den spröden Thermoplasten und wird deshalb in ungefüllter Form als Spritzgießformmasse nur wenig eingesetzt. Solche Anwendungen sind z.B. die Herstellung von Folien nach dem Breitschlitz-Extrusionsverfahren oder von Fasern. Für das Spritzgießen werden deshalb Compounds aus faserigen Verstärkungsstoffen, mineralischen Füllstoffen und Kombinationen aus diesen bevorzugt. Zur Verstärkung werden in erster Linie Glas-, aber auch Kohlenstoff- und Aramidfasern, als Füllstoffe Calciumcarbonat, Calciumsulfat, Kaolin, Glimmer, Talkum oder Quarz eingesetzt. Füllgrade bis 70 Masse-% sind möglich. Die mechanischen Eigenschaften werden stark von der Art und Menge der Zusatzstoffe beeinflusst, s. Tafel 6.35. Blends mit Fluorpolymeren verbessern die tribologischen Eigenschaften. Leitfähige Compounds sind erhältlich.

Eigenschaftsvergleich s. Tafel 6.35

Einsatzgebiete

Mikro-Präzisionsspritzguss, Einkapselung von Chips und anderen Elektronik-Bausteinen, Lampen- und Scheinwerfersockel, Pumpengehäuse und andere -Teile, Strukturschaum-Teile, Folien, CF-, AF-, GF-Prepregs.

Die hohe Wärmeform- und Chemikalienbeständigkeit lassen PPS geeignet für den Einsatz bei Hochleistungs-Verbundwerkstoffen erscheinen, bei denen die Verstärkungsfasern (hauptsächlich Glas-, Kohlenstoff- oder Aramidfasern) in endloser Form vorliegen. Zur Haftvermittlung und Imprägnierung wurden verschiedene Techniken entwickelt.

6.9.2 Polyarylsulfone; PSU, PSU+ABS, PES, PPSU

Chemischer Aufbau

Polysulfone sind Polykondensate, die als charakteristische Molekülgruppe Diarylsulfon-Gruppen im Kettenmolekül enthalten, s. Formel 6.23.

Bekannte Handelsprodukte sind Polyarylate (aromatische Ringe, die durch O-, S-, SO_2- oder andere Brücken verknüpft sind), die zusätzlich Ether-Bindungen (-O-) und teilweise auch -C-$(CH_3)_2$-Bindungen aufweisen. Chemische Bezeichnungen und Kurzzeichen sowie eine Zusammenstellung von Grundstrukturen, Gebrauchstemperaturen und Verarbeitungstemperaturen zeigt Tafel 6.36.

Verarbeitung

PSU kann nach allen für Thermoplaste üblichen Verfahren verarbeitet werden. Das *Spritzgießen* ist die am häufigsten angewendete Methode. Eine Vortrocknung der Formmassen bei je nach Sorte 150 bis 260 °C über 3 bis 6 h ist erforderlich. Es müssen hohe Masse- und Werkzeugtemperaturen bei der Verarbeitung zur Anwendung kommen, da die Schmelzen hochviskos sind. Hierdurch werden Molekülorientierungen und Eigenspannungen reduziert und damit auch die Spannungsrissempfindlichkeit. *Verbindungen* können z.B. durch das Heizelement- oder Ultraschallschweißen oder durch das Kleben mit Kleblacken (PSU, gelöst in Lösemitteln) oder Zweikomponenten-Klebstoffen hergestellt werden.

Eigenschaften

PSU sind amorphe Thermoplaste und weisen im ungefüllten Zustand eine hohe Transparenz auf. Die zulässigen Gebrauchstemperaturen, s. Tafel 6.36, liegen höher als bei den üblichen Kunststoffen für technische Anwendungen. Sie weisen bei hoher Festigkeit und Steifigkeit eine hohe Reißdehnung auf, die Kerbempfindlichkeit ist allerdings groß. Abrieb und Gleitverhalten sind gut und können durch das Einarbeiten von PTFE oder Graphit noch verbessert werden. Beständigkeit ist gegen viele Chemikalien gegeben, es besteht aber Spannungsrissempfindlichkeit. Beim Außeneinsatz muss PSU durch eine Pigmentierung, z.B. mit Ruß oder durch Oberflächen-Schutzschichten, gegen eine UV-Licht-Einwirkung geschützt werden. Gegen energiereiche Strahlung besteht gute Beständigkeit. PSU ist je nach Sorte von Natur aus in die Klasse V0 bis V2 nach UL 94 eingestuft.

An Modifikationen von PSU sind erhältlich: höhermolekulare Typen mit erhöhter Schmelzeviskosität für die Extrusion, flammhemmend ausgerüstete Typen (auch transparente), verstärkte Typen mit Glasfasergehalten von 10 bis 30% zur Erhöhung der Steifigkeit und Festigkeit und mineralisch gefüllte Typen zur Erhöhung der Wärmeformbeständigkeit und Verringerung der Spannungsrissempfindlichkeit.

PSU-Blends mit ABS, PAS und anderen Kunststoffen für technische Anwendungen erfüllen Anforderungen nach Galvanisierbarkeit, erhöhter Chemikalienbeständigkeit und geringerem Preis.

PES+PA wird durch „reaktives Blenden" hergestellt und weist bei hoher Steifigkeit und Festigkeit gute Schlagzähigkeit und Wärmealterungsbeständigkeit auf. Anwendungen: Pkw unter der Motorhaube.

Tafel 6.36 Polysulfone und Polysulfon-Modifikationen

Kurzzeichen	Grundstruktur	Gebrauchstemperaturen °C kurzzeitig	Gebrauchstemperaturen °C langzeitig	Massetemperatur °C	Werkzeugtemperatur °C
PES	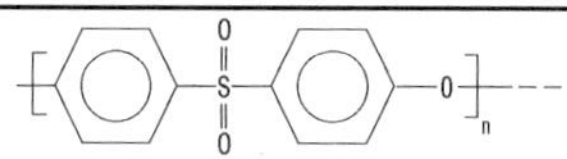	220	200	340 bis 390	bis 170
PES	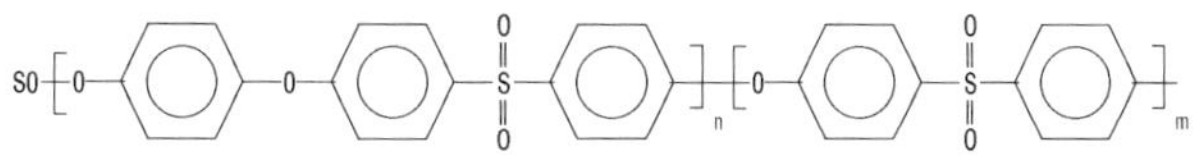	–	200	345 bis 390	140 bis 165
PPSU		–	190	360 bis 390	140 bis 165
PSU	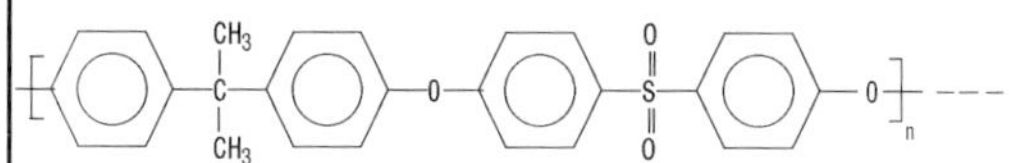	180	160	330 bis 380	120 bis 160
PSU + ABS		HDT-A = 149		280 bis 310	70 bis 120
PES + PA – GF30				310 bis 330	80 bis 140

Eigenschaftsvergleich s. Tafel 6.35u. Tafel 6.36.

Einsatzgebiete
Steckerleisten, Spulenkerne, Isolatoren, Kondensatoren, Bürstenhalter, Alkali-Batterien, gedruckte Schaltungen, temperaturbeanspruchte Teile für Haushaltsmaschinen und -geräte, medizinische Geräte und Molkereianlagen, Filtrationsmembrane (Mikro- und Ultrafiltration, Dialyse), Linsen, Spotlichter, Reflektoren, Lampenhalter, Schutzüberzüge für Metalle.

6.10 Aromatische Polyether, Polyphenylenether und Blends, PPE

6.10.1 Polyphenylenether, PPE

Chemischer Aufbau
Modifizierte Polyphenylenether (oder -oxide, PPE, PPO), s. Formel 6.24, verdanken beträchtliche technische und wirtschaftliche Bedeutung der unbegrenzten Compoundierbarkeit von PPE mit Thermoplasten wie PS, PA oder PBT zu preisgünstigen Formmassen, die bei Temperaturen <320 °C zu gut kälteschlagzähen steifen, bis >100 °C dauergebrauchsfähigen Formteilen verarbeitet werden können. Reine PPE finden praktisch keine Anwendung.

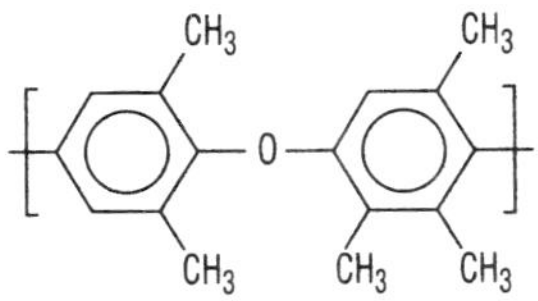

Polyphenylenether, PPE

(6.24)

6.10.2 Polyphenylenether-Blends

Wirtschaftliche Bedeutung haben Blends aus *Polyphenylenether* und schlagzähem *PS* im Verhältnis etwa 1:1 gewonnen. Dieses Blend weist eine bessere Oxidationsbeständigkeit auf als reines PPE, das oberhalb 100 °C zu einem beschleunigten oxidativen Abbau neigt. Die Verarbeitbarkeit wird verbessert, die Massetemperatur liegt bei 260 bis 300 °C. Die Gebrauchstemperaturen liegen jedoch wesentlich niedriger: kurzzeitig 120 bis 130 °C, langzeitig 100 bis 110 °C. Der Styrolanteil führt zu größerer Spannungsrissanfälligkeit.

Laminieren oder Coextrudieren hochviskoser, auch verstärkter PPE-Typen mit schwefelvernetzbaren Kautschukmischungen führt beim Heiß-Vulkanisieren zu Kunststoff-Kautschuk-Verbunden, deren Verbundfestigkeit höher als die Reißfestigkeit des vulkanisierten Kautschuks ist.

Blends oder Legierungen aus dem amorphen PPE mit teilkristallinen Polykondensaten bieten optimierte Eigenschaftsprofile mit besserer Lösungsmittel- und Spannungsrissbeständigkeit als der amorphe, geringerer Verarbeitungsschwindung und Verzugsneigung als der kristalline Werkstoffanteil.

Temperaturformbeständigkeit bis 210 °C bei vorzüglicher Kälteschlagzähigkeit hat man mit unverstärkten und verstärkten Blends auf Basis von PPE+PA 66 für on-line lackierbare Karosserieteile sowie öl- und treibstoffbeständige Teile unter der Haube erreicht. PPE+PBT-Legierungen nehmen weniger Wasser auf, sind aber nicht ganz so temperaturbelastbar.

PPE/PA-Pulver werden in wässriger Schaumemulsion mit Glasfasern nach dem Radlite-Herstellungsverfahren zu flächigem glasmattenverstärktem Vlies-Halbzeug für großflächige Formteile verarbeitet.

Schäumbare Kombinationen von PS-E (expandierbarem PS) mit PPE lassen sich zu Schäumen mit Rohdichten von 25 bis 250 kg/m^3 und entsprechenden Biegefestigkeiten von 0,5 bis 8,5 MPa verarbeiten (Partikelschäume). Die Wärmeformbeständigkeit liegt bei 104 bis 118 °C (PS-E: 95 °C).

Niedermolekulares PPE ist sehr gut verarbeitbar und besitzt gutes Haftvermögen und Verträglichkeit mit SB-Copolymeren und aromatischen und zykloaliphatischen EP-Harzen. Es wird als Additiv für SB und EP in Kleb- und Dichtstoffen sowie Beschichtungen und Kapselmassen mit erhöhten Wärmestandfestigkeiten eingesetzt und verbessert die Fließfähigkeit von amorphen Thermoplasten wie PEI schon bei Zusatz von 5 Gew.-%.

Eigenschaftsvergleich s.Tafel 6.37

Einsatzgebiete

PPE+PS-HI: Fahrzeugarmaturentafeln und Innenverkleidungen, Radkappen, Kühlergrills, Gehäuse, auch große Formteile für Büromaschinen, Fernseh- und Elektrogeräte in Strukturschaum, Teile für Haushaltsmaschinen, als Masterbatch, um thermische und mechanische Eigenschaften von PS zu verbessern, halogenfreier Flammschutz.

PPE + PA: im Bereich Instrumententafeln und Fahrzeugvorderfronten, Karosserieteile.

PPE + PS-E: Energieabsorber im Pkw.

6.11 Aliphatische Polyester (Polyglykole); PEOX, PPOX, PTHF

Polyethylen(propylen)oxide (PEOX, PPOX) sind Polymere auf Basis von Ethylen(Propylen)oxid. Je nach Molekulargewicht (PEOX: 200 bis 20 000 g/mol, PPOX: 400 bis 2000 g/mol) entstehen flüssige, wachsartige bis feste Polymere. Grundstruktur s. Formel 6.25.

PEOX ist in Wasser und vielen anderen Lösemitteln löslich, farblos, geruchsfrei und ungiftig und wird bei pharmazeutischen und kosmetischen Artikeln wie Gesichts- und Haarwasser, Lippenstift, Salben, Schmier- und Gleitmittel usw. eingesetzt.

Tafel 6.37 Eigenschaftsvergleich der modifizierten Polyphenylether und Polyetherketone

Eigenschaft	Einheit	Modifizierte Polyphenylenether und Polyetherketone									
		(PPE + SB)		(PPE + PA 66)		PEEKK			PEKEKK		PEEK
		unverst.	GF 30	unverst.	GF 30	unverst.	GF 30	CF 30	unverst.	GF 30	
Dichte	g/cm^3	1,04–1,06	1,26–1,29	1,09–1,10	1,32–1,33	1,30	1,55	1,45	1,30	1,53	1,32
Zug-E-Modul	MPa	1900–2700	8000–9000	2000–2200	8300–9000	4000	13 500	22500–23000	4000	12 000	3500
Streckspannung	MPa	45–65	–	50–60	–	105–110	–	–	105–115	–	
Streckdehnung	%	3–7	–	5	–	6	–	–	5–5,5	–	5
Nominelle Bruchdehnung	%	20–>50	–	>50	–	30–35	–	–	30–>50	–	>60
Spannung bei 50% Dehnung	MPa	–	–	–	–	–	–	–	–	–	
Bruchspannung	MPa	–	100–120	–	135–160	–	170–180	220	–	190	100
Bruchdehnung	%	–	2–3	–	2–3	–	2,2–2,4	2	–	2,5–3,5	
Schmelztemperatur	°C	–	–			365	365	365	375–380	375–380	343
Formbeständigkeitstemp. HDT / A 1,8 MPa	°C	100–130	135–140	100–110	200–220	165	350	360	170	350	155
Längenausdehnungskoeff., längs (23–55 °C)	10^{-5}/K	6,0–7,5	3	8–11	2–3	4,5–5	1,5	1,2	4	2	4,7
Längenausdehnungskoeff., quer (23–55 °C)	10^{-5}/K	–		–		–	0,4	–	–	–	
Brennbarkeit UL 94 bei 1,6 mm Dicke	Klasse	HB 1)	HB 1)	HB 1)	HB 1)	V–O	V–O	V–O	V–O	V–O	V–O
Dielektrizitätszahl bei 100 Hz	–	2,6–2,8	2,8–3,2	3,1–3,4	3,6	3,6	3	–	3,4	3,9	3,2
Dielektrischer Verlustfaktor bei 100 Hz	10^{-4}	5–15	10–20	450	420	8	10	–	35–30	25–30	
Spezifischer Durchgangswiderstand	Ohm · m	$>10^{14}$	$>10^{14}$	$>10^{11}$	$>10^{11}$	$>10^{13}$	$>10^{13}$	10^3–10^4	$>10^{13}$	$>10^{13}$	$5 10^{14}$
Spezifischer Oberflächenwiderstand	Ohm	$>10^{14}$	$>10^{14}$	$>10^{12}$	$>10^{12}$	$>10^{13}$	$>10^{13}$		$>10^{13}$	$>10^{13}$	
Elektrische Durchschlagfestigkeit	kV/mm	35–40	45	95	65	20	20–30	–	20	20–30	
Vergleichszahl der Kriechwegbildung CTI/A		200–400	175–250	600	300	175	200	–	125–150	150–175	
Aufnahme von Wasser bei 23 °C, Sättigung	%	0,15–0,3	0,15	3,4–3,5	2,7–3,6	0,45	0,4	0,42	0,8	0,5	0,8
Feuchteaufn. bei 23 °C / 50% r. F., Sättigung	%	<0,1	<0,1	1,1–1,2	0,8–1,2	0,18	0,12	0,14–0,18	0,25	0,1	0,25

1) auch als V-1 bis V-0 verfügbar

6

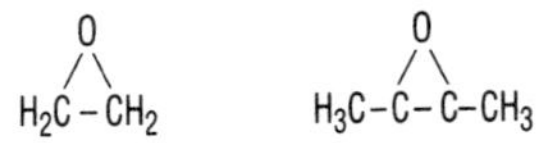

(6.25)

PPOX ist im Unterschied zu PEOX noch bei höheren Molekulargewichten flüssig und wird als Schmiermittelzusatz und als Brems- und Hydraulikflüssigkeit eingesetzt.

PTHF (Polytetrahydrofuran) wird durch kationische Polymerisation von Tetrahydrofuran hergestellt. PTHF sind streng lineare Polyetherdiole mit Molmassen von 650 bis 3000 g/mol.

6.12 Poly(aryl)etherketone (aromatische Polyetherketone) PAEK; PAE, PEK, PEEK, PEEEK, PEKK, PEEKK, PEEKEK, PEKEEK, PAEK+PEI

Chemischer Aufbau

PAEK enthalten in der Polymerkette Ether-(Sauerstoffbrücken) und Ketogruppen (C=O) sowie alle technisch interessanten Kunststoffe 1,4 Phenylen-Einheiten (alternativer Name Polyarylether: PAE). Das einfachste Polyetherketon ist in Formel 6.26 dargestellt. PAEK sind teilkristalline Polymere, deren Schmelztemperatur vom Anteil der Ketogruppen abhängt, s. Tafel 6.38. Die Bezeichnung erfolgt entsprechend der Zahl und Anordnung der verschiedenen Gruppen, z.B. zwei Ether-, eine Ketogruppe: Polyetheretherketon PEEK.

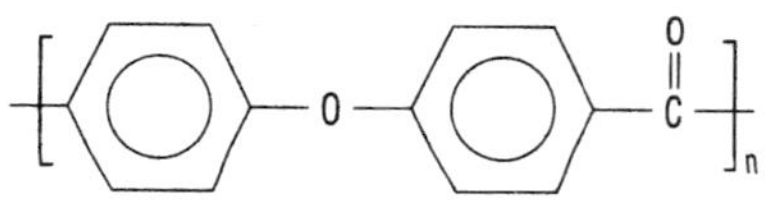

(6.26)

Poly – Ether – Keton: PEK

Verarbeitung

Bei Massetemperaturen von 350 bis 420 °C und Werkzeugtemperaturen von 150 bis 190 °C (bei komplexen Geometrien bis zu 250 °C) kann PAEK nach den üblichen Verfahren für Thermoplaste im Spritzguss oder durch Extrusion verarbeitet werden. Entstehen durch zu schnelles Abkühlen amorphe Oberflächenschichten, so kann die Kristallisation durch Nachtempern erhöht werden. Eine Vortrocknung bei 150 bis 200 °C über mindestens 3 h ist erforderlich. Beschichtungen, z.B. durch Wirbelsintern, sind möglich. Die Fließfähigkeit der Schmelze ist geringer als die anderer Hochtemperatur-Thermoplaste, so dass sich bei dünnwandigen Spritzgussteilen leichtfließende Spezialtypen empfehlen.

Eigenschaften

PAEK gehören zu den in einem weiten Temperaturbereich hochfesten und -steifen Kunststoffen. Als teilkristalline Thermoplaste weisen sie eine hohe Dauerschwingfestigkeit auf. Die Schlagzähigkeit ist gut, allerdings sind insbesondere die unverstärkten Typen kerbempfindlich. Die Dauergebrauchstemperaturen liegen bei 250 °C. Chemisch sind die PAEK weitgehend resistent gegen nichtoxidierende Säuren, Laugen, Öle, Fette und Bremsflüssigkeiten aus dem Kfz-Bereich, auch bei hohen Temperaturen. Sie sind durch heißes Wasser oder Dampf nicht hydrolisierbar und nicht oxidationsempfindlich. Sie sind bedingt beständig gegen oxidierende Säuren. Das einzige bekannte Lösemittel bei Raumtemperatur ist konzentrierte Schwefelsäure. Wegen der geringen UV-Beständigkeit muss bei einem dauernden Außeneinsatz eine entsprechende Pigmentierung oder Lackierung erfolgen. Ohne Zusatz flammhemmender Additive erreichen sie die Einstufung V0 nach UL 94 und weisen im Vergleich zu anderen Thermoplasten eine außerordentlich geringe Rauchgasdichte auf.

6

Zur Erhöhung der Steifigkeit und Festigkeit, insbesondere auch bei erhöhten Temperaturen, werden Glas- und Kohlenstofffasern und Gleitzusätze wie PTFE und Graphit eingearbeitet.

Verschiedene Typen weisen in einem bestimmten Bereich vollständige Mischbarkeit mit einem isomorphen Verhalten auf. Dieser Bereich liegt innerhalb einer Differenz des Ketoanteils von 25%. Der Kristallitschmelzpunkt solcher Blends weist eine lineare Abhängigkeit vom Ketogruppen-Anteil auf, s. Tafel 6.38.

PAEK ist mit Polyetherimid *(PEI)* im Bereich unter 30 bis über 70 Masse-% vollständig mischbar. Solche Blends weisen eine höhere Schlagzähigkeit als die Einzelkomponenten auf. Liegt der PAEK-Anteil unter 80%, so erhält man amorphe, transparente Spritzlinge mit besserer Chemikalienbeständigkeit im Vergleich zum PEI.

Eigenschaftsvergleich s. Tafel 6.37.

Tafel 6.38 Thermische Eigenschaften verschiedener Poly(aryl)etherketone

Materialbeschreibung	Anteil Keton-gruppen %	Schmelz-temperatur °C	Glas-temperatur °C
PPE, s. Abschnitt 6.10	0	285	110
PEEEK	25	324	129
PEEK	33	335	141
$P(E)_{0.625}(K)_{0.375}$	37.5	337	144
PEEKEK	40	345	148
PEK	50	365	152
PEEKK	50	365	150
$P(E)_{0.43}(K)_{0.57}$	57	374	157
PEKEKK	60	384	160
PEKK	67	391	165

Einsatzgebiete

Ausnutzung des guten Verhaltens im Brandfall und der Wärme- und Chemikalienbeständigkeit: Spritzgussteile für die Automobil-, Luftfahrt-, Elektro- und Medizinindustrie, Kabelisolierungen, Folien, Fasern, Bänder und Platten aus mit K-Fasern verstärktem PEEK.

Spezielles, hochreines PEEK für Implantatanwendung, spezielles PEEK für kurzeitigen Einsatz im medizinischen Bereich, wie Katheder, Endoskope.

PEEK-Prepregs mit Kohlenstoff-, Aramid-, Stahl- und Glasfasern im Wettbewerb zu Duroplasten, s. Tafel 6.39.

Tafel 6.39 Mechanische Eigenschaften von PEEK-CF

Eigenschaft	Einheit	Wertebereich
Unidirektional		
Faservolumenanteil	%	40 → 65
Dichte	g/cm	1,51 →1,63
Zugfestigkeit	MPa	1570 → 2600
Elastzitätsmodul	GPa	78 → 155
Bruchdehnung	%	1,8 bis 2,0
Quasi-isotrop, Gewebe verpresst 0°/90°/±45°, FVG: 60%		
Zugfestigkeit bei 23 → 200 °C	MPa	1100 → 700

6.13 Aromatische Polyimide, PI

Chemischer Aufbau

Polyimide besitzen die höchste Wärmeformbeständigkeit. Sie enthalten die charakteristische Imid-Gruppe, s. Formel 6.27

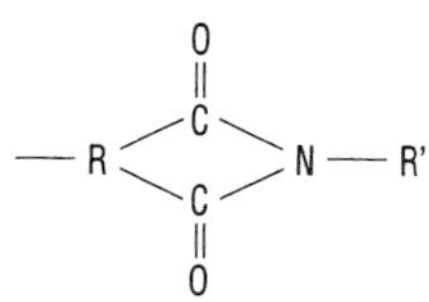

(6.27)

Imid-Gruppe

Durch Polykondensation aromatischer Diamine mit aromatischen Dianhydriden entstehen als Zwischenstufe schmelzbare Produkte, die durch Erhitzen unter Abspalten von Stoffen in einen unlöslichen und nicht mehr schmelzbaren Zustand übergehen. Sie werden als Duroplaste und Thermoplaste verwendet. Letztere lassen sich aber in der Regel nicht wie normale Thermoplaste verarbeiten, sondern es werden spezielle Techniken angewendet: Pressen oder Sintern eines pulverförmigen Zwischenprodukts. Einige Typen lasssen sich bei hohen Temperuturen um 350 °C im Spritzguss oder durch Extrusion verarbeiten. Polyadditions-Produkte entstehen aus Kurzketten-Prepolymeren mit ungesättigten aliphatischen Endgruppen, die durch thermisch polymerisierende Gruppen abgesättigt werden. Solche

Typen haben eine etwas geringere Wärmestandfestigkeit als die Polykondensate. Sie werden in beheizten Pressen oder in Autoklaven zu Laminaten verpresst oder im Wickelverfahren verarbeitet. Beim Aushärten ist die Entstehung flüchtiger Stoffe zu beachten. Typen zum Sprühen und zur Beschichtung von z. B. Blechen sowie zum Kleben und Schweißen sind verfügbar.

Tafel 6.40 und Tafel 6.41 enthalten eine Zusammenstellung von Grundstrukturen und Eigenschaften einiger duroplastischer und thermoplastischer Polyimide.

6.13.1 Duroplastische Polyimide; PI, PBMI, PBI, PBO und weitere

6.13.1.1 Polyimid, PI

Der Aufbau rein aromatischer PI durch Polykondensationen kann wegen der erforderlichen Abführung flüchtiger Nebenprodukte nur in Spezialverfahren bis zu unschmelzbaren und unlöslichen Formstoffen geführt werden. Massive Halbzeuge und präzisionsgesinterte Formteile sowie 7,5 bis 125 µm dicke Elektrofolien, Kabelisolierung im Flugzeug aus solchen PI, die von –240 bis 260 °C an Luft, bis 315 °C im Vakuum oder inerter Atmosphäre dauerbeanspruchbar sind, werden vom Rohstoffhersteller unmittelbar geliefert. Dasselbe gilt für sehr hochmolekulare, unter CO_2-Abspaltung aufzubauende Polyimide aus Carbonsäuredianhydriden und Diisocyanaten und Polybenzimidazole (PBI). PI-Schrumpffolien, elektrisch und/oder wärmeleitfähig eingestellte und beidseitig mit PFA-Klebschicht ausgestattete Folien sind Sondereinstellungen. Ähnliche Folien aus dem Harnstoff-Derivat Paraban-Säure sind bis 155 °C wärmebeständig.

Eigenschaftsvergleich s. Tafel 6.41 und Tafel 6.66.

6.13.1.2 Polybismaleinimid, PBMI

PBMI werden durch Kondensation mit p-Diaminen gewonnen und härten über endständige Doppelbindungen mit sich selbst oder über Reaktionspartner stufenweise vernetzend aus. Die Entstehung flüchtiger Produkte bei der Polykondensation erfordert besondere Maßnahmen bei der Verarbeitung. Hervorstechende Eigenschaften sind die Wärmestandfestigkeit, die Strahlenbeständigkeit, das Selbstverlöschen bei Entfernung der Flamme, die chemische Beständigkeit und die rationelle Verarbeitbarkeit. Press- und Spritzpressmassen enthalten 20 bis 50% Glas-, Graphit-, Kohlenstoff- oder synthetische Fasern oder PTFE zur Verbesserung des Gleit- und Reibverhaltens.

Beim Pressen werden Werkzeugtemperaturen von 190 bis 260 °C benötigt, beim Spritzpressen ca. 190 °C. Spritzgießtypen können auf Duroplast-Spritzgießmaschinen bei Werkzeugtemperaturen von 220 bis 240 °C und Zykluszeiten von 10 bis 20 s/mm Wanddicke hergestellt werden. Sinterpulver werden in einem stufenweisen Prozess verarbeitet. Ein Nachtempern bei 200 bis 250 °C über 24 h ist in allen Fällen erforderlich.

Einsatzgebiete: Metallsubstitutionen, z. B. bei Vakuumpumpen, Zigarrenanzünder, Vergaserflansche, integrierte Schaltkreise, gedruckte Schaltungen, Kabelverbinder, Raketenspitzen.

6

Tafel 6.40 Polyimid und einige PI-Modifikationen

Grundtyp	Kurzzeichen	Grundstruktur	Gebrauchstemperatur kurzzeit °C	Gebrauchstemperatur langzeit °C	Bemerkung
Duroplaste					
Polyimid	PI	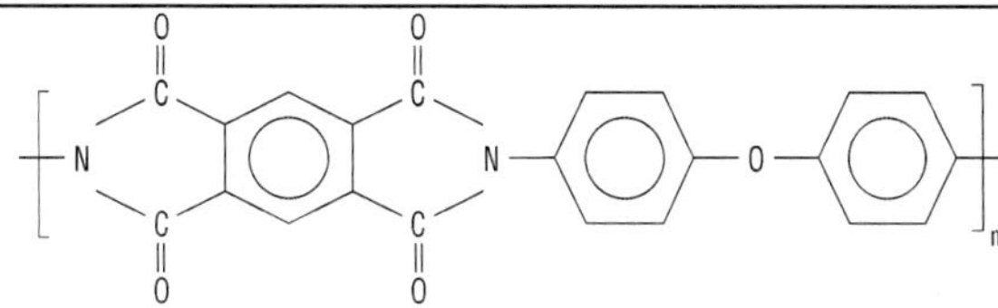	<400	260	
Polybismaleinimid (Polyaminobismaleinimid)	PBMI (PAMI)	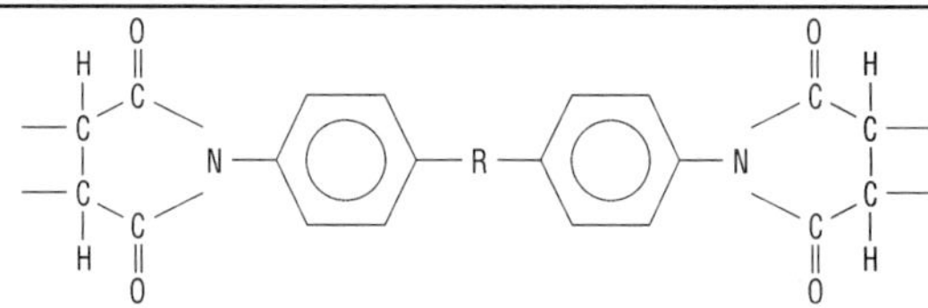	250	190	
Polybenzimidazol	PBI	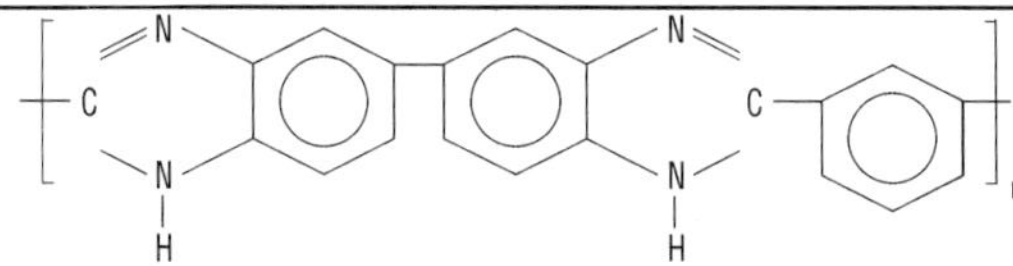	<500 o. Luft <300 m. Luft		Halbleiter-Polymer
Polyoxadiazobenzimidazol	PBO	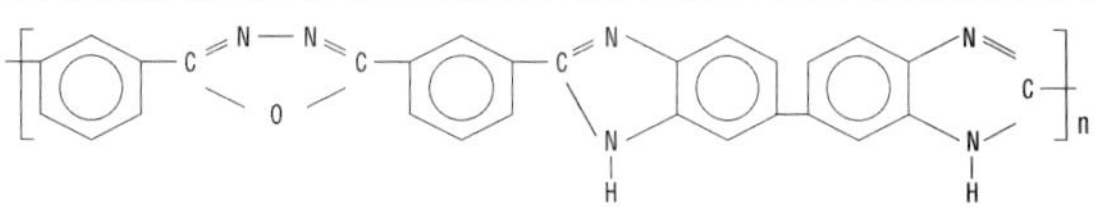	<500		

Tafel 6.40 Polyimid und einige PI-Modifikationen *(Fortsetzung)*

Grundtyp	Kurz-zeichen	Grundstruktur	Gebrauchstemperatur kurzzeit °C	Gebrauchstemperatur langzeit °C	Bemer-kung
Thermoplaste					
Polyamidimid	PAI	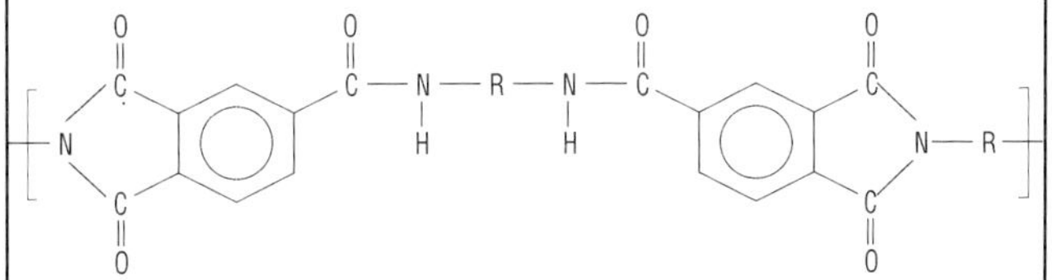	300	260	
Polyetherimid	PEI	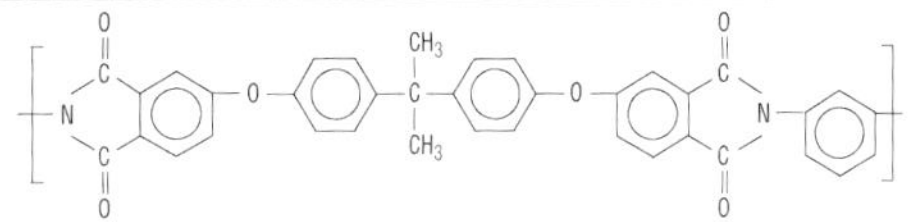	>200	170	
Polyimidsulfon	PISO	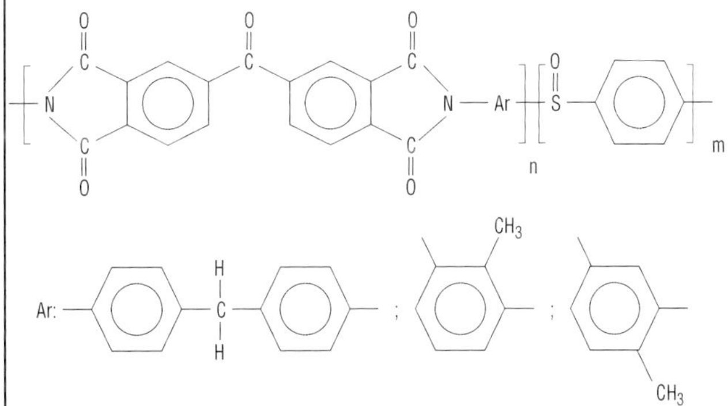	>250	210	

Tafel 6.40 Polyimid und einige PI-Modifikationen *(Fortsetzung)*

Grundtyp	Kurz-zeichen	Grundstruktur	Gebrauchstemperatur kurzzeit °C	Gebrauchstemperatur langzeit °C	Bemer-kung
Polymethacrylimid	PMI	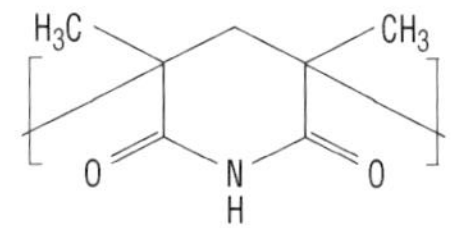		180	Hart-schaum
PMI modifiziert	PMMI	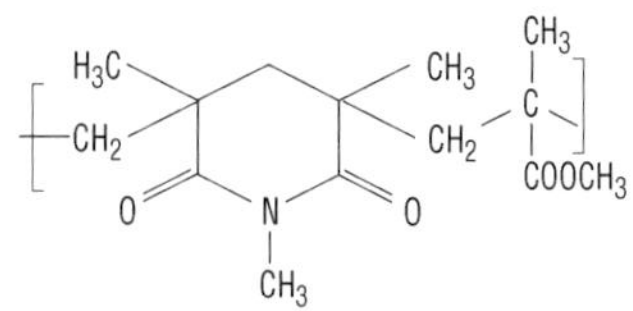		120–150	
Polyesterimid	PESI	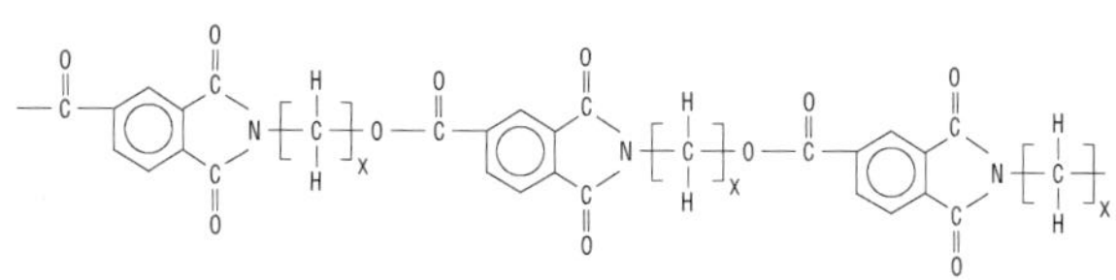		200	Halb-leiter-Polymer

Tafel 6.40 Polyimid und einige PI-Modifikationen *(Fortsetzung)*

Grundtyp	Kurz-zeichen	Grundstruktur	Gebrauchstemperatur kurzzeit °C	Gebrauchstemperatur langzeit °C	Bemer-kung
Leiterpolymere					
Polyimidazopyrrolon (Pyrrone)		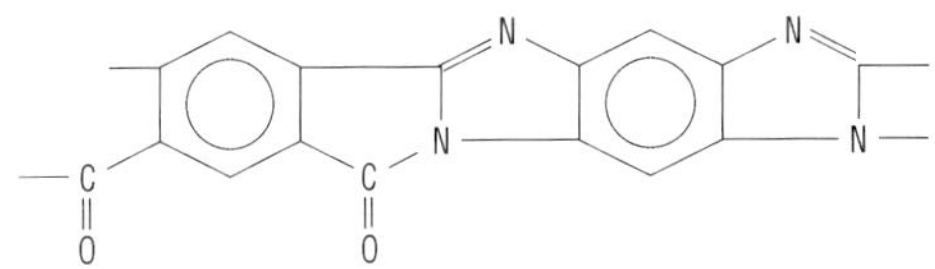			Leiter-Polymer
Polycyclon		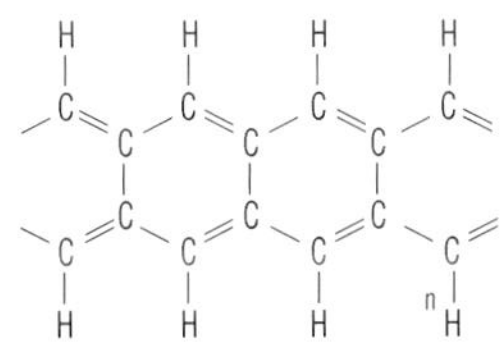	1000 (Faser)		Leiter-Polymer

Tafel 6.41 Eigenschaftsvergleich der thermoplastischen Polyimide

Eigenschaft	Einheit	Duroplast	Thermoplastische Polyimide				
		PI	PAI			PEI	
			unverst.	–GF 30	–CF 30	unverst.	–GF 30
Dichte	g/cm^3	1,43	1,38–1,40	1,59–1,16	1,45–1,50	1,27	1,49–1,51
Zug-E-Modul	MPa	2300	4500–4700	12 000–14 000	24 500	2900–3000	9000–11 000
Streckspannung	MPa	210	–	–	–	85–100	–
Streckdehnung	%		–	–	–	6–7	–
Nominelle Bruchdehnung	%		–	–	–	30–>50	–
Spannung bei 50 % Dehnung	MPa		–	–	–	–	–
Bruchspannung	MPa		150–160	205–220	250	–	150–165
Bruchdehnung	%	88	7–8	2–3	1,2	–	ca. 2
Schmelztemperatur	°C		–	–	–	–	–
Formbeständigkeitstemperatur HDT / A 1,8 MPa	°C	>400	275	280	280	190	205–210
Längenausdehnungskoeffizient, längs (23–55 °C)	10^{-5}/K	20	3,0–3,5	1,6	0,9	5,5–6,0	2
Längenausdehnungskoeffizient, quer (23–55 °C)	10^{-5}/K		–			–	5
Brennbarkeit UL 94 bei 1,6 mm Dicke	Klasse		V-0	V-0	V-0	V-0	V-0
Dielektrizitätszahl bei 100 Hz	–		3,5–4,2	4,4	–	3,2–3,5	3,6
Dielektrischer Verlustfaktor bei 100 Hz	$\cdot 10^{-4}$		10		–	10–15	15
Spezifischer Durchgangswiderstand	Ohm · m		$>10^{15}$	$>10^{15}$		$>10^{15}$	$>10^{14}$
Spezifischer Oberflächenwiderstand	Ohm	$>10^{15}$	$>10^{16}$	$>10^{16}$		$>10^{16}$	$>10^{15}$
Elektrische Durchschlagfestigkeit	kV/mm	200	25	25–35	–	25	25
Vergleichszahl der Kriechwegbildung CTI/A					–	150	150
Aufnahme von Wasser bei 23 °C, Sättigung	%	3,5				1,25	0,9
Feuchteaufnahme b. 23 °C / 50 % r. F., Sättigung	%	2,0				ca. 0,5	ca. 0,4

6.13.1.3 Polybenzimidazol, PBI

PBI gehört zu den Halbleiter-Polymeren. Bei diesen ist das Prinzip der Leiterpolymeren durchbrochen, da sie neben den Doppelketten der Leiter noch einfache Ketten enthalten. Sie werden durch Schmelzkondensation gebildet. Unter Luftausschluss zeigen sie erst oberhalb 500 °C einen leichten Gewichtsverlust, während in Gegenwart von Luft bereits oberhalb 200 °C ein schneller Abbau beginnt. Wird in der labilen NH-Gruppe der Wasserstoff durch die Phenyl-Gruppe ersetzt, nimmt die Wärmebeständigkeit zu.

PBI haften bei ihrer Kondensation sehr gut an metallischen Oberflächen und werden deshalb als wärmebeständige Metallklebstoffe verwendet. Die Oxidation bei erhöhter Temperatur spielt wegen der geringen offenliegenden Klebfugen dann nur eine geringe Rolle. PBI sind beständig gegen alle Lösemittel, Öle, Säuren und Alkalien und werden deshalb in speziellen Fällen auch als Lacke zum Oberflächenschutz eingesetzt. PBI werden im Weltraum- und Militäranwendungen eingesetzt.

6.13.1.4 Polytriazine

In Formel 6.28 (R = Kohlenstoff C) ist der Triazin-Ring dargestellt, der ähnlich wie der Benzolring resonazstabilisiert und damit hochtemperaturbeständig ist. In der Technik werden Materialien zusätzlich als Polytriazine bezeichnet auch wenn es mit R = Sauerstoff (O) Polycyanurate sind. Mit einem R = Bisphenol-A-Rest werden stufenweise vernetzbare, meist mit Bismaleinimid modifizierte Polymere gebildet.

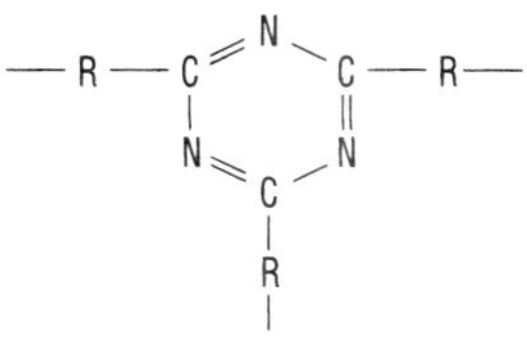

Triazin-Kern

(6.28)

Sie sind als Prepolymere bei 30 bis 130 °C niedrigviskos schmelzbar und vielfältig verarbeitbar und erreichen ausgehärtet eine Glasübergangstemperatur von 200 bis 300 °C. Die ausgezeichneten mechanischen, elektrischen und dielektrischen Eigenschaften führen zu Anwendungen als kupferkaschierte Schichtstoffe (Träger gedruckter Schaltungen), andere Bauteile der Mikroelektronik, Isolierstoffe für große Motoren, Isolier- und Lagerwerkstoffe in der Kfz- und Flugzeugindustrie.

6.13.1.5 Poly(oxadiazo)benzimidazol, PBO

Das Produkt schmilzt bei 525 °C und zersetzt sich bei 550 °C.

6.13.2 Thermoplastische Polyimide; PAI, PEI, PISO, PMI, PMMI, PESI, PARI

6.13.2.1 Polyamidimid, PAI

PAI ist mit 220 N/mm^2 Reißfestigkeit und 6% Bruchdehnung bei –96 °C, 66 N/mm^2 (verstärkt bis 137 N/mm^2) Reißfestigkeit bei 232 °C und hoher Zeitstandfestigkeit ein Sonderwerkstoff, sowohl für die Kälteindustrie als auch für die Luft- und Raumfahrttechnik. Es ist beständig gegen aliphatische, aromatische, chlorierte und fluorierte Kohlenwasserstoffe, Ketone, Ester und Ether, energiereiche Strahlen, schwache Säuren und Basen. Von Wasserdampf und Alkalien wird PAI bei höherer Temperatur angegriffen. Mit PTFE oder Graphit modifizierte Einstellungen sind bis 250 °C bewährte Werkstoffe für ungeschmierte Lager mit minimalen Reibungsbeiwerten. Für höchste Gebrauchswerte müssen Formteile durch mehrtägiges Tempern bei 250 °C auspolymerisiert werden.

Im Gegensatz zu den schwer verarbeitbaren Polyimiden lassen sich die PAI durch Spritzgießen zu komplizierten Formteilen verarbeiten und auch extrudieren. Die Massetemperatur bei der Verarbeitung liegt bei 330 bis 370 °C, die Werkzeugtemperatur bei 200 bis 230 °C. Eine Vortrocknung von 8 bis 16 h bei 150 bis 180 °C ist erforderlich. Insbesondere zur Erhöhung der Verschleißfestigkeit empfiehlt sich eine Temperung der Formteile bei 245 bis 260 °C über 24 h bis zu 5 d.

Modifikationen mit Graphit und PTFE werden als Lagerwerkstoffe eingesetzt, Glas- und Kohlenstofffasern und Mineralstoffe dienen zur Erhöhung der Steifigkeit und Festigkeit und zur Reduzierung des Preises.

Die Verarbeitbarkeit kann durch Zumischen von niedrigviskosen technischen Thermoplasten wie PSU, PEI, PA, PPS und PC verbessert werden.

Eigenschaftsvergleich s. Tafel 6.41.

Einsatzgebiete: Mechanisch oder elektrisch beanspruchte Konstruktionselemente bis 260 °C wie Laufräder für hydraulische oder pneumatische Pumpen, Lager und Gehäuse für Kraftstoffmesser, Gleitelemente. Lösungen in polaren Lösemitteln für Drahtlackierungen und als Kleblacke, Nanofiltrationsmembrane mit TiO_2-Füllstoff.

6.13.2.2 Polyetherimid, PEI

PEI ist dank ausgezeichneter Fließfähigkeit durch angussloses Spritzen, Spritzblasen, Extrudieren und Schäumen verarbeitbar. Mit guter Zeitstandfestigkeit unter Belastung bis zu hohen Temperaturen, guten elektrischen Werten, gemessen am Sauerstoff-Index höchster Flammwiderstandsfähigkeit aller Thermoplaste außer Fluorpolymeren, und bei mäßigem Preis ist es für einen breiten Anwendungsbereich geeignet. Der amorphe, nicht pigmentiert bernsteingelb transparente Kunststoff ist löslich in Methylenchlorid und Trichlorethylen, wird von Alkoholen, Kraftfahrzeug- und Flugzeug-Treibstoffen, Schmier- und Reinigungsmitteln auch unter Spannung nicht angegriffen, ist beständig gegen Säuren und schwache Alkalien (pH < 9), gegen Hydrolyse durch Heißwasser und Dampf, UV- und energiereiche Strahlung.

PEI wird hauptsächlich durch Spritzgießen bei Massetemperaturen von 375 bis 425 °C und Werkzeugtemperaturen von 100 bis 150 °C verarbeitet. Eine Vortrocknung von 7h bei 120 °C oder 4h bei 150 °C ist erforderlich. Da auch Compounds mit Glasfasergehalten bis zu 40% zum Einsatz kommen und die Viskosität der Schmelze hoch ist, sollte der maximale Spritzdruck der Spritzgießmaschine 1500 bis 2000 bar betragen. PEI-Typen mit Entformungsmitteln weisen einen um 10% verbesserten Fließweg auf. Typen mit Mineralfüllung und/oder mit PTFE modifiziert besitzen ein verbessertes Gleit- und Abriebverhalten. Mit bis zu 40% GF und CF verstärkte Typen haben eine erhöhte Steifigkeit und Festigkeit.

Eigenschaftsvergleich: s. Tafel 6.41.

Einsatzgebiete: Hochspannungs-Unterbrechergehäuse, Steckerleisten, Teile für Mikrowellenöfen, lötbadbeständige Teile, Kolben- und Bremszylinder-Teile, Vergasergehäuse, Lager, Zahnräder, Ventilator-Laufräder.

Blends aus PEI und PEC (Polyestercarbonat, s. Abschn. 6.8.3) werden aufgrund ihrer thermischen Eigenschaften, der hydrolytischen Stabilität, der Fleckenunempfindlichkeit als Mikrowellengeschirr, aber auch als Kfz-Scheinwerfer-Reflektoren eingesetzt.

6

Blends mit besonders leicht fließendem PPE (≤5 Gew.%) verbessern die Verarbeitbarkeit (Massetemperatur bei GF30 von 360 bis 380 °C auf 310 bis 340 °C), ohne die mechanischen Kennwerte wesentlich zu beeinflussen.

6.13.2.3 Polyimidsulfon, PISO

PISO, transparent, 250 bis 350 °C Glasübergangs-, 208 °C Dauergebrauchstemperatur ist beständig gegen alle üblichen Lösemittel, besser verarbeitbar als das zugrunde liegende PI-System. Auch PTFE- oder graphitgefüllte Spritzgießmassen auf PISO-Basis (Verarbeitungstemperatur < 370 °C) sind auf dem Markt. Nicht modifizierte lineare PISO der in Tafel 6.40 angedeuteten Struktur (T_g >310 °C) sind nicht mehr fließfähig, Folien können aus Dimethylformamidlösung gegossen werden.

6.13.2.4 Polymethacrylimid, PMI (Hartschaumstoff)

Aus den Monomeren Methacrylnitril und Methacrylsäure sowie chemischen (Formamid) oder physikalischen Treibmitteln (Isopropanol) wird in einer ersten Fertigungsstufe ein gegossenes Polymerisat, hergestellt. In einer zweiten Fertigungsstufe werden entsprechende Plattenzuschnitte in einem thermischen Prozess bei Temperaturen zwischen 170 und 220 °C zu Dichten zwischen 30 und 300 kg/m^3 aufgeschäumt. Die Imidierungsreaktion findet während des Schäumprozesses statt.

Lieferformen: Tafeln maximal 2500 mm x 1250 mm, 1 bis 65 mm Dicke, in Dichten von 30 bis 300 kg/m^3 (Maximal-Angaben, gelten nicht für alle Typen).

Eigenschaften: Geschlossenzelliger, vibrationsfester Hartschaumstoff mit hohen Festigkeitswerten und hoher Wärmeformbeständigkeit.

Eigenschaften in Abhängigkeit von Typ und Dichte:

- E-Modul nach DIN 53457: 20 bis 380 N/mm^2,
- Druckfestigkeit nach DIN 53421: 0,2 bis 15,7 N/mm^2,
- Schubfestigkeit nach DIN 53294: 0,4 bis 7,8 N/mm^2.

- Wärmeformbeständigkeit nach DIN 53424, bis 215 °C,
- Dauergebrauchstemperatur, bis 180 °C.

Alle Typen beständig gegen die meisten Lösemittel und Treibstoffanteile, nicht gegen Alkalien.

Sehr gutes Kriechverhalten, auch bei hohen Temperaturen, und damit Eignung zur Herstellung von Sandwichbauteilen im Autoklaven bis 180 °C und 0,7 N/mm^2 Druck. Eignung für „co-curing„-Verfahren, d.h. Aushärten der gesamten Sandwichstruktur (Prepregdeckschichten + Kern) in einem Arbeitsgang. Thermoelastisch vorformbarer Sandwichkern für das IMP-Verfahren (In Mould Pressing). Dieses Verfahren beruht auf der Druckerzeugung durch den Schaumkern im geschlossenen Werkzeug. Dieser Druck wird bei normalen PMI-Typen durch Nachschäumen und bei vorgepressten Typen durch Expandieren des Kernes erzeugt. Da die Expansion des Kernes in dem geschlossenen Werkzeug behindert wird, wird Druck aufgebaut und somit das Deckschichtlaminat an die Werkzeugwandung gepresst. Bei der Expansion vorgepresster, d.h. thermoelastisch verdichteter Kerne bedient man sich des Memory-Effektes zur Druckerzeugung.

PMI-Hartschaumstoff lässt sich mit herkömmlichen Zweikomponenten-Klebstoffsystemen, sowohl mit sich selbst als auch mit gängigen Deckschichtlaminaten problemlos verkleben.

Einsatzgebiete: Kernwerkstoff für Serienstrukturbauteile im Flugzeugbau (Flaps, Klappen, Stringer); für Hubschrauberrotorblätter; im Schiffsbau als Kern im Rumpf bzw. in den Aufbauten; im Kfz-Bau als Kerne für Karosseriebauteile; Sandwichkerne für Hochleistungsfahrradrahmen und -Felgen; Langlauf- und Alpinskikerne, Kerne für Tennisschläger; Antennen- und Radombau; Satellitenbauteile, Modellbau, gut Röntgenstrahlen durchlässige Röntgenliegen, selbsttragend.

6.13.2.5 Polymethacrylatmethylimid, PMMI

Durch Einfügen von Methylmethacrylat in die PMI-Kette entstehen transparente Kunststoffe, die im Vergleich zu PMMA folgende Vorteile aufweisen: erhöhte Wärmeformbeständigkeit (120 bis 150 °C), höhere Steifigkeit, Festigkeit, chemische Beständigkeit und höherer Brechungsindex (1,53). Der lineare Ausdehnungskoeffizient ist geringer, die Lichtdurchlässigkeit beträgt 90 %.

PMMI lässt sich zwischen 270 und 300 °C durch Spritzgießen und Extrusion verarbeiten und hat bei der Coverarbeitung mit z.B. PET, PA, PC, PVC, S/AN und ABS auch ohne Haftvermittler eine gute Verträglichkeit.

Einsatzgebiete: Front- und Heckleuchten, Instrumentenabdeckungen, optische Fasern, Sonnendächer und Seitenfenster im Automobilbau und Verpackungen für Lebensmittel, Kosmetika und im medizinischen Bereich.

6.13.2.6 Polyesterimid, PESI

Polyesterimide sind im Spritzguss verarbeitbare Thermoplaste. In organischen Lösemitteln lösliche Tränkharze werden durch Einbrennen verleitert und zur Drahtlackierung in der Elektroindustrie eingesetzt. Sie sind dann bis 200 °C dauernd belastbar.

6.14 Selbstverstärkende teilkristalline Polymere, LCP

(flüssigkristalline Polymere, Liquid Crystal Polymers)

6.14.1 Chemischer Aufbau

Chemisch basieren LCP im Wesentlichen auf folgenden Polymeren:

- Polyterephthalate und -Isophthalate; LCP-PET, LCP-PBT, s. Abschn.6.8.2
- Poly(m-phenylenisophthalamid, LCP-PMPI, s. Abschn. 6.7.7
- Poly(p-phenylenphthalamid), LCP-PPTA, s. Abschn. 6.7.7
- Polyarylate, LCP-PAR, s. Abschn. 6.8.3
- Polyestercarbonate, LCP-PEC, s. Abschn. 6.8.3.

Auf den Gebieten Polyazomethine, Polythioester, Polyesteramide und Polyesterimide wird ebenfalls geforscht.

Es ist seit langem bekannt, dass bestimmte Stoffe und auch Polymere im füssigen Zustand oder in Lösung steife, kristalline Bereiche bilden. Dieser hochgeordnete Zustand in der Lösung oder in der Schmelze steht im Kontrast zu den ungeordneten Makromolekülen herkömmlicher Kunststoffe. LCP bilden einen flüssigkristallinen Zwischenstatus zwischen dem flüssigen und dem festen Zustand, der mit „mesomorph" bezeichnet wird. Die steifen kristallinen Bereiche in einer Molekülkette werden „mesogene" Bereiche genannt, s. Bild 6.17. Erst, wenn man die LCP über die sogenannte Klärtemperatur erhitzt, erhält man eine isotrope Flüssigkeit. Ein LCP, das nur aus mesogenen Bereichen in der Hauptkette besteht, ist thermoplastisch nicht verarbeitbar, da es erst bei 400 bis 600 °C, d.h. oberhalb der Zersetzungstemperatur, schmilzt. Durch den gezielten Einbau von Störstellen zwischen den mesogenen Bereichen solcher Moleküle kommt man zu „thermotropen", bei 220 bis 400 °C schmelzbaren Hauptketten-LCP. Störstellen können flexible -CH_2-Sequenzen, eingebaute Winkel (z.B. durch Isophthalsäure), Parallelversatz (2,6-Hydroxynaphtholsäure, HNA, o.Ä., „Crankshaft"-Polymere) oder voluminöse Substituenten sein. Monomereinheiten, die zur Ausbildung linearer starrer Kettensegmente führen, sind zum Aufbau von Hauptketten-LCP geeignet. Ein Beispiel zeigt Formel 6.29.

In Seitenkettenpolymeren sind die mesogenen Bereiche in den Seitenketten angeordnet und über bewegliche Zwischenglieder (Spacer) quer an leicht schmelzbare Makromoleküle angepfropft. Mesogene sind in der kristallinen Schmelze im elektrischen Feld ausrichtbar (Doppelbrechung). Seitenketten-LCP sind deshalb als „Funktionspolymere" für die Speicherung elektro-optischer, einfrierbarer und durch Aufschmelzen wieder löschbarer Informations-Speicher einsetzbar.

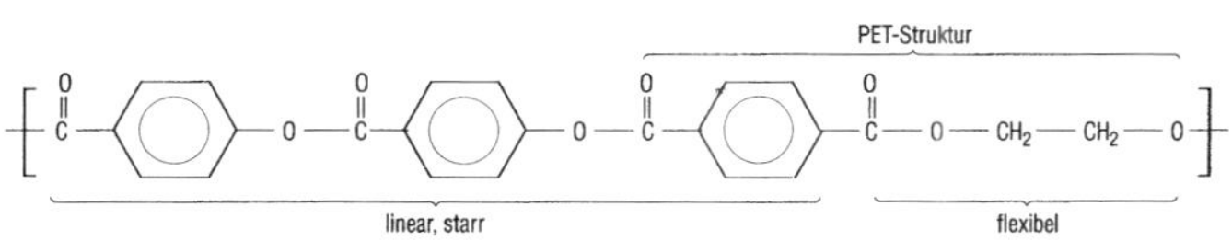

(6.29)

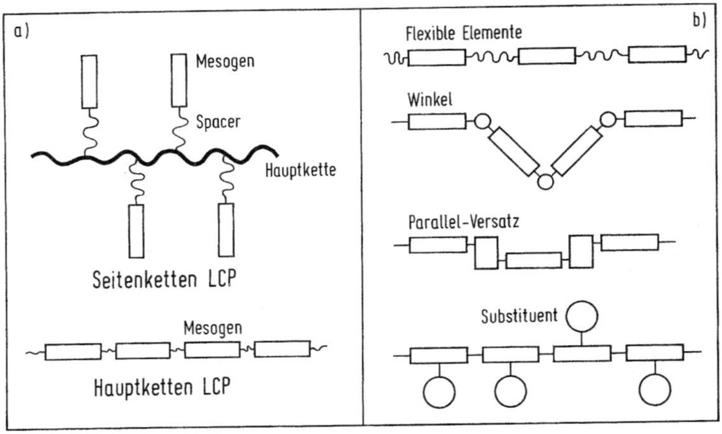

Bild 6.17 Bauprinzipien flüssig-kristalliner Polymere
a: Hauptketten- und Seitenketten-LCP,
b: Störstellen in thermotropen Hauptketten-LCP

Im Spritzguss und in der Extrusion werden fast ausschließlich Polyester und für die meisten Anwendungen mit Füll- und Verstärkungsstoffen, wie Glasfasern, Kohlefasern oder mineral-, grafit- oder mit PTFE modifiziert eingesetzt. Zusätzlich sind leitfähige und metallisierbare Typen verfügbar. Flüssigkristalline Polyamide, sogen. Aramide, sind nur schwer zu schmelzen und werden z.B. aus der Lösung heraus zu Fasern versponnen.

6.14.2 Verarbeitung

LCP werden hauptsächlich im Spritzgießen verarbeitet. Extrusion, Extrusionsblasformen und Coextrusion sind weitere gebräuchliche Verarbeitungsverfahren. Beim Spritzgießen liegen die Massetemperaturen liegen zwischen 280 und 330 °C, die Werkzeugtemperaturen bei 70 bis 130 °C. Um Grate an den Spritzlingen zu vermeiden, ist auf gut schließende Werkzeuge zu achten. Wegen der starken Orientierung der Schmelze muss der Angusslage besondere Beachtung geschenkt werden, Bindenähte sind Schwachstellen. LCP-Formteile und extrudierte Halbzeuge können mit den üblichen Methoden mechanisch bearbeitet, mit für Polyester geigneten Klebstoffen und mit Ultraschall verbunden werden. Die Möglichkeit LCP zu metallisieren wird insbesondere für die Herstellung von MID (Moulded Interconnect Devices)-Bauteilen, dreidimensionale elektronische Schaltungsträger, ausgenutzt.

6.14.3 Eigenschaften

LCP für die thermoplastische Verarbeitung sind in der Schmelze dünnflüssig, so dass filigrane Formteile mit geringen Wanddicken herstellbar sind. LCP besitzen eine gute Fließfähigkeit in der Schmelze, Flammwidrigkeit, Dimensionsstabilität bei hohen Temperaturen, chemische Beständigkeit und eine geringe thermische Ausdehnung sowie gute mechanische Eigenschaften. Beim Verarbeitungsprozess orientieren sich die Moleküle in Scher- oder Dehnströmungen, woraus eine hohe Anisotropie der Eigenschaften und eine sog. Selbstverstärkung in Orientierungsrichtung folgt. Die meist angegebenen hohen Zähigkeiten und Festigkeiten (bis 240 MPa), die hohen Elastizitätsmoduln (bis 40 GPa), die geringen thermischen Ausdehnungskoeffizienten liegen nur in der Orientierungsrichtung der Moleküle vor. Die Langzeit-Formbeständigkeit ohne eine mechanische Belastung liegt je nach Formmasse bei 185 bis 250 °C.

LCP sind in einem weiten Temperaturbereich beständig gegen Hydrolyse, schwache Säuren und Basen, Alkohole, Aromaten, chlorierte Kohlenwasserstoffe, Ester, Ketone und alle Chemikalien, die sonst Spannungsrisse auslösen, außer stark oxidierenden Säuren und starken Alkalien. Die Witterungsstabilität und Beständigkeit gegen γ-Strahlen und Kurzwellen sind gut. Sie sind von sich aus flammwidrig (V0 nach UL 94) und weisen bis auf eine geringe Kriechstromfestigkeit sehr gute elektrische Eigenschaften auf.

Glas- und kohlefaserverstärkte Typen weisen eine etwas höhere Festigkeit und Steifigkeit auf. Eine Füllung mit Mineralien reduziert die Anisotropie der Eigenschaften der Spritzlinge. LCP werden zur Verbesserung der Fließfähigkeit der Schmelze anderen Thermoplasten beigemischt (5 bis 30%). Umgekehrt soll die Zugabe geringer Mengen anderer Thermoplaste die Richtungsabhängigkeit der Eigenschaften von LCP verringern.

Neuere, ionenärmere Produkte werden für elektronische Anwendungen angeboten. Diese werden beispielsweise eingesetzt, um Korrosion oder Kurzschlüsse durch elektrisch geladene, an die Oberfläche migrierte Teilchen bei metallisierten Leiterbahnstrukturen mit engen Abständen zu minimieren.

LCP besitzen sehr gute Barriereeigenschaften gegen Gase und Wasserdampf, was in coextrudierten Folien für Verpackungen ausgenutzt wird.

Eigenschaftsvergleich s. Tafel 6.42.

6.14.4 Einsatzgebiete

Anwendungen in der Elektronik und Elektroindustrie, Steckverbindungen, elektromechanische Komponenten, Anwendungen in der Automobilindustrie, Glühkerzenstecker, Chipkartenleser, Sonnenlichtsensoren, Kupplungen für Lichtleiter, Lager, Dichtungen, Schüttungen für Destillierkolonnen, Funktionselemente für Pumpen, Messinstrumente, Teile auch im Kontakt mit Kraftstoffen im Kfz-Motorraum, Kleinstteile für den Einsatz in einer aggressiven Umwelt, MID (Moulded Interconnect Devices), Mehrschichtfolien mit guten Barriereeigenschaften, geforscht wird derzeit am Einsatz der LCP in PEM (Polymer-Elektrolyt-Membran)-Brennstoffzellen.

Tafel 6.42 Eigenschaftsvergleich von flüssigkristallinen Copolyestern

Eigenschaft	Einheit	LCP-PC	LCP-PET		
		unverst.	unverst.	–GF 30	–CF 30
Dichte	g/cm^3		1,40	1,6	1,5
Zug-E-Modul	MPa	2500→4300	10400	16100	23000
Streckspannung	MPa		–	–	–
Streckdehnung	%		–	–	–
Nominelle Bruchdehnung	%		–	1,8	–
Spannung bei 50 % Dehnung	MPa		–	–	–
Bruchspannung	MPa	62→94	156	188	167
Bruchdehnung	%	5,6→3,7	2,6	2,1	1,6
Schmelztemperatur	°C		280	280	280
Formbeständigkeitstemperatur HDT / A 1,8 MPa	°C	125→135	168	232	240
Längenausdehnungskoeffizient, längs (23–55 °C)	10^{-5}/K		–0,3	–0,1	–0,1
Längenausdehnungskoeffizient, quer (23–55 °C)	10^{-5}/K		+6,6	+4,7	+5,2
Brennbarkeit UL 94 bei 1,6 mm Dicke	Klasse		V-0	V-0	V-0
Dielektrizitätszahl bei 100 Hz	–		3,2	3,4	–
Dielektrischer Verlustfaktor bei 100 Hz	$\cdot 10^{-4}$		160	134	–
Spezifischer Durchgangswiderstand	Ohm · m		10^{14}	10^{14}	50–100
Spezifischer Oberflächenwiderstand	Ohm		$>10^{13}$	$>10^{13}$	10^4
Elektrische Durchschlagfestigkeit	kV/mm		39	43	–
Vergleichszahl der Kriechwegbildung CTI/A			150	125	–
Aufnahme von Wasser bei 23 °C, Sättigung	%		<0,1	<0,1	0,1
Feuchteaufnahme bei 23 °C / 50 % r. F., Sättigung	%		<0,05	<0,05	0,06

6.15 Leiterpolymere: Zweidimensionale Polyaromaten und -heterocyclen

Chemischer Aufbau

Leiterpolymere bestehen aus linearen Ketten, die in gleichmäßigen Abständen vernetzt sind, Beispiele s. Tafel 6.40, Pyrrone und Polycyclone. Aufgrund dieses Aufbaus weisen sie höchste Temperaturstabilität und Steifigkeit auf.

Das Synthese-Prinzip besteht aus einer Verknüpfung von Monomeren mit Ringstrukturen, die überwiegend aus aromatischen (Benzol-) Ringen oder stickstoffhaltigen Heterocyclen aufgebaut sind bzw. sich bei Verknüpfung bilden. Dabei entstehen bifunktionelle und multifunktionelle Polymerbausteine, die bei weiterer Vernetzung leiterartige oder Raumnetz-Strukturen bewirken. Schwierigkeit und Kosten der mehrstufigen Synthesen wie auch der Verarbeitung sind hoch. Leiterpolymere können weder thermoplastisch noch in Lösung verarbeitet werden. Die Formgebung muss deshalb bereits bei der Molekül- bzw. Leiterbindung noch aus den löslichen oder schmelzbaren Vorprodukten erfolgen.

6

Lineare Polyarylene

Lineare oder verzweigte Polyphenylene sind im Endzustand unlöslich und unschmelzbar. Ihre Dauergebrauchstemperaturen – außer gegen geschmolzene Alkalimetalle – liegen bei 200 bis 300 °C, bei Sauerstoffausschluss bis 400 °C.

Poly-p-Xylylene (Parylene)

Dies sind Dielektrika für einen Dauergebrauch von –160 °C bis 275 °C in Form dünner Folien oder Beschichtungen. Die Polymere werden durch Polymerisation bei 600 °C im Vakuum vergaster Dimerer-Radikale des Xylols (Formel 6.30) oder chlorierter Xylole auf kalten Flächen abgeschieden. Wegen des Gehalts an $–CH_2$-Gruppen sind sie nur bis etwa 80 °C oxidationsbeständig, sonst bis 150 °C beständig gegen alle organischen Lösungsmittel. Polymonochlorparaxylylen ist eine chlorierte Variante von Poly-p-Xylylen, löst sich bei 175 °C in Chlornaphtalen und lässt sich so als Überzug auf Bauteile auftragen.

Poly-p-hydroxybenzoat (Ekonol)

Aus dem Monomeren p-Hydroxybenzoesäure (Formel 6.30) wird ein linearer Polyarylester (s. Abschn. 6.8.3) polymerisiert, der außer den –O–CO– Estergruppen nur aromatische Ringe enthält. Das bei 550 °C schmelzende Polymere kann im Flammspritzverfahren und, durch Zusätze schmiedbar gemacht, zu Lagerwerkstoffen verarbeitet werden. Copolymere mit etwa 40% Diphenol-Terephthalat sind „selbstverstärkende" Spritzgießmassen, s. Abschn. 6.14. Die langen, relativ steifen Makromoleküle ordnen sich in der Schmelze zu „thermotropen" flüssigkristallinen Phasen. Aus der anisotropen Schmelze spritzgegossene Formkörper sind in Fließrichtung mehrfach fester und steifer als senkrecht dazu. „Lyotrop" flüssigkristalline Lösungen nicht schmelzbarer Aramide werden zu Fasern verarbeitet.

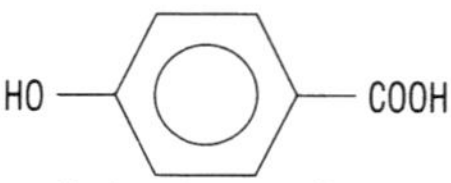

p-Hydroxybenzoesäure

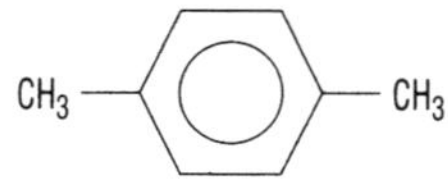

Xylol

(6.30)

Polyimidazopyrrolon, Pyrrone

Polypyrrone sind echte Leiterpolymere und zeichnen sich durch eine hohe Resistenz gegen Hochenergie-Strahlung aus. Sie wurden für Zwecke der Raumfahrt entwickelt.

Polycyclon

Zu dieser Gruppe gehören Polycyclobutadien und Polycycloacrylnitril. Es sind Leiterpolymere. Sie sind weder thermoplastisch noch in Lösung verarbeitbar und werden speziell zur Herstellung von zwar wenig festen, aber kurzfristig bis 1000 °C erhitzbaren Fasern verwendet. Da bereits bei 200 °C eine schnelle Oxidation in Luft mit starkem Festigkeitsabfall erfolgt, kann die hohe Wärmestandfestigkeit nur ausgenutzt werden, wenn die Fasern in eine Harzmatrix eingebettet oder metallisiert werden.

Weitere Leiterpolymere

Die Synthese von PI-ähnlichen langkettigen Leiterpolymeren mit heterocyclischen Kernen der in Tafel 6.43 aufgezeigten Konfigurationen und Benennung ist ein Entwicklungsgebiet. Diese werden als Kleb- und Tränkharze für die Träger gedruckter Schaltungen, in der Mikroelektronik und als strahlungsvernetzende „Photoresist"-Lacke für gedruckte Schaltbilder auf Halbleiter-Chips der Computertechnik, die bei Temperaturen um 400 °C und bei sonstigen Beanspruchungen in nachfolgenden Arbeitsgängen nicht zerstört werden, gebraucht. Zu den Synthesen wird auch die vielfältige Reaktionsfähigkeit multifunktioneller Isocyanate genutzt. Man strebt „offenkettige", in konzentrierter Lösung oder Schmelze flüssigkristalline Prepolymere an, die auf dem Träger vorgeordnet aufgetragen zum unlöslichen und unschmelzbaren Endprodukt verleitert oder zyklisiert werden können.

Das zur PPE-Gruppe (s. Abschn. 6.10) gehörende, aber nur aromatische Ringe enthaltende *Poly-2,6-diphenyl-phenylenoxid*, mit T_g = 235 °C, T_m = 480 °C, wird aus organischen Lösemitteln zu Fasern für Filtergewebe und für Hochspannungskabel-Isolierpapiere versponnen.

Tafel 6.43 Heterocyclen für den Aufbau von Leiterpolymeren

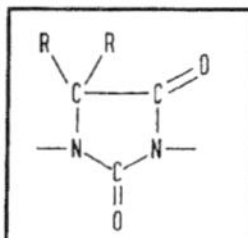	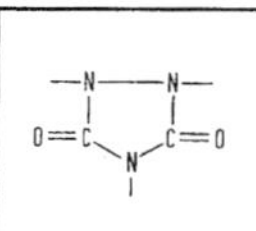	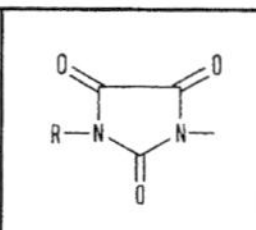	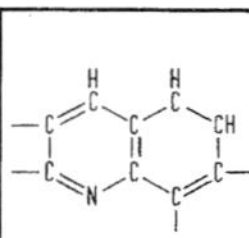	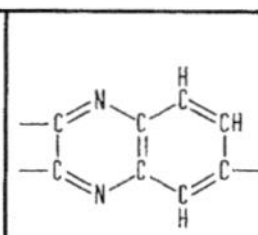	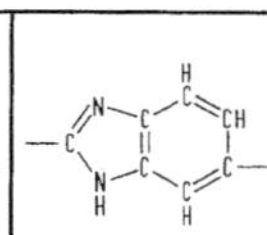
Hydantoin	**Urazol**	**Parabansäure**	**Chinolin**	**Chinoxalin**	**Benzimidazol**

6.16 Polyurethane, PUR

6.16.1 Allgemeine Grundlagen

Vom chemischen Aufbau her sind Polyurethane nie „reine“ Kunststoffe wie z.B. PVC aus Vinylchlorid oder Polyethylen aus Ethylen, sondern stets chemisch-strukturell gemischte Polymere. Die Urethangruppe, der Namensgeber dieser Kunststoffklasse, ist häufig nur in untergeordnetem Maße im Makromolekül enthalten. Auch „PUR“-Produkte ohne eine Urethangruppe sind bekannt. Allen Variationen sind jedoch die Prinzipien der „Polyisocyanat-Chemie“ gemeinsam. Bestimmt wird das Eigenschaftsprofil der PUR-Werkstoffe weitestgehend von anderen als den Urethan-Strukturmerkmalen. Dieser Sachverhalt begründet deren einmalige Vielfalt unter den Kunststoffen: Polyurethane sind vor allem als Schaumstoffe, Elastomere und massive Formteile bekannt. Darüber hinaus spielen sie als PUR-Lacke und Anstrichstoffe, als Klebstoffe, Beschichtungsmaterialien, Elastifikatoren für andere Kunststoffe und schließlich als Fasern eine z.T. entscheidende Rolle bei technischen Anwendungen.

6

6.16.1.1 Chemischer Aufbau

Isocyanate sind durch die energiereiche, d.h. durch die sehr reaktionsfähige Isocyanatgruppe, –N=C=O, gekennzeichnet. Sie reagiert *exotherm* nicht nur mit wasserstoffaktiven Verbindungen, sondern unter geeigneten Bedingungen auch mit sich selbst. Wie schnell eine NCO-Gruppe mit ihrem Reaktionspartner reagiert, hängt außer vom Partner besonders von der Struktur des Molekülrestes ab, an dem sie gebunden ist. Die wichtigsten wasserstoffaktiven Verbindungen besitzen OH- oder NH_2-Funktionen, es sind Alkohole oder Amine. Eine besondere Rolle spielt Wasser als OH-Komponente bei der Herstellung von Schaumstoffen: Bei der Umsetzung mit Isocyanaten entsteht gasförmiges Kohlendioxid CO_2, das als Treibmittel wirkt. Ebenfalls entsteht CO_2 bei der Reaktion der NCO-Gruppe mit organischen Säuren. Sie sind durch die Carboxylgruppe -COOH gekennzeichnet. Darüber hinaus kann im Reaktionsgemisch noch unverbrauchtes oder überschüssiges Isocyanat mit dem bereits gebildeten, primären Umsetzungsprodukt sekundäre *Folgereaktionen* eingehen. Dabei entstehen weitere chemische Strukturen, die die Eigenschaften des fertigen Polyurethans nachhaltig beeinflussen können.

Schließlich *reagieren Isocyanate auch mit sich selbst.* Auch hierbei entstehen wieder andere Strukturelemente im Polymeren mit entsprechenden Auswirkungen auf die Gebrauchseigenschaften: So bewirken Isocyanurat-Strukturen (Trimerisate des Isocyanats) eine drastische Verminderung der Brennbarkeit bei Hartschaumstoffen für die Bauindustrie, was besonders bei Pentan-getriebenen Polyisocyanurat-Hartschaumstoffen genutzt wird. Die Reaktionsfähigkeit der –N=C=O-Gruppe ist mit den angegebenen Möglichkeiten nicht erschöpft. Sie kann auch *mit Verbindungen ohne aktiven Wasserstoff reagieren:* Beispielsweise sei hier die Reaktion mit Epoxiden erwähnt. Dabei werden Produkte erhalten, die Bedeutung als Vergussmassen und Gießharze erlangt haben. In Tafel 6.44 sind die Prinzipien der Polyisocyanat-Chemie zusammengefasst und stichwortartig erläutert.

Tafel 6.44 Prinzipien der Polyisocyanat-Chemie

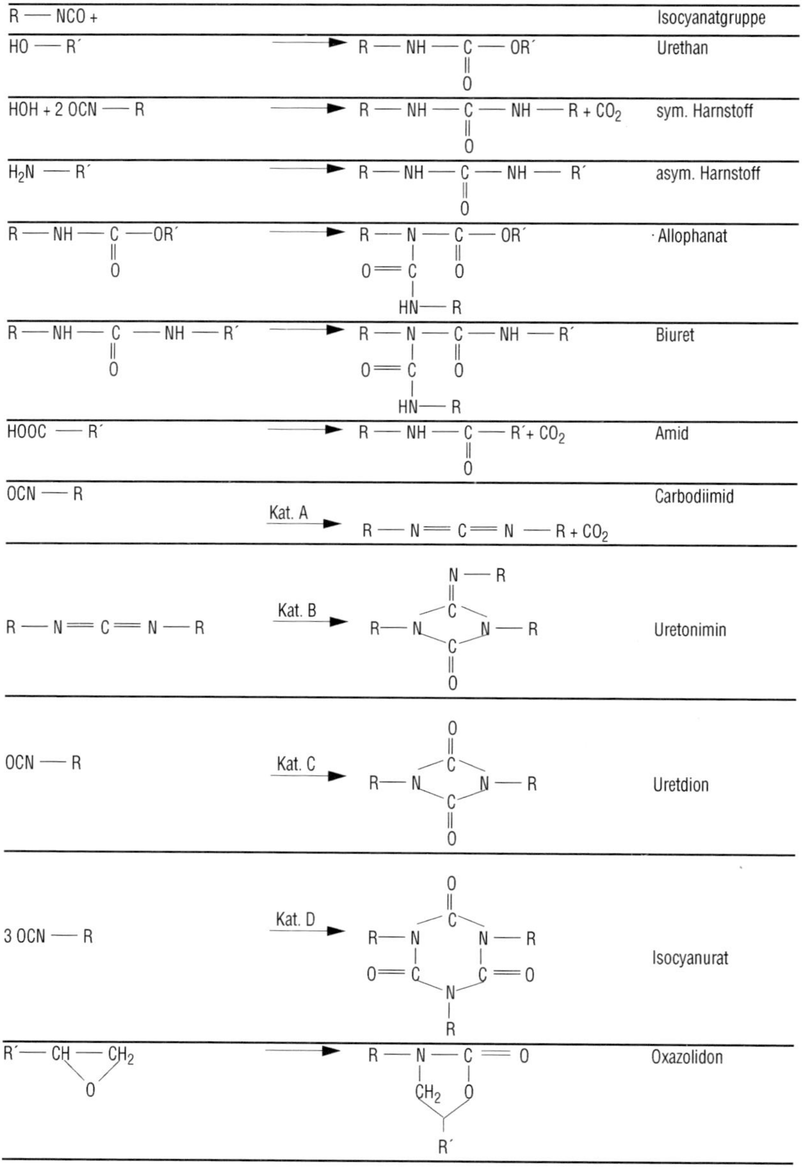

6.16.1.2 Herstellung der Polymeren

(s. auch Abschn. 4.3.3 Polyurethan-Verfahrenstechnik)

Die in der Regel flüssigen Rohstoffe werden meistens bei Raumtemperatur vermischt. Dabei sind exakte stöchiometrische Mengenverhältnisse einzuhalten. Die Berechnungsmodalitäten dazu stellt der Rohstofflieferant zur Verfügung. Dabei ist die sog. *Kennzahl* der wichtigste Parameter: Sie gibt das prozentuale Verhältnis der tatsächlich eingesetzten Isocyanat-Menge zur stöchiometrisch, d.h. berechneten NCO-Menge an, z.B.:

- Kennzahl = 100: Die eingesetzte Menge Isocyanat entspricht der berechneten.
- Kennzahl = 110: Die eingesetzte Menge Isocyanat ist *10% höher* als die berechnete.
- Kennzahl = 90:Die eingesetzte Menge Isocyanat ist *10% niedriger* als die berechnete.

Mit Hilfe des Kennzahl-„Spieles" hat der PUR-Hersteller die Möglichkeit, innerhalb bestimmter Grenzen Einfluss auf die Verarbeitbarkeit des Reaktionsgemisches bzw. auf die Eigenschaften des PUR-Werkstoffs zu nehmen. Häufig wird vom Rohstofflieferanten im Rahmen von Richtrezepturen ein optimaler Kennzahlbereich empfohlen.

6

Selbstverständlich kann der Hersteller eigene Rezepturen entwickeln. Er wird vorzugsweise aus ökonomischen, d.h. auch aus logistischen und ökologischen Gründen, ein 2-Komponenten-System beziehen, das aus dem Polyisocyanat einerseits und der Polyolkomponente andererseits besteht. Letztere enthält dann auch alle zur Verarbeitung notwendigen Hilfsstoffe. Zuweilen muss bei der Schaumstoffherstellung das Treibmittel gesondert zugesetzt werden. Die PUR-Rohstoffe werden in Hobbocks, Fässern, Mehrwegcontainern oder Tankwagen geliefert.

Aufgrund der gezielt einstellbaren Reaktivitätsunterschiede, sowohl bei Isocyanaten als auch bei Polyolen und deren Formulierungen, sind bei der PUR-Herstellung grundsätzlich zwei Verarbeitungsmöglichkeiten gegeben:

- Die Gesamtmenge Polyisocyanat wird mit der Gesamtmenge Polyol und Hilfsstoffen in „einem Schuss" vermischt und zur Reaktion gebracht: *„One-Shot-Verfahren"*.
- Die Gesamtmenge Polyisocyanat wird in einem ersten Schritt mit einer Teilmenge Polyol umgesetzt. In einem zweiten Schritt wird dieses noch reaktive NCO-Gruppen enthaltende Produkt mit der Restmenge Polyol und den erforderlichen Hilfsstoffen zum fertigen Polyurethan umgesetzt: *„Prepolymer-Verfahren"*.

Gegenüber dem Vorteil des „schnelleren" One-Shot-Verfahrens hat der „langsamere" Zweistufenweg über das Prepolymer den Vorteil, dass die PUR-Polymere geordneter aufgebaut sind. Welches Verfahren zur Anwendung kommt, hängt von der Art des Polyurethans und der Infrastruktur des Herstellers ab, so u.a. ob er in der Lage ist, ein NCO-Prepolymer selbst zu produzieren.

Üblicherweise werden verarbeitungsfertige Prepolymere oder auch sog. *Modifizierte Isocyanate* von den Rohstoffproduzenten zusammen mit dem „Rest"-Polyol und Hilfsstoffen als Formulierung und 2-Komponenten-System angeboten. Dabei führt der PUR-Hersteller nur noch den zweiten Schritt des Prepolymerweges aus und kommt vor Ort in den Genuss des schnellen One-Shot-Verfahrens.

Außer den OH- und NH_2-Gruppen gibt es noch spezielle $–CH_2$-Verbindungen mit aktivem Wasserstoff, die mit Isocyanaten zu sog. *verkappten Isocyanaten* reagieren können. Diese Produkte verhalten sich bei Raumtemperatur gegenüber Polyolen inert und zerfallen erst bei höherer Temperatur wieder in das ($–CH_2$-aktive) Verkappungsmittel und Isocanat, das dann mit dem Polyol reagieren kann. Von verkappten Isocyanaten macht man z. B. bei Einkomponenten-Systemen (Einbrennlacke u. a.) Gebrauch.

Ob One-Shot-Verfahren oder Prepolymer-Anwendung, aufgrund der einstellbaren Reaktivitäten der Polyisocyanat- und Polyolkomponenten sind darüber hinaus auch mit Hilfe eines umfangreichen Hilfsstoffsortimentes verschiedene Verfahrenstechniken zugänglich, nach denen Polyurethane hergestellt werden können:

Gießen, Sprühen, Schäumen, Spritzgießen, Extrudieren, Walzen (Kautschukindustrie), Beschichten, Spinnen, z. B. für: Blöcke, Platten, Formteile, Hohlraumausschäumungen, Composites, Beschichtungen, Imprägnierungen, Filme, Folien, Fasern u. a.

6.16.1.3 Brandverhalten

Wie alle organischen (Werk-)Stoffe sind auch Polyurethane brennbar. Sowohl bei der Herstellung als auch bei der Verwendung bestehen daher Brandrisiken.

Während bei der Lagerung und Handhabung der *Rohstoffe* wegen der relativ hohen Flammpunkte der Produkte keine besonderen Brandrisiken bestehen, muss z. B. bei der *Herstellung* von (Weich-)Schaumstoffblöcken dem besonderen Risiko der Selbstentzündung Rechnung getragen werden: Durch Fehldosierungen kann die ohnehin starke Exothermie der PUR-Reaktion über Verfärbungen/Verbrennungen im Kern eines Blockes bis zur Selbstentzündung führen. Schon aus versicherungstechnischen Gründen müssen frisch geschäumte Blöcke bis zur völligen Abkühlung in feuerbeständigen Räumen zwischengelagert werden. Für die Lagerung anderer PUR-Fertigprodukte gelten die allgemeinen Maßnahmen des vorbeugenden Brandschutzes so wie für andere brennbare Industrieprodukte auch.

Für die jeweilige *Anwendung* können Polyurethane flammwidrig ausgerüstet werden (vgl. Abschn. 5.16.2.4). Dabei werden sie nach brandschutztechnischen Prüfungen bewertet und in Brandschutzklassen eingestuft.

Darüber hinaus werden auch Brandparallelerscheinungen beurteilt, z. B. brennendes Abtropfen, die Rauchgasdichte und -toxizität. Nicht alle Brandprüfmethoden sind international genormt; überwiegend sind sie länderabhängig. Zusätzlich sind sie noch anwendungsorientiert, z. B. für den Bergbau- und Verkehrssektor, für den Bereich Möbel und Einrichtungen und in besonderem Maße für die Bauindustrie genormt.

Bei der Interpretation von Ergebnissen aus brandschutztechnischen Prüfungen von Polyurethanen ist Vorsicht geboten: Die Resultate lassen keinen unmittelbaren Rückschluss auf jedes in der praktischen Anwendung mögliche Brandrisiko zu.

6.16.1.4 Qualitätssicherung (QS)

Aufgrund der gesplitteten Struktur des Polyurethanmarktes in PUR-*Rohstoff*hersteller und PUR-Hersteller ist ein detailliertes und besonders kooperatives Qualitätsmanagement angezeigt: Während der Rohstoffhersteller die in *Spezifikationen* festgelegten Daten der Polyisocyanate und Polyolkomponenten garantiert, ist der PUR-Hersteller für die Einhaltung der Prozessparameter verantwortlich; denn letzterer sichert seinem Kunden eine dessen Vorgaben entsprechende Teilequalität zu. In Tafel 6.45 sind einige verarbeitungstechnisch wichtige chemische und physikalische Kenndaten von PUR-Rohstoffen aufgeführt, die Bestandteile von Spezifikationen sein können.

Zum Aufbau eines PUR-QS-Systems gehören interne und externe Audits. Grundlagen der QS-Richtlinien sind die Normen EN 29000 bis EN 29004.

Tafel 6.45 Verarbeitungstechnisch wichtige chemische und physikalische Kenndaten von PUR-Rohstoffen

Eigenschaft / Rohstoff	Reinheit oder NCO-Gehalt %	OHZ[1] mg KOH g	SZ[2] mg KOH g	Visk. mPa · s	H_2O-Gehalt %	Dichte g/cm³	Sonstige (z. B.) pH-Wert	Hydrol. Cl %	Sediment %	PHI-Gehalt ppm
(Di-/Poly-) Isocyanate	X			X		X		X	[X]	[X]
Polyether-Polyole		X	[X]	X	X	X	X			
Polyester-Polyole		X	X	X	X	X	X			

[1] OH-Zahl [2] Säurezahl

6.16.1.5 Handhabung der Rohstoffe, Arbeitssicherheit

Anlagen zur *Herstellung von PUR* sind – ggf. mengenabhängig – genehmigungspflichtig. Für den Transport, die Ent- u. Beladungsvorgänge und die Lagerung der Rohstoffe gelten die einschlägigen Vorschriften und Gefahrgut-Kennzeichnungen, um Einträge in die Umwelt zu verhindern oder – wenn unvermeidlich – zu minimieren.

Darüber hinaus regeln Gesetze und Verordnungen die Arbeitssicherheit der mit den Rohstoffen umgehenden Mitarbeiter (nach Schätzungen ca. 500000 Personen weltweit). Die Rohstofflieferanten stellen dazu ausführliches Informationsmaterial einschließlich Informationen zur Inertisierung von Rohstoffresten zur Verfügung, ferner zu jedem Produkt ein aktuelles Sicherheitsdatenblatt.

6.16.1.6 Umweltschutz, Sicherheit und Abfallverwertung

Bei bestimmungsgemäßer *Verwendung* gehen *vom fertigen PUR-Endprodukt* keine schädlichen Einflüsse auf die Gesundheit und Umwelt aus. PUR ist in der Regel längerlebig als die PUR-enthaltenden Produkte: Nach deren Lebenszyklus entsteht PUR-Abfall, ebenso wie bei dessen Herstellung, z.B. als Verschnitt, Angüsse, Ausschussteile u.Ä. Dieser PUR-Abfall kann einer weiteren Verwertung zugeführt werden.

In Tafel 6.46 sind die wichtigsten Verfahren zur Wiederverwertung von PUR-Abfall zusammengefasst. Während das *werkstoffliche Recycling* weitgehend vom PUR-Hersteller selbst durchgeführt werden kann, ist für das *rohstoffliche Recycling* detaillierte chemische Sachkenntnis erforderlich. Hierfür stehen industrielle Kapazitäten zur Verfügung. Je nach den regionalen Gegebenheiten kann die thermische Verwertung (z.B. Verbrennung) unter *Energiegewinnung,* sowohl vom Hersteller als auch von Betreibern spezieller Anlagen (z.B. moderne Hausmüllverbrennungen) durchgeführt werden.

Tafel 6.46 Verfahren zur Wiederverwertung von PUR-Abfällen

Werkstoffliches Recycling	Rohstoffliches Recycling	Energiegewinnung
Klebpressen	Glykolyse	Hausmüllverbrennung
Partikelverbund	Hydrolyse	Wirbelschichtofen
Pulvereinarbeitung	Pyrolyse	Drehrohrofen
Spritzguss	Hydrierung	Schwel-Brenn-Verfahren
Fließpressen	Gaserzeugung	Metallurgisches Recycling

Aus Kostengründen und/oder logistischen Schwierigkeiten (z.B. Sammeln, Separieren, Identifizieren, Sortieren) können häufig die technischen Möglichkeiten nicht ausgeschöpft und kann die ohnehin limitierte Aufnahmefähigkeit des Marktes für Rezyklate kurzfristig nicht erhöht werden. Vor diesem Hintergrund ist die Verbringung von PUR-Abfall auf *Deponien* leider noch unvermeidlich.

Beispiele für ein *werkstoffliches Recycling* sind Flockenverbunde aus PUR-Weichschaum-Produktionsabfällen: Allein in Deutschland werden z.B. für Gymnastikmatten, Spezialpolster, Schallschluckelemente u.a. zwischen 5000 und 10000 t/a vermarktet. Dazu kommen ca. 4000 bis 6000 t/a Pressplatten aus zerkleinertem PUR-Hartschaum-Abfall. Für bestimmte Bauanwendungen finden 200 bis 300t/a RIM-PUR-Granulate aus Automobilanwendungen Absatz.

Als Beispiel für das *rohstoffliche Recycling* wird auf die Glykolproduktion verwiesen.

6.16.2 Rohstoffe, Hilfsstoffe

Das Rohstoffsystem der Polyurethane besteht aus drei Komponenten: den Polyisocyanaten, den Polyolen und den Hilfsstoffen. Mit Letzteren kommt der PUR-Hersteller weniger in direkten Kontakt, wenn er fertig formulierte 2-K-Systeme bezieht und verarbeitet.

6.16.2.1 Di- und Polyisocyanate

Die gesamte technische Polyurethanchemie beruht nur auf wenigen Typen verschiedener Grundisocyanate. Sie sind in Tafel 6.47 zusammengestellt. Dabei handelt es sich überwiegend um Diisocyanate. Höherfunktionelle Triisocyanate sind Spezialprodukte, z.B. für Lacke oder Klebstoffe. Ein mehr als difunktionelles

Isocyanat ist auch das polymere Diphenylmethan-4,4'-diisocyanat (PMDI). Es ist noch vor TDI das mengenmäßig wichtigste Polyisocyanat. Zunehmend eingesetzt werden folgende Spezialprodukte: Para-Phenylendiisocyanat (PPDI) für PUR-TPE (TPU) und Bis(isocyanatomethyl)norbornan (NBDI) für Lacke.

Das von den Rohstofflieferanten angebotene umfangreiche Sortiment von Polyisocyanaten basiert nahezu ausschließlich auf nach Tafel 6.47 durchgeführten Modifikationen der Grundisocyanate.

Tafel 6.47 Technisch wichtige Di- und Polyisocyanate für die Polyurethanchemie

TDI

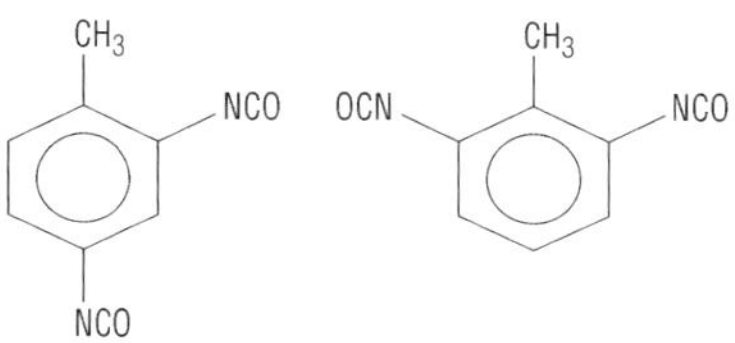

Toluylen-2,4-diisocyanat + Toluylen-2,6-diisocyanat
80 % + 20% = TDI 80/20
65 % + 35 % = TDI 65/35

NDI

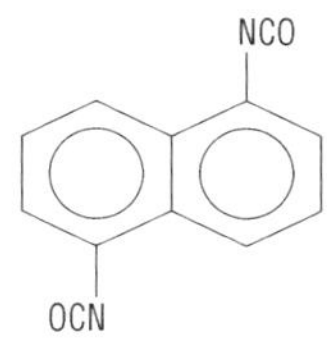

Naphtylen-1,5-diisocyanat

MDI

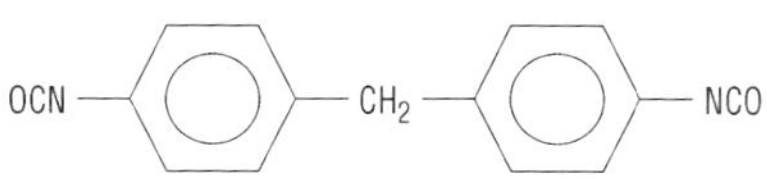

MDI-Monomer

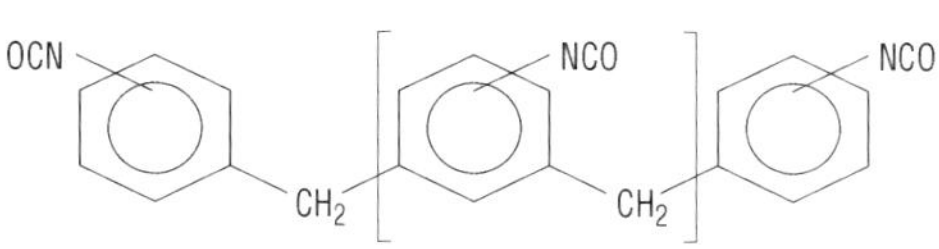

MDI-Polymer (PMDI)

Diphenylmethan-4,4´-diisocyanate

IPDI

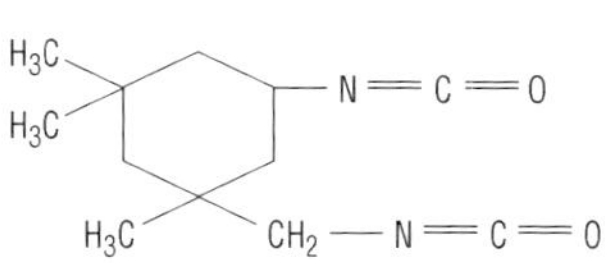

Isophorondiisocyanat

HDI

$$O=C=N-(CH_2)_6-N=C=O$$

Hexan-1,6-diisocyanat

6.16.2.2 Polyole, Polyamine

Die hier genannten Produktklassen sind die wichtigsten Reaktionspartner der Isocyanate. Die technisch verfügbare Typenvielfalt übersteigt um Zehnerpotenzen die Zahl der Isocyanatprodukte. Durch eine geschickte, d.h. auf Wissen und Erfahrung beruhende Kombination verschiedener Polyole, ggf. mit Polyaminen und/oder Vernetzern wird die Erscheinungsvielfalt der Polyurethane erzielt. In Hartschaumrezepturen werden zunehmend Polyole auf Rapsöl- oder Rizinusöl-Basis und anderer nachwachsender Stoffe eingesetzt.

Polyetherpolyole sind das am meisten gebrauchte „Rückgrat" für Polyurethane. Durch die technisch einfache Zugänglichkeit aus zwei- und mehrwertigen Alkoholen und Epoxiden (Propylen- und/oder Ethylenoxid) ist eine breite Palette lang- und kurzkettiger Polyetherpolyole mit 2 bis 8 OH-Gruppen pro Molekül (Funktionalität) verfügbar. Damit wird bei Polyurethanen ein Eigenschaftsspektrum von wenig vernetzt/linear-weich bis hochvernetzt/hart abgedeckt. Polyetherpolyole sind weitgehend hydrolysestabil; gegen Photooxidation müssen sie mit Hilfsstoffen stabilisiert werden.

Polyesterpolyole werden in weit geringerem Maße als Polyetherpolyole verwendet, PEUR. Sie sind in der Herstellung teurer und bei vergleichbarer Kettenlänge viel viskoser als Polyether. Andererseits sind sie weit weniger empfindlich gegen Photooxidation, dagegen aber hydrolyseanfällig. Der unbestrittene Vorteil der Polyesterpolyole liegt in ihrem Beitrag zur hohen Festigkeit im fertigen Polyurethan.

Zahlreiche Polyetherpolyesterpolyole auf Basis langkettiger Fettsäuren sind im Einsatz.

Organisch gefüllte Polyole sind in bemerkenswertem Umfang eingesetzte Spezialtypen. Sie sind einerseits als Pfropf-, SAN- oder Polymerpolyole und andererseits als PHD-Polyole bekannt. Es sind milchigweiße, stabile Dispersionen von Styrol-Acrylnitril-Polymerisaten im ersteren und von Polyharnstoffen im zweiten Fall. Sie verleihen zum Beispiel Weichschaumstoffen bei relativ niedrigen Rohdichten eine höhere Eindruckhärte und Elastizität.

(Poly-)Amine (z.B. Polyoxipropylendiamin) sind gegenüber Isocyanaten hochreaktive Reaktionspartner. Es sind höher- oder niedermolekulare Verbindungen mit zwei oder mehr Amino-(NH_2-)Gruppen. Erstere sind z.B. Polyetheramine. Letztere leiten über zu den Vernetzern.

6.16.2.3 Vernetzer bzw. Kettenverlängerer

Über die NH_2-Gruppe werden in das PUR-Gerüst Harnstoff-Segmente eingebaut (Tafel 6.44), die dem Polymeren Härte und eine verbesserte Temperaturbeständigkeit verleihen. Darüber hinaus kann mit Aminoverbindungen die Reaktionsgeschwindigkeit der Polyaddition erhöht werden. Auch werden niedermolekulare, zwei- und mehrwertige Alkohole, wie z.B. Butandiol oder Glycerin, als sog. „OH-Vernetzer" verwendet. Damit kann die Netzwerkdichte des Polymeren gesteuert und Einfluss auf die Eigenschaften genommen werden, z.B. Härteeinstellung.

6.16.2.4 Hilfsstoffe

Für die Herstellung von Polyurethanen sind außer den Grundrohstoffen Polyisocyanat und Polyol auch Hilfs- oder Zusatzstoffe notwendig. Mit diesen Chemikalien kommt der PUR-Hersteller nur dann in unmittelbaren Kontakt, wenn er Eigenentwicklungen seiner Rezepturen betreibt. In den vom Rohstoff-Lieferanten verarbeitungsfertig formulierten 2-Komponenten-Systemen sind fast alle erforderlichen Hilfsstoffe enthalten:

Katalysatoren dienen der Reaktionsbeschleunigung oder zur verzögerten Beschleunigung (Imidazolderivate): sogen. latente Katalysatoren. Dafür werden meistens tertiäre Amine und/oder Organo-Zinn-Verbindungen eingesetzt.

Tenside, z.B. *Emulgatoren,* bewirken eine bessere Mischbarkeit der eigentlich „unverträglichen“ Reaktionspartner Polyisocyanat/Polyol/Wasser und tragen in Kombination mit Katalysatoren zu einer gleichmäßigen PUR-Reaktion bei. Spezielle siliciumorganische Verbindungen dienen als *Schaumstabilisatoren* und/oder *Zellregler* bei der Schaumstoff-Herstellung. Sie stabilisieren den aufsteigenden Schaum bis zur Aushärtung. Darüber hinaus regeln sie die Offen- und Geschlossenzelligkeit und die Porengröße der Schaumstoffe.

Treibmittel dienen zur Herstellung von Schaumstoffen aus der flüssigen, viskosen Reaktionsmasse. Dabei wird zwischen chemischen und physikalischen Treibverfahren unterschieden. Das Erstere beruht auf der Isocyanat-Wasser-Reaktion (Formel 6.31); sie liefert gasförmiges Kohlendioxid (CO_2) als Treibgas. Beim physikalischen Verfahren wird durch den Zusatz niedrigsiedender Flüssigkeiten das exotherm reagierende Gemisch durch Verdampfen des Treibmittels aufgeschäumt. Dabei werden anstelle der früher verwendeten FCKW aus Gründen des Umweltschutzes (hohes „Ozone Depletion Potential“, ODP-Wert) heute die Ozonschicht weniger bzw. nicht schädigenden HF (C) KW und/oder Kohlenwasserstoffe (Pentan, Cyclopentan) verwendet.

$$R{-}N{=}C{=}O + H_2O \longrightarrow \left[R{-}NH{-}\overset{\overset{\displaystyle O}{\|}}{C}{-}OH \right] \xrightarrow{R-NCO} R{-}NH{-}\overset{\overset{\displaystyle O}{\|}}{C}{-}NH{-}R + CO_2 \qquad (6.31)$$

i-Hexan ergibt bei Integral-Weichschäumen ausgeprägte Hautausbildung und damit gute Gebrauchseigenschaften, s. Tafel 6.48

In den Novaflex bzw. CarDio genannten Verfahren werden mit einer konventionellen Mehrkomponenten-Dosieranlage neben 3 bis 5 Gew.-% Wasser ca. 4 Gew.-% flüssiges CO_2 dem Polyolgemisch zugeführt und auf diese Weise sehr weiche Blockschäume mit gleichmäßiger Zellstruktur umweltfreundlich erzeugt. Eine Weiterentwicklung, das Novaform- bzw. das CannOxide-Verfahren gestattet die Herstellung entsprechender weicher Formschäume.

Flammschutzmittel werden zur Verminderung der Brennbarkeit von PUR zugesetzt. Dafür kommen sowohl anorganische (z.B. Aluminiumhydroxid, Magnesiumhydroxid, Aluminiumoxidhydrate, Ammoniumpolyphosphate) als auch organische Chlor, Brom und/oder Phosphor, gelegentlich auch Stickstoff enthaltende

Verbindungen in Frage: Tetrabrombenzoesäureester oder aliphatische Bromverbindungen.

Tafel 6.48 Eigenschaften eines mit i-Hexan geschäumten Integral-Weichschaumstoffs

Eigenschaft	Einheit	Rohdichte in kg/m³			
		200	300	400	600
Dichte der Haut	kg/m³	500		950	1000
Dichte des Kerns	kg/m³	120		290	500
Härte	Shore A	39	59	70	80
Schwindung	%	2,78	1,52	1,01	0,25
Stauchhärte bei 10% Verformung	kPa	20	66	115	306
Zugfestigkeit der Haut	MPa	3,3	5,1	6,1	8,1
Zugfestigkeit des Kerns	MPa	0,37	0,83	1,1	2,6
Bruchdehnung der Haut	%	110	120	125	150
Bruchdehnung des Kerns	%	125	135	120	130
Stauchhärte des Kerns	kPa	17	60	100	270

Füllstoffe (z.B. Ruß, Kreide, Silikate, Schwerspat, Wollastonit) können auch bei Polyurethanen zum „Strecken", d.h. zur Verbilligung eingesetzt werde. Zur Verbesserung der physikalischen Eigenschaften besitzen *Glasfasern* als Verstärkungsmaterialien in Integralschaumstoffen (RIM-Technologie) größte Bedeutung, zunehmend auch Hanf, Jute usw.

Alterungsschutzmittel gegen die Photooxidation und Hydrolyse sind in vielen Anwendungen für Polyurethane unverzichtbar. Dafür wird von der einschlägigen Industrie ein umfangreiches Produktsortiment angeboten, z.B. Lactone und substituierte Phenole.

Farbmittel zur Masse-Einfärbung stehen als Teige oder Pasten zur Verfügung. Es sind Zubereitungen aus anorganischen oder organischen Farbstoffen oder Pigmenten in Polyolen.

Antistatika vermindern die elektrostatische Aufladung, und *Biozide* schützen Polyurethane gegen Angriffe von Mikroorganismen (Bakterien, Pilze).

Trennmittel zur leichten und schnellen Entnahme von PUR-Formteilen aus dem Werkzeug sind als sog. innere Trennmittel z.T. in der Polyolformulierung enthalten. Hierzu werden Ca-, Mg-, Al- und Zn-Fettsäuresalze wie Stearate, Laurate u.a. eingesetzt. Meistens ist jedoch eine externe Oberflächenbehandlung des Werkzeugs unerlässlich. Dafür wird von Spezialfirmen eine breite Produktpalette angeboten.

6.16.3 PUR-Kunststoffe

Bild 6.18 zeigt die *Zustandsformen* der Polyurethane. Daraus ist ersichtlich, dass sich die generelle Frage nach den *„Eigenschaften von Polyurethanen"* nicht beantworten lässt. Vielmehr kann nur die Frage nach den Eigenschaften *eines* Polyurethans, am besten im Zusammenhang mit seiner konkreten *Anwendung* beantwortet werden. Tafel 6.49 kann deshalb nur einen ersten Anhalt über die Eigenschaften der unterschiedlichen Schaumstoffarten geben.

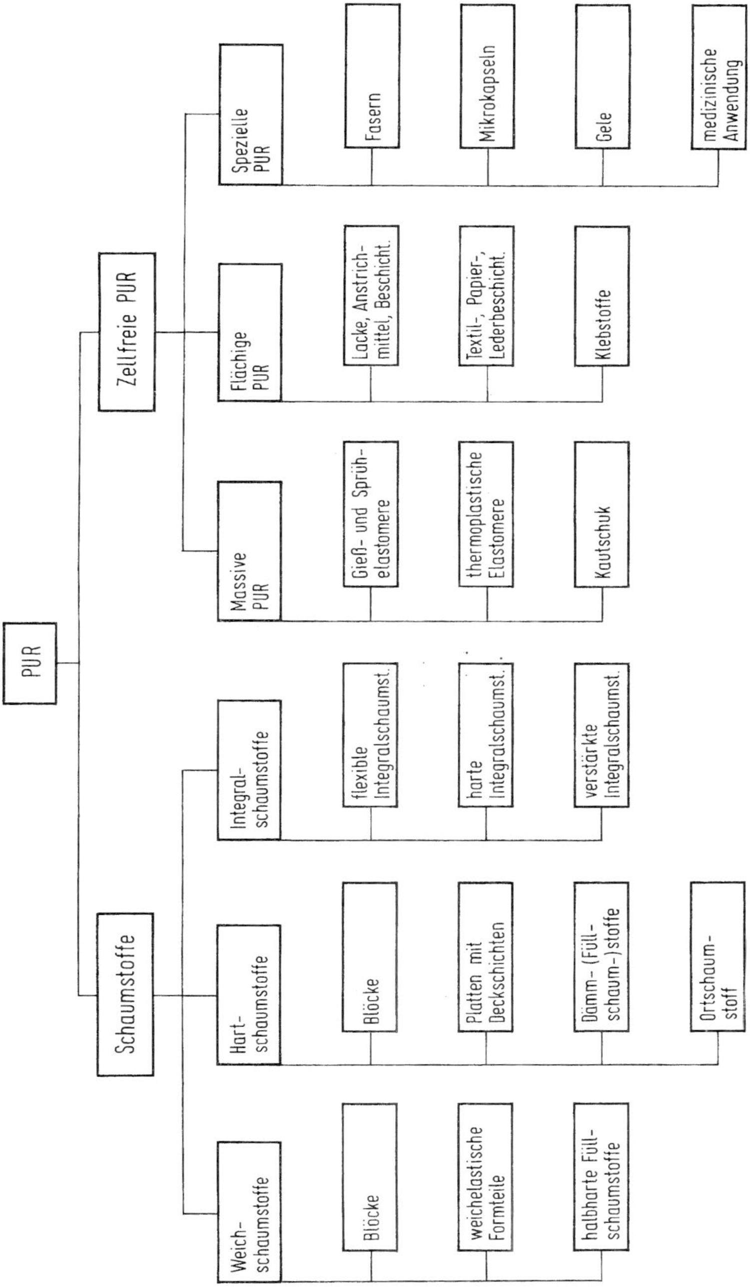

Bild 6.18 Zustandsformen der Polyurethane

Tafel 6.49 Eigenschaftsvergleich PUR-Schaumstoffe

Schaumart			Dichte	Zugfestigkeit	Reißdehnung	Stauchhärte 1)	Wärme-leitfähigkeit
			kg/m^3	kPa	%	kPa	W/mK
weicher Blockschaum	Polyester		35	160 bis 120	200 bis 450	6,5	
	Polyether	hochtragfähig	36			6,0	
		normal	36	100 bis 180	100 bis 400	4,5	
		hochelastisch	34	50 bis 120	80 bis 200	2,7	
Formschaum		Kaltschaum	38 bis 44	110 bis 152	125 bis 150	3,3 bis 5,6	
		Heißschaum	33	90 bis 112	190	4 bis 4,7	
halbharter Schaumstoff		Energieabsorber	80 bis 100	350 bis 450	10 bis 25	150 bis 320	
harter Blockschaum			32	200	4	200 2)	0,021
			50	270	5,2	350 2)	0,021
			90	900	5	700 2)	0,027

1) Druckspannung bei 40 % Stauchung

6.16.3.1 Weichschaumstoffe, PUR-W

Weichschaumstoffe sind *offenzellig* und weisen bei einer Druckbeanspruchung einen relativ geringen Verformungswiderstand auf (DIN 7726). *Blockschaumstoffe* werden kontinuierlich oder diskontinuierlich als Halbzeug hergestellt und anschließend auf die der Anwendung entsprechende Abmessung bzw. Kontur geschnitten. Die üblichen Rohdichten liegen bei 20 bis 40 kg/m³ Durch Zudosierung von CO_2 kann sie um 10 bis 20% reduziert werden, s. Abschn. 4.3.3.1. Bild 6.19 zeigt beispielhaft Druck-Verformungs-Kurven. Hauptanwendungsgebiete sind Polstermöbel (40%), Matratzen (25%) und die Fahrzeugausstattung (20%).

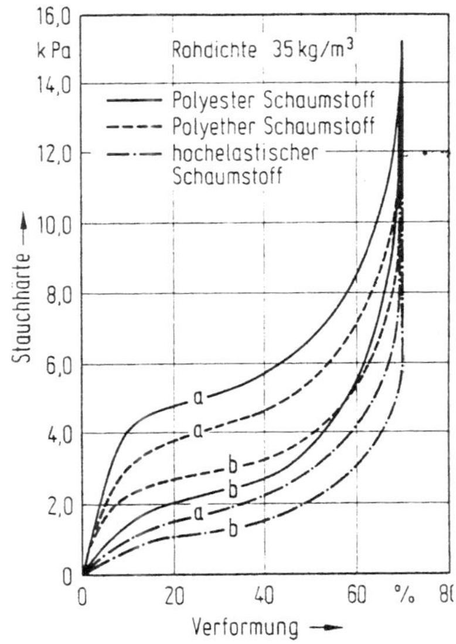

Bild 6.19
Hysteresis-Schleifen
a: Belastungslinie
b: Entlastungslinie

Formschaumstoffe werden je nach Rohstoffsystem als *Kaltschaum* oder *Heißschaum* hergestellt, d.h., ohne oder mit äußerer Wärmezufuhr zur vollständigen Aushärtung. Je nach Anwendung liegen die Rohdichten im Bereich von 30 bis 300 kg/m³.

Weiche PUR-Formschaumstoffe werden hauptsächlich als Sitze im Fahr- und Flugzeugbau eingesetzt; darüber hinaus in der Polstermöbelindustrie und für technische Artikel (z.B. Schalldämmatten). Flexible *Füllschaumstoffe* mit Rohdichten von 150 bis 200 kg/m³ werden als Innenraumschutzpolster und Armaturenbretter im Automobil eingesetzt. Sie werden durch Hinterschäumen von Deckschichten (PVC-, ABS-Folien) in geschlossenen Formen hergestellt.

Das Spannungs-Stauchungs-Verhalten von PUR-Schaumstoffen kann physikalisch durch die Rohdichte, s. Bild 6.20, und chemisch durch das Schaumstoffsystem beeinflusst werden, s. Bild 6.21 am Beispiel von Energie absorbierenden Schäumen.

Eine Zwischenstufe zu den massiven PUR stellen die zelligen PUR-Elastomere (TPU) da, s. Abschn. 6.19.2.5. Ein Wasser enthaltendes Reaktionsgemisch wird drucklos in Stahlformen eingefüllt und dort unter Abspaltung von CO_2 aufgeschäumt. Aufgrund der stark progressiven Kennlinien, s. Bild 6.22, eignen sich Formteile aus diesen Werkstoffen besonders für Federungssysteme im Kfz.

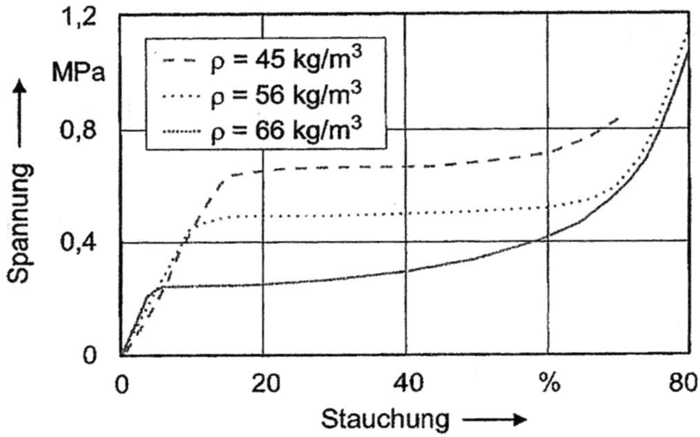

Bild 6.20 Einfluss der Rohdichte auf das Werkstoffverhalten von PUR-W

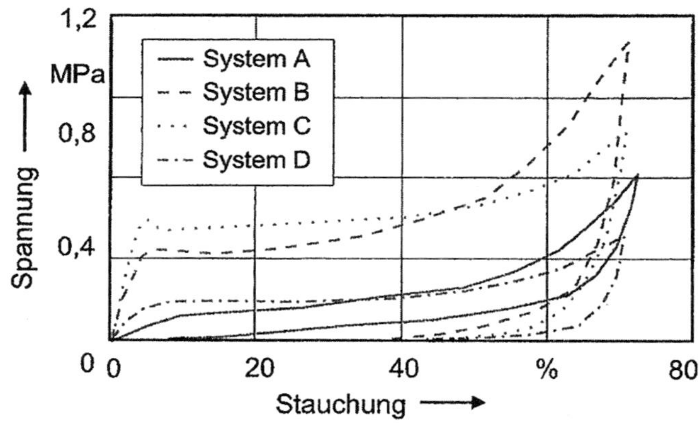

PUR-Schaumstoffe	Typische Anwendung	Charakteristik
Bayfill, System A	Instrumententafel	halbhart, flexibel
Bayfill, System B	Stoßfänger	halbhart, semiflexibel
Bayfill, System C	Seitencrashpolster Becken	hart, spröde
Bayfill, System D	Seitencrashpolster Thorax	halbhart, spröde

Bild 6.21 Stauchverhalten unterschiedlicher Energie absorbierender Polyurethanschaumstoffe

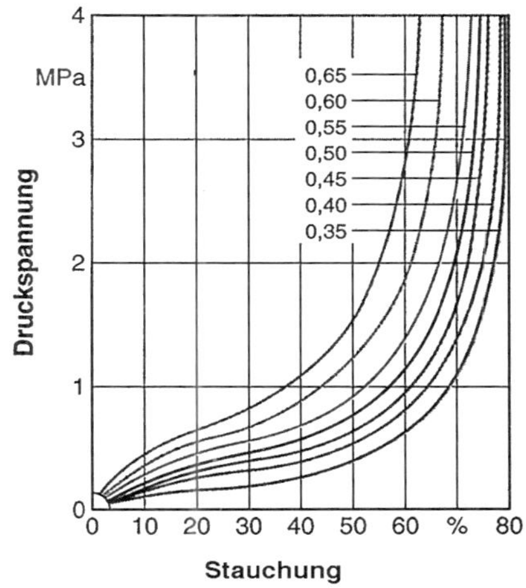

Bild 6.22
Spannungs-Stauchungs-Diagramme von zelligem TPU unterschiedlicher Rohdichte

6.16.3.2 Hartschaumstoffe, PUR-H

Hartschaumstoffe weisen bei Druckbeanspruchung einen relativ hohen Verformungswiderstand auf (DIN 7726). Ihre Haupteigenschaften bestehen in der hervorragend niedrigen Wärmeleitung infolge der in den *geschlossenen Zellen* vorhandenen Dämmgase und der Fähigkeit, mit fast allen flexiblen oder starren Deckschichten feste Verbunde einzugehen. *Blockschaumstoffe* werden kontinuierlich oder diskontinuierlich als Halbzeug hergestellt und anschließend auf die der Anwendung entsprechende Abmessung und Kontur geschnitten. Im Rohdichtebereich von 30 bis 90 kg/m^3 werden sie für Dämmplatten, Halbrohr-Dämmschalen, Kfz-Innenraumverkleidungen u. a. verwendet.

Eigenschaftsvergleich s. Tafel 6.49.

Platten mit Deckschichten werden kontinuierlich auf Doppelband-Anlagen oder diskontinuierlich nach der Hüll- bzw. Füllbauweise hergestellt. Die Deckschichten können flexibel oder starr sein. Kraftpapier, Aluminium, Span- und Gipskartonplatten, Stahl vom Coil oder gesickte Bleche und beschichtete Glasfaserfliese sind einige Materialbeispiele. Verwendung finden die Fertigprodukte in der Bauindustrie als Dachdämmplatten, Trockenputzplatten, Sandwichelemente für Industriehallen und Kühlhäuser, Installationswände u. a. Die Kernrohdichte des Schaumstoffs liegt dabei zwischen 30 und 40 kg/m^3. *Füllschaumstoffe* werden als flüssige Reaktionsgemische in Hohlräume und -körper beliebiger Form eingetragen und füllen diese durch Ausschäumen aus. Mit einem Rohdichtebereich von 30 bis 60 kg/m^3 dienen sie als Wärme- und Kältedämmstoffe in Kühlmöbeln aller Art, Kühlhäusern und -zellen, für Heißwassergeräte und Fernwärmerohre. Der *Ortschaum* für Dach- und Wanddämmungen, Fensterrahmen- und Türzargenbefestigungen und für Fugenabdichtungen wird direkt am Verwendungsort mit Hilfe transportabler Schäummaschinen oder aus Druckbehältern als Ein- oder Zwei-Komponentenschaum hergestellt. Die Rohdichte beträgt ca. 30 kg/m^3; bei Sprühschaum für Dachabdichtungen bis 55 kg/m^3.

6.16.3.3 Integralschaumstoffe, PUR-I

Während sich Weich- und Hartschaumstoffe in der chemischen Struktur grundsätzlich unterscheiden (gering/hoch vernetzt), sind *Integralschaumstoffe* mehr eine *verfahrenstechnische Variante:* Sie sind sowohl als flexible als auch als harte Produkte ausschließlich durch *Formverschäumung* zugänglich: Das flüssige, hoch aktive Reaktionsgemisch wird in eine geschlossene Form injiziert, wobei Schaumbildung und Werkzeugtemperatur so gesteuert werden, dass Formteile mit zelligem Kern und zellfreier Randzone entstehen. Dabei ist der Übergang von innen nach außen nicht abrupt, sondern kontinuierlich (Bild 6.23). Für die verfahrenstechnische Beherrschung dieser hochreaktiven PUR-Systeme mit besonders kurzen Formstandzeiten (formteilabhängig bis herab zu einigen Sekunden) hat sich der Begriff „Reaktionsschaumguss (RSG)" oder international *„Reaction Injection Moulding (RIM)"* durchgesetzt. Groß- und Kleinstteile können mit Fließweg-Wanddicken-Verhältnissen bis zu 1:1000 hergestellt werden.

Flexible Integralschaumstoffe mit Rohdichten von 200 bis 1100 kg/m^3 werden für Karosserie-Außenteile, Fahrradsättel, Schuhsohlen u.a. verwendet.

Harte Integralschaumstoffe vergleichbarer Rohdichten dienen als Konstruktionswerkstoffe für technische Teile, Bau-, Möbel- und Sport-/Freizeitartikel verschiedenster Art. *Glasfaserverstärkte Integralschaumstoffe („R-RIM"* = „Reinforced" RIM) mit Dichten um 1,0 bis 1,4 g/cm^3 werden für Karosserieelemente, Gehäuse verwendet.

Nach dem PUR-R-RIM-Verfahren lassen sich steife, flächige Formteile, z.B. Seiteninnen-Verkleidungen im Pkw, herstellen. Dazu werden Langfasern, Gewebe, Wirrfliese oder Fasermatten, für die heute auch nachwachsende Fasern wie Flachs, Sisal, Kokos u.a. eingesetzt werden, in die Werkzeuge eingelegt, vorher oder im Werkzeug mit PUR-Reaktionsgemisch besprüht bzw. imprägniert und verpresst.

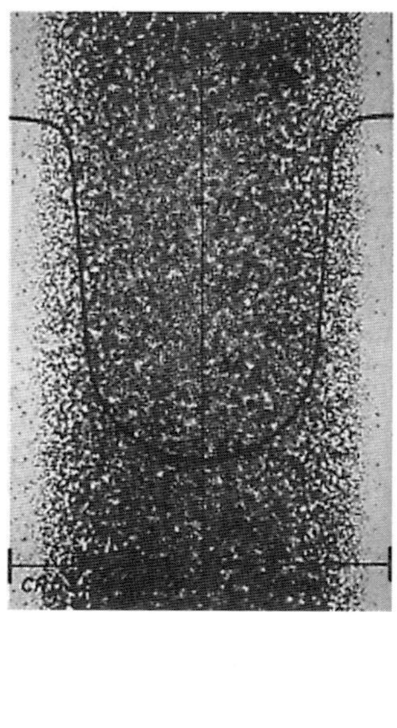

Bild 6.23
Integralschaumstoffe
links: Schaumstruktur,
rechts: Dichteverlauf über Probenquerschnitt

Tafel 6.50 Eigenschaftsvergleich flexibler PUR-Integralschaumstoffe, R-RIM

PUR-System	Verstärkung	Anteil Verstärkung Gew.-%	Dichte g/cm³	Shore-Härte	Biege-E-Modul MPa	Zugfestigkeit MPa	Reißdehnung %	Anwendung, s.u.
Flexibel		0	1,05 bis 1,10	D 66	500 bis 760	26 bis 33	135 bis 150	A
	Glasflocken	20	1,20	D75	1550	31	30	A
	Glimmer	22	1,25	D75	1720	30	25	A
	Glasfasern, mittlere Faserlänge180 µm	15 20 25	1,20 1,24 1,30	D 68 D 70 D 71	950 1400 1700	31 28 27	140 130 120	A A A
für Schuhsohlen		0	0,55 bis 0,60	A 55 bis 60		8 bis 10	550 bis 460	B
		0	0,60	A 60		25	600	C
Hart	Glasmatte 225 g/cm²	30	0,25		250	5,8[1)]	2,3	D
	300 g/cm²	20	0,48		900	25[1)]	2,2	E
	600 g/cm²	20	1,0		3500	110[1)]	2,2	F
	1800 g/cm²	32	1,4		650	170[1)]	2,8	G
S-RIM[2)]		25	1,05		4200	70	1,9	H
LFI[3)]		25-30	0,7-1,0		4500-6000	54-68	2,2-1,8	H

[1)] Biegefestigkeit; [2)] Structural RIM; [3)] Langfaser-Injektion

A	Karosserieteile	B	Integral-Schuhsohlen
C	Schuhsolen	D	Pkw-Dachverkleidungen
E	Pkw-Dachrahmen, -Säulen/Tür-/Sitz-/Kofferraumverkleidungen, Hutablagen	F	Pkw-Instrumentenbrett-Träger, -Konsolen, -Sitzrahmen und -Schalen, -Rückenlehnen, -Reserverad- und Motorabdeckungen
G	Pkw-Sitzrahmen und -Schalen, Stoßfängerbalken	H	Vergleichs-Beispiel: Schiebedachhimmel

6

Tafel 6.50 zeigt einen Überblick über die Eigenschaften verschiedener Integralschaumstoff-Systeme. Tafel 6.48 den Einfluss der Rohdichte auf einige Eigenschaften. Ein Beispiel für Eigenschaften von flexiblen Integralschaumstoffen speziell für den Einsatz im Kfz-Sektor gibt Tafel 6.51.

Während in Europa ca. 90% der Kfz-Außenteile aus Kunststoff off line lackiert werden, lassen sich R-RIM-Teile mit z.B. 20 bis 25% Wollastonit-Verstärkung on line lackieren. Hierbei werden die Kunststoffteile vor der Elektrotauchlackierung an der Rohkarosse befestigt. Bei Temperaturbelastungen von bis zu 2 · 45 min bei 200 °C liegt die Schwindung bei 0,80 bzw. 0,57%. Solche Systeme eignen sich auch für die Dünnwandtechnik: Pkw-Türschweller mit 2 mm Dicke und einer Länge von 2m.

Tafel 6.51 Eigenschaftsvergleich flexibler PUR-Integralschaumstoffe für den Kfz.-Bereich, RIM

Eigenschaften	Einheit	Anwendung, s. unten					
		A		B	C	D	
		Kern	Haut				GF 22
Dichte	g/cm^3	0,120 bis 0,175		0,7	0,95 bis 1,08	1,0 bis 1,1	1,22
Zugfestigkeit	MPa	0,27 bis 0,50	1,7 bis 3,5	5,7	14 bis 31	17 bis 28	23
Biegemodul	MPa			17	75 bis 720	40 bis 350	1300
Reißdehnung	%	220 bis 125	220 bis 120	230	220 bis 140	>300 bis 230	130
Shore Härte				A 75	D 39 bis 69	D 33 bis 57	D 67

Anwendungen:
Typ A: Motorradsitze, innere Pkw-Sicherheitsteile
Typ B: Pkw-Stoßfänger-Außenhaut, Türschutzleiste
Typ C: Stoßfänger, Lkw-Kotbleche, äußere Karosserieteile
Typ D: Karosserieteile

6.16.3.4 Massive PUR-Kunststoffe, PUR-M

Massive PUR-Werkstoffe werden als Formteile, Platten, Folien und „dicke" (ab 1 mm aufwärts) Beschichtungen hergestellt. Für *Gieß- und Sprühelastomere* werden die flüssigen, eventuell aufgeschmolzenen Ausgangskomponenten vermischt und in offene Formen gegossen. Je nach Rohstoffbasis härtet das Teil bei Raumtemperatur („Kaltgießsysteme") oder bei höheren Temperaturen (60 bis 130 °C: „Heißgießverfahren") aus. PUR-Elastomere sind im Shore-Härte-Bereich von 10 A bis 70 D zugänglich. Sie werden z.B. für Vollreifen, Rotorlager, Kupplungen, Walzenbeschichtungen, Rollen, Siebböden, Dichtungen und Schalmatten verwendet, darüber hinaus für Beschichtungen im Apparate-, Schiffs- und Fahrzeugbau sowie im Tief- und Hochbau.

Tafel 6.52 zeigt einen Überblick über Eigenschaften einiger Systeme.

Thermoplastische PUR-Elastomere TPU s.Abschn. 6.19.2.5

PUR-Kautschuk wird nach den Verfahren der Gummi-Industrie, z.B. auf Walzen (auch mit Schwefel) vernetzt und zu Formartikeln mit Shore-Härten von 50 A bis 60 D verpresst oder extrudiert. Beispiele sind Stoßdämpfer, Schleifteller und Pumpenauskleidungen.

Zu den *nichtzelligen, flächigen,* d.h. in „dünnen" Schichten (unter 1 mm Dicke) hergestellten *PUR-Werkstoffen* gehören Lacke (DD-Lacke) – auf Lösungsmittel-

und Wasserbasis, auch mit UV-Licht aushärtbar – und Beschichtungen für Textilien, Papier, Leder u.a. Substrate. Ferner können hierzu auch PUR-Klebstoffe und spezielle Polyisocyanate zur Herstellung von Spanplatten gerechnet werden. Eine Sonderklasse sind *PUR-Fasern*, die dem Verbraucher aus der Bekleidung und Bademode bekannt sind.

Schließlich sollen Sondergebiete für PUR-Mikrokapseln (z.B. für Durchschreibepapiere), PUR-Gele und medizinische Anwendungen für Dialysatoren, künstliche Blutgefäße und Gips-Ersatz-Binden nicht unerwähnt bleiben.

Tafel 6.52 Eigenschaftsvergleich gegossener massiver PUR-Harze
A: Polyether-Urethan, B: Polyester-Urethan

Rezeptur		A, hart	B, hart	A/B, flexibel	B, flexibel	B, flexibel
Shore D		86	85	61	20	21
Shore A		100	99	96	70	71
Zugfestigkeit	MPa	86	60	20	4,5	
Reißdehnung	%	6,5	5,9	87	73	200
Glasübergangstemperatur	°C	138	90	47	15	-21

6.17 Natürlich vorkommende Polymere und Derivate

6.17.1 Cellulose- und Stärke-Derivate; CA, CTA, CP, CAP, CAB, CN, EC, MC, CMC, CH, VF, PSAC

6.17.1.1 Chemischer Aufbau

Unter dem Oberbegriff Cellulosederivate werden alle Kunststoffe zusammengefasst, die von der Cellulose abgeleitet werden. Diese ist ein in allen Pflanzen als Gerüststoff außerordentlich verbreitetes Kohlehydrat. Cellulose wird aus Holz gewonnen, indem das Lignin und größtenteils auch das Pektin herausgelöst werden. In den Samenhaaren der Baumwolle liegt Cellulose in nahezu reiner Form vor. Baumwoll-Linters (kurzhaarige Faserabfälle) werden meist als Rohstoff für die Kunststoffproduktion eingesetzt. Cellulosederivate entstehen durch Veretherung (mit Alkoholen) oder Veresterung (mit Säuren) der Cellulose. Hierbei können bis zu drei OH-Gruppen des Ringsystems (Glukoserest) reagieren, s.Tafel 6.53. Die Eigenschaften werden meistens durch Zugabe von Weichmachern modifiziert.

CA entsteht durch Veresterung mit Eisessig, Essigsäureanhydrid und Schwefelsäure oder Zinkchlorid als Katalysator und meist Methylenchlorid als Lösemittel. In weiteren Arbeitsschritten können Essigsäuregehalte von ca. 44 bis 61% eingestellt werden. Man erhält so niedrig- bis hochviskose Produkte.

Beim *CTA* wird jede der drei OH-Gruppen des Glukoserestes mit Essigsäure verestert.

CP entsteht durch Veresterung der Cellulose mit Propionsäure. Im amerikanischen Sprachgebrauch wird CP mit CAP bezeichnet, da es neben einem Anteil von 55 bis 62% Propionsäure etwa 3 bis 8% Essigsäure enthält.

Tafel 6.53 Grundstrukturen von Cellulosederivaten

Kunststoff	Chemische Bezeichnung	Grundstruktur
		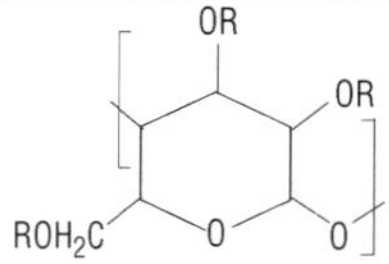
		R
CA, [CTA]	Cellulose(tri)acetat	$-COCH_3$
CP (CAP)	Cellulosepropionat	$-COCH_2CH_3$
CAB	Celluloseacetobutyrat	$-COCH_3$/ -CO(CH2)2CH3
CN	Cellulosenitrat	$-NO_2$
MC	Methylcellulose	$-CH_3$
EC	Ethylcellulose	$-CH_2CH_3$
CMC	Carboxymethylcellulose	$-CH_2COOH$
	Oxethylcellulose	$-(CH_2)_2OH$

Beim *CAB* wird Cellulose im Unterschied zu CA zusätzlich mit Buttersäure verestert. Der Essigsäuregehalt beträgt 19 bis 23%, der der Buttersäure 43 bis 47%.

CN, fälschlich auch mit Nitrocellulose bezeichnet, wird durch Umsetzung von Cellulose mit einem Gemisch aus Schwefel- und Salpetersäure gewonnen, wobei der Stickstoffgehalt von 10,6 bis max. 16% eingestellt werden kann.

MC (EC) wird durch Umsetzung von 1,3 bis 1,5 (2,0 bis 2,6) der möglichen drei OH-Gruppen des Glukoserestes mit Methylchlorid (Ethylchlorid) erhalten. Hierbei geht man von der Alkalicellulose aus, die durch Tauchen von Zellstoff in 18%iger Natronlauge hergestellt wird.

Bei *CMC* wird Alkalicellulose mit dem Natriumsalz der Monochloressigsäure umgesetzt, wobei auf 10 Glukoseeinheiten 6 bis 10 Carboxymethylgruppen kommen können.

Oxethylcellulose entsteht durch Umsetzung von Cellulose mit Ethylenoxid.

CH (Hydratcellulose) entsteht durch intramicellare Quellung von Cellulose in Natronlauge. Dadurch wird lediglich der Abstand der Kettenmoleküle vergrößert, es findet keine chemische Umsetzung statt.

PSAC Polysaccharide Durch Anwendung von etwa 10% Feuchte und Temperaturen von 100 bis 150 °C wird Stärke zu einem biologisch abbaubarem thermoplastischen Werkstoff destrukturiert.

Ein mit thermoplastische Stärke bezeichnetes Produkt wird unter Zugabe eines Quell- oder Plastifizierungsmittels (z.B. Glycerin oder Sorbitol) unter Verwendung von trockener Stärke im Compoundierextruder bei 120 bis 220 °C hergestellt.

PHA Polyhydroxyalkalin, ist ein auf der Basis von Zucker durch Fermentierung von Mikroorganismen erzeugtes Polymer.

6.17.1.2 Verarbeitung

Die üblichen Celluloseester CA, CAB, CP lassen sich nach allen für Thermoplaste üblichen Verfahren verarbeiten. Die Fließfähigkeit ist gut und ermöglicht Punktangüsse. Werkzeuge müssen zur Vermeidung von Weichmacherniederschlägen gut entlüftet werden. Eine Vortrocknung bei 60 bis 90 °C über ca. 3 h im Umlufttrockner oder ca. 1,5 h im Schnelltrockner ist erforderlich. Der Wassergehalt sollte beim Spritzgießen unter 0,15 und bei der Extrusion unter 0,05 % liegen. Entstehende Weichmacherdämpfe sind abzusaugen. Die Massetemperaturen beim *Spritzgießen* liegen zwischen 180 und 230 °C und die Werkzeugtemperaturen zwischen 40 und 80 °C, wobei die höheren Temperaturen für härtere Einstellungen mit geringeren Weichmachergehalten gelten.

6

Folien und Platten lassen sich mit Breitschlitzdüsen *extrudieren,* Folien unter 0,8 mm werden nach dem *Chill-roll-Verfahren* gegossen. Zierleisten für die Kfz-Industrie werden durch eine *Extrusions-Ummantelung* mit CAB von mit Haftvermittlern versehenen Aluminiumfolien von 50 bis 100 µm Dicke in Querspritzköpfen hergestellt.

CAB- und CP-Pulver werden zum *Rotationsformen* und Metallbeschichten nach dem *Wirbelsinterverfahren* eingesetzt.

Spanendes Bearbeiten, Polieren, Schweißen (weniger gut mit Ultraschall), Kleben mit Kleblacken (*CA:* Methylglykolacetat; *CAB* und *CP:* 50 % Methylglykolacetat und 50 % Ethylacetat) oder mit 2-Komponenten-Klebstoffen auf der Basis von PUR oder EP-Harzen, Lackieren, Bedrucken, Metallisieren sind möglich.

6.17.1.3 Eigenschaften, Einsatzgebiete

Cellulose(tri)acetat CA (CAT)

Mit zunehmendem Acetatgehalt nimmt die Viskosität des *CA* zu: etwa 44 bis 48 % niedrigviskos, Einsatz: Textilhilfsmittel, Druckfarben; etwa 52 bis 56 % mittelviskos, Einsatz: Formmasse, Lacke, Klebstoffe; etwa 56 bis 61 % hochviskos, Einsatz: Sicherheits- und Elektroisolierfolien. Um eine thermoplastische Verarbeitung zu ermöglichen, werden 15 bis 20 (38) Masse-% Weichmacher zugegeben: Dimethyl-, Diethyl- und Dimethylglykol-Phthalat, sowie Trichlorethylphosphat in Kombination mit Dimethyl- oder Diethylphthalat und nur in Kombination mit diesen Dibutyl-, Diisopropyl- und Di-2-ethylhexylphthalat.

Die Eigenschaften von CA lassen sich durch den Gehalt und die Art des Weichmachers in weiten Grenzen variieren, s. Bild 6.24 und 6.25. Mit zunehmendem Weichmachergehalt nehmen die Wärmeformbeständigkeit ab und die Fließfähigkeit der Schmelze wie auch die Kriechneigung unter mechanischer Belastung zu. Diese Produkte sind gut für Werkzeuggriffe einsetzbar, da sie die durch das Aufschrumpfen auf Metalle entstehenden Spannungen abbauen. CA ist glasklar-transparent und lässt sich brilliant und tief einfärben. Es ist kriechstromfest und infolge der Wasseraufnahme antistatisch (nicht staubanziehend). Von Fetten, Ölen, Mineralölen und aliphatischen Kohlenwasserstoffen wird CA nicht angegriffen, die Gebrauchstauglichkeit gegenüber Treibstoffen, Benzol, Chlorkohlenwasserstoffen und Ethern hängt von der Zusammensetzung ab. Die Alkali- und Säurebeständigkeit ist gering. CA ist nicht dauerhaft witterungsbeständig einstellbar. CA ist gegen Spannungsrissbildung wenig anfällig, da Spannungen abgebaut werden.

CAT weist eine höhere Wasser- und Wärmebeständigkeit auf als CA, ist aber kaum noch thermoplastisch verarbeitbar, Einsatzgebiet: Elektroisolierfolien, Acetatseide.

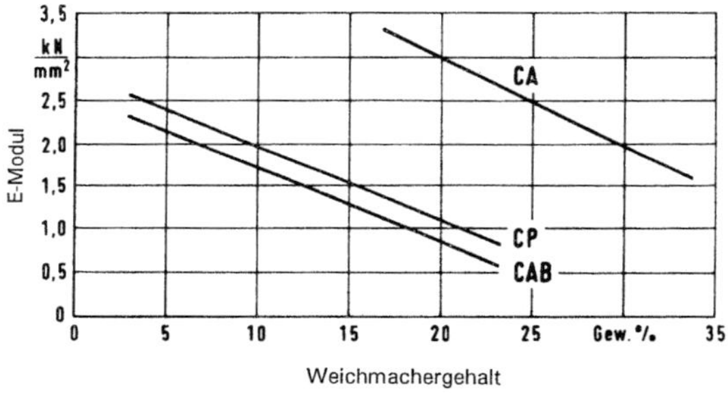

Bild 6.24 Abhängigkeit des E-Moduls vom Weichmachergehalt von CA, CAB und CP

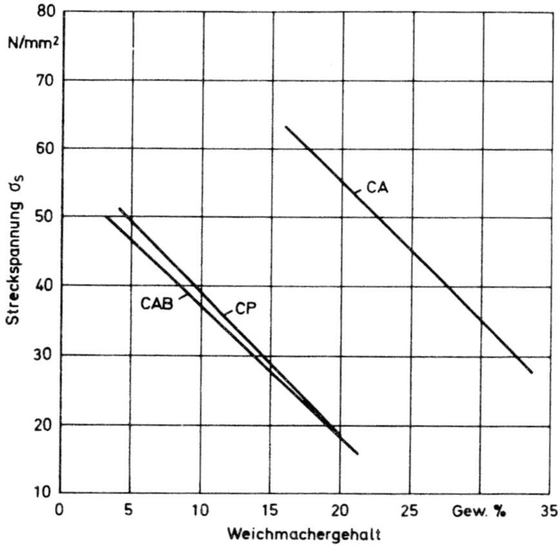

Bild 6.25 Abhängigkeit der Streckspannung vom Weichmachergehalt von CA, CAB und CP

Eigenschaftsvergleich s. Tafel 6.54

Einsatzgebiet Formmassen: isolierende Werkzeuggriffe, Schreibgeräte, Kämme, Schnallen, Knöpfe, Phonoindustrie, Brillenfassungen (aus Platten geschnitten), Hohlfasern für Blutwäsche.

Allgemeine Einsatzgebiete, gelten auch für CP und CAB: Fasern, Filme, Lacke, Klebharze, low-profile-Additive für SMC (sheet-molding-compound) und BMC (bulk-molding-compound).

Cellulosepropionat, CP (CAP)

Auch CP-Formmassen werden mit 2 bis 5 (25) Masse-% Weichmacher versetzt: Dibutyl- und Di-2-ethylhexyl-Phthalat bzw. -Adipinat, Dibutyl- und Dioctylsebazat, Dibutyl- und Dioctylacetat. Für den Einsatz im Lebensmittelsektor werden Zitronensäure- und Palmitinsäureester verwendet.

Die allgemeinen Eigenschaften gleichen denen von CA. Die Bewitterungsbeständigkeit von CP (witterungsstabilisiert) ist jedoch besser als die von stabilisiertem CA.

Die monomeren Weichmacher zeigen besonders bei höheren Temperaturen eine Tendenz zum Auswandern. Ein Colymerisat von CP mit EVAC-Pfropfpolymerisat, s. Abschn. 6.1.4, hat ein höheres Eigenschaftsniveau in Bezug auf Festigkeit, Steifigkeit, Kriechwiderstand, Wärmeformbeständigkeit und Migrationsfreiheit. Der Gehalt an Polymermodifikator kann 5 bis 30 Masse-% betragen. Die gute Löslichkeit für UV- und IR-Absorber wird für den Einsatz bei optischen Filtern ausgenutzt.

Eigenschaftsvergleich s. Tafel 6.54

Einsatzgebiete

Ähnlicher Einsatz wie CAB, Modelleisenbahn-Aufbauten, Puderdosen, hochwertige Sonnen- und Korrektionsbrillen-Gestelle, Schriftschablonen, Zahnbürstenstiele.

Celluloseacetobutyrat, CAB

Um CAB-Formmassen thermoplastisch verarbeitbar zu machen, werden nach Art und Menge die gleichen Weichmacher eingesetzt wie beim CP. Während die allgemeinen Eigenschaften denen von CA und CP gleichen, weist stabilisiertes CAB die beste Witterungsstabilität auf. Durch Copolymerisation mit EVAC, s. Abschn. 6.1.4, wird das Eigenschaftsniveau in der gleichen Richtung wie beim CP verbessert.

Eigenschaftsvergleich s. Tafel 6.54

Einsatzgebiete

Kfz-Lenkradummantelungen, Bedienungsknöpfe, Griffe, Außenleuchten, Lichtkuppeln (warmgeformt), Werbeschilder, Skibrillen, Zierleisten, Tier-Ohrmarken.

6

Tafel 6.54 Eigenschaftsvergleich der Cellulosederivate

Eigenschaft	Einheit	Cellulosederivate			
		CA	CAB	CP	EC
Dichte	g/cm^3	1,26–1,32	1,16–1,22	1,17–1,24	1,12–1,15
Zug-E-Modul	MPa	1000–3000	800–2300	1000–2400	1200–1300
Streckspannung	MPa	25–55	20–55	20–50	35–40
Streckdehnung	%	2,5–4	3,5–5	3,5–4,5	
Nominelle Bruchdehnung	%				
Spannung bei 50 % Dehnung	MPa	–	–	–	–
Bruchspannung	MPa	–	–	–	–
Bruchdehnung	%	–	–	–	–
Schmelztemperatur	°C	–	–	–	–
Formbeständigkeitstemperatur HDT / A 1,8 MPa	°C	45–80	45–95	45–95	ca. 50
Längenausdehnungskoeffizient, längs (23–55 °C)	10^{-5}/K	10–12	10–15	11–15	10
Längenausdehnungskoeffizient, quer (23–55 °C)	10^{-5}/K				
Brennbarkeit UL 94 bei 1,6 mm Dicke	Klasse	HB	HB	HB	HB
Dielektrizitätszahl bei 100 Hz	–	5–6	3,7–4,2	4,0–4,2	ca. 4
Dielektrischer Verlustfaktor bei 100 Hz	10^{-4}	70–100	50–70	50	100
Spezifischer Durchgangswiderstand	Ohm · m	10^{10}–10^{14}*	10^{10}–10^{14}*	10^{10}–10^{14}*	10^{11}–10^{13}*
Spezifischer Oberflächenwiderstand	Ohm	10^{10}–10^{14}*	10^{12}–10^{14}*	10^{12}–10^{14}*	10^{11}–10^{13}*
Elektrische Durchschlagfestigkeit	kV/mm	25–35	32–35	30–35	ca. 30
Vergleichszahl der Kriechwegbildung CTI/A		600	600	600	600
Aufnahme von Wasser bei 23 °C, Sättigung	%	3,5–4,5	2,0–2,3	1,9–2,8	
Feuchteaufnahme bei 23 °C / 50 % r. F., Sättigung	%	ca. 1,2	0,6–0,8	0,6–0,9	

* Angaben für konditioniert bis trocken

Cellulosenitrat, CN, Celluloid

CN mit Stickstoffgehalten von 10,6 bis 10,8 % ergibt alkohollösliche Thermoplaste, ein Gehalt von 12 bis 12,2 % esterlösliche. Ein N-Gehalt von >13 bis max. 16 % ergibt Schießbaumwolle. Für die Herstellung von Celluloid wird CN mit einem N-Gehalt von ca. 11 % mit Kampfer als Weichmacher versehen. Celluloid ist der älteste in großem Maße verwendete Thermoplast, wird aber heute wegen seiner leichten Entflammbarkeit nur noch zur Herstellung von z.B. Tischtennisbällen, Spielzeug, Zahnbürsten und Kämmen eingesetzt. Andere Einsatzgebiete für CN sind Bindemittel für Lacke und Klebstoffe und Beschichtungsmaterialien für Kunstleder.

Methylcellulose, MC

MC mit 1,3 bis 1,5 OH-Gruppen je Glukoserest ist in kaltem Wasser löslich, koaguliert jedoch je nach Molekulargewicht, Veretherungsgrad und Konzentration bei höherer Temperatur. Bei etwas mehr als 2 OH-Gruppen ist MC wasserunlöslich.

Einsatzgebiete: Imprägniermittel, Oberflächenbefilmung von Papier (fett- und ölfest), Verdickungsmittel, Klebstoff, Anstrichbinder.

Ethylcellulose, EC

EC wird in verschiedenen Viskositätseinstellungen geliefert. Hoch- und mittelviskose Typen dienen als Formmassen zur Herstellung von Folien und Spritzgussteilen, mittel- und niedrigviskose für Lacke und Klebstoffe.

Carboxymethylcellulose, CMC

Im Gegensatz zu MC sind alle Viskositätseinstellungen der CMC in kaltem und in warmem Wasser löslich.

Einsatzgebiete: Klebstoffe, Anstrichbindemittel, Zusatzstoffe bei Bohrspülungen und Waschmittel, Hilfsmittel in der Textilindustrie, Emulgier- und Verdickungsmittel.

Oxethylcellulose

Oxethylcellulose weist gleiches Verhalten gegenüber Wasser auf wie CMC und findet die gleichen Einsatzgebiete.

Cellulosehydrat, CH, Zellglas; Vulkanfiber, VF

CH (auch Regeneratcellulose genannt).

Einsatzgebiete z.B.: glasklare Folien (Zellglas), die durch beidseitiges Lackieren wetterfest gemacht werden. Zellglas weist eine geringe Durchlässigkeit für Wasserdampf, Gase, Öle usw. auf.

Zur Herstellung von *Vulkanfiber* und Echtpergament werden saugfähige Papiere oder Zellstoff in hochkonzentrierter warmer Zinkchlorid-Lösung aufgequollen, zu Platten geschichtet, ausgewaschen und anschließend verpresst.

Einsatzgebiete: hoch beanspruchte Teile wie Zahnräder, Schleifscheiben oder Kofferplatten.

Polysaccharide, PSAC; thermoplastische Stärke

Heute werden bereits fast 50% der produzierten Stärke im Non-food-Bereich eingesetzt. Zunächst wurde die Stärke jedoch lediglich Thermoplasten als Füllstoff beigegeben, um eine biologische Abbaubarkeit zu erreichen: Der Stärkeanteil verrottet und bewirkt einen Zerfall des Matrixharzes in kleine Partikel (PE + Stärke für Tragetaschenfolien). Neuerdings werden Kunststoffe aus Stärke erzeugt, die ohne synthetische Beimischungen auskommen. Es werden lediglich Zusatzstoffe wie biologisch abbaubare Weichmacher (Wasser), Öle und Fette zugegeben.

PSAC gehört zu den biologisch abbaubaren Werkstoffen (BAW). Sie werden meist in Kombination mit anderen Werkstoffen oder als Copolymerisate eingesetzt.

Ein aus einer Mischung von Holzschliff und Mais bestehendes, auf dem Doppelschneckenextruder hergestelltes Granulat lässt sich durch Spritzgießen bei Massetemperaturen von ca. 150 °C und Werkzeugtemperaturen von 60 °C zu Formteilen verarbeiten.

Eigenschaften: Dichte 1,4 g/cm^3, Zugfestigkeit 25 MPa, Bruchdehnung 1 bis 1,5%, E-Modul 13 000 MPa.

Einsatzgebiete: Ersatz von Holzteilen in der Spielzeugindustrie und im Dekorationsbereich, Griffe, Knöpfe, Ornamente.

Thermoplastische Stärke, ist biologisch abbau- und kompostierbar. Sie wird in Granulatform geliefert und kann im Spritzgießverfahren zu Formteilen oder in Blas- oder Flachfolienanlagen zu Folien verarbeitet werden.

Eigenschaften: Dichte 1,1 bis 1,2 g/cm^3, E-Modul 1000 bis 2600 MPa, Zugfestigkeit ca. 30 MPa und Bruchdehnung 600 bis 850% (Folien), Vicat A/ 50 73 bis 103 °C.

Einsatzgebiete: kompostierbare Verpackungen, kurzlebige Verbrauchsgüter in Form von Folien und Formteilen.

Polyhydroxybuttersäure, PHB; Polyhydroxyvaleriansäure, PHV; Polyhydroxyfettsäuren/Polyhydroxyalkanoate, PHA

PHB und PHV gehören zur Gruppe der Polyhydroxyfettsäuren (Polyhydroxyalkanoate), die von zahlreichen Bakterien als Speicher- und Reservestoffe gebildet werden. Dieser Weg wird derzeit auch für die technische Herstellung von PHB genutzt. Polyhydroxybuttersäure ist ein linear aufgebautes Polymer, das wasserfest, weitgehend resistent gegen Fette und Öle, gasundurchlässig für Sauerstoff, Kohlendioxid und Wasserdampf und zudem biologisch abbaubar ist. Es ist hochkristallin, besitzt ähnliche Eigenschaften wie Polypropylen (etwas spröder und steifer als PP) und kann mittels Spritzguss oder Extrusion thermoplastisch verarbeitet werden.

Eigenschaften eines auf Stärke basierenden Compounds: Dichte 1,17 bis 1,25 g/cm^3, Zugfestigkeit 15 bis 27 MPa, E-Modul 900 bis 2000 MPa.

Einsatzgebiete: Laboranalytik, Medizin, Spritzgussartikel.

6.17.2 Casein-Kunststoffe, Casein-Formaldehyd, Kunsthorn; CS, CSF

Casein ist ein wichtiges Protein der Milch. Caseine werden zu Leim oder Bindemitteln für Anstrichfarben verarbeitet. Aus Magermilch gewonnenes Casein wird durch Härtung mit Formaldehyd zu einem Kunststoff verarbeitet, der dem Naturhorn chemisch verwandt ist und ihm auch im Äußeren und in der Bearbeitbarkeit gleicht. CSF wurde hauptsächlich in der Schmuckindustrie und für Knöpfe sowie Schnallen in der Bekleidungsindustrie eingesetzt.

6.17.3 Polylactid, Polymilchsäure, PLA

Polymilchsäure ist ein nicht natürlich vorkommender, biologisch abbaubarer Polyester, der über eine mehrstufige Synthese aus Zucker hergestellt wird. Dabei wird Zucker zu Milchsäure fermentiert und diese i.d.R. über die Zwischenstufe des Dilactids zu PLA polymerisiert. PLA ist transparent, kristallin, steif, besitzt hohe mechanische Festigkeit und kann mit den herkömmlichen thermoplastischen Verfahren (v. a. Tiefziehen, Spritzguss) verarbeitet werden.

Eigenschaften: Dichte = 1,25 g/cm^3, Zugfestigkeit = 70 MPa, E-Modul: 3600 MPa.

Einsatzgebiete: Spritzguss, chirurgisches Nahtmaterial, Implantate, tiefziehbare Folien, Verpackungen wie beispielsweise Joghurt-Becher.

6.17.4 Naturharze

Kanadabalsam wird aus der amerikanischen Balsamtanne gewonnen und zum Verkitten von optischen Linsensystemen verwendet.

Bernstein ist verhärtetes Harz der Bernsteinfichte und anderer Nadelhölzer. Haupteinsatzgebiet ist die Schmuckindustrie.

6.18 Sonstige Polymere

6.18.1 Fotoabbaubare, biologisch abbaubare und wasserlösliche Kunststoffe*

Abbaubare Kunststoffe können in fotoabbaubare und biologisch abbaubare Polymere eingeteilt werden. Als Spezialfall sind wasserlösliche Polymere anzusehen, die in wässriger Lösung ganz oder teilweise (biologisch) abbaubar sind.

Der fotochemische Abbau von Kunststoffen ist i.d.R. unerwünscht, da sich dadurch ihre physikalischen Eigenschaften verschlechtern, Kunststoffe aber üblicherweise auf Langlebigkeit optimiert sind. Um den Fotoabbau von Kunststoffen zu verhindern, werden (Foto-)Stabilisatoren eingearbeitet. Abbaubare Polymere wurden entwickelt, um das Kunststoffabfall-Volumen durch den Zerfall der Polymerketten zu verringern. Die durch Fotoabbau resultierenden Polymerfragmente

* Von Bettina Schmidt, C.A.R.M.E.N e.V. (www. carmen-ev.de)

können i.d.R. nicht weiter abgebaut werden. Im Gegensatz dazu werden biologisch abbaubare Kunststoffe aufgrund ihrer Molekülstruktur von Mikroorganismen, Pilzen, Bakterien vollständig zu Kohlendioxid, Wasser und Biomasse abgebaut. Die biologische Abbaubarkeit wird mittels der in der DIN V 54 900 bzw. der in der EN 13 432 beschriebenen Prüfmethoden nachgewiesen.

Wasserlösliche Kunststoffe, PVAL, PEOX, PPOX, MC, CMC, PSAC

Hierzu gehören:

- Polyvinylalkohol, PVAL, s. Abschn. 6.3.5.3
- Polyethylenoxide, PEOX, s. Abschn. 6.11
- Polypropylenoxid, PPOX, s. Abschn. 6.11
- Methylcellulose, MC, s. Abschn. 6.17.1
- Carboxymethylcellulose, CMC, s. Abschn.6.17.1
- Hydroxypropylcellulosen, HPC
- Polysaccharide, PSAC, (thermoplastische Stärke, TPS), s. Abschn. 6.17.1

6.18.1.1 Fotoabbaubare Kunststoffe

Durch einen gezielten Einbau von UV-empfindlichen Molekülstrukturen, wie Ketongruppen (z.B. E/CO-Copolymere) sowie durch das Einarbeiten von Fotosensibilisatoren (z.B. Eisendialkylthiocarbamate und andere metallorganische Verbindungen) kann ein Fotoabbau des Polymeren relativ genau gesteuert werden. Solche Produkte sind nicht biologisch abbaubar. Die heutigen Anwendungen fotoabbaubarer Polymere konzentrieren sich auf Agrarfolien, Tragetaschen und Müllsäcke.

6.18.1.2 Biologisch abbaubare Kunststoffe/Werkstoffe (BAW), Biokunststoffe, Bioplastik

Ein biologischer Abbau kann sowohl aerob als auch anaerob stattfinden, jedoch immer nur in Gegenwart von Feuchtigkeit (Wasser). Daher müssen biologisch abbaubare Kunststoffe von der Oberfläche her hydrophil sein. Die Aufnahme von Feuchtigkeit führt bei einigen Biokunststoff-Typen zu einer Abnahme der mechanischen Eigenschaften. BAW können sowohl aus natürlichen als auch aus fossilen Rohstoffen hergestellt werden und lassen sich in folgende Hauptklassen einteilen:

- Mischungen von Kunststoffen mit wasserlöslichen Polymeren. Sie zerfallen bei Einwirkung von Feuchtigkeit in ihre Komponenten. Allerdings sind diese Biokunststoff-Typen nur dann biologisch abbaubar, wenn alle Mischungskomponenten dies sind.
- Synthetische (Co-)Polyester sind aus Erdöl hergestellte, (semi-)kristalline Polymere, deren mechanische und thermische Eigenschaften mit denen von LD-PE vergleichbar sind. Analog zu PE lassen sie sich mit den gängigen Methoden der Kunststofftechnik verarbeiten, sind aber im Gegensatz zu PE nach DIN V 54900 bzw. EN 13432 biologisch abbaubar.

Einsatzgebiete: Beutel, Tragetaschen, Mulchfolien, Cateringartikel, Verpackungen.

- Polymilchsäure Polylactid, PLA, s. Abschn. 6.17.2
- Polyhydroxyalkanoate, PHA, PHB, PHV s. Abschn. 6.17.1.3

- Celluloseacetate, CA s. Abschn. 6.17.1
- Compounds aus biologisch abbaubaren Polymeren auf narürlicher (Polysaccharide/-derivate) und synthetischer Basis (manche (Co-)Polyester)

Eine besondere Stellung in dieser Gruppe nimmt der Biokunststoff „Mater-Bi" ein, der aus bis zu 90% Stärke und einer biologisch abbaubaren, synthetischen, thermoplastischen Matrix besteht. „Mater-Bi" ist nach den bekannten Verarbeitungsverfahren thermoplastisch verarbeitbar und wird – einschließlich des Matrix-Polymeren – nach DIN V 54 900/EN 13 432 biologisch abgebaut. Der hohe Stärkeanteil verleiht dem Material gute Sauerstoff- und Fettbarriere-Werte und größere Wasserdampfdurchlässigkeit.

Einsatzgebiete: Folien, Hygienebereich und Gartenbau, Tiefzieh- und Spritzgussartikel.

Eigenschaften auf Stärke basierender Blasfolien: Foliendicke = 10 bis 100 µm, Dichte = 1,1–1,3 g/cm^3, Zugfestigkeit längs/quer = 26 bis 36 MPa, Reißdehnung längs = 300 bis 900%.

- Weitere „thermoplastische" Stärkederivate befinden sich noch im Entwicklungsstadium, darunter auch hydroxypropylierte und acetylierte Stärke.
- Unter hohem Druck, Temperatur und Feuchte verpresste (extrudierte) Kartoffel- und Maisstärke, z.T. auch mit Pflanzenfasern oder Altpapier vermischt, als Ersatz für EPS-Verpackungschips (Loose-fill) oder EPS-Verpackungsformteile (PSP-Papierschaum, Zerzog, Cornpack, Storopack).
- Nur in wässriger Lösung abbaubare Polymere für wasserlösliche Verpackungen aus Polyvinylalkohol (PVAL), s. Abschn. 6.3.5, sowohl im Gießverfahren als auch im billigeren Blasextrusionsverfahren hergestellt, kalt- und heißwasserlöslich; erstere speziell zur Verpackung von giftigen pulverförmigen Substanzen, z.B. Pflanzenschutzmitteln; letztere besonders zur bakteriendichten, heißwasserlöslichen Verpackung von Hospital-Infektionswäsche.

Soweit die genannten temporären Verpackungsmaterialien wasserlöslich sind, bedürfen sie immer einer weiteren Umverpackung.

6.18.2 Elektrisch leitfähige/luminiszierende Polymere

Das von Natur aus gegebene gute elektrische Isolationsvermögen polymerer Werkstoffe ist für viele Anwendungen in der Elektrotechnik eine Voraussetzung. Zur Vermeidung elektrostatischer Aufladung, zur Erzeugung einer Abschirmwirkung von Kunststoffgehäusen gegenüber elektromagnetischen Wellen, zur Herstellung von Elektroden, Leuchtdioden, Feldeffekt-Transistoren usw. werden jedoch Kunststoffe mit gezielt einstellbaren Leitfähigkeiten gewünscht.

Leitfähige Thermoplast-Compounds werden durch Einarbeitung von leitfähigen Füll- oder Verstärkungsstoffen in Polymere erzeugt, s. Abschn. 3.4. An dieser Stelle soll auf leitfähige Polymere eingegangen werden.

Chemischer Aufbau

Intrinsisch (von sich aus) leitfähige Polymere (ICP) werden seit vielen Jahren erforscht und finden zunehmend Einsatz. Diese organischen Werkstoffe besitzen konjugierte Doppelbindungen (abwechselnd Einfach- und Doppelbindungen), wie sie im Falle des Polyacetylen perfekt vorliegen (s. Tafel 6.55). Eine Zugabe von Elektronen-Donatoren (Na, K, Cs) oder -Akzeptoren (J_2, $SbCl_5$, $FeCl_3$, o. Ä.), Atomen oder Molekülen, die Elektronen abgeben (Reduktion) oder aufnehmen (Oxidation), führt zu erhöhter Elektronenbeweglichkeit und zu Leitfähigkeiten bis zu 10^5 S/cm. Wie bei Metallen verbleiben einzelne freie Elektronen, die nicht mehr an die Atomrümpfe gebunden sind, sondern an den Molekülen entlanggleiten und die elektrische Ladung transportieren. Dieser Vorgang wird wie bei Halbleitern als Dotierung bezeichnet. Formel 6.32 zeigt dies am Beispiel von Polyacetylen, PAC, (Polyene). Bild 6.26 gibt einen Überblick über die durch Dotierung erreichbare Leitfähigkeit.

(Akzeptor J_2): $\nearrow$ $3\,J_2 \ldots CH=CH-CH=CH-CH=CH^{(+)}-2\,J_3^-$ (Kation)

$\ldots CH=CH-CH=CH-CH=CH$ (6.32)

(Donator Na): $\searrow$ $Na \ldots CH=CH-CH=CH-CH=CH^{(-)}-Na^+$ (Anion)

Dotierung von Polyacetylen, PAC

Unter Elektrolumineszenz versteht man die Fähigkeit bestimmter Stoffe, bei Anlegung einer elektrischen Spannung Licht zu emittieren. Dies eröffnet die Möglichkeit, OLED (Organic Light Emitting Diods) zu entwickeln. Diese bestehen aus einem Glas- oder Quarz-Träger, auf dem sich im einfachsten Fall drei Schichten befinden: eine Indium-Zinn-Oxid-Schicht als Anode, ein dünner Film des lumineszierenden Polymers (*Poly-3,4-ethylendioxythiophen*) und schließlich eine Schicht aus Calcium, Magnesium oder Aluminium als Kathode. Elektrisch leitfähige Polymere der ersten Generation waren vollig unlöslich und unschmelzbar. Um dünne Schichten von elektrisch leitfähigen Polymeren zu gießen, wurden lösliche, elektrisch leitfähige Polymere entwickelt, Polymere der zweiten Generation, wie beispielsweise auf Basis von Polyphenylenvinylen. Heute werden bereits flexible, dreidimensional verformbare oder transparente Elektrolumineszenz-Systeme (FOLED: flexible organic light emitting devices; TOLED: transparent organic light emitting devices) angeboten. Hierbei wird eine Mehrschichtfolie hergestellt. Durch Spincoaten, Dippen, Sprühen oder aufdampfen wird auf eine Trägerfolie elektrisch leitfähiges Polymer aufgebracht. Die Foliendicke beträgt überlicherweise 0,15 bis 0,8 mm Wird Wechselstrom an die Elektroden angelegt, leuchtet die Zwischenschicht. Charakteristisch für diese sogenannte „Smart Surface Technology" ist, dass die Teile kaum Energie verbrauchen und keine Wärme abgeben. Die leuchtenden Kunststoffteile eignen sich beispielsweise für Autoinnenraum- und Tastaturbeleuchtungen, für Orientierungs- bzw. Sicherheitsbeschilderungen sowie für zusammenfaltbare Monitore. OLED können üblicherweise bei Temperaturen von –4 bis +70 °C eingesetzt und aufgrund der chemischen Variabilität in nahezu allen Farben einschließlich weiß hergestellt werden.

Bei der Fotolumineszenz werden Doppelbindungen durch Absorption von Licht aufgebrochen. Wenn sich die Bindung wieder schließt, kann die frei werdende Bindungsenergie als Licht ausgestrahlt werden. Erhältlich sind auch Masterbatches auf Basis PE, PP, PA und PS sowie andere technische Kunststoffe.

Tafel 6.55 Grundstrukturen intrinsisch leitfähiger Kunststoffe, ICP (nach Bäuerle)

Polymer	Kurz-zeichen	Chemische Struktur	Spez. Durchgangs-widerstand, $\Omega \cdot m$	Oxidations- oder Reduk-tionsmittel, Gegenionen
Polyacetylen	PAC	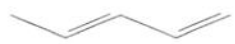 (trans-)  (cis-)	10^{-3}–$6 \cdot 10^{-6}$	I_2, AsF_5, Li, Na
Polypara-phenylen	PPP		10^{-2}–10^{-3}	AsF_5, Li, K, Na
Polyphenyl-ensulfid	PPS	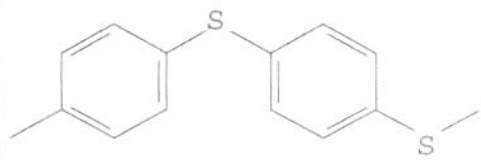	$1 \cdot 10^{-2}$–$2 \cdot 10^{-3}$	AsF_5
Polyanilin	PANI	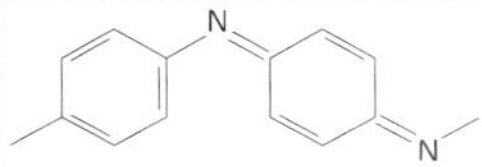	$3 \cdot 10^{-2}$–$5 \cdot 10^{-3}$	HCI, BF_4
Polypara-phenylvinylen	PPV	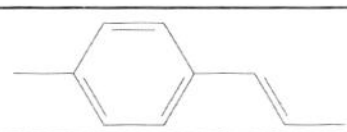	$3 \cdot 10^{-1}$–$2 \cdot 10^{-4}$	AsF_5
Polyphenylen-butadien	PPB	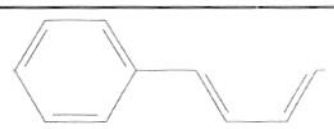		
Polyparapyri-din	PPYR	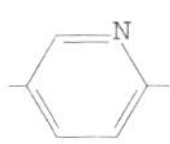		
Polyparapyri-dinvinylen	PPYV	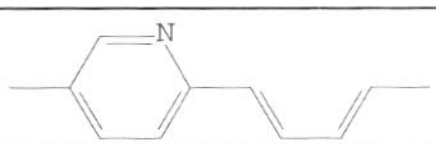		
Polypyrrol	PPY	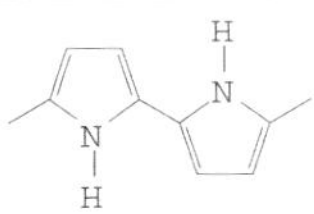	10^{-2}–$5 \cdot 10^{-3}$	BF_4, CIO_4, Tos, FCl_4
Polythiophen	PT	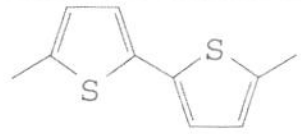	10^{-1}–10^{-3}	BF_4, CIO_4, Tos, FCl_4
Polyfuran	PFU	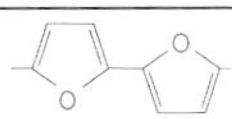		CF_3SO_3
Polyethyen dioxythiophen	PEDT	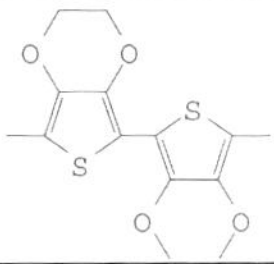	ca. $3 \cdot 10^{-2}$	
Polyacen		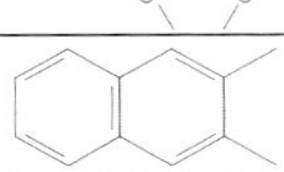		

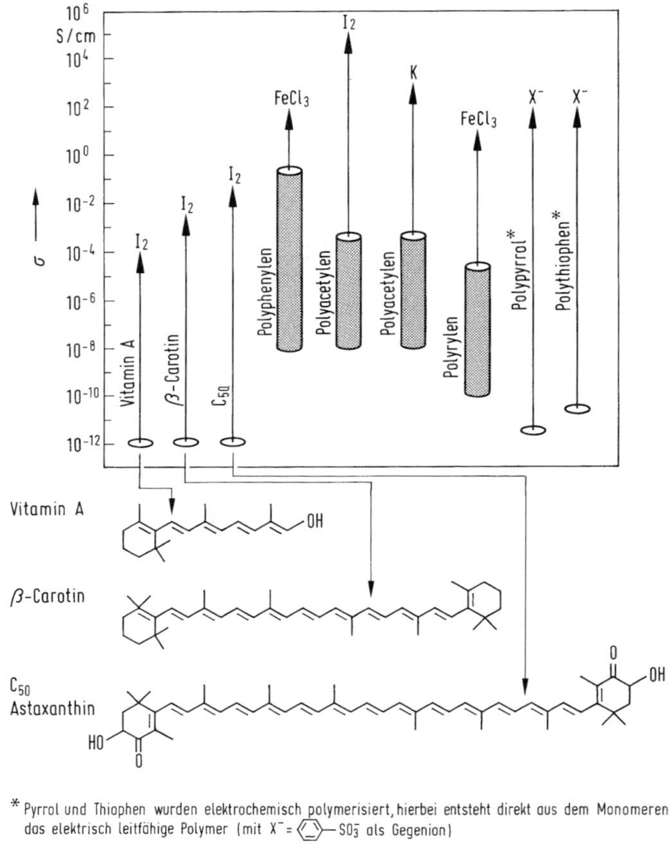

Bild 6.26 Steigerung der elektrischen Leitfähigkeit in Abhängigkeit von der Struktur des Ausgangspolymeren und des Dotierungsmittels

Eigenschaften

Polyacetylene, PAC, sind als Pulver, Gele oder Filme (auch transparent, verstreckbar bis ca. 600%, dann höchste Leitfähigkeit von >10^5 S/cm) erhältlich. Sie sind unlöslich und können abhängig vom Polymerisationsverfahren Leitfähigkeiten von 10^{-5} bis >10^5 S/cm aufweisen. Die Dichten liegen vor dem Dotieren bei 0,4 bis 0,9, danach bei 1,12 bis 1,23 g/ cm^3.

Polyphenylene. Die undotierten Polymere sind thermostabil bis ca. 450 °C. Durch positive Dotierung mit z.B. $FeCl_3$ werden Leitfähigkeiten von ca. 10^2 S/cm erreicht. Die Produkte sind hydrolyseempfindlich, solche mit z.B. negativer K-Dotierung zusätzlich sauerstoffempfindlich.

Polyparaphenylvinylene, PPV, Polyparaphenylen, PPP. Verwendung als flächige Leuchtdioden, Elektrolumineszenz.

Polyheteroaromaten, Polypyrrol PPY, (Polyfuran, PFU, Polythiophen, PT). Sie sind elektrochemisch polymerisierbar und können als Filme von der Anode abgelöst werden. Freitragende Filmdicken ab ca. 30 µm, Beschichtungen ab 0,01 µm, Leitfähigkeiten ca. 10^{-4} bis 10^{2} S/cm, Reißfestigkeit 20 bis 80 N/mm^2, Reißdehnung 10 bis 20%.

Anwendungen z.B.: Antistatische Ausrüstungen (PSU-Folien), Heizbänder, Sicherungen, Sensoren, Batterien, Informationsfixierung.

Polyanilin, PANI, kann durch Dotierung mit verschiedenen Säuren in wässriger Lösung eine Leitfähigkeit von ca. 10 S/cm erreichen.

Polyphenylenamin, ist ein nicht löslicher und nicht schmelzbarer Kunststoff, Nanopulver. Als fein disperse Beimischung zu Lacken verschiebt er das Korrosionspotential von damit lackiertem Eisen, Stahl, Aluminium, Zink, Edelstahl und Kupfer in die edlere Richtung der Spannungsreihe der Metalle und verlangsamt somit die Korrosionsgeschwindigkeit, besonders bei geringfügigen Schadstellen. Weitere Anwendungsmöglichkeiten: Solarzellen, Membranen zur Gastrennung, Brennstoffzellen, Batterien, Sensoren.

Polyethylendioxythiophen (PEDT) wird in Lösung polymerisiert und führt zu unlöslichen, unschmelzbaren Pulvern mit Pulverleitfähigkeiten von bis zu 30 S/cm. Oberflächenwiderstand σ_e einer ca. 0,1 µm dicken Schicht auf PC oder Glas ca. 1000 Ω/□.

Einsatzgebiete: Feststoff-Elektrolytkondensatoren, leitfähige Beschichtungen auf Kunststoff und Glas durch oxidative Polymerisation mit z.B. Eisen-III-Toluolsulfonatlösung in n-Butanol.

Polyethylendioxythophen-Polystyrolsulfonat (PEDT/PSS). Durch oxidative Polymerisation des monomeren PEDT in Gegenwart wässriger Polysulfonsäure werden kolloidale Lösungen des PEDT hergestellt, die verarbeitbar sind. Als Oxidationsmittel wird Kaliumperoxiddisulfat eingesetzt. Minimale Oberflächenwiderstände σ_e ca. 150 Ω/□.

Einsatzgebiete: transparente, antistatische Beschichtungen von fotografischen Filmen, Glas, Leuchtdioden, OLED.

6.18.3 Aliphatisches Polyketon, PK

Chemischer Aufbau

PK wird mit einem speziellen Katalysatorsystem aus den Bestandteilen Kohlenmonoxid, Ethylen und Propylen synthetisiert, s. Formel 6.33. Ethylen- und Propylenmoleküle sind in der Kette statistisch verteilt. PK ist teilkristallin mit einem Kristallinitätsgrad von ca. 30 bis 40%.

$$\left(CH_2 - \underset{\displaystyle R}{\underset{|}{CH}} - \overset{\displaystyle O}{\overset{||}{C}} \right)_n \qquad (6.33)$$

R = H oder CH_3

Verarbeitung

Da PK aus der Luft ca. 0,5, im Wasser ca. 2,2% Feuchtigkeit aufnimmt, sollte bei 60 °C für 4 h vorgetrocknet werden, um Oberflächenstörungen zu vermeiden. Wichtigstes Verarbeitungsverfahren: Spritzgießen, Massetemperatur 240 bis 270 °C, Werkzeugtemperatur 60 bis 80 °C (20 bis 120 °C). Da PK schnell kristallisiert, sind kurze Zykluszeiten möglich, kein Nachtempern erforderlich, Verarbeitungsschwindung 1,8 bis 2,2%, wenig oder kein Nachschwinden. Folien-, Platten- und Profilextrusion, Blasformen, Rotationsguss und Beschichtungen sind möglich.

Eigenschaften

PK weisen eine hohe Schlagzähigkeit und Streckdehnung (25%) auf, sind kurzzeitig bis 180 °C einsetzbar, gegen aliphatische Kohlenwasserstoffe, Salzlösungen, schwache Säuren und Laugen und im Kfz-Sektor verwendete Medien beständig. Sie weisen höhere Verschleißfestigkeit auf als z.B. PA oder POM, insbesondere als Reibpartner zu anderen Kunststoffen. FR-Typen erreichen bei 3,2 und 1,6 mm V0. Eigenschaftsvergleich s.Tafel 6.56.

Einsatzgebiete: Kraftstoffsysteme im Kfz, Rohrsysteme, Elektrik und Elektronik (flammgeschützte, halogen- und phosphorfreie Einstellungen).

Tafel 6.56 Eigenschaftsvergleich aliphatisches Polyketon

Produkt		PK	PK-GF 30
Eigenschaft	Einheit		
Dichte	g/cm^3	1,24	1,46
Zug-E-Modul	GPa	1,4	7,3
Streckspannung	MPa	60	
Streckdehnung	%		
Bruchspannung	MPa		1,20
Bruchdehnung	%		3
Schmelztemperatur	°C	220	220
Formbeständigkeitstemperatur HDT/A 1,8 MPa	°C	100	215
Brennbarkeit UL 94 bei Dicke 1,6 mm	Klasse	HB	HB
Dielektrischer Verlustfaktor bei 100 Hz	$\cdot 10^{-4}$	250	500
Spezifischer Durchgangswiderstand	Ohm · m	10^{11}	10^{11}
Spezifischer Oberflächenwiderstand	Ohm	10^{14}	10^{14}
Elektrische Durchschlagfestigkeit	kV/mm	18 (d = 1,6 mm)	24 (d = 1,6 mm)
Vergleichszahl der Kriechwegbildung CTI/A		600	600
Wasseraufnahme in Wasser bei 23 °C, Sättigung	%	2,2	
Feuchteaufnahme bei 23 °C/50% r.F., Sättigung	%	0,5	0,3

6.18.4 Polymerkeramik, Polysilicooxoaluminat, PSIOA

Hinter dem Begriff Polymerkeramik verbirgt sich eine neue Werkstoffklasse. Die preiswerten Rohstoffe, die einfache und Energie sparende Verarbeitbarkeit im Vergleich zu Keramik und die hohe Temperaturbelastbarkeit lassen weitere Entwicklungen erwarten.

Polymerkeramiken sind Polymer-Tonmineral-Verbundwerkstoffe, die durch Reaktion von Schichtsilikaten (Phyllosilikaten), speziell deren reaktiven OH-Gruppen, mit den funktionellen Bindungen des Siliciums von Alkalimethylsiliconaten entstehen. Die Verarbeitung erfolgt durch Trockenpressen bei Temperaturen bis zu 150 °C. Ohne den bei normalen Keramiken erforderlichen nachgeschalteten Sinterprozess entstehen Formteile mit hohem räumlichen Vernetzungsgrad. Eine Metallisierung sowie mechanische Bearbeitung nach allen üblichen Verfahren ist möglich. Es ist beständig gegen Korrosion, Oxidation und viele Chemikalien.

Zur Herstellung von Schäumen werden ein Feststoffgemisch, ein flüssiger wässriger Härter sowie ein Treibmittel gemischt und in eine Form gegossen. In einer exothermen Reaktion setzt die Polymerisation zu offen- oder geschlossenzelligen Schaumstoffen ein. Eigenschaften s. Tafel 6.57.

Einsatzgebiete: Führungen, Lager, Buchsen, Schaumstoff: Elemente für Schall-, Wärme-, Brandschutz, Insitu-Isolation, Verbundwerkstoffe, Katalysatorträger.

Tafel 6.57 Eigenschaften von Polysilicooxoaluminat-Schaumstoff, Handelsname Trolit

Eigenschaft	Einheit	Wert
Rohdichte	kg/m^3	100→800
Zulässige Gebrauchstemperatur, Langzeit	°C	1000
Zulässige Gebrauchstemperatur, Kurzzeit	°C	1200
Wärmeleitfähigkeit, je nach Dichte und Zellstruktur	W/m·K	≥ 0,037
Porendurchmesser	mm	0,5–3
Brandklasse nach DIN 4102		unbrennbar, A1
Druckfestigkeit	MPa	0,5→2,0
Zugfestigkeit	MPa	0,11
Elastizitätsmodul	MPa	ca. 250
Nachschwindung bei 800°C	%	<1,5
Spezifische Wärme zwischen 20 und 60°C	kJ/kg·K	ca. 1,2
Linearer Wärmeausdehnungskoeffizient	1/K	$9 \cdot 10^{-6}$

6.19 Thermoplastische Elastomere, TPE

Kurzzeichen s. Tafel 6.58

Tafel 6.58 Zusammenstellung der thermoplastischen Elastomere

Kurzzeichen	chemische Bezeichnung
TPE	**Thermoplastische Elastomere**
TPA	**Polyamid-TPE**
TPA-EE	TPA, Weichsegmente mit Ether- und Ester-Bindungen
TPA-ES	TPA mit Polyester-Weichsegmenten
TPA-ET	TPA mit Polyether-Weichsegmenten
TPC	**Copolyester-TPE**
TPC-EE	TPC, Weichsegmente mit Ether- und Ester-Bindungen
TPC-ES	TPC mit Polyester-Weichsegmenten
TPC-ET	TPC mit Polyether-Weichsegmenten
TPO	Olefin-TPE
TPO-(EPDM+PP)	Ethylen/Propylen/Dien+ Polypropylen
TPO-(EVAC+PVDC)	Ethylen/Vinylacetat+Polyvinylidenchlorid
TPS	**Styrol-TPE**
TPS-SBS	Styrol/Butadien Block-Copolymer
TPS-SIS	Styrol/Isopren-Block-Copolymer
TPS-SEBS	Styrol/Ethenbuten/Styrol-Block-Copolymer
TPS-SEPS	Styrol/Ethenpropen/Styrol-Block-Copolymer
TPU	**Urethan-TPE**
TPU-ARES	Aromatische Hartsegmente, Polyester-Weichsegmente
TPU-ARET	Aromatische Hartsegmente, Polyether-Weichsegmente
TPU-AREE	Aromatische Hartsegmente, Weichsegmente mit Ether- und -Ester-Bindungen
TPU-ARCE	Aromatische Hartsegmente, Polycarbonat-Weichsegmente
TPU-ARCL	Aromatische Hartsegmente, Polycaprolacton-Weichsegmente
TPU-ALES	Aliphatische Hartsegmente, Polyester-Weichsegmente
TPU-ALET	Aliphatische Hartsegmente, Polyether-Weichsegmente
TPV	**TPE mit vernetztem Kautschuk**
TPV-(EPDM-X+PP)	Hochvernetztes EPDM+PP
TPV-(NBR-X+PP)	Hochvernetzter Acrylnitril/Butadien-Kautschuk+PP
TPV-(NR-X+PP)	Hochvernetzter Naturkautschuk+PP
TPV-(ENR-X+PP)	Hochvernetzter epoxidierter Naturkautschuk+PP
TPV-(PBA-X+PP)	Vernetztes Polybutylacrylat+PP
TPZ	**Weitere TPE**
TPZ-(NBR+PVC)	Acrylnitril/Butadien-Kautschuk+Polyvinylchlorid

6.19.1 Physikalischer Aufbau

Die TPE vereinen die gummielastischen Eigenschaften vernetzter Elastomere, s. Abschn. 6.22, Kautschuk, mit dem Vorteil der thermoplastischen Verarbeitbarkeit. Aufgrund der Zusammensetzung lassen sie sich in zwei Gruppen einteilen:

Polymer-Blends bestehen aus einer „harten" thermoplastischen Polymermatrix, in die unvernetzte oder vernetzte Elastomerpartikel als „Weichphase" eingearbeitet sind. Ein Beispiel sind die thermoplastischen Polyolefin-Elastomere TPO oder TPV, die aus PP mit bis zu 65% eingearbeitetem Ethylen-Propylen-[Dien] Kautschuk (EP[D]M) bestehen.

Pfropf- oder Copolymere enthalten in ihrem Polymermolekül thermoplastische Sequenzen A und elastomere Sequenzen B. Die beiden Komponenten A und B sind miteinander unverträglich und entmischen sich lokal, so dass die harten A-Sequenzen die physikalischen Vernetzungspunkte in der kontinuierlichen Matrix der weichen B-Sequenzen bilden. Ein Beispiel ist das Styrol-Block-Copolymer TPS, in dem Blöcke von Polystyrol (S) und Butadien (B) einander abwechseln: SSSSSSSS-BBBBBBBB-SSSSSSS.

Die weichen B-Sequenzen befinden sich bei Gebrauchstemperatur oberhalb ihrer Glastemperatur (Einfriertemperatur), die harten A-Sequenzen dagegen unterhalb ihrer Glastemperatur (bei amorphen Polymeren) bzw. ihrer Schmelztemperatur (bei teilkristallinen Polymeren). Oberhalb der Umwandlungstemperatur der A-Sequenzen erweichen diese, so dass die TPE thermoplastisch verarbeitet werden können.

6.19.2 Chemischer Aufbau, Eigenschaften, Einsatzgebiete

Die Vorteile der TPEs gegenüber Gummi sind: thermoplastische Verarbeitbarkeit und damit Rezyklierbarkeit, Schweißbarkeit, Transparenz bei einigen Typen, Einfärbbarkeit. Ein wesentliches Einsatzgebiet sind deshalb Hart-Weich-Kombinationen im 2-K-Spritzguss (s. Abschn. 4.2.2.7 und 4.2.2.8) und in der Coextrusion (s. Abschn. 4.2.5.10) Tafel 6.58 gibt eine Übersicht über Kurzzeichen, und chemische Bezeichnungen sowie Bild 6.27 und Tafel 6.59 einen Eigenschaftsvergleich.

Tafel 6.60 gibt einen Hinweis darauf, welche Kunststoff- und Kautschuk-Typen durch TPE in bestimmten Einsatzgebieten ersetzt werden.

Im Folgenden werden die TPE-Gruppen beschrieben, s. auch die Abschnitte über die entsprechenden Grundpolymere.

6.19.2.1 Copolyamide, TPA

Polyamid-Elastomere sind Block-Copolymere mit harten Polyamid-Blöcken und weichen Polyether- (TPA-ET) ober Polyester- (TPA-ES) Blöcken ober beiden Blöcken (TPA-EE). Komponenten zur Herstellung von TPA-ET sind Lactam, Dihydroxypolytetrahydrofuran und Dicarbonsäure, zu Herstellung von PTA-EE: Laurinlactam, Adipinsäure und Bishydromethylcyclohexan.

TPA sind gegen Öl und Kraftstoff beständig, empfindlich gegen organische Lösemittel und thermooxidativen Angriff.

6

Tafel 6.59 Eigenschaftsvergleich thermoplastischer Elastomere, TPE

TPE	Typ	Dichte	Shore-Härte		Gebrauchstemperatur °C			Glastemperatur T_G	Beständigkeit gegen[1])				
		g/cm³	A	D	max. kurzzeitig	max. dauernd	min. dauernd	°C	Abrieb	Öl	Säure	Basen	Alterung
			>70	< 75	160	80	-40		2	1	2	2	2
TPA	PA6	1,0-1,2	>65	< 75		85	-60	80					
TPA	PA12	1,1-1,3	>85	< 85	150	120/150	-65	160/220	2	1	3	4	2
TPC[2])		0,9-1,0	>50	< 70		115	-50	160	4	4	2	1	2
TPO	EVAC-PVDC		>55	< 80	100		-40						
TPO	PP-EPDM-X	0,94-1,0	>35	< 75	145	125	-50	160	3	3	1	1	1
TPV	PP-NBR-X		>45	< 70	110		-40	160					
TPS	SBS	0,9-1,1	>27	< 50	90	80	-40	95	2	4	2	2	2
TPS	SEBS		>10	< 75	150	130	-50						
TPU	AREE	1,1-1,3	>65	< 80	120	100/80	-50	130-200	1	1	3	4	1

1) 1= hervorragend, 2= gut, 3=ausreichend, 4= mangelhaft

2) siehe auch Tafel 6.32

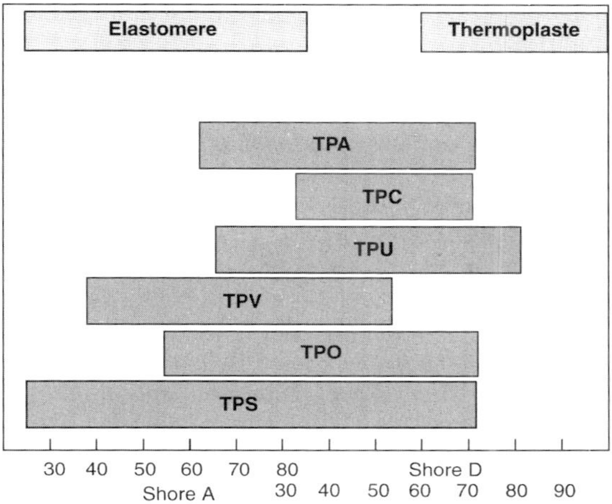

Bild 6.27 Einordnung der TPE zwischen Elastomeren und Thermoplasten nach Härtebereichen

Tafel 6.60 Beispiele für den Ersatz von Kunststoff und Kautschuk durch TPE

Kunststoff	Kautschuk	TPE
PE, PTFE	CR	TPA
PE, PTFE	CR, NBR, EPDM, ECO	TPC
PVC-P, PC+PBT	NR, SBR	TPO
PVC-P, PA+PPE, PC-Blends, PUR	NR, CR, SBR, NBR, EPDM, ECO	TPV
PVC-P, PUR	NR, CR, SBR, EPDM	TPS
PE, PP, PTFE, PVC-P, ABS, PUR	NR, CR, SBR, EPDM, NBR	TPU

Einsatzgebiete: Dichtungen, Schläuche im Kfz und in der Medizintechnik, Sportartikel, Verarbeitungshilfsmittel für TPU, Antistatika für Thermoplaste.

6.19.2.2 Copolyester, TPC

TPC sind Blockcopolymere von Weichsegmenten aus Polyalkylenetherdiolen und/oder langkettigen aliphatischen Dicarbonsäureestern mit teilkristallinen PBT-Segmenten. Die Eigenschaften reichen von gummiartig bis zu hochflexibilisierten technischen Kunststoffen. Der Anwendungs-Temperaturbereich liegt zwischen – 40 und 100 °C, bei höheren Temperaturen ist eine Wärmestabilisierung erforderlich. Diese TPE sind gegen Treib- und Schmierstoffe beständig, hydrolysefest, UV- und witterungsbeständig einstellbar.

Die *Verarbeitung* erfolgt nach der Trocknung des Granulats im Spritzguss und durch Extrusion bei Temperaturen um 220 °C mit möglichst kurzen Verweilzeiten, um einen Abbau zu vermeiden.

Einsatzgebiete: Membranen, Druckluft- und Hydraulik-Schläuche, Kabel-Ummantelungen, Faltenbälge, Abdeckkappen, Kupplungs- und Antriebselemente,

Dichtungen, Sohlen für Skischuhe und Fußballschuhe, Rollen, Lager und Befestigungsteile im Pkw.

6.19.2.3 Polyolefin-Elastomere, TPO

TPO sind Blends meist auf der Basis von isotaktischem PP und Ethylen-Propylen-Kautschuken (EPDM), s. auch Abschn. 6.1.6. *Einsatzgebiete*: Stoßfänger, Schmutzfänger, Kabel, Schuhe, Sohlen.

Das chlorhaltig thermoplastische Olefin-Elastomer TPO-(EVAC-PVDC) auf der Basis von Legierungen mit PVDC-hart-Domänen und einer teilvernetzten weichen EVAC-Copolymer-Matrix in Shore-Härten A 60 bis 70 substituiert in dem weiten Gebrauchstemperaturbereich von – 40 bis 120 °C für statische Anwendungen ölbeständigen, vulkanisierten Nitril(NBR)- oder Chloropren(NCR)-Kautschuk. Es ist alterungs-, wetter- und ozonbeständiger als die Vulkanisate, für stark dynamisch beanspruchte Teile wie Autoreifen ist das Material wegen der hohen mechanischen Dämpfung nicht geeignet. Das mit 10% Ruß, auch in hellfarbenen Einstellungen, in Granulatform gelieferte Produkt ist bei etwa 170 °C auf korrosionsfest ausgelegten PVC-Anlagen nach allen Thermoplast-Verarbeitungsverfahren und auf Anlagen der Kautschukverarbeitung verarbeitbar. Anwendungen sind: Schläuche, Dichtungen, Förderbänder, Draht- und Kabelummantelungen, Automobilbau.

6.19.2.4 Polystyrol, thermoplastische Elastomere, TPS

Die anionische Polymerisation mit z.B. Lithium-Butyl erlaubt es, nacheinander Blöcke aus Styrol und Butadien und wahlweise nochmal aus Styrol aufzubauen. Dies ergibt Drei-Block-Copolymere TPS-SBS. Ähnlich lassen sich Polymere vom Typ SIS (I = Isopren) herstellen, TPS-SIS. Die elastischen Eigenschaften dieser Polymere rühren daher, dass sich die Polystyrol-Kettenabschnitte zu harten Domänen und die Polybutadien-Kettenabschnitte zu flexiblen Kautschuk-Bereichen aggregieren (2-Phasen-Kunststoff). Die harten Domänen wirken als physikalische Vernetzungspunkte, die sich im Bereich der Schmelztemperatur des PS auflösen und dann eine thermoplastisch verarbeitbare Schmelze bilden.

Wegen der Oxidationsanfälligkeit der BR- bzw. IR-Ketten hydriert man die Polymeren. Hierbei entstehen aus SBS-Drei-Block-Copolymeren Styrol-Ethenbuten-Styrol-Drei-Block-Copolymere TPS-SEBS bzw. aus SIS Styrol-Ethenpropen-Styrol-Drei-Block-Copolymere TPS-SEPS. Diese Produkte besitzen aber nicht mehr die hohe Elastizität der SBS bzw. der SIS Typen, sondern sind steifer.

TPS sind Austauschstoffe für vulkanisierten Gummi mit dem Vorteil rationeller thermoplastischer Verarbeitbarkeit: Schläuche und Profile, medizinische Artikel, angespritzte Sohlen in der Schuhindustrie, Kabel-Isolier- und Mantelmassen, Schallschutzelemente im Kfz-Motorraum, Faltenbälge.

TPS werden auch als Weichkomponente beim Hart-Weich-Mehrkomponentenspritzguss eingesetzt. Gute bis sehr gute Haftung wird z.B. mit folgenden Kunststoffen erreicht: PE, PP, PS, ABS, PA, PPO, PBT.

Durch Einarbeitung von expandierbaren Hohlkugeln in TPS-SEBS-Granulat lassen sich durch Spritzguss und Extrusion feinporige Schaumstoffe mit $\rho = 0{,}5$ g/cm^3 z.B. für Handgriffe, Räder, Profile herstellen.

6.19.2.5 Polyurethan-Elastomere, TPU

TPU sind Block-Copolymere und entstehen durch Polyaddition langkettiger Diole (Kettenverlängerer: 1,4-Butandiol oder 1,6-Hexandiol, langkettige Diole: Polyetherdiole, Polyesterdiole, Polycarbonatdiole) mit aliphatischen Diisocyanaten (IPDI, HDI, s. Tafel 6.47). Sie können als „biostabil" bezeichnet werden. Den Einfluss der Rezeptur auf den Schubmodul zeigt Bild 6.28

TPU zeichnen sich durch hohe Verschleißfestigkeit und Flexibilität auch bei tiefen Temperaturen, Dämpfung, Transparenz, Beständigkeit gegen Fette, Öle und Lösemittel und Dauergebrauchstemperatur aus. Einsatzgebiete: Schläuche, Gelenkabdichtungen, Dämpfungselemente, Schuhsektor, Schlagzäh-Modifikator für polare Thermoplaste, wanderungsbeständiger Weichmacher für PVC.

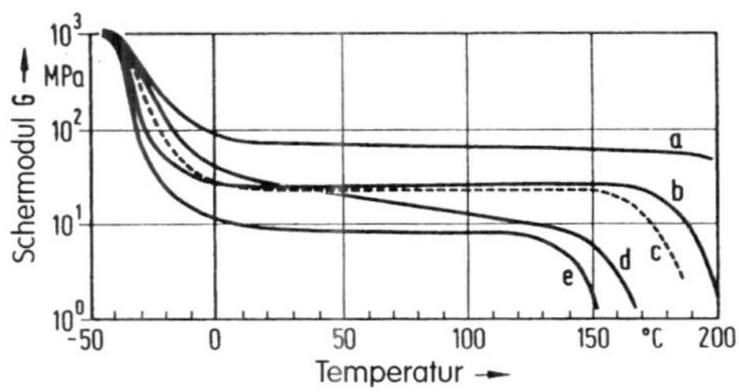

Rezeptur	a	b	c	d	e
	Mole				
Poly(ethylenadipat)	1	1	1	1	1
NDI	4	2			
TDI			2		
MDI				4	2
Butandiol-1,4	2,6	0,85		2,6	
spez. Isobutylester			0,85		
1,4-bis(β-hydroxy-ethoxy)-benzene					0,85

Bild 6.28 Einfluss der Rezeptur auf den Schubmodul von TPU

6.19.2.6 Polyolefin-Blends mit vernetztem Kautschuk, TPV

Bei diesen TPEs sind die Kautschuk-Weichsegmente vernetzt. Sie weisen erhöhte Elastizität und Beständigkeit auf. Ölbeständige und schäumbare Typen sind erhältlich. Einsatzgebiete: Tür- und Fensterdichtungen, Luft-Ansaugrohre im Pkw.

6.19.2.7 Weitere TPE, TPZ

Hierunter fallen TPEs auf Basis PVC mit NBR [TPZ-(NBR + PVC)] oder PBA [TPZ-(PBA + PVC)]. Sie werden z.B. als extrudierte Dichtungen eingesetzt. TPEs mit vernetztem NBR zählen zu den TPVs.

6.20 Duroplaste, härtbare Formmassen, Prepregs Formaldehyd-Pressmassen: PF, RF, CF, XF, FF, MF, UF, MUF, MUPF weitere Massen, Prepregs: UP, VE (PHA), EP, PDAP, Si

Duroplaste ist der Oberbegriff für aus räumlich engmaschig vernetzten Makromolekülen aufgebaute Kunststoffe. Sie sind in der Regel hart und verhalten sich bis zur Zersetzungstemperatur elastisch, so dass sie nicht thermoplastisch verarbeitet, nur in Ausnahmen in geringem Maße umgeformt werden können. Die Formgebung erfolgt gleichzeitig oder vor der endgültigen chemischen Vernetzung (Härtung).

Ausgangsstoffe für Duroplaste sind Reaktionsharze (härtbare Harze), die durch Zugabe von Härtern schon bei Raumtemperatur oder ohne Härter bei höheren Temperaturen reagieren. Die Härtung kann auch durch Elektronenstrahlen oder UV-Strahlen erfolgen.

Härtbare Formmassen (Pressmassen) sind Formmassen, die sich durch Pressen, Spritzpressen, Strangpressen oder (bestimmte Typen) auch durch Spritzgießen unter gleichzeitiger Bildung der Makromoleküle (Vernetzung) verarbeiten lassen. Sie sind (z.T. hoch) mit Füll- und Verstärkungsstoffen gefüllt. Lieferformen: staubfreies Mahlkorn, Granulat, schüttfähige Stäbchen- oder Schnitzelmassen.

Prepregs (preimpregnated) sind flächige oder strangförmige Gebilde, bei denen die Verstärkungen aus Fasern in Form von Matten, Geweben oder Rovingsträngen, die anisotrop bis uniaxial ausgerichtet sein können, bestehen.

6.20.1 Chemischer Aufbau

6.20.1.1 Formaldehyd-Formmassen; PF, RF, CF, XF, FF, MF, UF, MUF, MUPF

Die Polykondensation der Formaldehyd-Formmassen soll am Beispiel des Phenol-Formaldehyds (PF) dargestellt werden. Sie beginnt mit der im Laufe der Aushärtung vervielfältigten und mit andersartigen Brückenbildungen kombinierten Grundreaktionen, s. Formel 6.34 bis Formel 6.36:

Anlagerung zu Phenolalkoholen:

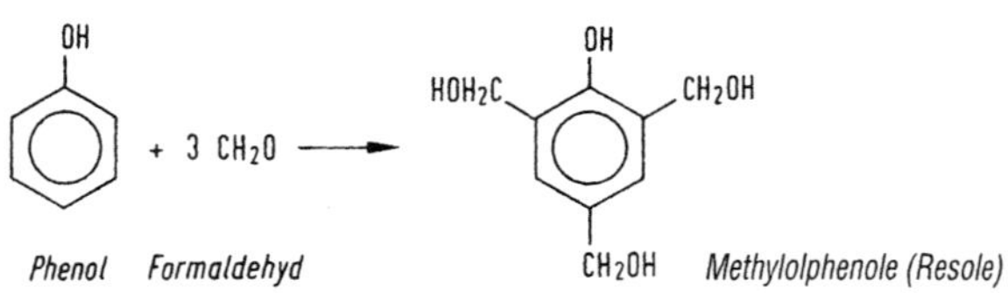

(6.34)

Kondensation unter Wasserabspaltung:

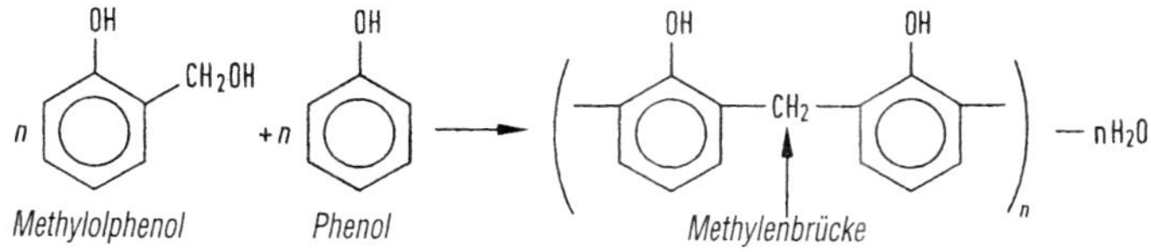

(6.35)

Die Kondensation wird stufenweise durchgeführt, um das Entweichen der entstehenden flüchtigen Reaktionsprodukte zu ermöglichen. Im Zustand „A", Resol, ist das Reaktionsprodukt noch löslich und schmelzbar. Im Zustand „B", Resistol ist das Produkt nur noch quellbar und erweicht beim Erhitzen, während im Zustand „C", Resit, die völlige Vernetzung eingetreten ist (Formel 6.36). Das Produkt ist unlöslich und unschmelzbar. Die Herstellung von Formteilen erfolgt z.T. ausgehend vom Zustand A, vorwiegend aber vom Zustand B.

Kondensation unter weiterer Wasserabspaltung:

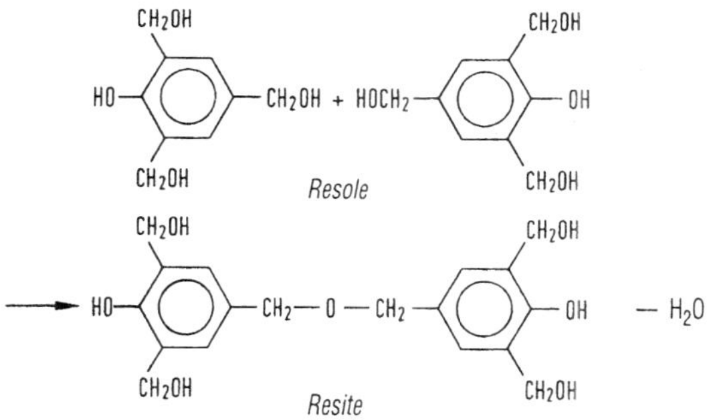

(6.36)

Tafel 6.61 gibt eine Übersicht über Grundbausteine für Formaldehyd-Harze, die alleine oder auch in Kombination Anwendung finden. Der Verlauf der Kondensation ist ähnlich dem beim PF aufgezeigten. Furanharze werden nicht aus Furan selbst, sondern aus Furanabkömmlingen wie Furfurol, Furfurylalkohol und Tetrahydrofurfurylalkohol hergestellt.

PF, CF, RF und XF werden als Phenoplaste, UF und MF als Aminoplaste bezeichnet.

6.20.1.2 Ungesättigte Polyester-Harze, UP

Ungesättigte Polyester sind lösliche und schmelzbare Polyester (die Kettenbausteine der Polyester sind durch Sauerstoffbrücken verknüpft), die mindestens eine ungesättigte Komponente aufweisen. Sie werden meist im Gemisch mit polymerisierbaren Verbindungen wie Styrol oder anderen monomeren Vinyl-, Allyl- oder Acryl-Verbindungen unter Zugabe von organischen Peroxidverbindungen zu harten, nicht mehr schmelzenden und unlöslichen duroplastischen Kunststoffen copolymerisiert.

Tafel 6.61 Übersicht über Grundbausteine für Formaldehyd-Harze

Formmasse, Harz	Kurzzeichen	Grundstruktur
(Formaldehyd)		
Phenol-Formaldehyd	PF	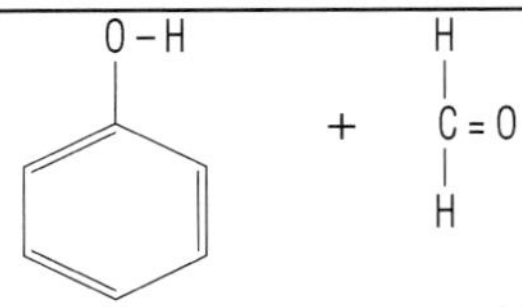 Phenol + Formaldehyd
Kresol-Formaldehyd	CF	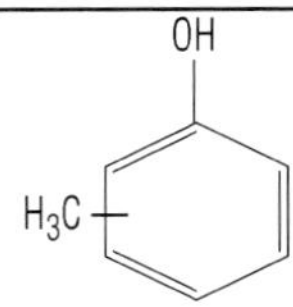 Kresol
Resorcin-Formaldehyd	RF	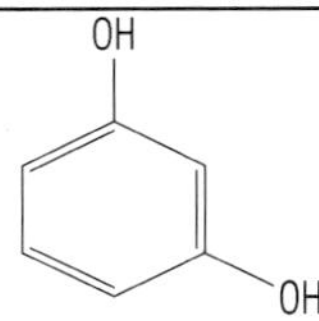 Resorcin
Xylenol Formaldehyd	XF	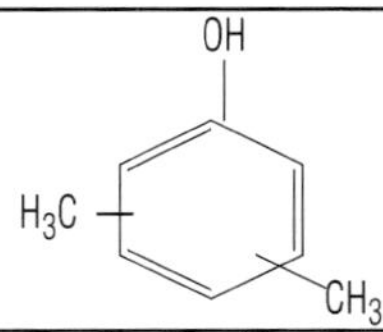 Xylenol
Harnstoff-Formaldehyd	UF	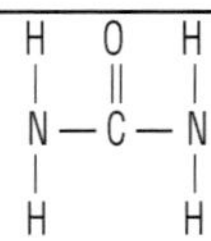 Harnstoff
Melamin-Formaldehyd	MF	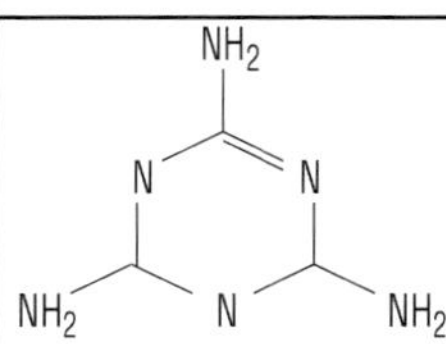 Melamin
Furfurylalkohol Formaldehyd, Furanharz	FF	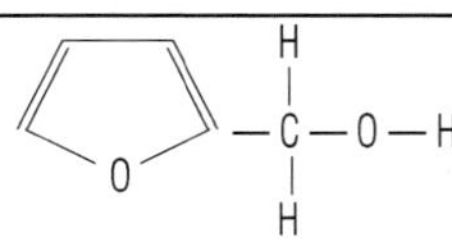 Furfurylalkohol

Der erste Schritt bei der Herstellung eines linearen Polyesters (Pre-Kondensat) ist die Polykondensation einer Säure, z.B. Maleinsäureanhydrid, und eines Alkohols, z.B. Ethylenglykol, s. z.B. Formel 6.37.

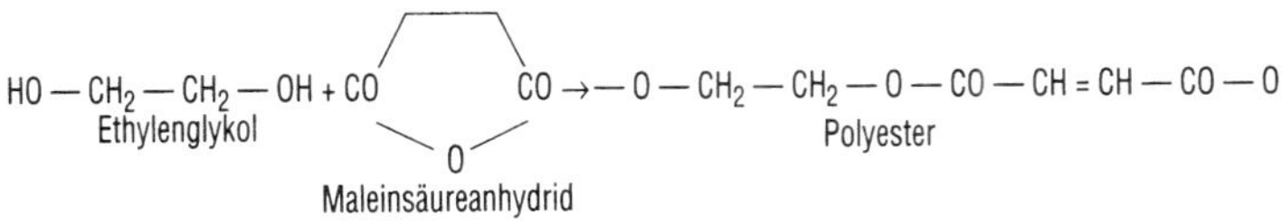

(6.37)

Höherwertige Glykole wie Propylenglykol oder Butandiol führen zu flexibleren und wasserbeständigeren Kunststoffen. Über die in der Molekülkette enthaltene Doppelbindung in der Maleinsäure-Gruppe (Formel 6.38)

$$\underset{\text{Maleinsäure}}{HOOC - CH = CH - COOH} \qquad (6.38)$$

können die linearen Polyester vernetzt werden. Die Vernetzung geschieht meistens in einer Lösung von monomeren Verbindungen und läuft so lange, wie Lösemittel vorhanden sind. Der Übergang (Polymerisation) von der ungesättigten in die gesättigte, räumlich vernetzte Form erfolgt nur, wenn die Mischung z.B. durch Peroxide katalysiert wird, s. z.B. Formel 6.39.

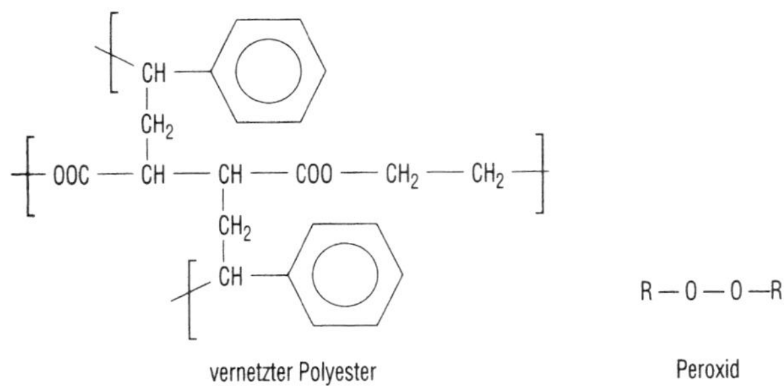

(6.39)

UP-Harze auf Basis Dicyclopentadien [Formel s. Tafel 2.12] (DCPD) zeichnen sich gegenüber Standard-UP durch erhöhte Wärmeformbeständigkeit, niedrigeren Styrolgehalt, geringere Faserabzeichnung und Oberflächen-Klebrigkeit aus.

6.20.1.3 Vinylester-Harze, VE (Phenacrylat-Harze, Vinylesterurethane, VU)

VE und VU sind Reaktionsharze aus z.B. Bisphenol A-Glycidylethern, s. Tafel 6.62, oder epoxidierten Novolaken, mit endständig veresterter Acrylsäure und/oder Methacrylsäure s. Tafel 6.5, Nr. 11 u. 16. Gelöst in Styrol (o.Ä.) härten sie beim Verarbeiten mit speziellen Peroxid-Cobalt-Amin-Systemen durch Copolymerisation mit dem Lösemittel (ähnlich wie UP-Harze) vernetzend aus. Die endständige Vernetzung führt zu schwingungsfesten zähharten Produkten.

VE und VU erbringen im Vergleich zu UP höhere mechanische Werte und bessere Beständigkeit.

6.20.1.4 Epoxid-Harze, EP

Die Vielfalt der Epoxidharz-Chemie (Tafel 6.62) beruht auf der Fähigkeit der Epoxy- (oder Oxiran-) Gruppe, unter jeweils geeigneten Reaktionsbedingungen durch Katalysatoren gesteuert Verbindungen mit „aktivem“ Wasserstoff (Alkohole, Säuren, Amide, Amine) additiv unter Verschiebung des Wasserstoffs zum Sauerstoff der Epoxy-Gruppe so anzulagern, dass primär erneut eine aktive HO-Gruppe im Additionsprodukt entsteht. Diese kann zu weiteren Epoxid-, aber auch anderen Additions-Reaktionen, z.B. mit Isocyanat, genutzt werden.

Mit Epichlorhydrin einerseits, bi- oder multifunktionellen Komponenten andererseits stellt man „Epoxid-Harze“ genannte, monomolekulare oder niederpolymere „Diglycidyl“-Verbindungen („G“ in den Formeln 1 bis 5, Tafel 6.62) mit endständigen Epoxy-Gruppen her, mit anderen Aufbaureaktionen baut man solche aber auch z.B. unmittelbar in Vorprodukte, z.B. nach Formel 6, Tafel 6.62, ein.

Tafel 6.62 EP-Chemie

Grund-Additionsreaktion der EP-Chemie

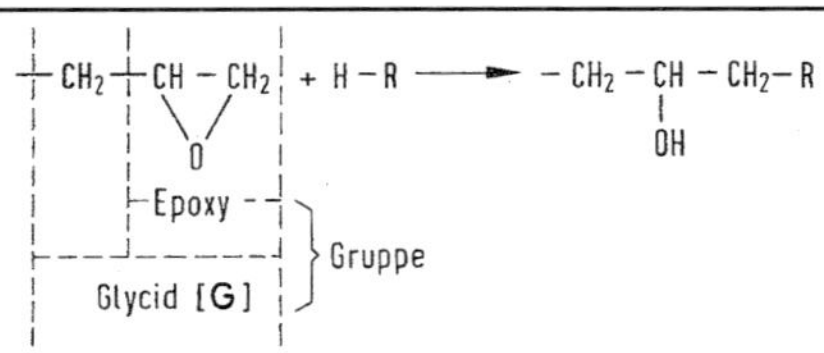

Beispiele von Di-Epoxid-Prepolymeren

(1) Bisphenolglycidether-Typen

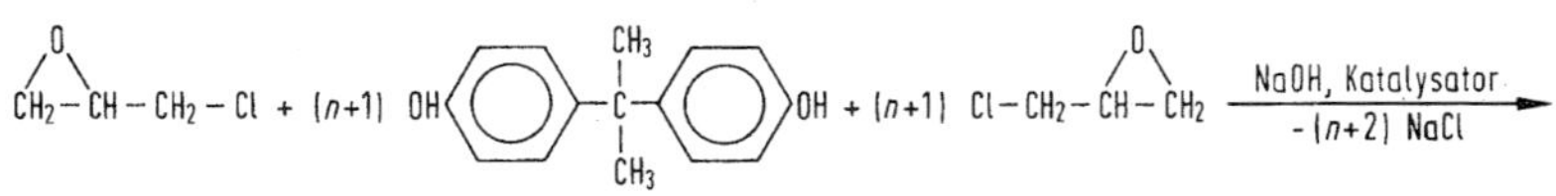

Epichlorhydrin Bisphenol A Epichlorhydrin

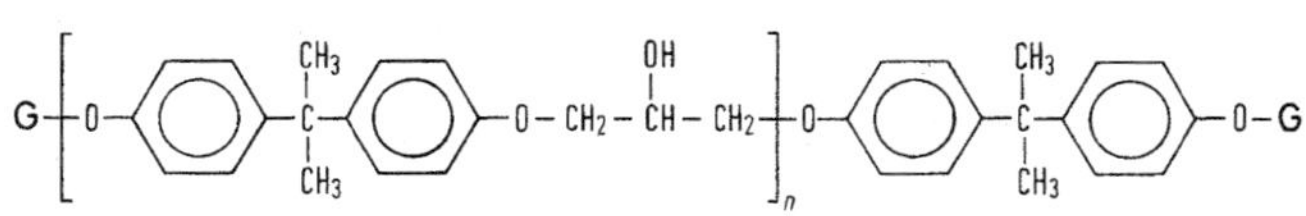

„Dian“-Harz:
n = 0: Bisphenol A-Diglycidether (BADGE), $0 < n < 10$: flüssige oder feste Harze

Varianten: Flammhemmend durch halogeniertes Dian oder andere Bisphenole

Tafel 6.62 EP-Chemie *(Fortsetzung)*

(2) Epoxid-(Kresol)-Novolak-Typ

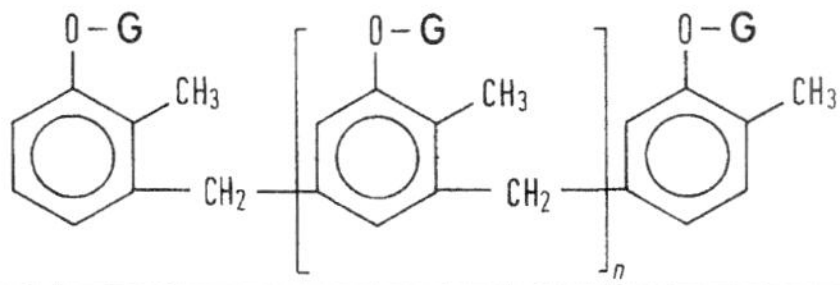

(3) Aliphatische Diglycidether-Typen

$G-O-(CH_2)_n-O-G$ flexible Harze mit z. B. $n = 4$

(4) Diglycidamin-Derivate

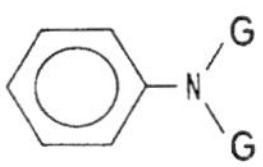

Diglycidanilin
(bifunktioneller Verdünner)

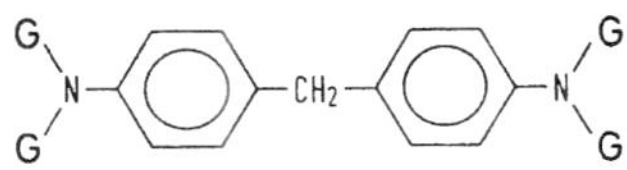

Multifunktionell
für HT-Beschichtungsharze

(5) Cycloaliphatische Diglycidester-Typen

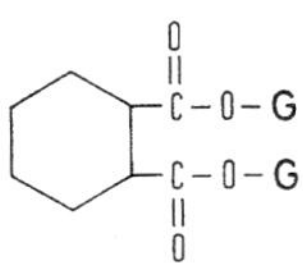

Hexahydrophthalsäure-Diglycidester
für lichtbogen- und kriechstromfeste HT-Harze

(6) Cycloaliphatische Typen mit direkt gebundenen EP-Gruppen

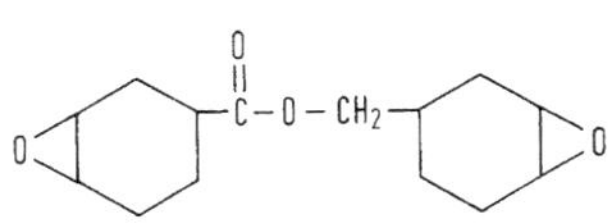

3,4-Epoxycyclohexylmethyl-
3,4-Epoxycyclohexancarboxylat
Grundstoffe für elektrotechnische
Verkapselungs- und Vergußharze

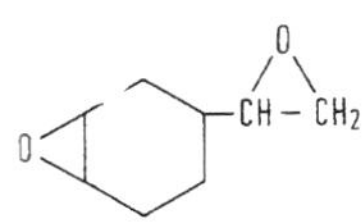

Vinylcyclohexendioxid

Reaktionsmittel für den Aufbau polymer hochvernetzter EP-Harz-Produkte sind bi- oder multifunktional „aktiven" Wasserstoff enthaltende niedermolekulare Produkte. Da diese nicht, wie z. B. Härter und Beschleuniger für UP-Harze die Vernetzungs-Reaktion des Pre-Polymeren lediglich katalytisch anregen, sondern durch Addition an die Epoxy-Gruppe chemisch in das Makromolekül eingebaut werden, kommt es bei der Epoxidharz-Verarbeitung auf genaue Einhaltung der jeweils erforderlichen Anteile der Vernetzungskomponenten an. Eine zusätzliche Variationsmöglichkeit bietet die Mitverwendung „reaktiver Verdünner" mit nur einer Epoxy-Gruppe zur Verminderung der Viskosität von Flüssigharzen und Erhöhung der Flexibilität von Formstoffen.

Für die *Kalthärtung* flüssiger Epoxidharze werden vorwiegend flüssige aliphatische Polyamine und Polyamidoamine verwendet, tertiäre Amine dienen als katalytisch wirksame Härtungsbeschleuniger. Für die *Warmhärtung* >80 °C verwendet man einerseits aromatische Amine oder deren Abkömmlinge, andererseits Anhydride der Phthalsäuren oder verwandter Säuren (Hetsäureanhydrid für schwerentflammbare Laminate), auch in Verbindung mit Beschleunigern. Beste Beständigkeit gegen Chemikalien haben mit aliphatischen, gegen Lösemittel mit aromatischen Aminen, beste Witterungs- und Säurebeständigkeit anhydridisch gehärtete Systeme.

Viele Reaktionsmittel, insbesondere Amine, sind ätzende und auch sonst gefährliche Chemikalien, beim Arbeiten mit ihnen sind gewerbeaufsichtliche Vorschriften wie das einschlägige Merkblatt A 6 der Berufsgenossenschaft der chemischen Industrie und die besonderen Anweisungen der Hersteller zu beachten.

6.20.1.5 Diallylphthalat-Harze, Allylester, PDAP

PDAP entsteht durch Umsetzung von Allylgruppen (CH_2=CH-CH_2) mit Phthalaten oder Isophthalaten zu zwei unterschiedlichen Formmassetypen, die mit ortho- und meta-Form bezeichnet werden. Bei der Herstellung von Formmasen werden sie wegen ihrer geringen Viskosität vorpolymerisiert (Prepolymere). Die Vernetzung erfolgt vorzugweise peroxidisch, z.T. unter Zusatz von Beschleunigern wie Co-Naphthenat oder Aminen. Sie härten bei 140 bis 180 °C unter Druck aus.

6.20.1.6 Silikon-Harze, Si

Silikone weisen Silizium und Sauerstoff als Kettenglieder auf:

Als organische Reste „R" werden eingesetzt: Alkyl-, Aryl- oder Chloralkyl-Gruppen. Werden bei der Polykondensation trifunktionelle Organotrichlorsilane oder Siliciumtetrachlorid eingesetzt, so entstehen vernetzte bzw. verzweigte Polymere. Die mit anorganischen Füllstoffen versehenen Pressmassen werden bei 175 °C verpresst.

$$-\overset{\displaystyle R}{\underset{\displaystyle R}{\overset{|}{\underset{|}{\mathrm{Si}}}}}\mathrm{O}- \tag{6.40}$$

6.20.2 Verarbeitung, Lieferformen

Härtbare Formmassen kommen in der Regel als Gemische von heißhärtenden Harzen mit organischen oder anorganischen Füll- und Verstärkungsstoffen, Farbstoffen oder weiteren Zusätzen zum Einsatz. Spezielle Kalt-Formmassen werden kalt verpresst und nachträglich im Ofen gehärtet. Lieferformen für härtbare Formmassen sind: staubfreies Mahlkorn, Granulat, schüttfähige Stäbchen- oder Schnitzelmassen. Aminoplaste gelten als Schnellpressmassen.

Die folgenden Kurzzeichen und Bezeichnungen sind eingeführt:

- *GMC* (Granulated Moulding Compounds) bzw. PMC (Pelletized Moulding Compounds): trockene, schütt- oder rieselfähige granulierte bzw. pelletierte (Stäbchen-) Formmassen.
- *BMC* (Bulk Moulding Compounds): feuchte, teigig-faserige Massen, chemisch verdickt, ISO 8606.
- *DMC* (Dough Moulding Compounds): feuchte, teigig-faserige Massen mit erhöhtem Füllstoffgehalt, ISO 8606.
- *SMC* (Sheat Moulding Compounds, Harzmatten) und SMC-R (R = random) sind impregnierte (Prepreg)-Formmassen mit zweidimensional unorientiert liegenden, meist 25 bis 50 mm langen Verstärkungsfasern (Glasfaserrovings, 25 bis 65 Gew.-%), längs und quer gleichermaßen fließfähig. Herstellung s. Abschn. 4.3.2.1.
- *SMC-D* (D = direkt) mit einem Anteil 75 bis 200 mm langer, längs gerichteter Fasern, längs kaum fließfähig.
- *SMC-C* (C = continuous) mit einem Anteil endloser Längsfasern, längs nicht fließfähig.
- *Gewebe-Prepregs* sind impregnierte Gewebe, Fasergehalte bei Glas von 35 bis 60 Gew.-%.
- *Prepregbänder (Tapes)* aus Endlosfasern hergestellte, unidirektional verstärkte Bänder.

Neben 12 bis 25 (65) Gew.-% Glasfasern enthalten UP-Formmassen etwa 40% feinteilige mineralische Füllstoffe. Bei Sonderpressmassen werden auch organische Füllstoffe oder Textilfasern zugesetzt. GMC werden styrolfrei meist mit Diallylphthalat als festem Vernetzer geliefert. Die Lagerfähigkeit bis zur Verarbeitung beträgt bis zu einem Jahr. BMC und DMC enthalten in Styrol gelöste Harze. Sie sind schwieriger zu dosieren, reduzieren aber weniger die Ausgangslänge der Verstärkungsfasern bei der Verarbeitung. Lagerfähigkeit einige Monate.

EP-Formmassen werden als körnige, flockige oder stäbchenförmige, auch eingefärbte Massen mit (chemisch angekoppelten) anorganischen Füllstoffen über die Schmelze hergestellt. Sie sind je nach Harz-Härtersystem bei > 20 °C nur begrenzt lagerfähig. Wegen ihres hervorragenden Fließvermögens lassen sich die Massen bei niedrigen Drücken besonders gut nach dem Spritzpressverfahren und auf Schnecken-Spritzgießmaschinen verarbeiten, s. Tafel 6.63. Die oberhalb T_g (ca. 45 °C) beschleunigte Härtungsreaktion erfordert rasche Förderung der Massen in das Formwerkzeug wenig oberhalb der Schmelztemperatur der Harze von 70 °C.

EP-Prepregs werden durch Tränkung von GF-, CF- oder Synthesefasern mit Harzlösungen und anschließendem Verdampfen der Lösemittel hergestellt.

Die Formmassen werden unter Druck- und Wärmeeinwirkung in der Plastifiziereinheit einer Verarbeitungsmaschine bzw. im Werkzeug plastifiziert, ausgeformt und unter Druck gehärtet. Eine Vorwärmung der Masse begünstigt und beschleunigt die Verarbeitung.

Tafel 6.64 enthält Angaben über die Verarbeitungsbedingungen wichtiger härtbarer Formmassen. Die Kondensationsharze PF, UF, MF erfordern eine Werkzeugentlüftung und höhere Verarbeitungsdrücke und -Temperaturen als die leichter

Tafel 6.63 Richtwerte für die Verarbeitung härtbarer Formmassen

Verfahren	Pressen		Spritzgießen						
Formmassen	Press-temperatur °C	Press-druck bar	Zylinder-temperaturen[1] Förderzone °C	Zylinder-temperaturen[1] Düse °C	Werkzeug-Tempe-raturen °C	Stau-druck bar	Spritz-druck bar	Nach-druck bar
PF, Typ 11–13	150–165	150–400	60–80	85–95	170–190	bis 250	600–1400	600–1000
Typ 31 u. ä.	155–170	150–350	70–80	90–100	170–190	300–400	600–1400	800–1200
Typ 51, 83, 85	155–170	250–400	70-80	95–110	170–190	bis 250	600–1700	800–1200
Typ 15, 16, 57, 74, 77	155–170	300–600						
MF, Typ 131	135–160	250–500	70–80	95–120	150–165	300–400	1500–2500	1000–1400
Typ 150–152	145–170	250–500	70–80	95–105	160–180	bis 250	1500–2500	800–1200
Typ 156, 157	145–170	300–600	65–75	90–100	160–180	bis 150	1500–2500	800–1200
MF/PF, Typ 180, 182	160–165	250–400	60–80	90–110	160–180		1200–2000	
UP, Typ 802 u. ä.	130–170	50–250	40–60	60–80	150–170	ohne	200–1000	600–800
EP	160–170	100–200	ca. 70	ca. 70	160–170	ohne	bis 1200	600–800
PE, vernetzbar	120 °C Schmelz-, bis 200 °C Vernetzungstemperatur		135–140	135–140	180–230			

[1]) Die Masse-Temperaturen sind wegen des Beitrags von Reibungs- und Reaktionswärme nicht genau bestimmbar.

fließenden UP- und EP-Harze. Da die Formteile heiß aus dem Werkzeug entnommem werden können und eine schnelle Aufheizung bei Wanddicken oberhalb etwa 4 mm durch eine exotherme Reaktion möglich ist, sind beim Spritzgießen solcher Formteile kürzere Zykluszeiten als bei Thermoplasten erreichbar.

6.20.3 Eigenschaften

6.20.3.1 Allgemeine Eigenschaften

Härtbare Formmassen enthalten neben den Harzen Füll- und Verstärkungsstoffe der verschiedensten Art auch in Kombination: Holzmehl, Zellstoff, Baumwollfasern, Baumwollgewebe-Schnitzel, mineralische Fasern, Gesteinsmehl, Glimmer, Kurz- und Langglasfasern, Glasmatten u. a. Sie werden in DIN-Normen typisiert: s. Tafel 8.2 in Abschn. 8.2.2. Dort sind auch Angaben über Eigenschaften zu finden, die allerdings nicht nach den für die Datenbank CAMPUS vorgeschriebenen Richtlinien ermittelt wurden.

6

Die „Arbeitsgemeinschaft Verstärkter Kunststoffe-Technische Vereinigung (AVK-TV)", früher: „Technische Vereinigung der Hersteller und Verarbeiter typisierter Formmassen e. V. (TV)", jetzt mit der AVK vereinigt, ist seit 1924 mit der Überwachung von Pressmassen und daraus hergestellter Formteile befasst, s. Abschn. 8.3.

Ausgehärtete *Duroplast-Formteile* weisen Eigenschaftskombinationen auf, die sie als Kunststoffe für ingenieurtechnische Anwendungen kennzeichnen:

- Vielfältige Einstellbarkeit auf spezifische Gebrauchsanforderungen durch zweckmäßige Auswahl der mit einem Anteil von 40 bis 60 Gew.-% das Gesamtverhalten der Formstoffe wesentlich mitbestimmenden Füllstoffe, eigenschaftsverbessernden und verstärkenden Zuschläge zum Harz;
- Eignung auch für hoch flammwidrige elektrotechnische Isolierbauteile;
- bis zu hohen Gebrauchstemperaturen kaum abfallende, bei Kältetemperaturen unveränderte Festigkeit und Steifigkeit;
- Dauergebrauchstemperaturen im Bereich von 100 bis > 200 °C, verbunden mit kurzzeitiger Überlastbarkeit bis zu mehreren 100 K, damit ergeben sich Notlaufeigenschaften und eine Sicherheitsreserve bei extrem hohen Temperaturen;
- Maßhaltigkeit, auch geringe Verarbeitungs- und Nachschwindung der Formteile bis – je nach Massetyp und Verarbeitung – < 0,1 %, insbesondere bei Vorwegnahme der Nachschwindung durch Tempern.

Das spröde Bruchverhalten des hochvernetzten Formstoffs ist durch eine anforderungsgerechte Auslegung der hochfesten und steifen Formteile ausgleichbar. Es gibt zudem neuere PF-Formmassen mit bis 2 % Bruchdehnung bei Erhaltung einer guten Wärmeformbeständigkeit.

Anorganisch gefüllte Formstoffe haben höhere Dauergebrauchstemperaturen, sie verhalten sich gegen Feuchtigkeitseinwirkungen günstiger als organisch gefüllte Formstoffe (Bild 6.29). Mit zunehmender Längen- bzw. Flächenausdehnung der Zuschläge wird der Formstoff kerbunempfindlicher, indessen unterliegt die Verarbeitbarkeit in gleicher Richtung zunehmend Einschränkungen hinsichtlich der Rie-

Tafel 6.64 Richtwerte für Reaktionsharz-Formmassen

Eigenschaften	Harz	UP		
	Verstärkung	GF-Kurzfaser	GF<20mm	GF
	Lieferform	Granulat	Stäbchen, BMC	Granulat
	Kennzeichnung	Typen²) 802/804	Typen²) 801/803	keramikartig
Dichte	g/cm^3	1,9–2,1	1,8–2,0	ca. 2,1
Mechanisch				
Zugfestigkeit	MPa	>30	>25	ca. 35
Biegemodul	GPa	10–15	12–!5	5–9
Schlagzähigkeit (Charpy)	kJ/m^2	4,5–6	22	5–6
Kerbschlagzähigk. (Charpy)	kJ/m^2	2,5–4	22	3–4
Thermisch				
Formbest. Temperatur ISO 75/A (1,8 MPa)	°C	>200	200–260	ca. 265
Dauergebrauchstemperatur	°C	>160	150	› 200
Thermischer Längenausdehnungskoeffizient	$10^5 \cdot K^{-1}$	2–4	2–5	1,5–3,0
Wärmeleitfähigkeit	W/K · m	0,8	0,4	0,9
Elektrisch				
Spez. Durchgangswiderstand	Ohm · cm	10^{12}	10^{12}	10^{14}
Oberflächenwiderstand	Ohm	10^{12}	10^{10}–10^{12}	10^{13}
Durchschlagfestigkeit DIN 53481	kV/cm	120–180	130–150	–
Dielektrizitätszahl	50 Hz–1 MHz	4–6	4–6	4,5–7
Diel. Verlustfaktor	50 Hz–1 MHz	0,04–0,01	0,06–0,02	0,02
Kriechstromfestigkeit		>600	>600	>600
Wasseraufnahme (DIN-ISO) 4 d, 23 °C	mg	45	100–60	30–40
Wasseraufnahme ASTM D570, 24 h/23 °C¹)	%	0,1–0,5	<0,5	0,2

¹) Für US-Marktprodukte

²) DIN 16911, Typen 803 u. 804 schwer entflammbar.

Tafel 6.64 Richtwerte für Reaktionsharz-Formmassen *(Fortsetzung)*

	EP		DAP		SI
GF-Schnitt-matten	mineralisch	GF	mineralisch	GF	Quarz
Schnitt-matten	Mahlgranulate oder Stäbchenmassen				
SMC, Typ[3]) 830–834	nicht typisiert				
1,7–2,4	1,6–2,0	1,6–2,1	1,65–1,85	1,7–2,0	1,9
50–230[4]) 1–7 50–70 40–60	30–85 11–13 6–7 2	35–140 10–25 9–100 3–100	35–56 7–10 – –	42–77 8,5–11 – –	ca. 40 10–18 4,3–4,6 –
180–>200 150 1–4 0,5	107–260 150–>200 2–4 0,6	107–260 150–>200 1–3 0,6	160–288 150–180 2–7 0,3–1,0	166–288 150–180 2–5 0,2–0,6	>250 300 3,1–3,5 0,4–0,6
10^{12}–10^{15} 10^{10}–10^{11} 130–150 4–6 <0,1–<0,01 >600	10^{14}–10^{16} >10^{12} 130–180 3,5–5 0,07–0,01 >600	10^{14}–10^{16} >10^{12} 140–150 3,5–5 0,04–0,01 >600	10^{11}–10^{15} 10^{10}–10^{14} – 4–5 0,007–0,015 >600	10^{13}–10^{16} 10^{10}–10^{14} – 4–4,5 0,004–0,009 >600	10^{16} 250 3,4–3,6 0,001–0,002 >600
<100 0,1–0,3	30 0,03–0,2	30 0,04–0,2	– 0,2–0,5	– 0,1–0,3	– 0,1

[3]) DIN 16913, el. Werte nur für .5 Typen. [4]) SMC-R bis SMC-C, 25–65 GF.

selfähigkeit, des Füllfaktors und der Fließfähigkeit der Masse sowie der Oberflächengüte des Formteils.

Tafel 6.65 gibt einen Überblick über DIN-typisierte Duroplast-Formmassen mit Hinweisen auf durch die Typentafeln der Normblätter nicht erfasste Eigenschaftsrichtwerte.

Die Eigenschaften der Formstoffe (ausgehärtete Formmassen) werden wesentlich durch die Art der Füll- und Verstärkungsstoffe bestimmt.

6.20.3.2 Phenoplast-Formstoffe; PF, CF, RF, XF

Im Sonnenlicht oder bei längerer Wärmeeinwirkung dunkeln PF-Formstoffe nach und werden gelblich braun. Sie werden deshalb nur in gedeckten und dunklen Farben eingesetzt.

Gegen organische Lösemittel, Treibstoffe, Fette und Öle sind alle PF-Formstoffe auch bei erhöhten Temperaturen beständig, gegen stärkere Säuren und Alkalien allenfalls bedingt beständig, wobei organisch gefüllte wegen ihrer höheren Wasseraufnahme bei längerer Einwirkung stärker als anorganisch gefüllte angegriffen werden. Die Geschwindigkeit der Wasseraufnahme (Bild 6.29) ist bei allen PF-Formstoffen so gering, dass sie durch kurzzeitige Beanspruchung mit Wasser nicht geschädigt werden. Gut ausgehärtete Formteile dürfen nach halbstündigem Auskochen in Wasser oder Farbstofflösungen (Kochversuch nach DIN 53499) keine Schäden aufweisen. Da die langsame Feuchtigkeitsaufnahme bis zur Sättigung bei organisch gefülltem Formstoff zu einem Absinken der elektrischen Isolationswerte führt, sind für Isolierteile, die im Freien oder in feuchten Räumen gebraucht werden, anorganisch gefüllte Massen zu verwenden.

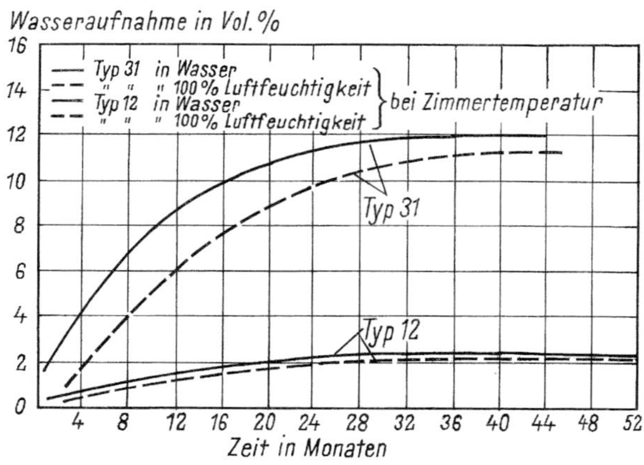

Bild 6.29 Feuchtigkeitsaufnahme von organisch (Typ 31) und anorganisch (Typ 12) gefüllten Kunstharzpressstoffen, gemessen an Normalstäben 15x 10x 120 mm³. Lineare Maßänderung bei Sättigungszustand: Typ 31 ± 1,2%, Typ 12 ± 0,2%

6.20.3.3 Aminoplast-Formstoffe; UF, MF

Um bei *UF-Formmassen* eine ausreichende Fließfähigkeit zu erreichen, ist ein Harzgehalt von etwa 60% erforderlich. Die hellfarbigen Massen ergeben mit gebleichter Zellulose transluzente Formstoffe mit guter farblicher Tiefenwirkung und Lichtbeständigkeit. Die Teile sind geschmacks- und geruchsfrei, beständig gegen Lebensmittel und Öle, weniger beständig gegen Säuren und Basen.

Mit 60% a-Cellulose gefüllte Teile aus *MF-Formstoff* sind weiß und in allen bunten Farben licht-, heißwasser-, koch- und spülmittelbeständig. Die Kratzfestigkeit ist höher als die von MPF (Melamin-Phenolharz-Formstoffen) oder UF. Die Typen 152, 153, 154 sind kriechstromfeste, feuchtebeständige und auch mechanisch hoch belastbare Isolierstoffe. Die anorganisch gefüllten Typen 155 und 156 sind lichtbogen- und glutbeständig und praktisch nicht brennbar. MF wird von Säuren und starken Laugen angegriffen, ist aber gegen Treibstoffe, Öle, Lösemittel und Alkohol weitgehend beständig. MF-Massen sind nur in Spezialeinstellungen durch Spritzgießen oder Spritzprägen verarbeitbar. Wegen der hohen Nachschwindung können MF-Teile spannungsriss-gefährdet sein.

6

6.20.3.4 Melamin-Phenolharz-Formstoffe, MPF

MPF sind Mischharzformstoffe, die zwar nicht mehr ganz die Vorzüge der MF bezüglich Kriechstromfestigkeit, Formbeständigkeit in der Wärme und Lichtbeständigkeit aufweisen, aber auch in hellfarbigen Ausrüstungen für viele Zwecke ausreichend farbbeständig sind. Vorteilhaft gegenüber MF ist die wesentlich geringere Nachschwindung.

6.20.3.5 Melamin-Polyesterharz-Formstoffe, MF+UP

Die mit Cellulose oder gemischt organisch/anorganisch gefüllten Teile vereinen die Farbbrillanz, Kriechstrom- und Lichtbogenbeständigkeit von MF mit minimaler Nachschwindung, Rissunanfälligkeit und erhöhter Dimensionsstabilität bei Wärmebeanspruchung von UP.

6.20.3.6 Polyesterharz-Formstoffe, UP

UP-Harze für Formmassen sind bei der Verarbeitungstemperatur unter geringem Druck leicht fließbar. Sie härten durch Polymerisation ohne Abspaltung flüchtiger Nebenprodukte rasch und vollständig aus. Die ausgehärteten Formteile schwinden kaum nach, bleiben daher maßgetreu und sind nicht spannungsrissanfällig. Sie sind beliebig hell pigmentiert lichtbeständig, beständig gegen Alkohol, Ether, Benzin, Schmierstoffe und Fette, bedingt beständig gegen Benzol, Ester, schwache Säuren und siedendes Wasser, nicht beständig gegen Laugen und starke Säuren (höher korrosionsbeständige Spezial-Bindemittel, auch Phenacrylat- oder Vinylesterharze s. Abschn. 6.21.5). Sie weisen hohe Glasübergangstemperaturen und gute elektrische Eigenschaften mit hoher Kriechstromfestigkeit und geringe dielektrische Verluste auf. Die anorganisch gefüllten Formstoffe können lichtbogenfest, glutbeständig und durch (Zusatz-) Füllstoffe wie Tafel 6.64.

Während GMC, PMC, BMC, DMC und SMC-R in der Formteilfläche weitgehend isotrope Eigenschaften aufweisen, lassen sich mit SMC-C und SMC-D Teile

Tafel 6.65 Allgemeine Richtwerte für typisierte härtbare Formmassen

Typ-Nummern	Füllstoff-Gruppen	Rohdichte DIN 53479 g/cm³	Max. Gebrauchs-Temperatur ohne zusätzliche Beanspruchung: Stunden bis Tage °C	Max. Gebrauchs-Temperatur ohne zusätzliche Beanspruchung: Monate °C
Phenoplast-Formmassen nach DIN EN ISO 14526				
11.5–16	mineralisch, körnig oder faserig	1,8–2,1	160–170	130–150
30.5–32 85	Holzmehl	1,4	140	110
51–84	organische Fasern, Stränge, Schnitzel	1,35	140–150	110–120
Aminoplast-Formmassen nach DIN EN ISO 14527/8/9[1])				
UF: 131, 131.5 MF: 152	Zellstoff	1,5	110	70
150	Holzmehl			
152.7	Zellstoff			
153, 154	Bw.-Fasern, Schnitzel		100	80
155	Gesteinsmehl	2,0	140	110
156–158	Mineralische Fasern	1,7–1,8		
Kaltpressmassen nach DIN 7708, Teil 4[2]) (PF-Bindemittelbasis)				
214/215	Gesteinsmehl, Mineralische Fasern		Wärmeformbeständigkeit nach Martens >200 °C	
Polyesterharz-Formmassen nach DIN EN ISO 14530				
801, 803	Glasfasern	1,8	200	160
802, 804	Glas-Kurzfasern	~2,0		
Polyester-Harzmatten nach DIN 16913				
830–834	überwiegend Glasmatten	1,8–2,1	200	160

[1]) Aminoplast-Phenoplast-Formmassen (Typen 180–183, Kurzzeichen MP) stehen in ihrem Eigenschaftsbild zwischen PF- und MF-Formmassen.
[2]) Diese Formmassen werden heute kaum noch hergestellt.
[3]) Die Zahlenwerte gelten für den bisherigen Probekörper 120 × 15 × 10

Tafel 6.65 *(Fortsetzung)*

Anwendungsgebiete	Mechanische Eigenschaften[3])		Thermische Eigenschaften	
	Zugfestigkeit DIN EN ISO 527 GPa	Elastizitätsmodul DIN EN ISO 527-1, 604, 178 GPa	Lineare Wärmedehnzahl VDE 0304 $10^{-6} \cdot K^{-1}$	Wärmeleitfähigkeit DIN 52612 W/m · K
gegen Feuchtigkeit und Wärme unempfindliche Formteile, mit mineralischen Fasern mechanisch hoch beanspruchbar	15–25	7–15	20–30	0,7
Formteile aller Art bis zu Gehäusen, Elektroisoliermaterial	~ 30	6–8	30–40	0,3
Technische Teile mit gegenüber Typ 31 steigend höheren Anforderungen an Kerbunempfindlichkeit und (gerichteter) Festigkeit	~ 25	4–9	30–40	0,3
hellfarbige Formteile, Elektro- und Installationsmaterial Ess-und Trinkgeschirr	~ 30	6–10	50–60	~ 0,35
kriechstromfeste Elektroteile, Typwahl nach sonstiger Beanspruchung	15–30	8–13	20–40	~ 0,7
gering, kriechstromfeste Elektroteile	σ_{Bb} 40 MPa, a_n 2,2–2,3 kJ/m^2 a_k 2,2–2,3 kJ/m^2			
schlagfeste Gehäuse, Abdeckungen; hoch beanspruchte Isolierteile	25 30	12–15 9–11	35 20–30	0,6 ~ 0,7
mechanisch hoch beanspruchte große Formteile	60–200	5–8	15–30	~ 0,2

6

mit in Beanspruchungsrichtung optimierten Festigkeiten herstellen. Längs ins Presswerkzeug eingelegte Langfaser-Strangmassen ergeben Formteile mit extrem hoher gerichteter Belastbarkeit.

Die Verarbeitungsschwindung von 0,2 bis 0,4 % führt besonders bei großflächigen Pkw-Teilen zu nicht akzeptabel unruhigen Oberflächen. Zusätze von 5 bis 25 % in Styrol gelöstem PVAC, PS, PMMA oder CAB zur Pressmasse ergeben Low Profile-Harze (LP-Harz). Beim Aushärten des UP verdampft das im Thermoplasten gelöste Styrol und kompensiert durch seinen Dampfdruck die Schwindung des UP-Harzes, so dass glatte Oberflächen entstehen. Richtwerte s. Tafel 6.64.

6.20.3.7 Vinylester-Formstoffe, VE

VE weisen im Vergleich zu UP höhere Reißdehnung (3,5 bis 6 %) und Dauergebrauchstemperaturen von 100 bis 150 °C auf. Sie sind gegen 37 %ige HCl und 50 %ige NaOH, nasses Chlor, Chlordioxid und Hypochlorite in allen Konzentrationen sowie gegen Kohlenwasserstoffe und sauerstoffhaltige organische Medien beständig. Die erhöht temperaturbeständigen Harze sind auch gegen chlorierte und aromatische Lösemittel beständig.

6.20.3.8 Epoxidharz-Formstoffe, EP

EP-Formstoffe zeichnen sich bei geringer Verarbeitungsschwindung und praktisch keiner Nachschwindung auch bei erhöhten Temperaturen durch eine hohe Maßgenauigkeit aus. Die Einbettung sehr feiner Metallteile ist wegen des guten Fließvermögens ohne deren Verformung möglich, desgleichen die dichte und gut haftende Ummantelung von größeren Metallteilen.

EP ist beständig gegen Treibstoffe und Hydrauliköle. Richtwerte s. Tafel 6.64.

6.20.3.9 Diallylphthalat-Formstoffe, PDAP

PDAP zeichnen sich durch besonders gute elektrische Eigenschaften auch bei hohen Temperaturen und durch gute Wärmeform- (bis über 200 °C) und Witterungsbeständigkeit aus. Die meisten Formstoffe sind selbstverlöschend. Richtwerte s. Tafel 6.64.

6.20.3.10 Silikonharze-Formstoffe, SI

Sie gehören zu den hochtemperaturbeständigen Kunststoffen und weisen nach einer Temperung eine Wärmestandfestigkeit von 250 bis 300 °C auf. Richtwerte s. Tafel 6.64.

6.20.4 Einsatzgebiete

6.20.4.1 Phenoplast-Formstoffe; PF, RF, CF, XF, FF

Mit Holzmehl und Kautschuk gefüllte *Sondermassen* erhöhter Schlagzähigkeit, allerdings wesentlich verringerter Wärmeformbeständigkeit, werden für Zubehörteile der Elektrotechnik wie Kabelstecker, Gehäuse und Sockel, mit Kurzglasfasern gefüllte, bis 180 °C wärmeformbeständige, hochmaßhaltige in der Fernmeldetechnik und Elektronik verwendet. Mineralisch immer mehr auch mit Glasfasern gefüllte, kurzzeitig bis 280 °C, dauernd bis 180 °C beanspruchbare Formmassen gebraucht man für hitze- und spülmaschinenbeständige Griffe und Beschläge von Haushaltsgeräten, Töpfen und Pfannen, für Heizungsarmaturen, im Kraftfahrzeug (treibstoffbeständig) u.a. für die Zündelektronik, Vergaserköpfe, Zylinderkopfdeckel, komplette Kühlmittelpumpen, Wasserauslassstutzen, Vielfach-Ansaugrohrformteile (z.B. über verlorenem Metallschmelzkern), Brems- und Kupplungs-Verstärkerkolben. Brems- und Kupplungsbeläge sind kurzzeitig bis 600 °C belastbar, ähnlich hoch Raketenbauteile. Hochwertige Isoliermassen (kurzzeitig 400 °C, KC 275) sind auch kupferadhäsiv für Kollektoren mit hohen Schleuder-Drehzahlen lieferbar. Weitere Sondermassen-Anwendungsbereiche sind Schleifringkörper für Schiffsgeneratoren, Wasserpumpenflügelräder, (Flüssig-)Getriebeteile, galvanisierte Schreibmaschinen-Kugelköpfe und Schrifttypen auf Typenrädern.

Mit Cu-Pulver gefüllte Massen sind gut wärmeleitend, mit Fe oder Bariumferrit magnetisierbar, mit Pb-Pulver zur Abschirmung von Röntgenstrahlen geeignet, Massen mit relativ hoher Graphitfüllung für Halbleiter, Pumpenteile oder Schmierstifte in Pkw-Achsschenkeln.

6

Glasfaserverstärkte PF-Prepregs und fließfähige SMC sind von Bedeutung für Verkehrsmittel-, insbesondere Flugzeugausrüstungen, Tunnel- und Bergwerksauskleidungen, wegen ihrer Temperaturstandfestigkeit (T_g 300 °C), geringer Rauchgasdichte und Schwerentflammbarkeit. Die mit hochkonzentriertem, flüssigen Resol und Spezialhärter getränkten SMC-Bahnen brauchen 6 bis 8 Tage Reifezeit. Sie sind dann zwei Monate lagerfähig.

6.20.4.2 Aminoplast-Formstoffe; MF, UF, MPF

MF: Anorganisch (Typen 155 bis 156, auch mit Glasfasern) gefüllte Massen sind lichtbogen- und glutbeständig. Sie sind praktisch nicht brennbar, daher für feuergefährdete Räume und für den Schiffbau zugelassen. MF-Formstoffe werden von Säuren und starken Laugen angegriffen, sind aber sonst, insbesondere gegen Treibstoffe, Öle, Lösemittel, Alkohol weitgehend chemikalienbeständig.

MF-Massen sind nur in Spezialeinstellungen durch Spritzgießen oder Spritzprägen verarbeitbar. Infolge hoher Nachschwindung können sie spannungsrissgefährdet sein.

UF: Bevorzugt in weiß für Verschraubungen in der Kosmetik, für sanitäre Teile, Haushaltgeräte und für elektrisches Installationsmaterial. Für Ess- und Trinkgeschirrteile sind Harnstoffharz-Pressmassen wegen nachträglicher Abgabe geringer Mengen von Formaldehyd nicht zulässig.

MPF: Hellfarbige Teile für die Elektrotechnik, Haus- und Küchengeräte, Verschraubungen.

MF+UP: Elektro-, Haushalts- und Schaltgeräte, Lampensockel u.a. Elektrobauteile.

Hauptanwendungsgebiet sind hoch beanspruchte, auch kompliziert gestaltete Bauteile der Elektrotechnik und Elektronik, Autoelektrik, Autoscheinwerfer-Reflektoren und Bauteile von Haushaltsgeräten. Die Typen 803 und 804 unterscheiden sich von den sonst jeweils gleichartigen 801 und 802 durch flammwidrige Einstellungen (UL 94 V0, nonburning nach ASTM D 635). Im sonstigen Verhalten

Tafel 6.66 Beispielwerte für faserverstärkte Composite-Halbzeuge

Produktgruppe		Stranggezogene Rohre und Profile[1])			
Harz/Faser-Gruppe		UP/GF	EP/GF	EP/AF	EP/CF
Verstärkt mit		Rovings			
Harz-Gehalt	%	ca. 30			
Spez. Gewicht	g/cm³	1,9	2,1	1,4	1,6
Wasseraufnahme	%	ca. 1	0,2–0,3	0,5	0,2
Zugfestigkeit	MPa	700	700	1300	1400
Bruchdehnung	%	2	2	1,8	0,6
E-Modul aus Zug	GPa	35	35	75	130
Temperatur-Gebrauchsbereich nach	°C	< 150	< 180	–	–
Lineare Wärmeausdehnung	$10^{-6} \cdot K^{-1}$	10	10	0	0,2
Wärmeleitfähigkeit	$\frac{W}{m \cdot K}$	0,20	0,24	–	–

[1]) Wacosit

dem Typ 804 ähnliche, durch Pressen, Spritzpressen und Spritzgießen verarbeitbare rieselfähige Formmassen für Formteile mit Formbeständigkeit nach Martens 200 bis 240 °C, deren Maßhaltigkeit, mechanische und elektrische Eigenschaften durch erhöhte Temperaturen und feucht-warmes Klima kaum beeinträchtigt werden, erfüllen gleiche elektrotechnische Anforderungen wie Keramik oder Steatit.

6.20.4.3 Ungesättigte Polyesterharz-Formstoffe, UP

UP-SMC (Harzmatten): Das Fließvermögen der Harzmatten ermöglicht die Herstellung großflächig doppeltgekrümmter Teile, auch mit Nocken und Rippen wie Fahrerhäuser, (Schiebe-)Dächer, Motorverkleidungen, Heckklappen, Stoßstangen, Schaltkulissen, Sitzschalen im Nutz- und Personenfahrzeugbau, die Bauelemente der Post-Telefonzellen, Kabelverteilerschränke, Langfeldleuchten und Innenausstattungs-Großteile im Schiff- und Flugzeugbau; Typ 834 erfüllt dafür geltende Brandschutzanforderungen. Um Blasenbildung bei einer folgenden Einbrennlackierung solcher Teile zu vermeiden, wird in der SMC/IMC- (In Mould Coating) Verbundtechnik dem Formteil in einem zweiten Pressenhub eine ca. 0,1 mm dicke Deckschicht aus einem unter 400 bar Druck eingespritzten PUR-Flüssiglack aufgepresst. Für Karosserieteile der „Knautschzone" kommen durch Elastomerzusatz modifizierte flexible LP-SMC mit niedrigem E-Modul in Betracht. Spezifisch leichte, gut schlagfeste Strukturschaum-Formteile ($d \geq 1\,g/cm^3$) erhält man durch Zusatz von ca. 1 % mikroverkapselter Fluoralkane zum Prepreg. Endlosmatten-Prepregs Unipreg sind für dünnwandige komplizierte Teile vorteilhaft. Mit Spezial-UP- oder Phenacrylatharzen, auch CF-verstärkt, erreichen sie nahezu das Eigenschaftsprofil der teureren High-tech-EP-Prepreg-Verbunde (s. Tafel 6.66).

Tafel 6.66 Fortsetzung

Faserverstärkte Kunststoffplatten						
EP/GF		PI/GF	EP/GF	EP/AF	PI/CF	
Bisphenol-Typ	TGDA-Typ					
Gewebe			Unidirektional-Gewebe	Gewebe		Unidirektional-Gewebe
			32	–	50	40
1,9–2,0			2,1	–	1,5	1,6
0,2	0,2	0,2	0,2	–	0,8	0,8
300 2 23	350 2 22	350 2 21	900 < 2 35	350–500 – 29	550/450 – –	1400 – –
≤ 130 –	155 –	200	130	allg. –55 bis +80 °C 0	 –	

Anwendungsbeispiele für solche, nach Maß der jeweiligen Belastung von Einzelbereichen der Bauteile konstruierte „HMC (= high modulus continuous) advanced SMC“ sind Pkw-Stoßstangen und -Türrahmen

Glasarmierte Preglas-Oberflächenmatten verpresst man als Deckschicht hochbeanspruchter Holzwerkstoffe. Klebe-Prepregs für die Elektroindustrie sind UP-Harz-Laminate auf flexiblen Trägerschichten, die beim Spulenwickeln mit 100 bis 120 °C heißem Draht zunächst schmelzen und beim Nachtempern aushärten.

Die mechanisch am höchsten beanspruchten Glasgewebe-Prepregs sind nur für ebene oder einachsig gekrümmte Formteile brauchbar. Ähnlich hohe mechanische Werte mit über 750 MPa Biegefestigkeit, über 200 kJ/ m^2 Kerbschlagzähigkeit bei freierer Gestaltungsmöglichkeit erzielt man mit den kreuzweis gewickelten füllstofffreien XMC-Matten mit 65 bis 72% GF-Gehalt.

Prepregs aus licht-initiierten UP-Harzen – für opake Erzeugnisse mit Aluminiumhydroxid gefüllt – und Schnitzelmatten oder geschnittene Rovings bis 35% GF-Gehalt werden zwischen PVAL-Deckfolien 0,5 mm bis 6 mm dick in einem Arbeitsgang kontinuierlich hergestellt und verdickt. Das lederartige weiche Material ist licht- und UV-undurchlässig verpackt bei Raumtemperatur mehrere Wochen lagerfähig.

Aus diesen Prepregs werden bei der Warmumformtemperatur der Deckfolien (80 bis 90 °C) Formteile in begrenztem Umformgrad tiefgezogen. Man kann dafür übliche Thermoplast-Formmaschinen, aber auch für große Formteile (Bootskörper, Spoiler, Abdeckungen) einfache Kastenformen mit Rand-Einspannung und Vakuumanschluss benutzen. Die Formteile sind in der Regel formstandfest genug, um in einem anschließenden Lampenfeld mit 40 bis 50 s Belichtungszeit für 4 mm Dicke ausgehärtet zu werden. Die Deckfolien sind dann leicht abziehbar, es sind aber auch Kaschierungen beim Warmformen möglich.

6.20.4.4 Epoxidharz-Formstoffe, EP

EP, trockene Formmassen: allgemein für technisch hochwertige Präzisionsteile bis zu kleinsten Abmessungen, besonders mit Metalleinlagen, in der Elektroindustrie Ausspritzen von Ankern und Kollektoren und Umspritzen von Wickelkondensatoren. Mengenmäßig größtes Anwendungsfeld ist die Umhüllung von elektronischen Halbleiter-Bauelementen (Chips) im Spritzpressverfahren mit 240 bis 360 Kavitäten enthaltenden Vielfach-Formwerkzeugen. Dafür braucht man hochreine, mit hohem T_g (z.B. durch Benzophenontetracarbonsäure-Anhydrid) aushärtende, quarzgefüllte Spezial-Formmassen.

EP-Gewebe Prepregs: Laminate und Verbundbaustoffe mit Waben und anderen Kernwerkstoffen, insbesondere für die Luft- und Raumfahrt, kupferkaschiert für gedruckte Schaltungen.

EP-Unidirektional Prepregs, Tapes: Anwendung u.a. als Konstruktionswerkstoff für gerichtet gewickelte autoklavgehärtete Flugzeug-Leitwerke, Druckkörper für Raumfahrt, Hochleistungs-Sportgeräte.

6.20.4.5 Diallylphthalat-Formstoffe, PDAP

PDAP-Formmassen: vor allem für elektronische Bauteile in militärischem und Raumfahrtgerät, nutzen hohe Dimensionsstabilität bis über 200 °C und die Temperatur- und Witterungsstabilität sowie die vorzüglichen elektrischen Eigenschaften unter extremen Umweltbedingungen und Klimaschwankungen aus.

6.20.4.6 Silikon-Formstoffe, SI

Elektronik-Bauteile für hohe Temperaturen.

6.21 Härtbare Gieß- und Laminierharze

Während der Verarbeiter bei der Herstellung von Teilen aus härtbaren Formmassen und Prepregs im Wesentlichen nur einen physikalischen Umformungs- und chemischen Aushärtungsprozess mit der angelieferten, eventuell auch selbst hergestellten Formmasse durchführt, muss er die reaktionsfähige Harzmischung zum Gießen oder Laminieren selbst herstellen, s. hierzu Abschn. 4.2.1.

Im Wesentlichen kommen die gleichen Harztypen wie für Formmassen und Prepregs zum Einsatz.

6.21.1 Phenoplaste; PF, CF, RF, XF

6.21.1.1 Phenol-(PF), Kresol -(CF), Resorcin-(RF), Xylenol-Formaldehyd-Harze (XF)

Chemischer Aufbau

Auf den chemischen Aufbau wurde bereits in Abschn 6.20.1 eingegangen. Die Kondensation der Phenoplaste PF, CF, RF und XF kann katalysiert werden durch:

- Säuren mit einem Unterschuss an Formaldehyd; die gebildeten Harze werden Novolake genannt. Sie sind löslich und verdünnbar mit organischen Lösemitteln. Die Härtung (Vernetzung) erfolgt vorzugsweise mit Hexamethylentetramin (Hexa-Härter), s. Formel 6.41.
- Basen mit einem Überschuss an Formaldehyd. Hierbei werden stufenweise die Zustände Resole, Resitole und Resite durchlaufen, s. Formel 6.34 bis Formel 6.36.

6

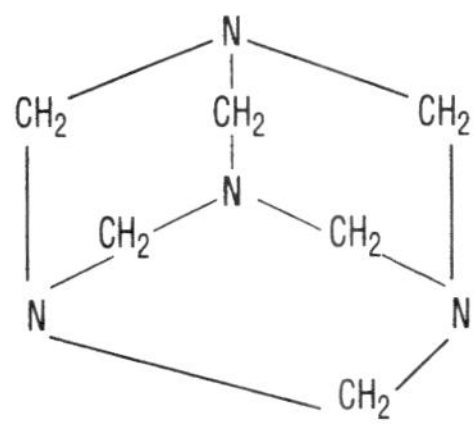

Hexa-Härter

(6.41)

Verarbeitung, Einsatzgebiete

Phenolharze kommen fest, flüssig, gelöst aber auch als frei fließende Pulver sowie in Form stabiler wässriger Dispersionen in den Handel. Ein großes Anwendungsgebiet sind härtbare Formmassen, s. Abschn. 6.20. Ungefüllte Resole liefern bei der Härtung bei erhöhter Temperatur durchscheinende Gegenstände z.B. Besteckgriffe oder Ähnliches, bei Zusatz von Bicarbonat oder anderen gasabgebenden Additiven werden Schaumstoffe gebildet. Resitole werden mit Gewebeeinlagen zu Platten, Zahnrädern oder Schleifscheiben verarbeitet. Besonders vielfältig werden Phenolharze zu Lacken verarbeitet, durch Veretherung (n-Butylalkohol) oder Veresterung (Fettsäuren) werden plastifizierte bzw. elastifizierte Harze mit höherer Elastizität und besserer Löslichkeit und Verträglichkeit erhalten.

Werden Bisphenol A oder Analoga als Phenolkomponenten verwendet, entstehen Harze ohne Vergilbungsneigung. Durch Reaktion von Novolak mit Epichlorhydrin werden polyfunktionelle Epoxide erhalten, (s. 1 in Tafel 6.62). Vernetzungen von Phenolharzen mit Epoxiden ergeben hochwertige Innen-Beschichtungen von Dosen, Containern für Lebensmittel und Getränke.

Die Wasser-Lacke der Phenolharze basieren auf Resolen mit Carboxyl- und Amin-Funktion und werden vorwiegend im Automobilsektor sowie als Reparaturlacke eingesetzt.

Weitere Verwendung finden die Phenolharze für: Holzwerkstoffe, Spanplatten, härtbare Formmassen, s. Abschn. 6.20, Kern- und Formsand- Bindemittel, Dämmstoffe, Schleifmittel, Kitte, Klebstoffe, Feuerfestprodukte, Gerbstoffe, Ionenaustauscher (nach Einkondensation saurer bzw. basischer funktioneller Seitengruppen), Schaumstoffe, Fasern sowie Lacke, hochwertige Bremsbeläge (bis 600 °C belastbar), Bindemittel für Fe oder Ba-Ferrit (magnetisierbar) oder für Pb (Strahlungsabschirmung), ferner glasfaserverstärkte Prepregs und fließfähige SMC für den Auto-, Flugzeug- und Bergbau.

Phenolharz-Schaumstoffe entstehen bei der exothermen, säurekatalysierten Aushärtung von Resolen, meist in Gegenwart von niedrigsiedenden (Halogen-) Kohlenwasserstoffen als Treibmittel. Block- und Bandfertigung sind gebräuchlich. Neben offenzelligen Produkten werden auch geschlossenzellige Schaumbahnen hergestellt.

6.21.2 Aminoplaste; UF, MF

6.21.2.1 Harnstoff (UF), Melamin-Formaldehyd-Harze (MF)

Chemischer Aufbau: Zur Einstellung bestimmter Gebrauchseigenschaften werden Melaminharze mit Alkoholen, Polyalkoholen, Zucker, Lactamen, Acrylaten, Sulfiten u.a. modifiziert. Auch Kombinationen mit anderen Harztypen wie PF, EP, UP sind üblich.

Melaminharz-Schaumstoffe mit Raumgewichten um 7 kg/m^3 entstehen aus MF-Vorkondensat mit einemulgierten, niedrig siedenden Treibmitteln beim Aushärten mit einem Säurehärter.

Eigenschaften: UF und MF zeichnen sich durch hohe Kratzfestigkeit und Temperatur- (UF: 90 °C, MF: 150 °C) und Chemikalienbeständigkeit bei guter Lichtechtheit aus.

Einsatzgebiete: Härtbare Formmassen, Imprägnierharze, Leime, Bindemittel, Vernetzer, Spanplattenveredelung, Dämmstoffe, Lackharze, Parkettversiegelung, Einbrennlacke, Papier- und Lederhilfsmittel, Vliesbindemittel, Schaumstoffe als Wärmedämmung, Nähr- und Wirkstoffträger.

6.21.3 Furanharz, FF

Chemischer Aufbau: Durch Einwirkung starker Säuren (HCl, H_2SO_4) auf z.B. Furfurylalkohol erfolgt in kurzer Zeit Polykondensation zu einem festen Harz. Variationsmöglichkeiten ergeben sich durch die Veretherung der Methylolgruppe des Furfurolalkohols und die Mischkondensation mit PF-, UF-, MF-Harzen sowie mit Ketonen und Aldehyden.

Eigenschaften: hervorragende Lösemittel- sowie Säure- und Alkalibeständigkeit, Wärme- und Dimensionsstabilität, Neigung zur Vergilbung.

Einsatzgebiete: Härtbare Formmassen, Laminierharze, Kitte, Gießerei- und Baustoffbindemittel, Schaumstoffe, Klebstoffe, Schleif- und Poliermittel.

6.21.4 Ungesättigte Polyester-Harze, UP

Chemischer Aufbau, Verarbeitung

Durch Variation der Säuren, Glykole und Vinylmonomere können die Eigenschafte der Harze dem gewünschten Verwendungszweck angepasst werden: z. B. ergeben Zusätze von Styrol oder Vinylacetat infolge dichterer Vernetzung härtere Harze, Methylmethacrylat dagegen bildet lange, flexible Blöcke zwischen den Polyesterketten und entsprechend weiche Harze. Besonders harte und stark vernetzte Spezialharze enthalten z. B. auch α-Methylstyrol oder Allylderivate. Tafel 6.5.

UP-Harze sind so stabilisiert, dass sie bei kühler und lichtgeschützter Lagerung mehrere Monate haltbar sind. Die Vernetzungstemperatur bei Verwendung von Peroxidkatalysatoren, s. Formel 6.39, liegt bei 80 bis 100 °C und kann durch den Einsatz von Aktivatoren bis auf Raumtemperatur abgesenkt werden, wobei die Aushärtezeit je nach Rezeptur wenige Minuten bis Stunden betragen kann. Die Topfzeit beträgt etwa 60 % der Härtungszeit. Härter und Beschleuniger dürfen nie miteinander vermischt werden (Explosionsgefahr!).

Flüssige UP-Harze sind brennbar in niedriger Gefahrenklasse. Peroxidpaste und Aminbeschleuniger sind ätzend. Peroxide zersetzen sich bei unsachgemäßer Handhabung. Die gewerbeaufsichtlichen Schutzvorschriften, auch diejenigen für die Begrenzung der Styrol-Emission durch zweckmäßige Luftführung am Arbeitsplatz und Abluft-Reinigungsanlagen, sind zu beachten.

Die Kalthärtung mit Peroxid und Beschleuniger ist beim Erstarren des Harzes noch unvollständig. UP-Formteile, von denen gute Alterungs-, Chemikalien- oder Warmwasserbeständigkeit gefordert wird, oder die lebensmittelrechtlichen Anforderungen genügen sollen, müssen im Anschluss an die Kalthärtung in Heißluft 5 h bei 80 °C bis >100 °C nachgehärtet werden. Mindestforderung ist ein bis zwei Wochen Trockenlagerung von Formteilen bei >20 °C vor Ingebrauchnahme. UP-Harz-Estriche und -Beschichtungen sind erst nach einigen Tagen mechanisch und chemisch voll belastbar. Wasser, Füllstoffe und Pigmente können den Reaktionsablauf beeinflussen.

Alkydharze sind mit Fettsäuren oder deren (fetten) Ölen (Triglyzeride) modifizierte Polyesterharze und stellen eine Sondergruppe innerhalb der Polyesterharze dar. Es sind Bindemittel für Lacke.

Eigenschaften, Einsatzgebiete

UP-Harze werden nach den in Abschn. 4.3.2 beschriebenen Verfahren mit Langfaserverstärkung zu Halbzeugen und Formteilen verarbeitet, Eigenschaften s. Tafel 6.66 und Tafel 6.67. Weitere Einsatzgebiete sind härtbare Formmassen, Vergussmassen, Leichtbeton und Schaumstoffe. Die Eigenschaften der Harze können dem Anwendungsfall durch chemische Modifikationen weitgehend angepasst werden:

Ungefüllte UP-Harze erleiden beim Härten eine Schwindung von 6 bis 8 Vol.-%. Für das Warmpressen gibt es schwindungsarme (low profile) Zweiphasensysteme, s. Abschn. 6.20.3.6. Ungefüllt ausgehärtete UP-Harze sind transparent, mit Glasfasern durchscheinend (Angleichung der Brechungsindices durch MMA-Zusätze). Oberhalb 140 °C kann Depolymerisation beginnen, über 400 °C entzünden

Tafel 6.67 Richtwerte für GFK-Laminate

Eigenschaft		UP-GF-Harz-Formstoffe				
Glasgehalt	Gew.-%	25	45	50	65	65
Textilglas-Aufbau		Matte, quasi-isotrop		Gewebe,Gelege längs und quer gleich <450 g/m²		Gewebe, Gelege, 90% längs
Rohdichte	g/cm³	1,35	1,45	1,60	1,80	1,80
Zugfestigkeit	MPa	70	140	200	3000	500
E–Modul	MPa	5000	9000	10000	19000	28000
Biegefestigkeit	MPa	120	180	220	350	550
Längenausdehnungskoeffizient	$10^6 \cdot K^{-1}$	35	25	18	15	12
Wärmeleitfähigkeit	W (mk)	0,15	0,23	0,24	0,26	0,26

Eigenschaft		*EP-GF-Harz-Formstoffe*				
Glasgehalt	Gew.-%	50	65	65	67–78	Zum Vergleich Cr-Ni-Stahlblech
Textilglas-Aufbau		Gewebe. Gelege längs und quer gleich		Gelege fast 100% längs	S–Glas 92% längs Spezialharz	
Rohdichte	g/cm³	1,60	1,80	1,80	1,8–2,0	8,0
Zugfestigkeit	MPa	220	350	700	1300–1700	ca. 500
E–Modul	MPa	10000	18000	30000	ca. 60000	195000
Biegefestigkeit	MPa	280	400	800	1200–1600	220
Längenausdehnungskoeffizient	$10^6 \cdot K^{-1}$	18	15	12		
Wärmeleitfähigkeit	W/K · m	0,24	0,26	0,26		

sich die Gase, nicht schwer entflammbar eingestellte Formstoffe brennen dann weiter. Mineralisch hoch gefüllte Massen sind praktisch nicht entflammbar.

Vernetzen mit sichtbarem Licht von GF-UP-Laminaten bis 20 mm Dicke, z.B. mit handelsüblichen Leuchtstofflampen, ist durchführbar mit im Dunkeln lagerstabilen Eintopf „VLC"-(Visible Light Curing-)UP-Harzen mit Lichtsensibilisatoren. Das Verfahren ist bei der kontinuierlichen Fertigung von Laminatbahnen zwischen Deckfolien durch Lichttunnel, beim Vakuum-Injektionsverfahren mit Belichtung durch transparente Oberformen hindurch, im Wickelverfahren mit Lampenfeldern, beim Recycling von Abwasserkanälen mit eingezogenen Lampenketten, für Dachbeschichtungen und zu Reparaturzwecken auch mit Sonnenlicht anwendbar. Die Betriebs-Parameter können unter erheblicher Energieeinsparung gegenüber einer Peroxid-Heißhärtung so eingestellt werden, dass die Produkte einer Nachhärtung nicht bedürfen. Opake, hoch gefüllte, mit lichtundurchlässigen Carbon- oder Aramidfasern verstärkte Produkte können nicht lichtgehärtet werden.

Standardharze auf Basis von Ortophthalsäure und einfachen Diolen, sind bei Raumtemperatur beständig gegen Wasser, Salzlösungen, verdünnte Säuren, Kohlenwasserstoffe, unbeständig gegen Chlorkohlenwasserstoffe, viele Lösemittel, Laugen, konzentrierte und oxidierende Säuren, Formstandfestigkeit ca. 70 °C.

Flammhemmend eingestellte Harze sind mit bromierten oder hoch chlorierten (Hetsäure) Säurekomponenten und Antimontrioxid, raucharm niederviskose Harze mit speziellem Aluminiumhydroxid $Al(OH)_3$ bis zum Verhältnis 1:1,8 gefüllt.

Erhöht korrosionsbeständige Harze auf Basis von Iso- oder Terephthalsäure und Neopentylglykol (Formel 6.42) sind auch für dauernd durch erwärmtes Wasser beanspruchte Feinschichten (Schwimmbecken) geeignet, mit guten mechanischen Eigenschaften.

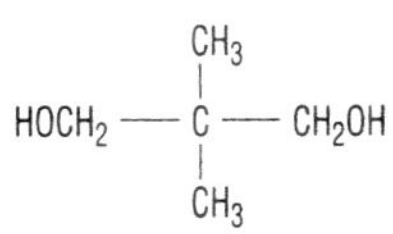

(6.42)

Neopentylglykol

Hoch hydrolyse- und verseifungsbeständige Harze auf Basis von Bisphenol A, sind gegen Wasser und 20%ige Salzsäure bis 100 °C, gegen 70%ige Schwefelsäure, 20%ige Alkalilauge bis 80 °C langzeitbeständig, HDT 110 bis 125 °C.

Flexible Harze mit aliphatischen $HOOC(CH_2)_xCOOH$ Dicarbonsäure-Anteilen (x=4 Adipinsäure, x=7 Azelainsäure) zum Abmischen oder mit Isocyanat modifiziert eignen sich z.B. für schlagfeste Bodenbeläge.

Hochtransparent witterungsbeständige Harze enthalten Methylmethacrylat MMA als Co-Monomeren.

„Hybrid"-Harze aus relativ niedermolekularen UP-Harzen mit Hydroxylendgruppen und Diisocyanat in Styrol gelöst, härten zu langkettig vernetzten weichelastomer bis hart und schlagzäh einstellbaren Endprodukten mit Eigenschaftsprofilen aus, die von UP oder PUR allein nicht erreicht werden (z.B. σ_B =80 bis 95 MPa,

ε_B =7 bis 12%, $E \geq 3$ GPa, σ_{bB} =142 bis 160 MPa). Die niederviskosen hoch füllbaren Zweikomponentenharze, bei denen jede Komponente den Vernetzungskatalysator für die andere enthält, werden im Injektions-Kaltpress-(RTM)- oder RIM-Verfahren oder durch Pultrusion zu Gelcoats und Schaumstoffen verarbeitet. Ein Anwendungsbereich von wachsender Bedeutung sind strukturelle Fahrzeug-Bauteile.

Wasseremulgierbare UP-Harze (Filabond, WMC, Wist) werden als mit 40 bis 70% Wasserfüllung verarbeitbare Gießharze für holzartige Möbel-Bauteile u.a. angeboten.

Beimischen von 3 bis 4% Microspheres aus PVDC zu Bootsbau-Laminatharzen ergibt syntaktischem Schaum ähnliche leichte Verbundstoffe. Da PVDC in Styrol löslich ist, müssen die Harze kurze Zeit nach dem Anmischen verarbeitet werden.

Strukturgeschäumte Mattenlaminate, d_R 0,4 bis 0,8 g/m^3, werden im Niederdruckverfahren mit stickstoff-abspaltendem Treibmittel in Verbindung mit speziellen Inhibitor-Beschleunigersystemen gefertigt. Das gleiche System wird beim Faser-Harzspritzen mit zusätzlicher Treibmittelzuführung für mikrozellulare Stützschichten von PMMA-Badewannen gebraucht. Das Bindemittel im UP-Harz-Leichtbeton ist mit CO_2-abspaltendem Treibmittel auf d_R 0,05 bis 0,2 g/cm^3 aufgeschäumt.

6.21.5 Vinylester-Harze, VE (Phenacrylat-Harze)

Chemischer Aufbau, Verarbeitung, Eigenschaften: s. Abschn. 6.20.1.3

Einsatzgebiete: Im Wickelverfahren gefertigte Groß-GFK-Rohre und -Apparatebauteile, z.B. für einen Dauerbetrieb bei 110 °C ausgelegt, durch H_2SO_4-, HCl-, HF-haltiges Kondensat beanspruchte selbsttragende Rauchgaswaschtürme bis 9m Durchmesser und 35 m Höhe mit PHA-Matrix für Chemieschutzschichten und tragendes Laminat. In Entwicklung sind warm schnellhärtende Spezialharze zur Verarbeitung mit vorgeformten GF-Verstärkungen im Injektions-Spritzpress-Verfahren (RTM) zu Karosserie- und anderen Fahrzeugbauteilen, welche die hohe Schwingfestigkeit der PHA-Harze nutzen.

6.21.6 Epoxid-Harze, EP

Chemischer Aufbau: s. Abschn. 6.20.1.4

Eigenschaften und Einsatzgebiete

Für jeweilige Anwendungen spezifisch formulierbare Epoxidharze weisen hohe Haftfestigkeit auf fast allen Werkstoffen, geringen Schwund beim Vernetzen, gute Korrosionsbeständigkeit, Temperaturbeanspruchbarkeit und elektrische Eigenschaften auf. Etwa 50% der EP-Produkte werden als lösemittelfreie Flüssig- oder (Pulver-) Schmelz-Lacke für den Oberflächenschutz (auch wässrig als EP-Dispersion) und für konstruktiv belastbare Klebverbindungen eingesetzt, je etwa 20% für Reaktionsharz-Beton und -Klebmörtel und in der Elektro-/Elektronik-Industrie. Schmelzmatrixharze zum Tränken von Carbon- oder Aramidfaser-Strukturwerkstoff-Prepregs (s. Abschn. 6.20) für die Luft- und Raumfahrt gewinnen zunehmend an Bedeutung. Dafür sind auch Kombinationen von EP-Harzen mit höchst temperaturstandfesten Thermoplasten z. B. als „Interpenetrating Network" IPN in der Entwicklung, die mehrfach zäher als EP sind.

Standardharze sind flüssige bis feste Diglycidylether mit dem chemischen Aufbau nach (1) oder (2) in Tafel 6.62, Typen nach (3) sind Flexibilisierharze, die Cycloaliphaten (5), (6) und multifunktionalen Amin-Abkömmlinge (4) braucht man für die Hochtemperatur-Elektronik, Klebstoffe, Beschichtungen und Spezial-Verbundwerkstoffe. Sehr widerstandsfähige, auf fast allen Untergründen fest haftende Produkte (Dosenlacke) sind mit UV-Licht schnellhärtende cycloaliphatische Harze.

Nach *Einsatzgebieten* werden Mehrzweckharze, Gieß-, Imprägnier- und Träufelharze für die Elektrotechnik, Laminierharze für hoch beanspruchte faserverstärkte Strukturwerkstoffe (s. Tafel 6.66 und Tafel 6.67), Werkzeugharze und Harze für den Oberflächenschutz unterschieden. Warmgehärtete Epoxidharzformstoffe mit hochfesten und hochwärmestandfesten Verstärkungsfasern können bis etwa 240 °C langzeitig belastet werden, die Temperaturstandfestigkeit normaler, insbesondere kaltgehärteter Epoxidharze ist geringer, aber gut im Verhältnis zu vergleichbaren Produkten. Mit Füllstoffen fast auf Null reduzierbarer Volumenschrumpf, Maßhaltigkeit, Temperaturstandfestigkeit, hohe Härte und Abriebfestigkeit sind Eigenschaften, die den gefüllten Epoxidharzen verbreitete Anwendung für Mess- und Prüflehren, Kopier- und Arbeitsmodelle, wie auch für Werkzeuge zum Formen von Metallen und Kunststoffen verschafft haben, siehe auch VDI 2007 Epoxidharze im Fertigungsmittelbau. Wegen der Haftung der EP-Harze auf allen Oberflächen muss man immer mit Trennmitteln arbeiten. Die Haftung und die Härtung von EP-Flüssigharzen mit aliphatischen Polyaminen werden durch Feuchtigkeit in der Haftfläche beeinträchtigt. Spezialhärter, insbesondere Polyaminoamidaddukte (Eurelon, Versamide), sind wasserunempfindlich, so dass damit angesetzte Massen auf feuchtem Untergrund binden, z. T. unter Wasser oder als wässrige Dispersion verarbeitet werden können.

Für die Anwendung im Bau sind weiter bei tiefen Temperaturen anspringende „Nullgrad"-Härter und maskierte, durch Wassereinwirkung aktivierbare Härter (Ketimide) von Bedeutung. Die reaktionsfähigen Epoxidgruppen können mit vielen anderen Stoffen, z. B. Teerprodukten oder flüssigem Polysulfid-Kautschuk (s. Abschn. 6.22.7), vernetzen. Die allgemein gute chemische Beständigkeit der EP-Harze lässt sich durch die Vernetzungsmittel variieren, besonders gut ist ihre Alkalibeständigkeit.

EP-Schaumstoffe mit 0,03 bis 0,3 g/cm^3 werden aus Pulverharzen mit chemischen, aus Flüssigharzen mit physikalischen Treibmitteln unter starkem Rühren hergestellt. Zum Einbetten elektronischer Bauteile werden bis 200 °C zeitstandfeste, in der Tiefseetechnik bis 60 bar druckfeste, auch als elastische Werkzeugharze brauchbare „syntaktische" EP-Harzschäume angewandt.

6.21.7 Dicyclopentadien-Harz, DCPD

Ein niederviskos-flüssiges Monomer, kann durch Aufspaltung und Wiederherstellung innerer C=C–Ring-Doppelbindungen, zu einem olefinischen Duroplasten polymerisiert werden. Im Metton-RIM-Verfahren werden den Monomer-Komponenten einerseits ein Metathen-Katalysator, andererseits Aktivator und Inhibitor zugesetzt. Nach Vermischen in der eingestellten Latenzzeit polymerisiert das Gemisch in wenigen Sekunden aus dem Werkzeug entnehmbar. Die mechanischen Werte (E_b =1,9 GPa, σ_B =34 MPa) und die Zeitstandfestigkeit auch bei erhöhten Temperaturen (HDT= 85 °C, GT= 95 °C) können durch GF oder andere verstärkende Zuschläge verbessert werden. Anwendung des hydrophoben, aber gut lackierbaren, bis ca. –30 °C schlagzähen Materials: Großteile (≥ 2,3 kg) für Spezial-Fahrzeuge, Sportgeräte.

6.21.8 Diallylphthalat-Harze, PDAP

Als Gießharze mit hoher Transparenz, Schlag-, Kratz- und Abriebfestigkeit werden sie für leichte Brillengläser eingesetzt.

6.21.9 Kohlenwasserstoff-Harze, KWH

Es sind lösliche Kunstharze, die vorzugsweise durch kationische, z.T. auch durch thermische Polymerisation ungesättigter Kohlenwasserstoffe hergestellt werden. Stark ungesättigte Harze wie Copolymerisate aus überwiegend Butadien mit Styrol lassen sich im Gemisch mit Monomeren mittels Peroxid-Katalysatoren warm und u.U. auch kalt vernetzen, (Buton-Harze). Solche Gießharze werden wegen der günstigen dielektrischen Werte in der Mikrowellentechnik eingesetzt, Radar, 10^9 Hz.

Bisdien-Harze werden durch Umsetzung von Cyclopentadien-Natrium mit einer aliphatischen Dihalogenverbindung über eine Prepolymerstufe in Gegenwart von Polybutadien bei erhöhter Temperatur erhalten. Diese Kohlenwasserstoffharze werden wegen ihrer bis ca. 200 °C reichenden außergewöhnlich guten dielektrischen Werte für gedruckte Schaltungen eingesetzt.

6.22 Kautschuke

Für die in diesem Kapitel nur durch Kurzzeichen gekennzeichneten Kunststoffe lassen sich die chemischen Bezeichnungen und die Abschnitte in Kapitel 6, in denen der Kunststoff behandelt wird, aus Tafel I Seite XVI entnehmen.

6.22.1 Generelle Beschreibung

Alle makromolekularen Stoffe, die vernetzbar sind, werden als Kautschuk bezeichnet. Sie sind bei Raumtemperatur weitgehend amorph und besitzen eine niedrige Glasübergangstemperatur. Sie haben im unvernetzten Zustand thermoplastische Eigenschaften, d.h. mit steigender Temperatur werden sie weicher und die durch die Knäuelstruktur bewirkte Kautschukelastizität geht immer mehr zurück. Durch Vulkanisation mit Schwefel oder einem vergleichbaren chemischen oder physikalischen Prozess werden die Makromoleküle weitmaschig zu Elastomeren (Weichgummi) oder engmaschig zu Hartgummi (Ebonit) vernetzt. Erstere weisen ein hohes reversibles Dehnungsvermögen auf, wobei Elastomere eine Zwischenstellung zwischen den noch fließbaren Thermoplasten (Kautschuk) und den starren Duroplasten (Hartgummi) einnehmen. Sie erweichen bei höheren Temperaturen nicht mehr, sind also nicht thermoplastisch verarbeitbar.

Die Klassifizierung der Kautschuke in DIN ISO 1629 beruht auf anderen Grundlagen als die für Kunststoffe und führt daher zu anderen Kurzzeichen als nach DIN EN ISO 1043 üblich. In den folgenden Kurzbeschreibungen sind deshalb den verwendeten Kurzzeichen die chemischen Bezeichnungen und die chemischen Grundstrukturen zugeordnet.

Naturkautschuk und strukturanaloge Synthesekautschuke, Polymerisate aus konjugierten Dienen (z.B. Isopren, Butadien, Chlorbutadien) sowie Copolymerisate aus konjugierten Dienen und Vinylderivaten (z.B. Styrol, Acrylnitril) – es handelt sich hier um die weitaus bedeutsamsten Kautschukklassen mit ca. 80% Marktanteil – enthalten in den Molekülketten zahlreiche ungesättigte Doppelbindungen, von denen beim herkömmlichen Vulkanisieren mit Schwefel und organischen Beschleunigern zu Weichgummi nur ein Teil abgesättigt wird. Je mehr Doppelbindungen im Vulkanisat übrigbleiben, um so geringer ist dessen Oxidations- und Witterungsbeständigkeit, allerdings kann diese durch Antioxidantien sehr verbessert werden. Produkte mit geringem Diengehalt, die z.B. durch Polymerisation von Isobutylen mit kleinen Mengen Isopren hergestellt werden, zeigen entsprechend verbesserte Alterungsbeständigkeit, aber wegen der geringen Anzahl von Doppelbindungen Vulkanisationsträgheit. Auch durch ringöffnende Polymerisation können Produkte mit geringem Doppelbindungsgehalt hergestellt werden, z.B. Trans-1,5-Polypentenamer (aus Cyclopenten durch ringöffnende Polymerisation) und Polyoctenamer (aus Cycloocten), von denen letzteres als Kautschuk kaum, wohl aber als Verarbeitungshilfsmittel eine gewisse Rolle spielt. Durch Copolymerisation von Ethylen und Propylen entstehen Ethylen-Propylen-Kautschuke, die völlig gesättigt und daher nicht mit Schwefel vulkanisierbar sind (EPM). Durch Terpolymerisation von Ethylen und Propylen mit nicht konjugierten Dienen, wie vor allem Ethylidennorbornen, entstehen gesättigte Polymerketten mit Doppelbindungen in der Seitenkette, die mit Schwefel, aber auch vorteilhaft mit Peroxiden (R–O-O-R') vulkanisierbar sind (EPDM). Die EP-Kautschuke zeichnen sich durch eine hervorragende Alterungsbeständigkeit aus und haben erhebliche Marktbedeutung. Weitere Synthese-Kautschuke sind: Propylenoxidkautschuk, Polyphosphazene, Polynorbornen. Polymere ohne Doppelbindungen erfordern andersartige Vulkanisationsverfahren: Für einige braucht man basische Vernetzungsmittel, für andere ist dagegen eine oxidative Vernetzung mit Peroxiden erforderlich. Mit Elektronenstrahlen werden gesättigte und ungesättigte Polymere ohne Fremdstoffzusatz vernetzt. Die meisten Synthesekautschuk-Arten können miteinander verschnitten werden, eine kombinierte Vulkanisation mit Schwefel und Peroxiden ist aber nicht üblich.

6.22.2 Allgemeine Eigenschaften

Ein maßgebliches Auswahlkriterium bei der Verwendung von Kautschuken ist deren Hitzebeständigkeit, insbesondere bei Anwendungen in der Automobilindustrie. Die durch Zunahme der Temperaturen unter der Motorhaube gewachsenen Ansprüche an die Hitze- und Ölbeständigkeit von Spitzenprodukten für den Einsatz in der Kfz-Industrie nach international anerkannter ASTM-Norm zeigt Bild 6.30.

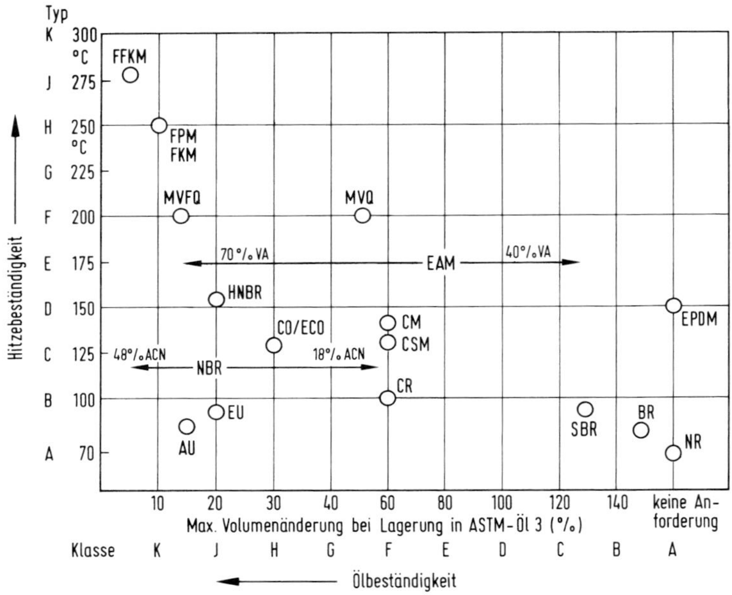

Bild 6.30 Klassifizierung von Elastomeren nach Hitze- und Ölbeständigkeit (in Anlehnung an ASTM-D 2000/SAE J200)
Kurzzeichen nach DIN ISO 1629 sind in den Abschnitten 6.22.3 bis 6.22.10 erläutert

Der Aufschluss der herkömmlicherweise als Ballen angelieferten Rohstoffe für die Kautschuk-Verarbeitung ist arbeitsaufwendig. Bisher haben sich Bestrebungen kaum durchgesetzt, Synthese-Kautschuke als leichter zu verarbeitende Krümel oder unmittelbar extrudierbare oder spritzgießfähige gepuderte Granulate und Pulver-Batches mit allen zur Vulkanisation erforderlichen Zuschlägen auf den Markt zu bringen sowie durch relativ niedermolekulare „Flüssig-Kautschuke" mit reaktiven Endgruppen einfachere Verarbeitungstechniken flüssiger Kunststoffvorprodukte auch der Gummiindustrie zugänglich zu machen.

Sehr wesentlich ist für die Kautschuktechnologie die „Verstärkung" der Mischungen durch aktive Füllstoffe, das sind Ruße für schwarze, hochdisperse Kieselsäure für helle Erzeugnisse. Zuweilen werden die Füllstoffe schon in den Latex eingearbeitet. Höher molekularer Synthesekautschuk herkömmlicher Art ergibt mit Öl gestreckt (Oil Extended Rubber) gut zu verarbeitende Mischungen. Viele Kautschuk-Mischungen enthalten auch Weichmacher.

Im folgenden werden die wichtigsten Elastomere kurz beschrieben. Einen Überblick über einige Eigenschaften und die chemische Beständigkeit der wichtigsten Kautschuktypen geben Tafel 6.68 und Tafel 6.69.

6.22.3 R-Kautschuke; NR, IR, BR, CR, SBR, NBR, NCR, IIR, PNR, SIR, TOR, HNBR

Ungesättigte Ketten, ganz oder teilweise aus Diolefinen aufgebaut

Naturkautschuk, NR

$$\left[CH_2 - \underset{\displaystyle CH_3}{\underset{|}{C}} = CH - CH_2 \right] \tag{6.43}$$

NR weist auch im ungefüllten Zustand hohe Festigkeit und Elastizität auf. Thermischer Einsatzbereich: dauernd –50 bis +70 °C, Spezialtypen bis +90 °C, kurzzeitig bis 120 °C. NR hat sehr geringe mechanische Dämpfung, neigt bis 50 °C wenig zum Kriechen, ist nicht ölbeständig und muss gegen Ozon stabilisiert werden.

Einsatzgebiete: Gummifedern, Lkw-Reifen

Isopren-Kautschuk, IR

$$\left[CH_2 - \underset{\displaystyle CH_3}{\underset{|}{C}} = CH - CH_2 \right] \tag{6.44}$$

IR ist die synthetische Nachstellung des NR und diesem in den Eigenschaften vergleichbar. Er weist eine etwas höhere Elastizität auf.

Einsatzgebiete wie NR.

Butadien-Kautschuk, BR

$$\left[CH_2 - CH = CH - CH_2 \right] \tag{6.45}$$

BR wird in reinem Zustand fast nicht eingesetzt, sondern nur im Verschnitt mit anderen Kautschuken. Er ergibt verschleiß- und kältestandfeste Mischungen.

XBR ist ein Carboxylgruppen-haltiger BR (–COOH).

Einsatzgebiete: z.B. Kfz.-Laufflächen.

Tafel 6.68 Vergleich einiger Eigenschaften von Vulkanisaten aus den wichtigsten Kautschuktypen (stark vereinfachte, schematische Darstellung, nach Freudenberg). Bewertungsskala: 1 = ausgezeichnet; 2 = sehr gut; 3 = gut; 4 = ausreichend; 5 = schlecht

	NR	BR	CR	SBR	IIR	NBR	EPDM	CSM	EAM	ACM	ECO	AU	MVQ	FKM	FVMQ
Zugfestigkeit	1	5	2	2	4	2	3	3	3	3	3	1	4	3	4
Elastizität	1	1	2	4	5	4	3	5	5	5	3	2	2	5	3
Verschleißbeständigkeit	3	1	2	2	4	3	4	3	4	4	4	1	5	4	5
Wetter- und Ozonbeständigkeit	5	5	4	5	3	5	1	1	1	2	2	2	1	1	1
Wärmebeständigkeit	5	5	4	4	3	4	2	3	2	2	3	3	1	1	2
Kälteflexibilität	1	1	3	2	3	4	2	4	4	5	3	4	1	5	2
Gasdurchlässigkeit	4	4	2	4	1	2	3	2	2	3	2	2	5	2	5
Dauergebrauchstemperatur (°C)*	100	100	120	110	130	120	140	130	170	160	130	130	200	210	180

* für optimalen Werkstoff ca. 1000 Stunden

Tafel 6.69 Chemische Beständigkeit von Vulkanisaten aus den wichtigsten Kautschuktypen (bis 100 °C) (nach Freudenberg)

	NR	BR	CR	SBR	IIR	NBR	EPDM	CSM	EAM	ACM	ECO	AU	MVQ	FKM	FVMQ
Paraffin-Kohlenwasserstoffe	C	C	B	C	C	A	C	C	A	A	B	A	C	A	A
Kraftstoff	C	C	C	C	C	B	C	C	C	B	B	B	C	A	B
Aromaten	C	C	C	C	C	C	C	C	C	C	C	C	C	A	B
Chlorierte Kohlenwasserstoffe	C	C	C	C	C	C	C	C	C	C	C	C	C	A	C
Motorenöle	C	C	B	C	C	A	C	C	B	A	B	B	B	A	A
Hypoidöle	C	C	C	C	C	B	C	C	C	A	B	B	C	A	A
Mineralische Schmierstoffe	C	C	C	C	C	B	C	C	B	A	B	B	B	A	A
Alkohole	A	A	A	A	A	A	A	A	B	B	B	B	B	C	C
Ketone	A	A	B	A	A	C	A	B	C	C	C	C	C	C	C
Ester	B	B	C	B	C	C	C	C	C	C	C	C	C	C	C
Wasser	A	A	A	A	A	A	A	A	A	B	B	C	B	A	C
Säuren (verdünnt)	A	A	A	A	A	A	A	A	B	C	B	C	B	A	C
Alkalien (verdünnt)	A	A	A	A	A	A	A	A	B	C	B	C	B	A	C
Bremsflüssigkeiten	A	A	B	A	A	C	A	C	C	C	C	C	A	C	A

A: geringer oder kein Angriff (max. +10 % Volumenänderung), B: schwacher bis mäßiger Angriff (max. +25 % Volumenänderung),
C: starker Angriff bis Zerstörung (>25 % Volumenänderung)

Chloropren-Kautschuk, CR

$$\left[CH_2 - \underset{\displaystyle Cl}{\underset{|}{C}} = CH - CH_2 \right] \qquad (6.46)$$

CR weist eine bessere Alterungsbeständigkeit auf als NR, IR und SBR, ist schwer entflammbar und in gewissem Maße beständig gegen Öle und Fette. Thermischer Einsatzbereich: dauernd –40 bis +110 °C, kurzzeitig bis +130 °C. Unter 0 °C erfolgt bei längerer Lagerung reversible Verhärtung durch Kristallisation. Geringe Gasdurchlässigkeit. Styrol-Chloroprenkautschuk enthält ein zusätzliches $-CH-C_6H_5$-Glied, SCR, XCR eine Carboxylgruppe, s. XBR.

Einsatzgebiete: Faltenbälge, Achsmanschetten, Kühlwasserschläuche, Bau-Dichtungsprofile, Dachbeläge, Förderbänder, Kabelummantelung, Schutzkleidung.

Styrol-Butadien-Kautschuk, SBR

$$\left[\underset{\displaystyle C_6H_5}{\underset{|}{CH}} - CH_2 - CH_2 - CH = CH - CH_2 \right] \qquad (6.47)$$

SBR, meist in einem Verhältnis von etwa 75% Butadien: 25% Styrol durch Kaltpolymerisation hergestellt und in vielen Sorten mit unterschiedlichen Stabilisatoren für hell- und dunkelfarbige Erzeugnisse und anderen Zusätzen geliefert, wird vielfach anstelle von NR als Allzweckkautschuk eingesetzt. Er stellt die größte Kautschukklasse dar. Thermischer Einsatzbereich: dauernd –40 bis 100 °C, kurzfristig bis 120 °C. SBR ist nicht beständig gegen Mineralöle.

XSBR ist ein Carboxylgruppen-haltiger SBR.

Einsatzgebiete: z.B. Reifenmischungen, Kabelummantelung, technische Gummiartikel, Schläuche und Profile, Moos- und Schaumgummi.

SBR-Latices gibt es u.a. auch in Sondereinstellung für Anstrichmittel (Litex) und carboxyliert als Bindemittel für Nadelfilze und Teppichrückseiten-Beschichtungen.

Nitril-Butadien-Kautschuk, NBR

$$\left[\underset{\displaystyle CN}{\underset{|}{CH}} - CH_2 - CH_2 - CH = CH - CH_2 \right] \qquad (6.48)$$

NBR (20 bis 50% Acrylnitrilanteil) wird mit zunehmendem ACN-Anteil beständiger gegen Öle, Treibstoffe und Fette, aber weniger kälteflexibel. Thermischer Einsatzbereich: dauernd ca. –30 bis +100 °C, kurzzeitig bis 130 °C, Sondertypen –40 bis +150 °C. Geringe Gasdurchlässigkeit. NBR+PVC ist ozonbeständig. NBR+Phenolharz ist zähelastisch und heißwasserfest.

XNBR ist ein Carboxylgruppen-haltiger NBR.

Einsatzgebiete: Wichtigster Dichtungswerkstoff im Kfz- und Maschinenbau, Schläuche, Bremsbeläge.

Nitril-Chloropren-Kautschuk, NCR

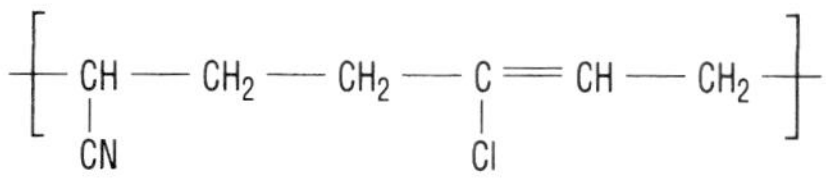

(6.49)

NCR weist eine etwas höhere Ölbeständigkeit auf als CR

Butyl-Kautschuk, IIR, (CIIR, BIIR)

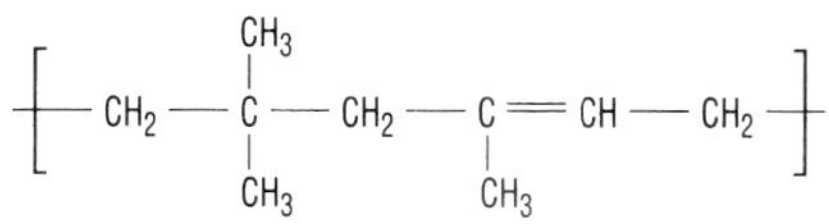

(6.50)

IIR ist ein Copolymerisat. Der sehr hohe Anteil von Isobuten ist bestimmend für die gute Chemikalien- und Alterungsbeständigkeit und die geringe Gasdurchlässigkeit (Luft), der geringe Anteil Isopren für die Vulkanisierbarkeit. Thermischer Einsatzbereich: dauernd −40 bis +130 °C. Chlorbutyl(CIIR)- und Brombutyl(BIIR)-Kautschuk zeichnen sich durch gute Verarbeitbarkeit und Alterungsbeständigkeit bei sehr geringer Luftdurchlässigkeit aus.

Einsatzgebiete: Reifenschläuche, Innenliner von Reifen, gasdichte Membranen, Pharmastopfen, Dachbeläge.

Isopren-Styrol-Kautschuk, SIR

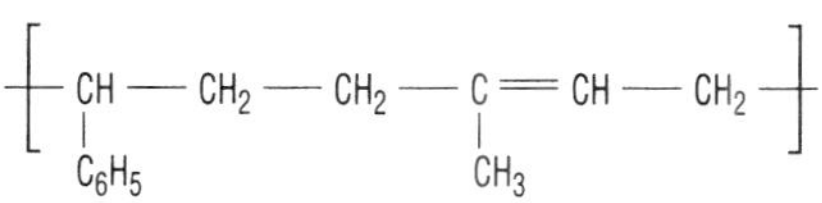

(6.51)

Spezialkautschuk von geringer Bedeutung.

Polynorbornen-Kautschuk, PNR

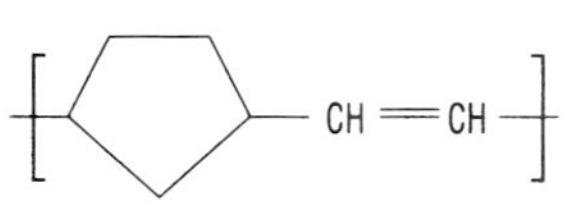

(6.52)

PNR lässt sich sehr gut mit Füllstoffen und Weichmachern füllen und somit zu sehr weichen Elastomeren verarbeiten. Wärmebeständigkeit und Kriechneigung sind ungünstiger als bei NR, Ozonbeständigkeit wie bei NR.

Einsatzgebiete: Weiche Walzenbeläge, Moosgummi.

Trans-Polyoctenamer-Kautschuk, TOR

$$\left[CH_2 - (CH_2)_5 - CH = CH \right] \tag{6.53}$$

TOR wird in erster Linie als polymere Verschnittkomponente mit anderen Kautschuken mit einem Anteil von 5 bis 30% verwendet. Man erreicht hierdurch leichtere Füllstoffaufnahme, bessere Füllstoffverteilung, beachtliche Reduzierung der Viskosität der Mischung bei den Verarbeitungstemperaturen und wesentlich verbesserte Fließfähigkeit bei der Verarbeitung.

Hydrierter NBR-Kautschuk, HNBR

$$\left[\underset{\displaystyle CN}{\underset{|}{CH}} - CH_2 - CH_2 - CH_2 - CH_2 - CH_2 \right] \tag{6.54}$$

HNBR ist, peroxidisch vernetzt, bis 150 °C hoch öl-, oxidations-und abriebbeständiger als NBR.

Einsatzgebiete: Kraftfahrzeugbau, Erdölförderanlagen.

6.22.4 M-Kautschuke; EPM, EPDM, AECM, EAM, CSM, CM, ACM, ABR, ANM, FKM, FPM, FFKM

Gesättigte Ketten vom Polymethylen-Typ

Ethylen-Propylen-(Dien)-Kautschuke, EPM, (EPDM)

$$\begin{aligned} &\text{EPM:} \quad \left[CH_2 - CH_2 - \overset{\displaystyle CH_3}{\overset{|}{CH}} - CH_2 \right] \\ &\text{EPDM:} \quad \left[CH_2 - CH_2 - CH_2 - \overset{\displaystyle CH_3}{\overset{|}{CH}} - CH_2 - \overset{\displaystyle CH_2 - CH = CH - CH_3}{\overset{|}{CH}} \right] \end{aligned} \tag{6.55}$$

EPDM sind ataktische Copolymere von Ethylen und Propylen, s. Abschn. 6.1.6.3. EPM ist nur mit Peroxiden vernetzbar, EPDM auch mit Schwefel vulkanisierbar. Da bei den Terpolymeren die ungesättigten Stellen außerhalb der Hauptkette liegen, weisen diese die Chemikalienbeständigkeit und bei entsprechender Stabilisierung die gute Witterungs-, Ozon- und Alterungsbeständigkeit gesättigter Polyolefine auf. Thermischer Einsatzbereich: dauernd –40 bis +130 °C, Spezialtypen bis +150 °C.

Hochreine Produkte erhält man durch Polymerisation mit Metallocen-Katalysatoren

Einsatzgebiete: Außenteile am Kfz, massive und Moosgummi-Dichtungsprofile, O-Ringe, Schläuche, Baudichtungsbahnen, Kabelummantelungen.

Ethylen-Acrylester-Kautschuk, AECM

$$\left[CH_2 - CH_2 - CH_2 - \underset{\displaystyle CO_2R}{\underset{|}{CH}} \right] \tag{6.56}$$

AECM ist ein neueres Elastomeres mit ausgezeichneter Wärmebeständigkeit und mittlerer Ölbeständigkeit. Thermischer Einsatzbereich in Luft: dauernd –25 bis +170 °C, kurzzeitig bis 200 °C.

Einsatzgebiete: Spezialdichtungen im Kfz., Kühlwasserschläuche, Kabelsektor.

Ethylen-Vinylacetat-Kautschuk, EAM

$$\left[CH_2 - CH_2 - CH_2 - \underset{\displaystyle OCOCH_3}{\underset{|}{CH}} \right] \tag{6.57}$$

EAM verbindet die hohe Wärmebeständigkeit mit einer gewissen Ölbeständigkeit. Die Kältezähigkeit ist jedoch gering. Thermischer Einsatzbereich: dauernd –10 bis +150 °C.

Chlorsulfonierter PE-Kautschuk, CSM

$$\left[CH_2 - CH_2 - \underset{\displaystyle SO_2Cl}{\underset{|}{CH}} - CH_2 \right] \left[CH_2 - \underset{\displaystyle Cl}{\underset{|}{CH}} \right] \tag{6.58}$$

CSM ist ein hellfarbiger Spezialkautschuk mit guter Witterungs- und Chemikalienbeständigkeit. Thermischer Einsatzbereich: dauernd –20 bis +120 °C. Selbstvulkanisierend eingestellte, mineralisch gefüllte Ansätze werden als Spritzmassen oder schweißbare Bahnen für Dachhäute und Auskleidungen verwendet.

Chlorierter PE-Kautschuk, CM

$$\left[CH_2 - CH_2 - \underset{\displaystyle Cl}{\underset{|}{CH}} - CH_2 \right] \tag{6.59}$$

CM weist eine etwas bessere Heißluft- und Heißölbeständigkeit sowie eine tiefere Versprödungstemperatur auf als CSM und ist preisgünstiger.

Einsatzgebiete: Technische Gummiartikel, Kabelmäntel, Schläuche im Motorbereich, Schlagzähmodifikator für PVC.

Acrylat-Kautschuk, ACM (AEM, ANM)

$$\left[\overset{\displaystyle CO_2R}{\overset{|}{CH}} - CH_2 \right] \tag{6.60}$$

ACM hat eine höhere Wärmebeständigkeit als NBR. Einsatzbereich: dauernd –25 bis +150 °C, kurzzeitig bis 170 °C. Beständig gegen Öl, Ozon, UV-Strahlung.

Einsatzgebiete: Motordichtungen im Kfz. Selbstvulkanisierender Acrylat-Latex für Vliesverfestigung.

Fluor-Kautschuk, FKM

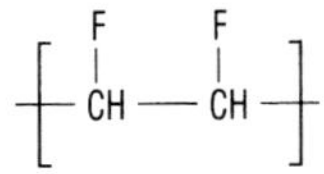

(6.61)

FKM ist gegen die meisten Flüssigkeiten beständig. Thermischer Einsatzbereich: dauernd –20 bis +200 °C, kurzfristig bis 250 °C.

Einsatzgebiete: Spezialdichtungen.

Propylen-Tetrafluorethylen-Kautschuk, FPM

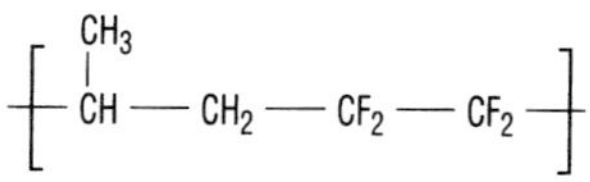

(6.62)

FPM ist ein Copolymer aus Polypropylen und Tetrafluorethylen und weist eine besonders hohe Chemikalienbeständigkeit auf.

Perfluor-Kautschuk, FFKM

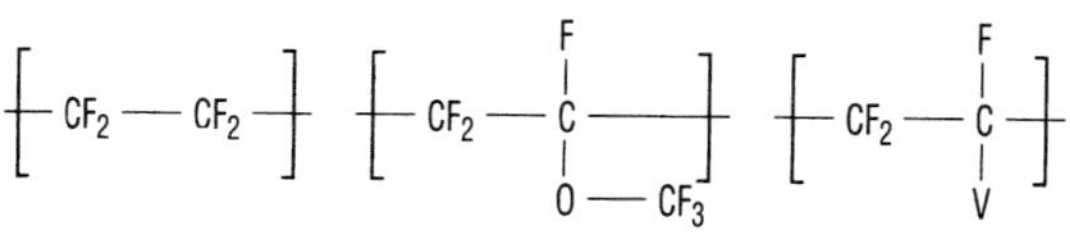

V = Vernetzer-Komponente (6.63)

FFKM wird wegen des sehr hohen Preises nur für Spezialdichtungen in der chemischen Industrie oder bei Ölbohrgeräten eingesetzt.

6.22.5 O-Kautschuke; CO, ECO, ETER, PO

Ketten mit Sauerstoff

Epichlorhydrin-Homopolymer, Copolymer-und Terpolymer-Kautschuk; CO, ECO, ETER

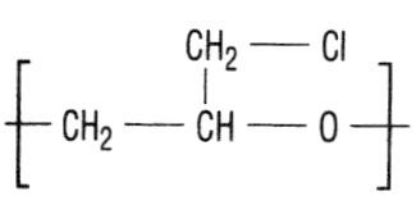

CO

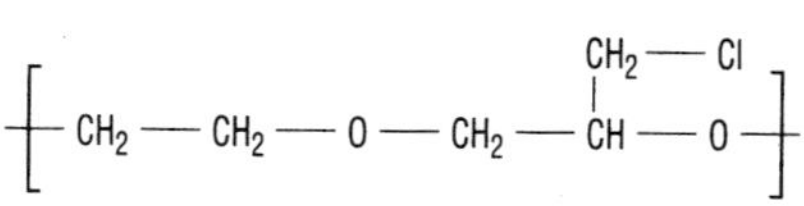

ECO

(6.64)

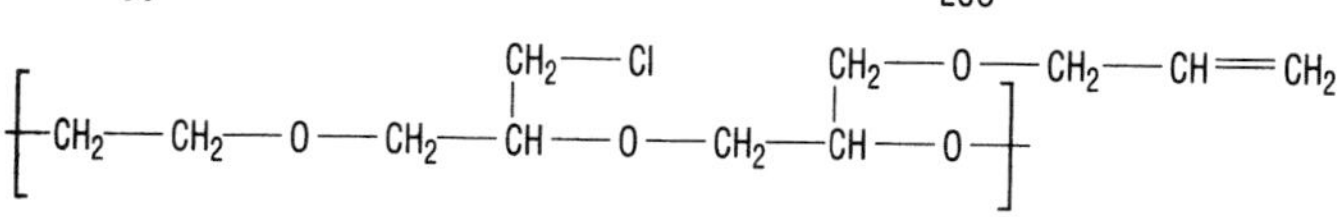

ETER

Epichlorhydrin-Elastomere sind homopolymere (CO) oder mit Ethylenoxid copolymere (ECO) Polyether. Sie sind mit Aminen vernetzbar. Vinylgruppenhaltige Terpolymere (ETER) sind auch mit Schwefel oder Peroxid vulkanisierbar. Sie sind von vergleichbarer Öl- und etwas besserer Wärmebeständigkeit als NBR. Kälteschlagzähigkeit und Elastizität sind deutlich höher. Thermischer Einsatzbereich: dauernd –40 bis +120 °C.

Einsatzgebiete: Schläuche und Spezialdichtungen im Kfz-Bereich.

Propylenoxid-Kautschuk, PO

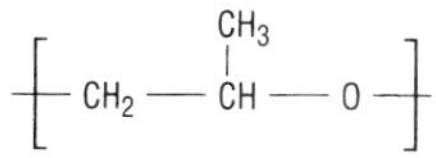

(6.65)

PO weist eine gute Wärme- und Kältebeständigkeit, aber nur eine geringe Ölbeständigkeit auf.

6.22.6 Q-(Silikon)-Kautschuke; MQ, MPQ, MVQ, PVMQ, MFQ, MVFQ

Ketten mit Siloxangruppen

Allgemeine Eigenschaften

Silikon-Kautschuke sind elektrisch hochwertig, physiologisch unbedenklich und wie viele Silikone schwer benetzbar. Die meisten Eigenschaften ändern sich über einen Temperaturbereich von –100 °C bei speziellen, –60 °C bei normalen Typen bis dauernd 180 °C, kurzzeitig bis 300 °C trockener Hitze nur wenig. In Dampf wird Silikon-Kautschuk von 100 °C an zunehmend angegriffen.

Einsatzgebiete: Bei 200 °C mit Peroxiden vulkanisierbarer Kautschuk: Bewegte und ruhende Dichtungen, Schläuche, Elektoisolierungen, nicht haftende Transportbänder, geschäumte Teile mit glatten Oberflächen.

Kaltvulkanisierbare, lösungsmittelfreie, pastenförmige Ein- oder Zweikomponentenmassen: Dauerelastische Baufugendichtungen, Vergussmassen für weichelastische Formen und im Elektrosektor. Copolymerisate mit Thermoplasten zur Erhöhung der Temperaturbeständigkeit, Verarbeitbarkeit und Flexibilität.

Borhaltige Kautschuke, die bei Raumtemperatur mit sich selbst verschweißen: Selbstklebende Isolierbänder (Silicor).

Polydimethylsiloxan-Kautschuk, MQ

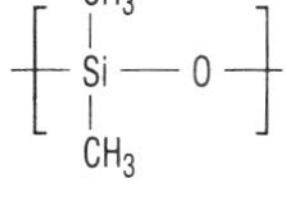

(6.66)

Methyl-Phenyl-Siloxan-Kautschuk, MPQ

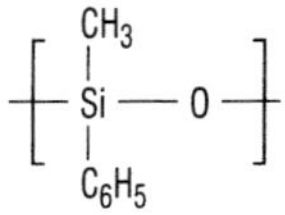

(6.67)

Methyl-Vinyl-Siloxan-Kautschuk, VMQ

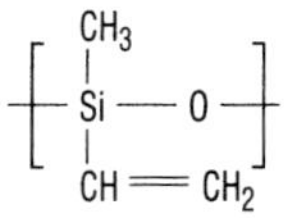

(6.68)

Methyl-Phenyl-Vinyl-Siloxan-Kautschuk, PVMQ

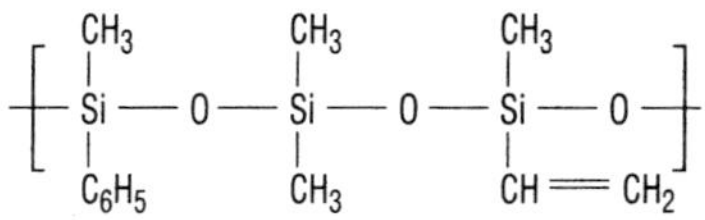

(6.69)

Methyl-Fluor-Siloxan-Kautschuk, MFQ

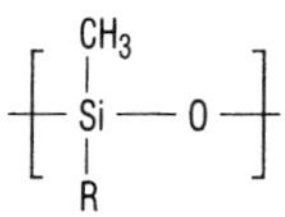

R: fluorierter Alkylrest (6.70)

Fluor-Silikon-Kautschuk, MVFQ

Grundstruktur wie MFQ, enthält aber zusätzlich ungesättigte Seitengruppen. MVFQ ist weniger quellend als MVQ und besser kältebeständig als FKM. Thermischer Einsatzbereich: dauernd –60 bis +175 °C.

Einsatzgebiete: Dichtungen gegen Kraftstoffe, ATF-Öle, Luft- und Raumfahrt.

Flüssigsilikonkautschuk (LSR) weist hohe Heißluftstabilität (180 °C, stabilisiert bis 250 °C, kurzzeitig bis 300 °C), Alterungs- und Chemikalienbeständigkeit, Transparenz und physiologische Verträglichkeit auf. Mit eingearbeiteten chemischen Haftvermittlern wird bei der Vernetzung eine gute Haftung auf Substraten wie Thermoplasten, Stahl oder Aluminium erreicht.

6.22.7 T-Kautschuke; TM, ET, TCF

Ketten mit Schwefel

Polysulfid-Kautschuk, TM, ET

$$\left[S - CH_2 - CH_2 - S \right] \tag{6.71}$$

TM/ET sind hervorragend lösungsmittelbeständig (Ester, Ketone, Aromaten) und alterungsbeständig. Geruch, geringe Festigkeit und Wärmebeständigkeit sind Nachteile.

Einsatzgebiete: Behälterauskleidungen, Baufugen-Dichtungsmassen (Flüssigkautschuk).

Thiocarbonyldifluorid-Copolymer-Kautschuk, TCF

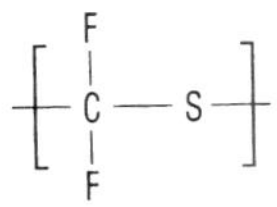

(6.72)

6.22.8 U-Kautschuke; AFMU, EU, AU

Ketten mit Sauerstoff, Stickstoff und Kohlenstoff

Nitrose-Kautschuk, AFMU

Urethan-Kautschuk, Polyester/Polyether, EU, AU

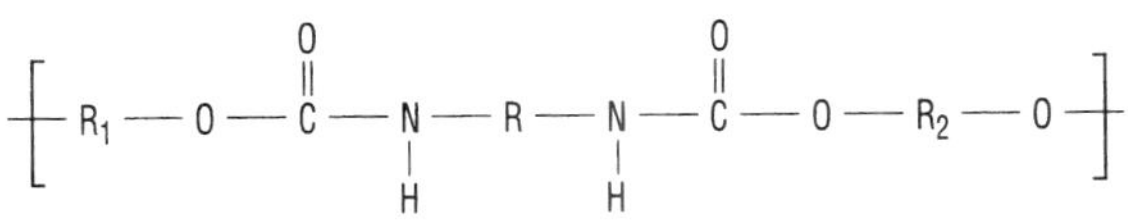

(6.73)

R = Diisocyanatrest, R_1 = Polyesterkette (EU), R_2 = Polyetherkette (AU)

Polyurethane werden im Gegensatz zu den übrigen Elastomeren durch Polyaddition aus niedermolekularen und damit niedrigviskosen Vorprodukten hergestellt, s. Abschnitt 6.16. Die Verarbeitung erfolgt entweder durch thermoplastische Umformung von speziell hergestelltem Granulat (thermoplastische PUR-Elastomere), durch Gießen eines reaktionsfähigen Gemisches oder nach den klassischen Methoden der Elastomerverarbeitung durch Herstellung eines Prepolymeren und Einmischen von Füllstoffen und Vernetzern auf Walzwerken und anschließender Vulkanisation in beheizten Formen.

AU und EU besitzen eine außerordentlich hohe Festigkeit, Flexibilität und Elastizität und liegen damit in ihren Eigenschaften zwischen den anderen Elastomeren und den Thermoplasten bzw. Duroplasten. Sie sind verschleißfest, öl-, treibstoff-

und ozonbeständig, weisen aber eine relativ hohe mechanische Dämpfung auf. AU weist eine bessere Wasserbeständigkeit auf als EU.

Einsatzgebiete: Hydraulikdichtungen, Kettenräder, Laufrollen, Vollreifen, Faltenbälge, Treibriemen, Puffer, Fender.

6.22.9 Polyphosphazene; PNF, FZ, PZ

Ketten alternierend mit Phosphor und Stickstoff

Fluor-Phosphazen-Kautschuk, PNF

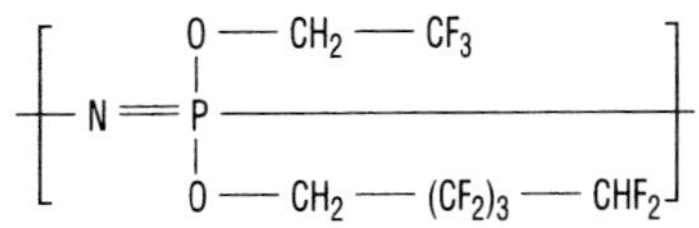

(6.74)

PNF werden durch ringöffnende Polymerisation trimeren chlorierten Phosphazens und anschließenden Austausch der Chloratome durch Alkoxy-Seitengruppen aufgebaut:

PNF mit hoch fluorierten, ungesättigten Stellen enthaltenden Substituenten kann sowohl mit Schwefel als auch mit Peroxid vernetzt werden. Die nur aus Phosphor und Stickstoff bestehende Hauptkette macht ihn völlig unempfindlich gegen Sauerstoff und Ozon. Er ist von –50 bis +150 °C gummielastisch und schwingungsdämpfend, im Brandfall nicht schmelzend, nicht tropfend und nicht rauchentwickelnd, beständig gegen Treibstoff, Öle und Hydraulikflüssigkeiten.

Einsatzgebiete: Dichtungen in hoch fliegenden Flugzeugen und arktischen Öl- und Treibstoffleitungen.

Halogenfreie Typen mit gleich gutem Brandverhalten werden als offen- und geschlossenzellige Schäume für Schiffsisolierungen und Flugzeugsitz-Polster verwendet.

Weitere Polyphosphazene, FZ, PZ

Phosphazen-Kautschuk mit Fluoralkyl- oder Fluoroxyalkylgruppen.

Phosphazen-Kautschuk mit Phenoxygruppen.

6.22.10 Weitere Kautschuke

Polyperfluortrimethyltriazin-Kautschuk, PFMT

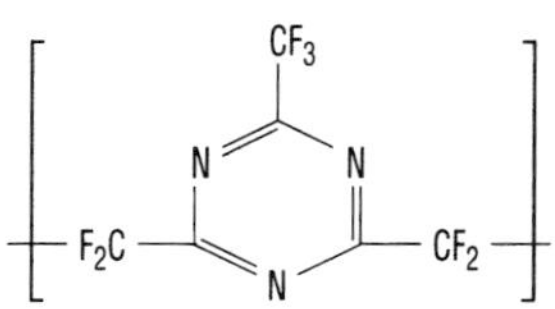

(6.75)

6.23 Klebstoffe, andere Bindemittel

6.23.1 Klebstoffe

Richtlinien für das Metallkleben sind enthalten in VDI 2229.

Richtlinien für das Kleben von Kunststoffen s. Abschn. A.2.5.

Nach DIN EN 923, „Klebstoffe, Benennungen und Definitionen", versteht man unter einem Klebstoff einen nichtmetallischen Stoff, der Fügeteile durch Flächenhaftung und innere Festigkeit (Adhäsion und Kohäsion) verbinden kann, s. Abschn. 4.4.3.1.

Grundstoffe von Klebstoffen sind mit wenigen Ausnahmen (Glutinleim, Stärkekleister, Wasserglasklebstoffe, Zement-Klebmörtel) thermoplastische oder vernetzbare Kunstharze, in begrenztem Bereich auch Natur- oder Synthesekautschuk.

Physikalisch abbindende Klebstoffe, d. h. solche, bei denen die Klebung nur durch physikalische Vorgänge entsteht, enthalten als Grundstoffe thermoplastische Kunststoffe oder Kautschuke.

6.23.1.1 Lösungsmittelklebstoff

Lösungsmittelklebstoffe – eine ältere Bezeichnung für diese ist „Kleblacke" – binden durch Verdunsten des Lösungsmittels ab, s. Abschn. 4.4.3.1. Bei der Diffusionsklebung thermoplastischer Kunststoffe wird die Klebwirkung durch Anlösen der Fügeflächen verstärkt, beim sogenannten „Quellschweißen" nur mit Lösungsmittel kommt sie allein dadurch zustande. Untergruppen von Lösungsmittelklebstoffen sind:

Kontaktklebstoffe, sie werden grundsätzlich beidseitig aufgetragen. Nach weitgehendem Ablüften des Lösungsmittels wird durch Fügen unter kurzem, starken „Kontaktdruck" sofort nahezu die Endfestigkeit der Klebung erreicht. Grundstoffe sind Natur- und Synthesekautschuke und ähnliche Polymere.

Haftklebstoffe, sie ergeben dauernd klebfähige Schichten, z. B. auf Klebebändern, Briefumschlagsrändern oder Etiketten mit verhältnismäßig geringer Haftfestigkeit. Grundstoffe sind Polyisobutylene (PIB), s. Abschn. 6.1.8.2, Polyvinylether (PVME), s. Abschn. 6.3.5.4, Polyacrylester, s. Abschnitt 6.5, oder auch Natur- bzw. Synthesekautschuke, s. Abschnitt 6.22.

6.23.1.2 Dispersionsklebstoffe

Dispersionsklebstoffe enthalten thermoplastische Kunstharze oder Kautschuke in Wasser dispergiert. Sie eignen sich für Flächenklebungen poröser Werkstoffe, die Wasser aufnehmen und abführen können, untereinander oder mit dichten Werkstoffen. Typische Anwendungen: PVAC-Dispersion, s. Abschn. 6.3.5.2, als „weißer Holzleim", Leder- und Papierklebstoffe, gegen chemische Reinigung und Feinwäsche beständige Kaschierklebstoffe in der Textilindustrie.

6.23.1.3 Plastisolklebstoffe

Plastisolklebstoffe: i.a. lösungsmittelfreie PVC-Pasten (s. Abschn. 6.3.4.1), die z.B. aus einer Dispersion von feinverteiltem PVC in Weichmachern bestehen, mit reaktivem Haftvermittler, die beim Gelieren in der Wärme fugenfüllend abbinden. Anwendung im Karosseriebau.

6.23.1.4 Schmelzklebstoffe

Schmelzklebstoffe sind lösungsmittelfreie, bei Raumtemperatur feste Produkte. Aus diesem Zustand (z.B. Folien) zwischen Fügeflächen aufgeschmolzen oder als Schmelze heiß aufgetragen, verbinden sie die Fügeteile beim Abkühlen. Schmelz-Klebfolien (Hot Melts) aus thermoplastischen Kunststoffen finden in der Fügetechnik zunehmenden Einsatz, da sie ein rationelles Arbeiten ermöglichen. Der Verbund zweier Substratoberflächen entsteht durch einen Aufschmelzvorgang und anschließendes Erstarren des Schmelzklebers beim Abkühlen. Tafel 6.70 enthält eine Übersicht über Schmelzklebstoffe und deren Eigenschaften und Anwendung.

Aus den Monomeren Ethylen, Propylen und Buten-1 werden durch Niederdruckpolymerisation mit Ziegler Katalysatoren Rohstoffe zur Herstellung von Hot-Melt-Klebstoffen mit einem breiten Spektrum von Eigenschaften hergestellt: Erweichungspunkt <70 bis 160 °C, Schmelzeviskosität bei 190 °C <2500 bis >120000 mPa · s. Einsatzgebiet: vom Haftkleber bis zu konstruktiven Verklebungen z.B. im Möbelsektor.

Reaktionsharz-Schmelzklebstoffe (s. Abschnitt 6.23.4) härten zugleich chemisch aus, s. auch Abschn. 4.4.3.1.

6.23.2 Leime

Leime sind wässrige Lösungen von tierischen (Knochen, Häute, Casein), pflanzlichen (Stärke, Dextrin) oder synthetischen Grundstoffen für Kalt- oder Warmverarbeitung, jedoch gehört zu diesen auch der unter 6.23.1.2 aufgeführte „weiße Holzleim“. Wässrige Lösungen sind auch die chemisch abbindenden Phenol-, Resorcin-, Melamin- und Harnstoff-Formaldehydharz-Montage- und Heißleime (s.u. und Abschn. 6.20).

6.23.3 Kleister

Kleister sind hochviskose, auch pastenartige, aber nicht fadenziehende wässrige Lösungen oder Aufquellungen von Celluloseethern (MC, CMC, EC), PVAL, PVP u.ä. Auch Malerleime und Klebstifte gehören dazu.

6.23.4 Chemisch abbindende Reaktionsklebstoffe

Chemisch abbindende Reaktionsklebstoffe enthalten als Grundstoffe Reaktionsharze, die in der Klebschicht vernetzen. Häufig ist für optimale Haftung Anätzen und/oder der Auftrag eines Haftvermittlers (Primer) auf die Klebflächen erforderlich.

Tafel 6.70 Eigenschaften und Anwendung gebräuchlicher Schmelzklebstoff-Rohstoffe (nach Wolff Walsrode)

Hot Melt-Rohstoffe	EVAC Ethylenvinylacetat-Copolymere	TPC Polyester-Elastomer	TPA Copolyamid-Elastomer	TPU Polyurethan-Elastomer
Wärme-standfestigkeit, °C	60-80	55-115	100-120	65-110
Aktivierungs-temperatur, °C	80-160	90-170	100-160	90-180
Besondere Merkmale	weich bis zähelastisch; beste Fett-, Öl-, Weichmacher-, Oxidations-Beständigkeit	zäh bis hart-spröde, fett- u. ölbest.; z.T. weichmacher-, reinigungs-, lösem.- u. waschbest.; hydrolyseempfindlich	zäh bis hart/spröde; fett- u. ölbest.; z.T. weichmacher-, reinigungs-, lösem.- u. waschbest.; oxidationsempfindlich	weich, elastisch; fett-, öl- u. weichmacherbest.; z.T. waschbest.; hydrolyseempfindlich
Geeignete Substratmaterialien	Holz, Papier, Pappe, Leder, Baumwolle, PE, PP	Holz, Kork, Naturfasern, PVC-P	Holz, Papier, Pappe, Metall	Leder, ABS, PVC, PC, PUR, Metall
Bevorzugte Einsatzgebiete	Polyolefin-Gewebe/Vliese, Holzprodukte	Schaumstoffe, Gewebe	Gewebe, Vliese, Filze	Schaumstoffe, Gewebe, Holzprodukte, flächige Kunststoffe

6.23.4.1 Einkomponenten-Reaktionsharzklebstoffe

Einkomponenten-Reaktionsharzklebstoffe sind u.a. Cyanacrylsäureester, z.B. Methyl-2-cyanacrylat, (Cyanacrylat M, Cynolit, Eurecryl, Siconit, Terotop), dünnflüssig bis hochviskos einstellbar, die bei Zutritt von Luftfeuchtigkeit oder schwacher Alkalität (Glas) in 3 bis 15 s standfest, in einigen Stunden hochfest auspolymerisieren. Der rationellen Klebtechnik wegen werden Cyanacrylatklebstoffe für Kleinklebungen in Serienfertigungen der Elektronik-, Spielwaren- und Gummiwarenindustrie trotz hohen Preises allgemein angewandt. Sie sind kurzzeitig bis 160 °C belastbar.

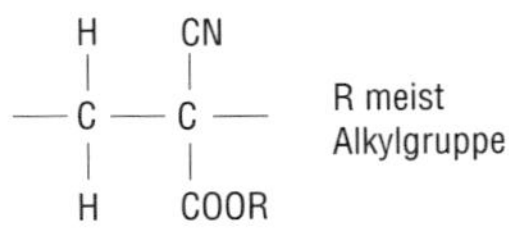

(6.76)

Auch spezielle Siliconharz- und Isocyanatklebstoffe binden kalt mit Feuchtigkeit ab, Dimethylacrylester dagegen „anaerob“, d.h. nach Entfernung der Luft durch Zusammenpressen der Fügeteile.

Warm härtende Einkomponenten-Schmelzkleber als Pulver, Stränge oder Folien haben Melaminharze, kautschukmodifizierte PF-Harze, spezielle EP-Harze als Grundstoffe.

Für den Lebensmitteleinsatz zugelassene, universell für Kunststoffe, Aluminium, Papier usw. einsetzbare lösungsmittelfreie PUR-Klebstoffe auf Basis aliphatischer Isocyanate wurden speziell für die Kaschierung von Verbundfolien entwickelt.

6.23.4.2 Zweikomponenten-Reaktionsharzklebstoffe

Zweikomponenten-Reaktionsharzklebstoffe auf Basis von MMA-, UP-, EP- und PUR, lösungsmittelfrei und lösungsmittelhaltig, erfordern für das Anbinden nur Berührungsdruck und keine langen Standzeiten. Sie ermöglichen hochbelastbare Verbindungen fast aller Werkstoffe mit- und untereinander. Kleben ist dadurch zu einem ingenieurtechnisch weithin konstruktiv angewandten Fügeverfahren geworden. In der Bautechnik wird Reaktionsharz-Klebemörtel mit mineralischen Zuschlägen u.a. für große Brücken u.ä. Ingenieurbauwerke verwendet.

UV-härtende Acrylat-Klebstoffe härten in 1,5 s und werden zum Verkleben von DVDs (Digital Versatile Discs) aus PC eingesetzt. PUR-Klebstoffe haften auf Metallen und unterschiedlichen Thermoplasten (z.B. PC, ABS, PMMA, PEEK) und verbinden z.B. Acrylglasscheiben mit den Rahmen im Fahrzeugbau.

Leitkleber, meist auf Epoxidharzbasis, enthalten Füllstoffe wie Silber, Gold, Nickel oder Kupfer und werden im Bereich der flexiblen Leiterplatten z.B. statt Lötverbindungen eingesetzt.

Besonders Duroplaste werden als Bindemittel in vielen Bereichen der Technik eingesetzt. Einen Überblick gibt Tafel 6.71.

Tafel 6.71 Anwendungsbeispiele und -bereiche für duroplastische Bindemittel (nach A. Gardziella)

Anwendung	Bindemittel
Elektrogießharze	EP, PUR
Elektrolaminate	EP, PF, MF
Faserverbundwerkstoffe	UP, EP, PF, FA*
Feuerfeste Erzeugnisse	PF, FLLLL
Formmassen	PF, UF, UP, MF
Gießereibindemittel	PF, PUR, UF, EP, FA*
Gummiindustrie	PF
Holzleime	UF, PF, MF
Imprägnierung	PF, MF
Klebstoffe	PF, MF, EP
Lacke und Beschichtungen	MF, UP, EP, PF, UF
Reibbeläge	PF, MF, EP
Säurefeste Kitte und Massen	PF, EP, FA*
Schaumstoffe	MF, PF, UF
Schleifmittel	UF, PF
Schleifscheiben	PF, FA*
Technische Schichtpressstoffe	MF, PF
Textilhilfsmittel	UF, MF
Vergussmassen	EP, PUR, EP
Wärme- und Schallisolation	PF

* FA: Harze auf Furfurylalkohol-Basis

6.23.5 Papierleime und Textilappreturen

Papierleime und Textilappreturen aus Kunstharzen sind in Aufbau und Aufgabe den Klebstoffen verwandt. Zur Verbesserung der Nassfestigkeit von Papier dienen Harnstoff- oder Melaminharze sowie Ethyleniminpolymerisate, die dem Papierbrei zugesetzt werden. Für waschfeste Appreturen werden thermoplastische Kunstharze in Lösung oder Dispersion verwandt. Die Behandlung von Geweben mit speziellen Carbamidharzen erhöht deren Nassreißfestigkeit, Scherfestigkeit und Knitterfestigkeit. Wasserlösliche Kunstharze werden auch als Textilschlichten gebraucht.

6.23.6 Hochtemperatur-Klebstoffe

Polybenzimidazol (PBI) kann bis zu Temperaturen von 230 °C, kurzfristig bis 500 °C verwendet werden.

Polyphenylchinoxaline (PPQ) kann bis 230 °C, Polyimid (PI) bis 290 °C, kurzfristig bis 480 °C eingesetzt werden.

6.24 Lacke

6.24.1 Generelle Beschreibung

Lacke sind flüssige oder pulverförmige Produkte, die in verschiedenen Verfahren als dünne Beschichtungen auf Substrate aufgetragen werden und schützende und/ oder dekorative Funktionen ausüben. DIN 55945 enthält folgende Definition: „Lacke sind Beschichtungsstoffe auf der Basis organischer Bindemittel. Je nach Art der organischen Bindemittel können Lacke organische Lösemittel und/oder Wasser enthalten oder auch frei davon sein".

Aus folgenden Rohstoffen können Lacke formuliert werden: Lackharze, Lösemittel/Wasser, Pigmente, Farbstoffe, Füllstoffe, Hilfsmittel. Eine Einteilung und Unterscheidung der Vielzahl der Lackarten ist nach folgenden Kriterien möglich und gebräuchlich: Nach dem Aussehen der Lackierung bzw. Beschichtung, nach dem Applikationsverfahren, aufgrund des Trocknungs-/Härtungsprinzips, nach ökologischen Aspekten und aufgrund der Bindemittelcharakteristik. Eine Zuordnung dieser Unterscheidungs-Kriterien zu den einzelnen Lackharz-Typen ist nicht sinnvoll, da fast alle Kombinationen möglich sind.

6.24.1.1 Aussehen der Lackierungen und Beschichtungen

Die getrockneten bzw. gehärteten Lackierungen und Beschichtungen können klar oder pigmentiert, glänzend, seidenglänzend oder matt sein. Von Effektlacken spricht man bei Metallik-, Hammerschlag- und Eisblumenlackierungen.

6.24.1.2 Applikationsverfahren

Lackierungen und Beschichtungen lassen sich nach folgenden Verfahren auf die Substratoberfläche aufbringen: Streichen; Rollen; Spritzen mit Pressluft, ohne Luft (airless) oder elektrostatisch; Tauchen – normal und/ oder mit Elektrophorese (Electrodeposition); Walzen (Coil Coating); Gießen und Fluten.

6.24.1.3 Trocknungs- und Härtungsprinzipien

Verfahren bei Normaltemperatur (lufttrocknend)

Durch Verdunsten der Lösemittel trocknen z.B. Nitrocelluloselacke physikalisch.

Dispersionslacke trocknen durch Verdunsten des Wassers.

Öl- und Alkydharzlacke trocknen chemisch durch Oxidation mit Sauerstoff.

Chemisch mit Luftfeuchte härten Lacke z.B. auf Basis reaktiver Polyurethanharze (Moisture Curings).

Ungesättigte Polyester als Beispiel härten unter Einwirkung von UV-Strahlen.

Zweikomponenten-Reaktionsharze, die nach dem Vermischen von aufeinander abgestimmten Harz-Härter und/oder Katalysator-Komponenten eine zeitlich begrenzte Verarbeitbarkeit haben, härten chemisch aus. *Beispiele:* mit Säure härtende Lacke, 2K-Polyurethanlacke, 2K-Epoxidharzlacke, mit Peroxiden härtende ungesättigte Polyester-Harze.

Einbrennlacke

Sie härten bei Temperaturen zwischen ca. 80 und 180 °C. Beispiele: Alkydharzlacke auf Basis schwach oder nicht trocknender Öle und Fettsäuren in Kombination mit Harnstoff- und/oder Melaminharzen, Acrylatharz-Kombinationslacke, Phenolharz-Kombinationslacke, Silikonharzlacke.

6.24.1.4 Einteilung nach ökologischen Aspekten

Da Lösemittel die Umwelt belasten, werden Lacke ohne oder mit geringem Lösemittelgehalt angestrebt. Normale lösemittelhaltige Lacke enthalten ca. 10 bis 50% Feststoff (nicht flüchtige Anteile).

Wenig Lösemittel enthaltende Lacke haben einen Feststoffanteil von >50% (hight solids).

Lösemittelfreie Lacke sind z.B. die Pulverlacke, die durch Aufschmelzen plastifiziert werden.

Wasserlacke, z.B. Dispersionen, enthalten kein oder nur wenig Lösemittel.

6.24.2 Lackharze (Bindemittel)

Vielfach werden für Lackharze die gleichen, eventuell modifizierten Grundpolymeren eingesetzt wie für Kunststoffe bzw. Kautschuke. Die Eigenschaften der Lackierungen sind dann denen der Kunststoffe in vielen Fällen ähnlich. Hinweise auf die entsprechenden Abschnitte und die dort verwendeten Kurzzeichen werden gegeben.

6.24.2.1 Naturstoffe

Reine Naturstoffe sind Leinöl, Holzöl, Kolophonium, Kopalharz, Schellack.

6.24.2.2 Modifizierte Naturstoffe

Celluloseester: Cellulosenitrat (CN). Celluloseacetat, -butyrat und -acetobutyrat (CA, CP, CAB)

Celluloseether: Methyl- und Oxyethylcellulose (MC, CMC).

Ethylcellulose (EC), s. Abschnitt 6.17.1

Kautschukderivate: Chlorierter Kautschuk, Cyclisierter Kautschuk, s. Abschnitt 6.22.

Öl- und Fettsäuremischester mit z.B. Pthalsäure und mehrwertigen Alkoholen. Der Leinöl/Sojaölgehalt liegt oberhalb 70%.

6.24.2.3 Synthetische Lackharze, Polymerisate

Polyvinylchlorid und Copolymere, PVC, s. Abschnitt 6.3.1

Polyvinylidenchlorid, PVDC, s. Abschnitt 6.3.5.1

Chloriertes Polypropylen, PP-C, s. Abschnitt 6.1.6.1

Polyvinylacetat und -propionat, PVAC. Propionat enthält statt der CH_3-Gruppe (Zeile 20 in Tafel 6.5) eine C_2H_5-Gruppe, s. Abschnitt 6.3.5.2

Polyvinylalkohol, PVAL, s. Abschnitt 6.3.5.3

Polyvinylether, PVME, s. Abschnitt 6.3.5.4

Polyvinylbutyral, PVB, Polyvinylformal, PVFM, s. Abschnitt 6.3.5.5

Polyacryl/Polymethacrylsäureester, s. Abschnitt 6.5

Polystyrol und Copolymerisate, PS, s. Abschnitt 6.2.1

6.24.2.4 Synthetische Lackharze, Polykondensate

Polyester-Harze, UP, s. Abschnitt 6.21.4. Mischester aus Phthalsäure und mehrwertigen Alkoholen. Alkydharze, das sind modifizierte Phthalatharze mit trocknenden und nichttrocknenden Öl- und Fettsäuren.

Acrylierte Alkydharze.

Ungesättigte Polyester.

Phenol-Formaldehyd-Harze, PF, s. Abschnitt 6.21.1

Harnstoff-Formaldehyd-Harze, UF, s. Abschnitt 6.21.2

Melamin- und andere Triazin-Formaldehyd-Harze, MF, s. Abschnitt 6.21.2

Keton-Harze, entstehen durch alkalische Kondensation von Ketonen und werden in Kombination mit Chlorkautschuk, nachchloriertem PVC, Cellulosederivaten usw. eingesetzt.

Polyamide, PA, Polyamidimide, PAI, s. Abschnitt 6.7 und 6.13.2

6.24.2.5 Synthetische Polyadditions-Harze

Lackharze auf PUR-Basis haben große Bedeutung auf dem Gebiet der Kfz.-, Bahn-, Flugzeug- und Kunststofflackierung gewonnen. Polyisozyanate vom Typ Bioret, Trimerisat mit zyclischer Isocyanurat-Struktur, Uretdion und Allophanat, s. Abschn. 6.16.1.1, sind witterungsbeständig und werden auch für High-Solid- und wässrige Lacke eingesetzt.

Polyurethan-Harze, PUR, s. Abschnitt 6.16

Ölmodifizierte Polyurethan-Harze, PUR, s. Abschnitt 6.16

Blockierte Polyisocyanate, PUR, s. Abschnitt 6.16 *Epoxid-Harze,* EP, s. Abschnitt 6.21.6

Epoxidharz-Härter, EP, s. Abschnitt 6.21.6

Epoxidharz-Ester sind luft- und heißtrocknende Veresterungsprodukte von Epoxidharzen mit ungesättigten Fettsäuren.

Silicon-Harze, SI, s. Abschnitt 6.20.1.6

6.25 Trends

Der Trend bei den Kunststoffentwicklungen ist anwendungsorientiert. Neue Copolymere oder Blends werden vorwiegend auf Basis bekannter Monomere aufgebaut. Wichtiger Motor für neue Werkstoffe sind die Entwicklungen auf dem Gebiet der

Katalysatorsysteme. Mit neuen Katalysatoren, wie den Metallocenen, gelingt es zunehmend die Mikrostruktur und Taktizitäten von Co-und Blockcopolymeren einzustellen. Mit stabilisierten Übergangsmetallkatalysatoren können Polyolefine in Emulsionen und Suspensionen hergestellt werden, wie beispielsweise hochmolekulares PE. Durch den Einsatz neu entwickelter Katalysatorsysteme gelingt die Synthese von ultrahochmolekularem, elastischen Polypropylen (700000 bis 5000000 $gmol^{-1}$). Die Eigenschaften dieses PP ähneln denen komplexer Polymere wie SBS-Blockcopolymeren und kommen denen von Naturkautschuk nahe.

Da in der Kunststoffbranche der Preisdruck sehr hoch ist, geht der Blickpunkt bei den Strukturpolymeren derzeit oft nicht in Richtung Polymer-Neuentwicklungen, sondern in Richtung optimaler Eigenschaften durch optimale Verarbeitung. Beispiele hierfür sind die Direktcompoundierung in der Spritzgießmaschine, die direkte Einarbeitung von Langglasfasern oder das verstärkte Engagement der Eigenschaftsanpassung, insbesondere von Standardkunststoffen unter Zugabe von Füll- und Verstärkungsstoffen., u. a. auch mit Nano-Füllstoffen (s. Abschn.7.2.7).

6

Die Verwendung von thermoplastischen Elastomeren steigt weiter. Auch hier sind die Gründe in der leichteren Verarbeitbarkeit und der hohen Variabilität der Eigenschaften zu sehen.

Eine weitere Zunahme der Forschungstätigkeit ist nach wie vor bei den Funktionswerkstoffen festzustellen. Hier spiegelt sich in der Entwicklung von Werkstoffen ebenso der Trend „anwendungsorientiert“ wider. Gewünscht sind Werkstoffe, die durch ihr vielseitiges Eigenschaftsprofil die Integration unterschiedlicher Funktionen in einem Bauteil ermöglichen. Im Focus der Forschung stehen hier nach wie vor die sogenannten *adaptiven Werkstoffe* („Smart Materials“). Adaptive Werkstoffe verändern unter Einwirkung von Licht, elektrischer Spannung oder Temperatur ihre Eigenschaften wie u. a.:

Elektroviskose Fluide (ER-Fuide) bestehen aus dünnflüssigen Silikonölen, in denen PUR-Kügelchen von ca. 5 µm dispergiert sind. Durch ein elektrisches Feld werden diese polarisiert und ordnen sich kettenförmig zwischen den Elektroden an, wodurch die Viskosität des Öles proportional zur Feldstärke erhöht wird. *Anwendungen:* Pumpen ohne mechanische Ventile, „intelligente“ Stoßdämpfer, deren Dämpfungscharakteristik elektrisch beeinflussbar ist.

Thermotrope Schichten sind in der Entwicklung. Sie bestehen aus mehreren miteinander vermischten Polymeren. Durch Wärmeeinwirkung wird eine Entmischung erreicht, so dass sich die Transparenz des Materials ändert. *Anwendungen:* Schutz vor Überhitzung von Solaranlagen, schaltbare und regelbare Verglasungen.

Zu den Werkstoffen die eine hohe Funktionsintegration, wie beispielsweise in MID (Moulded Interconnect Devices) zulassen, gehören die LCP (Liquid Crystal Polymere). Hier sind ionenärmere Produkte auf dem Markt (s. Abschn. 6.14).

Bei den Funktionspolymeren rücken die *organisch lichtemittierenden Dioden* (organische Leuchtdioden OLED), s. Abschn. 6.18.2, immer stärker ins Blickfeld. Neue Untersuchungen zeigen, dass durch photovernetzte OLED die Langzeitstabilität der Materialien verbessert werden kann. Mit der Realisierung invertierter OLED werden undurchsichtige Substrate neben den bisher üblichen Glas-, Silizium und durchsichtigen Kunststoffsubstraten interessant.

7 Hilfs- und Zusatzstoffe

7 Hilfs- und Zusatzstoffe

7.1 Hilfsstoffe, Additive

Polymere werden nur in Ausnahmefällen als reine Stoffe eingesetzt. Zur Beeinflussung der Verarbeitbarkeit, der Struktur und der Eigenschaften werden z.B. bei der Compoundierung Hilfsstoffe zugegeben. Hierzu gehören: Gleitmittel, Antiblockmittel, Trennmittel, Stabilisatoren, Antistatika, leitfähige Zusatzstoffe, Flammschutzmittel, Farbmittel, Schlagzähmacher (Flexibilisatoren), Weichmacher, Haftvermittler, Füllstoffe, Verstärkungsmittel, Treibmittel. Reste dieser Hilfsmittel sowie von Synthese-Hilfsstoffen wie Katalysatoren, Emulgatoren, Fällmittel, Härter und Beschleuniger können in den Formteilen als gewollte oder auch ungewollte Stoffe enthalten sein und deren Gebrauchswert beeinflussen. Neben der Verträglichkeit der einzelnen Bestandteile untereinander und mit den Polymeren sind auch sicherheitstechnische, gewerbe-hygienische und toxikologische Aspekte zu beachten (s. auch Abschn. z. 2.4)

7.1.1 Gleitmittel, Antiblockmittel, Trennmittel

Die in Tafel 7.1 angeführten Gleitmittel reduzieren die Schmelzeviskosität von Formmassen (innere Gleitmittel) und/oder wirken als Schmiermittel (äußere Gleitmittel) zwischen Schmelze und Metallwandung schon bei geringen Zusätzen von < 0,5%.

Antiblockmittel verhindern das Aneinanderkleben von Folien und sind meist Gleitmittel mit der Tendenz zur Wanderung an die Oberfläche. Beispiel: Polydimethylsiloxan (PDMS), als 50% Masterbatch mit PP, PS, POM, PE, TPE, ABS und PA erhältlich. Auch Kreide oder Talkum können, vor allem bei weichmacherhaltigen Kunststoffen, das Blocken verhindern, indem sie die Oberfläche trocken halten. Vernetzte Silikonharze in Pulverform (kugelförmig) als Additive in Kunststoffen sorgen für eine gleichmäßig unebene Oberfläche und verhindern so, dass Folienschichten aufeinander haften.

Trennmittel, die in das Formwerkzeug eingesprüht werden, sind von ähnlicher Art. Für nachzubehandelnde Teile sollten sie silikonfrei sein. Auch PTFE – als Pulver oder Trockenspray – wird als Gleit- oder Trennmittel eingesetzt.

Prinzipiell verbessern alle Flüssigkeiten das Reib- und Gleitverhalten von Kunststoffen mit sich selbst oder mit anderen Werkstoffen. Die *Schmierstoffe* müssen jedoch chemisch neutral sein und dürfen bei den Kunststoffen keine Spannungsrisse auslösen. Fette und Öle auf Silikon-Basis haben sich z.B. bei PP, PS, PVC, ABS, POM, PMMA, PC, PBT, PPO, PA 6, PA 66 bewährt. S. auch Abschn. 3.6.9.

Tafel 7.1 Gleitmittel für Kunststoff-Schmelzen

Gleitmittel	Merkmale	Einsatzbeispiele
Niedermolekulare Fettsäureester	hohe Flüchtigkeit	PVC-U
Butylstearat	hohe Flüchtigkeit	
Glycerinmonooleat	hohe Flüchtigkeit	
Glycerindioleat	verringerte Flüchtigkeit	
Metallseifen, Calciumstearat		PO
Fettsäure Komplexester (oligomere Ester aus Fettsäuren, Dicarbonsäuren und Polyolen)	relativ teuer	
Niedermolekulare Mischester	Neigung zu Düsen- u. Formbelag	PVC-Flaschen
Fettsäureester von Polyolen (Pentaerythrit-Tetrastearat, PETS)	keine Trübung	PC
Sorbitanester, Montansäure		PBT
Glycerinmonostearat		PO, techn. Thermoplaste
Fettsäureamide, Stearinsäure-Ethylendiamid	hochbrillante Folien	PVC-U, PP, PE
Ölsäureamid	Antiblockmittel	
Langkettiges Keton	Antiblockmittel (PP), hohe Temp.-Best.	ABS, EVAC, PA, PP
Gemisch aliphatischer Monocarbonsäuren (Montanwachse)	gute Wirkung, verträglich, hohe Temp.-Best.	viele Kunststoffe
Polypropylen-Wachs	Schmelzpunkt 160 °C	PVC-Profile
Hochmolekulares oxidiertes Polyethylen-Wachs	kurze Plastifizierzeiten	PVC-Profile
Fluorelastomere	Schmelzebruchverhinderung, Antiblock-/Haftmittel	PE-LLD-Folien PP-Kalanderfolie

7.1.2 Stabilisatoren

Stabilisatoren haben die verschiedensten Aufgaben. Hydrochinon soll z.B. eine unerwünschte oder vorzeitige Polymerisation polymerisationsfähiger Monomerer behindern. Spezielle siliciumorganische Verbindungen stabilisieren den Schäumvorgang beim Verschäumen von PUR.

Die größte Menge an Stabilisatoren wird gegen den oxidativen Abbau von Polymeren eingesetzt. Durch Einwirkung von Wärme, Bestrahlung und mechanische Beanspruchung wie Scherung können Radikale im Kunststoff freigesetzt werden, die einen oxidativen Abbau bewirken: Die freien Radikale bilden mit O_2 Peroxyradikale, die den Polymerketten Wasserstoffatome entziehen. Die sich dabei bildenden Hydroperoxide zerfallen unter Bildung weiterer Radikale. So entsteht eine Kettenreaktion, die zum Abbau der Kunststoffe führt.

Man teilt die *Antioxidantien* je nach Wirkungsweise in primäre und sekundäre ein. Primäre Antioxidantien besitzen reaktive H_2-Atome, die mit freien Radikalen reagieren: Radikalfänger. Sterisch gehinderte Phenole und aromatische Amine, aber auch die sterisch gehinderten Amine gehören zu dieser Gruppe. Sekundäre Antioxidantien zersetzen Hydroperoxide und verhindern somit eine Kettenverzweigung. Organische Phosphite oder Phosphonite und Thioester sind Vertreter dieser Gruppe. Eine Neuentwicklung stellen Antioxidantien auf Basis von Lactonen dar, mit denen die Verarbeitungsstabilität von Polyolefinen verbessert wird. Die erforderlichen Konzentrationen liegen zwischen 0,03 und 0,3 (1 %) Gew.-%.

Bei Lichtschutzmitteln unterscheidet man zwischen den *Ultraviolett-Absorbern* (UV-Absorber) wie substituierte Benzophenone, Salicylsäureester, Hydroxyphenylbenztriazole, Triazine oder als Neuentwicklung Benzyliden-Malonat und *sterisch gehinderten Aminen* (Hindered Amine Light Stabilizers, HALS), die auch thermisch stabilisierend wirken. Neuentwicklungen stellen die NOR-HALS (Alkoxyamine-HALS) dar, die schneller in radikalisch initiierte Prozesse eingreifen. Einsatzmengen: 0,1 bis 2,0 (10)% bei UV-Absorbern und 0,1 bis 1,0% bei HALS.

Zur Verhinderung des thermischen Abbaus bei der Verarbeitung von *PVC-U* wird die Blei- und Cadmiumstabilisierung [Barium-Cadmium-(BaCd) und Blei-Barium-Cadmium-(PbBaCd)-Stabilisierung] zunehmend durch Blei-freie Stabilisatoren ersetzt, für hochtransparente Flaschen durch Zinn, für PVC-P durch Barium-Zink (BaZn) statt Barium-Cadmium, für den Lebensmittelbereich Calcium-Zink (CaZn). Die Art der Stabilisierung ist für den Plate-out-Effekt (Bildung eines harten Belages besonders auf der Schneckenspitze) bei der Verarbeitung von PVC mit verantwortlich. Stabilisatoren auf rein organischer Basis von substituierten Pyrimidindion-Ringen (Formel 7.1) sind hochaktiv und umweltverträglich.

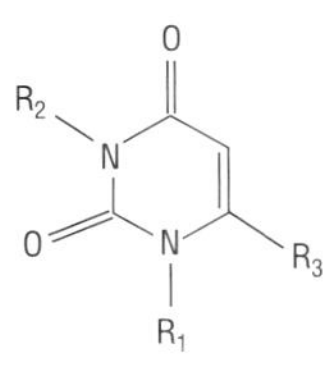

(7.1)

Pyrimidindion-Ring

Eine Stabilisierung gegen energiereiche Strahlung hat bisher kaum eine Bedeutung erlangt.

7.1.3 Antistatika

Die meisten Kunststoffe haben einen elektrischen Oberflächenwiderstand von $>10^{15}$ Ohm und sind deshalb elektrostatisch aufladbar. Die Folgen können sein: Staubanziehung und Funkenbildung. Antistatika sollen den Oberflächenwiderstand auf etwa $<10^{11}$ bis 10^{10} Ohm herabsetzen.

Innere Antistatika (Fettsäureester und -amide, ethoxylierte Amine, Alkylsulfonate und Cyanophthalocyanine) werden in den Kunststoff direkt oder über Masterbatches eingearbeitet, sind mit diesen unverträglich und migrieren an die Oberfläche der Formteile oder Halbzeuge. Dort bilden sie eine hydrophile Schicht, die aus der Umgebung Wasser aufnimmt und dadurch leitfähig wird. Antistatik-Masterbatches mit o.a. Wirkstoffen (Konzentrationen 3 bis 50%) sind auf Basis PE, PP, PS und PA erhältlich.

Externe Antistatika (z.B. Lösungen von quarternären Ammoniumsalzen) werden durch Tauchen oder Sprühen auf die Oberfläche aufgebracht und bilden nach Verdampfen des Lösungsmittels einen dünnen leitfähigen Film, der aber meist nicht dauerhaft ist, da er abgetragen werden kann und kein Depoteffekt wie bei inneren Antistatika auftritt.

Eine permanent antistatische Ausrüstung erreicht man durch Einarbeitung von hydrophilen Polymeren (z.B. Polyamidcopolymere), die im Kunststoff sowohl eine Oberflächen- als auch eine Volumenleitfähigkeit bewirken.

Mit *Leitfähigkeitsrußen* (ca. 15%) in Thermoplasten, vor allem in Polyolefincompounds, erreicht man spezifische Durchgangswiderstände von 10^2 bis 10^5 Ohm · cm, Anwendungen reichen von Mantelmassen bis zu elektrischen Flächenheizkörpern.

Leitfähige Zusatzstoffe, die in geringen Mengen den spezifischen Widerstand bis <1 Ohm · cm vermindern können, sind von Bedeutung für die *Abschirmung hochfrequenter Emissionen* von Geräten der Elektronik- und Elektroindustrie. Mit Haftvermittlern beschichtete Aluminiumflocken, Mikro-Stahlfasern, versilberte Glasfasern und -kugeln, in geringen Zusatzmengen hoch wirksame, vernickelte Graphit-Feinstfasern (Durchmesser 8 µm + 0,5 µm Ni-Schicht), Spezial-Ruße und Carbonfasern werden für die behördlich geforderten EMI- (= Electro-Magnetic-Interference) und Radio-Frequenz-(RFI-)Dämpfung im 10 kHz- bis 140 GHz-Bereich mit mittlerer bis guter Schirmwirkung um >60 db angewandt. Gehäuse-Innenflächen werden zur Abschirmung mit Leitlacken, 5 µm Al-Vakuumbedampfung (Elamet-Verfahren), Metall-Sprühen oder chemogalvanisch (s. Abschnitt 4.4.4) beschichtet. Konstitutiv („intrinsisch“) leitfähige Kunststoffe („dotierte“ Polyacetylene und Polypyrrole) s. Abschnitt 6.18.2.

7.1.4 Flammschutzmittel

Folgende Wirkmechanismen werden durch Flammschutzmittel erreicht:

A: physikalische: Verdünnung des Substrates durch nicht brennbare Stoffe,

B: Freisetzung nicht brennbarer Gase,

C: Kühlen von Substrat und/oder Brandgasen,

D: chemische Unterbrechung des Verbrennungsprozesses in der Gasphase,

E: Schutzschicht durch Verkohlung , Intumeszenz,

F: Vernetzung im Substrat.

Meist treten mehrere Mechanismen gleichzeitig auf, s. Tafel 7.2.

Der Brüsseler Entwurf der WEEE-Richtlinie (Waste Electrical and Electronic Equipment) verlangt in Artikel 4, dass die Verwendung von Pb, Hg, Cd, 6-wertigem Cr, PBB (polybromierte Diphenyle) und PBDE (polybromierte Diphenyl-

Tafel 7.2 Flammschutzmittel

Chemische Klasse	Eingesetzt für	Wirkmechanismus, s. Text
Aluminiumhydroxid, bis ca 200 °C stabil	UP	A
Aluminiumoxalat, bis 330 °C stabil	PA, PBT	A
Ammoniumpolyphosphat	UP/ EP-GF, Gelcoats	E, B
Bromverbindungen mit Antimontrioxid als Synergist, auch in kolloidaler Form[1])	Thermo- u. Duroplaste, Elastomere	A, B
Dibromstyrol (reaktives Monomer, wird copolymerisiert)	Styrol/PAE-Elast., ABS, PS-HI, Duroplaste	B
Expandierbarer Graphit, 250-fach	PUR-Schaumstoff	E
Magnesiumhydroxid, $Mg(OH)_2$, auch beschichtet		A
Melamin	PUR-Schaum	E
Melamincyanurat	PA	E
Metallhydroxide u. Salze (Al, Mg)	Kabelmäntel	
$NaAl(OH)_2CO_3$; Ca/Mg CO_3*H_2O[2])		C, B
Organ. (Phosphatester) u. anorg. Phosphorverbindungen, (roter Phosphor, Ammoniumpolyphosphat)	EP/UP-Gel Coats	E, B
Resorcin-bis(dephenylphosphat)	PPE+PS-HI, PC+ABS	E, B
Tribromneopentylalkohol	PUR-Schaumstoff	B
Tri(Tribromphenyl)cyanurat	Styrolpolymere	B
Zinkborat $ZN(BO_2)_2$*2 H_2O	PVC-P	C; B
Zinkverbindungen, Zinksulfid ZnS u. -chlorid $ZnCl_2$	PVC, PP, PA	E

[1]) Das Antimontrioxid ist faserig und deshalb als krebserzeugend eingestuft, aber nicht in kolloidaler Form.

[2]) Spalten oberhalb 200 °C bzw. 230/>300 °C Wasserdampf und CO_2 ab.

ether) eingestellt wird. Dies trifft indirekt auch für den gängigen Zusatz TBBA (Tetrabrombisphenol A) zu.

Nach DIN EN ISO 1043–4 werden die Flammschutzmittel-Gruppen Codenummern zugeordnet, s. Tafel 7.3. Diese Kennzeichnung von Formteilen ist besonders wichtig, wenn keine halogenhaltigen Flammschutzmittel enthalten sein dürfen und Recyclingmaterial verwendet wird.

Tafel 7.3 Codierung der Flammschutzmittel nach DIN EN ISO 1043–4

Code Nr.	Flammschutzmittel
10 29	Halogenverbindungen (Chlor, Brom, Fluor)
30 39	Stickstoffverbindungen
40 49	Organische Phosphorverbindungen
50 59	Anorganische Phosphorverbindungen
60 69	Metalloxide, Metallhydroxide, Metallsalze
70 74	Bor- und Zink-Verbindungen
75 79	Siliciumverbindungen
80 89	u.a. Graphit
90 99	noch frei

7.1.5 Farbmittel*

Farbmittel für Kunststoffe sind speziell aufbereitete unlösliche anorganische und organische Pulverpigmente (Tafel 7.4) sowie in Kunststoffen lösliche Farbstoffe. Aus der Aufgliederung der Gesamtmenge der zur Einfärbung von Kunststoffen eingesetzten Farbmittel geht die große Bedeutung der Pigmente im Vergleich zu den Farbstoffen hervor (Tafel 7.5):

Organische Pigmente, lösliche und fluoreszierende Farbmittel und Farbstoffe, Masterbatchhersteller s. A. Müller: Einfärben von Kunststoffen, Hanser 2002.

Fluoreszens bedeutet, es wird mehr Licht einer bestimmten Wellenlänge reflektiert, als auf der Oberfläche eingestrahlt wird, Wellenlängen-Verschiebung. Sie tritt bei löslichen Farbstoffen auf, z.B. Xanthenen oder Naphthalimiden. Zur leichteren Einarbeitung der Farbstoffe werden diese z.B. in schmelzbare Polyester/Polyamidsysteme eingearbeitet und können dann wie unlösliche Pigmente in Polymere eingearbeitet werden: fluoreszierende Pigmente (Masterbatches, Temperaturbeständigkeit 260 bis 280 °C). Verträglichkeit besteht zu Polyolefinen und Polystyrolen, bei ABS, PA, PC, PMMA, PVC-U ist die Einsatzmöglichkeit zu überprüfen. Für PVC-P und PUR werden in der Regel nicht-schmelzende Thermoset-Pigmente eingesetzt, Hitzebeständigkeit bis 210 °C.

Anorganische Pigmente sind in der Regel licht- und temperaturstabiler, organische Pigmente farbbrillanter. Viele spezielle Effekte sind mit speziellen Farbmitteln machbar. Leuchteffekte mit fluoreszierenden Farbmitteln, z.B. 30% Zinksulfid ZnS, Metalleffekte mit Metallpulvern, Metamerieeffekte mit metameriestabilen Farbmitteln. Metamerie ist die unterschiedliche farbliche Erscheinung in unterschiedlichem Licht. Nicht zu vergessen sind optische Aufheller.

* Nach R. Jonas

Tafel 7.4 Anorganische Pigmente
(In [] aufgeführte Pigmente aus ökologischen Gründen nicht verwenden!!)

Farbton	Chemische Klasse	Temp. Best. in PE-HD, °C	Chemische Formel
WEISS	Lithopone	300	$ZnS*BaSO_4$
	Titandioxid	300	TiO_2
	Zinkoxid		ZnO
SCHWARZ	Eisenoxidschwarz	240	Fe_3O_4, $(Fe,Mn)_2O_3$
	Spinellschwarz	300	$Cu(Cr,Fe)_2O_4$, $Cu(Cr,Mn)_2O_4$, $(Fe,Co)Fe_2O_4$
GELB / ORANGE	[Cadmiumgelb]	300	CdS, $(Cd,Zn)S$
	[Chromgelb]	260/290	$PbCrO_4$, $Pb(Cr,S)O_4$
	Chromrutilgelb	300	$(Ti,Sb,Cr)O_2$, $(Ti,Nb,Cr)O_2$, $(Ti,W,Cr)O_2$
	Eisenoxidgelb	220/260	α-FeO(OH), χ-FeO(OH)
	Nickelrutilgelb	300	$(Ti,Sb,Ni)O_2$, $(Ti,Nb,Ni)O_2$
	Bismutvanadat/ molybdat	280	$BiVO_4$ Bi_2 MoO_6
	Zinkferrit		$ZnFe_2O_4$
BRAUN	Chromeisenbraun	300	$(Fe,Cr)_2O_3$
	Eisenoxid (Mangan)-braun	260/300	$(Fe,Mn)_2O_3$
	Rutilbraun		$(Ti,Mn,Sb)O_2$, $(Ti,Mn,Cr,Sb)O_2$
	Zinkferritbraun	260	$ZnFe_2O_4$
ROT	[Cadmiumrot/-orange]	300	$Cd(S,Se)$ $(Cd,Hg)S$
	Eisenoxidrot	300	α-Fe_2O_3
	[Molybdatrot]	260/300	$Pb(Cr,Mo,S)O_4$
GRÜN	Chromoxidgrün	300	Cr_2O_3
	Cobalt (Spinell)-grün	300	$(Co,Ni,Zn)_2(Ti,Al)O_4$
BLAU	Cobaltblau	300	$CoAl_2O_4$, $Co(Al,Cr)O_4$
	Ultramarinblau	300	$Na_8(Al_6,Si_6,O_{24})S_x$
METALLISCH	Aluminium	300	Al
	Kupfer	260	Cu/Zn-Legierungen

Tafel 7.5 Anteile eingesetzter Farbmittel

Farbmittel	Anteil in %
Titandioxid	72
Farbruß	14
Anorganische Buntpigmente	8
Organische Buntpigmente	4,5
Farbstoffe	1,5

Wichtig bei der Auswahl der Farbmittel ist ihre Verträglichkeit im Kunststoff. Schließlich können Farbmittel z.B. Fließ-, Härtungs- und elektrische Eigenschaften wesentlich beeinflussen, was jeweils zu überprüfen ist. Zu beachten ist auch, dass verschiedene einzufärbende Kunststoffe selbst nicht licht-/farbstabil sind, weil sie unter Lichteinwirkung vergilben. Das wirkt sich trotz Einfärbung besonders in hellen Farben in Form von Nachdunkeln aus.

Weil pulvrige Substanzen aufwändig zu dispergieren sind, färbt man Kunststoffe oft mit in Bindemitteln und/oder Weichmachern angeteigten Pigmentkonzentraten ein. Dies sind entweder granulierte Masterbatche oder insbesondere Flüssigkunststoffe mit Pigmentpasten. Bei der Herstellung dieser Farbkonzentrate ist eine genügende Dispergierung/Zerreibung der Farbmittelpartikel wichtig. Ist das nicht der Fall, können z.B. beim Einfärben mit mehreren verschiedenen Farbpasten – um eine bestimmte Mischfarbe zu erzielen – erhebliche Farbabweichungen von Produktionsansatz zu Produktionsansatz auftreten, weil diese Farbmittelpartikel dann in den verschiedenen Produktionsansätzen noch einmal unterschiedlich stark nachdispergiert werden können.

Bei der Herstellung der Farbkonzentrate (Masterbatch) ist also auf eine vollständige gleichmäßige Verteilung der Farbmittelpartikel im Farbkonzentratbindemittel zu achten. Oft verwendet man wegen dieser Problematik zum Einfärben der Kunststoffe auch Endfarbtonkonzentrate, die mehrere Farbmittel im Gemisch enthalten, mit denen die Kunststoffe direkt auf den gewünschten Farbton eingestellt werden können. Entscheidend für gute Farbmittelkonzentrate ist einerseits absetzstabile/lagerstabile und andererseits leicht verarbeitbare/nicht zu steife Konsistenz. Das soweit möglich ohne die in den Kunststoffen oft störenden Netz-/Dispergiermitteln zu erreichen, ist das Geheimnis der Hersteller von Farbmittelkonzentraten. Ein „stabiles“ Farbkonzentrat ist allein schon deshalb wichtig, weil nur so während des Aushärtevorgangs der Kunststoffe die Pigmentflockulation vermieden werden kann. Pigmentteilchen können, wenn nicht stabil dispergiert, während des Aushärtens „zusammenbacken“/flockulieren. Sind wie bei Mischfarben üblich verschiedenfarbige/-artige Pigmente in einer Kunststoffmischung enthalten, kann diese Erscheinung bis hin zu unterschiedlichen Farbschattierungen/-„punkten“ an der Kunststoffoberfläche führen.

Mit beschichteten Alu-Pigmenten können richtungsabhängig zwei verschiedene Farbtöne erreicht werden (Kipp-Effekt).

Color-variable Pigmente bewirken, dass sich der Farbton einer Kunststoff-Oberfläche mit dem Blickwinkel ändert. Die Pigmente bestehen aus einer reflektierenden Al-Schicht, einer für den Effekt verantwortlichen SiO_2-Schicht und einer die Reflexion erhöhenden ca. 25 nm dicken Fe_2O_3-Schicht. Die Dicke der SiO_2-Schicht ergibt den Farbbereich (s. Tafel 7.6).

Tafel 7.6 Farbänderungen mit unterschiedlichen SiO_2-Schichtdicken

SiO_2-Dicke, nm	Farbe in der Aufsicht	Farbe in der Schrägsicht
310 bis 340	grüngold	rötlich unbunt
360 bis 400	rot	gold
410 bis 420	violett	grün
430 bis 440	kupfer	rot

Durch chemische Verknüpfung von Chromophoren (farbigen organischen Strukturen) und polymeren Ketten mit endständigen Hydroxylgruppen entstehen Farbstoffpolyole, die mit Isocyanat reagieren und so Bestandteil von PUR-Schaumstoffen werden. Auf diese Weise entstehen völlig homogen eingefärbte Polyurethane: Schaumstoffe, harte und gummielastische Formteile, letztere auch transparent einfärbbar.

7.1.6 Additive für die Laserbeschriftung

Je nach Absorption des Laserstrahls (Nd:YAG) eignen sich Kunststoffe unterschiedlich zur Laserbeschriftung. Durch geeignete Pigmentierung können nicht oder schlecht laserbeschriftbare Kunststoffe, wie PE, PP, POM, PA, PMMA, gleichmäßig beschriftbar ausgerüstet werden. Zusätzliche Pigmente ermöglichen in vielen Kunststoffen farbintensive Reaktionen mit dem Laserstrahl. Diese werden sowohl durch eine Reaktion am Polymer als auch teilweise am Pigment selbst hervorgerufen. Die Farbpalette der beschriftbaren Formteile reicht mittlerweile von schwarz über farbig bis transparent bzw. glasklar.

7

7.1.7 Flexibilisatoren und Weichmacher

Flexibilisatoren (Schlagzähmacher) werden spröden Kunststoffen beigemischt (Blends) oder auch als Copolymer-Komponente chemisch eingebaut, s. Kapitel 6.

Weichmacher (s. Abschn. 6.3.2) werden für gummielastische PVC-Massen, zur Regulierung der Zähigkeit harter Kunststoffe (z. B. von Celluloseester-Formmassen) und für Lackharze verwendet. Flexibilatoren sind im Gegensatz zu diesen nicht flüchtig. Der Übergang zwischen Flexibilisierung und innerer Weichmachung bzw. der Beigabe von Polymer-Weichmachern ist fließend.

7.1.8 Haftvermittler

Haftvermittler bilden Molekularbrücken an den Grenzflächen zwischen anorganischen Zuschlagstoffen und der organischen Polymermatrix, oder z. B. bei Naturfaserverbunden mit UP-Harz. Sie enthalten hydrolysierbare Gruppen zur Bindung an das anorganische Material und organofunktionelle Gruppen im gleichen Molekül. Halborganische Silane und Titanate braucht man für glasfaserverstärkte Reaktionsharz-Kunststoffe, Produkte mit spezifischen organofunktionellen Gruppen für thermoplastische Verbundwerkstoffe. „Coating" (auch mit Stearaten) ist die Vorbehandlung des anorganischen Zuschlags als gesonderter Arbeitsgang. Haftvermittler werden zur Verbesserung der Haftung von Kunststoffen oder Anstrichstoffen auf metallischen und anderen Untergründen und bei der Herstellung von Verbundfolien, bei denen die Komponenten von sich aus keine gute Haftung miteinander erbringen, eingesetzt. Verwendet werden VC-Copolymerisate, polymerisierbare Polyester oder Vinylpyridin-Polymerisate in Kombination mit EP-Harzen, Butadien-Acrylnitril-Methacrylsäure-Copolymerisate, Phenolharze, Kautschukderivate oder Acrylharze ohne oder mit PF- bzw. EP-Harzen (Tafel 7.7). Auch bei der Herstellung von Kunststoff-Mischungen aus nicht oder schwer verträglichen Komponenten (Recycling) werden z. B. VC-Copolymerisate als Haftvermittler eingesetzt.

Tafel 7.7 Haftvermittler, HV, in Klammern: Gewichtsanteil der Komponenten

Haftvermittler	Haftung zu
Anhydridmodifiziertes EMMA, EAA	PE, EVAL, EMI, PET, PC
Anhydridmodifiziertes EVAC	PE, EVAL, PS, EMI, PET, PC
Säure-/Acrylmodifiziertes EVAC	PE, EVAL, EMI, PET
Anhydridmodifiziertes PE	PE, EVAL, EMI
Anhydridmodifiziertes PP	PP
EBA (89/7/4)	PE, PP, PBT
EBA (80/20)	PE, PVDC
EVAC (95/5 bis 70/30)	PE, PP, EVAL, PBT, PA
SB/PE Blockcopolymerisat,[1])	PE, PS, SB
SB/PP Blockcopolymerisat,[1])	PP, SB
SB-Blends	SB, PO, PC, PMMA, PA
Vinyltri(methoxyethoxy)silan	PE, Stahl

[1]) Für die Coextrusion werden diese HV mit Polyolefinen und PS gemischt.

7.1.9 Treibmittel

Treibmittel bewirken eine nach Bedarf abzustufende „Füllung“ von Kunststofferzeugnissen mit Gasblasen als disperser Phase (s. Abschn. 9.6). In Tafel 7.8 sind Eigenschaften und Einsatzgebiete von Treibmitteln aufgeführt. Am Beispiel von ADC zeigt Tafel 7.9 verschiedene Einsatzgebiete. Lieferformen: Pulver, flüssig meist in Weichmachern, Granulat in Form von Masterbatches mit Treibmittelkonzentrationen von 10 bis 70 Gew.-%.

7.1.10 Nukleierungsmittel

Da die Eigenschaften teilkristalliner Kunststoffe durch Art und Höhe des kristallinen Anteils wesentlich mitbestimmt werden, versucht man die Kristallinität und die Kristallstruktur durch Zugabe von Nukleierungsmitteln (Keimbildnern) zum Polymeren zu beeinflussen. Sie bewirken eine Erhöhung der Temperatur, bei der eine Kristallisation der Schmelze beginnt (schnellere Erstarrung der Schmelze), eine Erhöhung der Wachstumsgeschwindigkeit der Sphärolite (10 bis 5000 mm/min) und des kristallinen Anteils und eine Verringerung der Sphärolitgröße. Als Nukleierungsmittel dienen meist unlösliche anorganische Füllstoffe wie Metalloxide, Metallsalze, Silikate oder Bornitrid mit Teilchengrößen von ca. 3 µm und in einer Konzentration von ca. 0,5%. Auch Füll- und Verstärkungsmittel und Farbmittel können keimbildend wirken, s. Abschn. 7.2 und 7.1.5.

Mit „Clarifier“ bezeichnete Nukleierungsmittel sind in der Schmelze (PP) löslich und bilden dort bei der Abkühlung ein dreidimensionales „Fasernetz“, dessen Oberfläche als Nukleierungskeim wirkt. Die so bewirkte Nukleierungsdichte ist um Größenordnungen größer als die mit nicht löslichen erreichte, so dass die Produkte hoch transparent sind (Zigarettenfolien aus PP). Transparenzverstärker zeigt Tafel 7.10.

Tafel 7.8 Chemische Treibmittel für Kunststoffe und Kautschuk (nach Hurnik und Facklam)

Treibmittel	Kurzzeichen	Zersetzungs-temp. in Luft	abgespaltene Gasmenge	Verwendung für	Treibgas
		°C	ml/g		
Azodicarbonsäurediamid	ADC	205-215	220	PVC, PE, PP, ABS, PS, PA, PPE, TPE	N_2, CO, (NH_3, CO_2)
Azodicarbonsäurediamid, aktiviert	ADC aktiviert	155-215	150-220	PVC, PE, PP, EVAC, PS, ABS, EPDM, NBR, SBR, CR, IR, NBR/PVC	N_2, CO, (NH_3, CO_2)
p-Toluolsulfohydrazid	THS	155-165	115	EVAC, EPDM, SBR, IR, CR, NBR	N_2, H_2O
4,4-Oxybis(benzolsulfo-hydrazid)	OBSH	145-285	120-125	PE-LD, EVAC,NBR/PVC, EPDM/CR, SBR, CR, NBR, NR, PUR	N_2, H_2O
2,4,6-Trihydrazino-1,3,5-triazin	THT	245-285	185	ABS, PE, PP, PA, PET, PPE	N_2, NH_3
p-Toluolsulfonylsemi-carbazid	TSS	226-235	210	PP, ABS, PE-HD, PVC-U, PS-HI	N_2, CO_2, NH_3
5-Phenyl-tetrazol	5-PT	240-250	120-140	ABS, PPE, PC, PA, PBT, LCP	N_2,
Dinitrosepentamethylen-tetramin	DNPT	195	190-200	NR, SBR, PS-HI, CR, BR, PVC-P	N_2, (NH_3) HCHO
Carbonat	$NaHCO_3$ Zitronensäure	150-230	140-185	PS, ABS, PA, PE, PP, PVC-U	CO_2, H_2O

Tafel 7.9 Einsatzbeispiele von Azodicarbonsäurediamid, ADC (nach Hurnik und Facklam)

Einsatzgebiet	Gewichts-%
Vermeidung von Einfallstellen beim Spritzgießen mit Wanddickenunterschieden	0,05-0,15
Aufschäumen von Thermoplasten zur Gewichtsreduzierung, TSG, TSE	0,3-1
Verschäumen von PVC-Plastisolen	0,7-2
Moosgummi, Schwammgummi	2-6
Zellgummi, Expansionsverfahren	3-15
Extrusion mit nachgeschalteter Expansion von vernetzten PO	3-20
Blockschaumstoffe aus PO, PVC-P und Elastomeren	3-20

7.1.11 Antibakterielle Mittel, Fungizide

Für Kunststoffprodukte, speziell Olefine, wird die Verwendung von Masterbatches empfohlen, die Bakterien wie E-Coli, Salmonellen und Listeria zerstören bzw. deren Wachstum aufhalten.

Ursachen für Schäden an PVC-P sind meistens Pilze und deren Ausscheidungsproduke. Gegenmittel sind Fungizide, die ins PVC-P eingearbeitet werden und zur Oberfläche der Formteile wandern.

7.2 Füllstoffe, Verstärkungsmittel (-fasern)

Füllstoffe dienen nicht nur als Streckmittel zur Einsparung von Kunststoff und dadurch zur Kostenreduzierung, sondern verbessern auch die Verarbeitbarkeit (kürzere Zykluszeit durch Erhöhung der Wärmeleitfähigkeit) und Eigenschaften, wie Steifigkeit, Schlagzähigkeit, Wärmestandfestigkeit, elektrische Leitfähigkeit und Maßhaltigkeit, und verringern die thermische Ausdehnung. Längliche oder faserförmige Zusatzstoffe erhöhen zusätzlich die Festigkeit. Maßgeblich hierfür ist neben den mechanischen Eigenschaften der Zusatzstoffe ihr l/d-Verhältnis, das Verhältnis von Länge (oder Länge und Breite) zur Dicke.

Kurzzeichen s. auch Abschn. 1.3, Tafel 1.3, DIN ISO1043 und DIN 16913.

7.2.1 Füll- und Verstärkungsstoffe

In Tafel 7.11 sind einige anorganische Stoffe zusammengestellt, Tafel 7.12 enthält chemische Formeln. Tafel 7.13 vermittelt einen Eindruck vom Einfluss von Füll- und Verstärkungsstoffen auf das Eigenschaftsprofil der Kunststoffe.

Mahlgut aus *Kreide, Kalkstein, Marmor* und gefälltes Calciumcarbonat werden als preiswerte Mittel zur Erhöhung der Temperaturformbeständigkeit und Oberflächengüte z.B. bei BMC und SMC, PP, PVC-U und PVC-P eingesetzt. *Aluminiumhydroxid* wirkt gleichzeitig flammhemmend, Calciumcarbonat bindet im Brand-

Tafel 7.10 Nukleierungsmittel (nach R. D. Maier u.a.)

Nukleierungsmittel	Abkürzung	R_1[1])	R_2[2])	T_m, °C	Handelsname	Hersteller
Talkum					Secupur Nucleating	Secupur
Natriumbenzoat	NB				[2])	Gabriel-Chemie
Dibenzylidensorbitol	DBS	H	H	225	Millad 3905	Milliken Chemical
Bis(p-ethylbenzyliden)sorbitol	EDBS	C_2H_5	H	235	NC-4	Mitsui Chemicals
Bis(p-methylbenzyliden)sorbitol	MDBS	CH_3	H	242	Millard 3940	Milliken Chemical
Bis(3,4-dimenthylbenzyliden)sorbitol	DMDBS	CH_3	CH3	278	Millard 3988	Milliken Chemical
Natrium-di-(4-tert-Butylphyenyl)phosphat	NTBP				[2])	Gabriel-Chemie

[1]) Strukturformel Sorbitol [2]) Für Masterbatches der Gabriel-Chemie

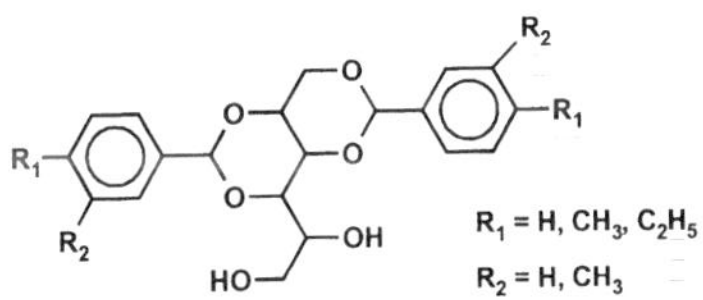

7

fall aus PVC entstehende Salzsäure. Das weiße wasserfreie Calciumsulfat ist für den Lebensmittelgebrauch zugelassen. Das schwere Bariumsulfat wird in Schallschutzmatten oder zum Strahlenschutz eingesetzt. *Quarzmehl* ist zwar sehr korrosionsbeständig, aber abrasiv (Werkzeugverschleiß). *Calciniertes Kaolin* wird in der Hochspannungstechnik, Feldspat, eine Mischung aus kristallinischen Felsarten, wegen seines Brechungskoeffizienten für transparente Erzeugnisse eingesetzt. *Aluminiumnitrit* erhöht die Wärmeleitfähigkeit bei geringem Viskositätsanstieg.

Talk, Glimmer, Wollastonit oder *Microfasern* aus kristallisiertem Calziumsulfat (Durchmesser 4 bis 6 mm, l/d >100) dienen auch in Kombination mit anderen Fasern als Ersatz für Asbest. In Polyolefin-Folien wirken geringe Zusätze von fein dispersem *Calciumcarbonat, Silica* oder speziellen Silikaten als Antiblockiermittel und ergeben bei PE-Folien einen papierähnlichen Griff. Bei PVC-U verbessern sie die Verarbeitbarkeit.

Kugelförmige Zuschläge verbessern den Fluss von Formmassen bei der Verarbeitung und in hoch gefüllten Produkten das Schrumpfverhalten und die Formstandfestigkeit der Formteile. Massive Glas-„Microspheres", auch Ballotini genannt (Durchmesser < 50 µm), verbessern zudem den E-Modul, die Druckfestigkeit, Härte und Oberflächenglätte. „Cenospheres" sind gemischt massiv/hohle Kugeln aus der Flugasche von Kohlekraftwerken (d_r = ca. 0,6 g/cm^3), Microloy sind ähnliche Leichtfüllstoffe (d_r = 0,18 bis 0,26 g/cm^3). „Microballons" sind Borsilikat- oder Silica-Hohlkugeln (Durchmesser 5 bis 250 µm, d_r = 0,18 bis 0,50 g/cm^3. Gewichtsmäßig geringe Anteile (2 bis 4%) dieser voluminösen, aber bei Wanddicken von nur 0,5 bis 2 µm druckfesten und die Schlagzähigkeit verbessernden Leichtfüllstoffe (zu thermoplastischen Formmassen oder Reaktionsharz-Systemen) können Gewichtseinsparungen von 20 bis 30% erbringen.

7.2.2 Einsatzgebiete Verstärkungsfasern

Die im Vergleich zu metallischen Konstruktionswerkstoffen geringe Festigkeit und Steifigkeit der reinen Kunststoffe kann durch Einarbeitung von Verstärkungsfasern wesentlich verbessert werden. Bei spröden Kunststoffen wie z.B. gehärteten Harzen wird auch die Schlagzähigkeit erhöht. Mit elektrisch leitfähigen Fasern kann eine Leitfähigkeit und elektromagnetische Abschirmung in weiten Grenzen eingestellt werden. Man unterscheidet folgende Einsatzgebiete von Verstärkungsfasern:

Faserverstärkte Thermoplaste, s. entspr. Abschnitte in Kapitel 6.

In die in Granulatform vorliegenden Formmassen sind vorwiegend Glasfasern (Länge wenige mm bis µm) eingearbeitet. Verarbeitung wie ungefüllte Thermoplaste.

Härtbare Formmassen, s. Abschn. 6.20.

Es kommen folgende Faserwerkstoffe zum Einsatz: Holzmehl, Zellstoff, Baumwollfasern, Baumwollgewebe-Schnitzel, Kunstseidenstränge, mineralische Fasern, Kurz- und Langglasfasern, Glasmatten u.a. und Füllstoffe, entsprechend Tafel 7.11. Verarbeitung durch Pressen, Spritzpressen, Spritzgießen.

Tafel 7.11 Eigenschaften von anorganischen Füllstoffen

Füllstoff	Form/ Kurzzeichen	Durchmesser µm	Dichte g/cm^3	Verhältnis l/d	spez. Oberfläche m/g	Oberflächen-Spannung mN/m	E-Moduln GPa
Aerosil	Kugeln	0,01	2,2	1	380	1200	
Aluminiumnitrit	Pulver	20–150					
Aluminiumsilikat	Kugeln/Q	< 300	0,63	1			
Calciumcarbonat, Kreide	Würfel/K	3–7, (0,7) < 30	2,7	ca. 1		200	35
Calciumsulfat	Würfel	4	2,96				
Glas	Kugeln/G	5	2,5	1	1,3	1200	70
Glas	Hohlkugeln/G	2–250	0,2–1,1				
Glimmer (Mica)	Plättchen/P	< 20	2,85	20–100			
Kaolin	Plättchen	1–10		< 10	1040		
Keramik	Hohlkugeln	10–300	0,4–0,7				
Nano-Glaspartikel	Kugeln/G	0,25	2,5	1			
Nano-Whisker	Nadeln	0,35	3,3	50		650	280
Talk	Plättchen/T	10, < 30	2,8	2–20	3,6	120	20
Wollastonit	Nadeln	< 20	2,85	10–50			

Tafel 7.12 Chemische Formeln anorganischer Füllstoffe

Füllstoff	Chemische Formel
Aluminiumhydroxid	$Al(OH)_3$
Aluminiumnitrit	AlN
Aluminiumsilikat	AlSi
Bariumsulfat, Schwerspat	$BaSO_4$
Calciumcarbonat, Kreide usw.	$CaCO_3$
Calciumsulfat	$CaSO_4$
Kaolin	$Al_2(Si_2O_5)(OH)_4$
Kieselsäure, Quarzmehl, Aerosil	SiO_2
Talk	$Mg_6(OH)_4(Si_8O_{20})$
Tonerde	Al_2O_3
Wallostonit	$CaSiO_3$

Vorimprägnierte härtbare Harze und Thermoplaste, s. Abschn. 4.2.1.5 und 6.20.

Es kommen vorwiegend Glasfasern in regelloser, biaxialer bis uniaxialer Orientierung zum Einsatz, in neuerer Zeit auch Naturfasern auf Cellulosebasis, bei Hochleistungsverbunden Kohlenstoff- und Aramidfasern, auch im Verbund. Verarbeitung durch Pressen.

Gießharze, s. Abschn. 6.21.

Matten, Gewebe, Rovings usw. werden mit den Harzen getränkt und anschließend nach in Abschn. 4.3.2 beschriebenen Verfahren zu Formteilen geformt und ausgehärtet. Glas-, Kohlenstoff- und Aramidfasern kommen zum Einsatz. Abdeckvliese aus Polyester-, Acryl- oder PVC-Fasern bewirken eine höhere Bruchdehnung der Oberfläche. Einsatzgebiete reichen von der Wellplatte bis zu Hochleistungsteilen im Flugzeugbau.

Tafel 7.14 gibt einen Überblick über zur Verstärkung von Kunststoffen eingesetzte Fasern.

Neben den erwähnten Faserwerkstoffen kommen für spezielle Anwendungen noch folgende Fasern zum Einsatz: aromatische Polyamide, Polyvinylalkohol; polykristalline Fasern aus Bor, Siliciumkarbid, Bornitrid, Borkarbid, Aluminium- und Zironiumoxid; Stahl, Aluminium, Wolfram. Hierauf soll nicht weiter eingegangen werden.

7.2.3 Glasfasern, GF

Bei der Verstärkung von Thermoplasten und Duroplasten (Gießharzen) spielen Glasfasern die wichtigste Rolle. Bild 7.1 gibt einen Überblick über die verschiedensten Glasfaserprodukte. Hauptsächlich wird Textilglas aus alkaliarmem E-Glas eingesetzt. Die Glasfilamente (5 bis 25 µm dicke Elemantarfäden) werden

Tafel 7.13 Einfluss von Füll- und Verstärkungsstoffen auf das Eigenschaftsbild von Kunststoffen

	Textilglas	Asbest	Wollastonit	C-Fasern	Whiskers	Synthesefasern	Cellulose	Glimmer	Talkum	Graphit	Sand-/Qaurzpulver	Silica	Kaolin	Glaskugeln	Calciumcarbonat	Metalloxide	Ruß
Zugfestigkeit	+ +	+		+	+ –			+	○					+			
Druckfestigkeit	+								+		+			+	+		
E-Modul	+ +	+ +	+ +	+ +	+			+ +	+		+	+		+	+	+	+
Schlagzähigkeit	– +	–	–	–	–	+ +	+	– +	–		–	–	–	–	– +	–	+
Reduzierte thermische Ausdehnung	+	+			+			+	+		+	+	+			+	
Reduzierte Schwindung	+	+	+	+				+	+	+	+	+	+	+	+	+	+
Bessere Wärmeleitfähigkeit		+	+	+					+	+	+	+			+		+
Bessere Wärmestandfestigkeit	+ +	+	+	+ +				+	+				+		+	+	
Elektrische Leitfähigkeit				+						+							+
Elektrischer Widerstand			+					+ +	+			+	+ +			+	
Wärmebeständigkeit			+					+	+		+	+	+			+	+
Chemische Beständigkeit		+	+					+	○	+			+	+			
Besseres Abriebverhalten				+				+	+	+			+				
Extrusionsgeschwindigkeit	– +	+						+					+		+		
Abrasion in Maschinen	–	○			○	○	○		○	○	–			○	○		○
Verbilligung	+	+	+				+	+	+	+	+ +	+	+	+	+ +		
	faserförmige Füllstoffe und Verstärkungsmittel							plättchen-förmige Typen			kugelige Füllstoffe						

+ + starke Wirkung, + schwächere Wirkung, ○ ohne Wirkung, – negative Wirkung

Tafel 7.14 Eigenschaften von Verstärkungsfasern
HM = hochsteif, HMS = hight modulus/strength, HT = hochfest, HST = hochdehnbar, IM = mittelsteif, LM = wenig steif

Gruppe	Faser	Dichte	Zugfestigkeit	Elastizitätsmodul		Bruch-dehnung	Ausdehnungs-koeffizient	
			GPa	GPa			$10^{-6} \cdot K^{-1}$	
		g/cm^3	längs	längs	quer	%	längs	quer
Glas,	E-Glas	2,6	2-3,5	ca. 70	ca. 70	3,0-4,8	5	5
GF	S-Glas	2,48	4,3	87	8,7	5	2,9	2,9
Kohlenstoff,	HM1	1,96	1,75	500	5,7	0,35	-1,5	15
CF	HM2	1,8	3,0	300		1,0	-1,2	12
	HT	1,78	3,6	240		1,5	-1	10
	HST	1,75	5,0	240	15	2,1	-1	10
	IM	1,77	4,7	295		1,6	-1,2	12
	HMS		3-4	350-600		>2		
PPTA	HM	1,45	3,0-(4,2)	130-170	5,4	2,1	-4	52
	LM	1,44	2,8-3,7	65-90		4,3	-2	40
PMPI		1,38	0,6-0,75	11-20		15-30		

im Düsenziehverfahren endlos hergestellt. 100 bis 250 dieser Glasfäden werden zu Glasfasersträngen (Rovings) oder zu Spinnfäden vereinigt, die zu geschnittenen Fäden und Kurzfasern, Matten von 250 bis 900 g/cm^2 und weiteren textilen Erzeugnissen verarbeitet werden. Kurze Stapelfasern werden durch Abblasen der aus der Düse austretenden Fasern hergestellt. Ihr Hauptanwendungsgebiet sind leichte (30 bis 150 g/cm^2) kunstharzgebundene Matten oder Vliese für harzreiche, glatte Oberflächen. Dafür gebraucht man auch das besser säurebeständige C-Glas. E-CR-Glas ist ein Begriff für korrosionsbeständiges E-Glas-Material für die chemische und Abwassertechnik. Unter Handelsbezeichnungen wie R-, S-, S-2-, M-Glas sind Textilglas-Verstärkungsfasern mit gegenüber E-Glas erheblich höheren mechanischen Eigenschaften, allerdings auch entsprechend höheren Preisen für Hochleistungs-Verbundwerkstoffe mit einer EP-Harz-Matrix auf dem Markt.

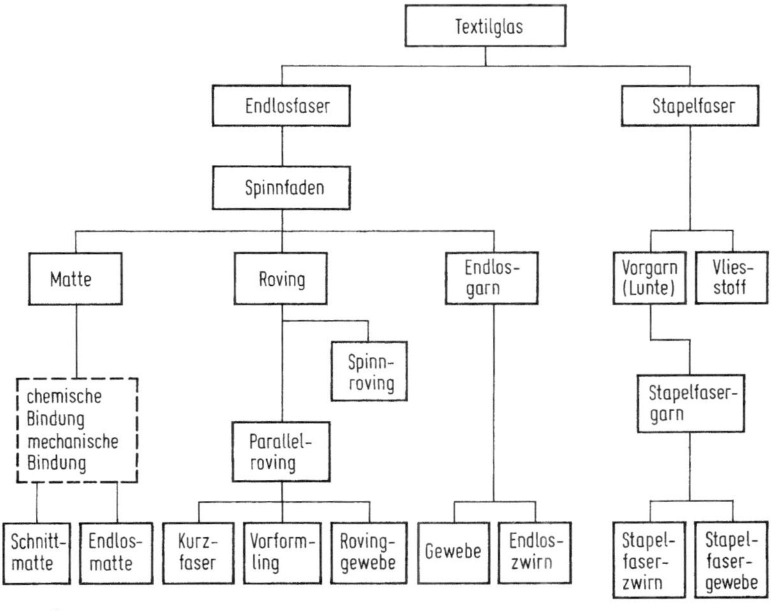

Bild 7.1 Überblick über Glasfaserprodukte

Die für die Vorverarbeitung von Glasfilament erforderliche *Schlichte* (bei Stapelfasern *Schmälze*) enthält stoffspezifische Chrom- oder Silan-Haftvermittler (s. Abschn. 7.1), für mattenverstärkte Thermoplaste (GMT) ein für die Festigkeitserhöhung gleichfalls wesentliches Kunstharzbindemittel z.B. auf PUR-Basis.

Bloße Textil-Schlichten müssen vor der Weiterverarbeitung abgebrannt werden (z.B. Finish 112 für Glasgewebe: < 0,1 % Restschlichtegehalt). Matten und Vliese werden durch schwer oder leicht in Kunstharz lösliche Binder verfestigt.

7.2.4 Kohlenstoff-Fasern, CF

Den zweistufigen Aufbau *carbonisierter* und *graphitierter CF-Verstärkungsfasern* aus der Polyacrylnitrilfaser-(PAN-)Precursor zeigt Bild 7.2. Teerpeche bilden bei > 350 °C unter Wasserstoffabspaltung mesomorphe oder nematische flüssig-kristalline Phasen. Verspinnen solcher Schmelzen führt zu stark längsorientierten Fasern. Durch weitere Wasserstoffabspaltung, Carbonisierung und folgendes Erhitzen auf 3000 °C kommt man zu hoch graphitierten Fasern aus einem preiswerten Ausgangsmaterial. Aus isotropem Pech-Precursor werden im Schleuderverfahren „General-purpose"-Kurzfasern mit geringeren mechanischen Werten für den Asbest-Austausch und die Beton-Verstärkung hergestellt. Carbonfaser-Vliese werden für elektromagnetische Abschirmungen und Widerstandsheizungen eingesetzt.

Die *Kohlenstoff-Spinnfasern* sind als Monofilamente und uni- oder multi-axiale textile Gebilde aus diesen verfügbar. Zwecks ausreichender Polymerhaftung müssen die glatten Faseroberflächen durch oxidierende Behandlung aufgeraut, die empfindlichen aktivierten Fasern für textile Verarbeitung mit einer Polymerpräparation geschlichtet werden.

Eigenschafts-Grenzwerte für hochfeste (HT) und hochsteife (HM) C-Fasern und in der Weiterentwicklung begriffene Typen (IM, HMS) vermittelt Tafel 7.14. Zur Verminderung der Sprödbruchanfälligkeit von CF-Laminaten strebt man eine Erhöhung der Faserbruchdehnung auf > 2 % an. Für eine volle Nutzung der Faserfestigkeit muss die Dehnfähigkeit des Matrix-Harzes mehrfach größer als die der Faser sein. Damit gewinnen neben den überwiegend verwendeten EP- oder Bismaleinimid(BMI)-Prepreg-Matrixharzen für CF-Hochleistungsverbundwerkstoffe (s. VDI-2014 Bl. 1) hochtemperaturstandfeste und dehnfähige Thermoplaste Bedeutung als Matrixstoffe. Zugleich tragen diese zur Verbesserung des Brandverhaltens bei.

Die auf das spezifische Gewicht der CF-Fasern bezogenen Festigkeits- und Steifigkeitswerte sind höher als die von Metallen und E-Glas (Bild 7.3). Die dadurch erzielbaren Gewichtsverminderungen sind von ausschlaggebender wirtschaftlicher Bedeutung für die wachsende Verwendung – derzeit ca. 70 % der CF-Produktion – von CF-Schichtverbundwerkstoffen für Struktur- und Ausbauteile in der Luft- und Raumfahrt. Ganzkunststoff-Segel-, Kampf- und Geschäftsflugzeuge, auch Helikopter, gibt es bereits. Das nächstgrößte Anwendungsfeld (20 %) sind Hochleistungs-Sportgeräte. Im Maschinen-, Fahrzeug- und Apparatebau – Gebiete, für die eine extreme Gewichtsverminderung nicht von gleicher Bedeutung sind – tritt CFK gegen überwiegend mit UP- und Acrylatharzen abgebundene GFK-Verbunde mengenmäßig zurück.

7.2.5 Hochtemperatur-Kunststoff-Fasern

Hochtemperatur-Textilfasern (Monofilamente und Stapelfasern) aus PPTA, PAI oder PBI werden aus spezifischen Lösemitteln (wie NMP = N-Methylpyrrolidon) trocken gesponnen. Mit 10 bis 50 % Reißdehnung sind sie geschmeidig, bis > 200 °C temperaturstandfest einsetzbar, unschmelzbar, oberhalb 500 °C mit ge-

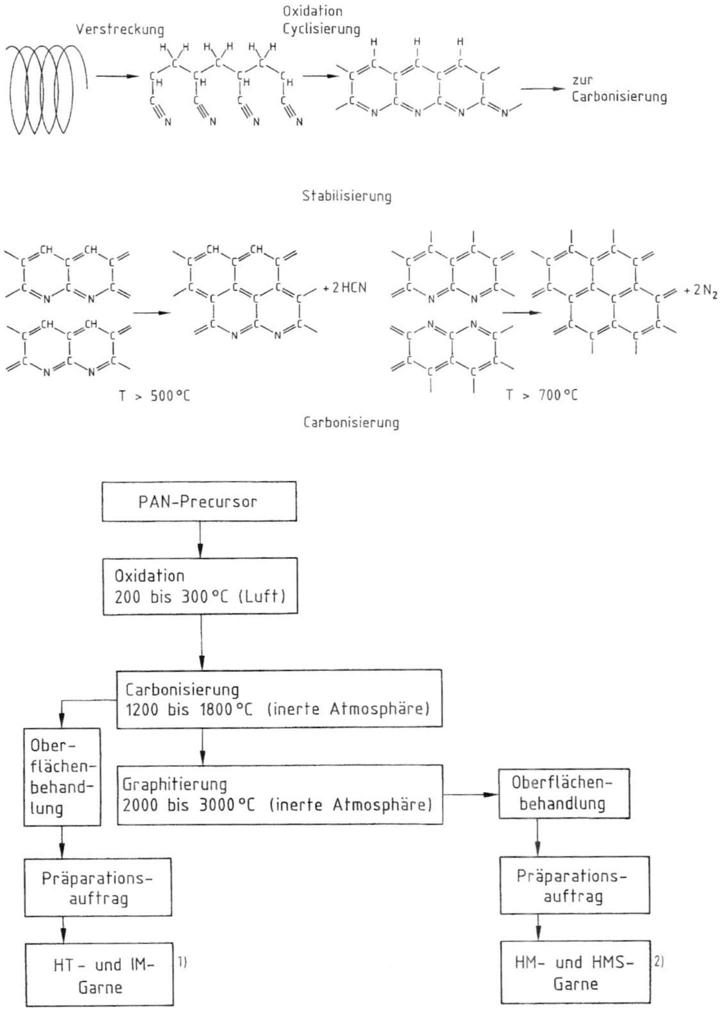

Bild 7.2 Chemische Reaktionen und Ablaufschema für C-Fasern aus PAN-Precursor
[1] HT: High Tenacity, IM: Intermediate modulus
[2] HM: High modulus, HMS: High modulus/strength, Typ-Eigenschaften s. Tafel 7.15

ringer Gasentwicklung verkohlend, aber nicht entflammbar, beständig gegen Chemikalien, übliche Lösemittel, Treib- und Schmierstoffe. Anwendungen sind Flammschutzverkleidung (PBI mit 15% Wasseraufnahme), Vorrichtungen zum Kugel- und Splitterschutz, Flugzeugausstattungen, Filtermaterialien, in Packungen, Dichtungen, Reibbelägen anstelle von Asbest, technische Papiere für Wabenkerne, Elektro- und Hitze-Isolierungen. Die gleichermaßen beständigen und un-

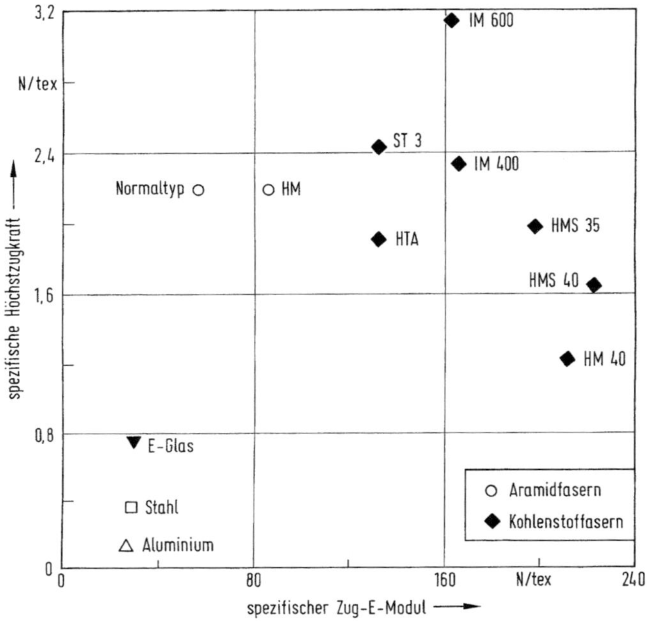

Bild 7.3 Gewichtsbezogene Eigenschaftswerte von Aramid- und Kohlenstoff-Fasern sowie von E-Glas, Stahl und Aluminium

schmelzbaren PPTA-Verstärkungsfasern, die aus flüssig-kristallinen Lösungen hochkristallin gesponnen, zu Hochmodulfasern zusätzlich verstreckt werden, sind erheblich steifer als die Textilfasern. Sie sind hoch zugfest, duktiler und schwingungsdämpfender, spezifisch leichter und in verstärktem POM-, PA- und PPS-Spritzguss weniger werkzeugverschleißend als GF und CF, aber nicht so druck- und biegefest wie diese. Ihr Hauptanwendungsbereich sind gewichtssparende Struktur-Verbundwerkstoffe für die Luft- und Raumfahrt, Sportboote und andere Sportgeräte, vielfach als optimierte Hybrid-Verstärkungen mit CF, GF oder beiden zusammen; weiter Reifencord, hoch beanspruchte Trag- und Spannseile, Kabelbewehrungen.

7.2.6 Natur-Fasern

Der Einsatz von Naturfasern zur Verstärkung von Kunststoffen wird besonders unter dem Aspekt der Umweltverträglichkeit stetig gesteigert. Tafel 9.23 in Abschn. 9.7 gibt eine Übersicht über Naturfasern. Von diesen kommen die Pflanzenfasern auf Cellulosebasis in Frage. Tafel 7.15 listet einige Eigenschaften auf.

Die Vorteile dieser Fasern liegen in der Recycling-Fähigkeit und der geringen Dichte, so dass die dichtebezogenen mechanischen Kennwerte mit denen von Glasfasern vergleichbar sind, obwohl die Absolutwerte geringer sind. Die Verar-

Tafel 7.15 Pflanzenfasern auf Cellulosebasis

Faser	Herkunft	Dichte	Länge der Fasern	Durchmesser der Fasern	Zugfestigkeit	E-Modul	Reißdehnung
		g/cm^3	mm	µm	GPa	GPa	%
Alfa	Espartogras		0,5-3,5	9			
Ananas	Ananas	1,4	5-6	3-8			
Baumwolle	Baumwollstrauch	1,50-1,54	15-55	12-25	0,3-0,8	55-110	5,5-7
Ginster	Binsenginster						
Flachs, Leinen	Flachs	1,2-1,5	13-55	12-50	0,36-1	37-50	1,8-3,3
Hanf	Cannabis	1,48-1,5			0,5-1	5-7	
Jute	Tiliazeen	1,45		40	0,2-0,5	43	1,5-2
Kenaf	Kenafpflanze						
Kokos	Kokosnuß	1,15-1,3	0,3-1,8	12-25	0,13-0,18		1,5-4
Manila	Faserbanane	1,25	2,5-5,5	50-250	0,5-0,8		1,8-3,5
Nessel	Brennessel		5-55	20-80			
Ramie	Chinesische Brennessel				0,2-0,5	0,25-0,30	1,5-2
Sisal	Sisalagave				0,1-0,8	0,15-0,2	3-7

beitung ist unproblematisch, da die Fasern wenig abrasiv sind und Gesundheitsaspekte keine Rolle spielen.

Nachteilig sind die von Charge und Erntejahr abhängigen Faserqualitäten, die geringe thermische Stabilität (max. Verarbeitungstemperatur 250 °C) und die schlechte Benetzbarkeit der Fasern.

Einsatzgebiete sind vor allem härtbare Formmassen und Thermoplast-Prepregs (NFRP, Natural Fibre Reinforced Polymers) auf Basis Jute oder Ramie/Polypropylen oder PA, ABS.

7.2.7 Nano-Füllstoffe, Schichtmineralien, Nanocomposites

Die Wirksamkeit von Verstärkungsmitteln steigt mit zunehmendem Aspektverhältnis (Längen/Dickenverhältnis). Als besonders wirksam haben sich Nano-Füllstoffe erwiesen, das sind Teilchensysteme, deren Primärpartikelgröße einige 100 nm nicht übersteigt. Hierzu gehören Ruß, Kieselsäure, Whiskers und Pigmente wie TiO_2. Da sich diese in den meisten Fällen jedoch zu größeren Sekundärpartikeln zusammenlagern, kann man dann nicht mehr von Nano-Füllstoffen sprechen.

Das Schichtgitter smektischer Tonerden wie hydrophile Aluminiumsilikate kann durch das Eindringen von kationischen Verbindungen wie Alkylammonium-Ionen ($H_3N[CH_2]_{11}COOH^+$) aufgeweitet und anschließend während der Einarbeitung in ein Matrixpolymer durch Scherkräfte getrennt werden. Der so entstandene Verbundwerkstoff enthält Verstärkungsteilchen mit einem Aspektverhältnis von bis zu 1000 und weist bei einem Füllgrad von nur 5 % eine Verbesserung der mechanischen Eigenschaften um bis zu 80 % auf. Die optischen Eigenschaften des Verbundes sind unverändert, da die Teilchendimension unterhalb der Lichtwellenlänge liegt. Barriereeigenschaften, Flammwidrigkeit, Ausdehnungskoeffizient und Nukleierung werden verbessert.

An der Entwicklung von Nanocomposites aus folgenden Kunststoffen wird gearbeitet: PA 6, PA 12, PP, PMMA, PUR, EP.

8 Kunststoffe im Vergleich

8 Kunststoffe im Vergleich

In diesem Kapitel werden die Kunststoffe im Wesentlichen durch ihre Kurzzeichen gekennzeichnet. Über die Liste der Kurzzeichen in Tafel I, S. XVI, kann der Bezug auf die jeweiligen Kapitel des Buches gefunden werden.

An dieser Stelle soll noch einmal darauf hingewiesen werden, dass Kunststoffe immer durch den Zuschlag von Funktions- und Hilfsstoffen modifiziert werden. Letztendlich wird ein Handelsprodukt eingesetzt, das sich unter Umständen sehr von den hier dargestellten „Mittelwerten" unterscheiden kann. In jedem Falle ist vor der Entscheidung für ein Produkt eine detaillierte Nachfrage beim Produzenten notwendig. Als sehr empfehlenswerte Quelle kann die Datenbank CAMPUS dienen, die von über 30 Produzenten kostenlos verteilt wird; Informationen und kostenloser Download über www.CAMPUSplastics.com.

Um die starken Streuungen der Eigenschaften selbst innerhalb einer Polymerfamilie zu veranschaulichen, sind in Bild 8.1 die Spannungs-Dehnungs-Diagramme von verschiedenen ungefüllten PBT Typen laut CAMPUS gegenübergestellt. Bild 8.2 zeigt ebenfalls große Schwankungen für die Viskositätskurven bei einer konstanten Temperatur für verschiedene ABS-Produkte. Würde man auf Basis dieser Viskositätskurven eine Fließlängenberechnung durchführen, ergäben sich Abweichungen in der Größenordnung von 30%. Berücksichtigt man auch die Varianz der weiteren Werkstoffeigenschaften, die Einfluss auf das Fließen haben (z.B. thermische Eigenschaften) streuen die Ergebnisse der Fließsimulation um über 100%. Dieses Beispiel soll zeigen, wie vorsichtig man im Umgang mit gemittelten Daten sein muss. Sie können nur zum Vergleich zwischen Werkstofffamilien aber niemals als Berechnungswerte in der Konstruktion eingesetzt werden.

8.0 Allgemeine Hinweise

In Kapitel 6 werden die Eigenschaften einzelner Kunststofftypen innerhalb einer Gruppe verbal, in Tafeln mit wenigen Kennwerten und teilweise in Diagrammen vergleichend dargestellt. Hierdurch wird die Auswahl eines Kunststofftyps aus einer Kunststoffgruppe für ein bestimmtes Einsatzgebiet erleichtert. In diesem Kaptel „Kunststoffe im Vergleich" werden Kennwerte und Kennfunktionen zusammengefasst, die einen Überblick über das gesamte Kunststoffspektrum und weitere Eigenschaften erleichtern sollen. Diese werden von einer Vielzahl von Faktoren (z.B. Verarbeitungs- und Prüfparametern, Umweltbedingungen) beeinflusst. Es sind keine Stoff-, sondern Probekörper-Kennwerte. Beispiele: Festigkeits- und Verformungskennwerte, Kennwerte der Verarbeitungsschwindung, Wärmestandfestigkeiten, Diffusions- und Permeationswerte, Reibungs- und Verschleißwerte. Andere Eigenschaftswerte unterliegen dieser Einschränkung weniger oder gar nicht und sind für die Formteilgestaltung oder die Prozesssteuerung bei der Formteil- oder Halbzeugherstellung direkt verwendbar. Beispiele: thermische Stoffwerte, rheologische Kennfunktionen.

Alle Bilder und Tafeln werden am Schluss des Kapitels zusammengefasst (Abschnitt 8.7).

8.1 Verarbeitungstechnische Kennwerte

8.1.1 Übersichtstafeln

Die Tafel 8.1 bis Tafel 8.11 geben für einige Kunststoffe eine Übersicht über wichtige Kennwerte bei der Verarbeitung:

- Tafel 8.1: Spritzgießkennwerte und -parameter. Spezielle Einstellungen können abweichende Parameter erfordern.
- Tafel 8.2: Schwindungskennwerte und Toleranzgruppen für Kunststoff-Formmassen nach DIN 16901.
- Tafel 8.3: Zulässige Abweichungen (±-Werte) und Toleranzen für Maße an Kunststoff-Formmassen nach DIN 16901 in mm.
- Tafel 8.4: Richtwerte für die Verarbeitung härtbarer Formmassen.
- Tafel 8.5 Verträglichkeit verschiedener Kunststoffe bei der thermoplastischen Verarbeitung; Haftvermittler können die Verträglichkeit verbessern.
- Tafel 8.6: Haftung verschiedener Kunststoffe beim 2-Komponenten-Spritzgießverfahren.

Da durch Zusatz von Haftvermittlern und Verträglichmachern (z.B. Maleinsäureanhydrid), spezielle Compoundierungen, besondere Maßnahmen beim Spritzgießprozess usw. die Haftung sowohl im positiven wie auch im negativen Sinn (keine Haftung beim Spritzen z.B. von Gelenken aus gleichen Werkstoffen) beeinflusst werden kann, kann die Tafel nur zur Orientierung dienen. Rücksprache mit Rohstofflieferanten wird empfohlen.

- Tafel 8.7: Nachbearbeitung von Kunststoffen.
- Tafel 8.8: Materialkombinationen bei der Mischmaterialschweißung.
- Tafel 8.9: Vibrationsschweißen von Kunststoffen mit Faserwerkstoffen.
- Tafel 8.10: Laserschweißen, Thermoplast/TPE.
- Tafel 8.11: Klebbarkeit einiger Kunststoffe.
- Tafel 8.12 und Tafel 8.13 Eigenschaften und Einsatzmöglichkeiten von Lösungsmittel-Reinigern.

8.1.2 Fließkurven, Druck-spezifische Volumen-Temperatur-Diagramme

Kennfunktionen sind immer aussagekräftiger und für die Auslegung von Werkzeugen und Formteilen besser geeignet als Kennzahlen. Insbesondere werden die so genannten *Fließkurven* (Schmelzeviskosität als Funktion der Schergeschwindigkeit), s. Abschn. 3.1.1.1, zur Berechnung von Formfüllvorgängen und erreichbaren minimalen Wanddicken herangezogen. Sie sind damit aussagekräftiger als die in Tafel 8.1 angegebenen Fließlängen, da diese durch die Wahl der Prozessparameter beeinflussbar sind. Bild 8.3 zeigt einige Fließkurven für die jeweilige mit angegebene Standard-Massetemperatur.

Die in Tafel 8.1 angegebenen *Verarbeitungsschwindungen* sind ebenfalls durch die Prozessparameter beim Spritzgießen beeinflussbar und außerdem in und quer zur Fließrichtung der Schmelze im Werkzeug unterschiedlich, s. Abschn. 3.1.5. Die Kennwerte sind auch noch nicht nach einheitlichen Richtlinien ermittelt, so dass sie nur grobe Anhaltswerte darstellen. Die so genannten *pvT-Diagramme* (spezifisches Volumen als Funktion der Massetemperatur bei verschiedenen Drücken), s. Abschn. 3.3.6, geben nicht nur Hinweise auf die Höhe und Beeinflussbarkeit der Volumenschwindung durch die Prozessführung beim Spritzgießen, sondern werden zur Regelung eines optimierten Spritzgießprozesses herangezogen, s. Bild 3.54 und Bild 8.25.

Die in Bild 8.4 wiedergegebenen *Verarbeitungsschwindungen* als Funktion der Wanddicke stellen praktische Erfahrungswerte dar. Bei härtbaren Formmassen muss neben der Verarbeitungsschwindung noch mit z.T. erheblicher Nachschwindung gerechnet werden, s. Tafel 8.1.

8.1.3 Toleranzen

Die erreichbaren Verarbeitungstoleranzen (Maß, um das die Abmessungen nach oben und unten abweichen können) nehmen mit zunehmender Verarbeitungsschwindung der Kunststoffe ab. Nach DIN 16901 werden Bereichen von Schwindungskennwerten Maßtoleranz-Gruppen zugeordnet, s. Tafel 8.2, mit deren Hilfe aus Tafel 8.3 zulässige Maßabweichungen und Toleranzen entnommen werden können. Hierbei ist zwischen nicht werkzeuggebundenen Maßen „A“ und werkzeuggebundenen Maßen „B“ zu unterscheiden. Die Anforderungen der Toleranzgruppen „ohne Toleranzangaben“ und „Reihe 1“ können ohne besonderen Fertigungsaufwand eingehalten werden. Die Toleranzen der „Reihe 2“ und besonders die Anforderungen der Feinwerktechnik sind nur mit einem erhöhten Fertigungsaufwand zu erreichen. Mit gesteuerten oder geregelten Spritzgießmaschinen sind auch engere als die angegebenen Toleranzen erreichbar.

Für die Festlegung von Funktionstoleranzen müssen im Einzelfall auch die Wärmedehnung bis zur Gebrauchstemperatur, die Schrumpfung durch Substanzabgabe und die Quellung durch Substanzaufnahme aus der Umgebung berücksichtigt werden. Insbesondere PA-Formmassen und UF-Formstoffe nehmen in feuchter Umgebung unter Volumenzunahme Wasser auf, s. Abschn. 3.6.1.

8.2 Mechanisches Verhalten

8.2.1 Übersichtstafeln

Tafel 8.14 und Tafel 8.15 geben einen *Überblick über mechanische, thermische und elektrische Eigenschaften* einiger Kunststoffe. Außer bei den härtbaren Formmassen handelt es sich in den meisten Fällen um ungefüllte, nicht verstärkte Einstellungen.

Die Eigenschaften von geschäumten Kunststoffen können durch Dichte und Zellstruktur in weiten Grenzen den Erfordernissen angepasst werden. Dies gilt insbesondere für die PUR-Schaumstoffe. Die Tafel 8.16 bis Tafel 8.18 können deshalb nur einen ersten Überblick geben. S. auch Abschn. 9.6.

8.2.2 Temperatur- und Zeitabhängigkeit

Die *Temperaturabhängigkeit* der mechanischen Eigenschaften wird sehr deutlich am Verlauf des *Schubmoduls* über der Temperatur. Bild 8.5 bis Bild 8.9 zeigen eine Zusammenstellung solcher Kurven, bei denen abweichend von der üblichen Darstellungsart der Schubmodul nicht im logarithmischen, sondern im linearen Maßstab aufgetragen ist. Andere mechanische Eigenschaften zeigen eine ähnliche Temperaturabhängigkeit.

Zulässige Gebrauchstemperaturen

sollen darüber Auskunft geben, in welchem maximalen Temperaturbereich die Kunststoffe ohne wesentliche Belastung eingesetzt werden können. Dabei spielen sowohl die mechanischen Eigenschaften wie auch das Alterungsverhalten eine Rolle. Tafel 8.21 und Tafel 8.22 zeigen, dass zwischen den so genannten Formbeständigkeits-Temperaturen HDT und den aus Erfahrung resultierenden zulässigen Gebrauchstemperaturen kein zwingender Zusammenhang besteht, s. auch Temperatur-Zeit-Grenzen Bild 3.46 und Bild 8.25 sowie $T_S/T_M//T_g$ in Bild 3.43.

Die *Zeitabhängigkeit* der mechanischen Eigenschaften wird in isochronen Spannungs-Dehnungs Linien dargestellt, s. Bild 3.35. Bild 8.10 bis Bild 8.13 zeigen beispielhaft isochrone Spannungs- Dehnungs Diagramme für verschiedene Thermoplaste bei 1000h und verschiedenen Temperaturen und Füllstoffgehalten. Es sei auch auf die Schubmoduldiagramme hingewiesen, die ebenfalls auch eine Aussage zum Kriechverhalten gestatten: in den Temperaturbereichen, in denen der Schubmodul mit zunehmender Temperatur stark abfällt, ist auch die Zeitabhängigkeit groß.

Das *Festigkeitsverhalten*, die so genannte Zeitstandfestigkeit, spielt besonders bei der Dimensionierung von Rohren eine Rolle, s. Abschn. 9.1.1. Diese erfolgt auf Grund der Ergebnisse von Zeitstand-Innendruckversuchen, s. Bild 8.14. Mit PE100 steht heute ein Rohrwerkstoff mit wesentlich verbesserten Eigenschaften zur Verfügung, s. Bild 8.15.

8.3 Thermisches Verhalten

Die Kennwerte für *spezifische Wärmekapazität* c_p, *Wärmeleitfähigkeit* λ und *linearen Ausdehnungskoeffizienten* α (vgl. Tafel 8.14) sind von der Temperatur abhängig.

8.3.1 Spezifische Wärmekapazität c_p, Verbrennungswärme

Statt der spezifischen Wärmekapazität c_p, s. Bild 3.47, wird gerne die *Enthalpie* als Funktion der Temperatur dargestellt, da aus dieser direkt die zum Aufheizen von einer zur anderen Temperatur erforderlichen Wärmemengen als Differenzbeträge abgegriffen werden können, s. Bild 3.48 sowie Bild 8.16.

Im Zusammenhang mit dem energetischen Recycling von Kunststoffen ist der Heizwert im Vergleich zu Brennstoffen von Interesse, s. Tafel 8.23.

8.3.2 Wärmeleitfähigkeit

Bild 3.49 bis 3.51 und Bild 8.17 bis Bild 8.22 zeigen die Abhängigkeit der Wärmeleitfähigkeit von der Temperatur und teilweise auch vom hydrostatischen Druck bzw. von der Verstreckung.

8

8.3.3 Wärmeausdehnungskoeffizient

Mit steigendem Elastizitätsmodul der Werkstoffe (Faserverstärkung) nimmt der *lineare Ausdehnungskoeffizient* α ab, s. Bild 3.52. Entsprechend nimmt er mit zunehmender Temperatur bei Kunststoffen von einem unteren Grenzwert von ca. $3 \cdot 10^{-5}\ K^{-1}$ bei tiefen Temperaturen bis zu einem oberen Wert von 20 bis $30 \cdot 10^{-5}\ K^{-1}$ im Erweichungsbereich zu, s. Bild 8.23. Da der Elastizitätsmodul auch mit zunehmender Verstreckung zunimmt, ist α auch von dieser abhängig, s. Bild 3.53. Für das Abschätzen von Längenänderungen bei Temperaturänderungen haben sich Kurvendarstellungen entsprechend Bild 3.54 sowie Bild 8.24 bewährt.

8.3.4 p-v-T-Diagramme

p-v-T-Diagramme, in denen das spezifische Volumen über der Temperatur bei verschiedenen Drücken dargestellt wird, werden sowohl zur Abschätzung der Verarbeitungsschwindung beim Spritzgießen als auch zur Steuerung des Spritzgießprozesses herangezogen, s. Abschn. 8.1.2 und Bild 3.55 (ABS). Bild 8.25 zeigt die 1-bar-Kurve unterschiedlicher Kunststoffe im Vergleich.

8.4 Elektrisches Verhalten

Kennwerte für das *elektrische Isolations-, Festigkeits- und dielektrische Verhalten* vgl. Tafel 8.15. Diese Kennwerte sind von der Temperatur und der Frequenz und teilweise von der Probekörperdicke, dem Wassergehalt und der Einwirkdauer der Spannung abhängig.

8.4.1 Isolationsverhalten

Die Temperaturabhängigkeit des *spezifischen Durchgangswiderstands* belegen Bild 3.58 und Bild 8.26, die Abhängigkeit vom Wassergehalt (PA6 und 66) Bild 8.27.

Eine elektrische Leitfähigkeit von Kunststoffen wird durch Compoundierung mit leitfähigen Füll- und Verstärkungsstoffen (s. Tafel 8.19 und Tafel 8.20) oder mit leitfähigen Kunststoffen erreicht, s. Bilder 3.56, 3.57, Bild 8.28 u. Tafel 8.24. Leitfähige Kunststoffe selbst (ICP) werden meist in Form von Folien oder Beschichtungen eingesetzt, s. Tafel 8.25.

8.4.2 Festigkeitsverhalten

Die folgenden Diagramme zeigen die Abhängigkeit der *Durchschlagfestigkeit* E_d von:

- Probendicke: Bild 3.60 und Bild 8.29,
- Prüffrequenz: Bild 3.61,
- Glimmdauer und Zeit: Bild 3.63 und Bild 8.30,
- Temperatur: Bild 8.31 bis Bild 8.34.

8.4.3 Dielektrisches Verhalten

Der dielektrische *Verlustfaktor tan* δ und die *Dielektrizitätszahl* ε_r können sich in einem Temperaturbereich von 20 K und in einem Frequenzbereich von zwei Zehnerpotenzen um den Faktor 10 ändern, s. Bild 8.35 und Bild 8.36

8.4.4 Elektrostatisches Verhalten

Kennwerte für das elektrostatische Verhalten sind in Tafel 8.26 zusammengestellt. Sie charakterisieren die elektrostatische Aufladbarkeit.

8.5 Optisches Verhalten

Tafel 8.27 zeigt eine Übersicht über die Lichtdurchlässigkeit von Kunststoffen, die im nicht eingefärbten und ungefüllten Zustand glasklar bis opak sind, und deren Brechungsindex.

Bild 3.72 gibt die Abhängigkeit des Brechungsindex von der Wellenlänge, Tafel 3.8 von der Temperatur wieder.

8.6 Verhalten gegen Umwelteinflüsse

8.6.1 Wasser, Feuchtigkeit

Tafel 8.28 enthält die Sättigungswerte der *Wasseraufnahme* bei 23 °C und der *Feuchtigkeitsaufnahme* im Normklima (23 °C/50r.F.), sowie die zur Berechnung der Wasseraufnahme erforderlichen *Diffusionskoeffizienten*. Diese Sättigungswerte sind von der Temperatur, s. Bild 3.76, und von der relativen Luftfeuchte der Umgebung, s. Bild 8.37 und Bild 8.38, abhängig. Auch die Diffusionskoeffizienten sind von der Temperatur abhängig, s. Bild 3.75 und Bild 8.39.

8.6.2 Chemikalienbeständigkeit

Eine Übersicht über die Beständigkeit gegen Chemikalien zeigt Tafel 8.29. Es muss bedacht werden, dass gerade bezüglich der Beständigkeit Spezialtypen stark abweichendes Verhalten aufweisen können. Auch synergetische Effekte können eine Rolle spielen.

In Tafel 8.30 sind Beständigkeiten für Tafeln aus einigen im Apparatebau eingesetzten Kunststoffen und für eine Dichtungsbahn zusammengestellt, die auch den Einfluss der Temperatur zeigen, nach Fa. Eilenburg Plastic.

8.6.3 Spannungsrissbildung

Eine einheitliche Beurteilungsstrategie für die Spannungsrissempfindlichkeit steht noch aus. Tafel 8.31 gibt einen qualitativen Überblick über einige Kunststoff/Medien-Kombinationen. Tafel 8.32 enthält *rissauslösende Medien*, die zur Auslösung von Rissen durch eingefrorene innere oder äußere Spannungen und damit zur Beurteilung der Spannungsriss-Beständigkeit Verwendung finden.

8.6.4 Atmosphärische Einflüsse

Die *Bewitterungsstabilität* von Kunststoffen kann durch Stabilisierung und Pigmentierung deutlich verbessert werden, so dass die Angaben in Tafel 8.33 nur Anhaltswerte sein können.

8.6.5 Energiereiche Strahlung

Bild 3.81 zeigt den Einfluss der Dosisleistung und damit auch des Sauerstoffs auf die Beständigkeit gegen ionisierende Strahlung. In Tafel 8.34 sind die Halbwertsdosen zusammengefasst, die zu einem Abfall der Reißdehnung um 50% führen. Tafel 8.35 gibt einen qualitativen, auf Erfahrung beruhenden Überblick über Thermoplaste, Duroplaste und Elastomere. Beständigkeit von Kabelwerkstoffen s. Abschn. 9.5.

8.6.6 Beständigkeit gegen Organismen

S. Tafel 8.33.

8.6.7 Migration und Permeation

Wasserdampf- und Gasdurchlässigkeiten nehmen mit zunehmender Probekörperdicke ab, da diese Werte nicht auf die Dicke bezogen werden, s. Bild 3.82, Bild 8.40 und Bild 8.41. Mit zunehmender Temperatur erhöhen sich die Werte deutlich, s. Bild 3.83 (auf die Dicke bezogene Durchlässigkeiten!), Bild 8.42 und Bild 8.43. Große Unterschiede bestehen zwischen den einzelnen Kunststoffen, s. Tafel 8.36, wobei auf die unterschiedliche Probekörperdicke zu achten ist. Bei Copolymerisaten beeinflusst die Zusammensetzung die Durchlässigkeiten, s. EVAC Bild 6.5. Tafel 8.37 gibt die Temperatur- und Feuchteabhängigkeit der Sauerstoffdiffusion von einigen Barrierefolien wieder.

Um die optischen und mechanischen Eigenschaften und die Barrierewirkung gegenüber Gasen des in der Verpackungsindustrie weit verbreiteten EVOH zu verbessern, genügen geringe (ca. 20 %) Zumischungen eines speziellen transparenten PA (Solar PA), s. Tafel 8.38.

Die O_2-Permeation einer PET-Folie kann durch Beschichten mittels Plasmapolymerisation (s. Abschn. 4.4.4.10) von Acetylen und Difluorethylen wesentlich verringert werden.

Im Bausektor verwendete *Wasserdampf-Diffusions-Widerstandszahlen* μ gibt Tafel 8.39 wieder.

8.6.8 Brandverhalten

Beim Vergleich des Brandverhaltens nach UL in Tafel 8.40 ist daran zu denken, dass das Verhalten mit zunehmender Dicke der Probekörper günstiger wird.

8.6.9 Verschleiß- und Gleitverhalten

Da Verschleiß und Reibungskoeffizienten stark von den Versuchsparametern abhängen, lassen sich nur nach gleichen Prüfverfahren (vom gleichen Autor) ermittelte Werte vergleichen.

Die Abhängigkeit des *Strahlverschleißes* mit Sand und Korund vom Elastizitätsmodul bzw. der Härte der Werkstoffe zeigen Bild 3.85 und Tafel 8.41, s. Abschn. 3.6.9.1. Den auf PE-HD-UHWM bezogenen *Verschleiß in einer Sandaufschlämmung* gibt Tafel 8.42 wieder. Hoff und Langbein ermittelten die Erosionsgeschwindigkeit beim *Tropfenschlagverschleiß,* indem sie Wassertropfen mit 410 m/s gegen die Probekörper prallen ließen, s. Tafel 8.43. Den auf PA 6 bezogenen Verschleiß und zulässige *$p \cdot v$-Werte* beim Gleiten gegen Stahl geben Tafel 8.44 und Tafel 8.45 wieder.

Gleitreibungskoeffizienten reagieren stark auf Veränderungen der Oberflächen beider Gleitpartner (Rauigkeit, Benetzung). Deshalb können die Angaben in Tafel 8.46 nur Tendenzen und den Einfluss von Zusätzen aufzeigen. Es muss beachtet werden, dass Zusätze, insbesondere in Pulverform, die Festigkeit verschlechtern können.

Die beim Gleitvorgang entstehende Wärme macht eine Auswahl der Kunststoffe nach deren zulässiger Dauergebrauchstemperatur erforderlich, s. Tafel 8.47, wobei Gleitschichtdicken von 0,5 mm aus Kunststoffen mit inkorporierten Schmiermitteln (s. Tafel 8.45) oft ausreichen. Als Grundkörper können dabei preiswertere faserverstärkte Kunststoffe dienen.

Bei Verwendung von Schmiermitteln ist auf die Möglichkeit der gegenseitigen Beeinflussung zu achten, s. Tafel 8.48 und Tafel 8.49.

8.7 Richtwert-Tafeln und -Diagramme

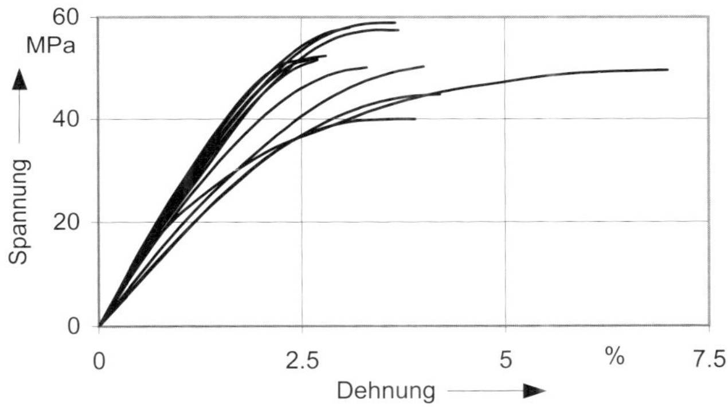

Bild 8.1 Streubreite der Spannungs-Dehnungs-Diagramme für PBT bei 23 °C

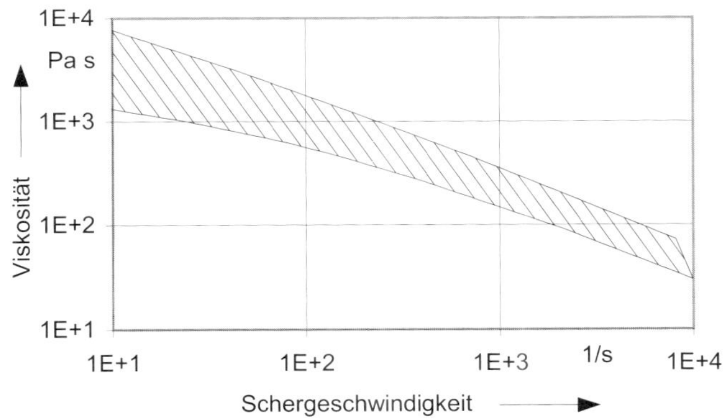

Bild 8.2 Streubreite der Viskositätskurve für ABS bei 240 °C

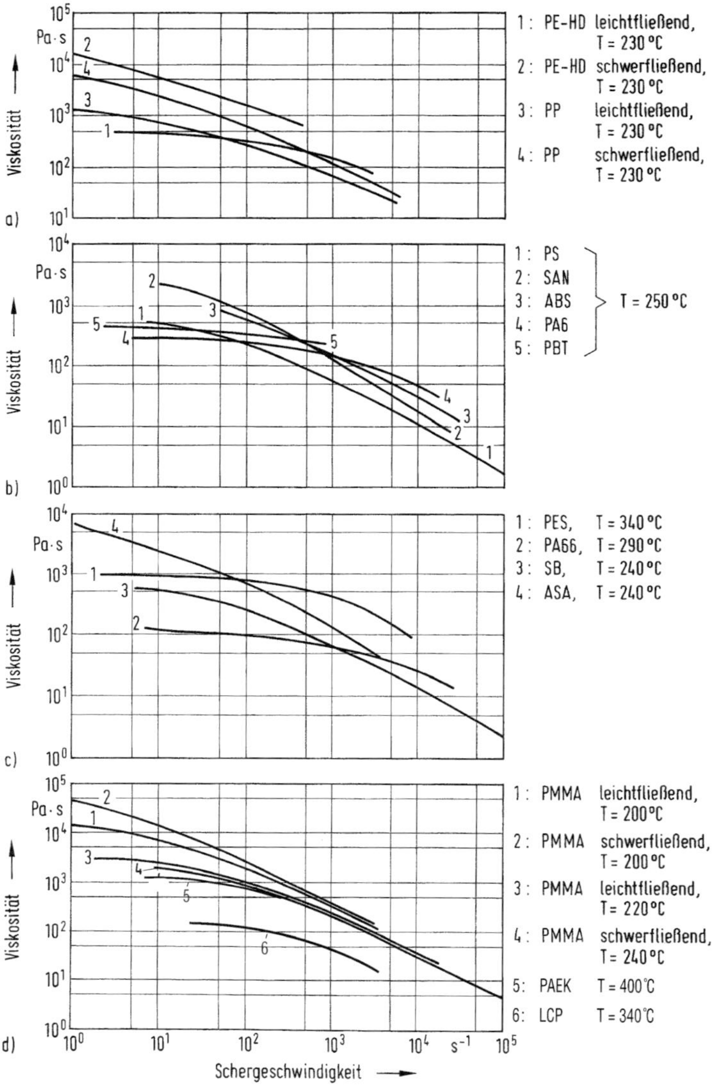

Bild 8.3 Fließkurven verschiedener Kunststoffe

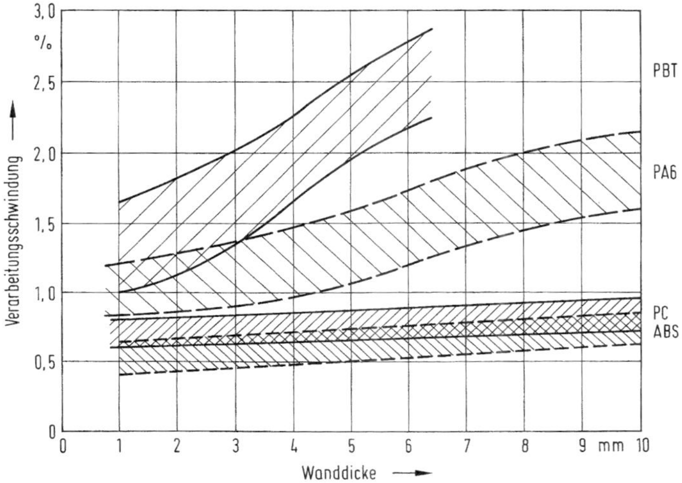

Bild 8.4 Abhängigkeit der Verarbeitungsschwindung von der Wanddicke

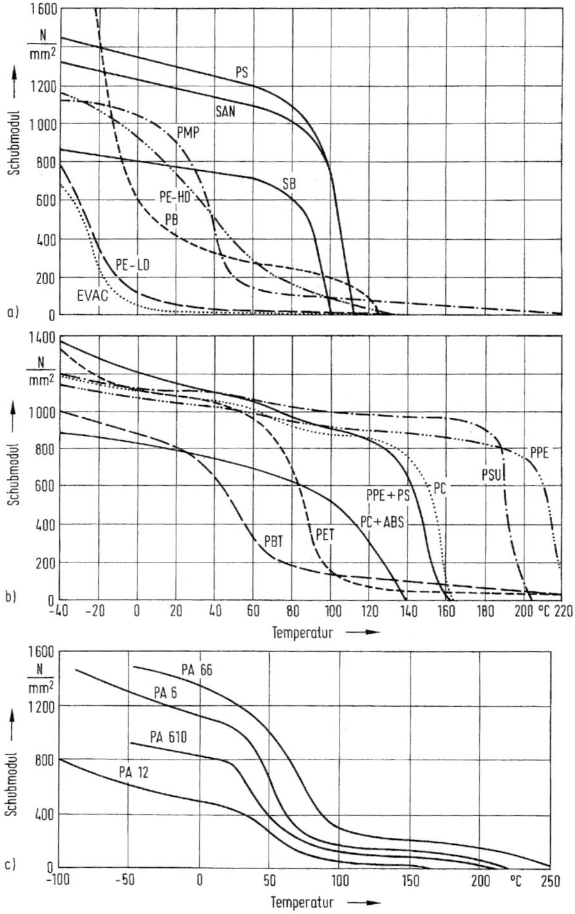

Bild 8.5 Abhängigkeit des Schubmoduls von der Temperatur

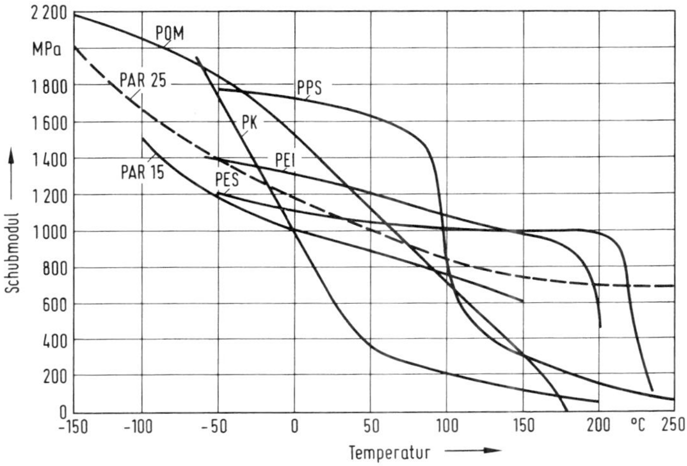

Bild 8.6 Abhängigkeit des Schubmoduls von der Temperatur

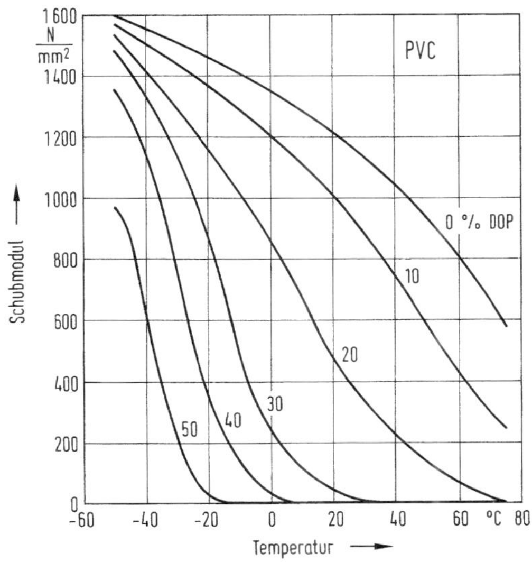

Bild 8.7 Abhängigkeit des Schubmoduls von der Temperatur für PVC mit unterschiedlichem Weichmachergehalt

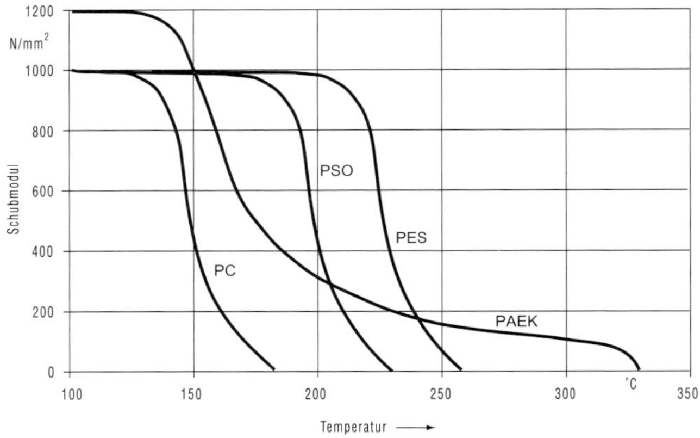

Bild 8.8 Abhängigkeit des Schubmoduls von der Temperatur

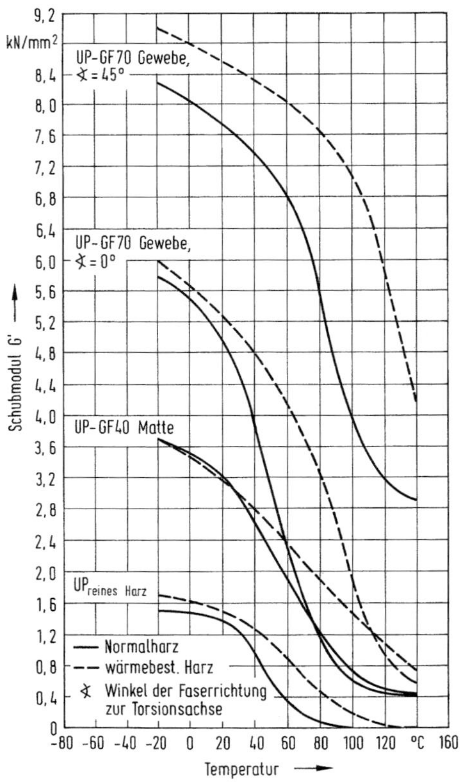

Bild 8.9 Abhängigkeit des Schubmoduls von der Temperatur für verstärktes KP-Harz

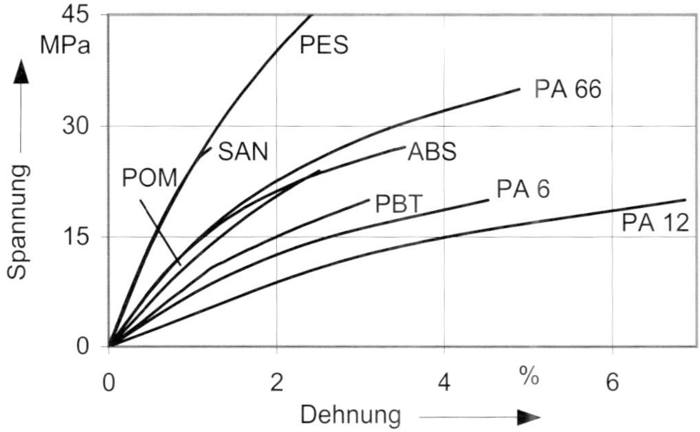

Bild 8.10 isochrone Spannungs-Dehnungs- Diagramme für unverstärkte Thermoplaste bei 23 °C und 1000 h

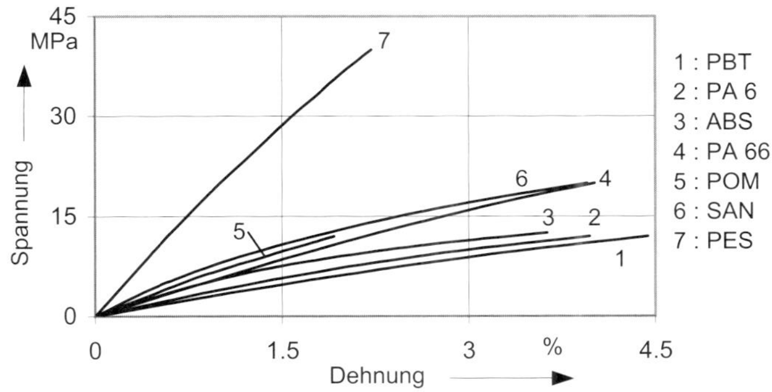

Bild 8.11 isochrone Spannungs-Dehnungs -Diagramme für unverstärkte Thermoplaste bei 60 °C und 1000 h

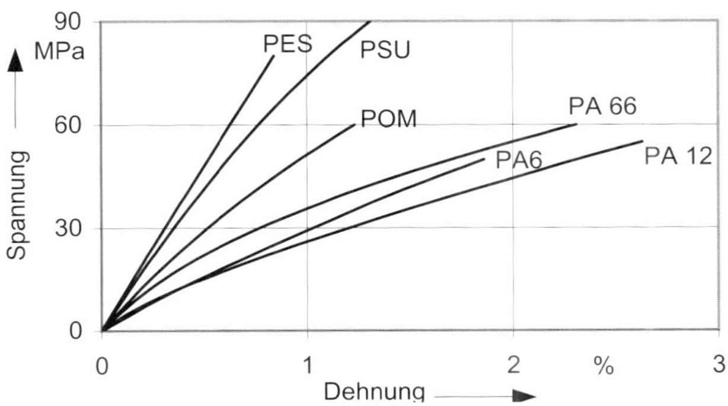

Bild 8.12 isochrone Spannungs-Dehnungs -Diagramme für verstärkte Thermoplaste (25 bis 35% GF) bei 23 °C und 1000 h

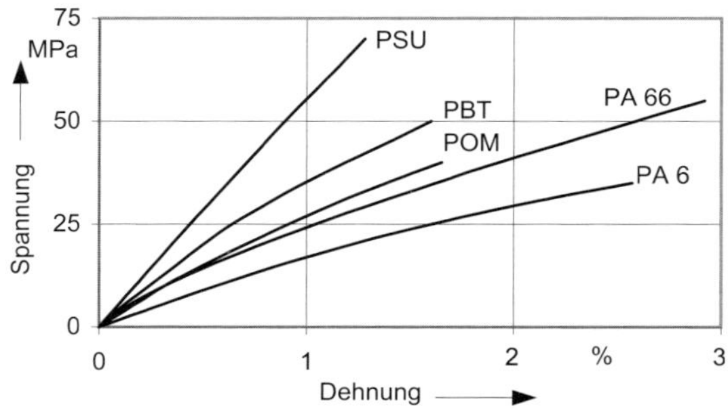

Bild 8.13 isochrone Spannungs-Dehnungs -Diagramme für verstärkte Thermoplaste (25 bis 35% GF) bei 60 °C und 1000h

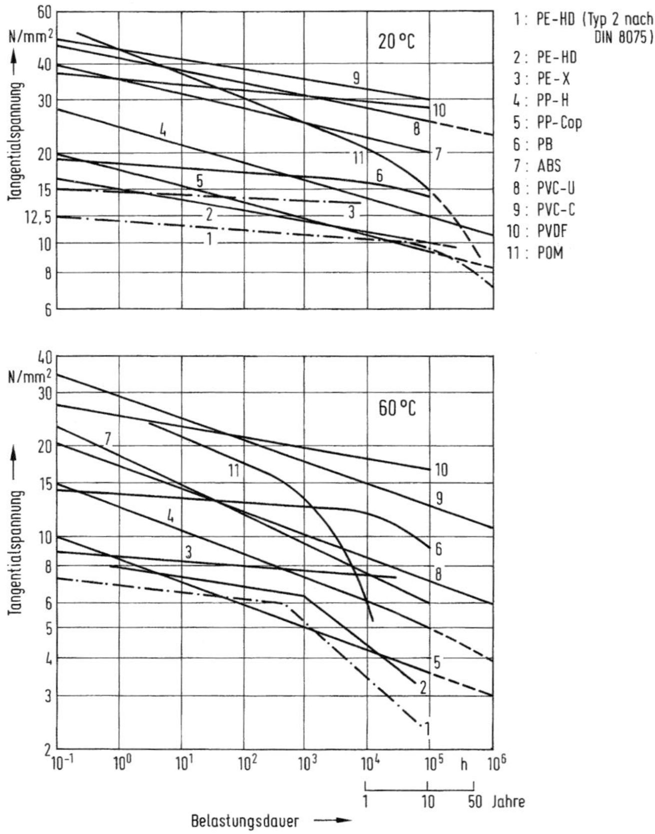

Bild 8.14 Zeitstandfestigkeit von Rohren; Prüfbedingung: bei 20 °C außen Luft, innen Wasser und bei 60 °C außen und innen Wasser

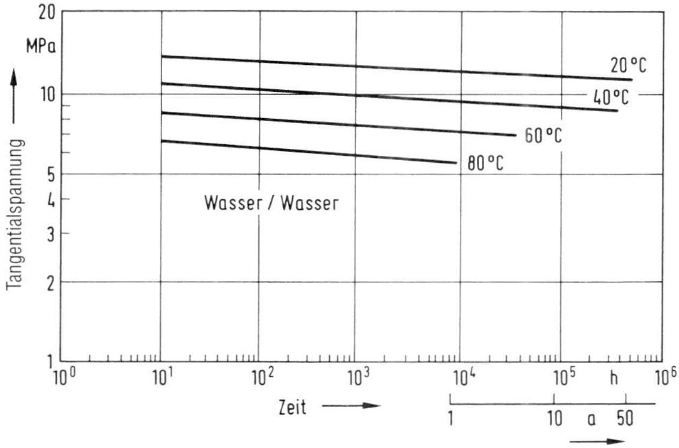

Bild 8.15 Zeitstand-Innendruckdiagramm für ein typisches PE100

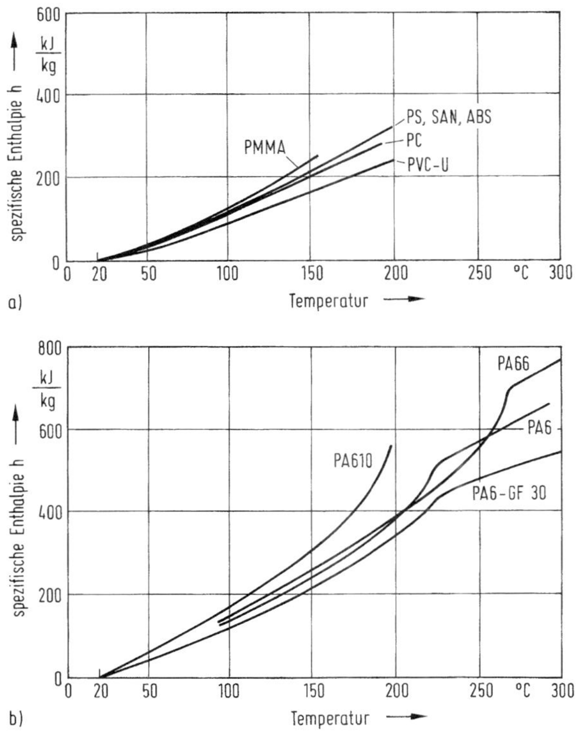

Bild 8.16 Abhängigkeit der spezifischen Enthalpie von der Temperatur

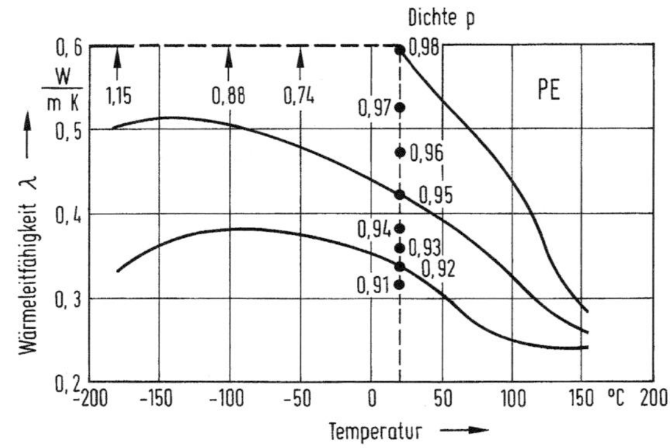

Bild 8.17 Abhängigkeit der Wärmeleitfähigkeit von der Temperatur für PE unterschiedlicher Dichte

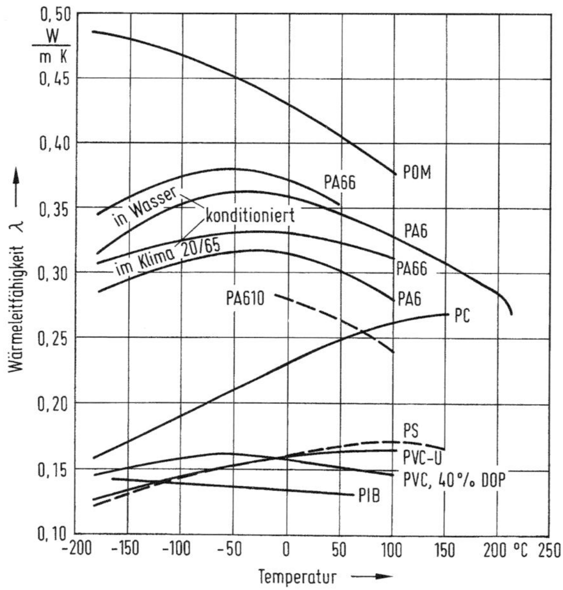

Bild 8.18 Abhängigkeit der Wärmeleitfähigkeit von der Temperatur verschiedener Thermoplaste

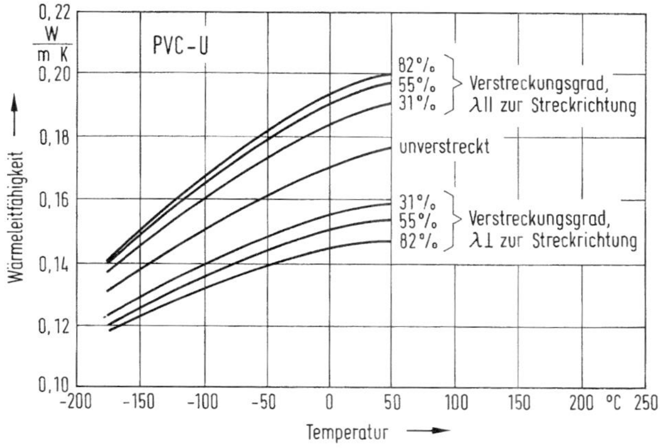

Bild 8.19 Abhängigkeit der Wärmeleitfähigkeit von der Temperatur für PVC-U (versteckt)

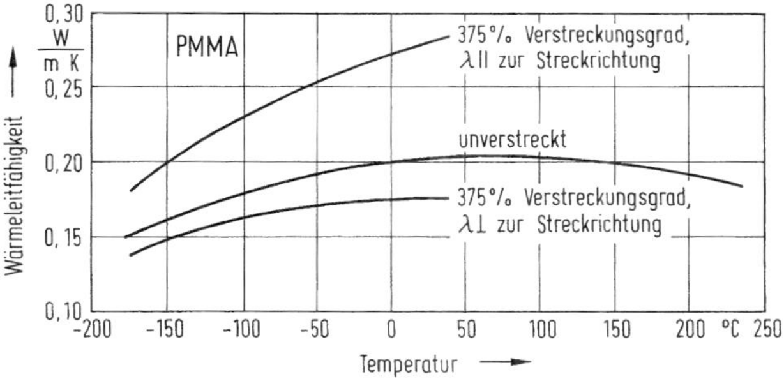

Bild 8.20 Abhängigkeit der Wärmeleitfähigkeit von der Temperatur für PMMA (verstreckt)

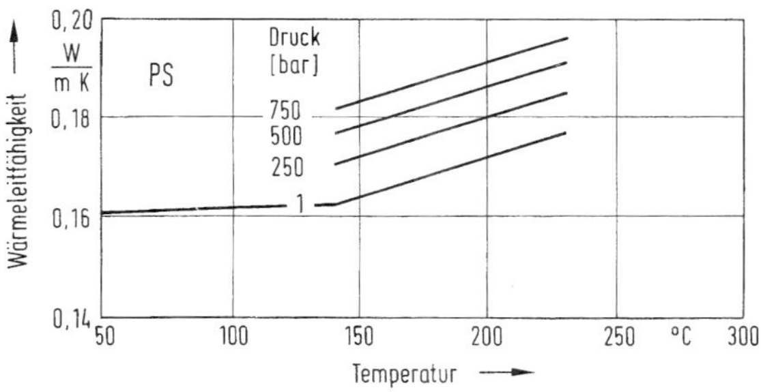

Bild 8.21 Abhängigkeit der Wärmeleitfähigkeit von der Temperatur für PS (unter hydrostatischem Druck)

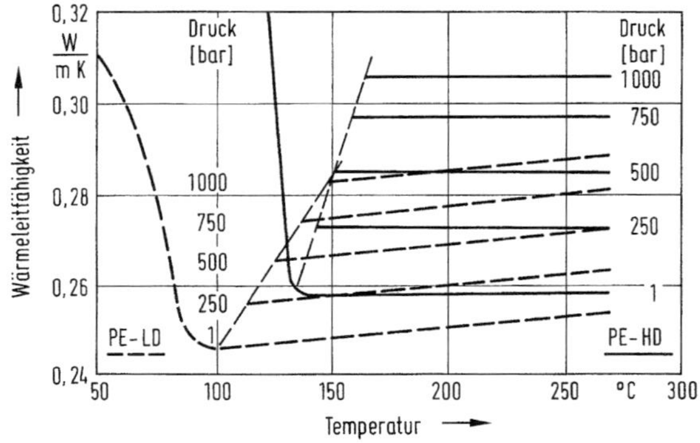

Bild 8.22 Abhängigkeit der Wärmeleitfähigkeit von der Temperatur für PE (unter hydrostatischem Druck)

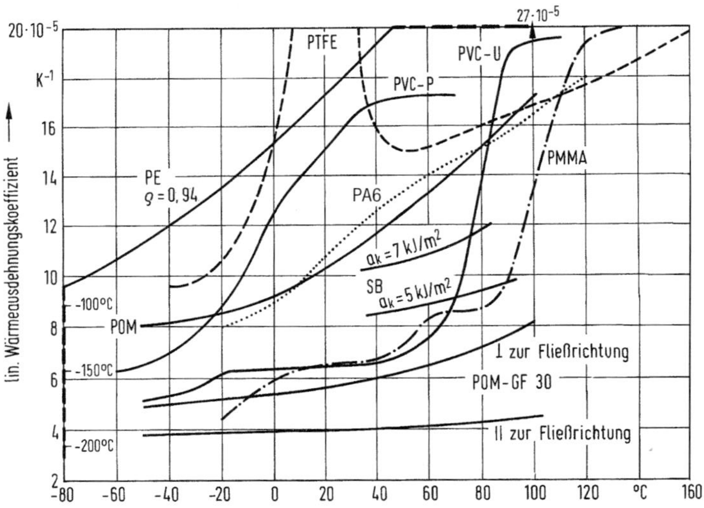

Bild 8.23 Abhängigkeit des linearen Wärmeausdehnungskoeffizienten von der Temperatur

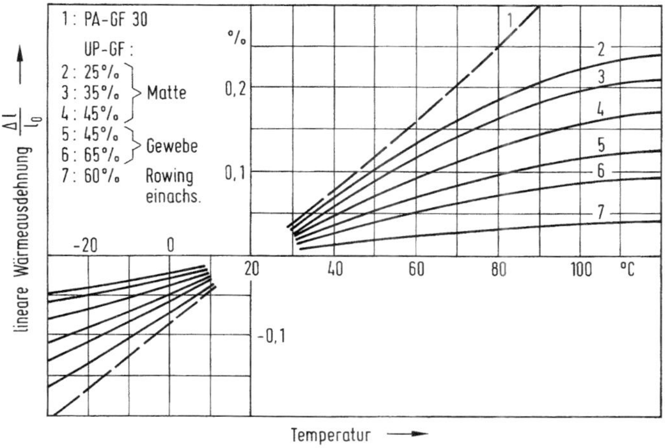

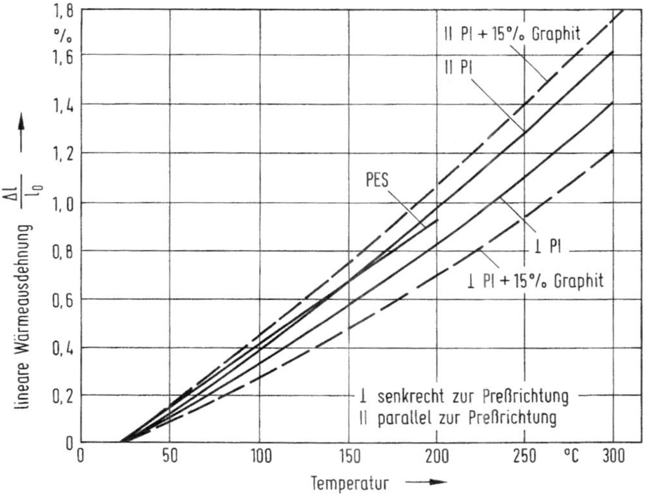

Bild 8.24 Relative Längenänderung in Abhängigkeit von der Temperatur

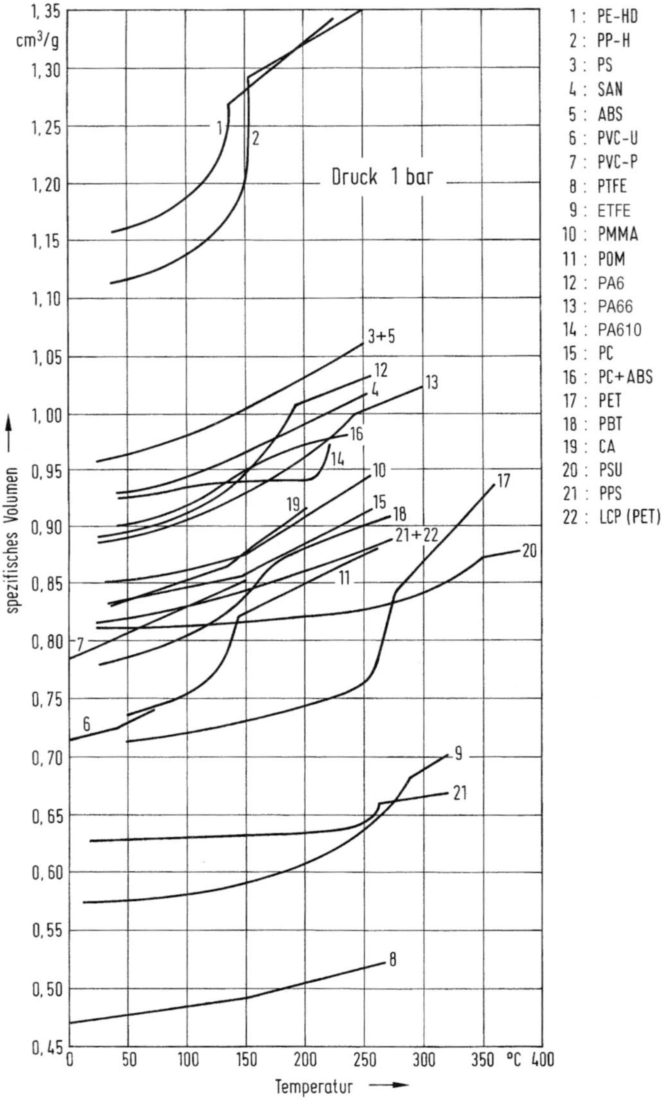

Bild 8.25 Spezifisches Volumen bei 1 bar in Abhängigkeit von der Temperatur (1bar-Kurve aus den entsprechenden pvT-Diagrammen)

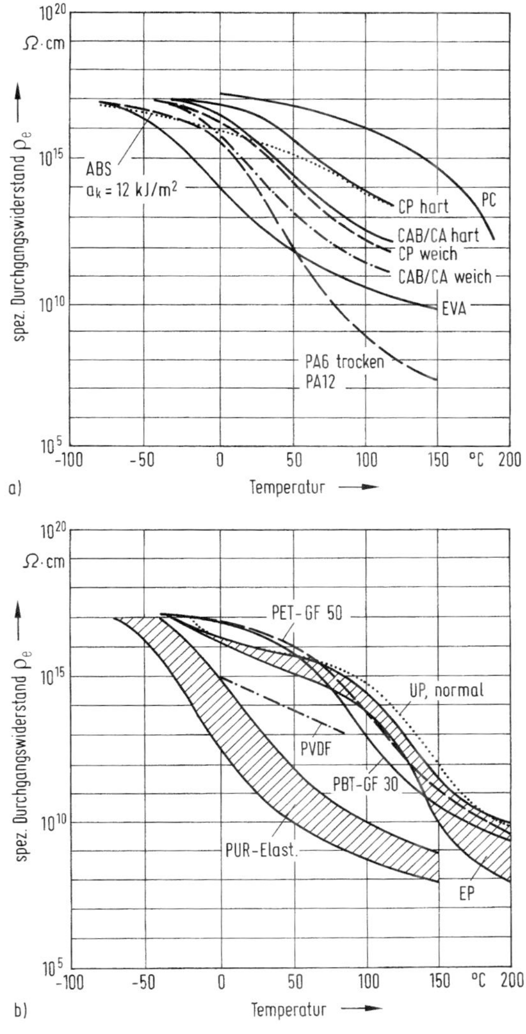

Bild 8.26 Spezifischer Durchgangswiderstand in Abhängigkeit von der Temperatur

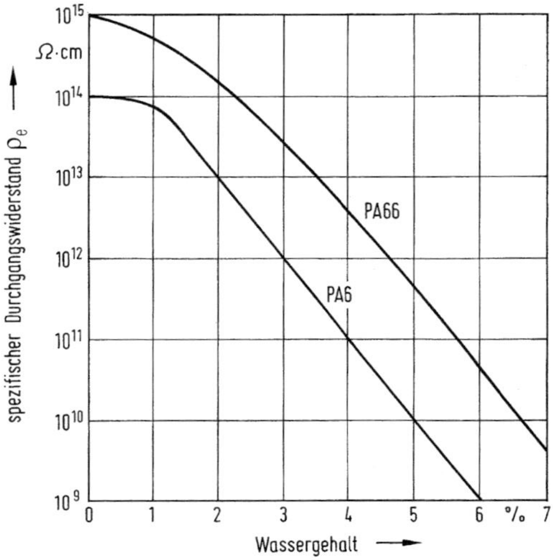

Bild 8.27 Spezifischer Durchgangswiderstand in Abhängigkeit vom Wassergehalt

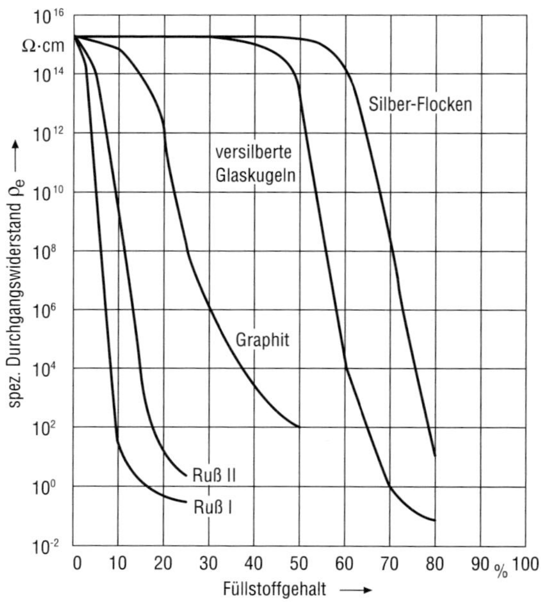

Bild 8.28 Spez. Durchgangswiderstand in Abhängigkeit von Füllstoffart und -gehalt (Perkolationskurven)

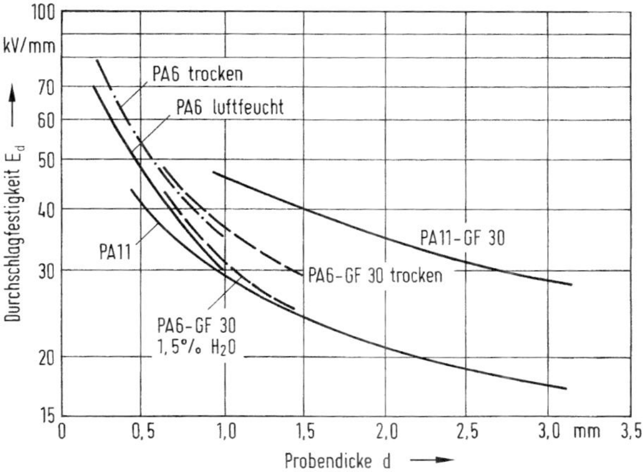

Bild 8.29 Durchschlagfestigkeit von Polyamiden in Abhängigkeit von der Probendicke

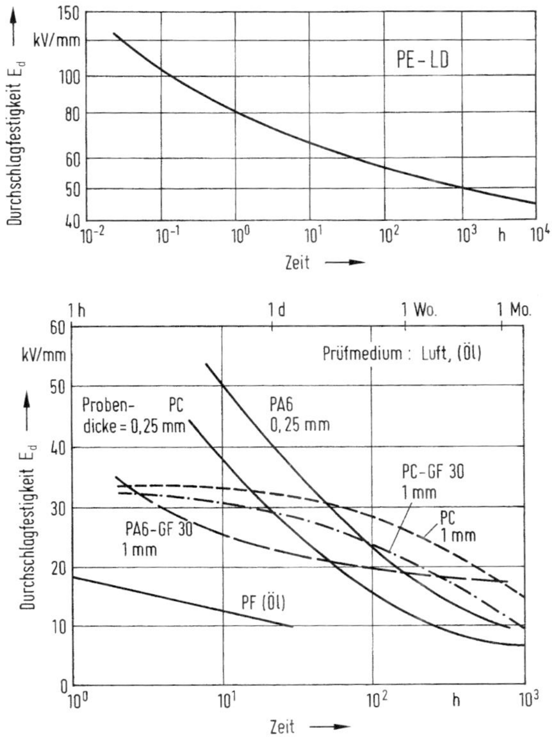

Bild 8.30 Durchschlagfestigkeit in Abhängigkeit von der Zeit

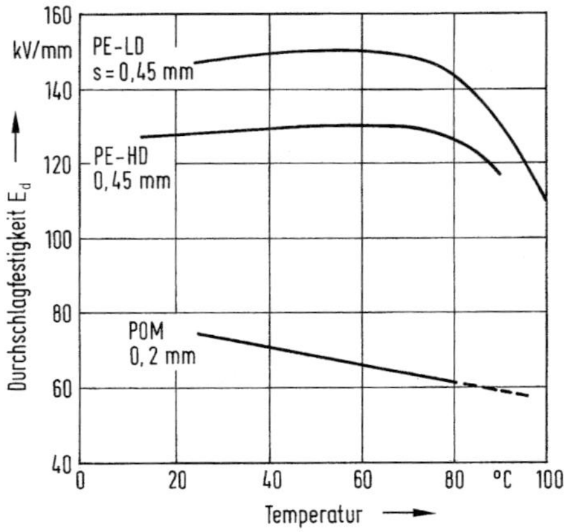

Bild 8.31 Durchschlagfestigkeit in Abhängigkeit von der Temperatur

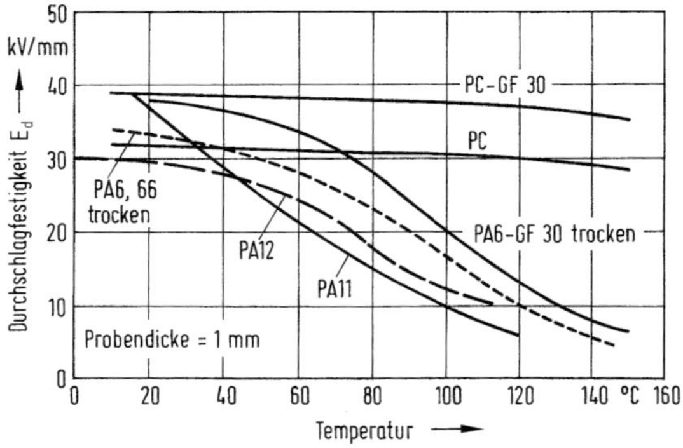

Bild 8.32 Durchschlagfestigkeit in Abhängigkeit von der Temperatur

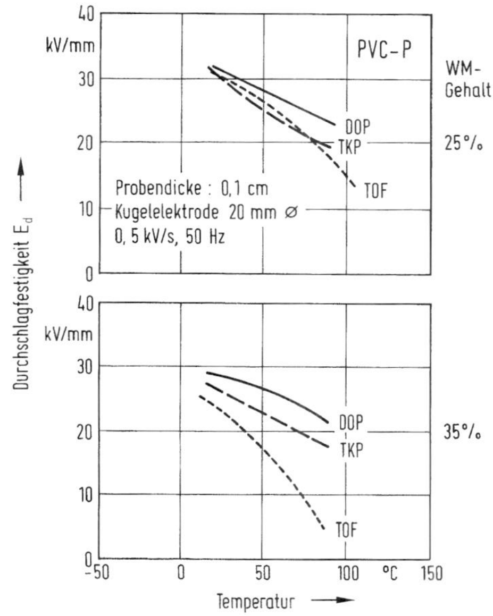

Bild 8.33 Durchschlagfestigkeit in Abhängigkeit von der Temperatur

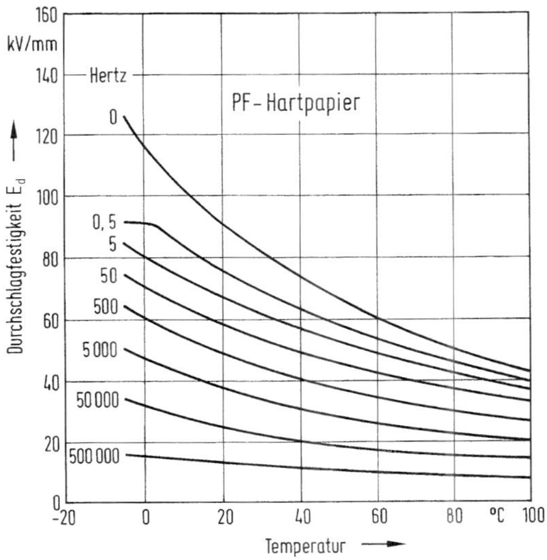

Bild 8.34 Durchschlagfestigkeit in Abhängigkeit von der Temperatur für PF-Hartpapier

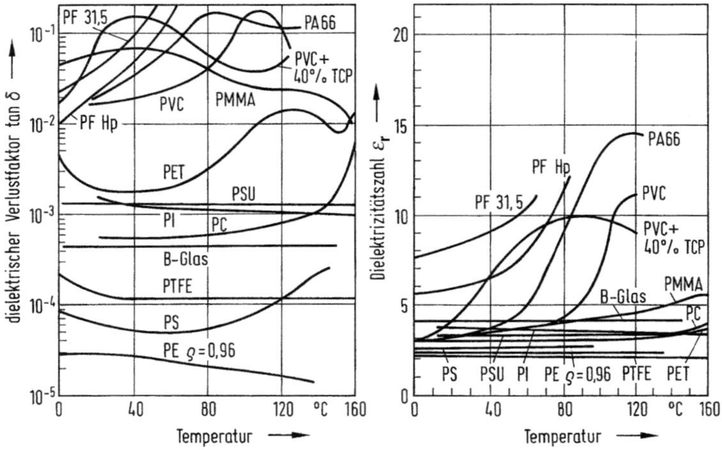

Bild 8.35 Dielektrischer Verlustfaktor (tan d) und Dielektrizitätszahl (ε_r) in Abhängigkeit von der Temperatur bei 50 Hz

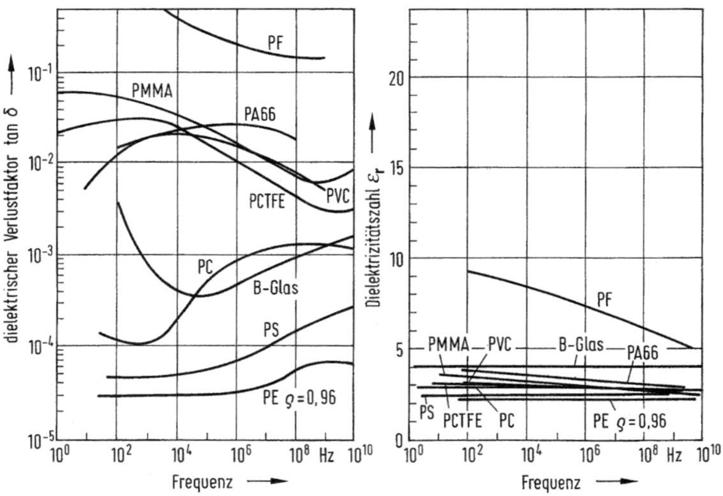

Bild 8.36 Dielektrischer Verlustfaktor (tan d) und Dielektrizitätszahl (ε_r) in Abhängigkeit von der Frequenz bei 20 °C

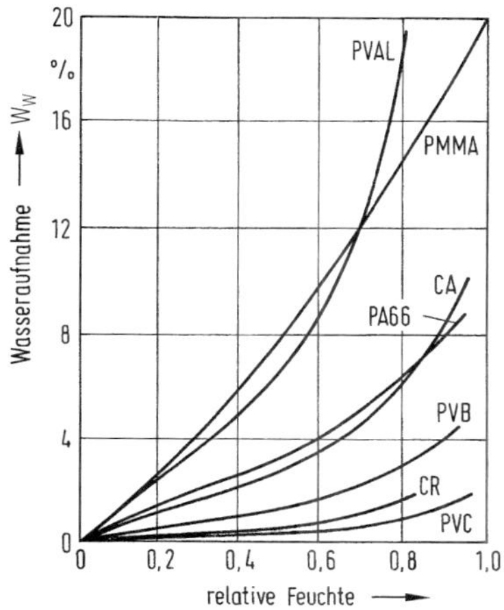

Bild 8.37 Gleichgewichts-Wasseraufnahme in Abhängigkeit von der relativen Luftfeuchte

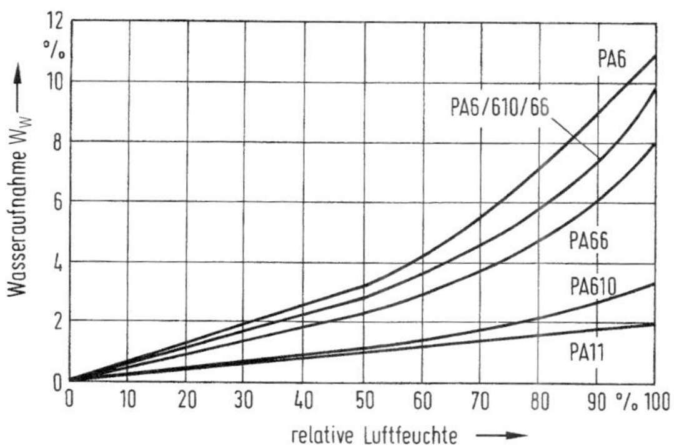

Bild 8.38 Gleichgewichts-Wasseraufnahme in Abhängigkeit von der relativen Luftfeuchte

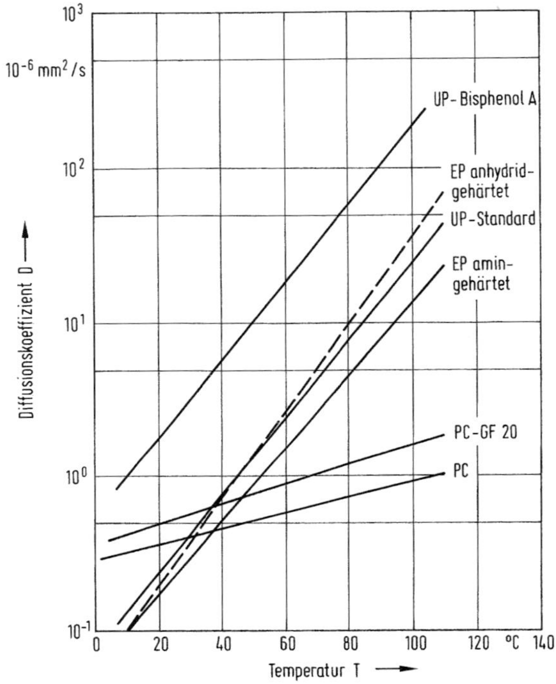

Bild 8.39 Diffusionskoeffizient für Wasser in Abhängigkeit von der Temperatur

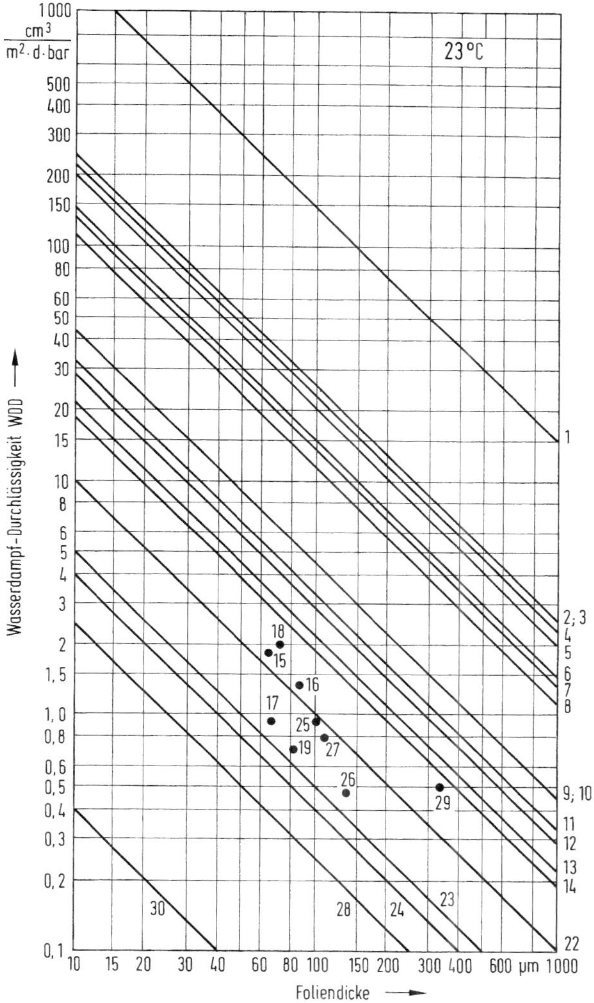

1 : CTA
2 : PVC-P (25% WM)*
3 : ABS
4 : SAN
5 : PA-Cop.
6 : PA6
7 : PS
8 : PS-HI
9 : EVA
10 : PVC-P (22% WM)
11 : EVA
12 : PVC-U (E-PVC)
13 : PVC-U (S-PVC)
14 : PET
15 : PET/PE (12/50)

Bild 8.40 Wasserdampfdurchlässigkeit in Abhängigkeit von der Foliendicke nach DIN 53380

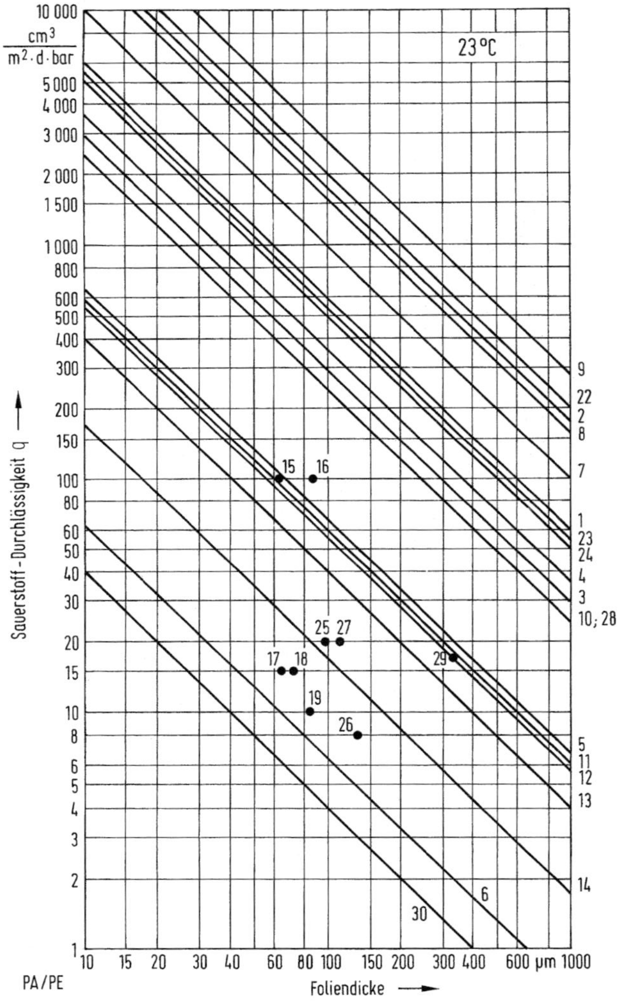

PA/PE

16 : PET/PE (12/75)
17 : PET/PE-X (15/50)
18 : PA/PE (35/50)
19 : PA/PE-X (35/60)
22 : PE-LD
23 : PP
24 : PE-HD
25 : PA/PE (40/60)
26 : PA/PE-X (60/75)
27 : PA/PP (40/75)
28 : PP-O
29 : PVC/PE (250/75)
30 : PVDC

* Spezial-weichmacher

** Von der Dichte des PE abhängig

Bild 8.41 Sauerstoff-Durchlässigkeit in Abhängigkeit von der Foliendicke nach DIN 53380

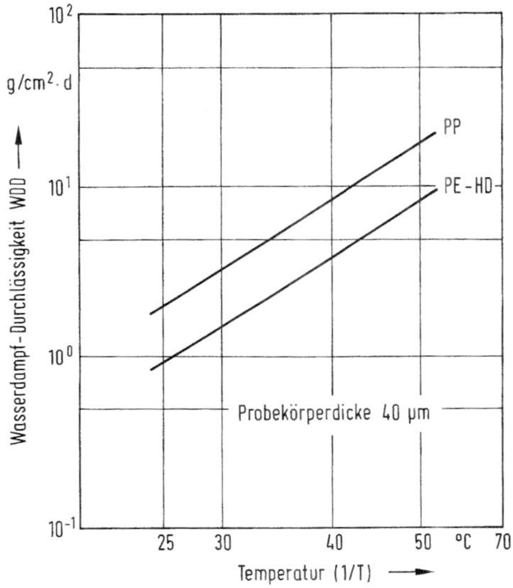

Bild 8.42 Wasserdampf-Durchlässigkeit in Abhängigkeit von der Temperatur

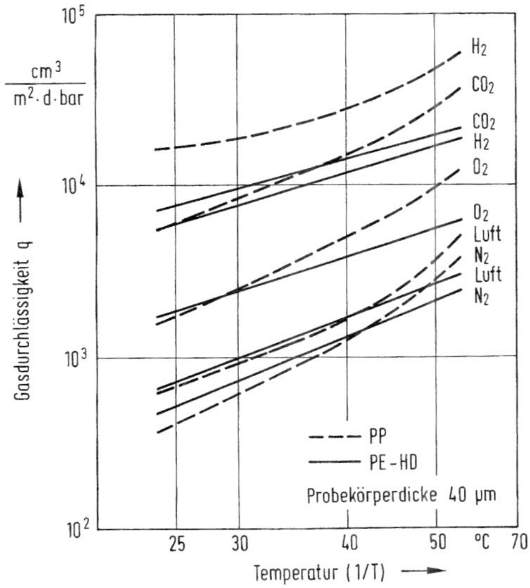

Bild 8.43 Gasdurchlässigkeit in Abhängigkeit von der Temperatur

Tafel 8.1 Verarbeitungstechnische Kennzahlen für einige Kunststoffe (Spritzgießen)

Kunststoff	Verarbeitungstemperatur °C	Vortrocknen °C/h	Werkzeugtemperatur °C	Verarbeitungsschwindung %	Fließweglänge[1]) bei 2 mm Wanddicke
PE-LD	160–220	–	20– 60	1,5–5,0	550–600
PE-HD	180–250	–	10– 60	1,5–3,0	200–600
EVAC	130–240	–	10– 50	0,8–2,2	320
PP	200–270	–	20– 90	1,3–2,5	250–700
PB	220–290	–	10– 60	1,5–2,6	300–800
PIB	150–250	–	50– 80	–	
PMP	280–310	–	ca. 70	1,5–3,0	
PS	170–280	–	10– 60	0,4–0,7	200–500
SAN	200–260	85/2–4	50– 80	0,4–0,7	–
SB	190–280	–	10– 80	0,4–0,7	200–500
ABS	200–275	70–80/2[2])	50– 90	0,4–0,7	320
ASA	220–260	70–80/2–4	50– 85	0,4–0,7	–
PVC-U	170–210	–	20– 60	0,4–0,8	160–250
PVC-P	160–190	–	20– 60	0,7–3,0	150–500
PMMA	190–270	70–100/2 bis 6	40– 90	0,3–0,8	200–500
POM	180–230	110/2[2])	60–120	1,5–2,5	500
PA 6	240–290	80/8–15[2])	40–120	0,8–2,5	400–600
PA 66	260–300	80/8–15[2])	40–120	0,8–2,5	810
PA 610	220–260	80/8–15	40–120	0,8–2,0	–
PA 11	200–250	70–80/4–6	40– 80	1,0–2,0	–
PA 12	190–270	100/4[2])	20–100	1,0–2,0	200–500
PA 6-3-T	250–320	80–90/10	70– 90	0,5–0,6	–
PC	270–320	110–120/4	80–120	0,6–0,8	150–220
PET-K	260–300	120/4[2])	130–150 20[3])	1,2–2,0 0,2[3])	200–500
PBT	230–280	120/[2])	40– 80	1,0–2,2	250–600
PPE + PS	240–300	100/2	40–110	0,5–0,8	260
PSU	340–390	120/5	100–160	0,6–0,8	–
PPS	320–380	–	20–200	ca. 0,2	–
PES	320–390	160/5	100–190	0,2–0,5	–
PVDF	250–270	–	90–100	3–6	–
PTFE	320–360	–	200–230	3,5–6,0	–
Perfluoralkoxy normal	380–400	–	95–230	3,5–5,5	80–120
PEEK	350–390	150/3	120–150	ca. 1	–
PA I	330–380	180/8	ca. 230	–	–
PE I	340–425	150/4	65–175	0,4–0,7	–
PEK	360–420	150/3	120–160	ca. 1	–
CA	180–220	80/2–4	40–80	0,4–0,7	350
CP	190–230	80/2–4	40–80	0,4–0,7	500
CAB	180–220	80/2–4	40–80	0,4–0,7	500
PF Typ 31	60–80	–	170–190	1,2	–
MF Typ 131	70–80	–	150–165	1,2–2	–
MF/PF Typ 180/82	60–80	–	160–180	0,8–1,8	–
UP Typ 802	40–60	–	150–170	0,5–0,8	–
EP Typ 891	ca. 70	–	160–170	0,2	–
TPO	180–200	75/2 oder 65/3	10–80	1,5–2,0	–
SBS	175–250	–	10–90	0,3–2,2	–
TPA	170–230	110/2–4 oder 100/3–6	15–80	1,0–2,0	–
TPC	160–220				–
TPS	180–220				–
TPU	180–220	110/0,5 oder 100/2	20–40	0,8–1,5	–

[1]) bei mittlerer Massetemperatur, Massedruck und Spritzgießwerk-Wandtemperatur, [2]) zum Teil nicht nötig, da vorgetrocknet angeliefert, [3]) für amorphe Typen

Weitere Verarbeitungsschwindungen

Kunststoff	Verarbeitungs-schwindung, %	Kunststoff	Verarbeitungs-schwindung, %
PP-GF20	1,2–2,0	PBT-GF-30	0,5–1,5
PS-HI	0,4–0,7	PPE+PS-GF-30	0,2
SAN-GF30	0,2–0,3	PSU-GF40	0,2–0,4
ABS-GF30	0,1–0,3	PPS-GF-40	0,2
POM-GF30	0,5–1,0	PES-GF-40	0,15
PA 6-GF 30	0,2–1,2	PEK	0,7–0,9
PA 66	0,2–1,2	PEK-GF-30	0,3–0,8
PET-A	0,2	PC-GF-30	0,2–0,4
PET-K-GF-30	0,2–2,0		

8

Tafel 8.2 Schwindungskennwerte und Toleranzgruppen für Kunststoff-Formmassen

Schwindungskennwert	Maßtoleranz-Gruppen (nach Tafel 8.3) ohne Toleranzangabe	mit Toleranzangabe Reihe 1	mit Toleranzangabe Reihe 2	Thermoplaste amorph
0–1	130	120	110	PS; SB; SAN; ABS*; ASA; PPE+PS*; PPE; PMMA; PVC-U; PA*; PC*; PET; PES; PSU*; PPS-GF
1–2	140	130	120	EVAC; PPEPDM; TPU 50 Shore D; CA, CAB, CAP, CP;
2–3	150	140	130	TPU 70–90 Shore A
3–4	160	150	140	

* verstärkt und unverstärkt

Tafel 8.3 Zulässige Abweichungen (±-Werte) und Toleranzen für Maße an Kunststoff-

Toleranzgruppe nach Tafel 8.2	Kennbuchstabe*	Nennmaßbereich über 0 bis 1	1 3	3 6	6 10	10 15	15 22	22 30	30 40	40 53
		Zulässige Abweichungen								
160	A	±0,28	±0,30	±0,33	±0,37	±0,42	±0,49	±0,57	±0,66	±0,78
	B	±0,18	±0,20	±0,23	±0,27	±0,32	±0,39	±0,47	±0,58	±0,68
150	A	±0,23	±0,25	±0,27	±0,30	±0,34	±0,38	±0,43	±0,49	±0,57
	B	±0,13	±0,15	±0,17	±0,20	±0,24	±0,28	±0,33	±0,39	±0,47
140	A	±0,20	±0,21	±0,22	±0,24	±0,27	±0,30	±0,34	±0,38	±0,43
	B	±0,10	±0,11	±0,12	±0,14	±0,17	±0,20	±0,24	±0,28	±0,33
130	A	±0,18	±0,19	±0,20	±0,21	±0,23	±0,25	±0,27	±0,30	±0,34
	B	±0,08	±0,09	±0,10	±0,11	±0,13	±0,15	±0,17	±0,20	±0,24
		Toleranzen								
160	A	0,56	0,60	0,66	0,74	0,84	0,98	1,14	1,32	1,56
	B	0,36	0,40	0,46	0,54	0,64	0,78	0,94	1,12	1,36
150	A	0,46	0,50	0,54	0,60	0,68	0,76	0,86	0,98	1,14
	B	0,26	0,30	0,34	0,40	0,48	0,56	0,66	0,78	0,94
140	A	0,40	0,42	0,44	0,48	0,54	0,60	0,68	0,76	0,86
	B	0,20	0,22	0,24	0,28	0,34	0,40	0,48	0,56	0,68
130	A	0,36	0,38	0,40	0,42	0,46	0,50	0,54	0,60	0,88
	B	0,16	0,18	0,20	0,22	0,26	0,30	0,34	0,40	0,48
120	A	0,32	0,34	0,36	0,38	0,40	0,42	0,46	0,50	0,54
	B	0,12	0,14	0,16	0,18	0,20	0,22	0,28	0,30	0,34
110	A	0,18	0,20	0,22	0,24	0,26	0,28	0,30	0,32	0,36
	B	0,08	0,10	0,12	0,14	0,16	0,18	0,20	0,22	0,26
Feinwerktechnik	A	0,10	0,12	0,14	0,16	0,20	0,22	024	0,26	0,28
	B	0,05	0,06	0,07	0,08	0,10	0,12	0,14	0,16	0,18

* A für nicht werkzeuggebundene Maße, B für werkzeuggebundene Maße

nach DIN 16 901

Thermoplaste teilkristallin	Duroplast-Formmassen
PA6/66/610/11/12-GF; PET-GF; PBT-GF: POM-GF	EP; PF, MF, DAP mit anorgan. Füllstoffen; UP-GF
PP-GF > 4 mm; PA 6/66/610/11/12; PET, PBT, POM <150 mm	PF, UF, MF, DAP mit organ. Füllstoffen; UP-GF, MPF; PF-Kaltformmassen; UP-Prepreg
PE, PP 4 mm; PP-GF > 4 mm; fluorierte PEPP; POM > 150 mm	
PE, PP >4 mm;	

Formteilen nach DIN 16901 in mm

Nennmaßbereich											
53 70	70 90	90 120	120 160	160 200	200 250	250 315	315 400	400 500	500 630	630 800	800 1000
Zulässige Abweichungen											
±0,94	±1,15	±1,40	±1,80	±2,20	±2,70	±3,30	±4,10	±5,10	±6,30	±7,90	±10,00
±0,84	±1,05	±1,30	±1,70	±2,10	±2,60	±3,20	±4,00	±5,00	±6,20	±7,80	±9,90
±0,68	±0,81	±0,97	±1,20	±1,50	±1,80	±2,20	±2,80	±3,40	±4,30	±5,30	±6,60
±0,58	±0,71	±0,87	±1,10	±1,40	±1,70	±2,10	±2,70	±3,30	±4,20	±5,20	±6,50
±0,50	±0,60	±0,70	±0,85	±1,05	±1,25	±1,55	±1,90	±2,30	±2,90	±3,60	±4,50
±0,40	±0,50	±0,60	±0,75	±0,95	±1,15	±1,45	±1,80	±2,20	±2,80	±3,50	±4,40
±0,38	±0,44	±0,51	±0,60	±0,70	±0,90	±1,10	±1,30	±1,60	±2,00	±2,50	±3,00
±0,28	±0,34	±0,41	±0,50	±0,60	±0,80	±1,00	±1,20	±1,50	±1,90	±2,40	±2,90
Toleranzen											
1,88	2,30	2,80	3,60	4,40	5,40	6,60	8,20	10,20	12,50	15,80	20,00
1,68	2,10	2,60	3,40	4,20	5,20	6,40	8,00	10,00	12,30	15,60	19,80
1,36	1,62	1,94	2,40	3,00	3,60	4,40	5,60	6,80	8,60	10,60	13,20
1,16	1,42	1,74	2,20	2,80	3,40	4,20	5,40	6,60	8,40	10,40	13,00
1,00	1,20	1,40	1,70	2,10	2,50	3,10	3,80	4,60	5,80	7,20	9,00
0,80	1,00	1,20	1,50	1,90	2,30	2,90	3,60	4,40	5,60	7,00	8,80
0,76	0,88	1,02	1,20	1,50	1,80	2,20	2,60	3,20	3,90	4,90	6,00
0,58	0,68	0,82	1,00	1,30	1,80	2,00	2,40	3,00	3,70	4,70	5,80
0,60	0,68	0,78	0,90	1,06	1,24	1,50	1,80	2,20	2,60	3,20	4,00
0,40	0,48	0,58	0,70	0,86	1,04	1,30	1,60	2,00	2,40	3,00	3,60
0,40	0,44	0,50	0,58	0,68	0,80	0,96	1,16	1,40	1,70	2,10	2,60
0,30	0,34	0,40	0,48	0,58	0,70	0,86	1,06	1,30	1,60	2,00	2,50
0,31	0,35	0,40	0,50								
0,21	0,25	0,30	0,40								

Tafel 8.4 Richtwerte für die Verarbeitung härtbarer Formmassen

Verfahren	Pressen		Spritzgießen					
Formmassen	Press-temperatur °C	Press-druck bar	Zylinder-temperaturen[1]) Förderzone °C	Zylinder-temperaturen[1]) Düse °C	Werkzeug-Tempe-raturen °C	Stau-druck bar	Spritz-druck bar	Nach-druck bar
PF, Typ 11–13	150–165	150–400	60–80	85–95	170–190	bis 250	600–1400	600–1000
Typ 31 u. ä.	155–170	150–350	70–80	90–100	170–190	300–400	600–1400	800–1200
Typ 51, 83, 85	155–170	250–400	70-80	95–110	170–190	bis 250	600–1700	800–1200
Typ 15, 16, 57, 74, 77	155–170	300–600						
MF, Typ 131	135–160	250–500	70–80	95–120	150–165	300–400	1500–2500	1000–1400
Typ 150–152	145–170	250–500	70–80	95–105	160–180	bis 250	1500–2500	800–1200
Typ 156, 157	145–170	300–600	65–75	90–100	160–180	bis 150	1500–2500	800–1200
MF/PF, Typ 180, 182	160–165	250–400	60–80	90–110	160–180		1200–2000	
UP, Typ 802 u. ä.	130–170	50–250	40–60	60–80	150–170	ohne	200–1000	600–800
EP	160–170	100–200	ca. 70	ca. 70	160–170	ohne	bis 1200	600–800
PE, vernetzbar	120°C Schmelz-, bis 200°C Vernetzungstemperatur		135–140	135–140	180–230			

[1]) Die Masse-Temperaturen sind wegen des Beitrags von Reibungs- und Reaktionswärme nicht genau bestimmbar.

Tafel 8.5 Verträglichkeit verschiedener Kunststoffe bei der thermoplastischen Verarbeitung (nach BASF)

	PE-HD	PE-LD	PP-H	PP-HI	PVC	PS	S-B	ABS	ASA	SAN	PA	PBT	PET	POM	PC	PMMA	PSU	PES	PAEK	TPU	(PPE+S-B)
PE-HD	M																				
PE-LD	M	M																			
PP-H	U	U	M																		
PP-HI	M	M	M	M																	
PVC	U	U	U	U	M																
PS	C	C	C	C	U	M															
S/B	C	C	C	C	U	M	M														
ABS	U	U	U	U	M	U	U	M													
ASA	U	U	U	U	M	U	U	M	M												
SAN	U	U	U	U	M	U	U	M	M	M											
PA	C	C	C	C	Z	C	C	C	C	C	M										
PBT	C	C	C	C	Z	U	U	U	U	U	U	M									
PET	C	C	C	C	Z	U	U	U	U	U	U	M	M								
POM	U	U	U	U	Z	U	U	U	U	U	U	U	U	M							
PC	U	U	U	U	Z	U	U	M	M	M	C	M	M	U	M						
PMMA	U	U	U	U	M	U	U	M	M	M	U	U	U	U	M	M					
PSU	Z	Z	Z	Z	Z	U	Z	M	M	M	C	Z	U	Z	M	Z	M				
PES	Z	Z	Z	Z	Z	Z	Z	Z	Z	Z	U	Z	Z	Z	M	Z	M	M			
PAEK	Z	Z	Z	Z	Z	Z	Z	Z	Z	Z	Z	Z	Z	Z	Z	Z	M	M	M		
TPU	U	U	U	U	C	U	U	M	M	M	Z	U	U	M	M	M	Z	Z	Z	M	
(PPE+S/B)	C	C	C	C	Z	M	M	U	U	U	C	U	U	U	C	U	Z	Z	Z	U	M

Verträglichkeit

- M mischbar oder miteinander verträglich
- U unverträglich
- C Zusatz von kommerziell zugänglichen Haftvermittlern notwendig
- Z Zersetzung oder Vernetzung

Tafel 8.6 Eignung von Kunststoffkombinationen beim 2-Komponenten-Spritzgießverfahren, nach H.Eckard

	Kunststoff	PE-HD	PE-LD	EVAC	PP	PPE + PS	PS, PS-HI	SAN	ASA	ABS	PVC	PVAC	PMMA	POM	PA6	PA66	PC	PC + ABS	PC + PBT	PET	PBT	PPSU	PPO + PS	CA	TPA	TPC	TPO	TPS	TPE-Spez.	TPS-SEBS	TPU
1	PE-HD	+																													
2	PE-LD	+	+																												
3	EVAC	+	+	+																											
4	PP	−	+	+	+																										
5	PPE + PS				○	+																									
6	PS, PS-HI	−	−		−	+	+																								
7	SAN	−	−		−	−	−	+																							
8	ASA	−	−	+	−	−	−	+	+																						
9	ABS	−	−	○	−	−	−	+	+	+																					
10	PVC	○		−	○	−	○	+	+	+	+																				
11	PVAC							○	○	○		+																			
12	PMMA	○	○		○		−	+	+	+	+		+																		
13	POM	○	○		○		−							+																	
14	PA 6	○	○		○		−								+																
15	PA 66	○	○		○		−								+	+															
16	PC	−	−		−		−	+	+	+	+		○		○	○	+														
17	PC + ABS	−	−		−	−	○	+	+	+	+						+	+													
18	PC + PBT	−	−		−	−	○	+	+	+							+		+												
19	PET							+	+	+							+	+	+	+											
20	PBT	−	−		−	−	−	+	+	+	+						+			+	+										
21	PPSU																+					+									
22	PPO + PS																						+								
23	CA	−	−	○	−	−	−	+	+	+	+	−									+			+							
24	TPA				○		−			−	−			−	+	+	−			−	−				+						
25	TPC				−		−			−	−		−	−	○	○	−			+	+					+					
26	TPO				+		−			−	−		−	−	○	○	−			−	−						+				
27	TPS	+	+		+		○			+	○		○	−	○	○	+			○	○	−						+			
28	TPE-Spez	+	+			+	+			+					+	+	+	+	+	+	+			+					+		
29	TPS-SEBS	+	+		+	+	+	+	+	+			+	+	+	+	+	+	+		+		+							+	
30	TPU	−	−	−	−	−	−	+	+	○	+		−	+	+	+	+	+	+	+	+			+							+

+: gute Verbindung, ○: mögliche Verbindung, −: keine Verbindung

Tafel 8.7 Übersicht über die Möglichkeiten der Nachbearbeitung für einige Kunststoffe

Kunststoff	Nacharbeitung[1]								
	Galvanisieren	Spritzlackieren und Bedrucken	Heißprägen	Bedampfen	Lösungskleben	Ultraschall-Schweißen	Heizspiegel-Schweißen	Vibrations-Schweißen	Hochfrequenz-Schweißen
PE-LD	–	+	++	+	–	–	+	+	–
PE-HD	–	+	++	+	–	+ [3]	+	+	–
EVAC	–	+	++	+	–	o [3]	+	+	o
PP	++[4]	+	++	+	–	+	+	+	–
PB	–	+	++	++	+	+ [3]	+	+	–
PS	–	++	++	+	++	+	+	+	–
SAN	–	++	++	+	++	+	+	+	o
SB	+[4]	++	++	+	++	+	+	+	o
ABS	++[4]	++	++	+	++	+	+	+	+
ASA	–	++	++	+	++	+	+	+	o
PVC-U	+[4]	++	++	+	++	+	+	+	+
PVC-U-E	–	+	++	+	++	o	+	o	+
PVC-P	–	+	++	–	++	–	+	–	+
PVC-P-E	–	+	++	–	++	–	o	–	+
PMMA	–	++	++	+	++	++	++	++	
POM	–	+	++	+	++[5]	++	++	++[3]	
PA 6	–	++	++	+	++[5]	+	+	+	+
PA 66	–	++	++	+	++[5]	+	+	+	+
PA 610	–	++	+	+	++[5]	+	+	+	+
PA 11			++	++	++[5]	+	+	+	+
PA 12	–	+	++	++	++	+	+	+	+
PA 6-3-T	–	++	++	+	++	+	+	+	+
PC	+	++	++	+	++	+	+	+	–
PET	–	++	++	+	–	+	+	+	–
PBT	–	+	++	–	–	+	+	+	–
PPE+PS	+	++	++	+	++	+	+	+	–
PSU	+	++	++	+	++	+	+	+	–
PPS	–	+	++	+	–	+	+	+	–
PES	–	++	++	+	++	+	+	+	–
PVDF	–	++	++	+	++	o [3]	+	o	–
PTFE	–	+	+		–	–	–	–	–
PFA	+	+	+	+	–	–	+	o	–
PEEK		++	++	+		+	+	+	–
PAI		++	++	+		+	+	+	–
PEI		++	++	+		+	+	+	–
PEK		++	++	+		+	+	+	–
CA	–	++	++	+	++	o	+		+
CP	–	++	++	+	++	o	+		+
CAB	–	++	++	+	++	o	+	–	o
PF Typ 31		++	–	+	–	–	–	–	–
MF Typ 131		++	–	+	–	–	–	–	–
MF/PF Typ180/182		++	–	+	–	–	–	–	–
UP Typ 802		++	–	+	–	–	–	–	–
EP Typ 891		++	–	+	–	–	–	–	–
TPO	–	+	++	+	–	o [3]	+	+	
TPA	–	++	++	+	++	o [3]	+	+	
TPE	–	++	++	+	–	o [3]	+	+	
TPS	–	++	++	+	+	+	+	+	
TPU	–	++	++	+	++	o [3]	+	+	

[1] Kleben ++ = ohne Vorbehandlung möglich, + = mit Vorbehandlung bedingt möglich, – = nicht möglich

[2] Schweißen + = möglich, o = bedingt möglich, – = nicht möglich

[3] beim Ultraschall – Schweißen nur im Nahfeld

[4] für bestimmte Typen

[5] nicht zu empfehlen

Tafel 8.8 Schweißbarkeit bei der Mischmaterial-Schweißung

Heiz-element-schweißen \ Ultraschall-schweißen	ABS	ASA	CA	EVAC	PA6	PA66	PC	PE-HD	PE-LD	PMMA	POM	PP	PPE + PS	PS	PS-HI	PBT	TPU	PVC-P	SAN	PC + PBTB	PC + ABS	PPS	LCP
ABS	+																						
ASA		+																					
CA			+																				
EVAC																							
PA6	–				(+)\+																		
PA66	–				(+)	(+)\+																	
PC	+				–	–	+																
PE-HD	–	–	–				–	+															
PE-LD	–	–	–				–		+														
PMMA	+				–	–	(+)			+													
POM											+												
PP	–	–					–					+											
PPE+PS	–												+										
PS	–				–	–	–							+									
PS-HI	–				–	–	–								+								
PBT	○				–	–				–						+							
TPU																	+						
PVC-P	○									○								+					
SAN	(+)									○				○	○				+				
PC+PBTP	○				–	–	(+)			(○)		–	–			(+)				+			
PC+ABS	+				–	–	+			(+)		–	–								+		
PPS	–				–	–	(○)									–						(+)\+	
LCP																							○

+ : gute Verbindung, O : mögliche Verbindung, – : keine Verbindung, ( ) = bedingt

Tafel 8.9 Verbindungsmöglichkeiten von Faserwerkstoffen mit Thermoplaste beim Vibrationsschweißen (nach W. Klos)

	Verbindung mit							
	PR	HF	TF	PUR	PUR/GF	HW	BF	Edelholz
PS		○	○	○	○		■	
ABS	■	■	■	■	■	■	■	■
PMMA		○	○	○	○			
PVC		■	○	○	○			
PPE+PA	■	■	■	■	■	■	■	
PPE+PS	■	■	■	○	○			
PC	■	■	■	○	○	■	■	■
PC+ABS	■	○	○	○	○			
PE-HD, LD		○	○	○	○			
PP	■	■	■	○	○	■		
PA	■	■	■	■	■	■	■	■
PAA		○	○	○	○			
POM	■	■	■	○	○			
PET		○	○	○	○			
PBT		○	○	○	○			
PBT+PC		○	○	○	○			
SAN		○	○	○	○			
PSU		○	○	○	○			
PEI		○	○	○	○			

PR = Pressspan
HF = Holzfaser
TF = Textilfaser
GF = PV-Langglasfaser
HW = Holzmehl
BF = Bastfaser

■ = durch Versuche belegt
○ = mechanische Verbindung möglich

Tafel 8.10 Kombinationsmöglichkeiten von TPE mit Thermoplaste beim Schweißen mit Diodenlaser

Hartkomponente	TPV	TPS	TPU
PVC		x*	x
PA 6		x*	x
PA 6.6		x*	x
PP	x	x	
PE	x	x	
POM			x
ABS		x*	x
PSU	x		
PBT		x*	x
PMMA		x*	
SAN		x*	x

– : keine Haftung, x : Haftung
* Haftungsmodifiziert

Tafel 8.11 Klebbarkeit einiger Kunststoffe

Klebbarkeit	Kunststoff	Polarität + polar – unpolar	Löslichkeit + löslich – unlöslich bzw. schwer löslich	Möglichkeit der Diffusions-klebung	Möglichkeit der Adhäsions-klebung
gut	PS	+/–	+	+[1])	+
	PVC-U	+	+	+	+
	PVC-P	+	+	+[2])	+
	PMMA	+	+	+/–	+
	PC	+	+	+	+
	ABS	+	+	+	+
	CA	+	+	+	+
	PUR	+	–	–	+
	UP	+	–	–	+
	EP	+	–	–	+
	PF	+	–	–	+
	UF-MF	+	–	–	+
bedingt	PA	+	–	+/–	+
	POM	+	–	–	+
	PET	+	–	–	+[3])
	Kautschuk	+	–	+/–	+
schwer	PE	–	–	–	+/–[4])
	PP	–	–	–	+/–[4])
	PTFE	–	–	–	+/–[4])
	SI	+/–	–	–	+

[1]) nicht möglich bei PS-geschäumt; [2]) nach Vorschrift des PVC-P-Lieferanten; [3]) nach Vorbehandlung mit Natronlauge (80 °C, 5 min); [4]) nur nach Vorbehandlung, PP + PE lassen sich bis zur Materialfestigkeit gut kleben, geringe Schälfestigkeit

Tafel 8.12 Gefährdungspotenziale von Lösungsmittel-Reinigern

Lösungsmittel	MAK-Wert mg/m^3	Flamm_ punkt °C	Sättigungs-konzentration g/m3	Gefahren-quotient GF[3)]
Trichlorethylen	–	–	417	1)
Cyclohexanon	–	43	18	2)
Methylenchlorid	360	–	1535	4263
Methanol	260	11	168	646
Toluol	190	6	110	578
Methylethylketon	590	–1	311	527
Aceton	1200	–17	555	462
Dimethylformamid	30	58	10,6	353
Ethylacetat	1400	–4	350	250
Resin-Clean A[4)]	80	95	2,1	26
Resin-Clean VF970[4)]	80	93	1,9	23
Resin-Clean VF610[4)]	160	98	1,5	9
Resin-Clean 5A-DE[4)]	400	85	2	5
Resin-Clean E-90[4)]	350	>100	0,5	1,5
Elasto-Clean E[4)]	400	>100	0,5	1,2

[1)] Kein GF-Wert, da krebserzeugend

[2)] Kein GF-Wert, da möglicherweise krebserzeugend

[3)] Gefahrenquotient GF = Sättigungskonz. g/m^3 durch MAK-Wert µg/m^3· 1000

[4)] Organische Löser- und Reinigungsformulierungen auf Basis von propoxilierten Alkoholen, Aminen und Estern. Färber u. Schmid AG, Oetwil, Schweiz

Tafel 8.13 Auszug und Übersicht (ab-)lösbarer Kunststoffe und Elastomere

Produkt 2)	PUR	Epoxy	Polyester	Silikone	PVC	GFK	Polyamid	PET	PMMA	Klebstoffe
Resin-Clean 5A-DE	++	+	+	o	+	+	–	+	+	+
Resin-Clean VF 970 1)	++	+	++	o	++	++	o	++	++	++
Resin-Clean A 1)	++	+	++	o	++	++	o	++	++	++
Resin-Clean VF 610	++	+	+	o	+	++	o	+	++	+
Elasto-Clean E	++	+	+	o	+	o	–	+	+	–
Resin-Clean E-901)	+	++	++	+	o	+	+	+	++	+

++: ausgezeichnete Lösekraft, +: gute Lösekraft, o: mäßige Lösekraft, –: schlechte Lösekraft

[1] Mit diesen Produkten sind auch ausgehärtete Massen entfernbar

[2] vgl. Hinweis [4] zu Tafel 8.12

8

Tafel 8.14 Mechanische und thermische Kennwerte von Kunststoffen

Kunststoff	Dichte g/cm3 DIN 53479	Mechanische Kennwerte			Thermische Kennwerte		
		Zugfestigkeit N/mm² DIN 53455	Reißdehnung % DIN 53455	Zug-E-Modul MPa DIN 53457	linearer Ausdehnungskoeffizient K1 · 106	Wärmeleitfähigkeit W/mK	spezifische Wärme kJ/kg K
PE-LD	0,914–0,928	8–23	300–1000	200–500	230–250	0,32–0,40	2,1–2,5
PE-HD	0,94–0,96	18–35	100–1000	700–1400	120–200	0,38–0,51	2,1–2,7
EVAC	0,92–0,95	10–20	600–900	7–120	160–200	0,35	2,3
IM	0,94	21–35	250–500	180–210	120	0,24	2,20
PVK	1,19	20–30	–	3500	–	0,29	–
PP	0,90–0,907	21–37	20–800	1100–1300	110–170	0,17–0,22	2,0
PB	0,905–0,920	30–38	250–280	250–350	150	0,20	1,8
PIB	0,91–0,93	2–6	>1000	–	120	0,12–0,20	–
PMP	0,83	25–28	13–22	1100–1500	117	0,17	2,18
PS	1,05	45–65	3–4	3200–3250	60–80	0,18	1,3
SAN	1,08	75	5	3600	80	0,18	1,3
SB	1,05	26–38	25–60	1800–2500	70	0,18	1,3
ABS	1,04–1,06	32–45	15–30	1900–2700	60–110	0,18	1,3
ASA	1,04	32	40	1800	80–110	0,18	1,3
PVC-U	1,38–1,55	50–75	10–50	1000–3500	70–80	0,14–0,17	0,85–0,9
PVC-P	1,16–1,35	10–25	170–400	–	150–210	0,15	0,9–1,8
PTFE	2,15–2,20	25–36	350–550	410	120–250	0,25	1,0
PFEP	2,12–2,17	22–28	250–330	350	80	0,25	1,12
PCTFE	2,10–2,12	32–40	120–175	1050–2100	60	0,22	0,9
PETFE	1,7	35–54	400–500	1100	40	0,23	0,9
PMMA	1,17–1,20	50–77	2–10	2700–3200	70–90	0,18	1,47
POM	1,41–1,42	62–70	25–70	2800–3200	90–110	0,25–0,30	1,46
PA 6	1,13	70–85	200–300	1400	60–100	0,29	1,7
PA 66	1,14	77–84	150–300	2000	70–100	0,23	1,7
PA 11	1,04	56	500	1000	130	0,23	1,26
PA 12	1,02	56–65	300	1600	110	0,23	1,26
PA 6-3-T	1,12	70–84	70–150	2000	80	0,23	1,6

Tafel 8.14 Mechanische und thermische Kennwerte von Kunststoffen *(Forts.)*

PC	1,2	56–67	100–130	2100–2400	60–70	0,21	1,17
PET	1,37	47	50–300	3100	40–60	0,24	1,05
PBT	1,31	40	15	2000	60	0,21	1,30
PPE+PS	1,06	55–68	50–60	2500	60–70	0,23	1,40
PSU	1,24	50–100	25–30	2600–2750	54	0,28	1,30
PPS	1,34	75	3	3400	55	0,25	–
PES	1,37	85	30–80	2450	55	0,18	1,10
PAI	–	100	12	4600	36	0,26	
PEI	1,27	105	60	3000	62	0,22	
PI	1,43	75–100		3000–3200	50–60	0,29–0,35	
PEEK	1,32	90	50	3600	47	0,25	
CA	1,30	38 (s_s)	3 (e_g)	2200	120	0,22	1,6
CP	1,19–1,23	14–55	30–100	420–1500	110–130	0,21	1,7
CAB	1,18	26 (s_s)	4 (e_g)	1600	120	0,21	1,6
VF	1,1–1,45	85–100	–	–	–	–	–
PUR	1,05	70–80	3–6	4000	10–20	0,58	1,76
TPU	1,20	30–40	400–450	700	110–210	1,7	0,5
PF	1,4	25	0,4–0,8	5600–1200	10–50	0,35	1,30
UF	1,5	30	0,5–1,0	7000–10500	50–60	0,40	1,20
MF	1,5	30	0,6–0,9	4900–9100	50–60	0,50	1,20
UP	2,0	30	0,6–1,2	14000–20000	20–40	0,70	1,20
DAP	1,51–1,78	40–75	–	9800–15500	10–35	0,60	–
SI	1,8–1,9	28–46	–	6000–12000	20–50	0,3–04	0,8–0,9
PI	1,43	75–100	4–9	23000–28000	50–63	0,6–0,65	0,8
EP	1,9	30–40	4	21500	11–35	0,88	

Tafel 8.15 Elektrische Eigenschaften von Kunststoffen

Kunststoff	Spezifischer Durchgangs-widerstand Ω cm DIN IEC 6093	Oberflächen-widerstand Ω DIN IEC 60187	Dielektrizitätszahl DIN IEC 60250		Dielektrischer Verlustfaktor tan δ DIN IEC 60250		Durchschlag-festigkeit kV/cm DIN IEC 60243-2	Kriechstromfestigkeit DIN IEC 60112 Stufe		
			50 Hz	10^6 Hz	50 Hz	10^6 Hz		KA	KB	KC
PE-LD	$>10^{17}$	10^{14}	2,29	2,28	$1{,}5 \cdot 10^{-4}$	$0{,}8 \cdot 10^{-4}$	–	3b	>600	>600
PE-HD	$>10^{17}$	10^{14}	2,35	2,34	$2{,}4 \cdot 10^{-4}$	$2{,}0 \cdot 10^{-4}$	–	3c	>600	>600
EVAC	$<10^{15}$	10^{13}	2,5–3,2	2,6–3,2	0,003–0,02	0,03–0,05	620–780	–	–	–
IM	$>10^{16}$	10^{13}								
PVK	$>10^{16}$	10^{14}	–	3	$6\text{–}10 \cdot 10^{-4}$	$6/10 \cdot 10^{-4}$	–	3b	>600	>600
PP	$>10^{17}$	10^{13}	2,27	2,25	$<4 \cdot 10^{-4}$	$<5 \cdot 10^{-4}$	500–650	3c	>600	>600
PB	$>10^{17}$	10^{13}	2,5	2,2	$7 \cdot 10^{-4}$	$6 \cdot 10^{-4}$	–	3c	>600	>600
PIB	$>10^{15}$	10^{13}	2,3	–	$4 \cdot 10^{-4}$	–	–	3c	>600	>600
PMP	$>10^{16}$	10^{13}	2,12	2,12	$7 \cdot 10^{-5}$	$3 \cdot 10^{-5}$	700	3c	>600	>600
PS	$>10^{16}$	$>10^{13}$	2,5	2,5	$1\text{–}4 \cdot 10^{-4}$	$0{,}54 \cdot 10^{-4}$	300–700	1–2	140	150250
SAN	$>10^{16}$	$>10^{13}$	2,6–3,4	2,6–3,1	$6\text{–}8 \cdot 10^{-3}$	$7\text{–}10 \cdot 10^{-3}$	400–500	1–2	160	150260
SB	$>10^{16}$	$>10^{13}$	2,4–4,7	2,4–3,8	$4\text{–}20 \cdot 10^{-4}$	$4\text{–}20 \cdot 10^{-4}$	300–600	2	>600	>600
ABS	$>10^{15}$	$>10^{13}$	2,4–5	2,4–3,8	$3\text{–}8 \cdot 10^{-3}$	$2\text{–}15 \cdot 10^{-3}$	350–500	3a	>600	>600
ASA	$>10^{15}$	$>10^{13}$	3–4	3–3,5	0,02–0,05	0,02–0,03	360–400	3a	>600	>600
PVC-U	$>10^{15}$	10^{13}	3,5	3,0	0,011	0,015	350–500	2–3b	600	600
PVC-P	$>10^{11}$	10^{11}	4,8	4–4,5	0,08	0,12	300–400	–	–	–
PTFE	$>10^{18}$	10^{17}	<2,1	<2,1	$<2 \cdot 10^{-4}$	$<2 \cdot 10^{-4}$	480	3c	>600	>600
PFEP	$>10^{18}$	10^{17}	2,1	2,1	$<2 \cdot 10^{-4}$	$<7 \cdot 10^{-4}$	550	3c	>600	>600
PCTFE	$>10^{18}$	10^{16}	2,3–2,8	2,3–2,5	$1 \cdot 10^{-3}$	$2 \cdot 10^{-2}$	550	3c	>600	>600
PETFE	$>10^{16}$	10^{13}	2,6	2,6	$8 \cdot 10^{-4}$	$5 \cdot 10^{-3}$	400	3c	>600	>600
PMMA	$>10^{15}$	$>10^{15}$	3,3–3,9	2,2–3,2	0,04–0,04	0,004–0,04	400–500	3c	>600	>600
POM	$>10^{15}$	$>10^{13}$	3,7	3,7	0,005	0,005	380–500	3b	>600	>600
PA 6	10^{12}	10^{10}	3,8	3,4	0,01	0,03	400	3b	>600	>600
PA 66	10^{12}	10^{10}	8,0	4,0	0,14	0,08	600	3b	>600	>600
PA 11	10^{13}	10^{11}	3,7	3,5	0,06	0,04	425	3b	>600	>600
PA 12	10^{13}	10^{11}	4,2	3,1	0,04	0,03	450	3b	>600	>600
PA 6-3-T	10^{11}	10^{10}	4,0	3,0	0,03	0,04	350	3b	>600	>600

Tafel 8.15 Elektrische Eigenschaften von Kunststoffen *(Forts.)*

PC	$>10^{17}$	$>10^{15}$	3,0	2,9	$7 \cdot 10^{-4}$	$1 \cdot 10^{-2}$	380	1	120–160	260–300
PET	10^{16}	10^{16}	4,0	4,0	$2 \cdot 10^{-3}$	$2 \cdot 10^{-2}$	420	2	–	–
PBT	10^{16}	10^{13}	3,0	3,0	$2 \cdot 10^{-3}$	$2 \cdot 10^{-2}$	420	3b	420	380
PPE+PS	10^{16}	10^{14}	2,6	2,6	$4 \cdot 10^{-4}$	$9 \cdot 10^{-4}$	450	1	300	300
PSU	$>10^{16}$	–	3,1	3,0	$8 \cdot 10^{-4}$	$3 \cdot 10^{-3}$	425	1	175	175
PPS	$>10^{16}$	–	3,1	3,2	$4 \cdot 10^{-4}$	$7 \cdot 10^{-4}$	595	–	–	–
PES	10^{17}	–	3,5	3,5	$1 \cdot 10^{-3}$	$6 \cdot 10^{-3}$	400	–	–	–
PAI	10^{17}	–	–	–	–	–	–	–	–	–
PEI	10^{18}	–	–	–	–	–	–	–	–	–
PI	$>10^{16}$	$>10^{15}$	–	–	–	–	–	1	> 300	> 380
PEEK	$5 \cdot 10^{16}$	–	–	–	$3 \cdot 10^{-3}$	–	–	–	–	–
CA	10^{13}	10^{12}	5,8	4,6	0,02	0,03	400	3a	> 600	> 600
CP	1016	10^{14}	4,2	3,7	0,01	0,03	400	3a	> 600	> 600
CAB	1016	10^{14}	3,7	3,5	0,006	0,021	400	3a	> 600	> 600
VF	1010	10^{8}	–	–	0,08	–	–	–	–	–
PUR	1016	10^{14}	3,6	3,4	0,05	0,05	240	3c	–	–
TPU	10^{12}	10^{11}	6,5	5,6	0,03	0,06	300–600	3a	> 600	> 600
PF	10^{11}	$>10^{8}$	6	4,5	0,1	0,03	300–400	1	140–18	125–175
UF	10^{11}	$>10^{10}$	8	7	0,04	0,3	300–400	3a	> 400	>600
MF	10^{11}	$>10^{8}$	9	8	0,06	0,03	290–300	3b	> 500	>600
UP	$>10^{12}$	$>10^{10}$	6	5	0,04	0,02	250–530	3c	> 600	>600
DAP	10^{13}–10^{16}	10^{13}	5,2	4	0,04	0,03	400	3c	> 600	>600
SI	10^{14}	10^{12}	4	3,5	0,03	0,02	200–400	3c	> 600	>600
PI	$>10^{16}$	$>10^{15}$	3,5	3,4	$2 \cdot 10^{-3}$	$5 \cdot 10^{-3}$	560	1	> 300	>380
EP	$>10^{14}$	$>10^{12}$	3,5–5	3,5–5	0,001	0,01	300–400	3c	>300	200–600

Tafel 8.16 Eigenschaftsübersicht harter Schaumstoffe

Schaumstoff-Gruppe		Zäh-hart						Spröd-hart	
Rohstoff-Gruppe		Polystyrol			Polyvinylchlorid	Polyethersulfon	Polyurethan	Phenolharz	Harnstoffharz
Schäumverfahren		Partikelschaum	Extruderschaum ohne Schäumhaut	Extruderschaum mit Schäumhaut	hochdruckgeschäumt	blockgeschäumt	blockgeschäumt ohne Deckschicht	blockgeschäumt mit Deckschicht	Spritzschaum
Rohdichte-Bereiche	kg/m³	15–30	30–35	25–60	50–130	45–55	20–100	40–100	5–15
Druckfestigkeit	N/mm²	0,06–0,25	> 0,15	> 0,2	0,3–1,1	0,6	0,1–0,9	0,2–0,9	0,01–0,05
Bruchspannung	N/mm²	0,15–0,5	0,5	> 0,2	0,7–1,6	0,7	0,2–1,1	0,1–0,4	
Scherfestigkeit	N/mm²	0,09–0,22	0,9	1,2	0,5–1,2	–	0,1–>1	0,1–0,5	
Biegefestigkeit	N/mm²	0,16–0,5	0,4	0,6	0,6–1,4	0,2	0,2–1,5	0,2–1,0	0,03–0,09
Biege-E-Modul	N/mm²			> 15	16–35	3	2–20	6–27	
Wärmeleitfähigkeit, Messwert	W/mK	0,032–0,037	0,025–0,035		0,036–0,04	0,05	0,018–0,024	0,02–0,03	0,03
max. Gebrauchstemperatur kurzzeitig	°C	100	100		80	210	> 150	> 250	> 100
max. Gebrauchstemperatur langzeitig	°C	70–80	< 75		60	180	80	130	90
Wasserdampfdiffusions-Widerstandszahl	μ	30–70	100–130	80–300	200–> 300	9	30–130	30–300	4–10
Wasseraufnahme bei 7 Tagen Wasserlagerung	Vol.-%	2–3	2	< 0,5	< 1	15	1–4	7–10	> 20

Tafel 8.17 Eigenschaftsübersicht halbharte bis weichelastische Schaumstoffe

Schaumstoff-Struktur	Überwiegend geschlossenzellig						Offenzellig	
Rohstoff-Gruppe	Polyethylen			Polyvinylchlorid		Melaminharz	Polyurethan	
Schäumverfahren	Partikel-schaum	extrusions-vernetzt		hochdruckgeschäumt		band-geschäumt	blockgeschäumt Polyester- | Polyether-Typen	
Rohdichtebereich .... kg/m³	25–40	30–70	100–200	50–70	100	10,5–11,5	20–45	20–45
Bruchspannung......... N/mm²	0,1–0,2	0,3–0,6	0,8–2,0	0,3	0,5	0,01–0,15	ca. 0,2	ca. 0,1
Bruchdehnung .... %	30–50	90–110	130–200	80	170	10–20	200–300	200–270
Stauchhärte (40%) ...... N/mm²	0,03–0,06	0,07–0,16	0,25–0,8	0,02–0,04	0,05	0,007–0,013	0,003–0,006	0,002–0,004
Druckverformungsrest (70 °C, 50%)........... %	–	10–4	3	33–35	32	ca. 10	4–20	ca. 4
Stoßelastizität.......... %	40–50	45	–		ca. 50	–	20–30	40–50
Temperatur-Anwendungsbereich .... °C	bis 100	–70 bis 85	–70 bis 110	–60 bis 50		bis 150	–40 bis 100	
Wärmeleitfähigkeit...... W/mK	0,036	0,04–0,05	0,05	0,036	0,041	0,033	0,04–0,05	
Wasserdampf-Diffusions-Widerstandszahl........ μ	400–4000	3500–5000	15 000–22 000	50–100	–	–	–	–
Wasseraufnahme bei 7 Tagen Wasserlagerung.. Vol.-%	1–2	0,5	0,4	1–4	3	ca. 1	–	–
Dielektrizitätszahl (50 Hz) ε	1,05	1,1	1,1	1,31	1,45	–	1,45	1,38
Diel. Verlustfaktor (50 Hz) tan δ	0,0004	0,01	0,01	0,06	0,05	–	0,008	0,003

8

Tafel 8.18 Eigenschaften von Schaumstoffen

Kunststoff	Rohdichte kg/m^3	Wärmeleitfähigkeit W/mK	Stauchhärte bei 10% Verf. MPa	Druckfestigkeit MPa	Zugfestigkeit MPa	Dauergebrauchs-Temperatur °C
PS	15	0.037	0,07-0,12		0,15-0,23	70
	20	0,035	0,12-0,16		0,25-0,32	80
	30	0,032	0,18-0,26		0,37-0,52	70
PVC	50-130	0,036-0,04		0,3-1,1		60
PES	45-55	0,05		0,6		180
PF	40-100	0,02-0,03		0,2-0,9		130
MF		0,054	0,0284 bei 40%			150
UF, Spritzschaum	5-15	0,03		0,01-0,05		

Tafel 8.19 Leitfähige Komponenten für Kunststoffe (nach Degussa)

Komponente	Im Substrat:
Organische Antistatika	bedingt löslich
Niederschmelzende Metalllegierungen	unlöslich
Pigmente, Füllstoffe	unlöslich, Flocken, Schuppen, Kugeln, Plättchen usw.
Fasern, Gewebe, Whisker	unlöslich, Länge / Durchmesser >> 1
Intrinsisch leitfähige Kunststoffe, ICP	unlöslich

Tafel 8.20 Elektrischer Widerstand verschiedener leitfähiger Komponenten für Kunststoffe, nach Degussa)

Produkt	Spez. Widerstand $\Omega \cdot cm$
Metalle: Platin, Eisen, Zinn	0,000 01
Kupfer, Gold, Aluminium	0,000 002
kompakter Kohlenstoff, Graphit, Aufdampfschichten	0,0003–0,006
komprimierte Ruße: Flammruß	0,04
Furnaceruß	0,05–0,1
Gasruß	0,15–0,6
Metalloxide: SnO_2-Pulver, 1,1 µm	400
SnO_2 mit Sb_2O_5 dotiert	100
SnO_2/ Sb_2O_5 dotiert auf TiO_2, 0,2 µm	10–300
Sb/Sn-Oxid, transparent, 0,1 µm	1
Sb/Sn-Oxid, transparent, 0,5 µm	10

Tafel 8.21 Temperaturkennwerte von Kunststoffen

Kunststoff	Glasfaser-gehalt %	HDT / A °C	Gebrauchstemperatur °C max. kurzzeitig	max. dauernd	min. dauernd	T_S/T_M °C	T_G °C
PE-LD	0	ca. 35	80-90	60-75	-50	110	-30
PE-HD	0	ca 50	90-120	70-80	-50		
PE-UHMW	0	ca 50	150	100	-260		
PE-X	0	40-60	200	120			
EVAC	0		65	55	-60		66
COC	0						60-180
EIM	0		120	100	-50		
PP	0	55-70	140	100	0- -30	160-170	0- -10
PP	30	120	155	100	0- -30	160-170	0- -10
PB	0	55-60	130	90	0		
PIB	0		80	65	-40		-70
PMP	0	40	180	120	0	245	
PDCPD	0	90-115					
PS	0	65-85	75-90	60-80	-10		95-100
PS-(M)	0	95				270	
SAN	0	95-100	95	85	-20		110
SB	0	72-87	60-80	50-70	-20		
ABS	0	95-105	85-100	75-85	-40		80-110
ASA	0	95-105	85-90	70-75	-40		100
PVC-U	0	65-75	75-90	65-70	-5		85
PVC-C	0		100	85			85
PVC-P	0		55-65	50-55	0- -20		ca.80
PVK	0	150-170	170	150	-100		173
PTFE	0	50-60	300	260	-270	327	127

Tafel 8.21 Temperaturkennwerte von Kunststoffen *(Forts.)*

Kunststoff	Glasfaser-gehalt	HDT / A	Gebrauchstemperatur °C			T_S/T_M	T_G
	%	°C	max. kurzzeitig	max. dauernd	min. dauernd	°C	°C
PCTFE	0	65-75	180	150	-40		
PVDF	0	95-110		150	-60	140	40
PVF	0			120	-60	198	-20
ECTFE	0	75	160	140	-75	190	45
ETFE	0	75	200	155	-190	270	
ETFE	25	210	220	200		270	
FEP	0		250	205	-200	290	
PFA	0	45-50	250	200	-200		
[AF], (Teflon AF)	0		300/570	260/500	-58/-50		160/240
THV	0			130	-50	160-180	
PPE mod.	0	135	120-130	100-110			
PPE mod.	30	160					
PPE+PA 66	0		210				
PMMA	0	75-105	85-100	65-90	-40		105-115
AMMA	0	73	80	70			80
POM-H	0	100-115	150	110	-40	175	25
POM-H	30	160	150	110	-60	175	25
POM-Cop	0	110-125	110-140	90-110		165	
POM-Cop	30	160	110-150	90-110		165	
PA 6	0	55-85				220	55
PA 6	30	190-215	140-180	80-110	-30	220	55
PA 11	0	55	140-150	70-80	-70	185	50

Tafel 8.21 Temperaturkennwerte von Kunststoffen *(Forts.)*

Kunststoff	Glasfaser-gehalt %	HDT / A °C	Gebrauchstemperatur °C max. kurzzeitig	Gebrauchstemperatur °C max. dauernd	Gebrauchstemperatur °C min. dauernd	T_S/T_M °C	T_G °C
PA 610	0	90	140-180	80-110		215	55-60
PA 612	0		130-150	80-100			55-60
PA MXD6	30	228	190-230	110-140		240	85-100
PA 6-3-T	0	120	130-140	80-100	-70	240	150
PA 6T	0		120-130	70-90		(500)	
PA 6/6T	30	250		155		295	115
PA PACM 12	0	105		ca. 100		250	140
PA 6T/6I	0					330	130
PA PDA-T	0					500	
PPA	0	120					
PPA	33	270		>160			
PPA	45	290					
PMPI	0		260				
PPTA	0		>250	>200			
PC	0	125-135	115-150	115-130	-150	220-260	150
PC	30	135-150	115-150	115-130	-150		
PC-TMC	0			150			150-235
PC+ABS	0	105					
PC+ASA	0	109					
PET	0	80	200	100-120	-20	255	98
PET	30	200-230	220	150		255	98
PBT	0	65	165	100		255	60

Tafel 8.21 Temperaturkennwerte von Kunststoffen *(Forts.)*

Kunststoff	Glasfasergehalt	HDT / A	Gebrauchstemperatur °C			T_S/T_M	T_G
	%	°C	max. kurzzeitig	max. dauernd	min. dauernd	°C	°C
PBT	30	200-210	220	150		225	60
PET+PS	0		200	100	-20		
PBT+PS	0		165	100	-30		
PAR	0	155-175	170	150		420	
PAR15	0	237	200				250
PAR25	0	307	300				325
PPS	0	135	300	200-240		285	85
PPS	30	255	300	200-240		285	85
PES	0	200-215	180-260	160-200			225
PES	30	210-225	180-260	160-200			225
PSU	0	170-175	170	160	-100		190
PSU	30	185	180	160	-100		190
PPSU	0						221
PPE mod.	0	135	120-130	100-110			
PPE mod.	30	160					
PPE+PA 66	0		210				
PPE+PS	0	115-130	120	100	-30		140
PPE+PS	30	137-144	130	110	-30		140
PAEK	0	200				380	170
PAEK	30	320		240-250		380	140-170
PEK, PEKEKK	0	170	300	260		365-380	175

Tafel 8.21 Temperaturkennwerte von Kunststoffen *(Forts.)*

Kunststoff	Glasfasergehalt	HDT / A	Gebrauchstemperatur °C			T_S/T_M	T_G
	%	°C	max. kurzzeitig	max. dauernd	min. dauernd	°C	°C
PEEK	0	140	300	250		335-345	145
PEEK	30	315	300	250		335-345	145
PEEEK	0					324	110
PEEKEK	0					345	148
PEEKK	0	103	260	220		365	167
PEEKK	30	165	300	250		365	167
PEKEK	0					384	160
PEKK	0		350	260		391	165
PI	0	280-360	400	260			250-270
PI	30	360	400	260			250-270
PI-Formstoff	diverse		400	260	-240		
PBMI	40	>300	250	190			
PBO	0			<500		525	
PAI	0	280	300	260	-260		240-275
PAI	30		300	260	-260		240-275
PEI	0	190-200		170	-170		215
PEI	30	195-215	180	170	-170		215
PISO	0		>250	210		250-350	273
PMI (Schaum)	0			180			
PMMI	0	130-160		120-150			
PESI	0			200			
LCP, Vectra	0	170		220		285	

Tafel 8.21 Temperaturkennwerte von Kunststoffen *(Forts.)*

Kunststoff	Glasfaser-gehalt	HDT / A	Gebrauchstemperatur °C			T_S/T_M	T_G
	%	°C	max. kurzzeitig	max. dauernd	min. dauernd	°C	°C
LCP, Vectra	30	230		220		285	
LCP	0	180-240		185-250		275-330	160-190
LCP-A	50	235					
LCP-C	50	250					
PUR-Gießharz	0		70-100	50-80			15-90
PF Typ 31, 51, 74, 84	diverse	160-170	140	110-130			
PF Typ 13	diverse	170	150	120			
PF Typ 4111	diverse	240		170			
UF	diverse		100	70			
MF Typ 150/52	diverse	155	120	80			
MF Typ 156	diverse	180					
MPF 1206	diverse	190		160			
MPF Typ 4165	20-30	165					
UP Typ 802/4	10-20	250	200	150			
UP Typ 3620	diverse	110					
UP Typ 3410	diverse	270		200			
EP Typ 891	ca.20		180	130			
EP Typ 8414	25-35	150	180	130			
PDAP	diverse	160-280	190-250	150-180	-50		
SI	30	480	250	170-180	-50		

Tafel 8.22 Gebrauchstemperaturen von Kautschuken

Kautschuk	Gebrauchstemperatur °C		
	max. kurzzeitig	max. dauernd	min. dauernd
NR	90	70	-50
CR	130	110	-40
SBR	120	100	-40
NBR	130	100	-30
IIR		130	-40
NBR hydriert	150		
EPDM	150	130	-40
AECM	200	170	-25
EAM		150	-10
CSM		120	-20
ACM,ABR,ANM		150	-25
FKM	250	200	-20
CO,ECO,ETER		120	-40
Q-Kautschuk	ca. 300	ca. 180	-60 – -100
MVFQ		175	-60
PNF		150	-50

Tafel 8.23 Heizwerte von Polymeren und Brennstoffen

Heizwert in kWh/kg	Polymere (ohne Zusatzstoffe)	Brennstoffe (Beispiele)
>10	Polyolefine, Dien- und Olefinkautschuk, PS, SB, SAN, ABS, ASA, EVAC, EVOH, (PPE+SB)	Heizöl, Benzin
>7 – 10	AMMA, MBS, SMMA, SMAB, Polyamide, PVAL, PC, PEC, PBT, PPS, PSU, PPSU, PEI, EP, PF, UP, LCP (Copolyester), PAEK	Steinkohle
>4 – 7	PMMA, PUR, POM, PET, PVC, VCVAC, PVF, CSF, TPU, TPA, PBI, PES, Cellulose, Celluloseester und -ether, Stärke	Holz, Papier, Braunkohlen-brikett
>1,5 – 4	PVC-C, PVDC, PVDF, VDFHFP, ETFE, ECTFE, UF, MF, VF	Rohbraunkohle
bis 1,5	PTFE, FEP, PCTFE, PFA	keine Brennstoffe

Tafel 8.24 Elektrische Kennwerte leitfähiger Kunststoff-Compounds

Kunststoff	Füllstoff-Art	Füllstoff-Gehalt %	Spez. Durchgangswiderstand ρ_e $\Omega \cdot cm$	Spez. Oberflächenwiderstand σ_e Ω	Schirmdämpfung 30-1000MHz dB
PE	Ruß	7	7		18-20
PP	Ruß	20	10-20		
PS	Ruß	25	10^1		
ABS	Al-Flocken	30	ca 10		
PVC	Ruß	7	2		35-40
PVC	Polyanilin	30	1		>40
POM	Ruß		20	$3 \cdot 10^3$	
PA 66	C-Fasern vernickelt	40	10^{-2}-10^{-1}		64-78
PA 66	Stahlfasern	5	1-10		30-40
PA 66	Stahlfasern	15	10^{-2}-10^{-1}		43-68
PA 66	Polyanilin	30	4		
PC	C-Fasern	10	10^1-10^4	10^5-10^6	
PC	C-Fasern	20	10^1-10	10^1-10^4	
PC	C-Fasern	30	10^1-10	10^1-10^4	
PC	C-Fasern	40	10^0-10^1	10 -10^1	
PC	Stahlfasern	5	1-10		28-36
PC	Stahlfasern	15	10^{-2}-10^{-1}		39-58
PET	C-Fasern	30	10^0-10^1	10 -10^1	
PBT	C-Fasern	30	10^0-10^1	10 -10^1	
PPS	C-Fasern	40	10^0-10^1	10 -10^1	
PPS	Kohlenstoff Mineral		400	$5 \cdot 10^2$	
PPS	C-Fasern vernickelt		10^{-2}-10^{-1}		45-70
PEI	C-Fasern	30	10 -10^1	10^1-10^4	

Tafel 8.25 Leitfähigkeit intrinsisch leitfähiger Kunststoffe, ICP

Kunststoff	Kurzzeichen	Dotierung	Spez. Durchgangswiderst. ρ_e $\Omega \cdot cm$
Polypyrrol	PPY	BF_4	0,01
Polypyrrol	PPY	SO_3	0,006
Polyacetylen	PAC	AsF_5	0,001
Polyacetylen verstreckt	PAC	AsF_5	0,003
Polyanilin	PANI	BF_4	0,1
Poly(p-phenylen)	PPP	AsF_5	0,002
Poly(p-phenylen)	PPP	Na	0,00033
Polyfuran	PFU	CF_3SO_3	0,02
Poly(p-phenylvinyliden) verstreckt	PPV	AsF_5	0,002
Polythiophene	PT	CF_3SO_3	0,05

Tafel 8.26 Kennwerte der elektrostatischen Aufladbarkeit für einige Kunststoffe und verschiedene Reibpartner

Kunststoff	Reibpartner	Grenzaufladung in V/cm		Halbwertzeit in s	
		40% r.F.	65% r.F.	40% r.F.	65% r.F.
ABS	PA 66-Gewebe	−1300 bis −2200	−950 bis −1900	28 bis 42	9 bis 24
	PAN-Gewebe	+290 bis +820	+120 bis +600	13 bis 45	6 bis 30
ABS (antistatisch)	PA66-Gewebe	+1000 bis +2000	+1000 bis +3000	1000 bis 3000	300 bis 600
	PAN-Gewebe	+2000 bis +4300	+1000 bis +2300	1000 bis 3000	500 bis 600
SB	PA66-Gewebe	−7200	−6200	>3600	>3600
	PAN-Gewebe	−5600	+600	>3600	>3600
PC	PA66-Gewebe		+5100		>3600
	PAN-Gewebe	+7200	+5600	>3600	>3600
POM	PA66-Gewebe	+5400	+3000	3000	1600
	PAN-Gewebe	+5600	+5500	3200	1200
CA	PA66-Gewebe	−3000	−3900	35	3
	PAN-Gewebe	+1200	+1100	30	3
CP	PA66-Gewebe	−3400	−500	>3600	360
	PAN-Gewebe	+6900	+5100	>3600	500
CAB	PA66-Gewebe	+3800	–	1100	
	PAN-Gewebe	+5900	+5700	850	180
PP (normal)	Wollfilz	−3900		1080	
PP (antistatisch)	Wollfilz	− 800		300	
PMMA	Wollfilz	+7800		–	
PF Typ 31	Wollfilz	+1200		60	
SAN	Chromleder	+4800		1200	

Tafel 8.27 Eigenschaften transparenter Kunststoffe

Werkstoff	Lichtdurchlässigkeit	Brechungsindex n_D bei 20°C	E-Modul MPa	Streckspannung MPa	Dichte g/cm³
Krongläser	glasklar	1,4-1,6			
Flintgläser	glasklar	1,53-1,59			
Wasser	glasklar	1,33			
PE	transparent bis opak	1,51	200-1400	8-30	0,915-0,96
EIM	transparent	1,51	150-200	7-8	0,94-0,95
COC	glasklar	1,53	3100		1,02
PP	transparent bis opak	1,5	800-1100		0,9
PMP	glasklar bis opak	1,46	1200-2000	10-15	0,83-0,84
PS	glasklar	1,58-1,59	3100-3300	42-65	1,05
SB	opak		2000-2800	25-45	1,03-1,05
ABS	transparent bis opak	1,52	220-3000	45-65	1,03-1,07
SAN	glasklar bis opak	1,57	3600-3900	70-85	1,08
SMMA	transparent		3400	70-83	1,08-1,13
SMSA	transparent		3500	60	1,07-1,17
SBS	glasklar		1100-1900		1,0-1,2
PVC-U	glasklar bis opak	1,52-1,54	2900-3000		1,37
PVC-HI	glasklar bis opak		2300-3000	40-55	1,36
PTFE	opak	1,35	400-700		2,13-2,23
PVDF	transparent bis opak	1,42	2000-2900	50-60	1,76-1,78
PCTFE	opak	1,43	1300-1500		2,07-2,12
PBA	transparent	1,467			
PMMA	glasklar	1,49	3100-3300	62-75	1,18

8

Tafel 8.27 Eigenschaften transparenter Kunststoffe *(Forts.)*

Werkstoff	Lichtdurchlässigkeit	Brechungs-index n_D bei 20°C	E-Modul Mpa	Streckspannung Mpa	Dichte g/cm³
MBS	transparent		2000-2600		1,11
MABS	transparent		2000-2100		1,08
PMMA-HI	glasklar		600-2400	20-60	1,12-1,17
POM	opak	1,49	2800-3200	60-75	1,39-1,42
PA 6/11/12/66	transparent bis opak	1,52-1,53			
PA 6-3-T kond.	transparent	1,57	2800-3000	80-90	1,12
PC	glasklar	1,58-1,59	2400	55-65	1,2
PBT	opak	1,55	2500-2800		1,30-1,32
PET-A	glasklar bis transparent	1,57	2100-2400	55	1,34
PET	transparent bis opak		2800-3000	60-80	
PET-G	opak		1900-2100		1,23-1,26
APE (PEC)	transparent	1,57-1,58	2300	65	1,15-1,18
PSU	transparent bis opak	1,63	2500-2700	70-80	1,24-1,25
PES	transparent bis opak	1,65	2600-2800	80-90	1,36-1,37
PPE+PS	opak		1900-2700	45-65	1,04-1,06
PF	transparent	1,63			
UP	glasklar	1,54-1,58			
EP	glasklar bis opak	1,,47			
CA	glasklar	1,47-1,50	1000-3000	25-55	1.26-1,32
CAB	glasklar	1,48	800-2300	20-55	1,16-1,22
CAP	glasklar	1,47	1000-2400	20-50	1,17-1,24
CAP	glasklar bis transparent		1000-2100		1,19-1,22

Tafel 8.28 Wasseraufnahme bis zur Sättigung und Diffusionskoeffizienten für Wasser

Kunststoff	Wasseraufnahme		Diffusionskoeffizient D
	Normklima 23 °C/50% r. F.	Wasser 23 °C	10^{-6} mm^2/s
PE-LD		0,002 bis 0,2	ca. 0,14
PE-HD		0,002 bis 0,2	ca. 0,74
PP		>0,02	ca. 0,24
PMP		ca. 0,05	
PS		0,2 bis 0,3	
SAN		ca. 0,2	
ABS		ca. 0,7	
PVC-(E)	ca. 0,18	0,5 bis 3,5 (60 °C)	
PVC-(S)		0,3 (60 °C)	
PMMA		1,6 bis 2	
POM	ca. 0,3	ca. 0,6	
PPE + PS		ca. 0,15	
PPE + PS-GF	ca. 0,03	ca. 0,15	
PC	ca. 0,2	ca. 0,4	
PET	ca. 0,35	0,5 bis 0,7	
PET-GF 33	ca. 0,2	0,25	
PBT	ca. 0,45	ca. 0,45	
PBT-GF 33	0,1 bis 0,2	0,1 bis 0,2	
PSU	ca. 0,25	ca. 0,6	
PA 6	2,8 bis 3,6	9 bis 10	ca. 0,4
PA 9		ca. 2,5	
PA 11	0,8 bis 1,2	ca. 1,8	
PA 12	0,7 bis 1,1	1,3 bis 1,9	
PA 66	2,5 bis 3,5	7,5 bis 9	ca. 0,2
PA 68	ca. 3	4 bis 4,5	
PA 610	1,5 bis 2	3 bis 4	
PA 612	1,3 bis 2	2,5 bis 2,8	
PA 6-3-T	2,6 bis 3	6,2 bis 7	
PA Guss	2,3 bis 2,7	7 bis 8	ca. 0,32
PA 6-GF 30	1,5 bis 2	ca. 6	ca. 0,4
PA 66-GF 30	1 bis 1,5	ca. 5,5	ca. 0,2
PA 11-GF 30	ca. 0,54	ca. 1,2	
PA 12-GF 30	ca. 0,45	ca. 1,1	
CA		3,8 bis 5	
CAB		2 bis 2,5	
CP		2,3 bis 2,7	
UP		ca. 0,4	
UP-GF		0,5 bis 2,5	
EP	0,5 bis 0,8	0,7 bis 1,5	0,2 bis 0,3
EP-GF 55	0,3 bis 0,5	ca. 0,8	
PAI		0,22 bis 0,28	
PVDF		ca. 0,25	
PES	ca. 0,15	ca. 2,1	
PI	ca. 1,2	ca. 3	

8

Tafel 8.29 Chemikalienbeständigkeit

Kunststoff-Kurzzeichen		Säuren			Laugen					Lösungsmittel													
	Wasser	schwach	stark	Flußsäure	schwach	stark	anorganische Salze	Halogene	oxyd. Verbindungen	Paraff. Kohlenwasserst.	Halogen-Alkane	Alkohole	Äther	Ester	Ketone	Aldehyde	Amine	org. Säuren	aromat. Verbindungen	Kraftstoffe	Mineralöl	Fette, Öle
PE-LLD	+	+	+	+	+	+	+	–	–	⊗	–	○	–	○	○			+	–	⊗	○	⊕
PE-LD	+	+	+	+	+	+	+	–	–	⊗	–	+	○	⊕	⊕	⊕	+	+	⊕	⊕	⊕	⊕
PE-HD	+	+	+	+	+	+	+	–	–		⊗	+	○	+	+			+	⊕	⊕	⊕	+
PE-C	+	+	+		+	+	+	○	○	⊕	⊗	+	○	–	○	⊗	+	⊕	⊗	○	⊕	○
EVA		+	⊗		+	+	+	–	⊗	⊗	–	⊕	⊗	⊗	–	+	⊕	⊕		○	○	⊕
PIB	+	+	+	+	+	+	+	○	○	–	–	+	–	–	⊗	⊕	+	+	–	–	–	
PP	+	+	⊕	⊕	+	+	+	⊗	–	⊕	⊗	+	○	⊕	⊕	+	+	⊕	⊗	⊕	+	+
PMP	+	+	+		+	+	+	–	⊗	–	⊗	⊕	–	⊗	○	+		⊕	⊗	○	⊕	+
PS	+	+	⊕	⊕	⊕	+	+	–	○	⊗	–	+	⊗	–	–	⊗	+	⊕	⊗	⊗	○	+
SB	+	+	○	○	+	+		–	–		–	⊕	–	–	–				–	⊗	○	+
SAN	+	+	⊕	+	+	+	+	–	–	⊕	–	⊕	–	–	–	⊗	+	⊕	–	⊕	+	+
ABS	+	+	⊕	+	+	+	+	–	⊗	○	–	⊕	–	–	–	⊗	+	+	–	+	+	+
PVC-U	+	+	+	+	⊕	+	+	○	⊕	⊕	⊗	+	⊗	–	–	⊗	⊕	⊕	⊗	⊗	+	+
PVCVAC		+	○		+		+		○		–	+		–	–	+	+	⊕	–	+		+
PVC-P	+	+	⊕		+	○	+	○	⊕		–	⊗	⊗	–	–	+	+	⊕	–	–	○	○
PTFE	+	+	+	+	+	+	+	+	+	+	+	+	+	+	+	+	+	+	+	+	+	+
PCTFE	+	+	+	+	+	+	+	⊕	⊕		⊗	+	–	⊗	+	+		⊗	⊗	+	+	+
PMMA	+	⊕	⊗	○	+	+	+	○	○	⊕	–	○	⊕	–	○	+	+	⊗	⊗	⊕	+	+
AMMA	+	+	+	○	⊕	⊕		○	○		⊗	+	+	+	–				⊕	+	+	+
POM	+	⊕	–		+	+	+	–	⊗	+	⊗	+	+	⊕	+	⊕		⊕	⊕	+	+	+
PPE + PS	+	+	+		+	+	+											+				
CA	+	+	–	–	○	–	+	–	–	+	⊗	○	+	–	–	○	⊗	⊗	⊕	⊕	+	+
CTA	+	⊕	–	–	○	–	+	–	–	+	⊗	○	+	–	–	+	⊕	⊗	⊕	⊕	+	+
CAB	+	+	–	–	⊕	○	+	–	⊗	+	–	⊗	⊗	–	–	+	⊕	⊕	–	+	+	+
CP	+	○	–	–	–	–	+	–	–	+	–	–	–	–	–	+	⊕	⊕	–	+	+	+
PC	+	+	⊗	⊕	–	–	⊕	+	○	⊕	–	⊕	–	○	○	–	–	○	–	⊕	+	+
PET		+	⊕		⊕		+		+	+	⊗	⊕	+	+	+			+	+	+	+	+
PBT		○	⊗		+	+	+			+	⊗	+	+	○	⊗			⊕	⊕	+	+	+
PA 6	+	–	–	–	⊕	+	+	–	–	⊕	⊕	⊕	+	+	+	⊕	+	⊕	⊕	+	+	+
PA 12	+	–	–	–	⊕	⊕	+	–	–	+	⊕	⊕	+	+	+	○	+	⊕	⊕	+	+	+
PA 66	+	–	–	–	⊕	+	+	–	–	⊕	⊕	⊕	+	+	+	⊕	+	⊕	⊕	+	+	+
PA 610	+	–	–	–	⊕	+	+	–	–	⊕	⊗	⊕	+	+	+	⊕	+	⊕	⊕	+	+	+
PA arom.	+	⊗	⊗	○	⊕	+	+		+	+	⊕	⊗	+	+	⊕	○		⊗	⊕	+	+	+
PSU	⊕	+	+		+	+	+		+	⊕	–	+			–				–			
PF	+	○	–		○	–					⊕	⊕	⊕	⊕	⊕				⊕	⊕	+	+
UF	+	⊗	–		○	–					⊕	⊕	+	⊕	⊕				⊕	⊕	+	+
MF	+	○	–		⊕	–					⊕	+	⊕	⊕	⊕				⊕	⊕	+	+
UP	+	⊕	○	–	⊕	–	+	⊗	⊗	+	⊗	⊕	⊗	⊗	⊗	⊗	⊕	⊗	⊗	+	+	+
EP	+	⊕		+	⊕	⊕	+	+	–		○	+	+	⊗	⊕	⊗	⊕	+	⊗	+	+	+
TPU	+	⊕	○	–	⊕	⊕	+	–	⊗	+	⊗	⊕	⊕	⊕	+	+	+	○	⊕	+	+	+

+ beständig, ⊕ beständig bis bedingt beständig, ○ bedingt beständig,
⊗ bedingt beständig bis unbeständig, – unbeständig

Tafel 8.30 Chemikalienbeständigkeit von Platten und Dichtungsbahnen (nach Eilenburg Plastic)

H = handelsüblich, GL = gesättigte Lösung, TR = technisch rein, S = Suspension oder Aufschlämmung;
+ = beständig, ○ = bedingt beständig, – = nicht beständig

Angriffsmittel	Chemische Bezeichnung	Konzentration %	PVC-U			PVC-P		PE-HD		PP			PE-HD-Dichtungsbahnen[1)]	PS	
			20 °C	40 °C	60 °C	20 °C	40 °C	20 °C	60 °C	20 °C	60 °C	100 °C	23 °C±2 °C	20 °C	50 °C
Akkusäure	H_2SO_4	H	+	+	+	+		+	+	+	+				
Aluminiumchlorid	$AlCl_3$	≤ GL	+	+	+	+	○	+	+	+	+	+	+	+	+
Aluminiumsulfat	$Al_2(SO_4)_3$	≤ GL	+	+	+	+	○	+	+	+	+	+	+	+	+
Ameisensäure	HCOOH	≤ 85	+	+	○			+	+	+	○		+	+	○
Ammoniakwasser	NH_4OH	≤ GL	+	+	○	+	○	+	+	+	+		+	+	+
Ammoniumchlorid	NH_4Cl	≤ GL	+	+	+	+	+	+	+	+	+	+	+		
Ammoniumnitrat	NH_4NO_3	≤ GL	+	+	+	+	+	+	+	+	+	+	+	+	+
Ammoniumsulfat	$(NH_4)_2SO_4$	≤ GL	+	+	+	+	+	+	+	+	+	+	+	+	+
Ammoniumsulfid	$(NH_4)_2S$	≤ GL	+	+	+			+	+	+	+		+		
Arsensäure	H_3AsO_4	≤ 30%	+	+				+	+	+	+				
Benzin (C_5-C_{12}-Gemisch)		≤ H	+			–	–	+	○	○	–		+	○	–
Bleiacetat	$Pb(CH_3COO)_2$	≤ GL	+	+	+			+	+	+	+			+	+
Bleichlauge	NaOCl	12% aktives	+	+	○	+		○	–	○	○	–	+	+	+
(Natriumhypochlorit)		Chlor													
Borax (Natriumtetraborat)	$Na_2B_4O_7$	≤ GL	+	+	+	+		+	+	+	+	+		+	+
Borsäure	H_3BO_3	TR	+	+				+	+	+	+	+		+	+
Calciumchlorid	$CaCl_2$	≤ GL	+	+	+	+	+	+	+	+	+	+	+	+	+
Calciumnitrat	$CA(NO_3)_2$	≤ GL	+	+	+	+	+	+	+	+	+	+	+		

1) Wassergefährdende Flüssigkeiten, die in einem Auffangraum gelagert werden dürfen, wenn die Saxolen-PE-HD-Dichtungsbahn als Abdichtungsmittel verwendet wird. Die vollständige Medienliste ist im Prüfbescheid (Prüfzeichen PA-VI 222.270) enthalten

8

Tafel 8.30 Chemikalienbeständigkeit von Platten und Dichtungsbahnen (nach Eilenburg Plastic) *(Forts.)*

H = handelsüblich, GL = gesättigte Lösung, TR = technisch rein, S = Suspension oder Aufschlämmung;
+ = beständig, ○ = bedingt beständig, – = nicht beständig

Angriffsmittel	Chemische Bezeichnung	Konzentration %	PVC-U			PVC-P		PE-HD		PP			PE-HD-Dichtungsbahnen[1)]	PS	
			20 °C	40 °C	60 °C	20 °C	40 °C	20 °C	60 °C	20 °C	60 °C	100 °C	23 °C±2 °C	20 °C	50 °C
Chloressigsäure (Monochloressigsäure)	$CH_2ClCOOH$	≤ 20%	+	+	○			+	+	+	+			+	○
Chromsäure	H_2CrO_4	≤ 10%	+	+	+	+	+							+	○
Chromschwefelsäure	$CrO_3+H_2SO_4$	150 g/l + 50 g/l	+	+				–		–				○	
Chromschwefelsäure	85,5 Vol% H_2SO_4 4,5% Vol% H_2CrO_4 10 Vol% H_2O	96% 50%	+	○	–	–		–		–				○	
Dieselkraftstoff			+	○	–			+	○	+	○		+		
Eisen(II)-Chlorid	$FeCl_2$	≤ GL	+	+	+	+	+	+	+	+	+		+	+	+
Eisen(III)-Chlorid	$FeCl_3$	≤ GL	+	+	+	+	+	+	+	+	+	+	+	+	+
Essigsäure	CH_3COOH	≤ 60%	+	+		○		+	+	+	+	+	+	+	+
Essigsäure (Eisessig)	CH_3COOH	100%	○	–	–	–		+	○	+	○	–		○	–
Fettsäuren	RCOOH	TR	+	+				+	○	+	+				
Fotoentwickler		H	+	+		○		+	+	+	+		+		
Fotofixierbäder		H	+	+		+	+	+	+	+	+		+		
Flußsäure	HF	≤ 40%	+	+	○	+	○	+	○	+				+	+
Formaldehyd	HCHO	≤ 15%	+	+	○			+	+	+	+			+	+
Glycerin	$C_3H_8O_3$	≤ 100%	+	+		○	+	+	+	+	+			+	+
Glykol (Ethylenglykol)	$C_2H_6O_2$	TR	+	+	+	+	+	+	+	+	+	+		+	+
Glykolsäure	$C_2H_4O_3$	≤ Gl	+	+	+			+	+	+			+		
Harnstoff	$CO(NH_2)_2$	≤ GL	+	+	+	+	○	+	+	+	+		+	+	+
Heizöl EL		100%	+	+		○	–	+	○	+	○		+		

Tafel 8.30 Chemikalienbeständigkeit von Platten und Dichtungsbahnen (nach Eilenburg Plastic) *(Forts.)*

Angriffsmittel	Chemische Bezeichnung	Konzentration %	PVC-U			PVC-P		PE-HD		PP			PE-HD-Dichtungsbahnen[1)]	PS	
			20 °C	40 °C	60 °C	20 °C	40 °C	20 °C	60 °C	20 °C	60 °C	100 °C	23 °C ± 2 °C	20 °C	50 °C
Hydroxylaminsulfat	$(NH_3OH)_2SO_4$	≤ 12%	+	+	+			+	+	+	+		+		
Kalilauge	KOH	≤ 50%	+	+	○	○	–	+	+	+	+	+	+	+	+
Kaliumborat	K_3BO_3	≤ GL	+	+	○			+	+	+	+		+		
Kaliumbromat	$KBrO_3$	≤ GL	+	+	○			+	+	+	+	+	+	+	+
Kaliumbromid	KBr	≤ GL	+	+	+			+	+	+	+	+	+	+	+
Kaliumcarbonat	K_2CO_3	≤ GL	+	+	+	+		+	+	+	+	+	+	+	+
Kaliumchlorid	KCl	≤ GL	+	+	+	+	+	+	+	+	+	+	+	+	+
Kaliumnitrat	KNO_3	≤ GL	+	+	+			+	+	+	+		+	+	+
Kaliumpermanganat	$KMnO_4$	≤ 10%	+	+				+	+	+				+	○
Kaliumpersulfat	$K_2S_2O_8$	≤ GL	+	+	○	+	○	+	+	+	+				
Kohlendioxyd gasförmig	CO_2	jede	+	+	+	+	+	+	+	+	+			+	+
Kupfer(II)-chlorid	$CuCl_2$	≤ GL	+	+	+			+	+	+			+		
Kupfer(II)-sulfat	$CUSO_4$	≤ GL	+	+	+			+	+	+	+		+	+	+
Magnesiumchlorid	$MgCl_2$	≤ GL	+	+	+			+	+	+	+		+	+	+
Magnesiumsulfat	$MgSO_4$	≤ GL	+	+	+	+	+	+	+	+	+	+	+	+	+
Methylalkohol	CH_3OH	alle	+	+	○	–	–	+	+	+	+		+	+	+
Natriumchlorat	$NaClO_3$	≤ GL	+	+	+	+	+	+	+	+	+	+	+		
Natriumchlorid	NaCl	≤ GL	+	+	+	+	+	+	+	+	+	+	+	+	+
Natriumhypochlorit	NaOCl	12% aktives	+	+	○	+		○	–	○	○	–	+	+	+
Natronlauge	NaOH	> 40–60%	+	+	○	–	–	+	+	+	+	+	+	+	+
Natronlauge	NaOH	15%	+	+	○	+	○							+	+
Nickel(II)-sulfat	$NiSO_4$	≤ GL	+	+	○	+	+	+	+	+	+		+	+	+

Tafel 8.30 Chemikalienbeständigkeit von Platten und Dichtungsbahnen (nach Eilenburg Plastic) *(Forts.)*

H = handelsüblich, GL = gesättigte Lösung, TR = technisch rein, S = Suspension oder Aufschlämmung;
+ = beständig, ○ = bedingt beständig, – = nicht beständig

Angriffsmittel	Chemische Bezeichnung	Konzentration %	PVC-U			PVC-P		PE-HD		PP			PE-HD-Dichtungsbahnen[1)]	PS	
			20 °C	40 °C	60 °C	20 °C	40 °C	20 °C	60 °C	20 °C	60 °C	100 °C	23 °C±2 °C	20 °C	50 °C
Olsäure		TR	+	+	+	–	–	+	○	+	○	–		+	○
Oxalsäure	$(COOH)_2$	≤ GL	+	+	+	+	○	+	+	+	+	+		+	+
Phenol	C_6H_5OH	50%	+	○	–	○	–	+	+	+	+			○	–
Phosphorsäure	H_3PO_4	≤ 75%	+	+	+			+	+	+	+	+	+	+	+
Quecksilbernitrat	$Hg(NO_3)_2$	S	+	+	+	+		+	+	+	+		+		
Salpetersäure	HNO_3	65%	+	○	–								+	○	–
Salpetersäure	HNO_3	50%	+	○	○	–		○	–	○	–		+	○	–
Salpetersäure	HNO_3	30%	+	+	○	○	○	+	+	+	–		+	+	○
Salpetersäure	HNO_3	10%	+	+	+	○	○						+	+	○
Salzsäure	HCl	≤ 35%	+	+	+	+	○	+	+	+	+	○	+	+	○
Schwefelsäure	H_2SO_4	≤ 90%	+	+	+			+	+	+	○		+	+	–
Schwefelsäure	H_2SO_4	≤ 96%	+	+	○			○	–	○	–		+		
Silbernitrat	$AgNO_3$	≤ GL	+	+	○			+	+	+	+		+	+	+
Stärke (industriell)	$(C_6H_{10}O_5)x$	H	+	+	+			+	+	+	+		+		
Stearinsäure	$C_{18}H_{36}O_2$	TR	+	+	+			+	○	+	○			+	+
Wasserstoffperoxid	H_2O_2	≤ 70%	+	+	○	+	○	○	–	+	○	+	+		
Weinsäure (industriell)	$C_4H_6O_6$	≤ GL	+	+	+	+		+	+	+	+		+	+	+
Zinksulfat	$ZnSO_4$	≤ GL	+	+	+	+	+	+	+	+	+	+	+	+	+
Zinn(IV)-chlorid	$SnCl_4$	≤ GL	+	○		+	+	+	+	+	+		+	+	+
Zitronensäure (industriell)	$C_6H_8O_7$	≤ GL	+	+	+	+	○	+	+	+	+	+	+	+	+

Tafel 8.31 Medien, die Spannungsrisse auslösen

Spannungsrissauslösende Medien	Spannungsrissanfällige Kunststoffe										
	ABS	AMMA	PA	PC	PE	PMMA	PP	PS	PVC	SAN	SB
Aceton	*		*	*				*		*	*
Ethanol	*	*				*		*		*	*
Ether	*				*			*		*	*
Alkohole					*						
Anilin					*		*				
Benzin	*		*		*			*		*	*
Erdöl					*						
Essigsäure					*		*				
Ester					*						
Glyzerin		*				*					
Heizöl					*						
Heptan	*							*		*	*
Hexan	*							*		*	*
Isopropanol	*							*		*	*
Kaliumhydroxid					*						
Ketone				*	*						
Kohlenwasserstoffe, aromat.				*							
Metallhalogenide			*								
Methanol	*							*	*	*	*
Natriumhydroxid		*			*	*					
Natriumhypochlorid					*		*				
Paraffinöl		*				*					
Pflanzenöl	*							*		*	*
Quellmittel, chlorhaltig				*							
Salpetersäure					*		*				
Silikonsäure					*						
Schwefelsäure							*				
Tenside					*						
Terpentin				*			*				
Tetrachlorkohlenstoff			*	*	*						
Wasser		*			*	*					

Tafel 8.32 Empfehlungen für rissauslösende Medien bei Prüfung der Spannungsrissneigung verschiedener Kunststoffe

Kunststoff-Kurzzeichen	Rissauslösende Medien	Eintauchzeit
PE	Tensid-Lösung (2%), 50 °C Tensid-Lösung (2%), 70 °C Tensid-Lösung (5%), 80 °C	>50 h 48 h 4 h
PP	Chromsäure, 50 °C	
PS	n-Heptan Petroleum-Benzin, Siedebereich 50–70 °C n-Heptan : n-Propanol (1:1)	
SB	n-Heptan Petroleum-Benzin, Siedebereich 50–70 °C n-Heptan : n-Propanol (1:1) Ölsäure	
SAN	Toluol : n-Propanol (1:5) n-Heptan Tetrachlorkohlenstoff	15 min
ABS	Dioctylphthalat Toluol : n-Propanol (1:5) Methanol Essigsäure (80%) Toluol	 15 min 20 min 1 h
PMMA	Toluol : n-Heptan (2:3) Ethanol n-Methylformamid	15 min
PVC	Methanol Methylenchlorid Aceton	 30 min 3 h
POM	Schwefelsäure (50%), örtliche Benetzung	bis 20 min
PC	Toluol : n-Propanol (1:3 bis 1:10) Tetrachlorkohlenstoff Natronlauge (5%)	3–15 min 1 min 1 h
PC + ABS	Methanol : Ethylacetat (1:3) Methanol : Essigsäure (1:3) Toluol : n-Propanol (1:3)	
PPE + PS	Tributylphosphat	10 min
PBT	ln-Natronlauge	
PA 6	Zinkchloridlösung (35%)	20 min
PA 66	Zinkchloridlösung (50%)	1 h
PA 6-3-T	Methanol Aceton	 1 min
PSU	Ethylenglykolmonoethylether Essigsäure-Ethylester 1,1,1-Trichlorethan : n-Heptan (7:3) Methylglykolacetat Tetrachlorkohlenstoff 1,1,2-Trichlorethan Aceton	1 min 1 min 1 min
PES	Toluol Ethylacetat	1 min 1 min
PEEK	Aceton	
PAR	Natronlauge (5%) Toluol	1 h 1 h
PEI	Propylencarbonat	

Tafel 8.33 Beständigkeit von Kunststoffen

Kunststoff	Bewitterung		Beständigkeit gegen	
	nicht-stabilisiert	stabilisiert	Mikro-organismen	Makro-organismen
PE-LD	3	1 bis 2	1 bis 2	2 bis 3
PE-HD	3	1 bis 2	1 bis 2	2 bis 3
PP	3	2	1 bis 2	2 bis 3
PB	3	2		
PMP	3			
PS	3	2	1	2 bis 3
SB	3			
SAN	3			
ABS	3	2	1	2 bis 3
ASA	3	2		
PVC-U	2	1 bis 2	1 bis 2	1
PVC-P	3	2	2 bis 3	3
PVDC	2 bis 3			
PTFE	1		1	1 bis 2
PCTFE	1		1	1 bis 2
PVF			1	1 bis 2
PVDF	1			
PMMA	1		1 bis 2	1 bis 2
POM	3			
PPO	3			
CA	2 bis 3		2 bis 3	3
CAB	2 bis 3		2 bis 3	3
PC	2			
PET	2			
PA	3		1 bis 2	1 bis 2
PSU	3			
PI	3			
PUR	3		3	1
GF-UP	1 bis 2		1 bis 2	1
EP	2		1	1 bis 2
PF	1 bis 2		1 bis 3	1
MF	1 bis 2		2 bis 3	1
UF	3		1 bis 3	3

Beständigkeit: 1: sehr gut, 2: durchschnittlich, 3: wenig beständig

8

Tafel 8.34 Strahlenbeständigkeit von Thermoplaste; Halbwertsdosis (Reißdehnung) bei 20 °C

Kunststoff	Bestrahlung unter O_2-Ausschluß			Bestrahlung in Luft	
	Abbau oder Vernetzung	Gasentwicklung	Halbwertsdosis	Halbwertsdosis bei 500 Gy/h	Halbwertsdosis bei 50 Gy/h
	A/V	$mm^3/(kg \cdot Gy)$	kGy	kGy	kGy
PE-HD	V		60 bis 300	25 bis 95	10 bis 40
PE-LD	V	7	400 bis 1300	180	130
PE-LD-X	V		600 bis 1000	780	640
PE-C			250 bis 600	650 bis 1000	450 bis 1000
PE-LD-X flammgeschützt	V		250	450	450
EPDM	V		100 bis 1000	200 bis 1000	200 bis 600
PP	V	6	30	10 bis 25	6 bis 15
PS	V	0,05	10000	590	560
SAN	V		2000		
SB	V	0,2	2000		550
PVC-U	V	10 bis 30	9000		
PVC-P	V		2000		
PVDC	A			750	370
PA	V	2	140 bis 430	85	47
PC	A		500		
PET	V	0,4	2100	750	400
POM	A	3	200		
PPE + PS	A	9	26	26	
PTFE	A			1,4 bis 4,0	1,4 bis 4,0
PCTFE	A		400		
PVAL	V		330	330	
PVB	V		2000		
CA	A	2	160	160	
CAB	A	3	200		
CN	A	13	130		
CP	A	3	120		
EC	A	3	10		

Tafel 8.35 Einsatzmöglichkeit von Polymeren im nuklearen Bereich (nach Schönbacher)

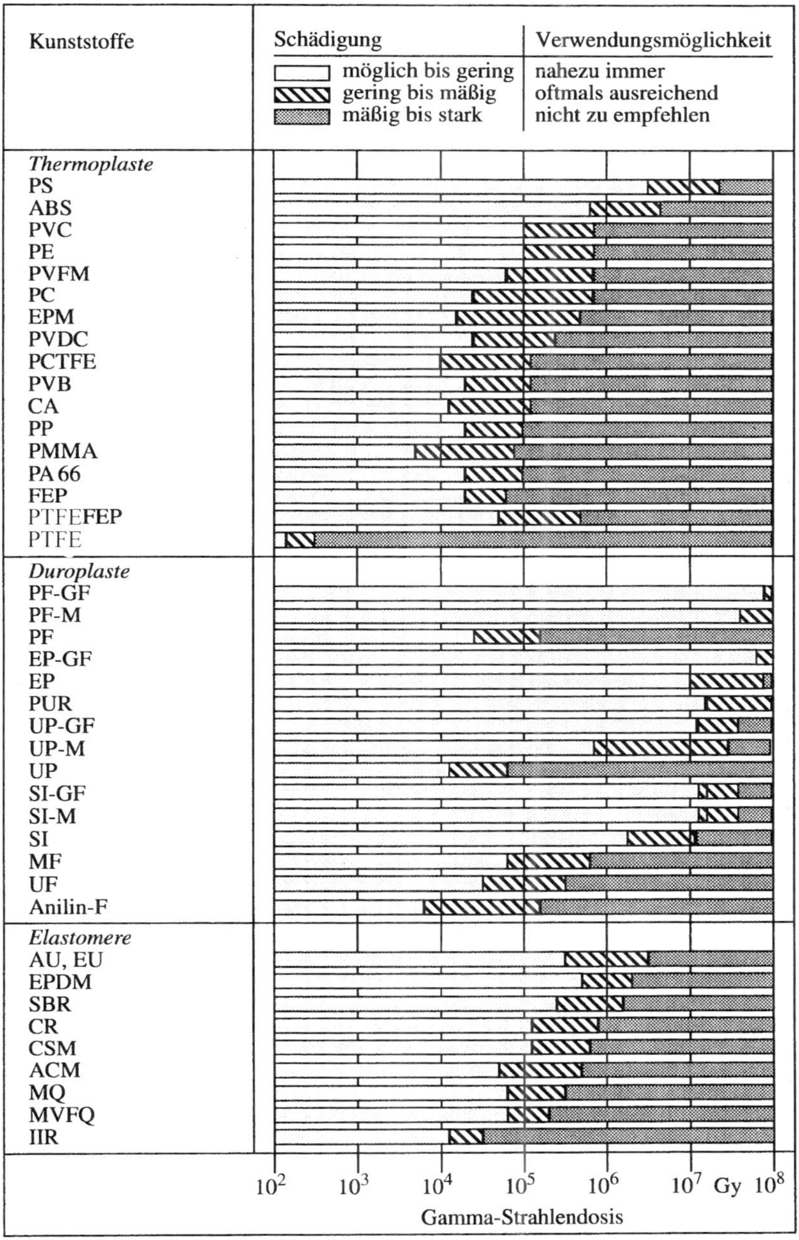

Tafel 8.36 Durchlässigkeiten für Wasserdampf (DIN 53122) und Gase (DIN 53380)

Kunststoff	Temperatur °C	Foliendicke µm	Wasserdampf g/m²·d	N_2	Luft	O_2	CO_2	H_2	Ar	He	CH_4
				cm³/m²·d·bar							
PE-LD	23	100	1	700	1100	2000	10000	8000			
PE-LD	20	25	5			5400 (23°C)					
PE-HD	25	40	0,9	525	754	1890	7150	6000			
PE-HD	23	100	0,6-1	700	1100	1600-2000	10000	8000			
EVAC, 20% VAC	23	100	455	1400		4000	17000				
EVAL	20	20				0,2-1,8					
EIM	25	25	25			9300					
PP	23	100	0,7-0,8			600					
PP	20	25	ca 3,5	2300 (23°C)							
PP-0	20	25	ca 1,3								
PP	25	40	2,1	430	700	1900	6100	17700	1480	1920	
PS	23	100	12	2500		1000	5200				
PS -0	25	50	14	27	80	235	800	1260			
ABS	23	100	27-33	100-200		400-900					
ASA	20	100	30-35	60-70		150-180	6000-8000	50			100-110
PS-HI	23	100	13	4000		1600	10000				
SBS	23	250	6	230		830	4300				

Tafel 8.36 Durchlässigkeiten für Wasserdampf (DIN 53122) und Gase (DIN 53380) *(Forts.)*

Kunststoff	Temperatur	Foliendicke	Wasserdampf	N_2	Luft	O_2	CO_2	H_2	Ar	He	CH_4
	°C	µm	g/m²·d	cm³/m²·d·bar							
PVC-U	23	100	2,5	2,7-3,8		33-45	120-160				
PVC-U	20	40	7,6	12	28	87	200				
PVC-P	20	40	20	350	550	1500	8500				
PVDC	25	25	0,1-0,2	1,8-2,3	5-10	1,7-11	60-700	630-1400			
PVDF	23	60	2,4 (90 µm)	28		94		345		975	
PVF	23	25	50	3,8		4,7	170	900			
PCTFE	40	25	0,4-0,9	39		110-230	250-620	3400-5200			
ECTFE	23	25	9	150		39	1700				
ETFE	23	25	0,6	470		1560	3800				
PTFE	23	300	0,03	60-80	80-100	160-250	450-700			1700-2100	
PAN	20	20	ca 80			15					
POM	23	80	12	5	8	24	470	210			12
PA 6 u.66	23	100	10-20	1-2		2-8	80-120				
PA 6	20	20	30			30 (23°C)					
PA 11 u. 12	23	100	2,4-4	0,5-0,7		2-3,5	6-13				
PC	23	25	4	680		4000	14500	22000			
PET	23	40	4,5-5,5 (50°C)	6,6	12	30	140	850	16	1170	8
PET	23	100	5	4		25	90				
PET-0	23	25	0,6	9-15		80-110	200-340	1500			

8

Tafel 8.36 Durchlässigkeiten für Wasserdampf (DIN 53122) und Gase (DIN 53380) *(Forts.)*

PSU	23	25	6	630		3600	15000	28000			
PI	23	25	25	94		390	700	3800			
PBI	25	100	6	500		1800	6000	7100			
PF	20	40	4,5								
PF Typ 31			300-560								
MF Typ 152	20	40	400								
TPU	23	25	13-25	550-1600		1000-4500	6000-22000				
CH	20	25	500			250 (23°C)					
CH lackiert	20	25	5,5			150 (23°C)					
CA	25	25	150-600	470-630	1800-2300	13000-15000	14000				
CAB	25	25	460-600	3800		15000	94000				
SBS+PS 50/50	23	250	4,4	110		530	2300				
PET-G/ SBS+PS/ PET-G 10/230/10	23	250	4		30190	700					

Tafel 8.37 Temperatur- und Feuchteabhängigkeit der Sauerstoffdiffusion von Barrierefolien

Folie	Temperatur	Durchlässigkeit für O_2 in $cm^3/m^2 \cdot d \cdot bar$ bei rel. Luftfeuchtigkeit in %					
	°C	0	50	75	85	95	100
EVOH	23	0,1	0,24		1,5		15
PVDC	23	2,0	2,2	2,2	2,2	2,2	2,2
PAN	23	9	12	12	12	12	12
Verbundfolie PE--LD/EVAL/PE-LD 20/10/30µm	23 30 40	0,3 0,8 1,7	0,45 1,4 4	1,5 5 16		15 38 80	

Tafel 8.38 Permeationswerte für Mischungen aus amorphem PA (Selar PA) und EVOH bzw. PA 6; Foliendicke 25 µm

Selar-PA-Anteil: 0 → 45 %	Mol-% Ethylen in EVOH		
O_2 ($cm^3/m^2 \cdot d \cdot bar$)	32	38	44
trocken: 23°C / 35% r.F.	< 0,1 →0,2	0,2 →0,4	0,4 →1,8
feucht: 23°C / 80% r.F.	1,1 →2,3	2,9 →4,0	5,3 →5,7

	% Selar PA in der Mischung mit PA 6					
O_2 ($cm^3/m^2 \cdot d \cdot bar$)	0	20	30	50	80	100
0°C / 0-5% r.F.	15	15	15	15	15	13
0°C / 95-100% r.F.	55	30	20	8	6	4
30°C / 0-5% r.F.	60	59	59	59	59	57
30°C / 95-100% r.F.	225	210	180	136	84	
H_2O ($g/m^2 \cdot d$)						
23°C / 95% r.F.	186	92	77	44	30	28

8

Tafel 8.39 Diffusionswiderstandsfaktoren von Bau- und Isolierstoffen

Stoff	Rohdichte kg/m³	Diffusionswiderstandsfaktor μ
Mauerziegel	1360 bis 1860	6,8 bis 10,0
Dachziegel	1880	37 bis 43
Klinker	2050	384 bis 469
Kalksandsteine, Betone	1500 bis 2300	8 bis 30
Gas- und Schaumbeton	600 bis 800	3,5 bis 7,5
Platten aus Phenolharz-Schaumstoff	23 bis 95	30 bis 50
Polystyrol-Schaumstoff	14 bis 40	32 bis 125
Polyurethan-Schaumstoff	40	51
Polyvinylchlorid-Schaumstoff	43 bis 66	170 bis 328
Harnstoff-Formaldehyd-Harz-Schaumstoff	12	1,7
Platten aus Polyesterharz	2000	6180
Polystyrol	1050	21300
Polyvinylchlorid	1400	52000
Polyvinylchlorid-Lacke	1400	25000 bis 50000

Tafel 8.40 Brennbarkeitseinstufung nach UL 94

Kunststoff-Kurzzeichen	Flammschutz-ausrüstung	Einstufung nach UL 94	Probekörperdicke mm
PE-LD		HB	
PE-LD	×	V2	
PE-HD		HB	
PE-HD	×	V2	
PP		HB	
PP	×	V2	
PS		HB	
SAN		HB	
SB		HB	
SB	×	V2	
SB	×	V0	
ABS		HB	0,8 bis 3,2
ABS	×	V0	0,8 bis 3,2
ASA		HB	
PVC			
POM		HB	
PA 6		V2	
PA 6	×	V0	
PA 6-GF		HB	0,8 bis 3,2
PA 66		V2	≥0,8
PA 66	×	V0	
PA 61		V2	
PC		V2	1,6 bis 3,2
PC	×	V2/V0	1,6 bis ≥1,6
PC-TMC		HB	1,6 bis 3,2
PC-TMC	×	V2/V0	1,6 bis 3,2
PC + ABS		HB	1,6
PC + ABS	×	V0	1,6

Tafel 8.40 Brennbarkeitseinstufung nach UL 94 *(Forts.)*

Kunststoff-Kurzzeichen	Flammschutz-ausrüstung	Einstufung nach UL 94	Probekörperdicke mm
PBT		HB	0,8 bis 3,2
PBT	×	V2/V0	≥0,8/0,8
PBT-GF		HB	0,8 bis 3,2
PBT-GF	×	V0	
PES		V0	
PES-GF		V0	
PAI		V0	≥0,2
PAR		V2	1,6 bis 3,2
PAR		V0	≥0,4
PPS	×	V0	≥0,4
PPS-GF40		V0/5V	≥0,4/≥1,7
PPS-M65 (Metall)		V0/5V	≥0,8/≥6,1
PEEK		V0	≥2
PEK		V0	≥0,8
PEI		V0	≥0,4
PEI-GF		V0	≥0,25
PSU		HB/V0	≥1,5/≥4,47
PSU	×	V0	≥1,5
PPE + PS		HB	≥1,6
PPE + PS	×	V1/V0	≥1,6

Tafel 8.41 Kennzahlen des Stahlsandverschleißes beim Strahlwinkel α = 45°

Werkstoff	Härte Shore D	Härte Vickers	Stahlsand Nr.*	Verschleiß-verhältnis** $V/V_{St\,37}$
Stahl TH 80		590	2	0,109
PUR-Elastomer	18		2	0,143
PVC-P	5		2	0,143
PUR-Elastomer	34		2	0,403
PVC-P	10		2	0,42
Gummi	17		2	0,57
PVC-P	14		2	0,96
Stahl St 37		126	1	1,0
PE-HD	60		1	1,06
Stahl St 34		124	1	1,07
PVC-P	17		2	1,12
PA 6	62		1	1,33
PA 6	64		1	1,33
Kupfer		99	1	1,36
PE-LD	42		2	1,4
PE-HD	58		2	1,4
PA11	71		1	1,81
PE-HD	58		1	2,0
PE-HD	60		2	2,0
PA 6	70		1	2,21
Aluminium		39	2	2,68
Messing		150	1	2,76
Aluminium		29	2	3,23
PA 11	69		1	3,31
PE-HD	52		2	4,2
PE-HD	78		2	6,3
PF-Hartpapier	89		2	8,2
PVC-U	76		2	8,5
Glas	(6 … 7 Mohs)		2	9,7
Blei	(4 Brinell)		2	10,5
PMMA	85		2	10,75
PF-Hartgewebe	92		2	18,5
EP-Glasfaser	86		2	19,5
EP-Quarzmehl	84		2	31

* Nr. 1: Vickershärte 500, Korngröße 0,9 mm;
Nr. 2: Vickershärte 720 bis 810, Korngröße 0,3 bis 0,5 mm.

** auf Stahl St. 37 bezogene Verschleißgeschwindigkeit.

Tafel 8.42 Relative volumetrische Verschleißwerte verschiedener Werkstoffe in einer Sandaufschlämmung

Werkstoff	Dichte g/cm³	rel. volumetr. Verschleißwert
PE-HD	0,95	330
PE-MD	0,92	600
PE-HD-UHMW	0,94	100
PE-HD-UHMW glaskugelgefüllt	1,14	165
PE-HD-UHMW flammwidrig	0,99	150
PE-HD-UHMW antistatisch	1,02	150
POM-Copolymer	1,42	700
Pertinax	1,4	2500
PMMA	1,31	1800
PVC-U	1,33	920
PP	0,90	440
PTFE	1,26	530
PTFE-GF 25	2,55	570
PTFE + 25% Ruß	2,04	960
PTFE-GF 25 + Metallverbindungen	2,33	750
PET	1,4	610
Buchenholz	0,83	2700
EP + 50 Quarzmehl	1,53	3400
PA 66	1,13	160
PA 12	1,02	260
Gußpolyamid	1,14	150
Stahl St 37	7,45	160

Tafel 8.43 Erosionsgeschwindigkeit bei der Regenerosion

Kunststoffe	Erosionsgeschwindigkeit $\dot{E}_{m2}$ µm/s
PUR-Elastomer, 79 Shore A	0,20
PUR-Elastomer, 93 Shore A	0,58
PUR-Elastomer, 80 Shore A	0,77
PUR-Elastomer, 92 Shore A	0,96
PUR-Elastomer, 91 Shore A	3,64
PA 616	1,49
PA 6	1,92 bis 2,37
PA 610	4,17
PA 11	8,63
PE-LD	3,56 bis 18,3
PE-HD	2,65 bis 19,5
PE-X	10,5
PP	8,48 bis 8,93
PMMA	26,8 bis 113,7
AMMA	100
PVC	26,20
PVC (2% Weichmacher)	38,45
PVC (4% Weichmacher)	111
POM-Copolymer	2,40
PC	20,3
ABS	20,35 bis 21,4
CAB	61,5
UP-GF	244
PS	384,5

Tafel 8.44 Belastbarkeit und Verschleiß von Querlagern beim Gleiten auf Stahl

Kunststoff	p · v-Wert $N/mm^2 \cdot m/s$ Gleitgeschwindigkeit			Relativer Verschleißfaktor (PA 6 = 1)
	0,05 m/s	0,5 m/s	5 m/s	
PE-HD		0,2		–
PE+PTFE (80 + 20%)		–		0,22
PS	0,02	0,05	0,02	15
ABS		–		17,5
				–
PTFE		0,09 bis 0,03		5
POM	0,13	0,12	0,08 bis 0,05	0,32
PPE + PS	0,02	0,02	0,02	–
PC	0,02	0,02	<0,02	12,5
PBT	0,14	0,1–0,08		1,05
PA 6	0,04	0,08	0,07	1
PA+PE 90-10		0,25		–
PA+PTFE 80-20	0,40	0,7	0,5	0,075
PA11, PA12	0,06	0,03		–
PA66	0,10	0,08	0,05	1
PA+PTFE 80-20	0,5	0,6	0,3	
PA610, PA612	0,08	0,07	<0,07	0,9
PSU	0,2	0,2	0,1	7,5
PES	0,6	1,0	0,57	0,3
PPS	0,08	0,1	0,13	2,7
PI		1		
PUR-Elastomer	0,07	0,05	<0,05	1,7

Tafel 8.45 Einfluss von Zusätzen auf das Gleitverhalten von PA 6 bzw. PTFE

Zusätze (Gew.-%) zu PA 6				Relativwerte				
Schmierstoffe		Verstärkungsstoffe		p · v-Wert Gleitgeschwindigkeit v			relativer dyn. Reibungskoeffizient	relativer Verschleißfaktor
PTFE	Silikon	Glasfasern	Kohlefasern	0,05 m/s	0,5 m/s	5 m/s		
–	–	–	–	1	1	1	1	1
20	–	–	–	5	10	4	0,7	0,075
–	2	–	–	1,5	2	5	0,5	0,25
18	2	–	–	5	12	7	0,4	0,055
–	–	30	–	4	4	4	1,2	0,45
15	–	30	–	7	10	9	1	0,085
15	2	30	–	8	8	10	0,8	0,05
–	–	–	30	7	11	5	0,8	0,15
Zusätze (Gew.-%) zu PTFE								
Glasfasern	Bronze	Graphit	MoS_2					
–	–	–	–	1	1	1	1	
15	–	–	–	8	7	6	1,2	
25	–	–	–	8	7	6	1,3	
–	60	–	–	12	9	11	1,2	
20	–	5	–	9	8	9	1,3	
15	–	–	5	9	8	7	1,2	

Tafel 8.46 Gleitreibungskoeffizient von Kunststoffen

Kunststoff	Gleitreibungskoeffizient
PE-HD-HMW	0,29
PE-HD	0,25
PE-LD	0,58
PP	0,30
PS	0,46
SAN	0,52
PTFE	0,22
PMMA	0,54
PET	0,54
POM Homopolymer	0,34
POM Copolymer	0,32
POM + Graphit	0,29
POM + 22% PTFE-Fasern	0,26
PPE + PS	0,35
PA 6	0,38 bis 0,45
PA 6-Guss	0,36 bis 0,43
PA 6-GF 35	0,30 bis 0,35
PA 11	0,32 bis 0,38
PA 66	0,25 bis 0,45
PA 66 + 11% PE	0,19
PA 66 + 3% MoS_2	0,32 bis 0,35
PA 66-GF 35	0,32 bis 0,36
PA 610	0,36 bis 0,44
PES	0,30
PES + 15% PTFE + 30% GF	0,20
PES + 15% PTFE	0,14
PSU (0,5 bis 5 m/s)	0,50 bis 0,23
PBMI + 25% Graphit	0,25
PBMI + 40% Graphit	0,20
PBMI + PTFE	0,17

Tafel 8.47 Zulässige Gleitschicht-Temperaturen (nach D. Bopp)

Kunststoff	Zulässige Temperatur, °C
PBI	350
PI	300
PAI	260
PEEK	250
PTFE, gesintert	250
PPS	220
PEI	200
PK	180

8

Tafel 8.48 Schmierstoffe für Kunststoffe (nach Fuchs Lubritech)

Gruppe	Grundöl	Schmier-stoff-Art	Verdicker/ Festschmierstoff	Temperatur-Einsatz bereich, °C
1	Silikon	Öl	./.	–40 bis +200
1	Silikon	Paste	MoS_2	–40 bis +175
1	Silikon	Paste	hochdisperse Kieselsäure	–40 bis +200
1	Silikon	Öl	Li-Komplex-Seife	–40 bis +200
2	Ester	Öl	Silikagel+PTFE	–40 bis +180
3	perfluorierter Polyether	Öl	PTFE	–25 bis +250 (280)
4	Polyglykol	ÖL	./.	bis 200
5	Polyglykol	Paste	MoS_2	–30 bis +400
6	Polyalphaolefin (PAO)/Ester	Öl	Li-Seife + weiße Festschmierstoffe	–45 bis +130
6	Polyalphaolefin (PAO)/Ester	Paste	Li-Seife + weiße Festschmierstoffe	–45 bis +110
7	Polyalphaolefin (PAO)/Ester	Paste	Silikagel + weiße Festschmierstoffe	–45 bis +110 (180)

Tafel 8.49 Verträglichkeit von Schmierstoffen aus Tafel 8.48 gegenüber Kunststoffen und Kautschuken (nach Fuchs Lubritech)

	Schmierstoff-Gruppe, s. Tafel 8.48						
Kunststoff	1	2	3	4	5	6	7
PE-LD	+		+	+			–
PE-HD	+		+	+	+	+	+
PP	+		+	+			+
ABS	o		+			o	+
PVC			+	+			+
PTFE	+	+	o	+	+	+	+
PET	+		+			+	+
POM	o	+	+	+	+	+	+
PA	+	+	+	+	+	+	+
PPE	+		+				
PUR	+		+	+		+	+
Elastomere							
NR	–		+	+	+	-	+
CR	o	–	+	+	+	+	+
SBR			+	+	+	-	+
NBR	o	–	+	+	+	+	+
EPDM	+	+	+	+	+	–	o
FKM	+	+		+	o	+	o
MVQ	–	+	+	+	+	+	+

+ = beständig, o = bedingt beständig, - = nicht beständig

9 Kunststoff-Halbzeuge in der Anwendung

9 Kunststoff-Halbzeuge in der Anwendung

Für die in diesem Kapitel nur durch Kurzzeichen gekennzeichneten Kunststoffe lassen sich die chemischen Bezeichnungen und die Abschnitte in Kapitel 6, in denen der Kunststoff behandelt wird, aus der Tafel 1 Seite XXII entnehmen.

In diesem Kapitel sollen Einsatzgebiete von Kunststoffen in Form von Halbzeugen beispielhaft aufgezeigt werden.

Aus den Anforderungen eines speziellen Einsatzgebiets und den Eigenschaften des Kunststoffs leitet sich die Qualifikation eines Kunststoffs ab. Die in Kapitel 6 den Produkten zugeordneten Kennwerte und die in Kapitel 8 nach Eigenschaften sortierten Werte alleine lassen jedoch nicht immer eine Aussage über die Eignung eines Kunststoffs für eine bestimmte Anwendung zu. Die hier dargestellten, in der Praxis bewährten oder durch Normen abgesicherten Anwendungen können jedoch in diesem Zusammenhang z.B. durch Vergleich oder Analogieschlüsse hilfreich sein.

9.1 Rohre und Rohrverbindungen

9.1.1 Grundlagen der Rohrnormung

9

Rohre werden aus vielen Kunststoffen und für die unterschiedlichsten Einsatzgebiete angeboten. Da mit dem Einsatz von z.B. druckbelastbaren Rohren sicherheitstechnische und rechtliche Aspekte verbunden sein können, gibt es auf dem Kunststoffrohrsektor viele Normen, Verordnungen und Empfehlungen, die von Fall zu Fall zu beachten sind: DIN-Normen, Arbeitsblätter des DVGW (Deutscher Verband für Gas- und Wasserfachleute), die in Zusammenarbeit mit der Gütegemeinschaft Kunststoffrohre e.V. erstellt werden, Richtlinien der Gütegemeinschaft Kunststoffrohre, Anweisungen des KRV (Kunststoff-Rohrverein), Merkblätter und Arbeitsanweisungen des DVS (Deutscher Verband für Schweißtechnik), Richtlinien des DIBT (Deutsches Institut für Bautechnik) und Normen des FTZ (Fernmeldetechnisches Zentralamt der Post).

Kunststoffrohre werden dimensioniert aufgrund der Ergebnisse von mehr als 30 Jahre laufender Innendruck-Zeitstandversuche. Aus den Zeitpunkten des Versagens bei bestimmten Druck- und Temperaturwerten werden Zeitstanddiagramme (z.B. Bild 3.37, s. Abschn. 3.2.3.2 oder Bild 9.1) unter Umrechnung des Drucks p in die Umfangsspannung σ_v mit der vereinfachten Kesselformel

$$\sigma_v = p\,\frac{d-e}{2e} = p \cdot S$$

d Außendurchmesser, e Wanddicke

gebildet. Für die Maßnormung von Rohrreihen mit einem für alle Rohrarten gleichartig gestuften Außendurchmesser d werden danach die Wanddicken e festgelegt.

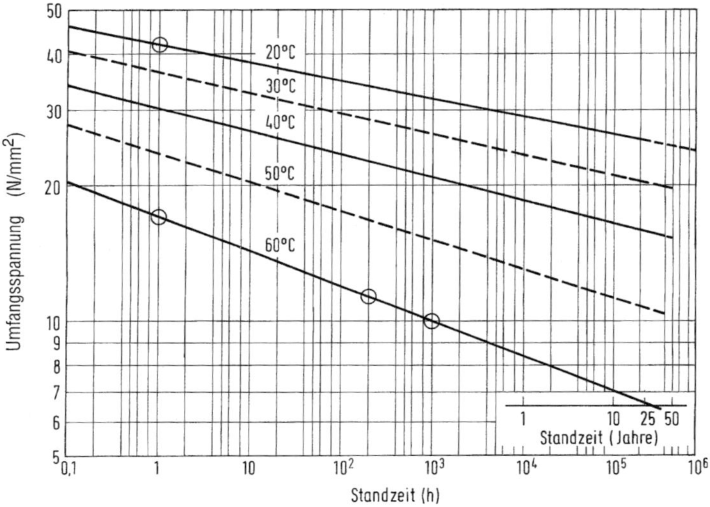

Bild 9.1 Mindest-Zeitstandfestigkeit von PVC-U-Rohren nach DIN 8061

Bezugsgröße für die zulässige Beanspruchung ist der *Nenndruck PN,* definitionsgemäß der Innendruck in bar, dem die Rohre bei Beaufschlagung mit Wasser oder anderen ungefährlichen (*ungefährlich:* selbst bei unsachgemäßer Handhabung) Durchflussstoffen bei 20 °C mindestens 50 Jahre standhalten. Hierbei ist ein werkstoffspezifischer Sicherheitsfaktor berücksichtigt.

Für höhere Temperaturen enthält Bild 9.2 Anwendungsgrenzwerte für einige Rohrtypen. Die zulässigen Drücke wurden für eine Lebensdauer von 25 Jahren berechnet. Die zugehörigen Umfangsspannungen für die Rohre lassen sich nach obiger Formel berechnen, indem man für „*S*" den in Bild 9.2 angegebenen Wert einsetzt. Medieneinflüsse müssen ggf. durch Resistenzfaktoren berücksichtigt werden; s. Abschn. 3.2.3.2.

Für die Festsetzung der zulässigen Spannung s_{zul} wird die aus dem Zeitstand-Diagramm zu entnehmende Mindestspannung $s_{v\ 50J,\ 20\,°C}$ durch den Sicherheitsfaktor *S* dividiert, der für spröde Werkstoffe einen Abminderungsfaktor enthält, der die Zähigkeit des Werkstoffs berücksichtigt, s. entsprechende DIN Nummern in Tafel 9.1. Eine Qualitätsüberwachung erfolgt unter bestimmten Prüfbedingungen, die in Bild 9.1 für PVC-U nach DIN 8061 durch Kreise gekennzeichnet sind.

9.1.2 Rohre und Rohrleitungen in der Anwendung

Im Folgenden sind wichtige Einsatzgebiete für Kunststoffrohre gelistet, Tafel 9.2. Tafel 9.3 enthält für Rohrleitungen wichtige Normen und Vorschriften. Tafel 9.4 gibt Beispiele für den Aufbau von Kraftstoffleitungen aus PA 12.

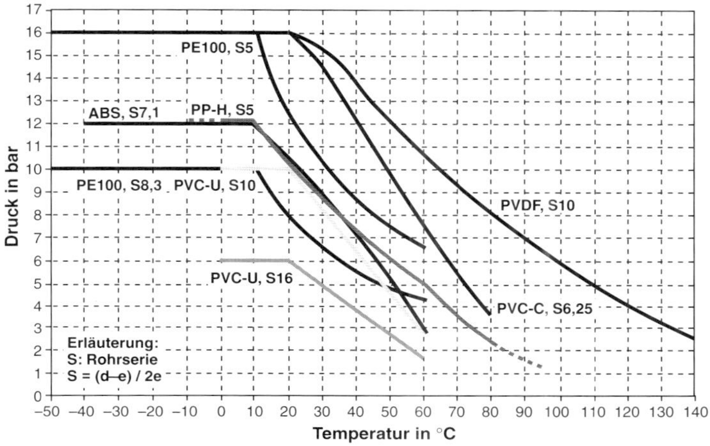

Bild 9.2 Anwendungsgrenzwerte für Rohre und Fittings
Berechnete Belastbarkeit von industriellen Rohrleitungen (Georg Fischer) für 26 Jahre Lebensdauer im zulässigen Dauertemperatur-Gebrauchsbereich, Medieneinflüsse müssen ggf. durch Resistenzfaktoren berücksichtigt werden

PVC-Schaumkernrohre haben kompakte Innen- und Außenschichten und einen zelligen Kern. Sie werden als Abwasser- und Entwässerungsrohre mit Durchmessern von 110 bis 630 mm eingesetzt, Gewichtseinsparung gegenüber kompakten Rohren 15 bis 25 %.

Einen Überblick über Verbindungsverfahren für Kunststoffrohre gibt Tafel 9.5.

9.2 Profile (außer Rohre)

Profile können aus fast allen Kunststoffen hergestellt werden. Hier werden genormte oder solche für spezielle Einsatzgebiete beispielhaft aufgeführt, s. Tafel 9.6, 9.7 und 9.8.

9.3 Platten/Tafeln, Bahnen, Folien

Flächige Halbzeuge aus Kunststoffen werden durch Zuschneiden, Schweißen, Kleben, kraftschlüssige Verbindungen oder Warmformung zu Bauelementen, Apparaten, größeren Gebilden wie Deponieabdichtungen, oder Verpackungen weiterverarbeitet. Platten oder Bahnen aus Glasmattenkunststoff (GMT) oder thermoplastischen Hochleistungs-Prepregs werden durch Warmpressen bei 20 bis 60 K oberhalb der Erweichungstemperatur des Thermoplasten verformt, s. Abschn. 4.2.9.1. Solche Formteile haben im Vergleich zu den aus Kurzfaser-Spritzgussmassen hergestellten höhere Festigkeit, Steifigkeit, Schlagzähigkeit und finden zunehmend Eingang z. B. im Kfz-Bau.

Tafel 9.1 Normen für Rohre und Rohrverbindungen

DIN (Q+M) bedeutet: DIN-Normen für Rohre, Qualitätsanforderungen und Maße
DIN (V+L) bedeutet: DIN-Normen für Rohr-Verbindungen und -Leitungsteile

Kunststoff	DIN (Q+M)	DIN (V+L)	Sonstige Normen, Bemerkungen
		16928	allgemeine Richtlinien
PE-LD	8072, 8073	8076 Teil 1	
PE-HD	8074, 8075	8076 Teil 3	
PE-HD		16963 Teile 1-15, 25	DIN 8075, chem. Beständigkeit
PE-X	16892, 16893		DVGW-Arbeitsblatt W 532 Klemmverbindungen
PE, PP, PVC	16961, Teile 1, 2		Wickelrohre
PE, PP, PVC-U, PMMA, AMMA			VDI Richtlinie 2008, Umformen von Halbzeugen
PP	8077, 8078	16962 Teile 1-13	
PB	16868, 16869		
ABS, ASA	16891		
PVC-U	8061	8063 Teile 1-12 16451 Teile 1-7	DIN 16970, Kleben DIN 8061, chem. Beständigkeit.
PVC-HI	8061		
PVC-C	8079, 8080		
PVDF	(ISO 10931)		
PA	16982		
PC	16903		
PET, PBT	16808		
UP-GF	16964		
UP-GF	16965 Teil 1		mit harzreicher Innenschicht
UP-GF	Teil 2		Auskleidung mit PVC, PVC-C, PE-HD, PP, PVDF, PF, NR, CR, CSM, NBR
UP-GF	Teil 4		mit „Chemieschutzschicht“
UP-GF	Teil 5		durchgehend gewickelt für Außenbeanspruchung
UP-GF		16966 Teil 1, 2, 4-8	
UP-GF	16868 Teil 1 u. 2		gewickelt bzw. gefüllt
UP-GF	16869 Teil 1 u. 2		geschleuderte Kanalrohre
UP-GF	E 19565 Teil 1		erdverlegte Abwasserleitungen und -kanäle
EP-GF	16871		geschleudert, heißhärtend, Reinharz-Innenschicht
EP-GF		16967	
EP-GF, PHA-GF			(RAL R 9 9 1/8) Industrierohre und Formstücke

Tafel 9.2 Einsatzgebiete Rohre und Rohrleitungen

Es bedeuten:
DIN: DIN für Werkstoff / Rohrleitungen, Verlegerichtlinien, Planung, Bau, Betrieb
DVGW: DVGW für Technische Regeln für Herstellung, Gütesicherung und Prüfung, W(G)
DVGW fürAusbildung u. Prüfung von Rohrlegern und Schweißern, GW
RAL RAL (Gütegemeinschaft Kunststoffrohre)-R-Nr.: Richtlinien Kunststoffrohre
KRV KRV-Nr. für Verlegeanleitungen

Einsatzgebiet	Kunststoff	DIN	DVGW	RAL	KRV	Bemerkung
Trinkwasser-Versorgung	PVC-U	8061, DIN EN 1452	W 320	R 1.1.1	A 115	
	PE-HD	8075, 19533	W 323/1	R 14.3.1	A 135	PE 100: $\sigma_{zul=10MPa}$, PE 80: $\sigma_{zul=8MPa}$, PE 50: $\sigma_{zul=5MPa}$ bei 20 °C für 50 Jahre
	PE-LD	8073, 19533	W 900	R 1.3.1		
			GW 326			
			GW 330			
	PE-X	16892		R 10.10.1		bis DA 50mm
	PVC-C	8080		R 10.2.1/8		bis DA 160mm
	PB	16968		R 10.0.1		bis DA 50mm
Gasleitungen	PVC-U	8061	G 744	R 4.1.1	A 415	DA 63, 75mm
	PE-HD	8075	G 471	R 14.3.1	A 435	
Trinkwasser-Hausinstallation 70°C / 50 Jahre	PVC-C	1988 Teil 1 bis 8	W 531			
	PP Typ 3		W 532			
	PB, PE-X		W 534			
Heizungsleitungen	PP	8077/8		R 6.0.1		
	PB	16968/9		R 6.4.1		
	PE-X	16892/3				
	PE-MD-X	16894/5				
–, Fußbodenheizung	PP	4726/9		R 6.10.1		Sperrschicht EVOH
–, Zeitstandfestigkeit		4726				

Tafel 9.2 Einsatzgebiete Rohre und Rohrleitungen *(Forts.)*

Einsatzgebiet	Kunststoff	DIN	DVGW	RAL	KRV	Bemerkung
Hausentwässerung	PVC-U	19534		R 7.1.1/8		DA 150-600mm
	PVC-U					Schaumkern
Abwasser	PE-HD	19535				DA bis 1,4m
–, Heißwasser	PP	19560		R 2.6.1/8		
–, Heißwasser	ABS, ASA	19561		R 2.6.1/8		
–, Heißwasser	PVC-C	19538				
–, Heißwasser	PE-HD	19535		R 2.3.1/8		
–, Abwasser-Druckleitung	PE-HD	8075		R 14.3.1		DA 160, 180mm
Hängedachrinnen –, Fallrohre, Formstücke	PVC-HI PVC-U	18469		R 8.1.1/8	A 815	
Kanalisation	PVC-U	19534, 4033		R 7.1.15	A 715	DA 150-600mm
	PVC-U			R 7.1.12 R 7.1.19		profilierte Kanalrohre DA 150-600mm
	PE-HD	19537, 4033		R 7.3.1/8	A 735	DA>600mm
–, Kanalleitungen, Düker	PE, PP	16961				
–, gewickelt	UP-GF	16868		R 7.8.24		DA>900mm
–, geschleudert,	UP-GF	19565		R 7.8.1/8		
Dränage, Wellrohre	PVC-U	1187				NW 50-200mm
–, Sickerrohre	PVC-U, PE	4262				
Kabelschutzrohre	PVC-U	8061		R 5.1.1		
Mantelrohre	PE-HD	EN 253		R 9.3.17		DA 75-1000mm
Fahrrohre, Rohrpost	PVC	6660, 6665				
	PA66					Duchm. bis ca 800mm
Lüftungsleitungen	PVC-U, PP	4740/1				
Elektroisolierrohre	PE, PP, PVC	49016/9				

Tafel 9.2 Einsatzgebiete Rohre und Rohrleitungen *(Forts.)*

Einsatzgebiet	Kunststoff	DIN	DVGW	RAL	KRV	Bemerkung
Feststofftransport	PE, PVC, PA					
Kraftstoffleitungen	PA12, PA12/6					
Industrieleitungen	ABS, PVC-U, PVC-C	DIN EN ISO 15493-1(E)				
	PB, PE, PP	8078, DIN EN ISO 15494-1(E)		R 9.4.1		
	EP-GF, PHA GF			R 9.9.1/8		bis ND 500mm
	GFK	16869, 16964/65		R 1.8.1		geschleudert, DA bis 2000mm
	GFK, EP	16870/71, 16967				
	GFK	16868		R 1.8.24		gewickelt, Da bis 2,4m
Rohre allgem.	PTFE bis 600					Auskleidung
Druckrohre	PVDF	(ISO 10931-1-5)				-20 bis 140°C
	PA	16982				
	PC	16803				
	PET, PBT	16808				

9

Tafel 9.3 Weitere wichtige Normen für Rohrleitungen aus Kunststoff (nach Georg Fischer)

	Rohre	Fittings	Armaturen	Verbindungen
PVC	DIN 8062 DIN EN 1452-2 DIN EN ISO 15493-1 (Industrie) ISO 264, 4065	DIN 8063-1, 2, 5, 6 DIN 8063-7, 8, 9, 10 DIN 8063-11, 12 DIN EN 1452-3 DIN EN ISO 15493-1 (Industrie) ISO 264	DIN 3441-1, 2, 3 DIN 3441-4, 5, 6 DIN 3543-1 DIN EN 1452-4 DIN EN ISO 15493-1 (Industrie)	DIN 8063-3, 4, 5 DIN 16970 ISO 727 DIN EN 1452-5 DIN EN ISO 15493-1 (Industrie) ISO 264, 727, 2536, 3460 ISO 4034
PP	DIN EN ISO 15494-1 (Industrie) ISO 4065	DIN 16962-1, 2 3, 5, 6 DIN 16962-7, 8, 9, 10, 11 CEN SS21-3 (Wasser) DIN EN ISO 15494-1 (Industrie)	DIN 3442-1, 2, 3 CEN SS21-4 (Wasser) DIN EN ISO 15494-1 (Industrie)	DIN 16962-4, 5, 12, 13 CEN SS21-5 (Wasser) DIN EN ISO 15494-1 (Industrie) ISO 7279
PVDF	ISO 10931-2 ISO 4065	ISO 10931-3	ISO 10931-4	ISO 10931-5
PE	DIN 8074 pr EN 12201-2 (Wasser) pr EN 1555-2 (Gas) DIN EN ISO 15494-1 (Industrie) ISO 4065	DIN 16963-1, 2, 3, 5, 6 DIN 16963-7, 8, 9, 10 DIN 16963-13, 14 pr EN 12201-3 (Wasser) pr EN 1555-3 (Gas) DIN EN ISO 15494-1 (Industrie)	DIN 3543-4 DIN 3544-1 pr EN 12201-4 (Wasser) pr EN 1555-4 (Gas) DIN EN ISO 15494-1 (Industrie)	DIN 16962-4, 5, 11, 15 pr EN 12201-5 (Wasser) pr EN 1555-5 (Gas) DIN EN ISO 15494-1 (Industrie)

Tafel 9.4 Beispiele für den Aufbau von Kraftstoffleitungen aus PA12, weich und hart (nach H. Ries)

Sperrschicht / Dicke in mm	Schichtenzahl	Fertigungsverfahren	Haftvermittler	leitfähige Innenschicht	Sperrfaktor a)
EEVAC / 0,15	5	Coextrusion	ja	nein	ca. 6
mod PBT / 0,2	3	Coextrusion	nein	nein	ca. 6
mod PBT / 0,2	4	Coextrusion	nein	ja	ca. 6
PVDF / 0,1	3	Coextrusion	ja	nein	ca. 15
mod PVDF / 0,2	3	Coextrusion	nein	nein	ca. 15
mod PVDF / 0,2	4	Coextrusion	nein	ja	ca, 15
ETFE oder THV / 0,25	2	Beschichtung	nein	nein	ca. 30
ETFE oder THV / 0,25	3		nein	ja, b)	ca. 30

a) Der Sperrfaktor gibt die Reduzierung der Permeationsrate bei 60 °C eines Kraftstoff-Testgemischs (M15) gegenüber einem einwandigen Rohr aus weichgemachtem PA12 an
b) aus mod. ETFE

Tafel 9.5 Verbindungsverfahren für Kunststoff-Rohre

Rohr-Werkstoff	Einsatzgebiet	Lösbare Verbindungen: Steckmuffen	Lösbare Verbindungen: Flansch, Schraub- und Klemmverbindungen	Unlösbare Verbindungen: Klebmuffen	Unlösbare Verbindungen: Stumpf- oder Muffenschweißung
PE	Trinkwasser	(+)	+		+ +
	Hausentwässerung, Kanalrohre	+	(+)		+ +
PE-X	Fußbodenheizung, Trinkwasser		+		
PP	Industrie-Rohrleitungen		+		+ +
	Hausentwässerung	+			
PP, Typ 3[1])	Fußbodenheizung, Trinkwasser[2])		+		+
PB	Fußbodenheizung, Warmwasserinstallation		+		+
PVC	Industrie-Rohrleitungen	+	+	+ +	(+)
	Gasleitungen[3]), Rohrpost	+	(+)	+	
	Wasserleitungen[4]), Kanalrohre	+ +	+	(+)	
	Hausentwässerung, Fallrohre	+ +		(+)	
	Dränrohre	+			
	Elektrorohre	+ +		+	
PVC-C	Industrie-Rohrleitungen			+	+
	Warmwasser-Installation		+	+	
	Hausentwässerung	+			
ABS	Meiste Anwendungen		(+)	+ +	
	Hausentwässerung, kombiniert i. a. mit PVC-Elementen	+			

[1]) PP, Typ 3 entspricht PP-R nach DIN 16 774
[2]) Keine Zulassung in erdverlegten Gas- und Wasserversorgungsanlagen.
[3]) Gasleitungen aus PVC-U finden kaum noch Anwendung.
[4]) Bei Wasserleitungen aus PVC-U im erdverlegten Rohrleitungsbau sind Klebverbindungen nicht mehr Stand der Technik.

9

Tafel 9.6 Profile, Einsatzgebiete und Normen

Einsatzgebiete	Kunststoff	Norm	Bemerkungen, Anwendungsbeispiele
SCHLÄUCHE			
Wasser, Getränke, Medizin	PVC-P	DIN 16940	
Verpackungs-schläuche	PVC-P		verschweißte Portionspackungen, Tuben
Schrumpf-schläuche	PVC-P, PTFE, FEP, ETFE, PFA		
Druckschläuche	PA		für Schmieröl, Kühlmittel, Bremsflüssigkeit
	PA612, PA11, PA12	DIN 53378	LKW Anschlußspirale, Benzin- u. Entlüftungsschl.
	TPU, PUR Elast.		Auskleidung von Feuerwehr-schläuchen
Kraftstoff-schläuche	PA 11, PA 12		
PROFILE		DIN 16985	Techn. Lieferbedingungen
Rundstäbe	POM, PTFE		Halbzeug für Maschinenelemente
	PA	DIN 16980	Durchmesser 3-300 mm
	PC	DIN 16980	Länge 1-3 m
	PPE+PS		
	PET, PBT	DIN 16807	
	PF, MF, EP, UP, SI Hart-Papier, -Matten, -Gewebe	DIN EN 60893-1/3 VDE 01318	Schichtpressstoffe mit diversen Harzträgern für Elektrotechnik, gedr. Schaltungen, Lagerwerk-stoffe
Hohlstäbe	POM	DIN 16978, DIN 16985	Außendurchmesser 20-300 mm
	PA	DIN 16983, DIN 16985	Innendurchmesser 14-150 mm
	PET, PBT	DIN 16809	
	PF, MF, EP, UP, SI Hart-Papier, -Matten, -Gewebe	DIN EN 60893-1/3 VDE 01318	Schichtpressstoffe mit diversen Harzträgern für Elektrotechnik, gedr. Schaltungen, Lagerwerk-stoffe
Flachstäbe	PA	DIN 16986	Breite 300 mm, 500 mm
	PC	DIN 16986	Dicke 5-100 mm
	PET, PBT	DIN 16986	
	PPE+PS	DIN 16986	
	PF, MF, EP, UP, SI Hart-Papier, -Matten, -Gewebe	DIN EN 60893-1/3 VDE 01318	Schichtpressstoffe mit diversen Harzträgern für Elektrotechnik, gedr. Schaltungen, Lagerwerk-stoffe
Vierkantstäbe	POM	DIN 16979	Kantenlänge 30-150 mm
Hohl-u. Vollprofile aus GFK, CFK, AFK	UP, EP, PI		hochfest, stranggezogen: Spann-betonbewehrung, Mastabspan-nung, Luftfahrt

Tafel 9.6 Profile, Einsatzgebiete und Normen *(Forts.)*

Einsatzgebiete	Kunststoff	Norm	Bemerkungen, Anwendungsbeispiele
Fenster- und Türrahmen	PVC-HI, ASA, ABS, PP-B; PUR	DIN 16830 –1 ÷ 4	Gütesicherung RAL-RG 716/1
Rolladenprofile			
Transparente Profile	PMMA, PC		Lichttechnik
Zierleisten	CA, CAB, CP		auch mit Metalleinlage, Al fürKfz, Möbel
weiche und Kantenprofile	PVC-P, TPE	IVK-Güterichtlinie	Teschnerware, Bau, Kfz
Faser-Kunststoff-Verbund, FKV, (GMT)	Fasern: Glas, Kohlenstoff, Aramid Stahl, Aluminium	Matrix: praktisch alle Thermoplaste werden erprobt	Flächige Gebilde zur Weiterverarbeitung zu Formteilen durch Warm-Pressen
Holzfaserverbund	PVC o. PP (~30%) Holzmehl (~70%)		Leisten, Planken, Verkleidungen
Glasfaser-Thermoplast-Filamente	Glasrovings+ PP, PE, PET		Weiterverarbeitung zu Formteilen durch Warm-Pressen/Wickeln, Glasgehalt bis 74 %
Weitere Normen: DIN 16810, 16982, DIN EN ISO 11963			

Tafel 9.7 Eigenschaften von Kunststoffen für Fensterprofile

Eigenschaft	Einheit	PVC-HI	ASA	ABS [1)]	PP-B
Dichte	g/cm³	1,45	1,07	1,06	1,04
Streckspannung	MPa	45	48	50	34
E-Modul	MPa	2500	2600	2500	2400
Vicat-Erweichungs-Temperatur	°C	79	98	101	83
Charpy-Kerbschlagzähigkeit	kJ/m²	35	15	27	34

[1)] für Außeneinsatz Coextrusion mit ASA

9.3.1 Platten/Tafeln

Platten/Tafeln werden in der Regel durch Extrusion über Breitschlitzdüsen oder durch Pressen (PVC-U) hergestellt und sind aus Transportgründen in der Regel nicht in beliebigen Längen lieferbar. Einsatzgebiete und Normen s. Tafel 9.9. Eigenschaften transparenter Platten s. Tafel 9.10.

Ein Sondergebiet stellen Sicherheitsverscheibungen dar mit den Zielen: Bruch- und Beschussfestigkeit, Gewichtseinsparung (Kfz), Erhalt der Kratzfestigkeit des Glases. Z.B.:

- normales Sicherheitsglas: Glas/PVB- oder TPU-Folie/Glas
- Leichtglas: PC mit Dünnglas-Deckschichten und TPU-Folie als Klebschicht
- schusssicher: PC (PVC)/TPU/PC (PVC oder PET)

Zur Erzielung der Kratzfestigkeit von Kunststoffen s. auch Abschn. 4.4.4.

Zunehmend kommen Platten aus Glasfaser-verstärkten Kunststoffen (GMT, Thermoplast-Prepregs) als Ausgangmaterial für die Weiterverarbeitung durch Pressen zum Einsatz. Bild 9.3 enthält eine Klassifizierung der Faserverbund-Thermoplaste.

Tafel 9.8 Beispielwerte für faserverstärkte Composite-Halbzeuge

Produktgruppe		Stranggezogene Rohre und Profile[1])			
Harz/Faser-Gruppe		UP-GF	EP-GF	EP-AF	EP-CF
Verstärkt mit		Rovings			
Harz-Gehalt	%	ca. 30			
Spez. Gewicht	g/cm^3	1,9	2,1	1,4	1,6
Wasseraufnahme	%	ca. 1	0,2–0,3	0,5	0,2
Bruchspannung	N/mm^2	700	700	1300	1400
Bruchdehnung	%	2	2	1,8	0,6
E-Modul aus Zug	kN/mm^2	35	35	75	130
Biegefestigkeit RT	N/mm^2	800	900	600	1500
bei – 55 °C	N/mm^2				
+ 80 °C	N/mm^2				
+ 160 °C	N/mm^2				
+ 250 °C	N/mm^2				
E-Modul aus Biegung RT	kN/mm^2	–	–	–	–
bei – 55 °C	kN/mm^2				
+ 80 °C	kN/mm^2				
+ 160 °C	kN/mm^2				
+ 250 °C	kN/mm^2				
Druckfestigkeit	N/mm^2	450	450	270	1100
Interlaminare Scherfestigkeit	N/mm^2	–	–	–	–
Temperatur-Gebrauchsbereich	°C	<150	<180	–	–
Isolierstoffklasse		F	H	–	–
nach Luftfahrtnorm	°C	–	–	–	–
Längenausdehnungskoeffizient	$10^{-6} \cdot K^{-1}$	10	10	0	0,2
Wärmeleitfähigkeit	W/mK	0,20	0,24	–	–

[1]) Wascasit

Tafel 9.8 Beispielwerte für faserverstärkte Composite-Halbzeuge *(Forts.)*

Faserverstärkte Kunststoffplatten						
EP-GF		PI-GF	EP-GF	EP-AF	PI-CF	
Bisphenol-Typ	TGDA-Typ					
Gewebe			Unidirektional-Gewebe	Gewebe		Unidirektional-Gewebe
35			32	–	50	40
1,9–2,0			2,1	–	1,5	1,6
0,2	0,2	0,2	0,2	–	0,8	0,8
300	350	350	900	350–500	550–450	1400
2	2	2	<2	–	–	–
23	22	21	35	29	–	–
ca. 300	500–400	500–400	900	350–390	760	1650
				390	760	1440
				240	–	–
				–	720	1520
				–	580	1350
20	20	20	35	17–18	57	120
				17–18	59	130
				15	–	–
				–	55	110
				–	43	85
500–600	450–500	450	–	110–170	–	–
–	–	–	–	25	57	96
š 130	155	200	130	allg. –55 bis 80 °C		
B	F	C	B			
80	150	200	80/100			
–	–			0	–	

Tafel 9.9 Platten/Tafeln, Einsatzgebiete und Normen

Einsatzgebiete	Kunststoff	Normen	Bemerkungen, Anwendungsbeispiele
PLATTEN / TAFELN			
Platten für Behälter,	PE-HD	DIN 16925	
Apparate,	PP	DIN 16971	
Auskleidungen	PVC-U	DIN 16927	hohe chem. Beständigkeit
	PVC-HI		Außenanwendung im Bauwesen
	PVC-C		für Chlorbetriebe
Flexible Platten	EVAC		Bergbau, Gleisbau, Dichtungen, auch elektr. leitfähig
	PVC-P	DIN 16959	Auskleidungen, transp. Pendeltüren, Dichtungen
Platten für Lichttechnik	PS UV-stab., CA, CAB, CP		Leuchtschilder
	PMMA, gegosse	DIN 16957, DIN EN ISO 7823-1	Verglasungen, Sanitär: Badewannen usw.
	PMMA, extrudiert	DIN 16958, DIN EN ISO 7823-2	Verglasungen
	PMMA, 70% gereckt		schwer entflammbar nach DIN 4102, Dacheindeckung
	PET, PET-G		Verglasungen, bis 6 mm Dicke
	PC		Verglasungen, auch Kratzfestbeschichtung
	UP-GF		Lichtplatten und -bahnen
Dachverglasung	PMMA, 70% gereckt		schwer entflammbar nach DIN 4102,
	PC, 5-wandig		wärmeisolierend
Wellplatten	PVC-P, PC, PMMA, UP-GF		für Innen- und Außeneinsatz
Stegplatten	PMMA, PC		Verscheibungen
	PP, PPE		Trocken-Wärmeaustauscher
Dekorative	UF-, MF-Dekorpapier	DIN EN 438-1/2	HPL-Platten (high pressure laminates)
Schichtstoffplatten	PF-, MF-Kernschicht	DIN EN 1331	CPL-Platten, kontinuierlich hergestellt
	MF-Dekorpapier	DIN 68765 / 53799	KF-Platten, Spanplatte als Trägerplatte
		DIN 68751 / 53799	KH-Platten, Hartfaserplatte als Trägerplatte

Tafel 9.9 Platten/Tafeln, Einsatzgebiete und Normen *(Forts.)*

Dekorative Schichtstoffplatten	UF-, MF-Dekorpapier	DIN EN 438-1/2	HPL-Platten, (high pressure laminates)
	PF-, MF-Kernschicht	DIN EN 3331	CPL-Platten, kontinuierlich hergestellt
	MF-Dekorpapier	DIN 68765 / 53799	KF-Platten, Spanplatte als Trägerplatte
		DIN 68751 / 53799	KH-Platten, Hartfaserplatte als Trägerplatte
Platten für Warmformung	SB, PS	DIN EN ISO 14631	Kühlmöbel-Innengehäuse, Koffer, Oberflächen: matt, hochglänzend, mit Dekor
	ABS, ASA	DIN 16956, DIN EN ISO 15015	Coextrusion mit PMMA, PVDF
Thermoplast-Prepregs	PE-HD, PP, TPU		Glasmatten-Kunststoffe, GMT
(Platten für Warmpressen)	PP+Kreide, Holzmehl, GF		SPPF-Verfahren
Hochleistungs-Prepregs	PEEK, PPS, PSU, PET, PBT, PA6, PA+PPE		Verstärkung mit GF, CF, Aramidfasern
Platten f. Karosserieteile (thermoformbar)	ABS, ASA, PMMA, PMMA/ABS- u. ASA/PC-Verbund		wetterbeständig, kratzfest, kälteschlagzäh, in der Masse einfärbbar
	PA+PPE		für on line-Lackierung
	PC+PBT		für off line-Lackierung
Platten allgemein	PTFE		1,5-120 mm dick
	PA	DIN 16984	Dicke 1-6 mm, gegossen bis 200 mm
	POM	DIN 16977, DIN 16985	Breite 1-2 m
	PC	DIN 16801	
	PET, PBT	DIN 16810	
	UP, EP, PI		GFK, CFK, AFK
	PF, MF, EP, ÜP, SI	DIN EN 60839	Schichtpressstoffe mit diversen Harzträgern für Elektrotechnik, gedr. Schaltungen, Lagerwerkstoffe
Hartmatten, Hm	UP + Glasfasermatte		Schichtpressstoffe nach DIN 7735
Hartgewebe, Hgw	EP, PF, UF + Glas-/Baumwollgewebe		Schichtpressstoffe nach DIN 7735
Hartpapier, Hp	EP, PF, UF + Papier		Schichtpressstoffe nach DIN 7735
Kunstharz-Preßholz (PK)	PF	DIN 7707	aus Rotbuchenfurnier
Vulkanfiber	Cellulose	DIN 7737	
Sperrholz	UF, MF, PF	DIN 68705 T. 2	unverdichtete Lagenhölzer
Bausperrholz	UF, MF, PF	DIN 68705 T. 2, 4 u. 5	

Tafel 9.10 Eigenschaften transparenter Kunststoffplatten (nach U. Murschall), s. auch Tafel 8.27

Eigenschaft	Einheit	PMMA	PC	PET-G	PET
Lichttransmission	(Dicke 4mm)	91	87	85	90
Trübung	(Dicke 4mm)	0,2	0,4	2,1	0,3
Glanz	(Dicke 4mm)	120	140	140	150
Brandverhalten	(DIN 4105)	B1	B1/B2	B2	B1
Chem.-Beständigkeit		schlecht	schlecht	mäßig	sehr gut
FDA- u. BGA-Zulassung		nein, nur Sondertypen	nein, nur Sondertypen	mit Einschränkung, bei alkohol / CO_2-haltigen Getränken	ohne Einschränkung
E-Modul	MPa	3500	2400	1900	2400
Glastemperatur	°C	105	145	73	82
Vicattemperatur	°C (F=50 N)	100	141	73	76
Schädigungsenergie	J, (Dicke 4mm, ISO 6603-2)	0,8	192	135	132

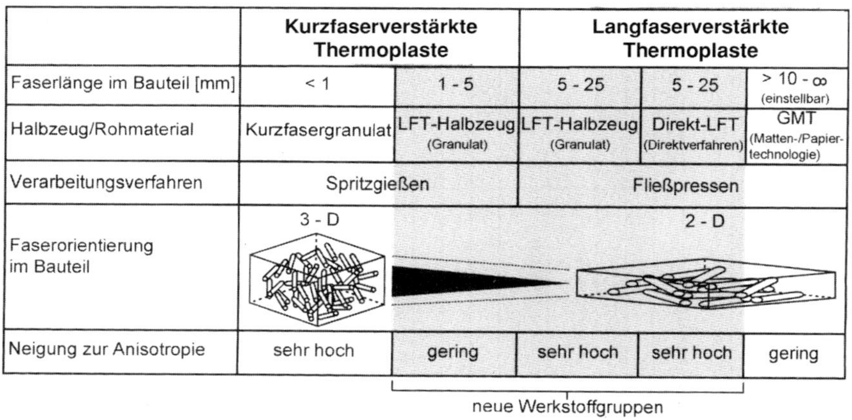

Bild 9.3 Klassifizierung thermoplastischer Faserverbund-Kunststoffe (nach A. Oelgarth u.a.)

9.3.2 Bahnen

Unter „Bahnen“ sollen hier „dickere Folien“ verstanden werden, die im Gegensatz zu „Platten“ eine gewisse Flexibilität aufweisen und endlos geliefert werden können. Sie unterscheiden sich auch im Einsatzgebiet von Platten und Folien. Beispiele s. Tafel 9.11.

Tafel 9.11 Bahnen, Einsatzgebiete und Normen

Einsatzgebiete	Kunststoff	Normen	Bemerkungen, Anwendungsbeispiele
Baudichtungsbahnen Auskleidungen	PE-HD		Mülldeponie, Absetzbecken, bis 10m Breite
	PE-C	DIN 16736/7	weichmacherfrei
(allgem. Normen für	ECB	DIN 16729	Dacheindeckungen, mit Vlieseinlagen
Auskleidungstechnik:	PVC-P	DIN 16937/8	bitumenbeständig / nicht bitumenbeständig
DIN 28051		DIN 16730	trägerlos
DIN 28053		DIN 16734	mit Synthesefädenverstärkung
DIN 28055 T 1 u. 2)		DIN 16735	mit Glasvlieseinlage
	PIB	DIN 16935	Baudichtungsbahnen
		DIN 16731	Dachbahnen
		VDI Richtl. 2537 Bl. 2	Korrosionsschutzauskleidungen
	PVDF		mit Faservlies als Haftvermittler
	EVAC, CSM, EPDM, EVA, PVC		Dachbahnen
Teichbahnen	PVC-P	IVK-Güterichtlinien	auch synthesefaserverstärkt
Bauinnenanwendungen	PVC-P+ Mineralien	DIN EN 649 bis 655	Fußbodenbeläge
	PE+Mineralien		Fußbodenbeläge, leitfähig
Täschnerware,	PVC-P	DIN 16922	
Kunstleder	TPE-U		
Zeltkonstruktion, Bekleidung	PVC-P, TPE-U		Gewebekaschierung
LKW-Planen	PVC-P + PET-Gewebe	IVK-Güterichtlinien	

9.3.3 Folien

Folien werden durch Flach- oder Schlauch-Extrusion oder durch Gießen aus Lösungen hergestellt. Dabei können die mechanischen, die Barriere-Eigenschaften und andere durch axiale oder biaxiale Verstreckung (warm oder kalt) wesentlich beeinflusst werden.

Kennzeichnung und Eigenschaften dünner Folien

Als Verpackungs- und Elektroisolierfolien braucht man aus mechanischen, verpackungs- und elektrotechnischen Gründen (fast) Weichmacher freie Folien in Dicken unter 0,1 mm. Verpackungsfolien sind überwiegend 0,02 bis 0,05 mm dick, Elektroisolierfolien bis zu 0,002 mm dick. Diese nach DIN 53373 (Erläuterungen) „harten" (Schubmodul $5 \cdot 10^2$ N/mm^2), aber schmiegsamen Feinfolien sind durch besondere Eigenschaftswerte gekennzeichnet, die in

9

Tafel 9.12: Eigenschaftskennzahlen von Verpackungsfolien*

Tafel 9.13: Eigenschaftskennzahlen von Elektroisolierfolien

zusammengestellt sind.

Das in Tafel 9.13 mit aufgeführte Polyhydantoin ist ein wärmebeständiger Kunststoff (Dichte 1,27 g/cm^3, Dauerwärmebeständigkeit: 160 °C, Erweichungstemperatur ca. 270 °C), der außer für Folien auch für Drahtlacke verwendet wird:

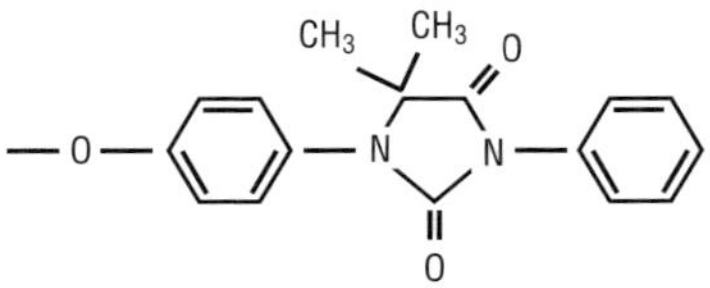

Polyhydantoin

Die Anforderungen an Elektroisolierfolien und deren Prüfung sind DIN 40634 zu entnehmen. Die Tafeln enthalten zu Vergleichszwecken brauchbare Mittelwerte.

Extrudierte Mehrschicht-Verbundmaterialien

Kunststoffpackmittel für empfindliche Güter – Lebensmittel, Getränke, Chemikalien, medizinischen Bedarf – stellen vielfältige Anforderungen an die Gebrauchstauglichkeit der Packstoffe. Einerseits müssen sie inert gegen das Packgut sein und meistens – beidseitig – eine untragbare Permeation von O_2, CO_2, Wasserdampf, Aromen und anderen flüchtigen Stoffen, auch bei Langzeitlagerung, verhindern, in manchen Fällen (Kaltsterilisation, CAP – controlled atmosphering packing – für Frischfleisch) Gasdurchgang definiert ermöglichen. Andererseits müssen sie mechanischen Beanspruchungen bei verschiedenen Temperaturen (Heißabfüllen bei 80 °C, Konservieren und Sterilisieren bei 120 bis 125 °C, Kochbeutel, Mikrowellenherd-Portionspackungen, Tiefkühlkost) standhalten, oft wird auch Heißsiegelbarkeit gefordert. Die Bedeutung der Sperrwirkung von Verpackungen im Lebensmittelbereich zeigt Tafel 9.14.

Für diese komplexen Anforderungen stellt man auf Mehrschicht-Coextrusionsanlagen, in denen bis zu fünf Extruder zusammenarbeiten, Verbund-Blasfolien für Beutelpackungen, Verbund-Schläuche für das Blasformen von Flaschen und Dosen, Verbund-Flachfolien für das Warmformen von Standpackungen her.

Bild 9.4 zeigt Aufbaumöglichkeiten von Verbundfolien mit Sperrwirkung. Der Einbau von Schichten aus Betriebsabfällen erfordert bis zu sechs Schichten und damit vier Extruder. Die Auswahl der äußeren Tragschichten richtet sich nach den mechanisch-thermischen und sonstigen Anforderungen. Tafel 9.15 listet einige als Sperrschichten eingesetzte Kunststoffe auf. Durchlässigkeiten für Wasserdampf und Gase enthält Tafel 8.36. Nur wenige Kunststoffe weisen die oft gefor-

* Zusammenstellung von Prüfnormen in DIN 16995 Packstoff Kunststoff-Folien.

derte Kombination von geringer Wasserdampf- und Sauerstoffdurchlässigkeit auf, s. Bild 9.5

Weitere, z. Teil neu entwickelte Sperrschichten basieren auf: Al-Folien (100 bis 500 nm dick), Al-Metallisierung (auf PET und PPBO), PARA (Polyarylamid, Ormocer (organically modified ceramics), Bedampfen mit Oxiden (Halbmetalloxide, AlOx, SiOx. Thermoplaste mit eingearbeitetem Sauerstoffabsorber bilden desoxidierende Schichten.

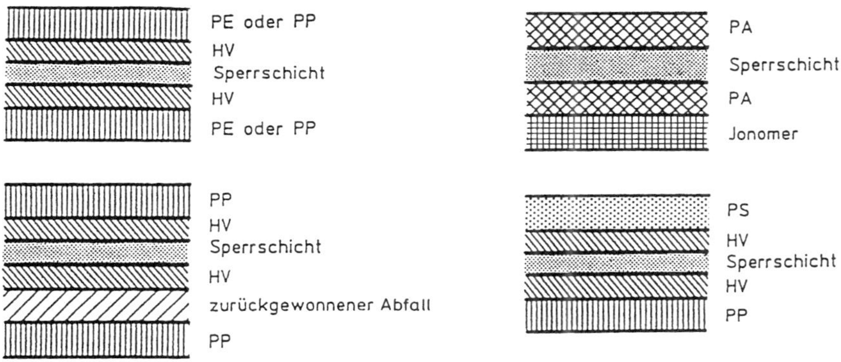

Bild 9.4 Aufbaumöglichkeiten von Sperrschichtfolien

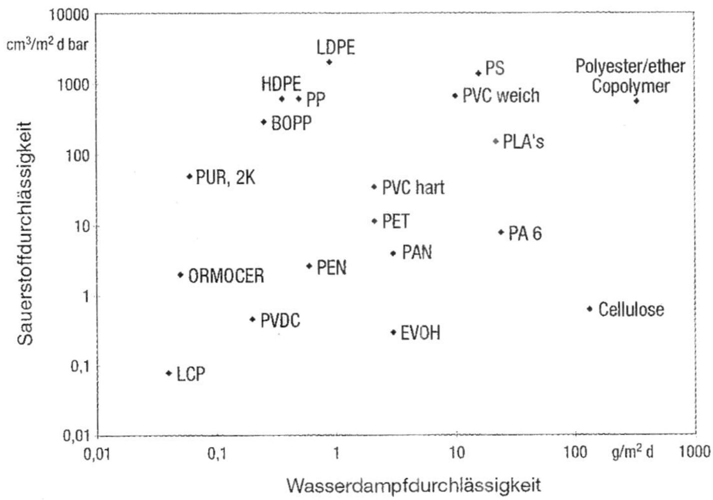

Bild 9.5 Funktionalitäten von Massenpolymeren, technischen Polymeren und Versuchsprodukten zusammen mit einem üblichen 2-Komponenten-Klebstoff (2-K-PUR) und einem Versuchsprodukt der Fraunhofer-Gesellschaft (Typ: Ormocer): Die Durchlässigkeitswerte gelten für 23 °C und – bei Wasserdampf – für Feuchtegefälle von 85 auf 0%, jeweils für 100 µm Materialdicke (nach Langowski)

Tafel 9.12 Richtwerte für Verpackungsfolien

Material	Dichte	Reißfestigkeit längs/quer	Reißdehnung längs/quer	Gebrauchs-temperatur-bereich	Permeations-Koeffizienten Vergleichszahlen (Wasserdampf u. Gase nicht vergleichbar))*					
					Wasser-dampf	Luft	Sauer-stoff	Stick-stoff	Koh-len-dioxid	Wasser-stoff
	g/cm^3	N/mm^2	%	°C						
PE-LD	0,92	22/15	300/700	–60 bis 80	1,5	9	19	6	75	55
PE-HD	0,95	33/25	800/1000	–50 bis 100	0,5	3,5	8	2	32	25
PP	0,90	50/40	430/540	–20 bis 100	1,1	2,8	7	2	25	65
PP-O	0,90	250/40	10/700	–50 bis 90	0,4	–	5	–	18	–
PP-BO	0,91	200/200	80/80							
PS-BO	1,05	70/70	10/10	bis 80	25	3,5	14	2,2	85	150
PVAL	1,28	28	360	–10 bis 100	ca. 500	–	90	–	–	–
PVC-E-, therm. vergütet,	1,38	53/50	90/30	–15 bis 80	6,5	0,12	0,4	0,05	0,9	10
PVC-O	1,38	110/45	30/10							
PVC-(S), glasklar	1,4	55/55	30/30	–10 bis 70	5	0,1	0,4	0,03	0,8	8
PVDC-Cop.	1,6	~80	~30	–20 bis 100	< 0,2	–	0,2	0,08	1,1	6
PVDF, extrudiert	1,78	–/60	400	–30 bis 135	5,2	–	0,7	0,2	< 1	3
CTFE, extrudiert	2,10	–/40	150	–200 bis 180	<0,1	–	~ 2	< 0,1	1,5	15
PA6, ungereckt	1,13	80/60	400/–	–30 bis 120	35	0,25	0,6	0,1	3,5	5
PA6-BO	1,13	300/300	70/70		~20	–	0,3	–	–	–
PA12, extrudiert	1,03	60/40	400/250		~10	–	~10	~0,1	~70	15
PC, Gießfolie	1,20	> 80	~100	–100 bis 130	30	7,5	37	1,2	110	200
PET-A-BO	1,40	200/220	130/110	–60 bis 130	4	0,06	0,13	0,03	0,65	4
CA, $2^1/_2$-Acetat	1,3	90	20	–10 bis 120	225	1,6	5	1	34	52
Kautschukhydrochlorid	1,1	39	800	–30 bis 85	3	3,5	9	2	–	40
CH	1,45	155/55	20/55	kurzzeitig	> 300	–	1	1	–	10
CH, polymerlackiert	1,45			150	<4	–	1–2	~2	–	2

)* Einheit für Wasserdampf $\left[\frac{cm^3 (NTP)}{cm \cdot s \cdot mbar}\right]$, für Gase $\left[\frac{g}{cm \cdot h \cdot mbar}\right]$

Tafel 9.13 Eigenschaften von Elektroisolierfolien

Kunststoffbasis der Folie	Mechanische Eigenschaften		Elektrische Eigenschaften				Thermische Eigenschaften	
	Zugfestigkeit längs N/mm^2	Reißdehnung längs %	Dielektrizitätszahl bei 50 Hz/20 °C	Dielektrischer Verlustfaktor bei 50 Hz/20 °C $\tan\delta \cdot 10^3$	Spez. Durchgangswiderstand $\Omega \cdot cm$	Durchschlagfestigkeit kV/mm	Formbeständigkeit unter Zug bei kurzzeitiger thermischer Beanspruchung °C	Verhalten bei Langzeitbeanspruchungen (Grenztemperatur) °C
PP-BO	150	75	2,3	0,7	10^{17}	300	150	105
PS wärmebeständig	70	4	2,5	< 0,2	10^{17}	200	110	90
PTFE	17	350	2,1	< 0,3	10^{17}	100	190	< 180
PET-BO	210	111	3,3	2	10^{17}	300	240	130
PC	> 80	~100	3,0	1	10^{17}	350*)	150	130
PC-O kristallisiert	>220	~40	2,8	1	$2 \cdot 10^{17}$	350*)	240	140
PPE	65	25	2,7	1,5	10^{16}	300	170	110
PSU	80	65	3,1	1,2	$5 \cdot 10^{14}$		185	165–170
Polyhydantoin	100	119	3,3	1,5	$4 \cdot 10^{16}$	250	260	160
PAI	180	45	4,2	9	$3{,}5 \cdot 10^{17}$	200	>250	
PI	180	70	3,5	2	10^{17}	270	>350	>180
CTA normal	90	23	4,5	12	10^{14}	220	190	120
weich	80	27	4,3	21	10^{15}	200	170	120
CAB	80	25	4,1	11	10^{15}	230	150	120

*) Foliendicke 0,04 mm (Prüfung bei 50 Hz unter Einbettisolierstoff, Kugel/Platte)

9

Tafel 9.14 Mögliche Produktveränderungen durch Wasserdampf- und Sauerstoff-Permeation (nach H. Schenk)

Folgen bei Wasserdampf…	
…Aufnahme	**…Abgabe**
Wachstum von Mikroorganismen	Austrocknen
Verlust von Knusprigkeit	Gewichtsverlust
Verklumpung des Füllgutes	Konsistenzveränderungen
Zerfall des Produktes, z.B. von Tabletten	
Folgen bei Sauerstoff…	
…Aufnahme	**…Abgabe**
Oxidation von Fetten	Farbfehler bei Fleisch
Abbau von Wirkstoffen, Vitaminen	Fehlreifung
Denaturierung von Proteinen	Bakterienwachstum
ph-Wert-Verschiebung	
Schimmelpilzbefall, Fäulnis	
Aromazerstörung	
Zerstörung von Emulsionen	

Tafel 9.15 Barriereeigenschaften einiger Kunststoffe

Barriere gegen	Kunststoff	Bemerkung
Wasserdampf	PE-HD, PP	1
	PE-LLD, EVAC, EMMA, PVDC, LCP (Polyester), (weniger gut: PVC, PET, PEN)	4
	PTFE, PVDF, PCTFE, ETFE	2
O_2,	TPE-U, EVAL+PA6I/PA6T, PA6/66, PA11/12, PVF, LCP (Polyester), (weniger gut: PA6, PA66, PVC)	
	EVAL, Abmischungen mit EIM oder amorphes PA	3
	PVDC	4
	PAN	5
	PET, PEN, PET/PEN	6
CO_2	EVAL	3
	PET, PEN, PET/PEN	6
	PA11/12	
N_2	EVAL	3
Kraft-u. Aromastoffe	EVAL	3
	PET, PEN, PET/PEN, (PEN beser als PET)	6
Fette, Öle, Kohlenwasserstoffe u. andere Lösemittel	PA6, TPE-U, EVOH+PA6I/PA6T	

Bemerkung: 1. nicht gegen N_2, O_2, CO_2; 2. schlechte Haftung, teilweise nur Beschichtung möglich; 3. reines EVAL: hohe Wasserdampfdurchlässigkeit und Feuchteabhängigkeit der Durchlässigkeit; 4. PVDC: geringe Verarbeitungsstabilität, Bedeutung sinkt; 5. keine Lebensmittelzulassung, kein Haftvermittler; 6. Durchlässigkeiten abhängig von Verarbeitung und Verstreckung (Orientierung und Kristallinität)

Für *Gassperr-Kernschichten* verwendet man überwiegend EVAL oder hoch PVDC-haltige Extrusionsmassen, auch PAN, s. auch Tafel 6.15. EVAL ist, vor allem in Verbindung mit Polyolefinen, leicht verarbeitbar und zum gemischten Rezyklat wiederaufarbeitbar, erfordert aber eine äußere Abdeckung mit einer Wasserdampf-Sperrschicht und ist nur in begrenztem Temperaturbereich wirksam. PVDC ist schwieriger und nur mit korrosionsbeständiger Ausrüstung verarbeitbar. Es beeinträchtigt die Wiederverwendbarkeit von Betriebsabfällen, ist aber temperaturstandfester und sperrt auch gegen Wasserdampf.

Die Sperrwirkung von PA z.B. gegen O_2 wird um den Faktor 2 erhöht, wenn Silikat im Nanobereich (Dicke 1 nm, Länge 1000 nm) eingearbeitet wird. Bei der Verarbeitung bilden diese im Scherfeld Schichten, die den Diffusionsweg von Gasen vergrößern, s. Abschn.7.2.7.

Bei Mehrschicht-Verbunden aus Kunststoffen, die bei der thermoplastischen Verarbeitung nicht aufeinander haften, werden Haftvermittler in dünnsten Schichten zwischen die zu verbindenden Folienbahnen coextrudiert. Beispiele für den Einsatz von Haftvermittlern s. Tafel 7.7 in Abschnitt 7.1.8.

Sonderprodukte

Hohe Festigkeitswerte haben Verbundfolien mit eingearbeiteten Gelegen aus PP- oder PA-Fasern und schräg laufend im Winkel zueinander kaschierten längsverstreckten PE-HD-Bahnen.

Eine weitere Sonderform sind Luftpolster-Verbundfolien für stoßempfindliche Güter. Es gibt auch große, nur an den Kanten verschweißte Luftpolsterkissen aus Verpackungsfolien (Pneupak).

Tafel 9.16 zeigt beispielhaft Folien für bestimmte Einsatzgebiete, Tafel 9.17 charakterisiert Folien aufgrund weiterer Eigenschaften.

9.4 Flaschen, Behälter

Flaschen und Behälter werden durch Spritzgieß- oder Extrusions-Blasformen hergestellt. Ähnlich wie bei der Folienherstellung können auch hierbei die Eigenschaften wesentlich durch axiales oder biaxiales Verstrecken beeinflusst werden. Bezüglich des Einsatzes von Barrierekunststoffen und Haftvermittlern vgl. auch Abschn. 9.3.3.

Mit Hilfe einer Plasma-unterstützten CVD-Technik, s. Abschn. 4.4.4.10, werden PET-Flaschen innen mit einer diamantartigen Kohlenstoffschicht versehen, die eine Verbesserung der O_2- und CO_2-Barriereeigenschaften und eine Reduzierung der Geruchs- und Geschmacksaufnahme im Vergleich zu PEN-Flaschen bewirkt.

Anwendungsbeispiele s. Tafel 9.18.

Tafel 9.16 Folien, Einsatzgebiete

Einsatzgebiete	Kunststoff	Bemerkungen, Anwendungsbeispiele
MONO-FOLIEN		
Verpackungsfolien		Zusammenstellung von Prüfnormen s. DIN 16995
Sichtpackungen, glasklar	PP, PP-O, PP-BO	Blumen, Textilien, Lebensmittel, Zigaretten
Tiefziehverpackung	PS, PS-O, PVC-U	Molkereiprodukte, Kühlkette, Backwaren
Tiefziehfolien	PP-H nukleiert, PS-BO, SB, SAN, ABS, PVC, CA	Warmformen von Verpackungen
Vakuumverpackung	PA	z.B. für Speck
Säcke	PE-LLD, PE-LD, PVC-P, PP, PE-(M)	
Tragetaschen	PE-LLD, PE-LD, PE-(M)	
Mikrowellen-Folie	PET mit (örtlich) absorbierenden Zonen (heating layers)	
Blister- u. Skinpackungen	PS, PVC-U, COC (tropenfest)	
medizinische Verpackung	PCTFE	extrem niedrige Wasserdampfdurchlässigkeit
Folien für Medizinanwendung	PSU	dampf-sterilisierbar bei 134 °C, transparent
Kochbeutel	PC, PE-HD	
wasserlösliche Beutel	EVAL	
"Papier"-Folie	PE-UHWHD, stark verstreckt	seidenpapierartiger Griff
Heißabfüllfolien	PB	
Elektrofolien	PP-BO, PS, PTFE, PET-BO, PPE, PSU, PAI, PI, CTA, CAB	Anforderungen s. DIN 40634
	PC	Feinfolien 0,75–500 µm, auch leitfähig
Piezoelektr. Folien	PVDF	elektr./mechanische Membrane
Baufolien	PE-LLD, PE-LD	auch mit Gittergewebe verstärkt
	PTFE	imprägniertes Glasgewebe, Hallendächer
	PVF	glasklar, wetter- u. korrosionsbeständig
Landwirtschaftsfolien Mulchfolien	PE-LD, PE-LLD (150–250 µm)	Lebensdauer mehrere Monate, auch Mehrschichtfolien
Silagefolien	PE-LD; PE-LLD-PIB (25–200 µm)	Lebensdauer ein Jahr, Ein- und Mehrschichtfolien
Gewächshausfolien	PE-LD, PE-LLD, EVAC, PVC-P (70–220 µm)	Lebensdauer mehrere Jahre, Ein- und Mehrschichtfolien

Tafel 9.1[illegible] Folien, Einsatzgebiete (Forts.)

Einsatzgebiete	Kunststoff	Bemerkungen, Anwendungsbeispiele
Fumigationsfolien	PE-LD mit mehreren Schichten PA u. EVAL	Bodensterilisation durch Chemikalien
(Dach)-Dichtungsfolie	PVC-P	IVK-Güterichtlinie
Auskleidungsfolie	PTFE, FEP, PFA	für Chemie-Behälter
Kaschierfolien	PS-BO, CA	brillant, glasklar, Bucheinbände
	PVC-U, PVC-P	Möbeldekor, IVK-Güterichtlinie
	PVF	dauerhafter Witterungsschutz
	TPU	für Textilien, wasserdicht, dampfdurchlässig.
Streulichtfolien	PC	"Lisa", lichtsammelnd
In-Mould-Dekorfolien	MF, UF, MP	zum Verpressen mit entsprechenden Pressmassen
	PE, PP, PS, SAN, ABS, PMMA, PC	Zum Hinterspritzen von entsprechenden Thermoplasten
Deckfolien	PC, PC-Blends	für Tastaturen u. Kfz-Instrumente, Streulichtfolien
Folien für Bürobedarf	PVC-U, PVC-P	Klarsichtfolien, Bucheinbände, IVK-Güterichtlinien
Folien für Filme/Datenträger	PET	Fotofilm-, Reprographie-, Zeichen-Folie Computer-, Audio-, Video-Bänder
Poröse Folien	PTFE	Filter, Regenkleidung (Gore…, Zitex)
Schrumpffolien	PE-LLD, PE-LD, PVC-P, PET, PP, Olefin-Copolymere	Schrumpftemperatur 60160 °C
Streckfolien	PE-LLD, PE-LD, EVAC (VA-Gehalt 315%)	Ballensilagefolie (PE-LLD)
	PE-LLD/PE-Copolymer, PE-(M)	bessere Haftung/Klebrigkeit
Klebebänder	PVC-P	
Selbstklebefolien	PET+Acrylat-Kleber	lasergravierbar, Seriennummern, Barcodes
	PUR, 75200 µm	transparent, Schutzfolie gegen Steinschlag
Haftfolien	PE-VLD, PE-VLD+EVAC	transparent für Haushalt u. Lebensmittelhandel
Schmelzkleber-Folien	EVAC-Copol. TPU, TPC, TPA	s. auch Abschn. 6.23
Klebefolie	PVFM	für Metallverbindungen
Sicherheitsfolie für Verbundglas	PVB, TPU	hervorragende Haftung zum Glas
Backfolien	PET	
Trennfolie, Anti-Haftfolie	PVF	beim Pressen von Kunststoffteilen

9

Tafel 9.17 Charakterisierung der im Verpackungsbereich eingesetzten Polymere

Kunststoff	Siegel-eigenschaften	WD-Barriere	Gas-barriere	Trans-parenz	Druck-träger	Tiefzieh-eigenschaften
PE-LD	+	++	–	++	+	–
PE-LLD	++	++	–	++	+	–
PE-VLLD	+++	++	–	+++	–	+
PE-Metallocen	+++	++	–	+++	–	+
PE-HD	+	++	–	–	+	+
EVAL	–	–	+++	++	–	–
EIM	+++	+	–	+++	–	++
PP, Cast	++	++	–	+++	++	+
PP, orientiert	–/+/++	+++	–	+++	+++	–
PET	–/+	–	–	++	+	++
PBT	–/+	–	–	++	+	++
PETG	–/+	–	+	++	+	++
PET, orientiert	–/+	–	+	+++	+++	–
PA	–	–	++	+	+	+++
PA, orientiert	–	–	++	+++	+++	–
PVC	++	+	++	++	+	+++
PVDC	++	+++	+++	++	–	–
PAN	–/+	+	++	++	–	+++
PS	–/+	–	–	++	++	+++

+++ sehr gut; ++ gut; + weniger gut; – schlecht

9.5 Kabel

Auf dem Kabelsektor tritt der Kunststoff mit Kautschuk in Wettbewerb. Letzterer wird fast ausschließlich als Mantelwerkstoff, Kunststoff sowohl als Mantelwerkstoff als auch als hochwertiger Isolationswerkstoff eingesetzt. Tafel 9.19 gibt einen Überblick über Eigenschaften von im Kabelsektor eingesetzten Polymeren. Die aufgeführten Werte sollen einen qualitativen Vergleich ermöglichen. Als Dauergebrauchstemperatur wird die Temperatur angegeben, die nach einer Temperaturlagerung von 3000 bzw. 20 000 Stunden zu einem Abfall der Reißdehnung des Polymeren auf 50 % des Ausgangswertes führt. Bei der Strahlenbeständigkeit ist die entsprechende Strahlendosis in J/kg angegeben.

Tafel 9.20 gibt einen Überblick über Einsatzgebiete und Normen für Kabel aus Kunststoff und Gummi.

9.6 Geschäumte Kunststoff-Halbzeuge

Schaumstoffe werden als spröd-harte, zäh-harte und weich-elastische Formteile oder Halbzeuge hergestellt. Die Zellen können geschlossen, offen oder teilweise offen sein und unterschiedlich in der Größe und Verteilung über dem Querschnitt eines Bauteils. Damit sind auch unterschiedliche Dichteverläufe über dem Querschnitt gegeben, s. Bild 4.78 in Abschn. 4.2.8.1.

Tafel 9.18 Flaschen, Behälter, Einsatzgebiete

Einsatzgebiete	Kunststoff Barr = Barrierekunststoff. HV = Haftvermittler,	Bemerkungen, Anwendungsbeispiele
CO_2-haltige Getränke, Ein- u. Mehrweg,	PET, PC/amorph PA/PC, PC/PET/PC, PET-BO	heißabfüllbar bis ca 90°C, sterilisierb. bis 120°C
Speiseöl, Kosmetik, Non-Food	PET, PET/PEN	PET/PEN: höhere Wärmestabilität
Ketchupflaschen	PET/Barr/PET/Barr/PET PP/HV/Barr/HV/Regen./PP	Barr = EVAL
Bierflaschen	PEN; PET/PAMXD6/PET	PEN: sehr geringe CO_2-Durchlässigkeit, teuer
Babyflaschen	PC	bei 140 °C sterilisierbar
Milchflaschen/Beutel	PE-schwarz/PE-HD, PET/PAMXD6/PET	
Mehrwegflaschen für Milch, Fruchtsaft	PC, PC/(PC-Regen.)/Barr/(PC-Regen.)/PC	Barr = PA gegen CO_2, für Milch braun eingefärbt
Druckflaschen		
Joghurt	PP, PS, PC, PET	spritzreckgeblasen
Lebensmittel	PP(PE-HD)/HV/Barr/Regen./PP(PE-HD)	Barr = EVAL gegen O_2
Lebensmittel, Getränke (ohne CO_2) Wasch- u. Reinigungsmittel, Infusionslösung Blutplasma, Pharmazie	PP-BO	transparent, Heißabfüllung bis 90°C, sterilisier- u. pasteurisierbar, nicht für CO_2- u. O_2-empfindliche Produkte
Getränkeflaschen, Leichtglasflaschen	Glas (ca 1,4mm) +TPU (ca 0,1mm)	Glasflasche mit äußerem Splitterschutz
Kosmetik	PE-HD/(PE-Regen.)/HV/Barr	Barr = PA, EVAL
Shampoo	PE, PP, PE-E, PP-E	
Chemikalien	innen--Barr/HV/PE-HD/(Regen.)Dekor--außen	Barr = PA, EVAL, PAN
Bleichwasser, Detergentien, Frostschutzmittel	PE-HD	
Kraftstoffkanister	PA6, PE-HD	
Kraftstofftanks	PE-UHMW	
	PE-HD/HV/Barr/HV/Regen./PE-HD, Schichtaufbau: 40/3/4/3/38/12 %	Barr = EVAL
	PE-HD innen fluoriert, sulfoniert	Fluorbeigabe zum Blasgas
	PE HD + PA6	Selar®RB-Verfahren,
Medizintechnik	PSU	dampf-sterilisierbar bei 134°C, transparent
	SBS, PES	transparent
Ölbehälter, Kühlwasserausdehnungsbehälter	PA6, PA66	

9

Tafel 9.19 Im Kabelsektor verwendete Polymere (nach H. Eilentrop GmbH & Co. KG)

Polymer	Einsatzgebiet 1)	Brandverhalten 2)	Rauchentwicklung 3)	halogenhaltig	Dauergebrauchstemperatur nach DIN/VDE (Temperaturindex) ca. °C		Strahlenbeständigkeit J/kg (Gray) (* 10^{-4})
					3000 h	20000 h	
PE-HD	I	ef-sv	g	nein	90	70	10-100
PE-LD	I	ef-sv	g	nein	90	70	10-100
PE-X	I, M	ef-sv	g	nein	105	80	40-100
PP	I, M			nein		ca 100	ca 4
EPDM	I						
PVC-P	I, M	sef-sv	s		120	70	ca 400
PTFE	I, M	nef	k	ja	300	255	0,02-0,05
PVDF	I, M	sef-sv	g		155	130	0,02-0,05
ETFE	I, M	sef-sv	g	ja	170	140	1,8-200
FEP	I	nef	k	ja	220	190	1,5-8
PFA	I, M	nef	k	ja	270	255	0,02-0,05
ECTFE	I						
PA	I, M				105	90	1,5-10
PMPI	M						
PPE	I, M				130	120	
PEEK	I, M				255	220	600-5000
PI	I, M	nef	k	nein	310	220	500-5000
PEI	I, M				160	140	
PUR-M	M	ef-sv	s	(ja)	110	80	500-1500
TPA	I						
TPC	I				145	120	
TPO	M				110	80	10-100
TPV	I				110	80	10-100
TPS	I, M				145	120	10-100
TPU	M				110	80	500-1500
Kautschuk							
NR	M						
HNBR	M						
CR	M					ca 90	
SIR	M	ef-sv	g	nein		ca 180	
EPM	M						
EAM	M						
CSM	M	sef-sv	s	ja			
CM	M						
ACM	M						
FPM	M						
SiR	M						

Erläuterungen:
1) I: Isolation, M: Mantelwerkstoff
2) sv = selbstverlöschend, ef = entflammbar, sef = schwerentflammbar, nef = nicht entflammbar
3) k = keine, g = gering, s = stark

Tafel 9.20 Einsatzgebiete und Normen für Kabel aus Kunststoff und Gummi

Einsatzgebiet / Thema	Normen	Kunststoff **I** = Isolierung, **M** = Mantelwerkstoff
Isolierschläuche	DIN EN 60684-1÷3	PVC-P
Isolierschläuche	DIN EN 60684-1÷3	SiR
Isolierbänder	DIN EN 60454-1÷3	
Isolierfolien	DIN EN 60674-1÷3	
Starkstromleitungen bis 1000V	VDE 0250 T. 1–816	
I- u. M-Mischungen für Starkstrom- und Fernmeldeanlagen	VDE 0207 T. 2–22	PE (T. 2. u. 3), PE-X (T. 22), EVAC, EPM, EPDM, PVC-P (T. 4 u. 5), PTFE, FEP, RTFE (T. 6), NR, SiR (T. 20), CR (T. 21),
Heizleitungen bis 500 V	DIN VDE 0253	**I:** PVC, EVAC, PP (80–90 °C), FEP, SI (100–150 °C); **M:** PA, CR
Kabel bis U_0/U = 6/10 kV	DIN VDE 0271	PVC-P
Starkstromkabel bis 1 kV	DIN VDE 0276-603	**I:** PE-X; **M:** PVC-P
Starkstromkabel bis U_0/U = 12/20 u. 10/30 kV	DIN VDE 0276-620	**I:** PE oder PE-X; **M:** PVC-P
Freileitungsseile bis 1000 V	DIN VDE 0276-626	**I:** PE-X
Starkstromkabel bis U_0/U = 450/750 kV	VDE 0281 T. 1–404	**I:** PVC-P
Schaltdrähte und -litzen	DIN VDE 0812	**I:** PVC-P
Schaltkabel für Fernmeldeleitungen	DIN VDE 0813	**I** u. **M:** PVC-P
Fernmeldeschnüre	DIN VDE 0814	**I:** PVC-P
Fernmelde- und Installationsleitungen	DIN VDE 0815	**I** u. **M:** PVC-P, PE
Außen- u. Gruben-Signal- u. Meß- u. Fernsprechkabel	DIN VDE 0816	**I** u. **M:** PVC-P, PE
Schlauchleitungen für Fernmeldeanlagen	DIN VDE 0881	**I:** PVC-P, PE; **M:** PVC-P
Schaltdrähte u. -litzen für innere Verdrahtung	DIN VDE 0881	**I:** ETFE (max.Temp. 135 °C), FEP (180 °C), PTFE (250 °C)
Prüfverfahren und Prüfeinrichtungen für die Prüfungen von isolierten Kabeln und Leitungen	DIN VDE 0472	

Wenn die Zellen völlig von Zellwänden umschlossen sind, spricht man von *geschlossenzelligen* Schaumstoffen (Beispiel: PS). Hier ist ein Gas- oder Flüssigkeitsaustausch zwischen den Zellen nur durch Diffusion möglich. Bei *gemischtzelligen* Schaumstoffen (UF) sind die Zellwände teilweise perforiert. Bei *offenzelligen* Schaumstoffen stehen die Zellen untereinander über die Gasphase in Verbindung. Sie bestehen im Extremfall nur noch aus den Zellstegen (MF).

Nach ihrem Verformungswiderstand im Druckversuch (Druckspannung bei 10% Stauchung, DIN 53421) unterscheidet man *harte* (< 80 kPa), *halbharte* (80–15 kPa) und *weiche* (<15 kPa) Schaumstoffe. Bei den harten Schaumstoffen steigt dieser Druckspannungswert etwa logarithmisch mit der Rohdichte an.

Das Zellengefüge *sprödharter* Schaumstoffe (Beispiel PF) kann bei Belastung zusammenbrechen; *zähharte* (PVC) werden dabei zum Teil, *weichelastische* (MF) weitgehend elastisch reversibel verformt. PUR-Schäume, s. Abschn. 6.16, lassen sich von sprödhart bis superweich einstellen.

Aus nahezu allen thermoplastischen Kunststoffen werden im Thermoplast-Schaum-Gießverfahren (TSG), s. Abschn. 4.2.2.6, Strukturschaumstoff-Formteile hergestellt, s. Bild 4.78. Diese sind bei gleichem Gewicht steifer als kompakte Formteile und gestatten größere Wanddickenunterschiede ohne Entstehung von Einfallstellen. Die Belastbarkeit lässt sich durch Einstellung des Raumgewichts in weiten Grenzen variieren, s. Bild 9.6.

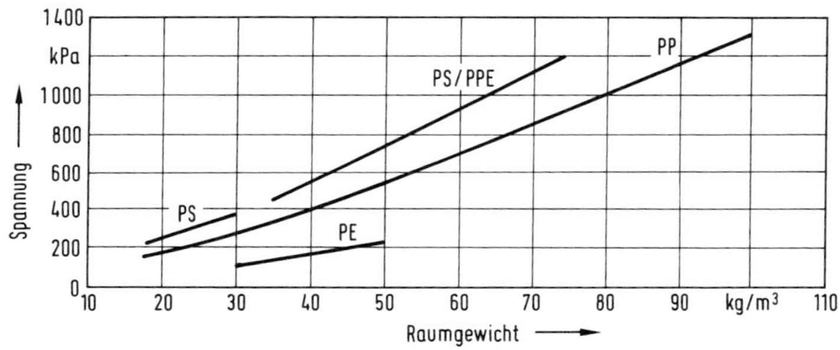

Bild 9.6 Druckspannung bei 50% Verformung in Abhängigkeit von der Dichte bei Schaumstoffen

Geschäumte Halbzeuge aus Thermoplasten werden nach dem TSE-Verfahren (Thermoplast-Schaum-Extrusion), s. Abschn. 4.2.5.7, oder als Partikelschäume (PE-E, PP-E, PS-E, auch als Formteile), s. Abschn. 4.2.8, hergestellt. Schäume aus vernetzten Kunststoffen entstehen bei der Polymer-Bildungsreaktion, s. PUR-Schäume in Abschn. 4.16.3.

Die Temperaturbeständigkeit von PS-Partikelschaum kann durch Copolymerisation bzw. durch Compoundierung mit PPE erhöht werden, s. Tafel 9.21.

Tafel 9.21 Temperaturbeständigkeit von PS/PP-E-Partikelschaum

Anteil PPE im PS %	Tg °C	Kurzzeit-Temperaturbeständigkeit, °C	Langzeit-Temperaturbeständigkeit, °C
0	100	>95	>85
10	110	>105	>95
20	120	>110	>105
30	130	>117	>108

Eigenschaften, Einsatzgebiete und Normung

Die Größe der Zellen, ihre Art und Verteilung, vor allem aber das Polymer selbst und seine Rohdichte bestimmen die Eigenschaften eines Schaumstoffs. Das thermische, das Brand-Verhalten sowie die Beständigkeit gegenüber chemischen Agentien werden vom Schaumstoff-Substrat bestimmt. Die Zellstruktur ist für die akustischen Eigenschaften und das Wärmedämm-Verhalten verantwortlich. Substrat und Zellstruktur wiederum bestimmen das Verhalten gegenüber Wasser und Wasserdampf.

DIN EN ISO 845 für harte, DIN EN ISO 1923/2440 für weichelastische Schaumstoffe enthalten Prüfvorschriften für die technologischen Eigenschaften homogener Schaumstoffe geringer Raumgewichte, die in den Tafeln 8.16 und 8.17 in Abschn. 8.2.1 für einige wichtige Produktgruppen zusammengestellt sind.

Hartschaumstoffe im RG-Bereich von 10 bis 35 kg/m^3 finden als *gütegesicherte Wärme- und Trittschall-Dämmstoffe* breite Anwendung im Bauwesen. Maßgeblich dafür sind folgende Normen:

DIN 4102 hinsichtlich des Brandverhaltens: mindestens B2 normal entflammbar

DIN 4108 Wärmeschutz im Hochbau mit Rechenwerten der Wärmeleitfähigkeit und Angaben über Wasserdampf-Diffusionswiderstandszahlen

DIN 4109 Schallschutz im Hochbau, insbesondere Trittschalldämmung;

für die Wärmedämmung:

DIN 18159 Teil 1 PUR-Ortschäume

DIN 18159 Teil 2 UF-Ortschäume

DIN 18164 Teil 1 Unbeschichtete, beschichtete und profilierte Hartschaum-Platten und -Bahnen, Mindestrohdichten für PF 30 bis 35 kg/m^3, PS-Partikelschaum 15 bis 30 kg/m^3, PS-Extruderschaum 25 bis 30 kg/m^3, PUR 30 kg/m^3 (s. Tafel 8.16) in den Gruppen W, WD, WS nicht zulässiger bis erhöhter Druckbelastbarkeit;

für die Trittschalldämmung:

DIN18164 Teil 2 PS-Partikelschaum elastifiziert auf dynamische Steifigkeit ≤ 30 MN/m^3 bis ≤ 10 MN/m^3.

Einige PE-Schaumprodukte sind für Trittschalldämmung allgemein zugelassen. Offenzellige harte und weich-elastische Schaumstoffe werden in der Raumakustik als Schallschlucker verwendet.

Die Güte- und Prüfbedingungen der Güteschutzgemeinschaften Hartschaum (s. Anhang A3.3) regeln u.a. die Kennzeichnung normgerechter Erzeugnisse durch Etiketten und Farbstreifen und die Überwachung der Ortschaum-Herstellung auf der Baustelle.*

Für die *Anwendung weich-elastischer Schaumstoffe* als stoßdämpfende und -dämmende Pufferungs- und Abpolsterungsmaterialien sind die nach einschlägigen Normen bei verschiedenen Zusammendrückungen zu bestimmende Stauchhärte, die Stoßelastizität und der Druckverformungsrest nach dem Zusammendrücken in verschiedenem Ausmaß bei erhöhten Temperaturen die wichtigsten Kennwerte. Tafel 8.17 gibt dafür einige Vergleichszahlen. Für technische Anwendungen sind die in den Druckschriften der Hersteller enthaltenen Federungs-Kennlinien heranzuziehen.

* Einzelinformationen können von der Geschäftsstelle der Gütegemeinschaften, Mannheimer Straße 97, 60327 Frankfurt/M., angefordert werden.

9

Das Prinzip der optimierten Dichteverteilung im Struktur-Schaumstoff bzw. in hoch belastbaren, leichten Verbundwerkstoffen wird z.B. in kontinuierlich zu fertigenden *Sandwichplatten* mit einem schubsteifen Verbund eines Schaumstoffkerns mit beiderseits zugfesten Deckschichten realisiert. Ein optimales Dichteprofil (vgl. Bild 4.78) strebt man auch mit den Struktur- oder *Integral-Schaumgusserzeugnissen* an, die im Thermoplast-Schaumguss-Spritzgieß- und -Extrusions-Verfahren (TSG und TSE), aus harten und halbharten PUR im RIM- und RRIM-Verfahren gefertigt werden.

Tafel 9.22 gibt einen Überblick über geschäumte Kunststoff-Halbzeuge und deren Einsatzgebiete.

9.7 Fasern, Fäden, Borsten, Bänder

Unter *Chemiefasern* versteht man alle nach chemisch-technischen Verfahren hergestellten Faserstoffe aus natürlichen oder synthetischen Polymeren. Chemiefasern aus synthetischen Polymeren werden auch als „Synthesefasern" bezeichnet. Als Ausgangsstoffe dienen meist die auch für Formmassen verwendeten Polymeren.

Chemiefasern werden je nach Schmelzpunkt oder thermischer Stabilität nach folgenden Verfahren verarbeitet:

- nach dem *Schmelzspinnverfahren* aus der Schmelze. Abzugsgeschwindigkeit je nach Polymerenart und Verfahren zwischen 500 und 4000 m/min;
- nach dem *Trockenspinnverfahren* aus der Lösung in den Heißluftschacht, in dem das Lösungsmittel verdampft wird. Abzugsgeschwindigkeit bis zu 1000 m/min;
- nach dem *Nassspinnverfahren* aus der Lösung in ein Fällbad. Abzugsgeschwindigkeit bis zu 150 m/min.

Gesponnen wird durch Lochdüsen unterschiedlicher Lochzahl und Lochdurchmesser. Düsen mit einem Loch liefern Monofile; Düsen mit bis zu mehreren 100 Löchern werden für die Herstellung endloser Filament-Garne verwendet und Viellochdüsen für Spinnkabel, die meist zu Stapelfasern verarbeitet werden.

Anschließend werden die Monofile, Endlosfäden bzw. Kabel in einem Gang oder getrennt verstreckt und je nach gewünschten Eigenschaften noch einer Wärmebehandlung unterzogen.

Stapelfasern werden nach unterschiedlichen Verfahren zu Garnen bzw. Zwirnen umgewandelt.

Monofile werden zur Herstellung von Nähfäden, Schnüren oder Seilen verwendet. Multifile (glatt oder texturiert) sowie Garne und Zwirne aus Spinnfasern werden zur Herstellung von Geweben, Gestricken oder Gewirken für Bekleidung oder Heimtextilien verwendet.

Für Fußbodenbeläge gibt es neben dem normalen Herstellverfahren von textilen Flächengebilden auch noch das Tuftingverfahren. Hier werden die Schlaufen auf der Rückseite durch Gummi- oder Kunststoff-Beschichtungen verfestigt.

Tafel 9.22 Geschäumte Kunststoff-Halbzeuge und deren Einsatzgebiete

Kunststoff	Raumgewicht, kg/m³	Lieferform	Zellen	Einsatzgebiete
PE	25-40	Platten, Blöcke, Formstücke	geschlossen	Polster, Verpackung, (Partikelschaum)
PE-LD	10-35	Platten	geschlossen	Wärme- u. Trittschalldämmung, auch PE-X
	200	Strukturschaum-Brettprofile	geschlossen	
PP	10-35	Platten		Wärme- u. Trittschalldämmung
	20-90	Formstücke, Platten		Energieabsorber im PKW (Stoßfänger, Sitze, Autohimmel PP-X textilbeschichtet), Hinterschäumen v. Deckschichten, inmould skinning
	100-500	Folien, tiefziehbar	geschlossen	Fleischverpackung, Menüschalen, Geschirr, Flaschendichtungen
	500-700	Strukturschaum-Folien u. Bänder		Verpackungsbänder, Isolierfolien
EVAC-X	40-260	Bahnen, aufgerollt	geschlossen	Kälteschutzkleidung, gummiartig
PS	10-30	Blöcke, Formteile		Wärmedämmung, Verpackung, (Partikelschaum)
	>20	extrudierte Platten u. Bahnen mit u. ohne Schäumhaut	geschlossen	Frostschutz für Rohrleitung, Straße u. Eisenbahn
	60-200		geschlossen	Kartonagen, Papierbeschichtung
	60-200	Warmformfolien		Eierbehälter, Menüschalen, Einweggeschirr
	ca 60	Platten, gewalkt		Trittschalldämmung
		Platten	geschlossen	Straßenuntergründung, Erhöhung der Tragfähigkeit
	400-500	Platten, Profile	geschlossen	Innenausbau mit Oberflächenstruktur, Deckendekorplatten
	20-25	Formteile (lost foam), auch PS/PMMA-Copol.		Modelle zum Vollformgießen von z.B. Leichtmetallzylindern Gießschaumstofftechnik
PS/PP-E		Platten, Formteile		wie PS, höhere Temperaturbeständigkeit, PKW-Innenteite, leichte Fahrradhelme
PVC-U	40-130	Tafeln u. Blöcke	geschlossen	Sandwich-Kernmaterial, Flüssiggasisolierung, Rettungsflöße usw.
	500-700	Extrusionsplatten, warmformbar, d=2-20mm		Konstruktionsmaterial, Bau-Innen- u. Außenverkleidung
PVC-P	50-150	Tafeln u. Blöcke	geschlossen	Turnmatten, Dämpfung von Maschinenschwingungen
	70-130	Tafeln u. Blöcke	offen	Schallschutz, atmende Polsterung
	250	Bahnen		Bodenbelag-Rücken
MF	ca 10	Platten	offen	Schallabsorber, Hitzeschilde, Deckendekorplatten, Isolierschalen für Rohre u. Behälter
PMI	30-300	Tafeln, d=1-65mm	geschlossen	Strukturbauteile im Flugzeugbau, Sandwichkerne
UP		Leichtbauelemente	gemischt	Reaktionsharz-Schaumbeton
PUR	30-300	Blöcke, Platten, Formteile		Möbel, Matratzen, Fahrzeugausstattung, Dämmschalen

9

Aus Fasern bzw. Endlosfäden können auch Vliese hergestellt werden. Diese können mechanisch, durch Bindemittel bzw. durch thermische Behandlung verfestigt werden (engl. non woven bzw. bonded fabrics).

Aus Fibriden kann man auch synthetisches Papier und auch Wasser abweisende textile Flächengebilde herstellen.

Monofile von 360 bis 1100 dtex bezeichnet man als Borsten. Sie werden für Bürsten, Besen, Pinsel verwendet; Monofile von mehr als 0,08 mm Durchmesser werden als Drähte bezeichnet; sie werden für Angelschnüre, Tennisschläger, Taue, Seile u. Ä. verwendet.

Extrudierte Folien werden zu verstreckten *Folienbändchen* oder *Flachfäden* längs aufgeschnitten, bei starkem Verstrecken (1:12) als *Spleißfolien* zu Längsfibrillen (Splittfasern) aufgespalten, die zu reißfesten groben Bindegarnen zusammengedreht werden. Diese und Flachfäden werden auch zu textilen Flächengebilden – Sackgewebe, Teppich-Grundgewebe, Wandbespannungen – verarbeitet.

Über Markenbezeichnungen und Herstellfirmen siehe Chemiefaser-Lexikon, *R. Bauer/H.J. Koslowski;* Deutscher Fachverlag GmbH, 11. Auflage (1997).

9.7.1 **Polyethylen, Polypropylen** (s. Abschnitt 6.1.1 bis 6.1.6)

PE-LLD und PE-HD; PP

Monofile und Folienbändchen: Seile, Taue, Netze (schwimmend) für Seefahrt und Fischerei, technische Artikel.

PP-Spleißfasern (>97% isotaktischer Anteil): Erntebindegarne, Asbest-Austausch.

PE- und PP-„Fibride". Spinngebundene PP-Faservliese dienen zur Befestigung von Erdschichten im Straßen- und Wasserbau. Aus Folien geschnittene, durch Verstrecken verfestigte Flachfäden werden u. a. als verstärkende Gelege in Verbundfolien einkaschiert, als Sack-Gewebe im Extrusionsverfahren mit PE beschichtet.

Höchstfeste PE-Monofile s. Abschnitt 6.1.1, Verarbeitung.

9.7.2 **Polystyrol, PS** (s. Abschnitt 6.2.1)

Durchmesser von 10 µm aufwärts zum Umspinnen und Umklöppeln von Leitungsdrähten und Kabeln, vor allem in der Fernsehtechnik, Monofile für Borsten.

9.7.3 Vinyl-(Co-)Polymerisate

1. *Polyvinylchlorid,* PVC, s. Abschn. 6.3.1, *mit verschiedenen Mischkomponenten.* PVCC-Faser aus nachchloriertem Polyvinylchlorid hat wegen ihrer geringen Temperaturstandfestigkeit nur noch geringe Bedeutung. Andere Fasern dieser Gruppe (Rhovyl) sind Copolymerisate. Fasern aus syndiotaktischem PVC sind kochfest.

Anwendungsgebiete: Korrosionsfeste Filtertücher, Säureschutzkleidung, Treibriemen, Fischereigerät, Anti-Rheumaunterwäsche.

Flache Borsten aus PVC werden aus Folie geschnitten.

2. *Vinyliden-Vinylchlorid-Copolymere,* PVDC, s. Abschn. 6.3.5.

Es werden nur Fäden hergestellt. Polyvinylidenchlorid ist korrosionsfest und verrottungsfest unter allen Witterungsbedingungen, abriebfest, unbrennbar und kann kochfest eingestellt werden.

Anwendungsgebiete: Sitzbespannungen, Insektenschutznetze, Markisen, Armierung von Dachbahnen.

3. Polyvinylalkohol, PVAL, s. Abschn. 6.3.5.3.

Gereckte Polyvinylalkoholfasern, aus wässriger Lösung in Salzlösungen als Fällbäder gesponnen, besitzen hervorragende mechanische Eigenschaften, sind aber wasserempfindlich. Sie werden, durch Formaldehyd gegerbt, Garnen aus Acrylnitril-(Co)-Polymerisaten oder Polyamiden zur Regelung der Wasseraufnahme zugesetzt.

9.7.4 **Polyfluorcarbone, PTFE, PVF,** s. Abschn. 6.4

Extrudiert, gesintert, unbrennbar, Filtergewebe, Arbeitsschutzkleidung.

9.7.5 **Acrylnitril-(Co-)Polymerisate, PAN,** s. Abschn. 6.5.1

1. *PAN-Spinnfasern,* aus Copolymeren mit mindestens 85% Acrylnitril in Dimethylformamid-Lösung trocken oder nass versponnen, gehören mit guter Kräuselfähigkeit und Anfärbbarkeit zu den wichtigsten Synthesefasern für allgemeine Verwendung. Sie zeigen hohe Licht- und Wetterbeständigkeit, Säure- und Laugenbeständigkeit, sind scheuer- und reißfest bei guter Elastizität und Wärmehaltung.

Anwendungsgebiete: Bekleidungstextilien (Maschen- und Webware), Heimtextilien (Möbelstoffe, Decken, Dekorationsstoffe), Markisen und Gartenmöbelstoffe, Bootsverdecks, Zelte, Säureschutzgewebe, Textil- und Teppichindustrie. Spezialtypen für Asbest-Austausch.

2. *Modacrylfasern* und Fäden, Copolymere aus 40 bis 60% Acrylnitril und 60 bis 40% Vinylchlorid und/oder Vinylidenchlorid für schwer brennbare Arbeitsschutzkleidung, Gardinen, Teppiche, Möbelstoffe.

9.7.6 **Polyamide, PA66, PA610, PMPI, PPTA,** s. Abschnitt 6.7

1. PA-Fasern werden überwiegend im Schmelzspinnverfahren hergestellt. Sie zeigen hohe Scheuer- und Reißfestigkeit, Wetter- und Laugenbeständigkeit und gute Elastizität.

Anwendung: Auf allen Gebieten der Textilindustrie, Teppichgarne, Reifencord, Monofile als Schnüre, Saiten, Borsten, Gurte und Bänder.

2. PA11, minimale Wasseraufnahme, Seile.

3. Aus vollaromatischen Polyamiden (Polyaramide, PMPI, PPTA) werden hochfeste, temperaturstandfeste Fasern für Feuerschutzkleidung und Kunststoffverstärkung hergestellt (s. Abschnitt 6.7.7).

9.7.7 Polyurethane, PUR, s. Abschnitt 6.16

Elastische PUR-Fäden bestehen zu mindestens 85% aus elastomerem PUR, TPU. Sie sind besser beständig gegen Sauerstoff, Ozon, Öle als „Elastodien“-Gummifäden, gut einfärbbar, reiß- und scheuerfest.

Anwendung: Stützstrümpfe, Miederwaren, Badekleidung.

9.7.8 Polyterephthalate, PET, PBT, PTT, s. Abschnitt 6.8.2

Aus der Schmelze gesponnen, anschließend heiß verstreckte PET-Fasern sind hochkristallin und schrumpfarm. Sie eignen sich für gut formbeständige, knitterfreie, chemikalien- und lichtbeständige, scheuerfeste Textilien. Ihre Einfärbung erfordert spezielle Verfahren.

Anwendungen: auf allen Gebieten der Textiltechnik, Cordfäden für Autoreifen, Förderbänder, Treibriemen, unverrottbare Faservliese für Tiefbau und Dachbahnen, beschichtete Gewebe für das textile Bauen. Für Heimtextilien auch besser anfärbbare PBT- u.a. PTT-Fasern (Kodel-Typ).

9.7.9 Chemiefasern aus Cellulose, s. Abschnitt 6.17.1

Nach dem Viskoseverfahren aus Cellulose hergestellte Filamentgarne und Spinnfasern werden als Viskosefasern bezeichnet. Frühere Namen waren Kunstseide oder Rayon.

Geht man von acetylierter Cellulose aus, so kann die Acetylcellulose in Aceton gelöst werden. Durch Trockenverspinnen gelangt man zu Acetatfäden bzw. -fasern.

Cuprofasern bzw. -fäden erhält man durch Lösen von Cellulose in einem Gemisch aus Kupferoxid und Ammoniak und Ausspinnen der Lösung in schwach alkalischem Wasser.

Neuerdings verwendet man zum Lösen von Cellulose auch ein Gemisch aus N-Methylmorpholinoxid und Wasser. Durch Nassspinnen gelangt man zu Fasern mit den Handelsnamen Lycocell oder Tencel.

Polynosics sind Fasern, die durch Einspinnen in schwache Säurebäder baumwollähnlich gemacht werden (niederer Quellwert, hohe Nassfestigkeit).

Leitfähige Cellulosefasern enthalten einen mit Leitruß gefüllten Kern.

9.7.10 Natürlich vorkommende Fasern

Zur Abrundung der Übersicht über Fasern sind in Tafel 9.23 die natürlich vorkommenden Fasern mit ihrer Herkunft zusammengestellt. Eigenschaften von Pflanzenfasern, die zunehmend als Verstärkungsfasern für Kunststoffe eingesetzt werden, s. Tafel 7.16 in Abschn. 7.2.6.

Tafel 9.23 Natürlich vorkommende Fasern

Pflanzenfasern, Cellulose	Herkunft	Tierfasern, Wolle, Keratin (Protein)	Herkunft
Alfa	Espartogras	Alpaka	Alpaka, Kamelart
Ananas	Ananas	Angora	Angorakaninchen
Baumwolle	Baumwollstrauch	Guanako	Guanako, Kamelart
Ginster	Binsenginster	Kamal	Kamel
Hanf, Leinen	Flachs	Kaschmir	Kaschmirziege
Jute	Tiliazeen	Lama	Lama, Kamelart
Kenaf	Kenafpflanze	Mohair	Angoraziege
Kokos	Kokosnuß	Seide	Seidenraupe
Manila	Faserbanane	Vikunja	südamerikanisches Lama
Ramie	Chinagras	Yak	tibetischer Yak
Sisal	Sisalagave		
Asbest, einzige natürliche Mineralfaser, wegen Krebsgefährdung verboten	verwitterte Mineralien Serpentin und Hornblende		

9.8 Kunststoffe im medizinischen Sektor

Das Einsatzspektrum der Kunststoffe im medizinischen Sektor reicht von sterilen Einmalartikeln über chirurgisches Nahtmaterial und Geräte bis hin zu Implantaten und der Verpackung dieser Produkte, s. Tafel 9.24. In der Regel kommen spezielle Modifizierungen der Polymeren zum Einsatz.

Tafel 9.25 gibt einen Hinweis auf die Sterilisierbarkeit und Verträglichkeiten.

Tafel 9.24 Kunststoffe im medizinischen Sektor

Verwendung	Kunststoff
Implantate und künstliche Organe	
künstliche Gelenke, (Kniegelenke, Hüftpfanne, Schulter)	PE-UHMW
künstliche Venen und Arterien, in Herzschrittmachern und Herzklappen	PTFE
künstliche Blutgefäße, Herzklappen, Verstärkung in Silikonimplantaten	PET
Herzklappen, Knochenimplantate	PSU, PUR-SI-Copol.
Herzschrittmacher, künstliche Herzventrikel, Produkte mit Blutkontakt wie Venenkatheter	PUR auf Ether-Basis
Plastische Chirurgie, Ersatz von Fingern, Zehen, Handgelenken und Sehnen, zentrale Venenkatheter	SI
Intraokular-Linsen	PMMA
Blutersatzmittel	PVP
Instrumente und Ausrüstungen	
Ampullen, Flaschen, Injektionssysteme	SAN, COC-(M)
Blutbeutel, Handschuhe	PVC-P
Blutvorratsbehälter	PC, PVC
Chirurgische Instrumente	PEEK, PC-TMBPA, (LCP-GF)
Dialyseausrüstung	PSU, PC, PUR, SI-Kautschuk
Dialysemembran	EVAL, PA
Einmalartikel	PS, SAN
Filter für Blut- und Dialyse	PC, PVC
Filtermembranen	PTFE
Kanülen	PE, PP, PA, PTFE
Katheter	PE, PA, PVC, PTFE, PUR
Katheterschläuche	PTFE
Komponenten von IV-Sets	PVC
Laborartikel	PP, PS, PC
Medizinische Geräte Mehrfunktionsspritzen für Zahnärzte	PBT, PA, PC, PEEK
Nadeln	PVC
Nahtmaterial	PA, PET, PVC
Oxygeneratoren	PP, PC, PVC, SI, PSU
Pumpen, peristaltische	SI
Pumpenkammern für künstliche Herzen, Pumpen	PUR
Schläuche	PE, PP, EVAC, PA, PVC-P, PUR, TPU-(Ether), SI
Spritzen, (Spritzenkolben)	PE, PP, EVAC, PS, PA
Tuben, englumige	PA
Verpackungen	PE-Vlies, PA, PSU, PA-transp., PBT

Tafel 9.25 Sterilisierbarkeit und Verträglichkeiten

Kunststoff	Sterilisationsmethode							Verträglichkeit	
	Ethylenoxidgas	Wasserdampf (Autoklav)			Heißluft	energiereiche Strahlung		DMF[1]	USP Class VI ISO 10993-1
		121 °C	134 °C	143 °C		Gammastrahlen	Elektronenstrahlen		
ABS	ja	nein			nein	ja	ja		
ABS+PA	ja	nein			nein	ja	ja		
COC	ja	ja	ja	ja		ja	ja	ja	ja
LCP	ja	ja				ja		ja	ja
PA	ja	ja			nein	ja	ja		
PBT	ja	ja			ja	ja		ja	ja
PC	ja	ja	nein		ja	ja	ja	ja	ja
PC+ABS	ja	nein			nein	ja	ja		
PC-TMBPA	ja	ja	ja	ja	ja	ja	ja		ja
PE-UHMW	ja	ja				ja		ja	ja
POM	ja	ja				ja		ja	ja
PVC	ja	(ja)				ja			
SAN	ja	nein			nein	ja	ja		ja
SMA	ja	nein			nein	ja	ja		ja
TPC	ja	ja				ja		ja	ja
TPU	ja	nein			ja	ja	ja		
TPU-(Ether)	ja	nein			ja	ja			ja

[1]) Drug Master Files

A Normung und Gütesicherung

A

A Normung und Gütesicherung

Für die in diesem Kapitel nur durch Kurzzeichen gekennzeichneten Kunststoffe lassen sich die chemischen Bezeichnungen und die Abschnitte in Kapitel 6, in denen der Kunststoff behandelt wird, aus Tafel 1, S. XVI entnehmen.

A.1 Kunststoff-Normung, national und international[1)]

Das Deutsche Institut für Normung e.V. (DIN), Burggrafenstraße 6, 10787 Berlin, ist die nationale Organisation für alle in selbstverantwortlicher Gemeinschaftsarbeit von Wirtschaft, Wissenschaft und Behörden betriebene nationale Normungsarbeit und federführend für die Vertretung bei den internationalen Normungsarbeiten. In Zusammenarbeit mit den nationalen Normungsgremien von Großbritannien (BSI) und Frankreich (AFNOR) bringt DIN eine multinationale und mehrsprachige Normen-Datenbank PERINORM auf CD-ROM heraus, die u.a. für alle geltenden Normen und Norm-Entwürfe Deutschlands, Großbritanniens, Frankreichs, Österreichs, der Schweiz und der Niederlande die bibliographischen Daten enthält. Die internationalen Normungsvorhaben werden durchgeführt bei

- ISO (International Organization for Standardization),
- IEC (International Electrotechnical Commission),

die für den Gemeinsamen Markt in Europa wesentlichen Vorhaben bei

- CEN (Comité Européenne Normalisation),
- CENELEC (Comité Européenne Normalisation Electrotechnique).

In den Beratungen der ISO werden, unter Federführung der Normenorganisation jeweils eines Mitgliedslandes für ein Einzelgebiet, aufeinander folgend

- ISO-CD (Committee Draft) Normen-Vorschläge,
- ISO-DIS (draft international standards) Normen-Entwürfe,
- ISO-FDIS (final draft international standards) endgültige Normenentwürfe

und schließlich die nur mit ISO und Nummer bezeichneten Internationalen Normen erarbeitet. Zahlreiche unter Mitwirkung des Normenausschusses Kunststoffe seit 1952 erarbeitete Dokumente der Technischen Komitees

- ISO/TC 61 Plastics,
- ISO/TC138 Plastics pipes, fittings and valves for the transport of fluids,
- ISO/TC 219 Floor coverings,

[1)] DIN-Normblätter, ISO-Standards und alle anderen hier genannten Informationsmittel sind zu beziehen von der Beuth Verlag GmbH, Postfach 1145, 10772 Berlin. Maßgeblich ist die jeweils neueste Original-Ausgabe der DIN-Normblätter im Format DIN A4, deren Vervielfältigung für DIN-Mitglieder unter bestimmten Bedingungen für innerbetriebliche Zwecke gestattet ist. Die informative Veröffentlichung von Auszügen aus Normen und Norm-Entwürfen in diesem Buch erfolgt mit Genehmigung des DIN.

- ISO/TC 45 Rubber and rubber products,
- IEC/TC 15 Insulating materials

sind seither ganz oder teilweise als DIN-ISO-Normen übernommen worden. Es wird angestrebt, in die nationale Normung zunehmend ISO-Normen als DIN EN ISO-Normen zu übernehmen, EN = Europäische Norm.

Solche Normen werden durch das sog. Harmonisierungsverfahren übernommen. Die deutsche Fassung erscheint dann als DIN-EN-Norm. Bei CEN arbeitet der FNK (Normenausschuss Kunststoffe) derzeit in folgenden Technischen Komitees mit:

- CEN/TC88 Wärmedämmstoffe und wärmedämmende Produkte,
- CEN/TC89 Wärmeschutz von Gebäuden und Bauteilen,
- CEN/TC134 Elastische und textile Bodenbeläge,
- CEN/TC155 Kunststoff-Rohrleitungssysteme und Schutzrohrsysteme,
- CEN/TC189 Geotextilien und geotextil verwandte Produkte,
- CEN/TC193 Klebstoffe,
- CEN/TC248 Textilien und textile Erzeugnisse,
- CEN/TC249 Kunststoffe,
- CEN/TC254 Abdichtungsbahnen.

Von allen neuen oder überarbeiteten Normen werden durch den Buchstaben E gekennzeichnete Entwurfsfassungen veröffentlicht, zu denen jedermann binnen zwei Monaten Stellung nehmen kann.

Der *Normenausschuss Kunststoffe (FNK) im DIN* bearbeitet in zahlreichen Arbeitsausschüssen mit rund 600 ehrenamtlichen Mitarbeitern z.Z. etwa 900 Hauptnormungsthemen. Wichtige Kunststoff-Normen werden zusammengefasst in DIN-Taschenbücher, z.Z.:

18 Kunststoffe, Mechanische und thermische Eigenschaften (10. Auflage 1997),

51 Halbzeuge aus thermoplastischen Kunststoffen (5. Auflage 2001),

52 Rohrleitungsteile aus thermoplastischen Kunststoffen, Grundnormen (4. Auflage 2003),

150 Kunststoff-Dachbahnen, -Dichtungsbahnen, -Folien, -Bodenbeläge, Kunstleder (2. Auflage 1998),

171 Rohre, Rohrleitungsteile und Rohrverbindungen aus Reaktionsharzformstoffen (3. Auflage 2001),

253 Schaumstoffe, Prüfung, Anforderungen, Anwendung (3. Auflage 2002).

Terminologische Festlegungen aus den Kunststoff-Normen in DIN-TERM Kunststoffe; Begriffe aus DIN-Normen (1. Auflage 1999)

ISO- und JIS-Handbücher (über Beuth-Verlag):

- ISO-Handbuch 21, Bd.1: Terminology and symbols, 2. Aufl. 1990,
- ISO-Handbuch 21, Bd.2: Thermosetting materials, 2. Aufl. 1990,
- ISO-Handbuch 21, Bd.3: Plastics products, 2. Aufl. 1990,
- ISO-Handbuch 28, Bd.1: Pipes, fittings and valves, 1986,
- ISO-Handbuch 28, Bd.2: Plastics products, 1986,

- JIS-Handbook „Plastics", I. Testmethods (Japanische Normen),
- JIS-Handbook „Plastics", II. Materials and Products (Japanische Normen).

Für Baukunststoff-Erzeugnisse werden die Grundnormen vom FNK, Anwendungsnormen vom Normenausschuss Bauwesen erstellt, entsprechendes gilt für Kunststoff-Rohre und -Rohrleitungen mit Bezug auf den Normenausschuss Wasserwesen.

DIN-Normen für Isolierstoffe sind zugleich VDE-Bestimmungen im Sinne des VDE-Vorschriften-Werks. Die Bearbeitung aller Prüfverfahren zur Bestimmung elektrischer Eigenschaften von Kunststoffen und Kunststoff-Erzeugnissen ist vom FNK an die Deutsche Elektrotechnische Kommission, Fachnormenausschuss Elektrotechnik im DIN gemeinsam mit Vorschriftenausschuss VDE, abgegeben worden. Die Ergebnisse internationaler Zusammenarbeit in diesem Bereich sind IEC-Publikationen.

A.1.1 Gegenüberstellung von DIN-, ISO- und ASTM-Prüfmethoden

Eine weltweite Harmonisierung der Prüfmethoden für Kunststoffe ist bisher noch nicht verwirklicht, so dass eine Vergleichbarkeit der Prüfergebnisse nicht immer gegeben ist. Tafel A.1 gibt einen Anhalt über die Vergleichbarkeit, wenn sich die Probekörper in ihrer Struktur nicht allzu sehr unterscheiden.

Tafel A.1 Deutsche und amerikanische Prüfvorschriften für Kunststoffe

Prüfart	Vorschrift	Symbol	Einheit	Vergleichsmöglichkeit
Dichte	DIN EN ISO 1183	ρ		
Rohdichte	DIN EN ISO 845	RG	kg/cm^3 bei 20 °C	vergleichbar bei gleicher Temperatur
Density	ASTM D 792	d^{23C}	g/ml bei 23 °C	
Schmelze-Masse-Fließrate	DIN EN ISO 1133	MFR	g/10 min	vergleichbar bei gleichen Bedingungen
Melt mass-flow rate	ASTM D 1238	–	g/10 min	
Mechanische Eigenschaften				
Elastizitätsmodul	DIN EN ISO 527–2	E_t	MPa	vergleichbar nur bei gleichen Bedingungen: Probekörperform und -zustand, Messlänge u. Prüfgeschwindigkeit
Elastic Modulus	ASTM D 638 (Tensile)	E	psi (=lb/sq.in.)	
	DIN EN ISO 604	E_c	MPa	
	ASTM D 604 (Compression)	–	psi	
	DIN EN ISO 178	E_f	MPa	
	ASTM D 790 (Flexural)	E_B	psi	
	DIN EN ISO 527–3	E_t	MPa	
	ASTM D 882 (Film)	–	kgf/cm^2*)	

Tafel A.1 *(Forts.)*

Prüfart	Vorschrift	Symbol	Einheit	Vergleichsmöglichkeit
Schubmodul	DIN EN ISO 6721–2	G	kN/mm² dyn/cm²	vergleichbar
Torsion Modulus	ASTM D 2236	G	psi	
Torsionssteifheit	DIN 53 447 (ISO 458)	T	kN/mm²	vergleichbar
Stiffness Properties	ASTM D 1043	G (!)	dN/cm²	
Zugversuch				
Zugfestigkeit	DIN EN ISO 527–1	σ_M	N/mm²	vergleichbar, jedoch nur bei gleichen Bedingungen: Probekörperform und -zustand, Messlänge, Prüfgeschwindigkeit
Tensile Strength (at maximum load)	ASTM D 638	–	psi	
	ASTM D 882	–	dN/cm²	
Dehnung bei Höchstkraft	DIN EN ISO 527	ε_M		
Percentage Elongation	ASTM D 882.638	%	%	
Bruchspannung	DIN EN ISO 527–1	σ_B	N/mm²	
Tensile Strength (at break)	ASTM D 882.638	σ_R	psi	
Bruchdehnung	DIN EN ISO 527–1	ε_B	%	
Percentage Elongation (at break)	ASTM D 638	–	%	
	ASTM D 882	–	%	
Streckspannung	DIN EN ISO 527–1	σ_y	N/mm²	vergleichbar, jedoch nur bei gleichen Bedingungen: Probekörperform und -zustand, Messlänge, Prüfgeschwindigkeit
Yield Point	ASTM D 638	–	psi	
Yield Stress	ASTM D 882	–	dN/cm²	
Dehnung bei Streckspannung	DIN EN ISO 527	ε_y	%	
Percentage Elongation (at yield)	ASTM D 882	–	%	
Biegeversuch				
Biegefestigkeit	DIN EN ISO 178	σ_{bB}	N/mm²	bedingt vergleichbar
Flexural Strength	ASTM D 790	–	psi	
Grenzbiegespannung	DIN EN ISO 178	σ_{bG}	N/mm²	
Flexural Stress (at 5% strain resp. at conventional deflection)	ASTM D 790	–	psi	
Schlagbiegeversuch				
Schlagzähigkeit	DIN EN ISO 179	a_{CU}	kJ/m²	nicht vergleichbar
Impact Strength	ASTM D 256 (ISO 180)	– a_{iU}	J/m²	

Tafel A.1 *(Forts.)*

Prüfart	Vorschrift	Symbol	Einheit	Vergleichsmöglichkeit
Kerbschlagzähigkeit Impact Strength (notched)	DIN EN ISO 179 ASTM D 256 (ISO 180)	a_{CA} – $a_{i,A,B}$	kJ/m² J/m	nicht vergleichbar
Shore Härte Durometer (Shore Hardness)	DIN EN ISO 868 ASTM D 1706 ASTM D 2240	– – H	Shoreskala A, C, D Skala A, D gramforce	vergleichbar
Kugeldruckhärte α-Rockwell Hardness	DIN EN ISO 2039-1 ASTM D 785	H –	N/mm² Rockwell Skala	nicht vergleichbar
Thermische Eigenschaften				
Vicat-Erweichungspunkt (VSP) Vicat Softening Point	DIN EN ISO 306 ASTM D 1525	T_v –	°C °C	vergleichbar, wenn bei gleicher Belastung im Flüssigkeitsbad gemessen wird
Wärmeformbeständigkeit Deflection Temperature (früher HDT)	DIN EN ISO 75–1/-2/-3 ASTM D 648	T_f	°C °C, °F	vergleichbar, wenn Belastung, Probekörperform und -zustand gleich sind
Wasseraufnahme Water Absorption	DIN EN ISO 62 ASTM D 570	W_w –	mg %	vergleichbar (umgerechnet), wenn Vor- bzw. Nachbehandlung, Probekörper und Zeiten gleich sind
Elektrische Eigenschaften				
Spezifischer Durchgangswiderstand Volume Resistivity	DIN IEC 60093 (VDE 0303–30) ASTM D 257	ρ_D	Ω · m Ω · cm	vergleichbar
Oberflächenwiderstand Surface Resistivity	DIN IEC 60167 (VDE 0303–31) ASTM D 257	R_O σ	Ω Ω	vergleichbar
Dielektrizitätszahl (relative Dielektrizitätskonstante) Dielectric Constant	DIN IEC 60250 (VDE 0303–4) ASTM D 150	ε_r ε	– –	vergleichbar
Dielektrischer Verlustfaktor (tan δ) Dissipation Factor (tan δ)	DIN IEC 60250 (VDE 0303–4) ASTM D 150	– D	– –	vergleichbar

A

Tafel A.1 *(Forts.)*

Prüfart	Vorschrift	Symbol	Einheit	Vergleichsmöglichkeit
Dielektrischer Schweißfaktor	–	–	–	
Dielectric Loss Factor (= ε tan δ)	ASTM D 150	–	–	
Durchschlagfestigkeit	DIN IEC 60 243–2 (VDE 0303–22)	E_d	kV/mm	nicht vergleichbar
Dielectric Strength	ASTM D 149	–	V/mil (1 mil = 25 μm)	
Lichtbogenfestigkeit	DIN EN 61621 (VDE 0303–1)	–	s	vergleichbar
Arc Resistance	ASTM D 495	–	s	
Kriechstromfestigkeit	DIN IEC 60 112 (VDE 0303–1)	CTI	–	nicht vergleichbar
Tracking Resistance	ASTM D 2132	–	–	

*) kgf = kilogramforce = dN

A.2 Fachbereiche der Kunststoff-Normung

Einen Überblick über die Kunststoff-Formmassen gibt Tafel A.2, über Kunststoff-Halbzeuge s. Kapitel 9.

A.2.1 Kennbuchstaben und Kurzzeichen

DIN EN ISO 1043–1 gibt Regeln zur Bildung von international üblichen Kurzzeichen für Polymere, wie sie in Tafel I (S. XVI) am Anfang des Buches alphabetisch geordnet zusammengestellt sind.

Das Polymer-Kennzeichen kann ergänzt werden durch eine – mit einem Mittelstrich nach diesem einzustellende – Kombination der Kennbuchstaben für die besonderen Eigenschaften:

B: Block, bromiert,
C: chloriert,
D: Dichte,
E: verschäumt, ver schäumbar,
F: flexibel, flüssig,
H: hoch,
I: Schlagzäh,
L: linear, niedrig (low),
M: mittel, molekular,
N: normal, Novolak,
P: weichmacherhaltig,
R: erhöht, Resol,
S: gesättigt, sulfoniert,
T: Temperatur (beständig), thermoplastisch, duroplastisch, zähmodifiziert,
U: ultra, weichmacherfrei, ungesättigt,
V: sehr,
W: Gewicht,
X: vernetzt, vernetzbar.

Beispiel: Lineares Polyethylen niedriger Dichte: PE-LLD. Der Buchstabe P für „Poly“ ist für Homopolymerisate zu verwenden, für Copolymere nur, wenn sein Weglassen zu Missverständnissen führt. Copolymer-Kurzzeichen werden aus denen der Monomeren in der Reihenfolge abnehmender Anteile zusammengesetzt, z. B. E/P, EVAC, SB, VCEMMA. Polymerengemische sind durch die Kurzzeichen der Grundpolymeren mit Pluszeichen zwischen ihnen in Klammern zu kennzeichnen, z. B. (PMMA+ABS).

Die Doppelbelegung einiger Zeichen zeigt, dass es sich hierbei keinesfalls um eine sichere, eindeutige Kennzeichnung handelt, die auch leider im täglichen Gebrauch ständig durch weitere nicht genormte Abkürzungen erweitert wird.

DIN EN ISO 1043–2 „Kunststoffe – Kennbuchstaben und Kurzzeichen – Teil 2: Füllstoffe und Verstärkungsstoffe" gibt allgemeine Richtlinien zur Kennzeichenbildung für verstärkte Kunststoffgruppen wie GFK, CFK, für Reaktionsharz-Formmassen ergänzt durch DIN 16913–1: 1981.

Kennbuchstaben und Kurzzeichen für Weichmacher nach DIN EN ISO 1043–3.

Kennbuchstaben und Kurzzeichen für Flammschutzmittel nach DIN EN ISO 1043–4.

Genormte Kurzzeichen für Natur- und Synthesekautschuke (DIN ISO 1629: 1992) und für Textilien werden nach andersartigen Regeln als die für Kunststoffe gebildet, mit diesen besteht keine Übereinstimmung.

A.2.2 Stoff-Normen für thermoplastische Formmassen

Vom ISO TC 61 ist im letzten Jahrzehnt eine international einheitliche Form für den Aufbau von Formmasse-Normen erarbeitet worden, die vom FNK, für die DIN-Normung thermoplastischer Formmassen, inhaltlich voll übernommen worden ist. Durch europäische Übernahme der ISO-Normen wurden diese als DIN EN ISO ins deutsche Normenwerk übernommen. Jede dieser Normen (s. Tafel A.2) besteht aus

- Teil 1: Einteilung und Bezeichnung,
- Teil 2: Herstellung von Probekörpern und Bestimmung von Eigenschaften.

Der in der Prüfpraxis hohen Aufwand verursachenden Vielzahl von Probekörpern nach unterschiedlichen nationalen Normen wird als *„Vielzweckprobekörper"* (DIN EN ISO 3167) der Schulterstab in 4 mm Dicke nach DIN EN ISO 527–2 entgegengestellt, aus dem man kleinere herausarbeiten kann. Für das gesamte Prüfprogramm muss außer diesem nur noch eine 1 mm dünne Platte für elektrische und einige andere physikalische Prüfungen urgeformt werden. Für die Fertigung von Thermoplast-Vielzweckprobekörpern im „Referenzzustand" hat sich Spritzgießen in genormte Formwerkzeuge mit vorbestimmter Fließfrontgeschwindigkeit, Formnesttemperatur und Massetemperatur bewährt. Jedenfalls müssen die Herstellungs-Parameter für Probekörper (DIN 16770–1 und DIN EN ISO 294) Bestandteil der Normen sein.

Aus der für umfassende Wertevergleiche nicht zu bewältigenden, auch nicht geeigneten Vielfalt der Prüfverfahren sind in der Aufstellung der als Norm-Kennwerte *vorzugsweise zu ermittelnden Eigenschaften* (Tafel 3.1, Abschn. 3.0) rund dreißig durch ISO-Standards geregelte Prüfverfahren erfasst. Die mechanischen Eigenschaften (σ, ε, E, E_c) werden aus dem Zugversuch ermittelt, weil nur dieser mit homogenem Spannungsfeld in der Messlänge realistische Dehnungs-, Spannungs- und Modulwerte liefert, die mit Umrechnung auf andere Geometrien und Lastfälle als Bemessungskennwerte auswertbar sind.

Die in Einzelheiten noch weiter zu entwickelnden Richtlinien berücksichtigen auch die Rationalisierungsmöglichkeiten durch Automatisierung und Computerisierung der Prüfverfahren für die Qualitätssicherung.

Tafel A.2 Stoff-Normen für Formmassen

Thermoplaste	Stoffnorm DIN EN ISO	Prüfnorm[1)] DIN EN ISO
PE	1872-1/2	1628-3
PE-UHMW	11542-2	1628-3
EVAC	4613-1/2	4613-2
PP	1873-1/2	1628-3
PB	8986-1/2	8986-2
PS	1622-1/2	1622-2
ABS	2580-1/2	2580-2
PS-I	2897-1/2	2897-2
SAN	4894-1/2	4894-2
ASA, AES, ACS	6402 1/2	6402-2
PVC-U	1163-1/2	1628-2
PVC-P	2898-1/2	
PMMA	8257-1/2	1628-6
MABS	10366-1/2	10366-2
POM	9988-1/2	9988-2
PA	1874-1/2	307
PET, PBT, PCT, PEN	7792-1/2	1628-5
PE-UHMW	11542-1/2	
PC	7391-1/2	1628-4
TPE-E	14910-1/2	
PPE	15103-1/2	
PK	15526-1/2	
Rieselfähige Duroplast-Formmassen, PMC[2)]	DIN EN ISO	DIN EN ISO
PF	14526-1/3, EN ISO	7708-2, EN ISO
UF, UF/MF	14527-1/3, EN ISO	7708-3, EN ISO
MF	14528-1/3, EN ISO	7708-9, EN ISO
MPF	14529-1/3, EN ISO	7708-10, EN ISO
UP	14530-1/3, EN ISO	7708-11, EN ISO
EP	15252-1/3, 2EN ISO	
Kaltpressmassen		7708-4, 1EN ISO

1) ISO Normen mit Prüfbedingungen für die Viskositätszahl.

2) DIN EN ISO 10724-1, 1998, Kunststoffe – Spritzgießen von Probekörpern aus duroplastischen rieselfähigen Formmassen (PMC), Teil 1: Allgemeine Grundlagen und Herstellung von Vielzweckkörpern.

A.2.3 Stoff-Normen für Reaktionsharze und Duroplast-Formmassen

Der Großteil der früheren Normenreihe 7708 wurde durch DIN EN ISO-Normen ersetzt, s. Tafel A.2.

Die Normen für *Reaktionsharze* (auch mit Füll- oder Verstärkungsstoffen, Tafel A.2) sind entsprechend der Lieferform und Verarbeitungsverfahren dieser Produkte anderer Art als diejenigen für feste gefüllte *Duroplast-Formmassen*, die durch Formpressen oder Spritzgießen verarbeitet werden. Die Kunstharz-Basis für die chemische Vernetzung beim Urformen aushärtender Duroplast-Vorprodukte ist für beide Gruppen gleichartig.

Die Formmassen-Normen enthalten *Typentafeln* mit isoliertechnischen und anderen an gepressten Prüfstäben zu ermittelnden Typwerten, die mittels vereinbarter Überwachung durch die als erste Kunststoff-Gütegemeinschaft gegründete T.V. (Abschn. A.3.1, heute mit AVK vereinigt) gewährleistet werden.

Die ausgewählten, auch international eingeführten Typwerte für die duroplastischen Formmassen sind zwar für die Aufgabe unterscheidender Qualitätssicherung aussagekräftig, hinsichtlich der mechanischen und thermischen Eigenschaften aber schon wegen der praxisfernen Gestalt und Fertigung der bisherigen Probestäbe (120 mm x 15 mm x 10 mm) als Vergleichskennwerte nur bedingt, zur rechnerischen Auswertung bei der Formteilkonstruktion nicht brauchbar.

Mit der Ausgabe von DIN 7708 (1992/93) wurde eine schon lange diskutierte Angleichung der Probekörper-Maße für duroplastische Formmassen an die der thermoplastischen Formmassen vollzogen. Damit ändern sich die Werte der mechanischen Eigenschaften (und z.B. der Wärmeformbeständigkeit) gegenüber den früheren Werten für duroplastische Formmassen. Unter Beachtung von ISO 2818 (1991) kann man Probekörper durch spanabhebende Bearbeitung z.B. aus Platten 120 mm x 120 mm x 4 mm oder aus Halbzeug herausschneiden. Dies gilt auch für duroplastische Probekörper mit den Maßen 80 mm x 10 mm x 4 mm (oder kleiner). Der Vielzweckprobekörper nach DIN EN ISO 3167 (Schulterstab) kann nach ISO 294 gepresst oder nach ISO 10724 spritzgegossen werden. In der erwähnten Ausgabe von DIN 7708 sind die aus Platten oder aus dem Vielzweckprobekörper entnommenen Probekörper (80 mm x 10 mm x 4 mm) vorgesehen für die Bestimmung der Kennwerte für mechanische und thermische Eigenschaften, und zwar in Teil 2 für PF-, Teil 3 für UF-, Teil 9 für MF- und Teil 10 für MPF-Formstoffe. Damit gibt es normgerechte Vergleichswerte für Thermoplaste und Duroplaste bezüglich der mechanischen und thermischen Eigenschaften. Der Grunddaten-Katalog in DIN 7708 Teil 8 (Febr. 1992) enthält genaue Angaben über die Geometrie und Herstellung der jeweiligen Probekörper (z.B. Spritzgießen (Verfahren A), Pressen (Verfahren B).

A.2.4 Halbzeuge und Fertigerzeugnisse

(s. auch Kap. 9)

Welche Merkmale von Kunststofferzeugnissen normativ festzulegen sind, hängt weitgehend von den Anforderungen der Anwender an die Erzeugnisse ab. Neben den einschlägigen Kunststoff-DIN-Normen über stoffliche Zusammensetzung, Eigenschaften, Abmessungen, Prüf- und Verarbeitungsverfahren sind u.a. VDE-Bestimmungen, VDI-Richtlinien, Normen und Leistungsblätter der Normenstelle Luftfahrt, bauaufsichtliche Zulassungsvorschriften, Empfehlungen des Bundesgesundheitsamtes auf Grund des Lebensmittelgesetzes, im internationalen Verkehr auch entsprechende ausländische Vorschriften zu beachten. Der Normeninhalt ist hier unter anwendungstechnischen Gesichtspunkten abzugrenzen. Beispiele hierfür bieten neben den allgemeinen technischen Halbzeugnormen insbesondere das tief gegliederte umfangreiche Normenwerk für *Kunststoff-Rohre und Rohrleitungen,* die Anforderungs- und Prüfnormen für *Dichtungs- und Dachbahnen* aus verschiedenen Kunststoffen, Spezifikationen und Prüfvorschriften für *Kunstleder* und für *Bodenbeläge;* Randgebiete betreffen DIN 68751 und DIN 68765 kunststoffbeschichtete Holzfaser- und Spanplatten, DIN 68705 Vielschichtsperrholz sowie die hier sonst nicht behandelten DIN EN 60641-1 bis -3 Pressspan und DIN EN60626–1 bis -3 Flexible Mehrschichtisolierstoffe zur elektrischen Isolation.

International harmonisierte Halbzeug-Normen gibt es bisher nur im ISO/TC 138-Normenwerk für das Rohrgebiet (Grundnorm für Nenn-Maße und -Drücke ISO 161–1996) und im elektrotechnischen Anwendungsbereich als IEC-Publikationen (s. Abschn. A.1).

A.2.5 Normen und Vorschriften zum Schweißen und Kleben

Beim Schweißen und Kleben spielen oft sicherheitsrelevante Fragen eine Rolle. Der Normenausschuss Kunststoffe (FNK) sowie der Deutsche Verband für Schweißtechnik (DVS) haben deshalb zu dieser Thematik eine Reihe von Normen und Vorschriften erarbeitet. Folgende Bereiche werden angesprochen: Einrichtungen zum Schweißen und Kleben, Ausführung der Verbindung, Prüfung der Verbindung, Ausbildung und Prüfung von Schweißern, s. Tafel A.3 und Tafel A.4.

Tafel A.3 Normen und Vorschriften zum Schweißen

DIN-Normen	**Beuth-Verlag GmbH, Burggrafenstr. 6, 10787 Berlin**
1910 Teil 3	Schweißen, Schweißen von Kunststoffen, Verfahren
12814	Prüfen von Schweißverbindungen aus thermoplastischen Kunststoffen
13100	Zerstörungsfreie Prüfung von Schweißverbindungen aus thermoplastischen Kunststoffen
DVS-Merkblätter u. Richtlinien für *thermoplastische Kunststoffe*	**DVS, Deutscher Verlag für Schweißtechnik, Postfach 101965, 40010 Düsseldorf**
DVS-Taschenbuch 10. Aufl., 2003	Fügen von Kunststoffen, Schweißtechnik, Band 68/IV

Tafel A.3 Normen und Vorschriften zum Schweißen *(Forts.)*

2201-1, 1989-02	Prüfen von Halbzeugen aus Thermoplasten; Grundlagen, Hinweise
2201-2, 1985-07	Prüfen von Halbzeugen aus Thermoplasten – Schweißeignung – Prüfverfahren-Anforderungen
2202-1, 1989-12	Fehler an Schweißverbindungen aus thermopl. Kunststoffen; Merkmale, Beschreibung, Bewertung
2203-1, 2003-01	Prüfen von Schweißverbindungen an Tafeln und Rohren aus thermopl. Kunststoffen – Prüfverfahren – Anforderungen
2203-2, 1985-07	Prüfen von Schweißverbindungen aus thermopl. Kunststoffen; Zugversuch
2203-3, 1985-07	Prüfen von Schweißverbindungen aus thermopl. Kunststoffen; Schlagzugversuch
2203-4, 2000-02	Prüfen von Schweißverbindungen an Tafeln und Rohren aus thermopl. Kunststoffen – Zeitstand-Zugversuch
2203-5, 1999-08	Prüfen von Schweißverbindungen an Tafeln und Rohren aus thermopl. Kunststoffen – Technologischer Biegeversuch
2205-1, 2002-04	Berechnung von Behältern und Apparaten aus Thermoplasten – Kennwerte
2205-2, 2003-11	Berechnung von Behältern und Apparaten aus Thermoplasten – Stehende runde, drucklose Behälter
2205-4, 1988-11	Berechnung von Behältern und Apparaten aus Thermoplasten, Flanschverbindungen
2205-5, 1987-07	Berechnung von Behältern und Apparaten aus Thermoplasten, Rechteckbehälter
2206, 1975-11	Prüfung von Bauteilen und Konstruktionen aus thermoplastischen Kunststoffen; zerstörungsfreie Prüfverfahren
2207-1, 2003-12	Schweißen von thermoplastischen Kunststoffen – Heizelementschweißen von Rohren, Rohrleitungsteilen und Tafeln aus PE-HD
2207-3, 2003-08	Warmgaszieh- u. Warmgasfächelschweißen von Rohren, Rohrleitungsteilen und Tafeln – Verfahren, Anforderungen
2207-4, 2003-08	Extrusionsschweißen von Rohren, Rohrleitungsteilen und Tafeln – Verfahren, Anforderungen
2207-5, 1993-02	Schweißen von PE-Mantelrohren, Rohre und Rohrleitungsteile
2207-11, 1999-02	Schweißen von thermoplastischen Kunststoffen – Heizelementschweißen von Rohren, Rohrleitungsteilen und Tafeln aus PP
2207-15, 1996-08	Heizelementschweißen von Rohren, Rohrleitungsteilen und Tafeln aus PVDF
2207-25, 1989-10	Heizelementstumpf schweißen, Schweißen von Fensterprofilen aus PVC-U
2208.1, 1997-12	Schweißen von thermoplastischen Kunststoffen – Maschinen und Geräte für das Heizelementstumpfschweißen von Rohren, Rohrleitungsteilen und Tafeln
2209-1, 1981-12	Schweißen von thermoplastischen Kunststoffen; Extrusionsschweißen; Verfahren, Werkmale
2209-2, 1997-08	Schweißen von thermoplastischen Kunststoffen – Warmgasextrusionsschweißen – Anforderungen an Schweißmaschinen und Schweißgeräte
2210-1, 1997-04	Industrierohrleitungen aus thermoplastischen Kunststoffen – Projektierung und Ausführung – Oberirdische Rohrsysteme

Tafel A.3 Normen und Vorschriften zum Schweißen *(Forts.)*

2211, 2003-08	Schweißzusätze für thermoplastischen Kunststoffe – Gestaltungsbereich, Kennzeichnung, Anforderung, Prüfung
2212-1, 2003-11	Prüfung von Kunststoffschweißern; Prüfgruppe I und II, Warmgas-, Heizelement-, Heizwendel-Schweißung
2212-2, 1992-05	Prüfung von Kunststoffschweißern, Prüfgruppe II, Warmgasextrusionsschweißen
2212-3, 1994-10	Prüfung von Kunststoffschweißern – Prüfgruppe III – Bahnen im Erd- und Wasserbau
2213, 1996-08	Fachmann für Kunststoffschweißen – Prüfung
2214, 1996-08	Prüfungsordnung für die Prüfung zum Fachmann für Kunststoffschweißen
2215-1, 1999-05	Heizelementschweißen von Formteilen aus thermoplastischen Kunststoffen in der Serienfertigung
2215-2, 1996-11	Heizelementschweißen von Formteilen aus Polyolefinen (PE, PP) in der Serienfertigung
2215-3, 1999-04	Heizelementschweißen von Formteilen aus amorphen Thermoplasten in der Serienfertigung
2216-1, 1992-08	Ultraschallfügen von Formteilen und Halbzeugen aus thermoplastischen Kunststoffen in der Serienfertigung – Maschinen und Geräte – Funktionsbeschreibung und Anforderungen
2216-2, 1992-08	Ultraschallfügen von Formteilen und Halbzeugen aus thermoplastischen Kunststoffen in der Serienfertigung; Ultraschallschweißen; Verfahren und Merkmale
2216-3,.1992-08	Ultraschallfügen von Formteilen und Halbzeugen aus thermoplastischen Kunststoffen in der Serienfertigung; Umformen mit Ultraschall; Nieten, Bördeln und Verdämmen
2216-4, 1992-08	Ultraschallfügen von Formteilen und Halbzeugen aus thermoplastischen Kunststoffen in der Serienfertigung; Einbetten von Metallteilen und artfremden Kunststoffen mit Ultraschall
2216-5, 1996-08	Ultraschallfügen von Formteilen und Halbzeugen aus thermoplastischen Kunststoffen in der Serienfertigung – Sonotrodenherstellung
2216-6, 2002-06	Ultraschallfügen von Formteilen und Halbzeugen aus amorphen thermoplastischen Kunststoffen in der Serienfertigung
2217-1, 1999-03	Vibrationsschweißen von Formteilen und Halbzeugen aus thermoplastischen Kunststoffen in der Serienfertigung
2218-1, 1994-02	Schweißen von thermoplastischen Kunststoffen in der Serienfertigung; Rotationsschweißen; Anlagen, Verfahren, Merkmale
2218-2, 2003-04	Schweißen von thermoplastischen Kunststoffen in der Serienfertigung – Rotationsschweißen von Formteilen aus Polyolefinen (PE, PP)
2219-1, 1994-07	Hochfrequenzfügen von thermoplastischen Kunststoffen in der Serienfertigung – Maschinen, Werkzeuge, Verfahrenstechnik
2225-1; 1991-02	Fügen von Dichtungsbahnen aus polymeren Werkstoffen im Erd- und Wasserbau; Schweißen, Kleben, Vulkanisieren
2225-2; 1992-08	Fügen von Dichtungsbahnen aus polymeren Werkstoffen im Erd- und Wasserbau – Baustellenprüfungen
2225-3; 1997-07	Fügen von Dichtungsbahnen aus polymeren Werkstoffen im Erd- und Wasserbau – Anforderungen an Schweißmaschinen und Schweißgeräte

Tafel A.3 Normen und Vorschriften zum Schweißen *(Forts.)*

2225-4; 1996-02	Schweißen von Dichtungsbahnen aus Polyethylen (PE) für die Abdichtung von Deponien und Altlasten
2226-1; 2000-09	Prüfen von Fügeverbindungen an Dichtungsbahnen aus polymeren Werkstoffen – Prüfverfahren, Anforderungen
2226-2; 1997-07	Prüfen von Fügeverbindungen an Dichtungsbahnen aus polymeren Werkstoffen – Zugscherversuch
2226-3; 1997-07	Prüfen von Fügeverbindungen an Dichtungsbahnen aus polymeren Werkstoffen – – Schälversuch
2226-4; 2000-11	Prüfen von Fügeverbindungen an Dichtungsbahnen aus polymeren Werkstoffen – Zeitstand-Zugversuch an Polyethylen
2227-1; 2000-09	Schweißen von Halbzeugen aus Polyethylen hoher Dichte (PE-HD) für die Abdichtung von Betonbauwerken im Bereich des Grundwasserschutzes und zum Korrosionsschutz

Tafel A.4 Normen und Vorschriften zum Kleben

DVS-Merkblätter u. Richtlinien	**DVS, Deutscher Verlag für Schweißtechnik, Postfach 101965, 40010 Düsseldorf**
1904-1, 1994-09	Kleben von Kunststoffen in der Hausinstallation – Anforderungen an Betrieb und Personal
1904-2, 1994-09	Kleben von Kunststoffen in der Hausinstallation – Rohre und Fittings, Klebverfahren – Befund von Klebverbindungen
2204-1, 2001-08	Kleben von Rohrstücken und Formstücken aus thermoplastischen Kunststoffen – PVC-U
2204-3, 2001-08	Kleben von Rohrstücken und Formstücken aus thermoplastischen Kunststoffen – ABS und artverwandte Kunststoffe
2204-5, 2003-11	Kleben von Rohren und Formstücken aus thermoplastischen Kunststoffen – Chloriertes Polyvinylchlorid (PVC-C)
2220, 1998-06	Prüfung von Kunststofflaminierern und -klebern – Prüfgruppe II – Laminate sowie Laminat- und Klebverbindungen aus GFK (UP-GF, EP-GF)
2221-1, 1994-10	Prüfung von Kunststoffklebern – Prüfgruppe I – Rohre-/Muffen Verbindungen aus PVC-U, PVC-C, und ABS mit lösenden Klebstoffen
2221-2, 1995-09	Prüfung von Kunststoffklebern – Prüfgruppe II – Rohre-/Muffen-Verbindungen aus GFK (UP-GF und EB-GF)
Richtlinie 1.1.7	Stark lösender **Klebstoff** auf Basis von Tetrahydrofuran Kunststoffrohr-Verein e.V., Dyroffstr. 2, 53113 Bonn
Sicherheitsvorschrift VGB 81	Sammlung der Einzel-**Unfallverhütungsvorschriften** der gewerblichen Berufsgenossenschaft, Verarbeitung von Klebstoffen Jedermann Verlag Dr. Otto Pfeffer OHG, Postfach 103140, 69021 Heidel berg

A.3 Güte-Sicherung und -Überwachung

Grundsätzlich ist die Gewährleistung von Abnahme-Werten Sache der Vereinbarung zwischen Hersteller und Abnehmer, wobei die Bezugnahme auf in DIN-Normen festgelegte Eigenschaftswerte oder verbandseigene Güterichtlinien rechtlichen Anspruch auf Einhaltung der darin niedergelegten Anforderungen gibt. Für beträchtliche Marktbereiche besteht – einerseits aus Gründen der öffentlichen Sicherheit (Elektrotechnik, Bauwesen), andererseits der Markttransparenz für den Verbraucher wegen – das Bedürfnis sichtbarer Kennzeichnung bestimmte Qualitätsanforderungen erfüllender Erzeugnisse, die zur Verhütung von Missbrauch technisch überwacht und rechtlich abgesichert sein muss. Auf dem Kunststoff-Gebiet werden solche Aufgaben von den folgenden Organisationen wahrgenommen (Anschriften der Fachverbände und Organisationen s. Anhang C):

Bild A.1

A.3.1 *Die Technische Vereinigung der Hersteller und Verarbeiter typisierter Kunststoff-Formmassen e.V.* (abgekürzt T.V.), heute vereint mit der Arbeitsgemeinschaft verstärkte Kunststoffe AVK, wurde 1924 zur Durchführung der von der Elektrotechnik geforderten Kennzeichnung werksintern geprüfter und von neutralen Prüfanstalten (BAM, Berlin, und MPA, Darmstadt) vertragsgemäß überwachter Pressmassen-Typen und daraus hergestellter Formteile gegründet. Das Überwachungszeichen (Bild A.1) mit dem von der T.V. erteilten Firmenkennzeichen und dem Typ-Zeichen nach einschlägigen DIN-Normen für duroplastische Formmassen ist auf der Formmassen-Verpackung und – durch Schriftstift im Formwerkzeug eingeprägt – auf überwachten Formteilen anzubringen. Die Hersteller typüberwachter Formmassen und Formteile werden aktuell unter www.ark-tv.de bekannt gemacht. Lediglich betriebsintern geprüfte, nicht in die Überwachung einbezogene Formmassen, welche die technischen Anforderungen der einschlägigen DIN-Normen erfüllen, dürfen – mit der Typenbezeichnung unter Zusatz eines N ohne Überwachungszeichen – gekennzeichnet werden.

GÜTEZEICHEN RAL KUNSTSTOFFROHRE

Bild A.2

A.3.2 Die *Gütegemeinschaft Kunststoffrohre e.V.* (Gütezeichen, Bild A.2) betreibt die Gütesicherung von Kunststoffrohren für Trinkwasser- und Gas-Leitungen und von Trinkwasser-Hausinstallationen in Zusammenarbeit mit dem DVGW, Deutscher Verband für Gas- und Wasserfachleute, von prüfzeichenpflichtigen Hausabflussrohren und Entwässerungskanälen samt zugehöriger Formteile und Dichtungen, von Sicherheitsvorschriften entsprechenden Dachrinnen, Kunststoffrohren für Heizungsleitungen, Kabelschutzleitungen, Dränleitungen, wie auch von GFK-Industrierohrleitungen auf Basis heiß härtender EP- und Vinylesterharze und von GFK-Rohren und -Bauteilen für Abwasserkanäle.

Die *Gütegemeinschaft flexible Dränrohre und Dränverlegung* führt für die Rohre die Gütezeichen Bild A.2 und Bild A.4 im Verbund, für Dränmaschinen das K-Zeichen mit Umschrift „Kunststoff-Dränrohrverlegung".

Die Eigenüberwachung der Betriebe wird durch Prüfingenieure der Gütegemeinschaft und amtliche Prüfanstalten (BAM, Berlin, MPA, Darmstadt, SKZ, Würzburg), weiter auch hinsichtlich der hygienischen Eignung der Werkstoffe für

Trinkwasserleitungen und der Schwerentflammbarkeit von Abflussleitungen kontrolliert.

Bild A.3

A.3.3 Der Güteschutzgemeinschaft Hartschaum e.V. (Gütezeichen Bild A.3) gehören die Hersteller der nach Vorschriften von DIN 18164 zu überwachenden und zu kennzeichnenden Schaumstoff-Dämmplatten für den Hochbau sowie von PUR-Ortschaum (RAL RG 710/7) für den Hoch- und Industriebau nach DIN 18159, Teil 1, an.

Bild A.4

A.3.4 Der Qualitätsverband Kunststofferzeugnisse e.V. ist als Dachverband für die Gütesicherung von Kunststofferzeugnissen vom RAL, dem deutschen Treuhandorgan für alle Gütesicherungen, anerkannt und vom Bundesminister für Wirtschaft bestätigt. Der Qualitätsverband überträgt die Durchführung der Gütesicherung seinen fachlich geordneten „Gütegemeinschaften". Die unter A.3.1 und A.3.3 aufgeführten Organisationen mit eigenem Gütezeichen sind dem Qualitätsverband als solche kooperativ verbunden. Sonstige Gütegemeinschaften führen das K-Gütezeichen (Bild A.4) mit der Bezeichnung der jeweils gütegesicherten Erzeugnisgruppe anstelle oder mit einem zusätzlichen Zeichen zu der Umschrift „Kunststofferzeugnisse".

Bild A.5

Das gilt z. Z. für die Gütegruppen Aminoplast-Montageschaum (DIN 18159, Teil 2), Kunststoff-Flaschenkästen, -Verbandkästen, -Paletten, -Mülltonnen, -Müll-Großbehälter, -Sitzmöbel, Glasfaser-Polyesterplatten, geschweißte und andere Thermoplastbehälter, Transport- und Lagerbehälter aus Kunststoff.

Bild A.5a

Die Verwendung durch das Gütezeichen Bild A.5 gekennzeichneter Kunststoff-Fensterprofile ist eine der Voraussetzungen dafür, dass Kunststoff-Fenster aufgrund der Systemprüfung und Fertigungsüberwachung durch das Institut für Fenstertechnik e.V., Rosenheim, mit dem Gütezeichen Bild A.5a der *Gütegemeinschaft Kunststoff-Fenster e.V.* gekennzeichnet werden dürfen.

Bild A.6

A.3.5 Die *Gütegemeinschaft Kunststoff-Baubahnen e.V.*, welche die Gütesicherung von PVC-Dachbahnen jeder Art betreibt, führt das Gütezeichen für Dachbahnen aus PVC weich, nicht bitumenbeständig, trägerlos und mit Verstärkung durch Synthesefasern nach DIN 16730 (Bild A.6).

A.3.6 Die 1978 gegründete *Gütegemeinschaft Kalandrierte PVC-Hart-Folien für Verpackungszwecke* führt das Gütezeichen Bild A.7 für 100 bis 400 μm dicke normale und erhöht schlagzähe Folien bezüglich ihrer allgemeinen Gebrauchseigenschaften und ihrer Eignung für die Lebensmittelverpackung.

A.3.7 Die *Gütegemeinschaft Kunststoffverpackungen für gefährliche Güter* weist durch das Gütezeichen Bild A.7 die gesetzlichen Vorschriften entsprechende Transportsicherheit blasgeformter Behältnisse bis 250 l bzw. 400 kg Fassungsvermögen, Säcken aus Kunststoff-Geweben oder -Folie und zusammenlegbarer Massengut-Behältnisse (IBC) nach. Das gleiche Zeichen wird (mit abgeänderter Unterschrift) für *Verpackungen aus schwer entflammbarem EPS-Hartschaum* geführt. Die Qualitätssicherung von PE-Baufolien ist an gleicher Stelle im Gange.

Bild A.7

Jede Gütesicherung umfasst:

- Festlegung von Güte- und Prüfbestimmungen durch Gremien, in denen Kunststoffverarbeiter, Kunststofferzeuger und neutrale Organisationen des öffentlichen Vertrauens zusammenarbeiten;
- Anerkennung der Gütevorschriften durch den RAL nach Zustimmung aller mitbeteiligter Kreise;
- Prüfung von Firmen-Erzeugnissen vor Gütezeichenverleihung;
- Laufende betriebliche Eigenprüfungen mit kontrollfähigen Aufzeichnungen, ergänzt durch
- Überwachungsprüfungen durch staatlich anerkannte Materialprüfanstalt; 6. Gütezeichen dürfen nur in Verbindung mit Herstellerangaben angewandt werden.

Kunststoffverpackungen für gefährliche Güter

Bild A.8

Die zerstörungsfreien Gebrauchsprüfungen für Fertigteile betreffen Aussehen und sachgemäße Gestaltung. Unter entsprechender Prüfbelastung wird Standfestigkeit bei maximaler Gebrauchsbeanspruchung geprüft.

A.3.8 Weitere Überwachungszeichen:

Das *Prüf- und Überwachungszeichen des Süddeutschen Kunststoffzentrums* (Bild A.9) wird nach gleichen Grundsätzen für Erzeugnisse vergeben, für die eine RAL-Gütesicherung (noch) nicht besteht. Z. Z. machen davon Hersteller spezieller Kunststoff-Rohrarten (u. a. Heizungsrohren) und Dachbahnen, Trinkwasser-Hausinstallationen, luftgetragener Membranbauten, Treppen aus Reaktionsharzbeton, kalthärtenden Methacrylatharzes u. a. Gebrauch.

Bild A.9

Ein *Gütezeichen für Haushaltswaren,* die bestimmungsgemäß mit Lebensmitteln in Berührung kommen gewährleistet deren gesundheitliche Unbedenklichkeit nach dem Lebensmittelgesetz. Das Kennzeichen nach DIN 7725 (Bild A.10) kann mit Hersteller-Kennnummer auch für Erzeugnisse ohne Gütezeichen nach Registrierung beim RAL geführt werden.

Bild A.10

Zur Kennzeichnung prüfzeichen- und *überwachungspflichtiger Erzeugnisse* für das Bauwesen wird das jeweilige Gütekennzeichen ergänzt durch ein großes umlaufendes U. Bild A.11 gibt dafür ein Beispiel. Das innenstehende DIN-Symbol dient – mit entsprechend geänderter Beschriftung – auch zur Kennzeichnung andersartiger DIN-gerecht geprüfter und überwachter Erzeugnisse.

Verbindliche Lieferbedingungen für Kunststofferzeugnisse enthalten weiter u. a. die VOB-Vorschriften (Teil C), z. B. für Ent-

Bild A.11

wässerungskanalarbeiten (DIN 18306), Gas- und Wasserleitungsarbeiten (DIN 18307), Estricharbeiten (DIN 18353), Bodenbelagsarbeiten (DIN 18365), Anstricharbeiten (DIN 18363), die AIB-Vorschriften der Bundesbahn (Baudichtungen, PIB und PVC-P), die VDE-Fallhammerprüfung für Schalterdichtungen, die Kugelfallprüfung für Schutzhelme, die Zulassungsvorschriften für Kunststoffbehälter zur Beförderung gefährlicher Flüssigkeiten, für Heizöl- und Dieselkraftstoff-Lagerbehälter (entspr. AD-Merkblatt N 1 GFK-Druckbehälter), für Reservekraftstoffbehälter und Treibstofftanks in Kraftfahrzeugen.

Die Vorschriftenwerke werden ergänzt durch z.B. VDI-Richtlinien (hier jeweils aufgeführt), DVS-Merkblätter für den Apparatebau, Arbeitsblätter der Arbeitsgemeinschaft Industriebau und des Bundesverbands Estriche und Beläge, Industriestr. 19, 53840 Troisdorf Bonn.

Für die Normen im Gemeinsamen Markt (EN-Normen) ist die Zertifizierung von erheblicher Bedeutung. Die hierfür notwendigen Regelungen werden derzeit intensiv diskutiert.

A.4 Kunststofferzeugnisse im bauaufsichtlichen Verfahren

Für den Brandschutz klassifizierte Baustoffe mit Ausnahme von Holz und einigen mineralischen Baustoffen müssen im Zustand der Anlieferung auf die Baustelle hinsichtlich des Brandverhaltens gekennzeichnet sein. Baustoffe, die nach Einbau noch der Klasse „DIN 4102-B3 leichtentflammbar" zuzuordnen sind, dürfen bei Errichtung oder Änderung baulicher Anlagen nicht verwendet werden. Weiter gehende bauaufsichtliche Vorschriften betreffen insbesondere Baustoffe, Bauteile und Bauarten, an die Anforderungen aus Gründen der öffentlichen Sicherheit und Ordnung gestellt werden, wie tragende, aussteifende und raumabschließende Bauteile, Bedachungen, Baustoffe für den Wärme- und Feuchte-, Schall- sowie Brandschutz, Installations- und Abwasseranlagen. Allgemein ist das in der Bundesrepublik Deutschland durch Landesbauordnungen geregelt, die gemäß einer Musterbauordnung vereinheitlicht worden sind.

Neue, noch nicht in hinreichend langem Gebrauch erprobte Erzeugnisse müssen zur Verwendung im bauaufsichtlichen Bereich für den Einzelfall oder allgemein zugelassen sein, manche sind prüfzeichenpflichtig. In der Bundesrepublik Deutschland ist für dieses Gebiet das Institut für Bautechnik (IfBt) zuständig. Das für andere europäische Länder erforderliche „Agrément", der UEATc ist bei der BAM zu beantragen. UEATc-Richtlinien für dieses bestehen u.a. für Fenster aus PVC, Kunststoff-Fußbodenbeläge, Dämmsysteme und Dachbahnen. Nach Vereinbarung CEN-UEATc sind sie bevorzugte Grundlage für europäische Normung.

Für einzelne Bereiche, für die vom Ausschuss für Einheitliche Technische Bestimmungen (ETB) übernommene oder als allgemein anerkannte Regeln der Baukunst zu beurteilende DIN-Normen vorhanden sind, begnügt sich die Bauaufsicht mit amtlichen Prüfzeugnissen oder Gutachten, z.B. für die Feuchtigkeitsabdichtung von Bauwerken, den Nachweis des Schall- und Wärmeschutzes und hin-

A

sichtlich der Klassifizierung des Brandverhaltens von Baustoffen und Bauteilen mit Ausnahme von Feuerschutzabschlüssen.

Für das Brandverhalten von Kunststoffen nach DIN 4102, Teil 1 kommt die Klassifizierung B 1 schwer oder B 2 normal entflammbar in Betracht. Verbundbaustoffe mit geringem Kunststoffanteil können die Prüfgruppe A 2 nicht brennbar erreichen. Tragende Bauteile (Wände, Decken, Stützen, Unterzüge, Gruppe F), Sonderbauteile wie nichttragende Außenelemente und Brüstungen (W), Brandabschnitte überbrükkende Lüftungsleitungen und Installationsschächte (L) werden nach DIN 4102, Teil 2 mit entsprechend vorgesetztem F, W, L nach ihrer Feuerwiderstandsdauer bei einem Normbrand im Brandraum in 30, 60, 90 (120, 180) min klassifiziert und gekennzeichnet. Verbundbauteile mit Kunststoffen können F 60 feuerhemmend, in Sonderfällen (z.B. aus PS-Schaumstoff-Beton) F 90 feuerbeständig erreichen. Für Dächer unterscheidet DIN 4102, Teil 7 nach einer simulierten Flugfeuerbeanspruchungsprüfung allgemein zulässig „harte" und beschränkt anwendbare „weiche" Bedachung. Maßgeblich für die brandtechnischen Anforderungen an Kunststoffbauteile sind die „Richtlinien für die Anwendung brennbarer Baustoffe im Hochbau (RbBH)", die nach Mustervorlage des IfBt von den Innenministerien der Länder erlassen werden. Zur Vorbereitung von Zulassungen und Prüfzeichen-Zuteilungen hat das IfBt Sachverständigenausschüsse (SVA) errichtet. Welche Unterlagen und Nachweise für Anträge, z.B. hinsichtlich der Standsicherheit von Bauteilen, erforderlich sind, kann beim IfBt erfragt werden. Prüfzeichenpflichtige Erzeugnisse, die ganz oder teilweise aus Kunststoffen bestehen können, werden in den Bereichen folgender SVA bzw. Prüfausschüsse (PA) bearbeitet:

- SVA „Abwasserrohre und Formstücke" (PA I),
- SVA „Dichtmittel für Abwasserleitungen" (PA I),
- SVA „Sanitärausstattungsgegenstände" (PA I),
- SVA „Abwasserhebeanlagen und Abscheider" (PA II),
- SVA „Klärtechnik" (PA II),
- SVA „Brandschutz von Baustoffen" (PA III),
- SVA „Holzschutzmittel" (PA V),
- SVA „Gewässersichernde Gegenstände" (PA VI),
- SVA „Bindemittel und Betonzusatzmittel" (PA VII),
- SVA „Geräuschverhalten von Armaturen und Geräten der Wasserinstallation" (PA IX),
- SVA „Brandschutz für Lüftungsleitungen" (PA X).

A.5 Zertifizierung

Der Markt erwartet heute von den Unternehmen einen Qualitätsnachweis in Form einer unabhängigen und neutralen Zertifizierung. Eine solche wird von bei der „Trägergemeinschaft für Akkreditierung GmbH" (TGA) zugelassenen Zertifizierern entsprechend DIN EN ISO 9000 ff durchgeführt.

Als Reaktion auf die prozessorientierte Ausrichtung vieler Unternehmen wurden die – im Kern seit 1987 bestehenden – Normen DIN EN ISO 9000 ff. überarbeitet. Heute liegt diesem Normenwerk eine prozessorientierte Struktur zugrunde. Die enthaltenen Forderungen an die Gestaltung von QM-Systemen greifen die ursprünglichen Inhalte der ersten Versionen auf und ergänzen diese um zusätzliche Punkte.

- *DIN EN ISO 9000 – QM-Systeme/Grundlagen und Begriffe:* Diese Norm dient der Unterstützung von Unternehmen bei der Einführung und dem Arbeiten mit QM-Systemen. Dazu werden die Grundlagen von QM-Systemen erläutert und Begriffe des Qualitätsmanagements definiert und erklärt. Mit Hilfe dieser Norm erhält der Anwender die inhaltlichen und begrifflichen Kenntnisse zum sicheren Umgang mit der DIN EN ISO 9000-Normenfamilie.
- *DIN EN ISO 9001 – QM-Systeme/Forderungen:* Diese Norm legt die internationalen Forderungen an die Gestaltung von QM-Systemen fest. Sie beinhaltet die wesentlichen Inhalte für die normkonforme Darlegung von QM-Systemen und bildet damit auch die Grundlage für die Erteilung von Zertifikaten. Im Gegensatz zu den ersten Versionen der DIN EN ISO 9000können sich Unternehmen nur noch gemäß DIN EN ISO 9001 zertifizieren lassen, unabhängig von Entwicklungsverantwortung, Fertigungstiefe und Branchenzugehörigkeit.
- *DIN EN ISO 9004 – QM-Systeme/Leitfaden zur Leistungsverbesserung:* Diese Norm basiert auf den Grundsätzen der DIN EN ISO 9001 und gibt Empfehlungen bzw. Anregungen zur Einführung und zur Verbesserung von QM-Systemen. Sie dient als Ergänzung und gibt Hilfestellung bei der Interpretation der DIN EN ISO 9001-Forderungen.
- *DIN EN ISO 19011 – Leitfaden für das Auditieren von QM- und UM-Systemen:* Diese Norm beschreibt die Durchführung von internen und externen Audits von QM- und UM-Systemen. Sie dient damit zur Festlegung eines einheitlichen Auditierungsablaufs durch Kunden und Dritte (z.B. Zertifizierungsgesellschaften) gibt aber auch Hinweise für die Durchführung interner Audits zur kontinuierlichen Bewertung der Wirksamkeit des QM-Systems.

Ausführliche Informationen zum Thema „Zertifizierung“ finden sich im „Handbuch Qualitätsmanagement“. W. Masing (Hrg.), Hanser 1999 sowie in der Loseblattausgabe “Qualitätsmanagement nach ISO 9001:2000“. M. Cassel (Hrg.), Hanser 2000.

B Literatur

B Literatur

In den folgenden Verzeichnissen werden unter Abschnitt B.1 deutschsprachige und einige wichtige fremdsprachige Kunststoff-Fachzeitschriften, unter Abschnitt B.22 allgemein informierende deutschsprachige Fach- und Lehrbücher sowie Nachschlagewerke aufgeführt. Für die umfangreiche speziellere Fachliteratur auf Einzelgebieten der Kunststoff-Verarbeitungs- und -Anwendungstechnik sei auf die Zusammenstellung der Fachverlage unter Abschnitt B.3 verwiesen, deren Gesamt-Programme leicht beschaffbar sind.

Der aktuelle Stand der Technik wird auch in Tagungs- und Seminar-Berichten, Dokumentationen, Merkblatt-, Richtlinien- und Normen-Sammlungen technisch-wissenschaftlicher Organisationen erfasst. Diese Unterlagen sind über diese Institutionen oder die ihnen nahestehenden Verlage zu beziehen. Weitere wichtige Informationsquellen, auch für Entwicklungen allgemeiner Art, sind Merkblatt-Reihen, auf Disketten gespeicherte Produktdaten und technische Druckschriften der Firmen der Kunststoff-Industrie. Diese Unterlagen sind allerdings nur im direkten Verkehr mit den Firmen erhältlich.

Inzwischen sind Informationen über und aus der Kunststoffindustrie auch im Internet abrufbar. So stehen dem Nutzer z.B. unter den Internet-Adressen *www.kunststoffe.de* und *www.kunststoffweb.de* rund um die Uhr Brancheninformationen und technische Hintergrundinformationen zur Verfügung, die täglich aktualisiert und erweitert werden. Hingewiesen sei auch auf die „Homepages" von Firmen, Verbänden und Institutionen der Kunststoffindustrie.

B.1 Fachzeitschriften (Stand 2004)

B.1.1 Deutschsprachige Kunststoff-Fachzeitschriften

Aus Deutschland:

Kunststoffe (Hanser), derzeit 94. Jg. (www.kunststoffe.de)

Organ deutscher Kunststoff-Fachverbände. Internationale Fachzeitschrift für Maschinen, Geräte, Verarbeitung – Werkstoffeigenschaften, Prüftechnik – Anwendung, Konstruktion, Design – Kunststoffe und Umwelt

Originalaufsätze und Kurzberichte aus allen Bereichen der Kunststofftechnik, Informationen über Unternehmen und Märkte, Tagungs- und Messeberichte, Mitteilungen über Normung und Typisierung, Berichte und Ankündigungen der VDI-Gesellschaft Kunststofftechnik sowie anderer Organisationen und Verbände.

Plastverarbeiter (Hüthig), derzeit 55. Jg. (www.plastverarbeiter.de)

Internationales Magazin für Verarbeitung, Konstruktion und Anwendung von Kunststoffen – Kunststofftechnik – Neue Werkstoffe und Maschinen – Kunststoffmarkt; behandelt in Kurzberichten und einem Fachteil mit Aufsätzen und Aufsatzreihen Entwicklungen aus allen Bereichen der Kunststofftechnik.

Gummi-Fasern-Kunststoffe (Gupta), derzeit 57. Jg. (www.gak.de)

Internationale Fachzeitschrift für die Polymer-Verarbeitung, vorwiegend für die kautschukverarbeitende Industrie.

KGK Kautschuk Gummi Kunststoffe (Hüthig), derzeit 57. Jg. (www.kgk-rubberpoint.de)

Internationale Fachzeitschrift für polymere Werkstoffe. Organ der Deutschen Kautschuk-Gesellschaft.

Kunststoffberater (Giesel), derzeit 49. Jg. (www.giesel.de)

Fachmagazin für Rohstoffe – Verarbeitung – Konstruktion – Maschinen – Marktlage – Anwendung.

K-Plastic-+Kautschuk-Zeitung (Giesel), derzeit 35. Jg. (www.k-zeitung.de)

Zweimal monatlich erscheinende Fachzeitschrift, informiert über wirtschaftliche und technische Neuigkeiten aus der Kunststoff- und Kautschukbranche.

Kunststoff-Magazin (Hoppenstedt), derzeit 42. Jg. (www.kunststoff-magazin.de)

Kennziffer-Fachzeitschrift der Kunststoff- und Kautschukbranche mit Kurzberichten zu Werkstoffen, Verfahren, Maschinen, Geräten, Anwendungen.

Aus Österreich:

Österreichische Kunststoff-Zeitschrift (Verlag Lorenz, A-1010 Wien 1), derzeit 35. Jg. (www.verlag-lorenz.at)

Offizielles Organ der Gesellschaft zur Förderung der Kunststofftechnik, der Vereinigung österreichischer Kunststoffverarbeiter und der Bundesinnung der Kunststoffverarbeiter, Fachzeitschrift für Kunststofftechnik.

Aus der Schweiz:

Kunststoffe – Synthetics (Verlag Vogt-Schild AG, CH-4501 Solothurn), derzeit 51. Jg. (www.kunststoffe-synthetics.ch)

Magazin für Herstellung, Verarbeitung und Anwendung von Kunststoffen und neuen Werkstoffen.

B.1.2 Einige fremdsprachige Zeitschriften mit internationaler Berichterstattung

Englisch

European Plastics News (Emap MacLaren, 233 High Street, Croydon CR0 9XT, Großbritannien), www.emap.com

Injection Moulding Magazine, (Canon Communications, 11444 W. Olympic Blvd., Los Angeles, CA 90064-1549, USA) www.immnet.com

Plastics + Rubber Weekly (MacLaren, P.O. Box 109, Croydon CR9 IQH, England), www.prw.com

Modern Plastics, (Canon Communications, 11444 W. Olympic Blvd., Los Angeles, CA 90064-1549, USA) www.modplas.com

Modern Plastics International (Eschersheimer Landstr. 61–63, D-60322 Frankfurt), www.modplas.com

Plast europe (Hanser, Kolbergerstraße 22, D-81679 München), www.kunststoffe.de/pe

Plastics Engineering. Offizielles Organ der Society of Plastics Engineers. Inc. (14 Fairfield Drive, Brookfield, CT 06804–0403, USA), www.4spe.org

Plastics News (Crain Communications Inc., 1726 Merriman Road, Akron, OH 44313-5283, USA), www.plasticsnews.com

Plastics News International (The Editors Desk Pty Ltd, P.O. Box 546, Mount Eliza Victoria, 3930, Australien), www.plasticsnews.net

Plastics Technology (Gardner Publications Inc., 770 Broadway, 5th Floor, New York, NY 10003–9595, USA), www.plasticstechnology.com

International Polymer Processing (Hanser, Kolbergerstraße 22, D-81679 München), www.kunststoffe.de/ipp

Französisch

Caoutchoucs et Plastiques (Société d'Expansion Technique et Economique 48–50, rue Benoit Malon, 94250 Gentilly, Frankreich)

Plastiques & Elastomères (Editions Montmartre, 142, Rue Montmartre, 75002 Paris, Frankreich), www.plastiquesmagazine.com

Italienisch

Macplas (auch in englischer Sprache) (Promaplast, P.O. Box 24, 20090 Assago Mi, Italien), www.macplas.it

Spanisch

Plásticos Universales Nova Agora-Anuntis, Santiago Rusinol 10, 08750 Molins de Rei, Spanien), www plastunivers.es

Plásticos Modernos (Calle Juan de la Cierva 3, 28006 Madrid, Spanien)

Plast 21 (Ediciones Tecnicas Izaro, c/Mazustegui 21, 48006 Bilbao, Spanien), www.plast21.com

B.2 Fachbücher in deutscher Sprache

B

B.2.1 Handbücher, größere Sammelwerke

Becker/Braun (Hrsg.), Kunststoff-Handbuch, 2., völlig neu bearbeitete Ausgabe (Hanser 1983 ff.)

Band 1, Die Kunststoffe, B. Carlowitz (Hrsg.) (1990)
Band 2, Polyvinylchlorid, 2. Teilbände, H. K. Felger (Hrsg.) (1986)
Band 3, Technische Thermoplaste, Bottenbruch (Hrsg.)
3.1 Polycarbonate, Polyacetale, Polyester, Cellulosederivate (1992)
3.2 Technische Polymer-Blends (1993)
3.3 Hochleistungs-Kunststoffe (1994)
3.4 Polyamide (1998)
Band 4, Polystyrol, H. Gausepohl, R. Gellert (Hrsg.) (1996)
Band 7, Polyurethane, 2. Ausgabe, G. Oertel (Hrsg.) (1992)
Band 10, Duroplaste, W. Woebcken (Hrsg.) (1988)

Elias, Makromoleküle, 6. Aufl. (Wiley-VCH)

Band 1: Chemische Struktur und Synthesen (1999)

Band 2: Physikalische Struktur und Eigenschaften (2000)

Band 3: Rohstoffe – Technische Synthesen – Polymere (2001)

Band 4: Anwendungen (in Vorbereitung)

Brandrup/Bittner/Michaeli/Menges, Die Wiederverwertung von Kunststoffen (Hanser 1995)

Domininghaus, Die Kunststoffe und ihre Eigenschaften, 5. Aufl. (Springer 1998)

Hofmann/Gupta (Hrsg.), Handbuch der Kautschuk-Technologie (Grupta 2001)

Röthemeyer/Sommer, Kautschuktechnologie (Hanser 2001)

B.2.2 Lehrbücher und Nachschlagewerke

Chemie und Werkstoffkunde

Braun, Kunststofftechnik für Einsteiger (Hanser 2004)

Braun/Cherdron/Ritter, Praktikum der makromolekularen Stoffe (Wiley-VCH 1999)

Ehrenstein, Polymer-Werkstoffe, 2. Aufl. (Hanser 1999)

Ehrenstein, Faserverbund-Kunststoffe (Hanser 1992)

Franck, Kunststoff-Kompendium, 5. Aufl. (Vogel 2000)

Hellerich/Harsch/Haenle, Werkstoff-Führer Kunststoffe, 9. Aufl. (Hanser 2004)

Krebs/Avondet, Langzeitverhalten von Thermoplasten (Hanser 1998)

Menges/Michaeli/Haberstroh/Schmachtenberg, Werkstoffkunde der Kunststoffe, 5. Aufl. (Hanser 2002)

Michler, Kunststoff-Mikromechanik (Hanser 1992)

Nentwig, Kunststoff-Folien, 2. Aufl. (Hanser 1999)

Schwarz/Ebeling, Kunststoffkunde, 7. Aufl. (Vogel 2002)

Uhlig, Polyurethan-Taschenbuch (Hanser 1998)

Kunststoff-Verarbeitung

Bichler, Kunststoffteile fehlerfrei spritzgießen (Hüthig 1999)

Bichler, Prozessgrößen beim Spritzgießen (Hüthig 2001)

Ehrenstein, Handbuch Kunststoff-Verbindungstechnik, Hanser (2004)

Ehtritt, Gasinnendruck- und Mehr-Rohstoff-Technologie (Hüthig 2000)

Eyerer/u. a., Gasinjektionstechnik (Hanser 2003)

Fourné, Synthetische Fasern (Hanser 1995)

Gastrow (Lindner/Unger, Hrsg.), Spritzgießwerkzeugbau in 130 Beispielen, 5. Aufl. (Hanser 1998)

Gebhardt, Rapid Prototyping, 2. Aufl. (Hanser 2000)

Greif/Limper/Fattmann/Seibel, Technologie der Extrusion - Lern- und Arbeitsbuch (Hanser 2004)

Hensen/Knappe/Potente (Hrsg.), Handbuch der Kunststoff-Extrusionstechnik (Hanser)
Band 1: Grundlagen (1989)
Band 2: Extrusionsanlagen (1986)

Illig, Thermoformen (Hanser 1997)

Jaroschek, Spritzgießen für Praktiker (Hanser 2003)

Johannaber, Kunststoff-Maschinenführer, 4. Ausg. (Hanser 2004)

Johannaber/Michaeli, Handbuch Spritzgießen (Hanser 2002)

Kohlert/Reher/Krasovskij/Voskresenskij, Kalandrieren von Polymeren (Enke 1992)

Kremer/Hahn, Einfärben von Kunststoffen (Vogel 2001)

Lapresa, Industrielle Kunststoff-Coloristik (Hanser 1998)

Limper/Barth/Grajewski, Technologie der Kautschukverarbeitung (Hanser 1989)

Menges/Michaeli/Mohren, Anleitung für den Bau von Spritzgießwerkzeugen, 5. Aufl. (Hanser 1999)

Mennig (Hrsg.), Werkzeuge für die Kunststoffverarbeitung (Hanser 1995)

Mennig, Verschleiß in der Kunststoffverarbeitung (Hanser 1990)

Michaeli, Extrusionswerkzeuge für Kunststoffe und Kautschuk, 2. Aufl. (Hanser 1991)

Michaeli, Einführung in die Kunststoffverarbeitung, 4. Aufl. (Hanser 1999)

Michaeli/Greif/Wolters/Vossebürger, Technologie der Kunststoffe, 2. Aufl. (Hanser 1998)

Michaeli/Greif/Kretzschmar/Kaufmann/Bertuleit, Technologie des Spritzgießens, 2. Aufl. (Hanser 2000)

Müller, Einfärben von Kunststoffen (Hanser 2002)

Neitzel/Mitschang, Handbuch der Verbundwerkstoffe (Hanser 2004)

Niemann, Maschineneinstellstrategie für Thermoplast-Spritzgießmaschinen, 4. Aufl. (Hüthig 2000)

Niemann, Präventive Instandhaltung von Spritzgießmaschinen (Hüthig 1999)

Niemann/Ignal, Automatisieren im Spritzgießbetrieb (Hüthig 2003)

Potente, Fügen von Kunststoffen, Hanser (2004)

Rao, Formeln der Kunststofftechnik (Hanser 1989)

Schnetger, Kautschukverarbeitung (Vogel 1998)

Schwarz/Ebeling/Furth, Kunststoff-Verarbeitung, 9. Aufl. (Vogel 2002)

Stitz/Keller, Spritzgießtechnik (Hanser 2001)

Throne/Beine, Thermoformen (Hanser 1999)

Wolters u.a., Kunststoff-Recycling (Hanser 1997)

B

Konstruieren mit Kunststoffen/Anwendung

Ahlhaus, Verpacken mit Kunststoff (Hanser 1997)

Bonten, Produktentwicklung - Technologiemanagement für Kunststoffprodukte, (Hanser 2001)

Bonten, Kunststofftechnik für Designer, Hanser (2003)

Ehrenstein, Mit Kunststoffen konstruieren, 2. Aufl. (Hanser 2001)

Erhard, Konstruieren mit Kunststoffen, 3. Aufl. (Hanser 2004)

Flemming/Ziegmann/Roth, Faserverbundbauweisen, 3 Bde. (Springer 1995, 1996, 1999)

Herrlich/Land/Kunz/Michaeli, Kunststoffpraxis: Eigenschaften (2 Bde., Loseblattwerk mit CD-ROM) (Weka)

Herrlich/Land/Kunz/Michaeli, Kunststoffpraxis: Konstruktion (3 Bde., Loseblattwerk mit CD-ROM) (Weka)

Leute, Kunststoffe und EMV (Hanser 1997)

Michaeli/Brinkmann/Lessenich-Henkys, Kunststoff-Bauteile werkstoffgerecht konstruieren (Hanser 1995)

Michaeli/Huybrechts/Wegener, Dimensionieren mit Faserverbundkunststoffen (Hanser 1995)

Starke/Meyer, Toleranzen, Passungen und Oberflächengüte in der Kunststofftechnik (Hanser 2004)

Kunststoff-Prüfung, -Analytik

Arndt/Müller, Polymercharakterisierung (Hanser 1996)

Braun, Erkennen von Kunststoffen (Hanser, 4. Aufl. 2003)

Ehrenstein, Kunststoff-Schadensanalyse (Hanser 1992)

Ehrenstein/Riedel/Trawiel, Praxis der Thermischen Analyse von Kunststoffen, 2. Aufl. (Hanser 2003)

Hummel, Atlas der Polymer- und Kunststoffanalyse, 3. Aufl. (Hanser/ VCH ab 1991)

Spektren und Methoden zur Identifizierung von Polymeren, technischen Produkten, Additiven und Verarbeitungshilfsmitteln und Abbauprodukten. Band 1 Definierte Polymere erschienen 1991.

Kämpf, Industrielle Methoden der Kunststoff-Charakterisierung (Hanser 1996)

Schmiedel (Hrsg.), Handbuch der Kunststoffprüfung (Hanser 1992)

Kunststofftechnik allgemein

Buchreihe „Kunststofftechnik", Hrsg. VDI-Gesellschaft Kunststofftechnik: Referate der VDI-Fachtagungen über Einzelbereiche der Kunststoff-Aufbereitungs-, Verarbeitungs-, Bearbeitungs- und Anwendungstechnik, z.T. auch in englischer Übersetzung

VDI-Richtlinien: Kunststoffwerkstoffe – Gestalten und Berechnen – Maschinenelemente – Verarbeiten und Bearbeiten – Oberflächenschutz mit organischen Werkstoffen, einzeln oder als „VDI-Handbuch Kunststofftechnik“ in Ringbuchform beziehbar vom Beuth-Verlag

B.2.3 Fach-Lexika, Tabellenbücher

Carlowitz, Kunststoff-Tabellen, 4. Aufl. (Hanser 1995)

Nentwig, Lexikon Folientechnik (VCH 1991)

Schnetger, Lexikon der Kautschuktechnik (Hüthig 1991)

Stoeckhert/Woebcken, Kunststoff-Lexikon, 9. Aufl. (Hanser 1998)

B.2.4 Normen und Richtlinien

DIN-Normen: s. Kapitel 2, 5, 8 und unter Beuth-Verlag (Abschnitt B.3)

Franck, Kunststoffe im Lebensmittelverkehr
Empfehlungen der Kunststoff-Kommission des Bundesgesundheitsamtes (Heymanns, Köln – Berlin, Loseblatt-Ausgabe, fortlaufend)

*DVS-, VDE-, VDI-*Richtlinien: erhältlich von den entsprechenden Verlagen (Abschnitt B.3)

B.2.5 Fach-Wörterbücher

Durzok, parat Wörterbuch Kunststoffprüfung, Englisch – Deutsch, Deutsch – Englisch (VCH 1991)

Glenz, Glossary of Plastics Terminology in 5 Languages, English – Deutsch – Français – Español – Italiano (Hanser 1998)

Kaliske, Fachwörterbuch der Kunststofftechnik (Hüthig 1983) Englisch – Deutsch – Spanisch – Französisch – Russisch

Greif/Limper/Fattmann/Seibel, Technologie der Extrusion – Lern- und Arbeitsbuch (Hanser 2004)

Welling/Junge, parat Wörterbuch Kunststoff- und Kautschuktechnologie, Deutsch–Englisch und Englisch–Deutsch (2 Bände VCH 1994)

Wittfoht, Kunststofftechnisches Wörterbuch (Hanser)
Teil 1: Alphabetisches Wörterbuch Englisch – Deutsch, 4. Aufl. (1981)
Teil 2: Alphabetisches Wörterbuch Deutsch – Englisch, 3. Aufl. (1983)
Teil 3: Systematischer Informationsband Illustrierte Sachgruppen Englisch – Deutsch / Deutsch – Englisch (1978)

Teil 1 bis 3 in einem Band (Nachdruck, Hanser 1992)

B.2.6 Adressbücher

Die Kunststoffindustrie und ihre Helfer (Fachadressbuch Industrieschau-Verlagsgesellschaft mbH, Darmstadt, jährlich)

B

B.3 Verlage

Carl Hanser Verlag, Kolbergerstraße 22, 81679 München (www.hanser.de)
Zeitschriften, Handbücher, Nachschlagewerke, Monographien, Lehr- und Fachbücher in deutscher und englischer Sprache zu allen wichtigen Gebieten der Kunststofftechnik (Verarbeitung, Werkstofftechnik, Anwendung), Tabellenwerke, Software, Datenbanken

Beuth Verlag, Postfach 1145, 10772 Berlin (www.beuth.de)

Auslieferungsstelle für DIN-Normen, Normen-Verzeichnisse und -Taschenbücher sowie andere nationale und internationale Normen und normenartige Vorschriftenwerke

DVS – Deutscher Verlag für Schweißtechnik, Postfach 101965, 40010 Düsseldorf (www.dvs-ev.de)

Fachliteratur über Kunststoffschweißen in DVS-Berichten und Fachbuchreihen Schweißtechnik und Schweißtechnische Praxis, DVS-Merkblätter und -Richtlinien – Kunststoffe, Schweißen und Kleben

Giesel Verlag, Postfach 120161, 30907 Isernhagen (www.giesel-verlag.de)

Fachzeitschriften und Nachschlagewerke

Dr. Gupta Verlag, Am Gierath 20, 40885 Ratingen (www.gupta-verlag.de)

Fachzeitschrift und Fachbücher über Kautschuke

Hüthig Verlag, Im Weiher 10, 69121 Heidelberg (www.huethig.de)

Wiss. u. Fachzeitschriften, Fach- und Lehrbücher in deutscher und englischer Sprache

Springer-Verlag, Haberstr. 7, 69126 Heidelberg (www.springer.de)

Wiss. Zeitschriften auf dem Polymergebiet, Polymer-Chemie- u. -Physik-Buchreihen: Advances in Polymer Science, 120 Bände (1967–1995), Fach- und Lehrbücher zu allen Gebieten der Polymerwissenschaft

Wiley-VCH, Postfach 101161, 69451 Weinheim (www.wiley-vch.de)

Chemie und Physik der Polymeren

VDI Verlag, Postfach 101054, 40001 Düsseldorf (www.vdi.de)

Vincentz Verlag, Postfach 6247, 30062 Hannover (www.vincentz.de)

Fachzeitschriften und Fachbücher über Rheologie und Lacktechnik

Vogel-Verlag, Postfach 6740, 97064 Würzburg 1 (www.vogel-medien.de)

Fachbücher zur Kunststofftechnik

Weka Fachverlage, Römerstraße 4, 86438 Kissing (www.ftf-weka.de)

Lose-Blatt-Werke

C Fachinstitute, Bildungseinrichtungen, Verbände

C Fachinstitute, Bildungseinrichtungen, Verbände

C.1 Der Wissenschaftliche Arbeitskreis Kunststofftechnik - WAK

Am 25. Oktober 1999 haben die Professoren der Kunststofftechnik an deutschen Universitäten den Wissenschaftlichen Arbeitskreis Kunststofftechnik (WAK) gegründet. Zweck des Arbeitskreises ist die wissenschaftliche und fachliche Förderung der Kunststofftechnik. Insbesondere sind Ziele des Arbeitskreises:

- die Vertretung der Belange der Kunststofftechnik in der Öffentlichkeit,
- die Förderung und Koordination wissenschaftlicher Arbeiten auf dem Gebiet der Kunststofftechnik mit den Schwerpunkten Kunststoffverarbeitung, Kunststoffmaschinen, Werkstofftechnik der Kunststoffe, Konstruieren mit Kunststoffen, Faserverbundkunststoffe, Kautschuktechnik, Fügen von Kunststoffen sowie Eigenschaftsprüfung und Qualitätssicherung von Werkstoffen und Produkten aus Kunststoffen und Kautschuk, Weiterverwertung,
- die Förderung der Interessen auf dem Gebiet der Kunststofftechnik im Rahmen von nationalen und internationalen Forschungs- und Entwicklungsaktivitäten,
- die Förderung des wissenschaftlichen Nachwuchses,
- die Initiierung von Forschungsschwerpunkten,
- die Förderung der wissenschaftlichen Zusammenarbeit und des wissenschaftlichen Erfahrungsaustauschs auf nationaler und internationaler Ebene und
- die Unterstützung des Technologietransfers von der Forschung in die industrielle Praxis.

Der WAK setzt sich aus folgenden 22 Professoren von verschiedenen deutschen Universitäten aus Fachgebieten der Kunststofftechnik oder dieser nahestehenden Fachgebieten zusammen:

Prof. Dr.-Ing. V. Altstädt
Lehrstuhl für Polymere Werkstoffe
Universität Bayreuth, Universitätsstraße 30, 95440 Bayreuth
Tel. 0921/55 7470 Fax 0921/55 7473
www.polymer-engineering.de

Prof. Dr.-Ing. A. K. Bledzki,
Lehrstuhl für Kunststoff- und Recyclingtechnik,
Institut für Werkstofftechnik
Uni-GH Kassel, Mönchebergstraße 3, 34109 Kassel
Tel. 0561/80436-90, Fax -92
www.kutech-kassel.de

Prof. Dr. rer. nat. habil. G. Busse,
Lehrgebiet Zerstörungsfreie Prüfung
Institut für Kunststoffprüfung und Kunststoffkunde (IKP)
Universität Stuttgart, Pfaffenwaldring 32, 70569 Stuttgart
Tel. 0711/685-2657, Fax -2066
www.ikp.uni-stuttgart.de

Prof. Dr.-Ing. K. Drechsler,
Institut für Flugzeugbau
Universität Stuttgart, Pfaffenwaldring 31, 70569 Stuttgart
Tel. 0711/685-2411, Fax -2449
www.ifb.uni-stuttgart.de

Prof. Dr.-Ing. Dr. h.c. G. W. Ehrenstein,
Lehrstuhl für Kunststofftechnik (LKT)
Demonstratrionszentrum für Faserverbundwerkstoffe,
Universität Erlangen-Nürnberg,
Am Weichselgarten 9, 91058 Erlangen-Tennenlohe
Tel. 09131/85-29700, Fax -29709
www.lkt.uni-erlangen.de

Prof. Dr.-Ing. P. Eyerer,
Lehrstuhl für Werkstoffkunde der Metalle und Kunststoffe
Institut für Kunststoffprüfung und Kunststoffkunde (IKP)
Universität Stuttgart, Pfaffenwaldring 32, 70569 Stuttgart
Tel. 0711/685-2667, Fax -2066
www.ikp.uni-stuttgart.de

Prof. Dr.-Ing. Dr. h.c. K. Friedrich,
Institut für Verbundwerkstoffe GmbH
Erwin-Schrödinger-Straße 58, 67663 Kaiserslautern
Tel. 0631/2017-102, Fax -199
www.ivw.uni-kl.de

Prof. Dr.-Ing. H.-G. Fritz,
Institut für Kunststofftechnologie (IKT),
Universität Stuttgart, Böblinger Straße 70, 70199 Stuttgart
Tel. 0711/641-2317, Fax -2335
www.ikt.uni-stuttgart.de

Prof. Dr.-Ing. E. Haberstroh
Lehrgebiet Kautschuktechnik
Institut für Kunststoffverarbeitung in Industrie und Handwerk (IKV)
RWTH Aachen, Pontstraße 49, 52056 Aachen
Tel. 0241/803806, Fax /8888262
www.rwth-aachen.de/ikv

Prof. Dr.-Ing. habil. W. Hufenbach
Institut für Leichtbau und Kunststofftechnik ILK, TU Dresden
Dürerstraße 26, 01062 Dresden
Tel. 0351/463-8142, Fax -8143
www.tu-dresden.de/mw/ilk

Prof. Dr.-Ing. A. Limper,
Institut für Kunststofftechnik
Universität-GH Paderborn, Warburgstr. 100, 33100 Paderborn
Tel. 05251/60-2451, Fax -3821
www.ktpweb.de

Prof. Dr.-Ing. G. Mennig
Institut für Allgemeinen Maschinenbau und Kunststofftechnik (IMK)
Technische Universität Chemnitz
Reichenhainer Straße 70, 09126 Chemnitz
Tel. 0371/531-2383, Fax -3776
www.tu-chemnitz.de/mbv/kunstStTechn/

Prof. Dr.-Ing. Dr.-Ing. E.h. W. Michaeli
Lehrstuhl für Kunststoffverarbeitung
Institut für Kunststoffverarbeitung in Industrie und Handwerk (IKV)
RWTH Aachen, Pontstraße 49, 52056 Aachen
Tel. 0241/803806, Fax /8888262
www.rwth-aachen.de/ikv

Prof. Dr. rer. nat. H. Münstedt
Lehrstuhl für Polymerwerkstoffe
Institut für Werkstoffwissenschaften der Universität Erlangen-Nürnberg
Martenstraße 7, 91058 Erlangen
Tel. 09131/85-28593, Fax -28321
www.lsp.uni-erlangen.de

Prof. Dr.-Ing. H. Potente,
Institut für Kunststofftechnik
Universität-GH Paderborn, Warburgerstr. 100, 33100 Paderborn
Tel. 05251/60-2451, Fax -3821
www.ktp.cc

Prof. Dr.-Ing. H.-J. Radusch
FB Ingenieurwissenschaft Kunststoftechnik
Institut für Werkstofftwissenschaft
Martin-Luther-Universität Halle-Wittenberg, 06099 Halle
Tel. 03461/46-2792, Fax -3891
www.iw.uni-halle.de/index.htul

Prof. Dr.-Ing. R. Renz,
Lehrstuhl für Recyclinggerechte Produktgestaltung/Endfertigung
Universität Kaiserslautern, Postfach 3049, 67653 Kaiserslautern
Tel. 0631/205-3960, Fax -3963
http://recycling5.mv.uni-ki.de

Prof. Dr.-Ing. A. K. Schlarb
Institut für Verbundwerkstoffe GmbH
Erwin-Schrödinger-Straße 58, 67663 Kaiserslautern
Tel. 0631/2017-101, Fax -199
www.ivw.uni-kl.de

Prof. Dr.-Ing. E. Schmachtenberg,
Lehrstuhl für Kunststoff-Werkstofftechnik,
Institut für Kunststoffverarbeitung in Industrie und Handwerk (IKV)
RWTH Aachen, Pontstraße 49, 52056 Aachen
Tel. 0241/803806, Fax /8888262
www.rwth-aachen.de/ikv

Prof. Dr.-Ing. M.H. Wagner,
Institut für Polymertechnik/Kunststofftechnikum TU Berlin
Fasanenstraße 90, 10623 Berlin
Tel. 030/314-24271, Fax -21108
www.tu-berlin.de/fb6/polymer

Prof. Dr.-Ing. J. Wortberg,
Institut für Produkt Engineering
Konstruktion und Kunststoffmaschinen
Mercator-Universität-GH Duisburg, Lotharstraße 1, 47048 Duisburg
Tel. 0203/379-3252, Fax -4379
www.ipe.uni-duisburg.de

Prof. Dr.-Ing. G. Ziegmann,
Institut für Polymerwerkstoffe und Kunststofftechnik
Technische Universität Clausthal-Zellerfeld
Agricolastraße 6, 38678 Clausthal-Zellerfeld
Tel. 05323/72-2090, Fax -2324
www.puk.tu-clausthal.de

Daneben gehören dem WAK folgende assoziierte Mitglieder an:

Prof. Dr.-Ing. Igor Emri,
Center for Experimental Mechanics
Cesta na Brdo 49, SI-1000 Ljubljana, Slovenien
Tel. +386 1/4771-660, Fax -670
www.uni-lj.si/~cem/

T.A. Osswald,
Engineering Polymer Industrial
University of Wisconsin-
Madison Consortium, 1513 University Avenue, Madison, WI 53706-1572, USA
Tel. +1/608 263-9538, Fax -2316
http://pec.engr.wisc.edu

Prof. Dr. Ir. I. Verpoest, Leuven, Belgien
Mechanische Materiaalkunde
K.U.Leuven, Kasteelpark Arenberg 44, 3001 Leuven, Belgium
Tel. +32 16/32-1306, Fax -1990
www.mtm.kuleuven.ac.be

C.2 Fachhochschulen mit Studienrichtung Kunststofftechnik

Aalen

Fachhochschule Aalen
Beethovenstraße 1, 73430 Aalen
Tel. 07361/576-258, Fax -250
www.fh-aalen.de

Darmstadt

Fachhochschule Darmstadt
Schöfferstraße 3, 64295 Darmstadt
Tel. 06151/16-8521, Fax -8949
www.fh-darmstadt.de

Iserlohn

Märkische Fachhochschule
Frauenstuhlweg 31, 58644 Iserlohn
Tel. 02371/566-0, Fax -74
www.fh-iserlohn.de

Rosenheim

Fachhochschule Rosenheim
Marienberger Straße 26, 83024 Rosenheim
Tel. 08031/805-0, Fax -105
www.fh-rosenheim.de

Würzburg

Fachhochschule Würzburg–Schweinfurt
Röntgenring 8, 97070 Würzburg
Tel. 0931/304-0, Fax -339
www.fh-wuerzburg.de

C

C.3 Weitere Einrichtungen für Forschung und Entwicklung, Prüfung und Weiterbildung

Bundesanstalt für Materialforschung und -prüfung (BAM)
Abteilung VI: Funktion von Polymeren
Unter den Eichen 87, 12205 Berlin
Tel. 030/810416-10, Fax -17
www.bam.de

Deutsches Institut für Kautschuktechnologie e. V.
Eupener Straße 33, 30519 Hannover
Tel. 0511/842010, Fax /8386826
www.DIKautschuk.de

Deutsches Kunststoff-Institut (DKI)
Schlossgartenstraße 6, 64289 Darmstadt
Tel. 06151/162104, Fax /292855
www.dki.tu-darmstadt.de

Deutsches Zentrum für Luft- und Raumfahrt e.V. (DLR)
Forschungszentrum Braunschweig - Institut für Strukturmechanik
Postfach 32 67, 38022 Braunschweig
Tel. 0531/259-2300, Fax -2875

Forschungsinstitut Kunststoff und Recycling GmbH
Siemensring 79, 47877 Willich
Tel. 02154/9251-0, Fax /428823
www.fkur.de

Fraunhofer-Institut für Angewandte Polymerforschung (IAP)
Postfach 600651, 14406 Potsdam
Tel. 0331/568-0, Fax -3000
www.iap.fhg.de

Fraunhofer-Institut für Chemische Technologie (ICT)
Joseph-von-Fraunhofer-Straße 7, 76327 Pfinztal
Tel. 0721/4640-0, Fax /4640-111
www.ict.fhg.de

Fraunhofer-Institut für Verfahrenstechnik und Verpackung (IVV)
Giggenhauser Straße 35, 85354 Freising
Tel. 08161/491-0, Fax -491
www.ivv.fhg.de

Fraunhofer-Institut für Werkstoffmechanik
Heideallee 19, 06120 Halle
Tel. 0345/5589-0, Fax -101
www.iwm.fhg.de

IMA Materialforschung und Anwendungstechnik GmbH
Flughafenstraße 100, 01109 Dresden
Tel. 0351/8837-404, Fax -530
www.ima-dresden.de

Institut für das Bauen mit Kunststoffen e. V. (IBK)
Osannstraße 37, 64285 Darmstadt
Tel. 06151/48097, Fax /421101
www.ibk-darmstadt.de

Institut für Kunststoff-Maschinen GmbH
Max-Planck-Straße 5c, 58638 Iserlohn
Tel. 02371/9190-0, Fax -10
www.kmi-web.de

Institut für Polymerforschung Dresden e.V.
Hohe Straße 6, 01069 Dresden
Tel. 0351/4658-0, Fax -214
www.ipfdd.de

Kunststoff-Institut Lüdenscheid K.I.M.W. NRW GmbH
Karolinenstraße 8, 58507 Lüdenscheid
Tel. 02351/10641-91, Fax -90
www.kunststoff-institut.de

Kunststoff-Zentrum in Leipzig (KuZ)
Erich-Zeigner-Allee 44, 04229 Leipzig
Tel. 0341/4941-500, Fax -555
www.kuz-leipzig.de

Materialprüfanstalt für Werkstoffe des Maschinenwesens und Kunststoffe
beim Institut für Werkstoffkunde
Appelstraße 11 a, 30167 Hannover
Tel. 0511/762-4362, Fax -5245
www.iw.uni-hannover.de

Max-Planck-Institut für Polymerforschung
Ackermannweg 10, 55128 Mainz
Tel. 06131/379-0, Fax -100
www.mpip-mainz.mpg.de

Staatliche Materialprüfungsanstalt Darmstadt (MPA)
Abteilung Kunststoffe
Grafenstraße 2, 64283 Darmstadt
Tel. 06151/16-2741, Fax -5658
www.tu-darmstadt.de/mpa-ifw

Süddeutsches Kunststoff-Zentrum (SKZ)
Institut für Kunststoffverarbeitung, -anwendung und -prüfung
Frankfurter Straße 15-17, 97082 Würzburg
Tel. 0931/4104-0, Fax -177
www.skz.de

Thüringisches Institut für Textil- und Kunststoff-Forschung e. V. (TITK)
Breitscheidstraße 97, 07407 Rudolstadt-Schwarza
Tel. 03672/379-0, Fax -379
www.titk.de

TÜV Bayern Sachsen, Anlagen- und Umwelttechnik GmbH
Institut für Kunststoff
Westendstraße 199, 80686 München
Tel. 089/5791-0, Fax -1355

TÜV Rheinland/Berlin-Brandenburg - Anlagentechnik GmbH
Magirusstraße 5, 10883 Berlin
Tel. 030/7562-1366, Fax -1720
www.de.tuv.com

C.4 Fachverbände, Fachorganisationen

Arbeitsgemeinschaft PVC und Umwelt e. V. (AGPU)
Am Hofgarten 1-2, 53113 Bonn
Tel. 0228/91783-0, Fax /5389584
www.agpu.de

Arbeitsgemeinschaft Deutsche Kunststoff-Industrie (AKI)
c/o Verband Kunststofferzeugende Industrie (VKE)

Arbeitsgemeinschaft Verstärkte Kunststoffe – Technische Vereinigung e.V. (AVK-TV)
Am Hauptbahnhof 10, 60329 Frankfurt/Main
Tel. 069/2509-20, Fax -19
www.ark-tv.de

Arbeitskreis selbstständiger Kunststoff-Ingenieure und -Berater, K.I.B.
Korporativmitglied im
Gesamtverband Kunststoffverarbeitende Industrie e. V. (GKV)
Geschäftsstelle des K.I.B.
Hauptstraße 30, 19079 Sukow bei Schwerin
Tel. 03861/2032, Fax /7623
www.k-berater.de

Association of Plastics Manufacturers in Europe (APME)
Avenue E. van Nieuwenhuyse 4, B-1160 Brüssel, Belgien
Tel. (32-2) 676-1732, Fax 675 3935
www.apme.org

Bundesverband Sekundärrohstoffe und Entsorgung e.V.
Hohe Straße 73, 53119 Bonn
Tel. 0228/98849-0, Fax -99
www.bvse.de

Deutsche Gesellschaft für Kunststoff-Recycling mbH (DKR)
Frankfurter Straße 720–726, 51145 Köln
Tel. 02203/93177-95, Fax -74
www.dkr.de

Deutsche Gesellschaft für Qualität e. V. (DGQ)
August-Schanz-Straße 21a, 60433 Frankfurt
Tel. 069/95424-0, Fax -133
www.dgq.de

Deutsche Kautschuk-Gesellschaft e. V.
Zeppelinallee 69, 60487 Frankfurt am Main
Tel. 069/7936-153, Fax -155

Deutsche Vereinigung des Gas- und Wasserfaches (DVGW)
Josef-Wirmer-Straße 1-3, 53123 Bonn
Tel. 0228/9188-5, Fax -990
www.dvgw.de

Deutscher Verband für Schweißtechnik e. V. (DVS)
Aachener Straße 172, 40223 Düsseldorf
Tel. 0211/1591-0, Fax -200
www.dvs-ev.de

Deutsches Institut für Gütesicherung und Kennzeichnung e. V. (RAL)
Siegburger Straße 39, 53757 St. Augustin
Tel. 02241/1605-0, Fax -11
www.ral.de

Deutsches Institut für Normung e.V.
NA Kunststoffe (FNK) im DIN, Burggrafenstraße 6, 10787 Berlin
Tel. 030/2601-2352, Fax -1723
www2.din.de

Duales System Deutschland AG (DSD)
Frankfurter Straße 720-726, 51145 Köln-Porz
Tel. 02203/937-0, Fax -190
www.gruener-punkt.de

Euromap – Europäisches Komitee der Hersteller von Kunststoff- und Gummimaschinen
c/o VDMA, Fachverband Kunststoff- und Gummimaschinenbau
Postfach 71 08 64, 60498 Frankfurt/M
Tel. 069/6603-1831, Fax -1840
www.euromap.org

European Plastics Converters – Verband Europäischer Kunststoffverarbeiter (EuPC)
Avenue de Cortenbergh 66, P.O. Box 4, B-1000 Brüssel, Belgien
Tel. 32-2-7324-124, Fax -218
www.eupc.org

Fachgruppe Makromolekulare Chemie der Gesellschaft Deutscher Chemiker e. V.
Postfach 900440, 60444-Frankfurt
Tel. 069/7917-363, Fax -450
www.gdch.de

Fachverband Kunststoff- und Gummimaschinenbau im VDMA
Postfach 710864, 60498 Frankfurt
Tel. 069/6603-1832, Fax -1840
www.guk.vdma.org

Fachverband Bau-, Möbel- und Industrie-Halbzeuge aus Kunststoff (FVHZ)
Am Hauptbahnhof 12, 60329 Frankfurt
Tel. 069/27105-29, Fax /239837
www.gkv.de

Fachverband Kunststoff-Konsumwaren (FVKK)
Am Hauptbahnhof 12, 60329 Frankfurt
Tel. 069/27105-31, Fax /239838
www.gkv.de/fvkk

Fachverband Technische Teile (FVTT)
Am Hauptbahnhof 12, 60329 Frankfurt
Tel. 069/27105-35, Fax /239836
www.gkv.de/tt

Fachverband Verpackung und Verpackungsfolien aus Kunststoff (FVVP)
Am Hauptbahnhof 12, 60329 Frankfurt
Tel. 069/27105-27, Fax /232799
www.kunststoff-verpackungen.de

Fachverband Schaumkunststoffe e. V. (FSK)
Am Hauptbahnhof 12, 60329 Frankfurt/Main
Tel. 069/27105-38, Fax /2710540
www.fsk-vsv.de

Gesamtverband Dämmstoffindustrie (GDI)
Karl-Benz-Str. 7, 60314 Frankfurt/Main
Tel. 069/40893995, Fax /40143722
www.g-d-i.de

Gesamtverband Kunststoffverarbeitende Industrie e. V. (GKV)
Am Hauptbahnhof 12, 60329 Frankfurt
Tel. 069/27105-20, Fax /232799
www.gkv.de

Gesellschaft zur Rückführung industrieller und gewerblicher Kunststoffverpackungen mbH (RIGK)
Postfach 4969, 65039 Wiesbaden
Tel. 0611/962-7800, Fax -7806
www.rigk.de

Gütegemeinschaft Kunststoffrohre e. V. (GKR)
Dyroffstraße 2, 53113 Bonn
Tel. 0228/914770, Fax /211309
www.krv.de

Gütegemeinschaft Recyclate aus Standardpolymeren (GRS)
FKuR Forschung und Engineering GmbH (FKuR)
Siemensring 79, 47877 Willich
Tel. 02154/9251-0, Fax /925151
www.fkur.de

Güteschutzgemeinschaft Hartschaum e. V. (GSH)
Mannheimer Straße 27, 60235 Frankfurt
Tel. 069/235565, Fax /232924

Industrieverband Hartschaum e. V. (IVH)
Kurpfalzring 100a, 69020 Heidelberg
Tel. 06221/776071, Fax /775106
www.ivh.de

Industrieverband Kunststoff-Dach- und Dichtungsbahnen e.V. (DUD)
Postfach 100803, 64208 Darmstadt
Tel. 06151/21180, Fax /23856
www.dud-ev.de

Industrieverband Kunststoffverpackungen e.V. (IK)
Kaiser-Friedrich-Promenade 43, 61348 Bad Homburg
Tel. 06172/9266-67, Fax -69
www.kunststoffverpackungen.de

C

Industrieverband Polyurethan-Hartschaum e. V. (IVPU)
Kriegerstraße 17, 70191 Stuttgart
Tel. 0711/29-1716, Fax -4902
www.ivpu.de

Kunststoffrohrverband e. V. (KRV)
Dyroffstraße 2, 53113 Bonn
Tel. 0228/914770, Fax /211309
www.krv.de

Normenausschuss Kunststoffe im DIN (FNK)
Burggrafenstraße 6, 10787 Berlin
Tel. 030/2601-2352, Fax -1723
www2.din.de

Plastics Europe (s. APME)

Qualitätsverband Kunststofferzeugnisse e. V. (QKE)
Baumschulallee 6, 53115 Bonn
Tel. 0228/76676-54, Fax -50

Rationalisierungs-Gemeinschaft Verpackung im RKW (RGV)
Düsseldorfer Straße 40, 65760 Eschborn
Tel. 06196/495-1, Fax -303
www.rkw.de

Society of Plastics Engineers (SPE)
14 Fairfield Drive, Brookfield CT 06804, USA
Tel. (001) 203-7750471, Fax -7758490
www.4spe.org

The Society of the Plastics Industry (SPI)
1801 K-Street, NW, Suite 600K, Washington DC 20006, USA
Tel. (001) 202-974-5235, Fax -296-7243
www.socplas.org

Underwriter's Laboratories (UL)
UL International Germany GmbH
Candidplatz 13, 81543 München
Tel. 089/622703-0, Fax -31
www.de.ul.com

Verband der Automobilindustrie e. V. (VDA)
Westendstraße 61, 60325 Frankfurt
Tel. 069/97507-0, Fax -261
www.vda.de

Verband der Chemischen Industrie e. V. (VCI)
Karlstraße 21, 60329 Frankfurt am Main
Tel. 069/2556-0, Fax -1471
www.vci.de

Verband Deutscher Maschinen- und Anlagenbau e.V. (VDMA)
Lyoner Straße 18, 60528 Frankfurt/Main
Tel. 069/6603-0
www.vdma.org

Verband Kunststofferzeugende Industrie e. V. (VKE)
Karlstraße 21, 60329 Frankfurt
Tel. 069/25561303, Fax /251060
www.vke.de

Verband Qualitätssicherung für PE-Baufolien (VQB)
c/o Industrieverband Kunststoffverpackungen (IK)

Verband Schaumstoffverarbeiter e.V. (VSV)
c/o Fachverband Schaumkunststoffe (FSK)

Verein Deutscher Elektrotechniker (VDE)
Stresemannallee 15, 60596 Frankfurt
Tel. 069/63080, Fax /6312925
www.vde.com

Verein Deutscher Ingenieure – VDI-Gesellschaft Kunststofftechnik (VDI-K)
Graf-Recke-Straße 84, 40239 Düsseldorf
Tel. 0211/621-4514, Fax -4160
www.vdi.de

Wirtschaftsverband der deutschen Kautschukindustrie e. V. (W.D.K.)
Zeppelinallee 69, 60487 Frankfurt
Tel. 069/7936-0, Fax -165
www.wdk.de

C.5 Normungsgremien

American National Standards Institute (ANSI)
1819 L. Street, NW, Washington, DC 20036
Tel. +1-212-642-4900, Fax -398-0023
www.ansi.org

American Society of Testing and Materials (ASTM)
100 Barr Harbor Drive, West Conshohocken, PA 19428-2959
Tel. +1-610-832-9585, Fax -9555
www.astm.org

Association Française de Normalisation (AFNOR)
Tour d'Europe, F-92049 Paris-La Défense Cedex
Tel. +33-14291-5555, Fax -5656
www.afnor.fr

British Standards Institution (BSI)
389 Chiswick High Road, GB-London W4 4AL
Tel. +44-208996-900, Fax -7400
www.bsi-global.com

Comité Européen Normalisation (CEN)
Rue de Stassart 36, B-1050 Brüssel
Tel. +32-2-55008-11, Fax -19
www.cenorm.be

Comité Européen Normalisation Electrotechnique (CENELEC)
Rue de Stassart 35, B-1050 Brüssel
Tel. +32-2-519-6871, Fax -6919
www.cenelec.org

Deutsches Institut für Normung e.V., Normenausschuss Kunststoffe (FNK)
Burggrafenstraße 6, 10787 Berlin
Tel. +49-30-2601-2352, Fax -1723
www.din.de

International Electrotechnical Commission (IEC)
Rue de Varembé 3, Postfach 131, CH-1211 Genf 20
Tel. +41-22-919-0211, Fax -0300
www.iec.ch

International Organisation for Standardisation (ISO)
Rue de Varembé 1, Postfach 56, CH-1211 Genf 20
Tel. +41-22-7490111, Fax -7333430
www.iso.ch

Japanese Industrial Standards Committee (JISC)
Technical Regulation, Standards and Conformity
Assessment Policy Unit
Ministry of Economy, Trade and Industry
JP-Tokyo 100-8901
Tel. +81-335-019471, Fax -808637
www.jisc.org

D Handelsnamen für Kunststoffe als Rohstoff und Halbzeug

D

D Handelsnamen für Kunststoffe als Rohstoff und Halbzeug

D.1 Vorbemerkung

Das Verzeichnis D.4 erfasst die weltweit in Gebrauch befindlichen Handelsnamen (z.T. sind diese als Warenzeichen registriert und geschützt) für Kunststoff-Rohstoffe und -Formmassen sowie wichtige Halbzeuge in Verbindung mit den gebräuchlichsten Kurzzeichen, der Lieferform sowie den Namen der Hersteller- bzw. Lieferfirma in Kurzform. Es folgt eine Firmenliste (D.5). Hier sind – soweit verfügbar – die Firmenniederlassungen in Deutschland aufgeführt bzw. die Adressen der Mutterfirmen (Stammsitz). Zusätzlich sind in allen Fällen auch die Internet-Adressen der Hersteller- bzw. Lieferfirmen aufgeführt.

Veraltete, nicht mehr als Markenbezeichnung benutzte Namen sind weitgehend ausgeschieden worden; sie können bei Bedarf in den früheren Ausgaben des Kunststoff-Taschenbuchs nachgeschlagen werden.

Die Angaben im Verzeichnis beruhen auf Auskünften der Namens-Inhaberfirmen, ergänzt durch Auswertung der internationalen Fachliteratur einschließlich technischer Firmenschriften sowie Informationen aus dem Internet. Die Angaben werden künftig in regelmäßigen Abständen aktualisiert und sind für die Nutzer des Kunststoff-Taschenbuchs unter der Internet-Adresse www.kunststoff-taschenbuch.de recherchier- und abrufbar (mit erweiterten Suchfunktionen).

D.2 Einteilung des Verzeichnisses

Jedem Handelsnamen folgen nach Hersteller-/Lieferfirma in Kurzform die zugehörige chemische Kurzbezeichnung des entsprechenden Kunststoffs bzw. der Kunststoffklasse. Mit Hilfe der Kurzzeichen und der Tafel 1 (Seite XXII) können die chemische Bezeichnung und der Abschnitt, in dem das Produkt beschrieben wird, ermittelt werden. In der rechten Spalte des Verzeichnisses wird, als Zahlengruppe verschlüsselt, die Lieferform des Kunststoffs, Rohstoffs bzw. des Halbzeugs angegeben; siehe dazu Abschnitt D.3.

D.3 Lieferform

	Lieferform
1	**Rohstoffe**
1.1	Vorprodukte, flüssig
1.2	Dispersionen, wässrig
1.3	Lösungen

	Lieferform
1.4	Pasten
1.5	Harze, schmelzförmige Massen
2	**Formmassen**
2.1	Pulver
2.2	Granulat
2.3	Prepregs, Matten
2.4	Masterbatch
3	**Halbzeug**
3.1	Profile, Stäbe
3.2	Rohre, Schläuche
3.3	Folien, Bahnen
3.4	Platten, Blöcke
3.5	Verbunde
3.6	Fasern, Vliese, Borsten
3.7	Schaumstoffe

D.4 Handelsnamen

Name	Firma	Kunststoff/Kunstharz (siehe Tafel 1, Seite XXII)	Lieferform (siehe D.3, Seite 833)
A			
Absolac	Lanxess	ABS	2.2
Absolan	Lanxess	SAN	2.2
Absrom	Daicel	ABS	2.1
Acarb	Aquafil	PC	2.2
Acclear	BP	PP	2.2
Accpro	BP	PP	2.2
Acctuf	BP	PP	2.2
Acella	Benecke	PO	3.3, 3.6
Acertron	Polytron	POM	3
Acester	Aquafil	PBT	2.2
Achieve	Exxon	PP-MC	2.2
Aclacell	Acla	TPU	3.1, 3.4
Aclait	Acla	CF	3.5
Aclar	Honeywell	PCTFE	3.3
Aclathan	Acla	TPU	3.1, 3.4

Name	Firma	Kunststoff/Kunstharz (siehe Tafel 1, Seite XXII)	Lieferform (siehe D.3, Seite 833)
Acnor	Aquafil	PPE	2.2
Acriglas	Acrilex	PMMA	3.4
Acrolex	Ferro	PC + PMMA + PS	2.2
Acronal	BASF	PAA	1.1, 1.2
Acrosol	BASF	PAA	1.2
Acryalloy	Mitsubishi Rayon	PMMA + PVC	2.2
Acrycon	Mitsubishi Rayon	PMMA	2.2
Acryester	Mitsubishi Rayon	PMMA	1.1
Acryft	Sumitomo	EMA	2.2
Acrylamac	Eastman	A-Cop	1.1
Acrylite	Cyro	PMMA	2.2
Acrylux	Schock	PMMA	3.1, 3.4
Acrypanel	Mitsubishi Rayon	PMMA	3.4
Acrypet	Mitsubishi Rayon	PMMA	2.2
Acrypoly	Chi Mei	PMMA	3.4
Acryrex	Chi Mei	PMMA	2.2
Acrysol	Rohm & Haas	PMMA	1.2
Acrysteel	Aristech	PMMA	3.4
Acrystex	Chi Mei	MBS	2.2
ACS	Showa	PE-C	2.2
Acsium	DuPont Dow Elastomers	CSM	2.2
Acstyr	Aquafil	ABS	2.2
Acudel	Solvay	PPSU	2.2
Adder	Tufnol	PF	3.5
Addilene	Addiplast	PP	2.2
Addinyl	Addiplast	PA	2.2
Adflex	Basell	PP	2.2
Adiprene	DuPont	PUR	1.1
Admer	Mitsui	TPO	2.2
Adstif	Basell	PP	2.2
Adsyl	Basell	PP	2.2
Advex	PolyOne Th. Bergmann	PVC	2.2
Aecithene	AECI	PE-LLD	2.2
Aegis	Honeywell	PA-Cop	2.2
Affinity	Dow	EPDM, EPM	2.2
Aflas	Dyneon	FKM	2.2
Agepan	Glunz	PF	3.5

D

Name	Firma	Kunststoff/Kunstharz (siehe Tafel 1, Seite XXII)	Lieferform (siehe D.3, Seite 833)
Ahlstrom	Ahlstrom	PP	2.3
Aicarfen	Aicar	PF	2.2
Aim	Dow	PS	2.2
Airdec	Isovolta	CF, PF	3.5
Airex	Airex	PEI, PVC	3.5, 3.7
Airflex	Air Products	EVAC, VCE	1.1
Airpreg	Isovolta	PF	2.3
Akulon	DSM Eng. Plastics	PA 6, PA 66	2.2
Akylux	Kaysersberg	PP	3.4
Akyplen	Kaysersberg	PP	3.4
Akyver	Kaysersberg	PC	3.4
Alamid	Leis	PA 6, PA 66	2.2
Alastian	Basell	PE	2.2
Alathon	Equistar	PE-HD	2.2
Albester	Eastman	UP	1.1
Alcom	Albis	Thermopl. allg.	2.2
Alcryn	DuPont	EVAC + PVDC	2.2
Alcudia	Repsol	PE	2.2
Alflow	Ahlstrom	PP	2.3
Algoflon	Solvay	PTFE	2.1, 2.2
Alkathene	Qenos	PE-LD, PE-LLD	2.2
Alkorcell	Solvay	PO	3.3
Alkorflex	Solvay	PVC	3.3
Alkorfol	Solvay	PVC-P, PVDF	3.3
Alkorpack	Solvay	PVC-P	3.3
Alkorphan	Solvay	PVC	3.3
Alkorplan	Solvay	PVC	3.3
Alkorprop	Solvay	PP	3.3
Alkortop	Solvay	PO, PVC	3.3
Almatex	Mitsui	UP	1.1
Alpex-duo	Fränkische Rohrwerke	PE-X	3.2
Alphacan	Fränkische Rohrwerke	PE, PP, PVC	3.2
Alphalac	LG	S-Cop	2.2
Alphamid	Putsch	PA	2.2
Alruna	Allod	SEBS, SEPS	2.2
Alstamp	Ahlstrom	PP	2.3
Altair	Aristech	PMMA	3.4

Name	Firma	Kunststoff/Kunstharz (siehe Tafel 1, Seite XXII)	Lieferform (siehe D.3, Seite 833)
Altech	Albis	Thermopl. allg.	2.2
Altuglas	Atoglas	PMMA	2.2, 3.4
Alveolen	Alveo	PE-X, PP	3.7
Alveolit	Alveo	PE-X, PP	3.3, 3.7
Alveolux	Alveo	E-Cop, PE-X	3.3, 3.7
AmberGuard	Eastman	PET	2.2
Amberlite	Eastman	AMMA, S-Cop	1.5
Ameripol	Goodrich	CR	2.2
Amilan	Toray	PA	2.2
Amodel	Solvay	PPA	2.2
Amotech	Solvay	PAI	2.2
Ampal	Raschig	MF+UP	2
Amtuf	BP	PP	2.2
Andrez	Anderson	SB	2.1, 2.2
Anjablend	J & A Plastics	PC+ABS, PC+PBT	2.2
Anjacryl	J & A Plastics	PMMA	2.2
Anjadur	J & A Plastics	PBT, PET	2.2
Anjaflor	J & A Plastics	PVDF	2.2
Anjaform	J & A Plastics	POM	2.2
Anjalin	J & A Plastics	ABS, SAN	2.2
Anjalon	J & A Plastics	PC	2.2
Anjamid	J & A Plastics	PA 6, PA 66	2.2
Anjapur	J & A Plastics	TPU	2.2
Anso	Honeywell	PA	3.6
Antiflex	Tupaj	PMMA	3.4
Antron	DuPont	PA	3.6
Apec	Bayer	PC-TMC	2.2
Apel	Mitsui	COC	2.2
Apex	Teknor Apex	PVC	2.2
Apical	Kaneka	PI	3.3
Apifive	API	EVAC	2.2
Apiflex	API	PVC	2.2
Apigo	API	TPO	2.2
Apilon	API	PVC+TPU, TPU	2.2
Apizero	API	EVAC	2.2
Appryl	Atofina	PP	2.2
Aqualoy	Schulman	Thermopl. allg.	2.2

D

Name	Firma	Kunststoff/Kunstharz (siehe Tafel 1, Seite XXII)	Lieferform (siehe D.3, Seite 833)
Aquamid	Aquafil	PA 6, PA 66	2.2
Araldite	Huntsman	EP	1.5
Arcel	Nova	PS-E+PE-E	2.2
Ardylan	Nova	PE	2.2
Ardylux	Nova	SAN	2.2
Arnite	DSM Eng. Plastics	PBT, PET	2.2
Arnitel	DSM Eng. Plastics	TPC	2.2
Aropol	Ashland	UP	1.5
Arotech	Ashland	VE	1.5
Artlex	Sumitomo	PPE	2.2
Artley	Sumitomo	PPE	2.2
Arylon	DuPont	PAR	2.2
Asaprene	Asahi	SBS	2.2
Ashlene	Ashley	PA 6, PA 612, PA 66	2.2
Asp	Tufnol	PF	3.5
Astem	Sumitomo	PPE	2.2
Astrel	3 M	PAR	2.2
Astro Turf	Dow	PA	3.3
Astryn	Basell	PP	2.2
Atlac	DSM Composite Resins	UP, VE	1.5
Attane	Dow	PE-ULD	1.5
Aurum	Mitsui	Thermopl. allg.	2.2
Austrapol	Qenos	BR	2.2
Autan	Acla	TPU	3.1, 3.4
Avalon	Huntsman	TPU	2.2
Avimid	DuPont	PI	2.2
Avotone	DuPont	PAEK	2.2
Axpet	Bayer Sheet	PET	3.4
Axprint	British Vita	PP	3.3
Azdel	Azdel	PP	2.3, 3.5
Azfab	Azdel	PTP	2.3
Azloy	Azdel	PC+PBT, PTP	2.3
Azmet	Azdel	PBT, PET	2.3
B			
Badadur	Bada	PBT	2.2
Badaflex	Bada	TPS	2.2
Badamid	Bada	PA 6, PA 66	2.2

Name	Firma	Kunststoff/Kunstharz (siehe Tafel 1, Seite XXII)	Lieferform (siehe D.3, Seite 833)
Bakelite	Bakelite	MPF, PF, UP	2.2
Bapolan	Bamberger	ABS, PS, SAN	2.2
Bapolene	Bamberger	PE-LD, PE-LLD, PP	2.2
Bapolon	Bamberger	PA	3.3
Barex	BP	PAN	2.2
Barlo	Barlo	ABS, PC, PMMA, PP, PS, SAN	3.4
Basicpet	La Seda	PET	2.2
Basonat	BASF	PUR-R	1.1
Basotect	BASF	MF	3.7
Bayblend	Bayer	PC+ABS, PC+SAN	2.2
Baydur	Bayer	PUR-R	1.1
Bayfill	Bayer	PUR-R	1.1
Bayfit	Bayer	PUR-R	1.1
Bayflex	Bayer	PUR-R	1.1
Bayfol	Bayer	PC+PBT	3.3
Baygal	Bayer	PUR-R	1.1
Bayloy	Bayer Sheet	PC-Blend	3.4
Baymer	Bayer	PUR-R	1.1
Baymidur	Bayer	PUR-R	1.1
Baynat	Bayer	PUR-R	1.1
Baypreg	Bayer	PUR	2.3
Baypren	Lanxess	CR	1.2, 2.2
Baysilone	GE Silicones	Q	1.1
Baytec	Bayer	PUR	2.3
Baytherm	Bayer	PUR-R	1.1
Bear	Tufnol	PF	3.5
Beetle	BIP	PA, PF, PI, PTP, UF	2.2
Begra	Begra	PVC	2.2
Bellpearl	Kanebo	PF	2.2
Benecor	Benecke	PVC-P	3.3
Beneflex	Benecke	PVC, TPO, TPU	3.3
Benefol	Benecke	PVC-P	3.3
Benelit	Benecke	PS, PVC, PVC-P	3.3
Benepur	Benecke	ABS, PUR	3.3, 3.5
Beneron	Benecke	ABS, PVC	3.3, 3.5
Benova	Benecke	PUR	3.3
Benvic	Solvin	PVC	2.2

Name	Firma	Kunststoff/Kunstharz (siehe Tafel 1, Seite XXII)	Lieferform (siehe D.3, Seite 833)
Bergacell	PolyOne Th. Bergmann	CA	2.2
Bergadur	PolyOne Th. Bergmann	PBT	2.2
Bergaflex	PolyOne Th. Bergmann	SEBS	2.2
Bergaform	PolyOne Th. Bergmann	POM	2.2
Bergamid	PolyOne Th. Bergmann	PA	2.2
Bergaprop	PolyOne Th. Bergmann	PP	2.2
Bester	Rohm & Haas	PUR-R, TPU	1.1, 2.2
Betamid	Putsch	PA	2.2
Bexloy	DuPont	E-Cop, PA, PTP	2.2
Bicor	Exxon	PP	3.3
Bifan	Showa	PP	3.3
Bisco	Rogers	SI	1.1
Blaze Master	PolyOne Th. Bergmann	VC-Cop	2.2
Blendex	GEP	ABS	2.2
Bondfast	Sumitomo	PP	1.5
Borclear	Borealis	PP	2.2
Borecene	Borealis	PE	2.1
Borflow	Borealis	PP	2.2
Borsoft	Borealis	PE	2.2
Borstar	Borealis	PE	2.2
Bralen	Slovnaft	PE-LD	2.2
Breon	Zeon	CR	2.2
Breox	Zeon	E-Cop	2.2
Bricling	Zeon	PE-LD, PE-LLD	3.3
Brilen	Brilén	PTP	3.6
Brithene	Brilén	PE-LD, PE-LLD	3.3
Budene	Goodyear	BR	2.2
Buflon	Solvay	PVC-P	3.3
Bulana	Lukoil	PMMA	3.6
Bulen	Lukoil	PE	2.2
Bultex	Recticel	PUR	3.7
Buna	Lanxess	BR, EPDM, SBR	2.2
Buplen	Lukoil	PP	2.2
Bustren	Lukoil	SB	1.1
Butacite	DuPont	PVB	3.3
Butaclor	Polimeri	CR	1.2, 2.2
Butaprene	Firestone	CR	2.2

Name	Firma	Kunststoff/Kunstharz (siehe Tafel 1, Seite XXII)	Lieferform (siehe D.3, Seite 833)
Butofan	BASF	SB	1.2
Butvar	Dow	PVB	2.2
C			
Cabelec	Cabot	Thermopl. allg.	2.2
Cadon	Bayer	SMAH	2.2
Calibre	Dow	PC	2.2
Capilene	Carmel	PP	2.2
Caprez	Alloy	PP	2.2
Capron	BASF	PA 6, PA 66	2.2
Carbaicar	Aicar	UF	2.2
Carbamal	Eastman	PUR-R	1.1
Carboblend	Aquafil	PC+PBT	2.2
Carboglass	Aquafil	PC	3.4
Carb-o-life	Aquafil	PC	3.4
Carboloy	Aquafil	PC+ABS	2.2
Carbolux	Aquafil	PC	3.4
Carbothane	Thermedics	TPU	2.2
Carom	Oltchim	CR	2.2
Carp	Tufnol	PF	3.5
Cashmilon	Asahi	PAN	3.6
Castomer	Baxenden	PUR-R	1.1
Catalloy	Basell	PP	2.2
Celanex	Ticona	PBT	2.2
Celazole	Polytron	PBI	3
Celcon	Ticona	POM	2.2
Cellasto	Elastogran	TPU	2.2, 3.7
Cellidor	Albis	CAB, CP	2.1, 2.2
Cello	Albis	CA	3.3
Cellolux	LA/ES	CA	2.2
Celmar	Plastech	PP	3.3, 3.4
Celstran	Ticona	Thermopl. allg.	2.2
Centrex	Lanxess	ASA	2.2
Cevian	Daicel	ABS, SAN	2.2
Chemigum	Goodyear	ACM	2.2
Chemiton	Franplast	SEBS, SEPS	2.2
Chempex	Golan	PE-X	3.2
Chissonyl	Chisso	PVAC	2.2

Name	Firma	Kunststoff/Kunstharz (siehe Tafel 1, Seite XXII)	Lieferform (siehe D.3, Seite 833)
Cisamer	Indian Petrochemicals	BR	2.2
Civic	Nordkemi	UP	1.1
Clarix	Schulman	EIM	2.2
Clearen	Denka	SB	2.2
Clearflex	Polimeri	PE-LD, PE-ULD	2.2
Clearlac	Mitsubishi Rayon	S-Cop	2.2
Clearstrength	Atofina	MBS	2.2
Climapor	Saarpor	PS-E	3.3, 3.4
Clocel	Baxenden	PUR	1.1
Clyrell	Basell	PP	2.2
Clysar	DuPont	PO	3.3
Colorcomp	LNP	Thermopl. allg.	2.2
ComAlloy	Schulman	ABS+PVC	2.2
Combidur	Profine	VC-Cop	3.1
Combithen	Wolff Walsrode	PE	3.3
Combitherm	Wolff Walsrode	PE	3.3
Comoglas	Kuraray	UP	2.3
Comp	Putsch	PP	2.2
Compax	Palram	PC	3.4
Compel	Ticona	Thermopl. allg.	2.2
Compodic	Dainippon	PA	2.2
Comshield	Schulman	Thermopl. allg.	2.2
Comtuf	Schulman	Thermopl. allg.	2.2
Copolene	Asahi	E-Cop	2.2
Cordopreg	Ferro	UP	2.3
Cordura	DuPont	PA	3.6
Corian	DuPont	PMMA	3.4
Coroplast	Coroplast	PO, PP, Q, S-Cop	3.3
Corrugator	Fränkische Rohrwerke	PO, PVC	3.2
Corterra	Shell	PTT	2.2
Corvic	EVC	PVC	2.2
Cosmax	Asahi	PMMA	3.3
Cosmonate	Mitsui	PUR-R	1.1
Courtelle	Mitsui	PAN	3.6
Crastin	DuPont	PBT, PET	2.2
Crayamid	DuPont	PA	1.1
Creablend	PTS	ABS+PC, PC+PBT	2.2

Name	Firma	Kunststoff/Kunstharz (siehe Tafel 1, Seite XXII)	Lieferform (siehe D.3, Seite 833)
Crealen	PTS	PP	2.2
Creamid	PTS	PA 6, PA 66	2.2
Createc	PTS	PBT	2.2
Crestomer	Scott Bader	UP	1.1
Cristalite	Schock	PMMA	1.1
Cristamid	Atofina	PA 11, PA 12	2.2
Crow	Tufnol	PF	3.5
Crystar	DuPont	PET	2.2
Crystic	Scott Bader	UP	1.1
Cuticulan	Odenwald	PE-LD	3.3
Cutilan	Odenwald	PE-HD	3.3
Cutipylen	Odenwald	PP	3.3
CX-Serie	Unitika	PA	2.2
Cycolac	GEP	ABS	1.1, 2.2
Cycoloy	GEP	ABS+PC	2.2
Cycovin	GEP	ABS+PVC	2.2
Cyrex	Cyro	PC+PMMA+PS	2.2
Cyrolite	Röhm	MBS, PMMA	2.2, 3.4
Cyrolon	Cyro	PC	3.4
D			
Dacron	DuPont	PTP	3.6
Daiamid	Daicel	PA	2.2
Daiel	Daikin	FKM	2.2
Daiflon	Daikin	ECTFE	2.2
Daltorez	Huntsman	TPU	2.2
Daplen	Borealis	PP	2.2
Daploy	Borealis	PP	2.2
Daron	DSM Composite Resins	UP, VE	1.5
Dartek	DuPont	PA	3.3
d-c-fix	Hornschuch	PVC-P	3.3
Decelith	ECW-Eilenburger	PVC, VC-Cop	2.1, 2.2
Decospan	Dekodur	MF	3.5
Degadur	Degussa	PMMA	1.5
Degalan	Degussa	PAA, PMMA	1.1
Degaroute	Degussa	PMMA	1.1
Deglas	Röhm	PMMA	3.3
Dehoplast	Deutsche Holzveredelung	PE-HD, PP	3.1, 3.3, 3.4

D

Name	Firma	Kunststoff/Kunstharz (siehe Tafel 1, Seite XXII)	Lieferform (siehe D.3, Seite 833)
Dekadur	Deka	PVC, VC-Cop	3.2
Dekalen	Deka	PE-HD	3.2
Dekaprop	Deka	PP, PPS	3.2
Dekasab	Deka	ABS	3.2
Dekazol	Deka	CAB	3.2
Dekodur	Dekodur	MF	3.4
Dekoplus	Dekodur	MF	3.5
Dekosa	Saarpor	PS-E, PUR	3.1, 3.4
Delmer	Asahi	PMMA	1.1
Delpet	Asahi	PMMA	2.2
Delrin	DuPont	POM	2.2
Delta-Folie	Dörken	PE, PP, PVC	3.3
Denka	Denka	EVAC, VC-Cop	1.1
Denka Arena	Denka	PTP	2.2
Denkastyrol	Denka	S-Cop	2.2
Denkavinyl	Denka	PVC, VC-Cop	2.2
Depron	Mitsubishi Polyester Film	PS	3.3
Derakane	Dow	EP	1.1
Desmocoll	Bayer	PUR-R	1.1, 1.5
Desmodur	Bayer	PUR-R	1.1
Desmopan	Bayer	TPU	2.2
Desmophen	Bayer	PAA, PUR-R	1.1
Desmotherm	Bayer	PUR-R	1.1
Dexflex	Solvay	TPO	2.2
Diafoil	Mitsubishi Polyester Film	PET	3.3
Diakon	Lucite	PMMA	2.2
Diamid	Daicel	PA	2.2
Dianite	Mitsubishi Rayon	PBT	2.2
Diapet	Mitsubishi Rayon	ABS	2.2
Diaprene	AES	PP+EPDM	2.2
Diene	Firestone	CR	2.2
Diexter	Coim	PUR-R	1.1
Dilamid	Dilaplast	PA 6, PA 66	2.2
Dinalen	Dioki	PE-LD	2.2
Diofan	Solvay	PVDC	2.2
Disperbond	Merquinsa	PUR-R	1.1
Disperdur	Merquinsa	PUR-R	1.1

Name	Firma	Kunststoff/Kunstharz (siehe Tafel 1, Seite XXII)	Lieferform (siehe D.3, Seite 833)
Doki	Dioki	PS	2.2
Domamid	Domo	PA 6, PA 66	2.2
Domolen	Domo	PP	2.2
Dorlastan	Lanxess	PUR	3.6
Dorlyl	Dorlyl	PVC	2.2
Dowlex	Dow	PE	2.2
Dryflex	British Vita	SBS, SEBS	2.2
Dryotar	Eastman	PTP	2.2
Dryton	Dow	CR, EPDM	2.2
Dupanel	Recticel	PUR	3.7
Duracap	PolyOne Th. Bergmann	PVC	2.2
Duracarb	PPG	PUR-R	2.2
Duraclear	IMS	PUR	3.3
Duracon	Polyplastics	POM	2.2
Duradene	Firestone	SBR	2.2
Duramac	Eastman	UP	1.1
Duramax	PolyOne Th. Bergmann	PBT	2.2
Duramid	Isola	EP	2.3
Duranex	Polyplastics	PBT	2.2
Durastar	Eastman	PTP	2.2
Durastrength	Atofina	PMMA	2.2
Durasyn	BP	PAO	2.2
Duraver	Isola	EP	2.3
Durethan	Lanxess	PA 6, PA 66	2.2
Durocron	Mitsubishi Rayon	PMMA	2.2
Durodet	Mitras	PP, UP	2.3, 3.5
Durolite	Mitras	UP	2.3, 3.5
Durolon	Policarbonatos do Brasil	PC	2.2
Durolux	LA/ES	PC+ABS	2.2
Duropal	Wodego	MF	3.4
Durostone	Röchling Haren	EP, PF, UP, VE	2.3, 3.1, 3.2, 3.4
Dutral	Polimeri	EPDM, EPM	2.2
Dyflor	Degussa	PVDF	2.2
Dylark	Nova	S-Cop, SMAH	2.2
Dylene	Nova	PS	2.2
Dylite	Nova	PS-E	2.2
Dynaflex	GLS	TPS	2.2

D

Name	Firma	Kunststoff/Kunstharz (siehe Tafel 1, Seite XXII)	Lieferform (siehe D.3, Seite 833)
Dynamar	Dyneon	FKM	2.2
Dyneema	DSM Dyneema	PE	3.6
Dyneon	Dyneon	PTFE	2.1, 2.2
Dyneon ETFE	Dyneon	ETFE	2.2
Dyneon FEP	Dyneon	FEP	2.2
Dyneon PFA	Dyneon	PFA	2.2
Dyneon THV	Dyneon	TFEHFPVDF	2.2
Dytron	AES	TPE	2.2
E			
Eastalloy	Eastman	PC+PBT, PC+PET	2.2
Eastapak	Eastman	PET	2.2
Eastar	Eastman	PTP	2.2
Eastobond	Eastman	PTP	2.2
Eastoflex	Eastman	EPM	2.2
Ecdel	Eastman	TPC	2.2
Ecocarb	Aquafil	PC	2.2
Ecoflex	BASF	PLA	2.2
Ecoform	Aquafil	POM	2.2
Ecomid	Nilit	PA 6, PA 66	2.2
Econol	Sumitomo	PTP	2.2
Econyl	Aquafil	PA 6, PA 66	2.2
Ecoruf	Palram	PP	3.4
Edgetek	PolyOne Th. Bergmann	Thermopl. allg.	2.2
Edistir	Polimeri	PS, PS-HI	2.2
Efweko	Degussa	PUR	2.2
Ekadur	Sattler	PBT	2.2
Ekadure	Ashland	UP	1.5
Ekalon	Sattler	PC	2.2
Ekaloy	Sattler	POM	2.2
Ekamid	Sattler	PA 66	2.2
Ekanyl	Sattler	ABS	2.2
Ekatal	Sattler	POM	2.2
Ektar	Eastman	PPS, PTP	2.2
Elamed	Elana	PTP	2.2
Elan	Putsch	PP	2.2
Elana	Elana	PTP	3.6
Elapor	EMW	PE-X, PUR	3.7

Name	Firma	Kunststoff/Kunstharz (siehe Tafel 1, Seite XXII)	Lieferform (siehe D.3, Seite 833)
Elaslen	Showa	PE-C	2.2
Elastamax	PolyOne Th. Bergmann	TPE	2.2
Elastan	Elastogran	PUR	1.1
Elaster	Zeon	VC-Cop	2.2
Elastocell	Elastogran	TPU	2.2
Elastocoat	Elastogran	PUR-R	1.5
Elastoflex	Elastogran	PUR-R	1.1
Elastofoam	Elastogran	PUR-R	1.1
Elastolit	Elastogran	PUR-R	1.1
Elastollan	Elastogran	TPU	2.2
Elaston	Chemitex	PUR-R	3.6
Elastonat	Elastogran	PUR	1.1
Elastopal	Elastogran	TPU	3.7
Elastopan	Elastogran	PUR-R	1.1
Elastopor	Elastogran	PUR-R	1.1
Elastopreg	BASF	PP	2.3
Elastosil	Wacker	Q	1.1
Elastotec	Elastogran	TPU	2.2
Elastotherm	Elastogran	PUR-R	1.1
Elasturan	Elastogran	PUR-R	1.1
Electra	IMS	PE-UHMW	3.3
Elegante	Eastman	PET	2.2
Elektrafil	DSM Eng. Plastics	Thermopl. allg.	2.2
Elexar	Teknor Apex	SEBS	2.2
Elit	Elana	PTP	2.2
Elite	Dow	PPMS	2.2
Elitel	Elana	PTP	2.2
Elix	Dow	S-Cop	2.1
Eltex	Solvay	PE-HD, PP	2.2
Elvacite	Lucite	A-Cop	2.2
Elvaloy	DuPont	PE + PVC, PVC	2.2
Elvamide	DuPont	PA	1.1, 2.2
Elvanol	DuPont	PVAL	1.1
Elvax	DuPont	E-Cop	2.2
Emac	Chevron	EMA	2.2
Emarex	MRC Polymers	PA 6, PA 66	2.2
Emblem	Unitika	PVDC + PVAC	3.3

D

Name	Firma	Kunststoff/Kunstharz (siehe Tafel 1, Seite XXII)	Lieferform (siehe D.3, Seite 833)
Embrace	Eastman	PTP	3.3
Emdicell	Elastogran	TPU	2.2, 3.7
Emerge	Dow	PC + ABS	2.2
Emi-X	LNP	ABS, PA 66, PBT, PC, PESU	2.2
Empera	BP	PS	2.2
Enable	Exxon	EBA	1.5
Endur	Rogers	TPE	3
Enduran	GEP	PBT	2.2
Engage	DuPont Dow Elastomers	TPO	2.2
Enplex	Kaneka	ABS + PVC	2.2
Envelon	Rohm & Haas	EMA	2.2
Envirez	PPG	UP	1.1
Epcar	Goodrich	EPDM	2.2
Eperan	Kaneka	PE, PP	3.7
Epofriend	Polyplastics	TPE	2.2
Epolene	Eastman	PE, PP	1.5
Epomic	Mitsui	EP	1.1
Eponac	Sprea	EP	2.2
Epotal	BASF	PE	1.2
Epotuf	Reichhold	EP	1.1
Equistar	Equistar	PP	2.2
Eraclene	Polimeri	E-Cop, PE-HD	2.2
Eref	Solvay	PA + PP	2.2
Esall	Sumitomo	PP + TPS	2.2
Esbrid	Asahi	PA 6	2.2
Esbrite	Sumitomo	PS	2.2
Escor	Exxon	EAA	2.2
Escorene	Exxon	EVAC, PE-LD, PE-LLD, PP	2.2
Eska	Mitsubishi Rayon	PMMA	3.6
Espanex	Nippon Steel	PI	1.1
Espladur	Raschig	PF	2.2
Esprene	Sumitomo	EPDM	2.2
Establend	Cossa	PC + ABS	2.2
Estacarb	Cossa	PC	2.2
Estadiene	Cossa	ABS	2.2
Estal	PolyOne Th. Bergmann	PBT	2.2

Name	Firma	Kunststoff/Kunstharz (siehe Tafel 1, Seite XXII)	Lieferform (siehe D.3, Seite 833)
Estaloc	Goodrich	TPU	2.2
Estane	Goodrich	TPU	2.2
Estaprop	Cossa	PP	2.2
Estar	Mitsui	UP	1.1
Estasan	Cossa	SAN	2.2
Estastir	Cossa	PS	2.2
Esteform	Chromos	UP	2.2
Estemab	Mitsui	UP	2.3
Estemix	Chromos	UP	2.2
Estyrene	Nippon Steel	ABS, SMAH	2.2
Ethocel	DuPont Dow Elastomers	CA	2.2
Etinox	Aiscondel	PVC	2.2
ET-Polymer	Borealis	PE	2.2
Etronax	Elektro-Isola	CF, EP, MF, PPE, SI, UP	3.4
Etronit	Elektro-Isola	CF, EP, MF	3.5
Eurodrain	Hegler	PVC	3.2
Europhan	Huhtamaki	PVC	3.3
Europlex	Röhm	PSU	3.4
Europrene	Polimeri	BR, NBR, SBR, SBS, SEBS, SIS	2.2
Eutan	Acla	TPU	3.1, 3.4
Evacon	Lucite	PMMA	2.2
Evalastic	Alwitra	PP + EPDM	3.3
Evalon	Alwitra	EVAC + PVC	3.3
Evamelt	Lanxess	EVAC	2.2
Evatane	Atofina	EVAC	2.2
Evatate	Sumitomo	E-Cop	2.2
Evipol	EVC	PVC	2.2
Evolue	Mitsui	PO	2.2
Evoprene	Alphagary	SEBS, TPS	2.2
Exact	Dex-Plastomers	TPO	2.2
Exceed	Exxon	PE-MC	2.2
Excellen	Sumitomo	PE-ULD	2.2
Exceval	Kuraray	CP	1.1
Exter	Coim	UP	1.1
Extir	Polimeri	PS-E	2.2
Extrupet	La Seda	PET	2.2

D

Name	Firma	Kunststoff/Kunstharz (siehe Tafel 1, Seite XXII)	Lieferform (siehe D.3, Seite 833)
Exxonmobil	Exxon	PE, PP	2.2
Exxtral	Exxon	PP	2.2
F			
Fabelnyl	Exxon	PA	2.2
Fabeltan	Exxon	TPU	2.2
Faradex	LNP	Thermopl. allg.	2.2
Fawocel	Gefinex	PP	3.7
Fawolen	Gefinex	PE	3.7
Fawolit	Gefinex	PP	3.7
Fawotop	Gefinex	PP	3.7
Femso	Femso	Thermopl. allg.	3
Fenoform	Chromos	CF	2.2
Ferrene	Ferro	E-Cop	2.2
Ferrex	Ferro	PP	2.2
Ferrocon	Ferro	PP	2.2
Ferro-Flex	Ferro	PP + EPDM	2.2
Ferroflo	Ferro	PS	2.2
Ferropak	Ferro	PP	2.2
FF ...	Fränkische Rohrwerke	Thermopl. allg.	3.2
Fiberfil	DSM Eng. Plastics	Thermopl. allg.	2.2
Fiberloc	PolyOne Th. Bergmann	PVC	2.2, 2.3
Fibrelam	Hexcel	UP	2.3
Fibrodux	Hexcel	EP, PF	2.3
Fibrolux	Fibrolux	UP	3
Finacene	Atofina	PE-MC	2.2
Finaclear	Atofina	SBS	2.2
Finaprene	Atofina	SBS	2.2
Finapro	Atofina	PP	2.2
Finathene	Atofina	PE-HD, PE-LD	2.2
Flexalen	Pipelife	PE-HD	3.2
Flexalloy	Teknor Apex	PVC	2.2
Flexathene	Equistar	TPO	2.2
Flexbond	Air Products	PVAC	1.1
Flexirene	Polimeri	PE-LLD	2.2
Flexivolt	Solvay	PVC	3.2
Flexloy	Sumitomo	PA + PO	2.2
Flexocel	Baxenden	PUR	1.1

Name	Firma	Kunststoff/Kunstharz (siehe Tafel 1, Seite XXII)	Lieferform (siehe D.3, Seite 833)
Flo-Blen	Baxenden	PO	2.2
Fluorel	Dyneon	FKM	2.2
Fluorosint	Polytron	PTFE	3
Folitherm	Huhtamaki	PP	3.3
Foraflon	Atofina	PTFE, PVDF	2.2
Foralkyl	Atofina	PFA	2.2
Forco	Huhtamaki	PP	3.3
Forex	Airex	PVC	3.4, 3.7
Forflex	PolyOne Th. Bergmann	TPO	2.2
Formica	Formica	MF	3.4
Formion	Schulman	EIM	2.2
Formolene	Formosa Plastics	PO	2.2
Formosacon	Formosa Plastics	POM	2.2
Formula	Putsch	PP	2.2
Formvar	Dow	PVFM	1.1
Forprene	So.F.Ter	TPE, TPV	2.2
Forsan	Kaucuk	ABS	2.2
Fortiflex	BP	PE-HD	2.2
Fortilene	Solvay	PP	2.2
Fortron	Ticona	PPS	2.2
Franprene	Franplast	TPO, TPS	2.2
Frialen	Friatec	PE-HD	3.2
Frianyl	Frisetta	PA 6, PA 66	2.2
Friedola	Friedola	PP, PVC-P	3.3
Frila	Norsk Hydro	PVC	2.2
Fulton	LNP	F-Pol. + POM	2.2
Fundopal	Funder	MF	3.4
Fürkadur	Solvadis	PA + PC	2.2
Fürkaform	Solvadis	POM	2.2
Fürkalon	Solvadis	TPE	2.2
Furnidur	Mitsubishi Polyester Film	VC-Cop	3.3
Furnit	Hornschuch	PVC	3.3
G			
Gabotherm	Hornschuch	PB-1	3.2
Gaflon	Hornschuch	PTFE	3
Galirene	Carmel	PS	2.2
Gammaflex	PTS	PE	2.2

D

Name	Firma	Kunststoff/Kunstharz (siehe Tafel 1, Seite XXII)	Lieferform (siehe D.3, Seite 833)
Gapex	Ferro	PP, PP + PA	2.2
Garaflex	Alphagary	TPE	2.2
Gealan	Gealan	PVC-P	3.1, 3.2
Geberit	Geberit	PE-HD	3.2
Gechron	Zeon	CO	2.2
Gedexcel	Nova	PS-E	2.2
Gehr	Gehr	Thermopl. allg.	3
Gekaplan	Gehr	PVC-P	3.3
Gelkyd	Gehr	UP	1.1
Gelon	GEP	PA 6, PA 66	2.2
Geloy	GEP	ASA	2.2
Genesis	Nova	PO, PS	2.2
Genotherm	Klöckner-Pentaplast	PVC	3.3
Gensil	GE Silicones	Q	2.2
Geolast	AES	PP + BR	2.2
Geon	PolyOne Th. Bergmann	PVC	1.2, 2.1, 2.2
Gepax	GEP	PC	3.4
Germadur	Kukoha	PBT	2.2
Germamid	Kukoha	PA 6, PA 66	2.2
Gerodur	Haka Gerodur	PE, PP, PVC	3.2
Gerofit	Haka Gerodur	PE-HD	3.2
Getec	GEP	EP + PPE	2.3
Globalpet	Selenis	PET	2.2
Godifin	Godiplast	TPO	2.2
Godiflex	Godiplast	TPS	2.2
Godigum	Godiplast	PVC + NBR	2.2
Godiplast	Godiplast	PVC-P, PVC-U	2.2
Godiprene	Godiplast	TPU	2.2
Gohsenol	Nippon Gohsei	PVAL	2.2
Gohsenyl	Nippon Gohsei	PVAC	2.2
Goldadur	Goldmann	PBT	2.2
Goldaform	Goldmann	POM	2.2
Goldalon	Goldmann	PC	2.2
Goldamid	Goldmann	PA 6, PA 66	2.2
Goldaprop	Goldmann	PP	2.2
Gravitech	PolyOne Th. Bergmann	Thermopl. allg.	2.2
Greenflex	Polimeri	EVAC	2.2

Name	Firma	Kunststoff/Kunstharz (siehe Tafel 1, Seite XXII)	Lieferform (siehe D.3, Seite 833)
Gremodur	Gremolith	FF, PF	1.1
Gremopal	Gremolith	UP	1.1
Gremothan	Gremolith	PUR-R	1.1
Grilamid	Ems	PA 12, PA-Cop	2.1, 2.2
Grilon	Ems	PA 6, PA 66, PA- Cop, TPA	2.2
Grilpet	Ems	PBT, PET	2.2
Griltex	Ems	PA	1.5
Grivory	Ems	PA 6/6-T, PPA	2.2
Gumiplast	Ems	PVC-P	2.2
GUR	Ticona	PE-UHMW	2.1, 2.2
Gurit	Gurit	ABS, CA, CP, PO, PS, PVC	3.3
Guron	Koepp	PE-LD	3.7
H			
Hagulen	Hagusta	PE-HD	3.2
Haiplen	Taro	PP	2.2
Hakathen	Haka Gerodur	PO	3.2
Halar	Solvay	ECTFE	2.2
Halon	Solvay	ECTFE	2.2
Hartex	Firestone	IR	2.2
Hawiflex	Habermann	PUR	3.1, 3.2, 3.3, 3.4
Heglerflex	Hegler	PE, PP, PVC	3.2
Heglerplast	Hegler	PVC	3.2
Hekaplast	Hegler	PE-HD	3.2
Heliflex	Heliflex	PVC	3.2
Helithen	Heliflex	PE-HD	3.2
Helitherm	Heliflex	PP	3.2
Herex	Airex	PVC	3.5, 3.7
Hersalem	Solvay	PVC	3.2
Hetron	Ashland	VE	1.5
Hexene	Ashland	PE-HD, PE-LD	2.2
Hexlite	Hexcel	UP	2.3
Hicor	Exxon	PP	3.3
Hifax	Basell	PP	2.2
Hifor	Eastman	PE-LLD	2.2
Higlas	Basell	PP	2.2
Hilex	Plastech	PE-HD	3.3
Hiloy	Schulman	Thermopl. allg.	2.2

D

Name	Firma	Kunststoff/Kunstharz (siehe Tafel 1, Seite XXII)	Lieferform (siehe D.3, Seite 833)
Himol	Nippon Petrochemicals	PIB	1.5
Hiprene	Mitsui	TPU	2.2
Hivalloy	Basell	PP + A-Cop, PP + S-Cop	2.2
Hi-Zex	Mitsui	PE-HD, PE-LD	2.2
Hofalon	Hornitex	PF	3.4
Homadur	Homanit	PF	3.4
Homepet	Selenis	PET	2.2
Hornit	Hornitex	MF	3.4
Hornitex	Hornitex	MF	3.5
Hostacom	Basell	PP	2.2
Hostaform	Ticona	POM	2.2
Hostaglas	Hagedorn	PET	3.4
Hostalen	Basell	PE, PP	2.2
Hostalit	Vinnolit	PVC, PVC-U, VC-Cop	2.2
Hostalloy	Ticona	PE-UHMW	2.1, 2.2
Hostapet	Klöckner-Pentaplast	PET	3.3
Hostaphan	Mitsubishi Polyester Film	PET	3.3
Howelon	Hornschuch	PVC-P	3.3
Huntsman	Huntsman	PE, PP	2.2
Hy-Bar	Huntsman	E-Cop, PE, PE-LLD, PP	3.3
Hybrar	Kuraray	TPE	2.2
Hybrid	Entec	ABS + PC, PC + PBT	2.2
Hycar	Goodrich	CR, IR	2.2
Hydrex	Reichhold	UP	2.2
Hydrin	Zeon	CO	2.2
Hydrocell	Koepp	PUR	3.7
Hydrolar	Coim	PUR-R	1.2
Hydropor	Koepp	PUR	3.7
Hyflon	Solvay	MFA, PFA	2.1, 2.2
Hylac	Entec	ABS	2.2
Hylar	Solvay	ECTFE, PVDF	2.1, 2.2
Hylene	DuPont Dow Elastomers	TPE	2.2
Hylex	Entec	PC	2.2
Hylon	Entec	PA 6, PA 66	2.2
Hylox	Entec	PBT	2.2
Hypalon	PolyOne Th. Bergmann	PE-C	2.2
Hypel	Entec	PE-HD, PE-LD, PE-LLD	2.2

Name	Firma	Kunststoff/Kunstharz (siehe Tafel 1, Seite XXII)	Lieferform (siehe D.3, Seite 833)
Hyperlite	Bayer	PUR-R	1.1
Hypro	Entec	PP	2.2
Hyrene	Entec	PS-HI	2.2
Hysol	Entec	EP	2.3
Hysun	Entec	ASA, ASA + PC	2.2
Hytemp	Zeon	CR	2.2
Hytrel	DuPont	TPC	2.2
Hyvex	Ferro	PPS	2.2
Hyvin	Norsk Hydro	PVC	2.2
I			
Idemitsu	Idemitsu	PC	2.2
Illmid	Illbruck	PI	3.7
Illtec	Illbruck	MF	3.7
Imipex	GEP	PESI	2.2
Impet	Ticona	PET	2.2
Impranil	Bayer	PUR-R	1.1
Indopol	BP	PB-1	2.2
Indothene	Indian Petrochemicals	PE-LD, PE-LLD	2.2
Indovin	Indian Petrochemicals	PVC	2.2
Induvil	Solvay	PVC	2.2
Infinity	Honeywell	PA 6	2.2
Innovex	BP	PE-LLD	2.2
Inspire	Dow	PP	2.2
Insular	Occidental	PVC	2.2
Intene	Polimeri	BR	2.2
Intol	Polimeri	SBR	2.2
Intrile	Polimeri	CR	2.2, 3.2, 3.3
Invision	Schulman	TPO	2.2
Iotek	Exxon	EIM	2.2
Ipethene	Carmel	PE	2.2
Iradur	Godiplast	PBT	2.2
Irodur	Huntsman	TPU	2.2
Irogran	Huntsman	TPU	2.2
Irostic	Huntsman	PUR-R	1.1
Isoexter	Coim	PUR-R	1.1
Isolac	GEP	ABS	2.2
Isonate	Dow	PUR-R	1.1

Name	Firma	Kunststoff/Kunstharz (siehe Tafel 1, Seite XXII)	Lieferform (siehe D.3, Seite 833)
Isopak	Great Eastern	ABS	2.2
Isoplast	Dow	TPU	2.2
Isorene	GEP	SBS, SEBS, TPE	2.2
Isosan	Great Eastern	SAN	2.2
Isoschaum	Schaum-Chemie	UF	3.7
Isotal	GEP	POM	2.2
Isplen	Repsol	PP	2.2
Ivelit	Solvay	PO	3.3
Ixan	Solvay	PVDC	1.2, 2.2
Ixef	Solvay	PARA	2.2
J			
Jambolen	Lukoil	PTP	3.6
Jeffol	Huntsman	PUR-R	1.1
Jonylon	BIP	PA	2.2
Jupiace	Mitsubishi	PPE	2.2
Jupilon	Mitsubishi	PC	2.2, 3.3, 3.4
Jupital	Mitsubishi	POM	2.2
K			
Kabuflex	Fränkische Rohrwerke	PE-HD	3.2
Kadel	Solvay	PAEK	2.2
Kaifa	Solvay	PTP	2.2
Kaladex	DuPont	PEN	3.3
Kalrez	DuPont Dow Elastomers	FKM	3.1, 3.3
KaneAce	Kaneka	MBS	2.1
Kanebian	Kaneka	PVAL	3.6
Kanelite	Kaneka	PS	3.3, 3.7
Kanevinyl	Kaneka	VC-Cop	2.2
Kapex	Airex	TPU	3.5
Kapton	DuPont	PI	3.3
Karlex	Ferro	PTP	2.2
Kauramin	BASF	MF	1.5
Kauresin	BASF	PF, RF	1.3, 1.5
Kaurit	BASF	MUF	1.5
Kelburon	Sabic	PP	2.2
Keldax	DuPont	E-Cop	2.2
Kelon	Lati	PA 6, PA 66	2.2
Keltan	DSM Elastomers	EPDM	2.2

Name	Firma	Kunststoff/Kunstharz (siehe Tafel 1, Seite XXII)	Lieferform (siehe D.3, Seite 833)
Kematal	Ticona	POM	2.2
Kemplex	Ferro	POM	2.2
Kepamid	Korea Eng. Plastics	PA 6, PA 66	2.2
Kepex	Korea Eng. Plastics	PBT	2.2
Kepital	Korea Eng. Plastics	POM	2.2
Keripol	Bakelite	UP	2.2
Ketron	Polytron	PEEK	3
Kevlar	DuPont	PPTA	3.6
Keyflex	LG	TPC	2.2
KF...	Kureha	PVDF, PVF	2.2, 3.3
K-Flex	Kureha	PVDC	3.3
Kibipol	Chi Mei	BR	3.4
Kibisan	Chi Mei	SAN	2.2
Kibiton	Chi Mei	SBS, SEBS	2.2
Kite	Tufnol	PF	3.5
Kobaloy	Mitsubishi	PC, PC-Blend	2.2
Kobatron	Mitsubishi	PA	2.2
Koblend	Polimeri	PE + PS	2.2
Kocetal	Kolon	POM	2.2
Kollidon	BASF	PVP	2.2
Kömabord	Profine	PVC	3.4
Kömacel	Profine	PVC	3.4
Kömadur	Profine	VC-Cop	3.4
Kömapan	Profine	PVC	3.1
Kömatex	Profine	PVC	3.4
Konduit	LNP	Thermopl. allg.	2.2
Konlux	LNP	UP	3.4
Kopa	Kolon	PA	2.2
Kopel	Kolon	TPE	2.2
Kopet	Kolon	PET	2.2
Koplen	Kaucuk	PS	1.1
Koresin	BASF	PF	1.1
Kostil	Polimeri	SAN	2.2
Koylene	Indian Petrochemicals	PP	2.2
Krasten	Kaucuk	PS	2.2
Kraton D	Kraton	SBS, SIS	2.2
Kraton G	Kraton	SEBS, SEPS	2.2

D

Name	Firma	Kunststoff/Kunstharz (siehe Tafel 1, Seite XXII)	Lieferform (siehe D.3, Seite 833)
Kraton IR	Kraton	IR	2.2
K-Resin	Chevron Phillips	SB, S-Cop	2.2
Krylene	Lanxess	SBR	2.2
Krynac	Lanxess	NBR	2.2
Krynol	Lanxess	SBR	2.2
Kynar	Atofina	PVDF	2.1, 2.2, 3.3
L			
Labellyte	Exxon	PP	3.3
Lacovyl	Atofina	PVC	1.4, 2.2
Lacqrene	Atofina	PS, S-Cop	2.2
Lacqtene	Atofina	PE-HD, PE-LD, PE-LLD	2.2
Lactron	Kanebo	PLA	3.6
Ladene	Sabic	PE, PP	2.2
Laestra	Lati	PS	2.2
Lamide	Lamplast	PA	2.2
Lanoform	Godiplast	POM	2.2
Lanomid	Godiplast	PA	2.2
Lanoprop	Godiplast	PP	2.2
Lapex	Lati	PESI	2.2
Laprene	So.F.Ter	SBS, SEBS, TPE	2.2
Laramid	Lati	PPA	2.2
Larflex	Lati	PP + EPDM	2.2
Laricol	Coim	PUR	2.2
Laril	Lati	PPE	2.2
Laripur	Coim	TPU	2.2
Larithane	Coim	PUR-R	1.1
Lariver	Coim	UP	3.4
Larpeek	Lati	PEEK	2.2
Larton	Lati	PPS	2.2
Lastane	Lati	PUR	2.2
Lastil	Lati	SAN	2.2
Lastilac	Lati	ABS, ABS + PC	2.2
Lastirol	Lati	PS	2.2
Lasulf	Lati	PSU	2.2
Latamid	Lati	PA 6, PA 66	2.2
Latan	Lati	POM	2.2
Latene	Lati	PE-HD, PP	2.2

Name	Firma	Kunststoff/Kunstharz (siehe Tafel 1, Seite XXII)	Lieferform (siehe D.3, Seite 833)
Later	Lati	PBT	2.2
Latiblend	Lati	ABS + PA, PC + PBT	2.2
Latilon	Lati	PC	2.2
Latilub	Lati	PA, POM	1.1, 2.2
Latishield	Lati	PA, PC, PTP	1.1, 2.2
Latistat	Lati	PA, PC, PTP	1.1, 2.2
Laxtar	Lati	LCP	2.2
Leben	Dainippon	PVC	2.2
Lemalloy	Mitsubishi	PPE + PA, PPE + PBT, PPE + PP	2.2
Lemapet	Mitsubishi	PET	2.2
Leona	Asahi	PA 66	2.2
Lerille	Asahi	PTP	3.6
Levapren	Lanxess	EVAC	2.2
Lexan	GEP	PC	2.2, 3.3, 3.4
Lexgard	GEP	PC	3.4
Listac	Godiplast	ASA	2.2
Liten	Chemopetrol	PE-HD	2.2
Lomod	GEP	TPC	2.2
Lotader	Atofina	E-Cop	2.2
Lotryl	Atofina	EBA, EMA	2.2
Lubmer	Atofina	PE-UHMW	2.2
Lubricomp	LNP	Thermopl. allg.	2.2
Lubrilon	Schulman	Thermopl. allg.	2.2
Lubriloy	LNP	Thermopl. allg.	2.2
Lubri-Tech	PolyOne Th. Bergmann	Thermopl. allg.	2.2
Lucalen	Basell	E-Cop	1.1
Lucalor	Atofina	PVC-U	2.2
Lucarex	Atofina	PVC	2.2
Lucel	LG	POM	2.2
Lucet	LG	POM	2.2
Lucite	DuPont	PMMA	2.2
Lucky	LG	ABS	2.2
Lucobay	Atofina	PVC	3.1
Lucobit	Lucobit	E-Cop	1.1, 3.3
Lucofin	Lucobit	TPO	3.3
Lucolit	Lucobit	E-Cop	3.3
Lucon	LG	Thermopl. allg.	2.2

Name	Firma	Kunststoff/Kunstharz (siehe Tafel 1, Seite XXII)	Lieferform (siehe D.3, Seite 833)
Lucopren	Lucobit	TPO	3.3
Luflexen	Basell	PE-LLD	2.2
Lumax	LG	PBT + PS	2.2
Lupan	LG	SAN	2.2
Lupital	Ticona	POM	2.2
Lupol	LG	PP	2.2
Lupolen	Basell	E-Cop, PE-HD, PE-LD, PE-LLD	2.2
Lupolex	Basell	PE-LLD	2.2
Lupon	LG	PA 66	2.2
Lupos	LG	ABS, SAN	2.2
Lupox	LG	PBT, PC + PBT	2.2
Lupoy	LG	PC, PC + ABS	2.2
Lupranat	Elastogran	PUR-R	1.1
Lupranol	Elastogran	PUR-R	1.1
Lupraphen	Elastogran	PUR-R	1.1
Luprene	LG	SBS	2.2
Luran	BASF	ASA, SAN	2.2
Luranyl	BASF	PPE + PS	2.2
Lusep	LG	PPS	2.2
Lustran	Lanxess	ABS, SAN	2.2
Lustropak	Lanxess	ABS	2.2
Lutene	LG	PE-HD, PE-LD	2.2
Lutex	LG	PS	2.2
Lutrel	LG	PBT	2.2
Luvicross	BASF	PVP	2.2
Luviskol	BASF	PVP	2.2
Luvocom	Lehmann & Voss	Thermopl. allg.	2.2
Luvoflex	Lehmann & Voss	TPU	2.2
Luwax	BASF	PE	2.1, 2.2
Luxacryl	Tupaj	PMMA	3.4
Luxamid	Dilaplast	PA 6, PA 66	2.2
Lycra	DuPont	PUR	3.6
Lynx	Tufnol	PF	3.5
Lytron	Dow	PS, S-Cop	1.1
M			
Mablex	MP	PC + ABS	2.2
Madipur	Hexcel	PUR-R	1.1

Name	Firma	Kunststoff/Kunstharz (siehe Tafel 1, Seite XXII)	Lieferform (siehe D.3, Seite 833)
Mafill	MP	PP	2.2
Magnacomp	LNP	PA	2.2
Magnum	Dow	ABS	2.2
Makroblend	Bayer	PC + PET	2.2
Makrofol	Bayer	PC	3.3
Makrolon	Bayer	PC	2.2
Makrolon multi	Bayer Sheet	PC	3.4
Malon	M.A. Industries	PTP	2.2
Mamax	M.A. Industries	PET	2.2
Mantopex	Golan	PE-X	3.2
Margard	GEP	PC	3.4
Marlex	Chevron Phillips	PE-HD, PE-LD	2.2
Marnot	Bayer	PC	3.3
Marvyflo	Tessenderlo	PVC	2.1
Marvylan	Tessenderlo	PVC	2.2
Marvylex	Tessenderlo	VC-Cop	2.2
Marvyloy	Tessenderlo	VC-Cop	2.2
Mastalloy	Mitsui	TPO	2.2
Mater-Bi	Novamont	PO	2.2
Maxlen	MRC Polymers	PE	2.2
Maxnite	MRC Polymers	PBT, PET	2.2
Maxprene	MRC Polymers	IR	2.2
Maxpro	MRC Polymers	PP	2.2
Maxtel	MRC Polymers	TPO	2.2
Maxxam	PolyOne Th. Bergmann	PE-HD, PE-LD, PP	2.2
Megablend	Megapolymers	PC + ABS	2.2
Megaflex	Megapolymers	TPE	2.2
Megalac	Megapolymers	ABS	2.2
Megalon	Megapolymers	PC	2.2
Megamid	Megapolymers	PA	2.2
Megaprop	Megapolymers	PP	2.2
Megater	Megapolymers	PBT	2.2
Megol	API	SEBS	2.2
Melaform	Chromos	MF	2.2
Melaicar	Aicar	MF	2.2
Melalux	Dekodur	MF	3.5
Melfeform	Chromos	MF	2.2

Name	Firma	Kunststoff/Kunstharz (siehe Tafel 1, Seite XXII)	Lieferform (siehe D.3, Seite 833)
Melinar	DuPont	PET	2.2
Melinex	DuPont	PET	3.3
Melmex	BIP	MF	2.2
Melochem	Chemiplastica	MF	2.2
Melopas	Raschig	MF, MPF	2.2
Melos	PolyOne Th. Bergmann	EPDM	2.2
Melsprea	Sprea	MF	2.2
Metablen	Mitsubishi Rayon	A-Cop, MBS	2.2
Metalcap	Polyram	PP	2.2
Metallyte	Exxon	PP	3.3
Metamarble	Teijin	ABS + PC, PC, PMMA + PC	2.2
Metocene	Basell	PP	2.2
Metzoplast	Metzeler	Thermopl. allg.	3.3, 3.4
Microline	LA/ES	ABS	3.4
Microthene	Equistar	PE	2.1
Milastomer	Mitsui	TPO	2.2
Mindel	Solvay	PSU	2.2
Minlon	DuPont	PA	2.2
Miramid	Leuna	PA	2.2
Mirason	Mitsui	PE-LD, PE-LLD	2.2
Miravithen	Leuna	EVAC	2.2
Modar	Ashland	MMA	1.1
Moltopren	Bayer	PUR-R	3.7
Monosol	Dow	EC, MC, PVAL	3.3
Monprene	Teknor Apex	TPE	2.2
Montac	Dow	PA, PESI	1.5, 2.2
Moplen	Basell	PP	2.2
Morthane	Basell	TPU	1.1
Mosten	Chemopetrol	PP	2.2
Multiflex	Multibase	PP + EPDM, TPE	2.2
Multiprene	Multibase	TPE	2.2
Multipro	Multibase	PP	2.2
Multitec	Bayer	PUR-R	1.1
Muralen	Murtfeldt	PE-UHMW	3.1, 3.4
Murdopol	Murtfeldt	PA 12	3.1, 3.4
Murdotec	Murtfeldt	PPS	3.1, 3.4
Murflor	Murtfeldt	PTFE	3.1, 3.4

Name	Firma	Kunststoff/Kunstharz (siehe Tafel 1, Seite XXII)	Lieferform (siehe D.3, Seite 833)
Murinyl	Murtfeldt	PVDF	3.1, 3.4
Murlubric	Murtfeldt	PA 6	3.1, 3.4
Murpec	Murtfeldt	PEEK	3.1, 3.4
Murtex	Murtfeldt	PF	3.1, 3.4
Murylat	Murtfeldt	PET	3.1, 3.4
Murylon	Murtfeldt	PA 6, PA 66	3.1, 3.4
Murytal	Murtfeldt	POM	3.1, 3.4
Mutilon	Teijin	PC + ABS	2.2
Mxsten	Eastman	PE-LD	2.2
Mylar	DuPont	PET	3.3
N			
Nakan	Atofina	PVC	2.2
NAS	Nova	S-Cop	2.2
Natsyn	Goodyear	IR	2.2
NatureWorks	Cargill	PLA	2.2
Naxaloy	MRC Polymers	PC-Blend	2.2
Naxell	MRC Polymers	PC	2.2
Neoflon	Daikin	ECTFE, PTFE	1.2
Neopolen	BASF	PE-E, PP-E	3.7
Neopor	BASF	PS-E	2.2, 3.7
Neoprene	DuPont Dow Elastomers.	SBR	2.2
Neostar	Eastman	TPC	2.2
Neo-zex	Eastman	PE-LD, PE-LLD	2.1, 2.2
Nepol	Borealis	PP	2.2
Niblan	Soredi	PBT	2.2
Niblend	Soredi	PC + ABS	2.2
Niform	Soredi	POM	2.2
Nilac	Soredi	ABS	2.2
Nilamid	Nilit	PA-Cop	2.2
Nilamon	Nilit	PA 6, PA 66	2.2
Nilitop	Nilit	PBT	2.2
Niloy	Soredi	PC + PBT	2.2
Nimpact	GEP	PC	3.4
Nipeon	Zeon	PVC	2.2
Niplene	Soredi	PP	2.2
Nipol	Zeon	ACM, BR, IR, NBR, SBR	2.2
Nipolit	Chisso	PVC, VC-Cop	2.2

Name	Firma	Kunststoff/Kunstharz (siehe Tafel 1, Seite XXII)	Lieferform (siehe D.3, Seite 833)
Niretan	Soredi	PA 6, PA 66	2.2
Nirion	Soredi	PC	2.2
Nisseki	Nippon Petrochemicals	BR, PIB	1.5
Nistil	Soredi	SAN	2.2
Noblen	Sumitomo	PP	2.2
Nopla	Kolon	PEN, PET	2.2
Nordel	DuPont Dow Elastomers	EPDM	2.2
Norslide	Pampus	PTFE	3.2
Norsorex	Atofina	EPDM	2.2
Norvic	Braskem	PVC	2.2
Norvinyl	Norsk Hydro	PVC	2.2
Noryl	GEP	PPE + PA, PPE + PP, PPE + PS	2.2, 3.3
Nova	Nova	PS	2.2
Novacor	Nova	PS	2.2
Novaduran	Mitsubishi	PBT	2.2
Novalloy	Daicel	ABS + PA, ABS + PBT, ABS + PC	2.2
Novamid	Mitsubishi	PA 6, PA 66	2.2
Novapet	Mitsubishi	PET	2.2
Novapol	Nova	PE-HD, PE-LD, PE-LLD	2.2
Novapps	Mitsubishi	PPS	2.2
Novarex	Mitsubishi	PC	2.2
Novex	BP	EVAC, PE-LD	2.2
Novoaccurate	Mitsubishi	LCP	2.2
Novocarb	Godiplast	PC	2.2
Novodur	Lanxess	ABS	2.2
Novolen	Basell	PP	2.2
Novolux	LA/ES	PC + ABS	2.2
Novopan	Glunz	PF	3.5
Nucrel	DuPont	EAA, EMA	2.2
Nybex	Ferro	PA	2.2
Ny-Kon	LNP	PA	2.2
Nylaforce	Leis	PA 6, PA 66	2.2
Nylatron	DSM Eng. Plastics	PA	2.2
Nylex	Multibase	PA + PP	2.2
Nylind	DuPont Dow Elastomers	PA	2.2
Nymax	PolyOne Th. Bergmann	PA 6, PA 66	2.2

Name	Firma	Kunststoff/Kunstharz (siehe Tafel 1, Seite XXII)	Lieferform (siehe D.3, Seite 833)
Nypel	BASF	PA 6	2.2
Nyrim	DSM RIM	PA	1.1
O			
Okiten	Dioki	PE-LD	2.2
Olaprene	Philippine	PUR	3.4
Oldoflex	Büsing & Fasch	PUR-R	1.1
Oldopal	Büsing & Fasch	UP	1.1
Oldopren	Büsing & Fasch	TPU	2.1
Oldopur	Büsing & Fasch	PUR-R	1.1
Oltvil	Oltchim	PVC	2.2
Ondex	Solvay	PVC	3.3
Onflex	PolyOne Th. Bergmann	TPO	2.2
Ongrodur	Borsod	PVC	3.4
Ongrofol	Borsod	PVC	3.3
Ongrolit	Borsod	PVC	2.2
Ongromix	Borsod	PVC	2.2
Ongronat	Borsod	PUR-R	1.1
Ongropur	Borsod	PUR-R	1.1
Ongrovil	Borsod	PVC	2.2
Ontex	Solvay	PP	2.2
Oppalyte	Exxon	PP	3.3
Optema	Exxon	EMA	2.2
Optum	Ferro	PO	2.2
Orel	DuPont	TPC	2.2
Orevac	Atofina	E-Cop	1.1, 2.2
Orgalloy	Atofina	PP + PA	2.2
Orgasol	Atofina	PA 612	2.1
Orit	Atofina	PVC-P	3.3
Ormecon	Ormecon	PANI	1.1
Oroglas	Atoglas	PMMA	2.2, 3.4
Oromid	Rhodia	PA	2.2
Or-on	Rhodia	PVC-P	3.3
Osstyrol	Hagedorn	ABS, PE-HD, PP, PS, SAN	3.3, 3.4
Oxyvinyls	Occidental	PVC	2.2
P			
Palapreg	DSM Composite Resins	UP, VE	1.5
Palatal	DSM Composite Resins	UP, VE	1.5

D

Name	Firma	Kunststoff/Kunstharz (siehe Tafel 1, Seite XXII)	Lieferform (siehe D.3, Seite 833)
Palblend	Palplast	PC + ABS	2.2
Palclear	Palram	PVC	3.4
Paldoor	Palram	PVC	3.4
Paldur	Palplast	PBT	2.2
Palflex	Palplast	TPU	2.2
Palform	Palplast	POM	2.2
Palgard	Palram	PC	3.4
Palglas	Palplast	PMMA	3.4
Palglaze	Palram	PET-G	3.4
Palight	Palram	PVC	3.4
Pallaflon	Schieffer	PTFE	3, 3.4
Palmid	Palplast	PA	2.2
Palopaque	Palram	PVC	3.4
Palpet	Palplast	PET	2.2
Palprop	Palplast	PP	2.2
Palran	Palplast	ABS	2.2
Palruf	Palram	PVC	3.4
Palsafe	Palplast	PC	2.2
Palsan	Palplast	SAN	2.2
Palstyrol	Palplast	PS	2.2
Palsun	Palram	PC	3.4
Palthene	Palplast	PE	2.2
Paltile	Palram	PC	3.4
Palvinyl	Palplast	PVC	2.2
Pamflon	Pampus	PTFE	2.2
Panaflex	3 M	PVC-P	3.3
Pandex	Dainippon	TPU	2.2
Panlite	Teijin	PC	2.2
Pantarin	Koepp	PUR	3.7
Papi	Dow	PUR-R	1.1
Paraglas	Degussa	PMMA	3.3, 3.4
Paraloid	Rohm & Haas	AMMA, MBS, PMMA	1.5, 2.1, 2.2
Parel	Zeon	EPDM	2.2
Paricarb	Tecnopolimers	PC	2.2
Paridur	Tecnopolimers	PBT	2.2
Pariform	Tecnopolimers	POM	2.2
Parilene	Tecnopolimers	PP	2.2

Name	Firma	Kunststoff/Kunstharz (siehe Tafel 1, Seite XXII)	Lieferform (siehe D.3, Seite 833)
Parinil	Tecnopolimers	PA 6, PA 66	2.2
Parisab	Tecnopolimers	ABS	2.2
Paristirol	Tecnopolimers	PS	2.2
Paxon	Exxon	PE-HD	2.2
P-Blend	Putsch	PC + ABS	2.2
PCLight	Policarbonatos do Brasil	PC	3.4
P-Comp	Putsch	PP	2.2
Pearlbond	Merquinsa	TPU	2.2
Pearlcoat	Merquinsa	TPU	2.2
Pearlstick	Merquinsa	TPU	2.2
Pearlthane	Merquinsa	TPU	2.2
Pebax	Atofina	TPA	2.1, 2.2
Peek	Victrex	PAEK	2.2
P-Elan	Putsch	PP + EPDM	2.2
Pellethane	Dow	TPU	2.2
Pentaclear	Klöckner-Pentaplast	PVC	3.3
Pentadur	Klöckner-Pentaplast	PVC	3.3
Pentaform	Klöckner-Pentaplast	PVC	3.3
Pentapharm	Klöckner-Pentaplast	COC, PET, PP, PVC	3.3
Pentaprint	Klöckner-Pentaplast	PVC	3.3
Pentaprop	Klöckner-Pentaplast	PP	3.3
Pentastat	Klöckner-Pentaplast	PET, PET-G, PP, PVC	3.3
Pentatherm	Klöckner-Pentaplast	PVC	3.3
Pentex	Hüttenes-Albertus	PUR-R	1.1
Peranyl	Godiplast	PPE + PS	2.2
Perbunan	Lanxess	NBR	2.2
Perfluorogum	Daikin	FKM	2.2
Peripor	BASF	PS	3.7
Permasted	RTP	Thermopl. allg.	2.2
Perspex	Lucite	PMMA	2.2, 3.4
Petal	PolyOne Th. Bergmann	PET	2.2
Petra	BASF	PET	2.2
Petrothene	Equistar	PE, PP	2.2
Pevikon	Norsk Hydro	PVC	2.2
Pexgol	Golan	PE-X	3.2
P-Fib	Putsch	PP	2.2
P-Flex	Putsch	ABS	2.2

Name	Firma	Kunststoff/Kunstharz (siehe Tafel 1, Seite XXII)	Lieferform (siehe D.3, Seite 833)
Philan	Philippine	PUR	3.4
Phtalopal	BASF	PDAP	1.1
Pibiflex	P-Group	TPE	2.2
Pibiter	P-Group	PBT, PC, PET	2.2
Plaslube	DSM Eng. Plastics	Thermopl. allg.	2.2
Plastazote	DSM Eng. Plastics	PE	3.7
Plastelene	Solvay	PE-HD	3.2
Plastidro	Solvay	PVC	3.2
Plastilit	Solvay	PVC	3.2
Plastin	Huhtamaki	PE-HD	3.3
Plastistrength	Atofina	PMMA	2.2
Plastolen	Pongs & Zahn	PO	2.2
Plastomid	Pongs & Zahn	PA 6	2.2
Plastopil	Pongs & Zahn	PE, PVC-P	3.3
Plastor	Pongs & Zahn	PVC-P	3.3
Plastotrans	Huhtamaki	PE-LD	3.3
Platabond	Atofina	EVAC	2.1
Platamid	Atofina	PA	2.2
Platherm	Atofina	PA, PTP, PUR	1.5
Platilon	Wolff Walsrode	PA, PP, TPU	3.3
Plenco	Plastics Engineering	MF, PF, UP	1.1, 2.2
Plexalloy	Röhm	PMMA + ABS	2.2
Plexifix	Röhm	PMMA	1.5
Plexiglas	Röhm	PMMA	2.2, 3.1, 3.2, 3.4
Plexigum	Röhm	PMMA	1.1
Plexileim	Röhm	PAA	1.1, 1.3
Pleximid	Röhm	PMMI	2.2
Plioflex	Goodyear	CR	2.2
Pliolite	Goodyear	ACM, CR, SBR	1.2, 2.2
Pluracol	BASF	PUR-R	1.1
Plytron	Borealis	PO	2.2
Pocan	Lanxess	PBT, PET	2.2
Pokalon	Lofo	PC	3.3
Polaris	Ashland	MMA	1.5
Polene	Ashland	PO	2.2
Polidux	Aiscondel	PS	2.2
Polifil	Ipiranga	PP	2.2

Name	Firma	Kunststoff/Kunstharz (siehe Tafel 1, Seite XXII)	Lieferform (siehe D.3, Seite 833)
Poliform	Aquafil	POM	2.2
Polisul	Ipiranga	PE-HD, PE-LD	2.2
Politeno	Politeno	PE	2.2
Polva	Solvay	PE-HD, PE-LD, PVC	3.2
Polyabs	Polykemi	ABS	2.2
Polyasa	Polykemi	ASA	2.2
Polyaxis	Schulman	EVAC, PE-HD, PE-LLD, PP	2.1
Polyblend	Polykemi	PC + ABS	2.2
Polyclad	GEP	PC	3.4
Polycoat	EMW	PUR	1.5
Polydet	Mitras	UP	3.4, 3.5
Polydux	Repsol	ABS, SAN	2.2
Polyelast	Polykemi	TPE	2.2
Polyfabs	Polykemi	ABS	2.2
Polyfast	MP	ASA	2.2
Polyfill	Polykemi	PP	2.2
Polyflam	Schulman	Thermopl. allg.	2.2
Polyflon	Daikin	PTFE	2.2
Polyform	Polykemi	POM	2.2
Polyfort	Schulman	EVAC, PE, PE-HD, PP	2.2
Polyglad	GEP	PC	3.4
Polykarbonat	Polykemi	PC	2.2
Polylac	Chi Mei	ABS	2.2
Polylite	Reichhold	UP	2.2
Polyloy	Ems	PA	2.2
Polylux	Polykemi	MABS	2.2
Polyman	Schulman	Thermopl. allg.	2.2
Polymist	Solvay	PTFE	2.1, 2.2
Polynil	Nilit	PA-Cop	2.2
Polyplex	Polykemi	PMMA	2.2
Polypro	Doeflex	PP	3.4
Polypur	Schulman	TPU	2.2
Polyrex	Chi Mei	PS	2.2
Polysan	Polykemi	SAN	2.2
Polyshine	Polykemi	PBT	2.2
Polyspeed	Hexcel	EP	2.3
Polystat	Schulman	Thermopl. allg.	2.2

Name	Firma	Kunststoff/Kunstharz (siehe Tafel 1, Seite XXII)	Lieferform (siehe D.3, Seite 833)
Polytherm	Huhtamaki	PVC	3.3
Polytron	Polyram	Thermopl. allg.	2.2
Polytrope	Schulman	TPO	2.2
Polyvin	Schulman	PVC, VC-Cop	2.2
Polyviol	Wacker	PVAL	2.2
Polywood	Polykemi	PS	2.2
Ponacom	Pongs & Zahn	Thermopl. allg.	2.2
Ponaflex	Pongs & Zahn	TPE	2.2
Ponalen	Pongs & Zahn	PO	2.2
Ponamid	Pongs & Zahn	PA	2.2
Porene	Pongs & Zahn	ABS, PS, SAN	2.2
Poret	EMW	PUR	3.7
Poron	Rogers	PUR, PVC-P	3.7
Poval	Denka	PVAL	2.2
Powersil	Wacker	Q	1.1
Pre-Elec	Premix	Thermopl. allg.	2.2
Pregnit	Krempel	PI	2.3, 3.5
Prevail	Dow	ABS + TPU, TPU	2.2
Prima	EVC	VC-Cop	2.2
Primacor	Dow	EAA, EMA	2.2
Primal	Rohm & Haas	PMMA	1.2
Primef	Solvay	PPS	2.2
Prismex	Lucite	PMMA	3.4
Profax	Basell	PP	2.2
Profilen	Lenzing	PTFE	2.1, 3.6
Proflex	PolyOne Th. Bergmann	TPU	2.2
Propilven	Propilven	PP	2.2
Proppet	Braskem	PET	2.2
Propyform	Plastech	PP	3.3, 3.4
Propylex	Plastech	PP, PP + EPDM	3.3, 3.4
Provista	Eastman	PET-G	2.2
P-Tex	IMS	PE-UHMW	3.3
Pulse	Dow	PC + ABS	2.2
Purell	Basell	PP	2.2
Purenit	Puren	PUR	3.7
Purex	Teijin	PET	3.3
Pyro-Chek	Ferro	PS	2.2

Name	Firma	Kunststoff/Kunstharz (siehe Tafel 1, Seite XXII)	Lieferform (siehe D.3, Seite 833)
Pyrofil	Mitsubishi Rayon	PAN	3.6
Q			
Quarite	Aristech	PMMA	2.2, 3.4
Quelflam	Baxenden	PUR-R	1.1
Questra	Dow	PS	2.2
R			
Radel A	Solvay	PESU	2.2
Radel R	Solvay	PPSU	2.2
Radiblend	Radici	PA	2.2
Radicron	Radici	PET-G	2.2
Radiflam	Radici	PA	2.2
Radilon	Radici	PA	2.2
Raditer	Radici	PBT, PET	2.2
Radlite	Azdel	Thermopl. allg.	3.6
Ralupol	Raschig	UP	2
Raplan	API	SBS	2.2
Ravamid	Ravago	PA	2.2
Ravatal	Ravago	POM	2.2
Reconyl	Frisetta	PA 6, PA 66	2.2
Recticel	Recticel	PUR	3.7
Regalite	PolyOne Th. Bergmann	PVC	3.3
Relon	Tecnopolimeri	PA 6, PA 66	2.2
Remid	Tecnopolimeri	PA 6, PA 66	2.2
Remix	Tecnopolimeri	PC + ABS	2.2
Renodur	Solvay	PVC	3.2
Renofort	Solvay	PVC	3.2
Reny	Mitsubishi	PA 6/6-T	2.2
Repak	Mitsubishi	PO	3.3
Replay	Nova	PS	2.2
Repolem	Atofina	PVAC	2.2
Resilt	Tecnopolimeri	PC	2.2
Resinol	Raschig	PF	2.2
Restil	Restil	SAN	2.2
Restiran	Restil	ABS	2.2
Restirolo	Restil	PS, S-Cop	2.2
Retain	Dow	PE	2.2
Retipor	EMW	PUR	3.7

Name	Firma	Kunststoff/Kunstharz (siehe Tafel 1, Seite XXII)	Lieferform (siehe D.3, Seite 833)
Revil	Lamplast	EPDM	2.2
Rextac	Huntsman	PAO	2.2
Rezibond	Chromos	PF	2.2
Rhodorsil	Rhodia	SI	2.2
Ribetak	Ceca	PF	1.5
Riblene	Polimeri	PE-LD	2.2
Rigidex	BP	PE-HD	2.2
Rigipore	BP	PS-E	2.2
Rilsan	Atofina	PA 11, PA 12	2.1, 2.2, 3.6
Rimplast	Degussa	PO, Q, TPU	1.1, 2.2
Riteflex	Ticona	TPC	2.2
Robukan	Fränkische Rohrwerke	PE	3.2
Rodrun	Unitika	PE-C	2.2
Rohacell	Röhm	PMMI	3.7
Romiloy	Romira	ABS + PA, ABS + PC, ASA + PC	2.2
Ropol	Oltchim	PE-LD	2.2
Ropoten	Oltchim	PE	2.2
Rosevil	Oltchim	PVC	2.2
Rotec	Romira	ABS, ASA	2.2
Rovel	Dow	TPE	2.2
Royalex	Royalite	ABS, PVC	3.4
Royalite	Royalite	ABS, ABS + PVC	3.1, 3.3, 3.4
Rubiflex	Huntsman	PUR-R	1.1
Rubinate	Huntsman	PUR-R	1.1
Rütamid	Bakelite	PA	2.2
Rütaphen	Bakelite	FF, PF, RF	1.5
Rütapox	Bakelite	EP	1.5
Rütapur	Bakelite	PUR-R	1.1
Rynite	DuPont	PET	2.2
Ryton	Chevron Phillips	PPS	2.2
Ryulex	Dainippon	ABS + PC	2.2
S			
Sabre	Dow	PC + PET	2.2
Saduren	BASF	MF	1.1
Saflex	Dow	PVB	3.3
Santoprene	AES	PP + EPDM	2.2
Sapelec	AES	PVC	2.2

Name	Firma	Kunststoff/Kunstharz (siehe Tafel 1, Seite XXII)	Lieferform (siehe D.3, Seite 833)
Saran	Dow	PVDC	2.2
Sarlink	DSM Elastomers	TPO	2.2
Sarnafil	Sarna	PO, PVC	3.3
Sarnatex	Sarna	PVC-P	3.3
Sasolen	Sasol	PP	2.2
Saterflex	Sasol	TPS	2.2
Satran	MRC Polymers	ABS, PS, SAN	2.2
Saxene	ECW-Eilenburger	EPDM, PP, PP	2.2
Saxomer	ECW-Eilenburger	TPE	2.2
Scanamid	Polykemi	PA	2.2
Scanrex	Polykemi	PPS	2.2
Scantec	Polykemi	PC	2.2
Scarab	BIP	UF	2.2
Schuladur	Schulman	PBT, PET	2.2
Schulaform	Schulman	POM	2.2
Schulamid	Schulman	PA 6	2.2
Schulink	Schulman	PE-HD	2.1
Sclair	Nova	PE	2.2
Sclairfilm	Nova	PE	3.3
Sclairlink	Nova	PE	2.1
Sclairpipe	Nova	PE	3.2
Scolefin	RP	PP	2.2
Sconablend	RP	TPE	2.2
Scotchcast	3 M	EP	2.1
Scotchkote	3 M	EP	1.1
Scotchpak	3 M	PTP	3.3
Scotchpar	3 M	PET	3.3
Scotchply	3 M	EP, PF	2.2, 2.3
Scotchshield	3 M	PET	3.3
Secupor	Saarpor	PS-E	3.3, 3.4
Sedapet	La Seda	PET	2.2
Selar	DuPont	PA-Cop, PET	2.2
Selectrofoam	PPG	PUR-R	1.1
Selectron	PPG	UP	1.1, 2.2
Semicon	Borealis	PE + IR	2.2
Senosan	Senoplast	ABS, ASA, PET-G, PMMA, PS	3.3
Septon	Kuraray	TPE	2.2

D

Name	Firma	Kunststoff/Kunstharz (siehe Tafel 1, Seite XXII)	Lieferform (siehe D.3, Seite 833)
Sequel	Solvay	TPO	2.2
Serfene	Solvay	PVDF	2.1
Setilithe	Solvay	CA	2.2
Shinblend	Solvay	PC + PBT	2.2
Shinite	Solvay	PBT	2.2
Shinkolac	Mitsubishi Rayon	ABS	2.2
Shinkolite	Mitsubishi Rayon	PMMA	1.1, 2.2, 3.4
Sho-Allomer	Showa	PP	2.2
Sholex	Showa	PE-HD, PE-LD	2.2
Siamvic	Solvay	PVC	2.2
Sibrflex	Goodyear	SIR	2.2
Sicalit	EVC	CA	2.2
Sicobox	EVC	PVC	3.3
Sicodex	EVC	PVC	3.4
Sicofarm	EVC	PVC	3.3
Sicoffset	EVC	PVC	3.3
Sicoflex	MP	ABS	2.2
Sicoklar	MP	PC	2.2
Sicolene	EVC	PE, PVC	3.3
Sicoplast	EVC	PVC	3.3
Sicoprint	EVC	PVC	3.3
Sicoran	MP	SAN	2.2
Sicoreg	EVC	PVC	3.3
Sicostirolo	MP	PS	2.2
Sicoter	MP	PBT, PPE	2.2
Sicovimp	EVC	VC-Cop	3.3
Sicovinil	EVC	PVC, VC-Cop	3.3, 3.4, 3.6
Silacron	Schock	PMMA	1.1
Silres	Wacker	Q	1.1
Silsoft	GE Silicones	SI	1.1
Siltem	GEP	PUR + SI	2.2
Simona	Simona	Thermopl. allg.	3.1, 3.2, 3.3, 3.4
Sinkral	Polimeri	ABS	2.2
Sinotherm	Hüttenes-Albertus	PF	1.1
Sintimid	Ensinger	PAI, PI	3
Siroplan	Hegler	PVC	3.2
Siroplast	Hegler	PE-HD	3.2

Name	Firma	Kunststoff/Kunstharz (siehe Tafel 1, Seite XXII)	Lieferform (siehe D.3, Seite 833)
Sirowell	Hegler	PVC	3.2
Skai	Hornschuch	PVC-P	3.3
Skailan	Hornschuch	PUR	3.3, 3.7
Skybond	Dow	PI	1.1
Skygreen	SK Chemicals	PET-G	2.2
Skypel	SK Chemicals	TPE	2.2
Skypet	SK Chemicals	PET	2.2
Skythane	SK Chemicals	TPU	2.2
Skyton	SK Chemicals	PBT	2.2
Smartan	Atofina	SMAH	1.1
Sniamid	Rhodia	PA	2.2
Sniatal	Rhodia	POM	2.2
Soarblen	Nippon Gohsei	E-Cop	2.2
Soarlex	Nippon Gohsei	E-Cop	2.2
Soarnol	Atofina	EVAL	2.2
Socarex	Solvay	PE-LD	3.2
Sofprene	So.F.Ter	SBS, SEBS	2.2
Softlex	Nippon Petrochemicals	E-Cop	2.2
Solef	Solvay	PVDF	2.2
Solflex	Goodyear	SBR	2.2
Solidur	Poly Hi Solidur	PE-HD, PE-UHMW, PP	3.1, 3.4
Solmed	Solvay	PO, PVC	3.3
Soltub	Solvay	PVC	3.2
Soluforce	Pipelife	PE	3.2
Soluphene	Atofina	PFA	1.5
Solvic	Solvay	PVC	2.2
Solvin	Solvin	PVC, VC-Cop	1.4, 2.1, 2.2
Spandal	Baxenden	PUR	3.5
Spandofoam	Baxenden	PUR	3.7
Spectar	Eastman	PTP	2.2
Spectrum	Eastman	PE-HD, PE-LD, PP	3.1, 3.3, 3.4, 3.6
Spilac	Showa	VE	1.3
Stamylan	Sabic	PE, PP	2.2
Stamylan UH	DSM Eng. Plastics	PE-UHMW	2.2
Stamylex	Sabic	PE-HD, PE-LLD	2.2
Stamyroid	Sabic	PP	2.2
Stamytec	Sabic	PP	2.2

D

Name	Firma	Kunststoff/Kunstharz (siehe Tafel 1, Seite XXII)	Lieferform (siehe D.3, Seite 833)
Stanyl	DSM Eng. Plastics	PA 46	2.2
Stapron	DSM Eng. Plastics	ABS + PA, PC + ABS, PC + PET	2.2
Staramide	Ferro	PA 6	2.2
Starex	Cheil	ABS	2.2
Star-Flam	LNP	PA 6, PA 66	2.2
Starpylen	LNP	PP	2.2
Stat-Kon	LNP	Thermopl. allg.	2.2
Stat-Loy	LNP	Thermopl. allg.	2.2
Stereon	Firestone	SBS	2.2
Sterocoll	BASF	PAA, PMMA	1.2, 1.3
Stirolan	Soredi	PS	2.2
Strabusil	Fränkische Rohrwerke	PE	3.2
Strafil	Hexcel	EP, PF	2.3
Strasil	Fränkische Rohrwerke	PVC	3.2
Stylac	Asahi	ABS	2.2
Styroblend	BASF	PS + PE	2.2
Styrocell	Nova	PS-E	2.2
Styrodur	BASF	PS	3.4, 3.7
Styrofan	BASF	SB	1.2
Styroflex	BASF	SBS	2.2
Styrofoam	Dow	PS-E	2.2
Styrolux	BASF	SBS, S-Cop	2.2, 3.4
Styron	Dow	PS	2.2
Styronal	BASF	SB	1.2
Styropor	BASF	PS-E	2.2
Styrosun	Nova	PS-HI	2.2
Sumidur	Sumitomo	PUR-R	1.1
Sumiflex	Sumitomo	VC-Cop	2.2
Sumigraft	Sumitomo	EVAC + PVC	2.2
Sumikadel	Sumitomo	PMMA + PVAL	2.2
Sumikaflex	Sumitomo	E-Cop, TPO	2.2
Sumikagel	Sumitomo	E-Cop	3.3
Sumikathene	Sumitomo	PAO	2.2
Sumilit	Sumitomo	PVC	2.2
Sumilite	Sumitomo	PESU	3.3
Sumipex	Sumitomo	PMMA	2.2, 3.3
Sunfrost	Schulman	VC-Cop	2.2

Name	Firma	Kunststoff/Kunstharz (siehe Tafel 1, Seite XXII)	Lieferform (siehe D.3, Seite 833)
Sunglas	Palram	PMMA	3.4
Sunigum	Goodyear	TPE	2.2
Sunlite	Palram	PC	3.4
Sunprene	Schulman	VC-Cop	2.2
Suntec	Asahi	PE-HD	2.2
Suntra	SK Chemicals	PPS	2.2
Suntuf	Palram	PC	3.4
Supec	GEP	PPS	2.2
Superlite	Azdel	PP	2.3
Supra-Carta	Isola	EP, PF	3.5
Supraplast	Raschig	UP	2
Suprasec	Huntsman	PUR-R	1.1
Surell	Formica	MF	3.4
Surlyn	DuPont	E-Cop	1.5, 3.3
Sustadur	Sustaplast	PET	3.1, 3.3
Sustamid	Sustaplast	PA	3.1, 3.3
Sustanat	Sustaplast	PC	3.1, 3.3
Sustarin	Sustaplast	POM	3.1, 3.3
Sustatec	Sustaplast	PET, PVDF	3.1, 3.3
Swan	Tufnol	PF	3.5
Sylodyn	Getzner	PUR	3.7
Sylomer	Getzner	PUR	3.7
Symalen	Symalit	PE	3.2
Symalit	Symalit	PO	2.3, 3.1, 3.2, 3.4
Synolac	Symalit	UP	1.1
Synolite	DSM Composite Resins	UP, VE	1.5
Synprene	PolyOne Th. Bergmann	SBS, SEBS	2.2
Syntegum	Lamplast	PP	2.2
Systanat	Elastogran	PUR-R	1.1
Systol	Elastogran	PUR-R	1.1
T			
Ta-adin	Elastogran	PVC-P	3.3
Tacphan	Lofo	CTA	3.3
Tactene	Lanxess	BR	2.2
Tafmer	Mitsui	TPO	2.2
Tairilac	Formosa Chemicals	ABS	2.2
Tairipro	Formosa Chemicals	PP	2.2

D

Name	Firma	Kunststoff/Kunstharz (siehe Tafel 1, Seite XXII)	Lieferform (siehe D.3, Seite 833)
Tairisan	Formosa Chemicals	SAN	2.2
Taktene	Bayer	BR	2.2
Talcoprene	P-Group	PP	2.2
Talnex	MRC Polymers	POM	2.2
Ta-or	MRC Polymers	PVC-P	3.3
Taradal	MRC Polymers	PVC-P	3.3
Taraflex	MRC Polymers	PVC-P	3.3
Taralay	MRC Polymers	PVC-P	3.3
Tarflen	Tarnow	PTFE	2.2
Tarflon	Formosa Chemicals	PC	2.2
Tarisan	Formosa Chemicals	SAN	2.2
Tarnamid	Tarnow	PA 6	2.2
Tarnoform	Tarnow	POM	2.2
Taroblend	Taro	PC + ABS	2.2
Tarodur	Taro	ABS	2.2
Tarolon	Taro	PC	2.2
Tarolox	Taro	PBT, PET	2.2
Taroloy	Taro	PC + PBT	2.2
Taromid	Taro	PA 6, PA 66	2.2
Tatren	Slovnaft	PP	2.2
Tecadur	Ensinger	PBT, PET	3
Tecafine	Ensinger	PE-UHMW, PMP, PP	3
Tecaflon	Ensinger	ETFE, PTFE, PVDF	3
Tecaform	Ensinger	POM	3
Tecalor	Ensinger	PI	3
Tecamid	Ensinger	PA	3
Tecanat	Ensinger	PC	3
Tecanyl	Ensinger	PPE	3
Tecapeek	Ensinger	PEEK	3
Tecapei	Ensinger	PEI	3
Tecapek	Ensinger	PEK	3
Tecaran	Ensinger	ABS	3
Tecason	Ensinger	PESU, PPSU, PSU	3
Tecast	Ensinger	PA	1.1, 3
Tecatron	Ensinger	PPS	3
Technoflex	Hegler	PA	3.2
Technora	Teijin	PPTA	3.6

Name	Firma	Kunststoff/Kunstharz (siehe Tafel 1, Seite XXII)	Lieferform (siehe D.3, Seite 833)
Technyl	Rhodia	PA 6, PA 66	2.2
Technylstar	Rhodia	PA 6	2.2
Techpet	Selenis	PET	2.2
Techtron	Polytron	PPS	3
Tecnoflon	Solvay	FKM	2.2
Tecnoline	Domo	PA 6, PA 66, PP	2.2
Tecnoprene	P-Group	PP	2.2
Tecoflex	Thermedics	TPU	2.2
Tecophilic	Thermedics	TPU	2.2
Tecoplast	Thermedics	TPU	2.2
Tecothane	Thermedics	TPU	2.2
Tectur	Leis	PBT	2.2
Tediflex	Dow	PUR-R	1.1
Tedilast	Dow	PUR-R	1.1
Tedimon	Dow	PUR-R	1.1
Tedirim	Dow	PUR-R	1.1
Teditherm	Dow	PUR-R	1.1
Tedlar	DuPont	PVF	3.3
Tedur	Albis	PPS	2.2
Téfabloc	Tessenderlo	SBS, SEBS	2.2
Téfanyl	Tessenderlo	PVC	2.2
Téfaprene	Tessenderlo	TPS	2.2
Teflon	DuPont	FEP, PFA, PTFE	2.2
Tefzel	DuPont	ETFE	2.2
Tegocoll	Goldschmidt	EP	1.5
Tegophan	Goldschmidt	PMMA, UP	3.3
Tego-Tex	Goldschmidt	MF, PF	2.2
Tejinconex	Teijin	PPTA	3.6
Tekbond	Teknor Apex	TPE	2.2
Teklamid	PolyOne Th. Bergmann	PA	2.2
Teknoplen	PolyOne Th. Bergmann	PP	2.2
Tekol	Kraiburg	PIB	2.2
Tekron	Teknor Apex	TPE	2.2
Tekudur	Tekuma	PBT	2.2
Tekuform	Tekuma	POM, PTFE	2.2
Tekulon	Tekuma	PC	2.2
Tekumid	Tekuma	PA 6, PA 66	2.2

D

Name	Firma	Kunststoff/Kunstharz (siehe Tafel 1, Seite XXII)	Lieferform (siehe D.3, Seite 833)
Tekusan	Tekuma	SAN	2.2
Telalloy	Kaneka	PMMA + S-Cop	2.2
Telcar	Teknor Apex	TPO	2.2
Telene	PolyOne Th. Bergmann	PVC	2.2
Tempalloy	Schulman	PP	2.2
TempRite	PolyOne Th. Bergmann	PVC-U, VC-Cop	2.2
Tempur	Gefinex	PUR	3.7
Tenac	Asahi	POM	2.2
Tenex	Teijin	CAB	2.2
Tenite	Eastman	CA, CAB, PE, PE-LLD, PP, PTP	1.1, 2.1, 2.2, 3.7
Tensiltarpe	Eastman	PE	3.3
Teonex	Teijin	PEN	3.3
Tepcon	Polyplastics	POM	2.2
Tepeo	Benecke	TPO	3.3
Teplagum	Lamplast	NBR	2.2
Terate	Invista	PUR-R	1.1
Terathane	DuPont	PUR-R	2.2
Teratron	Polytron	PET	3
Terblend	BASF	ABS + PA	2.2
Tercarol	Dow	PUR-R	1.1
Terluran	BASF	ABS, MABS	2.2
Terlux	BASF	MABS	2.2
Tetoron	Teijin	PET	3.3
Tetralene	Coors	PE-UHMW	2.2
Tetralon	Coors	PTFE	2.2
Tetrax	Nippon Petrochemicals	PIB	1.5
Texicryl	Scott Bader	PMMA, S-Cop	1.2
Texigel	Scott Bader	PMMA	1.2
Texin	Bayer	TPU	2.2
Texipol	Scott Bader	PAA	1.2
Textolite	GEP	EP, MF, PF, SI, UP	3.5
Thekaflex	Pongs & Zahn	TPE	2.2
Thelon	Pongs & Zahn	PVC-P	3.3
Thelotron	Pongs & Zahn	PVC-P	3.3
Therban	Lanxess	HNBR	2.2
Thermassiv	Schock	PMMA	3.1
Thermex-1	Schulman	Thermopl. allg.	2.2

Name	Firma	Kunststoff/Kunstharz (siehe Tafel 1, Seite XXII)	Lieferform (siehe D.3, Seite 833)
Thermoclear	GEP	PC	3.4
Thermocomp	LNP	Thermopl. allg.	2.2
Thermodet	Mitras	ABS, SAN, S-Cop	3.3
Thermofile	Asahi	Thermopl. allg.	2.2
Thermoflex	PTS	SEBS, SEPS	2.2
Thermolast	Kraiburg	TPS	2.2
Thermotuf	LNP	Thermopl. allg.	2.2
Thermx	Eastman	LCP	2.2
Thermylene	Asahi	PP	2.2
Thermylon	Asahi	PA 6, PA 66	2.2
Thoprene	Asahi	PPS	2.2
Tipelin	TVK	PE-HD	2.2
Tipolen	TVK	PE-LD	2.2
Tipplen	TVK	PP	2.2
Titan	Eastman	LCP	2.2
Tivar	Eastman	PE-UHMW	2.2
Tivilon	API	TPV	2.2
Topan	Glunz	PF	3.5
Topas	Ticona	COC	2.2
Topet	Tong Yang	PET	2.2
Topex	Tong Yang	PBT	2.2
Topilene	Tong Yang	PP	2.2
Toplamid	Tong Yang	PA	2.2
Toplex	Multibase	PC + ABS	2.2
Toraycon	Toray	PBT	2.2
Torlon	Solvay	PAI	2.2
Tospearl	GE Silicones	SI	2.1
Toughlon	Idemitsu	PC	2.2
Toyolac	Toray	ABS, SAN	2.2
TPX	Mitsui	PMP	2.2
Trefsin	AES	PP + IR	1.1
Trevira	Invista	PET	3.6
Triax	Lanxess	ABS + PA	2.2
Tribit	Sam Yang	PBT	2.2
Triloy	Sam Yang	PC + ABS	2.2
Tripet	Sam Yang	PET	2.2
Trirex	Sam Yang	PC	2.2

Name	Firma	Kunststoff/Kunstharz (siehe Tafel 1, Seite XXII)	Lieferform (siehe D.3, Seite 833)
Trivoltherm	Krempel	EP	2.3
Trixene	Baxenden	PMMA + PUR, PUR-R	1.1
Trocal	HT Troplast	PVC	3.1, 3.3
Trocellen	HT Troplast	PE, PE-X	3.7
Trogamid	Degussa	PA 6/6-T	2.2
Trolac	Godiplast	ABS, ABS + PA, ABS + PC, ABS + SAN	2.2
Trosifol	HT Troplast	PVB	3.3
Trovidur	Metzeler	PE, PP	3.3, 3.4
Tufel	GE Silicones	Q	1.1
Tuffak	Atoglas	PC, PMMA	2.2
Tufnol	Tufnol	EP, MF, PF, PI, SI	3.5
Tufpet	Mitsubishi Rayon	PBT	2.2
Tufprene	Asahi	SBS	2.2
Tufset	Tufnol	PUR	3.1, 3.4
Tuftec	Asahi	SEBS	2.2
Twaron	Teijin	PPTA	3.6
Tynex	DuPont	PA	3.6
Typar	DuPont	PP	3.6
Tyril	Dow	SAN	2.2
Tyrin	DuPont Dow Elastomers	PE-C	2.2
Tyvek	DuPont	PE	3.6
U			
Ubatol	DuPont	PMMA	1.2
Ubesta	PolyOne Th. Bergmann	PA	2.2
Udel	Solvay	PSU	2.2
Ultem	GEP	PEI	2.2
Ultra Wear	Polytron	PE, PP	3
Ultracast	Baxenden	PUR-R	1.1
Ultracel	Bayer	PUR-R	1.1
Ultradur	BASF	PBT	2.2
Ultraform	BASF	POM	2.2
Ultralen	Lofo	PP	3.3
Ultralight	PolyOne Th. Bergmann	PVC	3.3
Ultramid	BASF	PA 6, PA 66	2.2
Ultraprene	Teknor Apex	PVC	2.2
Ultrashield	PolyOne Th. Bergmann	PVC	3.3
Ultrason	BASF	PESU, PSU	2.2

Name	Firma	Kunststoff/Kunstharz (siehe Tafel 1, Seite XXII)	Lieferform (siehe D.3, Seite 833)
Ultrathene	Equistar	EVAC	2.2
Ultzex	Mitsui	PE-LLD	2.2
Uniclene	Mitsui	PE	2.2
Unidene	Mitsui	CR	1.3
Uniflex	PTS	TPC	2.2
Uniprene	Teknor Apex	TPV	2.2
Uniset	Teknor Apex	PE	2.2
Unithane	Teknor Apex	PUR	1.1
Urecoll	BASF	MF, UF	1.1, 1.3
Urecom	Coim	PUR-R	1.1
Urepan	Bayer	PUR-R	2.2
Urexter	Coim	PUR-R	1.1
Urochem	Chemiplastica	UF	2.2
Uroform	Chromos	UF	2.2
Uroplas	Sprea	UF	2.2
Utec	Braskem	PE-UHMW	2.1, 2.2
V			
Valmax	PolyOne Th. Bergmann	PP	2.2
Valox	GEP	PBT, PET	2.2, 3.3
Valtec	Basell	PP	2.2
Valtra	Chevron	PS	2.2
Vamac	DuPont	EVAC	2.2
Vamptech	Albis	PA 6, PA 66	2.2
Vandar	Ticona	PBT	2.2
Vatar	Solvay	ECTFE	2.2
Vaycron	Norsk Hydro	TPE	2.2
Vector	Exxon	SBS, SIS	2.2
Vectra	Ticona	LCP	2.2
Vekaplan	Veka	PVC	3.5, 3.7
Velite	Atoglas	PMMA	2.2
Velkor	Alkor	PS, PVC, PVC-P	3.3, 3.4
Venipak	Alkor	PVC	3.3
Verdur	Krempel	EP	2.3
Verex	Nova	PS	2.2
Veroplas	Nova	PA 6, PA 66	2.2
Versaflex	GLS	TPS, TPU, TPV	2.2
Versalloy	GLS	TPV	2.2

Name	Firma	Kunststoff/Kunstharz (siehe Tafel 1, Seite XXII)	Lieferform (siehe D.3, Seite 833)
Versify	Dow	EPDM	2.2
Versollan	GLS	TPU	2.2
Verton	LNP	PA 66, PP, PPA	2.2
Vespel	DuPont	PI	3, 3.4
Vestamid	Degussa	PA 12	1.5, 2.1, 2.2
Vestenamer	Degussa	TPO	2.2
Vestodur	Degussa	PBT	2.2
Vestolen	Sabic	PE-HD, PP	2.2
Vestolit	Vestolit	PVC	1.1, 2.2
Vestoplast	Degussa	PAO	2.2
Vestoran	Degussa	PPE	2.2
Vestosint	Degussa	PA 12	2.1
Vestowax	Degussa	PE	1.5
Vestyron	BP	PS	2.2
Vialkyd	Lukoil	UP	1.1
Viclon	Kureha	PVC	3.6
Vicotex	Hexcel	EP, PF	2.3
Victrex	Victrex	PEEK	2.2
Vidlon	Lukoil	PA	3.6
Vidux	Teknor Apex	PVC	2.2
Vilit	Degussa	PVDC, VC-Cop	1.2
Villpet	Klöckner-Pentaplast	PET	3.3
Vinac	Air Products	PVAC	1.1
Vinalkyd	Lukoil	UP	2.2
Vinidur	Solvin	VC-Cop	2.2
Vinika	Schulman	VC-Cop	2.2
Vinnapas	Wacker	E-Cop, PVAC	1.2, 1.3, 2.2
Vinnol	Wacker	PVC	2.2
Vinnolit	Vinnolit	PVC, VC-Cop	2.2
Vinofan	BASF	PVAC	1.2
Vinoflex	Solvin	PVC	2.2
Vinophane	Solvin	PVC-P	3.3
Vinuran	Solvin	VC-Cop	2.2
Vinychlore	Solvin	PVC-P	2.2
Vinylec-F	Chisso	PVFM	2.2
Vipolit	Wacker	PVAC	1.2
Vipophan	Lofo	PVC	3.3

Name	Firma	Kunststoff/Kunstharz (siehe Tafel 1, Seite XXII)	Lieferform (siehe D.3, Seite 833)
Viscacelle	Lofo	CA	3.3
Vistaflex	AES	TPO	2.2
Vistalon	Exxon	EPDM	2.2
Vistanex	Exxon	PIB	1.5
Vitacom	British Vita	TPO, TPS	2.2
Vitafoam	British Vita	PUR	3.7
Vitapol	British Vita	PVC	2.2
Vitaprene	British Vita	TPE	2.2
Vitawrap	British Vita	PUR-R	3.7
Vitel	Bostik	PTP	2.2
Vitiva	Eastman	PET	2.2
Viton	DuPont Dow Elastomers	FKM	2.2
Vivac	Bayer Sheet	PET	3.4
Vole	Tufnol	PF	3.5
Voltalef	Atofina	ECTFE	2.1
Voranate	Dow	PUR-R	1.1
Voranol	Dow	PUR-R	1.1
Voridian	Eastman	PET	2.2
Vorvel	Rohm & Haas	EMA, PA 11, PE, PP, PTP	2.1
Vova Tec	Rohm & Haas	PE-HD	2.2
Vulkollan	Bayer	PUR	1.1
Vydyne	Dow	PA 66	2.2
Vynaloy	PolyOne Th. Bergmann	PVC	3.3
Vyram	AES	CR, EPDM	2.2
Vythene	Alphagary	PVC + TPU	2.2
W			
Wacker Sil Gel	Wacker	SI	1.1
Wacosit	Krempel	EP	2.3, 3.1
Walocel	Wolff Walsrode	CMC, EC, MC	1.1
Walomelt	Wolff Walsrode	PUR	3.3
Walomer	Wolff Walsrode	PAA	1.3
Walomid-Combi	Wolff Walsrode	PE, PP, PVAL	3.3
Walopur	Wolff Walsrode	PUR	3.3
Waloran	Wolff Walsrode	CN	1.1
Walotex	Wolff Walsrode	PUR	3.3
Walothen	Wolff Walsrode	PP	3.3
Waterpet	Selenis	PET	2.2

Name	Firma	Kunststoff/Kunstharz (siehe Tafel 1, Seite XXII)	Lieferform (siehe D.3, Seite 833)
Wellamid	CP-Polymer	PA	2.2
Whale	Tufnol	PF	3.5
Wonderlite	Chi Mei	PC	2.2
Wood-Stock	Solvay	PP	3.5
Wopadur	Gurit	PVC	3.3, 3.4
Wopavin	Gurit	PVC	3.3, 3.4
Worblex	Gurit	ABS, CA, CP, PO, PS	3.3
X			
Xantar	DSM Eng. Plastics	PC, PC + ABS	2.2
Xarec	Idemitsu	PS	2.2
Xavan	DuPont	PP	3.6
Xenalak	Baxenden	PMMA	2.2
Xenoy	GEP	PC + PTP, PE-C	2.2
Xmod	Borealis	PP	2.2
Xtel	Chevron Phillips	PPS	2.2
Xydar	Solvay	LCP	2.2
Xyron	Asahi	PPE + PA, PPE + PP, PPE + PS	2.2
Y			
Yery-or	Asahi	PVC-P	3.3
Yparex	DSM Eng. Plastics	E-Cop	2.2
Z			
Zenite	DuPont	LCP	2.2
Zeonex	Zeon	COC	2.2
Zeonor	Zeon	COC	2.2
Zetpol	Zeon	HNBR	2.2
Zonyl	DuPont	PTFE	2.1
Zylar	Nova	MBS	2.2
Zyntar	Nova	PS	2.2
Zytel	DuPont	PA + EP(D)M, TPU	2.2

D.5 Firmenübersicht

Kurzname	Firmenname	Anschrift	Web-Adresse
3 M	3M Deutschland GmbH	41453 Neuss, DE	www.3M.com
Acla	Acla-Werke GmbH	51065 Köln, DE	www.acla-werke.de
Acrilex	Acrilex Inc.	Jersey City, NJ 07305, US	www.acrilex.com
Addiplast	Addiplast S.A.	43620 Saint-Pal-de-Mons, FR	www.addiplast.com
AECI	AECI (Pty) Ltd.	Sandton, 2196, ZA	www.aeci.co.za
AES	ExxonMobil Chemical Central Europe GmbH	50753 Köln, DE	www.santoprene.de
Ahlstrom	Ahlstrom Corp.	Cultins, Edinburgh EH 114DH, UK	www.ahlstrom.fi
Aicar	Aicar S.A.	64239 Darmstadt, DE	www.aicar.es
Air Products	Air Products and Chemicals Inc.	Allentown, PA 18195-1501, US	www.airproducts.com
Airex	Alcan Airex AG	5643 Sins, CH	www.alcanairex.com
Aiscondel	Aiscondel S.A.	08011 Barcelona, ES	www.grupoaragonesas.es
Albis	Albis Plastic GmbH	20539 Hamburg, DE	www.albis.com
Alkor	Alkor GmbH	81479 München, DE	www.alkor.de
Allod	Allod GmbH & Co. KG	91587 Adelshofen, DE	www.allod.com
Alloy	Alloy Polymers Inc.	Richmond, VA 23 234, US	www.alloypolymers.com
Alphagary	Alphagary Corp.	Leominster, MA 01453, US	www.alphagary.com
Alveo	Alveo GmbH	63330 Dreieich, DE	www.alveo.com
Alwitra	Alwitra Flachdach-Systeme GmbH	54229 Trier, DE	www.alwitra.de
Anderson	Anderson Development Co.	Adrian, MI 49 221, US	www.andersondevelopment.com
API	API SpA	36065 Mussolente (VI), IT	www.apiplastic.com
Aquafil	Aquafil Polymers GbmH	21079 Hamburg, DE	www.aquafil.com
Aristech	Aristech Chemical Co.	Philadelphia, PA 19103-1699, US	www.aristechchem.com

D

Kurzname	Firmenname	Anschrift	Web-Adresse
Asahi	Asahi Thermofil Inc.	Fowlerville, MI 48836, US	www.asahithermofil.com
Ashland	Ashland Specialty Chemical Comp.	Dublin, OH 43017, US	www.ashspec.com
Ashley	Ashley Polymers Inc.	Brooklyn, NY 11219, US	www.ashleypolymers.com
Atofina	Atofina Deutschland GmbH	40474 Düsseldorf, DE	www.atofina.de
Atoglas	Atoglas	92064 Paris, La Défense 10, FR	www.atoglas.fr
Azdel	Azdel Inc.	Southfield, MI 48034, US	www.azdel.com
Bada	Bada AG	77815 Bühl, DE	www.bada.de
Bakelite	Bakelite AG	58642 Iserlohn-Letmathe, DE	www.bakelite.de
Bamberger	Bamberger Polymers Inc.	Jericho, NY 11753, US	www.bambergerpolymers.com
Barlo	Barlo Plastics nv	2440 Geel, BE	www.barloplastics.be
Basell	Basell Polyolefine GmbH	55116 Mainz, DE	www.basell.de
BASF	BASF Aktiengesellschaft	67056 Ludwigshafen, DE	www.basf-ag.de
Baxenden	Baxenden Chemicals Co. Ltd.	Accrington, Lancashire BB5 2SL, UK	www.baxchem.co.uk
Bayer	Bayer MaterialScience AG	51368 Leverkusen, DE	www.bayer.de
Bayer Sheet	Bayer Sheet Europe GmbH	64293 Darmstadt, DE	www.bayersheeteurope.com
Begra	Begra Granulate GmbH & Co. KG	66424 Homburg, DE	www.begra.de
Benecke	Benecke-Kaliko AG	30419 Hannover, DE	www.benecke-kaliko.de
BIP	BIP Chemicals Ltd.	Oldburg, West Midlands., B69 4PG, GB, UK	www.bip.co.uk
Borealis	Borealis Deutschland GmbH	40474 Düsseldorf, DE	www.borealis.de
Borsod	BorsodChem Rt.	Északkelet-Magyarország, Kazincbarcika, HU	www.borsodchem.hu
Bostik	Bostik UK Ltd.	Leicester, LE4 6BW, UK	www.bostikfindley.com
BP	Deutsche BP AG	50769 Köln, DE	www.bp.com
Braskem	Braskem	4777 CEP Sao Paulo, BR	www.braskem.com.br
Brilén	Brilén SA	50001 Zaragoza, ES	www.brilen.com

Kurzname	Firmenname	Anschrift	Web-Adresse
British Vita	Deutsche Vita Polymere GmbH	96215 Lichtenfels, DE	www.britishvita.com
Büsing & Fasch	Büsing & Fasch GmbH & Co.	26125 Oldenburg, DE	www.buefa.de
Cabot	Cabot GmbH	63457 Hanau, DE	www.cabot-corp.com
Cargill	Cargill Dow LLC	Minneapolis, MI 55440-5830, US	www.cdpoly.com
Carmel	Carmel Olefins Ltd.	31014 Haifa, IL	www.carmel-olefins.co.il
Ceca	Ceca	92062 Paris-La Défense Cedex, FR	www.ceca.fr
Cheil	Cheil Industries	65824 Schwalbach, DE	www.cii.samsung.co.kr
Chemiplastica	Chemiplastica S.p.A.	20151 Mailand, IT	www.chemiplastica.it
Chemitex	Chemitex	1050 Brüssel, BE	www.chemitex.com
Chemopetrol	Chemopetrol a.s.	43670 Litvinov, CZ	www.chemopetrol.cz
Chevron	ChevronTexaco Corporation	San Ramon, CA 94583, US	www.chevrontexaco.com
Chevron Phillips	Chevron Phillips Chemicals Co. LP	The Woodlands, TX 77380, US	www.cpchem.com
Chi Mei	Chi Mei Industrial Co., Ltd.	Jen Te, Tainan County, Taiwan 71702, TW	www.chimei.com.tw
Chisso	Chisso Petrochemical Corporation	Chiba 290 - 8551, JP	www.chisso.co.jp
Chromos	Chromos - Plasticne Mase	10000 Zagreb, HR	www.chromos.hr
Coim	Coim Deutschland GmbH	22525 Hamburg, DE	www.coim.it
Coors	CoorsTek GmbH	87437 Kempten, DE	www.coorstek.com
Coroplast	Coroplast Fritz Müller GmbH & Co. KG	42279 Wuppertal, DE	www.coroplast.de
Cossa	Cossa Polimeri Srl.	21050 Gorla Maggiore (VA), IT	www.cossapolimeri.it
CP-Polymer	CP-Polymer Technik GmbH	27721 Ritterhude, DE	www.cp-polymer-technik.de
Cyro	Cyro Industries	Rockaway, NJ 07 866, US	www.cyro.com
Daicel	Daicel Europe GmbH	40211 Düsseldorf, DE	www.daicel.co.jp
Daikin	Daikin Chemical Europe	40210 Düsseldorf, DE	www.daikin.com
Dainippon	Dainippon Ink. & Chemicals Inc.	Tokyo 103-8233, JP	www.dic.co.jp

Kurzname	Firmenname	Anschrift	Web-Adresse
Degussa	Degussa AG	40474 Düsseldorf, DE	www.degussa.de
Deka	Georg Fischer Deka GmbH	35232 Dautphetal-Mornshausen, DE	www.dekapipe.de
Dekodur	Dekodur GmbH & Co. KG	69434 Hirschhorn, DE	www.dekodur.com
Denka	Denka Chemicals GmbH	40212 Düsseldorf, DE	www.denka.co.jp
Deutsche Holzveredelung	Deutsche Holzveredelung oHG	57399 Kirchhundem, DE	www.deutsche-holzveredelung.de
Dex-Plastomers	DexPlastomers v.o.f.	6401 JH Herlen, NL	www.dexplastomers.com
Dilaplast	Dilaplast Spa	84131 Salerno, IT	www.dilaplast.com
Dioki	Dioki d.d.	1000 Zagreb, HR	www.dioki.hr
Doeflex	VTS Doeflex Co.	Redhill, Surrey RH1 1AX, UK	www.vtsdoeflex.co.uk
Domo	Domo Caproleuna GmbH	06234 Leuna, DE	www.domo.be
Dörken	Ewald Dörken AG	58313 Herdecke, DE	www.doerken.de
Dorlyl	Dorlyl	78009 Versailles Cedex, FR	www.dorlyl.com
Dow	Dow Deutschland GmbH & Co. OHG	65824 Schwalbach/Ts., DE	www.dow.com
DSM Composite Resins	DSM Composite Resins AG	8207 Schaffhausen, CH	www.dsm.com
DSM Dyneema	DSM Dyneema	6401 JH Heerlen, NL	www.dsm.com
DSM Elastomers	DSM Elastomers B.V.	6135 KR Sittard, NL	www.dsm.com
DSM Eng. Plastics	DSM Deutschland GmbH	40474 Düsseldorf, DE	www.dsm.com
DSM RIM	L. Brüggemann KG	74076 Heilbronn, DE	www.brueggemann.com
DuPont	DuPont de Nemours Deutschland GmbH	61343 Bad Homburg, DE	www.dupont.com
DuPont Dow Elastomers	DuPont Dow Elastomers LLC	Wilmington, DE 19809, US	www.dupont-dow.com
Dyneon	Dyneon GmbH & Co. KG	84504 Burgkirchen, DE	www.dyneon.com
Eastman	Eastman Chemical Company	Kingsport, TN 37662, US	www.eastman.com

Kurzname	Firmenname	Anschrift	Web-Adresse
ECW-Eilenburger	ECW-Eilenburger Compound Werk GmbH	04838 Eilenburg, DE	www.ecw-compound.de
Elana	Elana S.A.	87-100 Torun, PL	www.elana.pl
Elastogran	Elastogran GmbH	49448 Lemförde, DE	www.elastogran.de
Elektro-Isola	Elektro-Isola A/S	7100 Vejle, DK	www.elektro-isola.com
Ems	Ems-Chemie (Deutschland) GmbH	64823 Gross-Umstadt, DE	www.ems-chemie.com
EMW	EMW - Betriebe GmbH	65574 Diez/Lahn, DE	www.emw.de
Ensinger	Ensinger GmbH	71150 Nufringen, DE	www.ensinger-online.com
Entec	Entec Engineering Resins	Maitland, FL 32751, US	www.entecresins.com
Equistar	Equistar Chemicals LP	Houston, TX 77252-2583, US	www.equistar.com
EVC	European Vinyls Corp. (EVC) NV	6245 AD Eijsden, NL	www.evc-int.com
Exxon	ExxonMobil Chemical Company	Houston, TX 77079-1398, US	www.exxonchemical.com
Femso	Franz Müller & Sohn, Femso Werk	61440 Oberursel, DE	www.femso.de
Ferro	Ferro GmbH	33647 Bielefeld, DE	www.ferro.com
Fibrolux	Fibrolux GmbH	65719 Hofheim, DE	www.fibrolux.de
Firestone	Firestone Polymers	Akron, OH 44 301, US	www.firesyn.com
Formica	Formica Vertriebs GmbH	53842 Troisdorf, DE	www.formica-europe.com
Formosa Chemicals	Formosa Chemicals & Fibre Corp.	Taipei, TW	www.fcfc.com.tw
Formosa Plastics	Formosa Plastics Corporation	Livingston, NJ 07 039-5702, US	www.fpcusa.com
Fränkische Rohrwerke	Fränkische Rohrwerke, Gebr. Kirchner GmbH + Co.	97486 Königsberg/Bayern, DE	www.fraenkische.de
Franplast	Franplast S.r.l.	25020 Provaglio d´Iseo (BS), IT	www.franplast.it
Friatec	Friatec AG	68229 Mannheim, DE	www.friatec.de
Friedola	Friedola Gebr. Holzapfel GmbH & Co. KG	37276 Meinhard-Frieda, DE	www.friedola.de
Frisetta	Frisetta GmbH	79677 Schönau, DE	www.frisetta.de

D

Kurzname	Firmenname	Anschrift	Web-Adresse
Funder	Funder Ind. GmbH	9300 St. Veit/ Glan, AT	www.funder.at
GE Silicones	GE Bayer Silicones GmbH	51368 Leverkusen, DE	www.gebayersilicones.com
Gealan	Gealan Fenster-Systeme GmbH	95145 Oberkotzau, DE	www.gealan.de
Geberit	Geberit GmbH & Co. KG	88630 Pfullendorf, DE	www.geberit.de
Gefinex	Gefinex-Jackon Vertriebs GmbH	33803 Steinhagen, DE	www.gefinex.de
Gehr	Gehr-Kunststoffwerk GmbH	68219 Mannheim, DE	www.gehr.de
GEP	GE Plastics GmbH	65428 Rüsselsheim, DE	www.geplastics.com
Getzner	Getzner Werkstoffe GmbH	82031 Grünwald, DE	www.getzner.at
GLS	GLS Corporation	McHenry, IL 60050, US	www.glscorp.com
Glunz	Glunz AG	49716 Meppen, DE	www.glunz.de
Godiplast	Godiplast Kunststoff-Rohstoffe GmbH	66265 Holz, DE	www.godiplast.com
Golan	Golan Plastics Products	Kibbutz Shaar Hagolan, 15145, IL	www.golan-plastics.com
Goldmann	GKG Goldmann Kunststoffe GmbH & Co. KG	33609 Bielefeld, DE	www.gold-mann.de
Goldschmidt	Goldschmidt AG	45127 Essen, DE	www.goldschmidt.com
Goodrich	Goodrich Corporation	Charlotte, NC 28217-4578, US	www.goodrich.com
Goodyear	Goodyear GmbH	50733 Köln, DE	www.goodyear.com
Great Eastern	Great Eastern Resins Industrial Co.	Taiwan, TW	www.greco.com.tw
Gremolith	Gremolith AG	9602 Bazenheid, CH	www.gremolith.ch
Gurit	Gurit-Worbla AG	3063 Ittigen-Bern, CH	www.gurit-worbla.com
Habermann	Arthur Habermann GmbH & Co. KG	58453 Witten, DE	www.habermann-gmbh.de
Hagedorn	Hagedorn-Plastic GmbH	52428 Jülich, DE	www.hagedorn.de
Hagusta	SBF-Hagusta GmbH	77871 Renchen, DE	www.gwe-gruppe.de
Haka Gerodur	Gerodur MPM Kunststoffverarbeitung GmbH & Co.	01844 Neustadt in Sachsen, DE	www.gerodur.de

Kurzname	Firmenname	Anschrift	Web-Adresse
Hegler	Hegler Plastik GmbH	97714 Oerlenbach, DE	www.hegler-plastik.de
Heliflex	Heliflex Petzetakis Tubos Lda.	3830-000 Gafanha da Encamacáo, PT	www.heliflex.pt
Hexcel	Hexcel	Stamford, CT 06901, US	www.hexcel.com
Homanit	Homanit GmbH & Co. KG	37412 Herzberg, DE	www.homanit.de
Honeywell	Honeywell AG	63067 Offenbach/Main, DE	www.honeywell.de
Hornitex	Hornitex Werke Gebr. Künnemeyer GmbH & Co.	32805 Horn-Bad Meinberg, DE	www.hornitex.de
Hornschuch	Konrad Hornschuch AG	74679 Weissbach, DE	www.hornschuch.de
HT Troplast	HT Troplast AG	53840 Troisdorf, DE	www.ht-troplast.com
Huhtamaki	Huhtamaki Göttingen	37077 Göttingen , DE	www.4pfolie.de
Huntsman	Huntsman Advanced Materials (Deutschland) GmbH & Co. KG	59192 Bergkamen, DE	www.huntsman.com
Hüttenes-Albertus	Hüttenes Albertus Chemische Werke GmbH	40549 Düsseldorf, DE	www.huettenes-albertus.com
Idemitsu	Idemitsu Kosan Co., Ltd.	Tokyo, JP	www.idemitsu.co.jp
Illbruck	Illbruck Bau-Technik GmbH	51381 Leverkusen, DE	www.illbruck.de
IMS	IMS Kunststoff AG	3076 Worb, CH	www.ims-plastic.com
Indian Petrochemi-cals	Indian Petrochemicals Corp.	Vadodara 391345, IN	www.ipcl.co.in
Invista	Invista	Wichita, KS 67220, US	www.invista.com
Ipiranga	Ipiranga Petroquimica S.A.	90110-180 Porto Alegre, BR	www.ipiringa.com.br
Isola	Isola AG	52353 Düren, DE	www.isola.de
Isovolta	Gatex Kunststoffbearbeitungs GmbH	92442 Wackersdorf, DE	www.isovolta.com
J & A Plastics	J & A Plastics GmbH	47800 Krefeld, DE	www.j-a.de
Kanebo	Kanebo Ltd.	Tokyo 108-8080, JP	www.kanebo.co.jp
Kaneka	Kaneka Corp.	530-8288 Kita-ku Osaka, JP	www.kaneka.co.jp

Kurzname	Firmenname	Anschrift	Web-Adresse
Kaucuk	Kaucuk, a.s.	278 52 Kralupy nad Vltavou, CZ	www.kaucuk.cz
Kaysersberg	Kaysersberg Packaging	68240 Kaysersberg, FR	www.kaysersberg-packaging.fr
Klöckner-Pentaplast	Klöckner-Pentaplast GmbH	56401 Montabaur, DE	www.kpfilms.com
Koepp	Koepp Schaum GmbH	65375 Oestrich-Winkel, DE	www.koepp-ag.de
Kolon	Kolon Chemical Ltd.	Kwachon-city Kyunggi-Do, KR	www.kolon.co.kr
Korea Eng. Plastics	Korea Engineering Plastics Co. Ltd.	Seoul, 121-020, KR	www.kepital.com
Kraiburg	Kraiburg TPE GmbH	84478 Waldkraiburg, DE	www.kraiburgtpe.com
Kraton	Kraton Polymers GmbH	65760 Eschborn, DE	www.kraton.com
Krempel	August Krempel Soehne GmbH & Co.	71665 Vaihingen/Enz, DE	www.krempel.com
Kukoha	Kukoha Kunststoff-Kontor-Hamburg GmbH	21465 Reinbeck, DE	www.kunststoff-kontor-hamburg.de
Kuraray	Kuraray Europe GmbH	40549 Düsseldorf, DE	www.kuraray.de
Kureha	Kureha Chemical Industry Co., Ltd.	Tokyo 103-8552, JP	www.kureha.co.jp
La Seda	La Seda des Barcelona	08008 Barcelona, ES	www.laseda.es
LA/ES	Laminati Estrusi Termoplastici SpA	22070 Figliaro (CO), IT	www.la-es.com
Lamplast	Lamplast di Aldo Redaelli e C. s.a.s.	22034 Giussano (MI), IT	www.lamplast.it
Lanxess	Lanxess AG	51368 Leverkusen, DE	www.lanxess.com
Lati	Lati Industria Thermoplastici S.p.A.	21040 Vedano Olana (VA), IT	www.lati.com
Lehmann & Voss	Lehmann & Voss & Co.	20354 Hamburg, DE	www.lehvoss-purelast.de
Leis	Leis Polytechnik GmbH	66877 Ramstein, DE	www.leispt.de
Lenzing	Lenzing AG	4860 Lenzing, AT	www.lenzing.at
Leuna	Leuna Polymer GmbH	06234 Leuna, DE	www.leuna-polymer.de
LG	LG Chemical Ltd.	60528 Frankfurt/Main, DE	www.lgchem.com
LNP	LNP Engineering Plastics Inc.	Exton, PA 19341, US	www.lnp.com

Kurzname	Firmenname	Anschrift	Web-Adresse
Lofo	Lofo High Tech Film GmbH	79576 Weil am Rhein, DE	www.lofo.de
Lucite	Lucite International Holland BV	3180 AE Rozenburg, NL	www.diakon.com
Lucobit	Lucobit AG	50389 Wesseling, DE	www.lucobit.de
Lukoil	Lukoil Bulgaria Ltd.	1421 Sofia, BG	www.lukoil.bg
M.A. Industries	M.A. Industries	Peachtree City, GA 30 269, US	www.maind.com
Megapolymers	Megapolymers Kunststoffhandel GmbH & Co. KG	76275 Ettlingen, DE	www.megapolymers.com
Merquinsa	Merquinsa	08160 Montmeló, Barcelona, ES	www.merquinsa.com
Metzeler	Metzeler Plastics GmbH	52428 Jülich-Kirchberg, DE	www.metzelerplastics.de
Mitras	Mitras Materials GmbH	92637 Weiden, DE	www.mitras-materials.com
Mitsubishi	Mitsubishi Engineering-Plastics Europe GmbH	40549 Düsseldorf, DE	www.m-ep.co.jp
Mitsubishi Polyester Film	Mitsubishi Polyester Film GmbH	65203 Wiesbaden, DE	www.m-petfilm.com
Mitsubishi Rayon	Mitsubishi Rayon Co., Ltd.	Tokyo, 108-8506, JP	www.mrc.co.jp
Mitsui	Mitsui & Co. Deutschland GmbH	40215 Düsseldorf, DE	www.mitsui.de
MP	MP Compounding srl.	22070 Locate Varesino (CO), IT	www.mpcom.it
MRC Polymers	MRC Polymers Inc.	Chigago, IL 60623, US	www.mrcpolymers.com
Multibase	Multibase	38380 Saint-Laurent-du-Pont, FR	www.multibase.com
Murtfeldt	Murtfeldt Kunststoffe GmbH & Co. KG	44291 Dortmund, DE	www.murtfeld.com
Nilit	Nilit Ltd.	Migdal Haemek, 23102 , IL	www.nilit.com
Nippon Gohsei	Nippon Synthetic Chemical Ind. Co.	Osaka 531-0076, JP	www.nippongohsei.com
Nippon Petrochemicals	Nippon Petrochemicals Co.	Tokyo, 105-0001, JP	www.npcc.co.jp
Nippon Steel	Nippon Steel Chemical Co., Ltd.	Tokyo 141-0031, JP	www.nscc.co.jp
Nordkemi	Nordkemi ApS	4700 Naestved, DK	www.nordkemi.dk

Kurzname	Firmenname	Anschrift	Web-Adresse
Norsk Hydro	Hydro Polymer	22399 Hamburg, DE	www.hydro.com
Nova	Nova Chemicals Vertriebs GmbH	65760 Eschborn, DE	www.novachem.com
Novamont	Novamont GmbH	65760 Eschborn, DE	www.novamont.com
Occidental	Occidental Chemical Corp.	Dallas, TX 75244, US	www.oxychem.com
Odenwald	Odenwald-Chemie GmbH	69250 Schönau, DE	www.odenwald-chemie.de
Oltchim	Oltchim S.A.	Bucharest, RO	www.oltchim.ro
Ormecon	Ormecon Chemie GmbH	22949 Ammersbek, DE	www.ormecon.de
Palplast	Palplast GmbH	63165 Mühlheim, DE	www.palplast.de
Palram	Palram Germany	59457 Werl, DE	www.palram.com
Pampus	Saint-Gobain Performance Plastics Pampus GmbH	47877 Willich, DE	www.saint-gobain.de
P-Group	P-Group Deutschland GmbH	70794 Filderstadt, DE	www.p-group.de
Philippine	Philippine GmbH & Co. Technische Kunststoffe KG	56112 Lahnstein, DE	www.philippine.de
Pipelife	Pipelife International Holding	2355 Wiener Neudorf, AT	www.pipelife.at
Plastech	VTS Plastech Co.	Widness, Cheshire WA8 0YQ, UK	www.vtsplastech.co.uk
Plastics Engineering	Plastics Engineering & Technical Services Inc.	Auburn Hills, MI 48326, US	www.petsinc.net
Policarbonatos do Brasil	Policarbonatos do Brasil S.A.	82410-000 Camacari, Bahia, BR	www.policarbonatos.com.br
Polimeri	Polimeri Europa GmbH	65727 Eschborn, DE	www.polimerieuropa.com
Politeno	Politeno	Camaçarí, BA -CEP 42810-000 , BR	www.politeno.com
Poly Hi Solidur	Poly Hi Solidur Deutschland GmbH	48685 Vreden, DE	www.polyhisolidur.de
Polykemi	Polykemi AB	27121 Ystad, SE	www.polykemi.se
PolyOne Th. Bergmann	PolyOne Th. Bergmann GmbH	76571 Gaggenau, DE	www.polyone.com

Kurzname	Firmenname	Anschrift	Web-Adresse
Polyplastics	Polyplastics Co. Ltd.	Tokyo, JP	www.polyplastics.com
Polyram	Polyram Ram on Industries Ltd.	19205 Moshav Ram-On, IL	www.polyram.co.il
Polytron	Polytron Kunststofftechnik GmbH & Co. KG	51469 Bergisch-Gladbach, DE	www.polytron-gmbh.de
Pongs & Zahn	Pongs & Zahn AG	10117 Berlin, DE	www.pongsundzahn.de
PPG	PPG Industries Inc.	Pittsburgh, PA 15 272, US	www.ppg.com
Premix	Premix Inc.	North Kingsville, OH 44068, US	www.premix.com
Profine	Profine GmbH Kömmerling Kunststoffe	66954 Pirmasens, DE	www.koemmerling.de
Propilven	Propilven S.A.	Caracas, VE	www.trade-venezuela.com/pro-pliven
PTS	Plastic Technologie Service GmbH	91587 Adelshofen, DE	www.pts-marketing.de
Puren	Puren-Schaumstoff GmbH	88662 Überlingen, DE	www.puren.com
Putsch	Putsch GmbH	90427 Nürnberg, DE	www.putsch.de
Qenos	Qenos Pty Ltd.	Altona Victoria 3018, AU	www.qenos.com
Radici	Radici Novacips SpA	24040 Chignolo d'Isola, BG , IT	www.radiciplastics.com
Raschig	Raschig GmbH	67061 Ludwigshafen, DE	www.raschig.de
Ravago	Ravago Plastics Deutschland GmbH	48565 Steinfurt, DE	www.ravago.de
Recticel	Recticel	1200 Brüssel, BE	www.recticel.com
Reichhold	Reichhold GmbH	Researh Triangle Park, NC 27709 , US	www.reichhold.com
Repsol	Repsol YPF	28046 Madrid, ES	www.repsol.com
Restil	Restil	20121 Milano, IT	www.restil.com
Rhodia	Rhodia Europe S.A.	92512 Boulogne-Billancourt cedex, FR	www.rhodia.com
Röchling Haren	Röchling Haren KG	49733 Haren, DE	www.roechling-haren.de
Rogers	Rogers Corporation	Rogers, CT 06263-0188, US	www.rogerscorporation.com
Röhm	Röhm GmbH & Co. KG	64293 Darmstadt, DE	www.roehm.de

Kurzname	Firmenname	Anschrift	Web-Adresse
Rohm & Haas	Rohm & Haas Co.	Philadelphia, PA 19106-2399, US	www.rohmhaas.com
Romira	Romira GmbH	25421 Pinneberg, DE	www.romira.de
Royalite	VTS Royalite Co.	EH28 8TW Newbridge, Mid Lothian, UK	www.vtsroyalite.co.uk
RP	RP Compounds GmbH	06256 Schkopau, DE	www.rpcompounds.de
RTP	RTP Deutschland GmbH	35799 Merenberg, DE	www.rtpcompany.com
Saarpor	Saarpor Klaus Eckhardt GmbH	66539 Neunkirchen, DE	www.saarpor.de
Sabic	Sabic Deutschland GmbH & Co. KG	40474 Düsseldorf, DE	www.sabic-europe.com
Sam Yang	Samyang Corporation	Seoul, C.P.O. Box 1797, KR	www.samyang.com
Sarna	Sarna Kunststoff AG	6060 Sarnen, CH	www.sarna.com
Sasol	Sasol Polymers	Johannesburg, 2196, ZA	www.sasol.com
Sattler	E.K. Sattler	63165 Mühlheim a. Main, DE	www.sattlerkunststoffwerk.de
Schaum-Chemie	Schaum-Chemie Wilhelm Bauer GmbH & Co. KG	45141 Essen, DE	www.schaum-chemie.de
Schieffer	Schieffer GmbH & Co. KG	59557 Lippstadt, DE	www.schieffer.de
Schock	Schock GmbH	73605 Schorndorf, DE	www.schock.de
Schulman	A. Schulman Europe GmbH	52146 Würselen, DE	www.aschulman.com
Scott Bader	Scott Bader L.C.	Wellingborough, Northamptonshire NN29 7RL, UK	www.scottbader.com
Selenis	Selenis Industria de Polimeros S.A.	7301-952 Portalegre Codex, PT	www.selenis.com
Senoplast	Senoplast Klepsch & Co. GmbH	5721 Piesendorf, AT	www.senoplast.com
Shell	Deutsche Shell Chemie GmbH	65760 Eschborn, DE	www.shellchemicals.com
Showa	Showa Denko K.K.	Tokyo 105-8518, JP	www.sdk.co.jp
Simona	Simona AG	55606 Kirn, DE	www.simona.de
SK Chemicals	SK Chemicals	65760 Eschborn, DE	www.skchemicals.com
Slovnaft	Slovnaft A.S.	82412 Bratislava 23, SK	www.slovnaft.sk

Kurzname	Firmenname	Anschrift	Web-Adresse
So.F.Ter	So.F.Ter. SpA	47100 Forli, IT	www.softerspa.com
Solvadis	Solvadis AG	60439 Frankfurt, DE	www.solvadis.de
Solvay	Solvay Deutschland GmbH	30173 Hannover, DE	www.solvay.de
Solvin	Solvin	47945 Rheinberg, DE	www.solvinpvc.com
Soredi	Soredi S.r.l.	25033 Cologne (BS), IT	www.soredi.it
Sprea	Sprea Chemical S.p.A.	21050 Castelseprio, Varese, IT	www.sirindustriale.com
Sumitomo	Sumitomo Chemical Deutschland GmbH	40210 Düsseldorf, DE	www.sumitomo-chem.co.jp
Sustaplast	Sustaplast	Edgewood, NY 11717, US	www.sustaplast.com
Symalit	Symalit AG	5600 Lenzburg AG , CH	www.symalit.com
Tarnow	Zaklady Azotowe w Tarnowie-Moscicach S.A.	33-101 Tarnów, PL	www.azozy.tarnow.pl
Taro	Bakelite AG	58642 Iserlohn-Lethmate, DE	www.bakelite.de
Tecnopolimeri	F.B. Tecnopolimeri S.r.l.	26010 Cremosano (CR), IT	www.fbtecnopolimeri.com
Tecnopolimers	Tecnopolimers S.A.	08150 Parets del Vallès, Barcelona, ES	www.tecnopolimers.com
Teijin	Teijin Ltd.	Tokyo, 100-8585, JP	www.teijin.co.jp
Teknor Apex	Teknor Apex	Pawtucket, RI 02861, US	www.teknorapex.com
Tekuma	Tekuma Kunststoff GmbH	21465 Reinbek, DE	www.tekuma.de
Tessenderlo	LVM Kunststoffe GmbH & Co. KG	40878 Ratingen, DE	www.tessenderlo.com
Thermedics	Thermedics Polymer Products	Wilmington, MA 01887, US	www.thermedicsinc.com
Ticona	Ticona GmbH	65451 Kelsterbach, DE	www.ticona.com
Tong Yang	Tong Yang	Seoul, KR	www.tongyang.co.kr
Toray	Toray Deutschland GmbH	63263 Neu-Isenburg, DE	www.toray.co.jp
Tufnol	Tufnol Ltd.	Birmingham B42 2TB, UK	www.tufnol.co.uk
Tupaj	Tupaj-Technik-Vertrieb GmbH	82538 Geretsried, DE	www.go-ttv.com
TVK	TVK Vegyi Kombinát Rt.	3581 Tiszaújváros, HU	www.tvk.hu

Kurzname	Firmenname	Anschrift	Web-Adresse
Unitika	Unitika Ltd.	40210 Düsseldorf, DE	www.unitika.co.jp
Veka	Veka AG	48324 Sendenhorst, DE	www.veka.com
Vestolit	Vestolit GmbH & Co. KG	45753 Marl, DE	www.vestolit.de
Victrex	Victrex Europa GmbH	65719 Hofheim/Ts., DE	www.victrex.com
Vinnolit	Vinnolit GmbH & Co. KG	85737 Ismaning, DE	www.vinnolit.de
Wacker	Wacker-Chemie GmbH	81737 München, DE	www.wacker.com
Wodego	Wodego GmbH	92318 Neumarkt, DE	www.duropal.com
Wolff Walsrode	Wolff Walsrode AG	29655 Walsrode, DE	www.wolff-walsrode.de
Zeon	Zeon Europe GmbH	40547 Düsseldorf, DE	www.zeon.co.jp

E Bezugsquellen

Liefer- und Leistungsangebote für alle kunststoffinteressierten Kreise. Die Eintragungen sind kostenpflichtig. Das Verzeichnis kann daher keinen Anspruch auf Vollständigkeit erheben. Hauptgruppen und Stichwörter sind in Abstimmung mit der AKI, Arbeitsgemeinschaft Deutsche Kunststoff-Industrie, und den deutschen Kunststoff-Fachverbänden zusammengestellt.

Außer Verantwortung des Herausgebers des Kunststoff-Taschenbuches.
Näheres durch den Carl Hanser Verlag, 81679 München

Gruppe 1: Chemikalien, Hilfs- und Rohstoffe

ABS-Kunststoffe

K.D. FEDDERSEN GMBH & CO. KG
Gotenstr. 11A, 20097 Hamburg
Tel. 040/23507-01, Fax /23507-250

Tekuma Kunststoff GmbH
21465 Reinbek, Tel. 040/7277020

Additive

BAERLOCHER GmbH
Postfach 500108, 80971 München
Freisinger Str. 1
D-85716 Unterschleißheim
Tel. 089/143730, Fax /14373312
www.baerlocher.com
info@baerlocher.com

BYK-Chemie GmbH
Abelstr.45, D-46483 Wesel
Tel. 0281/670-0, Fax /65735
www.byk-chemie.com

K.D. FEDDERSEN GMBH & CO. KG
Gotenstr. 11A, 20097 Hamburg
Tel. 040/23507-01, Fax 23507-250

Nordmann, Rassmann GmbH
Kajen 2, 20459 Hamburg
Tel. 040/3687209, Fax /3687412
www.nrc.de, E-Mail:info@nrc.de

E.& P. Würtz GmbH & Co.
55441 Bingen/Rh.-Sponsheim
Tel. 06721/9690-0, Fax /969040

Additiv-Konzentrate

BAERLOCHER GmbH
Postfach 500108, 80971 München
Freisinger Str. 1
D-85716 Unterschleißheim
Tel. 089/143730, Fax /14373312
www.baerlocher.com
info@baerlocher.com

K.D. FEDDERSEN GMBH & CO. KG
Gotenstr. 11A, 20097 Hamburg
Tel. 040/23507-01, Fax /23507-250

Nemitz, D-48341 Altenberge
Tel. 02505/674, Fax /3042
info@nemitzgmbh.de
www.nemitzgmbh.de
CORDUMA R, CORDUCELL R
CORDUSTAT, CORDULEN R

Alterungsschutzmittel, allgem.

BAERLOCHER GmbH
Postfach 500108, 80971 München
Freisinger Str. 1
D-85716 Unterschleißheim
Tel. 089/143730, Fax /14373312
www.baerlocher.com
info@baerlocher.com

Raschig GmbH
Mundenheimer Str.100
D-67061 Ludwigshafen
Tel. 0621/5618-683 Fax /5618-674
www.raschig.de

Aluminiumhydroxid

Martinswerk GmbH
Postf. 1209, D-50102 Bergheim
Tel. 02271/9020, Fax /902-710

Aminoplaste

Raschig GmbH
Mundenheimer Str.100
D-67061 Ludwigshafen
Tel. 0621/5618-683 Fax /5618-674
www.raschig.de

Antioxidantien

Nemitz, D-48341 Altenberge
Tel. 02505/674, Fax /3042
info@nemitzgmbh.de
www.nemitzgmbh.de

Anti-plate-out Mittel

BAERLOCHER GmbH
Postfach 500108, 80971 München
Freisinger Str. 1
D-85716 Unterschleißheim
Tel. 089/143730, Fax /14373312
www.baerlocher.com
info@baerlocher.com

Anti-Schaummittel

BAERLOCHER GmbH
Postfach 500108, 80971 München
Freisinger Str. 1
D-85716 Unterschleißheim
Tel. 089/143730, Fax /14373312
www.baerlocher.com
info@baerlocher.com

Antistatika

Nemitz, D-48341 Altenberge
Tel. 02505/674, Fax /3042
info@nemitzgmbh.de
www.nemitzgmbh.de

ASA-Copolymerisat

Tekuma Kunststoff GmbH
21465 Reinbek, Tel. 040/7277020

Bariumsulfat-Schwerspat

Scheruhn, 95012 Hof, PF 1329
e-mail: info@Scheruhn.com

Baryt, feinstgemahlen

Seitz & Kerler GmbH, D-97816 Lohr

Bautenschutzmittel

BAERLOCHER GmbH
Postfach 500108, 80971 München
Freisinger Str. 1
D-85716 Unterschleißheim
Tel. 089/143730, Fax /14373312
www.baerlocher.com
info@baerlocher.com

Blends

Bayer MaterialScience AG
BMS-COM / ADV
++49 214 30722342

K.D. FEDDERSEN GMBH & CO. KG
Gotenstr. 11A, 20097 Hamburg
Tel. 040/23507-01, Fax /23507-250

Calciumcarbonate

Omya GmbH
Brohler Str.11a, 50968 Köln
Tel. 0221/3775-0, Fax /371864
info.de@omya.com, www.omya.de

Scheruhn, 95012 Hof, PF 1329
e-mail: info@Scheruhn.com

Compounds

CP-Polymer-Technik GmbH & Co.KG
D-27717 Ritterhude, Postf.1158
Tel. 04292/8167-0, Fax -816749
www.cp-polymer-technik.de
WELLAMID

K.D. FEDDERSEN GMBH & CO. KG
Gotenstr. 11A, 20097 Hamburg
Tel. 040/23507-01, Fax /23507-250

GEBA Kunststoffcompounds GmbH
Industriestr.11-21
D-59320 Ennigerloh
Tel. 02524/93120, Fax /931226
info@geba-ennigerloh.de
www.geba-plast.com

Dispergiermittel

BYK-Chemie GmbH
Abelstr.45, D-46483 Wesel
Tel. 0281/670-0, Fax /65735
www.byk-chemie.com

Elastomere, thermoplastisch

K.D. FEDDERSEN GMBH & CO. KG
Gotenstr. 11A, 20097 Hamburg
Tel. 040/23507-01, Fax /23507-250

Entlüfter

BYK-Chemie GmbH
Abelstr.45, D-46483 Wesel
Tel. 0281/670-0, Fax /65735
Fwww.byk-chemie.com

Entlüftungsmittel

BYK-Chemie GmbH
Abelstr.45, D-46483 Wesel
Tel. 0281/670-0, Fax /65735
www.byk-chemie.com

Farbkonzentrate (Batches)

Colorant GmbH
Justus-Staudt-Str.1
D-65555 Limburg-Offheim
Tel. 06431/9899-0, Fax /9899-30
E-Mail:info@colorant.de
www.colorant-chromatics.com

Nemitz, D-48341 Altenberge
Tel. 02505/674, Fax /3042
info@nemitzgmbh.de
www.nemitzgmbh.de

Farbpasten

Karl Finke GmbH & Co. KG
Hatzfelder Str.174
42281 Wuppertal
Tel. (0202) 70906-0
Fax (0202) 703929
E-Mail:info@finke-colors.de

Farbstoffe und Pigmente

Karl Finke GmbH & Co. KG
Hatzfelder Str.174
42281 Wuppertal
Tel. (0202) 70906-0, LFFax 703929
E-Mail:info@finke-colors.de

Fettsäuren

BAERLOCHER GmbH
Postfach 500108, 80971 München
Freisinger Str. 1
D-85716 Unterschleißheim
Tel. 089/143730, Fax /14373312
www.baerlocher.com
info@baerlocher.com

Feuchtigkeitsabsorber

BYK-Chemie GmbH
Abelstr.45, D-46483 Wesel
Tel. 0281/670-0, Fax /65735
www.byk-chemie.com

Flammhemmende Mittel, Magnesiumhydroxid als

Martinswerk GmbH, Postf. 1209
D-50102 Bergheim
Tel. 02271/9020, Fax /902-710

Flammschutzmittel

Omya GmbH
Brohler Str.11a, 50968 Köln
Tel. 0221/3775-0, Fax /371864
info.de@omya.com, www.omya.de

Formmassen aus Diallylphthalatharz

Raschig GmbH
Mundenheimer Str.100
D-67061 Ludwigshafen
Tel. 0621/5618-683, Fax /5618-674
www.raschig.de

Formmassen aus Epoxydharz

Raschig GmbH
Mundenheimer Str.100
D-67061 Ludwigshafen
Tel. 0621/5618-683, Fax /5618-674
www.raschig.de

Formmassen aus Melaminharz

Raschig GmbH
Mundenheimer Str.100
D-67061 Ludwigshafen
Tel. 0621/5618-683, Fax /5618-674
www.raschig.de

Formmassen aus Phenolharz

Raschig GmbH
Mundenheimer Str.100
D-67061 Ludwigshafen
Tel. 0621/5618-683, Fax /5618-674
www.raschig.de

Formmassen aus Polyesterharz

Raschig GmbH
Mundenheimer Str.100
D-67061 Ludwigshafen
Tel. 0621/5618-683, Fax /5618-674
www.raschig.de

Formmassen aus Silikonharz

Raschig GmbH
Mundenheimer Str.100
D-67061 Ludwigshafen
Tel. 0621/5618-683, Fax /5618-674
www.raschig.de

Formmassen, duroplastisch

Raschig GmbH
Mundenheimer Str.100
D-67061 Ludwigshafen
Tel. 0621/5618-683, Fax /5618-674
www.raschig.de

Füllstoffe, allgem.

Omya GmbH
Brohler Str.11a, 50968 Köln
Tel. 0221/3775-0, Fax /371864
info.de@omya.com, www.omya.de

Füllstoffgranulate

Nemitz, D-48341 Altenberge
Tel. 02505/674, Fax /3042
info@nemitzgmbh.de
www.nemitzgmbh.de

Gleitmittel

Nemitz, D-48341 Altenberge
Tel. 02505/674, Fax /3042
info@nemitzgmbh.de
www.nemitzgmbh.de

E.& P. Würtz GmbH & Co.
55441 Bingen/Rh.-Sponsheim
Tel. 06721/9690-0, Fax /969040

Glyzerine

BAERLOCHER GmbH
Postfach 500108, 80971 München
Freisinger Str. 1
D-85716 Unterschleißheim
Tel. 089/143730, Fax /14373312
www.baerlocher.com
info@baerlocher.com

Granulat, Polycarbonat- (Compound)

K.D. FEDDERSEN GMBH & CO. KG
Gotenstr. 11A, 20097 Hamburg
Tel. 040/23507-01, Fax /23507-250

Graphit

K.W. Thielmann & Cie. KG
Alzeyer Str.36, 55459 Grolsheim
Tel. 06727/93120, Fax /931213

Härter für Epoxidharze

Duroplast-Chemie
Produktions GmbH
53577 Neustadt/Wied
Tel. 02683/3000-0
Fax 02683/3000-41

Harze, Epoxid-

Duroplast-Chemie
Produktions GmbH
53577 Neustadt/Wied
Tel. 02683/3000-0
Fax 02683/3000-41

Lackrohstoffe

Bayer MaterialScience AG
BMS-COM / ADV
++49 214 30722342

Leichtspat, feinstgemahlen

Seitz & Kerler GmbH, D-97816 Lohr

Lichtschutzmittel

BAERLOCHER GmbH
Postfach 500108, 80971 München
Freisinger Str. 1
D-85716 Unterschleißheim
Tel. 089/143730, Fax /14373312
www.baerlocher.com
info@baerlocher.com

Masterbatches

Karl Finke GmbH & Co. KG
Hatzfelder Str.174
42281 Wuppertal
Tel. (0202) 70906-0
LFFax (0202) 703929
E-Mail:info@finke-colors.de

Nemitz, D-48341 Altenberge
Tel. 02505/674, Fax /3042
info@nemitzgmbh.de
www.nemitzgmbh.de
CORDUMA R, CORDUCELL R
CORDUSTAT, CORDULEN R

Omya GmbH
Brohler Str.11a, 50968 Köln
Tel. 0221/3775-0, Fax /371864
info.de@omya.com, www.omya.de

Nukleierungsmittel

Nemitz, D-48341 Altenberge
Tel. 02505/674, Fax /3042
info@nemitzgmbh.de
www.nemitzgmbh.de

Pigmente, Perlglanz-

Merck KGaA, Frankfurter Str. 250
D-64293 Darmstadt
Tel. 06151/72-6211, Fax /727684
IRIODIN Perlglanzpigmente
eMail: plastics@merck.de
Internet: www.merck-pigmente.de

Polyacetale (POM)

K.D. FEDDERSEN GMBH & CO. KG
Gotenstr. 11A, 20097 Hamburg
Tel. 040/23507-01, Fax /23507-250

Tekuma Kunststoff GmbH
21465 Reinbek, Tel. 040/7277020

Polyamid-Copolymere

CP-Polymer-Technik GmbH & Co.KG
D-27717 Ritterhude, Postf.1158
Tel. 04292/8167-0, Fax -816749
www.cp-polymer-technik.de
WELLAMID

K.D. FEDDERSEN GMBH & CO. KG
Gotenstr. 11A, 20097 Hamburg
Tel. 040/23507-01, Fax /23507-250

Polyamide

CP-Polymer-Technik GmbH & Co.KG
D-27717 Ritterhude, Postf.1158
Tel. 04292-8167-0, Fax /816749
www.cp-polymer-technik.de
WELLAMID

K.D. FEDDERSEN GMBH & CO. KG
Gotenstr. 11A, 20097 Hamburg
Tel. 040/23507-01, Fax /23507-250

Tekuma Kunststoff GmbH
21465 Reinbek, Tel. 040/7277020

Polybutylenterephthalat

K.D. FEDDERSEN GMBH & CO. KG
Gotenstr. 11A, 20097 Hamburg
Tel. 040/23507-01, Fax /23507-250

Tekuma Kunststoff GmbH
21465 Reinbek, Tel. 040/7277020

Polycarbonate

Bayer MaterialScience AG
BMS-COM / ADV
++49 214 30722342

K.D. FEDDERSEN GMBH & CO. KG
Gotenstr. 11A, 20097 Hamburg
Tel. 040/23507-01, Fax 23507-250

Tekuma Kunststoff GmbH
21465 Reinbek, Tel. 040/7277020

Polyester, thermoplastisch

K.D. FEDDERSEN GMBH & CO. KG
Gotenstr. 11A, 20097 Hamburg
Tel. 040/23507-01, Fax 23507-250

Polyetheretherketon-PEEK

VICTREX EUROPA GmbH
Hauptstraße 11
65719 Hofheim
Tel. 06192/964949,
Fax 06192/964948
Victrex R PEEK TM

Polyethylen UHMW

K.D. FEDDERSEN GMBH & CO. KG
Gotenstr. 11A, 20097 Hamburg
Tel. 040/23507-01, Fax /23507-250

Polyethylenterephthalat

K.D. FEDDERSEN GMBH & CO. KG
Gotenstr. 11A, 20097 Hamburg
Tel. 040/23507-01, Fax /23507-250

Polymerblends

Tekuma Kunststoff GmbH
21465 Reinbek, Tel. 040/7277020

Polyphenylensulfid

K.D. FEDDERSEN GMBH & CO. KG
Gotenstr. 11A, 20097 Hamburg
Tel. 040/23507-01, Fax /23507-250

Polypropylen

K.D. FEDDERSEN GMBH & CO. KG
Gotenstr. 11A, 20097 Hamburg
Tel. 040/23507-01, Fax /23507-250

Tekuma Kunststoff GmbH
21465 Reinbek, Tel. 040/7277020

Polypropylen-Compound

ECW-Eilenburger Compound
Werk GmbH, Ziegelstr.2
04838 Eilenburg
Tel. 034/661215, Fax /661285
„Saxene R"

Tekuma Kunststoff GmbH
21465 Reinbek, Tel. 040/7277020

Polystyrol, Syndiotaktisches (SPS)

K.D. FEDDERSEN GMBH & CO. KG
Gotenstr. 11A, 20097 Hamburg
Tel. 040/23507-01, Fax /23507-250

PVC-Additive

BAERLOCHER GmbH
Postfach 500108, 80971 München
Freisinger Str. 1
D-85716 Unterschleißheim
Tel. 089/143730, Fax /14373312
www.baerlocher.com
info@baerlocher.com

BYK-Chemie GmbH
Abelstr.45, D-46483 Wesel
Tel. 0281/670-0, Fax /65735
www.byk-chemie.com

PVC-Compounds (Granulat)

ECW-Eilenburger Compound
Werk GmbH, Ziegelstr.2
04838 Eilenburg
Tel. 034/661215, Fax /661285
„Decelith R"

SAN-Copolymerisate

Tekuma Kunststoff GmbH
21465 Reinbek, Tel. 040/7277020

Schlagfestmacher für PVC

BAERLOCHER GmbH
Postfach 500108, 80971 München
Freisinger Str. 1
D-85716 Unterschleißheim
Tel. 089/143730, Fax /14373312
www.baerlocher.com
info@baerlocher.com

Stabilisatoren allgem.

BAERLOCHER GmbH
Postfach 500108, 80971 München
Freisinger Str. 1
D-85716 Unterschleißheim
Tel. 089/143730, Fax /14373312
www.baerlocher.com
info@baerlocher.com

E

Stabilisatoren für PUR-Schaum

BYK-Chemie GmbH
Abelstr.45, D-46483 Wesel
Tel. 0281/670-0, Fax /65735
www.byk-chemie.com

Stabilisatoren für PVC

BAERLOCHER GmbH
Postfach 500108, 80971 München
Freisinger Str. 1
D-85716 Unterschleißheim
Tel. 089/143730, Fax /14373312
www.baerlocher.com
info@baerlocher.com

Stabilisatoren, UV-Stearate

BAERLOCHER GmbH
Postfach 500108, 80971 München
Freisinger Str. 1
D-85716 Unterschleißheim
Tel. 089/143730, Fax /14373312
www.baerlocher.com
info@baerlocher.com

Stearate

Seitz & Kerler GmbH, D-97816 Lohr

Stearinsäure

BAERLOCHER GmbH
Postfach 500108, 80971 München
Freisinger Str. 1
D-85716 Unterschleißheim
Tel. 089/143730, Fax /14373312
www.baerlocher.com
info@baerlocher.com

Talkum

Scheruhn, 95012 Hof, PF 1329
e-mail: info@Scheruhn.com

Thermoplaste

Bayer MaterialScience AG
BMS-COM / ADV
++49 214 30722342

GEBA Kunststoffcompounds GmbH
Industriestr.11-21
D-59320 Ennigerlo
Tel. 02524/93120, Fax /931226
info@geba-ennigerloh.de
www.geba-plast.com

Nordmann, Rassmann GmbH
Kajen 2, 20459 Hamburg
Tel. 040/3687209, Fax /3687412
www.nrc.de, E-Mail:info@nrc.de

Thermoplaste, glasfaser-verstärkt

Bayer MaterialScience AG
BMS-COM / ADV
++49 214 30722342

K.D. FEDDERSEN GMBH & CO. KG
Gotenstr. 11A, 20097 Hamburg
Tel. 040/23507-01, Fax /23507-250

Thixotropiermittel

BYK-Chemie GmbH
Abelstr.45, D-46483 Wesel
Tel. 0281/670-0, Fax /65735
www.byk-chemie.com

Titandioxid

KRONOS TITAN GmbH
Postfach 100720,51307 Leverkusen
Tel. 0214/356-0, Fax /356-2585
kronos.sales.leverkusen
@kronosww.com
www.kronostio2.com

Scheruhn, 95012 Hof, PF 1329
e-mail: info@Scheruhn.com

Treibmittel, allgem.

Nemitz, D-48341 Altenberge
Tel. 02505/674, Fax /3042
info@nemitzgmbh.de
www.nemitzgmbh.de

UV-Stabilisatoren

Nemitz, D-48341 Altenberge
Tel. 02505/674, Fax /3042
info@nemitzgmbh.de
www.nemitzgmbh.de

Verarbeitungshilfsmittel, allgem.

BAERLOCHER GmbH
Postfach 500108, 80971 München
Freisinger Str. 1
D-85716 Unterschleißheim
Tel. 089/143730, Fax /14373312
www.baerlocher.com
info@baerlocher.com

Nemitz, D-48341 Altenberge
Tel. 02505/674, Fax /3042
info@nemitzgmbh.de
www.nemitzgmbh.de

Viskositätserniedriger

BYK-Chemie GmbH
Abelstr.45, D-46483 Wesel
Tel. 0281/670-0, Fax /65735
www.byk-chemie.com

E

Gruppe 2: Abfallwertstoffe

Regranulat, laborgeprüft

GEBA Kunststoffcompounds GmbH
Industriestr.11-21
D-59320 Ennigerloh
Tel. 02524/93120, Fax /931226
info@geba-ennigerloh.de
www.geba-plast.com

Gruppe 3: Kunststoff-Verarbeitung, (Dienstleistung), Lohnverarb.

Compoundieren

K.D. FEDDERSEN GMBH & CO. KG
Gotenstr. 11A, 20097 Hamburg
Tel. 040/23507-01, Fax /23507-250

GEBA Kunststoffcompounds GmbH
Industriestr.11-21
D-59320 Ennigerloh
Tel. 02524/93120, Fax /931226
info@geba-ennigerloh.de
www.geba-plast.com

Einfärben

Bayer MaterialScience AG
BMS-COM / ADV
++49 214 30722342

K.D. FEDDERSEN GMBH & CO. KG
Gotenstr. 11A, 20097 Hamburg
Tel. 040/23507-01, Fax /23507-250

Extrudieren

Bayer MaterialScience AG
BMS-COM / ADV
++49 214 30722342

IMS Kunststoff AG
CH-3076 Worb

Gurit-Worbla AG
CH-3063 Ittigen-Bern

Faserverbund-Bauteile

IMS Kunststoff AG
CH-3076 Worb

Flammspritzen und Sintern

IMS Kunststoff AG
CH-3076 Worb

Fluorieren

Fluor Technik System GmbH
Altebergstr. 25-27
36341 Lauterbach
Tel. 06641/9685-0
e-mail: info@fts-de.com

IMD-Technologie

Bayer MaterialScience AG
BMS-COM / ADV
++49 214 30722342

Materialprüfung

Bayer MaterialScience AG
BMS-COM / ADV
++49 214 30722342

Pressen

Gurit-Worbla AG
CH-3063 Ittigen-Bern

PV Kunststoffverarbeitung
In der Helle 30, 58566 Kierspe

Prüfen von Kunststoffen

Bayer MaterialScience AG
BMS-COM / ADV
++49 214 30722342

E

K.D. FEDDERSEN GMBH & CO. KG
Gotenstr. 11A, 20097 Hamburg
Tel. 040/23507-01, Fax /23507-250

Prüfen von Werkstoffen

K.D. FEDDERSEN GMBH & CO. KG
Gotenstr. 11A, 20097 Hamburg
Tel. 040/23507-01, Fax /23507-250

Regenerieren

GEBA Kunststoffcompounds GmbH
Industriestr.11-21
D-59320 Ennigerloh
Tel. 02524/93120, Fax /931226
info@geba-ennigerloh.de
www.geba-plast.com

Spritzgießen

PV Kunststoffverarbeitung
In der Helle 30, 58566 Kierspe

Josef Weber GmbH & Co. KG
Zeltinger Str.7, 50969 Köln
Tel. 0221/3602697, Fax /365522

Verschäumen (PUR-Schaumstoffdichtungen)

Rauschert GmbH
Tel. 06593/98670, Fax /986799

Gruppe 4: Kunststoff-Halbzeug

ABS-Folien

IMS Kunststoff AG
CH-3076 Worb

CA/CAB/CP-Platten und -Folien

Gurit-Worbla AG
CH-3063 Ittigen-Bern

Epoxidharz-Prepregs

IMS Kunststoff AG
CH-3076 Worb

Folien, allgem.

Bayer MaterialScience AG
BMS-COM / ADV
++49 214 30722342

Gurit-Worbla AG
CH-3063 Ittigen-Bern

Folien, transparent

Bayer MaterialScience AG
BMS-COM / ADV
++49 214 30722342

IMS Kunststoff AG
CH-3076 Worb

GFK-Preßplatten

IMS Kunststoff AG
CH-3076 Worb

Glasfaser-Prepregs

IMS Kunststoff AG
CH-3076 Worb

Halbzeug, extrudiert

Bayer MaterialScience AG
BMS-COM / ADV
++49 214 30722342

IMS Kunststoff AG
CH-3076 Worb

Gurit-Worbla AG
CH-3063 Ittigen-Bern

Halbzeug, thermoplastisch

Gurit-Worbla AG
CH-3063 Ittigen-Bern

Murtfeldt Kunststoffe GmbH & Co KG
Heßlingsweg 14, 44309 Dortmund
Tel. 0231/20609-0, Fax /251021
E-mail: info@murtfeldt.de
www.murtfeldt.de

Hochleistungskunststoffe-Halbzeug (z.B. PEEK; PPS etc.)

Murtfeldt Kunststoffe GmbH & Co KG
Heßlingsweg 14, 44309 Dortmund
Tel. 0231/20609-0, Fax /251021
E-mail: info@murtfeldt.de
www.murtfeldt.de

Kohlenstoffaser-Prepregs

IMS Kunststoff AG
CH-3076 Worb

Mehrschichtfolien

IMS Kunststoff AG
CH-3076 Worb

Plattenware

Gurit-Worbla AG
CH-3063 Ittigen-Bern

Polyamid-Folien

IMS Kunststoff AG
CH-3076 Worb

Polyamid-Halbzeug

Murtfeldt Kunststoffe GmbH & Co. KG
Heßlingsweg 14, 44309 Dortmund
Tel. 0231/20609-0, Fax /251021
E-mail: info@murtfeldt.de
www.murtfeldt.de

Polycarbonat-Folien

Bayer MaterialScience AG
BMS-COM / ADV
++49 214 30722342

Polycarbonat-Halbzeug

Gurit-Worbla AG
CH-3063 Ittigen-Bern

Polycarbonat-Platten

Bayer MaterialScience AG
BMS-COM / ADV
++49 214 30722342

Polyester-Halbzeug

Gurit-Worbla AG
CH-3063 Ittigen-Bern

Polyethylen-Halbzeug

IMS Kunststoff AG
CH-3076 Worb

Gurit-Worbla AG
CH-3063 Ittigen-Bern

Murtfeldt Kunststoffe GmbH & Co. KG
Heßlingsweg 14, 44309 Dortmund
Tel. 0231/20609-0, Fax /251021
E-mail: info@murtfeldt.de
www.murtfeldt.de

Polypropylen-Halbzeug

Gurit-Worbla AG
CH-3063 Ittigen-Bern

Polypropylen-Platten

A.u.E. Lindenberg GmbH & Co. KG
Pf.200620, 51436 Berg. Gladb.
Tel. 02202/95544-0, Fax /9554422
HM/PP, holzmehlgefülltes PP

Polystyrol-Halbzeug

Gurit-Worbla AG
CH-3063 Ittigen-Bern

Polystyrol-Warmformfolien und -platten

Gurit-Worbla AG
CH-3063 Ittigen-Bern

Prepregs, allgem.

IMS Kunststoff AG
CH-3076 Worb

Propionat-Folien

Gurit-Worbla AG
CH-3063 Ittigen-Bern

PVC-Platten und –Folien

Gurit-Worbla AG
CH-3063 Ittigen-Bern

RAM-Extrusionserzeugnisse

Murtfeldt Kunststoffe GmbH & Co KG
Heßlingsweg 14, 44309 Dortmund
Tel. 0231/20609-0, Fax /251021
E-mail: info@murtfeldt.de
www.murtfeldt.de

Gruppe 5: Kunststoff-Fertigerzeugnisse

Auto-Innenausstattungen

A. u. E. Lindenberg GmbH & Co. KG
Pf.200620, 51436 Berg. Gladb.
Tel. 02202/95544-0, Fax /9554422
HM/PP, holzmehlgefülltes PP

Buchsen

Murtfeldt Kunststoffe GmbH & Co. KG
Heßlingsweg 14, 44309 Dortmund
Tel. 0231/20609-0, Fax /251021
E-mail: info@murtfeldt.de
www.murtfeldt.de

Drehteile

Murtfeldt Kunststoffe GmbH & Co. KG
Heßlingsweg 14, 44309 Dortmund
Tel. 0231/20609-0, Fax /251021
E-mail: info@murtfeldt.de
www.murtfeldt.de

Folien, allgem.

Paja Kunststoffe Jaeschke GmbH
Folien für Industrie & Technik
Bergische Landstr.104
D-51503 Rösrath; www.paja.de
Tel. 02205/8007-0, Fax /8007-44

Formteile nach Muster, Zeichnung oder Kundenwerkzeug

A. u. E. Lindenberg GmbH & Co. KG
Pf.200620, 51436 Berg. Gladb.
Tel. 02202/95544-0, Fax /9554422
HM/PP, holzmehlgefülltes PP

Josef Weber GmbH & Co. KG
Zeltinger Str.7, 50969 Köln
Tel. 0221/3602697, Fax /365522

Winkel GmbH
58849 Herscheid-Hüinghausen
Fax 02357-4275

Gleitelemente

Murtfeldt Kunststoffe GmbH & Co. KG
Heßlingsweg 14, 44309 Dortmund
Tel. 0231/20609-0, Fax /251021
E-mail: info@murtfeldt.de
www.murtfeldt.de

Gleitlager

Murtfeldt Kunststoffe GmbH & Co. KG
Heßlingsweg 14, 44309 Dortmund
Tel. 0231/20609-0, Fax /251021
E-mail: info@murtfeldt.de
www.murtfeldt.de

Gleitleisten

Murtfeldt Kunststoffe GmbH & Co. KG
Heßlingsweg 14, 44309 Dortmund
Tel. 0231/20609-0, Fax /251021
E-mail: info@murtfeldt.de
www.murtfeldt.de

Kettenführungen

Murtfeldt Kunststoffe GmbH & Co. KG
Heßlingsweg 14, 44309 Dortmund
Tel. 0231/20609-0, Fax /251021
E-mail: info@murtfeldt.de
www.murtfeldt.de

Komplett-Montagen

Rauschert GmbH
Tel. 06593/98670, Fax /986799

Maschinenteile

Murtfeldt Kunststoffe GmbH & Co. KG
Heßlingsweg 14, 44309 Dortmund
Tel. 0231/20609-0, Fax /251021
E-mail: info@murtfeldt.de
www.murtfeldt.de

Koextrudierte profilierte Verbundrohre aus PVC, PE, PP & anderen Kunststoffen

Hegler Plastik GmbH
Heglerstr. 8, 97714 Oerlenbach

Spritzguss, 2 Komponenten

Rauschert GmbH
Tel. 06593/98670, Fax/ 986799

Spritzgussteile, allgem.

Josef Weber GmbH & Co. KG
Zeltinger Str. 7, 50969 Köln
Tel. 0221/3602697, Fax /365522

Winkel GmbH
58849 Herscheid-Hüinghausen
Fax 02357-4275

Tampoprint-Druck

Rauschert GmbH
Tel. 06593/98670, Fax /986799

Technische Spritzgussteile

Braun Formenbau GmbH
U. Gereuth 14, D-79353 Bahlingen
Tel. 07663/9320-0, Fax -3727
e-mail: info@braunform.com
Internet: www.braunform.com

Josef Weber GmbH & Co. KG
Zeltinger Str.7, 50969 Köln
Tel. 0221/3602697, Fax /365522

Technische Teile

Winkel GmbH
58849 Herscheid-Hüinghause
Fax 02357/4275

Ultraschall-Verbindungen

Rauschert GmbH
Tel. 06593/98670, Fax /986799

Verschlüsse, allgem.

Braun Formenbau GmbH
U. Gereuth 14, D-79353 Bahlingen
Tel. 07663/9320-0, Fax -3727
e-mail: info@braunform.com
Internet: www.braunform.com

Zahnräder

Murtfeldt Kunststoffe GmbH & Co. KG
Heßlingsweg 14, 44309 Dortmund
Tel. 0231/20609-0, Fax /251021
E-mail: info@murtfeldt.de
www.murtfeldt.de

Gruppe 6: Maschinen, Geräte, Werkzeuge und Zubehör für die Kunststoff-Verarbeitung (MSR, DV)

Beschichtungs-/Tauchanlagen

Ernst Reinhardt GmbH
D-78008 VS-Villingen
Tel. 07721/8441-0, Fax /8441-44

Blasformwerkzeuge

Formenbau Eck GmbH
Postfach 1454, 76404 Rastatt
Tel. 07222/9531-0, Fax /9531-40

Corrugatoren zur Herstellung von ein-, zwei- oder dreischichtigen koextrudierten profilierten Verbundrohren

Hegler Plastik GmbH
Heglerstr.8, 97714 Oerlenbach

Dosier- und Mischgeräte

Colortronic GmbH
D-61381 Friedrichsdorf
06175/7920, info@colortronic.de
http://www.colortronic.com

Druckaufnehmer

Dynisco Europe GmbH
D-74078 Heilbronn
Tel. 07131/297-0, Fax /23260

Kistler Instrumente GmbH
73748 Ostfildern
Tel. (0711) 3407-0, Fax -159
info.de@kistler.com
www.kistler.com

Einfärbe- und Mischgeräte

Motan GmbH, Postfach 1363
D-88307 Isny/Allgäu
Tel. 07562/76-0, Fax 76-111
email: motan.ger.s@motan.de

Extruder-Folgeeinrichtungen

Dynisco Europe GmbH
D-74078 Heilbronn
Tel. 07131/297-0, Fax /23260

Förderanlagen, allgem.

Motan GmbH, Postfach 1363
D-88307 Isny/Allgäu
Tel. 07562/76-0, Fax /76-111
email: motan.ger.s@motan.de

Förderanlagen, pneumatisch

Colortronic GmbH
D-61381 Friedrichsdorf
06175/7920, info@colortronic.de
http://www.colortronic.com

Fördergeräte

Motan GmbH, Postfach 1363
D-88307 Isny/Allgäu
Tel. 07562/76-0, Fax /76-111
email: motan.ger.s@motan.de

Granulatoren, allgem.

Dynisco Europe GmbH
D-74078 Heilbronn
Tel. 07131/297-0, Fax /23260

C. F. Scheer & Cie.
PF 301020, 70450 Stuttgart
Tel. 0711/8781-0
info@cf-scheer.de

Granulatoren, Strang-

H. DREHER GmbH & Co. KG
Zieglerstr.17, 52078 Aachen
Tel. 0241/51563-0, Fax /526006
e-mail: info@dreher-aachen.de

Granulieranlagen, allgem.

Ernst Reinhardt GmbH
D-78008 VS-Villingen
Tel. 07721/8441-0, Fax /8441-44

C. F. Scheer & Cie.
PF 301020, 70450 Stuttgart
Tel. 0711/8781-0
info@cf-scheer.de

Heizelemente, elektrisch

Hotset H. u. Z. GmbH
Postfach 1860
Tel. +49/2351/4302-0

Ihne & Tesch GmbH
Elektro-Wärmetechnik
PF 1863, 58468 Lüdenscheid
Tel. 02531/666-0, Fax /666-24
ite@elektrowaermetechnik.de
www.elektrowaermetechnik.de

Heizpatronen

Keller, Ihne & Tesch KG
Elektro-Wärmetechnik
PF 5164, 68612 Lampertheim
Tel. 06241/98808-0, Fax /80056
kit@elektrowaermetechnik.de
www.elektrowaermetechnik.de

Hydraulikkomponenten

Dynisco Europe GmbH
D-74078 Heilbronn
Tel. 07131/297-0, Fax /23260

Lacktrockenanlagen und -öfen

Ernst Reinhardt GmbH
D-78008 VS-Villingen
Tel. 07721/8441-0, Fax /8441-44

Vötsch Industrietechnik GmbH
Wärmetechnik, 35447 Reiskirchen
Tel. (06408) 84-73, Fax 84-8747
www.v-it.com, info-wt@v-it.com

Magnete

S+S Metallsuchgeräte
und Recyclingtechnik GmbH
94509 Schönberg
Tel. 08554/308-0, Fax /2606
e-mail: info@ss-gmbh.de
http://www.ss-gmbh.de

Mahlanlagen, Fein-

H. DREHER GmbH & Co. KG
Zieglerstr.17, 52078 Aachen
Tel. 0241/51563-0, Fax /526006
e-mail: info@dreher-aachen.de

NETZSCH-CONDUX Mahltechnik
D-63457 Hanau, Tel. 06181-50601

Metallausscheider

S+S Metallsuchgeräte
und Recyclingtechnik GmbH
94509 Schönberg
Tel. 08554/308-0, Fax /2606
e-mail: info@ss-gmbh.de
http://www.ss-gmbh.de

E

Metallsuchgeräte

S+S Metallsuchgeräte
und Recyclingtechnik GmbH
94509 Schönberg
Tel. 08554/308-0, Fax /2606
e-mail: info@ss-gmbh.de
http://www.ss-gmbh.de

Modellbau

Formenbau Eck GmbH
Postfach 1454, 76404 Rastatt
Tel. 07222/9531-0, Fax /9531-40

Mühlen, Schneid-

NETZSCH-CONDUX Mahltechnik
D-63457 Hanau, Tel. 06181-50601

Öfen, Vorwärme-

Ernst Reinhardt GmbH
D-78008 VS-Villingen
Tel. 07721/8441-0, Fax /8441-44

Vötsch Industrietechnik GmbH
Wärmetechnik, 35447 Reiskirchen
Tel. (06408) 84-73, Fax 84-8747
www.v-it.com, info-wt@v-it.com

Polymerisationsanlagen

Zimmer AG
Borsigallee 1, 60388 Frankfurt
Tel. 069/4007-01, Fax /4007-546
Internet: www.zimmer-ag.de
E-Mail: contact@zimmer-ag.de

Presswerkzeuge

Formenbau Eck GmbH
Postfach 1454, 76404 Rastatt
Tel. 07222/9531-0, Fax /9531-40

Pumpen, Kreiskolben-

Dynisco Europe GmbH
D-74078 Heilbronn
Tel. 07131/297-0, Fax /23260

Robotsysteme

Arburg GmbH + Co KG
Arthur-Hehl-Straße
D-72290 Loßburg
Tel. +49(0)7446 33-0
Fax +49(0)7446 33-3365
www.arburg.com
contact@arburg.com

Rotationsformanlagen

Ernst Reinhardt GmbH
D-78008 VS-Villingen
Tel. 07721/8441-0, Fax /8441-44

Schäumwerkzeuge

Formenbau Eck GmbH
Postfach 1454, 76404 Rastatt
Tel. 07222/9531-0, Fax /9531-40

Schneidmühlen

H. DREHER GmbH & Co. KG
Zieglerstr.17, 52078 Aachen
Tel. 0241/51563-0, Fax /526006
e-mail: info@dreher-aachen.de

Schweißgeräte, Heißluft-

MUNSCH Kunststoff-
Schweißtechnik GmbH
D-56235 Ransbach-Baumbach
Tel. +49 (0)2623 898-0
Fax +49 (0)2623 898-21
Internet: www.munsch.de

Schweißmaschinen, Ultraschall-

Herrmann
Ultraschalltechnik GmbH&Co.KG
Descostrasse 3–7
76307 Karlsbad-Ittersbach
Tel. 07248/79-0, Fax 07248/7939
reception@HermannUltraschall.com
www.HermannUltraschall.com

Siebwechseleinrichtungen

Dynisco Europe GmbH
D-74078 Heilbronn
Tel. 07131/297-0, Fax /23260

Slush-Moulding-Anlagen

Ernst Reinhardt GmbH
D-78008 VS-Villingen
Tel. 07721/8441-0, Fax /8441-44

Spritzgießmaschinen für Mehrfarben-Spritzgießwerkzeuge

Arburg GmbH + Co KG
Arthur-Hehl-Straße
D-72290 Loßburg
Tel. +49(0)7446 33-0
Fax +49(0)7446 33-3365
www.arburg.com
contact@arburg.com

Spritzgießmaschinen, allgem.

Arburg GmbH + Co KG
Arthur-Hehl-Straße
D-72290 Loßburg
Tel. +49(0)7446 33-0
Fax +49(0)7446 33-3365
www.arburg.com
contact@arburg.com

Spritzgießmaschinen für Thermoplaste

Arburg GmbH + Co KG
Arthur-Hehl-Straße
D-72290 Loßburg
Tel. +49(0)7446 33-0
Fax +49(0)7446 33-3365
www.arburg.com
contact@arburg.com

Spritzgießmaschinen für Duroplaste

Arburg GmbH + Co KG
Arthur-Hehl-Straße
D-72290 Loßburg
Tel. +49(0)7446 33-0
Fax +49(0)7446 33-3365
www.arburg.com
contact@arburg.com

Spritzgießmaschinen für Kautschuk und Polyester

Arburg GmbH + Co KG
Arthur-Hehl-Straße
D-72290 Loßburg
Tel. +49(0)7446 33-0
Fax +49(0)7446 33-3365
www.arburg.com
contact@arburg.com

Spritzgießmaschinen für TSG

Arburg GmbH + Co KG
Arthur-Hehl-Straße
D-72290 Loßburg
Tel. +49(0)7446 33-0
Fax +49(0)7446 33-3365
www.arburg.com
contact@arburg.com

Spritzgießwerkzeuge (Mehrkomponenten)

Braun Formenbau GmbH
U. Gereuth 14, D-79353 Bahlingen
Tel. 07663/9320-0, Fax /3727
e-mail: info@braunform.com
Internet: www.braunform.com

Spritzgießwerkzeuge

FKT Formenbau und Kunststofftechnik GmbH, Jahnstraße 2
07819 Triptis
Tel. 036482/87-0, Fax /87-88
www.fkt-triptis.de

Synthesefaseranlagen

Zimmer AG
Borsigallee 1, 60388 Frankfurt
Tel. 069/4007-01, Fax /4007-546
Internet: www.zimmer-ag.de
E-Mail: contact@zimmer-ag.de

Thermoelemente

Kistler Instrumente GmbH
73748 Ostfildern
Tel. (0711) 3407-0, Fax -159
info.de@kistler.com
www.kistler.com

Thermoelemente, -fühler

Keller, Ihne & Tesch KG
Elektro-Wärmetechnik
PF 5164, 68612 Lampertheim
Tel. 06241/98808-0, Fax /80056
kit@elektrowaermetechnik.de
www.elektrowaermetechnik.de

Trockenförderanlagen

Arburg GmbH + Co KG
Arthur-Hehl-Straße
D-72290 Loßburg
Tel. +49(0)7446 33-0
Fax +49(0)7446 33-3365
www.arburg.com
contact@arburg.com

Trockner, Granulat-

Arburg GmbH + Co KG
Arthur-Hehl-Straße
D-72290 Loßburg
Tel. +49(0)7446 33-0
Fax +49(0)7446 33-3365
www.arburg.com
contact@arburg.com

Motan GmbH, Postfach 1363
D-88307 Isny/Allgäu
Tel. 07562/76-0, Fax /76-111
email: motan.ger.s@motan.de

Trocknungsanlagen

Colortronic GmbH
D-61381 Friedrichsdorf
06175/7920, info@colortronic.de
http://www.colortronic.com

Vötsch Industrietechnik GmbH
Wärmetechnik, 35447 Reiskirchen
Tel. (06408) 84-73, Fax 84-8747
www.v-it.com, info-wt@v-it.com

Trocknungsanlagen und -öfen

Ernst Reinhardt GmbH
D-78008 VS-Villingen
Tel. 07721/8441-0, Fax /8441-44

Werkzeugbau

Formenbau Eck GmbH
Postfach 1454, 76404 Rastatt
Tel. 07222/9531-0, Fax /9531-40

Werkzeugzubehör

Kistler Instrumente GmbH
73748 Ostfildern
Tel. (0711) 3407-0, Fax -159
info.de@kistler.com
www.kistler.com

Zerkleinerungsmaschinen

H. DREHER GmbH & Co. KG
Zieglerstr.17, 52078 Aachen
Tel. 0241/51563-0, Fax /526006
e-mail: info@dreher-aachen.de

NETZSCH-CONDUX Mahltechnik
D-63457 Hanau, 06181/50601

Gruppe 7: Analysen, Mess-/Prüftechnik, einschl. Zubehör

Bewitterungsgeräte

Weiss Umwelttechnik GmbH
Simulationsanlagen-Messtechnik
35447 Reiskirchen
Tel. 06408/84-0, Fax /84-8710
www.wut.com, eMail: info@wut.com

Klimaprüfschränke

Weiss Umwelttechnik GmbH
Simulationsanlagen-Messtechnik
35447 Reiskirchen
Tel. 06408/84-0, Fax /84-8710
www.wut.com, eMail: info@wut.com

Mess-, Steuer- und Regelgeräte

Dynisco Europe GmbH
D-74078 Heilbronn
Tel. 07131/297-0, Fax /23260

Kistler Instrumente GmbH
73748 Ostfildern
Tel. (0711) 3407-0, Fax -159
info.de@kistler.com\LF
www.kistler.com

Messgeräte für Druck

Dynisco Europe GmbH
D-74078 Heilbronn
Tel. 07131/297-0, Fax /23260

Kistler Instrumente GmbH
73748 Ostfildern
Tel. (0711) 3407-0, Fax -159
info.de@kistler.com
www.kistler.com

Messgeräte für Feuchte

Brabender Messtechnik KG
47269 Duisburg
Tel. 0203/99819-0
www.brabender-mt.de

Messgeräte für Schmelztemperatur

Dynisco Europe GmbH
D-74078 Heilbronn
Tel. 07131/297-0, Fax /23260

Messgeräte für Schmelzindex

Dynisco Europe GmbH
D-74078 Heilbronn
Tel. 07131/297-0, Fax /23260

Messgeräte für Temperatur

Kistler Instrumente GmbH
73748 Ostfildern
Tel. (0711) 3407-0, Fax -159
info.de@kistler.com
www.kistler.com

Ozonprüfschränke

Weiss Umwelttechnik GmbH
Simulationsanlagen-Messtechnik
35447 Reiskirchen
Tel. 06408/84-0, Fax /84-8710
www.wut.com, eMail: info@wut.com

Prüfgeräte für Dichte

Brabender Messtechnik KG
47269 Duisburg
Tel. 0203/99819-0
www.brabender-mt.de

Prüfgeräte für Innendruck

Kistler Instrumente GmbH
73748 Ostfildern
Tel. (0711) 3407-0, Fax -159
info.de@kistler.com
www.kistler.com

Prüfgeräte für Korrosion und Erosion

Weiss Umwelttechnik GmbH
Simulationsanlagen-Messtechnik
35447 Reiskirchen
Tel. 06408/84-0, Fax /84-8710
www.wut.com, eMail: info@wut.com

Prüfgeräte für Licht- und Wetterechtheit

Weiss Umwelttechnik GmbH
Simulationsanlagen-Messtechnik
35447 Reiskirchen
Tel. 06408/84-0, Fax /84-8710
www.wut.com, eMail: info@wut.com

Qualitätssicherung

Kistler Instrumente GmbH
73748 Ostfildern
LFTel. (0711) 3407-0, Fax -159
info.de@kistler.com
www.kistler.com

Rheometer

Dynisco Europe GmbH
D-74078 Heilbronn
Tel. 07131/297-0, Fax /23260

Viskosimeter

Brabender Messtechnik KG
47269 Duisburg
Tel. 0203/99819-0
www.brabender-mt.de

Wärme- und Trockenschränke

Vötsch Industrietechnik GmbH
Wärmetechnik, 35447 Reiskirchen
Tel. (06408) 84-73, Fax 84-8747
www.v-it.com, info-wt@v-it.com

E

Gruppe 8: Hilfsmittel für die Kunststoff-Verarbeitung

Lacke für Kunststoff-Oberflächenveredelung

Bayer MaterialScience AG
BMS-COM / ADV
++49 214 30722342

Lacke und Lackfarben

Bayer MaterialScience AG
BMS-COM / ADV
++49 214 30722342

Reinigungsgranulat

K.D. FEDDERSEN GMBH & CO. KG
Gotenstr. 11A, 20097 Hamburg
Tel. 040/23507-01, Fax /23507-250

Trennmittel, allgem.

E.& P. Würtz GmbH & Co.
55441 Bingen/Rh.-Sponsheim
Tel. 06721/9690-0, Fax /969040

F Sachwort-Register

F

F

F

F

F

F

F

F

F

F

Produkt-informationen aus der Industrie

Inserentenverzeichnis

FASZINATION IN FARBE